Physikalische Freihandexperimente

Physikalische Freihand-experimente

Band 1

Mechanik

Diese Sammlung entstand unter Mitarbeit von:
Clemens Berthold, Daniela Christ, Gunther Braam, Jürgen Haubrich, Markus Herfert, Helmut Hilscher, Jürgen Kraus, Christian Möller

Koordination: *Helmut Hilscher*

6. Auflage

Friedrich Aulis

Bibliografische Information der Deutschen Nationalbibliothek
Die Deutsche Nationalbibliothek verzeichnet diese Publikation in der Deutschen Nationalbibliografie; detaillierte bibliografische Daten sind im Internet über http://dnb.d-nb.de abrufbar.

Impressum

Helmut Hilscher (Hrsg.)
Physikalische Freihandexperimente
Band 1: Mechanik

6. Auflage 2022

Druck: BELTZ Bad Langensalza GmbH, Bad Langensalza
Printed in Germany

ISBN: 978-3-7614-2535-0 (Band 1 und 2)

Inhaltsverzeichnis

Band 1 = Kapitel 1 bis 3; Band 2 = Kapitel 4 bis 9

Band 1 = Kapitel 1 bis 3; Band 2 = Kapitel 4 bis 9

Band 1 = Kapitel 1 bis 3; Band 2 = Kapitel 4 bis 9

 Band 1 = Kapitel 1 bis 3; Band 2 = Kapitel 4 bis 9

Band 1 = Kapitel 1 bis 3; Band 2 = Kapitel 4 bis 9

Band 1 = Kapitel 1 bis 3; Band 2 = Kapitel 4 bis 9

8 Optik

Band 1 = Kapitel 1 bis 3; Band 2 = Kapitel 4 bis 9

Vorwort

Der Ursprung dieses Werkes geht auf eine Idee des Professors für Didaktik am Institut für Physik der Universität Augsburg, Dr. *Helmut Hilscher*, zurück: Beschreibungen von Freihandexperimenten sind in der Literatur nur in verstreuten oder entlegenen Quellen zu finden, die zudem nicht immer physikalischen Ansprüchen genügen. Eine Sammlung ausgearbeiteter Experimente, die in keiner Schule fehlen sollte, würde diese Lücke füllen. Es bot sich an, eine solche umfangreiche Sammlung im Rahmen von Staatsexamensarbeiten anfertigen zu lassen. Sechs Studenten des Lehramtes an Gymnasien erklärten sich bereit, die Sichtung, Durchführung, Optimierung und Dokumentation von Freihandexperimenten vorzunehmen: *Clemens Berthold, Daniela Binzer, Gunther Braam, Jürgen Haubrich, Jürgen Kraus* und *Christian Möller*.

Nach einer umfangreichen Literaturrecherche standen zunächst ungefähr 1000 Experimente zur Auswahl. Von diesen wurden auf der Grundlage der folgenden Kriterien, die sich während der Beschäftigung mit der Thematik immer deutlicher herausbildeten, etwa 400 Experimente ausgewählt und in einer einheitlichen Struktur beschrieben:

- Verwendung von allgemein verfügbaren oder leicht zu beschaffenden Alltagsgegenständen und Materialien
- Einfacher und leicht durchschaubarer Aufbau
- Problemlose Durchführung und kurze Dauer des Experimentes

Bereits bei einer der frühen Projektbesprechungen war der Gedanke aufgetaucht, nicht zuletzt wegen des absehbaren großen Umfangs der im Entstehen begriffenen Experimente-Sammlung, zunächst eine CD-ROM statt eines gebundenen Buches herzustellen. Zur Mitarbeit an dieser CD-ROM entschlossen sich drei Verfasser der Examensarbeiten: *Clemens Berthold, Daniela Binzer* und *Gunther Braam*. Hinzu kam *Markus Herfert*, der im Rahmen seiner Examensarbeit für das Lehramt an Hauptschulen eine Reihe von Experimenten verfilmte. Dieses Team überarbeitete unter der Leitung und Mitarbeit von Prof. Dr. *Helmut Hilscher* Zeichnungen und Texte für die CD-ROM, programmierte die Benutzeroberfläche und integrierte Texte und Bilder.

Wegen des großen Erfolges der 1998 erschienenen CD-ROM war es mir nun erneut ein besonderes Anliegen, dieses Werk dem physikalisch interessierten Publikum auch in Form von Büchern zur Verfügung zu stellen. Ich wünsche allen Lesern viel Freude bei der Lektüre der Ausarbeitungen und vor allem viel Begeisterung bei der Durchführung der Experimente.

Dem Aulis Verlag danke ich für die sehr angenehme Zusammenarbeit bei der technischen Umsetzung der CD-ROM-Version in diese nun vorliegende Buchausgabe.

Clemens Berthold

Anmerkung des Verlages:
Für die 6. Auflage 2022 stehen alle Inhalte der CD-ROM jetzt als Download bereit. Nähere Informationen dazu finden Sie auf S. 490 am Ende dieses Bandes.

Zur Handhabung des Werkes „Physikalische Freihandexperimente“

Damit Sie sich möglichst schnell in diesem Werk von insgesamt 402 Versuchsbeschreibungen zurechtfinden, folgen einige wichtige Hinweise zur Handhabung.

Welche Informationen kann man der Kopfleiste eines Experiments entnehmen?

- Eine Reihe von **physikalischen Schlagworten** sollen eine grobe Einordnung des Experiments in die physikalischen Zusammenhänge geben, in die dieses eingebunden ist.
- Durch ein bis drei Sternchen erfolgt eine grobe Einteilung des **experimentellen Schwierigkeitsgrades** (leicht * – mittel ** – (relativ) schwer ***)
- Die kleinen **Piktogramme** stehen für die verschiedenen Gebiete der klassischen Physik:

1 Mechanik fester Körper
2 Mechanik der Flüssigkeiten
3 Mechanik der Gase
4 Akustik
5 Wärme
6 Elektrizität
7 Magnetismus
8 Optik
9 Sonstige

- Falls zu einem Experiment eine Verfilmung in Form eines **Videoclips** vorliegt, enthält die Kopfleiste die Abbildung einer Filmklappe.
- Die **Nummerierung** am Seitenrand entspricht dem Kapitel (s. o.) und innerhalb diesem einer fortlaufenden Zählung der Experimente (vgl. Inhaltsverzeichnis).

Welche Struktur haben die Beschreibungen der Experimente?

Die einzelnen Ausarbeitungen besitzen alle den folgenden einheitlichen Aufbau:

- einprägsamer **Titel** des Experiments
- **Kurzbeschreibung** des Experiments in ein bis zwei Sätzen
- **Abbildung** zur Erfassung des Experiments „auf einen Blick“
- **Materialliste**
- Beschreibung von **Aufbau und Durchführung** des Experiments
- fachwissenschaftliche **Erklärung**
- zusätzliche **Bemerkungen** vielfältigster Art
- **Literaturangaben** (Hierbei reicht die Skala von der schlichten Angabe der Quelle für das Experiment bis zu ausführlichen Literaturangaben, die die Erklärung der beobachteten Phänomene betreffen.)

Wie findet man ein Experiment?

Wie die Materialien im Download zu diesem Werk bietet auch diese Buchausgabe mehrere Varianten für die Suche nach passenden Experimenten. Folgende Möglichkeiten stehen zur Verfügung:

- Durch die Einteilung in die **klassischen Gebiete der Physik** (s. o.) kann mit Hilfe des **Inhaltsverzeichnisses** nach entsprechenden Experimenten aus dem jeweiligen Bereich gesucht werden. Die im Inhaltsverzeichnis ebenfalls aufgeführten physikalischen Schlagworte erleichtern dabei die Auswahl.
- Da die Suche nach dem Titel eines Experiments nur elektronisch realisiert werden kann, wurde bei der Buchausgabe durch die **eindeutige Nummerierung** gewährleistet, dass man ein bestimmtes Experiment jederzeit wiederfinden kann.
- Will man aus der Fülle der Experimente möglichst schnell ein für seine Zwecke geeignetes Experiment zu einem **physikalischen Begriff** finden (z. B. „*Impulserhaltung*“), so findet man im **Stichwortverzeichnis** eine entsprechende Liste von Experimenten. *Alle* dort enthaltenen Begriffe entsprechen *genau den* physikalischen Schlagworten, die bei den einzelnen Experimenten aufgeführt sind.

Wo befinden sich die Videoclips der verfilmten Experimente?

Zu über 60 Experimenten existiert eine Verfilmung in Form eines Videoclips im AVI-Format. Die Videoclips befinden sich im Download zu diesem Buch. Die Ordnerstruktur im Download entspricht den einzelnen Kapiteln, der Dateiname der Videoclips ist identisch mit dem Titel des jeweiligen Experiments. Zum Abspielen der Filme genügt ein Doppelklick auf den Dateinamen; eine spezielle Software ist nicht erforderlich.

Wichtiger Hinweis:

An dieser Stelle sei ausdrücklich darauf hingewiesen, dass einige der Experimente durchaus Gefahren bergen. Durch genaue Beachtung der Beschreibung und der angegebenen Vorsichtsmaßnahmen sind diese weitgehend auszuschalten. Für jegliche aus der Durchführung eines Experimentes entstehende Schäden wird grundsätzlich keine Haftung übernommen.

Auch übernehmen Autoren und Verlag keine Haftung für die Richtigkeit von Angaben, Hinweisen und Ratschlägen sowie für eventuelle Druckfehler.

1.1 Die schwachen Tauzieher

Der Vektorcharakter der Kraft kann beim Tauziehen spürbar gemacht werden.

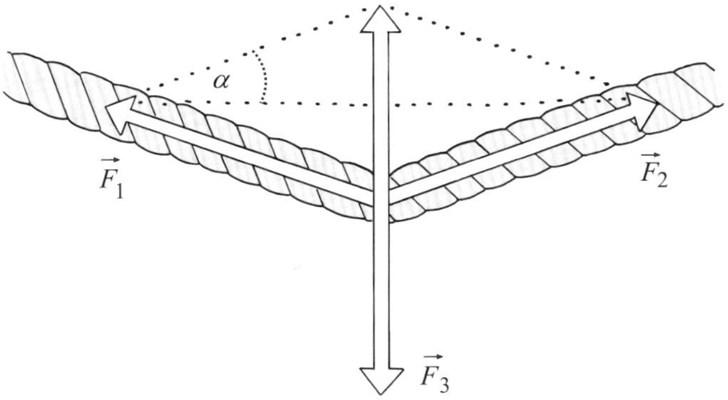

Abb. 1

Material

- langes, zugfestes Seil

Aufbau und Durchführung

Zwei Assistenten spannen mit aller Kraft ein Seil wie beim Tauziehen. Dennoch gelingt es einer dritten Person, das Seil in der Mitte auf den Boden zu drücken.

Erklärung

Wie man dem Kräfteparallelogramm in Abbildung 1 entnehmen kann, müssen die tauziehenden Assistenten jeweils eine Kraft $\vec{F}_1$ bzw. $\vec{F}_2$ aufbringen, deren Beträge größer als der Betrag der vertikal nach unten gerichteten Kraft sind, um diese von der dritten Person aufgewandte Kraft $\vec{F}_3$ zu kompensieren. Mit $\vec{F}_1 = \vec{F}_2 = F$ und der Annahme, dass ein Seil der Länge l in der Mitte von der dritten Person auf den Boden gedrückt wird, so dass der Abstand zwischen dem Boden und der Höhe, in der die Tauzieher das Seil halten, h beträgt, gilt:

$$\vec{F}_1 + \vec{F}_2 = \vec{F}_3,$$

$$F_3 = 2\,F \sin\alpha = 2\,F \frac{h}{\frac{l}{2}} = 4\,F \frac{h}{l}$$

Legen sich Assistent 1 und Assistent 2 mit ihrer ganzen Masse von z. B. jeweils 80 kg in das 10 m lange Seil, das sie in 1 m Höhe über dem Boden halten, so ergibt sich mit diesen Werten ($F = 800$ N, $l = 10$ m, $h = 1$ m) der Kraftbetrag, was einer Masse von lediglich ca. 32 kg entspricht.

Bemerkungen

Meist taucht die Grundlage dieses Experiments in einer Aufgabe auf, in der die Kräfte berechnet werden sollen, die eine Straßenlaterne, die an einem quer über eine Straße gespannten Draht aufgehängt ist, auf Grund ihres Gewichtes in den Verankerungen an den Häuserfronten angreifen lässt. An solch eine Aufgabe (oder das natürlich interessantere Selbstexperiment mit dem Seil) kann die Frage angeschlossen werden, was für Konsequenzen die wahrscheinlich mit etwas Verwunderung aufgenommene Gesetzmäßigkeit über das Verhältnis der Lastkraft zu den Seilkräften für das Aufspannen von z. B. Hochspannungsleitungen oder jedes anderen schnurartigen Gegenstandes mit Eigengewicht hat.
Es ist darauf zu achten, dass den notorischen Verletzungen beim Tauziehen (aufgeschlagene Hinterköpfe, geprellte Steißbeine und vom durchrutschenden Seil gehäutete Hände) eventuell schon bei der Auswahl der Assistenten, ansonsten aber durch zwei Paar dicke Handschuhe sowie Wegräumen kantiger Gegenstände (oder am besten: Durchführung des Experiments im Freien) vorgebeugt wird. Hinter den „Tauziehern" kann jeweils ein Helfer platziert werden, der notfalls den Fall nach hinten dämpft.

Literatur

Melenk, H.; Runge, U.: Verblüffende physikalische Experimente, Aulis Verlag Deubner, Köln 1991

1.2 Ein Flaschenzug mit Besenstielen

Die Wirkungsweise eines Flaschenzugs wird mit zwei Besenstielen und einem Seil verdeutlicht, wobei die auftretenden unterschiedlich großen Kräfte „am eigenen Leib" erfahren werden.

Material

- 2 Besenstiele oder Stativstangen
- stabiles, gut gleitendes Seil (Länge: mindestens 4 m)

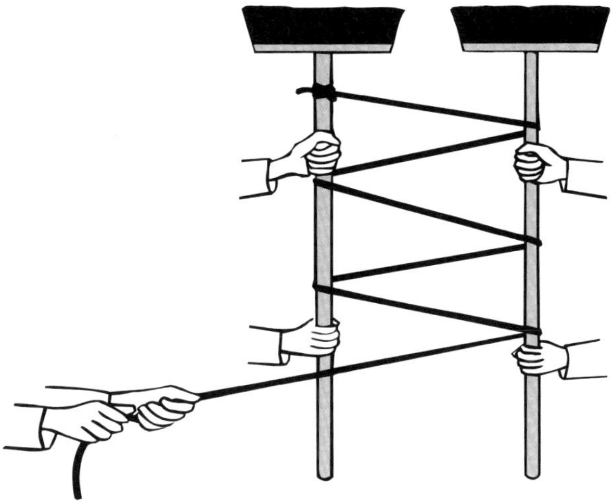

Abb. 1

Aufbau und Durchführung

Man bittet zwei Assistenten, jeweils einen Besen wie in Abbildung 1 gezeigt zu halten. Der Abstand zwischen den beiden Besenstielen richtet sich dabei nach der Länge des zur Verfügung stehenden Seils, sollte aber mindestens einen halben Meter betragen. Das Seil wird an einem der beiden Besenstiele festgeknotet und nach Abbildung 1 mehrmals um die Besenstiele herumgeführt. Ziehen ein dritter Assistent am freien Seilende und die beiden anderen mit aller Kraft an den Besenstielen, wird es letzteren beiden auch mit ganzem Einsatz nicht gelingen, ein Zusammengehen der beiden Besenstiele zu verhindern.

Grundsätzlich gilt dabei, dass eine möglichst große Anzahl von Windungen den Vorteil des dritten Assistenten gegenüber den beiden Besenstiel-Haltern erhöht. Allerdings können die auftretenden Reibungskräfte, die mit zunehmender Windungszahl immer größer werden, so weit führen, dass weder die beiden Besenstiel-Halter noch der dritte Assistent irgendeine Änderung des Anfangszustandes herbeiführen können. Damit das Experiment erfolgreich verläuft, sollte ein Seil verwendet werden, das bei sechs Windungen noch gut gleitet.

Erklärung

Wenn Assistent 1 mit der Kraft $\vec{F}_1$ und Assistent 2 mit der Kraft $\vec{F}_2$ an ihren Besenstielen ziehen und damit den Abstand der Stiele von d um $\frac{1}{2}\Delta d + \frac{1}{2}\Delta d$ auf d^* vergrößern, verrichten sie zusammen die Arbeit

$$W_1 + W_2 = F_1 \cdot \frac{1}{2}\Delta d + F_2 \cdot \frac{1}{2}\Delta d = (F_1 + F_2) \cdot \frac{1}{2}\Delta d.$$

Verrichtet Assistent 3 die betragsgleiche Arbeit, indem er den Abstand der Besenstiele von

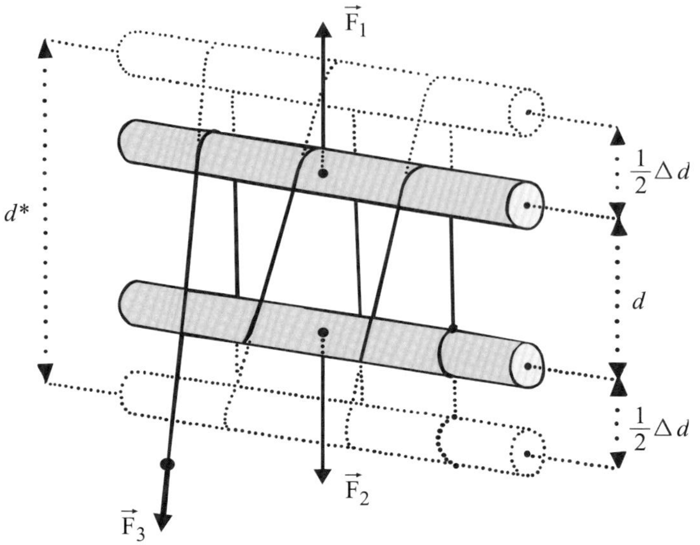

Abb. 2

d^* um $\frac{1}{2}\Delta d + \frac{1}{2}\Delta d = \Delta d$ auf d verringert, so muss er die Kraft $\vec{F}_3$ aufwenden und jede der n (in Abbildung 2: sechs) Seilabschnitte zwischen den Besenstielen um die Länge Δd verkürzen. Hierbei wird angenommen, dass das Seil auf den Längsachsen der Besenstiele senkrecht stehend von einem zum anderen Besenstiel verläuft, d. h., dass die durch den Zick-Zack-Verlauf entstehenden Winkel α_i, $i = 1, ..., n$, so klein sind, dass stets $\cos\alpha_i \approx 1$ erfüllt ist. Damit ergibt sich für die von Assistent 3 verrichtete Arbeit

$$W = F_3\, n\, \Delta d.$$

Setzt man die beiden von Assistent 1 und Assistent 2 sowie von Assistent 3 verrichteten Arbeiten gleich, erhält man nach Auflösen

$$F_3 = \frac{1}{2n}(F_1 + F_2).$$

Wenden also Assistent 1 und Assistent 2 jeweils die gleiche Kraft des Betrages F auf, gelingt es Assistent 3 mit Hilfe des Flaschenzuges mit n Windungen oder Rollen, diese Kraft mit einer Kraft des Betrages $F_3 = \frac{1}{n}F$ zu kompensieren. Bei einem gebräuchlichen Flaschenzug mit Flaschen und Rollen würde die von Assistent 1 aufgebrachte Kraft des Betrages F beispielsweise von der Verankerung der Flasche (etwa der Zimmerdecke) aufgebracht und die von Assistent 2 aufgebrachte Kraft desselben Betrages würde dem Gewichtsbetrag $G = F$ der Last entsprechen, die mit der Kraft des Betrages $\frac{1}{n}$ F angehoben werden kann.

Sind alle drei Assistenten gleich stark, d. h. kann jeder von ihnen dieselbe maximale Kraft des Betrages F_{max} aufbringen, so hat Assistent 3 noch Reserven, wenn Assistent 1 und Assistent 2 mit jeweils F_{max} bereits „alles geben", da er lediglich $\frac{1}{n} F_{max}$ aufwenden muss. Deshalb wird es ihm unter diesen Bedingungen stets gelingen, den Abstand der Besenstiele beliebig zu verringern.
Sind Assistent 1 und Assistent 2 bedeutend stärker als Assistent 3, so ist es theoretisch nur eine Frage der Wahl von n, dass auch in dieser Konstellation Assistent 3 stets als Sieger aus solch einem Kräftemessen hervorgeht.

Bemerkungen

Je nach Länge der Besenstiele oder Stativstangen kann man auch vier Personen gegen eine Person antreten lassen, sofern das Seil genügend Windungen zulässt, ohne zu stark zu reiben: Einerseits macht dies das Experiment eindrucksvoller, andererseits stabilisieren vier Hände an jedem der beiden Besenstiele die Experimentieranordnung, die bei lediglich drei Personen immer etwas windschief geraten wird.
Das Experiment demonstriert eindrucksvoll und für die beteiligten Personen „erlebbar" die so genannte „Goldene Regel der Mechanik":

„Was an Kraft eingespart wird, geht an Weg verloren und umgekehrt",

in welcher die Unabhängigkeit der Arbeit von der Art ihrer Verrichtung zum Ausdruck kommt.
Die bei diesem Experiment unerwünschte, unerwartet große Reibung von Seil und Besenstiel ist von entscheidender Bedeutung für das Vertäuen von Booten und Schiffen an Pollern. Ein interessanter Artikel zu diesem Phänomen ist [*Kern* 1985].

Literatur

Hahn, H.: Physikalische Freihandversuche, Band 1, Verlag Otto Saale, Braunschweig 1907

Kern, H.: Physik und Didaktik 14/2 (1986), S. 153-161

Zeier, E.: Physikalische Schulversuche, Freihandversuche, kleine Experimente, Aulis Verlag Deubner, Köln 1986

Walpole, B.: Experimente, Tricks und Tips zum Verständnis der Natur, Lernen und Wissen im Spiel und mit Spaß, Südwest Verlag GmbH & Co. KG, München 1990

zu Bemerkungen:

Kern, H.: Physik und Didaktik 13/3 (1985), S. 192-200

1.3 Elastische und plastische Verformung eines Drahtes

Je nach Größe der Belastung kann ein Draht elastisch oder plastisch verformt werden.

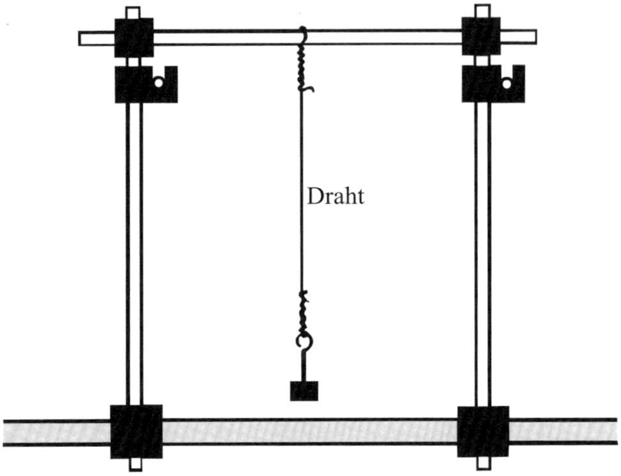

Abb. 1

Material

- Stativmaterial
- Konstantandraht (Länge: 1 – 1,5 m)
- Gewichtstück (ca. 200 g), evtl. mit Halter
- Lineal
- Wassereimer
- Paketkordel

Aufbau und Durchführung

Wie in Abbildung 1 gezeigt, wird ein Konstantandraht an einer Stativstange befestigt und an sein unteres Ende ein kleines Gewichtstück gehängt, so dass der Draht gerade angespannt ist und noch einige Zentimeter zwischen dem Gewichtstück und der Tischoberfläche verbleiben. Dehnt man den Draht um ca. 1 cm nach unten, indem man an dem Gewichtstück zieht, so kehrt sein unteres Ende bei Entlastung wieder zu seiner ursprünglichen Höhe zurück. Dies kann von einem Assistenten an einem Lineal abgelesen werden, das er während der Be- und Entlastung des Drahtes neben das untere Ende des Gewichtstücks hält. Dehnt man den Draht so weit, dass das Gewichtstück auf dem Tisch zu stehen kommt, bleibt der Draht auch nach Entlastung gedehnt und das Gewichtstück auf dem Tisch stehen.

Nun befestigt man die horizontale Stativstange, an der der Draht befestigt ist, so an den beiden vertikalen Stativstangen, dass das Gewichtstück jenseits der Tischkante in der Luft hängt. An dem Gewichtstück wird mit einer Paketkordel ein leerer Wassereimer befestigt. Füllt man ihn langsam mit Wasser, so fängt der Draht an zu fließen. Gibt man weiteres Wasser hinzu, bricht der Draht.

Erklärung

Zur Beschreibung des Verhaltens von Körpern unter dem Einfluss dehnender Kräfte bedient man sich folgender Größen:

$$\varepsilon = \frac{\Delta L}{L}$$

(ε: Dehnung oder relative Längenänderung; ΔL: absolute Längenänderung; L: ursprüngliche Länge des Körpers)

$$\sigma = \frac{F_N}{A}$$

(σ: Normal(-Zug)-Spannung; A: Querschnittsfläche des Körpers; F_N: Betrag der zur Fläche A normalen Kraft)
Im Experiment entspricht die absolute Längenänderung ΔL den wenigen Zentimetern, um die der Draht zunächst gedehnt wird, die Länge L der anfänglichen Länge des Drahtes, der Betrag F_N der Normalkraft dem Betrag der Kraft, mit der man in Richtung des Drahtes, also senkrecht nach unten, am Draht zieht (zuzüglich dem Betrag der Gewichtskraft des Gewichtstücks), und die Fläche A schließlich der Querschnittsfläche des Drahtes. Der Zusammenhang von ε und σ wird durch eine Materialkonstante, den so genannten Elastizitätsmodul E, bestimmt:

$$\varepsilon = \frac{1}{E}\sigma \Leftrightarrow \sigma = E\,\varepsilon$$

Trägt man σ gegen ε auf, erhält man das in Abbildung 2 wiedergegebene Diagramm. Die darin vorkommenden Symbole R_p und R_m sind international genormt, wobei R für „resistance" steht. Da bei der aufgetragenen Kurve für A der Querschnitt des unverformten Drahtes, also eine Konstante, eingesetzt wird, wird letztendlich ein Maß für die am Draht angreifende Kraft gegen die relative Längenänderung aufgetragen. Da in der Praxis der Draht während der Belastung jedoch sehr wohl seinen Querschnitt ändert, müssen für die Berechnung von Verformungsprozessen Kurven aufgenommen werden, die auch diese Querschnittsänderung berücksichtigen.
Vom Ursprung bis zum Punkt P verläuft die Kurve auf einer Geraden, der so genannten Hooke'schen Geraden. Der Punkt P kennzeichnet die so genannte Proportionalitätsgrenze, bis zu der das auf den englischen Physiker *Robert Hooke* (1635-1703) zurückgehende Gesetz für den Draht Gültigkeit besitzt, welches besagt, dass die Kraft der Auslenkung direkt proportional, d. h. E konstant ist. Zwischen P und der Dehngrenze R_p ist der Zusammenhang zwischen ε und σ nicht mehr linear, es treten Terme in σ höherer Ordnung hinzu ($\varepsilon = c_1\sigma + c_2\sigma^2 + \ldots$), d. h. die Verformungen sind größer als nach dem Hooke'schen Gesetz vorausgesagt. Dennoch sind die Verformungen bis zur Dehngrenze alle elastischer Natur, d. h., die im Experiment erfolgte Dehnung des Drahtes um ca.

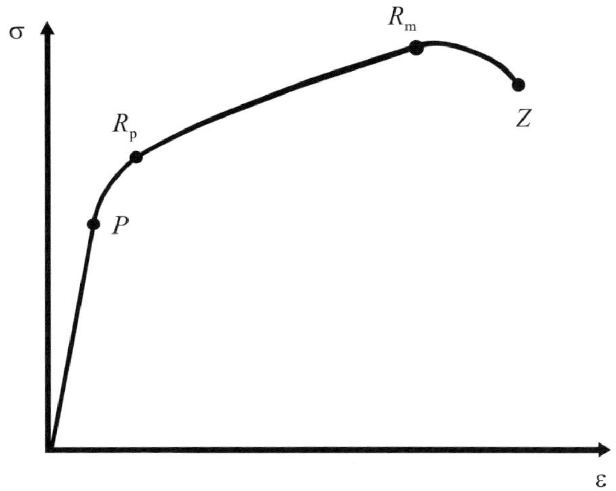

Abb. 2

1 cm liegt noch unterhalb der Dehngrenze. Jenseits der Dehngrenze ist eine Verformung des Drahtes stets plastisch, also bleibend. Man sagt, der Draht „fließt". Dies wird im Experiment beim Herunterziehen des Gewichtstücks bis auf den Tisch, besonders gut aber bei der kontinuierlichen Erhöhung der Belastung durch Füllen des Wassereimers beobachtet, während der sich der Draht um mehrere Zentimeter verlängert. Die überproportionale Dehnung des Drahtes hält bis zum Erreichen der so genannten Zugfestigkeit R_m an. In diesem Punkt hat der Draht seine höchste Festigkeit angenommen. Bei Überschreitung der Zugfestigkeit beginnt der Draht, der bisher seinen Querschnitt gleichmäßig verkleinert und seine Länge gleichmäßig vergrößert hat, sich an einer Stelle einzuschnüren, an der er kurz darauf bricht (Bruch am Punkt *Z* der Kurve). Der gesamte Vorgang vom Ursprung bis zum Punkt *Z* wird Bruchdehnung genannt.

Bemerkungen

Für das Experiment lassen sich die genauen Verhältnisse der Längenänderung des Drahtes zu seiner Gesamtlänge am einfachsten durch Ausprobieren ermitteln: Man zieht beim ersten Mal sachte und beim zweiten Mal nicht ruckhaft, aber kontinuierlich fester. Voraussetzung für ein Gelingen sind dabei eine gute Befestigung sowohl der Stativstangen mit Schraubklemmen an der Tischkante als auch des Drahtes (entweder mit einer aus dem Draht geformten Schlaufe oder durch Einklemmen des Drahtes mittels einer Muffe) an der Querstange. Für das Umhängen der Querstange kann man, wie in Abbildung 1 gezeigt, bereits zwei kleine Stativstangen so mit Muffen versehen an den vertikalen Stativstangen anbringen, dass die Querstange lediglich in die freien Muffen gelegt werden muss. Die Paketkordel sollte bereits am Henkel des Wassereimers befestigt und mit einer vorgefertigten Schlinge versehen sein, die man nur noch um das Gewichtstück legen und zuziehen muss.
Für Drähte aus anderen Materialien gilt prinzipiell das Gleiche, nur müssen die Abmessungen und Belastungen auf Grund der unterschiedlichen Elastizitätsmodule verschiedener Metalle und Legierungen jeweils dem Material angepasst werden.

Literatur
zur Erklärung:

Gobrecht, H.; Gobrecht, J. H.; Gobrecht, K. H.: Bergmann-Schäfer, Lehrbuch der Experimentalphysik, Band 1, Mechanik, Akustik, Wärme, Walter de Gruyter Verlag, Berlin 1990, S. 271-273

1.4 Wo reißt der Faden?

Ein schwerer Gegenstand, der an einem Faden aufgehängt ist, beeinflusst durch seine Trägheit das Reißen des Fadens.

Material

- Faden, den man mit der Hand auseinanderreißen kann (Länge: ca. 2 m)
- schwerer Gegenstand, z. B. Holzklotz oder Gewichtstück (0,5 – 1 kg)
- evtl. Stativmaterial

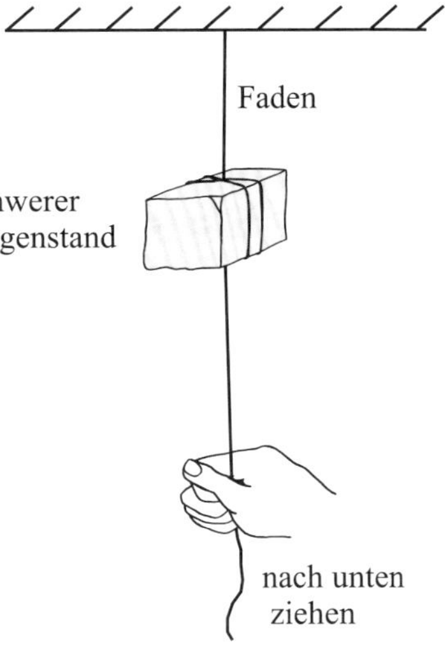

Abb.1

Aufbau und Durchführung

Ein 1 m langer Faden wird an einer festen Aufhängung angebracht, die sich mindestens 1 m über dem Boden befindet (evtl. aus Stativstangen zusammenbauen). In der Mitte des Fadens wird ein schwerer Gegenstand befestigt, indem man den Faden um den Gegenstand wickelt und verknotet. Falls es möglich ist, kann man auch je einen 50 cm langen Faden oben und unten an den Gegenstand binden.
Zieht man *langsam* am unten herabhängenden Faden nach unten (siehe Abb. 1), so reißt der Faden oberhalb des Gegenstands. Zieht man bei derselben Anordnung *ruckartig* am unteren Faden, so reißt der Faden unterhalb des Gegenstands.

Erklärung

Beim langsamen Ziehen wirken auf den oberen Faden die Gewichtskraft des schweren Gegenstands und die Zugkraft, auf den unteren Faden dagegen nur die Zugkraft. Daher reißt bei genügend starkem Ziehen der obere Faden. Beim ruckartigen Ziehen wird der aufgehängte Gegenstand durch die aufgewandte Kraft nach dem Grundgesetz der Mechanik beschleunigt. Infolge der Trägheit auf Grund der Masse des schweren Gegenstands wird dieser aber nur geringfügig beschleunigt. Die zur Beschleunigung des Gegenstands benötigte Kraft fehlt als Zugkraft am oberen Teil des Fadens, so dass er noch nicht bis zur Zerreißgrenze gespannt ist, während der untere Faden bereits durchreißt. Daher reißt beim ruckartigen Ziehen der untere Faden.

Bemerkungen

Ähnliche Experimente zu dieser Thematik sind „Die stabilen Papierschlaufen“ und „Die schwere Zeitung“.

Literatur

Moisl, F.: Schüler-Experimentierbuch Physik 1, Ravensburger Taschenbücher, Ravensburg 1982

Zeier, E.: Physikalische Schulversuche, Freihandversuche, kleine Experimente, Aulis Verlag Deubner, Köln 1986
Press, H. J.: Spiel das Wissen schafft: 100 interessante Experimente aus Natur und Technik – spielend ausführen, Ravensburger Taschenbücher, Ravensburg 1992
Wittmann, J.: Trickkiste 2, Verblüffende Experimente zum Selbermachen, Bayerischer Schulbuch Verlag, München 1993

1.5 Der geteilte Apfel

Ein Apfel wird mit einem Messer nach dem Grundgesetz der Mechanik durchgeschnitten.

Material

- Apfel, Birne oder Kartoffel
- stabiles Messer
- Hammer oder anderer Gegenstand, um Schläge auszuführen

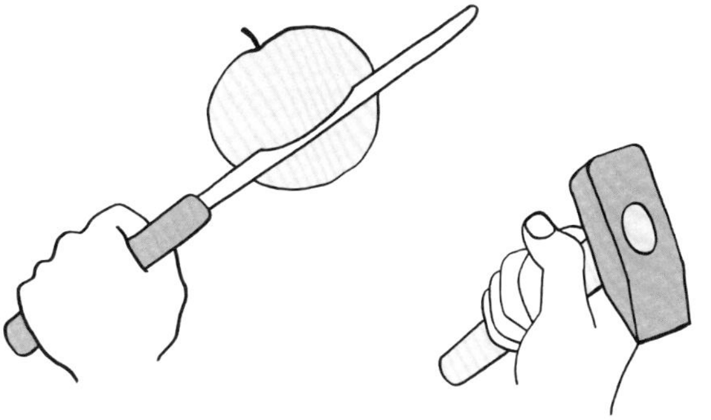

Abb.1

Aufbau und Durchführung

Mit einem Messer wird so weit in das Fleisch eines Apfels geschnitten, dass er beim Anheben des Messers nicht von der Klinge rutscht. Mit einem Hammer schlägt man gegen die im Apfel steckende Klinge (siehe Abb. 1); notfalls genügen auch kräftige Schläge mit der Handkante, was allerdings wehtun kann. Nach wenigen Schlägen hat sich der Apfel geteilt.

Erklärung

Die Reibungskraft auf das Messer im Apfel ist geringer als die auf die Klinge ausgeübte Kraft während des Schlags. Dadurch erfährt das Messer auf Grund seiner kleinen Masse nach dem Grundgesetz der Mechanik eine große Beschleunigung. Die Kraft des Messers auf den Apfel, die dem Betrage nach gleich der Reibungskraft ist, beschleunigt den Apfel wegen seiner sehr großen Masse nur sehr wenig. Der Apfel bleibt praktisch stehen, während sich die Messerklinge in den Apfel schiebt.

Bemerkungen

Mit einem ähnlichen Experiment hat der italienische Physiker *Galileo Galilei* (1564-1642) im 16. Jahrhundert nachgewiesen, dass jeder Körper einer Veränderung seiner Lage oder Bewegung einen Widerstand entgegensetzt: seine Trägheit.

Literatur

Press, H. J.: Spiel das Wissen schafft: 100 interessante Experimente aus Natur und Technik – spielend ausführen, Ravensburger Taschenbücher, Ravensburg 1992

1.6 Die stabilen Papierschlaufen

Die elastischen Eigenschaften und die Massenträgheit einer Holzleiste verhindern, dass zwei Papierschlaufen bei einem starken Schlag reißen.

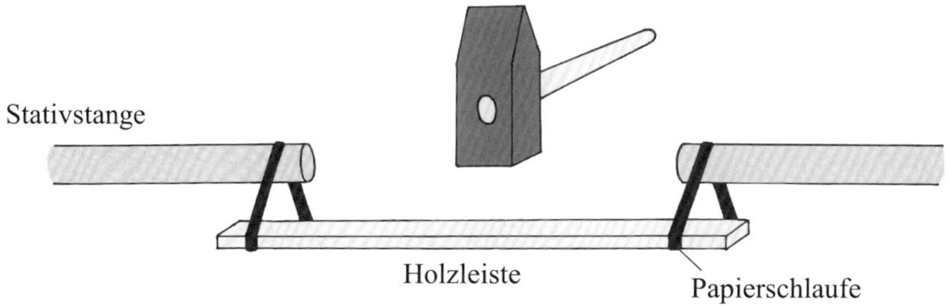

Abb. 1

Material

- Holzleiste aus sprödem Holz, z. B. Spanplatte oder Birnbaumholz (Länge: 60 – 100 cm; Querschnitt: 15 mm × 30 mm)
- 2 Papierstreifen (Länge: 40 cm; Breite: 1 – 2 cm)
- Hammer
- 2 Stativstangen

Aufbau und Durchführung

Zwei Stativstangen werden waagrecht so befestigt, dass ihre Enden einen Abstand haben, der etwas geringer ist als die Länge der Holzleiste. Zwei Papierstreifen werden jeweils zu einer Schlaufe zusammengeklebt und an die Enden der Stativstangen gehängt. Die Holzleiste legt man durch die Papierschlaufen (siehe Abb. 1). Schlägt man mit einem Hammer kräftig auf die Mitte der Holzleiste, so bricht die Leiste, während die Papierschlaufen nicht reißen.
Es ist auch möglich, die Holzleiste zu durchschlagen, wenn man sie frei fallen lässt und während des Fallens schlägt.

Erklärung

Durch den Schlag mit dem Hammer wird die Holzleiste während der kurzen Schlagdauer auf Grund ihrer elastischen Eigenschaften nicht als Ganzes gemäß dem Trägheitsgesetz beschleunigt, sondern lokal deformiert. Während sich nach beiden Seiten längs der Leiste eine Deformationswelle ausbreitet, erreicht die Deformation im Bereich der Aufschlagstelle die Elastizitätsgrenze und bricht, bevor die Welle an den Auflagestellen angelangt ist. Nachdem die Leiste durchgebrochen ist, drehen sich die beiden entstandenen Teilstücke um ihre jeweiligen Schwerpunkte, so dass die Enden der Holzleiste in den Papierschlaufen angehoben werden. Die Papierschlaufen werden also während des gesamten Schlagvorgangs nicht wesentlich belastet. Schlägt man jedoch zu zaghaft (Schlagdauer größer als Laufzeit der Deformation von der Mitte zum Ende der Leiste), so bewegt sich die gesamte Holzleiste mit dem Hammer mit. Dadurch ergibt sich eine Kraftwirkung auf die Papierschlaufen, die sie reißen lässt.

Bemerkungen

Noch eindrucksvoller lässt sich das Experiment gestalten, indem man die Holzleiste auf zwei Weingläser legt und dann mit einem Hammer auf die Mitte der Leiste schlägt, so dass die Leiste zerbricht, die Weingläser dagegen unbeschädigt bleiben. Das Experiment kann jedoch leicht misslingen, falls der Schlag zu zaghaft ausgeführt wird, die Holzleiste zu robust ist oder die Weingläser leicht zerbrechlich sind.
Experimente mit ähnlicher Thematik sind „Wo reißt der Faden?“ und „Die schwere Zeitung“.

Literatur

Wittmann, J.: Trickkiste 1, Experimente, wie sie nicht im Physikbuch stehen, Bayerischer Schulbuch Verlag, München 1986
Zeier, E.: Physikalische Schulversuche, Freihandversuche, kleine Experimente, Aulis Verlag Deubner, Köln 1986
Melenk, H.; Runge, U.: Verblüffende physikalische Experimente, Aulis Verlag Deubner, Köln 1991

1.7 Das attraktive Glas

Der Impulsübertrag von einem beschleunigten Blatt Papier auf eine zunächst ruhende Münze ist proportional zur Zeit, während der das beschleunigte Blatt eine Kraft auf die Münze ausüben kann.

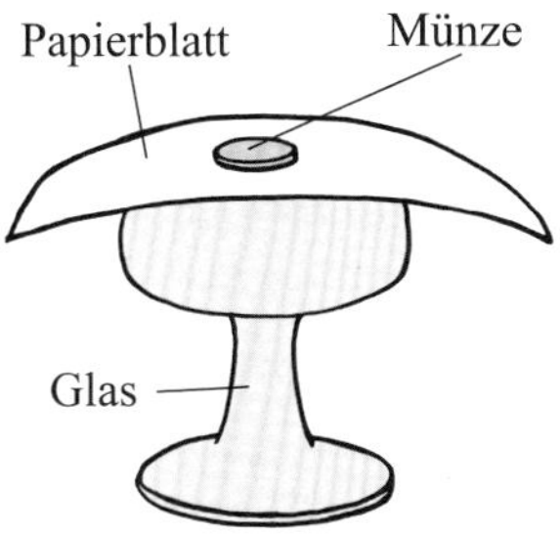

Abb. 1

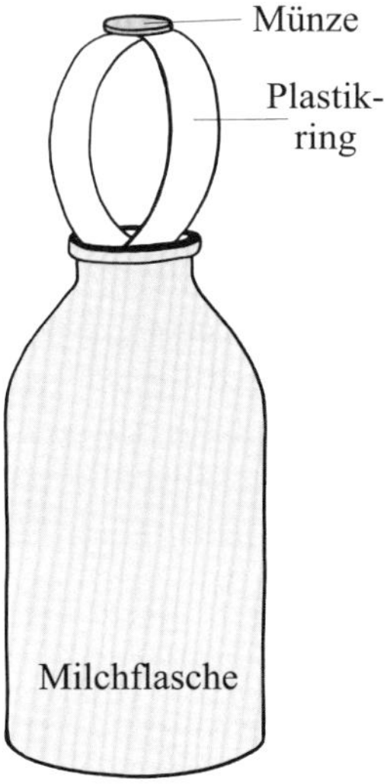

Abb. 2

Material

- Trinkglas
- Blatt Papier
- Münze oder Gegenstand vergleichbarer Größe
- evtl. Milchflasche oder Flasche mit ähnlich breitem Hals oder Glas mit kleiner Öffnung
- evtl. Plastikflasche und Schere

Aufbau und Durchführung

Auf ein Trinkglas wird ein Blatt Papier und darauf eine Münze gelegt (siehe Abb. 1). Die Münze muss über der Glasöffnung liegen. Zieht man das Papier schnell weg, fällt die Münze ins Glas.

Eine interessante Variante des Experiments: Aus einer Plastikflasche schneidet man einen Plastikring heraus und legt ihn auf eine Flasche (siehe Abb. 2). Auf dem Ring platziert man eine Münze. Hält man seinen Zeigefinger in die Mitte des Plastikrings und schlägt damit schnell den Ring beiseite, fällt die Münze in die Flasche. Schlägt man schnell auf die Außenseite des Rings, fällt die Münze neben die Flasche.

Erklärung

Zieht man das Blatt mit einer Kraft, die größer als die Kraft der Haftreibung zwischen Papier und Münze ist, erhält die Münze relativ zum Papierblatt (d.h. im System Papierblatt) den Impuls

$$p = (F - F_R)\ t = (F - \mu_G mg)\ t.$$

(F: Betrag der Kraft, die das Papier beschleunigt; F_R: Betrag der Reibungskraft, die zwischen dem Papier und der Münze wirkt; μ_G: Gleitreibungskoeffizient einer Münze auf Papier; m: Masse der Münze; g: Betrag der Erdbeschleunigung; t: Dauer der Kraftwirkung)

Ist die Kraft kleiner, bleibt die Münze auf dem Papier haften ($p = 0$). Die daraus resultierende Ortsverschiebung der Münze reicht im Experiment nicht aus, um den Bereich über dem Glas zu verlassen. Die Münze fällt ins Glas.

Wird der Plastikring an der Innenseite weggeschlagen, verformt er sich oval mit großer Halbachse in horizontaler Richtung (siehe Abb. 3). Geschieht die Verformung hinreichend schnell, wird der Münze quasi die Unterlage entzogen, und sie kann frei in die Flasche fallen.

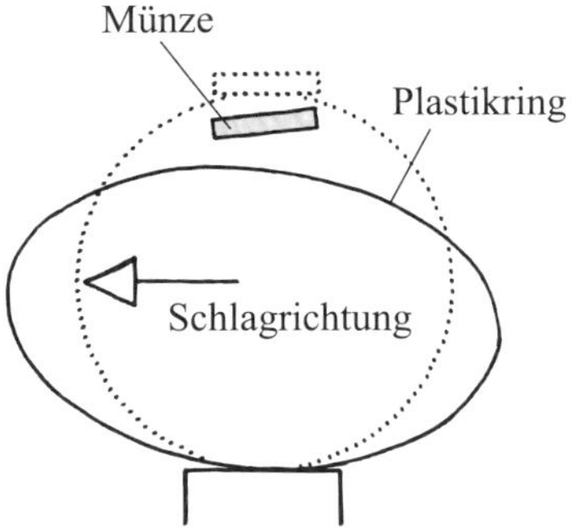

Abb. 3

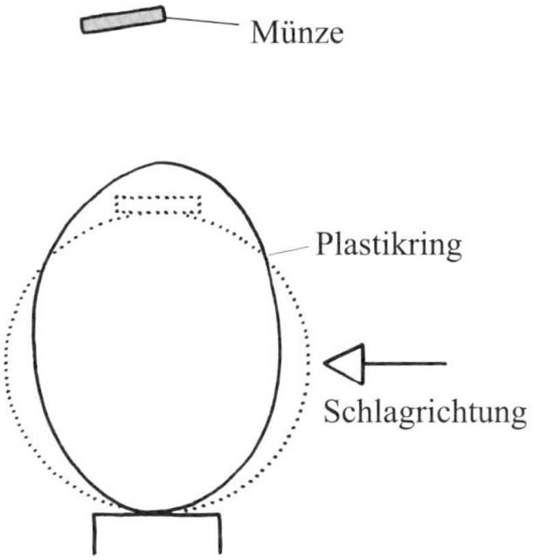

Abb. 4

Wird der Ring dagegen auf der Außenseite angeschlagen, verformt er sich oval mit großer Halbachse in vertikaler Richtung (siehe Abb. 4). Im Gegensatz zum ersten Fall beginnt die Münze jetzt zu rutschen, noch ehe der Plastikring ganz weggeschlagen ist. Sie wird durch die Verformung des Rings noch etwas seitlich beschleunigt und verfehlt die Flaschenöffnung.

Literatur

o. L.

1.8 Stoßende Münzen

Beim elastischen Stoß zweier gleicher Münzen überträgt die eine Münze ihren Impuls auf die andere.

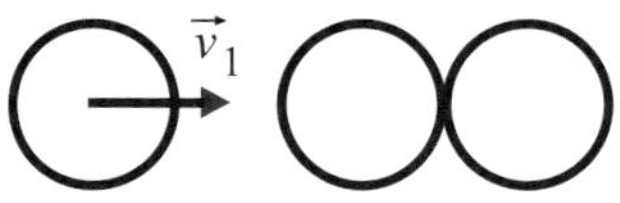

Abb. 1

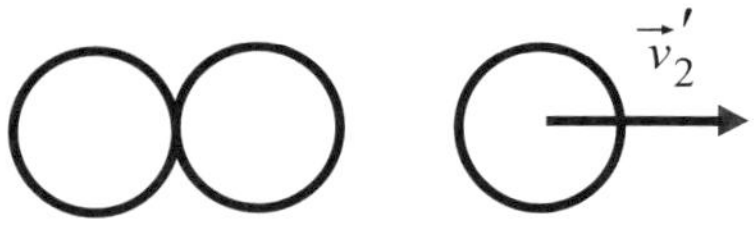

Abb. 2

Material

- mindestens 3 gleiche Münzen

Aufbau und Durchführung

Zwei Münzen werden hintereinander gelegt. Eine dritte Münze wird in einer Reihe mit den ersten beiden Münzen ca. 10 cm vor einer der beiden anderen Münzen positioniert (siehe Abb. 1). Diese einzelne Münze schnippt man mit dem Finger zentral auf eine der beiden Münzen. Die andere der beiden Münzen wird dabei von der mittleren Münze wegkatapultiert. Die anderen beiden Münzen bleiben in der Reihe liegen (siehe Abb. 2).

Erklärung

Impuls und Energie der geschnippten Münze werden durch den elastischen Stoß mit der ersten Münze in der Reihe auf diese erste Münze übertragen. Aus der Energie- und Impulserhaltung erhält man die folgenden resultierenden Geschwindigkeitsbeträge:

$$v_1 = \frac{(m_1 - m_2)\, v_1 + 2\, m_2\, v_2}{m_1 + m_2}; \qquad v_2 = \frac{(m_2 - m_1)\, v_2 + 2\, m_1\, v_1}{m_1 + m_2}$$

(v_1, v_1: Geschwindigkeitsbeträge der stoßenden Münze vor bzw. nach dem Stoß; v_2, v_2: Geschwindigkeitsbeträge der gestoßenen Münze vor bzw. nach dem Stoß; m_1, m_2: Massen dieser Münzen)

Besitzen stoßende und gestoßene Münze – wie im Experiment – dieselbe Masse, erhält man $v_1 = v_2 = 0$ und $v_2 = v_1$, d. h. der gesamte Impuls und die gesamte Energie werden von der stoßenden auf die gestoßene Münze übertragen. Eine analoge Rechnung für den Stoß der mittleren Münze mit der letzten Münze ergibt, dass der gesamte Impuls der mittleren Münze auf die letzte Münze übertragen wird. Die dritte Münze kann mit keiner anderen mehr zusammenstoßen und wird deshalb aus der Reihe katapultiert.

Bemerkungen

Den Unterschied zwischen zentralem und dezentralem Stoß kann man gut auf einem Overheadprojektor zeigen: Eine mit Mehl bestäubte Glasplatte wird auf den Overheadprojektor gelegt. Die zwei Münzen positioniert man auf der Platte und schnippt eine auf die andere. Den Stoßwinkel kann man mit einem Geodreieck anhand der Schleifspuren nachmessen.

Vertieft werden die Stoßgesetze im Experiment „Der standhafte Nagel“ behandelt.

Literatur

Oberdorfer, G.: Zytglogge Werkbuch, Das springende Ei und andere Experimente für die fünf Sinne, Zytglogge-Verlag, Gümmlingen Bonn Wien 1991

zu Bemerkungen:

Bauer, N.: Versuchssammlung für die Vorlesungen in Experimentalphysik an der Universität Augsburg, o.V., Augsburg 1992

1.9 Der standhafte Nagel

Mit vier gleichen Kugeln werden zwei annähernd gleiche Stoßexperimente durchgeführt, deren Resultate jedoch vollständig unterschiedlich sind.

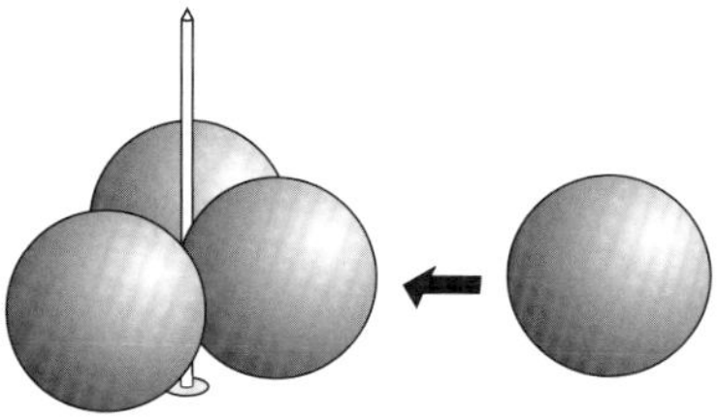

Abb. 1

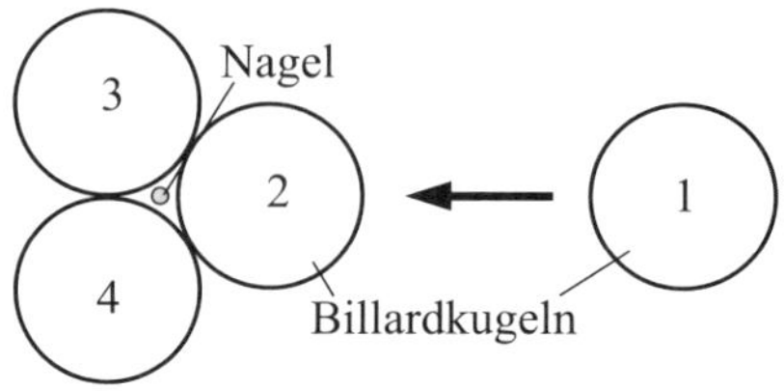

Abb. 2

Material

- 4 Billardkugeln oder Kugeln ähnlicher Größe
- größerer Nagel
- Tisch oder andere ebene Unterlage

Aufbau und Durchführung

Man legt drei Billardkugeln auf einen Tisch, so dass deren Mittelpunkte ein gleichseitiges Dreieck bilden. Ein Nagel wird auf seinem Kopf in die Mitte des „Kugeldreiecks" gestellt (siehe Abb. 1 und Abb. 2 (Aufsicht)). Mit einer weiteren Billardkugel schießt man zentral auf eine der drei Kugeln im Dreieck. Wenn sich die Kugeln im Dreieck berühren, kommt die angestoßene Kugel nicht ins Rollen, der Nagel bleibt stehen und die anderen beiden Kugeln entfernen sich. Berühren sich die Kugeln im Dreieck nicht, sondern befindet sich ein kleiner Spalt (ca. 2 mm bei echten Billardkugeln) zwischen den Kugeln, dann kommt auch die angestoßene Kugel ins Rollen, und der Nagel in der Mitte wird umgestoßen.

Erklärung

Der Impuls der stoßenden Kugel 1 (Nummerierung wie in Abbildung 2) wird direkt auf die Kugel 2 übertragen (zentraler Stoß). Da Kugel 1 und Kugel 2 die gleiche Masse besitzen, ist der Impuls von Kugel 2 nach dem Stoß gleich dem Impuls von Kugel 1 vor dem Stoß.

1. Fall: *Die Kugeln im „Dreieck" berühren sich*

Berühren sich die Kugeln 2, 3 und 4, so überträgt Kugel 2 ihren Impuls direkt auf die Kugeln 3 und 4. Kugel 3 und Kugel 4 bewegen sich nach dem Stoß in Richtungen, die jeweils einen Winkel von 30° mit der Richtung der Kugel 2 vor dem Stoß bilden (siehe Abb. 3(a): vor dem Stoß der Kugel 2 mit den Kugeln 3 und 4, Abb. 3(b): nach dem Stoß; dabei stellt $\vec{v_2}$ den Geschwindigkeitsvektor der Kugel 2 vor dem Stoß, $\vec{v_2}$ den Geschwindigkeitsvektor der Kugel 2 nach dem Stoß und $\vec{v}_3$ und $\vec{v}_4$ die Geschwindigkeitsvektoren der Kugeln 3 und 4 nach dem Stoß dar).

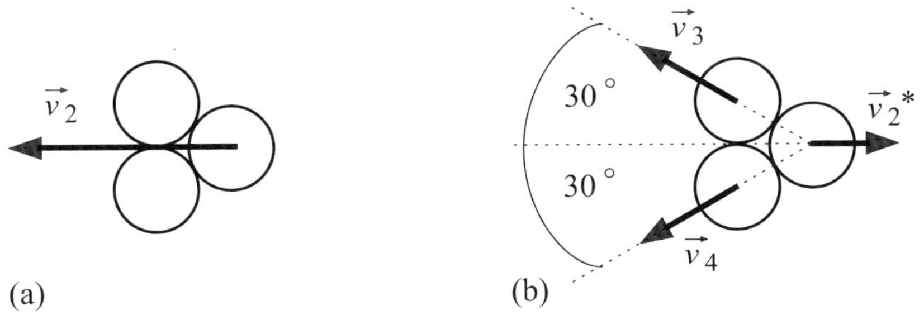

Abb. 3

Betrachtet man nur die Impulskomponenten in Richtung der Kugel 2 vor dem Stoß, so gilt nach dem Impulserhaltungssatz:

$$-m\,v_2^* + m\frac{1}{2}\sqrt{3}\,v_3 + m\frac{1}{2}\sqrt{3}\,v_4 = m\,v_2 \qquad (1)$$

(m: Masse jeder Kugel; v_2, v_3, v_4: Geschwindigkeitsbeträge der Kugeln 2, 3 und 4 nach dem Stoß; v_2: Geschwindigkeitsbetrag der Kugel 2 vor dem Stoß)
Die Energieerhaltung verlangt:

$$\frac{1}{2}m\,(v_2^*)^2 + \frac{1}{2}m\,v_3^2 + \frac{1}{2}m\,v_4^2 = \frac{1}{2}m\,v_2^2 \qquad (2)$$

Da angenommen werden kann, dass v_3 und v_4 gleich groß sind (die Kugeln 3 und 4 bewegen sich nach dem Stoß spiegelsymmetrisch zur Impulsrichtung von Kugel 2 vor dem Stoß), folgt aus Gleichung (1) und (2):

$$v_2^* = \frac{1}{5}\,v_2 \text{ und } v_3 = \frac{2}{5}\,v_2\sqrt{3}$$

Die Kugel 2 bewegt sich also nach dem Stoß mit $\frac{1}{5}$ ihrer Geschwindigkeit und entgegengesetzt ihrer Richtung vor dem Stoß. Sie stößt sofort wieder zentral mit Kugel 1 zusammen. Danach bleibt Kugel 2 in Ruhe und Kugel 1 bewegt sich vom Nagel weg. Auch die Kugeln 3 und 4 bewegen sich vom Nagel weg. Der Nagel bleibt stehen.

2. Fall: *Die Kugeln im „Dreieck" berühren sich nicht*
Berühren sich die Kugeln 2, 3 und 4 nicht, so stößt Kugel 1 zunächst mit Kugel 2 zusammen, die sich jetzt wirklich auf den Nagel zu bewegt. Es ist sehr unwahrscheinlich, dass die Kugel 2 die Kugeln 3 und 4 gleichzeitig stößt. Sie wird also eine der beiden Kugeln zuerst stoßen; angenommen Kugel 3. Es handelt sich um einen nicht-zentralen Stoß (siehe Abb. 4).
Nach dem Stoß besitzt die Kugel 2 den Geschwindigkeitsvektor $\vec{v}_2^{\,*}$. Kugel 2 stößt daraufhin mit Kugel 4 (siehe Abb. 5) und besitzt nach dem Stoß den Geschwindigkeitsvektor $\vec{v}_2^{\,**}$. Wie ersichtlich, hat Kugel 2 immer noch eine Bewegungskomponente in ihrer

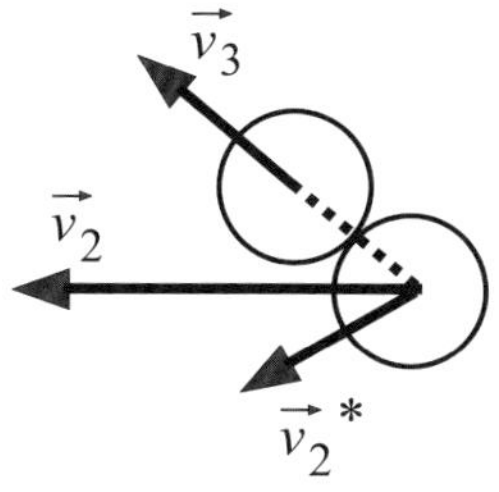

Abb. 4

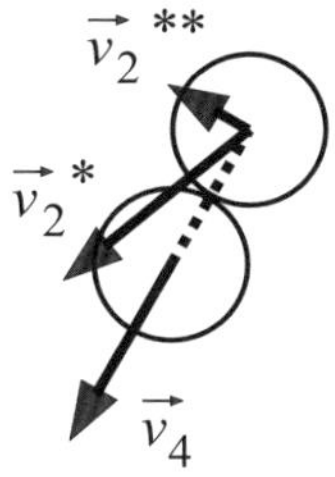

Abb. 5

Richtung vor dem Stoß mit Kugel 3, also auf den Nagel zu. Kugel 2 berührt schließlich den Nagel und stößt ihn um.

Bemerkungen

Dieses Experiment kann man gut als Wette beim Billardspielen verwenden. Man legt drei Kugeln (ohne dass sie sich berühren) in der bekannten Form auf den Billardtisch und stellt einen Nagel in die Mitte. Schießt man vor Zuschauern mit einer weiteren Kugel auf eine der drei Kugeln, fällt der Nagel wie erwartet um. Danach fordert man einen Zuschauer als Gegenspieler auf, es einem nachzumachen. Man legt jetzt die Kugeln (peinlichst genau!) so, dass sie sich berühren. Der Gegenspieler wird an der vermeintlich leichten Aufgabe, auch bei Wiederholung, verzweifeln.
Im Fall einer Wette ist darauf zu achten, dass der Kugelabstand beim eigenen Experiment nicht zu groß ist, so dass der Gegenspieler den Zwischenraum zwischen den Kugeln 2, 3 und 4 nicht bemerkt und Verdacht schöpft. Er muss aber immer noch groß genug sein, dass der Nagel umfällt.
Eine einfachere Anwendung der Stoßgesetze findet man im Experiment „Stoßende Münzen".

Literatur

Gardner, M.: The Physics Teacher 33/4 (1995), S. 220

1.10 Hupfbälle

Die Erhaltung von Impuls und Energie wird anhand des annähernd elastischen Stoßes von zwei Hupfbällen demonstriert.

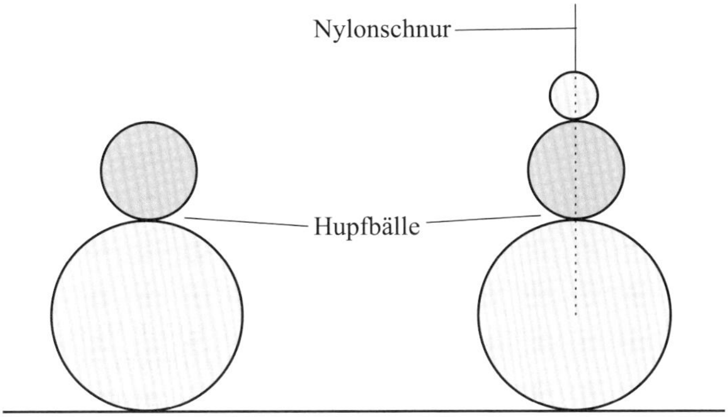

Abb. 1 Abb. 2

Material

- 2 verschieden oder gleich große Hupfbälle (auch Superbälle, Flummis, Vollgummibälle, etc. genannt)
- evtl. ein dritter, zu den ersten beiden verschieden großer Hupfball
- evtl. Nylonschnur
- evtl. Bunsenbrenner, Nadel, Zange, Alleskleber oder Sekundenkleber
- evtl. Sitzball (Durchmesser: ca. 70 cm; in Sanitätsgeschäften und bei manchen Krankenkassen erhältlich)
- evtl. kompakter Gegenstand (ca. 200 g)

Aufbau und Durchführung

Zwei verschieden große Hupfbälle werden aufeinander gelegt (der größere der beiden befindet sich dabei unten; siehe Abb. 1) und fallen gelassen. Werden die Schwerpunkte der beiden Bälle etwa senkrecht übereinander platziert, springt der untere Ball nicht mehr sehr hoch, während der obere Ball enorme Höhen erreicht.
Hat man drei unterschiedliche Hupfbälle zur Verfügung, ist die Durchführung nicht mehr ohne weiteres möglich (die Justierarbeit ist ungleich schwerer!!!). Hier kann man folgendermaßen vorgehen: Den größten der drei Bälle bohrt man mit einer heißen Nadel bis etwa zum Mittelpunkt an und klebt (mit Alleskleber) eine Nylonschnur in die entstandene Bohrung. Die anderen beiden Bälle werden entlang eines Durchmessers mit einer heißen Nadel durchbohrt und dann der Größe nach auf die Nylonschnur des

größten Balls aufgereiht (siehe Abb. 2). Die Nylonschnur sollte noch etwa 1 cm aus dem kleinsten Ball herausragen. Dieses Konstrukt wird an dem hervorstehenden Faden gehalten und, sobald es in Ruhe ist, fallen gelassen. Die unteren beiden Bälle erreichen keine nennenswerten Höhen. Von der Höhe, die der oberste der Bälle erreicht, wird man überrascht sein.

Erklärung

Der untere Ball schlägt vor dem oberen Ball auf dem Boden auf und wird im Idealfall ohne Reibungsverluste reflektiert. Dann stoßen die beiden Bälle (mit gleichem Geschwindigkeitsbetrag und entgegengesetzter Richtung) elastisch. In der Realität wandelt der untere Ball durch Reibung beim Aufprall am Boden und beim Stoß mit dem anderen Ball etwas kinetische Energie in innere Energie um, so dass der Stoß nicht völlig elastisch ist. Wendet man den Impuls- und Energieerhaltungssatz an, so erhält man für zwei Bälle:

$$v'_2 = \frac{2\,v_1 + (q-1)\,v_2}{(1+q)} \quad \text{wobei } q = \frac{m_2}{m_1}$$

(m_1: Masse des größeren Balls; m_2: Masse des kleineren Balls; v_1:Geschwindigkeitsbetrag des größeren Balls vor dem Stoß; v_2, v'_2: Geschwindigkeitsbeträge des kleineren Balls vor bzw. nach dem Stoß)

Mit $v_1 = -\,v_2 = v$ (wobei v den Betrag der Geschwindigkeit der Bälle knapp vor dem Boden, also den Betrag der Endgeschwindigkeit angibt), folgt:

$$v'_2 = \frac{(3-q)}{(1+q)}\,v$$

Nimmt man für $q = \frac{1}{3}$ an, so erreicht der obere Ball etwa das Vierfache der Ausgangshöhe. Für den dreifachen Hupfball erhält man mit obigen Annahmen aus Impuls- und Energieerhaltung:

$$v'_3 = \frac{\frac{2\,(3-q_1)}{1+q_1} + (1-q_2)}{1+q_2}\,v \quad \text{wobei } q_1 = \frac{m_2}{m_1} \text{ und } q_2 = \frac{m_3}{m_2}$$

(m_3: Masse des kleinsten Balls; v'_3: Geschwindigkeitsbetrag des obersten Balls, der als kleinster Ball angenommen wird)

Nimmt man die Massen $m_1 : m_2 : m_3 = 8 : 3 : 1$ an, so steigt der oberste Ball elfmal höher als seine Ausgangslage!

Bemerkungen

Das Experiment lässt sich auch mit einem großen Sitzball und einem schweren Gegenstand, den man oben auf den Ball legt, durchführen (siehe Abb. 3). Diese Variante eignet sich wegen der Größe der Stoßpartner besonders gut zur Demonstration vor größerem Publikum. Außerdem bleibt der Gegenstand – im Gegensatz zu einem Ball – leichter an der gewünschten Stelle liegen, so dass er lediglich richtig justiert werden muss. Abbildung 3 zeigt zwei Momentaufnahmen während der Durchführung des Experiments mit einem Ball und einer Diskettenbox mit Inhalt (links: vor dem Fallenlassen des Balls, rechts: etwa maximale Höhe der Diskettenschachtel).

Abb. 3

Literatur

Harreis, H.: Physik und Didaktik 12/3 (1984), S. 241-254

zu Bemerkungen

Köpf, U.: private Mitteilung

1.11 Weinflaschen ohne Korkenzieher öffnen

Der Korken einer Weinflasche wird durch mehrmaliges Schlagen der Flasche gegen eine Wand aus dem Flaschenhals getrieben.

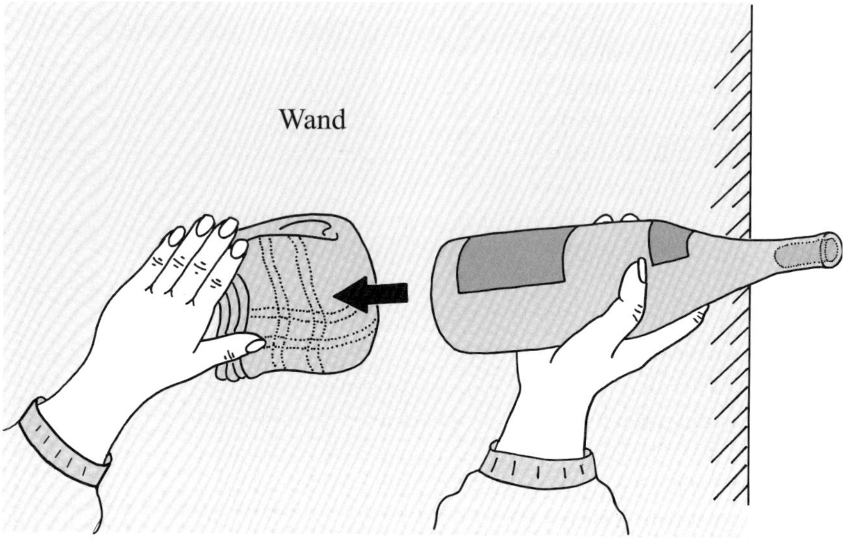

Abb. 1

Material

- Flasche Wein, noch original verkorkt
- Geschirrtuch oder anderes schlagdämpfendes Material
- stabile Zimmerwand

Aufbau und Durchführung

Ein ausreichend großes Geschirrtuch wird mehrmals gefaltet, bis einerseits genügend viele Lagen Stoff aufeinander liegen, um den Schlag einer Flasche gegen eine Wand zu dämpfen, aber andererseits die Stofffläche noch ungefähr so groß wie die Fläche des Flaschenbodens ist. Hält man das so gefaltete Stoffpaket flach gegen die Zimmerwand und stößt man die horizontal gehaltene Weinflasche mehrmals kräftig auf die Geschirrtuchfläche (siehe Abb. 1), so wird der Korken zunächst gelockert und schließlich mit jedem weiteren Schlag Millimeter für Millimeter aus der Flasche getrieben. Etwaige Schutzkappen müssen vor Experimentbeginn vom Flaschenhals entfernt werden, um den Korken nicht am Herausgleiten zu hindern.
Aus Sicherheitsgründen sollten bei der Durchführung des Experiments schützende Handschuhe getragen werden (siehe auch „Bemerkungen").
Trotz verständlicher Skrupel muss man bei diesem Experiment beherzt zur Tat schreiten. Insbesonders darf man sich vom Geräusch knackenden Glases, das die ersten Schlä-

ge begleiten wird, nicht abschrecken lassen: Was fatal nach einem Sprung in der Flasche klingt, ist das Zeichen dafür, dass sich der Korken lockert.

Erklärung

Wie ein Ball, der gegen eine Wand geworfen wird, beim Aufprall die Richtung seines Impulses umkehrt und von der Wand reflektiert wird, wird auch der auf die Wand zubewegte Wein beim Aufprall der Flasche auf das Geschirrtuch zunächst stark abgebremst und dann wieder in die entgegengesetzte Richtung zurückbeschleunigt. Die Kraft, mit der er dabei gegen den Korken schlägt, reicht aus, diesen zunächst zu lockern und schließlich sogar aus dem Flaschenhals zu schieben, obwohl wegen der Dämpfung des Aufpralls durch das Geschirrtuch (das nur dazu dient, die Flasche unversehrt und damit das Zimmer sauber zu erhalten) die bei jedem Stoß aufgebrachte Energie nur teilweise an den Korken weitergegeben wird.

Bemerkungen

Das Experiment gelingt nicht mit Weinflaschen, bei denen der Übergang von der weiten Querschnittsfläche der Flasche zur Querschnittsfläche des Flaschenhalses zu abrupt geschieht, also mit jenen Flaschen, die fast auf ihrer gesamten Höhe zylindrisch geformt sind und sich mit einer starken Krümmung erst kurz unterhalb des Korkenbodens auf die Querschnittsfläche des Flaschenhalses verjüngen.
Da selbstverständlich auch bei Weinflaschen mit Schwachstellen zu rechnen ist (und zudem Rotweinflecken auf Tapete und Teppichboden meist als störend empfunden werden ...), sollte man für dieses Experiment Weißwein verwenden. Anstelle einer noch original verkorkten Flasche Wein kann man eine leere Weinflasche mit Wasser füllen, wieder verkorken und mit dieser das Experiment erst einmal ausprobieren, auch um ein Gefühl für die nötige „Schlagkraft" zu bekommen. Eindrucksvoller bleibt natürlich die Version mit der einkaufsfrischen Flasche Burgunder. Um Verletzungen zu vermeiden, sollte unbedingt darauf geachtet werden, dass der Flaschenboden beim Aufschlag parallel zur Wand ausgerichtet ist, da bei schrägem Auftreffen die Flasche zerbrechen kann (Handschuhe tragen!).
Bleibt anzumerken, dass das Schütteln des Weines einerseits eine physikalische Notwendigkeit, andererseits aber ein önologisches Sakrileg darstellt.

Literatur

Hahn, H.: Physikalische Freihandversuche, Band 1, Verlag Otto Saale, Braunschweig 1907
Wittmann, J.: Trickkiste 2, Verblüffende Experimente zum Selbermachen, Bayerischer Schulbuch Verlag, München 1993

1.12 Die Kartoffelschleuder

Das Rückstoß-Prinzip wird mit einem improvisierten Wägelchen gezeigt, von dem eine Kartoffel weggeschleudert wird.

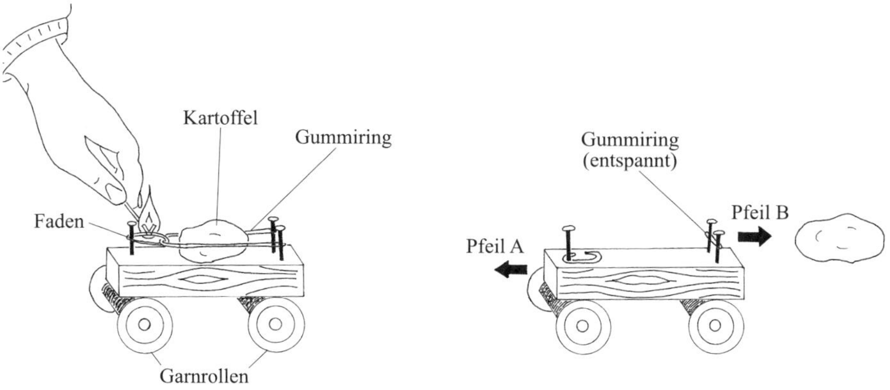

Abb. 1 (a) (b)

Material

- Holzbrettchen (Länge: ca. 10 cm; Breite: ca. 6 cm)
- 3 Nägel (Länge: ca. 4 cm)
- Gummiring (halber Umfang: ca. 4 cm)
- reißfester Faden, z. B. Zwirn
- kleine Kartoffel
- 2 gleiche Garnrollen
- Hilfsmittel: Feuerzeug oder Streichhölzer

Aufbau und Durchführung

Drei Nägel werden so in ein Holzbrettchen geschlagen, dass sie ein Dreieck bilden. Legt man einen Gummiring um die beiden Nägel, die an den Ecken stehen (siehe Abb. 1(b)), spannt ihn und befestigt ihn mit einem Faden an dem dritten Nagel, so bilden Gummiring und Faden ein „Y" (siehe Abb. 1(a)). Die Kartoffel wird zwischen die beiden Seiten des gespannten Gummirings geklemmt und das präparierte Brettchen auf zwei Garnrollen gelegt (siehe Abb. 1(a)). Dadurch erhält man ein provisorisches Wägelchen.
Wird der Faden durchgebrannt, schleudert der gespannte Gummiring die Kartoffel nach hinten („Pfeil B" in Abbildung 1(b)). Das Brettchen rollt auf den Garnrollen in die entgegengesetzte Richtung, also nach vorne („Pfeil A" in Abbildung 1(b)).

Erklärung

Anfangs sind Brettchen und Kartoffel in Ruhe, der Impuls des Systems „Kartoffel auf Brettchen" ist also null. Dieser Impuls wird durch das Anzünden des Fadens nicht verändert und bleibt null (Impulserhaltung). Erhält die Kartoffel durch den gespannten Gummiring einen Impuls nach hinten, muss das Wägelchen einen gleich großen, dem Impuls der Kartoffel entgegengerichten Impuls (Rückstoß) erhalten.

Bemerkungen

Ähnliche Experimente zur gleichen Thematik sind „Die Backpulverrakete“ und „Die Reagenzglaskanone“.

Literatur

Raaf, H.; Sowada, H.: Physik macht Spaß, Überraschende Einsichten durch über 100 Modelle und Experimente, Herder Verlag, Freiburg im Breisgau 1990

1.13 „actio = reactio" mit Magnet und Eisenstück

Das 3. Newton'sche Axiom („actio = reactio") wird mit Hilfe eines Eisenstücks und eines Magneten demonstriert, die auf Wasser schwimmen.

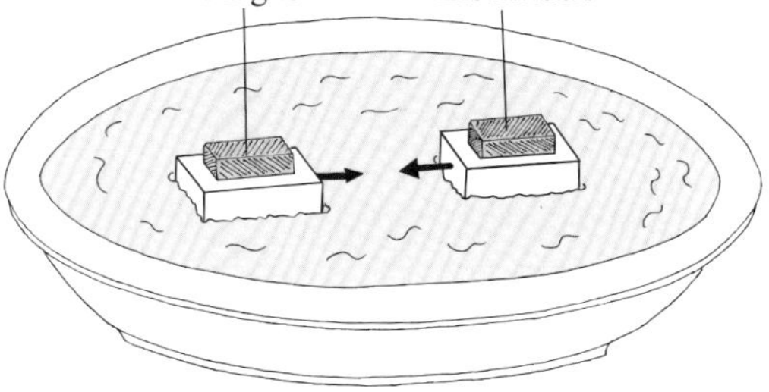

Abb. 1

Material

- Magnet und Eisenstück der gleichen Größe, möglichst klein
- Styropor (siehe unten)
- Gefäß mit Wasser
- Hilfsmittel: Messer und Klebefilm

Aufbau und Durchführung

Aus Styropor schneidet man zwei gleich große Scheiben heraus. Auf einer der Scheiben wird ein Magnet und auf der anderen ein Eisenstück mit Klebefilm befestigt. So können Magnet und Eisenstück auf dem Wasser schwimmen (siehe Abb. 1). Im Wasser hält man sie so weit voneinander entfernt, dass sie sich gerade noch anziehen. Werden sie losgelassen, bewegen sich Magnet und Eisenstück aufeinander zu (siehe Abb. 1) und treffen sich in der Mitte. Die Styroporscheiben müssen so groß geschnitten werden, dass sie den Magneten bzw. das Eisenstück auf dem Wasser tragen ohne umzukippen. Dabei neigt man leicht dazu, die Tragkraft von Styropor zu überschätzen. Die Styroporscheibe sollte mindestens doppelt so breit und eineinhalbmal so lang wie der Magnet sein.

Erklärung

Bringt man das Eisenstück in die Nähe des Magneten, wirkt auf dieses die Anziehungskraft, die vom Magneten auf das Eisenstück ausgeübt wird. Nach dem Prinzip „actio = reactio" verursacht diese Kraft eine gleich große ihr entgegengerichtete Kraft, die vom Eisenstück auf den Magneten ausgeübt wird. Da Magnet und Eisenstück die gleiche Masse haben, rufen diese gleich großen einander entgegengerichteten Kräfte auch gleich große einander entgegengerichtete Beschleunigungen hervor. Magnet und Eisenstück treffen sich in der Mitte.

Bemerkungen

Ein weiteres Experiment zur gleichen Thematik ist „Tauziehen auf Rädern".

Literatur

o. L.

1.14 Die Luftballonrakete

Das Rückstoß-Prinzip wird mit Hilfe eines aufgeblasenen Luftballons demonstriert, der die in ihm enthaltene Luft an seiner Öffnung ausstößt.

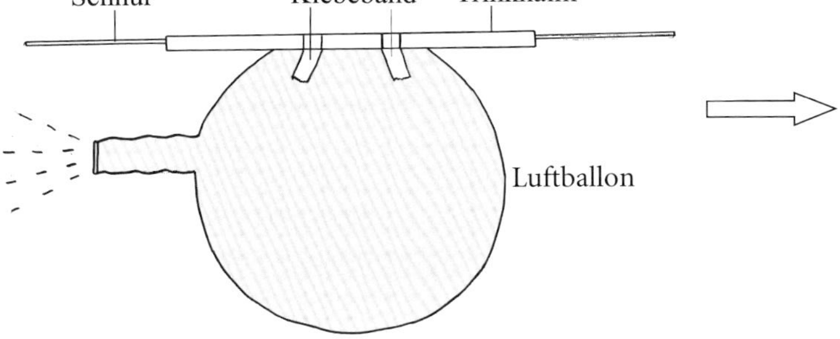

Abb. 1

Material

- Luftballon
- Trinkhalm, möglichst dick, lang und gerade ohne Gelenk
- Klebefilm
- Perlon- oder Nylonfaden
- Hilfsmittel: evtl. Wäscheklammer

Aufbau und Durchführung

Ein Perlonfaden wird durch einen Trinkhalm gefädelt und gespannt. Einen Luftballon bläst man stark auf. Um den Ballon so zu verschließen, dass er schnell wieder geöffnet werden kann, klappt man das Mundstück um und klemmt es zwischen einer Wäscheklammer ein. Der aufgeblasene Luftballon wird mit zwei Streifen Klebeband so an dem Trinkhalm befestigt, wie es in Abbildung 1 zu sehen ist. Löst man die Wäscheklammer und lässt man den Luftballon los, so entweicht die Luft aus dem Luftballon und er gleitet schnell an dem Perlonfaden entlang (siehe Abb. 1). Ein Luftballon normaler Größe gleitet an einer gespannten Perlonschnur 5 – 7 m weit. Das Experiment wird effektvoller, wenn Luftballons verwendet werden, deren Überdruck im Inneren möglichst hoch ist.
Es ist genau darauf zu achten, dass der Trinkhalm nach dem Ankleben an den Luftballon nicht gebogen ist. Dies würde die Reibung zwischen Trinkhalm und Schnur erhöhen, wodurch die Geschwindigkeit des Luftballons vermindert wird.

Erklärung

Bevor der Luftballon losgelassen wird, ist sein Impuls null. Wird die Wäscheklammer geöffnet, strömt die Luft, die in dem Luftballon enthalten ist, aus seinem Mundstück aus, hat also einen Impuls in diese Richtung. Da das System „gefüllter Luftballon" von außen keinen Impuls erhalten hat, muss nach dem Gesetz der Impulserhaltung der Gesamtimpuls des Luftballons null bleiben. Deshalb erhält die Ballonhaut und die Luft, die noch in dem Ballon enthalten ist, einen gleich großen dem Impuls der ausströmenden Luft entgegengerichteten Impuls. Der Luftballon gleitet nach vorn (Richtung des Pfeils in Abbildung 1) an der Schnur entlang.

Bemerkungen

Schon als Kind hat man kennengelernt, was passiert, wenn man einen aufgeblasenen nicht verschlossenen Luftballon aus Versehen loslässt. Er bewegt sich schnell aber unkontrolliert. Die große Geschwindigkeit des Luftballons ist besser zu beobachten, wenn er an dem Perlonfaden geführt wird.

Das Rückstoß-Prinzip wird auch durch die Experimente „Die Wasserrakete", „Die Luftrakete" und „Das Raketenschiffchen" eindrucksvoll demonstriert.

Literatur

Bublath, J.: Verblüffende Experimente aus der Naturwissenschaft, Wilhelm Heyne Verlag, München 1995

Ardley, N.: 101 spannende Experimente aus Wissenschaft und Technik, Loewe Verlag, Bindlach 1995, S. 13

1.15 Die Luftrakete

Mit Luft als ausströmendem Gas wird eine „Rakete“ gestartet.

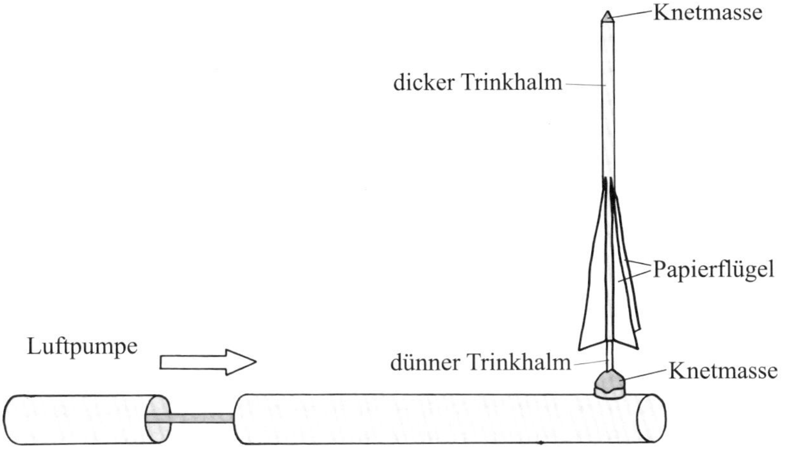

Abb. 1

Material

- 2 Trinkhalme mit unterschiedlichem Durchmesser (müssen leicht aufeinander schiebbar sein), z. B. ein Cocktail-Trinkhalm und ein Trinkhalm einer Getränketüte
- Knetmasse
- Fahrradluftpumpe
- evtl. Papier, Klebefilm

Aufbau und Durchführung

Ein dünner Trinkhalm wird mit Knetmasse so auf einer Luftpumpe befestigt, dass beim Pumpen nur Luft durch den Strohhalm entweichen kann. Diese Anordnung dient als Abschussrampe für die Luftrakete. Ein anderer Trinkhalm wird wiederum mit Knetmasse an einer Seite luftdicht verschlossen und mit der anderen auf die Abschussrampe gesteckt (siehe Abb. 1). Erzeugt man mit der Luftpumpe Überdruck, indem man den Stempel der Luftpumpe einmal schnell in die Pumpe schiebt, fliegt der aufgesteckte Trinkhalm wie eine Rakete davon.
Um der Luftrakete mehr Stabilität beim Flug zu verleihen, können aus Papier noch Stabilisierungsflügel an dem Ende des dickeren Trinkhalms mit Klebefilm angebracht werden, das auf die Abschussrampe gesteckt wird.

Erklärung

Beim schnellen Hineinschieben des Stempels wird in den Trinkhalmen momentan ein

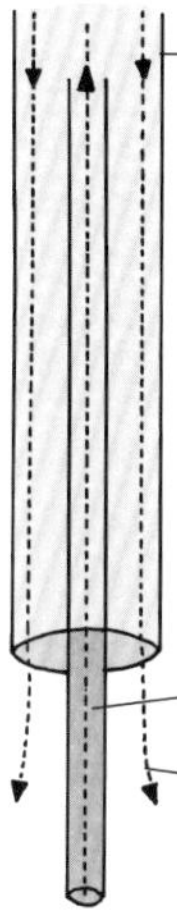

Abb. 2

Überdruck erzeugt. Die luftgefüllten Halme können nach der adiabatischen Kompression der Luft im inneren Trinkhalm als abgeschlossenes System betrachtet werden, dessen Impuls null ist. Da der dickere Trinkhalm oben abgedichtet ist, kann die Luft nur zur Pumpe hin entweichen (Schema siehe Abb. 2). Auf Grund der Impulserhaltung erfährt so der dickere Trinkhalm einen Impuls, der dem der ausströmenden Luft entgegengerichtet und dessen Betrag gleich dem des Impulses dieser Luft ist. Mit diesem Impuls startet der dickere Trinkhalm.

Bemerkungen

Eine derartige Ausnützung der Impulserhaltung zur Fortbewegung wird auch als Raketenprinzip bezeichnet. Bei richtigen Raketen strömt jedoch nicht Luft aus, sondern Verbrennungsgase.
Das Rückstoß-Prinzip wird auch durch die Experimente „Die Wasserrakete", „Die Luftballonrakete" und „Das Raketenschiffchen" eindrucksvoll demonstriert.

Literatur

Walpole, B.: Experimente, Tricks und Tips zum Verständnis der Natur, Lernen und Wissen im Spiel und mit Spaß, Südwest Verlag GmbH & Co. KG, München 1990

1.16 Das Raketenschiffchen

Das Rückstoß-Prinzip wird anhand eines Schiffchens demonstriert, das Spiritus nach hinten ausstößt.

Material

- dünne Styroporplatte (Dicke: ca. 2 mm), gebraucht wird nur ein kleines Stück
- Trinkhalm, möglichst dünn, oder Zahnstocher
- Ethanol, Methanol oder Propanol, z. B. Spiritus oder Isopropanol
- großflächiges Gefäß mit Wasser, z. B. breite Schale oder große Schüssel
- Hilfsmittel: scharfes Messer oder Rasierklinge und Bunsenbrenner, Zange und Steck- oder Nähnadel

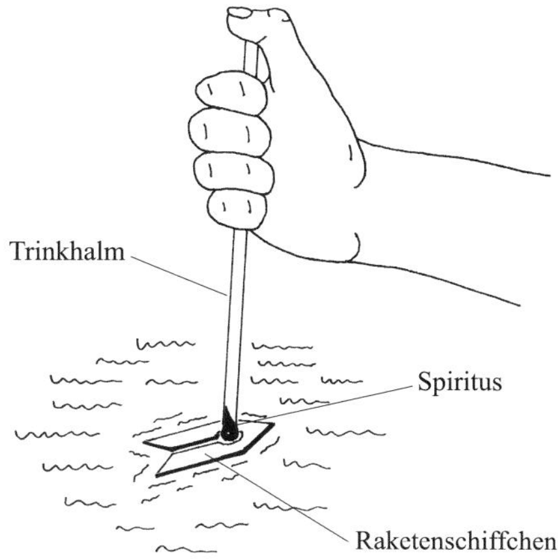

Abb. 1

Aufbau und Durchführung

Die äußere Form des Raketenschiffchens (in Abbildung 2 durch die etwas dickere Linie angedeutet) wird aus der dünnen Styroporplatte mit einem scharfen Messer oder einer Rasierklinge ausgeschnitten. Das kreisförmige Loch und den Kanal schmilzt man mit einer erhitzten Nadel ein, damit die Wand des Kanals glatt wird. Die Nadel wird mit einer Zange gehalten und über der Bunsenbrennerflamme erhitzt. Zum Einbrennen des kreisförmigen Loches wird die Nadel bis zum Glühen erhitzt. Um den Kanal herzustellen, erhitzt man die Nadel nur so leicht, dass ein von ihr eingebranntes Loch wenig breiter als die Nadel ist. So entsteht ein sehr feiner Schlitz, wenn die Nadel im Styropor entlanggezogen wird. Man sollte zuerst an einem Styropor-Rest ein wenig üben. Wenn das Raketenschiffchen fertig ist, wird es auf die Wasseroberfläche gelegt. Man schneidet einen Trinkhalm an einem Ende schräg ab, so dass eine Spitze entsteht. Mit diesem Ende nimmt man ein wenig Spiritus auf (1 – 2 Tropfen) und gibt diesen behutsam in das Loch des Raketenschiffchens (siehe Abb. 1). Der Spiritus fließt durch den Kanal zum Ende des Schiffchens. Sobald er dort nach hinten ausströmt, setzt sich das Raketenschiffchen ruckartig nach vorn in Bewegung und gleitet auf der Wasseroberfläche dahin. Sollte sich die „Rakete" nicht wie oben beschrieben verhalten, nachdem Spiritus in das Loch gegeben wurde, gibt es zwei Fehler, die dafür verantwortlich sein können: Entweder fließt der Tropfen mit zu viel Schwung in das Loch oder der Spiritus gelangt neben das Loch auf das Styropor, fließt zur Außenkante des Schiffchens und dort ins Wasser ab. Im ersten Fall taucht der Tropfen unter die Wasseroberfläche und der Spiritus vermischt sich sofort mit dem Wasser, ohne sich auf der Wasseroberfläche auszubrei-

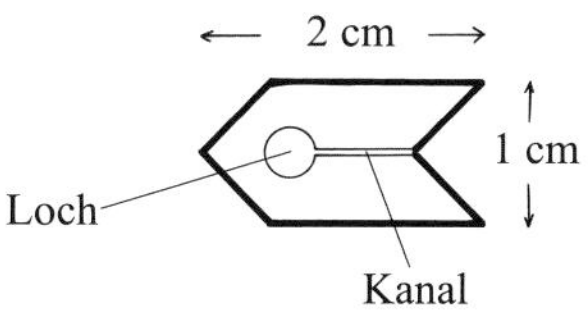

Abb. 2

ten. Das Schiffchen bewegt sich kaum nach vorn. Im zweiten Fall kommt zum Antrieb nach vorne noch ein leichter Antrieb zur Seite hinzu. Das Raketenschiffchen bewegt sich unkontrolliert auf dem Wasser. Es ist also wichtig, den Spiritus behutsam und genau in das Loch des Schiffchens zu geben.
Mit ein wenig Übung kann die Spiritusmenge, die in das Loch gegeben wird, gesteigert werden, um das Schiffchen weitere Strecken fahren zu lassen. Mit 5 – 10 Tropfen Spiritus fährt es weiter als einen halben Meter.

Erklärung

Ethanol, Methanol und Propanol (im weiteren Text als Alkohol bezeichnet) haben eine geringere Dichte als Wasser. Alkohol sinkt deshalb nicht in das Wasser ein, obwohl er mit Wasser mischbar ist. Diese sich scheinbar widersprechenden Verhaltensweisen führen zu zwei Prozessen, die nebeneinander, aber mit unterschiedlicher Geschwindigkeit ablaufen.
Der Alkohol mischt sich mit dem Wasser. Dieser Prozess läuft langsam ab, da nur die Moleküle an der Grenzschicht zwischen Wasser und Alkohol von den Wassermolekülen gebunden werden können. Der Alkoholtropfen breitet sich sehr schnell auf der Wasseroberfläche zu einer monomolekularen Schicht aus (Begründung siehe unten).
In dieser entstandenen monomolekularen Schicht kommt jedes Alkoholmolekül mit der Wasseroberfläche in Berührung. Deshalb diffundieren die Alkoholmoleküle der einmolekularen Schicht sehr schnell in das Wasser.
Es ist noch zu begründen, warum sich der Alkoholtropfen auf der Wasseroberfläche ausbreitet. Ein System befindet sich in einem stabilen Gleichgewicht, wenn seine potenzielle Energie ein Minimum annimmt. Durch die Ausbreitung des Alkoholtropfens ändert sich die potenzielle Energie der Höhe nur unwesentlich. Deshalb reicht es zu untersuchen, wie sich die potenzielle Energie der Ober- und Grenzflächen ändert, wenn sich der Alkoholtropfen auf der Wasseroberfläche ausbreitet. In diesem System existieren die Oberfläche des Alkohols, die Grenzfläche zwischen Alkohol und Wasser und die Oberfläche des Wassers. Die spezifische Oberflächenenergie der Wasseroberfläche ($72{,}7 \cdot 10^3 \frac{N}{m}$) ist größer als die spezifische Oberflächenenergie der Alkoholoberfläche (ca. $22 \cdot 10^3 \frac{N}{m}$). Die spezifische Energie der Grenzfläche zwischen Alkohol und Wasser ist negativ. Das bedeutet, dass eine Vergrößerung dieser Grenzfläche zu einer Senkung ihrer potenziellen Energie führt. Dies kann auf folgende Weise daraus geschlossen werden, dass Alkohol und Wasser miteinander mischbar sind: Sind zwei Flüssigkeiten A und B miteinander mischbar, so ist die Adhäsion zwischen den Molekülen A und B größer als die Kohäsion der Moleküle A und die der Moleküle B. Deshalb führt die Vergrößerung der Grenzfläche zwischen den Flüssigkeiten A und B zu einer Senkung der potenziellen Energie. Die potenzielle Energie des Systems „Alkoholtropfen auf Wasser“ verkleinert sich also, wenn sich der Alkoholtropfen auf dem Wasser ausbreitet. Er wird zu einer einmolekularen Alkoholschicht ausgezogen.
Das Raketenschiffchen bietet dem Alkohol nur den schmalen Kanal, über den er sich auf der Wasseroberfläche ausbreiten kann. Der Alkohol läuft über diesen Kanal ab, hat also

einen Impuls in Richtung dieses Kanals nach hinten. Wenn der Spiritus auf das ruhende Raketenschiffchen gegeben wird, hat weder der Impuls des Raketenschiffchens noch der des Spiritus eine Komponente, die in der Ebene der Wasseroberfläche liegt. Nach dem Gesetz der Impulserhaltung muss deshalb das Raketenschiffchen beim Ausströmen des Alkohols einen gleich großen, dem Impuls des Alkohols entgegengerichteten Impuls erhalten (Rückstoß). Das Raketenschiffchen bewegt sich vorwärts.
Das Experiment kann nahezu beliebig oft wiederholt werden, weil sich der Spiritus mit dem Wasser mischt, nachdem er sich auf der Wasseroberfläche ausgebreitet hat. Nur wenn die Konzentration des Alkohols im Wasser zu hoch wird, kann das Experiment eventuell nicht mehr gelingen.

Bemerkungen

Man kann experimentell zeigen, dass sich Alkohol auf einer Wasseroberfläche ausbreitet, wenn man ihn behutsam darauf aufbringt. Dazu streut man Bärlappsamen (Lykopodium) auf die Wasseroberfläche. Bringt man Alkohol behutsam in die Mitte des mit Bärlappsamen bedeckten Bereichs, werden die Bärlappsamen vom Alkohol auseinander geschoben. Sie nehmen schnell wieder ihre alte Position ein, wenn sich der Alkohol mit dem Wasser vermischt hat.
Als Alternative zum Alkohol wird in manchen Büchern die Verwendung von Spülmittel oder Benzin vorgeschlagen. Aber von beiden Stoffen ist abzuraten. Das Benzin breitet sich viel zu langsam auf der Wasseroberfläche aus. Wird Spülmittel verwendet, bildet dies einen Film auf der gesamten Wasseroberfläche, der die Oberflächenspannung herabsetzt. Deshalb würde sich beim zweiten Mal das Spülmittel nicht mehr so stark ausbreiten. Das Experiment könnte nur einmal durchgeführt werden.

Literatur

Hahn, H.: Physikalische Freihandversuche, Band 1, Verlag Otto Saale, Braunschweig 1907

1.17 Welcher Trinkhalm fliegt weiter?

Die Impulserhaltung wird mit Hilfe von zwei Trinkhalmen demonstriert.

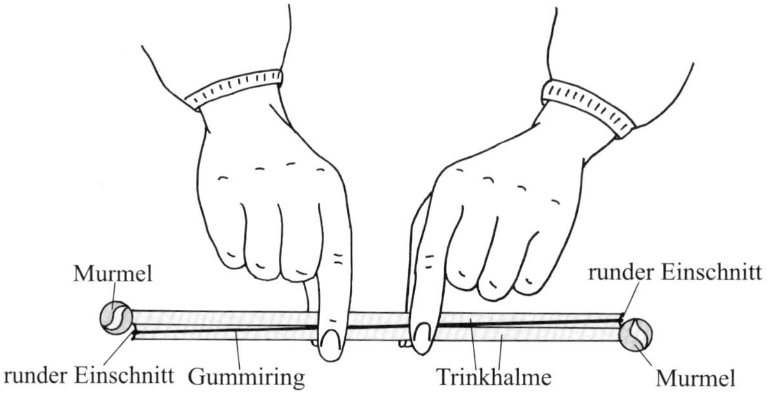

Abb. 1

Material

- 2 Trinkhalme gleicher Länge
- 2 Murmeln
- Gummiring (halber Umfang: 5 – 6 cm)
- Hilfsmittel: Klebefilm, Schere

Aufbau und Durchführung

Jeweils ein Ende zweier Trinkhalme drückt man zwischen zwei Fingern platt und schneidet mit einer Schere einen Halbkreis aus. So entsteht, wie in Abbildung 1 dargestellt, ein runder Einschnitt. An den verbleibenden Enden befestigt man jeweils eine Murmel mit Klebefilm. Dazu werden Murmel und Trinkhalm an zwei gegenüber liegenden Seiten mit Klebestreifen verbunden. Um die Verbindung zu stabilisieren, sollte noch ein weiterer Klebestreifen nahe an der Murmel um den Strohhalm herumgewickelt werden.
Die Trinkhalme werden in entgegengesetzter Richtung direkt übereinander zwischen Daumen und Zeigefinger gehalten (siehe Abb. 1) und zwischen den beiden rund eingeschnittenen Enden der präparierten Trinkhalme wird ein Gummiring gespannt.
Lässt man die beiden Trinkhalme los, fliegen sie gleich weit von ihrer Ausgangsposition weg.

Erklärung

Auf den gemeinsamen Schwerpunkt der beiden Trinkhalme wirkt nur die Gewichtskraft, die zu einer Schwerpunktsbewegung führt. In dem System, das sich mit dem Schwer-

punkt der beiden Trinkhalme mitbewegt, wirken also keine Kräfte von außen auf die Trinkhalme und sie bilden dort ein abgeschlossenes System. Deshalb muss ihr Gesamtimpuls, der vor dem Loslassen null ist, erhalten bleiben. Die Trinkhalme erhalten also durch die Dehnung des Gummirings entgegengesetzt gleiche Impulse in horizontaler Richtung. Da die beiden Trinkhalme gleiche Masse haben, erhalten sie entgegengesetzt gleiche horizontal gerichtete Geschwindigkeiten.
Versetzt man sich wieder in das Bezugssystem der Erde, haben die Trinkhalme zwei Geschwindigkeitskomponenten, die horizontale Geschwindigkeitskomponente, die eben erklärt wurde, und die vertikale Geschwindigkeitskomponente, die durch die Schwerkraft verursacht wird. In diesem Bezugssystem beschreiben die beiden Trinkhalme also die Bahn eines waagrechten Wurfs. Da sie aus gleicher Höhe abfliegen und der Betrag ihrer horizontalen Geschwindigkeitskomponenten gleich ist, fliegen sie beide gleich weit.

Bemerkungen

Das Experiment kann auch verwendet werden, um das 3. Newton'sche Axiom („actio = reactio") zu demonstrieren.
Theoretisch könnten z. B. an dem einen Trinkhalm zwei und an dem anderen nur eine Murmel befestigt werden. So würde der Trinkhalm, der mit zwei Murmeln beladen ist, nur halb so weit wie der andere fliegen. Solche Unterschiede können jedoch nicht verlässlich festgestellt werden, da die Trinkhalme mit den Murmeln weiter hüpfen, nachdem sie das erste Mal auf dem Boden aufgekommen sind. Es ist jedoch gut zu beobachten, dass die Trinkhalme, wie oben im Experiment beschrieben, gleich weit fliegen.

Literatur

Edge, R. D.: String & Sticky Tape Experiments, American Association Of Physics Teachers, College Park, MD 20740-4100, U.S.A. 1987

1.18 Eine Dose als Dampfturbine

Aus einer Dose ausströmender Dampf versetzt diese durch Rückstoß in Rotation.

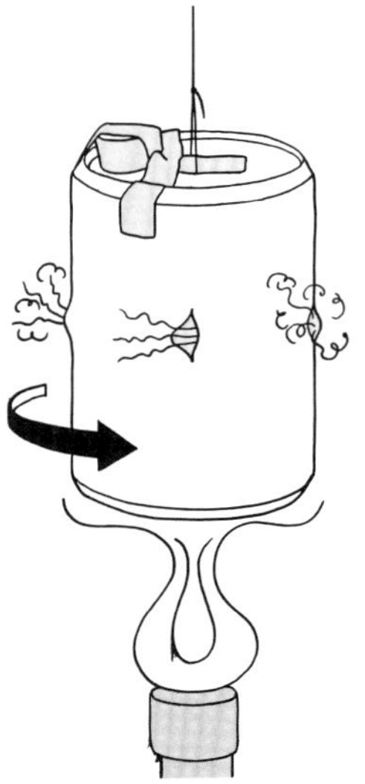

Abb. 1

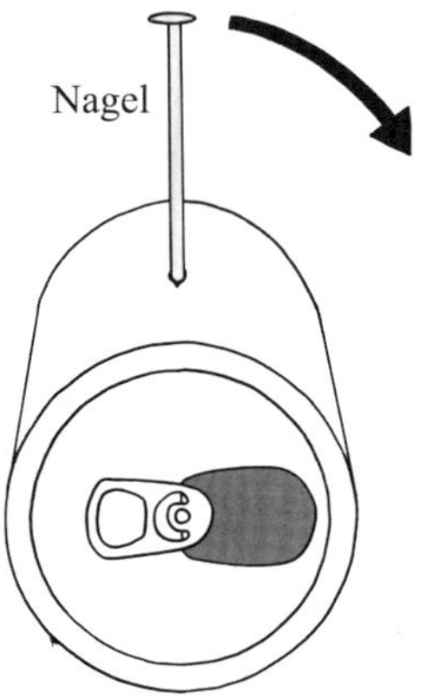

Abb. 2

Abb. 3

Material

- leere Getränkedose
- Gummistopfen, Korken oder Klebeband als Verschluss für die Getränkedose
- Bunsenbrenner oder andere starke Wärmequelle
- Faden (Länge: ca. 0,5 m)
- Hilfsmittel: Hammer und Nagel, um Löcher in die Dose zu schlagen

Aufbau und Durchführung

In die Mantelfläche einer leeren Getränkedose werden mit Hammer und Nagel auf mittlerer Höhe drei bis vier Löcher hineingeschlagen. Die Dosenwand wird bei jedem Loch mit dem Nagel noch so aufgebogen, dass die Dosenwand im Querschnitt die aus Abbildung 3 ersichtliche Form aufweist. Dazu steckt man den Nagel der Reihe nach in die Löcher und kippt ihn dann immer zur gleichen Seite hin (siehe Abb. 2). Die Dose wird mit wenig Wasser gefüllt und ihre Trinköffnung mit einem Gummistopfen (notfalls auch mit Klebeband) dicht verschlossen. Oben an der Dose wird ein Bindfaden befestigt. Hängt man die verschlossene Dose am Bindfaden über den Bunsenbrenner, beginnt das Wasser in ihr nach einer Weile zu kochen, Dampf strömt aus den Löchern und die Dose beginnt sich zu drehen (siehe Abb. 1).

Erklärung

Das Wasser in der Dose wird durch den Bunsenbrenner erhitzt, kommt zum Sieden und verdampft. Der Wasserdampf erhöht den Druck in der Dose und entweicht über die in der Dose vorhandenen Löcher, die wie Düsen wirken. Beim Ausströmen des Wasserdampfs wirkt auf Grund der Impulserhalung auf die Düse eine Kraft, die dem ausströmenden Wasserdampf entgegengerichtet ist (Rückstoß). Da die Öffnungen, wie in Abbildung 3 gezeigt, aufgebogen sind, strömt der Dampf nicht senkrecht zur Dosenwand aus. So wirkt durch die Rückstoßkräfte ein Drehmoment (bezüglich der durch die Aufhängung am Faden festgelegten Rotationsachse) auf die Dose. Die Dose beginnt sich zu drehen.

Bemerkungen

Ein ähnliches Experiment zu dieser Thematik ist „Das Sengersche Wasserrad“.

Literatur

Krause, A.; Wilke, H.-J.: Physik in der Schule 29/11 (1991), S. 430-431

1.19 Tauziehen auf Rädern

Das 3. Newton'sche Axiom, „actio = reactio", wird durch zwei Personen auf Skateboards demonstriert.

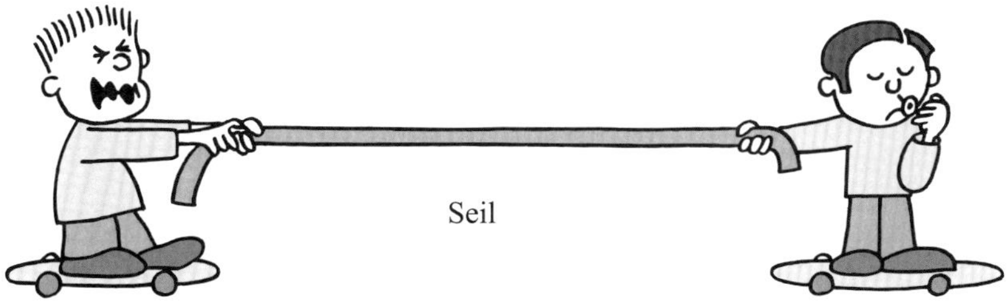

Abb. 1

Material

- 2 Skateboards oder 2 Paar Rollschuhe
- Seil (Länge: ca. 10 m)
- evtl. Gewichtstücke

Aufbau und Durchführung

Zwei Skateboards werden in ca. 10 m Entfernung voneinander aufgestellt und die Mitte zwischen ihnen markiert. Zwei Versuchspersonen mit annähernd gleicher Masse (eventuell Massenausgleich mit Gewichtstücken) stellen sich auf die Bretter und nehmen je ein Ende eines Seils in die Hand. Eine Person hält das Seil nur fest, während die andere Person am Seil zieht. Beide Bretter setzen sich in Bewegung und treffen sich an der markierten Stelle. Ziehen beide Versuchspersonen am Seil, ergibt sich das gleiche Resultat. Stellen sich verschieden schwere Personen auf die Bretter, so legt die leichtere Person eine längere Strecke zurück, unabhängig davon, ob eine oder beide Personen am Seil ziehen. Um Stürze zu vermeiden, sollte man nicht ruckartig am Seil ziehen, sondern gleichmäßig mit geringem Kraftaufwand.

Erklärung

Zieht eine Person am Seil, so erfährt die Person auf dem anderen Brett eine Kraft, die sie beschleunigt. Nach dem 3. Newton'schen Axiom wirkt auf die ziehende Person eine gleich große Gegenkraft. Da die beiden Skateboards mit den darauf stehenden Personen dieselbe Masse besitzen, erfahren sie jeweils eine gleich große Beschleunigung und dieselbe Reibung mit der Unterlage. Sie legen in derselben Zeit gleich lange Strecken zurück und treffen sich somit in der Mitte. Ziehen beide Personen am Seil, so wirkt auf jede Per-

son eine Kraft durch das eigene Ziehen und eine Kraft durch das Ziehen der anderen Person. Die daraus resultierende Kraft ist wiederum für beide Personen gleich groß.
Die Personen auf den Skateboards erfahren jeweils eine Beschleunigung, die indirekt proportional zu ihrer Masse ist. Bei unterschiedlich schweren Personen legt daher die schwerere Person eine kürzere Strecke zurück als die leichtere Person, so dass sich die Bretter in diesem Fall nicht an der markierten Stelle treffen.

Bemerkungen

Ein weiteres Experiment zu dieser Thematik ist „actio = reactio" mit Magnet und Eisenstück.

Literatur

Bauer, N.: Versuchssammlung für die Vorlesungen in Experimentalphysik an der Universität Augsburg, o. V., Augsburg 1992

1.20 Das Senger'sche Wasserrad

Das Rückstoß-Prinzip wird an einer Wasser ausstoßenden, rotationsfähig aufgehängten Plastikflasche verdeutlicht.

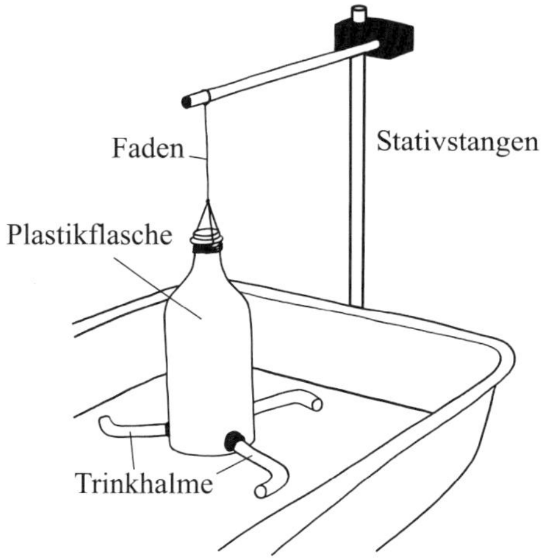

Abb. 1

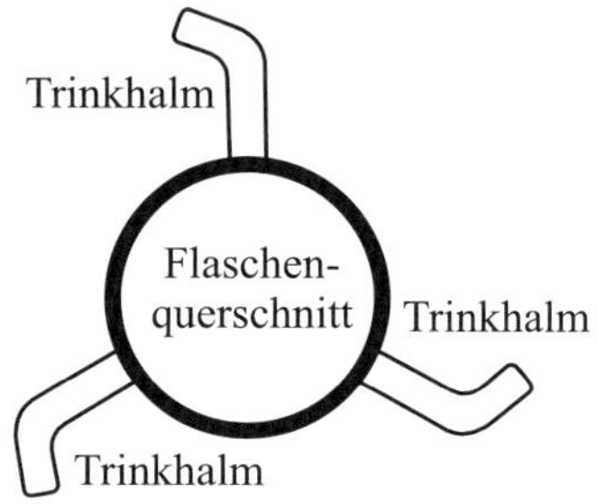

Abb. 2

Material

- Plastikflasche oder Getränkedose
- 3 Trinkhalme mit Biegestelle
- Knetmasse
- Faden
- Stativmaterial
- Wanne
- Hilfsmittlel: Schere

Aufbau und Durchführung

In den unteren Teil einer Plastikflasche werden mit einer Schere drei Löcher gestochen, in die mit Knetmasse jeweils ein Stück Trinkhalm mit Biegestelle montiert wird. Die Trinkhalme sollten sich dabei alle in einer Ebene befinden, wobei alle in derselben Richtung umgebogen sind, d. h. alle Trinkhalme sind, von oben gesehen, um z. B. 70° nach links aus der geraden Trinkhalmstellung gebogen (siehe Abb. 2). Die so präparierte Flasche wird an einem Faden über einer Wanne an einer Art Galgen befestigt (siehe Abb. 1). Der Galgen wird aus Stativstangen aufgebaut. Die Flasche am Faden füllt man mit Wasser. Die Wanne unter der Flasche sollte das aus der Flasche auslaufende Wasser während der Befüllung der Flasche und während des Experiments aufsammeln. Die Flasche wird in Ruhe gebracht und losgelassen. Wasser fließt durch die Trinkhalme aus der Flasche, und diese beginnt sich zu drehen.

Erklärung

Tritt das Wasser von der Flasche in einen Trinkhalm ein, besitzt es eine gewisse Geschwindigkeit und damit einen Impuls $\vec{p}^{\,1}_{\text{Wasser}}$ (siehe Abb. 3). Am Ende des Trinkhalms besitzt das Wasser den Impuls $\vec{p}^{\,2}_{\text{Wasser}}$ (siehe Abb. 3). Da das Wasser in dem Trinkhalm nicht mehr beschleunigt wird, ist der Betrag der Geschwindigkeit des Wassers am Anfang und am Ende des Trinkhalms konstant. Deshalb sind die Beträge der Impulse $p^{\,1}_{\text{Wasser}}$ und $\vec{p}^{\,2}_{\text{Wasser}}$ gleich. Aus der Impulsänderung $\frac{\Delta \vec{p}}{\Delta t}$ folgt, dass der Trinkhalm eine Kraft $\vec{F}p$ mit $\frac{\Delta \vec{p}}{\Delta t} = \tilde{\vec{F}}p$ auf das Wasser ausgeübt hat (siehe Abb. 3).

Nach dem Newton'schen Prinzip „actio = reactio" existiert eine Kraft $\tilde{\vec{F}}p$, die das Wasser auf die Flasche (bzw. den Trinkhalm) ausübt. Diese Kraft $\tilde{\vec{F}}p$ kann man in einen Anteil $\tilde{\vec{F}}_{\text{Rad}}$ parallel zum Anfangsimpuls $\vec{p}^{\,1}_{\text{Wasser}}$ und eine Kraft $\tilde{\vec{F}}_{\text{Tang}}$ senkrecht zum Anfangsimpuls $\vec{p}^{\,1}_{\text{Wasser}}$ aufteilen. Auf Grund der Anordnung der drei Trinkhalme heben sich die drei Kräfte $\tilde{\vec{F}}_{\text{Rad}}$, die jeweils senkrecht zur Flaschenwand zeigen, in etwa auf. Da jede der drei Kräfte $\tilde{\vec{F}}_{\text{Tang}}$ nicht im Mittelpunkt der rotationsfähigen Flasche, sondern an den Trinkhalmen angreift (siehe Abb. 3), entsteht ein Drehmoment, welches die Flasche in Rotation versetzt.

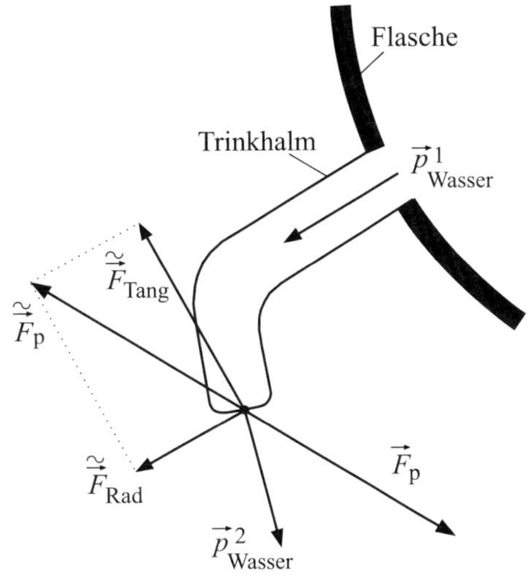

Abb. 3

Bemerkungen

Ein ähnliches Experiment zur gleichen Thematik ist „Eine Dose als Dampfturbine".

Literatur

Hahn, H.: Physikalische Freihandversuche, Band 1, Verlag Otto Saale, Braunschweig 1907

1.21 Die frei fallende Schere

Mit Hilfe einer Schere wird die Schwerelosigkeit im freien Fall demonstriert.

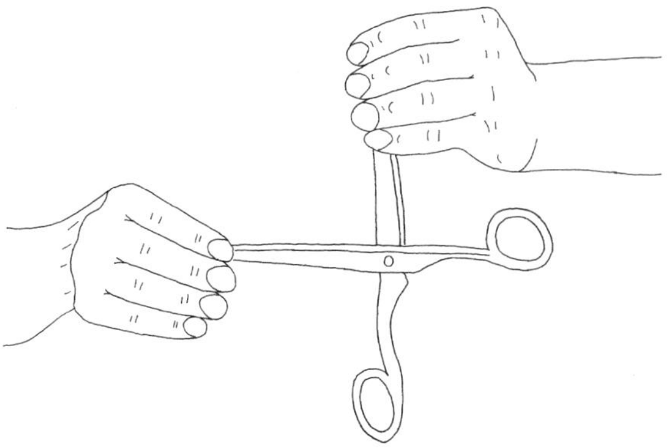

Abb. 1

Material

- Schere, die ausschließlich aus Metall besteht und deren Schneiden zueinander leicht beweglich sind
- evtl. Leiter
- evtl. helle Lampe
- Hilfsmittel: Kissen oder anderer Gegenstand, auf den die Schere weich fallen kann

Aufbau und Durchführung

Mit der einen Hand hält man eine der Schneiden einer Schere in vertikaler Richtung fest, wobei der zugehörige Handgriff nach unten weisen soll. Mit der anderen Hand wird die frei bewegliche Schneide weggeklappt (siehe Abb. 1). Lässt man diese Schneide los, klappt sie auf Grund des durch die Schwerkraft hervorgerufenen Drehmoments zur festgehaltenen Schneide zurück.

Lässt man die Schere frei fallen, verhalten sich ihre Schneiden anders. Um dies richtig beobachten zu können, hält man die Schere wieder genauso wie oben beschrieben. Man klappt aber die freie Schneide so weit auf, dass sie horizontal und damit senkrecht zur festgehaltenen Schneide ausgerichtet ist (siehe Abb. 1). In diesem Zustand lässt man die Schere fallen. Während des freien Falls behält die ursprünglich freie Schneide ihre horizontale und die ursprünglich festgehaltene Schneide ihre vertikale Lage bei.

Wird das Experiment einem größeren Publikum vorgeführt, sollte man etwas erhöht stehen (z. B. auf einer Leiter) und die Schere so in den Lichtkegel einer hellen Lampe halten, dass der Schatten der Schere auf eine Wand fällt. Der große Schatten ist leichter zu beobachten als die Schere selbst.

Erklärung

Der jeweilige Schwerpunkt der beiden Schneiden der Schere liegt zwischen Gelenk und Handgriff. An diesen Schwerpunkten greift die Gewichtskraft der jeweiligen Schneide an. Hält man die Schere wie oben beschrieben und klappt man die frei bewegliche Schneide weg, so bewirkt die Gewichtskraft, die am Schwerpunkt der freien Schneide angreift, ein Drehmoment um das Gelenk der Schere. Die Schneide klappt zurück.

Lässt man die Schere frei fallen, wird sie durch die Gewichtskraft $\vec{F}_g = m\vec{g}$ mit der Erdbeschleunigung $\vec{g}$ zur Erde hin beschleunigt. In dem Bezugssystem, das sich mit dem Schwerpunkt der Schere mitbewegt, greift deshalb am Schwerpunkt die Trägheitskraft $\vec{F} = -m\vec{g}$ an. Diese ist so groß wie die Schwerkraft, aber ihr entgegengerichtet. Dieselbe

Betrachtung gilt für die beiden Schneiden der Scheren. Deshalb wirkt im frei fallenden System keine Kraft und somit auch kein Drehmoment auf die ausgeklappte Schneide.

Bemerkungen

Weitere Experimente zu dieser Thematik sind „Schwerelos im freien Fall (1)", „Schwerelos im freien Fall (2)", „Schwerelos im freien Fall (3)" und „Das „Gewicht" ohne Gewicht".

Literatur

Bauer, N.: Versuchssammlung für die Vorlesungen in Experimentalphysik an der Universität Augsburg, o. V., Augsburg 1992

1.22 Das „Gewicht" ohne Gewicht

Die Schwerelosigkeit beim freien Fall wird mit Hilfe eines Papierstreifens demonstriert, der zwischen zwei übereinander liegenden Wägestücken eingeklemmt ist.

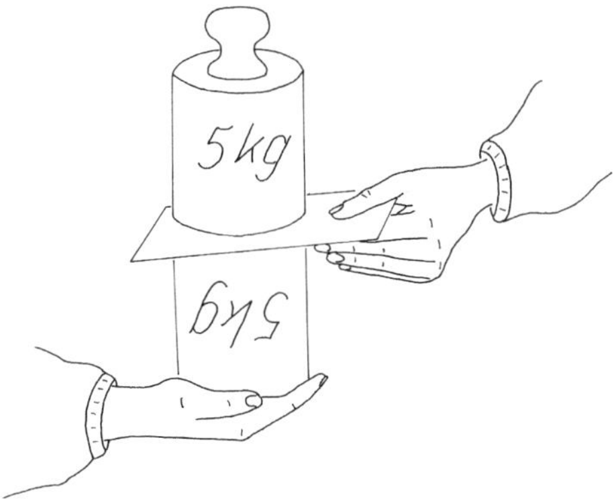

Abb. 1

Material

- 2 gleiche Wägestücke (mindestens 5 kg), 2 schwere U-Kerne mit Joch oder 2 Ziegelsteine
- 2 Papierstreifen (Breite: 1 – 5 cm), so lang, dass sie mindestens 5 cm überstehen, wenn sie zwischen die beiden Wägestücke gelegt werden
- Decke, Matte oder Kiste mit Sand oder Sägemehl

Aufbau und Durchführung

Die beiden Wägestücke stellt man mit ihren Unterseiten aufeinander und legt dabei einen Papierstreifen zwischen sie. Das untere Wägestück wird mit einer Hand gehalten (siehe Abb. 1). Der Papierstreifen zwischen den Wägestücken kann nicht herausgezogen werden und zerreißt, wenn man fest genug daran zieht.
Lässt man die Wägestücke dagegen frei fallen, kann der Papierstreifen bequem herausgezogen werden. Dazu tauscht man den zerrissenen Papierstreifen gegen den zweiten aus, hält mit der einen Hand die Wägestücke und mit der anderen den Papierstreifen (siehe Abb. 1). Lässt man die Wägestücke fallen, bleibt der Papierstreifen in der Hand.
Die Wägestücke sollten so gehalten werden, dass der Papierstreifen seitlich, wie in Abbildung 1, zwischen ihnen heraussteht. So können Zuschauer gleichzeitig beobachten, wie der Papierstreifen weggezogen wird, und dass sich die Wägestücke nicht voneinander entfernen, während sie fallen.
Um den Boden beim Aufprall zu schonen, lässt man die Wägestücke auf eine gefaltete Decke oder eine Matte fallen.

Erklärung

Die Gewichtskraft des Papiers ist bei den folgenden Überlegungen zu vernachlässigen. Befinden sich die Wägestücke in Ruhe, wirkt die Gewichtskraft des oberen Wägestücks auf das untere. Diese Kraft erzeugt eine gleich große, ihr entgegengerichtete Kraft (Gegenkraft), die das untere Wägestück auf das obere ausübt.
Die untere Papieroberfläche wird mit der Gewichtskraft des oberen Wägestücks an das untere Wägestück gepresst, die obere Papieroberfläche mit der beschriebenen Gegenkraft an das obere Wägestück gepresst. Deshalb sind die Haftreibungskräfte, die an den beiden Papieroberflächen auftreten, proportional zur Gewichtskraft des oberen Wägestücks. Die gesamte Haftreibungskraft am Papierstreifen setzt sich aus den Haftreibungskräften der beiden Papieroberflächen zusammen und ist deshalb auch proportional zur Gewichtskraft des oberen Wägestücks.

Für das Experiment werden Wägestücke verwendet, deren Gewichtskraft so groß ist, dass die Haftreibungskraft am Papierstreifen größer ist als die Kraft, die zum Zerreißen des Papiers notwendig ist.
Lässt man die beiden Gewichte frei fallen, wird ihr gemeinsamer Schwerpunkt durch die an ihm angreifende Gewichtskraft $\vec{F}_g = m\vec{g}$ (m: Masse beider Wägestücke) mit der Erdbeschleunigung $\vec{g}$ zur Erde hin beschleunigt. In dem Bezugssystem, das sich mit diesem Schwerpunkt mitbewegt, greift deshalb am Schwerpunkt die Trägheitskraft $\vec{F} = -m\vec{g}$ an. Diese ist so groß wie die Schwerkraft, aber ihr entgegengerichtet. Im mitbewegten Bezugsystem ist der gemeinsame Schwerpunkt also kräftefrei. Auch die Gewichtskräfte der beiden Wägestücke werden in diesem Schwerpunktssystem durch Trägheitskräfte kompensiert.
Deshalb wirkt auf die Wägestücke nur die extrem kleine Gravitationskraft, welche die Wägestücke aufeinander ausüben. Es kommt nur zu einer geringen Haftreibungskraft an den Papieroberflächen und das Papier kann herausgezogen werden.

Bemerkungen

An der obigen Erklärung des Experiments ist zu erkennen, dass die Haftreibungskraft zwischen dem Papier und den beiden Wägestücken nur vom Gewicht des oberen Wägestücks abhängt. Für das Gelingen des Experiments ist es also nicht notwendig, unten ein gleich großes Wägestück zu verwenden. Theoretisch könnte sich an der Stelle des unteren Wägestücks eine gewichtslose Unterlage befinden. In diesem Fall würde jeder erwarten, dass man das Papier herausziehen kann, wenn man die Anordnung wie oben beschrieben fallen lässt. Das untere Wägestück dient also nur zur Irreführung des Zuschauers.
Weitere Experimente zur gleichen Thematik sind „Die frei fallende Schere", „Schwerelos im freien Fall (1)", „Schwerelos im freien Fall (2)" und „Schwerelos im freien Fall (3)".

Literatur

Gobrecht, H.; Gobrecht, J. H.; Gobrecht, K. H.: Bergmann-Schäfer, Lehrbuch der Experimentalphysik, Band 1, Mechanik, Akustik, Wärme, Walter de Gruyter Verlag, Berlin 1990, S. 70 ff.
Wittmann, J.: Trickkiste 2, Verblüffende Experimente zum Selbermachen, Bayerischer Schulbuch Verlag, München 1993

1.23 Schwerelos im freien Fall (1)

Das Kräftegleichgewicht eines im Erdfeld ruhenden Körpers wird im freien Fall durch die Schwerelosigkeit des Körpers aufgehoben.

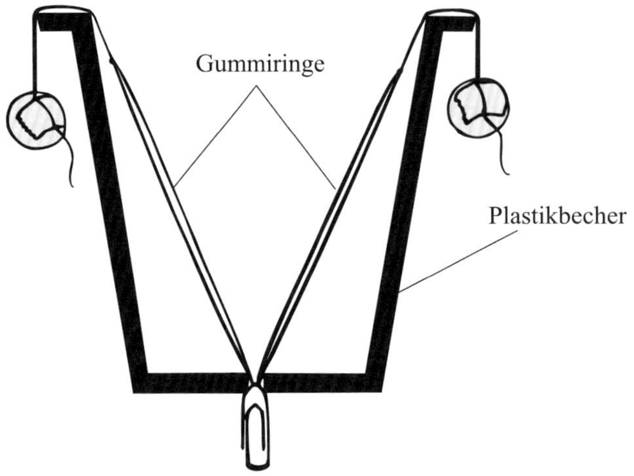

Abb. 1

Material

- Plastikbecher, z. B. großer Joghurtbecher oder Teigschüssel
- Büroklammer oder ein Stück Draht
- 2 gleich große Gummiringe
- gut gleitender Faden
- 2 Gewichtstücke, z. B. Metallkugeln
- Klebeband
- Hilfsmittel: Bunsenbrenner, Zange, Nagel

Aufbau und Durchführung

Ein Plastikbecher wird wie in Abbildung 1 gezeigt präpariert: Mit einer in einer Bunsenbrennerflamme erhitzten Nagelspitze wird in den Becherboden ein kleines Loch (Durchmesser: ca. 3 mm) eingebrannt. Durch dieses werden zwei Gummiringe geführt und mit einer Büroklammer von außen gegen ein Zurückgleiten ins Becherinnere gesichert. An den anderen Enden der Gummiringe wird jeweils ein Faden geknotet, an dessen Ende wiederum die Gewichte mit Klebeband befestigt werden.

Lässt man den Becher mit den nach außen hängenden Gewichten eine längere Strecke frei fallen (ca. 2 – 3 m, also etwa auf einem Stuhl oder Tisch stehend), so kann man beobachten, wie die Gewichte in das Becherinnere gezogen werden.

Erklärung

Im ruhenden Zustand befinden sich die Gewichtskräfte der Gewichte und die Spannkräfte der Gummiringe (zusammen mit den Reibungskräften zwischen Fäden und Becherrand) gerade im Gleichgewicht. Da im beschleunigten System des frei fallenden Bechers keine Gewichtskräfte wirksam sind, zieht die Spannkraft die Gummiringe zusammen und damit die Gewichte ins Becherinnere.

Bemerkungen

Bei der Präparierung des Bechers kommt es vor allem darauf an, dass die Gewichte möglichst gut in den Becher hineingleiten können. Deshalb sollte ein gut gleitender Faden (also z. B. keine Paketkordel!) verwendet werden, anstatt die Gummiringe direkt an den

Gewichten zu befestigen. Ferner darf der bei vielen Plastikbechern auftretende, nach außen überragende Rand nicht zu weit überstehen. Schließlich sollte man (z.B. mit einer mehrfach gefalteten Decke) für einen sanften Aufprall des Bechers sorgen, da der Plastikbecher beim Fall aus solcher Höhe gerne Sprünge bekommt.
Anstelle eines Plastikbechers kann man das Experiment auch mit einer (ausgedienten) Teigschüssel mit abgerundetem Kragen durchführen.
Weitere Experimente zur gleichen Thematik sind „Die frei fallende Schere", „Schwerelos im freien Fall (2)", „Schwerelos im freien Fall (3)" und „Das „Gewicht" ohne Gewicht".

Literatur

Berry, D. A.: A POTPOURRI OF PHYSICS TEACHING IDEAS, Selected reprints from The Physics Teacher April 1963 to December 1986, American Association Of Physics Teachers, College Park, MD 20740-4100, U.S.A. o. J. [1987]
Edge, R. D.: String & Sticky Tape Experiments, American Association Of Physics Teachers, College Park, MD 20740-4100, U.S.A. 1987
Smith, C. J.: The Physics Teacher 1 (1989), S. 40-41

1.24 Die Poggendorff'sche Waage

Mit einer Waage wird gezeigt, dass die Auflagekraft eines Körpers geringer wird, wenn er eine schiefe Ebene hinunterrollt.

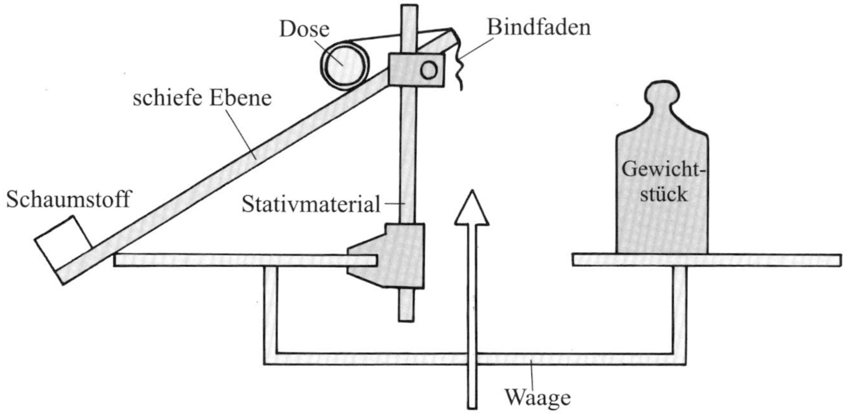

Abb. 1

Material

- größere Balkenwaage (Waage mit zwei Wägtellern, andere Waagen sind zu träge)
- Brett und Stativmaterial o. Ä. zum Bau einer schiefen Ebene auf einer Waagschale
- Dose oder anderer rollender Gegenstand (nicht zu leicht)
- Gewichtstücke
- Bindfaden
- Feuerzeug
- Klebematerial
- evtl. Schaumstoff, um die Dose am Ende der Ebene abzubremsen

Aufbau und Durchführung

Auf einer Waagschale baut man mit einem Brett und Stativmaterial eine schiefe Ebene auf, legt eine Dose oben auf die schiefe Ebene und befestigt sie mit Hilfe eines Bindfadens. Mit Gewichtstücken tariert man die Waage aus (zum Aufbau siehe Abb. 1). Nach Durchbrennen des Bindfadens rollt die Dose die schiefe Ebene hinunter, und die Waagschale mit der schiefen Ebene verliert an Gewicht, der Zeiger der Waage schlägt entsprechend aus. Rollt die Dose die schiefe Ebene so schnell herunter, dass der Zeigerausschlag der Waage schwer beobachtet werden kann, verkleinert man den Neigungswinkel der schiefen Ebene. Ist der Zeigerausschlag der Waage zu gering, benutzt man einen rollenden Gegenstand mit einem größeren Gewicht als die ursprünglich verwendete Dose. Man kann das Experiment dadurch erweitern, dass man die Dose am Ende der schiefen

Ebene durch Schaumstoff stoppt. Beim Abbremsen (negativen Beschleunigen) tritt ein entgegengesetzter Ausschlag der Waage auf wie beim Herabrollen (positiven Beschleunigen) der Dose.

Erklärung

Zu Beginn des Experiments ist die Waage im Gleichgewicht, auf der Waagschale mit der schiefen Ebene lastet das Gewicht der schiefen Ebene und der Dose. Wie in Abbildung 2(a) gezeigt lässt sich die Gewichtskraft $\vec{G}$ der Dose in die Hangabtriebskraft $\vec{H}$ und die Normalkraft $\vec{N}$ zerlegen. Dabei ist φ der Neigungswinkel der schiefen Ebene. Mit den Bezeichnungen in Abbildung 2 gilt:

$$\vec{N} = \vec{G} \cos \varphi$$

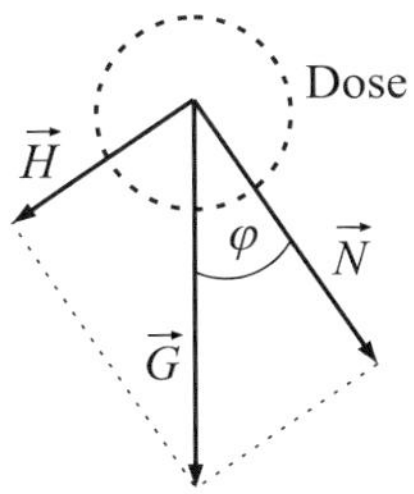

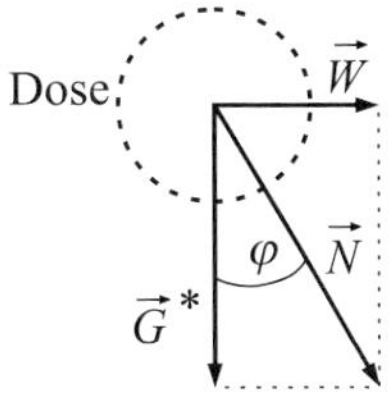

Abb. 2 (a) (b)

Nach dem Durchbrennen des Fadens wird die Dose durch die Hangabtriebskraft $\vec{H}$ die schiefe Ebene hinunter beschleunigt, auf die Waage wirkt nur noch die Normalkraft $\vec{N}$. Diese lässt sich wie in Abbildung 2(b) in eine Komponente senkrecht ($\vec{G}^*$) und eine Komponente waagrecht ($\vec{W}$) zur Waagschale zerlegen. Dabei wirkt nur noch $\vec{G}^*$ auf die Waagschale, $\vec{W}$ wird vom Waagbalken aufgenommen. Es gilt:

$$\vec{G}^* = \vec{N} \cos \varphi = \vec{G} \cos^2 \varphi$$

Für alle Winkel φ der schiefen Ebene (mit $0° < \varphi < 90°$) gilt also: $\vec{G}^* < \vec{G}$. Bei rollender Dose ist somit die Kraft auf die Waagschale geringer als bei ruhender Dose, die Waage schlägt entsprechend aus.

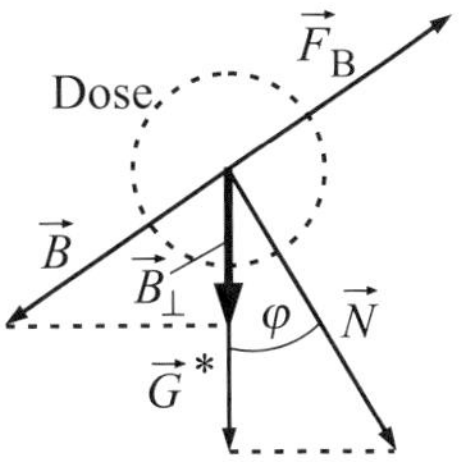

Abb. 3

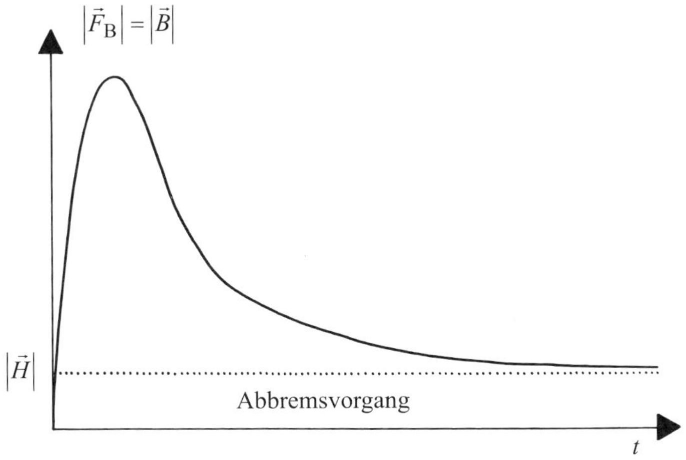

Abb. 4

Um die Dose abzubremsen, ist eine (sich zeitlich ändernde) Kraft $\vec{F}_B$ (qualitative Skizze des zeitlichen Verlaufs: siehe Abb. 4) notwendig. Die Gegenkraft $\vec{B}$ wirkt auf die Waage (siehe Abb. 3). Diese Kraft lässt sich wiederum in eine Komponente waagrecht und eine Komponente senkrecht ($\vec{B}_\perp$) zur Waagschale zerlegen. Auf die Waagschale wirkt insgesamt eine Kraft der Größe $\vec{G}^* + \vec{B}_\perp$, die Waage schlägt in die andere Richtung aus, solange $\vec{B} > \vec{H}$ gilt. Wie aus Abbildung 4 ersichtlich ist, geht nach dem Abbremsvorgang $\vec{B}$ in $\vec{H}$ auf, so dass die Waage wieder im Gleichgewicht ist.

Bemerkungen

Die Experimentieranordnung ist nach dem deutschen Physiker *Johann Christian Poggendorff* (1796-1877) benannt, der unter anderem auch an der Erfindung des Galvanoskops und seiner Verbesserung durch Spiegelablesung beteiligt war.

Literatur

Nestler, H. J., Physik und Didaktik 11/3 (1983), S. 245-247

1.25 Die Fallschnur

Beim freien Fall wird mit einer Schnur, an der Massestücke in bestimmten Abständen befestigt sind, der Zusammenhang zwischen Fallzeit und Fallstrecke demonstriert.

Material

- dünner fester Faden
- 14 gleiche Münzen, Knöpfe oder Schraubenmuttern
- leere Blechdose oder Blech
- Hilfsmittel: Schere, Klebefilm

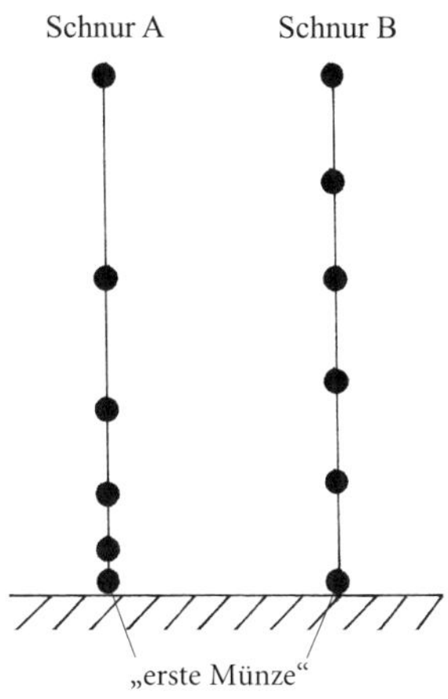

Abb. 1

Aufbau und Durchführung

An das Ende eines Bindfadenstücks (Länge: siehe unten) klebt man mit Klebefilm eine Münze (im weiteren Text „erste Münze" genannt). Weitere sechs Münzen werden so an den Faden geklebt, dass sich ihre Abstände zur „ersten Münze" wie 1 : 4 : 9 : 16 ... verhalten („Schnur A" in Abb. 1). Die Abstände zwischen den Münzen verhalten sich also wie 1 : 3 : 5 : 7 ... .

Die Schnur lässt man frei hängen, so dass die „erste Münze" unten hängt (siehe Abb. 1) und z. B. den Boden einer Blechdose berührt. Lässt man die Schnur in die Blechdose hineinfallen, schlagen die Münzen in gleichmäßigen Zeitabständen auf den Boden der Blechdose auf.

An einen zweiten Bindfaden, der etwa so lang wie der erste ist, klebt man an ein Ende auch eine „erste Münze". Weitere sechs Münzen werden so an die Schnur geklebt, dass sie äquidistant an der Schnur verteilt sind („Schnur B" in Abb. 1). Verfährt man mit dieser Schnur genauso wie mit der ersten, schlagen die Münzen in kleiner werdenden Zeitabständen auf dem Boden der Blechdose auf.

Folgende Abstände zwischen den Münzen müssen gewählt werden, wenn der Zeitabstand zwischen dem gleichmäßigen Auftreffen der Münzen 0,1 s bzw. 0,2 s betragen soll:

Zeitabstand 0,1 s:

$$5\text{ cm} + 15\text{ cm} + 25\text{ cm} + 35\text{ cm} + 45\text{ cm} + 55\text{ cm} = 180\text{ cm}$$

Zeitabstand 0,2 s:

$$20\text{ cm} + 60\text{ cm} + 100\text{ cm} + 140\text{ cm} + 180\text{ cm} + 220\text{ cm} = 720\text{ cm}$$

Das Experiment sollte nur in geschlossenen Räumen durchgeführt werden, weil selbst leichter Wind die Ergebnisse verfälscht. Die verwendete Schnur sollte möglichst dünn sein. Die letzten Münzen fallen nämlich meist nur noch auf die Schnur und nicht mehr auf das Blech. Ist die Schnur dünn genug, hört man das Aufschlagen der Münzen dennoch. Um die gleichen bzw. kürzer werdenden Zeitabstände gut zu hören, sollten sechs bis sieben Münzen an der Fallschnur befestigt werden. Es ist zu empfehlen, höhere Räume für dieses Experiment zu nutzen, z. B. das Treppenhaus. Dadurch können die sechs Münzen auf längere Schnüre verteilt werden, wodurch sich der Zeitabstand zwischen dem Auftreffen der Münzen vergrößert. Dadurch kann der gleich bleibende bzw. kürzer werdende Zeitabstand besser wahrgenommen werden.

Bei längeren Fallschnüren sollten möglichst schwere Münzen verwendet werden, um den Einfluss von Luftströmungen im Raum möglichst gering zu halten. Außerdem muss die verwendete Blechdose oder das Blech eine große Grundfläche haben, da die Münzen auf verschiedenen Punkten einer größeren Fläche aufkommen.

Erklärung

Lässt man einen Körper fallen, besteht zwischen dem Weg *s*, den er durchfällt, und der Zeit *t*, die er dafür benötigt, folgender Zusammenhang:

$$s(t) = \frac{1}{2} g t^2 \quad (1) \quad \text{bzw.} \quad t(s) = \sqrt{\frac{2s}{g}} \quad (2)$$

(g: Betrag der Erdbeschleunigung)
Alle Münzen an der Fallschnur werden gleichzeitig mit der Fallschnur losgelassen. Sollen die Münzen also in gleichen Zeitabständen auf dem Boden ankommen, muss folgendes Verhältnis zwischen den Fallzeiten t_i bestehen:

$$t_1 : t_2 : t_3 : \ldots = 1 : 2 : 3 : \ldots$$

Dieses Verhältnis der Fallzeiten kommt nach Gleichung (1) zustande, wenn zwischen den Abständen s_i der Münzen vom Boden folgender Zusammenhang besteht (Schnur A):

$$s_1 : s_2 : s_3 : \ldots = 1 : 4 : 9 : \ldots$$

Werden die Knöpfe äquidistant am Faden befestigt (Schnur B), d. h.

$$s_1 : s_2 : s_3 : \ldots = 1 : 2 : 3 : \ldots$$

haben ihre Fallzeiten t_i nach Gleichung (2) folgendes Verhältnis zueinander:

$$t_1 : t_2 : t_3 : \ldots = 1 : \sqrt{2} : \sqrt{3} : \ldots$$

Literatur

Hahn, H.: Physikalische Freihandversuche, Band 1, Verlag Otto Saale, Braunschweig 1907

1.26 Zwei Kugeln im freien Fall

Mit diesem Experiment wird die Überlagerung von Bewegungen ohne wechselseitige Beeinflussung gezeigt.

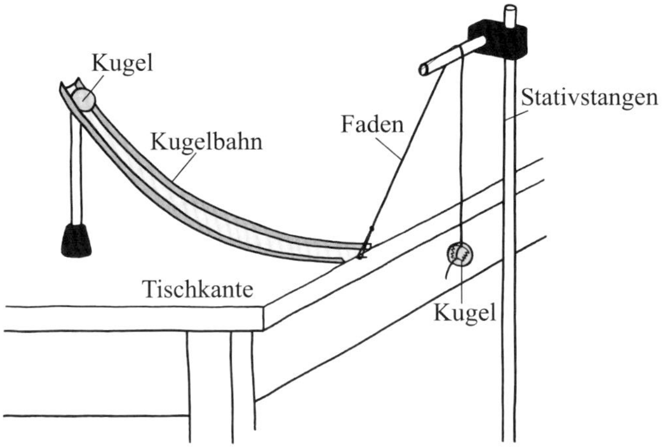

Abb. 1

Material

- 2 Stahlkugeln
- Kugelbahn, z. B. Spielzeugautobahn
- Faden
- Stativmaterial
- evtl. Nadel

Aufbau und Durchführung

Eine Kugelbahn wird auf einem Tisch so aufgebaut, dass eine herabrollende Kugel bei Verlassen der Bahn ohne vorher den Tisch zu berühren von der Bahn auf den Boden fällt. Die Bahn muss an dem an der Tischkante liegenden Ende horizontal verlaufen. Eine Metallkugel wird an einen Faden gebunden. In das andere Ende des Fadens knotet man eine Schlaufe. Aus Stativmaterial baut man eine Art Galgen, den man vor die Bahn stellt. Die Kugel am Faden wird über das Stativstangengerüst gemäß Abbildung 1 mit der Schlaufe im Faden am Ende der Kugelbahn fixiert. Diese Schlaufe muss sich leicht von der Bahn lösen können (d. h. die auf der Bahn herabrollende Kugel muss die Schlaufe und damit den Faden von der Bahn lösen können). Ist dies nicht der Fall, kann man z. B. eine Nadel am Ende der Bahn zwischen Tisch und Bahn auf dem Tisch befestigen und die Schlaufe dort einhängen. Betrachtet man die Bahn von vorne, d. h. befindet man

sich in der gedachten Verlängerung der Bahn nach vorne, darf die Kugel am Faden nicht seitlich vom Ende der Kugelbahn versetzt sein.
Lässt man von der so präparierten Bahn eine Kugel herabrollen, löst sie beim Verlassen der Bahn die Schlaufe vom Bahnende, beide Kugeln fallen nach unten und treffen sich, bei nicht zu großem Abstand des Galgens vom Tisch, in der Luft. Den Zusammenstoß der Kugeln kann man leicht hören.

Erklärung

Beide Kugeln starten den freien Fall mit der Anfangsgeschwindigkeit null in vertikaler Richtung. Die Geschwindigkeit der einen Kugel in horizontaler Richtung hat auf die vertikale Bewegung keinen Einfluss. Die Bewegungen überlagern sich unabhängig. Deshalb befinden sich die beiden Kugeln immer auf derselben Höhe und stoßen zusammen, falls die Fallhöhe bis zum Boden ausreicht.

Bemerkungen

Dass sich zwei senkrecht zueinander gerichtete Bewegungen nur überlagern, nicht beeinflussen, wurde bereits von *Sir Isaac Newton* (1643-1727) entdeckt.
Das Experiment kann man auch mit einer Kugel und einem Ring durchführen (der Ring ersetzt die am Faden hängende Kugel). Die Kugel fällt beim Experiment durch den Ring. Dies ist im Verhältnis zu dem hier beschriebenen Experiment wesentlich schwerer zu beobachten!
Weitere Experimente zur gleichen Thematik sind „Wettfallen zweier Kugeln“ und „Der Tisch des Galilei“.

Literatur

o. L.

1.27 Wettfallen zweier Kugeln

Mit diesem Experiment wird die Überlagerung von Bewegungen ohne wechselseitige Beeinflussung gezeigt.

Material

- Lineal (Länge: 20 - 30 cm)
- 2 Stahlkugeln (Durchmesser: kleiner als 2 cm) oder zwei Münzen
- Klebeband
- Radiergummi oder Gegenstand vergleichbarer Größe

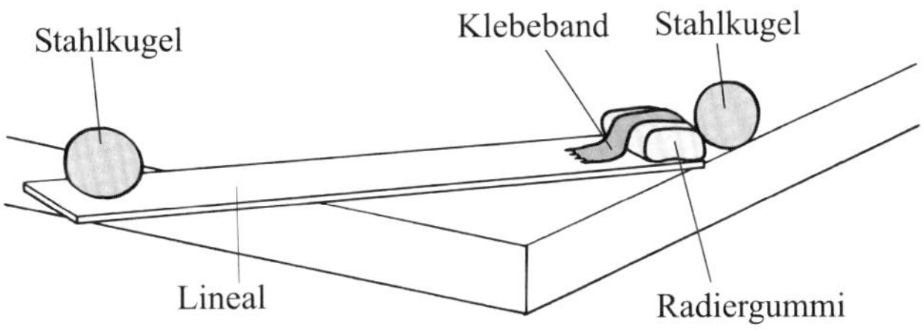

Abb. 1

Aufbau und Durchführung

Hat ein Lineal ein Loch auf einer Seite,
wird ein Radiergummi mit Klebeband auf das andere Ende des Lineals geklebt. Ist kein Loch vorhanden, ist das Ende, auf das der Radiergummi zu kleben ist, beliebig. Eine Stahlkugel wird auf das gegenüberliegende Ende des Lineals gelegt, gegebenenfalls in das Loch im Lineal. Das so präparierte Lineal wird gemäß Abbildung 1 an eine Tischkante gelegt. Die eine Kugel liegt auf dem Lineal, welches auf dieser Seite über die Tischkante ragt. Auf der anderen Seite des Lineals liegt die Kugel knapp vor dem Radiergummi nahe der Tischkante. Diese Strecke, vom Radiergummi zur Tischkante, sollte man möglichst klein halten! Statt der Kugeln kann man auch Münzen verwenden.
Das Lineal wird ruckartig auf die Kugel vor dem Radiergummi zu bewegt und stößt diese dadurch vom Tisch. Beide Kugeln fallen nach unten. Die Kugel vor dem Lineal beschreibt eine parabelförmige, die andere eine geradlinige Bahn nach unten. Beide Kugeln treffen gleichzeitig auf dem Boden auf, und man nimmt nur *ein* Aufschlaggeräusch wahr.

Erklärung

Beide Kugeln starten mit der Anfangsgeschwindigkeit null in vertikaler Richtung. Die Geschwindigkeit der einen Kugel in horizontaler Richtung hat auf die vertikale Bewegung keinen Einfluss. Die Bewegungen überlagern sich unabhängig.

Bemerkungen

Ähnliche Experimente zur gleichen Thematik sind „Zwei Kugeln im freien Fall“ und „Der Tisch des Galilei“.

Literatur

o. L.

1.28 Der Tisch des Galilei

Die gleiche Fallzeit einer vertikal fallen gelassenen Kugel und einer Kugel mit endlicher horizontaler Anfangsgeschwindigkeit wird, im Vergleich zum freien Fall verlangsamt, auf einem geneigten Tisch beobachtet.

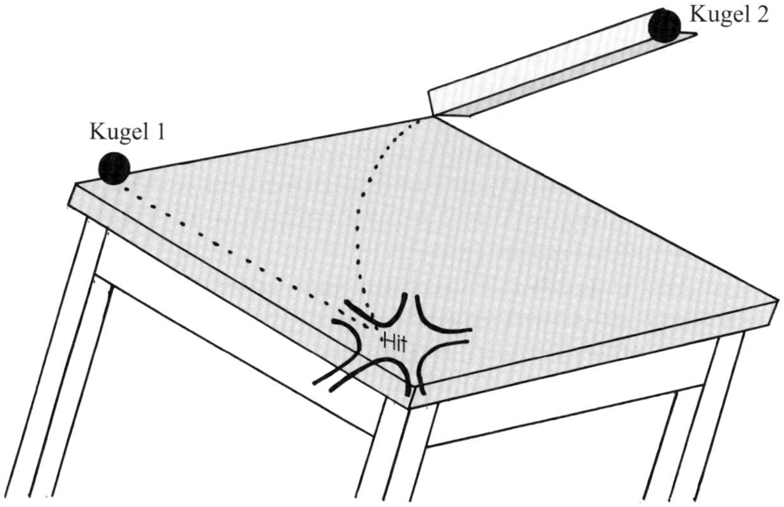

Abb. 1

Material

- 2 Metallkugeln gleicher Größe und gleicher Masse
- eine ausgedehnte schiefe Ebene, z. B. ein mittels Unterlagen schräg gestellter Tisch
- Fallrinne, z. B. 2 mit Klebeband parallel aneinander befestigte Stativstangen

Aufbau und Durchführung

Man stellt einen Tisch wie in Abbildung 1 gezeigt schräg auf. Ein Assistent hält die Kugel 1 an einem Ende des Tisches fest, während ein zweiter Assistent das untere Ende einer Fallrinne so am anderen Ende des Tisches positioniert, dass die Kugel 2 bei ihrem Auftreffen auf den Tisch auf gleicher Höhe mit Kugel 1 ist. Lässt der zweite Assistent die Kugel 2 die Fallrinne herabrollen und der erste Assistent die Kugel 1 genau in dem Moment los, in dem Kugel 2 aus der Fallrinne auf den Tisch rollt, so wird es trotz der unterschiedlichen Bahnkurven der beiden Kugeln zu einer Kollision kommen.

Erklärung

Die Grundlage dieses Experiments ist ein ähnliches Experiment, in dem unter der Voraussetzung, dass im Vakuum alle Körper, unabhängig von ihrer Masse, bei gleicher (Erd-)

Beschleunigung gleich schnell frei fallen (ein Gesetz, das zuerst von *Galileo Galilei* (1564-1642) aus Experimenten, übrigens u. a. mit Fallrinnen, gefolgert und formuliert wurde), das Superpositionsprinzip von Bewegungen gezeigt werden soll. Hierzu wird z. B. eine Metallkugel aus einem horizontal positioniertem Blasrohr geblasen, an dessen Mündung eine kleine Lichtschranke angebracht ist. Wird sie unterbrochen, so wird der Elektromagnet ausgeschaltet, der eine zweite Kugel in einiger Entfernung von der Blasrohrmündung in der horizontalen Verlängerung des Rohres (also auf gleicher Höhe wie die Mündung) festhält. Bei genauer Ausrichtung der Apparatur treffen sich beide Kugeln im freien Fall, womit gezeigt ist, dass die beiden Kugeln in gleicher Zeit die gleiche vertikale Strecke zurücklegen, obwohl die horizontal abgeschossene Kugel einen Parabelbogen und die vertikal fallen gelassene eine geradlinige Bahn beschreibt. Die gleichförmige horizontale Bewegung und die gleichförmig beschleunigte vertikale Bewegung der horizontal abgeschossenen Kugel überlagern sich also, ohne sich gegenseitig zu beeinflussen (Superpositionsprinzip).

Die vorliegende Vereinfachung des eben geschilderten Experiments weist zwei Vorteile gegenüber der Blasrohr-Variante auf (wobei den ersten bereits *Galilei* zu schätzen wusste), aber leider auch einen systematischen Nachteil. Zunächst die Vorteile:

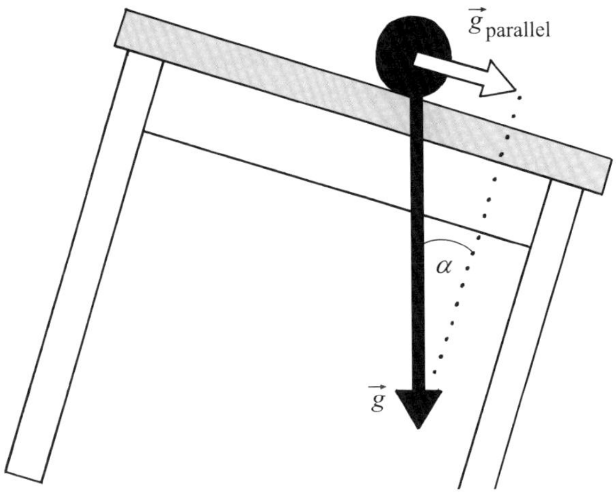

Abb. 2

- Der freie Fall, dessen Verlauf auf der Erde durch den Betrag g der Erdbeschleunigung fest vorgegeben ist und der sich der qualitativen wie der quantitativen Analyse mit bloßem Auge (und etwa dem Puls oder einer lediglich auf Sekunden genauen Uhr) auf Grund der Schnelligkeit, mit der die Vorgänge ablaufen, entzieht, kann besser mit Hilfe einer schiefen Ebene studiert werden, auf der die Bewegungen im Vergleich zum freien Fall verlangsamt ablaufen, da nur noch der Bruchteil $g_{\text{parallel}} = g \sin \alpha$ des Betrages g der Erdbeschleunigung die Bewegung der Kugeln verursacht (Bezeichnungen wie in Abbildung 2).
- Die Lichtschranke und der Elektromagnet entfallen als notwendige Bauteile. Insgesamt sind die Parameter des Experiment-Aufbaus leichter abzuwandeln.

Nachteilig wirkt sich aus, dass die Äquivalenz der beiden Experiment-Methoden jedoch nur dann gilt, wenn die bei Verwendung der schiefen Ebene auf Grund der Rotation der Kugel hinzukommende Rollreibung, die eine der Bewegung entgegenwirkende Beschleunigung darstellt, klein genug ist; wie ja bereits bei der Ausführung der Experimente in Luft zunächst sichergestellt sein muss, dass der auftretende Luftwiderstand im Vergleich zum Vakuum keinen beachtenswerten Einfluss auf die Bewegung der fallenden Körper hat.

Weitaus schwerwiegender jedoch ist die Tatsache, dass im Fall der schiefen Ebene die beiden betrachteten Körper *rollen* und nicht *gleiten*. Dabei wird die potenzielle Energie nicht nur in kinetische, wie beim Gleiten oder im freien Fall, sondern zusätzlich in Rotationsenergie umgewandelt. Somit unterscheiden sich freier Fall und die Bewegung der rollenden Kugeln grundlegend. Dies stellt einen wichtigen *theoretischen*, aber, bei Verwendung „normal" dimensionierter Tische und Kugeln, dennoch keinen, das Experiment gänzlich scheitern lassenden *praktischen* Nachteil dar.

Bemerkungen

Damit die Karambolage überhaupt, langsam und beobachtbar, also noch auf dem Tisch stattfindet, muss sowohl ein geeigneter Neigungswinkel des Tisches als auch der Fallrinne gefunden werden, da von Letzterem die Anfangsgeschwindigkeit der Kugel 2 und damit die Ausdehnung der Parabelbahn abhängt. Die „Achillesferse" des Experiments ist Assistent 1, der ein gewisses Gespür dafür entwickeln muss, was Gleichzeitigkeit unter Berücksichtigung seiner eigenen Reaktionszeit bedeutet. Um die Kugel im richtigen Moment loszulassen, sollte Assistent 2 unbedingt eine (offene) Fall*rinne*, also insbesondere kein undurchsichtiges Rohr, benützen, damit Assistent 1 die Zeit bis zum Auftreffen von Kugel 2 auf dem Tisch abschätzen kann. Zudem sollte Assistent 1 seine Kugel nicht mit der Hand festhalten, sondern eher mit einem Stift oder einem kurzen Holzstab am Herabrollen hindern, und diesen für den Start schnell in Bewegungsrichtung der Kugel wegziehen. Das Experiment erfordert also etwas Geschick, aber dafür sieht man mehr als bei der Blasrohr-Variante, bei der mitunter eher dem Gehör geglaubt werden muss.

Ähnliche Experimente zur gleichen Thematik sind „Zwei Kugeln im freien Fall" und „Wettfallen zweier Kugeln".

Literatur

Berry, D. A.: A POTPOURRI OF PHYSICS TEACHING IDEAS, Selected reprints from The Physics Teacher April 1963 to December 1986, American Association Of Physics Teachers, College Park, MD 20740-4100, U.S.A. o. J. [1987]

1.29 Messung der menschlichen Reaktionszeit

Über die Strecke, die ein Lineal durchfällt, ehe es eine Versuchsperson fängt, wird deren Reaktionszeit bestimmt.

Material

- Lineal mit Maßstab

Aufbau und Durchführung

Man hält ein Lineal mit Zentimetereinteilung so, wie in Abbildung 1 gezeigt: Eine Versuchsperson legt ihre Hand so in Höhe der 0-Markierung um das Lineal, dass sie es noch nicht berührt, aber mit einem kurzen Griff zu fassen bekäme. Sobald das Lineal fallen gelassen wird, soll es die Versuchsperson so schnell wie möglich festhalten. Wenn sich zu Beginn z. B. die Oberkante des Zeigefingers auf der Höhe der 0 befindet, kann wiederum an der Zeigefinger-Oberkante die Länge der Strecke s abgelesen werden, die vom Lineal durchfallen wurde, ehe die Versuchsperson „zupackte“. Anhand folgender Tabelle kann aus dieser Strecke s die Reaktionszeit t bestimmt werden:

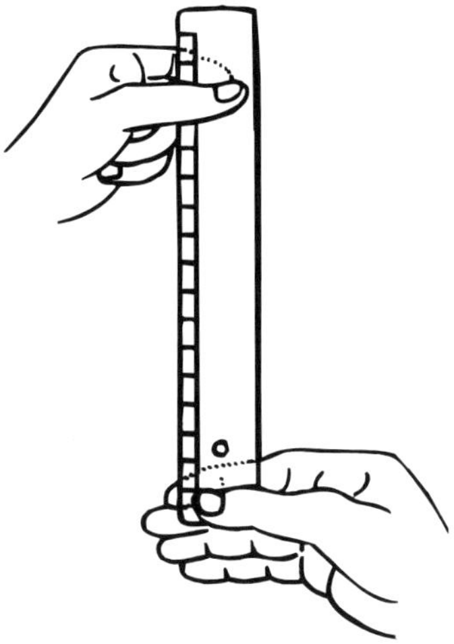

Abb. 1

Tabelle 1:

s [cm]	1	2	3	4	5	6	7	8	9
t [s]	0,045	0,063	0,078	0,090	0,101	0,111	0,119	0,128	0,135

s [cm]	10	11	12	13	14	15	16	17	18
t [s]	0,143	0,150	0,156	0,163	0,169	0,175	0,181	0,186	0,192

s [cm]	19	20	21	22	23	24	25	26	27
t [s]	0,197	0,202	0,207	0,212	0,217	0,221	0,226	0,230	0,235

Erklärung

Im freien Fall bewegt sich das Lineal mit der konstanten Beschleunigung $\vec{a} = \vec{g}$ ($\vec{g}$: Erdbeschleunigung), deren Betrag g mit der Zeit t und der Fallstrecke s über das Weg-Zeit-Gesetz

$$s = \frac{1}{2} g t^2$$

in Verbindung gebracht werden kann. Aufgelöst nach t ergibt sich:

$$t = \sqrt{\frac{2}{g}} \sqrt{s}$$

Für Tabelle 1 wurde $g = 9{,}81\ \frac{\mathrm{m}}{\mathrm{s}^2}$ verwendet.

Bemerkungen

Man kann das Experiment einführen, indem man behauptet, es sei unmöglich, einen Geldschein zu fangen, wenn sich, analog zu Abbildung 1, die Ausgangsposition der Hand der Versuchsperson auf Höhe der Geldscheinmitte befindet (und die zweite Hand nicht benutzt werden darf, sowie Nachgreifen verboten ist). Bei dieser Einführung empfiehlt es sich, die „Spielregeln“ genau zu formulieren, da ansonsten verschiedene Meinungen über Besitzer und Eigentümer der verwendeten Banknote aufeinander treffen können ...
Man sollte darauf hinweisen, dass Reaktionszeiten im Straßenverkehr größer sind, u. a. da es einen Unterschied macht, auf unvorhersehbare Ereignisse zu reagieren, oder aber, wie hier, für eine genau festgelegte Handlung nur noch das auslösende Moment abzuwarten.

Literatur

Treitz, N.: Spiele mit Physik, Ein Buch zum Basteln, Probieren und Verstehen, Verlag Harri Deutsch, Thun und Frankfurt/Main 1983
Zeier, E.: Physikalische Schulversuche, Freihandversuche, kleine Experimente, Aulis Verlag Deubner, Köln 1986
Berry, D. A.: A POTPOURRI OF PHYSICS TEACHING IDEAS, Selected reprints from The Physics Teacher April 1963 to December 1986, American Association Of Physics Teachers, College Park, MD 20740-4100, U.S.A. o. J. [1987]
Treitz, N.: Spiele mit Physik, Verlag Harri Deutsch, Thun und Frankfurt/Main 1991
Brecht, R.: Professor Zweistein: Experimente zum Mitmachen, Zebold Verlag GmbH, München 1992
Glass, D.: Whats what? Naturwissenschaftliche Plaudereien, Deutscher Taschenbuch Verlag GmbH & Co. KG, München. 1995, S. 175
Ardley, N.: 101 spannende Experimente aus Wissenschaft und Technik, Loewe Verlag, Bindlach 1995, S. 73

1.30 Wasserstrahlversuch zur Wurfparabel

Ein Wasserstrahl verläuft längs der Flugbahn eines Körpers beim waagrechten und schiefen Wurf.

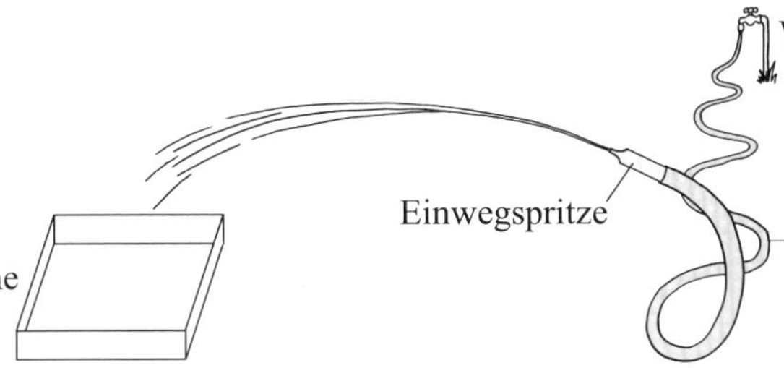

Abb. 1

Material

- an einem Wasserhahn angeschlossener Wasserschlauch
- größere Einwegspritze
- Wanne, um das ausströmende Wasser wieder aufzufangen
- evtl. Overheadprojektor zur Projektion

Aufbau und Durchführung

Die Düse einer Einwegspritze wird an das Ende eines Wasserschlauchs montiert. Man dreht den Wasserhahn so weit auf, dass ein schön gebündelter Wasserstrahl aus der Düse der Einwegspritze austritt. Die unterschiedlichen Flugbahnen eines Körpers beim waagrechten und verschiedenen schiefen Würfen lassen sich demonstrieren, indem man mit der Düse den Ausströmwinkel des Wasserstrahls gegenüber der Horizontalen variiert. Es empfiehlt sich, den Wasserstrahl in einer Wanne aufzufangen, sonst steht nach dem Experiment der halbe Boden unter Wasser (siehe Abb. 1). Über die Zuflussmenge des Wassers reguliert man die Austrittsgeschwindigkeit an der Spritzenöffnung und kann so die Reichweite und die maximale Höhe des Wasserstrahls verändern.

Hat man keinen Wasserschlauch mit Anschluss zur Verfügung, kann man sich auch mit der Einwegspritze (diesmal nicht auseinander genommen) behelfen. Man füllt sie mit Wasser und benutzt sie wie üblich. Das Problem dabei ist, eine gleichbleibende Austrittsgeschwindigkeit des Wassers zu erreichen.

Zur Demonstration eignet sich besonders eine Schattenprojektion des Wasserstrahls mit einem Overheadprojektor.

Erklärung

Warum der Wasserstrahl nach dem Verlassen der Düse (annähernd) eine Parabelbahn beschreibt, ist klar: Die Wasserteilchen (Moleküle, Cluster, Tropfen) erfahren nach dem

Ausströmen nur noch die Gravitationskraft und gehorchen so den Gesetzen der Kinematik. Wendet man diese auf ein einzelnes Teilchen an, so erhält man aus der Überlagerung der gleichförmigen Ausströmbewegung und der Fallbewegung die bekannte Flugbahn mit der Form einer Parabel. Da jedoch nicht alle Wasserteilchen beim Verlassen der Düse die gleiche Geschwindigkeit und Richtung besitzen (statistisch verteilt), da es makroskopische Störungen gibt (Luftwiderstand, Turbulenzen in der Luft) und da letztendlich die Wassermoleküle untereinander wechselwirken (Van-der-Waals-Kräfte, Dipolkräfte), läuft der Wasserstrahl nach einiger Zeit auseinander.

Bemerkungen

Weitere Experimente zur gleichen Thematik sind „Zwei Kugeln im freien Fall“ „Wettfallen zweier Kugeln“ und „Der Tisch des Galilei“.

Literatur

Berry, D. A.: A POTPOURRI OF PHYSICS TEACHING IDEAS, Selected reprints from The Physics Teacher April 1963 to December 1986, American Association Of Physics Teachers, College Park, MD 20740-4100, U.S.A. o. J. [1987]

1.31 Schneller als im freien Fall

Lässt man das obere Ende eines schräg stehenden Bretts los, so wird das Brettende stärker beschleunigt als eine frei fallende Kugel. Diese Tatsache steht scheinbar im Widerspruch zu der Regel, die besagt, dass alle Körper gleich schnell fallen.

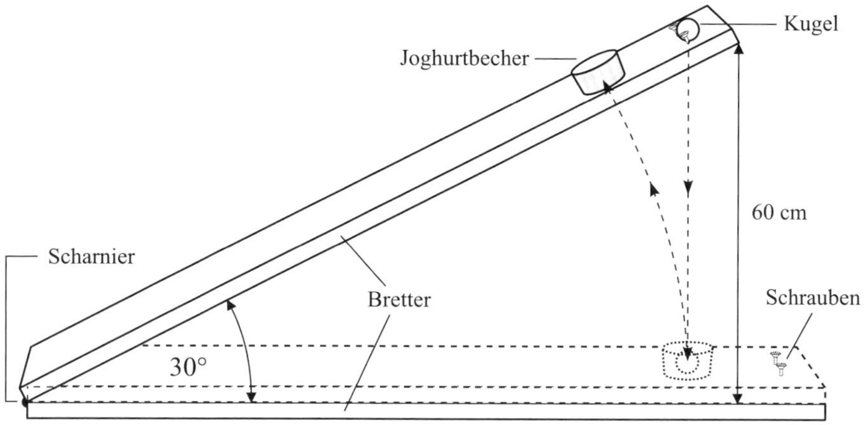

Abb. 1

Material

- 2 Bretter (Maße: 120 cm × 10 cm × 1,5 cm)
- 2 Scharniere (Maße des aufgeklappten Scharniers: 2,5 cm × 4 cm (siehe Abb. 2)) und die notwendige Anzahl passender Befestigungsschrauben (Durchmesser: ca. 2 mm; Länge: ca. 15 mm)
- massive Kugel (Durchmesser: ca. 2 cm), z. B. Glasmurmel, Stahlkugel
- Joghurtbecher (Durchmesser: ca. 5 cm)
- Knetmasse
- 3 Schrauben (Durchmesser: ca. 2 mm; Länge: ca. 20 mm)
- evtl. ein Stück dicker Stoff (Maße: ca. 15 cm × 50 cm)
- Hilfsmittel: Schere, Meterstab, 2 Schraubzwingen, Schraubenzieher, Bohrmaschine, Bohrer (Durchmesser: ca. 1 mm)

Aufbau und Durchführung

Die beiden Bretter werden bündig aufeinander gelegt und mit Schraubzwingen in dieser Stellung fixiert. Zwischen zwei aneinander grenzenden Stirnseiten der Bretter bringt man, wie in Abbildung 2 gezeigt, zwei Scharniere an.
Handelt es sich bei den Brettern nicht um Spanplatten, sollten die Löcher für die Schrauben vorgebohrt werden, um ein Spalten des Holzes zu vermeiden. Man entfernt die Schraubzwingen und legt die Bretter auf eine Unterlage (Ansicht von oben siehe Abb. 3). Auf dem oberen Brett werden zwei Schrauben S_1 und S_2 (Positionen siehe Abb. 3) ange-

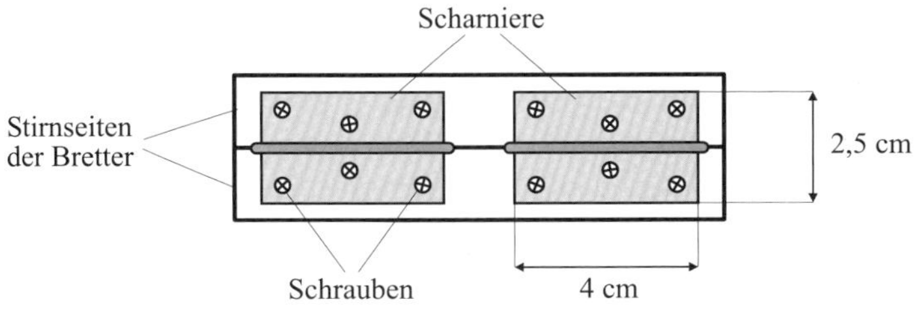

Abb. 2

bracht, wobei sich die Schraubenköpfe 7 – 8 mm über dem Brett befinden sollten. Den abgeschnittenen, unteren Teil (Höhe: ca. 4 cm) eines Joghurtbechers befestigt man mit einer Schraube S_3 an der in Abbildung 3 gekennzeichneten Stelle. Der Boden des Bechers wird mit einer Schicht Knetmasse bedeckt (Dicke: ca. 5 mm).

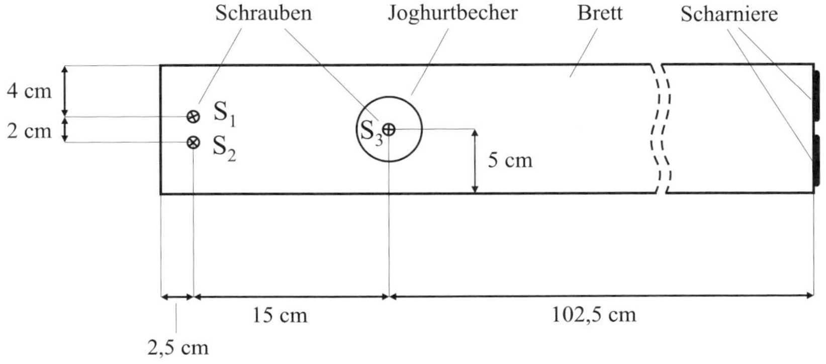

Abb. 3

Zur Vorführung des Experiments hebt man das freie Ende des oberen Bretts auf eine Höhe von 60 cm über der Oberseite des unteren Bretts an (was einer Neigung von 30° entspricht), legt eine Kugel oberhalb der Schrauben S_1 und S_2 so auf das geneigte Brett, dass sie nicht wegrollt (siehe Abb. 1) und lässt das Brett los. Es bewegt sich auf das waagrechte Brett zu, wobei die Scharniere die Drehachse der Rotation festlegen. Nachdem das rotierende Brett auf dem unteren aufgekommen ist, befindet sich die Kugel in dem Joghurtbecher. Um zu vermeiden, dass sie nach dem Aufprall wieder aus dem Becher herausspringt, sollte das Experiment auf einer nicht federnden Unterlage durchgeführt werden und zur Dämpfung evtl. etwas Stoff zwischen die Bretter gelegt werden.

Erklärung

Das zu Boden fallende Brett stellt keinen frei fallenden Körper dar, weil außer der Gewichtskraft, die auf den Schwerpunkt wirkt, von den Scharnieren Zwangskräfte auf das Brett ausgeübt werden. Daher gelten insbesondere auch für das bewegte Ende des

Bretts nicht die Gesetze des freien Falls. Jeder Punkt des Brettes vollführt eine Rotation um die Drehachse der Scharniere.
Um das Ergebnis des Experiments verstehen zu können, wird im Folgenden der Bewegungsablauf des Bretts quantitativ untersucht.
Auf den Schwerpunkt des Bretts wirkt die Gewichtskraft $\vec{F}_g$. Deren Komponente senkrecht zum Brett sei $\vec{F}_s$ (siehe Abb. 4):

$$F_g = mg \quad \text{und} \quad F_s = mg \cos \varphi$$

(m: Masse des Bretts; g: Betrag der Erdbeschleunigung; φ: Neigung des oberen Bretts; F_g, F_s: Beträge der Kräfte $\vec{F}_g$ und $\vec{F}_s$).

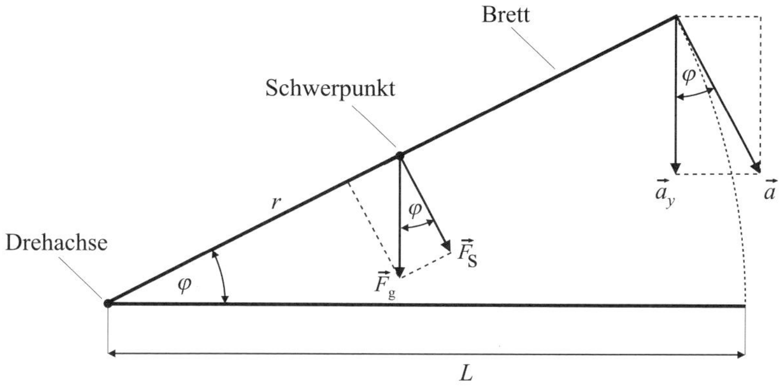

Abb. 4

Vereinfachend wird angenommen, dass es sich um ein homogenes Brett mit vernachlässigbarer Dicke handelt. Der Abstand r des Schwerpunkts (und damit auch des Angriffspunkts der Gewichtskraft) von der Drehachse entspricht somit der halben Länge L des Bretts (siehe Abb. 4):

$$r = \frac{L}{2}$$

Das Trägheitsmoment J des Bretts bezüglich der vorliegenden Rotationsachse ist

$$J = \frac{1}{3} mL^2 \qquad [\textit{Grimsehl } 1989, \text{S. } 78].$$

Für den Betrag des Drehmoments $\vec{M}$, welches auf das Brett wirkt, und die daraus resultierende Winkelbeschleunigung $\ddot{\varphi}$ erhält man:

$$M = rF_s = \frac{L}{2} mg \cos \varphi$$

$$\ddot{\varphi} = \frac{M}{J} = \frac{3\,g}{2\,L} \cos \varphi$$

Damit ergibt sich für den Betrag der Bahnbeschleunigung $\vec{a}$, die das Brettende erfährt, sowie für deren vertikale Komponente $\vec{a}_y$ (siehe Abb. 4):

$$a = \ddot{\varphi}\, L = \frac{3}{2} g \cos \varphi$$

$$a_y = a \cos \varphi = \frac{3}{2} g \cos^2 \varphi \qquad (1)$$

Mit der für kleine Winkel φ gültigen Näherung $\cos \varphi \approx 1$ erhält man aus (1):

$$a_y \approx \frac{3}{2} g \quad \text{für } \varphi << 1$$

Für kleine Neigungswinkel ist die vertikale Komponente der Beschleunigung des Brettendes ungefähr 1,5-mal so groß wie die Erdbeschleunigung. Führt man das Experiment mit einem genügend kleinen Startwinkel φ durch (genauere Angabe siehe unten), so eilt das Brettende sofort nach Beginn der Bewegung der Kugel voraus und beeinflusst damit deren Fallbewegung nicht. Der Joghurtbecher befindet sich an dem Auftreffpunkt der Kugel, bevor diese ihn erreicht hat. (Im angegebenen Experiment-Aufbau befindet sich die Kugel nicht exakt am Ende des Bretts. Der Abstand ist jedoch so klein, dass er in der Argumentation vernachlässigt werden kann.)
Mit steigendem φ nimmt die vertikale Komponente der Beschleunigung des Brettendes ab (vgl. (1)). Eine notwendige Bedingung für das Gelingen des Experiments ist die Beziehung

$$a_y > g \quad \Leftarrow \quad \frac{3}{2} g \cos^2 \varphi > g \quad \Leftarrow \quad \cos\varphi > \sqrt{\frac{3}{2}} \quad \Leftarrow \quad 0 < \varphi < 35°.$$

Weiterhin darf der Joghurtbecher nicht zu hoch sein und die Startposition der Kugel muss außerhalb des Bechers liegen. Dies ist nicht der Fall für kleine Startwinkel (siehe Abb. 1).

Literatur

Wittmann, J.: Trickkiste 1, Experimente, wie sie nicht im Physikbuch stehen, Bayerischer Schulbuch Verlag, München 1986
Oberdorfer, G.: Zytglogge Werkbuch, Das springende Ei und andere Experimente für die fünf Sinne, Zytglogge-Verlag, Gümmlingen Bonn Wien 1991
Melenk, H.; Runge, U.: Verblüffende physikalische Experimente, Aulis Verlag Deubner, Köln 1991

zur Formel:

Grimsehl, E.; Schallreuter, W.; Altenburg, K.: Lehrbuch der Physik, Band 1, Mechanik Akustik Wärmelehre, BSB B.G. Teubner Verlagsgesellschaft, Leipzig 1989, S. 78

1.32 Welche Bahn ist schneller?

Rollende Kugeln auf unterschiedlich gekrümmten Bahnen können die Fehlvorstellung ausräumen, dass ein Körper eine räumliche Distanz zwischen zwei vorgegebenen Punkten am schnellsten stets auf der kürzesten Verbindungsstrecke zurücklegt.

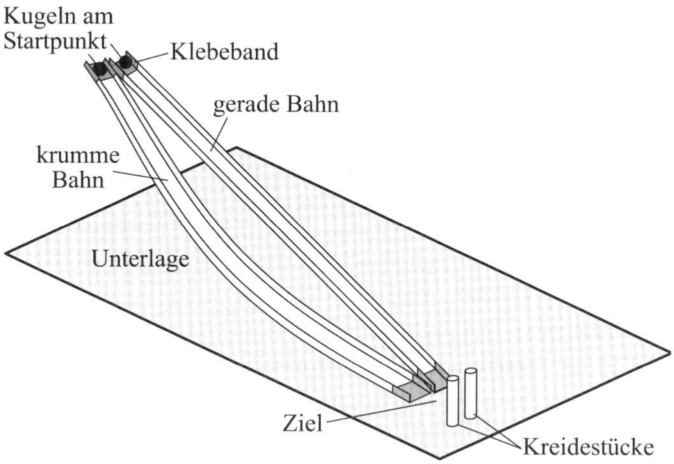

Abb. 1

Material

- Abdeckleiste eines Kabelschachtes (Länge: 2 m; Breite: ca. 15 mm, erhältlich in Baumärkten) oder durchsichtiger Schlauch (lichte Weite: ca. 15 mm)
- 2 gleiche Kugeln (Durchmesser: 5 – 10 mm)
- stabiles Klebeband
- evtl. 2 Kreidestücke
- evtl. Brett (Maße: ca. 30 cm × 100 cm)
- evtl. Nägel und Hammer

Aufbau und Durchführung

Von der Abdeckleiste eines Kabelschachts schneidet man zwei Stücke der Längen 93 cm und 100 cm ab, welche als Bahnen für rollende Kugeln dienen. Man legt sie mit gleicher Orientierung des U-förmigen Querschnitts parallel nebeneinander und verbindet mit Klebeband zwei Enden bündig miteinander. Das längere Stück biegt man zu einer Kurve und fixiert die anderen beiden Enden ebenfalls aneinander (siehe Abb. 1). Bei der gebogenen Bahn muss die Öffnung des U-förmigen Querschnitts zur konkaven Seite der Kurve zeigen (siehe Abb. 1). Die Anordnung wird so gehalten, dass die gerade Bahn einen Winkel von ca. 30° mit einer horizontalen Ebene einschließt. Von zwei gleichen Kugeln, welche man gleichzeitig am Startpunkt (siehe Abb. 1) losrollen lässt, erreicht die

Kugel auf der gekrümmten Bahn als Erste das gemeinsame Ziel. Es ist leichter zu erkennen, welche der Kugeln als Erste das Ziel erreicht, wenn man am Ende der Bahnen jeweils ein Stück Kreide aufstellt (siehe Abb. 1) und beobachtet, welches zuerst umgestoßen wird.
Es hat auf das Ergebnis des Experiments keine Auswirkungen, wenn die Kugeln voneinander abweichende Größen haben oder aus Materialien verschiedener Dichte bestehen, solange sie beide aus homogenem Material sind. Dies lässt sich bei Verwendung unterschiedlicher Kugeln zeigen, indem man das Experiment mit vertauschten Kugeln wiederholt.
Alternativ zur Abdeckung eines Kabelschachts kann auch ein durchsichtiger Plastikschlauch verwendet werden, der an einem vertikalen Brett mit Hilfe von Nägeln in einer geraden bzw. krummen Bahn verlegt wird.

Erklärung

Die quantitative Erfassung der Bewegung eines Massenpunktes auf beliebigen krummlinigen Bahnen und die analytische Beantwortung der Frage nach der am schnellsten durchlaufenen Bahn (der so genannten Brachistochrone) erfordert die Verwendung recht anspruchsvoller mathematischer Methoden aus dem Gebiet der Variationsrechnung. Eine Behandlung dieser Problematik kann in nahezu jedem Buch über theoretische Mechanik (z. B. [*Greiner* 1989, S. 370-374], [*Kuypers* 1993, S. 67-72, 404]) nachgelesen werden.
Hier soll im Folgenden lediglich ein für Schüler nachvollziehbares Beispiel dargestellt werden, anhand welchem nachgewiesen werden kann, dass zumindest eine Bahn existiert, die in einer kürzeren Zeit durchlaufen wird als die geradlinige Verbindung. In der Rechnung wird ein reibungsfrei gleitender Massenpunkt betrachtet. Für eine (reibungsfrei) rollende Kugel erhält man identische Ergebnisse.
Die geradlinige Bahn verlaufe zwischen den Punkten $(0, z_0)$ und $(x_0, 0)$ (siehe Abb. 2). Die andere Bahn führt von $(0, z_0)$ geradlinig zu $(\frac{1}{4}x_0, \frac{1}{4}z_0)$ und von dort zum Zielpunkt $(x_0, 0)$(siehe Abb. 2). Wählt man $x_0 = \sqrt{3}\, z_0$ (also $\varphi_1 = 30°$, siehe Abb. 2), so betragen die Streckenlängen s_1, s_2 und s_3 (siehe Abb. 2):

$$s_1 = 2\, z_0, \qquad s_2 = \frac{1}{2}\sqrt{3}\, z_0 \qquad \text{und} \qquad s_3 = \frac{1}{2}\sqrt{7}\, z_0$$

Berechnet man die Zeit t_1, die ein Massenpunkt zum Durchlaufen der geradlinigen Bahn (Strecke s_1) benötigt (mit Anfangsgeschwindigkeit null im Punkt $(0, z_0)$), so erhält man:

$$t_1 = \sqrt{\frac{2s_1}{g \sin\varphi_1}} = 2\sqrt{2}\sqrt{\frac{z_0}{g}} \approx 2{,}83\sqrt{\frac{z_0}{g}}$$

(g: Betrag der Erdbeschleunigung)
Analog dazu beträgt die Zeit t_2 zum Durchlaufen der Strecke s_2 (ebenfalls bei Anfangsgeschwindigkeit null):

$$t_2 = \sqrt{\frac{2s_2}{g \sin\varphi_2}} = \sqrt{2}\sqrt{\frac{z_0}{g}} \quad \text{da} \quad \sin\varphi_2 = \frac{3z_0}{4s_2} = \frac{1}{2}\sqrt{3}$$

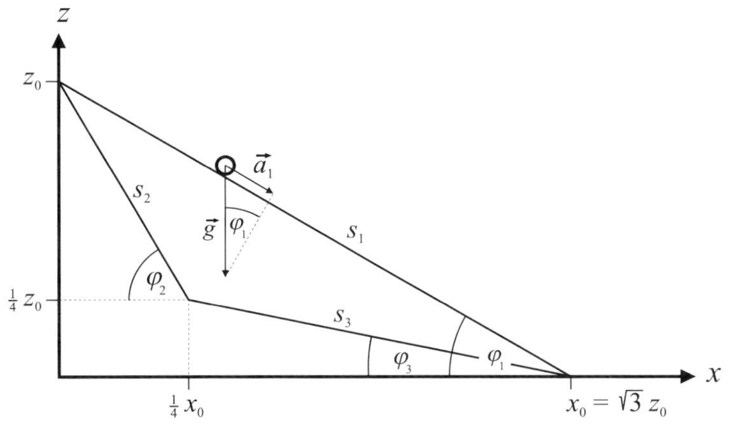

Abb. 2

Wechselt der Massenpunkt auf die Strecke s_3, so ist der Betrag v_{23} seiner Geschwindigkeit im Punkt $(\frac{1}{4} x_0, \frac{1}{4} z_0)$

$$v_{23} = \sqrt{2 s_2}\, g \sin\varphi_2 = \frac{1}{2}\sqrt{6 g z_0}.$$

Damit berechnet sich die zum Durchlaufen der Strecke s_3 notwendige Zeit t_3 mit dem Ansatz

$$s_3 = v_{23}\, t_3 + \frac{1}{2} g \sin \varphi_3\, t_3^2 \qquad \text{mit} \qquad \sin \varphi_3 = \frac{z_0}{4\, s_3} = \frac{1}{14}\sqrt{7}$$

zu

$$t_3 = (\sqrt{56 - \sqrt{42}})\sqrt{\frac{z_0}{g}}.$$

Die Gesamtzeit

$$t_2 + t_3 = (\sqrt{2} + \sqrt{56} - \sqrt{42})\sqrt{\frac{z_0}{g}} \approx 2{,}42\sqrt{\frac{z_0}{g}}$$

zum Durchlaufen der Wegstrecken s_2 und s_3 ist also kleiner als t_1.

Bemerkungen

Die Frage nach der am schnellsten durchlaufenen Bahn zwischen zwei vorgegebenen Punkten (das so genannte Brachistochronen-Problem) stellte 1696 *Johann Bernoulli* (1667-1748) seinem Bruder *Jakob Bernoulli* (1654-1705) und seinen Kollegen, darunter auch *Isaac Newton* (1643-1727). Sehr zum Ärgernis von *Johann Bernoulli* lieferte gerade sein Bruder *Jakob*, mit welchem er sich nicht verstand, die eleganteste Lösung, indem er die Bahn mit einem Lichtweg in einem Medium veränderlicher Brechzahl verglich. Darauf wendete er das Fermat'sche Prinzip der kürzesten Laufzeit und die bekannten Fallgesetze unter Ausnützung der Eigenschaften einer Zykloide (Lösung des Problems) an. Aus diesem Problem entwickelte sich eine neue mathematische Disziplin, die sogenannte Variationsrechnung.

Literatur

Schlichting, H. J., Physik und Didaktik 18/3 (1990), S. 231-235
Wittmann, J.: Trickkiste 2, Verblüffende Experimente zum Selbermachen, Bayerischer Schulbuch Verlag, München 1993

zur Erklärung:

Greiner, W.: Theoretische Physik, Mechanik, Teil 2, Harri Deutsch Verlag, Frankfurt am Main 1989, S. 370-374
Kuypers, F.: Klassische Mechanik, VCH Verlagsgesellschaft mbH, Weinheim 1993, S. 67-72, 404

zu Bemerkungen:

Vogel, H; Gerthsen, C.: Physik, Ein Buch zum Gebrauch neben den Vorlesungen, Springer Verlag, Berlin 1993, S. 58

1.33 Das Kartenwettfallen

Im Experiment wird der Einfluss des Luftwiderstands beim freien Fall mit zwei unterschiedlich präparierten Karten gezeigt.

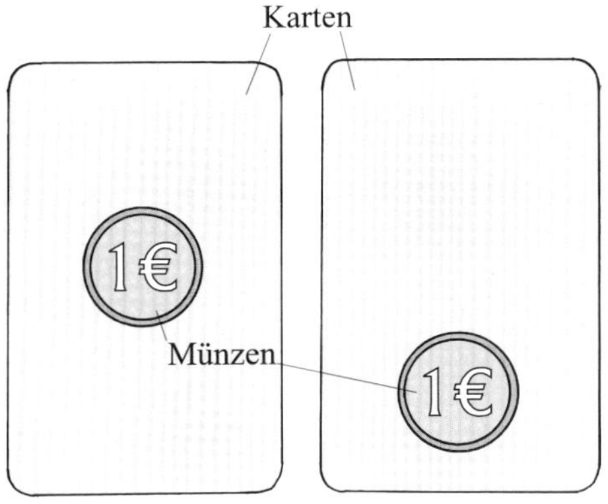

Abb. 1

Abb. 2

Material

- 2 Spielkarten, Postkarten oder andere Pappkarten ähnlicher Größe
- 2 Münzen oder kleine Gewichtstücke
- Klebstoff oder Klebeband zum Befestigen der Münzen

Aufbau und Durchführung

Auf die eine Karte wird eine Münze in die Mitte geklebt, auf die andere Karte eine Münze in Nähe der kürzeren Kante (siehe Abb. 1). Werden beide Karten aus gleicher Höhe gleichzeitig waagrecht fallen gelassen, so fällt die Karte mit der Münze an der Seite wesentlich schneller als die andere Karte, die in einer Art Taumelbewegung nach unten fällt (siehe Abb. 2).

Erklärung

Beim Fallen der Karten in der Luft wirkt durch den Luftwiderstand eine Kraft nach oben auf die Karten, die im Mittelpunkt der Kartenfläche angreift. Die Karte mit der Münze an der schmalen Kante wird, da Gewichtskraft der Karte mit Münze und Luftwiderstand in verschiedenen Punkten angreifen, gedreht, so dass sie, wie in Abbildung 2(a) gezeigt, nach unten fällt. Bei dieser Lage hat sie kaum Luftwiderstand (der Luftwiderstand ist abhängig von der effektiven Querschnittsfläche des Körpers, das ist die Parallelprojektion des Körpers auf eine Ebene senkrecht zur Bewegungsrichtung; die Kartenkante hat eine sehr geringe Fläche). Bei der anderen Karte greifen Gewichtskraft und Luftwiderstand annähernd im gleichen Punkt an, so dass näherungsweise kein Drehmoment auftritt und die Karte sich nicht dreht und beinahe waagrecht (mit gewissen Torkelbewegungen, siehe Abb. 2(b)) fällt. Hier steht die gesamte Kartenfläche dem Luftstrom entgegen, und so fällt diese Karte wegen des größeren Luftwiderstands wesentlich langsamer als die andere.

Literatur

Gardner, M., The Physics Teacher 32/9 (1994), S. 537

1.34 Bestimmung des Gleitreibungskoeffizienten

In *einem* Experiment wird die Unabhängigkeit der Gleitreibung von der Geschwindigkeit gezeigt und der Gleitreibungskoeffizient für die verwendeten Materialien bestimmt.

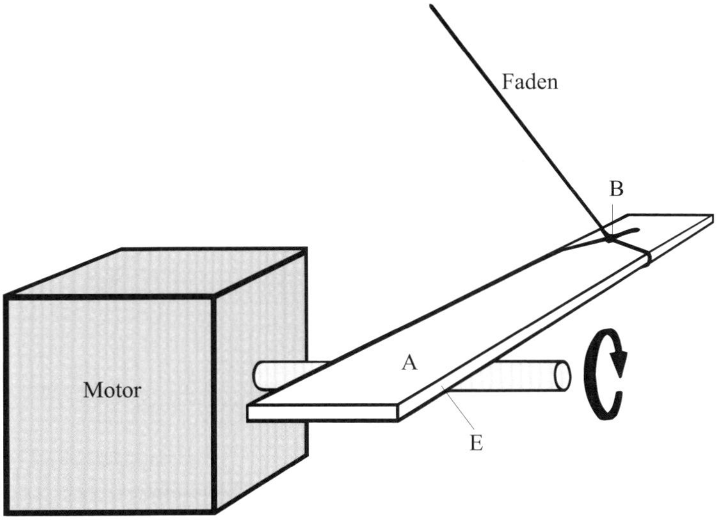

Abb. 1

Material

- Motor mit steuerbarer Drehzahl und hervorstehender Drehachse
- Stab oder Leiste aus dem Material, für das der Gleitreibungskoeffizient bezüglich des Drehachsenmaterials bestimmt werden soll, z. B. Kunststoff-Lineal, Holzstab oder Stativstange
- Faden
- Geodreieck
- evtl. Klebeband

Aufbau und Durchführung

Man bestimmt den Schwerpunkt S eines Stabes bzw. einer Leiste (siehe Experiment „Der Schwerpunkt eines Besens") und befestigt einen Faden in einem Punkt B in einiger Entfernung l rechts vom Schwerpunkt S. In gleicher Entfernung l links von S markiert man z. B. mit Klebeband den Punkt A. Ein Motor mit hervorstehender Drehachse wird angeschaltet und der Stab bzw. die Leiste, wie in Abbildung 1 gezeigt, unter Beachtung des Drehsinnes der Motorachse (!) auf die Drehachse gelegt und auf der anderen Seite von dem Faden gehalten. Dabei ist der Faden so zu halten, dass der Punkt A schließlich über der Drehachse liegt und der Stab bzw. die Leiste in der Waagrechten ruht. Der Winkel α, den der Faden in dieser Anordnung mit dem Stab bzw. der Leiste einschließt, wird mit einem Geodreieck bestimmt. Der Winkel ändert sich nicht, wenn man die Drehzahl des Motors verändert.

Erklärung

Wenn ein Körper in einem Bezugssystem ruht, so ist sowohl die Summe aller an ihm wirksamen Drehmomente als auch die Summe aller auf ihn wirkenden Kräfte gleich null. Anhand von Abbildung 2 wird gezeigt, was das für die beschriebene Anordnung bedeutet:

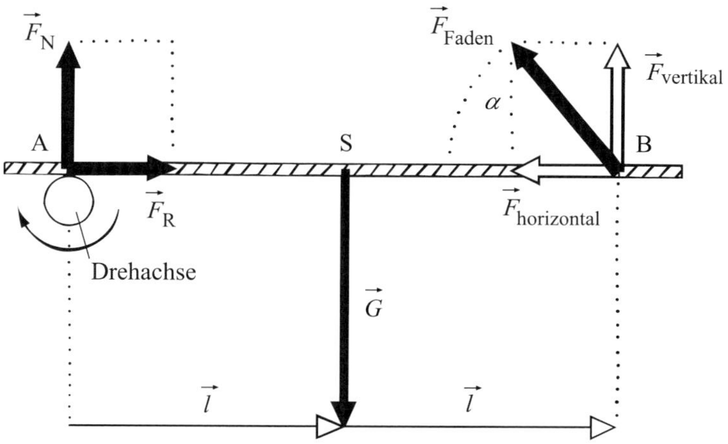

Abb. 2

Um die Achse senkrecht zur Papierebene durch den Auflagepunkt A des Stabes auf der Drehachse des Motors erzeugt die Gewichtskraft $\vec{G}$ das rechtsdrehende Drehmoment $\vec{M}_r = \vec{l} \times \vec{G}$, und die vertikale Komponente $\vec{F}_{vertikal}$ der Fadenkraft $\vec{F}_{Faden}$ das linksdrehende Drehmoment $\vec{M}_l = 2\,\vec{l} \times \vec{F}_{vertikal}$. Aus der Forderung

$$\vec{M}_r + \vec{M}_l = \vec{0} \Rightarrow M_r = M_l$$

ergibt sich (auf Grund des rechten Winkels zwischen den Kräften und dem Stab)

$$F_{vertikal} = \frac{1}{2}\,G.$$

Die Forderung

$$\vec{F}_n + \vec{F}_{vertikal} + \vec{G} + \vec{F}_R + \vec{F}_{horizontal} = \vec{0}$$

spaltet sich in zwei homogene Gleichungen auf, da bereits die Summe der waagrechten Komponenten wie die Summe der senkrechten Komponenten der Kräfte jeweils den Nullvektor ergeben muss. Auf Grund der Orientierungen der Kräfte ist jeweils eine der beiden Komponenten einer jeden der betrachteten Kräfte gleich null. Damit lauten die beiden Forderungen:

$$F_R = F_{\text{horizontal}}$$
$$F_N + F_{\text{vertikal}} = G$$

Mit $F_{\text{vertikal}} = \frac{1}{2} G$ folgt

$$F_N = F_{\text{vertikal}} \,.$$

Die Situation der Kräfte in A ist also spiegelsymmetrisch zu der in B, weshalb die Bestimmung des Gleitreibungskoeffizienten μ_G anstatt über das Verhältnis von F_R und F_N auch über das Verhältnis von $F_{\text{horizontal}}$ und F_{vertikal} geschehen kann. Lediglich um dies zu erreichen, müssen A und B symmetrisch zu S liegend gewählt werden. Es gilt

$$\mu_G = \frac{F_R}{F_N} = \frac{F_{\text{horizontal}}}{F_{\text{vertikal}}} = \cot \alpha.$$

Da danach μ_G allein von α abhängt, kann aus der Beobachtung, ob sich der Gleichgewichtswinkel α mit der Drehgeschwindigkeit ändert, unmittelbar auf die Geschwindigkeitsabhängigkeit von μ_G geschlossen werden. Ergebnis: Die Gleitreibung ist von der Geschwindigkeit unabhängig.

Bemerkungen

Bei vorgegebenen Materialien ist die Haftreibung meistens größer als die Gleitreibung (siehe Experiment „Reibung auf der schiefen Ebene"). Bei ruhender Drehachse, also abgeschaltetem Motor, müsste demnach $\alpha_{\text{ruhend}} < \alpha_{\text{drehend}}$ sein.

μ_G kann für verschiedene Materialien bestimmt werden, indem man Stäbe oder Latten verschiedener Materialen verwendet oder einen Stab bzw. die Drehachse mit verschiedenen Materialien beklebt.

Sollte es notwendig sein, auf Grund einer sich ungleichmäßig drehenden Drehachse dem Stab eine Führung zu geben, um seitliches „Ausbrechen" zu verhindern, so kann dies mit einem straff vertikal gespannten Faden geschehen, den ein Assistent auf der „A-Seite" des Stabes in die Ecke E hält, die vom Stab und der Drehachse gebildet wird (siehe Abb. 1).

Literatur

Rüetschi, R., Physik und Didaktik 6/4 (1978), S. 332-333

1.35 Die Materialabhängigkeit der Reibung

Haftreibungskoeffizienten von verschiedenen Körpern auf Holz werden relativ zueinander abgeschätzt.

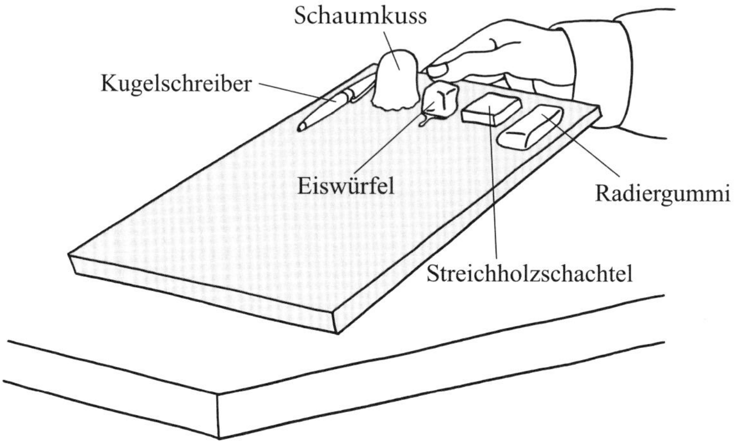

Abb. 1

Material

- Holzbrett (ca. 30 cm × 40 cm)
- verschiedene Gegenstände etwa gleicher Masse, z. B. Streichholzschachtel, Eiswürfel, Radiergummi, Holzstückchen, Schaumkuss, Kugelschreiber, ...
- evtl. 4 (volle) Streichholzschachteln

Aufbau und Durchführung

Auf eine Holzplatte werden an einem Ende verschiedene Gegenstände gelegt. Dieses Ende der Holzplatte beginnt man langsam anzuheben, ohne das andere Ende zu verschieben (siehe Abb. 1). Die Gegenstände beginnen bei unterschiedlichen Neigungswinkeln der Platte zu rutschen.

Hat man z. B. drei Streichholzschachteln aufeinander geklebt, werden sie bei gleichem Neigungswinkel der Platte abrutschen wie eine einzelne Streichholzschachtel.

Erklärung

Die Haftreibung ist eine so genannte Coulomb-Reibung: Der Körper steht ohne Schmiermittel auf trockener Unterlage. Die Reibung ist nur von der Normalkraft $\vec{F}_N$, die den Körper auf die Unterlage drückt, abhängig.

Nach Abbildung 2 folgt für die Beträge der Reibungs- und der Hangabtriebskraft:

$$F_R = \mu F_N = \mu mg \cos \varphi; \qquad F_H = mg \sin \varphi$$

(F_R: Betrag der Haftreibungskraft; μ: Haftreibungskoeffizient; F_N: Betrag der Normalkraft; *m*: Masse des Körpers; *g*: Betrag der Erdbeschleunigung; φ: Neigungswinkel der Ebene; F_H: Betrag der Hangabtriebskraft)
Ein Kräftegleichgewicht zwischen F_R und F_H liegt vor, solange der Neigungswinkel φ der Ebene kleiner als arctan μ ist. Ist der Winkel φ größer als arctan μ, beginnt der Körper zu rutschen – unabhängig von seiner Masse. Je früher also ein Körper auf der immer steiler werdenden schiefen Ebene zu rutschen beginnt, desto kleiner ist sein Haftreibungskoeffizient.

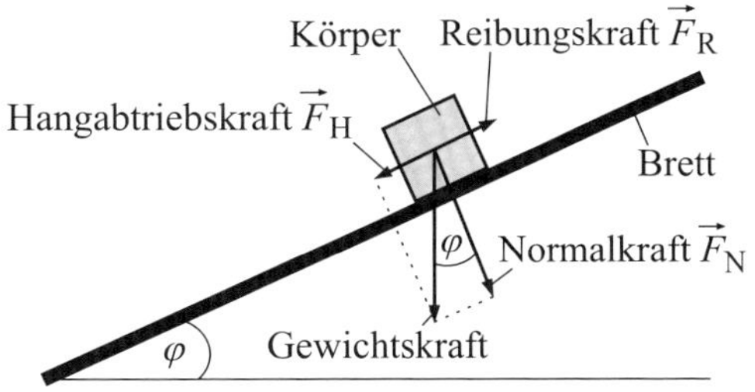

Abb. 2

Bemerkungen

Glatteis zeigt die Notwendigkeit der Reibung für die Fortbewegung von Mensch, Tier und Fahrzeug. Andererseits schätzt man, dass weltweit (1989) alle Eisenbahnen durch Reibung, besonders beim Bremsen, etwa eine Million Tonnen Stahl zu Pulver zermahlen. Mindestens ebenso viel Gummistaub verteilen die Autos in der Landschaft, und Fußgänger sind in dieser Hinsicht nicht viel besser.
Ein eindrucksvolles Experiment zur Materialabhängigkeit der Reibung ist „Die wiedergefundene Spielkarte".

Literatur

zu Bemerkungen:

Vogel, H.; Gerthsen, C.: Physik, Ein Buch zum Gebrauch neben Vorlesungen, Springer Verlag, Berlin 1995, S. 44

1.36 Reibung auf der schiefen Ebene

Der Unterschied zwischen Haft- und Gleitreibung wird verdeutlicht.

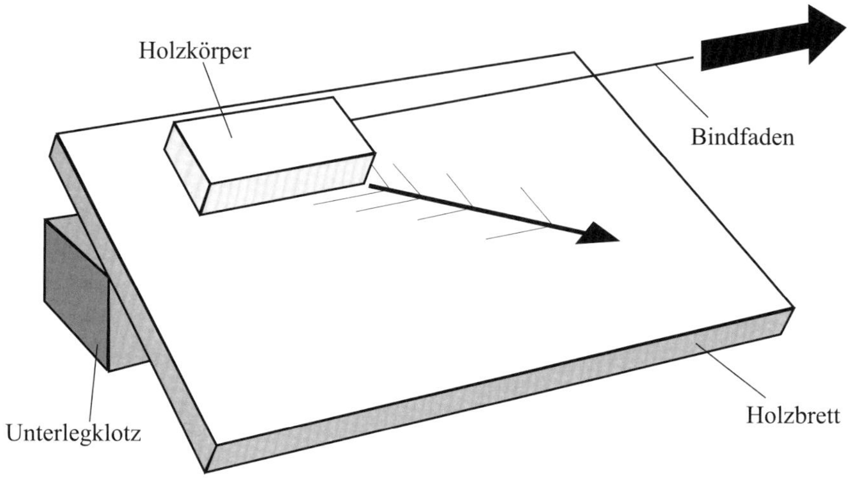

Abb. 1

Material

- Holzbrett und Unterlegklotz zum Bau einer schiefen Ebene
- Holzkörper, Messingkörper oder anderer quaderförmiger Körper
- Bindfaden
- Klebematerial

Aufbau und Durchführung

Ein Holzbrett wird durch Unterlegen eines Klotzes zur schiefen Ebene. Darauf wird ein Holzkörper gelegt (die Ebene darf nicht so steil sein, dass der Holzkörper von selber ins Rutschen kommt), an dem ein Bindfaden befestigt wird. Zieht man den Holzkörper mit Hilfe des Fadens quer zur schiefen Ebene, gleitet er auch die schiefe Ebene hinunter (siehe Abb. 1).

Erklärung

Zunächst ruht der Holzkörper, d. h., die Haftreibungskraft ist dem Betrag nach so groß wie die Hangabtriebskraft und verhindert ein Hinunterrutschen des Holzkörpers. Wird der Körper quer zur schiefen Ebene gezogen, bewegt er sich und es wirkt als Gegenkraft zur Hangabtriebskraft nur noch die Gleitreibungskraft, die kleiner als die Haftreibungskraft ist. Jetzt genügt die Hangabtriebskraft, um den Körper zusätzlich zur Querbewegung die Ebene hinunterrutschen zu lassen.

Bemerkungen

Das Experiment zeigt deutlich den qualititativen Unterschied von Haft- und Gleitreibung. Auch wird klar, dass hier, anders wie z. B. bei Geschwindigkeitsvektoren, eine unabhängige Betrachtung von verschiedenen Raumrichtungen nicht möglich ist. Es wirkt entweder Haft- oder Gleitreibung, und nicht etwa in einer Richtung Haft- und in einer anderen Richtung Gleitreibung.
Die unterschiedliche Größe von Haft- und Gleitreibungskraft wird im Experiment „Der Schwerpunkt eines Besens" ausgenützt.

Literatur

Bauer, N.: Versuchssammlung für die Vorlesungen in Experimentalphysik an der Universität Augsburg, o.V., Augsburg 1992

1.37 Die wiedergefundene Spielkarte

Die Haftreibung zwischen Spielkarten ist abhängig von der Oberflächenbeschaffenheit der Spielkarten.

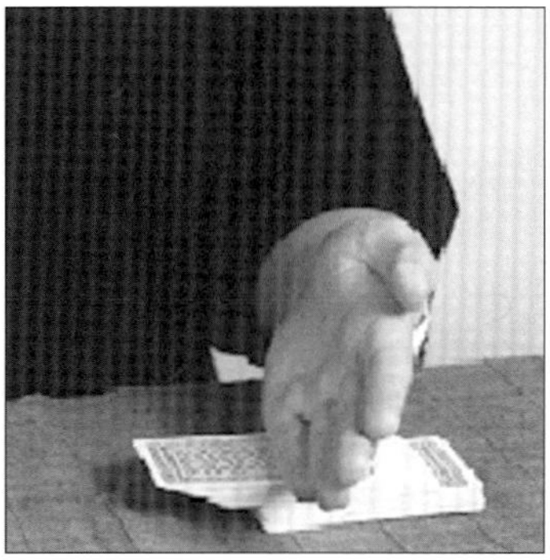

Abb. 1

Material

- relativ unbenutztes Spielkarten-Päckchen
- stabile Tischplatte

Aufbau und Durchführung

Die Karten eines vollständigen Karten-Päckchens werden gemischt. Eine Versuchsperson wählt eine Karte aus, legt sie dem Vorführenden („Zauberer") mit dem Bild nach unten auf den Kopf und hält sie dort fest. Der Zauberer darf die Karte nicht sehen. Er sollte, während die Karte auf seinem Kopf liegt, diesen ein wenig hin und her drehen. Die Karte wird wieder in das Päckchen gesteckt und die Karten werden gemischt. Mit einem starken, etwas schrägen Schlag mit der Handkante auf das Karten-Päckchen (siehe Abb. 1) rutscht der Stapel in zwei Stapel auseinander. Auf der Unterseite des oberen Stapels findet der Zauberer die gesuchte Karte.

Erklärung

Mit Ausnahme von frisch gewaschenen Haaren sind alle Haare (auch so genannte „trockene Haare") grundsätzlich fettig. Durch die Bewegung des Kopfes wird die gesuchte Karte „eingefettet" und dadurch die Haftreibung vermindert. Unter Einwirkung von Scherkräften (schräger Handkantenschlag) wird die kleinste der Haftreibungskräfte der Karten untereinander überwunden, wobei die eingefettete Karte aus dem Stapel gleitet, da der Gleitreibungskoeffizient dieser Karte kleiner als der Haftreibungskoeffizient der anderen Karten ist.

Bemerkungen

Der umgekehrte Effekt wird beim Wachsen von Langlaufskiern ausgenutzt: Auf die Enden des Skis wird Wachs zur Verminderung der Reibung aufgetragen, um die Skimitte ein Wachs zur Erhöhung der Reibung. Bei Verlagerung des Körpergewichts auf einen Fuß wird die (ansonsten nicht in Bodenkontakt stehende) Skimitte auf den Schnee gedrückt und Eiskristalle dringen tiefer in das Wachs auf der Skimitte als in das Wachs an den Skienden ein. Der Ski gleitet schlechter und das Abstoßen wird erleichtert.
Ein weiteres Experiment zur gleichen Thematik ist „Die Dose auf der Rutschbahn".

Literatur

Wittmann, J.: Trickkiste 1, Experimente, wie sie nicht im Physikbuch stehen, Bayerischer Schulbuch Verlag, München 1986

zu Bemerkungen:

Schöffler, B.: Cafeteriaplaudereien, Südwest Verlag GmbH & Co. KG, München 1995

1.38 Korken aus der leeren Flasche

Materialien haben je nach Kontaktflächen unterschiedliche Haftreibungskoeffizienten. Da dies insbesondere für Kork auf Glas bzw. auf Stoff zutrifft, kann man einen Korken ohne Korkenzieher aus einer leeren Flasche ziehen.

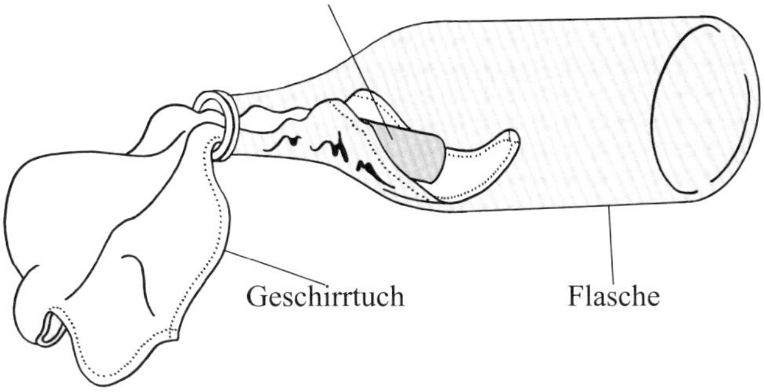

Abb. 1

Material

- Weinflasche mit stetig enger werdendem Hals, keine Kelchform
- Korken, der die Weinflasche gut verschließt
- Geschirrtuch
- evtl. Paketschnur

Aufbau und Durchführung

Man drückt einen Korken ganz in eine (leere) Weinflasche hinein. Eine Ecke des Geschirrtuchs wird in die Flasche gesteckt (am besten wird das Tuch dabei gedreht). Es sollte ca. 10 cm in den Flaschenhals hineinragen. Die Flasche wird mit dem Hals nach unten gehalten. Man versucht, durch Schütteln den Korken auf dem Geschirrtuch zum Liegen zu bringen (siehe Abb. 1). Der Korken darf sich im Flaschenhals nicht verkanten bzw. querstellen. Ansonsten muss man das Tuch wieder in die Ausgangslage zurückbringen und den Korken erneut auf das Tuch schütteln. Zieht man fest an dem Tuch, gleitet dieses samt Korken aus der Flasche.

Erklärung

Zu Beginn des Experiments sind die Haftreibungskoeffizienten ausschlaggebend. Nimmt man an, dass beim Ziehen am Tuch der Korken im Flaschenhals steckenbleibt und sich das Tuch um den Korken bewegt, muss die Haftreibung (und später die Gleitreibung) an der Grenzfläche von Tuch und Kork und an der Grenzfläche von Tuch und Glas überwunden werden (siehe Abb. 2).

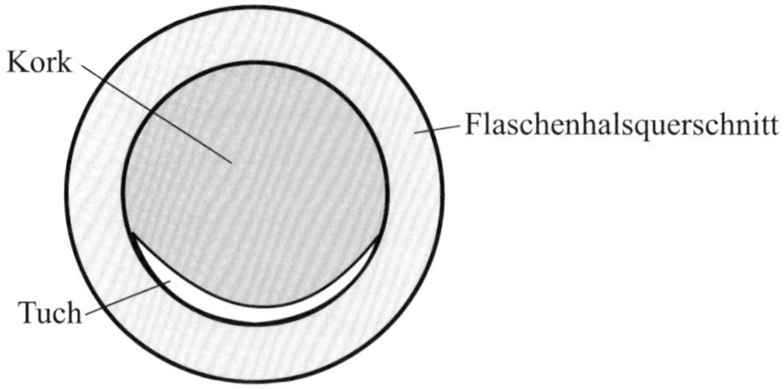

Abb. 2

Für den Fall, dass man das Tuch samt Korken aus der Flasche zieht, muss man die Haftreibung (während des Ziehens die Gleitreibung) zwischen Kork und Glas und zwischen Tuch und Glas überwinden (siehe Abb. 2).
Die Haftreibung zwischen Kork und Glas ist wesentlich kleiner als die Haftreibung zwischen Tuch und Korken. Deshalb wird das Tuch samt dem Korken aus der Flasche gezogen.

Bemerkungen

Für eine andere Möglichkeit, einen Korken aus einer leeren Weinflasche herauszuziehen, benötigt man statt eines Geschirrtuchs eine Paketschnur. Eines ihrer Enden bindet man zu einem festen Knoten. Dieses Ende lässt man in die Flasche hängen, worauf man die Flasche umdreht, so dass der Korken unterhalb des Knotens im Flaschenhals zu liegen kommt. Zieht man daraufhin an der Schnur, schiebt der Knoten den Korken vor sich her aus der Flasche heraus.

Literatur

o. L.

1.39 Das standhafte Zweieurostück

Durch ein „standhaftes Zweieurostück“ lässt sich verdeutlichen, wie gering Gleitreibung im Vergleich zur Haftreibung sein kann.

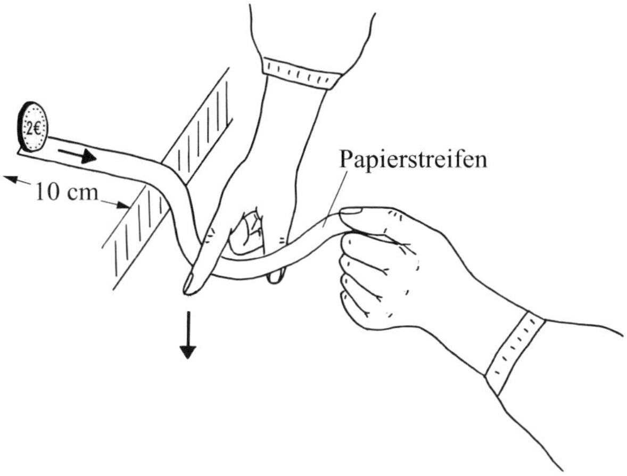

Abb. 1

Material

- Papierstreifen (Maße: ca. 1 cm × 30 cm)
- Zweieurostück, Schreibstifte oder Nägel

Aufbau und Durchführung

Einen Papierstreifen legt man auf eine glatte ebene Tischplatte senkrecht zu einer Kante, so dass ca. 10 cm des Papierstreifens auf dem Tisch liegen (siehe Abb. 1). Das herunterhängende Ende hält man mit einer Hand fest und stellt auf das andere Ende ein Zweieurostück (siehe Abb. 1). Das Zweieurostück darf von diesem Ende höchstens 3 mm entfernt sein.

Schlägt man wie in Abbildung 1 mit dem Zeigefinger der anderen Hand auf den Papierstreifen, wird er sehr schnell unter der Münze weggezogen und die Münze bleibt stehen. Sollte die Münze nicht, wie beschrieben, stehen bleiben, gibt es zwei Ursachen, die dafür verantwortlich sein können. Entweder wird die Hand, die den Papierstreifen hält, unbewusst während des Schlagens ein kleines Stück vom Tisch weg- oder auf ihn zubewegt. Im ersten Fall wird der Papierstreifen langsam mitgezogen und im zweiten Fall wölbt er sich. Die Münze fällt in beiden Fällen um. Um diesen unbewussten Fehler zu vermeiden, kann es helfen, sich beim Schlagen direkt vor den Papierstreifen parallel zur Tischkante zu stellen.

Anstatt des Zweieurostücks können auch Nägel oder Schreibstifte verwendet werden. Diese stellt man vertikal auf den Papierstreifen, die Nägel mit dem Kopf nach unten. Sonst verfährt man genauso wie oben beschrieben. Das Experiment gelingt nur mit Schreibstiften, die auf einer ebenen Unterlage vertikal stehen können und deren Auflagefläche ungefähr so groß wie ihr Querschnitt ist.

Erklärung

Zum besseren Verständnis des Experiments muss auch bekannt sein, unter welchen Bedingungen die Münze umfällt.

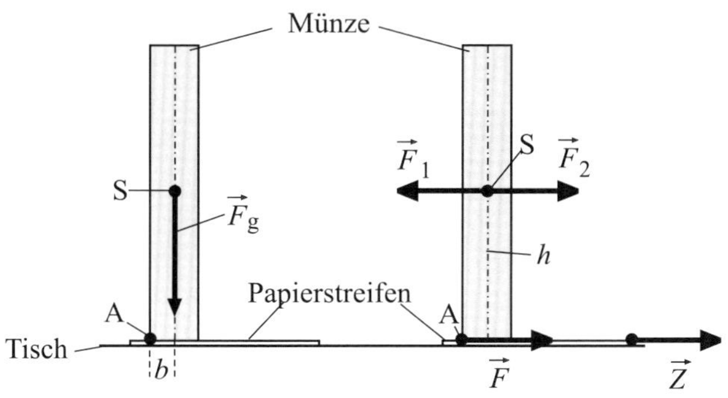

Abb. 2 (a) (b)

In Abbildung 2(a) und (b) ist die Münze von der Seite zu sehen. Kippt die Münze nach links, dreht sie sich um eine Linie senkrecht zur Blattebene durch den Punkt A. Dieser Drehbewegung wirkt die Gewichtskraft $\vec{F}_g$, die am Schwerpunkt S der Münze angreift, entgegen (siehe Abb. 2(a)). $\vec{F}_g$ bewirkt das Drehmoment $\vec{M}_g$ um A:

$$M_g = bF_g$$

(M_g, F_g: Betrag von $\vec{M}_g$ bzw. $\vec{F}_g$; b: Abstand zwischen A und der Wirkungslinie von $\vec{F}_g$)

Der Papierstreifen übt in Richtung seiner Bewegung die Kraft $\vec{F}$ (siehe unten) auf die Münze aus (siehe Abb. 2(b)). Um zu verstehen, welche Bewegungsänderung die Münze unter dem Einfluss von $\vec{F}$ erfährt, überlegt man sich Folgendes: Es ändert sich nichts am Bewegungszustand der Münze, wenn man im Schwerpunkt S zwei in der Realität nicht vorhandene, antiparallele Kräfte $\vec{F}_1$ und $\vec{F}_2$ ergänzt, deren Beträge gleich groß wie der von $\vec{F}$ sind ($\vec{F} = -\vec{F}_1 = \vec{F}_2$). Die Kraft $\vec{F}_2$ bewirkt eine Translationsbewegung des Schwerpunktes. $\vec{F}_1$ und $\vec{F}$ bilden zusammen ein Kräftepaar, das ein Drehmoment $\vec{M}_F$ „um A" bewirkt:

$$M_F = hF$$

(M_F, F: Betrag von $\vec{M}_F$ bzw. $\vec{F}$; h: Abstand des Schwerpunktes vom Papierstreifen (Höhe))

$\vec{M}_F$ und $\vec{M}_g$ sind einander entgegengerichtet (siehe Abb. 2). Die Münze beginnt nach links zu kippen, wenn:

$$M_F > M_g \tag{1}$$

Für F bedeutet dies:

$$F > \frac{bF_g}{h} \tag{2}$$

Während des Kippvorgangs wird die Höhe h zunächst größer und der Abstand b kleiner. Bleiben die Kräfte $\vec{F}$ und $\vec{F}_g$ konstant, vergrößert sich also M_F und M_g verkleinert sich. Deshalb bleibt die Bedingung (1) während des Kippvorgangs erhalten. Wenn die Wirkungslinie der Kraft $\vec{F}_g$ den Auflagepunkt A passiert, erhält $\vec{M}_g$ die gleiche Richtung wie $\vec{M}_F$. Die Münze kippt weiter, auch wenn $\vec{F}$ nicht wirkt.

Die Münze fällt also um, wenn die Kraft $\vec{F}$ Bedingung (2) erfüllt und so lange auf die Münze wirkt, bis die Wirkungslinie der Kraft $\vec{F}_g$ den Auflagepunkt A passiert.

Es ist noch die Größe der Kraft $\vec{F}$ zu analysieren. In der Ausgangsposition liegt der Papierstreifen auf dem Tisch und die Münze steht auf ihm. Ist der Betrag der Kraft $\vec{Z}$, mit der am Papierstreifen gezogen wird (siehe Abb. 2), größer als der Betrag der Haftreibungskraft $\vec{R}_{HU}$ an der Grenzfläche zwischen Papier und Unterlage, gleitet der Papierstreifen (mit der Münze darauf) über den Tisch. In diesem Fall kann ausgesagt werden:

Haften Münze und Papierstreifen aneinander, gilt:

$$Z - R_{GU} < R_H \quad \text{und} \quad \vec{F} = \vec{Z} - \vec{R}_{GU}$$

($\vec{R}_{GU}$: Gleitreibungskraft an der Grenzfläche Papier-Unterlage; $\vec{R}_H$: Haftreibungskraft an der Grenzfläche Münze-Papier; Z, R_{GU}, R_H: Betrag von $\vec{Z}$, $\vec{R}_{GU}$ bzw. $\vec{R}_H$)

Gleiten Münze und Papierstreifen aneinander vorbei, gilt:

$$Z - R_{GU} > R_H \quad \text{und} \quad \vec{F} = \vec{R}_G$$

($\vec{R}_G$: Gleitreibungskraft an der Grenzfläche Münze-Papier; R_G: Betrag von $\vec{R}_G$)

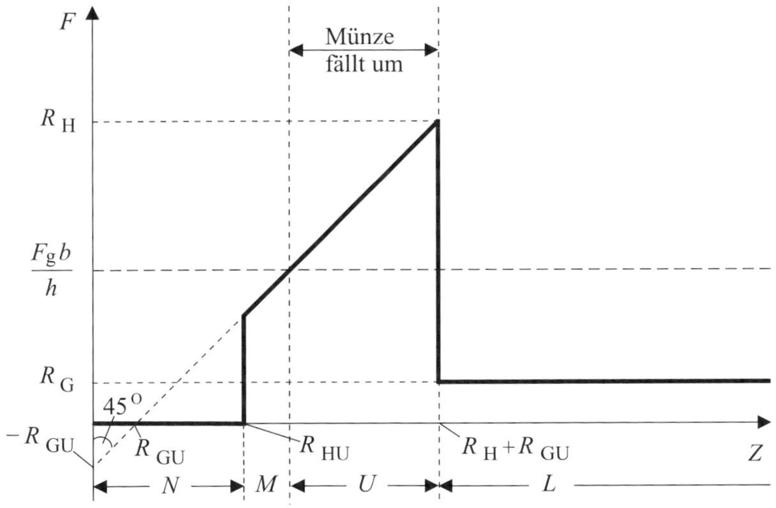

Abb. 3

In vorstehender Abbildung ist F in Abhängigkeit von Z für den Fall dargestellt, dass $R_{HU} < R_H + R_{GU}$ (R_{HU}: Betrag von $\vec{R}_{HU}$).
Das Diagramm in Abbildung 3 lässt sich ganz allgemein analysieren, unter der Annahme:

$$R_G < \frac{bF_g}{h} < R_H \qquad (3)$$

So ergeben sich in Abhängigkeit von Z also folgende Bewegungen der Münze:

$Z \in$ N: Der Papierstreifen haftet an der Unterlage und die Münze am Papierstreifen. Papierstreifen und Münze bewegen sich nicht.

$Z \in$ M: Die Münze haftet am Papierstreifen. Sie bewegt sich mit ihm ohne zu kippen.

$Z \in$ U: Die Münze haftet am Papierstreifen, bewegt sich mit diesem mit, kippt aber. Die Münze fällt um, wenn $\vec{F}$ lange genug wirkt.

$Z \in$ L: Münze und Papierstreifen gleiten aneinander vorbei. Die Münze wird mit der Gleitreibungskraft $\vec{R}_G$ beschleunigt. Weil diese Kraft sehr klein ist, wird die Münze kaum bewegt und kippt nicht.

Bedingung (3) ist erfüllt, wenn sehr glattes Papier oder Gegenstände mit großer Standfestigkeit verwendet werden. Ist das Papier etwas rauer oder die Standfestigkeit des Gegenstandes sehr klein, d. h.

$$\frac{bF_g}{h} \leq R_H \leq R_H,$$

verändert sich das Diagramm in Abbildung 3 und das Verhalten der Münze in Abhängigkeit von Z entsprechend. Der Gegenstand, d. h. die Münze, fällt nur dann um, wenn die Gleitreibungskraft lange genug wirkt.

Bemerkungen

Um das Experiment besser zu verstehen, war es in der obigen Erklärung notwendig, auf die Bedingungen, unter denen die Münze umfällt, einzugehen, obwohl im vorliegenden Experiment nur die „Standhaftigkeit“ der Münze demonstriert werden soll. Das Experiment „Die gelehrige Schachtel“ geht auf das „Umfallen“ von Gegenständen auch experimentell näher ein.

Literatur

Melenk, H.; Runge, U.: Verblüffende physikalische Experimente, Aulis Verlag Deubner, Köln 1991

1.40 Die gelehrige Schachtel

Durch eine umfallende Schachtel lässt sich veranschaulichen, dass eine auf einen Körper wirkende Kraft auch stets ein Drehmoment hervorruft, falls der Schwerpunkt des Körpers nicht auf der Wirkungslinie der Kraft liegt.

Material

- kleine Schachtel, z. B. Streichholzschachtel, Zigarettenschachtel
- Blatt Papier

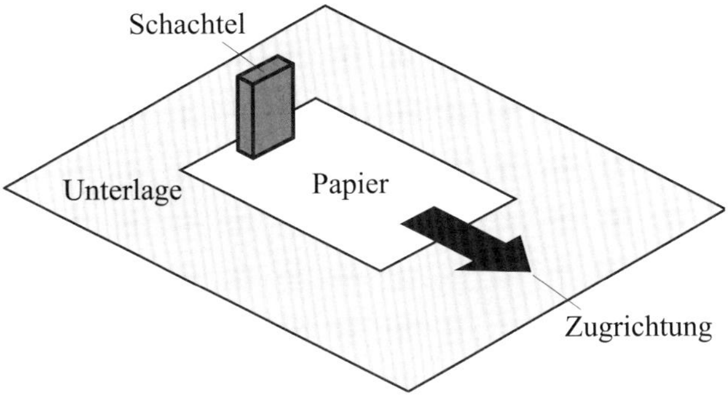

Abb. 1

Aufbau und Durchführung

Eine kleine Schachtel wird am Ende eines Blattes Papier parallel zum Rand auf ihre kleinste Seitenfläche gestellt (siehe Abb. 1). Man zieht am anderen Ende des Papiers auf die folgenden unterschiedlichen Weisen:

1. Wird plötzlich, aber nur mäßig schnell gezogen, so fällt die Schachtel entgegen der Zugrichtung um.
2. Vergrößert man langsam die Geschwindigkeit und stoppt dann schlagartig, so fällt die Schachtel in Zugrichtung um.
3. Zieht man ruckartig das Papier unter der Schachtel weg, bleibt sie auf der Unterlage stehen. In diesem Fall ist es günstig, die Schachtel ganz am Ende des Papiers aufzustellen. Gelingt es nicht, schnell genug zu ziehen, sollte man das Papierende in einem Bogen nach oben halten, bevor man daran zieht (siehe Abb. 2). Dies hat zur Folge, dass das Papier unter der Schachtel erst in Bewegung versetzt wird, wenn die Hand eine hohe Geschwindigkeit erreicht hat.

Erklärung

In allen drei Fällen ist die Trägheit der Schachtel der Auslöser für ihre Reaktion:

1. Die Haftreibung zwischen Papier und Schachtel hat zur Folge, dass während des Ziehens am Papier an dem Schachtelboden eine Kraft

$$\vec{F} = m\vec{a} \quad (1)$$

(m: Masse der Schachtel; $\vec{a}$: Beschleunigung der Schachtel) angreift (siehe Abb. 3). (Das Papier entspricht einem Seil, das am Boden der Schachtel befestigt ist und an welchem man zieht.) Ergänzt man im Schwer-

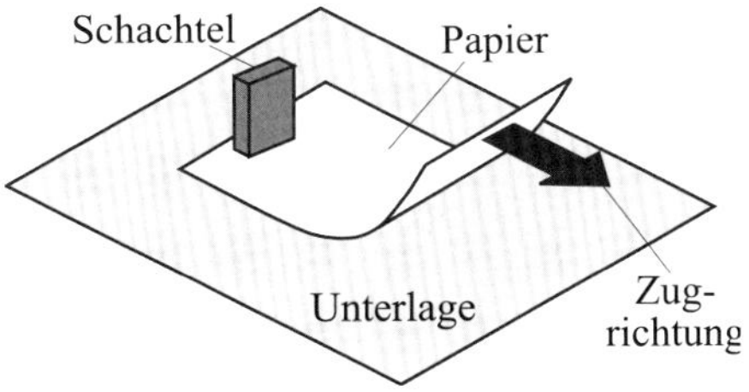

Abb. 2

punkt S der (homogenen) Schachtel zwei (in der Realität nicht vorhandene) antiparallele Kräfte $\vec{F}'$ und $-\vec{F}'$, (siehe Abb. 3) des gleichen Betrags wie $\vec{F}$, so rufen $\vec{F}$ und $-\vec{F}'$ ein Drehmoment $\vec{M}$ mit

$$M = \frac{1}{2}\,hF = \frac{1}{2}\,hma \qquad (F \text{ aus (1) eingesetzt}) \qquad (2)$$

(h: Höhe der Schachtel; a, F, M: Beträge der Größen $\vec{a}$, $\vec{F}$, $\vec{M}$)
hervor, während $\vec{F}'$ zu einer Beschleunigung des Schwerpunkts führt.

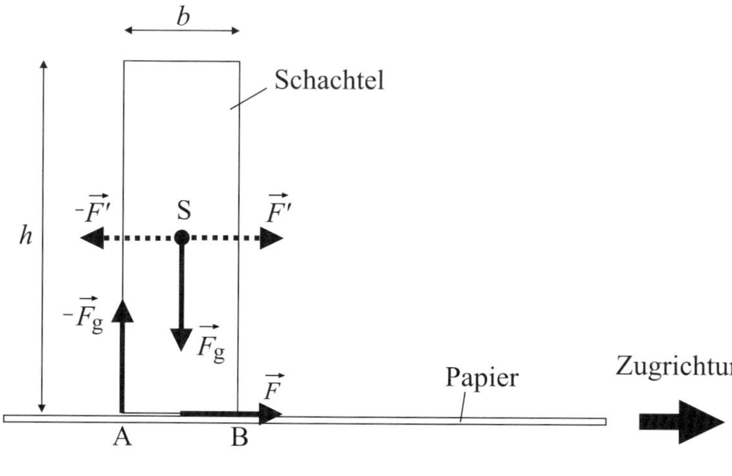

Abb. 3

Wird die Ecke B (siehe Abb. 3) ein wenig angehoben, so tritt ein weiteres Drehmoment $\vec{M}_g$ auf, das sich aus der Gewichtskraft $\vec{F}_g$ und ihrer in der Ecke A angreifenden Gegenkraft $-\vec{F}_g$ ergibt (siehe Abb. 3). Soll die Schachtel anfangen zu kippen, muss

$$|\vec{M}| > |\vec{M}_g| \Leftrightarrow \frac{1}{2}\,hma > \frac{1}{2}\,bmg \Leftrightarrow a > \frac{b}{h}\,g \qquad (3)$$

(b: Breite der Schachtel; g: Betrag der Erdbeschleunigung)
gelten. Dies lässt sich durch eine genügend große Beschleunigung von Papier und Schachtel erreichen. Hat die Schachtel einmal begonnen, um die Ecke A zu kippen, so wird der Hebelarm von $\vec{M}$ größer und der von $\vec{M}_g$ kleiner, d. h. bei unveränderten Kräften bleibt die Bedingung (3) erhalten und die Schachtel fällt ganz um.

2. Ist die Beschleunigung zu klein, um den ersten Fall auszulösen, erreicht das Papier mit der darauf stehenden Schachtel eine größere Geschwindigkeit. Durch plötzliches Abbremsen treten die umgekehrten Verhältnisse wie oben ein, und die Schachtel fällt in Zugrichtung um.
3. Bei besonders großer Beschleunigung ist die Haftreibung zu klein, um Papier und Schachtel zusammenzuhalten. Sie gleiten aneinander vorbei. Weil die Gleitreibungskraft nur solange an der Schachtel angreift, wie sich Papier und Schachtel berühren, beginnt diese zwar zu kippen, überschreitet aber während der Krafteinwirkung nicht den kritischen Punkt, ab welchem sie auch ohne äußeres Drehmoment von selbst

ganz umfällt. Nachdem sich das Papier und die Schachtel nicht mehr berühren, kippt sie in ihre (stehende) Ausgangslage zurück.

Bemerkungen

Die oben geschilderten Effekte lassen sich auch bei anfahrenden bzw. bremsenden Autos erkennen, wobei sich diese lediglich etwas neigen und sich natürlich nicht überschlagen. Bei einem zügig anfahrenden Auto beobachtet man, dass sich die Motorhaube um einige Zentimeter hebt, während das Heck etwas absinkt (siehe Abb. 4).

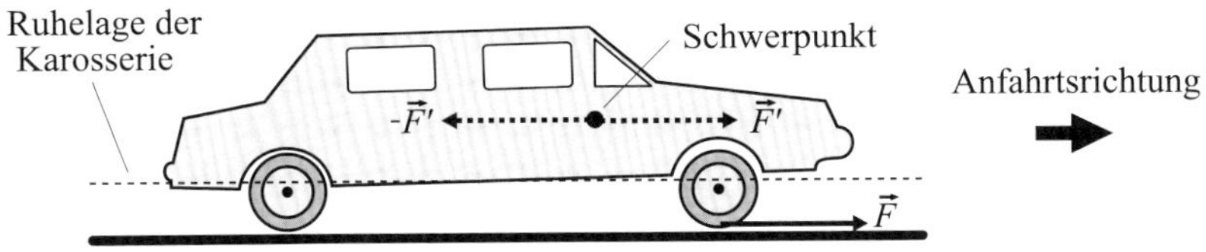

Abb. 4

Ein ähnliches Experiment zur gleichen Thematik ist „Das standhafte Fünfmarkstück".

Literatur

Moisl, F.: Schüler-Experimentierbuch Physik 1, Ravensburger Taschenbücher, Ravensburg 1982
Zeier, E.: Physikalische Schulversuche, Freihandversuche, kleine Experimente, Aulis Verlag Deubner, Köln 1986

1.41 Waghalsige Bremsmanöver

Mit einem Spielzeugauto, an dem die Räder einer Achse blockiert werden, kann man untersuchen, wann die Kombination von Gleit-, Haft- und Rollreibungskräften an einem Fahrzeug ein Drehmoment hervorruft.

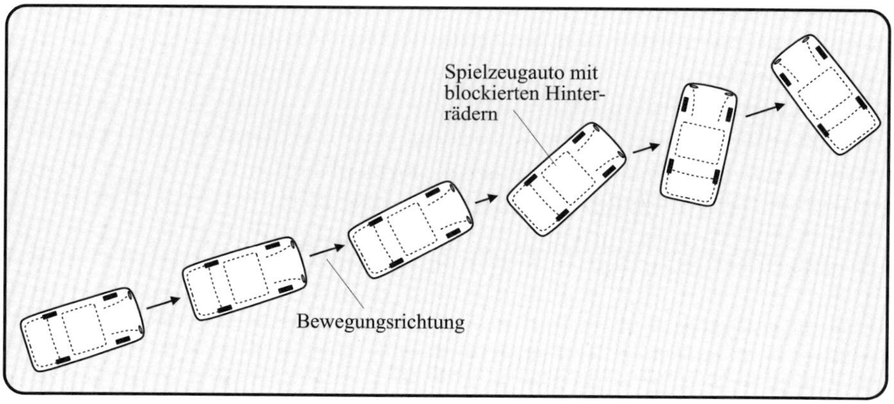

Abb. 1

Material

- Spielzeugauto (Größe: mindestens 5 cm × 10 cm) mit drehbaren Rädern
- Klebeband oder Papier

Aufbau und Durchführung

An einem Spielzeugauto werden mit Klebeband die Hinterräder fixiert, wobei die Unterseite der Reifen nicht überklebt werden sollte, damit nicht durch verschiedene Materialien unterschiedliche Bedingungen für die Reibung zwischen Rad und Unterlage entstehen. Eine andere Möglichkeit die Räder zu blockieren ist, gefaltetes Papier zwischen Reifen und Karosserie zu klemmen. Schubst man das präparierte Auto in normaler Fahrtrichtung mit etwas Schwung über eine relativ glatte Unterlage (z. B. Holztisch), so bricht stets das Heck aus und das Fahrzeug beginnt sich zu drehen (siehe Abb. 1). Die Rotationsrichtung ist bei geradem Start zufällig.
Wiederholt man das Experiment mit blockierter Vorderachse, so bleibt die Orientierung des Autos erhalten, bis es zum Stillstand kommt. Alternativ dazu kann man das Auto natürlich auch bei blockierter Hinterachse rückwärts in Bewegung versetzen.

Erklärung

Auf ein rollendes Rad wirkt die Rollreibungskraft $\vec{F}_R$, die antiparallel zur Bewegungsrichtung ist (siehe Abb. 2(a)). Greift eine zur Bewegungsrichtung senkrechte Kraft $\vec{F}$ an dem rollenden Rad an, die kleiner als die maximal erreichbare Haftreibungskraft ist, so

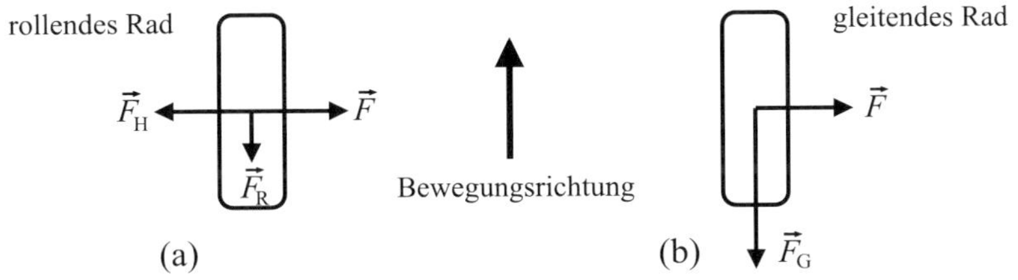

Abb. 2

wird sie durch die Haftung des Rades von einer entgegengesetzt gerichteten und gleich großen Haftreibungskraft $\vec{F}_H$ kompensiert (siehe Abb. 2(a)).
Ist das Rad blockiert, so gleitet es über den Untergrund, und es wirkt darauf die Gleitreibungskraft $\vec{F}_G$ (siehe Abb. 2(b)). Auf Grund der fehlenden Haftung zwischen Rad und Untergrund wird eine quer zur Bewegungsrichtung wirkende Kraft $\vec{F}$ nicht von einer auftretenden Gegenkraft kompensiert (siehe Abb. 2(b)). Blockieren an einem fahrenden Auto die Hinterräder, so halten die rollenden Vorderräder ihre Spur, während das Heck des Fahrzeugs durch stets vorhandene kleine seitliche Störkräfte und mangels Haftung auf dem Boden etwas zur Seite abdriftet (Beschreibung des weiteren Bewegungsablaufs im Folgenden).
Dieses Verhalten zeigt prinzipiell auch der vordere Teil eines Autos, wenn die Vorderräder blockiert sind. Der weitere Verlauf einer Abweichung von der parallelen Ausrichtung des Autos zur Bewegungsrichtung hängt jedoch davon ab, an welcher Achse die Räder blockiert sind.
Um den weiteren Bewegungsablauf untersuchen zu können, werden folgende Annahmen gemacht:

- Der Schwerpunkt S des Autos liege auf einer vertikalen Geraden, die durch den Schnittpunkt der Verbindungslinien diagonal gegenüberliegender Räder verläuft (siehe Abb. 3).
- Die Vorderräder bleiben in „Geradeausstellung“ (siehe Abb. 3), d. h. es werden keine Lenkvorgänge unternommen.

Auf ein blockiertes Rad wirkt unabhängig von seiner Orientierung zur Bewegungsrichtung die Gleitreibungskraft $\vec{F}_{G,1}$ (siehe Abb. 3). Sie besitzt einen konstanten Betrag und ist antiparallel zur Bewegungsrichtung. An einem nichtblockierten und schräg zur Bewegungsrichtung stehenden Rad spielen sich zwei Vorgänge ab. Zerlegt man den Weg $\vec{x}$, um den sich das Rad fortbewegt, in seine (hypothetischen) Komponenten, $\vec{x}_p$ parallel zur Radachse und $\vec{x}_s$ senkrecht dazu (siehe Abb. 3), so besteht die Bewegung des Rades aus Gleiten entlang $\vec{x}_p$ und Rollen parallel zu $\vec{x}_s$. Auf das Rad wirkt daher die Rollreibungskraft $\vec{F}_R$ und die Gleitreibungskraft $\vec{F}_{G,2}$, wie in Abbildung 3 eingezeichnet.
Das Auto sei um den Winkel φ bezüglich der Bewegungsrichtung gegen den Uhrzeigersinn gedreht und die Hinterräder blockiert (siehe Abb. 3). Für die Beträge der Drehmomente M_R und M_G (bezüglich einer vertikalen Geraden durch den Schwerpunkt als Drehachse), welche durch die Roll- und Gleitreibung an den Vorderrädern entstehen,

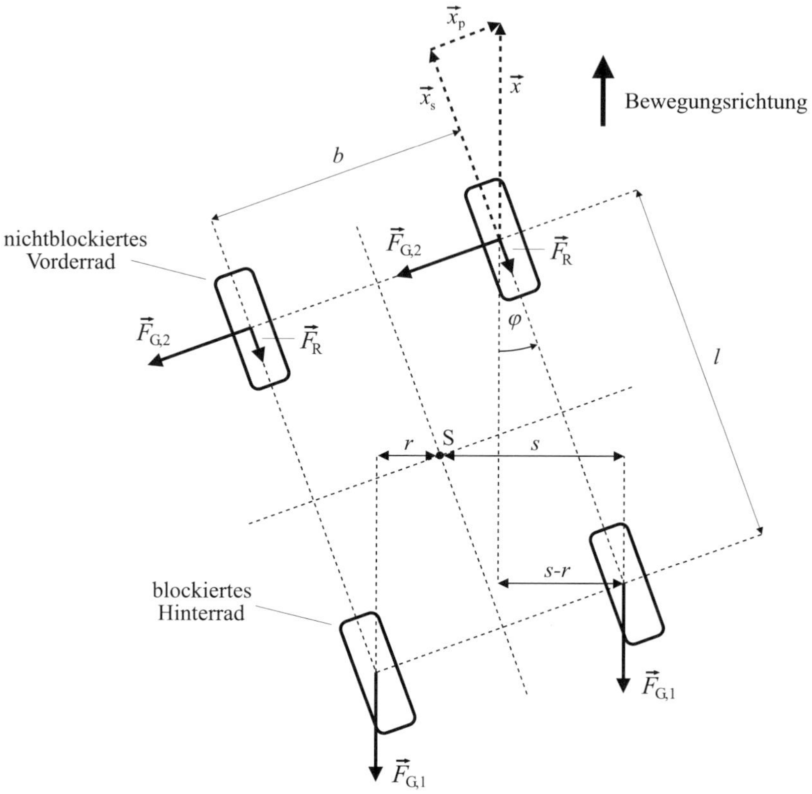

Abb. 3

und für den Betrag des Drehmoments $\vec{M}_H$, das durch die Gleitreibung an den Hinterrädern verursacht wird, erhält man (siehe dazu Abb. 3; positive Drehmomente wirken im Uhrzeigersinn):

$$M_R = \frac{b}{2} F_R - \frac{b}{2} F_R = 0$$

$$M_G = -\frac{l}{2} F_{G,2} - \frac{l}{2} F_{G,2} = -lF_{G,2} = -l \frac{mg}{4} \mu_G$$

$$M_H = sF_{G,1} - rF_{G,1} = (s-r) \frac{mg}{4} \mu_G = \frac{mg}{4} \mu_G \, l \sin \varphi \qquad \text{da } \sin \varphi = \frac{s-r}{l}$$

(M_R, M_G, M_H: Beträge der Drehmomente $\vec{M}_R$, $\vec{M}_G$, $\vec{M}_H$; *m*: Masse des Autos, *g*: Betrag der Erdbeschleunigung, μ_G: Gleitreibungskoeffizient, *b*: Spurweite; *l*: Radstand; *r*, *s*: Hebelarme, $0 < \varphi < \pi$: Winkel zwischen Längsachse des Autos und Bewegungsrichtung (siehe Abb. 3))

Damit ergibt sich der Betrag des gesamten angreifenden Drehmoments zu

$$M_{ges} = M_R + M_G + M_H = \frac{1}{4} mg\mu_G \, l \, (\sin\varphi - 1) \leq 0, \quad \text{da } 0 < \varphi < \partial. \qquad (1)$$

Bereits bei einer geringen Abweichung von der parallelen Ausrichtung des Autos zur Bewegungsrichtung ($0 < \varphi << 1$) tritt ein Drehmoment auf ($M_{ges} < 0$), welches das Fahrzeug noch weiter dreht. Die theoretisch vorhandene Gleichgewichtslage (also $M_{ges} = 0$) bei $\varphi = \frac{\pi}{2}$ wird durch die Trägheit des rotierenden Autos überschritten.

Das gleiche Resultat erhält man ganz analog für die Drehung im Uhrzeigersinn. In welcher Richtung sich das Auto zu drehen beginnt, hängt davon ab, nach welcher Seite das Heck auf Grund kleiner Störkräfte (siehe oben) abdriftet.
Sind statt der Hinterräder die Räder der Vorderachse blockiert, so wechseln M_G und M_H das Vorzeichen und statt der Beziehung (1) erhält man:

$$M_{ges} = M_R + M_G + M_H = \frac{1}{4} mg\mu_G \, l \, (1 - \sin\varphi) \geq 0, \quad \text{da } 0 < \varphi < \partial.$$

Kommt es zu einer Abweichung der parallelen Ausrichtung von der Bewegungsrichtung ($0 < \varphi << 1$) und der Längsachse des Fahrzeugs, so tritt ein Drehmoment auf ($M_{ges} > 0$), welches die Abweichung wieder verkleinert, d. h. der Bewegungszustand des Autos ist stabil und kleine Störkräfte verursachen keine Rotation wie im obigen Fall.

Bemerkungen

Experimentierfreudige Autofahrer können dieses Freihandexperiment auch als „Freiland-Experiment" durchführen. Man benötigt dazu einen *großen, freien* und *spiegelglatten* (z. B. nach einem Eisregen) Parkplatz, ein Auto, mit dem man vertraut ist, und etwas Mut. Ansonsten verfährt man genauso wie im Modellexperiment, wobei das Blockieren der Hinterräder durch Betätigen der Handbremse erreicht wird. Da sich die Bremsen an den Vorderrädern eines Autos nicht ohne gleichzeitiges Betätigen der Bremsen der Hinterachse ansprechen lassen, muss man sich damit behelfen, die Hinterräder mit der Handbremse zu blockieren und sie „durch Rückwärtsfahren zu Vorderrädern zu machen". Empfehlenswert ist, das Experiment bei kleinen Geschwindigkeiten (kleiner als Schrittgeschwindigkeit) zu üben und diese dann zu steigern.

Literatur

Bredthauer, A.: Praxis der Naturwissenschaften: Physik 42/1 (1993), S. 2-7

1.42 Ein einfaches Kugellager

Dass die Rollreibung wesentlich kleiner ist als die Gleitreibung, wird anhand eines auf Kugeln gelagerten Buches gezeigt, das sehr leicht in Drehung versetzt werden kann.

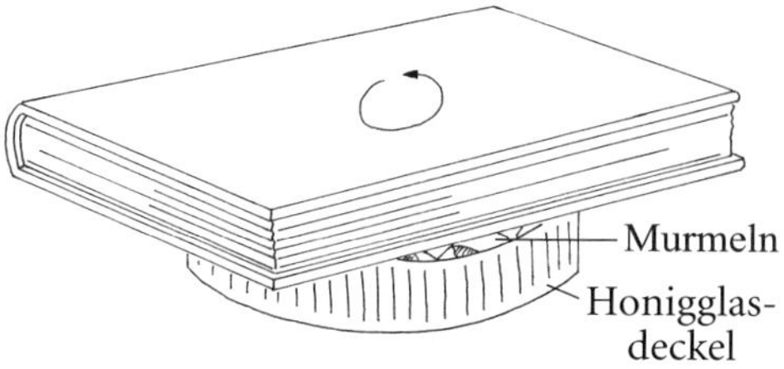

Abb. 1

Material

- Deckel eines Honigglases oder andere zylindrische Schale, deren Höhe kleiner als der Durchmesser der verwendeten Murmeln (siehe unten) ist
- Murmeln, so viele, dass der Deckel des Honigglases damit gefüllt werden kann
- Buch, höchstens doppelt so lang und breit wie der Deckel des Honigglases
- evtl. mehrere runde Bleistifte und ein schweres Buch

Aufbau und Durchführung

Der Deckel eines Honigglases wird, wie in Abbildung 2 dargestellt, umgekehrt auf den Tisch gelegt und vollständig mit einer Lage Murmeln gefüllt. Das Buch legt man wie in Abbildung 1 auf die Murmeln und dreht es um die Achse des Honigglasdeckels. Es lässt sich sehr leicht drehen und dreht sich weiter, wenn es angestoßen wird.

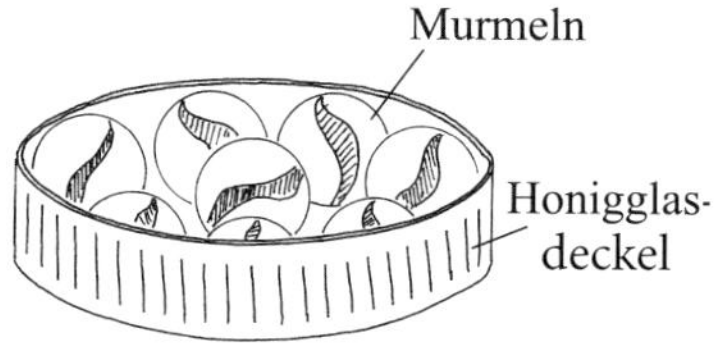

Abb. 2

Zum Vergleich wiederholt man dieses Experiment ohne Murmeln im Deckel. Um das Buch zu drehen, muss eine wesentlich größere Kraft aufgewendet werden. Nach dem Anstoßen dreht es sich kaum weiter.

Erklärung

Wird das Buch, wie oben beschrieben, auf dem Deckel gedreht, tritt an den Berührungsflächen von Buch und Deckel Gleitreibung auf. Liegt das Buch dagegen auf den Murmeln, treten an den Berührungsflächen zwischen Buch und Murmeln und denen zwischen Murmeln und Deckel Rollreibungskräfte auf. Die Gleitreibungskraft ist wesentlich größer als die Summe der auftretenden Rollreibungskräfte.

Bemerkungen

Das oben geschilderte Experiment ist ein einfaches Modell eines Kugellagers.
Ein anderes bekanntes Experiment sei an dieser Stelle noch erwähnt. Wie in Abbildung 3 werden mehrere runde Stifte auf den Tisch gelegt und darauf ein schweres Buch. Unter sehr kleinem Kraftaufwand kann das Buch senkrecht zu den Stiften (siehe Abb. 3) über diese und den Tisch geschoben werden. Legt man das Buch direkt auf den Tisch, muss eine wesentlich größere Kraft aufgewendet werden, um das Buch über den Tisch zu schieben.

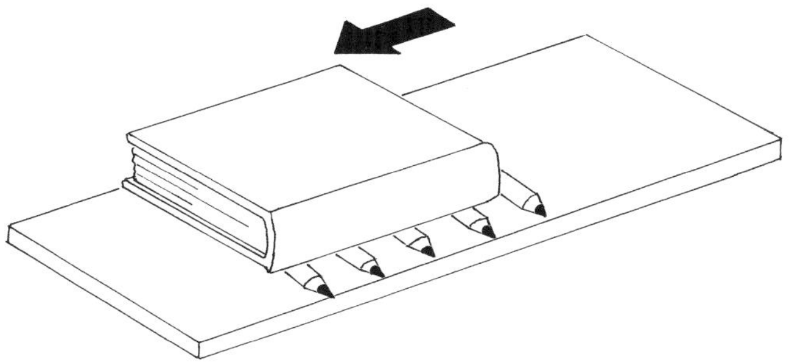

Abb. 3

Literatur

Walpole, B.: Experimente, Tricks und Tips zum Verständnis der Natur, Lernen und Wissen im Spiel und mit Spaß, Südwest Verlag GmbH & Co.KG, München 1990

1.43 Das gehorsame Ei

Die Gleitgeschwindigkeit eines Plastikeis, durch das ein Faden gezogen ist, wird durch Variation der Reibung beeinflusst.

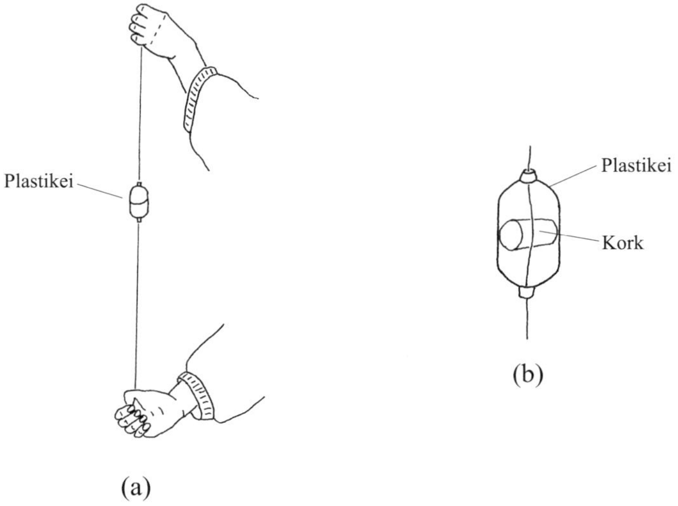

Abb. 1

Material

- Kinderüberraschungsei; gebraucht wird das Plastikei im Inneren
- Flaschenkorken
- dünner Baumwoll- oder Leinenfaden (Länge: mindestens 1 m)
- Hilfsmittel: Zange, Nagel und Bunsenbrenner
  oder
  Bohrer

Aufbau und Durchführung

Einen Nagel erhitzt man über einer Bunsenbrennerflamme bis zum Glühen und schmilzt damit ein Loch in die Ober- und Unterseite des Plastikeis . Die Länge eines Korkens verkürzt man so weit, dass er leicht in das Ei passt, wenn man ihn quer hineinlegt. Der Faden wird durch die beiden Löcher des Eis gezogen und der Korken in das Ei gelegt (siehe Abb. 1(b)).

Die Fadenenden hält man mit den Händen fest und spannt den Faden in vertikaler Richtung (siehe Abb. 1(a)). Wird der Faden straff gespannt, bewegt sich das Ei nicht. Lässt man den Faden locker, gleitet das Ei schnell am Faden abwärts. Durch die Spannung des

Fadens kann die Gleitgeschwindigkeit des Eis beeinflusst werden. Die unterschiedliche Spannung des Fadens ist für den Zuschauer nur durch sehr genaues Hinsehen zu beobachten. Deshalb kann man das Ei scheinbar auf Kommando haften oder hinabgleiten lassen.

Erklärung

Die Reibungskraft zwischen zwei Oberflächen ist proportional zu der Kraft, mit der sie aneinander gepresst werden. Die Größe der Kraft, die den Faden an den Korken und an die Ränder der gebohrten Löcher im Ei presst, ist proportional zu der Kraft, mit der die Hände den Faden spannen. Deshalb ist die Reibungskraft zwischen Faden und Ei proportional zu der den Faden spannenden Kraft und kann durch sie variiert werden.
Gleitet das Ei, so gilt:

$$R_G \leq F_g$$

(R_G: Betrag der Gleitreibungskraft; F_g: Betrag der Gewichtskraft des Eis)
Das Ei wird mit $F_g - R_G$ beschleunigt. Wenn $R_G > F_g$, bleibt das Ei stehen und haftet an der Schnur. Es beginnt zu gleiten, wenn gilt:

$$R_H < F_g$$

(R_H: Betrag der Haftreibungskraft)

Literatur

Hahn, H.: Physikalische Freihandversuche, Band 1, Verlag Otto Saale, Braunschweig 1907

1.44 Welche Kugel rollt höher?

Die Energieerhaltung wird anhand einer Kugel gezeigt, die in einer beliebig nach unten gebogenen Rinne wieder die Höhe erreicht, aus der man sie losrollen ließ.

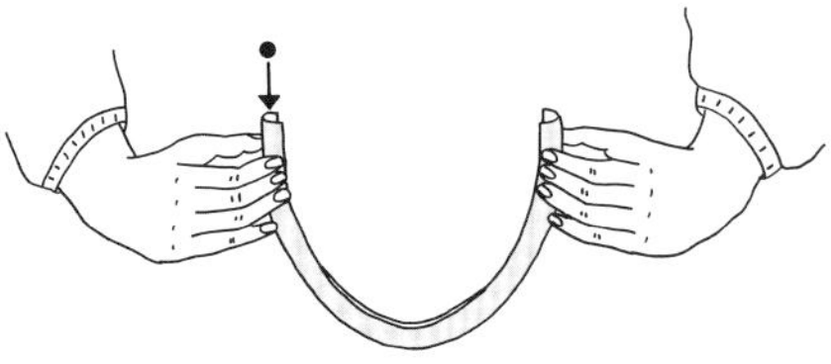

Abb. 1

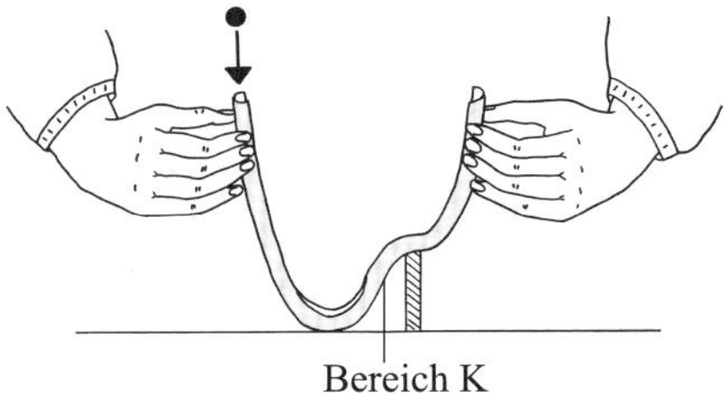

Abb. 2

Material

- Murmel oder andere Kugel
- Plastikschlauch (Länge: ca. 1 m), dessen lichte Weite mindestens 4 mm größer als der Durchmesser der verwendeten Kugel ist
- Hilfsmittel: Allzweckschere

Aufbau und Durchführung

Der Plastikschlauch wird der Länge nach so auseinander geschnitten, dass man zwei Rinnen erhält, deren Querschnitt ein Halbkreis ist. Die im Handel erhältlichen Plastikschläuche sind leicht gekrümmt, weil sie vor dem Verkauf aufgewickelt gelagert werden. Deshalb wird in Abbildung 3 noch genauer erläutert, wie der Schlauch aufzuschneiden ist:

In Abbildung 3 ist das räumliche Bild des gekrümmten Schlauches zu sehen, den man sich auf einem Tisch liegend vorstellen kann. Die gestrichelte Linie stellt die Trennlinie zwischen den beiden Schlauchhälften 1 und 2 dar, an welcher der Schlauch auseinander geschnitten werden muss. So ergibt die Schlauchhälfte 2 eine Rinne, deren Öffnung des halbkreisförmigen Querschnitts auf der konkaven Seite der Kurve liegt. Diese Rinne wird für das Experiment verwendet.

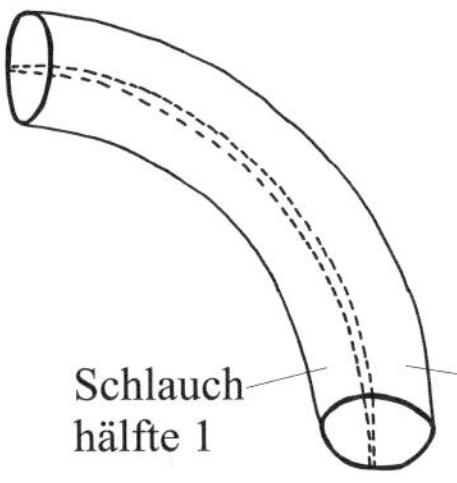

Abb. 3

Die Rinne wird so gehalten, wie es in Abbildung 1 oder 2 zu sehen ist. Lässt man eine Murmel von einem Ende der Rinne nach unten losrollen, erreicht sie auf der anderen Seite wieder die gleiche Höhe, egal welche der beiden Formen die Rinne hat.

Der Rinne kann natürlich auch ein anderer Verlauf gegeben werden. Wichtig ist nur, dass die Enden der Rinne in der gleichen Höhe liegen. Konvexe Krümmungen, wie der Bereich K in Abbildung 2, dürfen nicht zu stark sein. Dieser Bereich stellt sonst für die Kugel eine Schanze dar, an der sie die Rinne verlassen könnte.

Leider treten beim Rollen der Kugel Reibungsverluste auf, wodurch dieses Ergebnis verfälscht werden kann. Die Verluste bleiben jedoch relativ gering, wenn Rinnen verwendet werden, die nicht länger als 1 m sind.

Erklärung

Bevor die Kugel losgelassen wird, hat sie eine bestimmte potenzielle Energie. Da sie keine kinetische Energie besitzt, entspricht diese potenzielle Energie ihrer Gesamtenergie. Beim Herunterrollen wird ein Teil ihrer potenziellen Energie in kinetische Energie umgewandelt.
Diese kinetische Energie wird beim Hochrollen wieder in potenzielle Energie zurückverwandelt. Kommt die Kugel zum Stillstand, entspricht ihre potenzielle Energie wieder ihrer Gesamtenergie, die während des Rollvorgangs erhalten blieb (Energieerhaltung). Deshalb muss ihre potenzielle Energie vor und nach dem Rollen gleich sein, d. h. die Kugel erreicht auf der anderen Seite die gleiche Höhe, aus der sie losgelassen wurde.

Bemerkungen

Nicht eingeweihten Zuschauern leuchtet es unmittelbar ein, dass die Kugel bei einer Rinne mit symmetrischem Verlauf, wie in Abbildung 1, wieder die gleiche Höhe erreicht. Bei einer Rinne wie in Abbildung 2 leuchtet dies nicht mehr unmittelbar ein. Muss z. B. die Kugel einen steileren Anstieg hinaufrollen als sie zuvor hinuntergerollt ist, wird die Kugel stärker abgebremst. Deshalb vermuten viele, dass die Kugel nicht mehr so weit hinaufrollen würde.
Die Untersuchung von Fehlvorstellungen in der Physik ist eines der aktivsten Forschungsgebiete im Bereich der Naturwissenschaftsdidaktik. Deshalb gibt das „Institut für die Pädagogik der Naturwissenschaften“ an der Universität Kiel eine Bibliografie „Alltagsvorstellungen und naturwissenschaftlicher Unterricht“ heraus, in der sämtliche zu diesem Thema erschienene Literatur aufgelistet ist [*Pfundt* 1994].

Literatur

Hahn, H.: Physikalische Freihandversuche, Band 1, Verlag Otto Saale, Braunschweig 1907

zu Bemerkungen:

Pfundt, H.; Duit, R.: Bibliografie, Alltagsvorstellungen und naturwissenschaftlicher Unterricht, IPN-Kurzberichte, Institut für die Pädagogik der Naturwissenschaften an der Universität Kiel, Kiel, 4. Auflage

1.45 Ein einfacher Höhenmesser

Je größer die kinetische Energie einer frei fallenden Kugel ist, desto stärker verformt die Kugel Knetmasse.

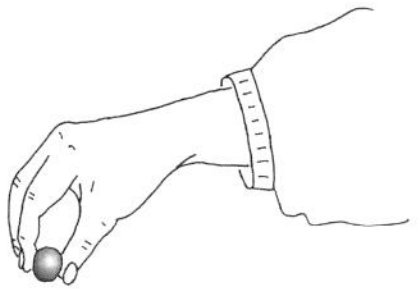

Material

- Knetmasse (ca. 100 g)
- Stahlkugeln oder Murmeln (mindestens 25 g)
- Hilfsmittel:
  2 Blatt Papier und
  Nudelholz oder behelfsweise zylinderförmiger Gegenstand aus festem Material, z. B. Flasche

Aufbau und Durchführung

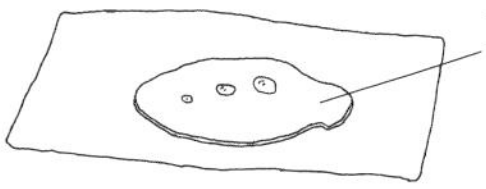

Abb. 1

Modelliermasse wird auf einem Blatt Papier zu einer etwa 0,5 cm starken Scheibe flachgedrückt (siehe Abb. 1) und die Oberfläche mit einem Nudelholz geglättet. Um dabei das Nudelholz nicht zu beschmutzen, legt man zwischen Nudelholz und Scheibenoberfläche ein Blatt Papier. Die so präparierte Knetmasse wird auf den Boden gelegt und das oben liegende Blatt Papier wieder abgezogen.
Lässt man aus verschiedenen Höhen eine Stahlkugel auf die Knetmasse fallen (siehe Abb. 1), hinterlässt die Kugel Abdrükke auf der Oberfläche der Knetmasse. Je größer die Höhe ist, aus der die Kugel auf die Knetmasse fällt, desto größer und tiefer ist der Abdruck, den die Kugel auf der Knetmasse hinterlässt (siehe Abb. 1).
Um die unterschiedliche Größe der Abdrücke deutlich zu erkennen, sollten sich die verschiedenen Fallhöhen mindestens um jeweils 50 cm voneinander unterscheiden. Bei einer Stahlkugel, deren Masse zwischen 25 g und 150 g liegt, haben sich Fallhöhen von 0,5 m, 1 m und 1,5 m bewährt.
Die Knetmasse lässt sich leicht formen, wenn sie zuvor ein wenig erwärmt wird. Dazu legt man sie im Sommer für einige Minuten an die Sonne und im Winter auf die Heizung.

Erklärung

Beim freien Fall wandelt sich die potenzielle Energie („Höhenenergie“) der Kugel in kinetische Energie um. Trifft die Kugel auf dem Boden auf, gibt sie ihre gesamte kinetische Energie in Form von Verformungsarbeit an die Knetmasse ab. Je größer die Energie ist, die von der Kugel an die Knetmasse abgegeben wird, desto größer ist der Abdruck.

Literatur

Walpole, B.: Experimente, Tricks und Tips zum Verständnis der Natur, Lernen und Wissen im Spiel und mit Spaß, Südwest Verlag GmbH & Co. KG, München 1990

1.46 Die magisch rollende Zauberdose

Die Energieumwandlung in der Mechanik wird mit Hilfe einer Dose demonstriert, die ohne sichtbaren Antrieb losrollt.

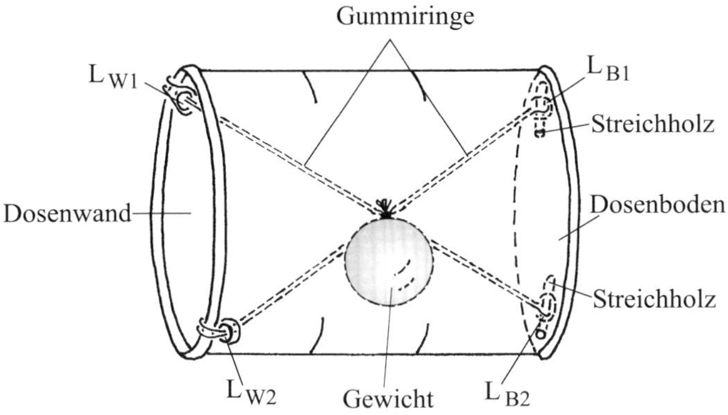

Abb. 1

Material

- 2 Gummiringe, mittlerer Größe (Umfang: ca. 13 cm)
- Blechdose, zylinderförmig und leer, evtl. mit zugehörigem Deckel (Durchmesser: mindestens 8 cm; Höhe so, dass der Gummiring, in der Diagonalen gespannt, auf 10 – 18 cm gedehnt wird)
- Streichhölzer oder dickerer Draht
- Gewicht (ca. 65 g) oder Bleiband zur Beschwerung von Vorhängen und alte Feinstrumpfhose
- Faden (Länge: ca. 10 cm)
- Hilfsmittel: Nagel, Hammer

Aufbau und Durchführung

Zunächst wird aus dem oben angegebenen Material die „magisch rollende Zauberdose" gebaut. In den Rand des Dosenbodens schlägt man mit Hammer und Nagel zwei Löcher, die einander gegenüber liegen (L_{B1} und L_{B2}, siehe Abb. 1). Auch in die Wand der Dose werden zwei Löcher geschlagen. Diese setzt man so, dass sie am oberen Rand der Dosenwand und senkrecht über den beiden Löchern im Dosenboden liegen (L_{W1} und L_{W2}, siehe Abb. 1). Schlägt man die Löcher in die Dosenwand, sollte der Nagel an der Innenseite der Wand angesetzt werden. Die Dose wird beim Schlagen eingedrückt, wenn man den Nagel an der Außenwand ansetzt.

Durch jedes der beiden Löcher der Dosenwand wird ein Gummiring gesteckt. So entsteht bei jedem Loch außerhalb und innerhalb der Dose eine Schlaufe. Die beiden äußeren Schlaufen werden jeweils durch die inneren gesteckt und festgezogen. Dadurch werden die beiden Gummiringe am oberen Rand der Dose befestigt und hängen als Schlaufen in den Innenraum der Dose. Die Enden dieser Gummischlaufen werden diagonal durch das Doseninnere zum jeweils gegenüber liegenden Loch am Dosenboden gezogen, durch diese Löcher nach außen gesteckt und mit einem Streichholz gesichert. Dadurch entsteht ein Kreuz aus gespannten Gummiringen im Innenraum der Dose (siehe Abb. 1).

Nun kann das Gewicht am Kreuzungspunkt der Gummiringe befestigt werden. Dazu knotet man das Gewicht in der Mitte des Fadens fest, steckt eines der Fadenenden am Kreuzungspunkt zwischen beide Gummiringe, wickelt dieses Fadenende einmal um den Kreuzungspunkt herum und knotet es fest. Nur so wird gewährleistet, dass sich die Gummiringe beim Aufziehen der Dose richtig verdrillen.

Die Dose wird aufgezogen, indem man sie auf dem Boden 4 – 7 m langsam rollt. Lässt man sie los, rollt sie die ganze Strecke, die sie aufgezogen wurde, wieder zurück, rollt sogar ein kleines Stückchen hinter ihren Ausgangspunkt und pendelt mehrmals hin und her. Man kann sie auch eine schiefe Ebene hinaufrollen lassen. Dazu sollten bei glattem Untergrund zwei Gummiringe parallel zum Dosenboden um die Dosenwand gestreift werden. Die Gummiringe müssen dabei jeweils die gleiche Entfernung zu den ihnen benachbarten Dosenwänden haben.

Die beiden Gummiringe im Inneren der Dose sollten beim ersten Aufziehen überdehnt werden. So werden sie elastischer und die Dose lässt sich für weitere Strecken aufziehen. Das Gewicht wird dazu mit der Hand solange um den Kreuzungspunkt der Gummiringe gedreht, bis diese fast reißen.

Noch ein kleiner Tipp: Sind keine Gewichte in der oben angegebenen Größenordnung vorhanden, kann man sich mit Bleibändern behelfen, die zum Beschweren von Vorhängen verwendet werden. Man löst den Baumwollstoff ab, der diese Bänder umgibt, und schneidet sich ein Stück zurecht, das ca. 65 g schwer ist. Dieses hüllt man in ein kleineres Stück einer alten Feinstrumpfhose. Das entstandene Säckchen wird als Gewicht verwendet.

Das Experiment ist besonders verblüffend, wenn die Dose ohne Anwesenheit der Zuschauer aufgezogen wird und die offene Seite der Dose von den Zuschauern abgewandt oder sogar verschlossen wird. So bleibt dem Zuschauer die Energiequelle verborgen.

Erklärung

Beim Aufziehen der Dose werden die Gummiringe, die in ihrem Inneren gekreuzt sind, verdrillt und deshalb gespannt. Lässt man die so aufgezogene Dose rollen, wandelt sich die potenzielle Energie der Gummiringe („Spannenergie“) zum Teil in kinetische Energie der Dose um und geht zum Teil infolge von Reibung als Wärme verloren.

Bemerkungen

„Die magisch rollende Zauberdose“ und die Dose im Experiment „Das Dosenfahrzeug“ werden nach einem sehr ähnlichen Prinzip angetrieben. „Die magisch rollende Zauberdose“ ist verblüffender, es müssen aber geeignete Dosen (siehe oben) vorhanden sein. Für „Das Dosenfahrzeug“ werden lediglich normale Getränkedosen gebraucht.

Literatur

Walpole, B.: Experimente, Tricks und Tips zum Verständnis der Natur, Lernen und Wissen im Spiel und mit Spaß, Südwest Verlag GmbH & Co. KG, München 1990

Meisinger, K.: Physikalische Experimente mit Dosen, Schriftliche Hausarbeit zur Ersten Staatsprüfung für das Lehramt an Hauptschulen nach der Lehramtsprüfungsordnung I (LPO I) 1994/II, o. V., Augsburg 1994

1.47 Das Dosenfahrzeug

Die Energie von gespannten Gummiringen wird in kinetische Energie einer Dose umgewandelt. Die Dose rollt von alleine.

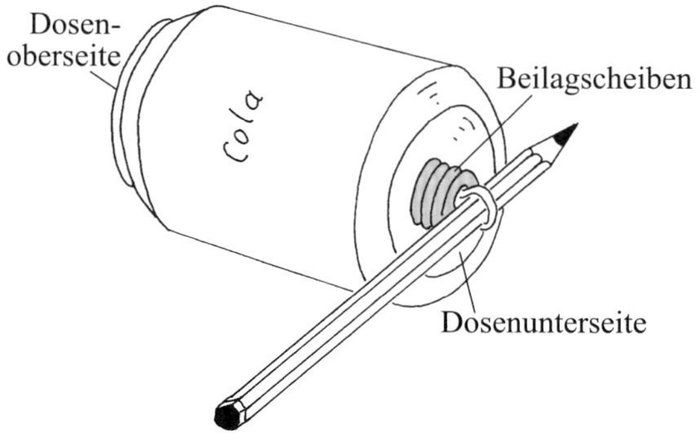

Abb. 1

Material

- Getränkedose, geöffnet und leer
- Gummilitze, bekannt als Hosengummi (Breite: ca. 6 mm; Länge: 30 cm), oder Einweckgummi
- Draht, möglichst isoliert (Durchmesser: mindestens 1,5 mm; gleiche Länge wie der Durchmesser der Dosenoberseite)
- mehrere Beilagscheiben mit glatter Oberfläche aus Aluminium oder 2 Metallfadenspulen einer Nähmaschine
- Bleistift (Länge: mindestens 13 cm) oder kleiner Holzstab
- evtl. 2 Gummiringe mittlerer Größe
- Hilfsmittel:
  dünner Draht (Durchmesser: ca. 0,5 mm; Länge: ca. 15 cm),
  Hammer und Nagel oder Bohrer

Aufbau und Durchführung

Zunächst muss aus den oben angegebenen Materialien das Dosenfahrzeug (siehe Abb. 1) gebaut werden. Dazu wird in die Mitte der Dosenunterseite mit Hammer und Nagel ein Loch mit ca. 6 mm Durchmesser geschlagen.

Die beiden Enden der Gummilitze werden zusammengelegt, mit dem dünnen Draht durchbohrt und der Draht wie ein Nadelöhr zusammengeklappt. Um die Gummilitze durch die Dose zu ziehen, steckt man den Draht zuerst durch die Trinköffnung (Dosenoberseite) und anschließend durch das Loch in der Dosenunterseite. Mit Hilfe des am Dosenboden herausragenden Drahtes zieht man die Gummilitze so lange nach, bis an

der Trinköffnung eine kleine Schlaufe übrig bleibt, in die das dickere Drahtstück zur Sicherung gesteckt wird. Auf den herausragenden Draht werden die Beilagscheiben gefädelt, der Draht wird durch die Beilagscheiben gezogen und aus der Gummilitze entfernt. Den Bleistift legt man parallel zur Unterseite der Dose zwischen die beiden Enden der Gummilitze auf die Beilagscheiben (siehe Abb. 1), spannt die Gummilitze und knotet sie über dem Bleistift zusammen. Der Bleistift wird so zurechtgezogen, dass die Bleistiftspitze nicht über den Rand der Dose hinausragt. Fertig ist das Dosenfahrzeug!
Das Dosenfahrzeug wird aufgezogen, d. h. die Gummilitze verdrillt, indem man die Dose festhält und den Bleistift um die Rotationssymmetrieachse der Dose dreht. Stellt man das Dosenfahrzeug auf den Boden und lässt es los, fährt es 2 – 3 m.
Man kann das Fahrzeug auch eine schiefe Ebene hinauffahren lassen. Ist der Untergrund sehr glatt, sollten, um ein Durchdrehen zu vermeiden, parallel zu Dosenober- und Dosenunterseite zwei Gummiringe um die Dosenwand gestreift werden. Dabei müssen die Gummiringe jeweils die gleiche Entfernung zu den ihnen benachbarten Dosenkanten haben.
Fährt das Dosenfahrzeug sehr kleine Kreise und dreht durch, so gibt es zwei Ursachen, die dafür verantwortlich sein können: Entweder hat man die Gummilitze vor dem Verknoten zu stark gespannt oder beim Aufziehen zu stark verdrillt. Es ist ein wenig Übung erforderlich, um die richtige Spannung und Verdrillung der Gummilitze herauszufinden.

Erklärung

Beim Aufziehen der Dose wird die Gummilitze verdrillt und dadurch gespannt. Lässt man die aufgezogene Dose rollen, wandelt sich die potenzielle Energie der Gummilitze („Spannenergie“) zum Teil in kinetische Energie der Dose um und geht zum Teil infolge der Reibung als Wärme verloren.
Lässt man das Dosenfahrzeug eine schiefe Ebene hinaufrollen, wandelt sich die potenzielle Energie der Gummilitze teilweise auch in potenzielle Energie („Höhenenergie“) der Dose um.

Bemerkungen

„Das Dosenfahrzeug“ und die Dose im Experiment „Die magisch rollende Zauberdose“ werden nach einem ähnlichen Prinzip angetrieben. Das „Dosenfahrzeug“ hat den Vorteil, dass nur eine gewöhnliche Getränkedose benötigt wird, die bereits die richtigen Maße hat. Für „Die magisch rollende Zauberdose“ wird eine breitere Konservendose mit bestimmten Maßen gebraucht.

Literatur

Richards, R.: 101 Experimente und Tricks, tolle Spiele für Tüftler, Bastler und Rechner, Pawlak-Verlagsgesellschaft mbH, o. O. 1991

1.48 Das Münzenkatapult

Mit einer Holzleiste als Katapult lässt sich die Proportionalität zwischen der kinetischen Energie und dem Quadrat der Geschwindigkeit demonstrieren.

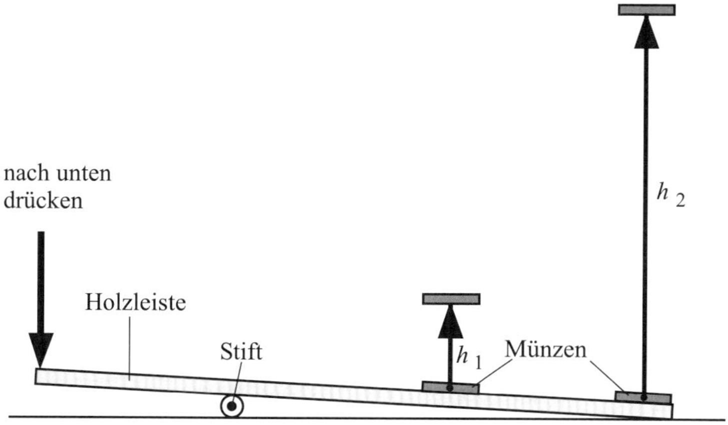

Abb. 1

Material

- Holzleiste (Länge: ca. 30 cm), z. B. Lineal
- Stift
- 2 gleiche Geldstücke
- evtl. Papier oder Kieselsteine

Aufbau und Durchführung

Eine 30 cm lange Holzleiste wird quer auf einen Stift gelegt, so dass auf einer Seite des Stiftes 10 cm der Leiste überstehen. Auf die andere Seite legt man in 10 cm und in 20 cm Abstand vom Stift je ein Geldstück auf die Leiste (siehe Abb. 1). Schlägt man mit der Hand kräftig auf das kurze Ende der Leiste, so werden die beiden Geldstücke in die Luft geschleudert. Das Geldstück, das 20 cm vom Stift entfernt war, fliegt dabei ungefähr viermal so hoch wie das Geldstück, das 10 cm vom Stift entfernt war.

Erklärung

Die beiden Münzen verlassen die Holzleiste in dem Augenblick, in dem die Leiste auf der anderen Seite des Stiftes auf die Unterlage trifft. Die Zeitdauer der Beschleunigung ist daher für beide Geldstücke gleich lang. In dieser Zeit legt die Münze, die doppelt so weit vom Stift entfernt ist, eine doppelt so lange Wegstrecke zurück wie die näher gelegene Münze. Dadurch besitzt die weiter entfernte Münze beim Verlassen der Holzleiste eine doppelt so hohe Geschwindigkeit wie die andere Münze.

Die kinetische Energie, die ein Geldstück beim Verlassen der Holzleiste besitzt, wird in potenzielle Energie umgewandelt. Die maximale Höhe h, die ein Geldstück der Masse m erreicht, ergibt sich aus dem Energieerhaltungssatz der Mechanik:

$$\frac{1}{2}mv^2 = mgh$$

(v: Betrag der Geschwindigkeit, die das Geldstück beim Verlassen der Holzleiste besitzt; g: Betrag der Erdbeschleunigung)
Vernachlässigt man den Luftwiderstand, ist die Höhe h nur durch die Geschwindigkeit v bestimmt. Da die Geschwindigkeit quadratisch in den Ausdruck für die kinetische Energie eingeht, erreicht das Geldstück, das doppelt so weit von der Drehachse entfernt ist, nicht, wie oft vermutet, die doppelte, sondern die vierfache Höhe.

Bemerkungen

Ein kleiner Fehler entsteht im Experiment dadurch, dass das weiter von der Drehachse entfernt liegende Geldstück beim Verlassen der Holzleiste schon etwas höher liegt (ca. 0,5 cm). Schlägt man kräftig auf das kurze Ende der Leiste, erreicht das Geldstück eine Höhe von ca. 2 m, so dass dieser Fehler zu vernachlässigen ist. Man kann auch einen zweiten Stift unter das kurze Ende der Holzleiste legen, so dass die Drehbewegung der Leiste gestoppt wird, wenn diese sich in der Horizontalen befindet. Dann haben beide Geldstücke beim Verlassen der Leiste die gleiche Höhe.
Zur Demonstration, dass die Bewegungsenergie proportional zum Quadrat der Geschwindigkeit ist, gibt es eine weitere Möglichkeit. Dazu wird ein kleines Stück Papier zu einem Kügelchen zusammengeknüllt. Dieses legt man in die Mulde, die entsteht, wenn man den Nagel des Zeigefingers gegen die Innenseite des Daumens drückt (siehe Abb. 2(a)). Schnippt man den Zeigefinger nach oben, so wird das Papierkügelchen in die Luft katapultiert und erreicht eine Höhe von 2 – 3 m. Legt man das Papierkügelchen in die Fingermulde und bewegt schnell den ganzen Arm nach oben, ohne die Stellung der Finger zu ändern (siehe Abb. 2(b)), so fliegt das Papierkügelchen ebenfalls 2 – 3 m in die

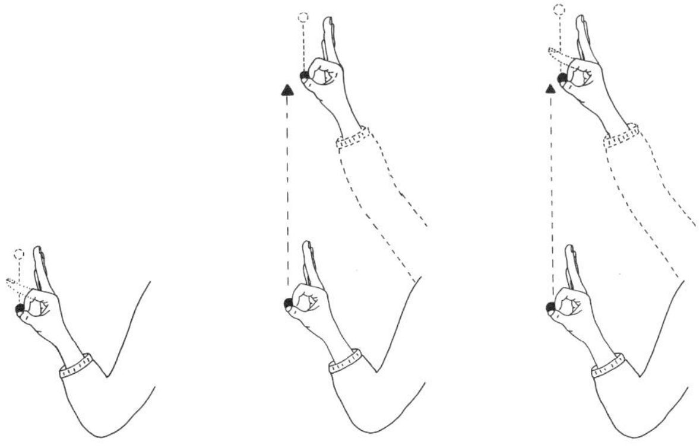

Abb. 2 (a) (b) (c)

Höhe. Anschließend kombiniert man diese beiden Möglichkeiten. Das Papierkügelchen wird in die Fingermulde gelegt. Man bewegt den Arm nach oben und schnippt gleichzeitig das Kügelchen mit dem Zeigefinger in die Höhe (siehe Abb. 2(c)). Das Papierkügelchen erreicht daraufhin eine Höhe von bis zu 12 m.
Die Geschwindigkeit, die das Papierkügelchen bei der Kombination der beiden Wurfarten besitzt, ist näherungsweise die Summe der Geschwindigkeiten der einzelnen Wurfarten. Das Papierkügelchen hat daher beim Verlassen der Finger etwa eine doppelt so hohe Geschwindigkeit wie bei den einzelnen Wurfarten. Die kinetische Energie ist dadurch viermal so groß und das Kügelchen erreicht die vierfache Höhe. Diese Variante des Experiments ist zwar nicht ganz objektiv, da sich die Geschwindigkeiten des Papierkügelchens beim Verlassen der Finger stark unterscheiden können. Der Vorteil besteht darin, dass das Experiment ohne Vorbereitung von mehreren Personen eigenhändig durchgeführt werden kann.

Literatur

Fröbe, D.: Physik und Didaktik 22/4 (1994), S. 339-340

zu Bemerkungen:

Volz, H.: Physik und Didaktik 4/1 (1973), S. 316-317

1.49 Der Wackelstein

Ein Wackelstein wandelt Rotations- in Schwingungsenergie um und umgekehrt.

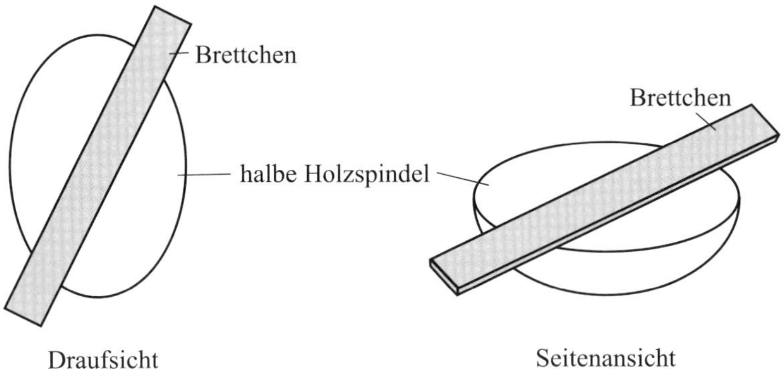

Abb. 1

Material

- Holzspindel (Länge: ca. 6 cm) oder eine der Länge nach aufgeschnittene und mit Gips gefüllte Eierschale oder eine Computermaus ohne Kabel oder ein Tischtennisball, Knetmasse und ein Streichholz
- Brettchen (110 mm × 20 mm × 5 mm)
- Alleskleber oder Klebeband
- Hilfsmittel: Säge oder Messer

Aufbau und Durchführung

Eine Holzspindel wird der Länge nach in zwei Hälften gesägt. Eine Hälfte wird mit der Schnittfläche auf ein Brettchen geklebt, wobei die Längsachsen der Spindel und des Brettchens ein wenig gegeneinander verdreht sein sollten (siehe Abb. 1).
Hat man keine Holzspindel zur Hand, wird ein Ei entlang der Längsachse in zwei Hälften geteilt und das „Innenleben" des Eis entfernt. Die Eierschale wird mit Gips gefüllt. Nach Erhärten des Gipses klebt man mit einem Klebeband ein Holzbrettchen auf das halbe Gips-Ei. Stellt man dieses Konstrukt auf das halbe Ei, sollte das Brettchen horizontal liegen. Ist dies nicht der Fall, muss die Position des Brettchens solange variiert werden, bis Tischplatte und Brettchen parallel liegen. Das Brettchen muss nicht symmetrisch auf dem halben Ei liegen.
Ist im Laufe vieler Schlachten mit oder an dem Computer eine Computermaus ausgemustert worden, ohne dass sie mechanische Verformungen erleiden musste, kann anstelle des halben Eis die Computermaus, von der man zuerst das Kabel abschneidet, verwendet werden.

Man kann auch einen Tischtennisball entlang des Wulstes in zwei Teile schneiden. In die Hälfte mit dem Wulst legt man ein ca. 3 cm langes Knetmasse-Röllchen. (Das Knetmasse-Röllchen übernimmt die Funktion, die das Holzstäbchen bei dem Aufbau mit der halben Holzspindel hat.) Der halbe Tischtennisball mit der Knetmasse wird nun seitlich so zusammengedrückt, dass sich der Rand oval verformt. Die Längsachse des Ovals soll dabei einen Winkel von ca. 25° mit der durch das Knetmasse-Röllchen festgelegten Richtung bilden. Ein Streichholz, von dem man die Zündmasse entfernt hat, dient zur Stabilisierung der elastisch verformten Kugelschale. Es wird längs in das Oval eingesetzt und unter dem Wulst festgeklemmt.
Dieser Wackelstein wird nun mit der Spindel bzw. dem Ei bzw. dem Tischtennisball nach unten auf eine ebene Tischplatte gestellt. Man drückt ein Ende des Brettchens nach unten und lässt es wieder los. Die dadurch angeregte Schwingung des Wackelsteins geht nach kurzer Zeit in eine Rotation des Wackelsteins um seine Hauptträgheitsachse 1 (siehe Abb. 3(a)) über. Die Auf- und Abwärtsbewegung des Wackelsteins nimmt dabei ab.

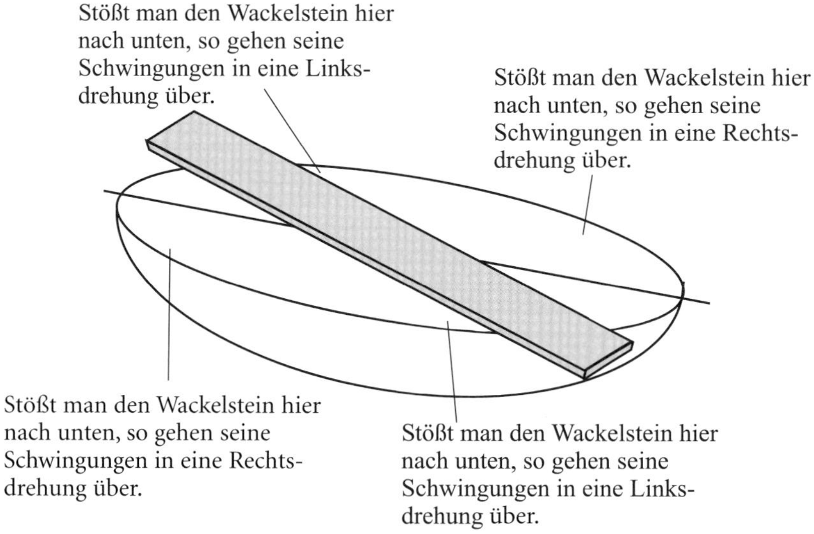

Abb. 2

Man kann den Wackelstein auch seitlich so anstoßen, dass er sich zu drehen beginnt. Hat man die richtige Drehrichtung gewählt, dreht sich der Wackelstein nicht lange, denn das Brettchen beginnt sich heftig auf und ab zu bewegen und die Rotationsfrequenz nimmt ab. Bei maximalem Ausschlag dieser Auf- und Abwärtsbewegung kommt die Rotation des Wackelsteins zur Ruhe und eine Rotation in entgegengesetzter Richtung beginnt, wobei die Auf- und Abwärtsbewegung dabei abnimmt.

Erklärung

Der Übergang der Wackelbewegung in eine Drehbewegung:

Die Hauptträgheitsachsen H_1, H_2, H_3 eines Wackelsteins liegen etwa so, wie sie in den Abbildungen 3(a) und (b) dargestellt sind.

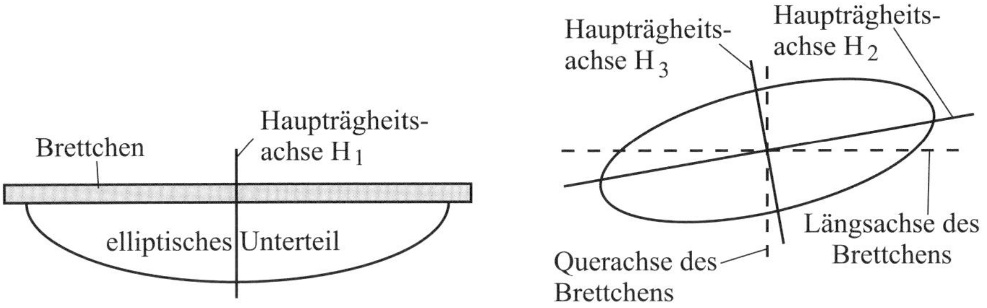

(a) (b) Abb. 3

Drückt man ein Ende des Brettchens des Wackelsteins nach unten (siehe Abb. 4), entsteht durch das Anheben des Wackelsteinschwerpunkts ein Drehmoment $\vec{M} = \vec{r} \times \vec{G}$ ($\vec{r}$: Vektor vom Schwerpunkt des Wackelsteins zum Auflagepunkt; $\vec{G}$: Gewichtskraft des Wackelsteins), welches zu einer Drehschwingung des Wackelsteins um H_3 und H_2 führt. Das Drehmoment $\vec{M}$ besitzt eine Komponente $\vec{M}_{//}$ parallel zu $\vec{M}_{\perp}$ und eine Komponente $\vec{M}$ senkrecht zu H_3. $\vec{M}_{//}$ führt zu einer Drehschwingung um H_3, $\vec{M}_{\perp}$ zu einer Drehschwingung um H_2. In Abbildung 5 sind die „Höhenlinien“ des ellipsoiden Unterteils und die Bahn, die der Wackelsteinauflagepunkt beschreibt, (übertrieben) skizziert.

Auf Grund der Bewegung des Auflagepunkts entsteht eine im Auflagepunkt angreifende Reibungskraft $\vec{F}_R$ ($\vec{F}_R$ liegt in der Tischebene), die der Bewegungsrichtung entgegen gerichtet ist. Diese Reibungskraft $\vec{F}_R$ hat ein Drehmoment $\vec{M}_R = \vec{r} \times \vec{F}_R$ ($\vec{r}$: Vektor vom Schwerpunkt zum Auflagepunkt des Wackelsteins) auf den Wackelstein zur Folge. Auf den Wackelstein wirkt das Drehmoment $\vec{M}_{ges} = \vec{M} + \vec{M}_R$. Da $\vec{M}_R$ im Unterschied zu $\vec{M}$ eine Komponente in vertikaler Richtung besitzt, besitzt $\vec{M}_{ges}$ eine Komponente $\vec{M}_{ges}^{vertikal}$ in vertikaler Richtung. Mit

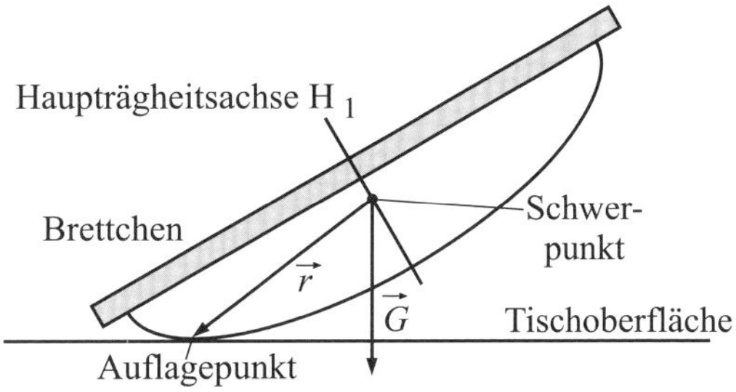

Abb. 4

$$\vec{L}' = \vec{L} + \mathrm{d}\,\vec{L} \qquad (1) \qquad \text{und} \qquad \mathrm{d}\,\vec{L} = \vec{M}_{ges}\,\mathrm{d}\,t \qquad (2)$$

($\vec{L}'$: Drehimpuls des Wackelsteins, nachdem das Drehmoment $\vec{M}_{ges}$ eine Zeit dt auf den Wackelstein mit dem Drehimpuls $\vec{L}$ gewirkt hat)

folgt, dass die vertikale Komponente des Drehimpulses $\vec{L}$ des Wackelsteins während der Wackelbewegung stetig größer wird. Das bedeutet, dass der Wackelstein – in unserem Modell – in eine Drehung im Uhrzeigersinn versetzt wird.

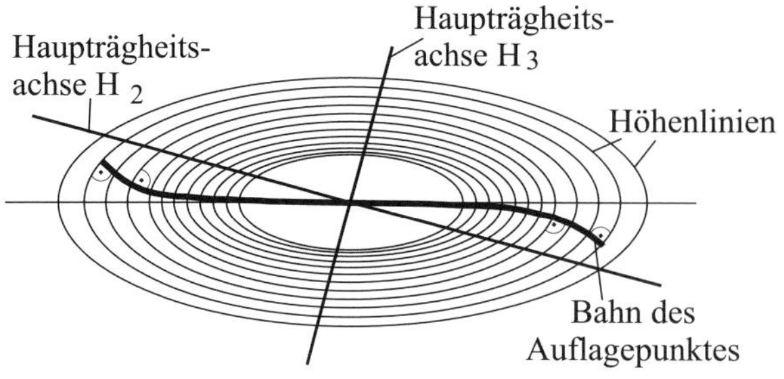

Abb. 4

Der Übergang der Drehbewegung in eine Wackelbewegung:
Eine konstante Drehung um die vertikale Achse in der Gleichgewichtslage ist prinzipiell möglich, da keinerlei Kräfte oder Drehmomente wirken, die den Wackelstein aus der Gleichgewichtslage auslenken und ihn somit zum Wackeln veranlassen könnten. Dass der Wackelstein dennoch zu wackeln beginnt, hängt mit der Stabilität bzw. Instabilität der Drehbewegung zusammen. Das heißt, dass eine beliebig kleine Störung, wie etwa ein unpräzises Andrehen oder eine Unebenheit der Unterlage, genügt, eine Wackelbewegung zu bewirken. Mit derselben Argumentation wie unter dem Punkt „Der Übergang der Wackelbewegung in eine Drehbewegung" erhält man eine Komponente $\vec{M}_{\text{ges}}^{\text{vertikal}}$ des auf den Wackelstein wirkenden Drehmoments $\vec{M}_{\text{ges}}$. Für den Fall, dass sich der in Abbildung 2 abgebildete Wackelstein im
(a) Gegenuhrzeigersinn dreht, sind die vertikale Komponente des Drehimpulses $\vec{L}$ und $\vec{M}_{\text{ges}}^{\text{vertikal}}$ antiparallel. Mit (1) und

$$\mathrm{d}\,\vec{L} = \vec{M}_{\text{ges}}\,\mathrm{d}\,t = \vec{M}_{\text{ges}}^{\text{vertikal}}\,\mathrm{d}\,t + \vec{M}_{\text{ges}}^{\text{horizontal}}\,\mathrm{d}\,t \qquad (3)$$

($\vec{M}_{\text{ges}}^{\text{horizontal}}$: horizontale Komponente des Drehmoments $\vec{M}_{\text{ges}}$)
folgt, dass die vertikale Komponente des Drehimpulses $\vec{L}$ des Wackelsteins kleiner wird, auf null absinkt und schließlich in die entgegengesetzte Richtung weist, wie zu Beginn der Bewegung.
(b) Uhrzeigersinn dreht, sind die vertikale Komponente des Drehimpulses $\vec{L}$ und $\vec{M}_{\text{ges}}^{\text{vertikal}}$ parallel. Mit (1) und (3) folgt, dass die vertikale Komponente des Drehimpulses $\vec{L}$ des Wackelsteins nicht kleiner wird. Die schwache Wackelbewegung verstärkt sich nicht. Die Rotation im Uhrzeigersinn ist stabil.

Bemerkungen

Das Trägheitsmoment I_3 des Wackelsteins um die Hauptträgheitsachse H_3 ist größer als das Trägheitsmoment I_2 des Wackelsteins um H_2. Damit der Wackelstein seine Drehrichtung ändert, muss seine Masse in Bezug auf H_2 und H_3 verschieden verteilt sein. Bei gleichen oder nahezu gleichen Trägheitsmomenten I_2 und I_3 verstärken sich Schwingungen, die durch kleine Störungen hervorgerufen werden, nicht. Der Wackelstein hält nicht an und ändert seine Drehrichtung nicht.
Da man diesen Effekt erstmals an Steinen beobachtete, die von den Kelten als Werkzeuge benutzt wurden, werden solche Wackelsteine auch als „Keltensteine" bezeichnet. *G. Herglotz* gebrauchte zum ersten Mal in seiner „Vorlesung über analytische Mechanik" 1941 in Göttingen die Bezeichnung „Wackelstein" für das englische Wort „celt". Das Wort „celt" – im Deutschen ist „Kelt" eine veraltete Bezeichnung für ein vorgeschichtliches Beil – hat eine ungewisse Vergangenheit. Möglicherweise verdankt es seine Existenz

einem Lesefehler des Vulgatatextes von Hiob 19, Vers 24, wo das lateinische „certe“ = „sicher“, „gewiss“, als „celte“ gelesen worden sein soll (vgl. [*Wasserzieher* 1952]).

Literatur

Walker, J.: Spektrum der Wissenschaft 12 (1979), S. 109-113

Walker, J.: Der fliegende Zirkus der Physik, R. Oldenbourg Verlag GmbH, München/Wien 1994, S. 56

Dammermann, W.: Physik in unserer Zeit 6/12 (1981), S. 178-180

Wittmann, J.: Trickkiste 1, Experimente, wie sie nicht im Physikbuch stehen, Bayerischer Schulbuch Verlag, München 1986

zur Erklärung:

Puschmann, H.; Holzhey, C.: Arbeit für den Wettbewerb ‘Jugend forscht’: Physik: Der keltische Wackelstein – ein bemerkenswerter Kreisel, o. V., Friedberg 1986

zu Bemerkungen:

Wasserzieher, Z. B. E.: Woher? Ableitendes Wörterbuch der Deutschen Sprache, Dümmler Verlag, Bonn 1952

1.50 Wie verlässt eine Kugel die Kreisbahn?

Mit Hilfe einer Kugel, die tangential eine Kreisbahn verlässt, wenn die Zentripetalkraft wegfällt, wird gezeigt, dass ein Massenpunkt im Zustand gleichförmiger Bewegung verharrt, wenn keine Kräfte auf ihn wirken.

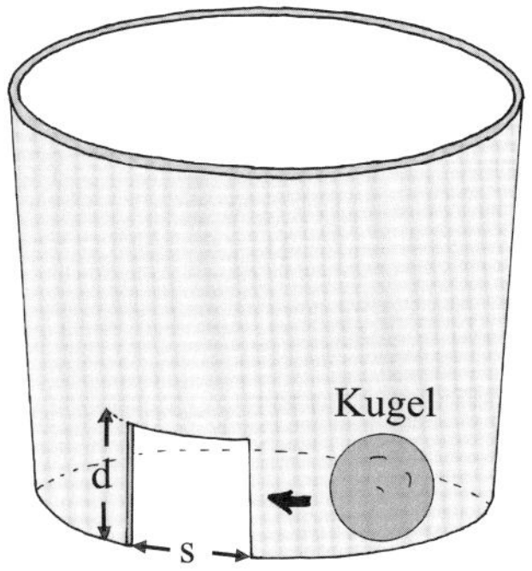

Abb. 1

Material

- alter Eimer oder anderes zylindrisches Gefäß, das auseinander geschnitten werden kann, oder Pappe
- Murmel oder andere kleine Kugel
- Hilfsmittel:
  Schere und Säge oder
  Bunsenbrenner, Zange, Nagel

Aufbau und Durchführung

Der Boden des Eimers wird abgeschnitten. In den unteren Rand des dadurch entstandenen Zylindermantels schneidet man eine rechteckige Öffnung (siehe Abb. 1), durch die eine Kugel hindurchrollen kann (Größe siehe unten).

Der so präparierte Eimer wird auf eine ebene Unterlage gestellt und darin eine Kugel so angestoßen, dass sie auf dem Boden an der Innenwand des Eimers entlang rollt (siehe Abb. 1). Kommt die Kugel zur Öffnung in der Wand, rollt sie in Richtung der Tangente zur Zylinderwand aus dem Zylinder heraus (siehe Abb. 2).

Besteht das verwendete Gefäß aus hartem Kunststoff, der nicht geschnitten oder gesägt werden kann, behilft man sich mit einem Nagel, der mit einer Zange gehalten und über einer Bunsenbrennerflamme bis zum Glühen erhitzt wird. Der Kunststoff kann mit dem glühenden Nagel geschmolzen und durch Entlangziehen des Nagels getrennt werden.

Stehen keine geeigneten Gefäße zur Verfügung, die für dieses Experiment zurechtgeschnitten werden können, bastelt man aus Pappe einen entsprechenden Zylinder. Dazu werden die gegenüberliegenden Seiten eines Pappe-Rechtecks so zusammengeklebt, dass ein Zylindermantel entsteht. In den Zylindermantel schneidet man kerbenförmig die oben beschriebene Öffnung (siehe Abb. 1).

Die Arbeit sollte man sich nicht dadurch erleichtern, dass man das Pappe-Rechteck nur kreisförmig hält und das für die Kugel vorgesehene Loch als Spalt in der gehaltenen Zylinderoberfläche frei lässt. Dies würde den Eindruck erwecken, dass die Bewegungsrichtung der Kugel durch die Person, die das Pappe-Rechteck hält, beeinflusst wird. Das Experiment überzeugt am besten, wenn der Zylinder möglichst rund und die Öffnung klein im Verhältnis zur Größe des Zylindermantels ist.

Die kleinstmögliche Größe der Öffnung im Zylindermantel kann folgendermaßen ausgerechnet werden:

Die Höhe der Öffnung entspricht dem Durchmesser d der Kugel. Zur Berechnung der Bogenlänge s der Öffnung ist Abbildung 2 zu betrachten.

(r: Radius des zylindrischen Gefäßes; α: Mittelpunktswinkel, der zu s gehört)
Es gilt:

$$\cos\alpha = \frac{r-d}{r} \quad (1) \quad \text{und} \quad \alpha = \frac{s}{r} \quad (2)$$

Aus den Gleichungen (1) und (2) ergibt sich die Bogenlänge s zu:

$$s = r\,arccos\left(\frac{r-d}{r}\right)$$

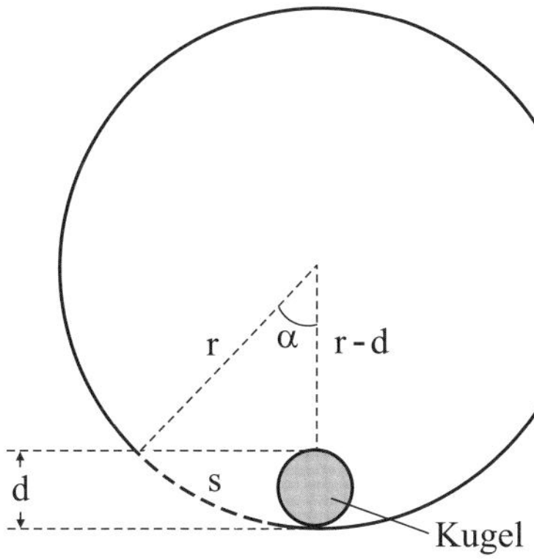

Abb. 2

Erklärung

Die Kugel rollt auf einer Kreisbahn an der Innenwand des Zylinders entlang. Um die Kugel auf der Kreisbahn zu halten, übt der Zylindermantel die Zentripetalkraft auf die Kugel aus. Fehlt die Wand, wirkt keine Kraft mehr auf die Kugel. Deshalb ändert sich ihre Bewegungsrichtung und Geschwindigkeit nicht mehr (Trägheitsgesetz). Die Kugel rollt in der Richtung und mit der Geschwindigkeit, die sie bei Verlassen des Zylinders hatte, d. h. in Richtung der Tangente an die Stelle des Kreises, an der die Zylinderwand unterbrochen ist.

Bemerkungen

Das Experiment „Geradlinige Leuchtspuren“ behandelt denselben Sachverhalt.

Literatur

Mitschele, J.: The Physics Teacher 32/4 (1994), S. 252-253

1.51 Geradlinige Leuchtspuren

Bearbeitet man Metall mit einem Winkelschleifer, so zeigen die entstehenden glühenden Partikel durch ihre Leuchtspur, dass Teilchen, die eine Kreisbahn verlassen, sich entlang einer Tangente an den Kreis fortbewegen.

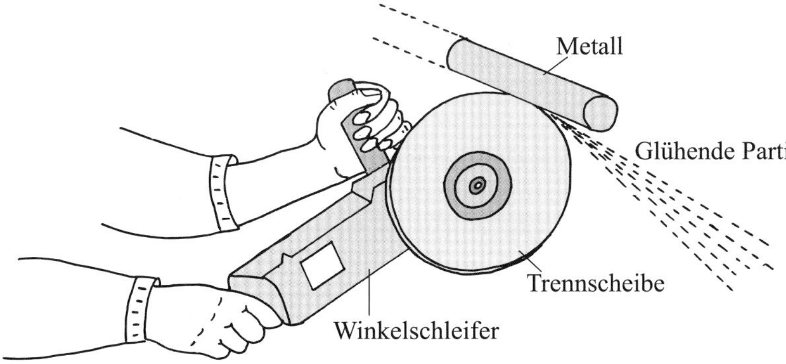

Abb. 1

Material

- Winkelschleifer, umgangssprachlicher Name: Flex
- ein Stück Eisen oder Stahl

Aufbau und Durchführung

Auf die rotierende Trennscheibe eines Winkelschleifers drückt man ein Stück Eisen oder Stahl und beobachtet die Leuchtspuren der fortfliegenden glühenden Partikel. Ist das Gerät zu groß, um es mit einer Hand sicher halten zu können, muss man das Metallstück irgendwo befestigen. Die glühenden Teilchen fliegen vom Auflagepunkt des Metalls an der Trennscheibe geradlinig weg und ihre Bahn bildet eine Tangente an den Kreisrand der Scheibe (siehe Abb. 1). (*Vorsicht:* Der Funkenschauer darf nicht auf Personen gerichtet werden, und falls man das Metallstück mit einer Hand hält, sollte es groß genug sein, um ausreichend Abstand von der Trennscheibe einhalten zu können.)

Erklärung

Bei den glühenden Teilchen handelt es sich um ein Gemisch kleiner Partikel vom Rand der Trennscheibe und Metallstaub, der vom Berührungspunkt des Metallstücks mit der Scheibe mitgerissen und bis zum Glühen erhitzt wurde. Das Material der Trennscheibe bewegt sich auf einer Kreisbahn. Verlassen Partikel die Kreisbahn, so bewegen sie sich auf Grund des Trägheitsgesetzes geradlinig weiter, also auf einer Tangente an den kreisförmigen Rand der Scheibe. Der glühende Metallstaub wird auf diese Bahn mitgerissen. Die entstehenden Leuchtspuren sind näherungsweise geradlinig, da die überlagerte Fall-

bewegung der Partikel sich während der relativ kurzen Leuchtdauer fast nicht bemerkbar macht.
Da es sich genau genommen nicht um einen Berührungspunkt zwischen Metall und Trennscheibe handelt, sondern um eine kleine Fläche, erstrecken sich die Leuchtspuren über einen kleinen Winkelbereich (siehe Abb. 1).

Bemerkungen

Das Experiment „Wie verlässt eine Kugel die Kreisbahn?" behandelt denselben Sachverhalt.

Literatur

Bauer, N.: Versuchssammlung für die Vorlesungen in Experimentalphysik an der Universität Augsburg, o. V., Augsburg 1992

1.52 Der Münzplattenspieler

Die Abhängigkeit der Zentrifugalkraft vom Radius eines sich auf einer Kreisbahn bewegenden Körpers bei fester Winkelgeschwindigkeit lässt sich mit einem Plattenspieler und Münzen demonstrieren.

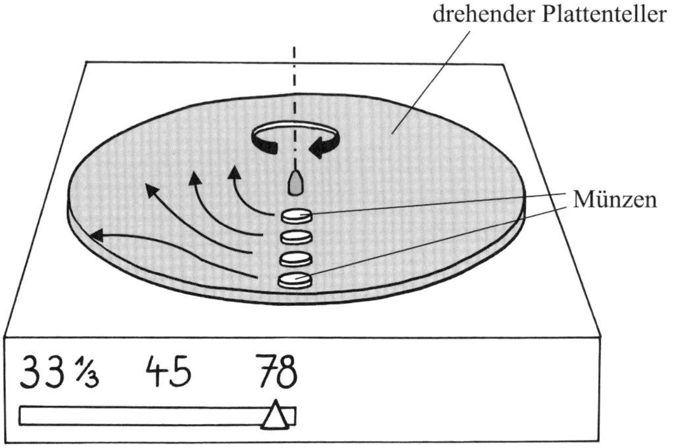

Abb. 1

Material

- Plattenspieler oder mit konstanter Winkelgeschwindigkeit rotierende Scheibe
- gleiche Münzen

Aufbau und Durchführung

Münzen werden in unterschiedlicher Entfernung zur Rotationsachse auf den Plattenteller eines Plattenspielers gelegt. Nach Einschalten des Plattenspielers (möglichst 45 Umdrehungen pro Minute oder mehr) bleiben achsnahe Münzen liegen, während von der Rotationsachse weiter entfernt liegende Münzen vom Plattenteller rutschen (siehe Abb. 1). Manche Plattenteller weisen Rillen auf oder sind mit einem speziellen Haftgummi belegt, so dass auch bei höheren Rotationsgeschwindigkeiten alle Münzen auf dem Teller liegen bleiben. Man behilft sich dann mit einem Blatt Papier, das man so auf den Plattenteller legt, dass es der Plattenzentrierdorn durchbohrt und festhält.

Erklärung

Die Zentrifugalkraft, die bei einer Kreisbewegung auf einen Körper wirkt, ist vom Abstand zur Rotationsachse, von der Masse und von der Winkelgeschwindigkeit abhängig. Es gilt:

$$F = m\omega^2 r$$

(F: Betrag der Zentrifugalkraft; m: Masse des Körpers; ω: Winkelgeschwindigkeit; r: Abstand von der Rotationsachse)

Bei diesem Versuch wird nur der Radius r verändert, die Winkelgeschwindigkeit ω und auch die Masse m ist für alle Münzen gleich. Sind wie in Abbildung 2 drei Münzen mit unterschiedlichem Abstand zur Rotationsachse ($r_1 < r_2 < r_3$) auf dem Plattenteller, so gilt für die Beträge der entsprechenden Zentrifugalkräfte $F_1 < F_2 < F_3$. Ist die Zentrifugalkraft auf eine Münze nun größer als die Haftreibungskraft, so rutscht die Münze vom Plattenteller.

Bemerkungen

Mit einem Plattenspieler, bei dem man die Winkelgeschwindikgeit variieren kann (dies ist bei herkömmlichen, einfachen Plattenspielern nicht beliebig möglich), lässt sich auch die Abhängigkeit der Zentrifugalkraft von der Winkelgeschwindigkeit demonstrieren. Dazu legt man eine Münze auf den Plattenteller und vergrößert solange die Winkelgeschwindigkeit, bis die Münze vom Plattenteller rutscht, die auf sie wirkende Zentrifugalkraft also größer als die Haftreibung wird.

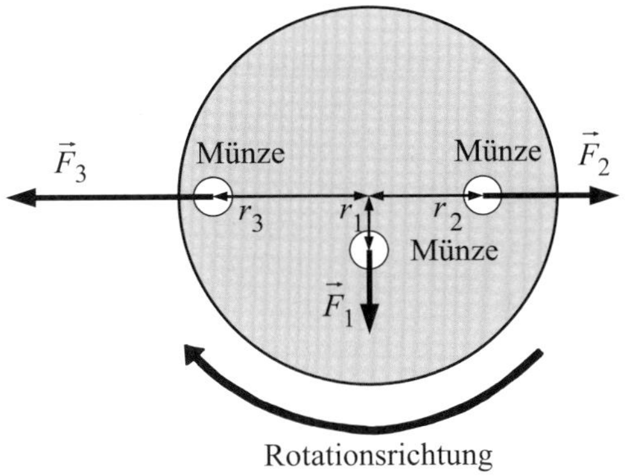

Abb. 2

Literatur

Moisl, F.: Schüler-Experimentierbuch Physik 1, Ravensburger Taschenbücher, Ravensburg 1982

1.53 Die rotierende Kugel im Cognacglas

Mit einer Kugel in einem umgedrehten Trinkglas lässt sich das Auftreten der Zentripetalkraft veranschaulichen.

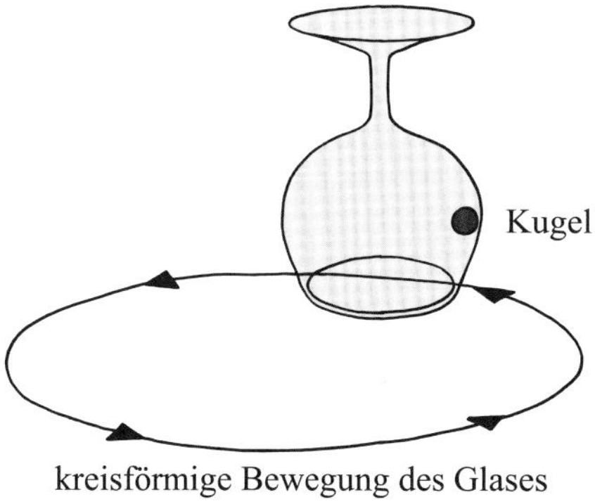

Abb. 1

Material

- Trinkglas, das sich zur Öffnung hin verengt, z. B. Cognacschwenker
- kleine Kugel, z. B. Murmel oder Haselnuss

Aufbau und Durchführung

Ein Cognacschwenker wird mit der Öffnung über eine auf einem Tisch liegende Murmel gestellt. Man fährt mit dem Glas auf einer kreisförmigen Bahn so über den Tisch (siehe Abb. 1), dass die Murmel mitgenommen wird und sich im Inneren des Glases auf einer Kreisbahn entlang der Glaswand bewegt. Je schneller man das Glas bewegt, umso weiter oben im Glas liegt die Kreisbahn der Murmel. Die höchste Bahn, die die Murmel durchlaufen kann, liegt an der Stelle, an der das Glas den größten Radius aufweist. Bewegt man das Glas schnell genug, so ist es möglich, das Glas hochzuheben, ohne dass die Murmel herausfällt.

Erklärung

Bewegt man das Glas kreisförmig über den Tisch, so wird die Murmel durch Reibung an der Glaswand mitbewegt und läuft im Inneren des Glases auf Kreisbahnen entlang der Glaswand. Die Kraft, die nötig ist, um die Murmel im Glas zu halten, wird von der Glaswand aufgebracht. Diese Kraft steht senkrecht auf der Glaswand (siehe Abb. 2).
Die Horizontalkomponente der Kraft entspricht der Zentripetalkraft, die die Murmel auf der Kreisbahn hält. Die Vertikalkomponente $\vec{F}_\perp$ gleicht die Gewichtskraft der Murmel aus, so dass sie nicht aus dem Glas fällt. Ist $\vec{F}_\perp$ betragsmäßig gleich der Gewichtskraft der Murmel, so bewegt sie sich auf einer stationären Bahn im Glas. Ist die vertikale Kraftkomponente größer als die Gewichtskraft der Murmel, so ergibt sich eine resultierende Kraft auf die Murmel, so dass sie sich im Glas nach oben bewegt. Die höchste Bahn der Murmel im Glas liegt dort, wo die Zwangskraft durch die Glaswand gleich der Zentripetalkraft ist und keine vertikale Komponente mehr aufweist. Diese Bahn der Kugel ist jedoch nicht stabil, da sich

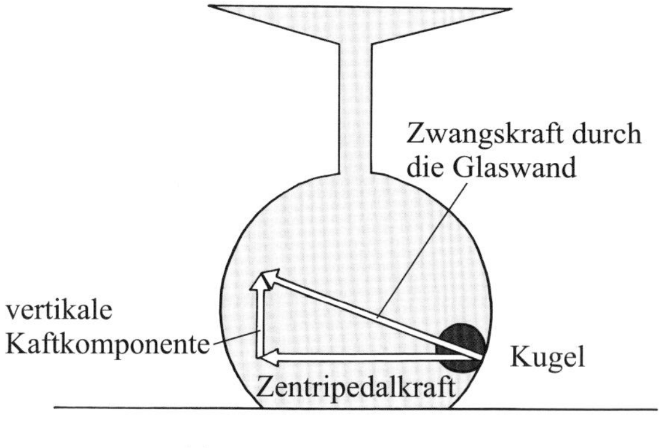

Abb. 2

die Kugel sofort wieder nach unten bewegt, wenn die vertikale Kraftkomponente verschwindet.

Bemerkungen

Bewegt man das Glas auf einer kreisförmigen Bahn, so dass die Murmel entlang der Glaswand läuft und zieht man das Glas dann schnell nach oben, so dass sich die Murmel nicht mehr im Glas befindet, wirkt die Zwangskraft durch die Glaswand nicht mehr. Ohne die Zentripetalkraft, durch die die Murmel auf der Kreisbahn gehalten wird, bewegt sich die Murmel geradlinig weiter (siehe Experiment „Wie verlässt eine Kugel die Kreisbahn?“).

Literatur

Edge, R. D.: String & Sticky Tape Experiments, American Association Of Physics Teachers, College Park, MD 20740-4100, U.S.A. 1987

Raaf, H.; Sowada, H.: Physik macht Spaß, Überraschende Einsichten durch über 100 Modelle und Experimente, Herder Verlag, Freiburg im Breisgau 1990

1.54 Das Zentrifugal-Tablett

Durch Ausnutzung der Zentrifugalkraft kann ein Tablett mit einem Becher Wasser hin und her geschwungen werden, ohne dass der Becher vom Tablett rutscht oder Wasser verliert.

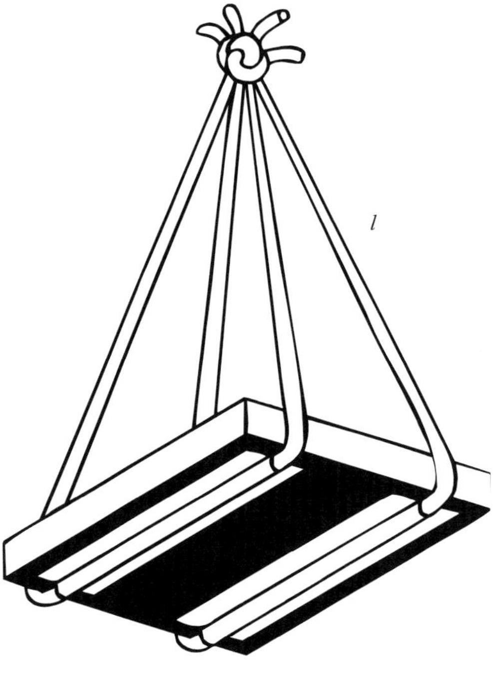

Abb. 1

Material

- Holzbrett (ca. 20 cm × 20 cm × 1 cm)
- 2 gleich lange Schnüre (Länge: ca. 3 m)
- Klebeband
- Becher oder Tasse

Aufbau und Durchführung

Ein Brett wird, am einfachsten wie in Abbildung 1 in Untersicht gezeigt, mit zwei Schnüren verbunden, wobei gut haftendes Klebeband verwendet werden sollte. Die vier Enden der Schnüre werden so verknotet, dass die Länge *l* aller Schnüre gleich groß ist. Stellt man auf dieses Tablett einen Becher Wasser, so kann man das Tablett, am Knoten der Schnurenden gehalten, alle möglichen Pendelbewegungen vollführen lassen, ohne dass der Becher vom Tablett rutscht oder Wasser aus dem Becher schwappt, solange die Schnüre straff gespannt bleiben und das Tablett nirgends anstößt oder hängenbleibt. Mit genügend Mut kann man das Tablett auch Überschläge ausführen lassen. Allerdings gibt es zwischen dem Umkehrpunkt in waagrechter Position (in Abbildung 2: $\alpha = 90°$) und dem obersten Punkt der Kreisbahn beim Überschlag eine „verbotene Zone", deren Durchgang für den Überschlag zwar erlaubt ist, aber in der der Becher vom Tablett fallen wird, falls der Umkehrpunkt der Pendelbewegung in ihr zu liegen kommt.

Erklärung

Wird das Tablett in Abbildung 2 in der Papierebene auf einer Kreisbahn um Z hin und her bewegt, so treten sowohl am Schwerpunkt des Tabletts, als auch am Schwerpunkt des Bechers jeweils zwei Beschleunigungen auf. Aus Gründen der Übersichtlichkeit sind in Abbildung 2 nur die Beschleunigungen für den Becher eingezeichnet.

Im System des bewegten Bechers ist dieser auf Grund seiner Masse der Erdbeschleunigung $\vec{g}$ sowie auf Grund der Zentrifugalkraft einer von Z fortweisenden, radial ausgerichteten Zentrifugalbeschleunigung $\vec{a}_z$ ausgesetzt. Die aus diesen beiden resultierende Gesamtbeschleunigung $\vec{a}_{\text{Becher}}$ lässt sich wiederum in eine zur Kreisbahn tangentiale

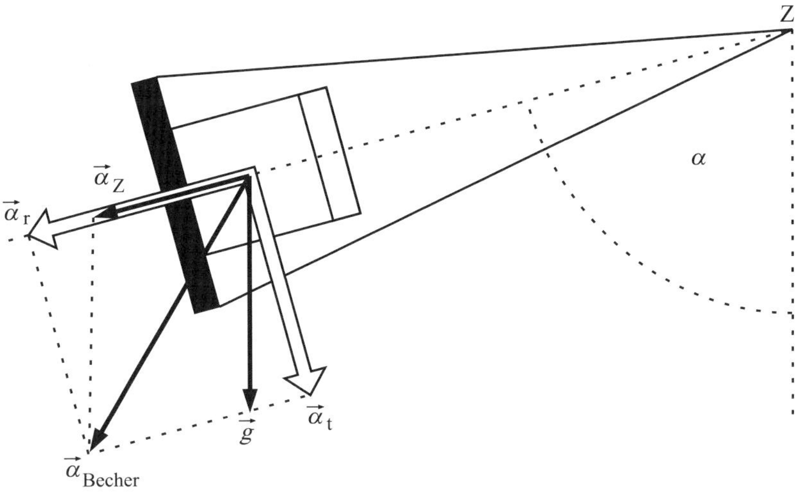

Abb. 2

Komponente $\vec{a}_t$ und eine radial ausgerichtete Komponente $\vec{a}_r$ zerlegen. Wie aus Abbildung 2 ersichtlich, ist dabei $\vec{a}_t$ stets gleich der tangentialen Komponente von $\vec{g}$ und $\vec{a}_r$ stets gleich der Summe aus der Zentrifugalbeschleunigung $\vec{a}_z$ und der radialen Komponente von $\vec{g}$. Stellt man analoge Überlegungen für das Tablett an, so ergibt sich, dass für dessen resultierende Gesamtbeschleunigung $\vec{a}_{Tablett}$ gilt, dass sich zwar deren radiale Komponente von $\vec{a}_r$ des Bechers unterscheidet (und zwar auf Grund der unterschiedlichen Abstände der Schwerpunkte des Tabletts und des Bechers von Z, nicht etwa wegen der unterschiedlichen Massen!), aber dass deren tangentiale Komponente *gleich* der tangentialen Komponente $\vec{a}_t$ des Bechers ist, da bei beiden Gegenständen lediglich die Erdbeschleunigung $\vec{g}$ und der momentane Winkel α für die tangentialen Komponenten der Gesamtbeschleunigungen ausschlaggebend sind. Das bedeutet aber, dass die Beschleunigung, die für ein Verrutschen des Bechers verantwortlich wäre, eben die tangentiale, stets gleich groß der entsprechenden Beschleunigung der Unterlage des Bechers ist, weshalb Becher und Tablett ihre Position zueinander nicht verändern. Aus demselben Grund schwappt auch kein Wasser aus dem Becher, da dazu ein Unterschied der tangentialen Beschleunigungen der Wassermasse und des Bechers notwendig wäre. Sobald das Brett irgendwo anstößt oder hängenbleibt, also eine negative zusätzliche tangentiale Beschleunigung erfährt, kann der Becher verrutschen. Damit der Becher die Pendelbewegung überhaupt mitmacht, ist zu Beginn lediglich eine Haftreibung zwischen Becherboden und Tablett notwendig, die die tangentiale Komponente von $\vec{g}$ bei leichter Auslenkung gerade zu kompensieren vermag.

Für die Vorgänge beim Überschlag muss die radiale Komponente der resultierenden Gesamtkraft im mitbewegten System von Tablett, Becher und Wasser genauer betrachtet werden. Stellt man sich (im ruhenden System) eine Umrundung des Kreises durch das Tablett samt Becher vor, indem man bei $\alpha = 0°$, also am untersten Punkt des Kreises beginnt (wobei dort das Tablett bereits die Winkelgeschwindigkeit $\omega > 0$ besitzt) und die Veränderung der radialen Komponente $\vec{a}_R$ der Gesamtbeschleunigung des Systems Tablett+Becher+Wasser betrachtet, ergibt sich das in Abbildung 3(a) festgehaltene Bild.

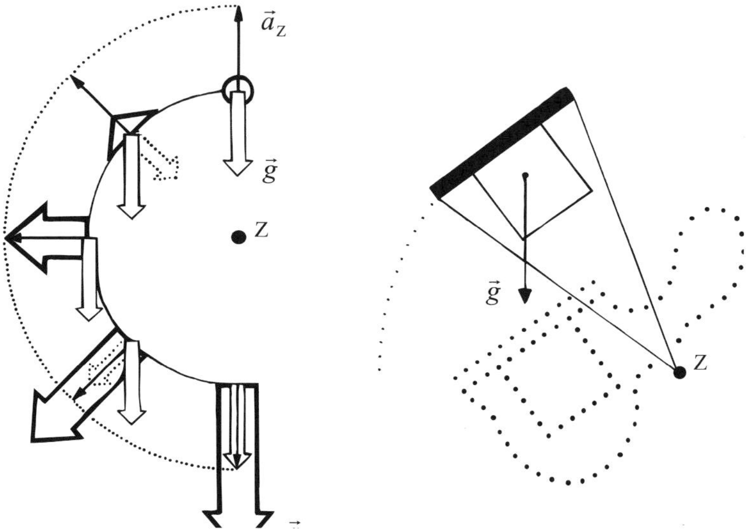

Abb. 3 (a) (b)

Der Schwerpunkt des Systems bewegt sich im ruhenden System auf der durchgezogenen Kreisbahn. Für die Winkel $\alpha = 0°, 45°, 90°, 135°, 180°$ sind jeweils die betragsmäßig konstanten Zentrifugalbeschleunigungen $\vec{a}_Z$ (deren Spitzen durch die gestrichelte Linie verbunden sind), die Erdbeschleunigung $\vec{g}$ samt deren radialen Komponenten sowie schließlich, fett ausgezogen, die Vektoren $\vec{a}_R$ eingezeichnet. Dabei ist bereits der Grenzfall angenommen, für den ein Überschlag gerade noch möglich ist: Zentrifugalbeschleunigung $\vec{a}_Z$ und Erdbeschleunigung $\vec{g}$ kompensieren sich im oberen Punkt gerade. Dies führt auf die Bedingungsgleichung für einen Überschlag, aus der sich ein Mindestwert für die erforderliche Pendelfrequenz f ergibt, die (abgesehen von g) lediglich vom Radius r des Kreises abhängt, den der Schwerpunkt auf seiner Bahn beschreibt:

$$|\vec{a}_Z| = |\vec{g}| \Rightarrow |\vec{a}_Z| g \Rightarrow \omega^2 r = g \Rightarrow \omega = \sqrt{\frac{g}{r}},$$

woraus mit $\omega = 2\pi f$

$$f = \frac{1}{2\pi}\sqrt{\frac{g}{r}}$$

folgt. Setzt man in diese Gleichung $g = 9{,}81 \, \frac{\text{m}}{\text{s}^2}$ und $r = 1$ m ein, so ergibt sich die Grenz-

frequenz zu $f_{\min} = 0{,}5\ \frac{1}{s}$, mit der man das Tablett kreisen lassen muss, um nicht nass zu werden.
In Abbildung 3(b) ist schließlich dargestellt, warum der Umkehrpunkt nicht in die „verbotene Zone“ zu liegen kommen darf: Im Umkehrpunkt der Pendelbewegung wirkt weder auf das Tablett noch auf den Becher oder das Wasser eine Zentrifugalbeschleunigung, sondern lediglich die Erdbeschleunigung. Diese hat bei Winkeln größer als 90° den freien Fall von Tablett, Becher und Wasser zur Folge, was wie in der Zeichnung angedeutet, keine schlimmen Auswirkungen nach sich zieht, solange die drei Massen frei fallen (das Wasser bleibt im Becher und der Becher auf, oder besser: unter dem Tablett); aber sobald sie am Boden auftreffen ...
Im Grenzfall von $\alpha = 90°$ wird der freie Fall durch die Schnüre verhindert, die das Tablett wieder auf eine Kreisbahn zwingen.

Bemerkungen

Trotz der massiven Hilfe durch die Naturgesetze erfordert die Handhabung des Zentrifugal-Tabletts einiges Geschick. Zunächst sollten die „wilden“ Pendelbewegungen nur in einiger Entfernung zu potenziellen „Bremsen“ (Tische, Stühle, Wände) ausgeführt werden; und selbst dann bleibt eine Gefahr bestehen: der Experimentator! Sollten dessen Beine das Tablett abbremsen, wird er sowohl mit Wasser auf der Hose, als auch unter Umständen mit Schmerzen im Schienbeinbereich gestraft. Die Überschläge können auf Grund der „verbotenen Zone“ nicht langsam steigernd geprobt werden, sondern sind gewissermaßen ein „Quantensprung“ des Experimentiergeschicks, zumal nicht nur die schnelle Erhöhung der Pendelfrequenz f auf über 0,5 Hz, sondern vor allem das Abfangen des Überschlags (durch Translation von Z in Bewegungsrichtung des Tabletts, sobald sich dieses wieder im unteren Kreisbereich befindet) geübt sein will.
Das Experiment kann als Steigerung des bekannten „Milchkannen- oder Wassereimer-Schleuderns“ angesehen werden, bei dem ebenfalls ein Überschlag, nur eben mit einer gefüllten Milchkanne oder einem Wassereimer, ausgeführt wird.
Das Prinzip des Zentrifugal-Tabletts findet noch heute Anwendung bei frei hängenden Abstellflächen in Booten und kleineren Schiffen. In der Literatur wird des Öfteren ein englischer Hobby-Astronom erwähnt, der im Fernsehen dieses Tablett als seine Hilfe im Alltag vorstellte, wenn es darum geht, eine Tasse Tee ohne „Teeverlust“ die enge Wendeltreppe zu seiner Sternwarte hinaufzutragen.
Das hier verwendete Brett kann auch im Experiment „Die Coriolis-Kraft“ benutzt werden.

Literatur

Hahn, H.: Physikalische Freihandversuche, Band 1, Verlag Otto Saale, Braunschweig 1907
Moisl, F.: Schüler-Experimentierbuch Physik 1, Ravensburger Taschenbücher, Ravensburg 1982, S. 38
Treitz, N.: Spiele mit Physik, Ein Buch zum Basteln, Probieren und Verstehen, Verlag Harri Deutsch, Thun und Frankfurt/Main 1983

Köthe, R.: Das neue Experimentierbuch: 150 einfache Experimente aus der Physik, Chemie und Biologie, Tessloff Verlag, Hamburg 1986
Wittmann, J.: Trickkiste 1, Experimente, wie sie nicht im Physikbuch stehen, Bayerischer Schulbuch Verlag, München 1986
Walpole, B.: Experimente, Tricks und Tips zum Verständnis der Natur, Lernen und Wissen im Spiel und mit Spaß, Südwest Verlag GmbH & Co.KG, München 1990
Oberdorfer, G.: Zytglogge Werkbuch, Das springende Ei und andere Experimente für die fünf Sinne, Zytglogge-Verlag, Gümmlingen Bonn Wien 1991
Treitz, N.: Spiele mit Physik, Verlag Harri Deutsch, Thun und Frankfurt/Main 1991
Bublath, J.: Verblüffende Experimente aus der Naturwissenschaft, Wilhelm Heyne Verlag, München 1995

1.55 Messerwerferei

Zentrifugalkräfte klappen verschiedene Teile eines rotierenden Taschenmessers auf.

Material

- aufklappbares, nicht einrastendes Taschenmesser
- Geschirrtuch
- große Stoffdecke

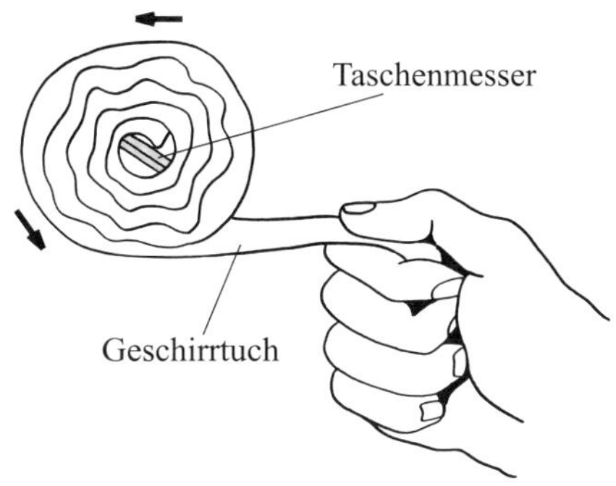

Abb. 1

Aufbau und Durchführung

Ein Geschirrtuch wird zu einer langen, ca. 10 cm breiten Stoffbahn gefaltet. Auf ein Ende dieser Stoffbahn legt man ein Taschenmesser, und zwar quer zur Stoffbahn. Dann wird das Geschirrtuch sehr straff um das Taschenmesser gewickelt. Das Ende des Geschirrtuchs fasst man so, dass das eingewickelte Messer, wie in Abbildung 1 dargestellt, geschleudert werden kann. Das eingerollte Messer schleudert man mit Wucht gegen eine von zwei Assistenten schräg und nicht straff gehaltene Decke. Abbildung 1 zeigt das eingewickelte Messer kurz nach dem Verlassen der Hand. Das Messer rotiert sehr schnell und öffnet viele eingeklappte Teile wie z. B. Messer, Korkenzieher und Ähnliches.

Erklärung

Da das Messer rotiert, wirkt die Zentrifugalkraft auf jeden einzelnen Massenpunkt des Messers und insbesondere auf die Messerteile am Messerrumpf. Diese ist auf Grund ihrer Definitionsgleichung

$$\vec{F}_z = -\, m \cdot \vec{\omega} \times (\vec{\omega} \times \vec{r})$$

(m: Masse des Massenpunkts; $\vec{\omega}$: Winkelgeschwindigkeit des Massenpunkts; $\vec{r}$: Vektor vom Schwerpunkt des Messers zum Massenpunkt (Der Schwerpunkt liegt auf der Rotationsachse des Messers.))
senkrecht zur Winkelgeschwindigkeit $\vec{\omega}$ gerichtet. Da die Messerteile im eingeklappten Zustand einen kleinen Abstand von der Rotationsachse des Messers besitzen, ist das Kreuzprodukt $\vec{\omega} \times \vec{r}$ verschieden von null und somit ist die Zentrifugalkraft verschieden von null. Da die Messerteile an einem Ende fest mit dem Messerrumpf verbunden sind, führt die Zentrifugalkraft zu einem Drehmoment, welches die Teile des Messers aufklappt. Dieses Drehmoment muss die Haftreibung in den Gelenken überwinden, welche die Messerteile mit dem Rumpf verbinden. Zum Teil werden die Messerteile mit einer Feder an dem Rumpf fixiert. Das daraus resultierende Drehmoment muss ebenfalls durch das auf Grund der Zentrifugalkraft hervorgerufene Drehmoment überwunden werden. Dies wird durch die Abhängigkeit des Betrags der Zentrifugalkraft von $\vec{\omega}^2$ bei genügend großer Winkelgeschwindigkeit leicht erreicht.

Literatur

o. L.

1.56 Modell eines Foucault'schen Pendels

Als Modell eines Foucault'schen Pendels dient ein drehbarer Teller, auf dem ein Pendel befestigt ist.

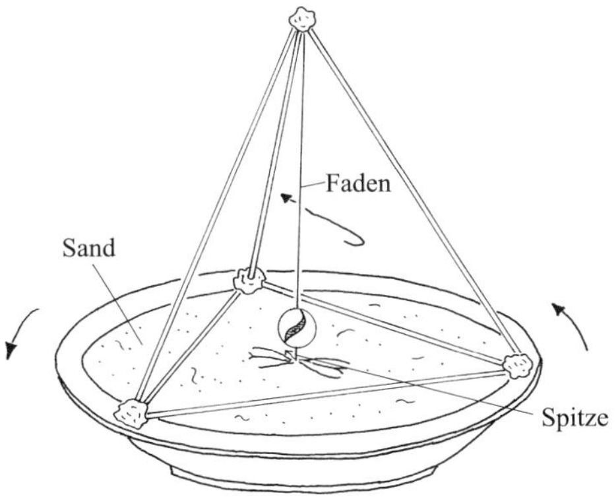

Abb. 1

Material

- Teller
- Mehl oder feiner trockener Sand, z. B. Quarzsand
- 6 Schaschlikstäbchen aus Holz
- Knetmasse
- Murmel
- Klebefilm
- Faden (Länge: ca. 15 cm)
- Hilfsmittel: brennende Kerze und Allzweckschere

Aufbau und Durchführung

Ein Teller wird bis zum Rand mit Mehl gefüllt und ein wenig gerüttelt, um die Oberfläche des Mehls zu glätten. Sechs Schaschlikstäbchen schneidet man die Spitzen ab und bringt sie dabei auf gleiche Länge. Mit Knetmasse verbindet man sie wie in Abbildung 1 auf dem Teller zu einem Tetraeder.

Um das Pendel herzustellen, wird die Murmel mit Klebefilm an ein Ende des Fadens geklebt. An der Stelle der Murmel, die dem Ansatz des Fadens gegenüber liegt, bringt man wie in Abbildung 1 eine 0,5 – 1 cm lange Spitze an. Hierzu kann eine der abgeschnittenen Spitzen der Schaschlikstäbchen verwendet werden. Diese wird mit Knetmasse an der Murmel befestigt. Um diese Verbindung zu stabilisieren, betropft man die gesamte Oberfläche der Knetmasse mit dem Wachs einer brennenden Kerze. Das Fadenpendel wird so an der oberen Spitze des Tetraeders befestigt, dass die Spitze an der Murmel das Mehl leicht berührt (siehe Abb. 1).

Stößt man das Fadenpendel an, schwingt es in einer Ebene hin und her. Diese Ebene behält es auch bei, wenn der Teller und mit ihm das Tetraeder gedreht werden. Die Spitze, die an der Kugel angebracht ist, hinterlässt beim Schwingen Spuren im Mehl (siehe Abb. 1).

Erklärung

Ein Pendel behält ohne äußere Einflüsse seine Schwingungsebene bei. Dreht man den Teller unter dem Pendel, z. B. im Uhrzeigersinn, sieht es für einen Beobachter auf dem Teller so aus, als ob sich das Pendel in die entgegengesetzte Richtung, d. h. gegen den Uhrzeigersinn drehen würde. Dies ist an den Spuren, die von der Spitze in das Mehl geritzt werden, zu erkennen.

In diesem Modell eines Foucault'schen Pendels entspricht die Drehung des Tellers der Erddrehung. Einem Beobachter auf dem Teller entspricht der Mensch auf der Erde.

Bemerkungen

Der Name des beschriebenen Pendels geht auf den französischen Physiker *Jean-Bernard-Léon Foucault* (1819-1868) zurück, der Zeit seines Lebens nie eine Professur angenommen und kein einziges Buch verfasst hat. Gleichwohl wurde 1856 auf kaiserlichen Befehl extra für ihn ein Posten im Pariser Observatorium eingerichtet, der ihm jedoch völlige Forschungsfreiheit ließ. 1865 wurde er als Nachfolger *Clapeyrons* (1799-1864) in die Académie aufgenommen. Von 1845 bis 1862 war er wissenschaftlicher Redakteur des angesehenen Pariser „Journal des Débats".

Foucault führte das erste Pendel-Experiment Anfang Januar 1851 im Keller seiner Wohnung in der rue d'Assas durch. An einem 2 m langen Metallfaden hing ein gusseisernes Gewicht von 19 kg. Gegen 2 Uhr morgens war der Beweis der Erddrehung perfekt.

Weniger als einen Monat später, am 3. 2. 1851, konnte *Foucault*, dank der Unterstützung durch *Dominique-François Arago* (1786-1853), den damals wohl angesehensten französischen Physiker, das Experiment im Meridiansaal des Pariser Observatoriums wiederholen. Die Pendellänge betrug bereits 11 m.

Am 31. 3. 1851 schließlich wurde das Experiment publikumswirksam im Panthéon français („Ruhmeshalle Frankreichs") in Paris wiederholt, in jener ehemaligen katholischen Kirche Sainte-Geneviève, die 1791 in der Französischen Revolution erstmals zum Panthéon säkularisiert worden war, 1806 auf *Napoléons* Geheiß wieder Kirche, 1830 wieder Ruhmeshalle Frankreichs, dann erneut Gotteshaus und 1848 abermals Panthéon wurde. Hatte im Frühjahr 1851 der Präsident der Republik *Louis Napoléon Bonaparte* die Zustimmung zum Aufbau des Pendel-Experimentes gegeben, so war es derselbe Staatschef, der im Dezember 1851, nach seinem Staatsstreich nunmehr als *Kaiser Napoléon III* das Gebäude wieder der Kirche übergab und damit auch den Abbau des Experimentes zu verantworten hatte. Im Panthéon bestand der Aufbau aus einem 67 m langen Stahlseil und einer 28 kg schweren Messingkugel mit 38 cm Durchmesser, angefertigt von *Paul-Gustave Froment*. Seine Schwingungsdauer betrug ca. 16,5 s. Auf einem Mahagoni-Tisch war ein Vollkreis in Grade eingeteilt, anhand dessen man verfolgen konnte, wie sich die Erde unter dem schwingenden Pendel drehte. *Foucault* schrieb im „Journal des Débats" vom 31. 3. 1851: „Wenn sich die Schwingungsebene [des Pendels] dreht, dann werden wir daraus folgern, eingedenk des Wissens um die Tatsache, dass sich die Schwingungsebene nicht drehen darf, dass *wir* uns im entgegengerichteten Sinn drehen. Wir werden nicht umhin kommen, mittels unseres Intellekts das Zeugnis, das unsere Sinne abgeben, zu berichtigen."

Im selben Jahr wurde das Experiment weltweit zwölfmal wiederholt, unter anderem am 8.5. durch *Maumené* in der Kathedrale von Reims (Pendellänge: 40 m), und auch in Rom. (Die Vorführungen des Pendelexperiments durch den Jesuitenpater *Secchio* in der Kirche St. Ignaz und im Pantheon in Rom sind von historisch besonderem Interesse. Diese Experimente wurden in den Schriften der päpstlichen Akademie veröffentlicht. Daraufhin wurde die Lehre von der Drehung der Erde vom Vatikan anerkannt (200 Jahre nach *Galilei*)).

Anlässlich der Exposition Universelle in Paris 1855 baute *Foucault* das Experiment erneut auf, diesmal im Conservatoire. Es ist dieses „Foucault'sche Pendel", das *Umberto Eco* zu seinem gleichnamigen Roman inspirierte.

Nachdem 1885, anlässlich des Todes des Schriftstellers *Victor Hugo* (1802-1885) das Panthéon wieder und endgültig von einer Kirche zum Panthéon umgewidmet worden war, wurde 1902, wohl auch um ein Zeichen in der Diskussion um die Trennung von Staat und Kirche zu setzen, *Foucaults* Experimentier-Aufbau wiederholt. Das Stahlseil wurde diesmal von der Klavierfirma *Pleyel* angefertigt. Da das Musée des Arts et Métiers die Froment-Kugel von 1851 aus seiner Sammlung nicht zur Verfügung stellen wollte, wurde die 20 kg schwere Kugel des Experimentes von Reims benutzt. *Camille Flammarion* und *Alphonse Berget* zeichneten für die Durchführung verantwortlich. Am 22. 10. 1902 wurde das Pendel offiziell vor großem Publikum (mehr als 2000 Menschen, unter ihnen *Saint-Saëns, Rodin* und *Bartholdy*, der Schöpfer der Freiheitsstatue) vom Erziehungsminister *Chaumié* in Schwingung versetzt. Im Sommer des nächsten Jahres nahte jedoch auch für dieses Experiment das Ende.
Erst 93 Jahre später (vom 6. 10. 1995 bis zum 30. 6. 1996) konnte man erneut die Original-Messingkugel *Froments* unter der Kuppel des Panthéon schwingen sehen.
Das Pendel, das nun (1998) im Panthéon zu sehen ist, wurde von *Jacques Foiret* entwickelt. Die Kugel ist vergoldet, misst 20 cm im Durchmesser, wiegt 47 kg und wurde dem Pendel des Jahres 1902 nachempfunden.
Die Pendel der Jahre 1851 (rue d'Assas, 19 kg), 1851 (Panthéon, 28 kg) und 1855 (Conservatoire) befinden sich heute alle drei im Musée des Arts et Métiers in Paris (Inventar Nummern 8224, 12658 bzw. 8042). Es mag eine Ironie der Geschichte sein, dass die Lehren *Kopernikus'* (1473-1543) und *Galileis* (1564-1642), die der herrschenden Lehre der Kirche ihrer Zeit widersprachen, meist unter den hohen Kuppeln von Sakralbauten bestätigt wurden. Bezeichnend der (Spitz-)Name des Loches in der Kuppel des Panthéon, in dem die Aufhängung des Pendels angebracht ist: „l'œil de Dieu" – „das Auge Gottes".

Literatur

Hahn, H.: Physikalische Freihandversuche, Band 1, Verlag Otto Saale, Braunschweig 1907

zu Bemerkungen:

Zeier, E.: Kurzweil durch Physik, Aulis Verlag Deubner, Köln 1983
Deligeorges, S.: 1851 - 1902 - 1995, Le pendule de Foucault au Panthéon, 5 octobre 1995 – 10 avril 1996, Caisse national des monuments historiques et des sites / Éditions du patrimoine / Musée du Conservatoire national des arts et métiers, Paris 1997

1.57 Die Coriolis-Kraft

Mit einem Modell eines rotierenden Bezugssystems kann man die Wirkung der auftretenden Scheinkräfte studieren.

Material

- quadratisches, schwarzes Brett (Maße: ca. 30 cm × 30 cm × 1 cm)
- Schnur (Länge: ca. 2 m)
- 4 Holzschrauben (Durchmesser: ca. 3 mm, Länge: ca. 20 mm)
- Mehl oder Babypuder
- feines Küchensieb
- kleiner Ball (Durchmesser: ca. 3 cm), der mit Wasser benetzbar ist, z. B. Squash-Ball, rauer Gummiball
- Hilfsmittel: Schraubenzieher, 2 Holzbohrer (Durchmesser: ca. 2 mm und 10 mm), Bohrmaschine oder Handbohrer

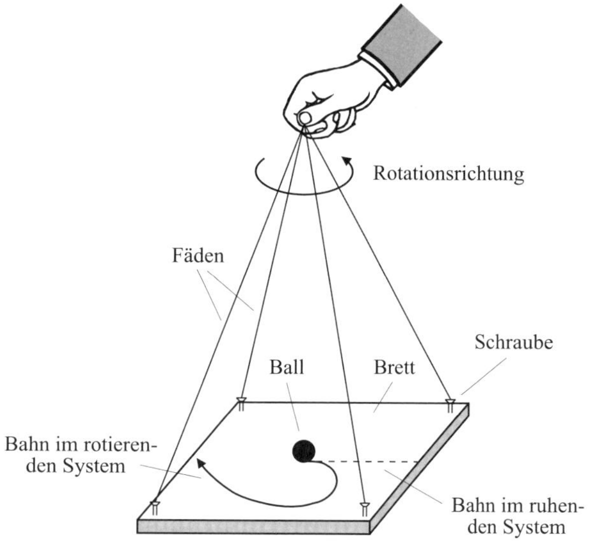

Abb. 1

Aufbau und Durchführung

In die Ecken eines Bretts schraubt man jeweils eine Holzschraube, bis sie festen Halt hat (evtl. Vorbohren) und befestigt daran vier Schnüre (Länge: ca. 0,5 m). Die Enden verbindet man durch einen Knoten (siehe Abb. 1). Mit einem großen Holzbohrer wird in der Mitte des Bretts eine kleine Vertiefung in die Oberfläche gefräst, die den Ball etwas am Wegrollen hindert. Um die Bahn des rollenden Balls sichtbar zu machen, pudert man die Oberfläche des Bretts mit Mehl ein, das mit einem Sieb fein verteilt werden kann und feuchtet den Ball an, bevor man ihn in die Vertiefung legt. Zum Rotieren bringt man die Anordnung, indem man die Fäden vom Knoten ausgehend verdrillt und diesen danach so hoch hält, dass sich das Brett in der Luft befindet. Hat das Brett eine größere Rotationsgeschwindigkeit erreicht, so bringt man den Ball durch einen kleinen horizontalen Ruck am oberen Ende der Schnüre dazu, die Mulde zu verlassen. Er beginnt auf dem Brett nach außen zu rollen, wobei er eine gekrümmte Bahn hinterlässt (siehe Abb. 1).

Erklärung

In rotierenden Bezugssystemen wirken auf einen Körper zwei Scheinkräfte, die Zentrifugalkraft $\vec{F}_Z$ und die Coriolis-Kraft $\vec{F}_C$. Die Coriolis-Kraft tritt nur in Erscheinung, wenn sich der Körper relativ zum Bezugssystem mit einer Geschwindigkeit $\vec{v} \neq 0$ bewegt.

$$\vec{F}_Z = m\omega^2 r \quad \text{und} \quad \vec{F}_C = 2m\vec{\omega} \times \vec{v} \quad \text{wobei} \quad \omega = |\,\vec{\omega}\,|$$

($\vec{\omega}$: Winkelgeschwindigkeit des rotierenden Bezugssystems; $\vec{r}$: Ortsvektor des Körperschwerpunkts, wobei der Koordinatenursprung im Schnittpunkt von Rotationsachse und Rollebene liegt, m: Masse des Körpers)
Die Zentrifugalkraft steht immer senkrecht auf der Rotationsachse und ist von ihr weggerichtet, während die Coriolis-Kraft stets senkrecht zur Winkelgeschwindigkeit und zur momentanen Bewegungsrichtung gerichtet ist (siehe Abb. 2).

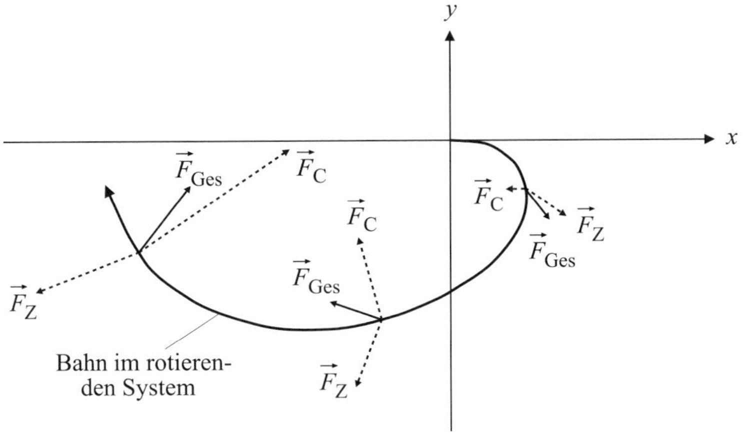

Abb. 2

Vernachlässigt man die im Experiment auftretende Reibungskraft zwischen Ball und Brett, so bewegt sich der Ball für den ruhenden Beobachter mit konstanter Geschwindigkeit geradlinig nach außen, während im rotierenden System (Rotation um die z-Achse) die beiden auftretenden Scheinkräfte eine spiralförmige Bahn erzeugen (siehe Abb. 2).
Die in der Realität auftretende Reibung beeinflusst die Bahn der Kugel etwas, die qualitative Form einer Spirale ändert sich dadurch jedoch nicht.

Bemerkungen

Die Coriolis-Kraft wurde vom französischen Mathematiker und Physiker *Gaspard-Gustave Coriolis* (1792-1843) entdeckt. Von besonderer Bedeutung ist sie, weil alle auf der rotierenden Erde ablaufenden Bewegungen von ihr beeinflusst werden. Sie ist notwendig zum Verständnis von Naturphänomenen (Ablenkung von Winden und Meeresströmungen, einseitige Auswaschung von Flussufern) sowie zur exakten Vorausberechnung von Bahnen in der Ballistik und Raumfahrt. Allgemein gilt, dass jeder Körper auf der Nordhalbkugel durch die zur Erdoberfläche parallelen Komponente der Coriolis-Kraft nach rechts abgelenkt wird und auf der Südhalbkugel nach links. Dies führt auch zu solch kuriosen Erscheinungen wie der ungleichmäßigen Abnutzung von Eisenbahnschienen auf Grund der Coriolis-Kraft. Bewegt sich ein Körper entlang der Oberfläche der Erde, so ist die auftretende Coriolis-Kraft an den Erdpolen parallel zur Erdoberflä-

che und steht am Äquator senkrecht darauf. In der mathematischen Formel steckt diese Information im Vektorprodukt aus Kreisfrequenz und Geschwindigkeit.
Ein Gerücht im Zusammenhang mit der Coriolis-Kraft ist, dass der Wirbel, welcher sich am Abfluss einer auslaufenden Badewanne bildet, auf der Nordhalbkugel stets gegen den Uhrzeigersinn rotiert und auf der Südhalbkugel umgekehrt. Die Coriolis-Kraft ist in diesem Fall so klein, dass der theoretische Effekt in der Praxis nur bei Ausschaltung vieler anderer Störfaktoren (asymmetrischer Abfluss, asymmetrische Badewanne, Restwirbel vom Einlaufen des Wassers oder durch das Herausziehen des Stöpsels, Luftströmungen über dem Wasser, Temperaturgradienten, ...) sichtbar gemacht werden kann und daher keinesfalls in einer normalen Badewanne unter alltäglichen Bedingungen zu beobachten ist [*Walker* 1994, S. 109].
Das hier verwendete Brett kann auch im Experiment „Das Zentrifugal-Tablett" benutzt werden.

Literatur

Edge, R. D.: String & Sticky Tape Experiments, American Association Of Physics Teachers, College Park, MD 20740-4100, U.S.A. 1987

zu Bemerkungen:

Ingram, J.: Wie man trocken durch den Regen läuft und andere Phänomene des täglichen Lebens, Knaur, München 1992
Walker, J.: Der fliegende Zirkus der Physik, Oldenbourg Verlag, München und Wien 1994, S. 109
Glass, D.: What´s what? Naturwissenschaftliche Plaudereien, Deutscher Taschenbuch Verlag GmbH & Co. KG, München 1995

1.58 Papier als Sägeblatt

Eine sehr schnell rotierende Papierkreisscheibe wird durch die Zentrifugalkraft so steif, dass man mit ihr sogar Kreide durchsägen kann.

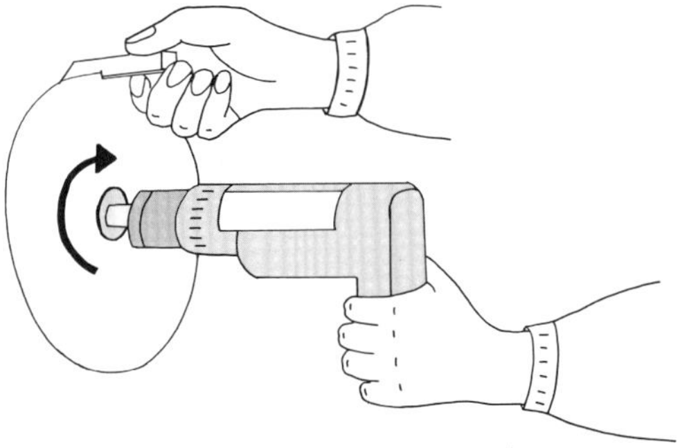

Abb.1

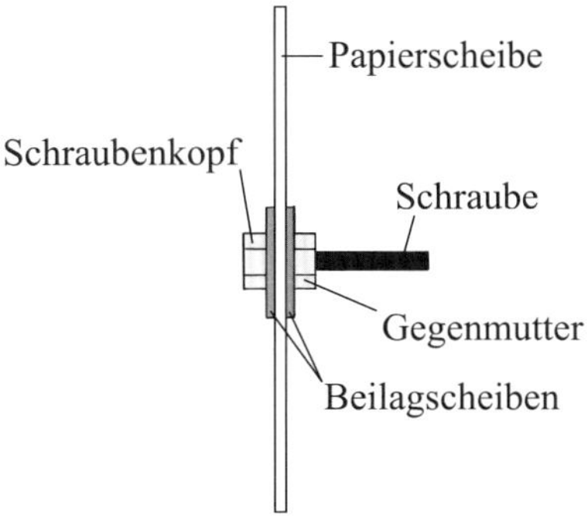

Abb. 2

Material

- Blatt Schreib- oder Zeichenpapier
- Schraube mit Mutter und Beilagscheiben
- Handbohrmaschine
- Kreide
- evtl. Styropor oder weiches Holz

Aufbau und Durchführung

Aus dem Papier wird eine Kreisscheibe mit ca. 20 cm Durchmesser ausgeschnitten. Im Kreismittelpunkt befestigt man, wie aus Abbildung 2 ersichtlich, senkrecht zur Papierkreisscheibe mit Hilfe der Beilagscheiben und der Mutter die Schraube. Die Schraube wird gemeinsam mit der ganzen Vorrichtung in das Bohrfutter einer Handbohrmaschine eingespannt. Man versetzt die Papierscheibe mit der Bohrmaschine in Rotation. Bei genügend hoher Drehzahl kann Kreide mit dieser Vorrichtung durchsägt werden (siehe Abb. 1, *Vorsicht:* Verletzungsgefahr!). Anstelle der Kreide kann man auch Styropor oder weiches Holz verwenden. Beim Holz muss aber die Drehzahl wesentlich höher liegen als bei der Kreide.

Erklärung

Durch die Zentrifugalkraft wird die Papierscheibe so gestrafft, dass sie sich nicht verbiegt, wenn sie mit der Kreide in Berührung kommt. Das Papier wird beim Rotieren also nicht härter, wohl aber steifer (von der Drehzahl abhängig), und kann so in die Kreide eindringen.

Bemerkungen

Der gleiche Effekt tritt bei Winkelschleifern (auch Flex genannt) auf. Mit relativ weichen und flexiblen Trennscheiben können sehr harte Materialien wie z. B. Beton oder Stahl geschnitten werden.

Literatur

Wittmann, J.: Trickkiste 1, Experimente, wie sie nicht im Physikbuch stehen, Bayerischer Schulbuch Verlag, München 1986

1.59 Die bergauf rollende Dose

Durch einen bergauf rollenden Zylinder wird bestätigt, dass durch die am Schwerpunkt angreifende Gewichtskraft ein Drehmoment um die Auflagelinie des Zylinders entsteht.

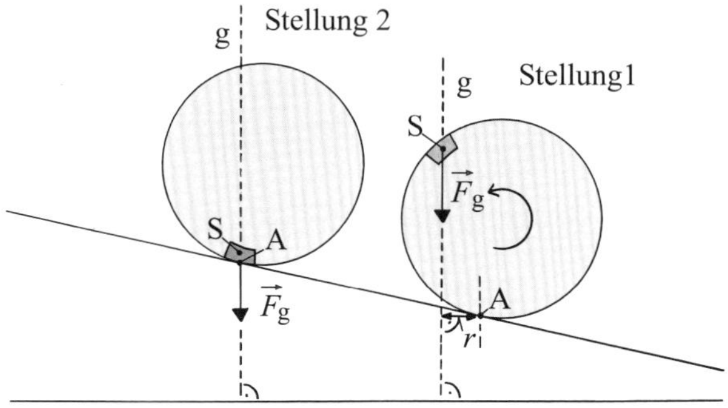

Abb. 1

Material

- zylindrische Konservendose, leer (Durchmesser: mindestens 10 cm)
- kleiner Gegenstand zum Beschweren (mindestens 75 g), z. B. 16 Münzen (20-Cent-Stücke) oder Magnet
- schiefe Ebene, z. B. Aktenordner (Größe: DIN A 4)
- Hilfsmittel: Klebeband

Aufbau und Durchführung

An der Innenwand einer Dose befestigt man mit Klebeband einen Beschwerungsgegenstand. Die präparierte Dose wird wie in Stellung 1 (siehe Abb. 1) auf die schiefe Ebene gelegt. In Abbildung 1 stellt A die Auflagelinie und S den Schwerpunkt der Dose dar. Überlässt man die Dose sich selbst, rollt sie die schiefe Ebene hinauf, bis sie Stellung 2 (siehe Abb. 1) erreicht hat.

Um dieses Experiment verblüffend zu gestalten, sollte der Einblick in die Konservendose verwehrt werden, indem man dem Zuschauer nur die geschlossene Seite der Dose zeigt oder die Dose mit einem Deckel verschließt. Wird die Dose so nahe am oberen Rand der schiefen Ebene platziert, dass sie darüber hinausrollt, wird dem Zuschauer geschickt verschwiegen, dass die Dose nach einer kürzeren Strecke zum Stillstand kommen würde.

Das Gelingen des Experiments hängt entscheidend vom Neigungswinkel der schiefen Ebene ab. Wird der Neigungswinkel zu groß gewählt, dreht die Dose durch oder rollt bergab. Ist die schiefe Ebene höchstens um 4° geneigt, gelingt das Experiment problemlos. Ist die Neigung der verwendeten schiefen Ebene größer als 4°, kann es notwendig sein, zwei Gummiringe um die Dosenwand zu streifen, um ein Abrutschen der Dose zu vermeiden.

Dabei müssen beide Gummiringe den gleichen Abstand zu ihrem jeweils benachbarten Dosenboden haben. Haben die Beschwerungsgegenstände mindestens eine Masse von 75 g, kann die schiefe Ebene bei Verwendung von normalen Konservendosen (Durchmesser: ca. 10 cm) bis zu 10° geneigt werden. Ein Aktenordner (Größe: DIN A 4), der mit etwas Papier gefüllt auf einer waagrechten Unterlage liegt, hat etwa diese Neigung.
Die Dose rollt höchstens eine Strecke, die dem halben Umfang der Dose entspricht. Deshalb sollten Dosen mit möglichst großem Durchmesser verwendet werden. Größere Dosen sind allerdings auch schwerer und es kann notwendig sein, Beschwerungsgegenstände mit größerem Gewicht zu verwenden.
Stehen Magnete zur Verfügung, eignen sich diese sehr gut als Beschwerungsgegenstände. Sie haben den Vorteil, dass sie an der Dosenwand haften, ohne festgeklebt werden zu müssen. Vor einer Inspektion durch den Zuschauer können sie wieder entfernt werden.

Erklärung

Durch das Einkleben des Beschwerungsgegenstandes wird der Schwerpunkt der Dose von ihrer Symmetrieachse in Richtung des Beschwerungsgegenstandes verschoben. Da bei der folgenden Erklärung nur das grundsätzliche Prinzip aufgezeigt werden soll, geht man vorerst davon aus, dass der Schwerpunkt S der Dose im Beschwerungsgegenstand liegt (siehe Abb. 1).
Im Schwerpunkt S greift die Gewichtskraft $\vec{F}_g$ an und bewirkt ein Drehmoment um die Auflagelinie A. Dieses Drehmoment bewirkt in Stellung 1 (siehe Abb. 1) das Hochrollen der Dose. Der Betrag dieses Drehmoments $\vec{M}$ errechnet sich aus dem Abstand r der Drehachse A von der Angriffslinie g der Gewichtskraft $\vec{F}_g$ (siehe Abb. 1):

$$M = rF_g$$

(M, F_g: Betrag von $\vec{M}$ bzw. F_g)
Rollt die Dose die schiefe Ebene hinauf, erreicht sie Stellung 2. In dieser Stellung liegt A auf der Angriffslinie g. Deshalb ist $r = 0$, damit auch $M = 0$ und die Dose bleibt stehen. Würde man die Dose in Stellung 2 (siehe Abb. 1) leicht hangabwärts oder -aufwärts anstoßen, bewirkt die in S angreifende Gewichtskraft in beiden Fällen ein Drehmoment um A, das ein Zurückrollen der Dose in Stellung 2 verursacht.
Um das grundsätzliche Prinzip des Experiments zu verstehen, wurde für die obige Erklärung vereinfachend angenommen, dass der Schwerpunkt der Dose fast an der Dosenwand liegt. Um das Experiment vollständig zu verstehen, ist noch abzuklären, welche Entfernung Schwerpunkt und Symmetrieachse der Dose mindestens voneinander haben müssen, damit die Dose auf die oben beschriebene Weise hinaufrollen kann.
Liegt A neben der Angriffslinie g auf der Seite, die der Spitze der schiefen Ebene zugewandt ist („Stellung 1" in Abbildung 1), bewirkt $\vec{F}_g$ ein Drehmoment, das die Dose bergauf rollen lässt.
Dazu muss der Schwerpunkt S der Dose in den Teil des grau gezeichneten Bereichs gebracht werden können, der in Abbildung 2 links von der Linie a liegt. Die Linie a stellt dabei die Vertikale durch die Auflagelinie A dar. Der Schwerpunkt S kann aber nur in diesen Bereich gebracht werden, wenn er innerhalb des in Abbildung 2 grau dargestellten Bereichs liegt. Mathematisch ausgedrückt bedeutet das:

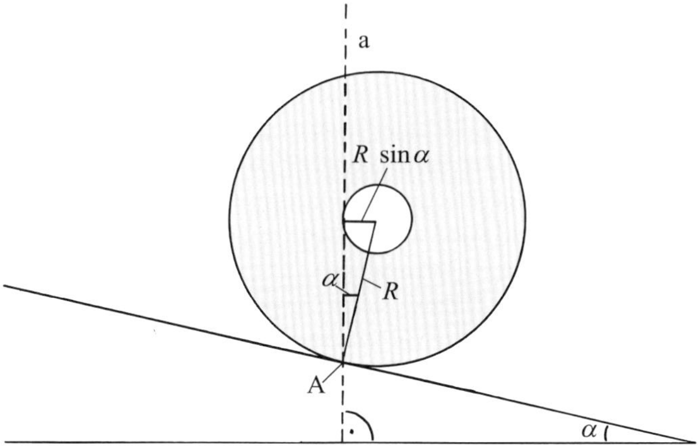

Abb. 2

$$s \geq R \sin \alpha$$

In dieser Gleichung stellt s den Abstand zwischen dem Schwerpunkt S und der Symmetrieachse der Dose dar. R ist der Radius der Dose (siehe Abb. 2). Für einen festen Abstand s und festen Radius R kann die Dose also nur Ebenen hochrollen, für deren Neigungswinkel gilt:

$$\sin \alpha \leq \frac{s}{R}$$

Literatur

Bublath, J.: Das Knoff-Hoff Buch, Wilhelm Heyne Verlag, München 1989

Wittmann, J.: Trickkiste 1, Experimente, wie sie nicht im Physikbuch stehen, Bayerischer Schulbuch Verlag, München 1986

1.60 Die kletternde Walze

Die Schwierigkeit, die Wirkung der an einem Körper angreifenden Kräfte einzuschätzen, wird anhand einer Walze vor Augen geführt, die sich entgegen der Richtung bewegt, in der man mit einem um sie gewickelten Faden an ihr zieht.

Material

- dickeres steifes Papier, möglichst großer Bogen, z. B. Zeichenpapier oder alte große Kalenderseite
- Reagenzglas oder Rundholz mit ähnlichem Durchmesser
- Faden
- Hilfsmittel: Klebstoff, Klebefilm

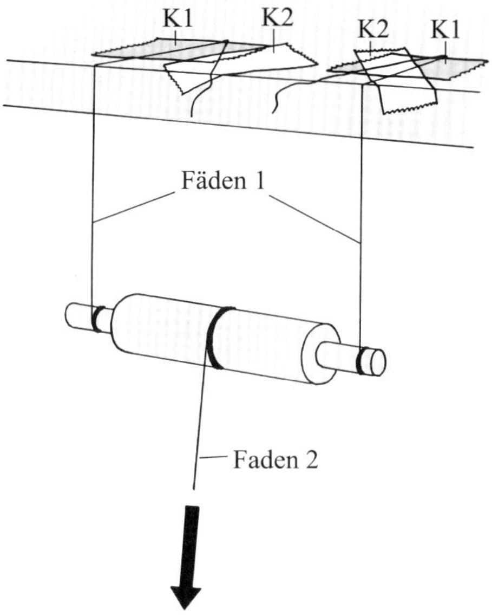

Abb. 1

Aufbau und Durchführung

Aus Papier wird eine Walze hergestellt, die wie in Abbildung 1 in der Mitte dicker (Durchmesser: ca. 2,5 cm) ist als an den Enden (Durchmesser: ca. 1,5 cm). Zur Herstellung des dünneren Teils wird ein ca. 10 cm breiter und ca. 70 cm langer Streifen des dickeren Papiers z. B. um ein Reagenzglas gewickelt und befestigt. Die Konstruktion ist besonders stabil, wenn man die Seite des Papierstreifens, die nach dem Wickeln innen liegt, zuvor mit Klebstoff einstreicht. Um danach die entstandene Walze vom Reagenzglas wieder ablösen zu können, muss der Teil des Papierstreifens, der direkt am Reagenzglas anliegt, beim Einstreichen ausgespart werden. Die Verdickung in der Mitte entsteht, wenn um die Mitte der dünnen Walze auf die gleiche Weise ein Papierstreifen gewickelt wird, der ca. 5 cm breit und ca. 150 cm lang ist.

An den beiden dünnen Enden der Walze werden symmetrisch zur Mitte zwei Fäden mit Klebefilm befestigt und in gleicher Richtung aufgewickelt („Fäden 1“ in Abbildung 1). In der Mitte klebt man einen weiteren Faden fest („Faden 2“ in Abbildung 1) und wickelt ihn entgegengesetzt zu der Richtung auf, in der die Fäden 1 gewickelt sind (siehe Abb. 1).

Die Fäden 1 werden wie in Abbildung 1 mit Klebestreifen z. B. an einer Tischkante befestigt. Jeweils ein Faden muss mit mindestens zwei Klebestreifen befestigt werden (siehe Abb. 1). Zuerst wird der Faden mit einem Klebestreifen („K1“ in Abbildung 1) in der Position fixiert, in der er sich befinden soll. Dann muss der Faden auf den Klebestreifen geklappt und in dieser Position noch einmal mit einem Klebestreifen fixiert werden („K2“ in Abbildung 1). So rutscht der Faden nicht zwischen dem Klebestreifen durch, auch wenn stärker an ihm gezogen wird.

Überlässt man die Walze in diesem Zustand sich selbst, sinkt sie wie ein Jojo nach unten. Dabei werden die beiden Fäden 1 abgewickelt und der Faden 2 aufgewickelt. Zieht man dagegen den Faden 2 genügend stark nach unten, bewegt sich die Walze nach oben. Dies erscheint auf den ersten Blick verblüffend, da Bewegungsrichtung der Walze und Zugrichtung einander entgegengesetzt sind. Der Faden 2 in der Mitte wird abgewickelt und die Fäden 1 aufgewickelt. Hält man den Faden 2 nur fest, bleibt die Walze auf gleicher Höhe.

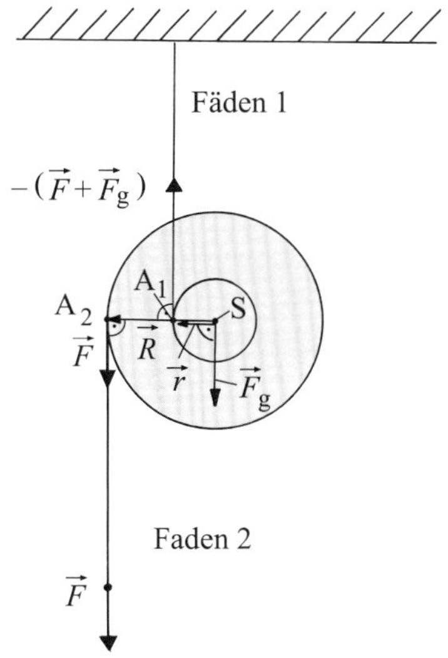

Abb. 2

Erklärung

In Abbildung 2 ist die Seitenansicht der Walze zu sehen. Im statischen Fall (d. h. die Walze bewegt sich nicht) wirken folgende Kräfte auf sie: Die Gewichtskraft $\vec{F}_g$, die am Schwerpunkt S der Walze angreift, und die Kraft $\vec{F}$, die von der Hand durch den Faden 2 auf die Walze übertragen wird und dort am Punkt A_2 angreift. Diesen beiden Kräften wirkt die Kraft $-(\vec{F} + \vec{F}_g)$ entgegen, die durch die Fäden 1 auf die Walze ausgeübt wird und an A_1 (siehe Abb. 2) angreift.
So ergeben sich folgende Drehmomente der an der Walze angreifenden Kräfte um den Schwerpunkt S:

$$\vec{M}_1 = -\vec{r} \times (\vec{F} + \vec{F}_g) \quad \text{und} \quad \vec{M}_2 = \vec{R} \times \vec{F}$$

($\vec{r}$: Verbindungsvektor von S und A_1 (siehe Abb. 2); $\vec{R}$: Verbindungsvektor von S und A_2 (siehe Abb. 2))
$\vec{M}_1$ bewirkt ein Abwickeln der Fäden 1 und ein gleichzeitiges Aufwickeln des Fadens 2. Umgekehrt bewirkt das Drehmoment $\vec{M}_2$ ein Abwickeln des Fadens 2 und ein Aufwickeln der Fäden 1. Da $\vec{R}$ und $\vec{r}$ senkrecht zu den beiden parallelen Kräften $\vec{F}$ und $\vec{F}_g$ gerichtet sind, können die Beträge von $\vec{M}_1$ und $\vec{M}_2$ folgendermaßen angegeben werden:

$$M_1 = r\,(F + F_g) \quad \text{und} \quad M_2 = RF$$

(M_1, M_2, F_g, F, R, r: Beträge von $\vec{M}_1$, $\vec{M}_2$, $\vec{F}_g$, $\vec{F}$, $\vec{R}$, $\vec{r}$)
Da sich die Walze nicht bewegt, sind die beiden Drehmomente gleich, aber einander entgegengerichtet, und es gilt für F:

$$F = \frac{r}{R - r} F_g$$

Hat F nicht diese Größe, bewegt sich die Walze. Es sind folgende Fälle zu unterscheiden:

$$M_1 > M_2 \quad \text{bzw.} \quad F < \frac{r}{R - r} F_g \qquad (1)$$

$$M_1 < M_2 \quad \text{bzw.} \quad F > \frac{r}{R - r} F_g \qquad (2)$$

Im Fall (1) rollt die Walze am Faden in der oben beschriebenen Weise hinunter, im Fall (2) hinauf.

Bemerkungen

Man erhält das gleiche Ergebnis für die Bewegungsrichtungen der Walze in Abhängigkeit von F, wenn man sich A_1 oder A_2 als Drehpunkt bzw. -achse wählt und davon ausgehend die Drehmomente der auf die Walze wirkenden Kräfte ermittelt.

Wählt man z. B. den Punkt A_1 als Drehpunkt, sind die Überlegungen ganz entsprechend zu dem Teil des Experiments „Die folgsame Garnrolle", bei dem der Faden parallel zur Unterlage gehalten wird.

Literatur

Hahn, H.: Physikalische Freihandversuche, Band 1, Verlag Otto Saale, Braunschweig 1907

1.61 Die folgsame Garnrolle

Mit Hilfe einer Garnrolle lässt sich die Abhängigkeit des Drehmoments von der Richtung und dem Angriffspunkt der Kraft zeigen.

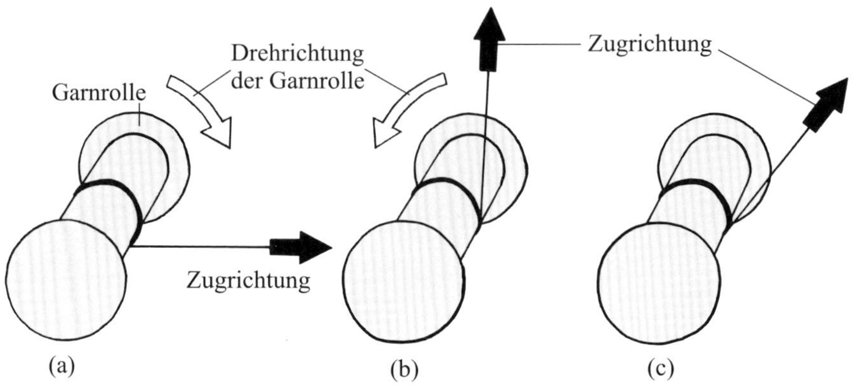

Abb. 1

Material

- Garnrolle mit Faden (Länge: mindestens 2 m)

Aufbau und Durchführung

Man legt eine Garnrolle, bei der mindestens 2 m Faden aufgerollt sind, auf den Boden und rollt ca. 50 cm Faden ab. Zieht man am Faden parallel zum Boden, so bewegt sich die Garnrolle zur ziehenden Hand hin (siehe Abb 1(a)). Zieht man dagegen vertikal nach oben, so bewegt sich die Garnrolle von der Hand weg (siehe Abb. 1(b)). Zieht man unter einem bestimmten Winkel zwischen 0 ° und 90 °, so dreht sich die Garnrolle nicht, sondern rutscht über den Tisch ohne zu rollen (siehe Abb. 1(c)). Der Winkel ist dabei von den Abmessungen der Garnrolle abhängig. Bei allen drei Experimenten sollte sich der Faden in der Mitte der Rolle befinden, damit die Garnrolle beim Ziehen nicht seitlich ausschert.

Erklärung

Das Drehmoment ist definiert als $\vec{M} = \vec{r} \times \vec{F} \cdot \vec{F}$. ist der Vektor der Zugkraft und $\vec{r}$ der Vektor von der Drehachse zum Angriffspunkt der Kraft in der Ebene senkrecht zur Drehachse, in der der gezogene Faden liegt. Die Drehachse der Garnrolle ist in diesem Experiment nicht ihre Symmetrieachse, sondern die Verbindungslinie der Auflagepunkte der Garnrolle mit dem Tisch.

Die Abbildungen 2(a) bis (c) zeigen jeweils einen Schnitt durch die Garnrolle in der oben definierten Ebene senkrecht zur Symmetrieachse und die relevanten Vektoren für die drei verschiedenen Zugrichtungen. Die Drehrichtung der Rolle ergibt sich dann aus der Richtung des Kreuzprodukts $\vec{r} \times \vec{F}$ und der so genannten „Korkenzieherregel" für das Drehmoment. Der Vektor des Drehmoments steht senkrecht zur Ebene durch $\vec{r}$ und $\vec{F}$ und weist im ersten Fall (siehe Abb. 2(a)) in die Zeichenebene, was zu einer Rechtsdrehung führt. Im zweiten Fall (siehe Abb. 2(b)) ist $\vec{M}$ aus der Zeichenebene heraus gerichtet, was eine Linksdrehung bewirkt. Im dritten Fall (siehe Abb. 2(c)) sind $\vec{r}$ und $\vec{F}$ gleichgerichtet, so dass das Drehmoment null ist und sich keine Drehung ergibt.

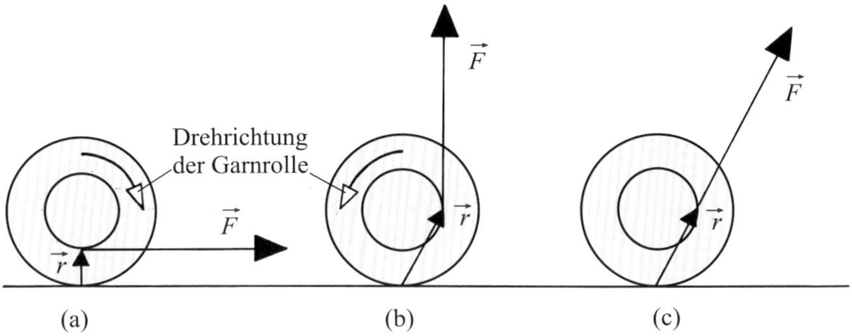

Abb. 2

Bemerkungen

Ein ähnliches Experiment zu dieser Thematik ist „Die kletternde Walze".

Literatur

Wagner, D.; Steffen, P.: Freihandversuche. Demonstrationspraktikum für Lehramtskandidaten, o. V., Bochum 1975/76

Zeier, E.: Kurzweil durch Physik, Aulis Verlag Deubner, Köln 1983

Zeier, E.: Physikalische Schulversuche, Freihandversuche, kleine Experimente, Aulis Verlag Deubner, Köln 1986

Gobrecht, H.; Gobrecht, J. H.; Gobrecht, K. H.: Bergmann-Schäfer. Lehrbuchder Experimentalphysik. Band 1. Mechanik. Akustik. Wärme, Walter de GruyterVerlag, Berlin 1990, S. 107

1.62 Die vergessliche Sanduhr

Anhand des Verhaltens einer beschwerten Sanduhr in einem mit Wasser gefüllten Standzylinder wird demonstriert, wie Kräfte, deren Wirkungslinien nicht den Schwerpunkt enthalten, auf einen Körper wirken.

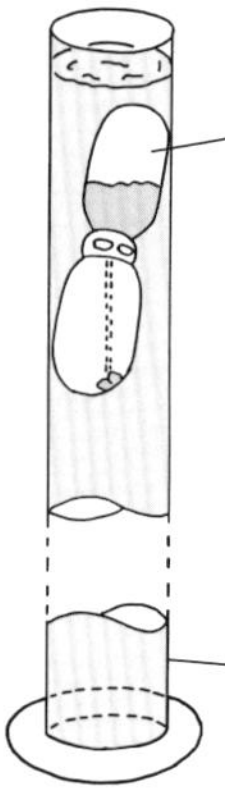

Abb. 1

Material

- Sanduhr; wird aus einer kleinen Eiersanduhr ausgebaut, die in jedem Supermarkt erhältlich ist
- Knetmasse
- Bleibeschwerungskette für Vorhänge (Länge: ca. 5 cm), in jedem Näh- bzw. Stoffgeschäft erhältlich oder kleine Bleikugeln zur Beschwerung von Modellschiffen aus dem Bastelgeschäft
- Schüssel, mit Wasser gefüllt
- Standzylinder, aus durchsichtigem Material, mit Wasser gefüllt (lichte Weite: mindestens 7 mm größer als der Durchmesser der Sanduhr)
- Gummistopfen zum Verschließen des Standzylinders
- Hilfsmittel: Schere, Hammer, Seitenschneider

Aufbau und Durchführung

Die Sanduhr wird beschwert, damit sie in das Wasser sinkt. Das Experiment gelingt nur, wenn die Gewichtskraft der Sanduhr nur wenig größer ist als ihre Auftriebskraft. Deshalb sollte man sich genau an die folgende Anleitung halten.
Die Knetmasse formt man zu einer dünnen Wurst, wickelt sie einmal um die Einschnürung der Sanduhr herum und drückt sie fest.
Der Baumwollstoff, der die Bleibeschwerungskette umgibt, wird abgelöst und die einzelnen Kettenglieder voneinander getrennt. Es werden so viele dieser Kettenglieder in die Knetmasse der Sanduhr gedrückt, bis die Sanduhr in der Wasserschüssel gerade zu Boden sinkt. Ein Kettenglied nimmt man wieder heraus, um mit dem Hammer darauf zu schlagen. Das platt geschlagene Bleistück wird mit dem Seitenschneider in acht Teile geteilt. Von diesen Teilstücken drückt man wieder so viele in die Knetmasse, bis die Sanduhr gerade zu Boden sinkt. So wird gewährleistet, dass der Unterschied zwischen Auftrieb und Gewichtskraft der Sanduhr nicht größer als ein Achtel der Gewichtskraft eines solchen Kettengliedes ist.
Anstatt der genannten Kettenglieder eignen sich auch die kleinen Bleikugeln, die zum Beschweren von Modellschiffen verwendet werden. Mit diesen verfährt man genauso wie mit den Gliedern der Bleibeschwerungskette. Sie haben den Vorteil, dass sie nicht zerteilt werden müssen, da sie klein genug sind. Allerdings sind sie etwas teurer.
Den Sand lässt man in einen Teil der Sanduhr laufen und gibt die Sanduhr so in den Standzylinder, dass sich der mit Sand gefüllte Teil oben befindet. Die Sanduhr sinkt erst nach einigen Sekunden ab. Sie scheint anfangs „vergessen" zu haben, dass sie spezifisch schwerer als Wasser ist.
Das Experiment kann beliebig oft wiederholt werden. Dazu wartet man, bis die Sanduhr abgelaufen ist, verschließt den Standzylinder mit einem Gummistopfen und dreht ihn um.

Erklärung

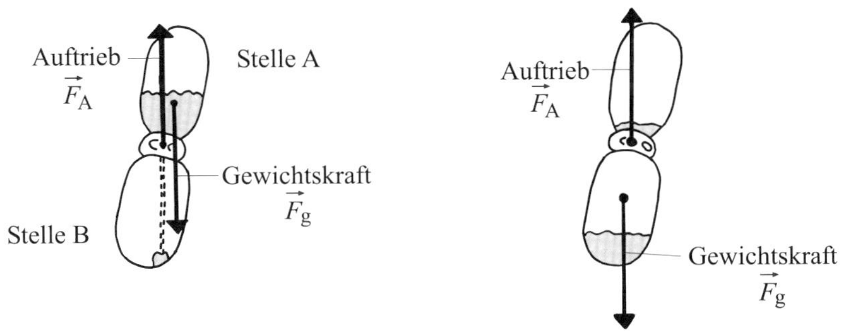

(a) (b) Abb. 2

Auf die Sanduhr im Wasser wirkt die Gewichtskraft $\vec{F}_g$ und die Auftriebskraft $\vec{F}_A$. Die Gewichtskraft greift im Schwerpunkt der Sanduhr an (siehe Abb. 2). Dieser befindet sich in *der* Hälfte der Sanduhr, die mehr Sand enthält. Die Auftriebskraft greift im Schwerpunkt des durch die Sanduhr verdrängten Wassers an, d.h. in der Mitte der Einschnürung (siehe Abb. 2).

Diese beiden Kräfte erzeugen ein Drehmoment $\vec{M}$ um den Schwerpunkt der Sanduhr und eine Beschleunigung dieses Schwerpunktes mit der Kraft $\vec{F}_t$:

$$\vec{F}_t = \vec{F}_g - \vec{F}_A \qquad \text{und} \qquad M = dF_A$$

(d: Abstand zwischen den Wirkungslinien der Kräfte $\vec{F}_g$ und $\vec{F}_A$; M, F_A: Betrag von $\vec{M}$ bzw. $\vec{F}_A$)

Die Sanduhr wurde so beschwert, dass sie im Wasser gerade untergeht. Die Auftriebskraft ist also geringfügig kleiner als die Gewichtskraft. Deshalb ist $\vec{F}_t$ nach unten gerichtet.

Im Experiment wird die Sanduhr so in den Standzylinder gegeben, dass sich der größere Teil des Sandes im oberen Teil der Sanduhr befindet (siehe Abb. 2(a)). Die Sanduhr wird an den Stellen A und B (siehe Abb. 2(a)) durch das Drehmoment $\vec{M}$ an die Zylinderwand gedrückt. Dabei ist der Betrag F_p der Anpresskraft $\vec{F}_p$ zwischen Zylinderwand und Sanduhr proportional zu M. Die Sanduhr haftet an der Rohrwand, wenn gilt:

$$2\mu_H F_p > F_t \qquad (1)$$

(μ_H: Haftreibungskoeffizient der Grenzfläche zwischen Sanduhr und Zylinderwand; F_t: Betrag der Kraft $\vec{F}_t$)

Mit dem Faktor 2 in Gleichung (1) wird berücksichtigt, dass sich Sanduhr und Zylinderwand an zwei Stellen berühren (Stelle A und B). Rinnt während des Experiments Sand vom oberen Teil der Sanduhr in den unteren, verlagert sich der Schwerpunkt der Sanduhr zur Einschnürung hin, wobei d abnimmt. Dadurch verkleinert sich M und mit diesem auch F_p. Wenn

$$2\mu_H F_p < F_t$$

gilt, gleitet die Sanduhr. Sie wird mit $F_t - 2\mu_G F_p$ (μ_G: Gleitreibungskoeffizient der Grenzfläche zwischen Sanduhr und Zylinderwand) nach unten beschleunigt. Die Reibung zwischen Wasser und Sanduhr wird dabei nicht berücksichtigt.

Passiert der Schwerpunkt die Einschnürung, ändert das Drehmoment $\vec{M}$ seine Richtung und richtet die Sanduhr auf (siehe Abb. 2(b)). Zylinderwand und Sanduhr berühren sich nicht. Die Sanduhr wird mit der Kraft $\vec{F}_t$ nach unten beschleunigt.

Literatur

Gardner, M., Physik und Didaktik 14/2 (1986), S. 160
Walker, J.: Der fliegende Zirkus der Physik, R. Oldenbourg Verlag GmbH, München/Wien 1994, S. 91

1.63 Ein Jo-Jo aus Bierdeckeln

Mit einem Jo-Jo wird demonstriert, dass potenzielle in kinetische Energie umgewandelt werden kann und umgekehrt.

Material

- 2 runde Bierdeckel
- Schraube (Länge: ca. 3 cm)
- 5 Schraubenmuttern, passend zu der Schraube
- 4 Beilagscheiben
- dicker Faden (Länge: ca. 1 m), z. B. Wollfaden

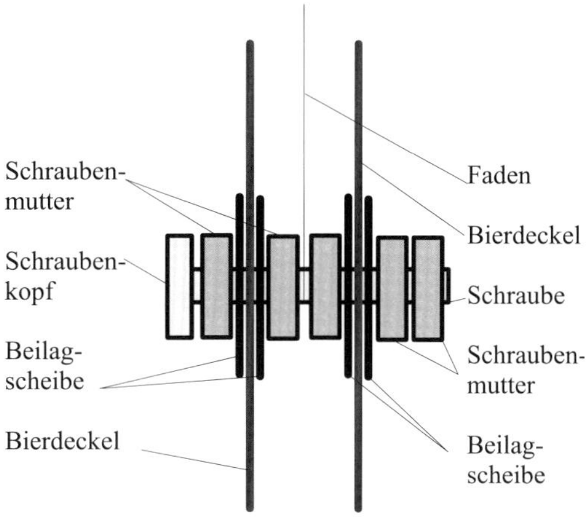

Abb. 1

Aufbau und Durchführung

Durch die Mitte zweier runder Bierdeckel bohrt man mit einer Schere ein Loch, so dass man eine Schraube gerade hindurchstecken kann. (Die Mitte der Bierdeckel findet man z. B., indem man den Schnittpunkt der Mittelsenkrechten zweier Kreissehnen des Bierdeckels bestimmt.) Auf die Schraube wird eine Mutter bis zum Kopf der Schraube geschraubt (siehe Abb. 1). Dann werden eine Beilagscheibe, ein Bierdeckel und eine weitere Beilagscheibe auf die Schraube gesteckt. Mit einer Mutter schraubt man diese drei Teile fest. Nahe bei der Schraubenmutter verknotet man einen Wollfaden. Das eine Ende sollte kurz (ca. 2 cm) und das andere lang (ca. 1 m) sein. Dann schraubt man eine weitere Mutter auf die Schraube, steckt eine Beilagscheibe, einen Bierdeckel und noch eine Beilagscheibe auf die Schraube und schraubt zwei Muttern auf die Schraube (siehe Abb. 1). Die Bierdeckel sollten nicht beweglich sein.
Damit soll es mit dem Schrauben genug sein!
Hält man dieses „Jo-Jo" am langen Ende des Fadens, sollte die Schraube möglichst horizontal und die Bierdeckel vertikal liegen. Den Wollfaden wickelt man in dem Zwischenraum um die Schraube zwischen den Bierdeckeln bzw. den inneren beiden Schraubenmuttern. Lässt man das Jo-Jo los, beginnt es auf dem Weg nach unten immer schneller zu rotieren. Ist der gesamte Faden abgewickelt, muss man das Fadenende, welches man in der Hand hält, ruckartig ein Stück nach oben ziehen. Das Bierdeckel-Jo-Jo steigt am Faden nach oben und die Rotation der Bierdeckel wird langsamer. Während des Aufwickelns sollte man das Jo-Jo um die gleiche Strecke absenken, um die man es vorher nach oben gezogen hat. Die Ausgangshöhe des Jo-Jos wird nicht immer erreicht.

Erklärung

Das Trägheitsmoment um die Symmetrieachse (diese ist in unserem Fall auch eine Jo-Jo-Hauptträgheitsachse) des Jo-Jos ist im Vergleich zu den beiden Trägheitsmomenten des Jo-Jos um die anderen beiden Hauptträgheitsachsen (sie verlaufen senkrecht zu der ersten Hauptträgheitsachse und stehen aufeinander senkrecht) relativ groß, d. h. das Jo-Jo rotiert relativ stabil um diese Hauptträgheitsachse (siehe Experiment „Das torkelnde Buch").

Da der Schwerpunkt des Jo-Jos einen Abstand r von dem Aufhängepunkt des Jo-Jos besitzt, entsteht beim Loslassen des Jo-Jos ein Drehmoment $\vec{M} = \vec{r} \times \vec{G}$ ($\vec{G}$: Gewichtskraft des Jo-Jos; $\vec{r}$: Vektor vom Schwerpunkt des Jo-Jos zum Aufhängepunkt des Jo-Jos (siehe Abb. 2)), welches das Jo-Jo in Rotation versetzt.

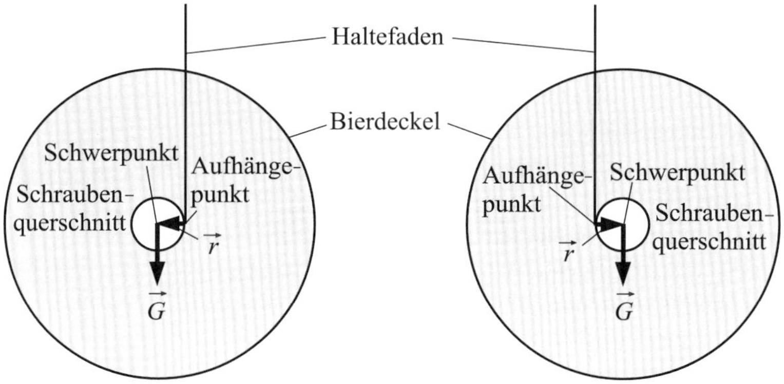

Abb. 2: „Abwickelvorgang"

Abb. 3: „Aufwickelvorgang"

Bei der Abwärtsbewegung des Jo-Jos liegt folgende Situation vor: Das Jo-Jo besitzt einen Drehimpuls $\vec{L}$. Zudem wirkt auf das Jo-Jo ein Drehmoment $\vec{M} = \vec{r} \times \vec{G}$ (siehe Abb. 2), welches den Drehimpuls ändert:

$$\mathrm{d}\,\vec{L} = \vec{M}\,\mathrm{d}\,t \qquad \text{und} \qquad \vec{L}' = \vec{L} + \mathrm{d}\,\vec{L} \tag{1}$$

(dt: Zeit, in der das Drehmoment $\vec{M}$ auf das Jo-Jo wirkt)

$\vec{L}$ und $\vec{M}$ sind parallel und gleichgerichtet. Deshalb sind auch $\vec{L}$ und d $\vec{L}$ parallel und gleichgerichtet. D. h. der Drehimpuls $\vec{L}$ des Jo-Jos ändert seine Richtung nicht und der Betrag von $\vec{L}$ wird bei der Abwärtsbewegung stetig größer.

Bei der Aufwärtsbewegung des Jo-Jos sind $\vec{L}$ und $\vec{M}$ antiparallel (siehe Abb. 3). Damit sind auch L und d $\vec{L}$ antiparallel. D. h. $\vec{L}$ ändert seine Richtung nicht, der Betrag von $\vec{L}$ wird aber bei der Aufwärtsbewegung des Jo-Jos kleiner. Gilt $\vec{L} = \vec{0}$, fällt das Jo-Jo wieder nach unten und die beschriebene Bewegung beginnt von Neuem.

Da sowohl beim Ab- als auch beim Aufwickelvorgang eine Reibungskraft der Bewegung entgegen wirkt, erreicht das Jo-Jo nach dem Aufwickelvorgang seine Ausgangshöhe, die es zu Beginn des Experiments besaß, nicht. Zieht man das Jo-Jo während des Abwickelns mit der Kraft $\vec{F}$ nach oben, entsteht ein Drehmoment $\vec{M}_F = -\,\vec{r} \times \vec{F}$ (siehe Abb. 4), welches zum Drehimpuls $\vec{L}$ des Jo-Jos parallel und gleichgerichtet ist. Mit

$$\mathrm{d}\,\vec{L} = \vec{M}_F\,\mathrm{d}\,t \tag{2}$$

und (1) folgt, dass $\vec{L}$ zunimmt, d. h. Reibungsverluste kompensiert werden.

Bewegt man den Faden während des Aufwickelns nach unten, dann bezeichnet $\vec{F}$ die Kraft, die man auf das Ende des Fadens ausübt, welches man in der Hand hält. Diese Kraft $\vec{F}$ wird über den Faden auch auf das Jo-Jo ausgeübt. Es entsteht ein Drehmoment $\vec{M}_F = -\vec{r} \times \vec{F}$ (siehe Abb. 5), welches zum Drehimpuls $\vec{L}$ des Jo-Jos parallel und gleichgerichtet ist. Mit (1) und (2) folgt wiederum, dass $\vec{L}$ zunimmt.

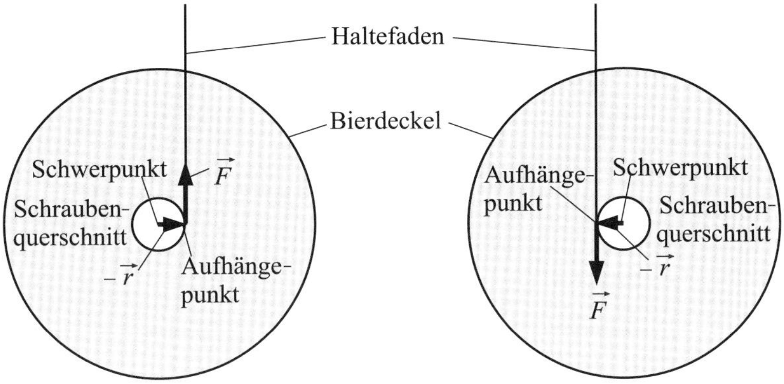

Abb. 4: „Abwickelvorgang“

Abb. 5: „Aufwickelvorgang“

Durch die Aufwärtsbewegung des Jo-Jos während des Abwickelns und/oder der Abwärtsbewegung des Jo-Jos während des Aufwickelns kann man demnach Reibungsverluste ausgleichen. Das Jo-Jo erreicht seine Ausgangshöhe.

Literatur zur Erklärung:

Kuypers, F.: Klassische Mechanik, VCH Verlagsgesellschaft mbH, Weinheim 1993, S. 61-63

1.64 Das Stehauf-Ei

Das stabile Gleichgewicht wird an einem Hühnerei-Stehaufmännchen demonstriert, das senkrecht auf seinem breiten Ende steht und diese Stellung wieder einnimmt, nachdem es gekippt wurde.

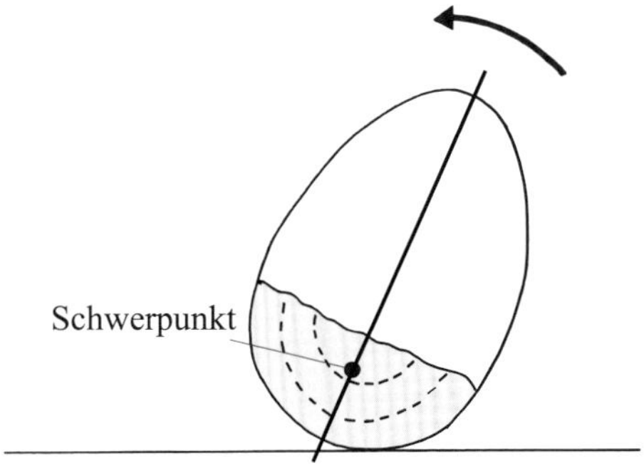

Abb. 1

Material

- Hühnerei
- feiner trockener Sand
- farbiges Klebeband; in der gleichen Farbe wie das Ei
- Wachsstückchen
- Stecknadel
- evtl. Schleifpapier
- Hilfsmittel:
  Mikrowellenherd oder
  Herdplatte, Topf, Eierbecher und Wasser

Aufbau und Durchführung

In ein Hühnerei bohrt man mit einer Nadel oben und unten ein möglichst kleines Loch und bläst es aus. Um das Ei zu säubern, lässt man es mehrmals unter Wasser vollaufen und bläst das Wasser jeweils heraus. Das Ei trocknet sehr schnell, wenn man es ca. 5 Minuten bei 700 Watt in den Mikrowellenherd stellt. Achtung: Der Mikrowellenherd darf mit so wenig flüssigem Inhalt auf keinen Fall länger als 5 Minuten betrieben werden, da er sonst kaputt gehen kann. Steht kein Mikrowellenherd zur Verfügung, sollte man das Ei mindestens einen Tag zum Trocknen aufrecht liegen lassen.
Eine der beiden Öffnungen wird mit dem Klebeband verschlossen und durch die andere Öffnung feiner Sand in das Ei geschüttet, bis es zu einem Viertel gefüllt ist. Dafür ist kein Trichter notwendig, es reicht, den Sand über die Öffnung zu schütten. Zusätzlich gibt man noch kleine Wachsstückchen in das Ei, bis es zu einem Drittel gefüllt ist (siehe Abb. 1). Der Inhalt des Eis wird durch Schütteln gut gemischt, das Ei senkrecht auf sein breites Ende gestellt und noch etwas gerüttelt, bis die Oberfläche der Sandschicht waagerecht liegt. In diesem Zustand stellt man das Ei in einen Eierbecher und gibt es nochmal für 5 Minuten bei 700 Watt in den Mikrowellenherd. Das Wachs schmilzt, durchdringt den Sand und verbindet sich mit der trockenen Eiwand. Ist das Wachs erstarrt, hält es den Sand in seiner Lage (siehe Abb. 1). Steht kein Mikrowellenherd zur Verfügung, kann man sich damit behelfen, das Ei in einem Eierbecher in kochendes Wasser zu stellen. Diese Methode braucht erheblich länger, um das Wachs zu schmelzen.
Nach dem Abkühlen verschließt man das Loch am spitzen Ende mit eierfarbenen Klebeband. Fertig ist das „Stehauf-Ei"! Wer möchte, kann es noch bemalen.
Legt man das Ei beliebig auf den Tisch, stellt es sich von selbst senkrecht auf sein breites Ende. Versucht man es zu kippen, stellt es sich schnell wieder auf. Dieses überraschende Verhalten des Eis verblüfft den Zuschauer.

Sollte sich das Ei nicht wie oben beschrieben von selbst wieder aufstellen, kommen zwei Ursachen in Frage, die dafür verantwortlich sein können: Entweder besitzt das Ei an seinem breiten Ende zu viele Unebenheiten oder der Sand behält nicht wie oben beschrieben seine Lage bei. Im ersten Fall schleift man die Unebenheiten einfach mit Schleifpapier ab, im zweiten Fall muss das Wachs nochmals auf die oben beschriebene Weise erhitzt werden.

Erklärung

Das breite Ende eines Eis kann näherungsweise als Halbkugel betrachtet werden. Der Schwerpunkt des mit Sand gefüllten Eis liegt in dieser Halbkugel auf der Symmetrieachse des Eis (siehe Abb. 1). Sobald das Ei aus seiner senkrechten Lage gekippt wird, wird der Schwerpunkt angehoben. Es tritt ein Drehmoment um den Auflagepunkt auf, welches das Ei in die Ausgangslage zurückführt, sobald man es loslässt. Das Stehauf-Ei befindet sich in der senkrechten Stellung in einem stabilen Gleichgewicht.

Literatur

Hahn, H.: Physikalische Freihandversuche, Band 1, Verlag Otto Saale, Braunschweig 1907

1.65 Ein Balancierkunststück

Zwei Gabeln und ein Zweieurostück lassen sich auf ungewöhnliche Weise so auf einem Trinkglas platzieren, dass sich die Anordnung im stabilen Gleichgewicht befindet.

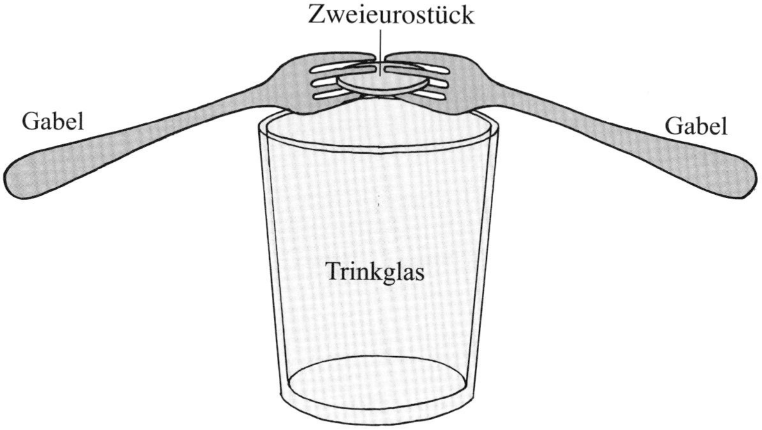

Abb. 1

Material

- 2 Gabeln
- Zweieurostück
- Trinkglas

Aufbau und Durchführung

In den mittleren Zwischenraum zwischen den Zinken einer Gabel wird ein Zweieurostück gesteckt. Eine zweite Gabel wird auf die gleiche Art so am Zweieurostück befestigt, dass die Griffe der Gabeln in entgegengesetzte Richtung weisen (siehe Abb. 1). Das Zweieurostück mit den Gabeln lässt sich so auf dem Rand eines Trinkglases platzieren, dass die Anordnung nicht kippt.

Erklärung

Die Massen der Münze und der beiden Gabeln sind so verteilt, dass der gemeinsame Schwerpunkt unter dem Berührungspunkt zwischen Zweieurostück und Glasrand liegt. Dadurch befindet sich die Anordnung in einem stabilen Gleichgewicht und kehrt auch bei kleinen Auslenkungen wieder in die stabile Gleichgewichtslage zurück.

Bemerkungen

Weitere Experimente zu dieser Thematik sind „Schwerpunktsakrobatik", „Der verhexte Karton" und „Das Tellerkarussell".

Literatur

Hahn, H.: Physikalische Freihandversuche, Band 1, Verlag Otto Saale, Braunschweig 1907

Berry, D. A.: A POTPOURRI OF PHYSICS TEACHING IDEAS, Selected reprints from The Physics Teacher April 1963 to December 1986, American Association Of Physics Teachers, College Park, MD 20740-4100, U.S.A. o. J. [1987]

1.66 Schwerpunktsakrobatik

Durch geschickte Platzierung des Schwerpunkts können auf den ersten Blick für nicht standhaft befundene Anordungen verschiedener Gegenstände im stabilen Gleichgewicht gehalten werden.

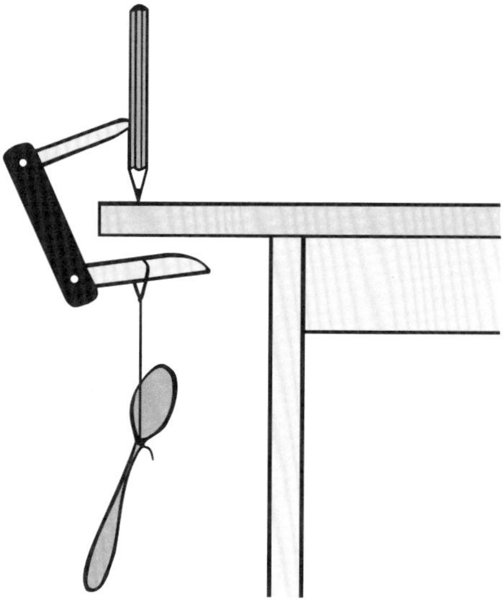

Abb. 1

Material

- Taschenmesser mit mindestens zwei Klingen
- Bleistift
- evtl. Faden und Löffel

Aufbau und Durchführung

Ein auf seine Spitze gestellter Bleistift wird in den seltensten Fällen auf einer ebenen Tischplatte aufrecht stehen bleiben. Mit einem Trick gelingt es dennoch, ein Umfallen des Bleistifts zu verhindern: Ein aufgeklapptes Taschenmesser wird so wie in Abbildung 1 gezeigt mit einer Klinge am unteren Ende in den Mantel des Bleistifts gesteckt. Der Bleistift wird auf seiner Spitze nahe an einer Tischkante platziert und bleibt in dieser Anordnung stehen. Unter Umständen kann man an der unteren Klinge noch mit einem Faden einen Löffel befestigen.

Erklärung

Entscheidend für die Stabilität einer solchen Anordnung von Gegenständen ist die Lage des Schwerpunkts des Systems Bleistift + Taschenmesser (+ Faden + Löffel). Im Falle eines einzelnen Auflagepunkts gilt: Solange der Schwerpunkt des Systems auf der Verbindungsgeraden des Auflagepunkts (hier: der Bleistiftspitze) und des Gravitationszentrums der Erde zu liegen kommt, ist die Anordnung im Gleichgewicht. Dieses ist jedoch nur stabil, wenn der Schwerpunkt dabei *zwischen* dem Gravitationszentrum und dem Auflagepunkt liegt (also „unterhalb" des Auflagepunkts), denn nur dann wird bei Auslenkungen aus der Gleichgewichtslage ein Drehmoment erzeugt, das so gerichtet ist, dass die Gleichgewichtslage wieder eingenommen wird. Im Falle des Bleistifts ohne Messer liegt der Schwerpunkt oberhalb des Auflagepunkts und, solange man den Bleistift hält, meist noch nicht einmal auf der Geraden, die den Auflagepunkt mit dem Gravitationszentrum der Erde verbindet; und selbst wenn dies der Fall wäre, würde die kleine Störung des Gleichgewichts, die beim Loslassen des Bleistifts durch das Muskelzittern des den Stift stützenden Fingers erzeugt wird, so gestört, dass ein Drehmoment erzeugt würde, das den Bleistift umkippen ließe.
Die Verblüffung, die solche Anordnungen immer wieder hervorrufen, liegt zudem in der Tatsache begründet, dass der Schwerpunkt eines Systems durchaus außerhalb des vom betrachteten Körper oder Körpersystems eingenommenen Volumens sozusagen „in der

Luft“ zu liegen kommen kann (einfachstes Beispiel: eine homogene Kreisscheibe mit einem Loch im Zentrum). Intuitiv vermutet man den Schwerpunkt eines Gegenstands aber zunächst innerhalb seiner materiellen Begrenzungen.

Bemerkungen

Oft zitiert findet man auch den „Belt Hook“ (Silhouette siehe Abb. 2).

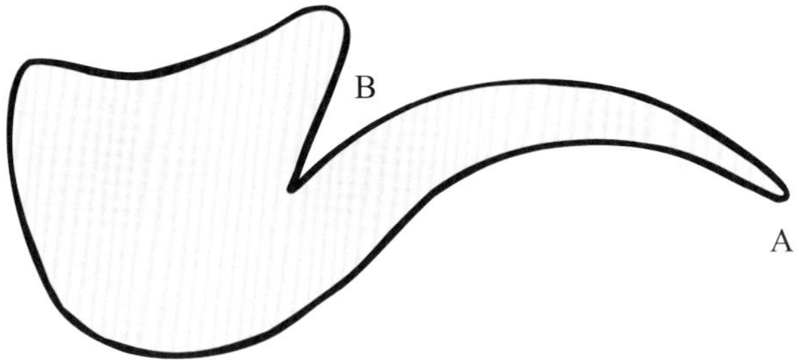

Abb. 2

Meist besteht er aus Holz (und kann mit der Laubsäge selber angefertigt werden). Seine Anwendung beruht auf den eben geschilderten Tatsachen: Legt man den „Belt Hook“ mit dem dünnen Ende A auf die Kuppe des ausgestreckten Zeigefingers, so fällt der „Belt Hook“ auf den Boden. Klemmt man jedoch in B einen langen (ledernen) Hosengürtel (daher der Name „Gürtel-Haken“) so ein, dass er wie auf einer Wäscheleine auf beiden Seiten des „Belt Hooks“ herabhängt, und legt man den „Belt Hook“ wieder auf den Zeigefinger, so bleibt die Anordnung im Gleichgewicht.
Bei den Recherchen zu diesem Kompendium stießen wir auf eine schier unglaubliche Vielfalt von Varianten zu diesem Experiment, die zur Sorge Anlass geben dürfte, ob Physiker (oder zumindest Physikbuchautoren) nicht vielleicht zu viel Zeit in der Kantine zubringen oder mit dem Werkzeugkasten herumspielen: Was da nicht alles in welchen Kombinationen balanciert wird (eine Suppenterrine ist noch eines der harmlosen Teile der Aussteuer ...), übersteigt die normale Vorstellungskraft, weshalb nur gewisse „Klassiker“ von uns berücksichtigt wurden (siehe Experimente „Ein Balancierkunststück“, „Das Tellerkarussell“, „Der verhexte Karton“). Der interessierte Leser findet insbesondere in [*Zeier* 1986] und [*Hahn* 1907a] genügend weitere Anregungen.

Literatur

Hahn, H.: Physikalische Freihandversuche, Band 1, Verlag Otto Saale, Braunschweig 1907

Moisl, F.: Schüler-Experimentierbuch Physik 1, Ravensburger Taschenbücher, Ravensburg 1982

Zeier, E.: Physikalische Schulversuche, Freihandversuche, kleine Experimente, Aulis Verlag Deubner, Köln 1986

Berry, D. A.: A POTPOURRI OF PHYSICS TEACHING IDEAS, Selected reprints from The Physics Teacher April 1963 to December 1986, American Association Of Physics Teachers, College Park, MD 20740-4100, U.S.A. o. J. [1987]

Long, D. D.: The physics around you, Wadsworth Publishing Company, Belmont 1988

Richards, R.: 101 Experimente und Tricks, tolle Spiele für Tüftler, Bastler und Rechner, Pawlak-Verlagsgesellschaft mbH, o. O. 1991

1.67 Der verhexte Karton

Der Schwerpunkt eines Kartons wird so verändert, dass der Karton ungewöhnliches Verhalten zeigt.

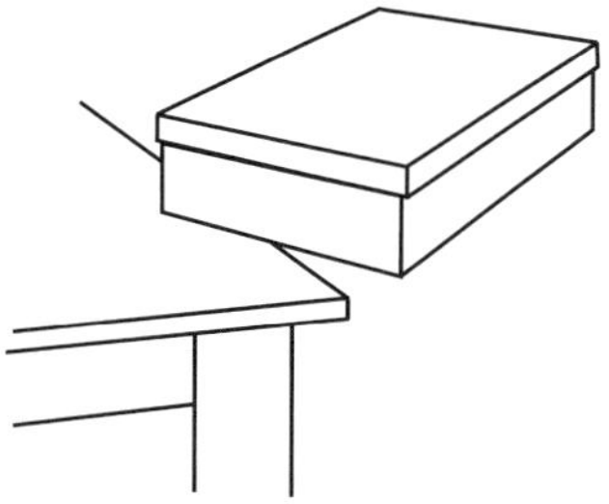

Abb. 1

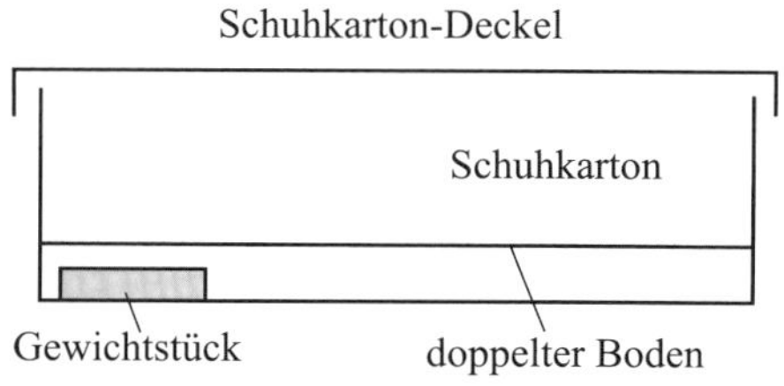

Abb. 2

Material

- Schuhkarton oder anderer Karton ähnlicher Größe
- Gewichtstück (ca. 3 – 4 mal so schwer wie der Karton)
- evtl. Pappe und Klebematerial

Aufbau und Durchführung

Das Gewicht wird in einer Ecke des Schuhkartons befestigt. Wenn man sich Mühe machen will, zieht man noch mit Pappe einen zweiten Boden ein (Querschnitt durch den Schuhkarton siehe Abb. 2), so dass das Gewichtstück auch bei abgenommenem Schuhkartondeckel nicht mehr zu sehen ist.
Man platziert den Karton so auf einem Tisch, dass das Gewichtstück über der Tischplatte zu liegen kommt, der Großteil des Kartons aber über den Tisch hinausragt (siehe Abb. 1). Ein Beobachter, der nichts von dem Gewichtstück weiß, wird über das Verhalten des Kartons sehr verwundert sein.

Erklärung

Durch die Platzierung des Gewichtstücks hat das System aus Karton und Gewichtstück seinen Schwerpunkt nahe der Ecke des Schuhkartons, in der das Gewichtstück sitzt. Der Karton bleibt auf dem Tisch liegen, solange der Schwerpunkt über der Tischplatte ist.

Bemerkungen

Weitere Experimente zur gleichen Thematik sind „Ein Balancierkunststück", „Schwerpunktsakrobatik" und „Das Tellerkarussell".

Literatur

Treitz, N.: Spiele mit Physik, Ein Buch zum Basteln, Probieren und Verstehen, Verlag Harri Deutsch, Thun und Frankfurt/Main 1983
Press, H. J.: Spiel das Wissen schafft: 100 interessante Experimente aus Natur und Technik – spielend ausführen, Ravensburger Taschenbücher, Ravensburg 1992

1.68 Das Tellerkarussell

Eine Konstruktion aus einem Teller, zwei Korken und vier Gabeln wird auf einer Nadelspitze balanciert und befindet sich im stabilen Gleichgewicht.

Material

- flacher Teller
- 4 Gabeln
- 3 Flaschenkorken
- Weinflasche
- Nähnadel

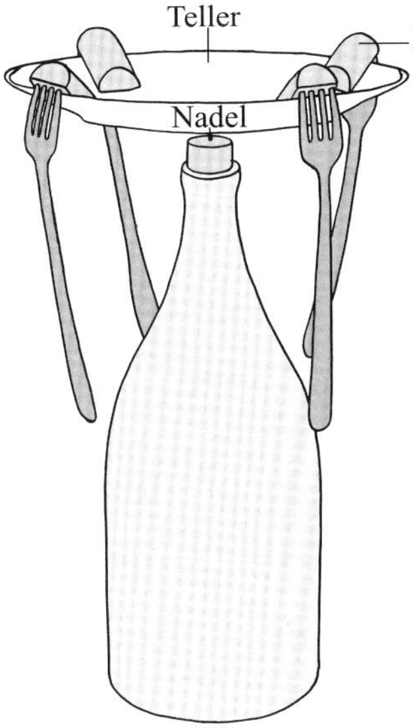

Abb. 1

Aufbau und Durchführung

Zwei Flaschenkorken werden in Längsrichtung halbiert. In jede Korkenhälfte steckt man in die Schnittfläche die Zinken einer Gabel so, dass die Griffe der Gabeln nicht senkrecht zur Schnittfläche stehen, sondern wie in Abbildung 1 leicht nach innen geneigt sind. Die Korkenhälften legt man wie in Abbildung 1 auf den Rand eines flachen Tellers. In den dritten Korken wird eine Nähnadel gesteckt, so dass die Spitze der Nadel noch ca. 1 cm aus dem Korken ragt. Mit diesem Korken verschließt man die Weinflasche.
Man stellt den Teller auf die Nadelspitze und richtet ihn so aus, dass er auf der Spitze stehen bleibt und nicht kippt. Man kann den Teller auch noch vorsichtig in Drehung versetzen.

Erklärung

Durch die herabhängenden Gabeln wird erreicht, dass der Schwerpunkt der gesamten Konstruktion aus Teller, Korken und Gabeln unterhalb des Auflagepunktes (Berührungspunkt von Nadelspitze und Teller) liegt. Dadurch befindet sich die Anordnung im stabilen Gleichgewicht. Da bei kleinen Auslenkungen ein Drehmoment entsteht, das den Teller wieder in die Gleichgewichtslage zurückführt, ist es möglich, den Teller in Drehung zu versetzen, ohne dass er von der Nadelspitze kippt.

Bemerkungen

Weitere Experimente zur gleichen Thematik sind „Ein Balancierkunststück", „Der verhexte Karton" und „Schwerpunktsakrobatik".

Literatur

Hahn, H.: Physikalische Freihandversuche, Band 1, Verlag Otto Saale, Braunschweig 1907
Oberdorfer, G.: Zytglogge Werkbuch, Das springende Ei und andere Experimente für die fünf Sinne, Zytglogge-Verlag, Gümmlingen Bonn Wien 1991

1.69 Die Dominobrücke

Beim Stapeln von Dominosteinen lässt sich ein großer Überhang erzeugen und theoretisch eine beliebig große Entfernung überbrücken.

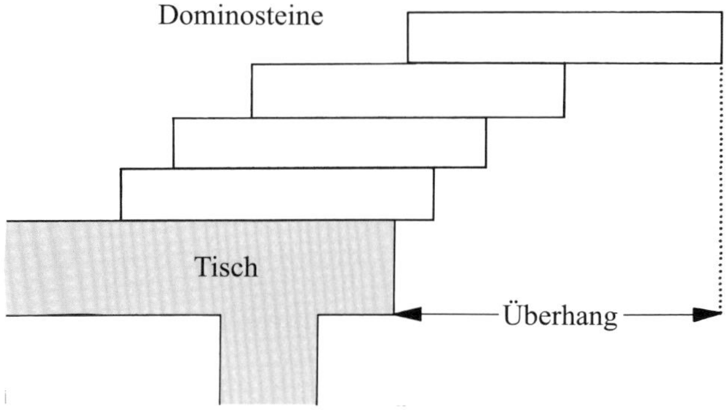

Abb. 1

Material

- mindestens 4 gleich große quaderförmige Gegenstände, z. B. Dominosteine oder Bücher

Aufbau und Durchführung

Die Dominosteine werden so übereinander gelegt, dass ein möglichst großer Überhang entsteht. Dazu legt man einen Dominostein so auf einen zweiten, dass knapp die Hälfte des oberen Steins übersteht und er gerade nicht herunterfällt. Diese beiden Steine werden zusammen so auf einen dritten Dominostein gelegt, dass die beiden oberen Steine gerade nicht kippen. Auf diese Weise fügt man neue Dominosteine jeweils unten zu dem bestehenden Stapel hinzu, indem man den bestehenden Stapel auf den neuen Stein legt und so platziert, dass der Stapel gerade nicht kippt. Mit etwas Geschick gelingt es, dass bei vier übereinander gestapelten Steinen ein Überhang von einem ganzen Stein entsteht (siehe Abb. 1). Verwendet man mehr Steine, kann man einen noch größeren Überhang erzeugen (siehe Tabelle 1).

Erklärung

Wird der erste Stein so auf den Tisch gelegt, dass mehr als die Hälfte seiner Länge übersteht, befindet sich sein Schwerpunkt nicht über der Auflagefläche. Es ergibt sich ein Drehmoment, das den Stein zum Kippen bringt. Der obere Dominostein muss daher so platziert werden, dass sich sein Schwerpunkt über der Tischkante befindet (siehe Abb. 2(a)). Wird dem Stapel von unten ein zweiter Stein hinzugefügt, so müssen die beiden Steine so liegen, dass sich ihr gemeinsamer Schwerpunkt über der Kante des Tisches befindet (siehe Abb. 2(b)).

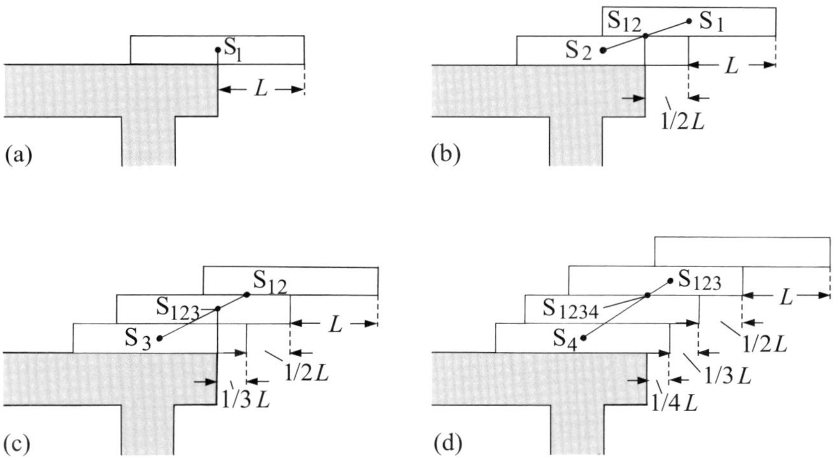

Abb. 2

Der gemeinsame Schwerpunkt lässt sich dabei jeweils mit dem Hebelgesetz ermitteln. Der gemeinsame Schwerpunkt S_{123} der oberen drei Steine liegt auf der Drehachse eines Hebels, bei dem am rechten Hebelarm die Gewichtskraft der oberen beiden Steine in deren gemeinsamen Schwerpunkt S_{12} angreift und am linken Hebelarm die Gewichtskraft des unteren Steins in dessen Schwerpunkt S_3 (siehe Abb. 2(c)). Damit der Hebel im Gleichgewicht ist, muss der linke Hebelarm doppelt so lang sein wie der rechte. Da die beiden Hebelarme zusammen die Länge L eines halben Steins besitzen, muss S_{123} $\frac{2}{3}L$ von S_3 entfernt sein, so dass der dritte Stein höchstens um $\frac{1}{3}L$ überstehen kann. Gleichzeitig erreicht man, dass der gemeinsame Schwerpunkt S_{1234} $\frac{3}{4}L$ von S_4 entfernt ist und somit der vierte Stein um höchstens $\frac{1}{4}L$ übersteht (siehe Abb. 2(d)).

Setzt man dieses Verfahren fort, ergibt sich für den Überhang $\ddot{U}$, den man mit N Steinen erzielen kann, die harmonische Reihe:

$$\ddot{U} = L + \frac{1}{2}L + \frac{1}{3}L + \frac{1}{4}L + \ldots = L\sum_{n=1}^{N}\frac{1}{n}$$

Diese Reihe ist divergent. Es ist also theoretisch möglich, einen beliebig großen Überhang zu erzielen. In Tabelle 1 ist die Anzahl der Steine angegeben, die man für den jeweiligen Überhang mindestens benötigt.

Tabelle 1:

Überhang	Anzahl der benötigten Steine
1 Stein	4
2 Steine	31
3 Steine	227
10 Steine	$2{,}72 \cdot 10^{8}$
20 Steine	$1{,}32 \cdot 10^{14}$

Literatur

Berge, O. E.: Physikalische Arbeitsbücher 2, Spielzeug im Physikunterricht, Quelle und Meyer, Heidelberg 1982
MacInnes, I.: The Physics Teacher 1 (1989), S. 42
Treitz, N.: Spiele mit Physik, Verlag Harri Deutsch, Thun und Frankfurt/Main 1991
Wittmann, J.: Trickkiste 2, Verblüffende Experimente zum Selbermachen, Bayerischer Schulbuch Verlag, München 1993
Walker, J.: Der fliegende Zirkus der Physik, R. Oldenbourg Verlag GmbH, München/Wien 1994, S. 49

1.70 Der Schwerpunkt eines Besens

Am Beispiel eines Besens wird demonstriert, wie man den Schwerpunkt von lang gestreckten Gegenständen im wahrsten Sinne des Wortes „freihändig" bestimmen kann.

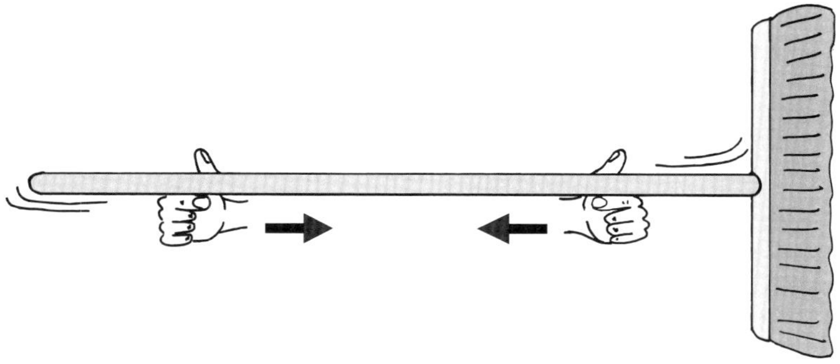

Abb. 1

Material

- Besen oder ein aus Stativmaterial zusammengesetztes „Besenmodell" (siehe Abb. 2)

Aufbau und Durchführung

Auf die in ca. 1 m Abstand horizontal nach vorne ausgestreckten Zeigefinger legt man einen Besen (siehe Abb. 1). Bewegt man nun eine Hand auf die andere zu, so rutscht mal der linke, mal der rechte Zeigefinger unter dem Besenstiel durch, bis sich beide Zeigefinger treffen, ohne dass der Besen nach einer Seite kippt oder ganz herunterfällt. Der so

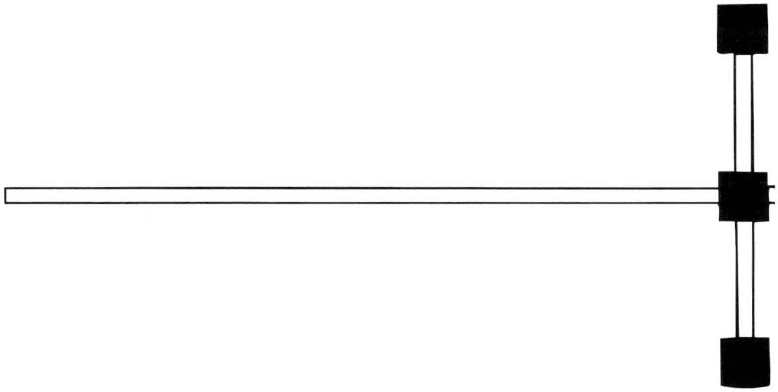

Abb. 2

gefundene Unterstützungspunkt markiert den Schwerpunkt des Besens. Hierbei kommt es weniger auf die Geschwindigkeit an, mit der man die Zeigefinger aufeinander zu bewegt, als darauf, die Finger auf gleicher Höhe über dem Boden und zudem nicht etwa windschief zu halten.
Sollte kein Besen zur Verfügung stehen, kann man aus Stativmaterial ein Besenmodell wie in Abbildung 2 gezeigt zusammenschrauben.

Erklärung

Zu Beginn der Bewegung befindet sich der Schwerpunkt des Besens zwischen den beiden Zeigefingern. Während der Bewegung wirkt auf den durchrutschenden Finger die Gleit- und auf den ruhenden Finger die Haftreibung. Je mehr sich der durchrutschende Finger dem Schwerpunkt nähert, desto mehr nimmt die vom Besenstiel auf ihn ausgeübte Auflagekraft (und damit die Gleitreibung) zu. Bei dem ruhenden Finger hingegen nimmt die Auflagekraft (und damit die Haftreibung) ab. Ist die Gleitreibung am durchrutschenden Finger gerade gleich der Haftreibung am ruhenden, so würde im nächsten Moment die (Gleit-)Reibung am durchrutschenden Finger größer als die (Haft-)Reibung am ruhenden sein. Deshalb beginnt der (gerade noch) ruhende Finger durchzurutschen und der (gerade noch) durchrutschende Finger zu ruhen. Die Finger haben also ihre Rollen miteinander vertauscht und das Wechselspiel zwischen Haft- und Gleitreibung beginnt von neuem. Dabei ist anzumerken, dass bei gegebener Auflagekraft die Haftreibung meist größer als die Gleitreibung ist (siehe Experiment „Reibung auf der schiefen Ebene").

Bemerkungen

Um das Verständnis für den Begriff des Schwerpunkts zu vertiefen oder zu überprüfen, bietet sich im Anschluss an dieses Experiment folgende Ergänzung an: Nachdem der Schwerpunkt wie oben beschrieben gefunden ist, fragt man, an welcher Stelle man den Besenstiel zersägen müsste, um zwei gleichschwere Teile zu erhalten. Anhand der richtigen und falschen Antworten („Am Schwerpunkt!") kann der Unterschied der Begriffe

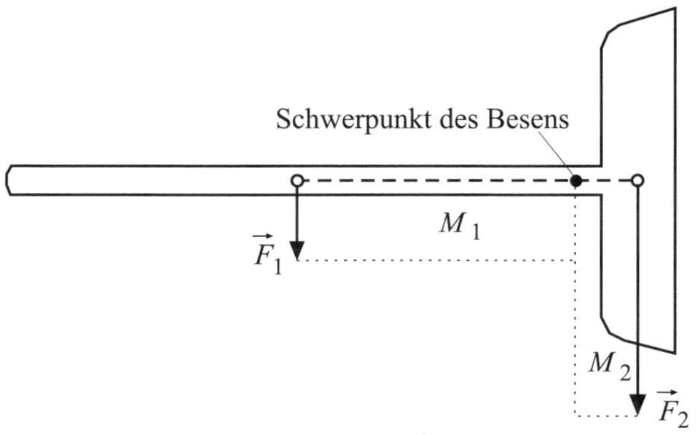

Abb. 3

- Drehmoment = Kraft · Kraftarm und
- (Gewichts-)Kraft

hervorgehoben werden:

- Für das Balancieren des Besens ist die Gleichheit der Drehmomente $\vec{M}_1$ und $\vec{M}_2$ ausschlaggebend, d. h. in Abbildung 3 müssen die gepunkteten Rechtecke gleichen Flächeninhalt besitzen.
- Für eine Aussage darüber, ob die beiden Teile des Besens, die man durch Zersägen am Schwerpunkt erhalten würde, gleich schwer sind, sind deren Gewichtskräfte $\vec{F}_1$ und $\vec{F}_2$ zu betrachten, die, wie aus Abbildung 3 ersichtlich, bei den meisten gebräuchlichen Besen unterschiedlich groß sind.

Literatur

Treitz, N.: Spiele mit Physik, Ein Buch zum Basteln, Probieren und Verstehen, Verlag Harri Deutsch, Thun und Frankfurt/Main 1983

Wittmann, J.: Trickkiste 1, Experimente, wie sie nicht im Physikbuch stehen, Bayerischer Schulbuch Verlag, München 1986

Baumann, A.: Physik und Didaktik 15/4 (1987), S. 329-332

Raaf, H.; Sowada, H.: Physik macht Spaß, Überraschende Einsichten durch über 100 Modelle und Experimente, Herder Verlag, Freiburg im Breisgau 1990

Kuypers, F.: Klassische Mechanik, VCH Verlagsgesellschaft mbH, Weinheim 1993, S. 117

Walker, J.: Der fliegende Zirkus der Physik, R. Oldenbourg Verlag GmbH, München/Wien 1994, S. 42

Glass, D.: What's what? Naturwissenschaftliche Plaudereien, Deutscher Taschenbuch Verlag GmbH & Co. KG, München 1995, S. 103

Bublath, J.: Das neue Knoff-Hoff Buch, Wilhelm Heyne Verlag, München 1989

1.71 Wie leicht kommt es zum Fall

Die Lage des Schwerpunkts einer Person bezüglich ihrer „Bodenkontaktstelle“ bestimmt die Stabilität bzw. die Instabilität der von der Person eingenommenen Stellung.

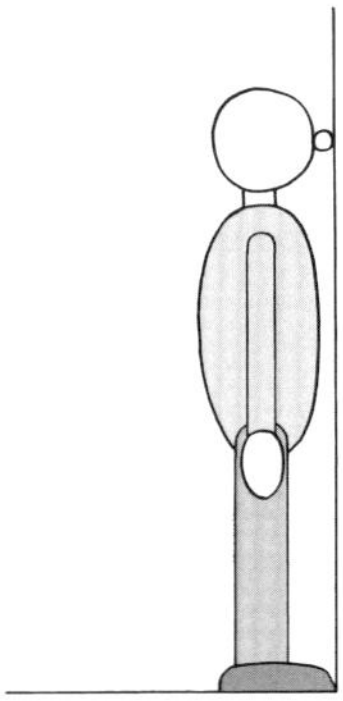

Abb. 1

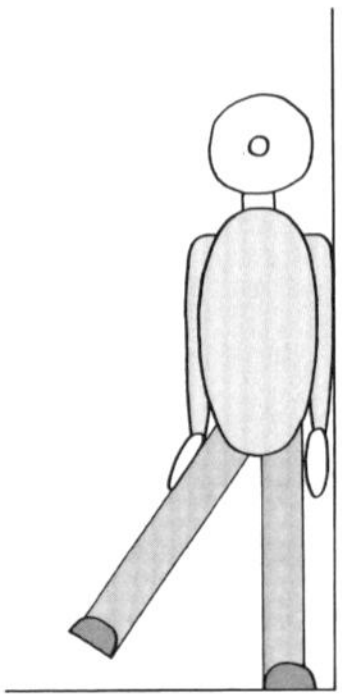

Abb. 2

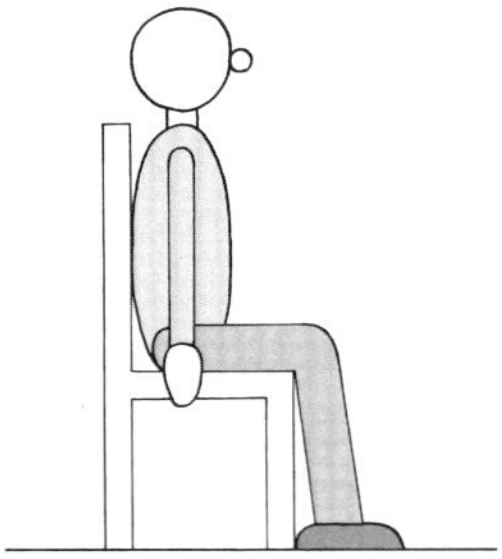

Abb. 3

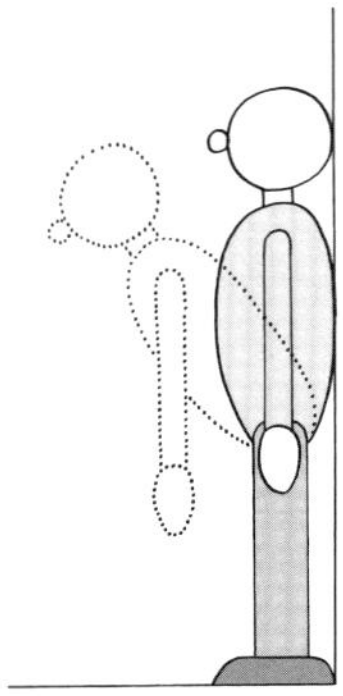

Abb. 4

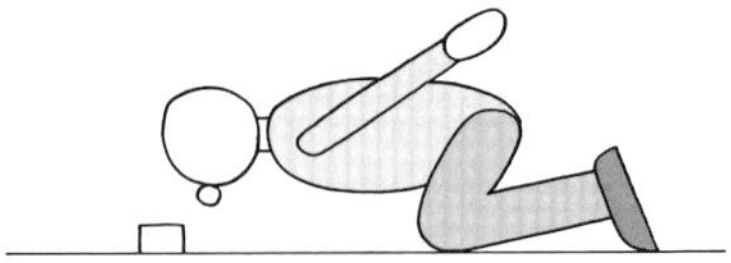

Abb. 5

Material

- Stuhl
- Streichholzschachtel

Aufbau und Durchführung

In den Abbildungen 1 bis 5 sind fünf unterschiedliche Versuchspositionen dargestellt:
(Abb. 1) Die Versuchsperson stellt sich aufrecht mit den Zehenspitzen an eine Wand. Die Zehenspitzen und der Kopf müssen an der Wand anliegen. Der Versuch, sich auf die Zehenspitzen zu stellen, scheitert.
(Abb. 2) Die Versuchsperson stellt sich seitlich so vor eine Wand, dass eine Körperseite an der Wand anliegt. Ein Fuß, eventuell auch ein Arm, muss mit der Außenseite an der Wand anliegen. Nun wird das weiter von der Wand entfernte Bein angehoben und so

weit wie möglich nach oben geführt (falls dazu noch Zeit bleibt). Den unvermeidlichen Aufschlag auf den Boden kann man evtl. durch eine Decke dämpfen.
(Abb. 3) Die Versuchsperson sitzt aufrecht auf einem Stuhl und kann sich an einer evtl. vorhandenen Lehne anlehnen. Die Füße müssen vor den vorderen Stuhlbeinen stehen. Die Winkel zwischen Oberkörper und Oberschenkel, sowie zwischen Oberschenkel und Unterschenkel sollen jeweils ca. 90° betragen. Die Versuchsperson hat die Aufgabe aufzustehen, ohne den Oberkörper nach vorne zu beugen oder die Füße nach hinten unter den Stuhl zu nehmen. Viel Glück!
(Abb. 4) Die Versuchsperson steht mit den Fersen ganz an einer Wand und versucht, mit den Fingern die Zehenspitzen zu erreichen. Dabei sollte man den dadurch ausgelösten Sturz nach Möglichkeit nicht mit dem Kopf abbremsen. Bei dem Test, wie weit man von der Wand entfernt sein muss, um die Zehenspitzen zu erreichen, wird das weibliche Geschlecht kürzere Abstände von der Wand benötigen als das männliche Geschlecht.
(Abb. 5) Die Versuchsperson kniet sich auf den Boden, nimmt die Ellenbogen vor die Knie auf den Boden und streckt den Unterarm (vom Ellenbogen bis zu den Fingerspitzen), wobei die Hände ähnlich wie beim Gebet aneinander liegen. Dann lässt sie sich eine Streichholzschachtel vor die Hände stellen. Die Versuchsperson nimmt die Hände auf den Rücken, verschränkt diese dort und versucht mit der Nasenspitze die Streichholzschachtel umzustoßen. Die männlichen Kollegen sollten nicht verzweifeln, wenn sich dieser Versuch für sie als unmöglich herausstellt.

Erklärung

Die Lage des Schwerpunkts einer Person hängt von Größe, Umfang, Form und jeweiliger Stellung einer Person ab. Steht man aufrecht, kann man den Schwerpunkt grob auf Höhe des Nabels lokalisieren.
(Teilexperiment 3) Beim Aufstehen von einem Stuhl müsste sich die Versuchsperson, zumindest während des ersten Teils der Bewegung, um eine Rotationsachse drehen, welche durch die beiden Kniescheiben der Person verläuft (siehe Abb. 6). Nimmt man an, dass sich die Versuchsperson bereits ein infinitesimales Stück über dem Stuhl befindet, muss das durch die von der Person über die Fußsohlen auf den Boden ausgeübte Kraft $\vec{F}$ entstehende Drehmoment $\vec{M}_F = \vec{f} \times \vec{F}$ ($\vec{f}$: Vektor von der Mitte der Verbindungslinie der beiden Kniescheiben zur Mitte der Verbindungslinie der beiden Fersen) das durch die Schwerkraft $\vec{G}$ der Person hervorgerufene Drehmoment $\vec{M}_G = \vec{g} \times \vec{G}$ ($\vec{g}$: Vektor von der Mitte der Verbindungslinie der beiden Kniescheiben zum Schwerpunkt der Person) kompensieren. Im Experiment ist $\vec{M}_F$ in etwa null und damit ist keine Drehung und kein Aufstehen möglich.

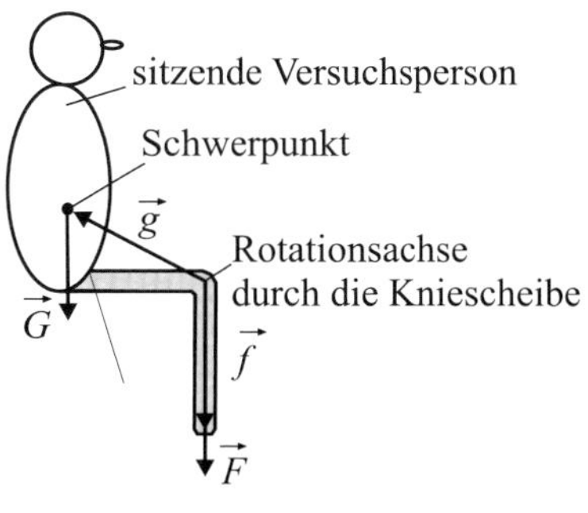

Abb. 6

(Teilexperiment 1) Bei dem in Abbildung 1 dargestellten Experiment verläuft die Rotationsachse, um die sich der Körper der Person – zumindest zu Beginn der Bewegung – drehen müsste, durch die Fußspitzen der Person. Man nimmt an, dass es die Versuchsperson geschafft hat, die Fersen um

einen infinitesimalen Weg anzuheben. Die Gewichtskraft $\vec{G}$ ruft ein Drehmoment $\vec{M}_G = \vec{g} \times \vec{G}$ ($\vec{g}$: Vektor von der Mitte der Verbindungslinie der beiden Fußspitzen zum Schwerpunkt der Person) hervor. Hat die Versuchsperson ihre Fersen etwas angehoben, übt die Versuchsperson über die Fußspitzen eine Kraft $\vec{F}$ auf den Boden aus, die kein Drehmoment ergibt. Die Versuchsperson kann also $\vec{M}_G$ nicht kompensieren. Die Fersen drehen sich um eine Achse, die durch die Fußspitzen verläuft, gemäß $\vec{M}_G$, und kommen wieder auf dem Boden auf. Es ist daher nicht möglich, die Fersen anzuheben.
(Teilexperiment 2) Beim zweiten Teilexperiment ruft die Gewichtskraft $\vec{G}$ ein Drehmoment $M_G = \vec{g} \times \vec{G}$ ($\vec{g}$: Vektor von der am Boden aufliegenden Fußsohle zum Schwerpunkt der Person) um die am Boden aufliegende Fußsohle hervor. Übt die Versuchsperson mit dem auf dem Boden stehenden Fuß eine Kraft $\vec{F}$ auf den Boden aus, erzeugt diese Kraft kein Drehmoment. Die Versuchsperson führt auf Grund von $\vec{M}_G$ eine Drehung um eine Achse aus, die durch die sich auf dem Boden befindliche Fußsohle verläuft.
(Teilexperiment 4) Liegen die Fersen an der Wand an, bewegt sich der Schwerpunkt der Versuchsperson beim Vorbeugen von der Wand weg. Ist der Schwerpunkt weiter von der Wand entfernt als die Zehenspitzen, so ist das von der Gewichtskraft $\vec{G}$ hervorgerufene Drehmoment $\vec{M}_G = \vec{g} \times \vec{G}$ ($\vec{g}$: auf der Verbindungslinie zwischen gleichen Zehenspitzen beider Füße senkrecht stehender Vektor, der von dieser Linie zum Schwerpunkt der Person weist) verschieden von null. Die Versuchsperson kann nur über die Fußsohlen eine Kraft $\vec{F}$ auf den Boden ausüben. Das daraus resultierende Drehmoment ist null, da die Kraft an der Drehachse angreift. Die Versuchsperson führt auf Grund von $\vec{M}_G$ eine Drehung um eine Achse, die durch die Zehenspitzen verläuft, aus.
Da bei einer Frau bei aufrechter Körperhaltung der Schwerpunkt tiefer liegt als bei einem Mann gleichen Gewichts, gleicher Größe und gleicher Körperhaltung, kann sich bei diesem Experiment eine Frau von der Wand weg tiefer beugen als ein Mann (siehe Abb. 7): Ein Mann kommt auf Grund des wirkenden Drehmoments zu Fall, während bei einer Frau noch kein Drehmoment auftritt.

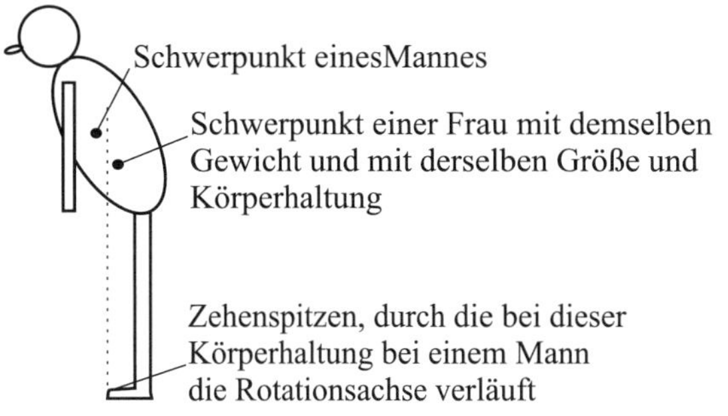

Abb. 7

(Teilexperiment 5) Da der Schwerpunkt bei einem Mann höher liegt als bei einer Frau, befindet sich in Teilexperiment 5 – wie in Teilexperiment 4 – der Schwerpunkt bei der im Experiment beschriebenen Körperhaltung bei einer Frau etwa über den Kniescheiben. Deshalb existiert bei einer Frau kein Drehmoment. Bei einem Mann hingegen liegt der Schwerpunkt etwas vor den Knien und deshalb führt der Körper des Mannes eine Drehung um eine Achse, die durch die Knie verläuft, aus (siehe Teilexperimente 2 und 4).

Literatur

Hewitt, P. G.: Conceptual physics, Harper Collins College Publishers, San Francisco 1993

1.72 Die Kerzenwippe

Mit einer Kerze als zweiarmigem Hebel lässt sich auf Grund des Hebelgesetzes eine Kippschwingung aufrechterhalten.

Material

- lange, schmale Kerze
- Stricknadel, langer Nagel oder dicker Metalldraht
- 2 gleich hohe Trinkgläser, Holzklötze oder Dosen, höher als die halbe Kerzenlänge
- feuerfeste Unterlage zum Auffangen von Wachstropfen, z. B. Blech oder Unterteller

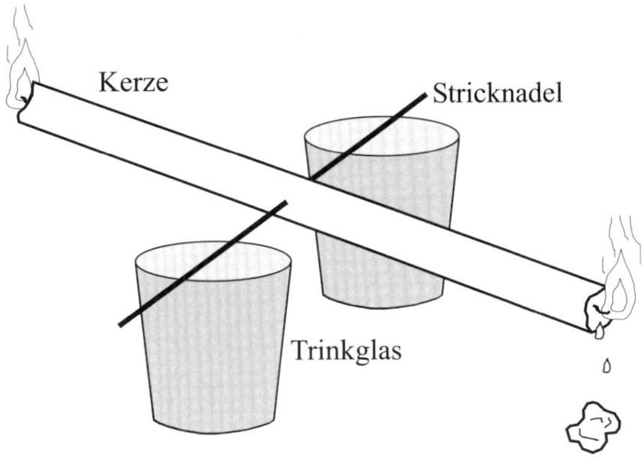

Abb. 1

Aufbau und Durchführung

Bei einer Kerze wird an beiden Enden ca. 1 cm des Dochtes freigelegt. Durch die Kerze wird in der Mitte senkrecht zur Längsachse eine Stricknadel gebohrt, so dass auf beiden Seiten der Kerze gleichlange Teile herausragen. Damit die Kerze nicht bricht, sollte man die Stricknadel erhitzen, bevor man sie durch die Kerze bohrt. Die Enden der Stricknadel werden auf zwei gleich hohe Trinkgläser gelegt (siehe Abb.1). Dabei ist darauf zu achten, dass die Kerze nicht nur auf und ab wippen, sondern auch vollständig durchschwingen kann, damit das Ende der Kerze, das sich zur Unterlage neigt, nicht mit dem bereits abgetropften Wachs verklebt und so eine Kippschwingung unmöglich macht. Zur Austarierung der Kerze muss eventuell an einer Seite weiteres Wachs entfernt werden.
Die Kerze wird auf beiden Seiten angezündet. Dreht man die austarierte Kerze mit der Hand kurzzeitig in die senkrechte Lage und lässt sie los, beginnt sie zu wippen und behält diese Bewegung bei, bis die Kerze fast vollständig abgebrannt ist. Zum Auffangen von Wachstropfen sollte man eine Unterlage unter die Kerze legen.

Erklärung

Die Kerze stellt einen zweiarmigen Hebel mit der Stricknadel als Drehachse dar, bei dem die Länge der Hebelarme ständig variiert. Im Ausgangszustand ist die Kerze austariert, d. h. ihr Schwerpunkt befindet sich an der Drehachse in der Mitte der Kerze. Dreht man die Kerze kurzzeitig aus der Ruhelage, so kommt die Flamme auf der tiefer liegenden Seite der Kerze stärker mit dem Wachs in Berührung. Daher tropft auf dieser Seite der Kerze im gleichen Zeitraum mehr Wachs ab als auf der anderen Seite.
Der Schwerpunkt der Kerze verlagert sich dadurch von der Drehachse in Richtung des höher liegenden Endes der Kerze. Es entsteht ein Drehmoment, welches das obere Kerzenende nach unten sinken lässt. Nun tropft von dieser Seite das Wachs schneller ab. Der Schwerpunkt der Kerze ändert erneut seine Lage und die Kerze beginnt zu wippen.

Bemerkungen

Damit dieses Experiment gut gelingt, sind an die zu verwendenden Kerzen gewisse Anforderungen zu stellen.

Es eignen sich keine konische Kerzen. Die Kerzen sollten gleichmäßig dick sein. Auch sogenannte Sicherheitskerzen, die vor dem vollständigen Herunterbrennen selbstständig erlöschen, sind ebenfalls ungeeignet, da sich das untere Ende nicht entzünden lässt. Es sollten auch möglichst tropfende Kerzen verwendet werden. Tropffreie Kerzen besitzen als Ummantelung eine Wachsschicht, deren Schmelztemperatur höher ist als die des übrigen Wachses. So bildet sich beim „normalen“ Gebrauch der Kerze ein Rand, über den das flüssige Wachs nicht fließen kann. Brennt die Kerze hingegen in waagerechter Lage, kann der untere Teil des Mantels nicht schmelzen und es bildet sich eine Rinne, aus der das flüssige Wachs nach einiger Zeit nicht mehr ablaufen kann. Das Wippen der Kerze hört auf.

Literatur

Hahn, H.: Physikalische Freihandversuche, Band 1, Verlag Otto Saale, Braunschweig 1907

Zeier, E.: Kurzweil durch Physik, Aulis Verlag Deubner, Köln 1983

Walpole, B.: Experimente, Tricks und Tips zum Verständnis der Natur, Lernen und Wissen im Spiel und mit Spaß, Südwest Verlag GmbH & Co. KG, München 1990

Gardner, M.: The Physics Teacher 31/6 (1993), S. 382

1.73 Trägheitsmomente von Trinkhalmen

Die direkte Proportionalität zwischen Trägheitsmoment und Drehmoment bei fester Winkelbeschleunigung wird qualitativ mit Hilfe zweier Trinkhalme unterschiedlichen Trägheitsmoments bestätigt.

Material

- 2 Trinkhalme, gleich lang und ohne Gelenk
- 4 Büroklammern
- Hilfsmittel: Schere

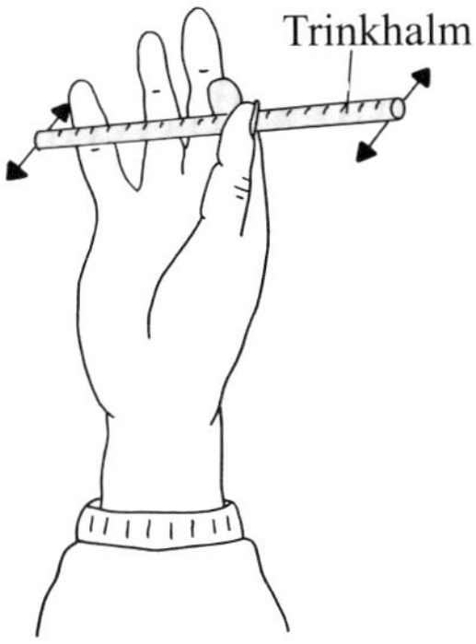

Abb. 1

Aufbau und Durchführung

An zwei Trinkhalmen werden jeweils zwei Büroklammern befestigt. Bei einem Trinkhalm steckt man die Büroklammern an den beiden Enden fest („Trinkhalm A“ in Abbildung 2). In den anderen Trinkhalm („Trinkhalm B“ in Abbildung 2) schneidet man ca. 1,5 cm rechts und links von der Mitte jeweils einen Schlitz. In jeden dieser Schlitze steckt man von der Mitte des Stabes ausgehend eine Büroklammer.

Einen Trinkhalm hält man zwischen Zeigefinger und Daumen und dreht ihn, wie in Abbildung 1 dargestellt, zwischen den Fingern hin und her. Die Drehachse steht dabei senkrecht zur Längsachse des Trinkhalms. Zum Vergleich dreht man den anderen Trinkhalm auch auf die gleiche Weise zwischen den Fingern. Es ist deutlich zu spüren, dass der Trinkhalm, dessen Büroklammern außen befestigt sind, „schwerer“ in Drehung zu versetzen und seine Drehung „schwerer“ wieder abzubremsen ist, als der Trinkhalm, dessen Büroklammern bei der Mitte des Stabes befestigt sind.

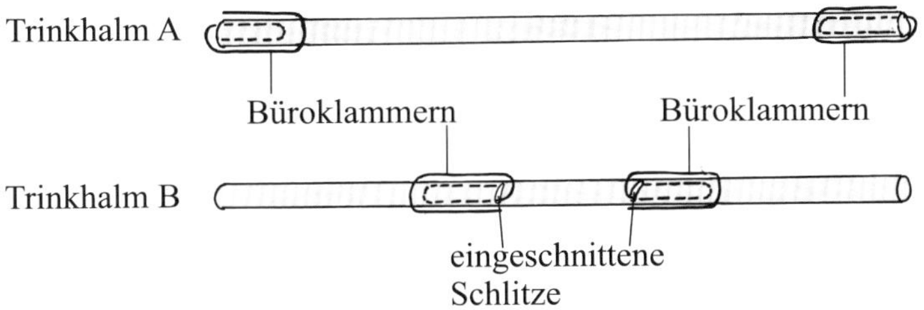

Abb. 2

Erklärung

Die Drehbewegung beider Trinkhalme hat annähernd den gleichen Verlauf. Das bedeutet, dass ihre Winkelbeschleunigung ω in Abhängigkeit vom Auslenkwinkel ø die gleiche sein muss. Die Winkelbeschleunigung ergibt sich aus dem Trägheitsmoment J des Trinkhalmes und dem Drehmoment $\vec{M}$ des Betrages M, das auf ihn wirkt:

$$\dot{\omega}(\phi) = \frac{M}{J} \quad (1)$$

Trinkhalm A hat ein größeres Trägheitsmoment als Trinkhalm B. So muss nach Gleichung (1) auf Trinkhalm A ein größeres Drehmoment wirken, wenn beide Trinkhalme die gleiche Winkelbeschleunigung erfahren.
Das Drehmoment wird von den Fingern auf den Trinkhalm ausgeübt. Abbildung 3 erläutert den Sachverhalt:

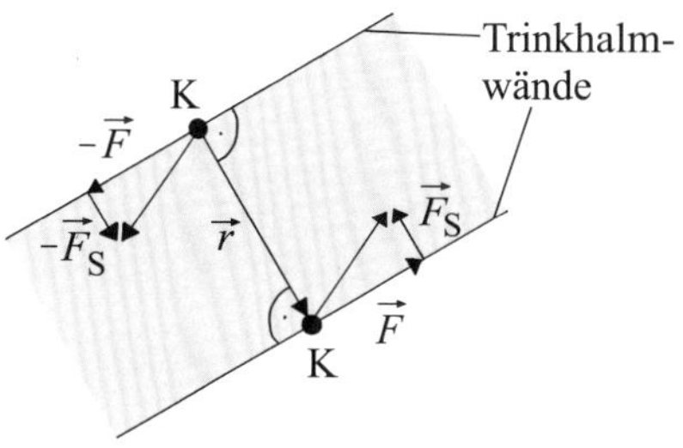

Abb. 3

Die Kraft, die von den Fingern an den Punkten K auf den Trinkhalm ausgeübt wird, kann in eine Komponente $\vec{F}_s$ senkrecht und eine Komponente $\vec{F}$ parallel zur Achse des Trinkhalmes aufgeteilt werden. Da $\vec{F}_s$ von den Wänden des Trinkhalmes kompensiert wird, trägt nur $\vec{F}$ zum Drehmoment bei, das die Finger auf den Trinkhalm ausüben. So ergibt sich M aus dem Abstand $\vec{r}$ der beiden Punkte K und der Kraft $\vec{F}$:

$$M = |\vec{r} \times \vec{F}| = rF$$

(r, F: Betrag von $\vec{r}$ bzw. $\vec{F}$)

r ist für beide Trinkhalme gleich. Deshalb muss von den Fingern eine größere Kraft aufgewendet werden, um ein größeres Drehmoment auf den Trinkhalm A auszuüben. Dies wird als „schwerer" empfunden.

Literatur

Reid, B.: The Physics Teacher 9 (1988), S. 405-406

1.74 Welcher Stab fällt schneller um?

Die Abhängigkeit des Drehmoments von der Länge des Hebelarmes und die des Trägheitsmoments vom Quadrat dieser Länge wird durch das verschieden schnelle Umfallen von Stäben mit unterschiedlicher Massenverteilung bestätigt.

Material

- 4 gleich lange Trinkhalme
- 2 Murmeln oder ähnliche Kugeln
- Hilfsmittel: Klebeband

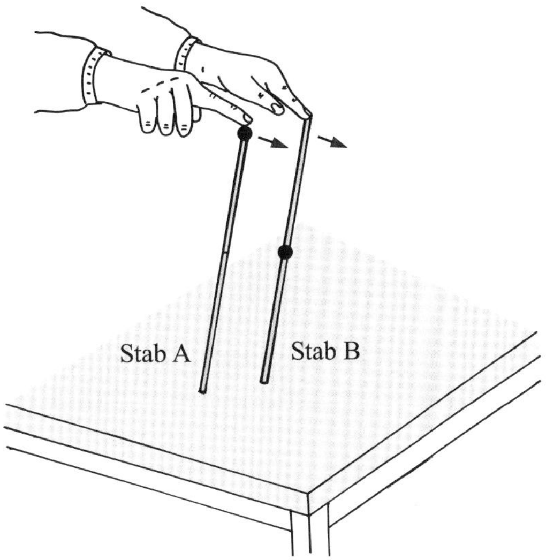

Abb. 1

Aufbau und Durchführung

Um zwei Stäbe mit verschiedenen Massenverteilungen zu erhalten, werden jeweils zwei Trinkhalme und eine Murmel in folgenden Reihenfolgen mit Klebeband zusammengeklebt. Bei Stab B (siehe Abb. 1) ist die Murmel in der Mitte, bei Stab A (siehe Abb. 1) an einem seiner Enden befestigt. Die beiden Stäbe stellt man wie in Abbildung 1 auf den Tisch, hält sie nebeneinander leicht in die gleiche Richtung geneigt und lässt sie umfallen. Der Stab B, dessen Murmel in der Mitte befestigt ist, liegt zuerst auf dem Boden.

Das Ende der Stäbe, mit dem sie vor dem Umfallen auf der Unterlage stehen, sollte beweglich auf dem Tisch befestigt werden. So haben die Trinkhalme beim Umfallen einen eindeutigen Drehpunkt, wodurch das Experiment leichter beobachtet werden kann. Dazu legt man den Halm so auf den Tisch, wie er nach dem Umfallen liegen soll (siehe Abb. 2(a)), und befestigt einen Klebestreifen längs des Trinkhalmes an Tisch und Trinkhalmende („Klebestreifen 1" in Abb. 2(a)). Der Trinkhalm wird auf die gegenüberliegende Seite geklappt (siehe Abb. 2(a) und (b)) und nochmal auf die gleiche Weise mit einem Klebestreifen am Tisch befestigt („Klebestreifen 2"). So entsteht ein Gelenk (siehe Abb. 2(c)), durch das der Trinkhalm beim Umfallen nicht behindert wird.

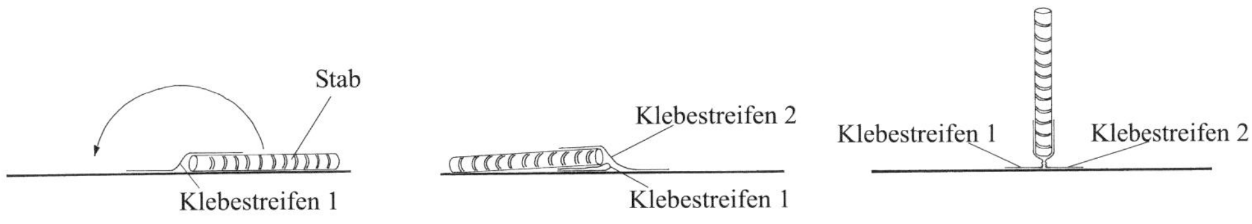

Abb. 2 (a) (b) (c)

Erklärung

Näherungsweise kann man die Trinkhalme als masselos betrachten und sich die Masse m der Murmel als im Mittelpunkt S der Murmel vereinigt ansehen. So erläutert Abbildung 3 den Sachverhalt.

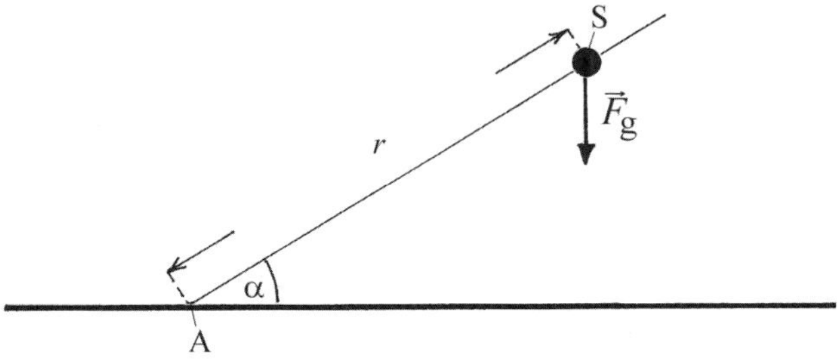

Abb. 3

A ist der Auflagepunkt und Drehpunkt des Trinkhalmes am Tisch. Der Betrag M des Drehmoments M der an der Masse m angreifenden Gewichtskraft $\vec{F}_g = m\vec{g}$ und das Trägheitsmoment J der Masse m bezüglich des Drehpunktes A sind:

$$M(\alpha) = rmg \cos \alpha \qquad (1) \qquad \text{und} \qquad J = mr^2 \qquad (2)$$

(r: Abstand zwischen A und S; α: Neigungswinkel des Trinkhalmes; g: Betrag der Erdbeschleunigung)

Aus diesen beiden Größen lässt sich die Winkelbeschleunigung $\dot{\omega}$ berechnen:

$$\dot{\omega}(\alpha) = \frac{M(\alpha)}{J} \qquad (3)$$

Setzt man die Gleichungen (1) und (2) in (3) ein, erhält man:

$$\dot{\omega}(\alpha) = \frac{1}{r} mg \cos \alpha$$

Bei gleicher Neigung α erfährt also der Trinkhalm die größere Winkelbeschleunigung, dessen Murmel näher am Drehpunkt liegt. Da dies für alle Neigungen α gilt, kommt der Trinkhalm zuerst auf der Unterlage auf, bei dem die Murmel in der Mitte des Stabes befestigt ist.

Literatur

Edge, R. D.: String & Sticky Tape Experiments, American Association Of Physics Teachers, College Park, MD 20740-4100, U.S.A. 1987

1.75 Drehstuhlpirouetten

Durch unterschiedliche Verteilung von Zusatzmassen kann eine Person ihre Rotationsgeschwindigkeit auf einem Drehstuhl variieren.

Abb. 1

Abb. 2

Material

- gut drehbarer Drehstuhl
- Besen

Aufbau und Durchführung

Eine Versuchsperson sitzt auf einem Drehstuhl und hält einen Besen waagrecht von sich weg (siehe Abb. 1). Der Drehstuhl wird von einem Assistenten in Rotation versetzt, worauf die Versuchsperson beginnt, sich mit einer gewissen Winkelgeschwindigkeit zu drehen. Zieht die Versuchsperson den Besen näher zu sich heran und hält sie ihn schließlich senkrecht nach oben (siehe Abb. 2), so erhöht sich die Rotationsgeschwindigkeit.

Erklärung

Bei einem gut drehbaren Stuhl kann die Reibung vernachlässigt werden. Der Drehimpuls $\vec{L}$ ist eine Erhaltungsgröße.

$$\vec{L} = I\vec{\omega} = (I_{\text{Stuhl}} + I_{\text{Person}} + I_{\text{Stiel}} + I_{\text{Bürste}})\ \vec{\omega}$$

(I: Trägheitsmoment des rotierenden Körpers; $\vec{\omega}$: Winkelgeschwindigkeit des rotierenden Körpers; I_{Stuhl}, I_{Person}, I_{Stiel}, $I_{\text{Bürste}}$: Trägheitsmomente des Drehstuhls, der Person, des Besenstiels, der Besenbürste)

Das Trägheitsmoment der Person und des Stuhls bleibt während des gesamten Versuchs gleich. Eine Änderung des Gesamtträgheitsmoments rührt lediglich von der Änderung der Lage der Zusatzmasse (des Besens) her.

Der Drehimpuls $\vec{L}_{\text{waag}}$ bei waagrechtem Besen berechnet sich nach

$$\vec{L}_{\text{waag}} = I_{\text{waag}}\vec{\omega}_{\text{waag}} = \left(I_{\text{Stuhl}} + I_{\text{Person}} + \frac{1}{3} l_{\text{Stiel}}^{\ 2}\, m_{\text{Stiel}} + m_{\text{Bürste}}\, l^2 \right) \vec{\omega}_{\text{waag}}$$

(l_{Stiel}: Länge des Besenstiels; l: Entfernung der Besenbürste von der Rotationsachse; m_{Stiel}, $m_{\text{Bürste}}$: Masse von Besenstiel und Besenbürste; $\vec{\omega}_{\text{waag}}$: Winkelgeschwindigkeit bei waagrechter Bürste)

Der Drehimpuls $\vec{L}_{\text{vert}}$ bei vertikalem Besen berechnet sich (unter Annahme eines sehr geringen Abstands des Besens von der Rotationsachse) zu

$$\vec{L}_{\text{vert}} = I_{\text{vert}}\vec{\omega}_{\text{vert}} \approx (I_{\text{Stuhl}} + I_{\text{Person}})\, \vec{\omega}_{\text{vert}}$$

($\vec{\omega}_{\text{vert}}$: Winkelgeschwindigkeit bei vertikalem Besen)

Mit $\vec{L}_{\text{waag}} = \vec{L}_{\text{vert}}$ folgt

$$\vec{\omega}_{\text{vert}} = \frac{I_{\text{waag}}}{I_{\text{vert}}}\, \vec{\omega}_{\text{waag}}$$

Bei einer Person mit 70 kg Körpermasse und 90 cm Brustumfang, einem Stuhl mit 2 kg Masse und 30 cm Durchmesser, einem Besenstiel mit 0,4 kg Masse und der Länge 1,5 m und einer Besenbürste mit 0,4 kg Masse kann man ungefähr abschätzen:

$$\vec{\omega}_{\text{vert}} \approx 3\, \vec{\omega}_{\text{waag}}$$

Bemerkungen

Ähnliche Experimente zur gleichen Thematik sind „Knopfpirouetten“ und „Das Schleudergerät“.

Literatur

Bauer, N.: Versuchssammlung für die Vorlesungen in Experimentalphysik an der Universität Augsburg, o. V., Augsburg 1992

1.76 Knopfpirouetten

Mit einem Knopf, der an einer Schnur kreist, demonstriert man, dass Winkelgeschwindigkeit und Trägheitsmoment indirekt proportional zueinander sind, wenn der Drehimpuls erhalten bleibt.

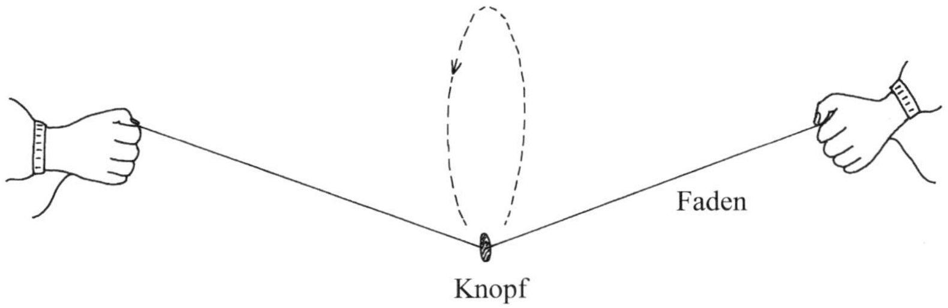

Abb. 1

Material

- Knopf, an einem Faden auffädelbar und möglichst schwer, oder schwere Schraubenmutter
- leichter reißfester Faden (Länge: 50 – 80 cm)

Aufbau und Durchführung

Man fädelt einen Knopf an einem Faden auf, hält die Fadenenden jeweils mit einer Hand in gleicher Höhe und lässt den Faden stark durchhängen. Kreist man beide Hände gleichzeitig, rotieren Faden und Knopf wie in Abbildung 1 um die Verbindungslinie der beiden Hände. Die Bewegung des Knopfes beschreibt dabei eine Kreisbahn (siehe Abb. 1).
Kreist der Knopf genügend schnell, hält man die Hände ruhig und vergrößert den Abstand zwischen ihnen. Dadurch wird der Radius der Kreisbahn des Knopfes kleiner und die Winkelgeschwindigkeit größer. Verkleinert man den Abstand der Hände, nimmt die Winkelgeschwindigkeit des Knopfes ab.
Für dieses Experiment sollte kein Massenstück verwendet werden, das nicht wie ein Knopf aufgefädelt werden kann. Müsste das Massenstück am Faden festgebunden werden, würde der Faden durch die kreisende Bewegung des Massenstückes verdrillt und dadurch die Bewegung des Massenstückes gebremst.

Erklärung

Näherungsweise kann der Faden als masselos betrachtet werden. Die Masse des Knopfes denkt man sich in dem Punkt vereinigt, an dem der Faden den Knopf durchdringt. Für die folgende Erklärung des Experiments wird die Gewichtskraft, die auf den Knopf wirkt, vernachlässigt. Eine Mitberücksichtigung der Gewichtskraft würde die Erklärung unnötig verkomplizieren und keinen großen Beitrag zu einem vertieften Verständnis leisten.
Werden die Hände ruhig gehalten, erfährt der Knopf kein Drehmoment. Deshalb bleibt sein Drehimpuls erhalten.

Der Drehimpuls $\vec{L}$ des Knopfes ist:

$$\vec{L} = mr^2\vec{\omega} = const$$

(m: Masse des Knopfes; r: Radius der Kreisbahn des Knopfes; $\vec{\omega}$: Winkelgeschwindigkeit des Knopfes)
Vergrößert man den Abstand der Hände, verkleinert sich der Radius r. Da $\vec{L}$ erhalten bleibt, führt dies zu einer Vergrößerung des Betrags von $\vec{\omega}$. Entsprechendes gilt, wenn der Abstand der Hände verkleinert wird.

Bemerkungen

Den gleichen physikalischen Zusammenhang nützt die Eiskunstläuferin aus, wenn sie eine Pirouette dreht. Die Eiskunstläuferin beschleunigt ihre Drehbewegung und hält dabei ihre Arme weit vom Körper weg. Hat sie eine bestimmte Winkelgeschwindigkeit erreicht, beschleunigt sie nicht mehr (d. h. es wirkt auch kein Drehmoment) und zieht ihre Arme nah an den Körper heran, wodurch sich ihr Trägheitsmoment verringert. Da der Drehimpuls erhalten bleibt, erhöht sich ihre Winkelgeschwindigkeit.
Ähnliche Experimente zur gleichen Thematik sind „Drehstuhlpirouetten" und „Das Schleudergerät".

Literatur

Hahn, H.: Physikalische Freihandversuche, Band 1, Verlag Otto Saale, Braunschweig 1907

1.77 Ein Kreisel auf einem Drehstuhl

Die Vektoreigenschaft des Drehimpulses wird anhand der Drehimpulserhaltung bei einem System aus zwei rotationsfähigen Gegenständen demonstriert.

Abb. 1

Abb. 2

Material

- gut drehbarer Drehstuhl
- Fahrradfelge

Aufbau und Durchführung

Eine Versuchsperson sitzt auf einem Drehstuhl und bekommt ein schnell rotierendes Rad (eines Fahrrads) mit horizontaler Drehachse übergeben. Die Drehachse des Rads sollte senkrecht zur Drehachse des Drehstuhls stehen (siehe Abb. 1). Der Drehstuhl bleibt in Ruhe. Richtet die Person die Drehachse des Rads auf, bis sie vertikal steht (siehe Abb. 2), beginnt sich der Drehstuhl zu drehen.

Wird in einem zweiten Experiment die Felgendrehachse so aufgerichtet, dass sie gegenüber der Position des ersten Experiments, wie sie in Abbildung 2 dargestellt ist, um 180° gedreht ist, rotiert der Drehstuhl in entgegengesetzter Richtung.

Erklärung

Durch das Drehen der Radachse in die Vertikale ist in dieser vertikalen Raumrichtung eine von null verschiedene Drehimpulskomponente vorhanden. Da zu Beginn des Experiments in dieser Raumrichtung kein Gesamtdrehimpuls vorhanden war, darf auch nach dem Drehen der Fahrradfelge kein Gesamtdrehimpuls in dieser Raumrichtung existieren. (Bei Vernachlässigung der Reibung am Drehstuhl wirken keine äußeren Momente auf die Fahrradfelge. Somit gilt die Drehimpulserhaltung.) Deshalb müssen der Drehstuhl und die Versuchsperson die vertikale Drehimpuls-Komponente der Fahrradfelge kompensieren und sich entgegengesetzt zur Felge drehen.

Wird im zweiten Experiment die Endlage der Felge gegenüber der Endlage im ersten

Experiment um 180° gedreht, muss der Drehstuhl einen im Vergleich zum ersten Experiment entgegengesetzten Drehimpuls kompensieren. Der Drehstuhl dreht sich entgegengesetzt zur Rotation im ersten Experiment.

Bemerkungen

Ohne die Deutung des Drehimpulses als Vektor sind diese Effekte nicht zu verstehen. Das Experiment weist also den vektoriellen Charakter des Drehimpulses nach.

Literatur

Bauer, N.: Versuchssammlung für die Vorlesungen in Experimentalphysik an der Universität Augsburg, o. V., Augsburg 1992

zur Erklärung:

Vogel, H.; Gerthsen, C.: Physik, Ein Buch zum Gebrauch neben Vorlesungen, Springer Verlag, Berlin 1995, S. 72 ff.

1.78 Das Konservendosenrennen

Zwei Konservendosen gleicher Masse, gleicher Abmessungen und gleicher potenzieller Energie zeigen beim Herabrollen einer schiefen Ebene auf Grund unterschiedlicher Trägheitsmomente unterschiedliches Verhalten.

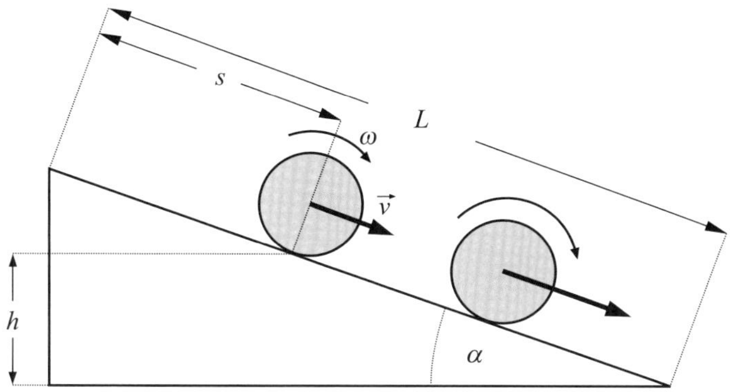

Abb. 1

Material

- 2 Konservendosen gleicher Masse und gleicher Abmessungen, die eine mit eher flüssigem, die andere eher mit kompaktem Inhalt, z. B. chinesische Gemüsesuppe und Linseneintopf mit 4 Rauchwürstchen
- schiefe Ebene, z. B. ein Brett mit Unterlage oder aus Stativstangen zusammengebaute Schienen

Aufbau und Durchführung

Auf eine leicht geneigte schiefe Ebene (Neigungswinkel $\alpha = 10° - 20°$) werden zwei Konservendosen nebeneinander gelegt und gleichzeitig losgelassen. Die Dose mit flüssigem Inhalt erreicht das untere Ende der schiefen Ebene vor der Dose mit festem Inhalt. Beim Ausrollen holt die Dose mit festem Inhalt ihre „Konkurrentin" jedoch ein und überholt diese unter Umständen sogar. Schließlich bleiben beide Dosen liegen. Je steiler die schiefe Ebene ist, umso größer ist die Distanz, die die Dose mit festem Inhalt von der Dose mit flüssigem Inhalt trennt.

Erklärung

Für beide Dosen gilt nach dem Energieerhaltungssatz, dass ihre anfängliche potenzielle Energie vollständig in kinetische Energie (und Reibungsarbeit) umgewandelt wird, wobei sich die kinetische Energie in einen translatorischen und einen rotatorischen Bestandteil aufgliedert. Unter Vernachlässigung der Reibung gilt daher folgende Gleichung:

$$\frac{1}{2} M v^2 + \frac{1}{2} I\,\omega^2 + Mgh = const.$$

(M: Gesamtmasse der Dose (Blechdose + Inhalt); v: momentane Geschwindigkeit der Dose; I: Trägheitsmoment um die Längsachse der als Zylinder aufgefassten Dose; ω: Betrag der momentanen Winkelgeschwindigkeit der Dose; g: Betrag der Erdbeschleunigung; h: Höhe, auf der sich die Dose momentan befindet, bezogen auf die Höhe 0 am unteren Ende der schiefen Ebene)

Aus der Geometrie der schiefen Ebene ergibt sich daraus mit den Bezeichnungen aus Abbildung 1:

$$\frac{1}{2}Mv^2 + \frac{1}{2}I\omega^2 + Mg\,(L - s)\sin\alpha = const.$$

(a) Dose mit festem Inhalt

Mit $\omega = \frac{v}{r}$ und dem Trägheitsmoment eines um die Längsachse rotierenden Vollzylinders

$$I = M\frac{r^2}{2}$$

(r: Radius des Zylinders, für beide Dosen gleich)

gilt schließlich folgende Gleichung:

$$\frac{3}{4}Mv^2 + Mg\,(L - s)\sin\alpha = const.$$

Leitet man diese einmal nach der Zeit ab, erhält man nach Division durch $\frac{3}{2}M\dot{s}$ die Bewegungsgleichung

$$\ddot{s} = \alpha = \frac{2}{3}g\sin\alpha.$$

Mit den Randbedingungen $v_0 = v\,(0) = 0$ und $s_0 = s\,(0) = 0$ ergibt sich daraus durch Integration

$$\dot{s}\,(t) = v\,(t) = \frac{2}{3}g\sin\alpha\cdot t$$

$$s\,(t) = \frac{2}{3}g\sin\alpha\cdot t^2$$

Für die Zeit T_{fest}, die die Dose mit festem Inhalt benötigt, um die Strecke L zurückzulegen, sowie für die Geschwindigkeit $v_{fest} = v\,(T_{fest})$, die die Dose am unteren Ende der schiefen Ebene besitzt, ergeben sich somit folgende Werte:

$$T_{fest} = \sqrt{3}\cdot\sqrt{\frac{L}{g\ sin\ \alpha}}$$

$$v_{fest} = \frac{2}{3}\sqrt{Lg\ sin\ \alpha}\cdot\sqrt{3}$$

(b) Dose mit flüssigem Inhalt

Im Gegensatz zur Dose mit festem Inhalt, bei der die Blechdose und der Inhalt rotieren, rotiert hier nur die Blechdose, während der flüssige Inhalt die schiefe Ebene lediglich hinuntergleitet. Dies kommt in der Verwendung eines kleineren Trägheitsmoments zum Ausdruck, wodurch sich auch die verschiedenen Verhaltensweisen erklären lassen.

Mit $\omega = \frac{v}{r}$ und dem Trägheitsmoment eines um die Längsachse rotierenden Hohlzylinders

$$I = mr^2$$

(m: Masse der leeren Blechdose, im Folgenden aus Gründen der besseren Vergleichbarkeit als Vielfaches der Gesamtmasse der Dose M angegeben: $m = kM$, $k < 1$)
gilt schließlich folgende Gleichung:

$$\frac{1}{2} Mv^2 (1 + k) + Mg (L - s) \sin \alpha = const.$$

Leitet man diese einmal nach der Zeit ab, erhält man nach Division durch $M\dot{s} (1 + k)$ die Bewegungsgleichung

$$\ddot{s} = a = g \sin \alpha \cdot \frac{1}{1 + k}.$$

Mit den Randbedingungen $v_0 = v (0) = 0$ und $s_0 = s (0) = 0$ ergibt sich daraus durch Integration

$$\dot{s} (t) = v (t) = g \sin \alpha \cdot t \cdot \frac{1}{1 + k}$$

$$s (t) = \frac{1}{2} g \sin \alpha \cdot t^2 \cdot \frac{1}{1 + k}$$

Für die Zeit $T_{\text{flüssig}}$, die die Dose mit flüssigem Inhalt benötigt, um die Strecke L zurückzulegen, sowie für die Geschwindigkeit $v_{\text{flüssig}} = v (T_{\text{flüssig}})$, die die Dose am unteren Ende der schiefen Ebene besitzt, ergeben sich somit folgende Werte:

$$T_{\text{flüssig}} = \sqrt{2} \cdot \sqrt{\frac{L}{g \ sin \ \alpha}} \cdot \sqrt{1+k}$$

$$v_{\text{flüssig}} = \sqrt{Lg \ sin \ \alpha} \cdot \sqrt{2} \cdot \sqrt{1+k}$$

Für die folgenden Abschätzungen kann der Faktor $\sqrt{1 + k}$ guten Gewissens durch 1 ersetzt werden (gemessene Werte: M = 958 g, m = 96 g, $\Rightarrow \sqrt{1 + k} \approx 1{,}049$). Es gilt

$$\frac{T_{\text{flüssig}}}{T_{\text{fest}}} = \frac{\sqrt{2}}{\sqrt{3}} = 0{,}816$$

$$\frac{v_{\text{flüssig}}}{v_{\text{fest}}} = \frac{\sqrt{3}}{\sqrt{2}} = 1{,}225$$

Die Theorie ist also qualitativ in Übereinstimmung mit der Beobachtung: Die Dose mit flüssigem Inhalt benötigt nur den 0,8-ten Teil der Zeit der Dose mit festem Inhalt, um die schiefe Ebene herabzurollen, erreicht das untere Ende also vorher. Allerdings hat die Dose mit flüssigem Inhalt an dieser Stelle, an der ein Rollen auf ebener Fläche einsetzt, auch die 1,2-fache Geschwindigkeit der Dose mit festem Inhalt, weshalb man erwarten sollte, dass die Dose mit flüssigem Inhalt ihre Führungsposition bis zum Ende des „Rennens“ behält, da dieses Ende ja durch die Reibung mit dem ebenen Untergrund herbeigeführt wird, die für beide Dosen auf Grund ihrer gleichen Gewichtskräfte gleich sein muss. Offenbar erfährt die Dose mit flüssigem Inhalt durch die nicht mitrotierende Flüssigkeit eine so große zusätzliche „innere“ Reibung (der Flüssigkeit an der Innenwand), die mit steigender Geschwindigkeit zunimmt, dass sie aus demselben Grund, der ihr den Vorsprung einbrachte (der nicht mitrotierende Inhalt), diesen Vorsprung wieder verliert. Die Abhängigkeit der „inneren“ Reibung von der Geschwindigkeit erklärt auch, warum mit wachsendem Neigungswinkel der schiefen Ebene die Dose mit flüssigem Inhalt immer deutlicher bezüglich der Reichweite „verliert“.

Bemerkungen

Die Berechnungen gelten genau so nur für ideale Voll- und Hohlzylinder gleicher Masse und Abmessungen. Die verwendeten Konservendosen haben je nach Inhalt natürlich nicht die genau gleichen Eigenschaften, wie die Zylinder. Wie beschrieben wird die Auswirkung der unterschiedlichen Konsistenzen der Inhalte bei geeigneter Wahl aber doch sichtbar. Es bietet sich an, zwei verschiedene Produkte desselben Herstellers zu kaufen, so dass für die gleiche äußere Form der Dosen gesorgt ist. In jedem Fall lohnt es sich, die Konservendosen nachzuwiegen. Extreme Massenunterschiede der Dosen können durch konzentrisch auf die Deckel- und Bodenfläche aufgeklebte Münzen ausgeglichen werden. Für einen möglichst gleichzeitigen Start der Dosen kann man sich einer Holzleiste oder einer Stativstange bedienen, die die Dosen zunächst am Herabrollen hindert und die schnell und in Rollrichtung weggezogen wird.
Ein ähnliches Experiment zur gleichen Thematik ist „Das Dosenrennen“.

Literatur

o. L.

zur Erklärung:

Nolting, W.: Grundkurs: Theoretische Physik, Klassische Mechanik, Verlag Zimmermann-Neufang, Ulmen 1991, S. 230-232

1.79 Das Dosenrennen

Mit Hilfe zweier Dosen mit unterschiedlichem Trägheitsmoment wird gezeigt, dass ein gleich großes Drehmoment bei einem Körper mit kleinerem Trägheitsmoment eine größere Winkelbeschleunigung hervorruft.

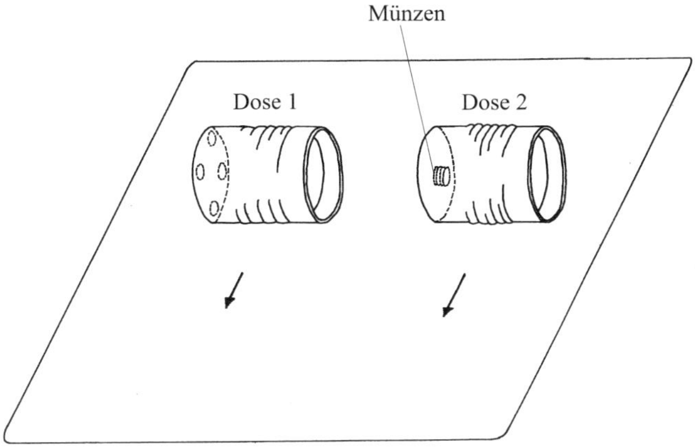

Abb. 1

Material

- 2 gleiche zylindrische Dosen, geöffnet und leer
- gleiche Münzen, z. B. Zehncentstücke (mindestens 8 Stück) oder kleine Magnete mit entsprechendem Gewicht
- schiefe Ebene, z. B. leicht schräg geneigter Tisch
- Hilfsmittel: Klebefilm oder Kleber

Aufbau und Durchführung

Auf den Boden zweier Dosen werden gleich viele Münzen geklebt. Bei der einen Dose werden sie am Rand des Dosenbodens gleichmäßig verteilt („Dose 1" in Abbildung 1), bei der anderen auf den Mittelpunkt des kreisförmigen Dosenbodens gesetzt („Dose 2" in Abbildung 1). So erhält man zwei Dosen mit gleicher Masse und unterschiedlichem Trägheitsmoment. Dabei liegt der Schwerpunkt beider Dosen auf ihrer Symmetrieachse. Die Münzen werden am besten mit Klebeband befestigt. Dies hat den Vorteil, dass nicht gewartet werden muss, bis der Klebstoff getrocknet ist, und dass die Münzen nach dem Experiment wieder aus der Dose herausgenommen werden können.
Lässt man die so präparierten Dosen gleichzeitig aus der gleichen Höhe eine schiefe Ebene hinunterrollen, so ist die Dose, deren Münzen am Mittelpunkt des Dosenbodens befestigt sind (Dose 2), schneller. Sie erreicht früher das untere Ende der schiefen Ebene. Stehen kleine Magnete zur Verfügung, deren Gewicht dem einer Münze entspricht, können auch diese für das Experiment verwendet werden. Sie haben den Vorteil, dass sie von selbst an der Dosenwand haften.

Erklärung

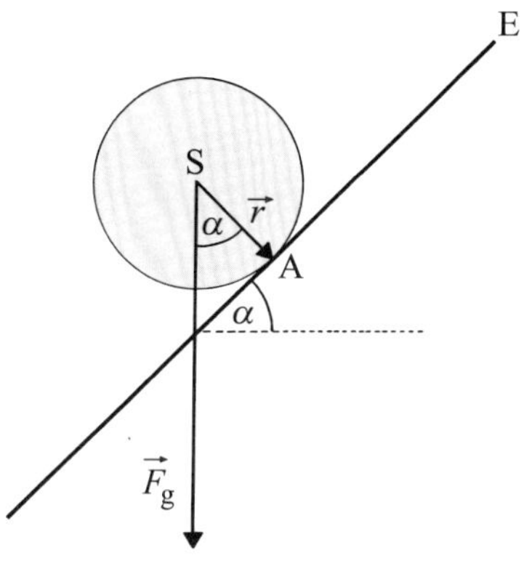

Abb. 2

In Abbildung 2 ist eine zylindrische Dose auf einer um den Winkel α geneigten schiefen Ebene E abgebildet. Die Dose liegt an der Linie A auf der schiefen Ebene E auf. Der Schwerpunkt der beiden für dieses Experiment vorbereiteten Dosen liegt auf deren Symmetrieachse S (siehe Abb. 2). $\vec{r}$ stellt die Verbindung zwischen S und A dar und steht senkrecht auf E. So schließen die Gewichtskraft $\vec{F}_g = m\vec{g}$ ($\vec{g}$: Erdbeschleunigung) und $\vec{r}$ zusammen den Winkel α ein, der dem Neigungswinkel der schiefen Ebene entspricht (siehe Abb. 2).

Daraus ergibt sich folgendes Drehmoment $\vec{M}$ für die Dose:

$$\vec{M} = -\vec{r} \times \vec{F}_g \quad \text{und} \quad M = mgr \sin \alpha$$

(m: Masse der Dose; M, g: Betrag von $\vec{M}$ bzw. $\vec{g}$; r: Betrag von $\vec{r}$ und Radius der zylindrischen Dose)

Beide Dosen haben gleiches r und m. Deshalb ist für die beiden Dosen M gleich. Aus dem Drehmoment, das auf beide Dosen wirkt, und ihrem Trägheitsmoment J_i ($i = 1$ und 2) ergibt sich der Betrag ihrer Winkelbeschleunigung $\dot{\omega}_i$:

$$\dot{\omega}_i = \frac{M}{J_i}$$

Da $J_1 > J_2$ ist, gilt $\dot{\omega}_1 < \dot{\omega}_2$. Während des Abrollvorganges ist $\dot{\omega}_i = const$, da $M = const$ und $J_i = const$ ist. So gilt: $\omega_1 < \omega_2$.

Da r beider Dosen gleich ist, lässt sich über ihre Geschwindigkeit $v_i = r\omega_i$ aussagen:

$$v_1 < v_2$$

Dennoch haben die beiden Dosen dieselbe kinetische Energie, wenn sie am unteren Ende der schiefen Ebene angekommen sind. Denn beide haben dieselbe potenzielle Energie verloren. Die Dose mit dem kleineren Trägheitsmoment hat zwar eine größere Translationsenergie, aber dafür eine kleinere Rotationsenergie.

Um zu begründen, warum die Dose mit dem kleineren Trägheitsmoment schneller ist, kann auch die kinetische Energie der Dosen betrachtet werden. Die kinetische Energie der beiden Dosen in einer bestimmten Höhe entspricht der potenziellen Energie, die sie bis zu dieser Höhe verloren haben. Da die Masse der beiden Dosen gleich ist, haben sie in der gleichen Höhe auch dieselbe potenzielle Energie verloren:

$$\frac{1}{2} mv_1^2 + \frac{1}{2} J_1\omega_1^2 = \frac{1}{2} mv_2^2 + \frac{1}{2} J_2\omega_2^2$$

(v_i: Betrag der Geschwindigkeit der Dose i ($i = 1$ und 2); J_i: Trägheitsmoment der Dose i; ω_i: Betrag der Winkelgeschwindigkeit der Dose i; m: Masse der Dosen)

ω_i lässt sich ausdrücken durch:

$$\omega_i = \frac{v_i}{r}$$

Damit erhält man:

$$\frac{1}{2} mv_1^2 + \frac{1}{2} J_1\left(\frac{v_1}{r}\right)^2 = \frac{1}{2} mv_2^2 + \frac{1}{2} J_2\left(\frac{v_2}{r}\right)^2$$

Umgeformt ergibt das:

$$\frac{v_1}{v_2} = \sqrt{\frac{mr^2 + J_2}{mr^2 + J_1}}$$

Auf gleicher Höhe besitzt also die Dose mit dem kleineren Trägheitsmoment die größere Geschwindigkeit.

Bemerkungen

Ein ähnliches Experiment zur gleichen Thematik ist „Das Konservendosenrennen".

Literatur

Meisinger, K.: Physikalische Experimente mit Dosen, Schriftliche Hausarbeit zur Ersten Staatsprüfung für das Lehramt an Hauptschulen nach der Lehramtsprüfungsordnung I (LPO I) 1994/II, o. V., Augsburg 1994

1.80 Der eigenwillige Kugelschreiber

Die Stabilität der Rotation um die Hauptträgheitsachse, bezüglich der das Trägheitsmoment maximal ist, wird anhand von verschiedenen rotierenden Gegenständen gezeigt.

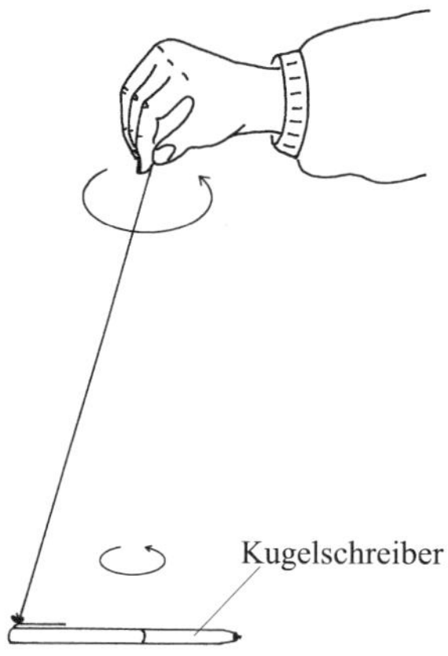

Abb. 1

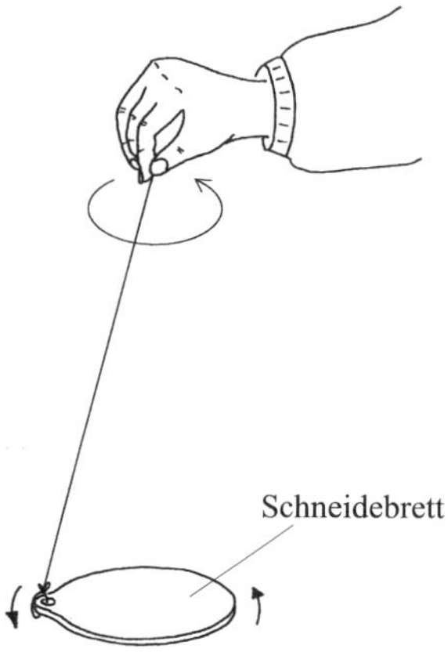

Abb. 2

Material

- Kugelschreiber oder Stab, dessen Ende an einem Faden festgebunden werden kann
- reißfester dünner Faden, z. B. Zwirn (Länge: 50 – 60 cm)
- evtl. Schneidebrett, mit Handgriff, und Paketschnur (Länge: 50 – 70 cm)
- evtl. Bleibeschwerungsband für Vorhänge (Durchmesser: möglichst groß; Länge: 50 – 60 cm)
- Hilfsmittel: Schere

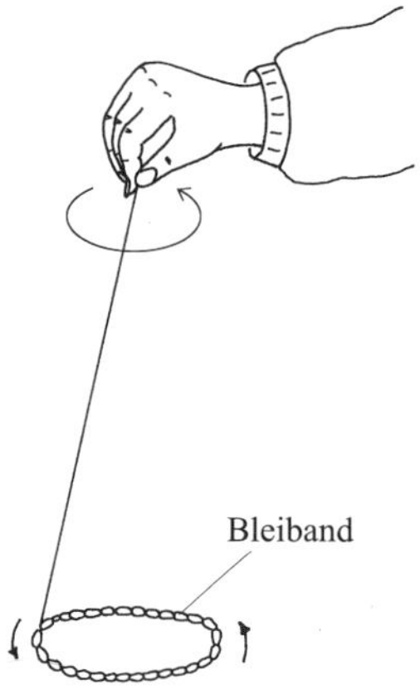

Abb. 3

Aufbau und Durchführung

Der Kugelschreiber wird mit einem Ende am Zwirnfaden befestigt (siehe Abb. 1) und in Rotation versetzt, indem man den Faden mit der Hand wie in Abbildung 1 kreist. Dreht der Kugelschreiber schnell genug, legt er sich waagrecht (siehe Abb. 1).

Anstelle des Kugelschreibers kann man auch eine Scheibe, z. B. ein Schneidebrett, an einem Faden rotieren lassen (siehe Abb. 2). Wegen der größeren Masse des Schneidebretts sollte dazu, anstatt des Zwirnfadens, eine dünne Paketschnur verwendet werden. Da die Paketschnur am Rand der Scheibe befestigt wird (siehe Abb. 2), sollte das Schneidebrett einen Handgriff besitzen, an den die Paketschnur geknotet werden kann (siehe Abb. 2).

Noch verblüffender ist es, statt der Scheibe ein Bleibeschwerungsband rotieren zu lassen. Das Bleiband wird wie in Abbildung 3 zu einem Ring zusammengebunden und an das Zwirnfadenstück geknotet. Dreht man den Faden wie oben beschrieben, nimmt das Bleiband die Gestalt eines waagrecht liegenden Ringes an.

Erklärung

Ist ein Körper nicht durch Zwangskräfte an eine raumfeste Achse gebunden, sind nur Drehungen um die Hauptträgheitsachsen stabil, bezüglich der das Trägheitsmoment maximal oder minimal ist und die den Schwerpunkt enthalten. Rotiert also ein Körper um eine dieser Drehachsen, beeinflusst eine Störung die Bewegung umso weniger, je kleiner sie ist. Am stabilsten ist die Rotation um die Achse, bezüglich der das Trägheitsmoment maximal ist. Ein Körper, der stabil um die Achse rotiert, bezüglich der das Trägheitsmoment minimal ist, kann durch eine hinreichend große Störung dazu gebracht werden, sich um die Achse zu drehen, bezüglich der das Trägheitsmoment maximal ist.
Kugelschreiber und Holzbrettchen drehen sich am Anfang um eine Hauptträgheitsachse, bezüglich der das Trägheitsmoment minimal ist. Durch die großen Störungen, die beim Drehen am Faden auftreten, geht ihre Rotation in eine Drehung um eine Hauptträgheitsachse über, bezüglich der das Trägheitsmoment maximal ist.
Das drehende Bleiband wird durch die Zentrifugalkraft zu einem starren Ring aufgeweitet. Dieser verhält sich genauso wie die Scheibe.
Den gleichen Sachverhalt demonstriert das Experiment „Das torkelnde Buch“.

Literatur

Hahn, H.: Physikalische Freihandversuche, Band 1, Verlag Otto Saale, Braunschweig 1907

1.81 Das aufrechte Rad

Die Präzession eines Kreisels wird an einer asymmetrisch aufgehängten, rotierenden Fahrradfelge demonstriert.

Abb. 1

Material

- Fahrradfelge
- Paketschnur oder starker Faden

Aufbau und Durchführung

An die Achse eines Rades (damit ist im Folgenden das Rad eines Fahrrads gemeint) wird auf beiden Seiten je eine ca. 50 cm lange Paketschnur gebunden. Während man das Rad an den Paketschnüren möglichst aufrecht hält, versetzt ein Assistent das Rad in schnelle Drehung. Eine der beiden Paketschnüre wird durchschnitten (siehe Abb. 1). Die Felge kippt nicht um, sondern beginnt sich langsam um die Paketschnur zu drehen.

Erklärung

Die im Schwerpunkt angreifende Gewichtskraft $\vec{G}$ des Rades hat ein Drehmoment $\vec{M} = \vec{r} \times \vec{G}$ zur Folge ($\vec{r}$: Vektor vom Aufhängepunkt zum Schwerpunkt des Rades (Aufhängepunkt meint die Stelle der Radachse, an der die Paketschnur an die Fahrradachse fixiert ist)) (siehe Abb. 2).

Dieses Drehmoment wirkt, sobald die Paketschnur auf einer Seite der Radachse durchschnitten ist, auf das Rad mit dem Drehimpuls $\vec{L}$ ($\vec{L}$ beschreibt die Rotation des Rades). Es gilt: $\mathrm{d}\,\vec{L} = \vec{M}\,\mathrm{d}\,t$ und $\vec{L}' = \vec{L} + \mathrm{d}\,\vec{L}$ (dt: Zeit, in der $\vec{M}$ auf das Rad wirkt). Für den Betrag des Drehimpulses $\vec{L}'$ gilt $|\vec{L}'| = |\vec{L}|$, da das Drehmoment $\vec{M}$ und der Drehimpuls $\vec{L}$ senkrecht aufeinander stehen.

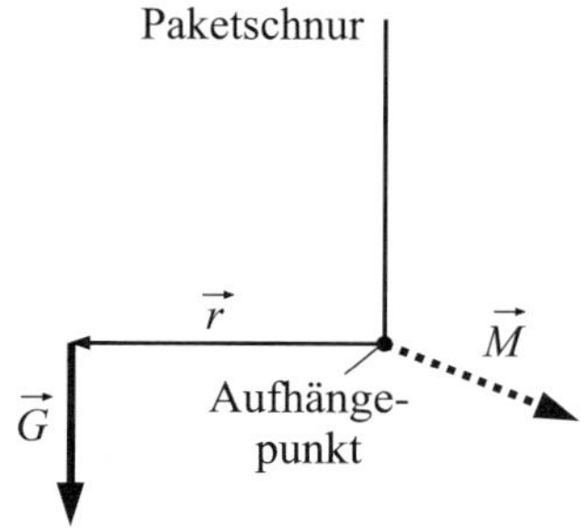

Abb. 2

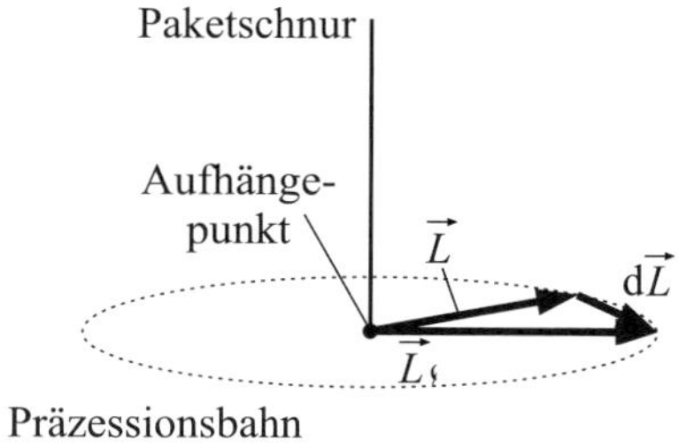

Abb. 3

Ändert sich der Drehimpuls $\vec{L}$ nur infinitesimal (um d $\vec{L}$ zu dem in Abbildung 3 dargestellten Drehimpuls $\vec{L}'$), so ändert sich auf Grund der geänderten Stellung des Rades auch die Richtung des Drehmoments $\vec{M}$. $\vec{L}$ und $\vec{M}$ stehen immer senkrecht aufeinander. Der Drehimpuls $\vec{L}$ beschreibt die in Abbildung 3 dargestellte Präzessionsbahn.
Zur Berechnung der Präzessionsfrequenz ω' dient folgende Betrachtung: Innerhalb von dt dreht sich der Drehimpuls $\vec{L}$ um dφ. Bei einem Neigungswinkel α der Radachse aus der horizontalen Lage (gemessen zur Vertikalen) beschreibt die Spitze des Drehimpulsvektors $\vec{L}$ einen Kreis mit Radius $|\vec{L}| \sin\alpha$. Im Bogenmaß ergibt das für dφ:

$$\mathrm{d}\varphi = \frac{\mathrm{d}\,L}{|\vec{L}|\sin\alpha}\ ;\ (\mathrm{d}\,L = |\,\mathrm{d}\,\vec{L}\,|)$$

Mit $\mathrm{d}\,L = |\vec{M}|\,\mathrm{d}\,t$ und $|\vec{M}| = mgr \cdot \sin\alpha$ ergibt sich daraus:

$$\omega' = \frac{\mathrm{d}\varphi}{\mathrm{d}t} = \frac{mgr}{I\omega}$$

(m: Masse des Rades; r: Betrag des Vektors vom Aufhängepunkt zum Schwerpunkt des Rades; I: Trägheitsmoment des Rades; ω: Rotationsfrequenz des Rades um seine Achse)

Literatur

Moisl, F.: Schüler-Experimentierbuch Physik 1, Ravensburger Taschenbücher, Ravensburg 1982

zur Erklärung:

Vogel, H.; Gerthsen, C.: Physik, Ein Buch zum Gebrauch neben Vorlesungen, Springer Verlag, Berlin 1995, S. 72 ff.

1.82 Ein Glücksspiel mit Münzen

In einem Wettspiel mit Münzen wird das Verhalten eines kräftefreien Kreisels demonstriert.

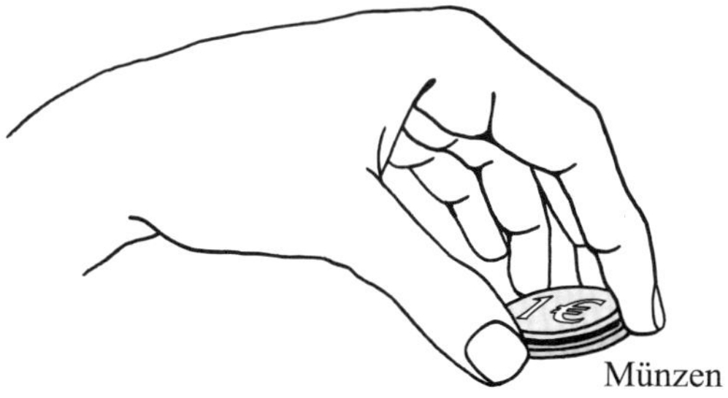

Abb. 1

Material

- 2 Eineurostücke
- 1 Fünfcentstück

Aufbau und Durchführung

Mit Daumen, Mittel- und Zeigefinger hält man ein Fünfcentstück zwischen zwei Eineurostücken (siehe Abb. 1). Die zweite Hand wird flach ca. 30 cm unter die die Münzen haltende Hand gehalten. Die beiden unteren Münzen lässt man fallen (das obere Eineurostück bleibt immer in der Hand). Auf der flachen, unteren Hand trifft erst das Fünfcentstück und dann das Eineurostück auf. Das Eineurostück liegt über dem Fünfcentstück.

Dreht man beim Loslassen die Münzen leicht an (so dass sie um ihre Flächennormale $\vec{n}$ im Mittelpunkt rotieren: siehe Abb. 2), so kommt das Eineurostück zuerst auf der flachen unteren Hand auf und das Fünfcentstück bleibt auf dem Eineurostück liegen.

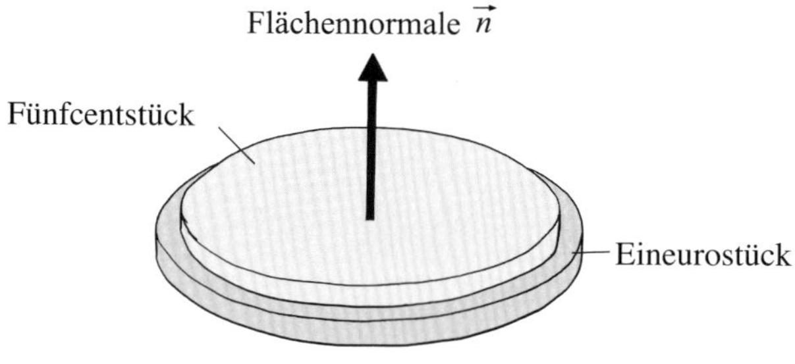

Abb. 2

Erklärung

Das Loslassen der beiden Münzen kann man nie so realisieren, dass alle Finger gleichzeitig von den Münzen weggenommen werden. Ein Finger bleibt immer etwas länger mit den Münzen in Kontakt als die anderen beiden Finger (man könnte dies auch als „allgemeine Grobmotorik" des Menschen bezeichnen). Dadurch wirkt auf die Münzen ein Drehmoment $\vec{M} = \vec{r} \times \vec{G}$ ($\vec{r}$: Vektor vom Mittelpunkt der Kontaktfläche zwischen Finger und Münzen zum Schwerpunkt der Münzen; $\vec{G}$: Gewichtskraft der Münzen) (siehe Abb. 3). Der Betrag des aus dem Drehmoment $\vec{M}$ resultierenden Drehimpulses $\vec{T}$ wird während des Falls der Münzen erhalten.

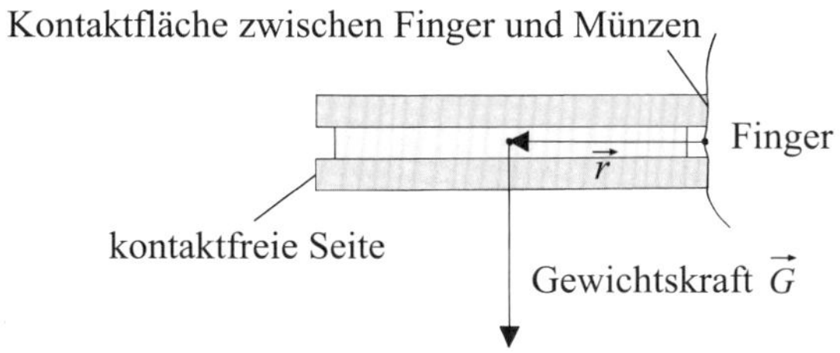

Abb. 3

Die Strecke von 30 cm reicht für die Münzen aus, um eine Drehung um 180° durchzuführen. Für eine weitere halbe Drehung wird auf Grund der Schwerebeschleunigung ein wesentlich größerer Weg benötigt (ca. 120 cm).
Dreht man die Münzen dagegen an, überlagern sich der aus dem gerade besprochenen Drehmoment $\vec{M}$ folgende Drehimpuls $\vec{T}$ und der aus dem Andrehen der Münzen resultierende Drehimpuls $\vec{L}$. Die Summe $L' = \vec{L} + \vec{T}$ der beiden Drehimpulse $\vec{T}$ und $\vec{L}$ bleibt während des Falls der Münzen erhalten. Da $\vec{L}$ und $\vec{T}$ senkrecht aufeinander stehen, bleiben auch die Beträge von $\vec{L}$ und $\vec{T}$ erhalten und und präzedieren um L' (siehe Abb. 4).
Somit entsteht durch den zusätzlichen Drehimpuls $\vec{L}$ eine Präzessionsbewegung der rotierenden Münzen und die Münzen kippen nicht (wie im Experiment ohne Andrehen der Münzen), wie vielleicht erwartet, sondern das Fünfcentstück bleibt über dem Eineurostück liegen.

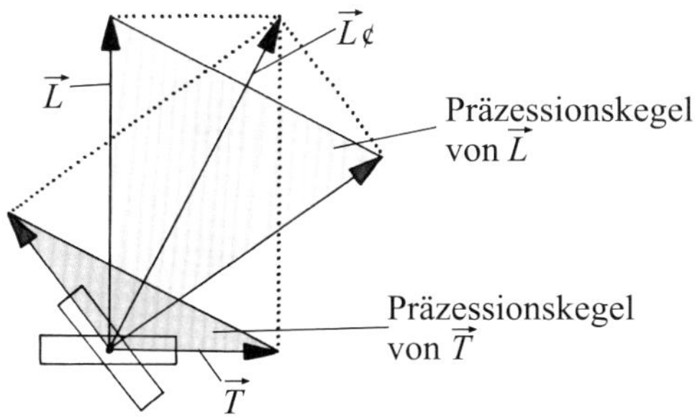

Abb. 4

Bemerkungen

Den im ersten Teilexperiment ohne Andrehen der Münzen beschriebenen Vorgang könnte man auch als „Butterbrot-Effekt“ bezeichnen: Lässt man ein Butterbrot über einen Tischrand gleiten, so erhält es einen Drehimpuls und kann bis zum Boden, unter Annahme einer Standardtischhöhe von 1 m, nur eine halbe Drehung durchführen. Für eine ganze Drehung wäre eine Tischhöhe von ca. 2 m nötig. Diese Höhe ist jedoch für den sonstigen Gebrauch des Tisches höchst unbefriedigend.
Am besten realisiert man das Experiment als Spiel, wobei die Mitspieler das Ergebnis des Experiments voraussagen müssen.

Literatur

Berry, D. A.: A POTPOURRI OF PHYSICS TEACHING IDEAS, Selected reprints from The Physics Teacher April 1963 to December 1986, American Association Of Physics Teachers, College Park, MD 20740-4100, U.S.A. o.J. [1987]

zur Erklärung:

Vogel, H.; Gerthsen, C.: Physik, Ein Buch zum Gebrauch neben Vorlesungen, Springer Verlag, Berlin 1995

1.83 Der Stehaufkreisel

Als Folge der Präzession und unter gewissen Reibungsbedingungen dreht sich ein Kreisel um 180 ° auf den Kopf.

Material

- hölzerne Vorhangkugel oder massive Holzkugel (Durchmesser: 2,5 – 3 cm)
- rundes Holzstäbchen (Länge: ca. 3 cm)
- Hilfsmittel: Alleskleber und Bohrer

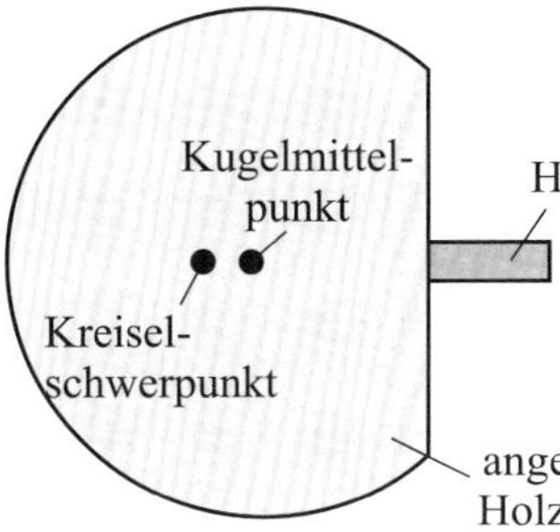

Abb. 1

Aufbau und Durchführung

Von einer Holzkugel wird ein Kugelabschnitt abgesägt, dessen Höhe ca. ein Fünftel des Kugeldurchmessers beträgt (siehe Abb. 1). In die Mitte der Schnittfläche wird senkrecht ein Loch gebohrt. Ein Holzstäbchen sollte gerade in das Loch passen und nicht rutschen. Das Stäbchen steckt man so weit in die Kugel, dass sich der Schwerpunkt des Kreisels knapp unterhalb der Mitte der Kugel befindet. Dies erkennt man daran, dass der Kreisel stabil stehen bleibt, wenn man ihn aufrecht, d. h. mit dem Stäbchen nach oben, auf die ebene Tischplatte stellt. Der Kreisel muss sich wie ein Stehaufmännchen immer wieder aufrichten, wenn man ihn zur Seite neigt. Dann neigt man den Kreisel zur Seite, bis das Stäbchen auf dem Boden aufliegt. Berührt dabei auch die Schnittkante des Kreisels den Boden, so hat man zu viel abgesägt und der Kreisel wird sich um eine Stelle auf der Kante drehen und sich nicht aufrichten.

Der Kreisel wird am festgeklebten Holzstäbchen gefasst und in Rotation versetzt. Er beschreibt eine immer größer werdende Spiralbahn um seinen ehemaligen Ruhepunkt. Dabei neigt sich der Kreisel, bis der Kopf des Stäbchens die Tischplatte berührt. Ruckartig stellt sich der Kreisel auf das Stäbchen und rotiert ruhig weiter.

Legt man ein hart gekochtes Ei auf den Tisch (die Symmetrieachse des Eis verläuft dann parallel zur Tischplatte) und bringt es in schnelle Rotation, wobei die Symmetrieachse des Eis parallel zur Tischplatte bleibt, wird es sich – wie der Kreisel – ebenfalls aufrichten. Die Symmetrieachse des Eis steht dann senkrecht auf der Tischplatte.

Erklärung

Setzt man den rotierenden Kreisel so auf die Tischplatte auf, dass der Drehimpulsvektor $\vec{L}$ des Kreisels parallel zur Figurenachse des Kreisels liegt (siehe Abb. 2), so stellt sich der Kreisel nicht auf das Stäbchen, sondern rotiert „normal" weiter. (In den folgenden Abbildungen 2, 4, 5 und 6 sind jeweils die Projektionslinien der Figurenachse in die Tischebene eingezeichnet.)

Liegt der Drehimpuls $\vec{L}$ nicht parallel zur Figurenachse, kann man den Drehimpuls $\vec{L}$ des Kreisels schreiben als: $\vec{L} = \vec{L}_{\parallel} + \vec{L}_{\perp}$ ($\vec{L}_{\parallel}$: Vektor parallel zur Figurenachse; $\vec{L}_{\perp}$: Vektor senkrecht zur Figurenachse; siehe Abb. 2). Die durch $\vec{L}$ festgelegte Rotationsachse ver-

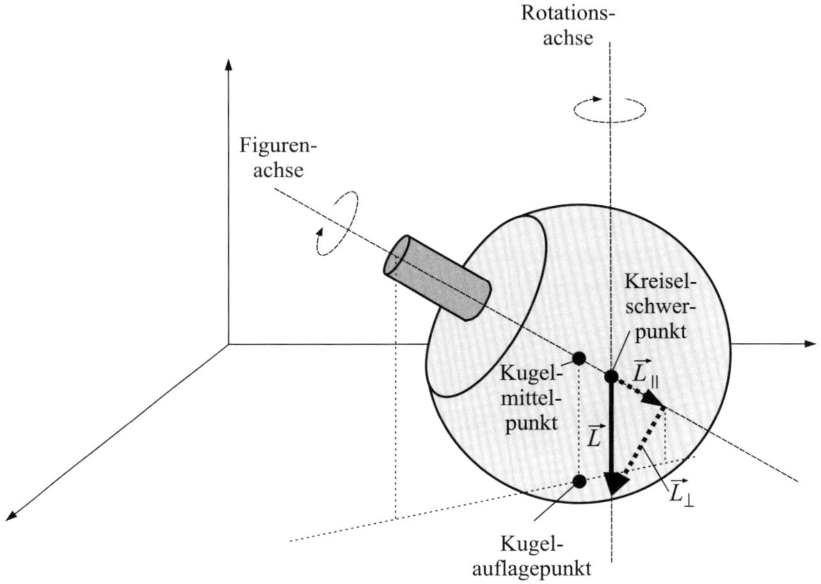

Abb. 2

läuft durch den Schwerpunkt des Kreisels und nicht durch den Auflagepunkt des Kreisels auf der Tischoberfläche (siehe Abb. 2). Auf Grund des Abstandes des Auflagepunkts des Kreisels auf der Tischplatte von der Rotationsachse rollt der Kreisel auf einem Berührkreis ab (siehe Abb. 3).

Die Reibungskraft $\vec{F}_R$, die die Tischplatte auf den Kreisel ausübt (siehe Abb. 4), setzt sich aus einer Gleitreibungskraft und einer Rollreibungskraft zusammen. Durch die Reibung entsteht ein Drehmoment $\vec{M}$ (siehe Abb. 4).

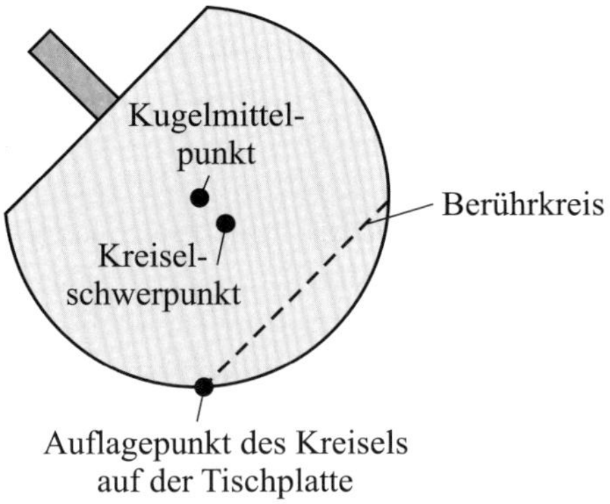

Abb. 3

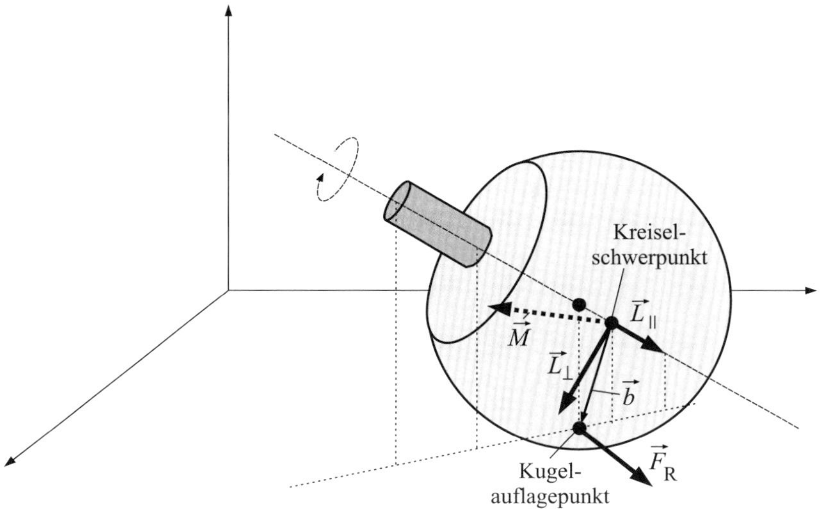

Abb. 4

Es gilt: $\vec{M} = \vec{b} \times \vec{F}_R$ ($\vec{b}$: Vektor vom Kreiselschwerpunkt zum Kreiselauflagepunkt auf der Tischplatte; siehe Abb. 4). Mit

$$\vec{L}' = \mathrm{d}\,\vec{L} + \vec{L} \quad (1) \qquad \text{und} \qquad \mathrm{d}\,\vec{L} = \vec{M} \cdot \mathrm{d}\,t \quad (2)$$

(dt: Zeit, in der das Drehmoment $\vec{M}$ auf den Kreisel, der den Drehimpuls $\vec{L}$ besitzt, wirkt; $\vec{L}'$: Drehimpuls des Kreisels, nachdem das Drehmoment $\vec{M}$ eine Zeit dt auf den Kreisel mit dem Drehimpuls $\vec{L}$ gewirkt hat)
folgt, dass $|\vec{L}_{\parallel}|$ kleiner wird: Die Komponente von $\vec{M}$ entlang der Figurenachse des Kreisels und $\vec{L}_{\parallel}$ sind antiparallel. Des Weiteren folgt aus (1) und (2), dass $|\vec{L}_{\perp}|$ größer wird: Die Komponente von $\vec{M}$ senkrecht zu der Figurenachse des Kreisels und $\vec{L}_{\perp}$ sind parallel und weisen in dieselbe Richtung.
Aus den Betrachtungen für $|\vec{L}_{\parallel}|$ und $|\vec{L}_{\perp}|$ folgt, dass auf Grund der Reibung des Kreisels mit der Tischplatte der Kreiseldrehimpuls $\vec{L}_{\parallel}$ entlang der Figurenachse zu Gunsten des Drehimpulses $\vec{L}_{\perp}$ senkrecht zur Figurenachse abnimmt.
Verläuft die Figurenachse des Kreisels horizontal (siehe Abb. 5), ist $\vec{L} = \vec{L}_{\perp}$ und $\vec{L}_{\parallel} = \vec{0}$. Auf Grund des immer noch wirkenden Drehmoments $\vec{M}$ folgt aus (1) und (2), dass $|\vec{L}_{\parallel}|$ größer wird. (Das Drehmoment $\vec{M}$ besitzt eine von null verschiedene Komponente längs der Figurenachse. $\vec{L}_{\parallel}$ und die Komponente von $\vec{M}$ entlang der Figurenachse verlaufen parallel und weisen in dieselbe Richtung.) Aus (1) und (2) folgt, dass $|\vec{L}_{\perp}|$ kleiner wird. Die Komponente von $\vec{M}$ senkrecht zur Figurenachse und $\vec{L}_{\perp}$ sind antiparallel.
Ist das Stäbchen des Kreisels aus der horizontalen Lage nach unten geneigt, wird $|\vec{L}_{\parallel}|$ nach (1) und (2) größer (die Komponente von $\vec{M}$ entlang der Figurenachse und $\vec{L}_{\parallel}$ weisen in dieselbe Richtung und verlaufen parallel) und $|\vec{L}_{\perp}|$ wird nach (1) und (2) kleiner (die Komponente von $\vec{M}$ senkrecht zur Figurenachse und $\vec{L}_{\perp}$ verlaufen antiparallel).
Berührt das Stäbchen des Kreisels die Tischoberfläche, so entsteht auf Grund der Rei-

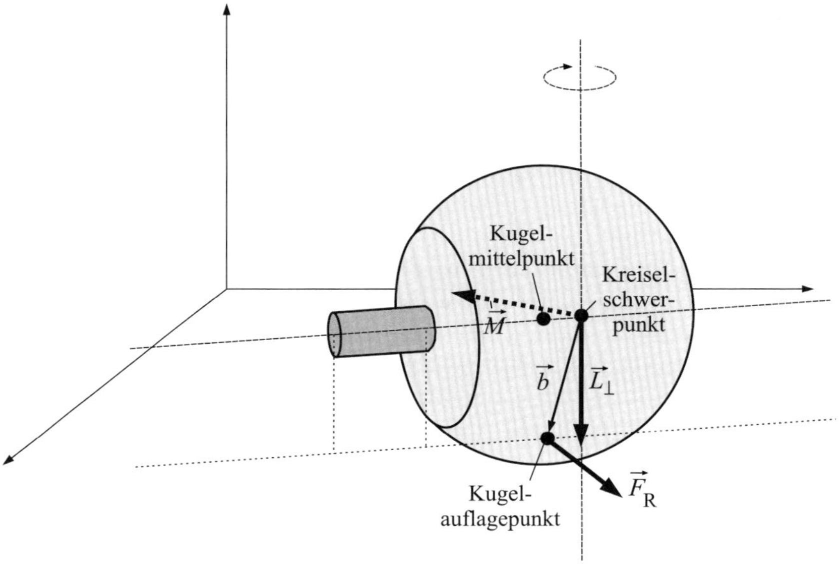

Abb. 5

bungskraft $\vec{F}_R^{Stab}$ ein Drehmoment $\vec{M}^{Stab} = \vec{a} \times \vec{F}_R^{Stab}$ ($\vec{a}$: Vektor vom Schwerpunkt des Kreisels zum Auflagepunkt des Kreiselstäbchens; siehe Abb. 6).
Auf den Kreisel, der den Drehimpuls $\vec{L}$ besitzt, wirkt das Drehmoment $\vec{M}^{ges} = \vec{M} + \vec{M}^{Stab}$. Mit

$$\vec{L}' = \mathrm{d}\,\vec{L} + \vec{L} \qquad (1) \qquad \text{und} \qquad \mathrm{d}\,\vec{L} = \vec{M}^{ges} \cdot \mathrm{d}\,t \qquad (3)$$

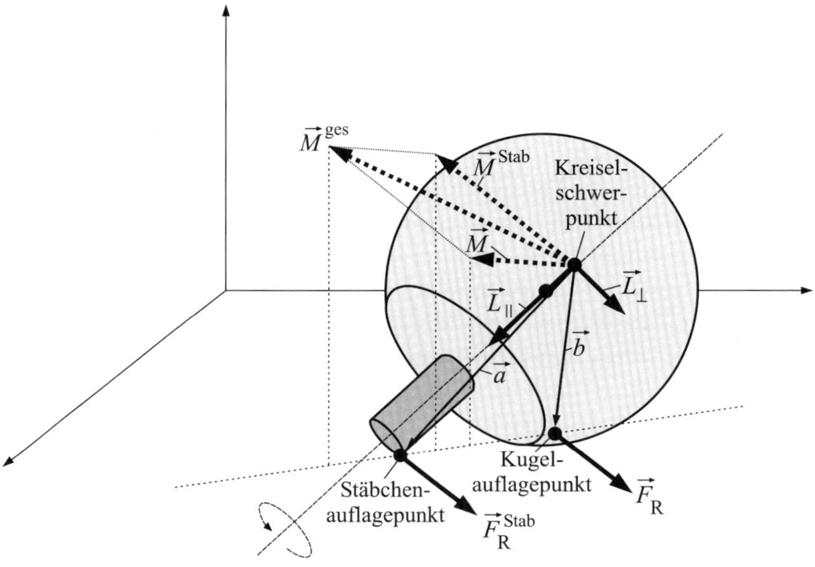

Abb. 6

(dt: Zeit, in der das Drehmoment $\vec{M}^{ges}$ auf den Kreisel mit dem Drehimpuls $\vec{L}$ wirkt; $\vec{L}'$: Drehimpuls des Kreisels nach dt)
folgt, dass $|\vec{L}_{\parallel}|$ größer wird (die Komponente von $\vec{M}^{ges}$, welche parallel zur Figurenachse des Kreisels verläuft, und $\vec{L}_{\parallel}$ sind parallel und weisen in dieselbe Richtung). Des Weiteren folgt aus (1) und (3), dass $|\vec{L}_{\perp}|$ kleiner wird (die Komponente von $\vec{M}^{ges}$, welche senkrecht zur Figurenachse des Kreisels verläuft, und $\vec{L}_{\perp}$ sind antiparallel). Während der „Aufrichtphase" ist $\vec{M} = \vec{0}$, da der Kreisel nur noch über das Stäbchen Kontakt zur Tischplatte besitzt.
Rotiert der Kreisel auf dem Stäbchen mit vertikaler Figurenachse, ist im Unterschied zur bisherigen Konstellation nicht mehr eine Richtung durch die Reibungskraft ausgezeichnet. Deshalb entsteht kein Drehmoment $\vec{M}^{ges}$, welches auf den Kreisel mit dem Drehimpuls $\vec{L}$ wirkt. Der Kreisel rotiert in vertikaler Position weiter. Sollte die Figurenachse (z. B. auf Grund von Inhomogenitäten auf der Tischplatte) aus der vertikalen Lage gegen die Tischplatte geneigt werden, entsteht eine Bewegung der Figurenachse auf Grund des Drehmoments $\vec{M}^{ges}$ – analog zu der „Aufrichtphase" des Kreisels – in die vertikale Position zurück. Damit liegt eine stabile Rotation um die Figurenachse vor.

Bemerkungen

Vernachlässigt wurde in der Erklärung die Tatsache, dass der Kreisel etwas in den „weichen" Boden einsinkt und damit also eine Auflagefläche und kein Auflagepunkt existiert, sowie die Elastizität des Kreisels. Deshalb könnte man die Beschreibung der Bewegung verbessern, indem man den Auflagepunkt bzw. die Auflagefläche auf eine Feder setzt. Damit kann der Kreisel auch in der Theorie vom Boden abheben und stärker in den Boden gedrückt werden. Versuchsreihen ergaben, dass der Kreisel in der Praxis oft vom Boden abhebt und regelrechte Luftsprünge vollführt. Die angegebene Erklärung wird durch diese „theoretische Feder" jedoch ungleich schwerer und wurde deshalb nicht berücksichtigt.
Der Stehaufkreisel (engl. „tippe top") ist ein altes Spielzeug, das sich *Frl. Helene Sperl* aus München 1891 patentieren ließ. Ihre in der Patentschrift gegebenen Erklärungen waren jedoch völlig falsch und unbrauchbar. Erst in den 1950er-Jahren gab es Veröffentlichungen mit den richtigen Bewegungsgleichungen.

Abb. 7 : *Wolfgang Pauli* und *Niels Bohr* sind von einem Stehaufkreisel fasziniert

Literatur

Wittmann, J.: Trickkiste 1, Experimente, wie sie nicht im Physikbuch stehen, Bayerischer Schulbuch Verlag, München 1986

zur Erklärung:

Kuypers, F.: Klassische Mechanik, VCH Verlagsgesellschaft mbH, Weinheim 1993, S. 138
Friedel, C.: Diplomarbeit: Der Stehaufkreisel, Betreuer: Kuypers, Meyer, o. V., Regensburg 1991
Stark: Physik-Boutique aufregende Einblicke in die Welt der Physik: Stehaufkreisel, Stark Verlag, Freising 1991

1.84 Das Schleudergerät

Mit dem Schleudergerät kann sowohl die Zentripetalkraft, wie auch die Drehimpulserhaltung demonstriert werden.

Material

- Gewichtstück (ca. 100 g)
- Gewichtstück (ca. 20 g) aus möglichst weichem Material, z. B. Gummistopfen
- Rohr (Länge: ca. 15 cm) mit nicht zu großem Durchmesser, notfalls Trinkhalm
- Bindfaden (Länge: ca. 1 m)

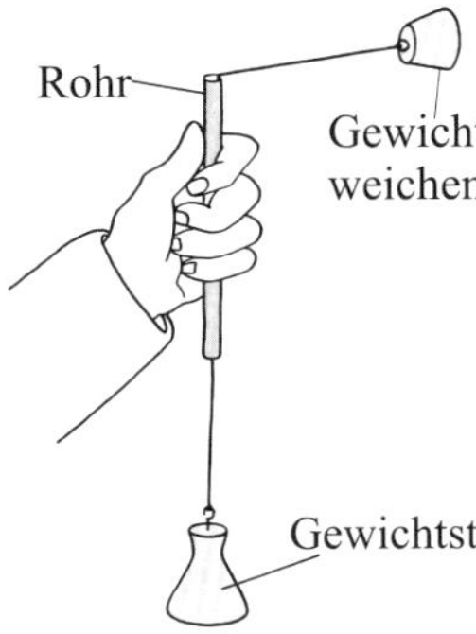

Abb. 1

Aufbau und Durchführung

Ein Bindfaden wird durch ein Rohr gefädelt und an jedem Ende ein Gewichtstück befestigt. Man nimmt das Rohr in die Hand und führt leichte Schleuderbewegungen aus, so dass das Gewichtstück aus weichem Material (das weiche Material soll Verletzungen vorbeugen, sollte beim Schleudern jemand getroffen werden oder der Bindfaden reißen) in Rotationsbewegung um die Rohrachse versetzt wird (siehe Abb. 1). Das andere Gewichtstück wird je nach Stärke des Schleuderns mehr oder weniger zum Rohr hin gezogen. Lässt sich das Gewichtstück aus weichem Material nicht in Rotation versetzen, muss man das unten hängende Gewichtstück anfänglich etwas anheben, um für die Rotation genügend Fadenspiel zu bekommen.

Zur Demonstration der Drehimpulserhaltung versetzt man das Gewichtstück aus weichem Material, wie oben beschrieben, in Rotation und hält den Faden am anderen Ende des Rohrs mitsamt dem Gewichtstück fest. Beendigt man die Schleuderbewegung der Hand, rotiert das Gewichtstück aus weichem Material weiter um die Rohrachse. Zieht man am Faden nach unten, rotiert das Gewichtstück mit immer kleinerem Radius und die Rotation wird merklich schneller.

Erklärung

Über seine Gewichtskraft und den Bindfaden vermittelt das hängende Gewichtstück die Zentripetalkraft, die zur Kreisbewegung des rotierenden Gewichtstücks notwendig ist. Da die Zentripetalkraft abhängig vom Radius (also der verfügbaren Fadenlänge) und von der Winkelgeschwindigkeit (durch die Schleuderbewegung der Hand beeinflussbar) ist, stellt sich je nach Art der Schleuderbewegung ein anderes Kräftegleichgewicht ein.

Bei der Demonstration der Drehimpulserhaltung wird die Fadenlänge des rotierenden Systems verkürzt und damit sein Trägheitsmoment verkleinert. Der Drehimpuls bleibt dabei erhalten, da das Ziehen am Faden kein Drehmoment am rotierenden Körper bewirkt. Auf Grund der Drehimpulserhaltung muss somit die Winkelgeschwindigkeit zunehmen, da für den Drehimpuls gilt:

$$\vec{L} = J \cdot \vec{\omega}$$

($\vec{L}$: Drehimpuls; J: Trägheitsmoment; $\vec{\omega}$: Winkelgeschwindigkeit)
Da bei Drehimpulserhaltung ein kleiner werdendes Trägheitsmoment eine proportional größer werdende Winkelgeschwindigkeit bewirkt, wird dem System Rotationsenergie zugeführt, da gilt:

$$E_{\text{rot}} = \frac{1}{2} J\omega^2$$

(E_{rot}: Rotationsenergie; J: Trägheitsmoment; ω: Betrag der Winkelgeschwindigkeit)
Die dem System zugeführte Energie kommt aus der Arbeit, die verrichtet werden muss, um das Gewicht am Faden nach unten zu ziehen. Es ist bei Rotationsbewegungen auf Grund des in den obigen Formeln deutlich werdenden Zusammenhangs grundsätzlich nicht möglich, dass Drehimpuls und Rotationsenergie gleichzeitig erhalten bleiben.

Bemerkungen

Ähnliche Experimente zur gleichen Thematik sind „Knopfpirouetten" und „Drehstuhlpirouetten".

Literatur

Hagner, R., Physik und Didaktik 7/2 (1979), S. 175-177
Warhanek, H., Physik und Didaktik 13/4 (1985), S. 317-320
Zeier, E.: Physikalische Schulversuche, Freihandversuche, kleine Experimente, Aulis Verlag Deubner, Köln 1986

1.85 Das torkelnde Buch

Ein Buch, das man in Rotation versetzt und hochwirft, zeigt, dass die Stabilität des Bewegungszustandes eines um eine Hauptträgheitsachse rotierenden Körpers vom zugehörigen Trägheitsmoment abhängt.

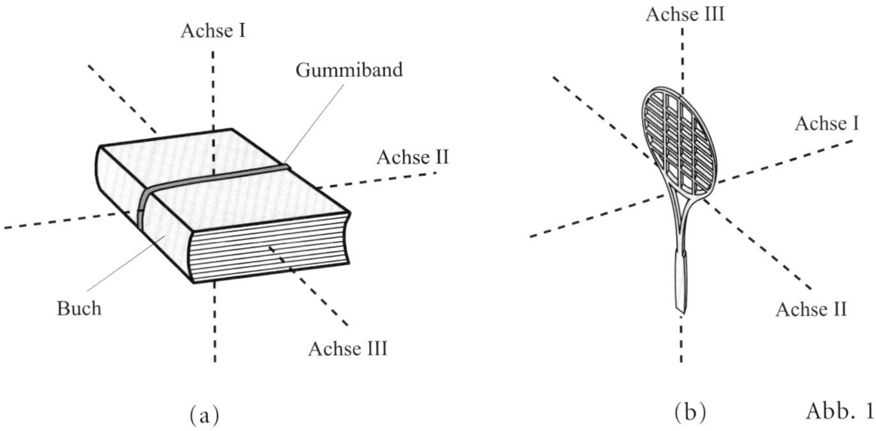

Abb. 1

Material

- Buch (Maße: ca. 4 cm × 12 cm × 20 cm) oder Tennisschläger
- Gummiband

Aufbau und Durchführung

Ein Buch, das von einem Gummiband zusammengehalten wird, versetzt man in Rotation, wirft es hoch und fängt es nach Möglichkeit auch wieder auf. Dabei lässt man es nacheinander um drei verschiedene Achsen rotieren (siehe Abb. 1(a)). Bei den Achsen I und III kann das Buch leicht wieder aufgefangen werden, da es die anfängliche Drehbewegung ohne Veränderung beibehält. Bei der Rotationsachse II fängt das Buch in der Luft sofort an zu torkeln, wodurch das Auffangen erschwert wird.
An Stelle eines Buches kann dieser Effekt auch gut an einem Tennisschläger beobachtet werden. Die Abbildung 1(b) zeigt die entsprechenden Rotationsachsen.

Erklärung

Eine kräftefreie Rotation eines Körpers ist nur um eine Hauptträgheitsachse möglich, auf welcher auch der Schwerpunkt liegt. Bei einer Rotation um eine der drei dadurch eindeutig bestimmten Achsen wirkt auf den Schwerpunkt keine Zentrifugalkraft und auf den Körper wegen der verschwindenden Deviationsmomente des Trägheitstensors kein Drehmoment.
Die Stabilität der Rotation um eine dieser Achsen hängt vom zugehörigen Trägheitsmoment ab. Handelt es sich um das größte oder kleinste der drei Trägheitsmomente, so ist der Bewegungszustand stabil. Durch Drehmomente verursachte kleine Störungen wach-

sen nicht weiter an. (In diesem Fall klingen sie allerdings auch nicht ab.) Für die Achse I ist das Trägheitsmoment am größten, für Achse III am kleinsten. Beim mittleren Trägheitsmoment (Achse II) ist die Bewegung labil, d. h. kleinste Störungen wachsen rasch an und das Buch beginnt zu torkeln. Der rechnerische Nachweis dieses Verhaltens ist mathematisch relativ anspruchsvoll (siehe Literatur).

Bemerkungen

Eine Sequenz von Fotografien, die ein Buch beim „Torkeln“ um die drei Hauptträgheitsachsen zeigt, findet man in [*Brandt* 1996] auf Seite 175.
Den gleichen Sachverhalt behandelt das Experiment „Der eigenwillige Kugelschreiber“.

Literatur

Wittmann, J.: Trickkiste 1, Experimente, wie sie nicht im Physikbuch stehen, Bayerischer Schulbuch Verlag, München 1986
Walker, J.: Der fliegende Zirkus der Physik, R. Oldenbourg Verlag GmbH, München/Wien 1994, S. 45

zur Erklärung:

Fliessbach, T.: Mechanik, BI Wissenschaftsverlag, Mannheim/Leipzig 1992, S. 21 ff.
Kuypers, F.: Klassische Mechanik, VCH Verlagsgesellschaft mbH, Weinheim 1993, S. 136

zu Bemerkungen:

Brandt, S.; Dahmer, H. D.: Mechanik. Eine Einführung in Experiment und Theorie, Springer, Berlin et al. 1996, S. 175

1.86 Die Schwingungsdauer eines Fadenpendels

Mit einfachsten Mitteln wird die Unabhängigkeit der Schwingungsdauer eines Fadenpendels von der Masse und ihre Abhängigkeit von der Fadenlänge demonstriert.

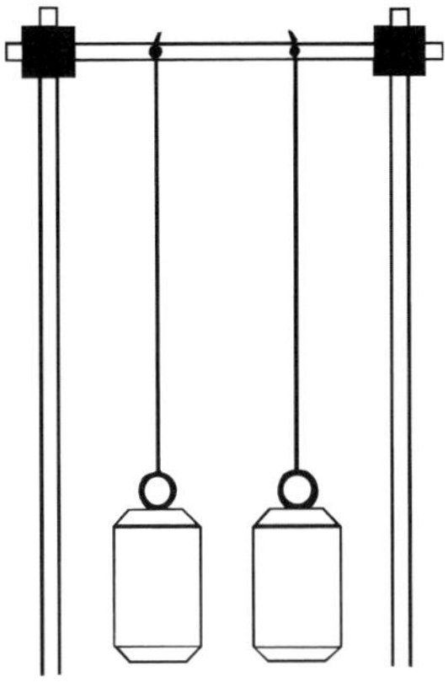

Abb. 1

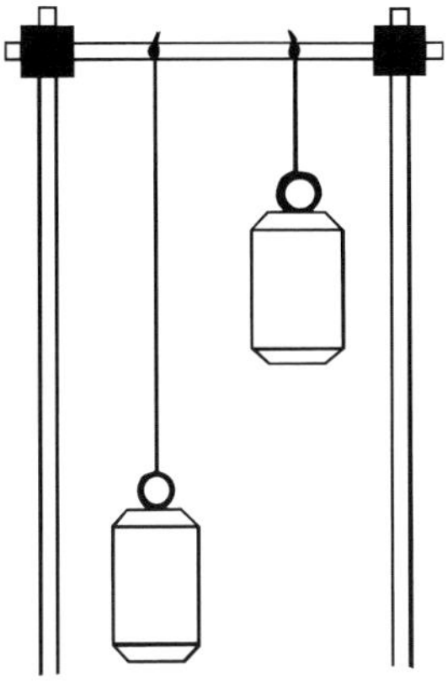

Abb. 2

Material

- 2 leere Getränkedosen oder eine leere und eine verschlossene
- 2 lange Fäden (Länge: jeweils 1,5 – 2 m)
- Stativmaterial

Aufbau und Durchführung

Hängt man eine leere und eine mit Wasser gefüllte (oder noch verschlossene) Getränkedose an zwei gleich langen Fäden auf und lässt man sie pendeln (siehe Abb. 1), so stellt man fest, dass bei gleichen Fadenlängen $l_{\text{leer}} = l_{\text{voll}}$, aber unterschiedlichen Massen $m_{\text{leer}} < m_{\text{voll}}$, die Schwingungsdauern T_{leer} und T_{voll} (und damit auch die Pendelfrequenzen f_{leer} und f_{voll}) gleich sind.
Schüttet man das Wasser aus der zweiten Dose (oder trinkt man den Inhalt der bis zu diesem Zeitpunkt noch verschlossenen Dose) und verkürzt die Länge eines Fadens (siehe Abb. 2), so stellt man fest, dass sich bei unterschiedlichen Fadenlängen $l_{\text{kurz}} < l_{\text{lang}}$, aber gleichen Massen $m_{\text{kurz}} = m_{\text{lang}}$, die Schwingungsdauern (und damit auch die Pendelfrequenzen) unterscheiden ($T_{\text{kurz}} < T_{\text{lang}}$, also $f_{\text{kurz}} > f_{\text{lang}}$).

Erklärung

Die Formel für die Schwingungsdauer T eines Fadenpendels lautet

$$T = 2\pi\sqrt{\frac{l}{g}}.$$

(l: Fadenlänge; g: Betrag der Erdbeschleunigung)
T hängt also nicht von der Masse m, sondern nur von der Fadenlänge l ab.

Bemerkungen

Neben der qualitativen Aussage, dass T mit l wächst, lässt sich (auch ohne Stoppuhr) die Abhängigkeit

$$T = \frac{2\pi}{\sqrt{g}} \cdot \sqrt{l}$$

überprüfen, indem man die Fadenlänge l_{kurz} des zweiten Pendels $\frac{1}{4}\, l_{lang}$ wählt, was im Vergleich zum Pendel der Fadenlänge l_{lang} nach obiger Formel gerade $T_{kurz} = \frac{1}{2}\, T_{lang}$ ergeben sollte.
Im Prinzip kann dieses Experiment mit beliebigen gleich und verschieden schweren Gegenständen durchgeführt werden. Getränkedosen bieten sich aus zwei Gründen an: Erstens entfällt auf Grund ihrer gleichen Form das Argument unterschiedlichen Luftwiderstandes (bei Vernachlässigung der Unterschiede des Luftwiderstandes auf Grund der verschiedenen Geschwindigkeiten, mit der die Dosen durch die Luft pendeln), und zweitens ist ihre Handhabung, insbesondere was die Aufhängung betrifft, besonders einfach.
Die Abhängigkeit der Schwingungsdauer von der Fallbeschleunigung g behandelt das Experiment „Das Schwerependel an der Schraubenfeder".

Literatur

Hahn, H.: Physikalische Freihandversuche, Band 1, Verlag Otto Saale, Braunschweig 1907
Walpole, B.: Experimente, Tricks und Tips zum Verständnis der Natur, Lernen und Wissen im Spiel und mit Spaß, Südwest Verlag GmbH & Co. KG, München 1990

1.87 Das Galilei'sche Pendel

Am Galilei'schen Pendel kann die Abhängigkeit der Schwingungsdauer eines Fadenpendels von seiner Pendellänge beobachtet werden. Außerdem bietet es die Möglichkeit, den Energieerhaltungssatz zu veranschaulichen und stellt ein Beispiel für eine nichtharmonische Schwingung dar.

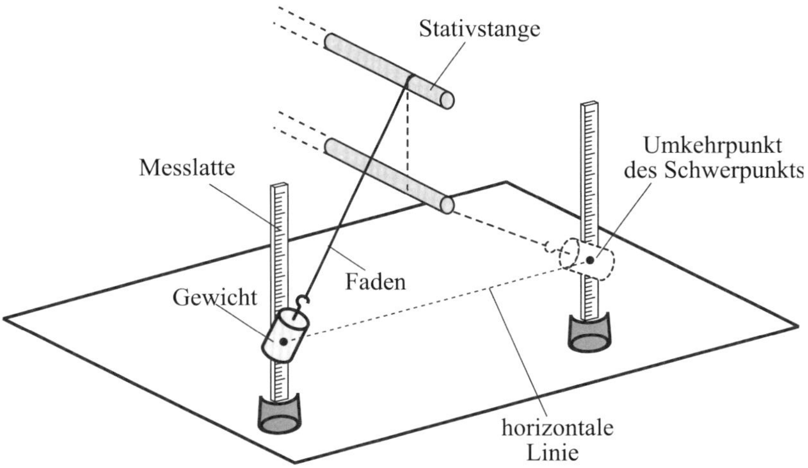

Abb. 1

Material

- Schnur (Länge: ca. 1 m)
- Gewichtstück (100 – 200 g)
- Stativmaterial

Aufbau und Durchführung

Mit Stativmaterial montiert man zwei Stangen ungefähr 70 und 120 cm über einem Experimentiertisch in waagrechter Lage (siehe Abb. 1). An einer Schnur (Länge: ca. 1 m) wird ein Gewichtstück an der oberen Stativstange aufgehängt, wobei der Faden auf einer Seite an der unteren Stange vorbeigeführt wird (siehe Abb. 1).

Lenkt man das Pendel in einer zu den Stangen senkrechten Ebene etwas aus, so vollführt es eine nichtharmonische Schwingung. Beim Ausschlag des Pendels nach einer Seite (in Abbildung 1 nach rechts) wird die Pendellänge durch die untere Stange verkürzt. Die benötigte Zeit zum Durchlaufen eines Ausschlags bei verkürzter Pendellänge ist dabei deutlich kleiner als bei voller Schnurlänge (in Abbildung 1 nach links). Mit zwei aufgestellten Messlatten (Positionierung siehe Abb. 1) kann man beobachten, dass der Schwerpunkt des Gewichtstücks in beiden Umkehrpunkten die gleiche Höhe erreicht.

Erklärung

Bei dem Galilei'schen Pendel handelt es sich um ein Fadenpendel mit zeitlich variierender Pendellänge. Für beide der auftretenden konstanten Längen wird eine halbe Periode der jeweiligen harmonischen Schwingung eines Fadenpendels durchlaufen. Wegen der Beziehung für die Schwingungsdauer T eines Fadenpendels (bei kleiner Amplitude)

$$T = 2\pi\sqrt{\frac{l}{g}}.$$

(l: Pendellänge; g: Betrag der Erdbeschleunigung)
dauert eine Auslenkung bei verkürzter Schnur weniger lang als bei voller Schnurlänge. Die Folge ist eine zeitlich und räumlich asymmetrische Schwingung, die daher insgesamt nicht harmonisch ist.
Trotz dieser Asymmetrie erreicht der Schwerpunkt des Gewichtstücks in beiden Umkehrpunkten die gleiche Höhe über der Ruhelage, weil dort jeweils die konstante Gesamtenergie (von Reibungsverlusten abgesehen) des Systems ausschließlich als potenzielle Energie vorliegt.

Literatur

Zeier, E.: Physikalische Schulversuche, Freihandversuche, kleine Experimente, Aulis Verlag Deubner, Köln 1986
Oberdorfer, G.: Zytglogge Werkbuch, Das springende Ei und andere Experimente für die fünf Sinne, Zytglogge-Verlag, Gümmlingen Bonn Wien 1991

1.88 „Resonanzkatastrophe" beim Fadenpendel

Mit einem Fadenpendel lässt sich auf die wohl einfachste Art und Weise das Phänomen der Resonanz demonstrieren.

Material

- Faden (Länge: ca. 0,5 m)
- kleines Gewichtstück, z. B. Stein, Metallkugel

Aufbau und Durchführung

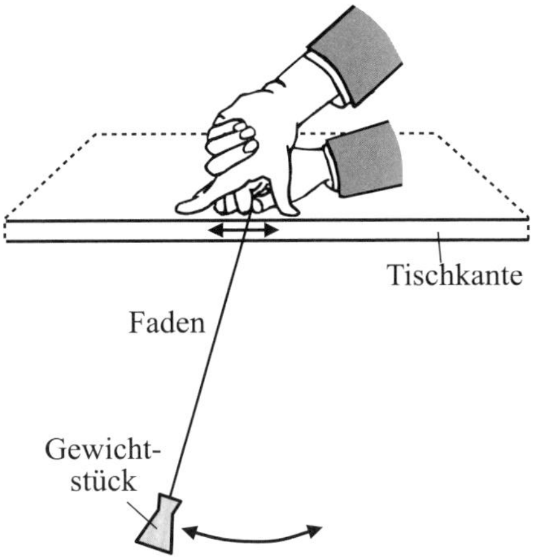

Abb. 1

Durch Befestigen eines kleinen Gewichtstücks am Ende eines Fadens stellt man ein Fadenpendel her. Das andere Fadenende hält man mit zwei Fingern und bewegt es entlang einer Tischkante zwischen zwei gespreizten Fingern (Abstand ca. 5 cm) der anderen Hand hin und her (siehe Abb. 1). Diese Anregung sollte mit möglichst konstanter Frequenz erfolgen und das Pendel vorher in die Ruhelage gebracht werden. Führt man das Experiment mehrmals durch und variiert man dabei nur die Kreisfrequenz ω der Anregung und nicht deren Amplitude (konstanter Abstand der Finger), so beobachtet man die folgenden unterschiedlichen Reaktionen des Pendels, dessen Eigenfrequenz bei vollständig fehlender Dämpfung ω_0 sei:

1. Anregung mit sehr kleiner Frequenz ($\omega << \omega_0$):
   Die Amplitude der Schwingung des Pendelkörpers ist etwa genauso groß wie die der Anregung (ca. die Hälfte des Abstandes zwischen den gespreizten Fingern).
2. Anregung ungefähr mit der Eigenfrequenz ($\omega \approx \omega_0$):
   Nach dem Einschwingvorgang wächst die Amplitude auf extrem große Werte an, und es kommt zum Überschlag des Pendels („Resonanzkatastrophe").
3. Anregung mit sehr hoher Frequenz ($\omega >> \omega_0$):
   Das Pendel schwingt fast überhaupt nicht.

Erklärung

Näherungsweise kann das Fadenpendel als angeregtes und gedämpftes harmonisches System behandelt werden. Der stationäre Bewegungszustand nach dem Einschwingvorgang ist (für kleine Auslenkungen) eine harmonische Schwingung mit der Amplitude

$$A=\frac{A_0 m\omega_0^2}{\sqrt{m^2(\omega_0^2-\omega^2)^2+k^2\omega^2}} \quad \text{wobei} \quad \omega_0^2=\frac{g}{l} \quad [\textit{Mende}\ 1988,\ \text{S. } 244]. \qquad (1)$$

(A_0: Amplitude der Anregung; ω: Kreisfrequenz der Anregung; m: Masse des Pendelkörpers; g: Betrag der Erdbeschleunigung; k: Dämpfungskonstante)

Die Beziehung (1) erklärt das Verhalten des Pendels in den drei beschriebenen Fällen:

1. Bei extrem kleiner Frequenz der Anregung ($\omega << \omega_0$) geht (1) über in $A \approx A_0$. Dies äußert sich darin, dass der Pendelkörper in horizontaler Richtung fast die gleiche Bewegung vollführt wie die Finger an der Tischkante.
2. Regt man das System ungefähr mit seiner Resonanzfrequenz

   $$\omega_r = \sqrt{\omega_0^2 - \frac{k^2}{2m^2}} \quad (\omega_r \approx \omega_0 \quad \text{falls} \, k << 1)$$ [*Mende* 1988, S. 245].

   an, so wächst die Amplitude der Schwingung bei schwach gedämpften Systemen (wie es in diesem Fall vorliegt) nach dem Einschwingvorgang auf sehr große Werte an.
3. Bei sehr großen Kreisfrequenzen ($\omega >> \omega_0$) tritt fast keine Schwingung mehr auf, weil in diesem Fall $A \approx 0$ ist (vgl. (1)).

Literatur

o. L.

zur Erklärung:

Mende, D.; Simon, G.: Physik, Gleichungen und Tabellen, VEB Fachbuchverlag, Leipzig 1988, S. 244-245

1.89 Resonanz an der Unterputzröhre

Mit einer Unterputzröhre lassen sich – je nach Anregungsfrequenz – verschiedene Resonanzen demonstrieren.

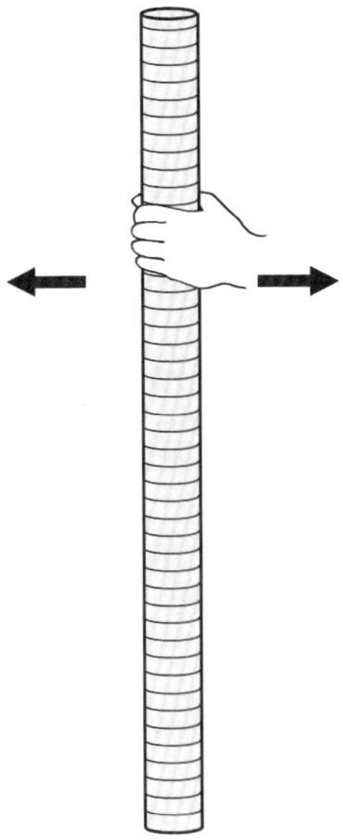

Abb. 1

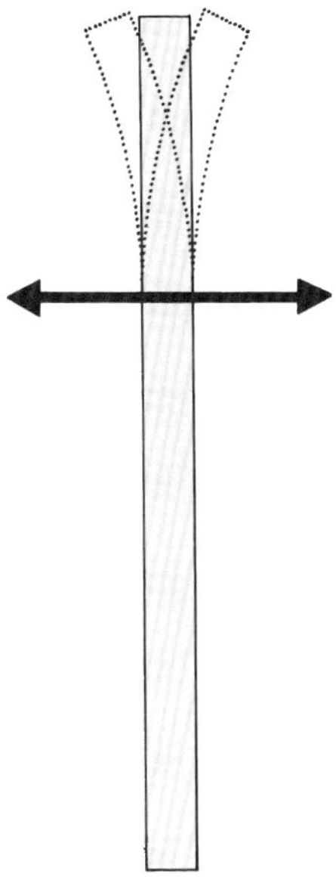

Abb. 2

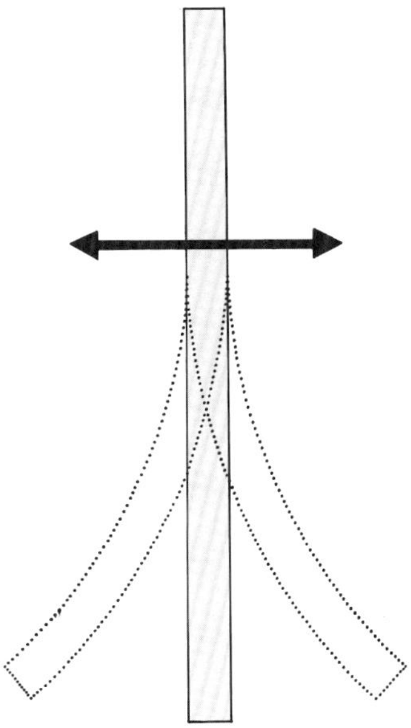

Abb. 3

Material

- Unterputzröhre (Länge: ca. 1 m), wie sie beim Verlegen elektrischer Leitungen verwendet wird; notfalls Schlauch oder ähnliche lange, flexible Gegenstände

Aufbau und Durchführung

Eine Unterputzröhre wird mit der Hand senkrecht über dem Boden gehalten, so dass ca. ein Drittel der Röhre über die Hand ragt. Man bewegt die Hand horizontal periodisch hin und her (siehe Abb. 1) und regt dadurch das Rohr zum Schwingen an. Dabei sollte die Strecke, die die Hand hin und her bewegt wird, also die Amplitude der Anregung, ca. 10 – 20 cm betragen und die Anregungsfrequenz im Bereich von 1 – 5 Hz liegen. Verändert man die Anregungsfrequenz, stellt man fest, dass der untere Teil der Röhre bei einer bestimmten Frequenz kräftig mitschwingt (siehe Abb. 2), während der obere Teil der Röhre (siehe Abb. 3) bei einer anderen bestimmten Frequenz deutlich mitschwingt. Wenn ein Teil kräftig mitschwingt, ist der andere sogar fast in Ruhe.

Erklärung

Durch die Handbewegung erzeugt man in den Rohrstücken eine Schwingung. Wenn die Anregungsfrequenz nun gerade gleich der Eigenfrequenz eines der Stücke ist, schwingt dieses kräftig mit (Resonanz). Da das Rohr recht homogen ist, die beiden Rohrstücke aber unterschiedliche Längen haben, sind auch die Eigenschwingungen der Rohrstücke verschieden. Es kommt bei unterschiedlichen Anregungsfrequenzen zur Resonanz.

Literatur

o. L.

1.90 Das Schwerependel an der Schraubenfeder

Ein Doppel-Fadenpendel, das an einer ebenfalls schwingenden Schraubenfeder schwingt, verändert ständig seine Schwingungsfrequenz.

Material

- 2 gleiche Stahlkugeln (Durchmesser: 1 – 2 cm), möglichst mit Ösen
- Schraubenfeder mittlerer Federkonstante (ca. $0{,}1\ \frac{N}{cm}$)
- Faden
- evtl. Klebeband, falls die Stahlkugeln keine Ösen besitzen

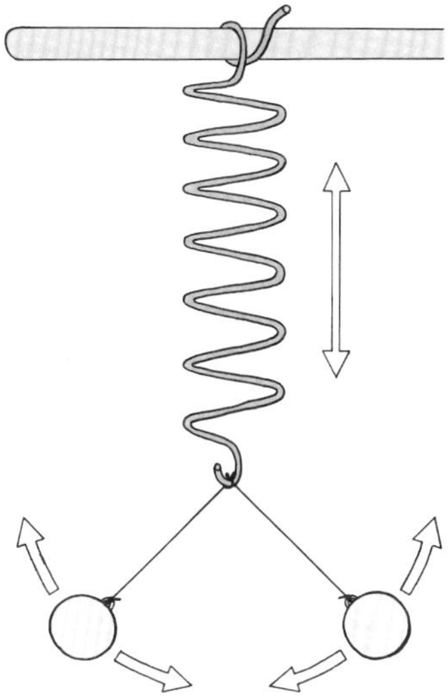
Abb. 1

Aufbau und Durchführung

Man befestigt an zwei Stahlkugeln je einen ca. 5 cm langen Faden (entweder knotet man ihn an die Öse der Kugel oder man benutzt Klebeband). Die Kugeln hängt man mit den Fäden an eine Schraubenfeder (siehe Abb. 1). Die Schraubenfeder hält man am oberen Ende entweder mit einer Hand oder man hängt sie an einem Haken an die Decke oder man verwendet dazu Stativmaterial. Lenkt man beide Kugeln entgegengesetzt aus und lässt dann los, schwingen die Kugelpendel als Doppelpendel gegenphasig. Ist dabei die Schraubenfeder in Ruhe, nimmt man ein „Klack“-Geräusch der Kugeln in konstanten Zeitabständen wahr, das durch das Zusammenschlagen der Kugeln beim Schwingen entsteht. Wird jedoch zusätzlich die Schraubenfeder zum Schwingen angeregt, so tritt das „Klack“-Geräusch der Kugeln nicht mehr in konstanten Zeitabständen auf. Bewegt sich das Doppelpendel, an der Schraubenfeder hängend, nach unten, werden die Zeitabstände größer, bewegt es sich nach oben, werden die Zeitabstände kürzer. Diese Änderung der Zeitabstände zweier „Klack“-Geräusche ist deutlich wahrnehmbar. Die Schwingung der Schraubenfeder beeinflusst also die Schwingung der Kugelpendel. Leider verlieren die Stahlkugeln beim Zusammenschlagen Energie, so dass das Doppelpendel nicht sehr lange schwingt. Es kann jedoch vorkommen, dass über die Schwingung der Schraubenfeder das Doppelpendel angeregt wird und so wesentlich länger schwingt als bei ruhender Schraubenfeder. Man muss dann nur die Schwingung der Schraubenfeder, die ihrerseits das Doppelpendel anregt, aufrechterhalten. Dazu nimmt man das obere Ende der Schraubenfeder in die Hand und bewegt die Hand periodisch leicht nach oben und unten (ähnlich wie bei einem Jo-Jo, siehe Experiment „Ein Jo-Jo aus Bierdeckeln“). Die richtige Anregungsfrequenz der Hand findet man durch Probieren heraus. Gelingt es, die Schraubenfederschwingung und damit die Schwingung des Doppelpendels aufrechtzuerhalten, ist der Effekt (die Veränderung der Zeitabstände zweier „Klack“-Geräusche, abhängig von der Bewegung des Doppelpendels an der

Schraubenfeder) beliebig lange zu demonstrieren.

Erklärung

Die Zeit zwischen zwei „Klack"-Geräuschen der Stahlkugeln ist abhängig von der Frequenz, mit der die Kugeln, also die zwei Schwerependel, schwingen. Die Frequenz wiederum hängt von der Fadenlänge und der Beschleunigung ab, der die Pendel ausgesetzt sind (bei unbewegter Schraubenfeder also der Erdbeschleunigung vom Betrag *g*). Es gilt:

$$f(a) = \frac{1}{2\pi}\sqrt{\frac{a}{l}} \qquad \text{mit} \qquad a = g + \ddot{x}$$

(*f*: Frequenz des Schwerependels mit der Fadenlänge *l* bei einer wirkenden Beschleunigung *a*; *g*: Betrag der Erdbeschleunigung; *x*: Auslenkung der Schraubenfeder)
Lässt man nun das Doppelpendel an der Schraubenfeder schwingen, ändert sich die auf das Pendel wirkende Kraft periodisch mit der Schwingung der Schraubenfeder, somit die am Pendel wirkende Beschleunigung *a* und somit die Frequenz *f* des Doppelpendels. Befände sich das Doppelpendel z. B. im freien Fall (a = 0), würde es, da keine Kraft wirkt, überhaupt nicht schwingen.

Literatur

Treitz, N.: Spiele mit Physik, Ein Buch zum Basteln, Probieren und Verstehen, Verlag Harri Deutsch, Thun und Frankfurt/Main 1983

1.91 Wie schaukelt man richtig?

An einem Modell einer Schaukel kann demonstriert werden, dass sich eine Schwingung kleiner Amplitude durch periodische Änderung der Schnurlänge verstärken lässt.

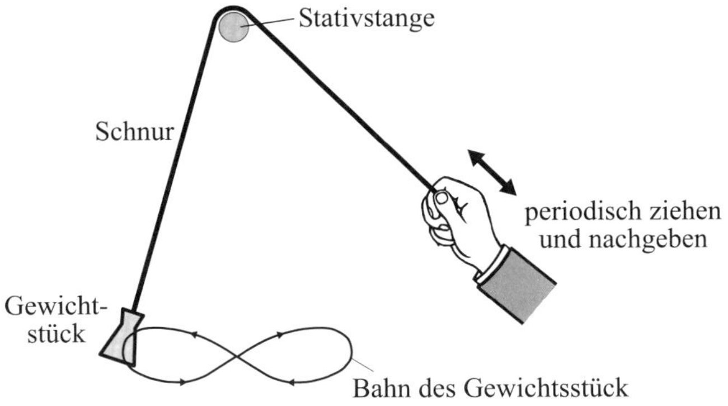

Abb. 1

Material

- Schnur (Länge: ca. 2 m)
- Gewichtstück (ca. 100 g)
- Stativmaterial
- evtl. Schlüssel mit Loch

Aufbau und Durchführung

Eine Schnur mit daran befestigtem Gewichtstück wird über eine waagrechte Stativstange geführt und am Ende gehalten (siehe Abb. 1). Als Führung dienen zwei in geringem Abstand auf der Stange befestigte Muffen. Nachdem das Modell einer Schaukel von Hand in leichte Schwingung versetzt worden ist, kann es durch regelmäßiges Verändern der Schnurlänge weiter angeregt werden. Dazu muss man an dem freien Schnurende ziehen, wenn das Pendel die Ruhelage durchläuft und am Maximalausschlag wieder nachgeben (jeweils nur wenige Zentimeter), so dass die in Abbildung 1 skizzierte Bahn des Schwerpunkts entsteht. Die Amplitude kann dabei so weit anwachsen, dass es zum Überschlag kommt.
Eine besonders einfache Variante des Experiments benutzt als Führung für die Schnur das Loch eines Schlüssels, welchen man jedoch fixieren sollte, um eine Bewegung des Aufhängepunkts zu vermeiden.

Erklärung

In der Nähe des Nulldurchgangs wirkt in Richtung der Schnur eine große Zentripetalkraft und fast die gesamte Gewichtskraft des schwingenden Körpers. Zieht man in dieser Zeit an der Schnur, so verrichtet man Arbeit und erhöht damit die Energie des

schwingenden Systems. Beim Verlängern der Schnur in der Umgebung des Umkehrpunkts wird Energie wieder an die Umgebung abgegeben. Weil in der Nähe des Maximalausschlags die Zentripetalkraft sehr klein ist und nur die Komponente der Gewichtskraft in Schnurrichtung Arbeit verrichtet, geht beim Nachlassen der Schnur nur ein Teil des Energiegewinns wieder verloren. Da man diesen Vorgang während einer Periode der Pendelschwingung zweimal durchführen kann, ist die Frequenz dieser so genannten parametrischen Anregung doppelt so groß wie die Eigenfrequenz des Pendels. Der Parameter, über dessen Variation dem System Energie zugeführt wird, ist in diesem Fall die Pendellänge. Genau genommen kommt es bei der Anregung nicht auf die Änderung der Pendellänge, sondern des Abstandes zwischen Schwerpunkt des Pendelkörpers und Aufhängepunkt an. Beim Schaukeln wird diese Länge durch Heben und Senken der Beine variiert.
Für eine grobe quantitative Betrachtung werde angenommen, dass die Schnurlänge beim Durchlauf der Ruhelage in vernachlässigbarer Zeit um $\mathrm{d}l << l$ verkürzt und im darauf folgenden Maximalausschlag um den gleichen Betrag wieder verlängert wird (siehe Abb. 2).

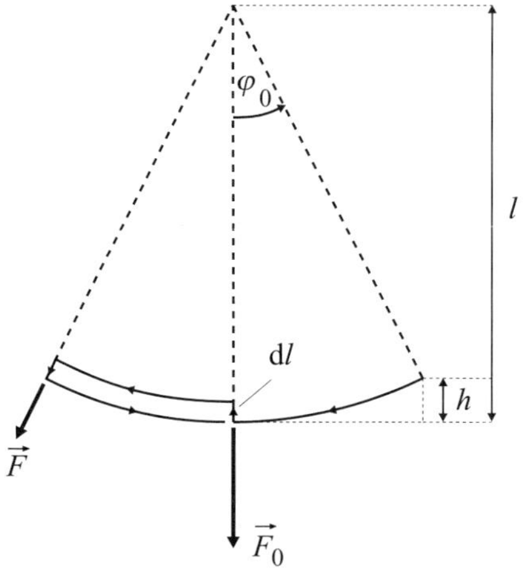

Abb. 2

In Schnurrichtung wirken die Kräfte $\vec{F}_0$ (Nulldurchgang) und $\vec{F}$ (Umkehrpunkt):

$$F_0 = m\frac{v_0^2}{l} + mg \quad \text{und} \quad F = mg\cos\varphi_0 \quad (\varphi_0 < \frac{\pi}{2})$$

(F_0, F: Beträge der Kräfte $\vec{F}_0$ und $\vec{F}$; v_0: Betrag der Maximalgeschwindigkeit des Pendelkörpers; φ_0: Auslenkwinkel (siehe Abb. 2); m: Masse des Pendelkörpers; g: Betrag der Erdbeschleunigung)
Für die Energieänderungen $\mathrm{d}E_0$ und $\mathrm{d}E$, welche durch Ändern der Schnurlänge um $\mathrm{d}l > 0$ auftreten, gilt:

$$\mathrm{d}E_0 = m\left(\frac{v_0^2}{l} + g\right)\mathrm{d}l > 0 \quad \text{und} \quad \mathrm{d}E = -m(g\cos\varphi_0)\mathrm{d}l < 0.$$

Als Gesamtenergieänderung nach Durchlaufen des Prozesses erhält man

$$\begin{aligned} \mathrm{d}E_{ges} &= \mathrm{d}E_0 + \mathrm{d}E \\ &= m\left(\frac{v_0^2}{l} + g\,(1-\cos\varphi_0)\right)\mathrm{d}l \\ &= m\left(\frac{v_0^2}{l} + \frac{gh}{l}\right)\mathrm{d}l \qquad \text{da}\, h = l(1-\cos\varphi_0) \\ &= \frac{m}{l}\left(v_0^2 + \frac{v_0^2}{2}\right)\mathrm{d}l \qquad \text{da}\, v_0^2 = 2gh \\ &= \frac{3}{2} m v_0^2 \frac{\mathrm{d}l}{l} \\ \mathrm{d}E_{ges} &= 3E_{ges}\frac{\mathrm{d}l}{l} > 0. \end{aligned}$$

(E_{ges}: Gesamtenergie des Systems; h: maximale Höhe des Pendelkörpers (siehe Abb. 2))
Durch diese Überschlagsrechnung erkennt man, dass der Energiezuwachs direkt proportional zur bereits vorhandenen Gesamtenergie des Systems ist. Dies impliziert, dass das System schon Energie besitzen muss, um es auf diese Weise weiter anregen zu können. Sitzt man auf einer Schaukel, kann man theoretisch die Ruhelage ohne äußere Einwirkung nicht verlassen, solange Reibungseffekte unberücksichtigt bleiben.

Bemerkungen

Interessant ist, dass ein wesentlich aufwendigerer Ansatz für eine schleifenförmige Bahn fast das gleiche Ergebnis liefert. Die variable Länge l sei gegeben durch

$$l\,(t) = l_0 + \frac{1}{2}\Delta l \sin\,(2\omega t) \qquad \text{mit } \Delta l << l_0$$

$$\mathrm{d}l = \omega \Delta l \cos\,(2\omega t)\,\mathrm{d}t. \tag{1}$$

Δl sei dabei so klein, dass die Schwingung näherungsweise harmonisch bleibt:

$$\varphi\,(t) = \varphi_0 \sin\,(\omega t)$$

Der Betrag $v\,(t)$ der Bahngeschwindigkeit des Pendelkörpers und der Betrag $F\,(t)$ der Kraft in Schnurrichtung berechnen sich zu

$$v\,(t) = \dot{\varphi}\,(t) = \varphi_0 \omega \mathrm{l}\,(t) \cos\,(\omega t)$$

$$F\,(t) = \mathrm{m}\,\frac{v^2\,(t)}{l\,(t)} + mg \cos\,(\varphi\,(t)). \tag{2}$$

Die Energieänderung des Systems in der Zeit dt ist

$$\mathrm{d}E = F\,(t)\,\mathrm{d}l. \tag{3}$$

Setzt man die Beziehungen (1) und (2) in (3) ein, vernachlässigt Summanden mit dem Faktor $\Delta\, l^2$, integriert die Energie über die Zeit einer halben Periode $\left(0 \ldots \frac{\pi}{\omega}\right)$ und benützt die Näherungen

$$\cos\,(\varphi_0 \sin\,(\omega t)) \approx 1 \frac{1}{2}\varphi_0^2 \sin^2\,(\omega t) \qquad \text{und}\; \frac{1}{2}\varphi_0^2 \approx \frac{h}{l_0}$$

(zu Grunde liegende Näherung: $\cos x \approx 1 - \frac{1}{2}x^2$; Fehler kleiner 10 % für $x < \frac{\pi}{3}$), so ergibt sich für den Energiezuwachs E_{T_2} des Systems während einer halben Periode:

$$E_{T_2} = \frac{3}{4}\,\pi\,E_{\text{ges}}\,\frac{\Delta l}{l_0} > 0$$

Aus dem Vorfaktor 3 ist also bei der schleifenförmigen Bahn $\frac{3}{4}\,\pi \approx 2{,}4$ geworden.

In der spanischen Wallfahrtskirche von Santiago de Compostella wird mittels oben beschriebener parametrischer Verstärkung ein etwas groß geratenes, an der Kirchendekke aufgehängtes Weihrauch-Fass von ein paar Männern über ein Tau so in Schwingung versetzt, dass es schließlich fast einen 180° Winkel beschreibt und das Kirchenschiff auf großer Länge durchmisst. Dabei bringt die Sauerstoff-Zufuhr auf Grund des großen Luftzugs die Holzkohle zum Glühen.

Literatur

Treitz, N.: Spiele mit Physik, Ein Buch zum Basteln, Probieren und Verstehen, Verlag Harri Deutsch, Thun und Frankfurt/Main 1983

Walker, J.: Der fliegende Zirkus der Physik, R. Oldenbourg Verlag GmbH, München/Wien 1994, S. 52

1.92 Die anhängliche Schnur

Verkleinert man bei einem Pendel die Pendellänge, indem man sich die Pendelschnur um einen Finger wickeln lässt, ändert sich die Frequenz des Pendels.

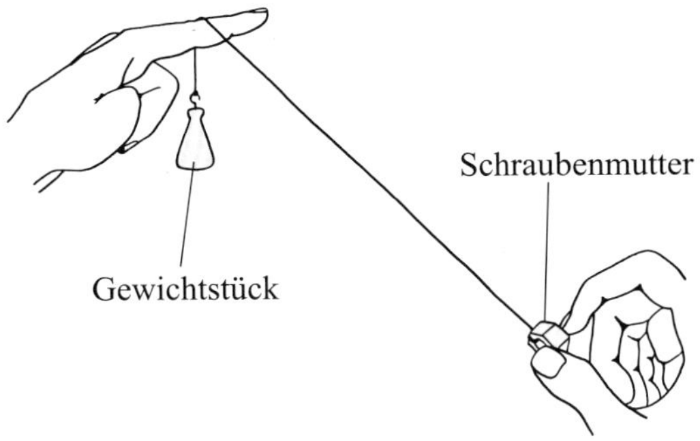

Abb. 1

Material

- Gewichtstück (ca. 100 g) oder ähnlich schwerer Gegenstand
- Schraubenmutter oder ähnlich schwerer bzw. leichter Gegenstand
- Faden (Länge: ca. 40 cm)

Aufbau und Durchführung

Ein Gewichtstück und eine Schraubenmutter werden je an ein Ende eines Fadens geknotet. Den Faden hängt man über einen Finger, wobei man die Schraubenmutter auf Höhe des Fingers mit der anderen Hand möglichst weit von diesem Finger wegzieht (siehe Abb. 1). Lässt man die Schraubenmutter los, beginnt sie immer schneller am Faden um den Finger zu rotieren. Das Gewichtstück fällt nicht zu Boden, da sich der Faden oft um den Finger wickelt und die Gewichtskraft (vor allem die des angehängten Gewichtstücks) durch die Reibungskraft zwischen Faden und Finger kompensiert wird.

Erklärung

Lässt man die Schraubenmutter fallen, fällt auch das Gewichtstück nach unten und zieht, da es schwerer ist, die Schraubenmutter, die beim Loslassen einen Drehimpuls erhalten hat, näher an den Finger heran. Das Gewicht verkürzt also den Abstand der Schraubenmutter zur Drehachse.

Für die Schraubenmutter am Faden konstanter Länge gilt bei vernachlässigter Reibung die Energieerhaltung. Da das Gewichtstück die Schraubenmutter ständig beschleunigt, wird dem Pendel Energie zugeführt. Mittels Leistungsbilanz erhält man für die Energieänderung des Pendels:

$$\frac{\mathrm{d}E}{\mathrm{d}t} = -F\dot{\vec{r}} = -\dot{\vec{r}}Mg \qquad (1)$$

($\frac{\mathrm{d}\,E}{\mathrm{d}\,t}$: Energieänderung des Pendels; $\dot{\vec{r}}$: zeitliche Längenänderung des Pendelfadens; F: Betrag der Gewichtskraft des angehängten Gewichtstücks; M: Masse des Gewichtstücks; g: Betrag der Erdbeschleunigung)
Eine Änderung der Energie des Pendels kann demnach bei konstanter Masse des angehängten Gewichtstücks und konstanter Fallbeschleunigung nur über eine Längenänderung des Pendelfadens erfolgen. Die Energie dieses Pendels kann in zwei Formen vorliegen: der potenziellen und der kinetischen Energie. An den Umkehrpunkten (siehe Abb. 2) liegt die gesamte Energie als potenzielle Energie vor. Besitzt das System mehr Energie, als es in potenzielle Energie umwandeln kann (die maximale potenzielle Energie der Schraubenmutter bei konstanter Pendellänge ist in Abbildung 3 dargestellt),

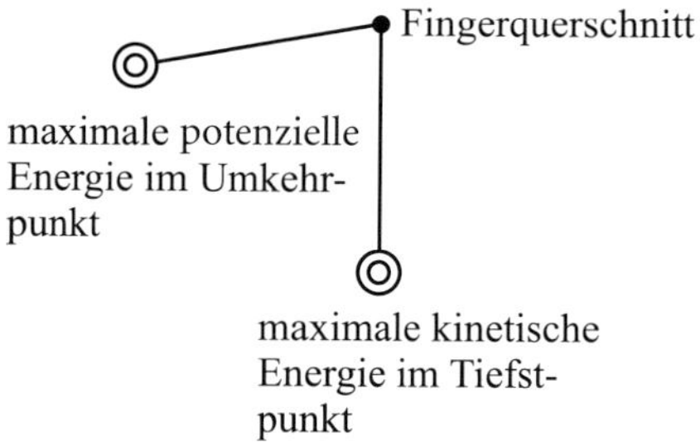

Abb. 2

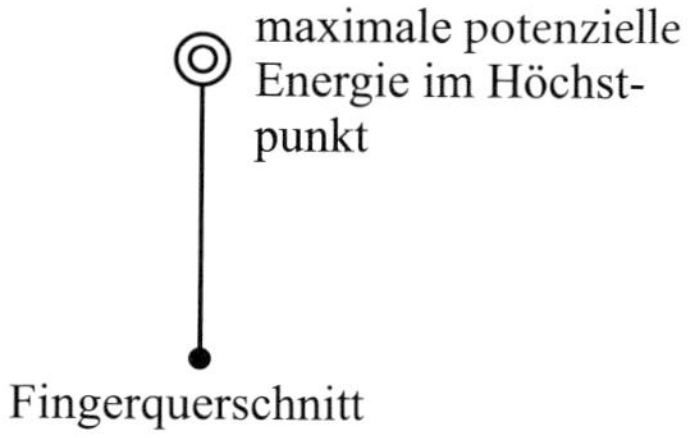

Abb. 3

besitzt die Schraubenmutter bei der in Abbildung 3 dargestellten Position noch kinetische Energie und die Schraubenmutter führt einen vollen Umlauf um den „haltenden Finger" durch.
Bewegt sich das angehängte Gewichtstück weiter nach unten, wird die Pendellänge weiter verkürzt und die Energie der Schraubenmutter wird nach Formel (1) größer. Da das Pendelsystem diese zusätzliche Energie nicht als zusätzliche potenzielle Energie speichern kann, muss die durchschnittliche Geschwindigkeit der Schraubenmutter während eines Umlaufs um den haltenden Finger größer werden. Je nach Faden reichen drei Umläufe der Schraubenmutter aus, um den Fall des Gewichtstücks durch die Reibung des Pendelfadens mit dem Finger zu stoppen.

Literatur
zur Erklärung:

Nolting, W.: Grundkurs: Theoretische Physik, Klassische Mechanik, Verlag Zimmermann-Neufang, Ulmen 1991

1.93 Lissajous-Figuren aus Sand

Die bei der Überlagerung zweier zueinander senkrechten Schwingungen entstehenden Lissajous-Figuren werden mit Hilfe von Sand sichtbar gemacht.

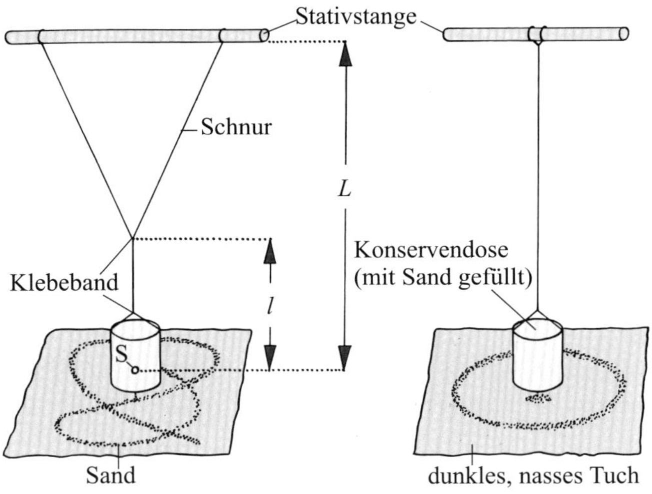

Abb. 1 Abb. 2

Material

- Konservendose oder Trichter
- feiner Sand
- Schnur
- Klebeband
- dunkles Tuch
- evtl. Stativmaterial

Aufbau und Durchführung

Von einer Konservendose entfernt man den Deckel und bohrt in den Boden ein kleines Loch. Mit einem Klebeband befestigt man außen an der Seitenwand der Dose an zwei gegenüberliegenden Stellen je eine ca. 1 m lange Schnur (evtl. zwei kleine Löcher in die Seitenwand der Dose bohren, die Schnur jeweils ca. 5 cm weit hindurchziehen und sie im Inneren der Dose verknoten). Das jeweils andere Ende der beiden Schnüre wird in ca. 30 cm Abstand so an eine feste Aufhängung (evtl. aus Stativmaterial bauen) gebunden, dass sich der Boden der Dose wenige Zentimeter über dem Fußboden oder einer Tischplatte befindet. Die beiden Schnüre klebt man an zwei Stellen mit einem Klebeband zusammen: wenige Zentimeter über der Dose und ca. 20 cm darüber (siehe Abb. 1). Man erhält so ein Pendel, das in zwei zueinander senkrechten Richtungen schwingen kann: in der Ebene, die durch die beiden Schnüre aufgespannt wird, und in einer dazu senkrechten Ebene.

Das Loch im Boden der Konservendose hält man mit einem Finger zu und füllt feinen Sand in die Dose. Lenkt man das Pendel in einer Schwingungsrichtung aus und nimmt man den Finger von der Öffnung, so rinnt der Sand aus dem Loch im Boden der Dose und zeichnet während der Schwingung des Pendels eine Linie auf den Boden. Stößt man die Konservendose senkrecht zu ihrer Schwingungsrichtung mit der Hand an, zeichnet der Sand eine Lissajous-Figur auf das Tuch (siehe Abb. 1). Damit der Sand an den Stellen liegen bleibt, auf die er gefallen ist, und gut sichtbar ist, sollte man ein nasses, dunkles Tuch unter das Pendel legen.
Die Art der Figur ist dabei von den Frequenzen und Amplituden der beiden Einzelschwingungen sowie dem Phasenunterschied zwischen den beiden Schwingungen abhängig. Durch Variation dieser Größen ergeben sich verschiedene Lissajous-Figuren auf dem Tuch. Die Frequenz der Schwingung in der Ebene, die durch die beiden Schnüre aufgespannt wird, ist durch die Länge bestimmt, auf der die beiden Schnüre mit dem Klebeband zusammengeklebt sind. Diese lässt sich ändern, indem man das obere Klebeband verschiebt. Klebt man die Schnüre auf ihrer ganzen Länge zusammen (siehe Abb. 2), haben die beiden Einzelschwingungen dieselbe Frequenz.
Eine Schwingung des Pendels wird durch das Auslenken der Dose angeregt, die andere durch das Anstoßen der Dose, während diese schwingt. Die Amplituden der beiden Einzelschwingungen lassen sich variieren, indem man die Dose weiter auslenkt oder während der Schwingung unterschiedlich fest anstößt. Der Phasenunterschied zwischen den beiden Schwingungen ergibt sich aus dem Zeitpunkt, zu dem die Dose angestoßen wird.

Stößt man die Dose im Umkehrpunkt an, so beträgt der Phasenunterschied $\frac{\pi}{2}$.

Da die Amplitude der Schwingungen infolge von Reibung schnell abnimmt, sollte man das Pendel nicht zu lange schwingen lassen, sondern rechtzeitig anhalten und das Loch im Boden der Dose wieder mit dem Finger verschließen.

Erklärung

Betrachtet man den Idealfall eines mathematischen Pendels mit kleinen Schwingungsweiten, so ist das Verhältnis der Frequenzen der beiden Schwingungen durch die Länge bestimmt, auf der die beiden Schnüre mit dem Klebeband zusammengeklebt sind. In der Ebene, die durch die beiden Schnüre aufgespannt wird, schwingt das Pendel mit der Frequenz f_2. Diese ergibt sich aus der Länge l der Strecke vom oberen Klebeband bis zum Schwerpunkt S der Dose (siehe Abb. 1). Senkrecht zu dieser Ebene schwingt das Pendel mit der Frequenz f_1, die durch die Länge L der Strecke von der Aufhängung bis zum Dosenschwerpunkt gegeben ist (siehe Abb. 1). Das Frequenzverhältnis der beiden Schwingungen beträgt:

$$\frac{f_1}{f_2} = \frac{\frac{1}{2\pi}\sqrt{\frac{g}{L}}}{\frac{1}{2\pi}\sqrt{\frac{g}{l}}} = \sqrt{\frac{l}{L}}$$

(g: Betrag der Erdbeschleunigung)

Ist dieses Verhältnis der Frequenzen der beiden Einzelschwingungen rational, so ist die Schwingung periodisch und das Pendel würde im Idealzustand (ohne Dämpfung durch Reibung) immer wieder seinen Ausgangspunkt erreichen. Andernfalls würde die gesamte Fläche vom Sandstrahl überdeckt werden. Besitzen die beiden Pendel die gleiche Frequenz, so ergibt sich bei einem Phasenunterschied von $\frac{\pi}{2}$ zwischen den beiden Einzelschwingungen als Lissajous-Figur eine Ellipse. Sind auch die Amplituden der Einzelschwingungen gleich groß, ergibt sich ein Kreis.

Bemerkungen

Die darstellbaren Lissajous-Figuren sind infolge der Dämpfung der Schwingung durch Reibung nicht ideal. Auch das Einstellen von rationalen Frequenzverhältnissen, um periodische Schwingungen zu erhalten, und das Ändern der Amplitude und der Phasendifferenz durch den Stoß mit der Hand ist nicht genau und bedarf einiger Übung. Exakter und schneller lassen sich Lissajous-Figuren beispielsweise mit einem Oszillografen darstellen. Die mechanische Alternative mit dem ausströmenden Sand bietet aber den Vorteil, die Zusammensetzung der beiden Einzelschwingungen und das Zustandekommen der Figuren besser nachvollziehen zu können.

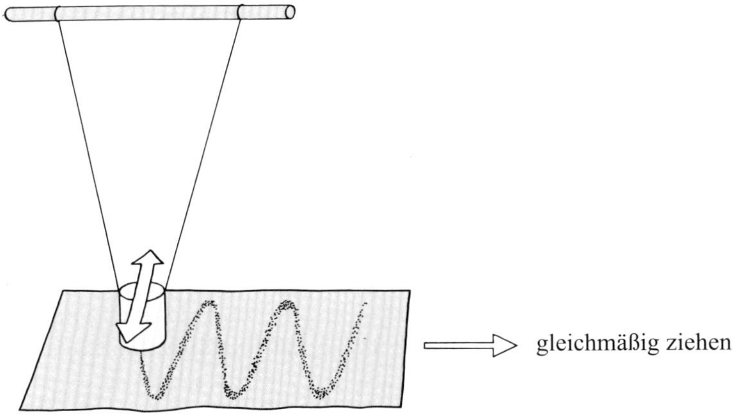

Abb. 3

Das Pendel lässt sich auch verwenden, um den zeitlichen Verlauf einer Schwingung darzustellen. Klebt man die beiden Schnüre nicht zusammen, so kann das Pendel nur in eine Richtung schwingen (senkrecht zu der Ebene, die durch die beiden Schnüre aufgespannt wird). Lenkt man das Pendel aus, so ergibt sich auf dem Tuch eine Linie. Zieht man das Tuch mit gleich bleibender Geschwindigkeit unter dem Pendel hinweg, zeichnet der Sand auf dem Tuch eine Sinuslinie (siehe Abb. 3).

Literatur

Gobrecht, H.; Gobrecht, J. H.; Gobrecht, K. H.: Bergmann-Schäfer, Lehrbuch der Experimentalphysik. Band 1, Mechanik, Akustik, Wärme, Walter de Gruyter Verlag, Berlin 1990, S. 188

Meisinger, K.: Physikalische Experimente mit Dosen, Schriftliche Hausarbeit zur Ersten Staatsprüfung für das Lehramt an Hauptschulen nach der Lehramtsprüfungsordnung I (LPO I) 1994/II, o.V., Augsburg 1994

1.94 Das Hui-Hui-Rädchen

Durch die Überlagerung zweier zueinander senkrechter Schwingungen dreht sich ein an einer Holzleiste befestigter Pappstreifen.

Material

- Holzleiste (Länge: ca. 30 cm) mit quadratischem Querschnitt (Seitenlänge: ca. 1 cm)
- Bleistift
- Streifen aus Pappe (ca. 8 cm × 2 cm)
- Nagel
- Hilfsmittel: Hammer, Holzfeile

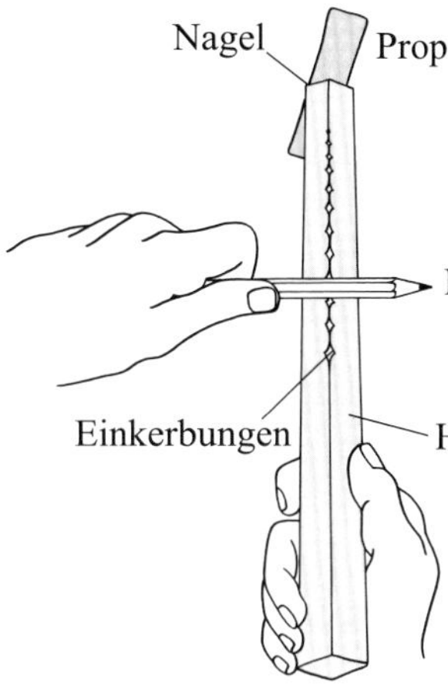

Abb. 1

Aufbau und Durchführung

An einer Kante der Holzleiste werden 10 cm von einer Stirnseite beginnend zur Mitte hin etwa 10 Kerben eingeschnitten. Dies geschieht am leichtesten mit der Kante einer Holzfeile. Die Kerben sollten ungefähr 2 mm tief sein und 1 cm Abstand voneinander besitzen. Durch den Pappstreifen bohrt man in der Mitte ein Loch, durch das man einen Nagel steckt. Der Streifen muss sich dabei leicht um den Nagel drehen können. Der Nagel mit dem Pappstreifen wird auf eine Stirnseite der Holzleiste genagelt und dient als Propeller (siehe Abb. 1).

Streicht man mit einem Bleistift über die Einkerbungen der Holzleiste, vibriert der Propeller leicht und dreht sich gelegentlich. Eine kontinuierliche Drehbewegung des Propellers wird erreicht, indem man einen Finger mit leichtem Druck auf einer Seitenfläche der Holzleiste mitbewegt, während man mit dem Bleistift über die Einkerbungen streicht. Hält man die Leiste so, dass sich die Einkerbungen oben befinden, bewirkt ein Fingerdruck auf die Seitenfläche oben links bzw. unten rechts (jeweils vom Durchführenden aus gesehen) eine Drehung des Propellers im Uhrzeigersinn, während Druck auf die Seitenfläche oben rechts (siehe Abb. 2) bzw. unten links eine Drehung gegen den Uhrzeigersinn hervorruft. Drückt man mit dem Finger auf eine der Kanten der Holzleiste, während man mit dem Bleistift über die Einkerbungen streicht, so ergibt sich keine dauerhafte Drehbewegung des Propellers.

Erklärung

Für das Drehen des Propellers ist eine kreis- oder ellipsenförmige Schwingung des Nagels nötig. Dies lässt sich leicht verdeutlichen, indem man den Nagel mit dem Pappstreifen mit der Hand auf- und abbewegt bzw. in eine kreisförmige Bewegung versetzt. Erst bei der kreisförmigen Bewegung wird der Pappstreifen in Drehung versetzt. Eine kreis- oder ellipsenförmige Bewegung lässt sich durch Überlagerung zweier zueinander senkrechter linearer Schwingungen zusammensetzen. Besitzen die beiden linearen

Schwingungen eine Phasendifferenz von $\frac{\pi}{2}$ und gleiche Amplituden, so ergibt sich eine Kreisbewegung, bei ungleichen Amplituden eine ellipsenförmige Bewegung.

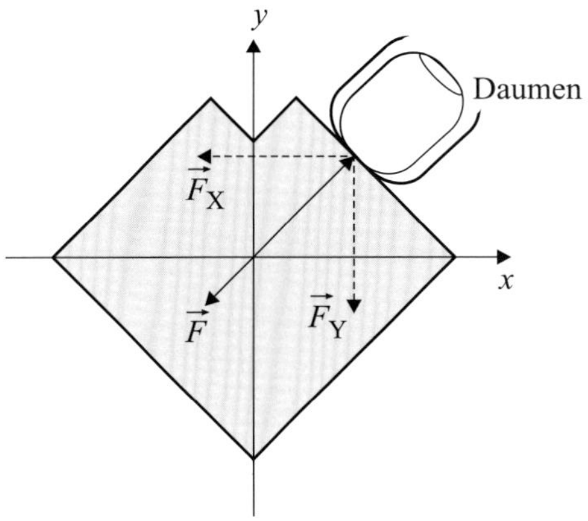

Abb. 2

Streicht man mit dem Bleistift über die Einkerbungen der Holzleiste, so wird diese in y-Richtung in Schwingung versetzt (Bezeichnungen wie in Abbildung 2). Durch den Fingerdruck auf eine der Seitenflächen wird eine dazu senkrechte Schwingung erzeugt: Die Kraft auf die Leiste durch den Fingerdruck ändert sich periodisch mit der vertikalen Schwingung der Holzleiste. Bei einem Druck von schräg oben ist die Kraft maximal, wenn sich der Stab am oberen Umkehrpunkt befindet und minimal, wenn der Stab den unteren Umkehrpunkt durchläuft.

Die x-Komponente dieser Kraft bewirkt eine Schwingung der Holzleiste in x-Richtung, die zur Schwingung der Holzleiste in y-Richtung phasenverschoben ist. Zusammen ergibt sich eine elliptische Schwingung der Holzleiste, die sich auf den Nagel überträgt, wodurch der Propeller in Drehung versetzt wird.

Erfolgt der Fingerdruck auf die obere oder die untere Kante der Holzleiste, so wirkt keine Kraft in x-Richtung. Bei einem Fingerdruck auf die seitlichen Kanten besitzt die Kraft keine Komponente in y-Richtung und ändert sich daher nicht periodisch mit der vertikalen Schwingung der Holzleiste. Aus diesem Grund ergibt sich in beiden Fällen keine Schwingung der Holzleiste in x-Richtung, was für eine kontinuierliche Drehbewegung des Propellers nötig ist.

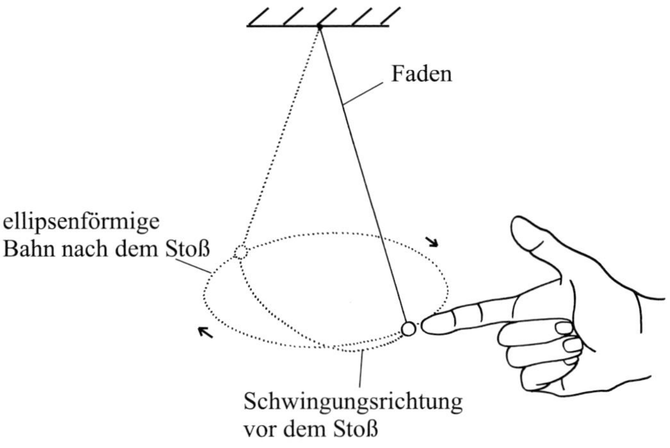

Abb. 3

Die Richtung, in die sich der Propeller dreht, lässt sich mit Hilfe eines Modells veranschaulichen. Die Vertikalschwingung des Holzstabes wird durch die Schwingung eines Fadenpendels simuliert (siehe Abb. 3). Anstatt der periodischen Krafteinwirkung durch den Fingerdruck erfährt das Pendel nur an einem Umkehrpunkt eine Kraft, indem man es senkrecht zur Schwingungsrichtung leicht mit der Hand anstößt. Dadurch schwingt das Fadenpendel auf einer kreis- oder ellipsenförmigen Bahn. Je nachdem aus welcher Richtung man das Pendel anstößt, ändert sich sein Umlaufsinn analog zum Fingerdruck auf die Seitenflächen der Holzleiste.

Bemerkungen

Eine solche Holzleiste mit Propeller kann man unter der Bezeichnung „Hui-Hui-Rädchen“ oder „Hui-Maschine“ in Spielwarengeschäften finden. Die Bezeichnung kommt daher, dass man den Wechsel der Drehrichtung des Propellers mit einem lauten „Hui“-Ruf ankündigen kann.

Über das Hui-Hui-Rädchen finden sich in der Literatur zahlreiche Erklärungen, von denen jedoch einige nicht zutreffend sind. Eine weit verbreitete Erklärung (siehe [*Wittmann* 1977] und [*Wittmann* 1986]) geht davon aus, dass für die Drehung des Propellers die Maserung des Holzes entscheidend ist. Durch das Streichen mit dem Bleistift werden in der Holzleiste Schwingungen erzeugt, die sich mit unterschiedlicher Geschwindigkeit in der Holzleiste ausbreiten, je nachdem ob sie parallel oder senkrecht zur Maserung schwingen. Die Maserung der Leiste muss dabei quer zu ihrer Längsachse verlaufen.

Dieser Erklärung widerspricht jedoch, dass das Experiment auch mit einer beliebig gemaserten Holzleiste und sogar mit Kunststoff-Stäben funktioniert. Auch die Form der Holzleiste ist für die Drehung des Propellers unerheblich. Ein Hui-Hui-Rädchen lässt sich aus Holzleisten mit nahezu beliebigem rechteckigem oder rundem Querschnitt herstellen.

Literatur

Backhaus, U.; Schlichting, H., Physik und Didaktik 18/3 (1988), S. 236-243

zu Bemerkungen:

Wittmann, J.: bsv-Lehrprogramme, Wärme und Energie, Bayerischer SchulbuchVerlag, München 1977

Wittmann, J.: Trickkiste 1, Experimente, wie sie nicht im Physikbuch stehen, Bayerischer Schulbuch Verlag, München 1986

Walker, J.: Der fliegende Zirkus der Physik, R. Oldenbourg Verlag GmbH, München/ Wien 1994, S. 55

1.95 Die schwingenden Wäscheklammern

Mit zwei Wäscheklammern und einem Gummiring lassen sich gekoppelte Schwingungen erzeugen.

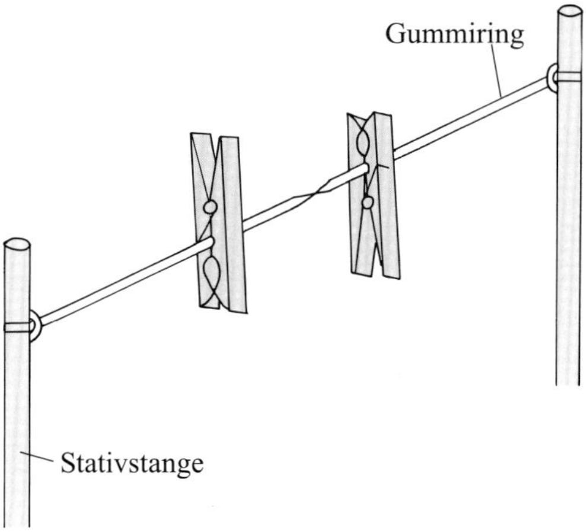

Abb. 1

Material

- 2 gleiche Wäscheklammern
- breiter Gummiring, z. B. Gummiring für ein Einweckglas
- 2 Stativstangen

Aufbau und Durchführung

Man bindet einen Gummiring an zwei Stativstangen fest und stellt die Stativstangen so auf, dass der Gummiring zwischen ihnen gespannt ist. Am Gummiring befestigt man in ca. 5 cm Abstand zwei Wäscheklammern W_1 und W_2. W_1 wird aus der Ruhelage ausgelenkt, indem man das nach unten hängende Ende der Wäscheklammer nach oben dreht, so dass der Gummiring zwischen den Wäscheklammern verdrillt wird (siehe Abb. 1). Lässt man W_1 los, so beginnt sie zu schwingen. W_2, die nicht ausgelenkt wurde, beginnt zuerst mit geringer, dann mit größer werdender Amplitude zu schwingen, während die Schwingungsamplitude von W_1 abnimmt. Kommt W_1 ganz zur Ruhe, ist die Amplitude von W_2 maximal. Dann dreht sich der Vorgang um: Die Schwingungsamplitude von W_2 nimmt ab, während die von W_1 größer wird. Dies wiederholt sich mehrmals. Die Amplituden werden dabei immer kleiner, bis schließlich beide Wäscheklammern ruhen.

Erklärung

Die beiden Wäscheklammern sind durch den Gummiring miteinander gekoppelt. Wird W_1 ausgelenkt und beginnt zu schwingen, so verdrillt sich der Gummiring zwischen den

beiden Wäscheklammern. Dadurch erfährt W_2 eine kleine Auslenkung und wird zu Schwingungen angeregt. Kommt W_1 vollständig zur Ruhe, ist ihre gesamte Schwingungsenergie auf W_2 übergegangen. Dieser Übergang geschieht umso schneller, je geringer der Abstand zwischen den Wäscheklammern ist, da dann die Kopplung zwischen ihnen stärker ist.
Trägt man die Amplitude der Schwingung einer Wäscheklammer über der Zeit auf, ergibt sich eine typische Schwebungskurve. Eine Schwebung lässt sich durch Überlagerung zweier verschiedener Schwingungen darstellen, deren Frequenzen sich nicht stark unterscheiden. In diesem Fall sind dies die Eigenschwingungen der gekoppelten Wäscheklammern. Bei einer Eigenschwingung schwingen die beiden Wäscheklammern im Gleichtakt, so dass der Gummiring zwischen ihnen nicht verdrillt wird. Bei der anderen schwingen W_1 und W_2 gegeneinander und der Gummiring wird stärker verdrillt.
Näheres über Schwebungen ist dem Experiment „Die Stimmgabel-Sirene" zu entnehmen.

Literatur

Wittmann, J.: Trickkiste 1, Experimente, wie sie nicht im Physikbuch stehen, Bayerischer Schulbuch Verlag, München 1986

1.96 Die Allround-Wellenmaschine

Mit einem Schlauch werden typische Wellenphänomene wie Superposition, Reflexion und Polarisation demonstriert.

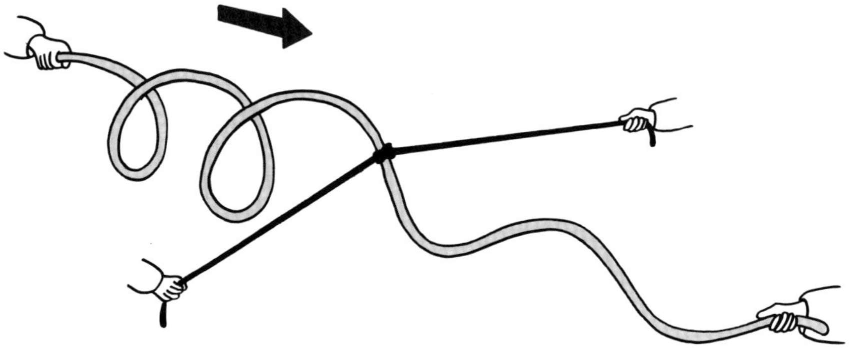

Abb.1

Material

- weicher Gummischlauch (Länge: ca. 4 m)
- dünnes Seil (Länge: ca. 1 m) oder 2 Stativstangen

Aufbau und Durchführung

Zwei Assistenten stehen sich gegenüber und halten einen Schlauch an den Enden straff. Zur gleichen Zeit lenken beide den Schlauch schnell aus und bringen ihn wieder in die Ausgangsstellung zurück. Die entstehenden Wellenberge passieren einander ungestört (siehe Abb. 2(a) bis (c)).

Lenkt nur einer der beiden Assistenten den Schlauch aus, so läuft der Wellenberg zum Partner, wird dort mit Phasensprung reflektiert und kehrt seine Auslenkungsrichtung um, d. h. kommt ein Wellenberg an, so wird ein Wellental reflektiert (siehe Abb. 3(a) bis (b)).

In der Mitte des Schlauchs wird ein dünnes Seil so festgebunden, dass etwa zwei gleiche Seilenden entstehen. Zwei weitere Assistenten halten dieses Seil gespannt (siehe Abb. 1). Durch schnelles Kreisen mit einem Schlauchende wird der Schlauch in Schwingung versetzt. Es breitet sich eine zirkular polarisierte Welle aus. Nach dem Seilknoten schwingt der Schlauch nur noch senkrecht zum Seil (linear polarisierte Welle, siehe Abb. 5). Statt des dünnen Seils kann man den Schlauch auch zwischen zwei parallel gehaltene Stativstangen nehmen. Diese sollte man möglichst eng zusammenbringen, ohne den Schlauch am Schwingen zu hindern.

Erklärung

Wellen können sich durchdringen, ohne miteinander wechselzuwirken (siehe Abb. 2).

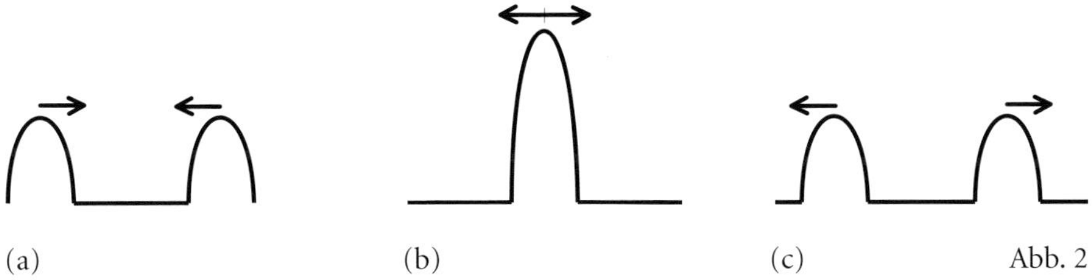

Abb. 2

An einem festen Ende werden sie mit Phasensprung um π reflektiert, an einem losen Ende ohne Phasensprung (siehe Abb. 3).

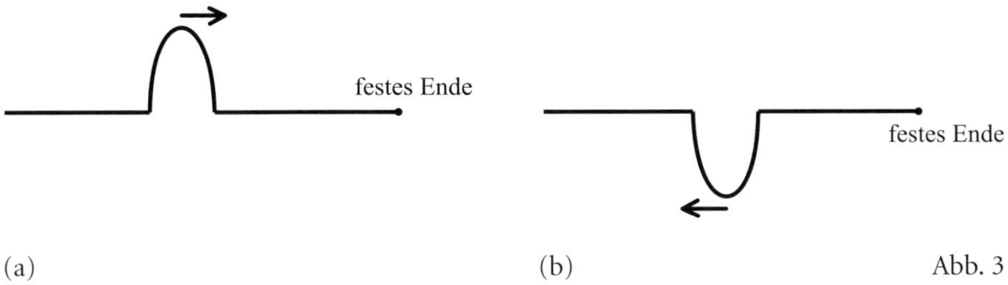

Abb. 3

Vor dem Seil werden am Schlauch zirkular polarisierte Wellen angeregt. Durch die Zugkraft $\vec{F}_{\text{Zug}}$ der Assistenten auf das Seil wird die Schwingung des Schlauchs in Richtung des Seils stark gedämpft. Senkrecht zum Seil wirkt die Rückstellkraft $\vec{F}_{\perp}$:

$$\vec{F}_{\perp} = 2 \sin \varphi \cdot \vec{F}_{\text{Zug}}$$

(φ: Winkel des Seils zwischen Ruheposition und der durch eine Schlauchschwingung ausgelenkten Position)

Der Schlauch schwingt an der Position des Knotens in der von den Seilenden aufgespannten Ebene, senkrecht zur Verbindungslinie der beiden Schlauchenden (siehe Abb. 4). Von hier pflanzt sich die Schwingung als linear polarisierte Welle fort (siehe Abb. 5).

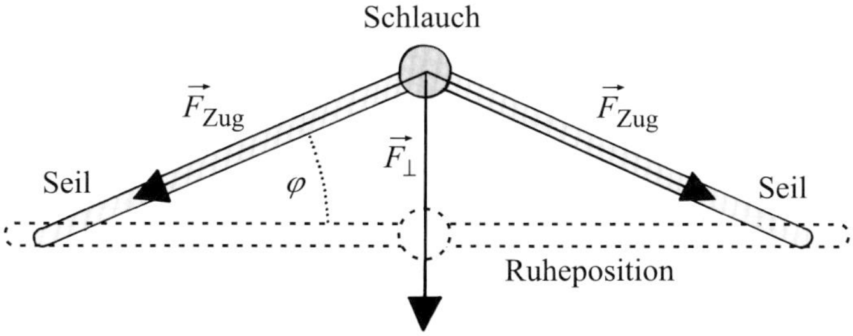

Abb. 4

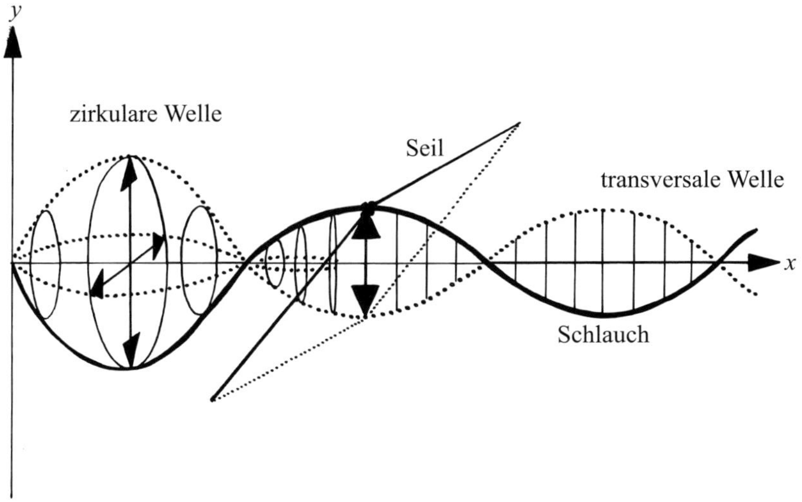

Abb. 5

Literatur

Zeier, E.: Physikalische Schulversuche, Freihandversuche, kleine Experimente, Aulis Verlag Deubner, Köln 1986

1.97 Hin und her und rauf und runter

Mit einer Schraubenfeder kann die Energieübertragung zwischen zwei gekoppelten Schwingungssystemen gezeigt werden.

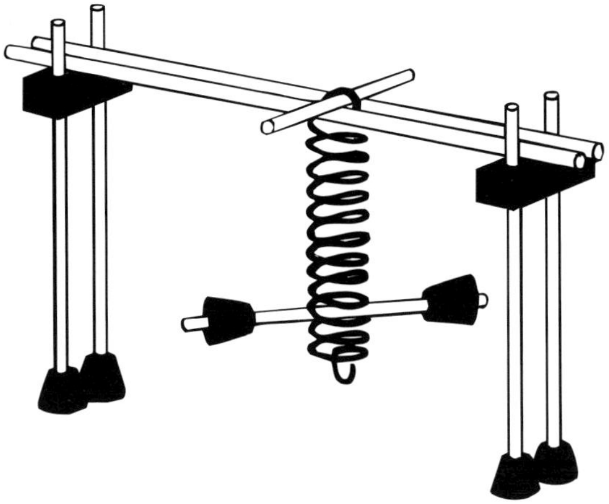

Abb. 1

Material

- weiche Schraubenfeder
- Stativmaterial

Aufbau und Durchführung

Eine nicht zu harte Schraubenfeder wird an zwei waagrechten Stativstangen so befestigt, dass sich ihr oberes Ende weder auf und ab noch kreisförmig um die Längsachse der Feder hin und her bewegen kann. An ihr frei hängendes unteres Ende wird eine Querstange ebenso sicher befestigt. An deren beiden Enden werden zwei Gewichtstücke (z. B. zwei Tonnenfüße) so angebracht, dass die Querstange in der Waagrechten gehalten wird (siehe Abb. 1). Lenkt man die durch die Querstange und die Gewichte belastete ruhende Feder vertikal einige Zentimeter aus, so beginnt sie, mit einer durch die Masse m des Systems Feder + Querstange + Gewichte und die Rückstellkraft der Feder (Federkonstante k) bestimmten Frequenz auf und ab zu schwingen (gedämpfte harmonische Längsschwingung). Dabei zeigt die leichte Bewegung der Querstange am unteren Ende an, dass auf Grund der schraubenförmigen Konstruktion der Feder mit der vertikalen Bewegung stets eine kleine Torsion der Feder um ihre Längsachse verbunden ist.

Lenkt man die ruhende Feder aus, indem man sie mit der Querstange am unteren Ende verdrillt (tordiert), so beginnt die Feder, Torsionsschwingungen auszuführen, deren Frequenz durch das Trägheitsmoment I des Systems Feder + Querstange + Gewichte und die Winkelrichtgröße D bestimmt ist. Dabei bemerkt man, dass mit jeder Verdrillung eine Veränderung der Feder in der Längsrichtung einhergeht: Ist die Feder „zugedreht", ist sie kürzer, ist sie „aufgedreht", ist sie länger.

Durch geschicktes Verschieben der Gewichte auf der Querstange lässt sich das Trägheitsmoment so verändern, dass Torsionsschwingung und Längsschwingung dieselbe Frequenz aufweisen. Regt man dann eine der beiden Schwingungsformen, z. B. die Längsschwingung an, so wird die angeregte Schwingungsform zu Gunsten der nichtangeregten schwächer, bis nur noch die anfangs nicht angeregte Schwingungsform, im Beispiel die Torsionsschwingung, in Erscheinung tritt. Danach wiederholt sich der Übergang umgekehrt und so weiter.

Erklärung

Bei den beiden Schwingungsformen handelt es sich um die Schwingungen gekoppelter Systeme. Im Idealfall der aufeinander abgestimmten Masse m und des Trägheitsmoments I gilt genau

$$f_{\text{vertikal}} = \frac{1}{2\pi}\sqrt{\frac{k}{m}} = \frac{1}{2}\sqrt{\frac{D}{I}} = f_{\text{torsion}}$$

(f_{vertikal}, f_{torsion}: Eigenfrequenzen der Längs- bzw. Torsionsschwingung; k: Richtgröße oder auch „Federkonstante“; m: Pendelmasse; D: Winkelrichtgröße; I: Trägheitsmoment des Pendels)

Da, wie beobachtet, keine der beiden Schwingungsformen ohne die andere vonstatten gehen kann, wird auf Grund der Frequenzgleichheit die jeweils nicht von außen angeregte Schwingungsform mit jeder Schwingung der einmal von außen „angeworfenen“ Schwingung angeregt. Dabei wird Energie von der ursprünglich angeregten Schwingungsform auf die andere übertragen, bis (im Idealfall) die gesamte Energie, die (im Beispiel:) der Längsschwingung zu Beginn von außen durch vertikales Auslenken eingespeist worden war, vollkommen in der Torsionsschwingung gespeichert ist. Diese regt daraufhin mit jeder ihrer Schwingungen wiederum die Längsschwingung an und die Vorgänge der Energieübertragung durch Koppelung wiederholen sich.

Die beiden Schwingungsformen können wechselseitig als eine Art erzwungene Schwingungen betrachtet werden: Der eine Schwinger zwingt jeweils den anderen zum Mitschwingen. Wegen der ungefähren Gleichheit der Eigenfrequenzen herrscht Resonanzsituation; die Energiezufuhr erfolgt mit der richtigen Phase, um eine schrittweise Verstärkung der Amplitude zu erzielen. Im Unterschied zur „normalen“ Resonanz erschöpft sich hier aber der Energievorrat des Erregers, woraufhin sich die Rollen von Erreger und erregtem System vertauschen.

Literatur

Zeier, E.: Physikalische Schulversuche, Freihandversuche, kleine Experimente, Aulis Verlag Deubner, Köln 1986

Wittmann, J.: Trickkiste 2, Verblüffende Experimente zum Selbermachen, Bayerischer Schulbuch Verlag, München 1993

zur Formel:

Mende, D.; Simon, G.: Physik. Gleichungen und Tabellen, VEB Fachbuchverlag Leipzig 1988, S. 84

1.98 Ein Fernseher als Stroboskop

Mit einem Lineal lässt sich das Fernsehbild als nichtkontinuierlich leuchtende Lichtquelle entlarven, die dazu dienen kann, den Schwingungszustand eines Gummibandes zu untersuchen.

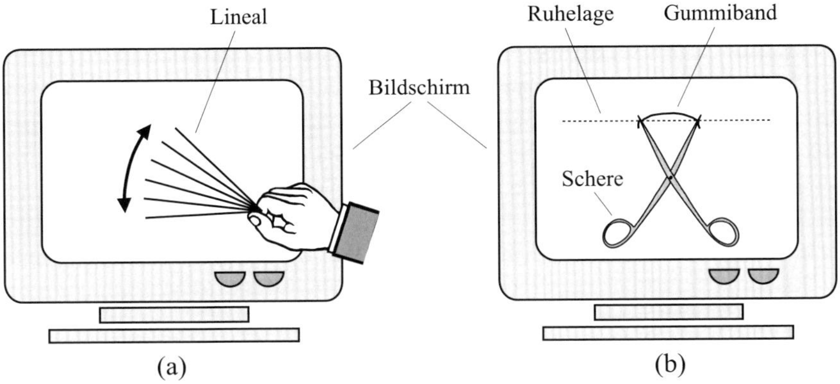

Abb. 1

Material

- Fernseher oder Computermonitor
- Lineal oder dünner Stab
- Gummiring oder dünnes Gummiband
- Schere
- evtl. Videokamera oder Recorder

Aufbau und Durchführung

Auf dem Fernseher sollte ein Bild zu sehen sein, das aus möglichst großen weißen Flächen besteht und sich nicht verändert. Dies kann durch Suchen eines Sendepausenbildes oder einer Programmtafel erreicht werden oder indem über eine Videokamera bzw. einen Recorder das Bild einer weißen Wand an den Fernseher überspielt wird. Ohne besonderen Aufwand erhält man relativ große weiße Flächen auf einem Computermonitor.
Hält man vor dem Bildschirm ein Lineal an einem Ende zwischen Daumen und Zeigefinger und bewegt man das andere Ende schnell auf und ab, so ist ein Fächer aus hellen und dunklen Rippen zu erkennen (siehe Abb. 1(a)).
Um eine Schwingung im stroboskopischen Licht des Fernsehers zu untersuchen, befestigt man durch zwei Knoten einen aufgeschnittenen Gummiring zwischen den Spitzen einer zur Hälfte gespreizten Schere so, dass er nicht gespannt ist, aber auch nicht durchhängt. Durch weiteres Spreizen der Schere wird das Gummiband gespannt und kann durch Auslenken in der Mitte zur Grundschwingung angeregt werden.

Beobachtet man die Schwingung bei waagrechtem Gummiband vor dem Bildschirm und erhöht dabei langsam die Spannung, so erscheint bei einem bestimmten Wert ein stehender Wellenberg (siehe Abb. 1(b)), der langsam wieder zur Ruhelage hin abklingt. Mit etwas Fingerspitzengefühl lässt sich dieser Vorgang auch bei höheren Spannungswerten beobachten. Weicht die Spannung nur geringfügig von einem dieser speziellen Werte ab, so scheint die Schwingung sehr langsam zu verlaufen.

Erklärung

Das Bild auf einem Fernsehschirm wird von einem wandernden Elektronenstrahl aufgebaut, welcher auf der beschichteten Fernsehröhre einen Lichtpunkt erzeugt. Ein Fernsehbild ist dazu in 575 Zeilen und 750 Spalten, also in 431250 Bildpunkte unterteilt. Das Bild wird von dem Elektronenstrahl zeilenweise aufgebaut, wobei im Wechsel jeweils alle geradzahligen oder ungeradzahligen Zeilen in 20 ms durchlaufen werden (technischer Stand 1996). Dieser als Interlaced-Verfahren bezeichnete Wechsel führt dazu, dass die Intensität des Bildes mit 50 Hz pulsiert, obwohl die Bildwiederholfrequenz (Frequenz, mit der das gesamte Bild neu aufgebaut wird) lediglich 25 Hz beträgt. Computermonitore erreichen Bildwiederholfrequenzen von über 100 Hz.
Hält man einen Gegenstand vor das Fernsehbild, so ist er durch seinen Schatten nur zu den Zeitpunkten erkennbar, an welchen die dahinter liegende Bildfläche aufleuchtet. Das Lineal ist also nur alle 20 ms zu sehen. Da es sich in dieser Zeit ein Stück weiter bewegt, entsteht eine Folge von Momentaufnahmen. Von diesen nimmt man mehrere gleichzeitig wahr, weil das menschliche Auge zu träge ist, um die zeitliche Abfolge der Einzelbilder zu registrieren.
Auch die momentane Auslenkung des schwingenden Gummibandes wird nur alle 20 ms sichtbar. Da die vertikale Ausdehnung des Gummibandes auch im ausgelenkten Zustand nur wenige Bildzeilen beträgt, werden näherungsweise die verschiedenen Bereiche des Bandes zur gleichen Zeit sichtbar. Beträgt die Frequenz f der Schwingung genau 50 Hz, oder ein ganzzahliges Vielfaches davon ($n \cdot 50$ Hz, $n = 1, 2, 3, \ldots$), so scheint sich das Gummiband nicht zu bewegen, weil es stets die gleiche Auslenkung besitzt, wenn es für einen Moment sichtbar wird. Lediglich die Abnahme der Amplitude kann beobachtet werden. Unterscheidet sich f von einem der Werte $n \cdot 50$ Hz (für ein festes n) nur geringfügig, so wandert der Schatten des Gummibandes mit der Schwebungsfrequenz $|f - n \cdot 50\ \text{Hz}|$ auf und ab.

Literatur

Moisl, F.: Schüler-Experimentierbuch Physik 1, Ravensburger Taschenbücher, Ravensburg 1982
Treitz, N.: Spiele mit Physik, Ein Buch zum Basteln, Probieren und Verstehen, Verlag Harri Deutsch, Thun und Frankfurt/Main 1983

1.99 Dolchstoß durch eine Münze

Wirkt eine relativ große Kraft auf eine extrem kleine Fläche, so entsteht ein gewaltiger Druck. Dadurch ist es möglich, mit einer Nadel eine Metallmünze zu durchbohren.

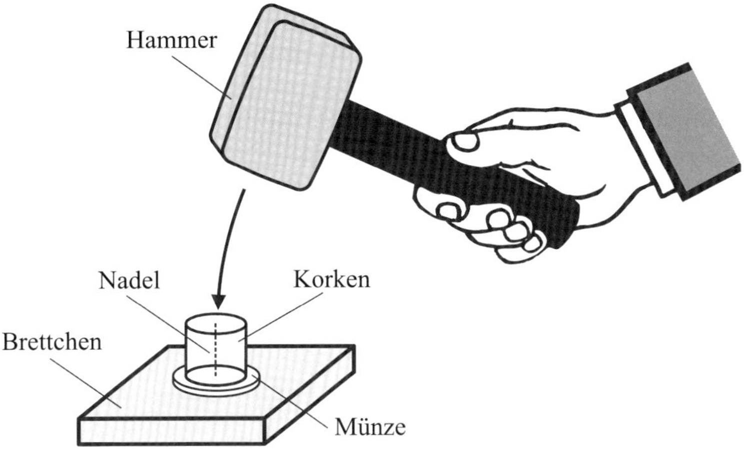

Abb. 1

Material

- mittelstarke Nähnadel
- fester, nichtporöser Korken einer Weinflasche
- dünne Münze aus einem weichen Metall; z. B. Zweipfennigstück, wie es bis 1967 geprägt wurde (Material: Bronze) oder Münze aus Aluminium, wie sie in osteuropäischen Staaten verbreitet sind; mit etwas Sorgfalt gelingt das Experiment auch mit einem Eincentstück (Hauptbestandteil: Eisen)
- großer Hammer (ca. 1 kg)
- dünnes Brett aus Hartholz (Dicke: ca. 5 mm)
- Hilfsmittel: Seitenschneider, Messer

Aufbau und Durchführung

Von einem Korken wird eine ungefähr 1 cm dicke Scheibe abgeschnitten und eine Nähnadel so weit axial in das zylinderförmige Korkenstück hineingesteckt, dass ihr spitzes Ende bündig mit einer Kreisscheibe der Zylinderoberfläche ist. Der überstehende Teil auf der gegenüberliegenden Seite wird mit einem Seitenschneider so abgezwickt, dass dieses Ende der Nadel ebenfalls bündig mit der Korkoberfläche ist (siehe Abb. 1). Auf ein Brettchen aus Hartholz legt man die Münze und darauf das Korkstück so, dass die Nadelspitze nach unten weist. Wichtig ist, dass das Brettchen auf einem stabilen und nichtfedernden Untergrund (z. B. Steinboden) platziert wird, da man sonst mit einer doppelten Blamage rechnen muss: Misslingen des Experiments und ruiniertem Untergrund. Durch einen kräftigen Schlag (nicht zu zaghaft!) mit einem großen Hammer auf das präparierte Korkstück wird die Nadel durch die Münze getrieben. Die Nadelspitze kommt auf deren Unterseite zum Vorschein.

Erklärung

Der gewaltige Druck, der das Metall der Münze zum Nachgeben zwingt, wird durch zwei Effekte erzeugt. Zum einen ist die Kraft, die der Hammer auf die Nadel ausübt während er abgebremst wird, erheblich größer als seine Gewichtskraft. Außerdem wirkt diese Kraft auf eine winzige Fläche.

In einer Überschlagsrechnung wird im Folgenden die Größe des Drucks abgeschätzt, der während des Versuchsablaufs an der Nadelspitze auftritt. Dabei wird vereinfachend angenommen, dass der Hammer auf einer Strecke s gleichmäßig von der Geschwindigkeit v_0 auf null abgebremst wird.

Für die Beschleunigung a des Hammers während des Bremsvorgangs gilt:

$$2as = v_0^2 \quad \Rightarrow \quad a = \frac{v_0^2}{2s}$$

Dies liefert für die Kraft F, welche die Nadel auf den Hammer und damit auch auf das Geldstück ausübt:

$$F = ma = \frac{mv_0^2}{2s}$$

(m: Masse des Hammers)

Für den Druck p, der unter der Nadelspitze herrscht, ergibt sich:

$$p = \frac{F}{A} = \frac{mv_0^2}{2sA}$$

(A: Fläche der Nadelspitze)

Die einzusetzenden Zahlenwerte betragen typischerweise:

$m \approx 1$ kg (Masse des Hammers)

$v_0 \approx 3\,\frac{\mathrm{m}}{\mathrm{s}}$ (Aufprallgeschwindigkeit des Hammers)

$s \approx 5$ mm (Länge der Bremsstrecke)

$A \approx 0{,}1\ \mathrm{mm}^2$ (Fläche der Nadelspitze)

Das Ergebnis für F und p ist:

$$F \approx 900\ \mathrm{N} \qquad \text{und} \qquad p \approx 9 \cdot 10^9\ \mathrm{Pa} = 90000\ \mathrm{bar}$$

Während die Gewichtskraft des Hammers nur 10 N beträgt, wirkt auf die Nadel bei seinem Aufprall eine fast 100-mal so große Kraft. Durch die extrem kleine Angriffsfläche entsteht ein Druck, welchem das Material der Münze nicht standhalten kann.

Literatur

Moisl, F.: Schüler-Experimentierbuch Physik 1, Ravensburger Taschenbücher, Ravensburg 1982

Wittmann, J.: Trickkiste 2, Verblüffende Experimente zum Selbermachen, Bayerischer Schulbuch Verlag, München 1993

1.100 Der Fakir-Apfel

Die Abhängigkeit des Drucks von der Fläche bei gleicher Kraft wird mit einem Apfel und einem „Fakirbrett"-Modell gezeigt.

Material

- Apfel oder anderer Gegenstand ähnlicher Konsistenz, z. B. Kartoffel
- Holzbrett (ca. 10 cm × 10 cm × 1 cm) aus weichem, nicht splitterndem Holz, z. B. Linde
- mehrere gleich lange Nägel (Länge: ca. 5 cm)
- Hilfsmittel: Hammer

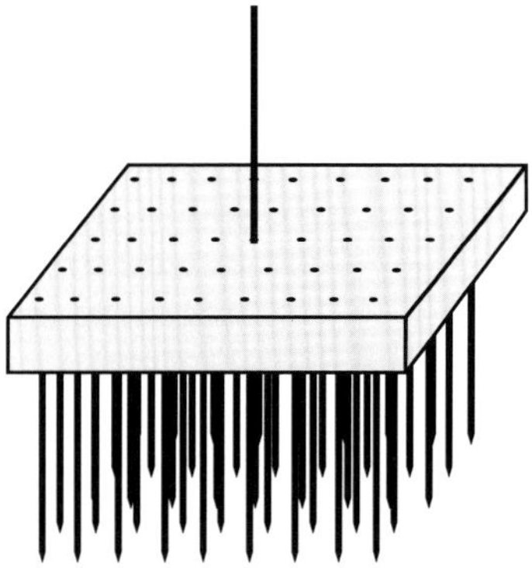

Abb. 1

Aufbau und Durchführung

Mit einem Hammer fertigt man sich aus Nägeln und einem Brett einen Rechen oder Kamm an, wie er in grauer Vorzeit zum Häuten von Märtyrern benutzt wurde (siehe Abb. 1): Ein einzelner Nagel wird durch die Mitte des Brettes genagelt und alle anderen Nägel in die entgegengesetzte Richtung durch das Brett getrieben. Dabei ist es tatsächlich wichtig, *zuerst* den einzelnen Nagel einzuschlagen. Stellt man den Rechen, wie in Abbildung 2(a) gezeigt, auf eine feste Unterlage (einen Tisch, der auch ein paar Kratzer abbekommen darf, oder ein Brett) und lässt man einen Apfel aus einer markierten Höhe in den einzelnen Nagel fallen, bohrt sich dieser bis zu einer gewissen Tiefe in den Apfel. Diese Länge kann man am Nagel mit Klebeband markieren oder abmessen. Stellt man den Rechen, wie in Abbildung 2(b) gezeigt, zwischen zwei feste Unterlagen (zwei Tische oder zwei Konservendosen) und lässt man denselben Apfel aus derselben Höhe wie beim einzelnen Nagel auf das „Fakirbrett" fallen, bohren sich die Nägel zwar auch in den Apfel, aber keiner so tief wie der einzelne Nagel zuvor, was durch einen Vergleich der markierten Eindringtiefen deutlich wird.

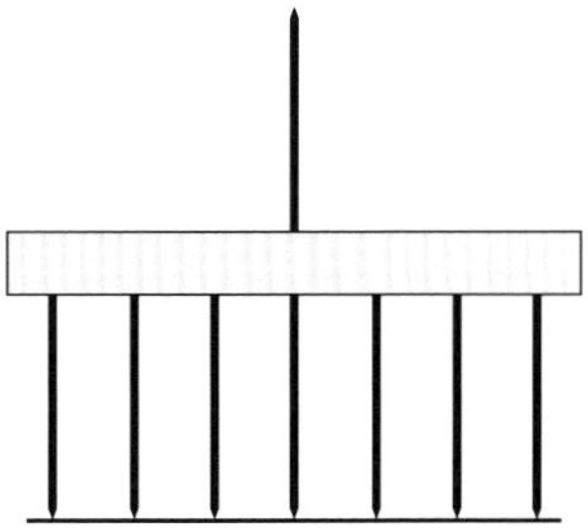

(a)

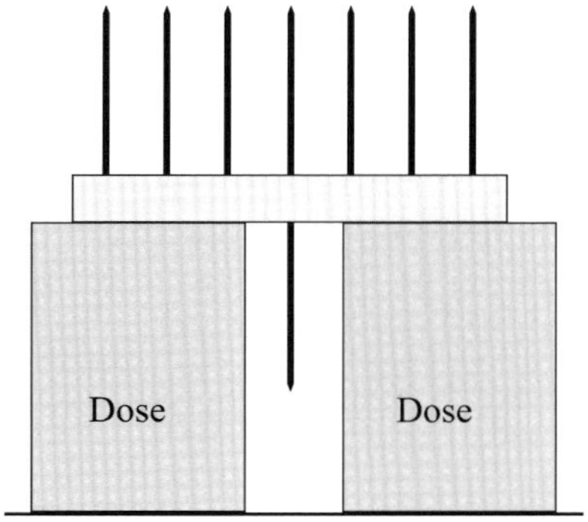

(b)

Abb. 2

Erklärung

Die Eindringtiefe der Nägel hängt jeweils vom Druck ab, den sie auf dem Teil der Apfeloberfläche erzeugen, der von ihnen berührt wird. Der Druck p ist eine Funktion des Betrags F der Kraft $\vec{F}$, die ihn hervorruft, sowie der Fläche A, auf der diese Kraft senkrecht steht und wirksam werden kann:

$$p = \frac{F}{A}$$

Bei beiden Experimenten (a) und (b) ist der Betrag F der Kraft, mit der die Nägel auf die Apfeloberfläche drücken, gleich, da derselbe Apfel (also dieselbe Masse) aus derselben Höhe fallen gelassen wird (also mit derselben Geschwindigkeit, d. h. mit dem gleichen Impuls auftrifft).

Im Experiment (a) ist die Fläche der Querschnitt eines Nagels, welcher reziprok in die Gleichung für p eingeht und bei konstanter Kraft F den Druck

$$p_a = \frac{F}{A_a}$$

erzeugt.

Im Experiment (b) ist die Fläche A_b größer als A_a, nämlich die Summe der Querschnitte aller Nägel, die innerhalb der senkrecht nach unten auf das „Fakirbrett" projizierten Silhouette des Apfels zu liegen kommen, was je nachdem, wie dicht die Nägel stehen, z. B. zehn Nägel sein können, so dass im Beispielfall für den in (b) auf die Apfeloberfläche ausgeübten Druck

$$p_b = \frac{F}{A_b} = \frac{F}{10A_a} = \frac{1}{10}\,p_a$$

ist. Auf je mehr Nägel also der Impuls des Apfels verteilt wird, desto geringer ist der von diesen zusammen auf die von ihnen berührte Oberfläche ausgeübte Druck, und desto kleiner ist damit die Eindringtiefe.

Bemerkungen

Nach diesen Überlegungen ist also der Fakir am ehesten zu bewundern, der seinen ungeschützten Körper auf den *wenigsten* Nägeln platziert.

Die Schlussfolgerung, dass im Experiment (b) die Eindringtiefe auf ein Zehntel des Wertes von (a) sinken müsste, stimmt nicht, da der Apfel auf Grund seiner konvexen Form zunächst auf z. B. fünf Nägeln auftrifft und diese erst ein Stück weit eingedrungen sein müssen, ehe die Spitzen insbesondere der äußersten Nägel den Apfel überhaupt erst berühren; oder anders gesagt: Die Anzahl der für den Druck verantwortlichen Nägel ist zeitabhängig. Verkompliziert wird das Problem darüber hinaus dadurch, dass die wirksame Kraft von der Abbremszeit des Apfels abhängt, und diese wiederum wird durch die Zahl der beteiligten Nägel beeinflusst. Die oben gemachten Annahmen stellen also eine starke Vereinfachung des tatsächlichen Sachverhalts dar.

Aus demselben Prinzip, dass der auf eine Fläche ausgeübte Druck umso kleiner ist, je größer, bei vorgegebener Kraft, diese Fläche ist, wird immer wieder darauf hingewiesen, dass man sich Leuten, die im Eis eingebrochen sind, nicht aufrecht gehend oder hockend, sondern auf dem Bauch liegend nähern soll.

Eine interessante Darstellung der in „Aufbau und Durchführung“ erwähnten Folterwerkzeuge findet man in *Michelangelo Buonarottis* (1475–1564) „Das Jüngste Gericht“ in der Sixtinischen Kapelle im Vatikan.
Weitere Experimente zur gleichen Thematik sind „Modellversuch zum Druckbegriff“ und „Druck mit einem Bleistift“.

Literatur

Bublath, J.: Das neue Knoff-Hoff Buch, Wilhelm Heyne Verlag, München 1989

zu Bemerkungen:

Hartt, F.: Michelangelo, Gemälde, DuMont Buchverlag, Köln 1981

1.101 Modellversuch zum Druckbegriff

Die Eindringtiefe von Gegenständen in einen Schaumstoffblock dient als Maß für den wirkenden Druck.

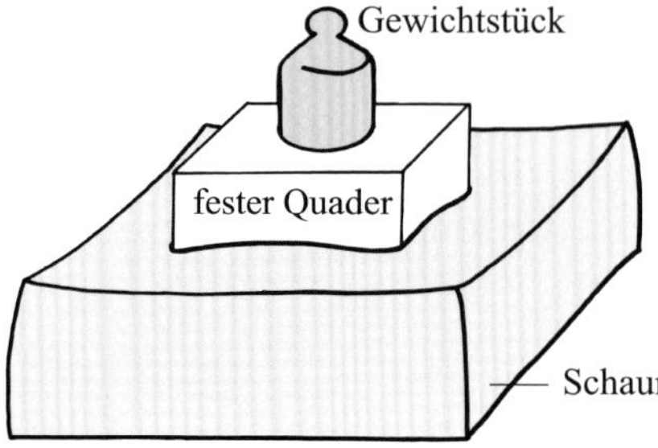

Abb. 1

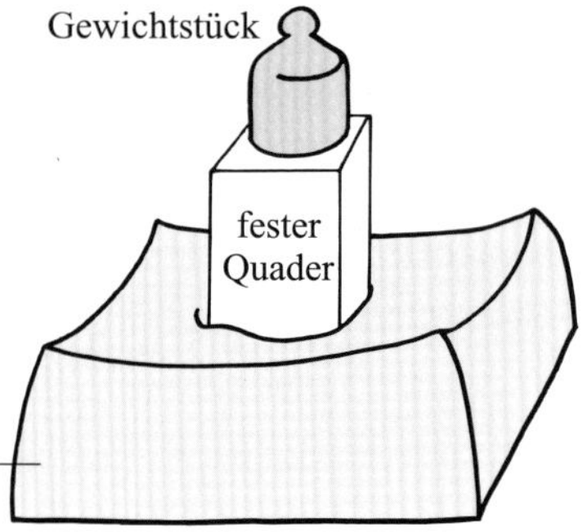

Abb. 2

Material

- Schaumstoffquader (ca. 10 cm × 10 cm × 20 cm), z. B. aus Verpackungsmaterial ausgeschnitten
- fester Quader mit deutlich unterschiedlich großen Seitenflächen, z. B. Holzklotz
- passende Gewichtstücke (durch Ausprobieren, müssen zum verwendeten Schaumstoff passen)

Aufbau und Durchführung

Mit diesem Versuch kann die Abhängigkeit des Drucks p von der Kraft des Betrags F und der Fläche A ($p = \frac{F}{A}$) modellhaft verdeutlicht werden. Auf den Schaumstoff wird der feste Quader, auf diesen wiederum ein Gewicht gelegt (siehe Abb. 1). Die Eindringtiefe des festen Quaders in den Schaumstoff dient dabei als Maß für den wirkenden Druck.
Je mehr Masse oben aufliegt, desto mehr sinkt der Quader in den Schaumstoff ein (die aufgelegten Gewichte werden entsprechend ausgewählt, da man bei zu geringer Masse gar kein Eindringen des festen Quaders beobachtet und man bei zu großer Masse keinen Unterschied der Eindringtiefe mehr feststellen kann). Um den Zusammenhang zwischen Druck und Fläche zu demonstrieren, wird bei gleichem aufliegenden Gewicht der stabile Quader mit einer anderen Seitenfläche auf den Schaumstoff gelegt (siehe Abb. 1 und 2).

Erklärung

Für das Einsinken von Gegenständen in den Schaumstoff ist der Auflagedruck verantwortlich. Je größer er ist, desto mehr sinken Gegenstände ein (in gewissen Grenzen sogar linear zum Auflagedruck). Bei gleicher Auflagefläche hängt die Einsinktiefe vom verwendeten Gewicht ab, während bei gleichem Gewicht die Einsinktiefe mit größerer Auflagefläche vermindert wird.

Bemerkungen

Das menschliche Gewichtsempfinden ist viel mehr vom Auflagedruck abhängig als allgemein angenommen. Dies kann man leicht demonstrieren, indem man einer Versuchsperson mit verbundenen Augen in die eine Hand ein Stück Holz oder Pappkarton, in die andere Hand ein Stück Blei von gleicher Masse legt. Auf die Frage, welcher Gegenstand schwerer sei, wird die Person das Blei angeben. Hängt man dagegen beide Gegenstände an Schnüren auf und lässt diese die Person halten, so wird sie keinen Gewichtsunterschied feststellen.
Weitere Experimente zur gleichen Thematik sind „Der Fakir-Apfel“ und „Druck mit einem Bleistift“.

Literatur

Seus, E., Physik und Didaktik 13/4 (1985), S. 321-327

1.102 Druck mit einem Bleistift

Die Abhängigkeit des Drucks von der Fläche wird mit einem Bleistift demonstriert.

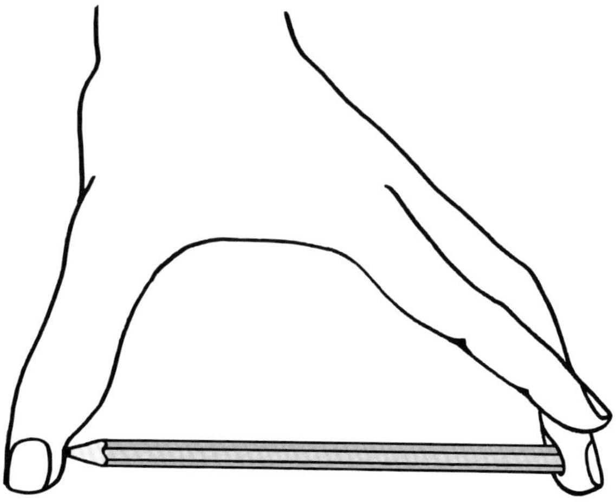

Abb. 1

Material

- Bleistift

Aufbau und Durchführung

Man nimmt einen Bleistift, wie in Abbildung 1 gezeigt, zwischen zwei Finger und drückt diese immer kräftiger gegeneinander. Am Finger, der die Bleistiftspitze hält, wird man dabei wesentlich eher Schmerz empfinden.

Erklärung

Drückt man mit beiden Fingern gegen den Bleistift, wirkt auf beide Finger die gleiche Kraft. Die Bleistiftspitze besitzt eine wesentlich kleinere Auflagefläche als das andere Bleistiftende. Da bei gleicher wirkender Kraft der auf den jeweiligen Finger wirkende Druck umgekehrt proportional zur Auflagefläche ist, wirkt auf den Finger, der die Bleistiftspitze hält, ein wesentlich größerer Druck. Da beim Tastsinn im Wesentlichen der wirkende Druck und nicht etwa die wirkende Kraft entscheidend ist, beginnt der Finger, der die Bleistiftspitze hält und damit auch dem größeren Druck ausgesetzt ist, eher zu schmerzen als der andere Finger.

Bemerkungen

Ein ähnliches Problem aus der Praxis ist der große Druck, den Damenschuhe mit so genannten Pfennigabsätzen hervorrufen. Er kann so groß sein, dass weiche Bodenbeläge wie Kork, PVC oder Teppich durch solche Schuhe beschädigt werden, weshalb man

mancherorts Schilder sehen kann, die ein Begehen des Bodens mit solchen Schuhen verbieten.
Weitere Experimente zur gleichen Thematik sind „Der Fakir-Apfel“ und „Modellversuch zum Druckbegriff“.

Literatur

Moisl, F.: Schüler-Experimentierbuch Physik 1, Ravensburger Taschenbücher, Ravensburg 1982
Long, D. D.: The physics around you, Wadsworth Publishing Company, Belmont 1988

1.103 Der stabile Luftballon

Ein Luftballon platzt beim Einstich einer Nadel nicht, wenn man ihn zuvor mit Klebebandstreifen präpariert hat.

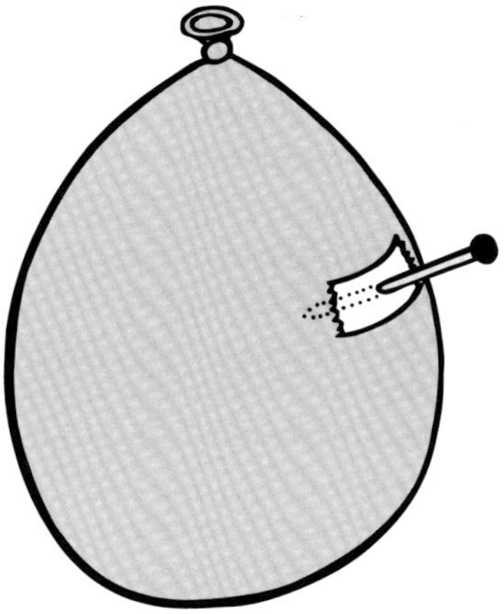

Abb. 1

Material

- Luftballons
- durchsichtiges Klebeband
- Nadel

Aufbau und Durchführung

Man bläst zwei Luftballons auf und bringt auf der Gummihaut des einen einen oder mehrere kurze Streifen Klebeband an. Diese werden mit dem Fingernagel so glatt gestrichen, dass sie auch wirklich gut haften und fast unsichtbar erscheinen. Sticht man mit einer Nadel in den unpräparierten Ballon, so platzt er mit einem Knall. Sticht man mit einer Nadel durch die Klebebandstreifen hindurch in die Haut des zweiten Ballons, so bleibt dieser bis auf das kleine, dabei entstehende Loch unversehrt. Zieht man die Nadel wieder heraus, verliert er lediglich Luft (siehe Abb. 1).

Erklärung

Die Haut des Luftballons besteht aus Gummi, das wiederum aus Kohlenstoff-Molekülketten besteht, die von van-der-Waals-Kräften zusammengehalten werden. Zwischen diesen Molekülketten werden durch Vulkanisation Schwefelbrücken eingebaut. Diese verhalten sich wie Federn und sind dafür verantwortlich, dass sich die Gummihaut beim Aufblasen dehnen kann. Bei einer zu großen Belastung reißen die Schwefelbindungen auseinander, weshalb ein Luftballon bereits bei zu starkem Aufblasen platzen kann. Die Schwefelbrücken reißen eher als die Kohlenstoffketten, da die relevante Bindungsenergie der Schwefelatome in den Schwefelbrücken (ca. $210 \frac{kJ}{mol}$) kleiner als die der Kohlenstoffatome in den Kohlenstoffketten (ca. $340 \frac{kJ}{mol}$) ist.

Durch den Nadelstich werden die Schwefelbindungen an einer Stelle aufgerissen. Auf Grund der maschenartigen Struktur und der Vorspannung der Schwefelbrücken weitet sich das kleine Loch reißverschlussartig der Länge nach aus (wie bestimmte Stoffarten, oder Zeitungspapier, das auch in einer „Vorzugsrichtung" reißt) und die Ballonhaut platzt. Der Knall ist eine Folge der adiabatischen Expansion des Luftvolumens im (ehemaligen) Ballon und im Grunde dasselbe Phänomen wie der Knall beim laienhaften Öffnen einer Sektflasche. Die aufgebrachten Klebebandstreifen verhindern dieses Ausweiten des Loches, also die Fortpflanzung des Risses.

Bemerkungen

Die Vorführung dieses Experiments kann man für die wenigen Leute, die den Trick noch nicht kennen, etwas spektakulärer gestalten, indem man beispielsweise mit einer langen Stricknadel den an zwei diametral gegenüberliegend platzierten Stellen mit Klebestreifen versehenen Ballon durchstößt; oder indem man den einen Ballon mit einer Stricknadel zum Platzen bringt, den anderen jedoch mit einem Schaschlik-Spieß aus Holz unversehrt lässt.
Ungelöst bleibt die Frage, warum man einen Ballon, der im unaufgeblasenen Zustand mit einer Nadel (egal welchen Materials ...) perforiert wird, aufblasen kann, ohne dass er platzt (sofern man das Loch zunächst mit dem lediglich leicht aufgelegten Finger zudeckt, damit nicht gleich alle Luft wieder entweicht).

Literatur

Bublath, J.: Das Knoff-Hoff Buch, Wilhelm Heyne Verlag, München 1989
Oberdorfer, G.: Zytglogge Werkbuch, Das springende Ei und andere Experimente für die fünf Sinne, Zytglogge-Verlag, Gümmlingen Bonn Wien 1991
Becker, J., Physik in der Schule 32/4 (1994), S. 147-148

2.1 Das schwebende Ei

Mit einem Hühnerei, das in einer Schichtung von Kochsalzlösung und reinem Wasser schwebt, wird demonstriert, dass die Dichten einer Flüssigkeit und eines Körpers bestimmen, ob dieser in der Flüssigkeit absinkt, schwebt oder aufsteigt.

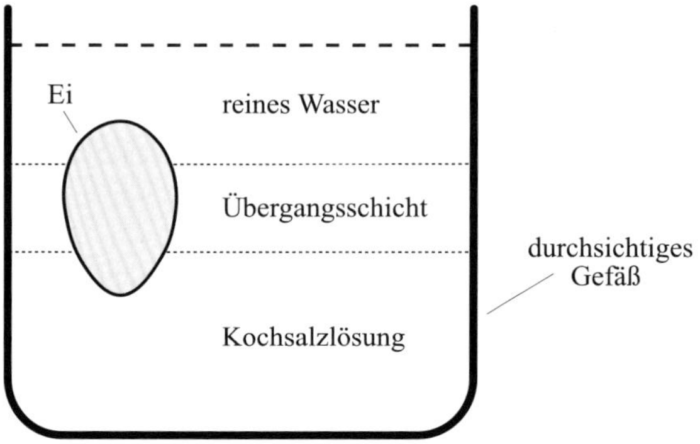

Abb. 1

Material

- durchsichtiges Gefäß (Volumen: ca. 0,5 l)
- Gefäß (Volumen: mindestens 0,2 l), nach Möglichkeit mit Schnabel
- Kochsalz (ca. 70 g) oder Zucker (ca. 100 g)
- rohes Hühnerei oder Kartoffel

Aufbau und Durchführung

Ein durchsichtiges Gefäß wird zu etwa einem Drittel mit Wasser gefüllt und durch Zugabe von Kochsalz und anschließendem Umrühren eine gesättigte Salzlösung (Konzentration ca. 0,35 $\frac{g}{ml}$) hergestellt. (Bei Verwendung einer Zuckerlösung sollte man je 100 ml Wasser ca. 50 g Zucker hinzufügen.) Dies wird durch die Verwendung von warmem Wasser vereinfacht, weil das Salz darin schneller in Lösung geht als in kaltem Wasser. Gibt man zur Kontrolle ein rohes Ei in die Lösung, so sollte dieses relativ zügig wieder auftauchen, nachdem man es in der Flüssigkeit nach unten gedrückt hat.
Über die Lösung wird Wasser geschichtet, was sehr behutsam erfolgen muss, um eine Durchmischung beider Flüssigkeiten zu vermeiden. Dazu gießt man das Wasser in einem dünnen Strahl und aus geringer Höhe über einen waagrecht an der Flüssigkeitsoberfläche gehaltenen Löffel und füllt das Gefäß langsam auf. Andere Möglichkeiten sind, das Wasser über das bereits schwimmende Ei fließen zu lassen oder das Gefäß mit der Lösung schräg zu halten und das Wasser langsam am Rand hineinlaufen zu lassen. Gibt man das Ei erst jetzt in die Flüssigkeit, so sollte man es mit den Fingern langsam unter die Wasseroberfläche bringen und dann freigeben.
Das Ei schwebt auf etwa halber Höhe in dem Gefäß (siehe Abb. 1). Stellt man das ferti-

ge Experiment an einem ruhigen Ort auf, so bleibt dieser Zustand Tage oder gar Wochen erhalten, da sich das Wasser und die Lösung durch Diffusion nur sehr langsam vermischen. Man kann das Ei natürlich auch vorher noch in Wasser legen, um zu demonstrieren, dass es darin untergeht. Darüber hinaus lässt sich so testen, ob das Ei eventuell zu alt ist. In diesem Fall schwimmt es an der Wasseroberfläche, weil sich das Innere des Eis durch Fäulnisprozesse in gasförmige Bestandteile zersetzt hat, die durch die poröse Eischale entwichen sind.
Eine einfachere Variante dieses Experiments benutzt zwei nicht mischbare Flüssigkeiten: Das Gefäß wird zur Hälfte mit Wasser und zur Hälfte mit Petroleum gefüllt. Außerdem gibt man eine kleine Kerze (z. B. ein Teelicht) hinein. Nach der Entmischung der Flüssigkeiten schwimmt das Petroleum über dem Wasser und die Kerze schwebt in Höhe der Grenze zwischen beiden Flüssigkeiten. Der Preis für die Vereinfachung des Experiments ist die geringere Verblüffung der Zuschauer, weil sie in diesem Fall erkennen können, dass zwei verschiedene Flüssigkeiten verwendet wurden.

Erklärung

Eine Salz- oder Zuckerlösung besitzt eine höhere Dichte als reines Wasser. Dadurch ist es möglich, Wasser so über eine solche Lösung zu schichten (siehe Experiment „Flüssigkeitsschichtungen"), dass sich die beiden Flüssigkeiten nur in einer relativ dünnen Übergangsschicht vermischen. In dieser Übergangsschicht steigt die Konzentration des gelösten Stoffes von null auf die der hergestellten Lösung an. Da Eier eine durchschnittliche Dichte besitzen, die zwischen denen der Flüssigkeiten liegt, schweben sie in Höhe der Übergangsschicht.

Bemerkungen

Um die ungefähre Lage der Übergangsschicht sichtbar zu machen, kann man vor dem Überschichten das Wasser oder die Lösung etwas einfärben (z. B. mit Tinte). Bei der Verwendung von Zuckerlösung ist der Übergang sogar ohne Zugabe eines Farbstoffes bei genauem Hinsehen von der Seite zu erkennen. Der Grund dafür ist, dass die Zuckerlösung einen höheren Brechungsindex als reines Wasser besitzt (siehe Experiment „Der krumme Lichtstrahl").
Ein weiteres Experiment zur gleichen Thematik ist „Seifenblasen – Sinken, Schweben, Steigen".

Literatur

Walpole, B.: Experimente, Tricks und Tips zum Verständnis der Natur, Lernen und Wissen im Spiel und mit Spaß, Südwest Verlag GmbH & Co. KG, München 1990
Oberdorfer, G.: Zytglogge Werkbuch, Das springende Ei und andere Experimente für die fünf Sinne, Zytglogge-Verlag, Gümmlingen Bonn Wien 1991
Press, H. J.: Spiel das Wissen schafft: 100 interessante Experimente aus Natur und Technik – spielend ausführen, Ravensburger Taschenbücher, Ravensburg 1992

2.2 Schwimmt Knetmasse?

Mit Hilfe von Knetmasse, die nur dann schwimmt, wenn man sie zu einem Schiffchen formt, wird demonstriert, dass der Auftrieb eines Körpers mit dem Volumen der verdrängten Flüssigkeit zunimmt.

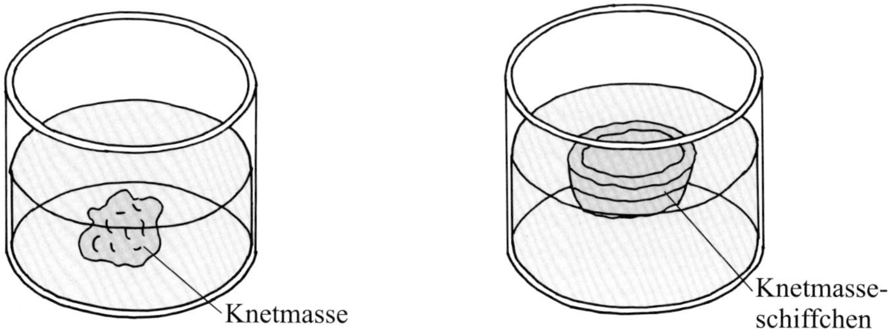

Abb. 1 (a) (b)

Material

- Knetmasse
- Gefäß mit Wasser

Aufbau und Durchführung

Knetmasse wird in Form eines Klumpens in ein mit Wasser gefülltes Gefäß gegeben. Der Klumpen geht unter und der Wasserspiegel steigt (siehe Abb. 1(a)).
Formt man die Knetmasse aber zu einem Schiffchen oder einem anderen gefäßförmigen Körper und gibt diesen ins Wasser, so schwimmt die Knetmasse (siehe Abb. 1(b)). Der Wasserstand ist höher als wenn die Knetmasse nur in Form eines Klumpens ins Wasser gegeben wird.
Das Experiment kann auch dahingehend abgewandelt werden, dass zuerst der Klumpen Knetmasse in das Gefäß gegeben und dieses mit Wasser aufgefüllt wird. Dann stellt man dem Publikum die Frage, ob das Gefäß überläuft, wenn die Knetmasse herausgenommen, zu einem Schiffchen geformt und wieder ins Wasser gegeben wird.

Erklärung

Ist ein Körper von Wasser umgeben, so ist sein Auftrieb gleich der Gewichtskraft des von ihm verdrängten Wassers. Wasser hat eine geringere Dichte als Knetmasse. Wird die Knetmasse in Klumpenform ins Wasser gegeben, entspricht das Volumen des verdrängten Wassers genau dem Volumen der Knetmasse. Deshalb ist in diesem Fall der Auftrieb der Knetmasse kleiner als ihre Gewichtskraft. Formt man die Knetmasse zu einem Schiffchen, verdrängt sie mehr Wasser und ihr Auftrieb vergrößert sich. Das Schiffchen taucht so weit ins Wasser ein, bis sich sein Auftrieb und seine Gewichtskraft das Gleichgewicht halten.

Bemerkungen

Das Schiffchen aus Knetmasse ist ein Modell für die großen Schiffe, die aus Stahl gebaut sind. Ein Stück Stahl geht in Wasser unter. Deshalb verwundert es auf den ersten Blick, dass ein aus Stahl gebautes Schiff schwimmt.
Beim Experiment „Wasserstandsveränderungen" wird auch demonstriert, dass ein Körper, der eine größere Dichte als Wasser hat, nur dann schwimmt, wenn sich das Volumen des durch ihn verdrängten Wassers vergrößert.

Literatur

Walpole, B.: Experimente, Tricks und Tips zum Verständnis der Natur, Lernen und Wissen im Spiel und mit Spaß, Südwest Verlag GmbH & Co.KG, München 1990
Ardley, N.: 101 spannende Experimente aus Wissenschaft und Technik, Loewe Verlag, Bindlach 1995

2.3 Ein Tropfen im Weltall

Mit zwei nicht mischbaren Flüssigkeiten gleicher Dichte ist nachweisbar, dass ein kräftefreier Tropfen Kugelgestalt annimmt.

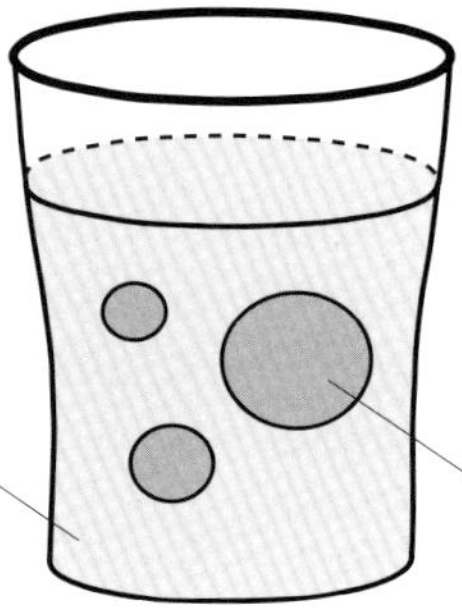

Abb. 1

Material

- Trinkglas
- Salatöl
- Spiritus
- Einwegspritze
- Teelöffel

Aufbau und Durchführung

Ein Trinkglas wird zu etwa einem Drittel mit Wasser gefüllt und ein kleiner Tropfen Salatöl hineingegeben, welcher an der Wasseroberfläche eine sehr flache Gestalt annimmt und daher schlecht zu sehen ist. Durch vorsichtiges Hinzufügen von Spiritus und kontinuierlichem Umrühren muss der Zustand erreicht werden, in dem der Öltropfen nur *sehr* langsam absinkt, wenn er aufgewirbelt wurde (Mischungsverhältnis: Wasser : Spiritus $\approx$ 1 : 1). Dabei sollte der Tropfen möglichst nicht zerteilt werden, damit später nicht die Sicht durch viele Tröpfchen beeinträchtigt wird. Um ein vollständiges Absinken des später eingebrachten Öls zu vermeiden, werden der Flüssigkeit noch einige Milliliter Wasser ohne Umrühren hinzugefügt. Dies erzeugt in Bodennähe eine geringfügig größere Dichte als in der darüberliegenden Flüssigkeit.

Injiziert man mit einer Spritze auf ungefähr halber Höhe der Flüssigkeit einen Öltropfen (Durchmesser: ca. 1 cm), so nimmt dieser Kugelgestalt an und schwebt in der Flüssigkeit (siehe Abb. 1). Ist die Kugel auf Grund des zwar geringen, aber vorhandenen Dichtegradienten noch abgeplattet, so schafft vorsichtiges Umrühren Abhilfe, oder man erzeugt einen etwas kleineren Tropfen. Leicht ellipsoid wird der Tropfen in einem Trinkglas mit kreisförmigem Querschnitt immer erscheinen, da die Linsenwirkung von Glas und Flüssigkeit den Tropfen zwar in horizontaler aber nicht in vertikaler Richtung vergrößert. Zur Überprüfung der Kugelgestalt kann man eine Münze in die Flüssigkeit halten und ihre Form mit der des Tropfens vergleichen. Das Problem lässt sich natürlich umgehen, falls ein Gefäß mit ebenen Seitenwänden zur Verfügung steht.

Erklärung

Von den kleinen Dichteschwankungen in der Wasser-Spiritus-Mischung abgesehen, ist der Tropfen in diesem Experiment absolut kräftefrei, da die Gewichtskraft von der gleich großen Auftriebskraft kompensiert wird. Ein kräftefreier Tropfen hat auf Grund der Oberflächenspannung das Bestreben, bei vorgegebenem Volumen eine Form mit möglichst kleiner Oberfläche anzunehmen. Dieses nichttriviale Problem aus dem Gebiet der Variationsrechnung besitzt als Lösung die Kugelgestalt. Wirken an dem Tropfen weitere Kräfte (z. B. Zentrifugalkräfte), so kann das Energieminimum des Systems auch bei einer anderen Körperform (z. B. Ellipsoid) erreicht werden.

Literatur

Hahn, H.: Physikalische Freihandversuche, Band 2, Verlag Otto Saale, Braunschweig 1907

Bublath, J.: Das Knoff-Hoff Buch, Wilhelm Heyne Verlag, München 1989

Taylor, B.: Mit Wasser spielen: spielend lernen, Südwest Verlag GmbH & Co. KG, München 1991

2.4 Der schwebende Korken

Mit einem Flaschenkorken und einer daran befestigten Kette lassen sich die Zustände Schwimmen und Schweben in Wasser demonstrieren.

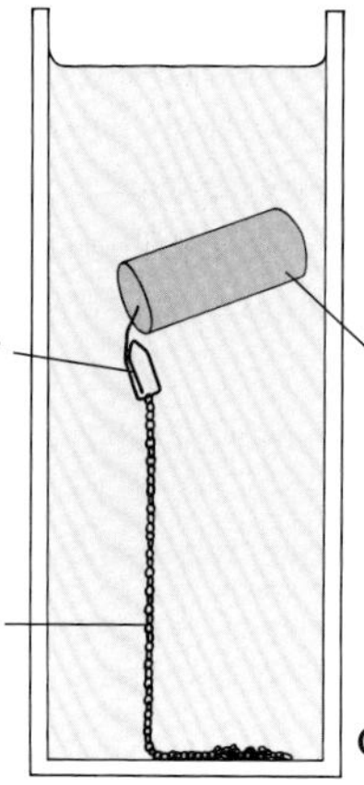

Abb. 1

Material

- Flaschenkorken
- Metallkette, z.B. Halskette oder mehrere aneinander gekettete Büroklammern
- hohes Glasgefäß
- kurzes Drahtstück oder Büroklammer
- evtl. Salz
- evtl. Luftballon und Gas mit einer geringeren Dichte als Luft

Aufbau und Durchführung

Eine Metallkette wird an einem Flaschenkorken befestigt, indem man eine Büroklammer oder ein kurzes Drahtstück in den Korken steckt und die Kette daran befestigt (siehe Abb. 1). Der Korken mit der Kette wird in ein hohes Glasgefäß gelegt. Füllt man Wasser in das Glas, so schwimmt der Korken an der Wasseroberfläche. Je mehr Wasser eingefüllt wird, umso tiefer taucht der schwimmende Korken in das Wasser ein. Ab einer bestimmten Wasserhöhe im Glas ist der Korken vollständig in das Wasser eingetaucht und schwebt in dieser Höhe, auch wenn man weiter Wasser zugibt (siehe Abb. 1). Falls der Korken auch bei vollständig gefülltem Glas noch an der Wasseroberfläche schwimmt, muss man entweder eine schwerere Kette am Korken befestigen oder ein kleineres Korkenstück verwenden.

Erklärung

Der Korken und die an ihm befestigte Kette erfahren im Wasser eine Auftriebskraft, die gleich der Gewichtskraft der von ihnen verdrängten Wassermenge ist. Füllt man Wasser in das Glas, so schwimmt der Korken an der Wasseroberfläche und taucht so tief in das Wasser ein, dass die Auftriebskraft, die auf den Korken und die daran befestigte Kette wirkt, dem Betrag nach gleich deren Gewichtskraft ist. Die Gewichtskraft ändert sich beim Einfüllen des Wassers in das Glas, da der Korken nur die frei herabhängenden Kettenglieder tragen muss, jedoch nicht die am Boden liegenden.
Je höher der Wasserstand im Glas ist, umso größer ist die Anzahl der frei herabhängenden Kettenglieder. Dadurch erhöht sich mit steigendem Wasserstand die Gewichtskraft, die auf den Korken wirkt. Zur Herstellung des Kräftegleichgewichts muss der Korken tiefer eintauchen, d. h. mehr Wasser verdrängen, um den Auftrieb zu erhöhen. Bei einer bestimmten Wasserhöhe im Glas ist der Korken vollständig untergetaucht und schwebt in dieser Höhe, auch wenn weiter Wasser in das Glas gefüllt wird.

Durch weiteres Einfüllen von Wasser sinkt der Korken sogar etwas, da sich durch den Schweredruck des Wassers das Volumen des Korkens geringfügig verringert (siehe Experiment „Der Cartesianische Taucher"). Dieser Effekt ist jedoch so gering, dass er mit dem bloßen Auge nicht beobachtet werden kann.

Bemerkungen

Mit dem Experiment lässt sich auch zeigen, dass die Auftriebskraft von der Dichte der verwendeten Flüssigkeit abhängt. Man füllt dazu das Glas vollständig mit Wasser, so dass der Korken in einer bestimmten Höhe schwebt. Gibt man Salz in das Wasser, so steigt der Korken, da sich die Dichte des Wassers und damit die Auftriebskraft erhöht (siehe Experiment „Der folgsame Wasserballon"). Je mehr Salz im Wasser gelöst wird, umso höher ist die Lage, in der der Korken schwebt.
Mit einem analogen Experiment lässt sich das Schweben in Luft demonstrieren. Dazu wird ein Ballon mit einem Gas gefüllt, das eine geringere Dichte als Luft besitzt. Am Ballon befestigt man eine Kette oder eine Schnur. Der Ballon schwebt dann ebenfalls in einer bestimmten Höhe, bei der die Auftriebskraft, die der Ballon und die herabhängende Schnur in der Luft erfahren, gleich deren Gewichtskraft ist.

Literatur

Treitz, N.: Spiele mit Physik, Ein Buch zum Basteln, Probieren und Verstehen, Verlag Harri Deutsch, Thun und Frankfurt/Main 1983

2.5 Die tanzenden Rosinen

Rosinen schwimmen und sinken in Mineralwasser, da sich die Auftriebskraft durch Anlagern und Loslösen von Kohlenstoffdioxidbläschen laufend ändert.

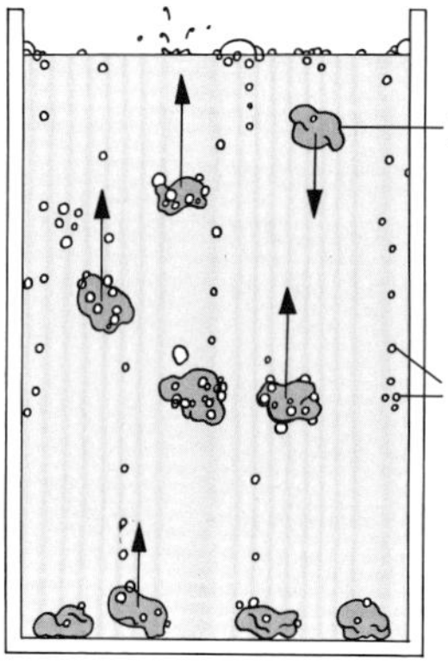

Abb. 1

Material

- Rosinen
- kohlensäurehaltiges Mineralwasser
- Trinkglas

Aufbau und Durchführung

In ein Trinkglas schüttet man kohlensäurehaltiges Mineralwasser und lässt 10 bis 15 Rosinen in das Glas fallen. Diese sinken auf den Boden. Nach kurzer Zeit steigen einige Rosinen bis zur Wasseroberfläche und sinken von dort wieder auf den Boden des Glases. Das Schwimmen und Sinken der Rosinen lässt sich einige Minuten lang beobachten, wobei einzelne Rosinen auch mehrmals aufsteigen können.

Erklärung

Die Dichte von Rosinen ist höher als die Dichte von Wasser. Lässt man die Rosinen ins Wasser fallen, so ist die Gewichtskraft dem Betrag nach größer als die Auftriebskraft, so dass die Rosinen zu Boden sinken. Das aus dem Mineralwasser entweichende Kohlenstoffdioxid kann sich an der rauen Oberfläche der Rosinen festsetzen. Dies erkennt man an den Bläschen, die nach kurzer Zeit die Rosinen umgeben. Haften genügend viele Kohlenstoffdioxidbläschen an einer Rosine, so ist die Auftriebskraft betragsmäßig größer als die Gewichtskraft der Rosine, und sie steigt nach oben. An der Wasseroberfläche entweicht ein Teil des Kohlenstoffdioxids, der Auftrieb wird geringer und die Rosine sinkt wieder.

Bemerkungen

Die Änderung des Auftriebs durch das Anlagern und Lösen von Kohlenstoffdioxidbläschen wird auch in dem Experiment „Der rotierende Pfirsich" benutzt, um einen Pfirsich in Mineralwasser in Rotation zu versetzen.

Literatur

Walpole, B.: Experimente, Tricks und Tips zum Verständnis der Natur, Lernen und Wissen im Spiel und mit Spaß, Südwest Verlag GmbH & Co.KG, München 1990

Melenk, H.; Runge, U.: Verblüffende physikalische Experimente, Aulis Verlag Deubner, Köln 1991

Glass, D.: Das neue What's what? Naturwissenschaftliche Plaudereien, Deutscher Taschenbuch Verlag GmbH & Co. KG, München 1997

2.6 Die U-Boot-Zitrone

Es wird demonstriert, dass der Auftrieb einer Zitrone von der mittleren Dichte der Zitrone abhängt.

Material

- Zitrone oder Orange
- transparentes Gefäß

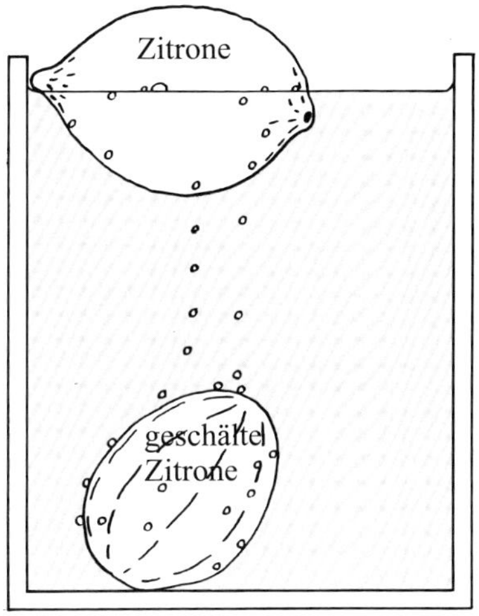

Abb. 1

Aufbau und Durchführung

In ein mit Wasser gefülltes Gefäß gibt man eine Zitrone. Sie schwimmt an der Oberfläche. Wird die Zitrone geschält (man muss auch die innere weiße Schale, die sich unter der äußeren gelben Schale befindet, entfernen), geht sie im Wasser unter. Die geschälte Zitrone schwimmt nicht.

Erklärung

Nach dem archimedischen Prinzip (*Archimedes* 287-212 v. Chr.) ist die Auftriebskraft auf einen Körper gleich der Gewichtskraft der durch den Körper verdrängten Flüssigkeit. Eine Zitrone besteht hauptsächlich aus Wasser und etwas Zellmaterial. Das Zellmaterial besitzt eine größere Dichte als Wasser, weshalb die geschälte Zitrone untergeht. In der inneren weißen Schale der Zitrone sind mit dem Zellmaterial viele Luftbläschen eingeschlossen. Diese Luftbläschen sind dafür ausschlaggebend, dass die mittlere Dichte einer ungeschälten Zitrone kleiner als die Dichte von Wasser ist. Deshalb schwimmt die ungeschälte Zitrone.

Literatur

Taylor, B.: Mit Wasser spielen: spielend lernen, Südwest Verlag GmbH & Co. KG, München 1991

2.7 Warum manche Getränke „light“ sind

Ob ein in eine Flüssigkeit getauchter Körper aufsteigt oder absinkt, hängt von der mittleren Dichte des Körpers im Vergleich zur Dichte der Flüssigkeit ab. Dies lässt sich wirkungsvoll mit Getränkedosen zeigen.

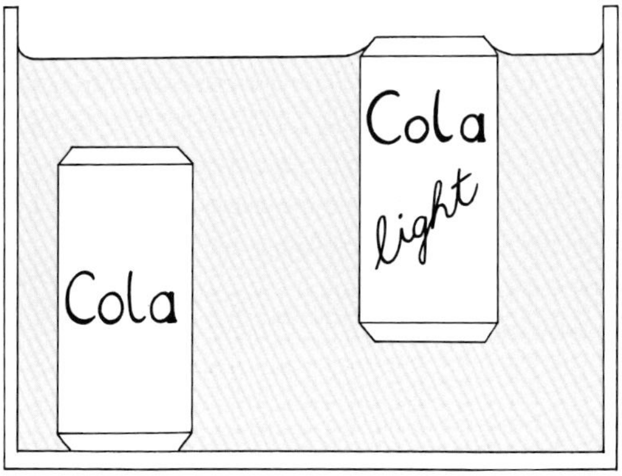

Abb. 1

Material

- 2 volle Getränkedosen, gefüllt mit demselben Softdrink, jedoch in einer Dose das Getränk mit Zucker, in der anderen Dose das Getränk mit Süßstoff, was die Hersteller oft mit dem Beinamen „light“ versehen, z. B. 1 Cola- und 1 Cola-Light-Dose desselben Herstellers
- durchsichtiges Gefäß mit Wasser, in das die Dosen leicht hineinpassen
- evtl. Zucker oder Salz

Aufbau und Durchführung

Die vollen geschlossenen Dosen werden vorsichtig in ein durchsichtiges Gefäß mit Wasser gegeben. Die Dose mit dem Zuckergetränk geht unter, die Dose mit dem Süßstoffgetränk dagegen schwimmt (siehe Abb. 1). Es ist darauf zu achten, dass beim Eintauchen der Dosen kein Wasser über den oberen Dosenrand schwappt. Sollte auch bei noch so vorsichtigem Vorgehen die Dose mit dem Süßstoffgetränk untergehen, setzt man dem Wasser im Gefäß so viel Zucker oder Salz zu, bis der gewünschte Effekt eintritt: Die Dose mit dem Zuckergetränk geht unter, die mit dem Süßstoffgetränk schwimmt.

Erklärung

Softdrinks sind sehr süß und enthalten normalerweise eine Menge Zucker. Das Getränk mit Zucker hat auf Grund seines hohen Zuckergehalts eine wesentlich größere Dichte als Wasser, die Gewichtskraft der Dose ist größer als ihre Auftriebskraft in Wasser, die Dose sinkt. Bei Softdrinks mit Süßstoff an Stelle von Zucker ist der Zucker durch eine wesentlich geringere Menge an Süßstoff ersetzt, die Flüssigkeit hat eine geringfügig größere Dichte als Wasser. Da in einer Getränkedose, je nach Abfüllung, immer etwas Luft eingeschlossen ist, reicht der Auftrieb im Wasser zum Schwimmen aus, wenn das Gewicht der Dose nicht duch Wasser auf dem Dosendeckel vergrößert wird. Manchmal ist, je nach Abfüllung, so wenig Luft in der Dose, dass die mittlere Dichte zu groß ist, um die Dose mit dem Getränk mit Süßstoff schwimmen zu lassen. Hier hilft nur, die Dichte des Wassers durch Zugabe von Salz oder Zucker zu erhöhen, damit die Dosen einen größeren Auftrieb erfahren. Da die Dose mit dem Getränk mit Zucker eine wesentlich größere Dichte aufweist als die Dose mit dem Getränk mit Süßstoff, lässt sich mit einer geeigneten Menge Salz- oder Zuckerzugabe eine geeignete Dichte des Wassers im Gefäß erreichen, so dass die eine Dose sinkt, die andere jedoch schwimmt. Bei Zugabe einer zu großen Menge Salz oder Zucker schwimmen dann beide Dosen.

Bemerkungen

Für die Vorführung sollte man die Tatsache ausnutzen, dass Hersteller von Softdrinks mit Süßstoff ihre Produkte oft als „light"-Getränke vermarkten. „Light" bedeutet übersetzt nichts anderes als „leicht", und im Experiment schwimmt tatsächlich die Dose, auf der „light", also „leicht" steht, während die andere untergeht.

Literatur

Berry, D. A.: A POTPOURRI OF PHYSICS TEACHING IDEAS, Selected reprints from The Physics Teacher April 1963 to December 1986, American Association of Physics Teachers, College Park, MD 20740-4100, U.S.A. o. J. [1987]

Meisinger, K.: Physikalische Experimente mit Dosen, Schriftliche Hausarbeit zur Ersten Staatsprüfung für das Lehramt an Hauptschulen nach der Lehramtsprüfungsordnung I (LPO I) 1994/II, o. V., Augsburg 1994

2.8 Der cartesianische Taucher

Streichholzköpfe werden als cartesianische Taucher verwendet.

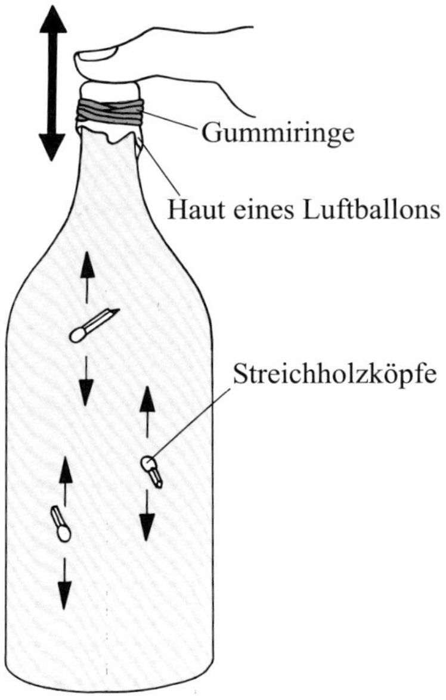

Abb. 1

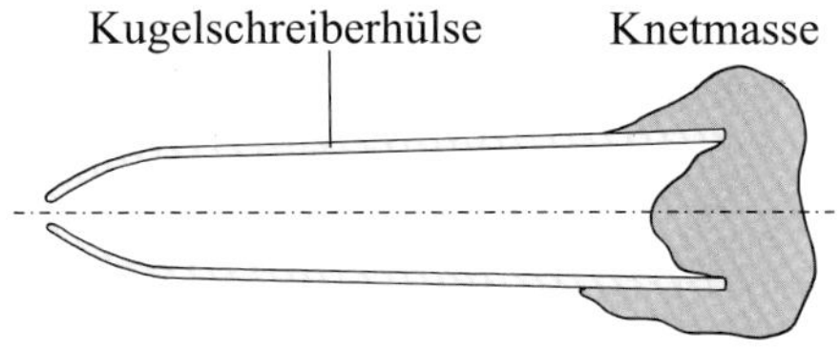

Abb. 2

Material

- Glasflasche oder Plastikflasche (PET-Flasche) mit passendem Verschluss
- passender Gummistopfen oder ein Stück Luftballon-Material und Gummiringe
- Streichhölzer oder alternativ: Kugelschreiberhülse und Knetmasse

Aufbau und Durchführung

In eine ganz mit Wasser gefüllte Glasflasche gibt man die Köpfe einiger Streichhölzer und verschließt sie mit einem passenden Gummistopfen ohne Lufteinschluss. Statt des Gummistopfens kann auch die Haut eines Luftballons (mit Gummiringen festmachen) verwendet werden, notfalls auch ein Finger im Flaschenhals zur Druckausübung. Übt man nun Druck auf den Gummistopfen aus, so werden je nach Druck einzelne Streichholzköpfe steigen, sinken oder schweben (siehe Abb. 1).
Will man sich etwas mehr Mühe machen, nimmt man anstatt der Streichholzköpfe die Hülse eines Kugelschreibers als „Taucher“. Man verwendet den unteren Teil einer Kugelschreiberhülse (der Teil, der die Öffnung für die Kugelschreibermine besitzt) und dichtet das größere Loch mit so viel Knetmasse ab, dass die Hülse im Wasser gerade noch schwimmt (Schnittzeichnung siehe Abb. 2). Fertig ist der cartesianische Taucher!
Beim Einsetzen des Tauchers in die Flasche ist darauf zu achten, dass die Öffnung nach

unten zeigt. Während des ersten Tauchgangs darf sich die Hülse um 180° drehen, um von da an die stabile Stellung einzunehmen, bei der die Öffnung nach oben weist.
Anstatt der Glasflasche mit Gummistopfen oder Luftballon kann man auch eine Plastikflasche mit entsprechendem Verschluss verwenden. Zur Druckveränderung wird einfach die flexible Flaschenwand mit der Hand zusammgepresst.

Erklärung

Ob ein Körper in einer Flüssigkeit zu Boden sinkt, schwebt oder nach oben steigt, hängt von der Resultierenden aus Auftriebs- und Gewichtskraft ab, die auf den Körper wirkt. In den beiden Varianten des Experiments wird durch Druckänderung die Auftriebskraft verändert, während die Gewichtskraft gleich bleibt. Auf welche Weise der Druck die Auftriebskraft beeinflusst ist in beiden Fällen völlig verschieden.
Bei der Streichholzversion basiert das Verhalten des „Tauchers" auf der vom Druck abhängigen Löslichkeit von Luft in Wasser (allgemein von Gasen in Flüssigkeiten). Je höher der Druck ist, desto mehr Luft löst sich im Wasser. Bei äußerem Luftdruck, d. h. ohne zusätzlichen über den Gummistopfen auf das Wasser ausgeübten Druck, haften Bläschen nicht gelöster Luft an der Oberfläche des „Tauchers". Mit zunehmendem Druck verkleinern sich die Bläschen durch Lösen der Luft in Wasser. Dadurch verringert sich das Volumen des „Tauchers", also das Volumen der Flüssigkeit, die durch den „Taucher" verdrängt wird, und damit der Auftrieb. Bei hohem Druck können die Bläschen sogar ganz verschwinden. Untersuchungen zur Erklärung wurden von *J. Grosu* und *O. Baltag* durchgeführt (siehe Literatur).
Bei der Variante mit der Kugelschreiberhülse verringert (vergrößert) sich der Auftrieb dadurch, dass sich bei Zunahme (Abnahme) des Druckes das Volumen der eingeschlossenen Luft und damit das Volumen der verdrängten Flüssigkeit verringert (vergrößert).
Mit diesen Experimenten wird das Wechselspiel zwischen Gewichtskraft und Auftriebskraft beim Steigen, Schweben oder Sinken eindrucksvoll demonstriert.

Bemerkungen

Der Name cartesianischer Taucher wird schon in alten Physikbüchern für eine derartige Experimentier-Anordnung verwendet. Obwohl der cartesianische Taucher angeblich bereits im Altertum bekannt war, nennen einige Quellen als seinen Erfinder *Raphael Magiotti* in Rom (1648), andere dagegen schreiben die Erfindung auf Grund seines Namens dem französischen Philosophen und Naturwissenschaftler *René Descartes* (lat.: *Renatus Cartesius*) (1596-1650) zu, nach dem auch das von ihm eingeführte kartesische Koordinatensystem in der Mathematik benannt ist.

Literatur

Zeier, E.: Physikalische Schulversuche, Freihandversuche, kleine Experimente, Aulis Verlag Deubner, Köln 1986
Berry, D. A.: A POTPOURRI OF PHYSICS TEACHING IDEAS, Selected reprints from The Physics Teacher April 1963 to December 1986, American Association of Physics Teachers, College Park, MD 20740-4100, U.S.A. o. J. [1987]

Bublath, J.: Das neue Knoff-Hoff Buch, Wilhelm Heyne Verlag, München 1989
Gardner, M., The Physics Teacher 28/10 (1990), S. 478
Lowe, N. K.: UNESCO: Low cost equipment for science and technology education, Division of Science, Technical and environmental education, UNESCO, Paris 1991
Oberdorfer, G.: Zytglogge Werkbuch, Das springende Ei und andere Experimente für die fünf Sinne, Zytglogge-Verlag, Gümmlingen Bonn Wien 1991
Taylor, B.: Mit Wasser spielen: spielend lernen, Südwest Verlag GmbH & Co. KG, München 1991
Treitz, N.: Spiele mit Physik, Verlag Harri Deutsch, Thun und Frankfurt/Main 1991
Brecht, R.: Professor Zweistein: Experimente zum Mitmachen, Zebold Verlag GmbH, München 1992
Grosu, J.; Baltag, O., Physics Education 29/5 (1994), S. 184
Ardley, N.: 101 spannende Experimente aus Wissenschaft und Technik, Loewe Verlag, Bindlach 1995

2.9 Der folgsame Wasserballon

Das archimedische Prinzip wird mit einem mit Leitungswasser gefüllten Luftballon veranschaulicht, der in Leitungswasser sinkt und in Salzwasser schwimmt.

Material

- Luftballon
- großes Glasgefäß
- Salz
- Büroklammern

Aufbau und Durchführung

Ein Luftballon wird mit Leitungswasser gefüllt und zugebunden. Es sollte sich dabei keine Luft im Ballon befinden. Den Ballon legt man in ein mit Leitungswasser gefülltes Glasgefäß und beschwert ihn, indem man Büroklammern an der zugebundenen Öffnung befestigt (siehe Abb. 1), bis der Ballon auf den Gefäßboden sinkt. Streut man Salz in das Wasser, so steigt der Ballon nach oben und schwimmt an der Wasseroberfläche.

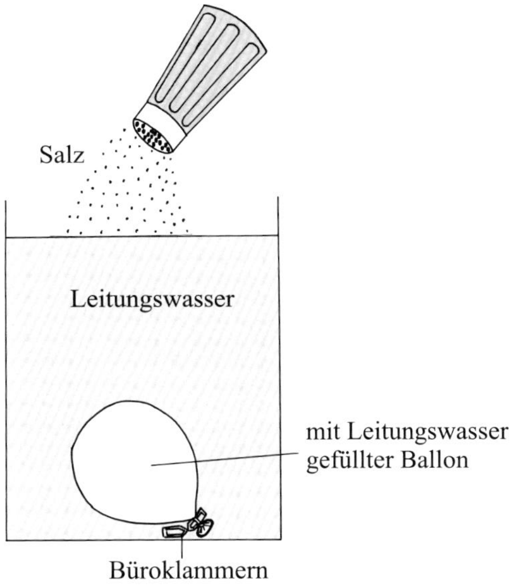

Abb. 1

Erklärung

Die Gewichtskraft des mit Leitungswasser gefüllten Ballons ist auf Grund der am Ballon befestigten Büroklammern größer als die Auftriebskraft, die der Ballon mit den daran befestigten Büroklammern im Leitungswasser erfährt. Dadurch sinkt dieser auf den Boden des Gefäßes. Die Auftriebskraft ist betragsmäßig gleich der Gewichtskraft der vom Ballon verdrängten Flüssigkeit. Streut man Salz in das Wasser, so steigt die Dichte des Wassers. Es erhöht sich die Gewichtskraft der verdrängten Flüssigkeit und damit die Auftriebskraft, die der Ballon erfährt. Bei einem bestimmten Salzgehalt im Wasser ist die Auftriebskraft gleich der Gewichtskraft des Ballons und dieser schwebt im Wasser. Gibt man mehr Salz hinzu, so ist die Auftriebskraft größer als die Gewichtskraft des Ballons, so dass dieser nach oben steigt und schwimmt.

Bemerkungen

Ein ähnliches Experiment zur gleichen Thematik ist „Das schwebende Ei".

Literatur

Kern, H., Physik und Didaktik 14/2 (1986), S. 153-161

2.10 Das Aräometer

Mit einem Trinkhalm kann die Wirkungsweise eines Aräometers gezeigt werden.

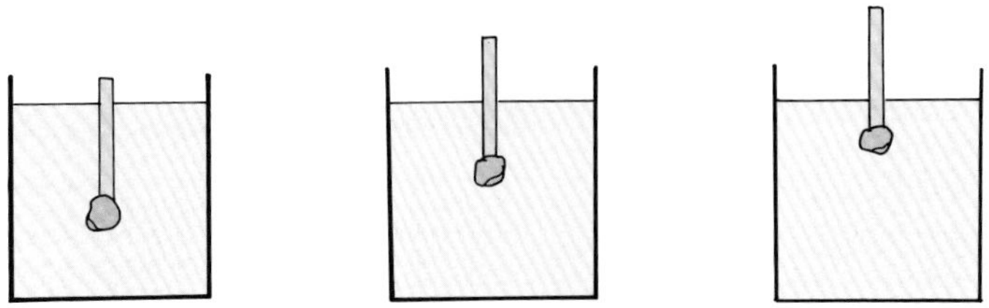

Abb. 1

Material

- dicker Trinkhalm
- Knetmasse
- Flüssigkeiten unterschiedlicher Dichten, z. B. Leitungswasser, Salzlösung, Alkohol, Öl
- (durchsichtige) Flüssigkeitsbehälter
- (Filz-)Stift
- Hilfsmittel: Schere

Aufbau und Durchführung

Ein dicker Trinkhalm wird auf eine Länge von ca. 10 cm zugeschnitten und eines seiner beiden Enden mit einem Klumpen Knetmasse beschwert. Setzt man den so präparierten Trinkhalm in Behälter, die mit Flüssigkeiten verschiedener Dichte gefüllt sind (siehe Abb. 1) und markiert man jeweils die Eintauchtiefe an der Flüssigkeitsoberfläche mit einem (Filz-)Stift am Trinkhalm, so können an den verschiedenen Markierungen die relativen Dichten der Flüssigkeiten abgelesen werden.

Erklärung

Die Eintauchtiefe h_F eines Körpers der (in allen Schnittebenen gleichen) Querschnittsfläche A hängt von der Auftriebskraft $\vec{F}_A$, die er in der Flüssigkeit erfährt, und damit von der Dichte ρ_F der Flüssigkeit ab:
Für den Betrag der Auftriebskraft gilt:

$$F_A = m_F g = \rho_F V_F g = \rho_F h_F A g$$

(ρ_F, m_F, V_F: Dichte, Masse und Volumen der vom eintauchenden Teil des Körpers verdrängten Flüssigkeit; h_F: Höhe der Flüssigkeitssäule; g: Betrag der Erdbeschleunigung)
Ein und derselbe Körper erfährt also in verschiedenen Flüssigkeiten bei völligem Eintauchen jeweils eine umso größere Auftriebskraft, je größer die Dichte der Flüssigkeit ist.
Für den Betrag der Gewichtskraft des Körpers gilt:

$$G = m_K g = \rho_K V_K g = \rho_K h_K A g$$

(ρ_K, m_K, V_K: Dichte, Masse und Volumen des Körpers; h_K: Höhe des Körpers)

Schwimmt der Körper, so gilt $G = F_A$, woraus sich für den aus der Flüssigkeit herausragenden Teil des Körpers die Höhe

$$\Delta h = h_K - h_F = h_K \left(1 - \frac{\rho_K}{\rho_F}\right)$$

ergibt. In [*Mende* 1988] findet man folgende Dichteangaben:

Tabelle 1:

Flüssigkeit	ρ [10^3 kg / m^3]	T [°C]
Ether	0,72	18
Ethanol	0,7892	18
Spiritus	0,83	18
Olivenöl	0,91	18
Wasser	0,9583	100
Wasser	0,999973	4
Seewasser	1,02	18

Die Werte stimmen mit der Beobachtung überein, dass der Trinkhalm am geringsten über die Etheroberfläche und am meisten über die Salzlösungsoberfläche („Seewasser") herausragt. Kalibriert man den Trinkhalm, indem man z. B. bei Verwendung von 4 °C warmem Wasser eine Markierung „1" und eine weitere Markierung bei Verwendung einer Flüssigkeit bekannter Dichte anbringt, so hat man ein Messgerät geschaffen, das eine direkte Ablesung der Dichte einer Flüssigkeit erlaubt („Aräometer" oder „Senkspindel").

Bemerkungen

Jedes größere Schiff weist am Rumpf folgende oder eine ähnliche Anordnung von waagrechten Linien auf:

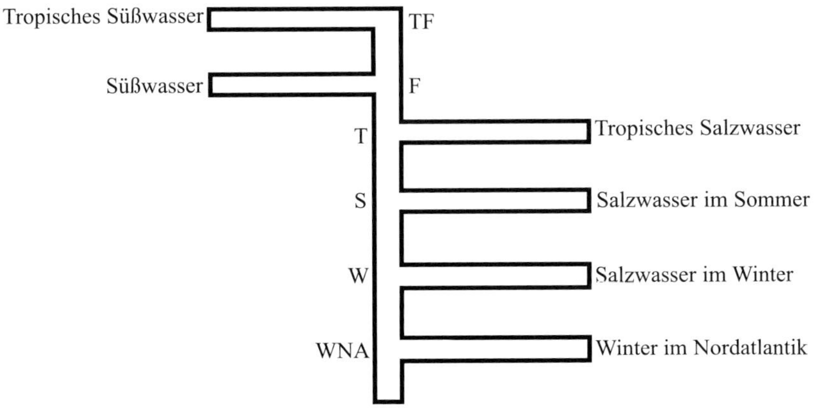

Abb. 2

Die Striche geben die Sicherheitslinien des voll beladenen Schiffes für Gewässer verschiedener Dichte an. Diese so genannte „Plimsoll-Marke" macht das Schiff insofern zu einem riesigen Aräometer, als dass ein Körper konstanten Gewichts (das mit einer „konstanten Ladung" voll beladene Schiff) in verschiedenen Gewässern verschieden tief eintaucht und damit die Dichteunterschiede z. B. tropischen Süßwassers und Salzwassers im Winter anzeigt. Angewandt wird die Plimsoll-Marke natürlich gerade anders herum: Man weiß, in welchem Gewässer man sich befindet (und welche man bei der Fahrt durchquert) und belädt das Schiff maximal bis zur untersten der auf der Fahrt relevanten Markierungen. Diese „Plimsoll Mark", oder offiziell „International load line", geht auf einen Vorschlag des englischen Parlamentsmitglieds und Kaufmanns *Samuel Plimsoll* (1824-1898) aus dem Jahre 1875 zurück.

Literatur

Zeier, E.: Physikalische Schulversuche, Freihandversuche, kleine Experimente, Aulis Verlag Deubner, Köln 1986

Taylor, B.: Mit Wasser spielen: spielend lernen, Südwest Verlag GmbH & Co. KG, München 1991

zu Tabelle 1:

Mende, D.; Simon, G.: Physik. Gleichungen und Tabellen, VEB Fachbuchverlag Leipzig 1988, S. 54-55

zu Bemerkungen:

New Encyclopaedia Britannica, The, Volume 9, Micropaedia, Ready Reference, 15th Edition, Encyclopaedia Britannica, Inc. Chicago Auckland London Madrid Manila Paris Rome Seoul Sydney Tokyo Toronto 1994

2.11 Flüssigkeitsschichtungen

Die Möglichkeit, mehrere Flüssigkeiten mit unterschiedlicher Dichte übereinander zu schichten, beweist, dass eine spezifisch leichtere immer auf einer spezifisch schwereren Flüssigkeit schwimmt.

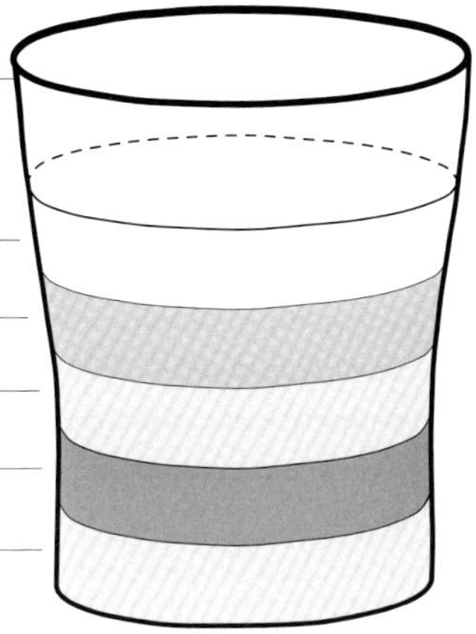

Abb. 1

Material

- 2 Trinkgläser
- Löffel
- Spiritus
- Petroleum, möglichst gefärbt
- Salatöl
- Zucker (ca. 25 g)
- Tinte

Aufbau und Durchführung

Aus ca. 25 g Zucker und 50 ml Wasser stellt man eine starke Zuckerlösung her. In einem zweiten Trinkglas färbt man etwa die gleiche Menge Wasser mit ein paar Tropfen Tinte ein. Die zur Verfügung stehenden Flüssigkeiten werden in der unten aufgeführten Reihenfolge (von unten nach oben) in dem Trinkglas, das die Zuckerlösung enthält, übereinander geschichtet (siehe Abb. 1), indem man sie jeweils behutsam über einen Löffel fließen lässt, welchen man knapp über die momentane Flüssigkeitsoberfläche hält. Sinnvoll sind Schichtdicken von 1 – 2 cm.

Reihenfolge:

1. Zuckerwasser
2. gefärbtes Wasser
3. Salatöl

4. gefärbtes Petroleum
5. Spiritus

Die Flüssigkeitsschichten vermischen sich nicht merklich und sind durch ihre unterschiedlichen Farben gut zu erkennen. Grenzen mischbare Flüssigkeiten aneinander, so kann man nach relativ langer Zeit (mehrere Stunden bis Tage) eine Durchmischung beobachten.

Erklärung

Eine Flüssigkeit schwimmt auf einer mit höherer Dichte, weil ihr Auftrieb in der spezifisch schwereren Flüssigkeit größer ist als ihre Gewichtskraft. Sind benachbarte Flüssigkeiten mischbar, so führt die auftretende Diffusion zu einer sehr langsam fortschreitenden Vermischung.

Bemerkungen

Der Fantasie, das Experiment mit einer größeren Anzahl und anderen Flüssigkeiten durchzuführen, sind keine Grenzen gesetzt. Sie müssen lediglich immer in der Reihenfolge nach oben abnehmender Dichte angeordnet werden.

Außerdem kann auch untersucht werden, in welcher Höhe kleine Stückchen fester Körper schweben, ob sie ganz absinken oder oben schwimmen (siehe Experiment „Das schwebende Ei“).

Literatur

Walpole, B.: Experimente, Tricks und Tips zum Verständnis der Natur, Lernen und Wissen im Spiel und mit Spaß, Südwest Verlag GmbH & Co. KG, München 1990

Wittmann, J.: Trickkiste 2, Verblüffende Experimente zum Selbermachen, Bayerischer Schulbuch Verlag, München 1993

Ardley, N.: 101 spannende Experimente aus Wissenschaft und Technik, Loewe Verlag, Bindlach 1995

2.12 Fingerwiegen

Taucht man einen Finger in ein mit Wasser gefülltes Gefäß, wird es scheinbar schwerer.

Material

- Balkenwaage oder eine andere Waage, die mit mindestens 750 g belastbar ist
- Gefäß, teilweise mit Wasser gefüllt, durchsichtig und auf eine der Waagschalen passend, z. B. Trink- oder Becherglas
- Wägestücke

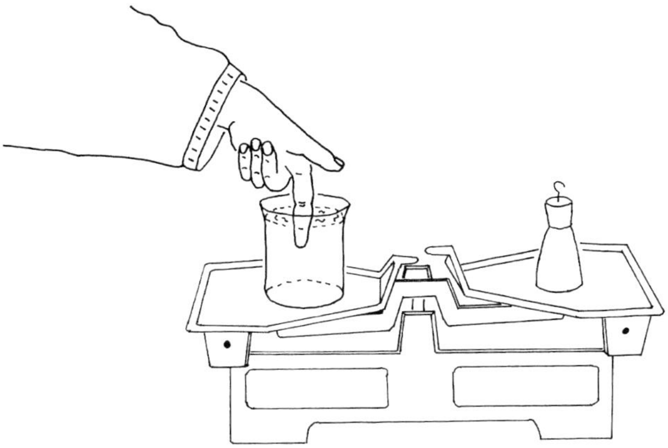

Abb. 1

Aufbau und Durchführung

Das Gefäß wird auf eine der Waagschalen gestellt, die Waage austariert und der Finger in das Gefäß getaucht, ohne den Gefäßboden oder Rand zu berühren (siehe Abb. 1).
Die Waagschale, auf der sich das Gefäß befindet, senkt sich (siehe Abb. 1). Daran ist zu erkennen, dass die Kraft, die auf diese Waagschale wirkt, größer geworden ist.
Die Vergrößerung dieser Kraft ist sehr klein (entspricht dem Gewicht eines Massenstücks von 5 – 10 g). Aus diesem Grunde bietet sich die Benutzung einer Balkenwaage an, mit der schon geringe Gewichtsunterschiede registriert werden können. Steht keine Balkenwaage zur Verfügung, kann auch die ganze Hand in das Wasser eingetaucht werden. So entspricht die Zunahme der auf die Waagschale wirkenden Kraft der Gewichtskraft eines Gegenstandes mit einer Masse von 200 – 250 g.

Erklärung

Taucht man den Finger in das Wasser, so wirkt auf ihn die Auftriebskraft, die vom Wasser auf den Finger ausgeübt wird. Nach dem Prinzip „actio = reactio" hat diese Kraft eine gleich große, ihr entgegengesetzte Kraft zur Folge, die der Finger auf das Wasser ausübt. Diese Gegenkraft hat also die gleiche Richtung wie die Gewichtskraft des mit Wasser gefüllten Gefäßes und wirkt auf den Waagbalken. Deshalb entspricht die zusätzlich auf den Waagbalken wirkende Kraft dem Auftrieb des Fingers und damit der Gewichtskraft des vom Finger verdrängten Wassers.

Literatur

Oberdorfer, G.: Zytglogge Werkbuch, Das springende Ei und andere Experimente für die fünf Sinne, Zytglogge-Verlag, Gümmlingen Bonn Wien 1991

2.13 Beschleunigungsmesser

Mit einer kleinen Kork-Boje in einem wassergefüllten Glasbehälter lässt sich die Beschleunigung bestimmen, welcher der Glasbehälter ausgesetzt ist.

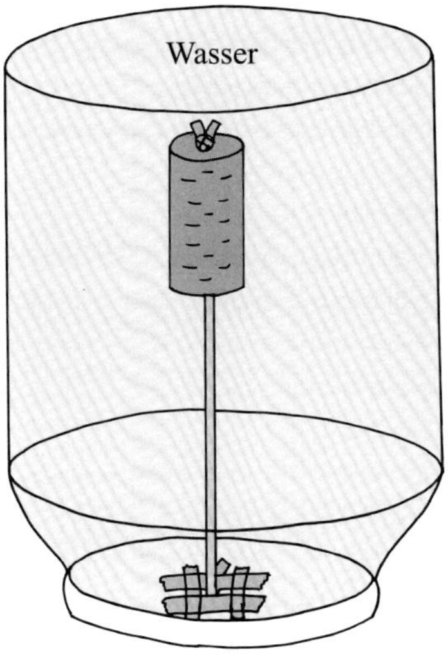

Abb. 1

Material

- wasserdichtes, durchsichtiges Gurkenglas mit Gewinde und Deckel
- Weinkorken
- Paketkordel
- Klebeband oder Kerzenwachs
- Hilfsmittel: Bohrer

Aufbau und Durchführung

Ein Weinkorken wird der Länge nach und zentral durchbohrt. Durch das Loch wird ein Stück Paketkordel gezogen und durch einen oder mehrere Knoten an einem Ende gegen ein Zurückgleiten aus dem Loch gesichert. Das andere Ende der Kordel wird mit Klebeband oder heißem Kerzenwachs auf der Innenseite eines Gurkenglasdeckels befestigt. Füllt man das Glas randvoll mit Wasser und schraubt man den präparierten Deckel zu, so erhält man, wenn man das gefüllte Glas auf den Kopf stellt, einen Beschleunigungsmesser (siehe Abb. 1). Dabei fungiert die Kordel der kleinen Kork-Boje als „Zeiger", der immer in die Richtung zeigt, in welche die auf den Korken wirkende resultierende Beschleunigung weist.

Beschleunigt man das umgestürzte Glas aus der Ruhe heraus (etwa indem man es auf dem Tisch gleitend mit der Hand schnell um ca. 1 m verschiebt), so neigt sich die Boje in die Richtung der Bewegung (nach „vorne"). Hält man nach einem Meter abrupt inne und das Glas fest, so neigt sich die Boje in die der Bewegungsrichtung entgegengesetzte Richtung (nach „hinten"). Hält man das Glas mit beiden Händen in Augenhöhe von sich gestreckt und vollführt man eine Drehung um die vertikale Achse des eigenen Körpers, so neigt sich einem die Boje entgegen, also in die Richtung auf das Zentrum der Kreisbewegung gerichtet.

Erklärung

Die Ursache für das Schwimmen der Kork-Boje ist die Auftriebskraft $\vec{F}_A$, für die gilt:

$$\vec{F}_A = -V_{\text{Körper}}\rho_{\text{Wasser}}\vec{g}$$

($V_{\text{Körper}}$: Volumen des eintauchenden Körpers, hier: des Korkens; ρ_{Wasser}: Dichte des Wassers; $\vec{g}$: Erdbeschleunigung).

Nach dem 2. Newton'schen Axiom lässt sich dieser Auftriebskraft eine Beschleunigung $\vec{a}_A$zuordnen. Mit $\vec{F}_A = m_{\text{Körper}}\vec{a}_A = V_{\text{Körper}}\rho_{\text{Wasser}}\vec{a}_A$ ergibt sich dafür:

$$\vec{a}A = -\frac{\rho_{\text{Wasser}}}{\rho_{\text{Körper}}}\vec{g}$$

($\rho_{\text{Körper}}$: Dichte des eintauchenden Körpers).

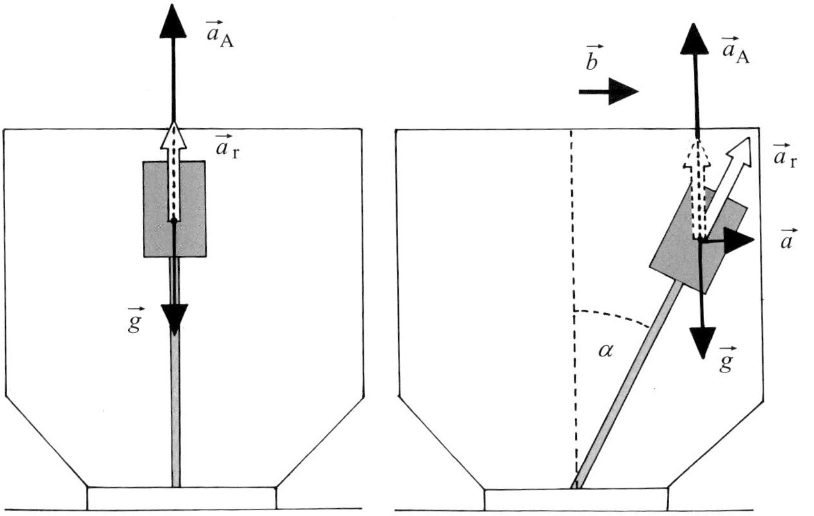

(a) (b) Abb. 2

Ist der Beschleunigungsmesser in Ruhe (siehe Abb. 2(a)), so wirken auf den freien Korken einerseits die vom Erdmittelpunkt wegweisende Beschleunigung $\vec{a}_A$, andererseits aber auch die zum Erdmittelpunkt hinweisende Erdbeschleunigung $\vec{g}$. Damit ergibt sich für den freien Korken eine resultierende Beschleunigung $\vec{a}_r$, für die gilt:

$$\vec{a}_r = \vec{g} + \vec{a}_A + \vec{g}\left(1 - \frac{\rho_{\text{Wassser}}}{\rho_{\text{Körper}}}\right)$$

Da im Falle des Korken $\rho_{\text{Wasser}} > \rho_{\text{Körper}}$ gilt, ist der Ausdruck in der Klammer negativ und die resultierende Beschleunigung weist vom Erdmittelpunkt weg. Der freie Korken würde also beschleunigt an die Wasseroberfläche treiben, wenn nicht die Kordel eine Gegenkraft aufbringen würde, welche die mit der resultierenden Beschleunigung verbundene Kraft kompensiert.

Tritt zu den beiden Beschleunigungen $\vec{g}$ und $\vec{a}_A$ noch eine weitere Beschleunigung $\vec{a}$ auf Grund der Bewegung des Glases mit der Beschleunigung $\vec{b}$ hinzu, so ergibt sich die resultierende Beschleunigung $\vec{a}_r$ aus der Vektorsumme dieser drei Beschleunigungen $\vec{g}$, $\vec{a}_A$ und $\vec{a}$ (siehe Abb. 2(b)). Auch in diesem Fall weist die Kordel in Richtung der resultierenden Beschleunigung, wobei die horizontale Komponente der resultierenden Beschleunigung, also allein die zusätzliche dritte Beschleunigung $\vec{a}$ (hervorgerufen durch die Bewegung des Glases) die Ebene festlegt, in der die Kordel aus der Senkrechten ausgelenkt wird und dabei den Winkel α überstreicht.

Wie hängt $\vec{a}$ mit der Beschleunigung $\vec{b}$ zusammen, der das Glas ausgesetzt ist? Wird das Glas in Abbildung 2(b) mit $\vec{b}$ nach rechts beschleunigt, so ist die Kork-Boje im mitbewegten Bezugssystem einer horizontalen Beschleunigung $-\vec{b}$ ausgesetzt. Dies entspricht der Situation in Abbildung 2(a), lediglich um 90 ° im Uhrzeigersinn gedreht: Ruft in

Abbildung 2(a) die Beschleunigung $\vec{g}$ eine ihr entgegengerichtete „Auftriebsbeschleunigung“ $\vec{a}_A$ ($a_A > g$) hervor, was summiert eine $\vec{g}$ entgegengerichtete resultierende Beschleunigung $\vec{a}_r$ ergibt, so ruft in Abbildung 2(b) die Beschleunigung $-\vec{b}$ eine ihr entgegengerichtete (horizontale) „Auftriebsbeschleunigung“ hervor, was summiert eine $-\vec{b}$ entgegengerichtete resultierende Beschleunigung $\vec{a}$ ergibt. Analog zu $\vec{a}_r$ in Abbildung 2(a) erhält man für $\vec{a}$:

$$\vec{a} = -\vec{b}\left(1 - \frac{\rho_{\text{Wasser}}}{\rho_{\text{Körper}}}\right)$$

Da der Ausdruck in der Klammer negativ ist, weist $\vec{a}$ in Richtung von $\vec{b}$.
Nach diesen Überlegungen lässt sich aus dem Winkel α, wie aus Abbildung 2(b) ersichtlich, der Betrag b der Beschleunigung, welcher der Beschleunigungsmesser ausgesetzt ist, nach der Formel

$$b\left(1 - \frac{\rho_{\text{Wasser}}}{\rho_{\text{Körper}}}\right) = a = (g - a_A(g - a_A)\tan\alpha = g\left(1 - \frac{\rho_{\text{Wasser}}}{\rho_{\text{Körper}}}\right) tan\alpha$$

berechnen, wonach sich gerade

$$b = g \cdot \tan\alpha$$

ergibt.

Bemerkungen

Bei der Anfertigung des Beschleunigungsmessers ist darauf zu achten, ein möglichst bauchiges Gurken- (oder z. B. Rote Bete-) Glas zu verwenden, damit die Kork-Boje auch größere Ausschläge vollführen kann, ohne an die Glaswand zu stoßen. Die Struktur des Glases sollte nach dem Entfernen der Etiketten (was am einfachsten in einem heißen Wasserbad geschieht) möglichst einheitlich durchsichtig sein. Die Länge der Paketkordel muss so kurz gewählt werden, dass der Korken nicht am Glasboden anstößt, wenn man das Glas auf den Kopf stellt. Der Deckel des Glases muss dicht schließen, damit das Wasser lange genug im Glas bleibt. Insbesondere bei Vorführung des Verhaltens der Boje während einer Kreisbewegung sollte der Beschleunigungsmesser mit einer Hand am Boden und mit der anderen Hand am Deckel gehalten werden, so dass einerseits die Hände nicht die Sicht verdecken, aber andererseits das Experiment nicht unfreiwillig zur Demonstration der Fliehkraft gerät.
Bei einer Variante dieses Beschleunigungsmessers wird als „Zeiger“ eine Kerzenflamme verwendet (siehe Experiment „Die anhängliche Kerzenflamme“).

Literatur

Berry, D. A.: A POTPOURRI OF PHYSICS TEACHING IDEAS, Selected reprints from The Physics Teacher April 1963 to December 1986, American Association of Physics Teachers, College Park, MD 20740-4100, U.S.A. o. J. [1987]

2.14 Wasserstandsveränderungen

Durch das archimedische Prinzip lassen sich Änderungen des Wasserstandes erklären, die sich beim Entladen eines „Bootes" ergeben.

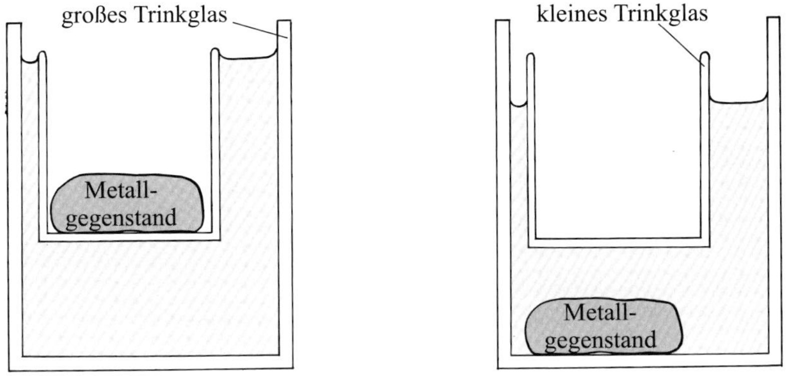

Abb. 1

Material

- großes Trinkglas
- kleines Trinkglas oder Plastikbecher
- Gegenstände aus Metall und Holz, die in das kleine Trinkglas passen

Aufbau und Durchführung

Man füllt ein großes Trinkglas mit Wasser und lässt ein kleines Trinkglas im Wasser schwimmen. Evtl. muss man das kleine Trinkglas mit Gewichten beschweren, damit es stabil im Wasser liegt und nicht umkippt. In das schwimmende Glas legt man einen Gegenstand aus Metall, der nicht so schwer sein darf, dass das Glas sinkt.

Der Wasserstand im großen Glas wird markiert und dann der Metallgegenstand aus dem schwimmenden Glas herausgenommen und auf den Boden des großen Trinkglases gelegt (siehe Abb. 1). Der Wasserstand sinkt. Legt man dagegen ein Stück Holz in das kleine Trinkglas, so bleibt der Wasserstand unverändert, wenn man das Holz aus dem Glas herausnimmt und ins Wasser legt. Versenkt man das Holzstück im großen Glas, indem man es mit einem Gegenstand beschwert, der sich zuvor schon im Wasser befunden hat, so steigt der Wasserstand.

Erklärung

Schwimmt das kleine Trinkglas auf dem Wasser, so taucht es so tief in das Wasser ein, bis die Auftriebskraft, die es erfährt, dem Betrag nach gleich seiner Gewichtskraft ist. Nach dem archimedischen Prinzip ist die Auftriebskraft so groß wie die Gewichtskraft des verdrängten Wassers. Legt man den Metallgegenstand in das kleine Trinkglas, so taucht dieses um so viel tiefer in das Wasser ein, bis die Masse m_W des zusätzlich verdrängten Wassers gleich der Masse m_G des Gegenstandes ist. Daraus ergibt sich das Volumen V_W des Wassers, das durch den Metallgegenstand verdrängt wird:

$$m_W = m_G \quad \Rightarrow \quad V_W = \frac{m_G}{\rho_W} \qquad (1)$$

(ρ_W: Dichte von Wasser)
Wird der Metallgegenstand auf den Boden des großen Trinkglases gelegt, verdrängt er so viel Wasser wie seinem Volumen V_G entspricht:

$$V_W' = V_G = \frac{m_G}{\rho_G} \qquad (2)$$

(ρ_G: Dichte des Metallgegenstandes)
Da die Dichte des Metallgegenstandes höher ist als die Dichte des Wassers, ist das verdrängte Volumen im ersten Fall höher, so dass der Wasserstand im großen Trinkglas sinkt, wenn man den Metallgegenstand aus dem kleinen Trinkglas nimmt und auf den Boden des großen Trinkglases legt.
Bei einem Holzstück, das eine geringere Dichte als Wasser aufweist, macht es dagegen keinen Unterschied, ob das Holz im „Boot" ist oder im Wasser schwimmt. Es wird beides Mal gleich viel Wasser verdrängt (entsprechend der Masse des Holzstücks) und der Wasserstand ändert sich nicht. Wird das Holzstück „versenkt", so verdrängt es seinem Volumen entsprechend Wasser. Das Volumen des verdrängten Wassers ist größer als im Schwimmzustand und der Wasserspiegel steigt.

Literatur

Treitz, N.: Spiele mit Physik, Ein Buch zum Basteln, Probieren und Verstehen, Verlag Harri Deutsch, Thun und Frankfurt/Main 1983
Glass, D.: What's what? Naturwissenschaftliche Plaudereien, Deutscher Taschenbuch Verlag GmbH & Co. KG, München 1995

2.15 Der rotierende Pfirsich

Ein Pfirsich dreht sich in Mineralwasser, da er durch anhaftende Kohlenstoffdioxid-Bläschen unterschiedlich große Auftriebskräfte erfährt.

Material

- Pfirsich oder Gummiball mit rauer Oberfläche
- kohlensäurehaltiges Mineralwasser
- Trinkglas

Aufbau und Durchführung

In ein Trinkglas schüttet man kohlensäurehaltiges Mineralwasser und legt einen Pfirsich in das Wasser. Dieser schwimmt im Wasser. Stößt man den Pfirsich auf einer Seite so an, dass er sich um eine horizontale Achse zu drehen beginnt, behält er die Drehbewegung für einige Minuten bei.

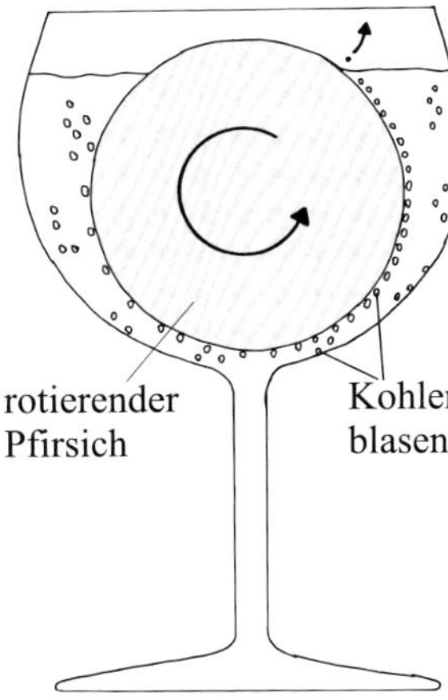

Abb. 1

Erklärung

An den feinen Härchen der Pfirsichoberfläche bleiben Kohlenstoffdioxid-Bläschen hängen. Stößt man den Pfirsich leicht an, so dass er sich zu drehen beginnt, entweichen jeweils an dem Teil der Pfirsichoberfläche, der gerade aus dem Wasser ragt, ein Teil der Kohlenstoffdioxid-Bläschen. Dreht sich der Pfirsich weiter, befinden sich auf der Seite, die sich von der Wasseroberfläche ins Mineralwasser dreht, weniger Bläschen als auf der gegenüberliegenden Seite, die schon länger im Wasser war (siehe Abb. 1). Der Pfirsich erfährt an der Seite, an der mehr Kohlenstoffdioxid-Bläschen haften, eine größere Auftriebskraft als an der gegenüberliegenden Seite und damit ein Drehmoment, das die Drehbewegung des Pfirsichs aufrecht erhält.

Bemerkung

Die Änderung des Auftriebs durch das Anlagern und Lösen von Kohlenstoffdioxid-Bläschen wird in ähnlicher Weise auch in dem Experiment „Die tanzenden Rosinen“ ausgenutzt.

Literatur

Oberdorfer, G.: Zytglogge Werkbuch, Das springende Ei und andere Experimente für die fünf Sinne, Zytglogge-Verlag, Gümmlingen Bonn Wien 1991

2.16 Der oszillierende Tintenstrahl

Gefärbtes Salzwasser strömt pulsierend aus einer Einwegspritze, wenn die Spritze senkrecht in Wasser getaucht wird.

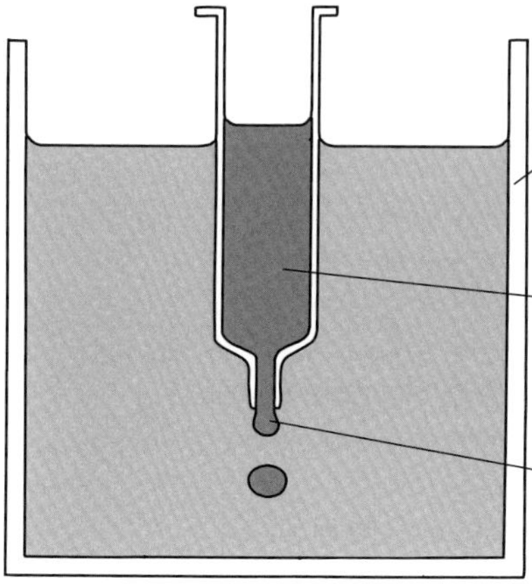

Abb. 1

Material

- größere Einwegspritze
- Salz, Wasser und Tinte (oder anderer Farbstoff)
- größeres durchsichtiges Gefäß mit Wasser
- evtl. Halterung aus Stativmaterial o. Ä. für die Spritze, so dass die Spritze immer gleich weit ins Wasser des Gefäßes ragt

Aufbau und Durchführung

Aus Salz, Wasser und Tinte stellt man eine gefärbte gesättigte Salzlösung her, die man in eine Spritze einfüllt (der Stempel der Spritze ist entfernt). Man hängt die Spritze senkrecht mit der Düse nach unten in das Wasser im Gefäß (siehe Abb. 1), so dass sie immer gleich weit ins Wasser ragt (geht recht gut bei ruhiger Hand, ansonsten ein Gestell verwenden). Der Füllstand in der Spritze soll dabei höher sein als der im Gefäß. Man beobachtet ein pulsierendes Ausströmen der gefärbten Salzlösung.

Erklärung

Zunächst versuchen sich die Wasserspiegel im Gefäß und in der Spritze auszugleichen. Da jedoch das Salzwasser in der Spritze eine größere Dichte hat als das Wasser im Gefäß, wird der Wasserspiegel in der Spritze bei ausgeglichenem Druck an der Düse (hydrostatischer Druck der Wassersäule über der Düsenöffnung im Gefäß gegen hydrostatischen Druck der Salzwassersäule in der Spritze) tiefer liegen als der Wasserspiegel im Gefäß.

Da der Wasserspiegel in der Spritze zu Beginn über dem im Gefäß ist, strömt farbiges Salzwasser aus der Spritze ins Wasser und sinkt wegen seiner größeren Dichte zu Boden. Das ausfließende Salzwasser erreicht dabei eine gewisse Strömungsgeschwindigkeit, die ausreicht, um die Strömung auch über die Gleichgewichtslage (hydrostatischer Druck oberhalb und unterhalb der Düsenöffnung gleich) aufrecht zu halten. Dabei ist entscheidend, dass der ausfließende Salzwasserstrom im umgebenden Wasser nach unten sinkt und nicht abreißt, was auf Grund der Viskosität von Wasser bis zu einem gewissen Grad gegeben ist. Irgendwann wird die Salzwasserströmung dann doch abreißen, da das Druckungleichgewicht an der Düsenöffnung immer größer wird. Nach dem Abriss der Strömung wiederholt sich der geschilderte Vorgang in umgekehrter Richtung. An der Düsenöffnung ist ja nun außerhalb der Spritze ein größerer hydrostatischer Druck als innerhalb der Spritze, so dass Wasser aus dem Gefäß in die Spritze strömt und auf Grund seiner gegenüber dem in der Spritze befindlichen Salzwasser geringeren Dichte in der Spritze nach oben steigt. Wie oben hält auch jetzt die Strömung über den Gleichgewichtszustand hinaus an, bis sie schließlich abreißt, um in umgekehrter Richtung wieder zu beginnen.

Für den beschriebenen Vorgang und das daraus folgende periodische Ein- und Ausströmen ist entscheidend, dass ausschließlich entweder Wasser aus der Spritze oder Wasser in die Spritze strömt, es dürfen nicht beide Strömungen gleichzeitig auftreten. Gerade das kann jedoch passieren, wenn (abgesehen von einem zu großen Durchmesser der Spritzendüse) die Strömungsgeschwindigkeiten nahe des Gleichgewichtszustandes zu gering sind, um ein Andauern der Strömung weit über die Gleichgewichtslage hinaus zu gewährleisten.

Es wird sich dann ein Zustand einstellen, in dem durch die Düse gleichzeitig Salzwasser aus der Spritze fließt und nach unten sinkt und Wasser in die Spritze fließt und nach oben steigt (beides durch den Dichteunterschied zwischen Salzwasser und Wasser verursacht). Das periodische Ein- und Ausströmen geht früher oder später in diesen Zustand über, da mit zunehmendem Konzentrationsausgleich und durch innere Reibung die durchschnittliche Geschwindigkeit der Flüssigkeitsströme abnimmt.

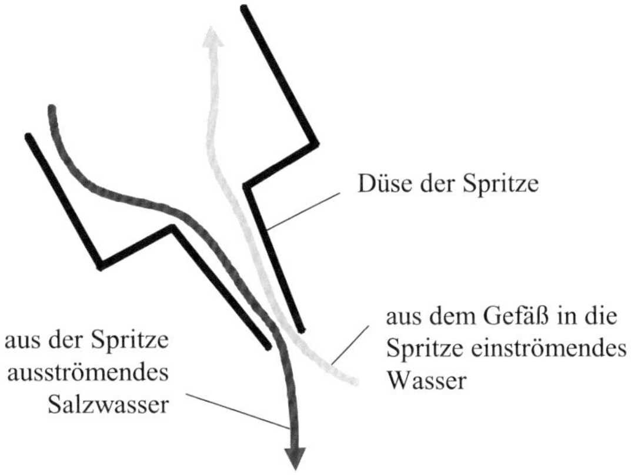

Abb. 2

Wird die Spritze nicht senkrecht sondern leicht schräg gehalten, begünstigt dies das Zustandekommen eines gleichzeitigen Ein- und Ausströmens, und die Oszillationen hören auf. Am unteren Rand (größere Dichte des Salzwassers!) der Düse strömt das Salzwasser aus der Spritze und am oberen Rand kann dann gleichzeitig Wasser aus dem Gefäß in die Spritze gelangen (siehe Abb. 2).

Die Periodendauer des beschriebenen Oszillators hängt im Wesentlichen vom Durchmesser der Spritzendüse ab, da dieser die Geschwindigkeit beeinflusst, mit der die Flüssigkeit aus der Spritze bzw. in die Spritze fließen kann.

Bemerkungen

Eine ähnliche Beobachtung wie im Experiment lässt sich bei Getränketüten (so genannten „Tetrapaks") machen. Hält man eine volle Getränketüte mit einer nicht zu großen Öffnung nach unten, strömt der Inhalt pulsierend aus. Die Flüssigkeit entspricht dabei dem Salzwasser im Experiment und die Umgebungsluft dem Wasser im Gefäß, in das die Spritze mit dem Salzwasser gebracht wird. Hält man die Getränketüte schräg, ermöglicht man das gleichzeitige Ausströmen des Inhalts und Einströmen von Luft; das Pulsieren verschwindet. Das Experiment „Die schnell geleerte Flasche" behandelt diese verschiedenen „Entleerungsmechanismen".

Literatur

Ucke, C.; Detsch, W., Physik und Didaktik 13/2 (1985), S. 118-126

Walker, J.: Der fliegende Zirkus der Physik, R. Oldenbourg Verlag GmbH, München Wien 1994

2.17 Der Tischtennisball im Trichter

Im Experiment wird das Prinzip des Auftriebs in Flüssigkeiten verdeutlicht. Ein Körper kann nur Auftrieb erfahren, wenn auch unter ihm Flüssigkeit vorhanden ist.

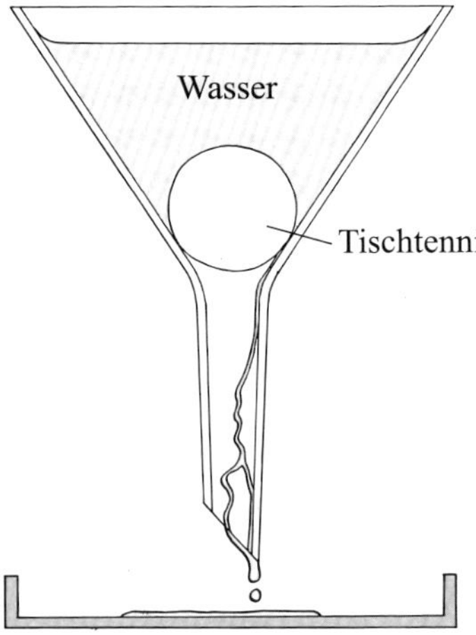

Abb. 1

Material

- durchsichtiger Trichter
- Tischtennisball
- Wasser und Auffangbehälter (Wanne, Becken o. Ä.)

Aufbau und Durchführung

Ein Tischtennisball wird in einen Trichter gelegt. Diesen hält man über einen Auffangbehälter und schüttet Wasser hinein. Der Tischtennisball schwimmt nicht etwa auf der Wasseroberfläche, sondern bleibt im Trichter liegen (Schnittzeichnung siehe Abb. 1) und dichtet die Ausflussöffnung mehr oder minder gut ab (je nachdem, wie gut der Tischtennisball die Ausflussöffnung abdichtet, fließt oder tropft eine mehr oder minder geringe Menge Wasser aus dem Trichter). Der Tischtennisball bleibt solange an der Ausflussöffnung des Trichters, bis man den Trichter unten zuhält und so ein Ausfließen des Wassers verhindert. Dann steigt der Tischtennisball nach oben und schwimmt, wie erwartet, auf dem Wasser.

Erklärung

Für den Auftrieb eines Gegenstands in einer Flüssigkeit ist der hydrostatische Druck der ihn umgebenden Flüssigkeit verantwortlich. Dieser Druck ist an der Oberseite eines Körpers kleiner als an der Unterseite, da der hydrostatische Druck mit der Tiefe zunimmt. Dieser Druckunterschied bewirkt die Auftriebskraft, die bekanntlich betragsgleich der Gewichtskraft der verdrängten Flüssigkeit ist (zur genauen Herleitung müssen die wirkenden Druckkräfte über die Körperoberfläche integriert werden). Bei diesem Experiment fehlt dem Tischtennisball zunächst der hydrostatische Druck von unten, da das Wasser ungehindert aus dem Trichter fließen kann und sich so keine Wasserschicht unter dem Tischtennisball ausbilden kann. Der Tischtennisball bleibt unter Wasser. Erst wenn man das Wasser am Ausfließen hindert, bildet sich unter dem Tischtennisball eine Wasserschicht und damit baut sich ein hydrostatischer Druck von unten auf. Der Tischtennisball erfährt jetzt eine hinreichend große Auftriebskraft, steigt zur Wasseroberfläche und schwimmt.

Literatur

Melenk, H.; Runge, U.: Verblüffende physikalische Experimente, Aulis Verlag Deubner, Köln 1991

Göbel, R.; Haubold, K., Physik in der Schule 32/9 (1994), S. 305

2.18 Wo steigen Blasen auf?

Bläst man gleichzeitig mit Hilfe von Trinkhalmen Luft durch zwei Flüssigkeitssäulen, so lässt sich die Abhängigkeit des hydrostatischen Drucks von der Höhe der Flüssigkeitssäule und der Dichte der verwendeten Flüssigkeit nachweisen.

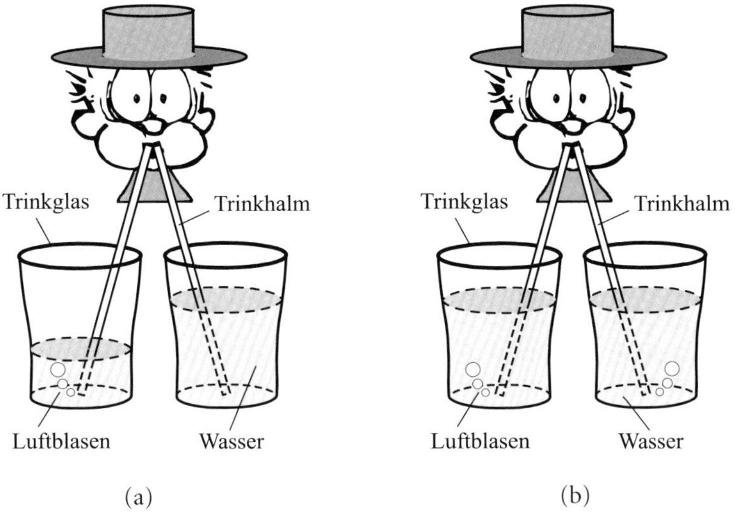

Abb. 1

Material

- 2 gleiche Trinkgläser
- 2 gleiche Trinkhalme
- Gefäß, möglichst mit Schnabel
- evtl. gesättigte Kochsalzlösung (Konzentration: ca. 0,35 $\frac{g}{ml}$)
- evtl. starke Zuckerlösung (ca. 50 g Zucker je 100 ml verwendeten Wassers)
- evtl. Spiritus, Petroleum

Aufbau und Durchführung

Zwei Trinkgläser werden zu etwa einem Drittel und zwei Drittel mit Wasser gefüllt. Man stellt jeweils einen Trinkhalm so hinein, dass sein Ende den Boden berührt (siehe Abb. 1). Die Trinkhalme sollten dabei etwas schräg gehalten werden, um zu verhindern, dass die Öffnungen durch den Boden der Trinkgläser verschlossen werden. Mit dem Mund presst man Luft gleichzeitig durch die beiden oberen Enden der Trinkhalme. Dabei steigert man den Druck solange bis in einem der Trinkgläser Luftblasen aufsteigen. Dies wird auch bei mehrmaliger Wiederholung immer bei dem weniger gefüllten Trinkglas der Fall sein (siehe Abb. 1(a)). Den Wasserstand dieses Trinkglases bringt man durch Nachfüllen auf die exakt gleiche Höhe wie die des anderen. Bläst man jetzt, so treten stets in beiden oder keinem der Trinkgläser Luftblasen aus (siehe Abb. 1(b)). Wird noch mehr Wasser eingefüllt, so vertauschen die Trinkgläser ihre anfänglichen Rollen.

Besonders schön gestaltet sich das Experiment, wenn der Experimentator ohne zu stoppen kontinuierlich bläst und währenddessen in das weniger gefüllte Trinkglas langsam Wasser gießt.
Eine Variante des Experiments besteht darin, die beiden Trinkgläser gleich hoch, aber mit Flüssigkeiten verschiedener Dichte zu füllen. In diesem Fall steigen die Blasen stets in der Flüssigkeit kleinerer Dichte auf. Der Dichteunterschied sollte mindestens $0{,}2\ \frac{g}{cm^3}$ betragen. Mit diesem Experiment lässt sich z. B. nachweisen, dass Kochsalzlösung und Zuckerwasser eine größere Dichte als reines Wasser besitzen. Die Dichten einiger Flüssigkeiten sind in der folgenden Tabelle angegeben.

Tabelle 1: Dichte verschiedener Flüssigkeiten und Lösungen

Flüssigkeit	Dichte [g/cm³]
starke Zuckerlösung	≈ 1,5
gesättigte Kochsalzlösung	1,4
Wasser	1,0
Spiritus	0,8
Petroleum	0,8

Erklärung

Der Gesamtdruck p_i im Wasser direkt über dem Boden der beiden Trinkgläser ($i = 1$ und 2) beträgt

$$p_i = p_L + \rho_W g h_i \qquad (i = 1 \text{ und } 2). \qquad (1)$$

(p_L: Luftdruck; ρ_W: Dichte von Wasser; g: Betrag der Erdbeschleunigung; h_i: Füllhöhen der Trinkgläser).
Im ersten Versuchsteil wurden zwei Trinkgläser mit der gleichen Flüssigkeit (Wasser), aber verschieden hoch gefüllt. Nach Beziehung (1) herrscht am Boden des weniger gefüllten Trinkglases der kleinere Druck.
Bläst man gleichzeitig in die beiden Trinkhalme, so ist auf Grund der gleichmäßigen Druckausbreitung (siehe Experiment „Druck fühlen“) der Druck in den luftgefüllten Bereichen der Trinkhalme stets gleich groß. Steigert man diesen kontinuierlich, so übersteigt er zuerst im weniger gefüllten Trinkglas den Gesamtdruck, der am Ende der Trinkhalme herrscht und Luft strömt aus.
Presst man sehr stark Luft in die Trinkhalme, so steigt der darin herrschende Druck weiter an, weil die Luft nicht schnell genug in das Wasser entweichen kann, mit der Folge, dass auch bei unterschiedlichen Wasserpegeln in beiden Trinkgläsern Blasen aufsteigen. Dieser Effekt setzt umso schneller ein, je näher die Flüssigkeitspegel beieinander liegen und geht schließlich in den Fall über, dass bei gleichem Pegel gleichzeitig Luft aus den Trinkhalmen austritt.
Die Variante mit verschiedenen Flüssigkeiten erklärt sich durch die Zunahme des Gesamtdrucks bei Verwendung einer Flüssigkeit höherer Dichte (siehe Gleichung (1)).

Bemerkungen

Ein weiteres Experiment zur gleichen Thematik ist „Die tauchende Milchdose".

Literatur

Jablko, L., Physik in der Schule 30/3 (1992), S. 91-93

2.19 Die Schlauchwaage

Mit einem wassergefüllten Schlauch wird demonstriert, dass sich in kommunizierenden Röhren die Wasserpegel der einzelnen Verzweigungen stets auf gleicher Höhe befinden.

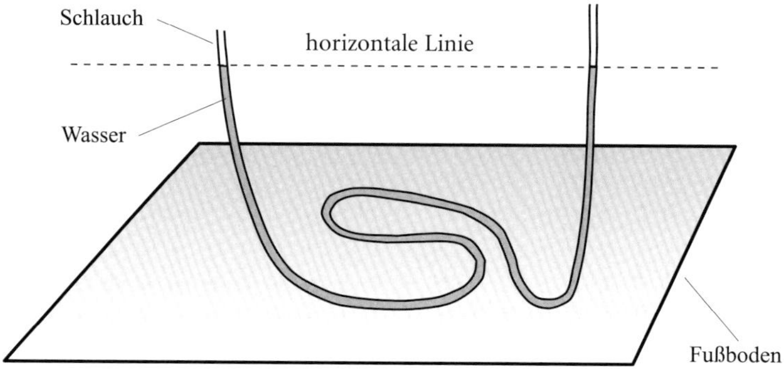

Abb. 1

Material

- durchsichtiger Schlauch (Länge: ca. 3 m)
- Trichter oder Gefäß mit Schnabel

Aufbau und Durchführung

Ein Schlauch wird in die Form eines schmalen „U" gebracht, indem man seinen mittleren Bereich auf dem Boden mit einem Fuß festhält und die beiden Enden nach oben hält. Füllt man in eines der Schlauchenden Wasser, so strömt es in den anderen Schenkel, bis die Wasserpegel sich auf gleicher Höhe befinden. Durch diese Methode, den Schlauch zu füllen, erreicht man, dass keine Luftblasen eingeschlossen werden. Es wird solange Wasser eingefüllt, bis sich die Wasseroberfläche auf etwa 20 cm den Schlauchenden genähert hat. Die Schlauchenden entfernt man voneinander, wobei der Schlauch in beliebige Kurven gebracht werden kann (z. B. durch eine Tür und dann an der Wand entlang), ohne dass sich die Wasserpegel ändern, solange die Schlauchenden nur auf ungefähr derselben Höhe gehalten werden. Trotz unterschiedlichster Verlegung des Schlauches bleiben die Wasseroberflächen stets auf gleicher Höhe (siehe Abb. 1).

Erklärung

Der hydrostatische Druck, der in einem Flüssigkeitsvolumen an einem bestimmten Ort erzeugt wird, hängt nur von dessen Entfernung zur Oberfläche der Flüssigkeit ab. Damit am tiefsten Punkt des Schlauches Druckgleichgewicht herrscht, müssen sich die beiden Wasseroberflächen auf gleicher Höhe befinden.

Literatur

o. L.

2.20 Ein Saugheber

Es wird demonstriert, dass der Schweredruck einer Flüssigkeit über einer Fläche proportional zur Höhe der Flüssigkeitssäule über der Fläche ist.

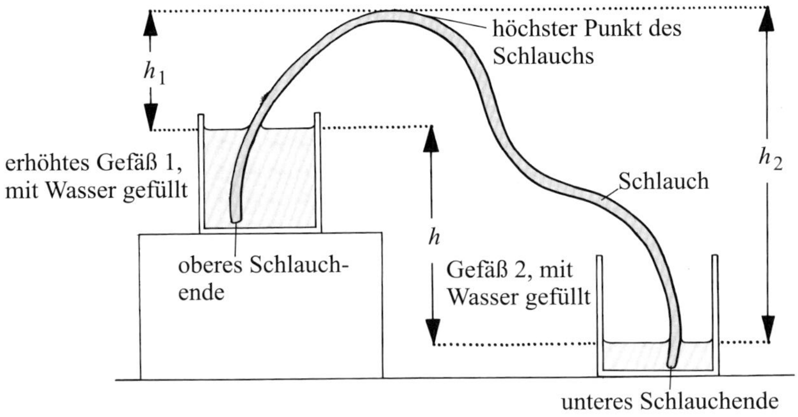

Abb. 1

Material

- Schlauch (Durchmesser: höchstens 2 cm)
- 2 große Gefäße, z.B. Einweckgläser
- Wasser

Aufbau und Durchführung

Man stellt ein mit Wasser gefülltes Gefäß etwas erhöht (ca. eine Gefäßhöhe über der Tischplatte) auf einen Tisch. Auf den Tisch stellt man ein zweites Gefäß. In das erste hängt man das eine Ende eines Schlauches, der bis zum Gefäßboden reichen sollte (siehe Abb. 1). Das andere Ende nimmt man in den Mund, saugt daran, bis der Schlauch mit Wasser gefüllt ist und hängt das Schlauchende in das untere Gefäß. Das Wasser strömt vom oberen in das untere Gefäß.

Erklärung

Man betrachte den Druck p_1 in Höhe des Schlauchendes im oberen Gefäß (siehe Abb. 1). Der Gesamtdruck setzt sich zusammen aus dem Luftdruck p_{Luft}, dem Schweredruck $p_{\text{Gefäß, 1}}$ des Wassers, welches sich im Gefäß 1 befindet, und dem Schweredruck $p_{\text{Wasser, 1}}$ des Wassers, welches sich im Schlauch (im Bereich vom Schlauchende im oberen Gefäß bis zum höchsten Punkt des Schlauches) befindet. Es gilt:

$$p_1 = p_{\text{Luft}} + p_{\text{Gefäß, 1}} - p_{\text{Wasser, 1}}.$$

Betrachtet man den Druck p_2 in Höhe des Schlauchendes im unteren Gefäß, erhält man:

$$p_2 = p_{Luft} + p_{Gefäß,\,2} - p_{Wasser,\,2}$$

($p_{Wasser,\,2}$: Schweredruck des Wassers im Schlauch (im Bereich vom unteren Schlauchende bis zum höchsten Punkt des Schlauches); $p_{Gefäß,\,2}$: Schweredruck des Wassers, welches sich im Gefäß 2 befindet, auf die Schlauch-Querschnittsfläche).
Zwischen den Schlauchenden existiert also eine Druckdifferenz Δp:

$$\Delta p = p_1 - p_2 = \frac{\rho A\,(h_1 - h_2)\,g}{A} = \rho h g$$

(h_1, h_2: siehe Abb. 1; h: Höhenunterschied der zwei Flüssigkeitsspiegel in Gefäß 1 und Gefäß 2 (siehe Abb. 1))
Die aus dieser Druckdifferenz resultierende Kraft, die das Wasser im Schlauch zum Gefäß mit dem tieferen Flüssigkeitsstand hin beschleunigt (ist $h_1 > h_2$, wird das Wasser im Schlauch zum Gefäß 2 hin beschleunigt, ist $h_1 > h_2$, wird das Wasser im Schlauch zum Gefäß 1 hin beschleunigt), existiert so lange, wie die Flüssigkeitsoberflächen der beiden Gefäße unterschiedliche Höhen h_1 und h_2 besitzen.

Bemerkungen

Ein ähnliches Experiment zur gleichen Thematik ist „Der Springbrunnen".

Literatur

Köthe, R.: Das neue Experimentierbuch: 150 einfache Experimente aus der Physik, Chemie und Biologie, Tessloff Verlag, Hamburg 1986

2.21 Das lecke Fass

Die Zunahme des hydrostatischen Drucks mit der Tiefe wird anhand der Zunahme der Öffnung der Parabeln, die von ausströmenden Wasserstrahlen gebildet werden, beobachtet.

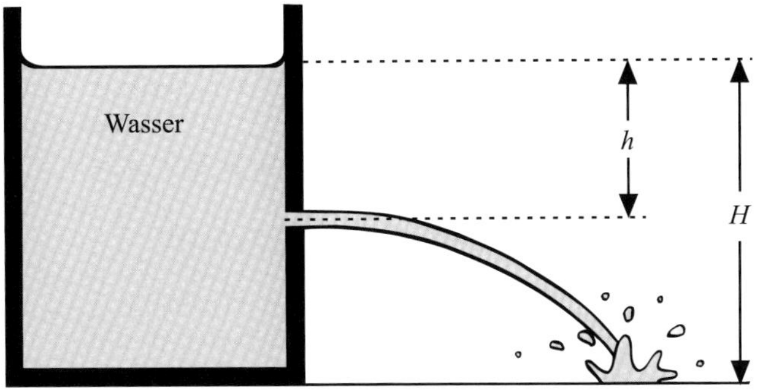

Abb. 1

Material

- Kaffeedose oder größere Blech- oder Kunststoffdose oder -flasche
- Klebeband
- Metermaß
- evtl. Gummischlauch als Zuleitung
- Hilfsmittel: Hammer, Nagel, Bunsenbrenner, Zange

Aufbau und Durchführung

In den Mantel einer Blech- oder Kunststoffdose (oder -flasche) schlägt man mit Hammer und Nagel (oder brennt man mit einem in der Bunsenbrennerflamme erhitzten Nagel) mehrere Löcher. Diese sollten in einer geraden Linie übereinander auf verschiedenen Höhen der stehenden Dose liegen, wobei eines genau auf halber Höhe des später vorgesehenen maximalen Wasserstandes in der Dose angebracht wird und zwei weitere zu diesem „Mittelloch“ symmetrisch (also gleich weit nach oben bzw. unten vom Mittelloch entfernt) angeordnet sein sollten. Man verklebt die Löcher mit einem Streifen Klebeband und füllt die Dose mit Wasser. Entfernt man den Klebebandstreifen schnell, so strömt Wasser in parabelförmigen Bögen aus den verschiedenen Löchern, wobei eine Parabel aus einem tiefer gelegenen Loch stets weiter geöffnet ist als eine Parabel aus einem höher gelegenen Loch. Mit sinkendem Wasserstand nimmt die Öffnung der Parabeln ab. Um die Parabeln genauer vergleichen, messen oder fotografieren zu können, muss durch einen am besten von Hand eingestellten Zufluss für einen konstanten Wasserstand in der Dose gesorgt werden.

Erklärung

Ein 1646 von Evangelista Torricelli (1608-1647) aufgestelltes Gesetz besagt, dass die Geschwindigkeit v_x, mit der eine reibungslose Flüssigkeit aus einer Öffnung eines Behälters strömt, die sich in der Tiefe h unterhalb des Flüssigkeitsspiegels befindet, der wiederum in der Höhe H über dem Boden liegt, gleich der Geschwindigkeit ist, die ein frei fallender Körper nach Durchfallen der Strecke angenommen hätte (siehe Abb. 1). Demnach ist

$$v_x = \sqrt{2gh}$$

(g: Betrag der Erdbeschleunigung).
Dieses Gesetz lässt sich auch aus der bernoullischen Gleichung herleiten (siehe [*Gobrecht* 1990, S. 348]).
Für den hydrostatischen Druck p (bei konstanter Dichte ρ des Wassers) in der Tiefe h gilt:

$$p = \rho g h$$

Auflösen nach gh und Einsetzen in die obere Gleichung ergibt, dass die Ausströmgeschwindigkeit v_x ein Maß für den hydrostatischen Druck p ist:

$$v_x = \sqrt{\frac{2p}{\rho}}.$$

Je größer also (bei konstantem ρ) p ist, desto größer ist v_x, umso weiter ist die Öffnung der Wasserparabel, d. h. umso flacher ist ihre Steigung. Die Steigungen der Parabeln nehmen nach unten hin ab, der hydrostatische Druck also nach unten hin zu.

Bemerkungen

Je nach Aufstellung der Dose ergibt sich bei der Durchführung des Experiments ein scheinbares Paradoxon: Steht die Dose so auf dem Untergrund, dass die ausströmenden Wasserstrahlen auf dem Niveau des Dosenbodens auf die Unterlage treffen, so wird man, evtl. verwundert, feststellen, dass nicht etwa der unterste Strahl am weitesten entfernt von der Dose auftrifft, sondern der Strahl aus dem Mittelloch! Dass das Gegenteil fälschlicherweise intuitiv erwartet wird (also auch die „Auftreffweite" der Wasserstrahlen mit der Tiefe zunehmen soll), lässt sich daran erkennen, dass selbst angesehene Lehr- und Schulbücher zu dem beschriebenen Experiment qualitativ falsche Zeichnungen präsentieren (siehe z. B. [*Gobrecht* 1990, S. 349]). Die folgenden Gedanken gehen auf die Artikel „The water can explored again" und „The water can paradox" [*Berry* o.J., S. 107-109] zurück, die beide ursprünglich in der Zeitschrift „The Physics Teacher" erschienen waren. Im erstgenannten beschreibt *Roy H. Biser*, wie er in 16 Büchern 14 falsche Illustrationen zu dem hier geschilderten Experiment fand. (Aus diesem Grund enthält die Literaturangabe dieses Experiments, außer den zwei bereits zitierten Werken, nur Bücher, die *Fotografien* eines ähnlichen Experiment-Aufbaus enthalten.) Worum geht es?
Verlässt ein Wassertropfen ein Loch in der Tiefe h (vom Wasserspiegel in der Höhe H aus gemessen) mit der Geschwindigkeit

$$v_x = \sqrt{2gh},$$

so legt er in der Zeit t horizontal die Strecke

$$x = v_x t = \sqrt{2gh} \cdot t$$

zurück. In der Zeit t fällt er aber auch vertikal, unter dem Einfluss der Erdbeschleunigung $\vec{g}$. Sei t die Zeit, nach der der Tropfen aus der Höhe $y = H - h$ auf das Niveau des Dosenbodens ($y = 0$) herabfällt. Dann gilt:

$$y = H - h = \frac{1}{2} g t^2 \Leftrightarrow t = \sqrt{\frac{2(H-h)}{g}}$$

Die Auftreffweite x hängt demnach wie folgt von der Tiefe h ab:

$$x = 2\sqrt{h(H-h)}$$

Gleichsetzen der ersten Ableitung von x nach h mit 0 ergibt als Maximalstelle $h = \frac{1}{2} H$ und damit als Maximum $x = H$. Wie man durch Betrachtung von x für die Werte $h = \frac{1}{2} H + \varepsilon$ und $h = \frac{1}{2} H - \varepsilon$ sieht, ist $x\,(h)$ symmetrisch um die (Maximal-)Stelle $h = \frac{1}{2} H$. Das bedeutet, dass der Strahl aus dem Mittelloch am weitesten von der Dose entfernt auf dem Dosenboden-Niveau auftrifft, und dass je zwei Strahlen aus um das Mittelloch symmetrisch liegenden Löchern gleich weit von der Dose entfernt auftreffen. Um die Möglichkeit der Verifizierung dieser theoretischen Resultate zu bieten, wurde in der Beschreibung der Präparierung der Dose auf die spezielle Anordnung der Löcher geachtet. Da wegen der Reibung sowohl am Ausflussloch als auch der Wassertropfen untereinander im Strahl, die Wassertropfen keine vollkommen frei fallenden Körper darstellen, entsprechen die beobachtbaren Weiten nicht exakt den berechneten, aber immerhin noch in einem Maße, das ausreicht, um die ein oder andere Abbildung in Büchern Lügen zu strafen. Der „Illustrationen-Check" lautet dabei:

- Wenn ein Mittellochstrahl (zusammen mit dem Wasserstand in der Höhe H) eingezeichnet ist, trifft er auf Bodenniveau im Abstand $x = H$ auf?
- Wenn zwei Strahlen aus symmetrisch um das Mittelloch angeordneten Löchern eingezeichnet sind, treffen sie auf Bodenniveau im gleichen Punkt auf?

Man kann dem scheinbaren Paradoxon und dessen Aufklärung aus dem Weg gehen, indem man die Dose so aufstellt (etwa am Waschbecken- oder Tischrand), dass die Wasserstrahlen erst einige Dezimeter unterhalb des Dosenboden-Niveaus auf dem Untergrund auftreffen. Bei geeigneter Wahl der zusätzlichen Höhe h^*, die die Tropfen durchfallen, korrespondieren die Auftreffweiten wieder mit der Tiefe der Lage der Löcher. Freunde der Kurvendiskussion können im Voraus berechnen, wie groß h^* bei vorgegebenen Löchern in den Tiefen $h_1, h_2 \ldots h_n$ mindestens gewählt werden muss, um eine „permutationsfreie" Abfolge der Auftreffweiten zu garantieren. Wie lautet die Gleichung der Einhüllenden aller möglichen Parabeln bei vorgegebenem konstantem H?

Es stimmt natürlich die Aussage, dass die Reihenfolge der Auftreffweiten auf *jedem* Niveau mit der Tiefe der Löcher korrespondiert, wenn man die Parabelscheitel, also die Löcher in Gedanken alle in einen Punkt, z. B. in das am höchsten gelegene Loch, vertikal verschiebt. Aber das ist bereits in der Aussage enthalten, dass die Öffnungen der Parabeln nach unten hin zunehmen, also ihre Steigungen flacher werden.

Das letzte Wort sei jenem bereits erwähnten *Roy H. Biser* gegeben: „Maybe the moral of all this should be: If your can leaks, drop it."
Die gleiche Thematik behandeln die Experimente „Wo steigen Blasen auf?" und „Die tauchende Milchdose".

Literatur

Berry, D. A.: A POTPOURRI OF PHYSICS TEACHING IDEAS, Selected reprints from The Physics Teacher April 1963 to December 1986, American Association of Physics Teachers, College Park, MD 20740-4100, U.S.A. o.J. [1987]
Moisl, F.: Schüler-Experimentierbuch Physik 1, Ravensburger Taschenbücher, Ravensburg 1982
Gobrecht, H.; Gobrecht, J. H.; Gobrecht, K. H.: Bergmann-Schäfer, Lehrbuch der Experimentalphysik, Band 1, Mechanik, Akustik, Wärme, Walter de Gruyter Verlag, Berlin 1990
Oberdorfer, G.: Zytglogge Werkbuch, Das springende Ei und andere Experimente für die fünf Sinne, Zytglogge-Verlag, Gümmlingen Bonn Wien 1991
Tölle, M.: Kinder entdecken ... Einfache Experimente, Time-Life Books B. V., Amsterdam 1994

2.22 Die tauchende Milchdose

Mit einer Milchdose kann qualitativ die Zunahme des hydrostatischen Drucks mit der Tiefe gezeigt werden.

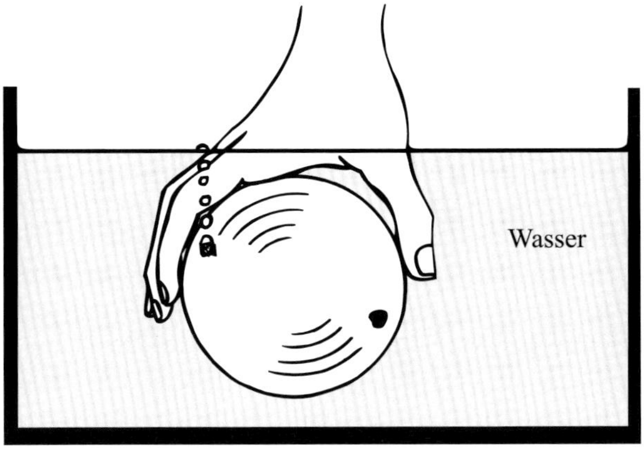

Abb. 1

Material

- Wasserwanne (oder große Schüssel)
- leere Milchdose

Aufbau und Durchführung

Eine leere Milchdose mit zwei Löchern an gegenüberliegenden Stellen in der Deckelfläche wird zunächst

- senkrecht mit den Löchern oben, dann
- senkrecht mit den Löchern unten und schließlich
- waagrecht mit den Löchern auf gleicher Tiefe

unter Wasser getaucht. Es passiert jeweils nichts. Dreht man die Dose jedoch aus der letztgenannten Position so heraus, dass ein Loch tiefer als das andere zu liegen kommt (siehe Abb. 1), so beginnen sofort, Luftblasen aus dem höher gelegenen Loch aufzusteigen. Die Dose wird schwerer und sinkt.

Erklärung

Damit Wasser in die Dose eindringen und diese vollkommen ausfüllen kann, muss die Luft aus der Dose entweichen können (siehe Experiment „Luft ist nicht nichts"). Dabei muss die ausströmende Luft den hydrostatischen Druck, der in der Tiefe herrscht, in der sich das Loch befindet, überwinden. Der hydrostatische Druck p nimmt nach der Formel

$$p = \rho g h$$

(ρ: Dichte des Wassers; g: Betrag der Erdbeschleunigung; h: Tiefe von der Wasseroberfläche aus gemessen) mit der Tiefe zu. In gleichen Tiefen herrscht der gleiche Druck und zwar, nach dem Gesetz von Pascal, in allen Richtungen (siehe Experiment „Entschärfung einer Wasserbombe"). Deshalb ist es einerlei, ob die Löcher nach oben oder nach unten oder zur Seite weisen: Solange sie in derselben Tiefe liegen, kann keine Luft entweichen. Liegen sie in unterschiedlichen Tiefen, so ist der Druck auf das untere Loch größer als der Druck auf das obere. Deshalb kann die Luft immer nur aus dem höher gelegenen Loch entweichen, was an den aufsteigenden Luftblasen zu beobachten ist, während durch das untere Loch Wasser in die Dose eindringt.

Bemerkungen

Vor dem Experiment kann man fragen, warum gebrauchte, leere Milchdosen normalerweise mindestens zwei Löcher aufweisen und so in die Thematik einführen. Umso erstaunter wird man sein, warum trotz der beiden Löcher zunächst kein Wasser in die Dose eindringt.
Die gleiche Thematik behandeln die Experimente „Das lecke Fass" und „Wo steigen Blasen auf?".

Literatur

Melenk, H.; Runge, U.: Verblüffende physikalische Experimente, Aulis Verlag Deubner, Köln 1991

2.23 Der Springbrunnen

Die Auswirkungen von Druckdifferenzen an Flüssigkeiten werden anhand einer Springbrunnen-Anordnung demonstriert, die auch als Saugheber verwendet werden kann.

Material

- leeres Marmeladeglas oder anderes breites durchsichtiges Gefäß mit Schraubverschluss
- 4 Trinkhalme
- Klebefilm
- Knetmasse
- 2 Gefäße, eines mit (Vorratsgefäß) und eines ohne Wasser (Auffanggefäß)
- evtl. Tinte
- Hilfsmittel: Ahle oder Hammer und Nagel

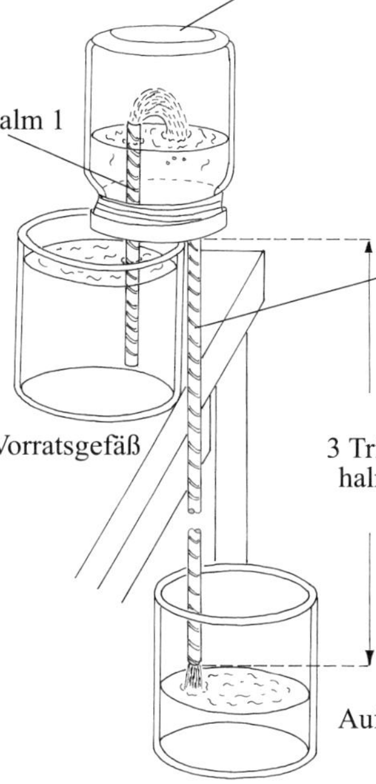

Abb. 1

Aufbau und Durchführung

In den Deckel eines Marmeladeglases werden mit einer Ahle zwei Löcher gebohrt (siehe Abb. 2). Von der Außenseite des Deckels her steckt man in jedes dieser beiden Löcher einen Trinkhalm (siehe Abb. 1 und Abb. 2). Der Trinkhalm 1 wird so weit hineingesteckt, dass er auf der Innenseite des Deckels ca. 5 cm herausragt. Den anderen steckt man dagegen nur so weit hinein, dass er von selbst im Loch stecken bleibt, und klebt an dessen freies Ende mit Klebefilm noch zwei weitere Trinkhalme, um ein langes Rohr zu erhalten („Trinkhalme 2" in Abbildung 1). Die Lücken zwischen den Löchern im Marmeladeglas-Deckel und den Trinkhalmen müssen auf Innen- und Außenseite des Deckels mit Knetmasse abgedichtet werden. Das Marmeladeglas wird ganz mit Wasser gefüllt, der präparierte Deckel daraufgeschraubt und der Übergang zwischen Deckel und Glas mit Knetmasse abgedichtet (in Abbildung 1 nicht eingezeichnet).

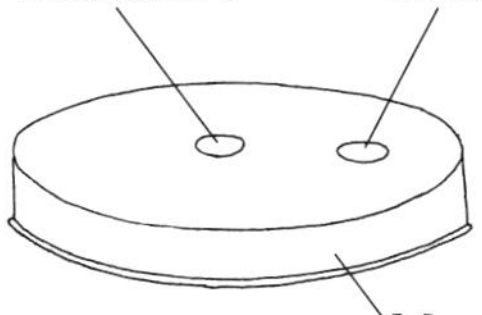

Abb. 2

Dreht man das so präparierte Marmeladeglas um, fließt das Wasser durch die Trinkhalme 2 aus dem Marmeladeglas und in das Auffanggefäß (siehe Abb. 1). Durch Trinkhalm 1 strömt Luft ins Innere des Glases nach. Liegt der Wasserstand im Marmeladeglas in der Höhe des oberen

Endes von Trinkhalm 1, taucht man Trinkhalm 1 in das Vorratsgefäß (siehe Abb. 1). Während weiterhin Wasser durch die Trinkhalme 2 abfließt, strömt Wasser durch den Trinkhalm 1 und bildet an dessen oberem Ende einen Springbrunnen (siehe Abb. 1).
Das Marmeladeglas wird nur deshalb ganz mit Wasser gefüllt, weil das Wasser schon während des Umdrehens schnell aus dem Marmeladeglas fließt. Der Wasserstand läge sonst nach dem Umdrehen schon weit unter dem oberen Ende des Trinkhalms 1.
Um einen farbigen Springbrunnen zu erhalten, kann das Wasser im Vorratsgefäß auch mit Tinte gefärbt werden.

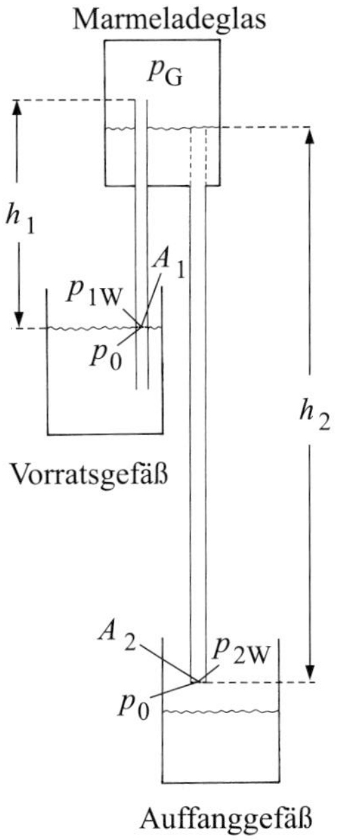

Abb. 3

Erklärung

Fließt das Wasser aus den Trinkhalmen 2, während Trinkhalm 1 nicht in das Vorratsgefäß getaucht ist, kann Luft durch den Trinkhalm 1 in das Marmeladeglas nachströmen. Im Marmeladeglas herrscht also der äußere Luftdruck. Wird Trinkhalm 1 in das Vorratsgefäß getaucht, bleibt die Luftmenge konstant, aber ihr Volumen vergrößert sich, da weiter Wasser aus den Trinkhalmen 2 abfließt. Deshalb vermindert sich der Druck (Zustandsgleichung idealer Gase) der Luft im Marmeladeglas. Auf die Wasserfläche im Vorratsgefäß wirkt weiterhin der äußere Luftdruck. Deshalb wird das Wasser aus dem Vorratsgefäß in den Trinkhalm 1 gedrückt.
Statisch betrachtet lassen sich die Drücke genauer analysieren: In Abbildung 3 ist die Anordnung für den Fall skizziert, dass Trinkhalm 1 und die Trinkhalme 2 ganz mit Wasser gefüllt sind. Im Marmeladeglas habe die Luft den Druck p_G. So ergibt sich der Druck p_{1W} und der Druck p_{2W}, der vom Wasser in den Trinkhalmen auf die Flächen A_1 und A_2 ausgeübt wird:

$$p_{1W} = p_G + \rho_W h_1 g \quad (1) \qquad \text{und} \qquad p_{2W} = p_G + \rho_W h_2 g \quad (2)$$

Da die Höhen h_1 und h_2 Konstanten sind, ist p_{1W} und p_{2W} nur vom Druck p_G im Marmeladeglas abhängig. Auf die äußere Seite der Flächen A_1 und A_2 wirkt der äußere Luftdruck (p_0). Solange in Trinkhalm 1 und in den Trinkhalmen 2 Wasser fließt, gilt:

$$p_{1W} < p_0 \quad \text{und} \quad p_{2W} > p_0 \quad (3)$$

Der Druckunterschied an der Fläche A_1 verursacht eine Kraft, durch welche die Flüssigkeitssäule in Trinkhalm 1 nach oben beschleunigt wird, und der Druckunterschied an der Fläche A_2 eine Kraft, durch welche die Flüssigkeitssäule in den Trinkhalmen 2 nach unten beschleunigt wird. Mit der Geschwindigkeit der Flüssigkeit nimmt auch die Reibungskraft zu, die der Bewegung der Flüssigkeit entgegenwirkt. Erreicht die Reibungskraft den Wert der beschleunigenden Kraft, bewegt sich das Wasser in den Trinkhalmen mit konstanter Geschwindigkeit.
Im Gleichgewichtszustand wird je Zeiteinheit genauso viel Wasser durch den Trinkhalm 1 hinaufbefördert, wie durch die Trinkhalme 2 hinunterfließt. Das ist gleichbedeutend mit der Aussage, dass der Druck p_G konstant ist. Dies ist folgendermaßen zu verstehen: Eine Erhöhung des Druckes p_G führt zu einer Verringerung der Geschwindigkeit des Wassers in Trinkhalm 1 und zu einer Erhöhung der Geschwindigkeit des Wassers in den Trinkhalmen 2. So fließt mehr Flüssigkeit aus dem als in das Marmela-

deglas und der Luftraum im Marmeladeglas vergrößert sich. Dies hat eine Erniedrigung von p_G auf den ursprünglichen Wert zur Folge. Ganz entsprechend wird auch eine Erniedrigung von p_G durch das System ausgeglichen.

Bemerkungen

Die oben beschriebene Springbrunnen-Anordnung kann auch als Saugheber verwendet werden. Der eigentliche Saugheber wurde als Experiment auch in dieses Kompendium aufgenommen (siehe Experiment „Ein Saugheber").

Literatur

Walpole, B.: Experimente, Tricks und Tips zum Verständnis der Natur, Lernen und Wissen im Spiel und mit Spaß, Südwest Verlag GmbH & Co. KG, München 1990

2.24 Zwei einfache Manometer

Mit einem einfachen Manometer lässt sich zeigen, dass der hydrostatische Druck mit der Tiefe zunimmt.

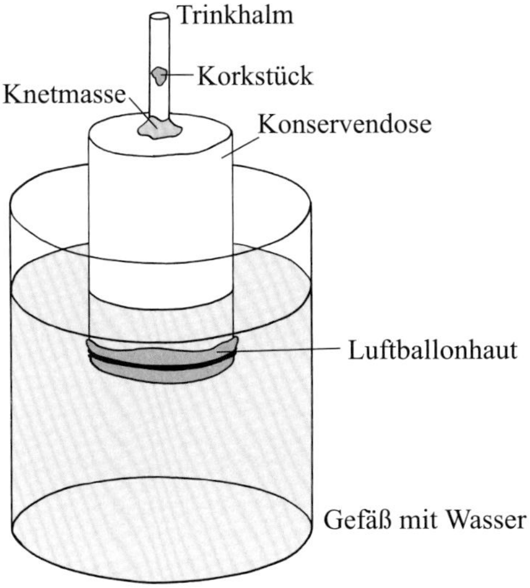

Abb. 1

Material

- transparenter Trinkhalm
- 2 Trinkgläser
- Tinte
- Konservendose oder Plastikflasche
- Luftballon
- Knetmasse oder Kaugummi
- evtl. Bindfaden
- evtl. Stück Kork
- Hilfsmittel: Dosenöffner

Aufbau und Durchführung

Man füllt zwei Trinkgläser mit Wasser und gibt in eines der Gläser etwas Tinte. In das Glas mit dem gefärbten Wasser hält man einen transparenten Trinkhalm, so dass der Halm ca. 2 cm tief eintaucht. Mit einem Finger hält man das obere Ende des Trinkhalms zu. Dadurch kann man den Halm hochheben, ohne dass das gefärbte Wasser ausläuft. Man taucht den Trinkhalm 1 – 2 cm tief in das andere Wasserglas, wobei man die obere Öffnung des Halmes mit dem Finger verschlossen hält. Es fließt ungefärbtes Wasser unten in den Halm, so dass das gefärbte Wasser im Trinkhalm nach oben steigt. Je tiefer man den mit dem Finger einseitig verschlossenen Halm in das Wasserglas hält, umso höher steigt das gefärbte Wasser im Halm.

Für ein zweites einfaches Manometer entfernt man den Deckel von einer Konservendose und spannt die Gummimembran eines Luftballons darüber. Evtl. ist es nötig, den Luftballon mit einem Faden an der Dose festzubinden. In den Boden der Dose bohrt man ein kleines Loch, durch das der Trinkhalm gerade hindurchpasst. Man steckt diesen ca. 1 cm weit in das Loch und verschließt das Loch um den Halm mit Knetmasse (siehe Abb. 1). Die Dose hält man mit dem Boden nach oben und füllt durch den Trinkhalm die Dose und ein Viertel des Halms mit Wasser. Drückt man mit einem Finger von unten gegen die Gummimembran, so steigt der Wasserstand im Trinkhalm. Um den Wasserstand besser beobachten zu können, kann man ein kleines Stück Kork in den Trinkhalm geben. Dieses schwimmt auf dem Wasser und zeigt so den jeweiligen Wasserstand im Halm an. Hält man die Dose in ein größeres Gefäß voll Wasser, so steigt der Wasserstand im Trinkhalm, je tiefer man die Dose eintaucht.

Erklärung

Im Wasserglas herrscht in der Tiefe h der hydrostatische Druck p:

$$p = p_0 + \rho g h \qquad (1)$$

(p_0: Luftdruck auf die Wasseroberfläche; ρ: Dichte von Wasser; g: Betrag der Erdbeschleunigung)

Hält man beim ersten Manometer den Trinkhalm in das Glas, wird die oberhalb der gefärbten Flüssigkeit eingeschlossene Luft im Halm durch den mit der Eintauchtiefe steigenden Druck komprimiert. Nach der allgemeinen Gasgleichung ist das Volumen indirekt proportional zum Druck, so dass das Volumen der eingeschlossenen Luft mit der Eintauchtiefe des Halms abnimmt und dadurch der Wasserstand im Trinkhalm steigt.

Beim zweiten Manometer ergibt sich die Höhe des Wasserstandes im Trinkhalm durch die unterschiedlichen Drücke auf beiden Seiten der Gummimembran. Hält man das Dosenmanometer in der Luft, so wirkt von außen der atmosphärische Luftdruck auf die Gummimembran und von innen ein Druck, der sich nach Gleichung (1) aus der Höhe des Wasserstandes im Trinkhalm ergibt. Dadurch wölbt sich die Luftballonhülle und es ergibt sich ein bestimmter Wasserstand im Trinkhalm.

Taucht man die Dose in das Wasser, so steigt nach Gleichung (1) der Druck, der von außen auf die Gummimembran wirkt, mit der Eintauchtiefe. Die Gummimembran ist dadurch weniger stark gewölbt und der Wasserstand im Trinkhalm steigt.

Literatur

Hahn, H.: Physikalische Freihandversuche, Band 2, Verlag Otto Saale, Braunschweig 1907

Zeier, E.: Physikalische Schulversuche, Freihandversuche, kleine Experimente, Aulis Verlag Deubner, Köln 1986

2.25 Der Verkehrtschwimmer

Fließt aus einem Gefäß mit festem Volumen eine Flüssigkeit heraus und kann kein Gas in das Gefäß eintreten, so entsteht im Gefäß ein Unterdruck.

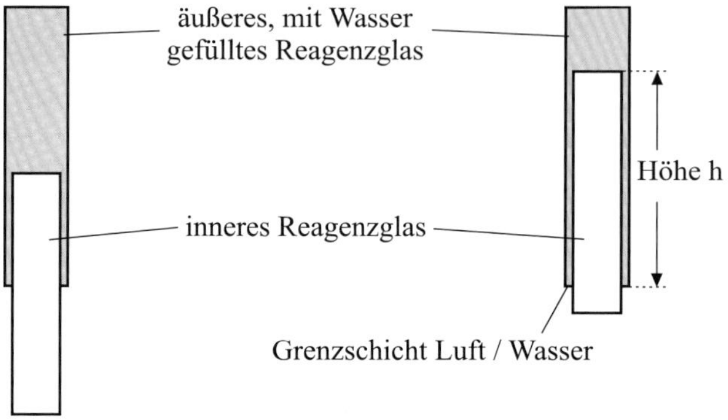

Abb. 1 (a) (b)

Material

- 2 Reagenzgläser oder 2 Trinkgläser, die etwa genau ineinander passen oder 2 Trinkhalme mit unterschiedlichem Durchmesser und Knetmasse.
- Wasser

Aufbau und Durchführung

Das größere Reagenzglas wird etwa bis zur Hälfte mit Wasser gefüllt und das kleinere in das größere gesteckt, bis Wasser aus dem größeren ausläuft. Die Apparatur aus den beiden Reagenzgläsern wird umgedreht, so dass die Öffnung der Reagenzgläser nach unten zeigt (siehe Abb. 1(a)). Das kleinere Reagenzglas wird in das größere mit zunehmender Geschwindigkeit hineingezogen, wobei das Wasser aus dem größeren Reagenzglas langsam ausläuft.
Als Variante hierzu kann man statt der Reagenzgläser zwei Trinkhalme mit unterschiedlichem Durchmesser an einem Ende mit Knetmasse verschließen, den dickeren mit Wasser füllen und den dünneren in den dickeren Trinkhalm stecken.

Erklärung

Der Boden des inneren Reagenzglases wird vereinfachend als ebene Fläche angenommen mit dem Inhalt *A*. Ebenso wird der Boden des größeren Reagenzglases als ebene Fläche angenommen. Man betrachtet den Druck auf die Bodenfläche des inneren Reagenzglases:
Auf *A* wirkt einerseits der Luftdruck p_{Luft}, andererseits der aus der Gewichtskraft des kleineren Reagenzglases resultierende Druck p_{Rgl} und der Innendruck des Wassers im äußeren Reagenzglas in der Höhe von *A*.

p_{Rgl} ist der Quotient aus Gewichtskraft und Bodenfläche:

$$p_{\text{Rgl}} \ \frac{m_{\text{Rgl}}\, g}{A}$$

(m_{Rgl}: Masse des kleineren Reagenzglases; g: Betrag der Erdbeschleunigung)
Wenn kein Wasser ausfließt, ist der Schweredruck des Wassers an der unteren Öffnung (diese ist in Abbildung 1(b) mit „Grenzschicht Luft/Wasser" bezeichnet) im Gleichgewicht mit dem äußeren Luftdruck. In einer Höhe h über dieser Grenzschicht (siehe Abb. 1(b)) ist der Innendruck des Wassers p_{Innen} um den Schweredruck der Wassersäule mit der Höhe h gegenüber dem Luftdruck verringert:

$$p_{\text{Innen}} = p_{\text{Luft}} - h\rho_{\text{Wasser}}\, g$$

(ρ_{Wasser}: Dichte des Wassers; h: Eindringtiefe des inneren Reagenzglases)
Insgesamt wirkt auf A der Druck

$$p = -\, p_{\text{Luft}} + p_{\text{Innen}} + p_{\text{Rgl}}$$

Ist das innere Reagenzglas relativ zum äußeren in Ruhe, muss $p = 0$ gelten. Daraus ergibt sich für h:

$$h = \frac{m_{\text{Rgl}}}{A\rho_{\text{Wasser}}}$$

Für $m_{\text{Rgl}} = 7$ g, $A = 1\ \text{cm}^2$ und $\rho_{\text{Wasser}} = 998\ \frac{\text{kg}}{\text{m}^3}$ wird $h = 7$ cm, d. h. taucht das innere Reagenzglas tiefer als 7 cm in das äußere Reagenzglas ein, wird das innere Reagenzglas in das äußere gedrückt.

Literatur

Zeier, E.: Physikalische Schulversuche, Freihandversuche, kleine Experimente, Aulis Verlag Deubner, Köln 1986

zur Erklärung:

Hammer, A.; Hammer, K.: Physikalische Formeln und Tabellen, J. Lindauer Verlag, München 1985

2.26 Druck fühlen

Mit Hilfe eines Trinkhalms bzw. Fahrradschlauches, der mit Wasser gefüllt ist, wird nachgewiesen, dass in ruhenden Flüssigkeiten der statische Druck überall gleich groß ist.

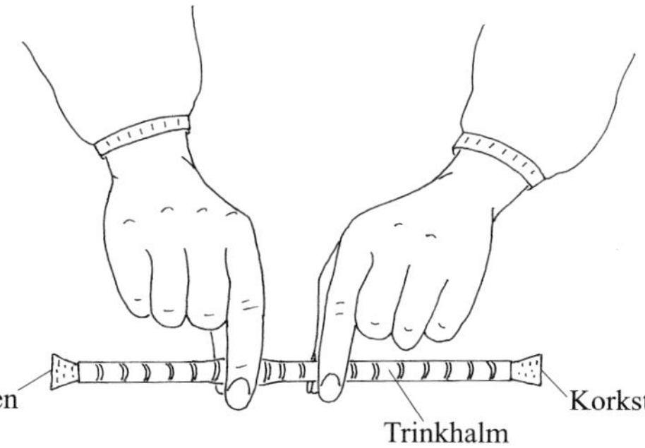

Abb. 1

Material

- Kork, z. B. Flaschenkorken
- Trinkhalm
- Hilfsmittel: Messer

oder

- Stück eines Fahrradschlauches, möglichst lang
- 2 Gummistopfen, deren Durchmesser dem des Fahrradschlauches entsprechen
- evtl. dünner Draht

Aufbau und Durchführung

Aus Kork werden zwei Stopfen geschnitzt, um die beiden Öffnungen eines Trinkhalms zu verschließen. Sind die Stopfen 1,5 – 2 cm lang, schließen sie dicht, auch wenn ihre Oberfläche nicht sehr glatt ist.

Ein Ende des Trinkhalms verschließt man mit einem Stopfen, füllt den Halm vollständig mit Wasser, ohne dass Luftblasen zurückbleiben, und verschließt auch das andere Ende (siehe Abb. 1).

Den Trinkhalm hält man mit zwei Händen waagrecht (siehe Abb. 1). Wird er an einer Stelle zusammengedrückt, ist mit den übrigen Fingern zu spüren, dass die Wände des Trinkhalms durch das Wasser auseinander gedrückt werden. Der Druck des Wassers auf die Finger ist an jeder Stelle des Trinkhalmes gleich. Steht ein Assistent zur Verfügung, sollte dieser den Trinkhalm zusammendrücken. So ist es möglich, den Druck mit beiden Händen an zwei verschiedenen Stellen zu vergleichen.

Es gibt auch eine größere Variante dieses Experiments. Sie hat den Vorteil, dass sich mehrere Personen am Experiment beteiligen können. Allerdings ist die Vorbereitung aufwendiger. Anstatt des Trinkhalms wird ein möglichst langes Stück Fahrradschlauch verwendet. Dieses füllt man in der oben beschriebenen Weise mit Wasser und verschließt es mit passenden Gummistopfen. Um ein Herausrutschen des Gummistopfens zu verhindern, kann es notwendig sein, den Schlauch am Gummistopfen mit Draht straff zu umwickeln. Den präparierten Schlauch legt man auf einen Tisch, und mehrere Personen legen ihre Hand locker darauf (ohne Druck). Drückt eine Person irgendwo auf den Schlauch oder schlägt mit der Kante der Hand darauf, spüren dies alle anderen Personen, die den Schlauch berühren.

Erklärung
Die Schlauchwände sind elastisch. Deshalb erzeugt die Kraft, die von den Fingern auf einen Teil der Schlauchwand ausgeübt wird, Druck auf die Flüssigkeit. Dieser ist im gesamten Wasser konstant (unter Vernachlässigung der Schwerkraft) und wirkt deshalb auf jedes Flächenelement der umgebenden Wände, also auch auf die Auflagefläche der Finger, die locker auf dem Trinkhalm liegen. Die sich daraus ergebende Kraft, die auf die Finger wirkt, kann von den Fingern gefühlt werden und ist an allen Stellen des Trinkhalms gleich.

Bemerkungen
Unter dem Einfluss der Schwerkraft ist der Druck in einer Flüssigkeit zwar nicht konstant, aber bei dünnen, waagrecht liegenden Schläuchen kann der Schweredruck gegenüber dem durch die Hand ausgeübten hydrostatischen Druck vernachlässigt werden.

Literatur
Zeier, E.: Physikalische Schulversuche, Freihandversuche, kleine Experimente, Aulis Verlag Deubner, Köln 1986

2.27 Das Spritzenwettdrücken

Zwei mit Wasser gefüllte und miteinander verbundene, unterschiedlich große Einwegspritzen dienen als Modell für die hydraulische Presse.

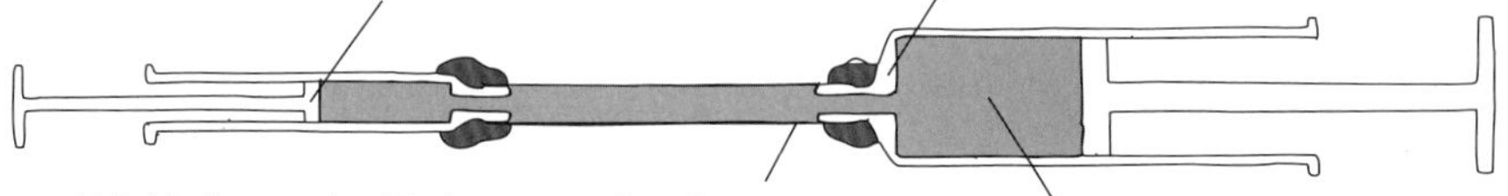

Abb. 1

Material

- 2 Einwegspritzen mit deutlich unterschiedlichen Durchmessern
- Trinkhalm aus Plastik
- Feuerzeug

Aufbau und Durchführung

Die Spritzdüsen zweier Einwegspritzen werden mit einem Trinkhalm verbunden. Mit einer Feuerzeugflamme wird der Trinkhalm an den Düsen angeschmolzen (siehe Abb. 1), so dass die Verbindung auch bei höherem Druck wasserdicht ist. Dabei sind manchmal mehrere Versuche notwendig. Es kann, je nach verwendetem Trinkhalm, auch günstiger sein, erst ein Ende des Trinkhalms über einer Feuerzeugflamme zum Schmelzen zu bringen, und das so weich gewordene Ende über die Düse zu schieben und mit den Fingern an die Düse zu drücken. Beim Erstarren des Plastiks verbindet sich der Trinkhalm mit der Spritzendüse.
Die beiden Spritzen werden ca. zur Hälfte mit Wasser gefüllt (dazu die Stempel der Spritzen herausnehmen) und im System noch vorhandene Luft (Stempel wieder eingesetzt) durch gleichzeitiges Drücken auf beide Spritzenstempel entfernt (so gut es geht), so dass das System den in Abbildung 1 gezeigten Aufbau aufweist. Zwei Personen können nun mit den Spritzen um die Wette drücken. Es wird immer der Person, die an der Spritze kleineren Durchmessers drückt, gelingen, den Spritzenstempel hineinzudrücken.

Erklärung

Die beiden Spritzen sind mit dem angeschmolzenen Trinkhalm wasserdicht verbunden. Beim Wettdrücken herrscht im ganzen System der gleiche Wasserdruck. Da die Stempel der Spritzen unterschiedlich große Flächen haben, ist bei der kleineren Spritze eine kleinere Kraft notwendig, um diesen Druck zu erzeugen, als bei der größeren Spritze. Die Person, die an der kleineren Spritze drückt, muss also wesentlich weniger Kraft aufbringen und gewinnt so das Wettdrücken. Interessanterweise bevorzugen die meisten Personen die größere Spritze, fordert man sie zum Wettdrücken auf und lässt man sie die Spritze wählen.

Bemerkungen

Dieses Experiment kann gut die Wirkungsweise einer hydraulischen Presse verdeutlichen.
Die gleiche Thematik behandelt das Experiment „Der Fahrradschlauch als Hebebühne".

Literatur

Ucke, C.; Detsch, W., Physik und Didaktik 13/2 (1985), S. 118-126

2.28 Entschärfung einer Wasserbombe

Das Pascal'sche Gesetz über die gleichmäßige Druckverteilung in einer Flüssigkeit wird mit einer perforierten „Wasserbombe" verifiziert.

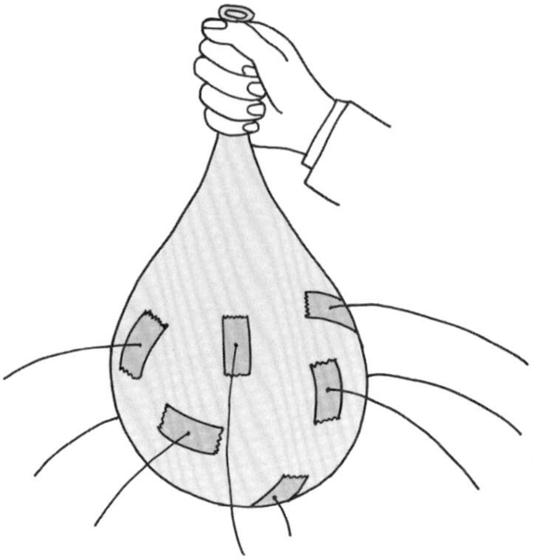

Abb. 1

Material

- Luftballon
- Klebeband
- Nadeln

Aufbau und Durchführung

Man füllt einen Luftballon prall mit Wasser und bringt auf der Ballonhaut an verschiedenen Stellen kurze Streifen Klebeband an. Sticht man durch diese Klebestreifen hindurch jeweils ein Loch in die Ballonhaut, spritzt (zumindest zu Beginn) das Wasser gleichmäßig aus allen Löchern heraus (siehe Abb. 1).

Erklärung

Ein von *Blaise Pascal* (1623-1662) 1659 formulierter Satz besagt:

„Ein auf eine Flüssigkeit ausgeübter Druck verteilt sich durch die ganze Flüssigkeit nach allen Seiten mit gleicher Stärke."

Dieser Druck p wird hydrostatischer Druck genannt. Die SI-Einheit des Druckes wurde Pascal zu Ehren nach ihm benannt:

$$1\ \text{Pa} = 1\ \frac{\text{N}}{\text{m}^2}$$

Das Pascal'sche Gesetz kann als Folgerung des Energieerhaltungssatzes aufgefasst werden und ist auf die leichte Verschiebbarkeit der Flüssigkeitsmoleküle gegeneinander zurückzuführen.

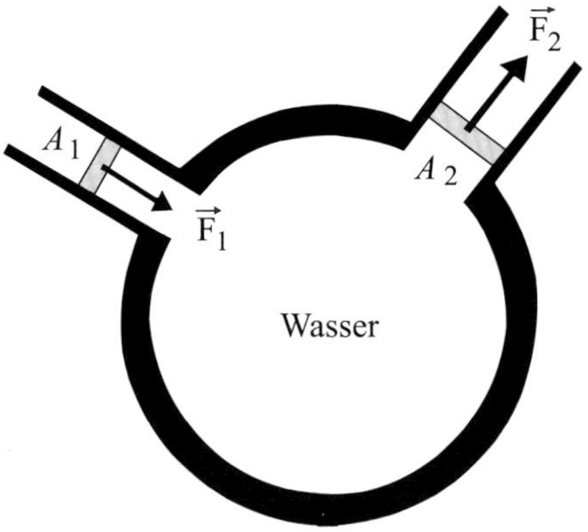

Abb. 2

Im schwerelosen Raum sei ein beliebig geformter Behälter vollständig mit Wasser gefüllt (siehe Abb. 2). In zwei Rohransätzen seien zwei Stempel reibungsfrei verschiebbar eingesetzt. Wird der Stempel 1 im Rohr des Querschnitts A_1 mit der Kraft des Betrags F_1 nach innen geschoben, so wird das Wasser im Rohr um die Strecke s_1 verschoben, also die Arbeit $W_1 = F_1 s_1$ verrichtet. Da Wasser praktisch nicht komprimierbar ist, wird während dieses Vorgangs der Stempel 2 um die Strecke s_2 nach außen geschoben und dabei die Arbeit $W_2 = F_2 s_2$ verrichtet. Auf Grund der Energieerhaltung muss gelten:

$$W_1 = W_2 \quad \Leftrightarrow \quad F_1 s_1 = F_2 s_2$$

Die Nicht-Komprimierbarkeit des Wassers kommt in der Gleichheit der verschobenen Wasservolumina zum Ausdruck:

$$V_1 = V_2 \quad \Leftrightarrow \quad A_1 s_1 = A_2 s_2$$

Aus beiden Gleichungen sowie der Definition des Drucks p als Quotient aus Kraftbetrag F und Fläche A ergibt sich

$$F_1 A_1 = F_2 A_1 \quad \Rightarrow \quad p_1 = \frac{F_1}{A_1} = \frac{F_2}{A_2} = p_2$$

Aus der Beliebigkeit der Annahmen folgt das eingangs zitierte Gesetz von Pascal.
Im Experiment wird der von außen auf die Flüssigkeit ausgeübte Druck von den Kräften hervorgerufen, die sich aus der Spannung der Gummihaut des Luftballons ergeben. Dabei erzeugen tangential an einem kleinen Stück gekrümmter Ballonhaut angreifende Kräfte jeweils eine resultierende Kraft, die auf der Tangentialfläche des betrachteten Ballonhautbereiches senkrecht steht und auf das Balloninnere gerichtet ist (siehe Experiment „Verbundene Luftballons"). Der Einfluss der Gewichtskraft des Wassers ist hier eher eine störende Nebenerscheinung, da sie zum einen die ideale Kugelform des Ballons verzerrt und zum anderen der außerhalb eines Gravitationsfeldes tatsächlich isotropen Verteilung des hydrostatischen Drucks einen vertikal nach unten zunehmenden Druckgradienten überlagert.

Bemerkungen

Die Handhabung des zur „Wasserbombe" umfunktionierten Luftballons sollte man vorher unbedingt einmal geübt haben: Der gefüllte Ballon ist gleichzeitig „wabbelig" und schwer, und die Gummihaut hat auch ihre Belastbarkeitsgrenzen. Da die mit der Nadel in den Luftballon gestochenen Löcher nur einen sehr kleinen Querschnitt haben, muss durch die richtige Beleuchtung und evtl. sogar den richtigen Hintergrund, vor dem das Experiment vorgeführt wird, dafür gesorgt werden, dass man die dünnen Wasserstrahlen auch gut sehen kann. Beim Einstechen der Löcher sollte man darauf achten, die Löcher so groß zu machen, dass die von der Nadel nach innen gebogenen Gummihaut- und Klebebandteile nicht vom ausströmenden Wasser zurückgebogen werden und das Loch wieder verschließen, so dass sich allenfalls ein kleines Rinnsal am Ballon entlang schlängelt oder gar nur ein Tropfen an der Ballonhaut haftet, anstatt parabelförmig auszuströmen. Damit der Effekt des allseitigen gleichmäßigen Ausströmens auch gut beobachtet werden kann, sollte man sich von einem Assistenten helfen lassen, die Löcher möglichst gleichzeitig, ohne große Verzögerung, in den Ballon zu stechen. Schließlich muss trotz einer gewissen Eile doch darauf geachtet werden, genau die mit Klebeband gegen ein Zerplatzen gesicherten Stellen zu treffen, da sonst die Wasserbombe ihre eigentliche Aufgabe wahrnimmt ...

Literatur

zur Erklärung:

Gobrecht, H.; Gobrecht, J. H.; Gobrecht, K. H.: Bergmann-Schäfer, Lehrbuch der Experimentalphysik, Band 1, Mechanik, Akustik, Wärme, Walter de Gruyter Verlag, Berlin 1990, S. 304-306

2.29 Der Seifenhaut-Antrieb

Das Bestreben einer Flüssigkeit, ihre Oberfläche zu minimieren, versetzt einen Trinkhalm in Bewegung.

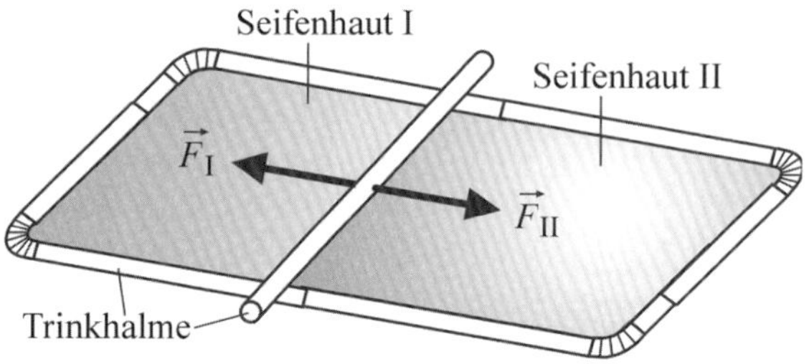

Abb. 1

Material

- Trinkhalme mit Gelenk, oder Draht (Durchmesser: ca. 1 mm)
- Seifenlösung
- flaches Gefäß (Grundfläche: mindestens 10 cm × 25 cm)
- Kugelschreiber
- evtl. Seitenschneider

Aufbau und Durchführung

Vier Trinkhalme werden abgeschnitten und so ineinander gesteckt (jeweils eine Öffnung mit einem Kugelschreiber etwas aufweiten), dass sie die Form eines Rechtecks bilden (Größe: ca. 8 cm × 20 cm). Einen Trinkhalm, dessen Gelenk abgeschnitten wurde, legt man quer über das Rechteck (siehe Abb. 1), hält ihn fest und taucht die Anordnung in Seifenlösung. Solange die beiden dadurch entstandenen Seifenhäute (siehe Abb. 1) intakt sind, verharrt der bewegliche Trinkhalm auch nach dem Loslassen in Ruhe. Zerstört man jedoch eine der Seifenhäute, rutscht der Trinkhalm schnell in Richtung der noch intakten Haut, wobei auch diese verschwindet.
Anstelle von Trinkhalmen kann das Experiment auch mit entsprechend geformten Drahtstücken durchgeführt werden.

Erklärung

Wegen der Oberflächenspannung wirkt auf ein infinitesimales Stück einer Flüssigkeitsbegrenzung (z. B. Gefäßwand) eine Kraft $\vec{F}$ (siehe Abb. 2), die tangential zur Flüssigkeitsoberfläche ist, auf dem Rand der Flüssigkeit senkrecht steht und zur Flüssigkeit hin gerichtet ist (siehe Abb. 2). Der Angriffspunkt der Kraft liegt dabei auf dem Rand der Flüssigkeit.
Im Experiment bildet der bewegliche Trinkhalm die Begrenzung von zwei getrennten Seifenhäuten I und II (siehe Abb. 1), die auf ihn die Kräfte $\vec{F}_I$ und $\vec{F}_{II}$ ausüben. Diese Kräfte, welche durch Integration über die gesamte Länge des Trinkhalms bestimmt wer-

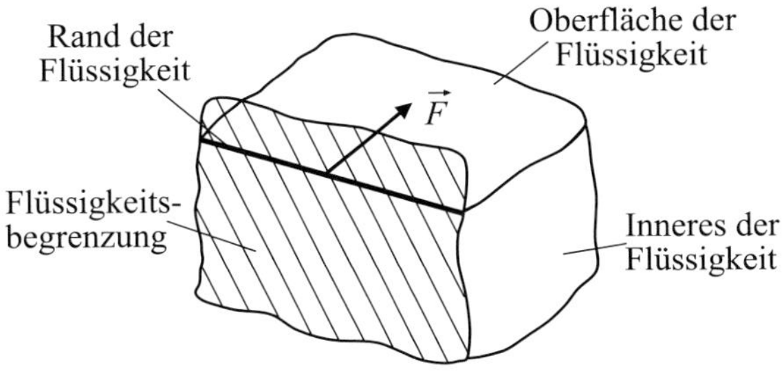

Abb. 2

den können, sind auf Grund der Symmetrie des Aufbaus gegengleich und greifen am gleichen Punkt an, weshalb der Trinkhalm sich in einem Kräftegleichgewicht befindet. Zerstört man eine der Seifenhäute, so wird der Trinkhalm in Richtung der noch verbleibenden Kraft beschleunigt. Durch Verkleinerung der intakten Seifenhaut wird bei diesem Vorgang die Oberflächenenergie der Seifenhaut in kinetische Energie des Trinkhalms umgewandelt.

Bemerkungen

Gibt man einer Seifenhaut unbewegliche Ränder vor, so bildet sie eine Oberfläche, die unter den gegebenen Bedingungen minimal ist (siehe Experiment „Eine Minimalfläche aus Seifenhaut“).

Literatur

Press, H. J.: Spiel das Wissen schafft: 100 interessante Experimente aus Natur und Technik – spielend ausführen, Ravensburger Taschenbücher, Ravensburg 1992

2.30 Eine Minimalfläche aus Seifenhaut

Als Auswirkung der Oberflächenspannung kann man beobachten, wie eine Seifenhaut zwischen zwei Kreisringen die Form einer Minimalfläche annimmt.

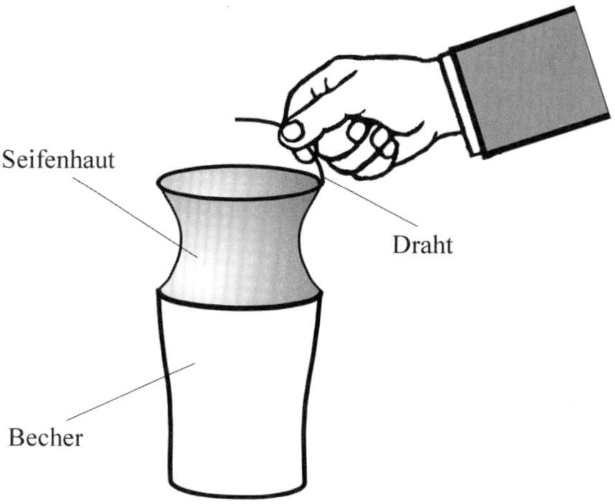

Abb. 1

Material

- Gefäß mit kreisförmigem Querschnitt (Durchmesser: 5 – 10 cm)
- Seifenlösung
- Draht
- Seitenschneider

Aufbau und Durchführung

Ein Stück Draht wird zu einem Kreis des gleichen Durchmessers gebogen, wie ihn der obere Rand eines zur Verfügung stehenden Trinkglases besitzt. Etwas überstehenden Draht biegt man zu einem „Henkel“ (siehe Abb. 1). Der Drahtring und der Rand des Trinkglases werden mit Seifenlösung benetzt und zusammengebracht, so dass sich zwischen ihnen eine Seifenhaut bildet (siehe Abb. 1). Entfernt man den Ring vom Glasrand vertikal nach oben, so nimmt die Seifenhaut je nach Abstand eine bestimmte Form an. Für kleine Abstände hat sie näherungsweise die Gestalt eines Zylindermantels, während bei größeren Entfernungen die Seifenhaut eine Gestalt wie in Abbildung 1 annimmt. Bei einem bestimmten Abstand schnürt sich die Seifenhaut so weit ein, dass sie in zwei getrennte Teile zerreißt.

Erklärung

Auf Grund der Oberflächenspannung nimmt die Seifenhaut bei den vorgegebenen Bedingungen eine Gestalt an, bei der ihre Oberfläche und damit auch ihre Oberflächenenergie minimal wird. Im vorliegenden Fall sind die Randbedingungen der Minimierung zwei gleich große kreisförmige Begrenzungen der Oberfläche (Draht und Glasrand). Diese sind parallel und liegen vertikal übereinander. Das analytische Lösen dieses Minimierungsproblems gehört zum Gebiet der Variationsrechnung und ist keineswegs trivial. Die minimale Oberfläche besitzt nicht ein Zylindermantel sondern eine rotationssymmetrische Fläche, deren kreisförmiger Querschnitt zur Mitte hin abnimmt (siehe Abb. 1). Bei der Kurve, die durch Rotation um eine bestimmte Achse diese Minimalfläche erzeugt, handelt es sich um eine so genannte Kettenlinie. Diese entsteht auch, wenn man eine Kette oder ein Seil zwischen zwei Punkten gleicher Höhe frei durchhängen lässt. Nur für kleine Entfernungen der Kreisringe geht die Minimalfläche näherungsweise in einen Zylindermantel über. Mit zunehmendem Abstand schnürt sich die Fläche auf halber Höhe immer weiter ein, bis sie an einem bestimmten Punkt in zwei Teile zerreißt.

Bemerkungen

Mit Draht und Gefäßrändern lassen sich noch viele andere Randbedingungen schaffen, z. B. kann man die Kreisringe parallel gegeneinander verschieben. Auf diese Weise lassen sich Oberflächenminimierungen durchführen, die analytisch nicht berechnet werden können. Das Dach des Olympiastadions in München wurde z. B. mit solchen Seifenhautmodellen entwickelt. Heute werden derartige Aufgaben von Computern mit numerischen Methoden gelöst.

Literatur

Wolf, K.: Tropfen, Blasen und Lamellen, Springer Verlag, Berlin und Heidelberg 1968

zur Erklärung:

Kuypers, F.: Klassische Mechanik, VCH Verlagsgesellschaft mbH, Weinheim 1993

2.31 Verbundene Wasserstrahlen

Durch die Oberflächenspannung des Wassers werden geringfügig auseinander laufende Wasserstrahlen zusammengehalten.

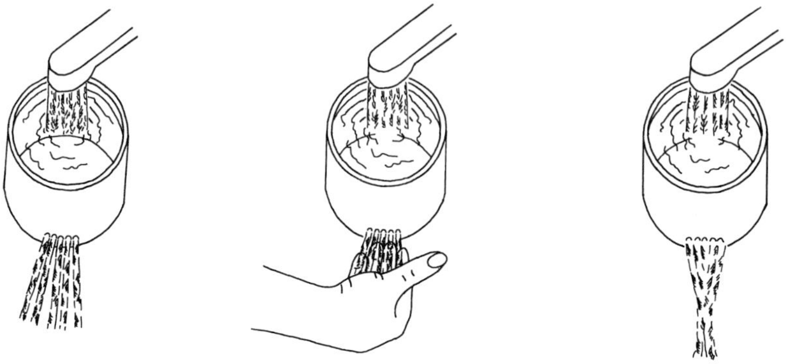

Abb. 1 (a) (b) (c)

Material

- Mehrweg-Plastikgetränkeflasche oder anderes zylinderförmiges Plastikgefäß (Höhe: ca. 10 cm) mit stärkerer Wand
- Hilfsmittel: Bunsenbrenner, Nagel (Durchmesser: ca. 3 mm) und Kombizange

Aufbau und Durchführung

Aus einer alten Plastikflasche wird ein zylindrisches Plastikgefäß hergestellt. Am Übergang der Flaschenwand zum Flaschenboden besitzen die meisten Plastikflaschen keine richtige Kante sondern sind stark abgerundet. Die Plastikflasche wird ca. 10 cm über dem oberen Ende dieses abgerundeten Teils abgeschnitten. Dazu hält man einen Nagel mit einer Zange, erhitzt ihn über einer Bunsenbrennerflamme bis zum Glühen und schmilzt mit ihm das Plastik auf, um den oberen Teil der Flasche abzutrennen.
In die Wand des entstandenen Gefäßes werden ebenfalls mit dem glühenden Nagel fünf Löcher gebohrt. Diese sollen alle in derselben Höhe etwa 1 cm über dem abgerundeten Teil der Flasche so nebeneinander angeordnet werden, dass ihre Mittelpunkte einen Abstand von 0,5 cm haben (siehe Abb. 1).
Das so präparierte Gefäß füllt man unter dem Wasserhahn mit Wasser, bis der Wasserstand etwa 10 cm über den gebohrten Löchern liegt. Den Wasserfluss des Hahns reguliert man so, dass dieser Wasserstand konstant bleibt, wenn Wasser aus den gebohrten Löchern fließt.
Aus den fünf Löchern tritt jeweils ein Wasserstrahl aus (siehe Abb. 1(a)). Um die fünf Strahlen zu einem breiten Strahl zusammenzufassen (siehe Abb. 1(c)), formt man die Hand unter den Austrittsöffnungen zu einem kleinem Becken (siehe Abb. 1(b)) und lässt das darin gesammelte Wasser über die fünf Öffnungen fließen. Nach einigen

Sekunden trennen sich die fünf Strahlen wieder voneinander. Dies kann beliebig oft wiederholt werden.
Lassen sich die Wasserstrahlen nicht wie oben beschrieben zusammenfassen, oder können sie in verbundenem Zustand nicht getrennt werden, liegt das in beiden Fällen am Wasserdruck, der an den Austrittsöffnungen herrscht. Im ersten Fall ist er zu hoch und im zweiten zu niedrig. Der Druck kann mit dem Wasserstand reguliert werden.
Oben wurde angegeben, dass der Wasserstand etwa 10 cm über den Austrittsöffnungen liegen soll. Dies ist ein Richtwert, bei dem das Experiment gelingen müsste, wenn das Gefäß nach den obigen Angaben gebaut wurde. Sonst ist ein wenig Übung notwendig, um den geeigneten Wasserstand für das gebastelte Gefäß zu ermitteln.

Erklärung

Ein System befindet sich in einem stabilen Gleichgewicht, wenn seine potenzielle Energie minimal ist.
Die Moleküle einer Flüssigkeit ziehen sich gegenseitig an. Ein Molekül im Inneren der Flüssigkeit wird von seinen Nachbarn nach allen Seiten hin angezogen. So ist die Gesamtkraft, die auf ein Molekül wirkt, null. Für Moleküle am Rand ergibt sich eine resultierende Kraft zur Flüssigkeit hin. Deshalb haben sie eine größere potenzielle Energie als die Moleküle im Inneren der Flüssigkeit. Das Wasser hat deshalb das Bestreben, seine Oberfläche möglichst gering zu halten, d. h. die fünf Wasserstrahlen zu einem zusammenzufassen.
Um die äußeren Wasserstrahlen zu den inneren Strahlen abzulenken, ist eine Kraft notwendig. Dies erhöht wiederum die Energie des Systems und zwar umso mehr, je größer die aufzuwendende Kraft ist. Diese Kraft erhöht sich mit dem hydrostatischen Druck an der Ausflussöffnung des abgelenkten Strahls. Dieser Druck ist proportional zur Höhe des Wasserspiegels über der Ausflussöffnung.
Deshalb gibt es eine „kritische Höhe" des Wasserspiegels, bei der die notwendige Energie für die Ablenkung der Wasserstrahlen größer wird als die Energieabnahme durch die Verkleinerung der Oberfläche. Liegt der Wasserstand unter der „kritischen Höhe", ist es für das betrachtete System energetisch günstiger, wenn die Wasserstrahlen zu einem einzigen Strahl zusammengefasst sind. Liegt der Wasserstand darüber, ist es energetisch günstiger, wenn das Wasser in fünf getrennten Strahlen ausfließt.
Ist die Höhe des Wasserstandes nicht sehr viel größer als die „kritische Höhe", stellt es für das System dennoch ein relatives Minimum der potenziellen Energie dar, wenn die Strahlen zu einem Wasserstrahl zusammengefasst sind, d. h. die Wasserstrahlen können auf die oben beschriebene Weise zusammengefasst werden, und sie trennen sich auf Grund von kleinen Störungen von selbst wieder.

Literatur

Walpole, B.: Experimente, Tricks und Tips zum Verständnis der Natur, Lernen und Wissen im Spiel und mit Spaß, Südwest Verlag GmbH & Co. KG, München 1990
Walker, J.: Der fliegende Zirkus der Physik, R. Oldenbourg Verlag GmbH, München Wien 1994

2.32 Zerlaufende Tropfen

Der Einfluss von Tensidmolekülen auf die Benetzbarkeit einer Wachsoberfläche durch Wasser wird anhand eines Wassertropfens auf einer Wachsfläche gezeigt.

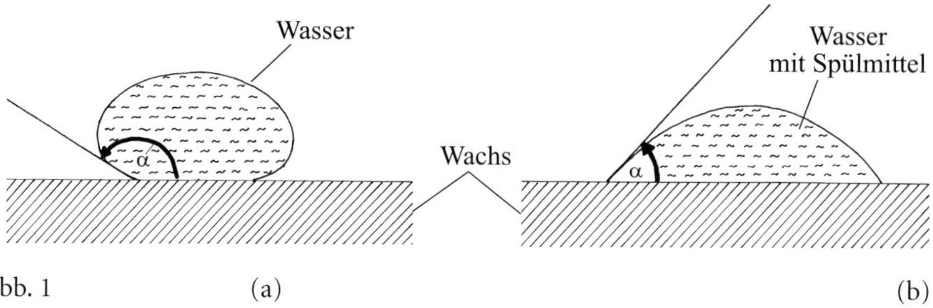

Abb. 1

Material

- ebene, glatte Fläche aus festem Material, z. B. Deckel eines Marmeladeglases, Topfunterseite oder Tablett
- Kerze
- 2 Trinkhalme
- Spülmittel
- Hilfsmittel: Messer, Streichhölzer und klares kaltes Wasser

Aufbau und Durchführung

Um das Experiment gut beobachten zu können, braucht man eine ebene, glatte Wachsfläche. Dazu tropft man das flüssige Wachs einer brennenden Kerze z. B. auf den ebenen, glatten Deckel eines Marmeladeglases. Es sollte eine möglichst gleichmäßige Wachsschicht darauf entstehen (mindestens 3 cm × 3 cm). Wenn die Wachsschicht ausgekühlt ist, hebt man sie mit einem Messer vorsichtig ab, ohne sie dabei zu zerbrechen. Die Seite der Wachsscheibe, die dem Deckel des Marmeladeglases zugewandt war, hat eine sehr glatte Oberfläche. Legt man die Wachscheibe mit der glatten Seite nach oben auf den Tisch, erhält man eine glatte waagrecht liegende Wachsfläche.

Auf diese Wachsoberfläche gibt man mit einem Trinkhalm einen großen Tropfen klaren kalten Wassers. Der Tropfen hat eine Form, wie sie in Abbildung 1(a) zu sehen ist. Die Wasseroberfläche und die Grenzfläche zwischen Wachs und Wasser schließen an der Begrenzungslinie der Auflagefläche des Tropfens einen stumpfen Winkel α ein, d. h. das Wachs wird von dem Wassertropfen nicht benetzt. Taucht man das Ende eines Trinkhalmes in Spülmittel und berührt damit den Tropfen, so zerläuft er. Der Winkel α (siehe Abb. 1(b)) zwischen Wasseroberfläche und Grenzfläche zwischen Wachs und Wasser wird spitz, d. h. der Wassertropfen benetzt die Wachsfläche.

Möchte man das Experiment mehrmals wiederholen, sollte man zwei Trinkhalme verwenden, einen, um den Wassertropfen auf die Wachsfläche zu geben, und den anderen, um das Spülmittel auf den Tropfen zu bringen.

Erklärung

Wachs besteht aus unpolaren, Wasser aus polaren Molekülen. Unpolare und polare Moleküle üben nur schwache Adhäsionskräfte aufeinander aus. Die Kohäsionskräfte zwischen den polaren Molekülen des Wassers sind wesentlich stärker. Deshalb benetzt Wasser die Wachsoberfläche nicht und der Winkel α ist stumpf.
Spülmittel enthält Tensidmoleküle. Diese haben ein polares und ein längeres unpolares Ende (siehe Abb. 2).

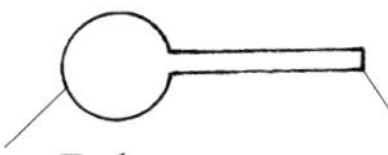

Abb. 2

Die Adhäsion zwischen den polaren Enden der Tensidmoleküle und den polaren Wassermolekülen ist größer als die Kohäsion zwischen den Wassermolekülen. Zwischen den unpolaren Enden der Tensidmoleküle und den polaren Wassermolekülen besteht dagegen eine sehr geringe Adhäsion. Ins Wasser gebracht, ordnen sich deshalb die Tensidmoleküle so an der Wasseroberfläche an, dass ihre polaren Enden in das Wasser tauchen, während die unpolaren Enden aus dem Wasser herausragen. Auf diese Weise bilden die Tensidmoleküle eine monomolekulare Haut auf der Wasseroberfläche. Genau das Gleiche geschieht an der Grenzfläche zwischen dem Wasser und der Wachsoberfläche. Die unpolaren Enden der Tensidmoleküle sind den unpolaren Wachsmolekülen zugewandt und die polaren Enden ragen in das Wasser hinein (siehe Abb. 3).

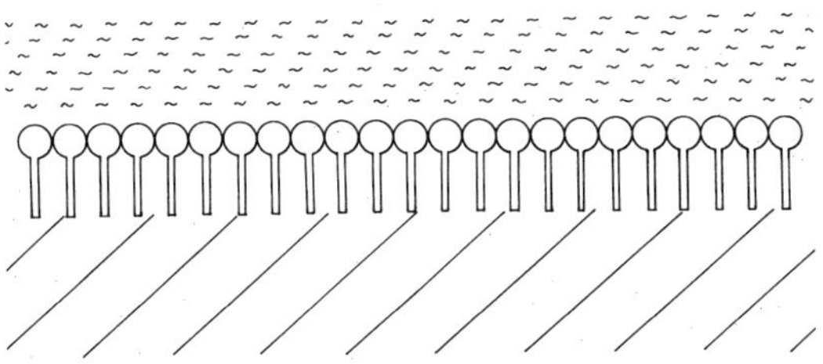

Abb. 3

So trifft der Wassertropfen an der Wachsoberfläche nicht auf Wachsmoleküle, sondern auf die polaren Enden der Tensidmoleküle. Wie oben dargestellt, ist die Adhäsion zwischen den Wassermolekülen und den polaren Enden der Tensidmoleküle größer als die Kohäsion zwischen den Wassermolekülen. Deshalb benetzt das Wasser eine von den polaren Enden gebildete Oberfläche. Der Winkel α ist spitz (siehe Abb. 1(b)). Für einen Beobachter ist dies nicht ersichtlich. Er gewinnt den Eindruck, das Wasser, dem etwas Spülmittel beigemengt ist, benetzt die Wachsoberfläche.

Bemerkungen

In der Zweiseitigkeit der Tensidmoleküle, ein polares und ein unpolares Ende, liegt auch ihre Wirkung als Spül- oder Waschmittel. Fettmoleküle sind genauso unpolar wie die Wachsmoleküle. Die Tensidmoleküle bilden eine einmolekulare Haut um die Fettmoleküle. Dabei zeigen die unpolaren Enden zum Fett und die polaren Enden zum Wasser (siehe Abb. 4).

Abb. 4

So können sich die Fettmoleküle durch diese „Jokerwirkung“ der Tensidmoleküle im Wasser lösen.
Zur Erklärung: siehe Erklärung zum Experiment „Seifenblasenrezepte“

Literatur

Waters, G.: Verblüffende Experimente, ars edition, München 1990

zur Erklärung:

Mortimer, C. E.: Chemie, Das Basiswissen der Chemie, Georg Thieme Verlag, Stuttgart und New York 1987, S. 557
Hering, E.; Martin, R.; Storer, M.: Physik für Ingenieure, VDI Verlag GmbH, Düsseldorf 1995, S. 106

2.33 Oberflächenschwimmer

Die Größe der Oberflächenspannung wird mit Hilfe von kleinen Gegenständen veranschaulicht, die auf einer Wasseroberfläche schwimmen, auch wenn ihre Dichte größer als die von Wasser ist.

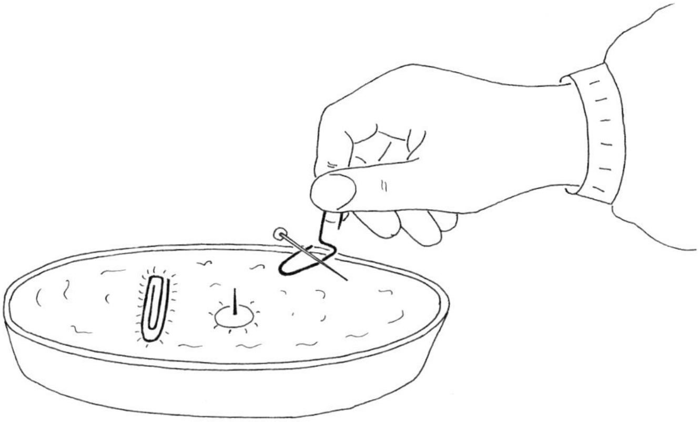

Abb. 1

Material

- Gefäß mit kaltem Wasser
- Nadeln, Draht (Durchmesser: höchstens 1,5 mm), Büroklammern, Rasierklingen oder Reißnägel
- evtl. Millimeterpapier
- evtl. Spülmittel
- Hilfsmittel: Büroklammer oder Draht (Durchmesser: mindestens 1 mm)

Aufbau und Durchführung

Kleinere Metallgegenstände, z. B. Nadeln, Rasierklingen, Büroklammern und Reißnägel, die eigentlich in Wasser sinken müssten, schwimmen auf der Wasseroberfläche.

Um dies zu zeigen, biegt man eine Büroklammer rechtwinklig auf, hält sie so, dass ein Teil waagrecht liegt (siehe Abb. 1), und legt quer über diesen waagrecht liegenden Teil einen kleinen Metallgegenstand, in Abbildung 1 und im weiteren Text eine Nadel. Die Büroklammer wird vorsichtig so ins Wasser getaucht, dass die Nadel parallel zur Wasseroberfläche liegt, wenn sie das Wasser berührt. Taucht man die Büroklammer weiter ins Wasser ein, schwimmt die Nadel auf der Wasseroberfläche, und die Büroklammer kann unter der Nadel weggezogen werden.

Auf die gleiche Weise kann man auch Büroklammern, Rasierklingen, Reißnägel oder ein Stück Draht (Durchmesser: höchstens 1,5 mm) auf der Wasseroberfläche schwimmen lassen (siehe Abb. 1). Beim Draht ist allerdings darauf zu achten, dass er in einer Ebene

verläuft. Ist dies nicht der Fall, muss man ihn nur zwischen zwei Büchern etwas platt drücken. Dies gilt genauso, wenn man den Draht zu einer ebenen Spirale formt und diese schwimmen lassen will.
Die Wasseroberfläche wird durch den schwimmenden Gegenstand wie eine Haut eingedellt. Dies ist besonders gut zu erkennen, wenn auf den Grund des Gefäßes Millimeterpapier gelegt wird.
Die schwimmenden Gegenstände sinken sofort, sobald Spülmittel ins Wasser gegeben wird.

Erklärung

Leider erklärt die Literatur dieses Phänomen nur unzureichend. In den meisten Büchern ist folgende Erklärung zu finden: Das Wasser bildet eine Haut, und auf dieser Haut schwimmt die Nadel.
Autoren, die sich um eine physikalische Erklärung bemühen, gehen davon aus, dass die kleinen Metallgegenstände durch Berührung mit den Fingern fettig geworden sind. Dies hätte zur Folge, dass das Wasser die Oberfläche der Nadel nicht benetzt. Die spezifische Grenzflächenenergie der Grenzfläche zwischen Wasser und Fett ist also größer als die spezifische Oberflächenenergie der Fettoberfläche (gegen Luft). Deshalb steigt die potenzielle Energie des Systems Nadel (mit Fett umhüllt) und Wasser, wenn die fettige Nadel ins Wasser eintaucht. Folglich zieht es die Nadel vor, in Kontakt mit der Luft zu bleiben, d. h. zu schwimmen. Diese Erklärung scheint auf den ersten Blick sehr einleuchtend. Auf die gleiche Weise wird übrigens auch begründet, warum der Wasserläufer auf der Wasseroberfläche „laufen“ kann. Wasser benetzt nämlich die Oberfläche seiner Füße nicht.
Wenn die Nichtbenetzbarkeit der Grund für das Schwimmen ist, sollten kleine leichte Gegenstände höherer Dichte als Wasser, deren Oberfläche von Wasser benetzt wird, in Wasser auf jeden Fall untergehen, egal wie wenig sie wiegen. Da Wasser eine Metalloberfläche benetzt, müsste also eine Nadel, deren Oberfläche fettfrei ist, in Wasser unter-

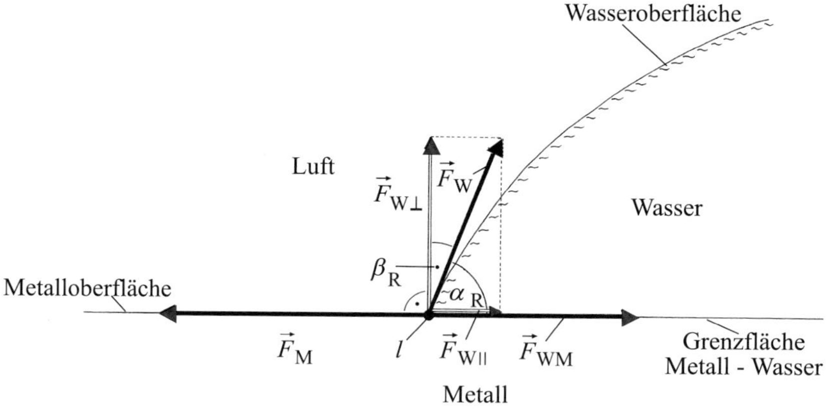

Abb. 2

gehen. Eine entfettete Nadel schwimmt jedoch ebenfalls, wie von uns experimentell nachgewiesen wurde.
Da auch von uns befragte Physiker keine eindeutige und befriedigende Antwort geben konnten, versuchen wir es mit einer eigenen Erklärung. Wir sind uns bewusst, dass auch dieser Erklärungsversuch anfechtbar sein könnte und sind für Anregungen und konstruktive Kritik sehr dankbar.
In Abbildung 2 ist eine Metalloberfläche dargestellt, die zum Teil mit Wasser bedeckt ist. Dabei stellt l die Grenzlinie dar, an der die Metalloberfläche, die Wasseroberfläche und die Grenzfläche zwischen Metall und Wasser aufeinander treffen. l verläuft senkrecht zur Zeichenebene.
An einem Linienelement dl der Grenzlinie greifen die Kräfte $\vec{F}_W$ tangential zur Wasseroberfläche, $\vec{F}_M$ tangential zur Metalloberfläche und $\vec{F}_{WM}$ tangential zur Grenzfläche zwischen Wasser und Metall an. Sie sind senkrecht zu dl und zur jeweiligen Oberfläche hin gerichtet (siehe Abb. 2). Die Beträge dieser Kräfte lassen sich aus der spezifischen Oberflächen- bzw. Grenzflächenenergie (Einheit: $\frac{\mathrm{J}}{\mathrm{m}^2}$ oder $\frac{\mathrm{N}}{\mathrm{m}}$) der jeweiligen Oberfläche berechnen:

$$F_W = \sigma_W \, \mathrm{d}l \qquad (1)$$
$$F_M = \sigma_M \, \mathrm{d}l \qquad (2)$$
$$F_{WM} = \sigma_{WM} \, \mathrm{d}l \qquad (3)$$

(F_W, F_M, F_{WM}: Betrag der Kraft $\vec{F}_W$, $\vec{F}_M$ bzw. $\vec{F}_{WM}$; σ_W: spezifische Oberflächenenergie der Wasseroberfläche gegen Luft; σ_M: spezifische Oberflächenenergie der Oberfläche des Metalls gegen Luft; σ_{WM}: spezifische Grenzflächenenergie der Grenzfläche zwischen Metall und Wasser)
Die Grenzlinie l ist entlang der Metalloberfläche frei verschiebbar. Deshalb stellt sie sich so ein, dass gilt:

$$\vec{F}_{WM} + \vec{F}_M + \vec{F}_{W||} = \vec{0} \qquad (4)$$

($\vec{F}_{W||}$: Komponente der Kraft $\vec{F}_W$, die parallel zur Metalloberfläche gerichtet ist)
Die Resultierende der an der Grenzlinie angreifenden Kräfte ist (siehe Abb. 2):

$$\vec{F}_{WM} + \vec{F}_M + \vec{F}_W = \vec{F}_{W\perp} \qquad (5)$$

($\vec{F}_{W\perp}$: Komponente der Kraft $\vec{F}_W$, die senkrecht zur Metalloberfläche gerichtet ist)
Bedingung (4) kann mit Hilfe der Gleichungen (1) bis (3) folgendermaßen ausgedrückt werden:

$$\sigma_{WM} \quad \sigma_M \quad \sigma_W \cos\alpha_R = 0$$

α_R (siehe Abb. 2) wird Randwinkel genannt und ist durch σ_W, σ_M und σ_{WM} eindeutig bestimmt. Durch α_R und Gleichung (1) ist auch der Betrag von $\vec{F}_{W\perp}$ eindeutig durch σ_W, σ_M und σ_{WM} bestimmt. Da Wasser Metall benetzt, ist α_R spitz (siehe Abb. 2). Für die weitere Erklärung ist der Winkel β_R von Bedeutung (siehe Abb. 2). β_R wird vom Lot auf die Metalloberfläche und der Wasseroberfläche eingeschlossen und ergibt sich direkt aus α_R ($\beta_R = 90\,° - \alpha_R$). An der Stelle, an der die Nadel ins Wasser eindringt, wird die Wasseroberfläche, bildlich gesprochen, von der Nadel aufgetrennt und durchdrungen. Dabei „gleitet" die Wasseroberfläche an jedem Punkt der Nadeloberfläche genau einmal vorbei. Bei der Grenzlinie, an der Wasseroberfläche und Nadel sich gerade berühren (im

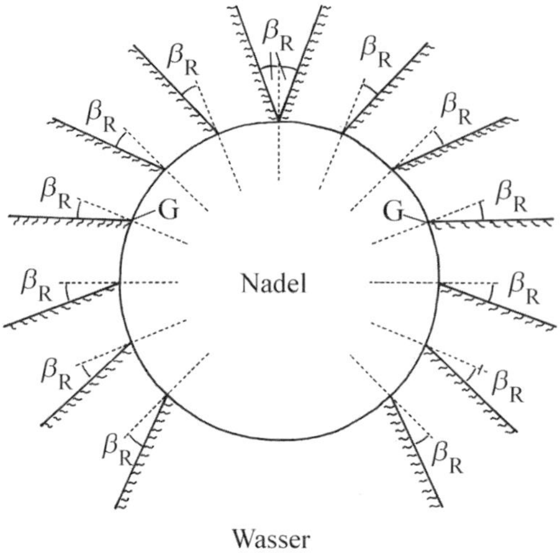

Abb. 3

weiteren Text „Wasserlinie" genannt), schließen Wasseroberfläche und Zylinderradius der Nadel zusammen den Winkel β_R ein.

In Abbildung 3 ist die Nadel im Querschnitt (Kreis) zu sehen. Exemplarisch ist in 14 Punkten die Tangente der Wasseroberfläche eingezeichnet, die sich ergeben würde, wenn sich die „Wasserlinie" an diesen Punkten befände. Befinden sich die Punkte G (siehe Abb. 3) bereits im Wasser, vergrößert sich die Steigung dieser Tangente an die Wasseroberfläche, wenn die Nadel tiefer ins Wasser eindringt.

Aus den obigen Betrachtungen kann geschlossen werden, wie sich die Form der Wasseroberfläche mit der Eindringtiefe der Nadel verändert (siehe Abb. 4). Wird die Nadel langsam ins Wasser gegeben, nehmen Nadel und Wasseroberfläche nacheinander die in Abbildung 4 dargestellten 5 Stellungen ein. In dieser Abbildung sind alle gezeichneten Kräfte und Punkte nur bei Stellung 1 beschriftet, da sonst die Zeichnung zu unübersichtlich würde. Während die Nadel in die Flüssigkeit eintaucht, bewegen sich l_r und l_l (siehe Abb. 4(a)) aufeinander zu. Berühren sie sich (in Abbildung 4 nicht eingezeichnet), schließt sich die Wasseroberfläche über der Nadel. Die Nadel ist ganz ins Wasser eingetaucht.

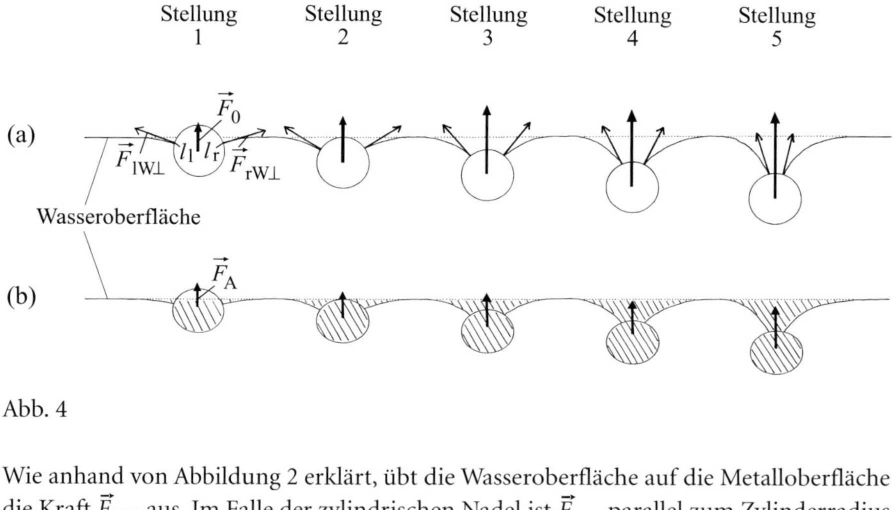

Abb. 4

Wie anhand von Abbildung 2 erklärt, übt die Wasseroberfläche auf die Metalloberfläche die Kraft $\vec{F}_{W\perp}$ aus. Im Falle der zylindrischen Nadel ist $\vec{F}_{W\perp}$ parallel zum Zylinderradius gerichtet. Der Kraft $\vec{F}_{W\perp}$ aus Abbildung 2 entsprechen in Abbildung 4(a) die Kräfte $\vec{F}_{lW\perp}$ und $\vec{F}_{rW\perp}$, die an der Nadel an den beiden Grenzlinienl_r und l_l angreifen. Sie addieren sich vektoriell zur Resultierenden $\vec{F}_0$, die an der Nadel angreift. Da $\vec{F}_{lW\perp} = \vec{F}_{rW\perp}$

($F_{lW\perp}$, $F_{rW\perp}$: Betrag der Kraft $\vec{F}_{lW\perp}$ bzw. $\vec{F}_{rW\perp}$), ist $\vec{F}_0$ vertikal nach oben gerichtet. $\vec{F}_{lW\perp}$ und $\vec{F}_{rW\perp}$ sind zwar während des Eintauchens konstant, aber die vertikale Komponente der Kräfte $\vec{F}_{lW\perp}$ und $\vec{F}_{rW\perp}$ nimmt zu und mit dieser auch $\vec{F}_0$.
Auf die Nadel wirkt zusätzlich die Auftriebskraft $\vec{F}_A$ (siehe Abb. 4(b)), die auch vertikal nach oben gerichtet ist. Der Betrag von $\vec{F}_A$ ist so groß wie das Gewicht des Wassers, das durch die Nadel und die nach unten gebogene Wasseroberfläche verdrängt wird, d. h. die Flüssigkeit, die sich in dem in Abbildung 4(b) schraffiert gezeichneten Bereich befinden würde. Da sich der schraffierte Bereich während des Eintauchens vergrößert, vergrößert sich auch der Betrag von $\vec{F}_A$.
Auf die Nadel wirken also die beiden vertikal nach oben gerichteten Kräfte $\vec{F}_O$ und $\vec{F}_A$, und die vertikal nach unten gerichtete Gewichtskraft $\vec{F}_g$. Während des Eintauchvorganges vergrößern sich die Kräfte $\vec{F}_O$ und $\vec{F}_A$, aber $\vec{F}_g$ ist konstant. Es herrscht Gleichgewicht, wenn gilt:

$$-\vec{F}_g = \vec{F}_O + \vec{F}_A \qquad (6)$$

Stellt sich dieses Gleichgewicht ein, bevor sich die Wasseroberfläche über der Nadel wieder schließt, „schwimmt" die Nadel auf der Wasseroberfläche, sonst geht die Nadel unter.
Wird dem Wasser Spülmittel beigemengt, sinkt dessen Oberflächenspannung σ_W und mit dieser auch F_W. Mit F_W vermindert sich der maximal mögliche Wert, den F_O (F_O: Betrag der Kraft $\vec{F}_O$) annehmen kann. Im Falle der verwendeten kleinen Metallgegenstände kann sich so das Gleichgewicht (Gleichung (6)) nicht mehr einstellen.

Literatur

Hahn, H.: Physikalische Freihandversuche, Band 2, Verlag Otto Saale, Braunschweig 1907
Walpole, B.: Experimente, Tricks und Tips zum Verständnis der Natur, Lernen und Wissen im Spiel und mit Spaß, Südwest Verlag GmbH & Co. KG, München 1990
Krekeler, H.; Rieger-Bastian, M.: Experimente einfach verblüffend!, Ravensburger Buchverlag Otto Maier GmbH 1994

zur Erklärung:

Zeier, E.: Kurzweil durch Physik, Aulis Verlag Deubner, Köln 1983, S. 56
Vogel, H.: Gerthsen, Physik, Springer Verlag, Berlin 1995, S. 100

2.34 Trockenes Wasser

Da Lykopodiumpulver nicht von Wasser benetzt wird, bleibt ein in Wasser getauchter Finger trocken.

Abb. 1

Material

- Trinkglas
- Lykopodiumpulver (= Bärlappsamen)

Aufbau und Durchführung

Ein Trinkglas wird mit Wasser gefüllt und die Oberfläche mit Lykopodiumpulver bestreut, so dass sie vollständig bedeckt ist. Taucht man einen Finger langsam in das Wasser (siehe Abb. 1) und zieht man ihn wieder heraus, so ist der Finger lediglich von einer feinen Pulverschicht umgeben, aber noch trocken.

Erklärung

Lykopodium wird von Wasser nicht benetzt, da die Kohäsionskräfte im Wasser größer sind als die Adhäsionskräfte zwischen Lykopodium und Wasser. Streut man Lykopodiumpulver auf eine Unterlage und spritzt man Wasser darauf, bilden sich Wassertropfen auf dem Pulver, um die Grenzfläche zwischen Wasser und Pulver zu minimieren.

Taucht man den Finger in das Wasser, dessen Oberfläche mit Lykopodiumpulver bestreut ist, so ist der Finger von einer dünnen Pulverschicht umgeben. Da die einzelnen Pulverkörner nicht vom Wasser benetzt werden, kommt der Finger nicht mit dem Wasser in Berührung und bleibt trocken. Erst wenn der Finger so weit eintaucht, dass seine Oberfläche nicht mehr vollständig mit Lykopodiumpulver bedeckt ist, wird er vom Wasser benetzt.

Literatur

Hahn, H.: Physikalische Freihandversuche, Band 2, Verlag Otto Saale, Braunschweig 1907

Köthe, R.: Das neue Experimentierbuch: 150 einfache Experimente aus der Physik, Chemie und Biologie, Tessloff Verlag, Hamburg 1986

Temple, P.: Eckige Eier? Experimente, Tricks und Kniffe gegen Langeweile, Verlag an der Este, Buxtehude 1987

2.35 Der Gorilla-Effekt

Fein gemahlener Pfeffer auf der Wasseroberfläche weicht vor einer sich ausbreitenden Seifenlösungsoberfläche zurück.

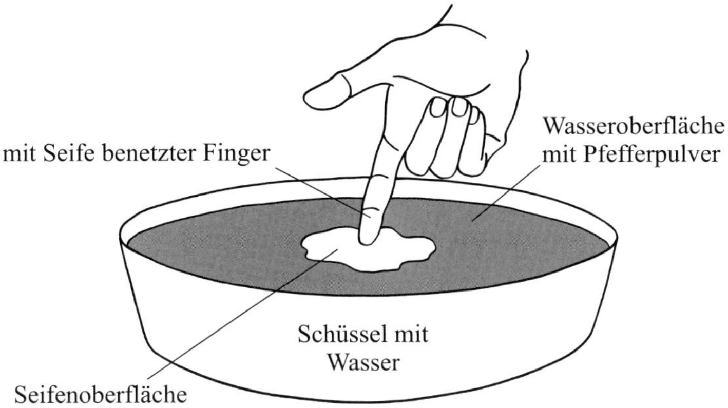

Abb. 1

Material

- Schüssel oder Teller mit Wasser
- fein gemahlener Pfeffer, Bärlappsporen, Babypuder o. Ä.
- Seife

Aufbau und Durchführung

Etwas Pfeffer wird fein auf die Wasseroberfläche in einer Schüssel gestreut. Taucht man einen mit Seife benetzten Finger in die Mitte der mit Pfeffer bedeckten Wasseroberfläche, weichen die kleinen Pfefferpulverteilchen „explosionsartig“ zurück, es entsteht eine Fläche ohne Pfefferpulver (siehe Abb. 1).

Erklärung

Die Seife am Finger setzt die Oberflächenspannung des Wassers in der Umgebung des Fingers herab. Vergleichbar einem Öltropfen auf Wasser breitet sich um den Finger eine Seifenschicht aus und verdrängt das Pfefferpulver an der Oberfläche.

Bemerkungen

Man kann um diesen Effekt eine schöne Geschichte erzählen: Die Pfefferkörner auf dem Wasser sind Badegäste in einem See. Kommt ein weiterer Badegast hinzu (ein nicht mit Seife benetzter Finger), passiert überhaupt nichts, erst wenn der aus dem Zoo entflohene Gorilla (mit Seife benetzter Finger) in den See kommt, geraten die Badegäste in Panik und fliehen vor ihm.

Literatur

Walpole, B.: Experimente, Tricks und Tips zum Verständnis der Natur. Lernen und Wissen im Spiel und mit Spaß, Südwest Verlag GmbH & Co.KG, München 1990
Gardner, M., The Physics Teacher 31/3 (1993), S. 167

2.36 Flüssigkeitstausch

Der Auftrieb einer Flüssigkeit in einer zweiten Flüssigkeit, in der die erste nicht löslich ist, wird demonstriert.

Material

- 2 gleiche Weingläser oder 2 andere gleiche Gläser
- gefärbtes Petroleum (ca. 0,3 l)
- dünner Karton oder Blatt Papier

Aufbau und Durchführung

Zwei Weingläser werden (nicht unbedingt bis zum Rand) gefüllt: das eine mit Petroleum, das andere mit Wasser. Auf das Glas mit Wasser legt man eine Postkarte so, dass sie die ganze obere Öffnung des Glases abdeckt. Während man die Postkarte festhält, wird das Glas umgedreht und auf das Glas mit dem Petroleum gestellt. Die Postkarte zieht man so weit zwischen den beiden Gläsern heraus, bis ein dünner Spalt als Verbindung der beiden Gläser entsteht (siehe Abb. 1). Das Petroleum sammelt sich vollständig im oberen Glas und das Wasser findet sich im unteren Glas wieder.

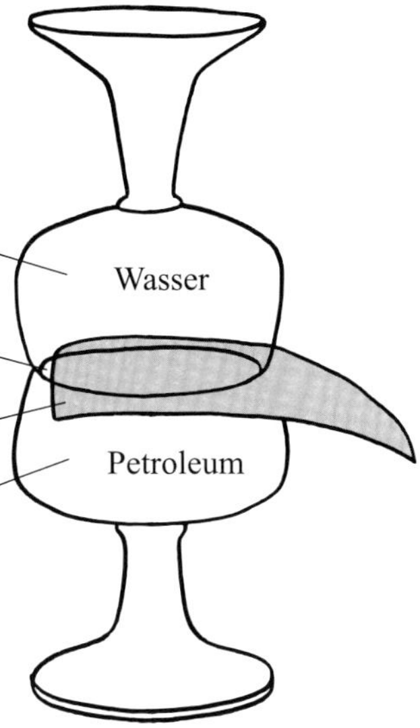

Abb. 1

Erklärung

Das Petroleum besitzt eine geringere Dichte als Wasser bei gleichem Druck und gleicher Temperatur (siehe Tabelle 1; Petroleum besteht aus verschiedenen Kohlenwasserstoffen, z.B. Hexan, Oktan, Nonan, Dekan) und löst sich nicht in Wasser. Auf Grund des Spalts kann man beide Gläser als ein Gefäß ansehen. Nach dem archimedischen Prinzip erfährt das Petroleum in dem Wasser einen Auftrieb. Das Wasser wird im oberen Glas verdrängt und fällt ins untere Glas. Warum fließt bei Flüssigkeitsaustausch bei umgestürztem Glas keine Flüssigkeit nach außen weg?

Wird das zweite Glas mit der Postkarte abgedeckt, um 180° gedreht, so dass die Postkarte nach unten weist, und anschließend die Postkarte etwas aus dem Raum zwischen den zwei Gläsern gezogen, fließt Wasser bzw. Flüssigkeit aus dem oberen Glas. Durch das Ausfließen aus dem Glas vermindert sich der Druck $p_{\text{Luft-Gas}}$, unter dem die im Glas eingeschlossene Luft steht. Gilt

$$p_{\text{Luft}} = p_{\text{Luft-Gas}} + p_{\text{Wasser}},$$

(p_{Luft}: Luftdruck; p_{Wasser}: Schweredruck der Flüssigkeit über dem Spalt zwischen den zwei Gläsern auf den Spalt)

so fließt kein Wasser bzw. keine Flüssigkeit aus dem Spalt und es bildet sich auf Grund der Oberflächenspannung von Petroleum und Wasser an der Grenzschicht an dem durch das Wegziehen der Postkarte entstandenen Spalt zwischen Luft und Flüssigkeit eine Haut (siehe Abb. 2). Die Form der Haut stellt eine so genannte Minimalfläche dar. Die Haut ist umso stärker nach innen (d. h. zur Flüssigkeit in den Gläsern hin) gekrümmt, je größer die Oberflächenspannung der Flüssigkeit im Spalt ist. Die maximale Höhe einer solchen Haut ist durch die Oberflächenspannung der Flüssigkeit begrenzt (siehe Experiment „Seifenblasenrezepte"). Ist der Spalt höher als diese ausgezeichnete maximale Höhe, reißt die Haut.

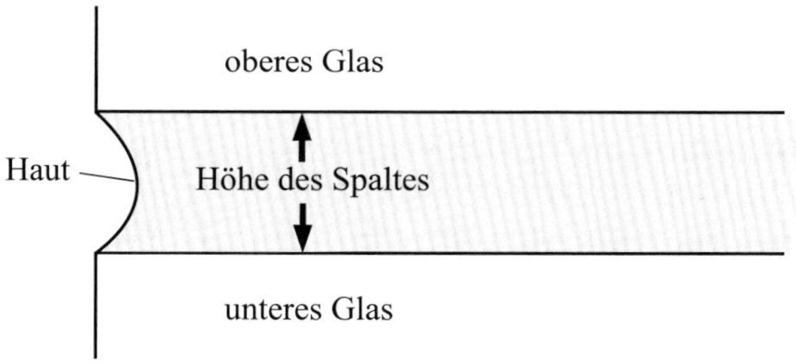

Abb. 2

Tabelle 1: Dichte einiger Flüssigkeiten bei 20 °C

Substanz	Dichte [g/cm]
Wasser	0,998
Hexan	0,6003
Oktan	0,70264
Dekan	0,7465

Literatur

Melenk, H.; Runge, U.: Verblüffende physikalische Experimente, Aulis Verlag Deubner, Köln 1991

zur Tabelle 1:

Borchers, H.; Hausen, H.; Hellwege, K.-H.; Schäfer, Kl.; Schmidt, E.: Landolt Börnstein: Zahlenwerte und Funktionen, II. Band: Eigenschaften der Materie in ihren Aggregatszuständen: 3.Teil Schmelzgleichgewichte und Grenzflächenerscheinungen, Springer Verlag, Berlin 1956

2.37 Seifenblasenrezepte

Die gegenüber Wasser verminderte Oberflächenspannung einer Seifenlösung ist für riesige Seifenblasen verantwortlich.

Abb. 1

Material

Allgemein:
- Eimer
- nichtisolierter Draht

Riesenseifenblasen:
- Neutralseife (750 g)
- Tapetenkleister (25 g)
- Zucker (500 g)
- Wasser (10 l)
- evtl. etwas Glycerin ($C_3O_3H_6$)

Extrem dauerhafte Riesenseifenblasen:
- 2,5 %ige Lösung von Natriumdibromstearat ($NaBr_2C_{18}O_2H_{35}$) in 50%igem Glycerin ($C_3O_3H_6$) (400 ml)
- 5 %ige Polyvinylalkohol-Lösung ($[C_3OH_4]_n$) (200 ml)
- Glycerin ($C_3O_3H_6$) (600 ml)

Aufbau und Durchführung

Um eine Lösung für Riesenseifenblasen zu erhalten, rührt man 750 g Neutralseife, 25 g Tapetenkleister, 500 g Zucker (und evtl. etwas Glycerin) in 10 l Wasser ein. Die Mixtur muss kräftig gemischt werden und anschließend sollte sie mindestens einen Tag ruhen (besser sind drei Tage). Formt man aus nichtisoliertem Draht einen Ring mit einem Durchmesser von ca. 20 – 40 cm und taucht diesen Ring in die Lösung, kann man durch Bewegung des Drahtrings senkrecht zur Ringebene riesige Seifenblasen erzeugen (siehe Abb. 1).
Eine andere Möglichkeit einer Lösung für Riesenseifenblasen ist folgende: Man mischt 400 ml einer 2,5 %igen Lösung von Natriumdibromstearat in 50 %igem Glycerin mit 200 ml einer 5 %igen Polyvinylalkohol-Lösung und 600 ml Glycerin. Die Mixtur muss ebenfalls ca. drei Tage vor Gebrauch ruhen. Die mit dieser Mischung gefertigten Seifenblasen sind beständiger als die der ersten Mischung.

Erklärung

Tenside (wie z. B. Neutralseife, Natriumdibromstearat) setzen die Grenzflächenspannung zwischen Wasser und Luft herab. Tenside bestehen meist aus einem polaren, hydrophilen Teil (z. B. die COO^--Gruppe des Stearats bzw. der Seife) und einem unpolaren, hydrophoben Rest (z. B. die langen Kohlenstoffketten des Stearats und der Seife).

Die hydrophilen Teile der Tenside lagern sich an die polarisierten Wassermoleküle an. Der Abstand zum nächsten Wassermolekül wird durch die langen Kohlenstoffketten des hydrophoben Teils vergrößert. Da das elektrische Feld eines polarisierten Wassermoleküls mit $\frac{1}{r^2}$ (*r*: Betrag des Abstands des betrachteten Orts zur Ladung des Wassermoleküls) abnimmt, ist die aus diesem Feld resultierende anziehende Kraft zwischen zwei Wassermolekülen geringer. Damit ist die Oberflächenspannung geringer.
Die Oberflächenspannung lässt nur eine bestimmte Höhe zu, bis zu der man den vertikal gehaltenen Ring (insbesondere den oberen Abschnitt des Rings) aus der Seifenlösung ziehen kann. Insbesondere werden Riesenseifenblasen also erst mit Flüssigkeiten mit einer kleinen Oberflächenspannung möglich. Theoretisch lässt sich dies folgendermaßen begründen:

$$\sigma = \frac{\Delta W}{\Delta s} \approx \frac{F \cdot \mathrm{d}h}{2r \sin \varphi \cdot \mathrm{d}h} \propto \frac{1}{r}$$

(ΔW: Arbeit, die zur Bildung einer neuen Oberfläche Δs benötigt wird; Δs: neue Oberfläche (in Abbildung 2 gilt: $\Delta s \approx 2r \sin \varphi \cdot \mathrm{d}h$); *r*: Radius des Drahtrings; $\mathrm{d}h$, φ: (siehe Abb. 2); *F*: Betrag der Kraft, die nötig ist, um den Drahtring um $\mathrm{d}h$ aus der Seifenlösung zu ziehen)

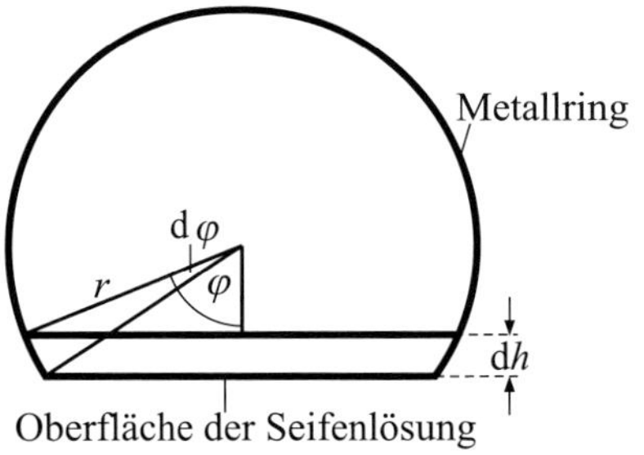

Abb. 2

Also ist $r \propto \frac{1}{\sigma}$, d. h. mit einer Seifenlösung kleinerer Oberflächenspannung σ ist ein größerer Radius *r* des Drahtrings möglich als mit einer Lösung größerer Oberflächenspannung.
Es wird ein nichtisolierter Metallring verwendet, da die Seifenlösung diesen *vollständig* benetzt.
Da eine kleinere Oberfläche eine kleinere Oberflächenenergie impliziert, zieht sich die Oberfläche einer Seifenblase zusammen. Dieser Kontraktion steht der Druck, unter dem die Luft im Inneren der Seifenblase steht, gegenüber. Betrachtet man ein infinitesimales, gekrümmtes Flächenstück $\mathrm{d}A$ (mit den Seiten $\mathrm{d}x$ und $\mathrm{d}y$) der Seifenblasenhaut (siehe Abb. 3), so greift auf beiden Seiten $\mathrm{d}y$ eine Kraft vom Betrag $\mathrm{d}F = 2s\,\mathrm{d}y$ an. Die Haut hat eine innere und eine äußere Seite, wodurch der Faktor 2 in der Formel erscheint. Mit

$$\mathrm{d}\varphi = \frac{\mathrm{d}x}{r}$$

($\mathrm{d}\varphi$: Winkel, unter dem $\mathrm{d}x$ vom Mittelpunkt der Blase aus erscheint (siehe Abb. 3); *r*: Radius der Blase)
ergibt sich für die Kraft des Betrags d^2F, die am Mittelpunkt des Flächenstücks $\mathrm{d}A$ als Resultierende der beiden Kräfte des Betrags $\mathrm{d}F$ in radialer Richtung weist:

$$\mathrm{d}^2F = 2\,\mathrm{d}F \sin \frac{\mathrm{d}\varphi}{2} \approx 2\,\mathrm{d}F \frac{\mathrm{d}\varphi}{2} = 4\,\sigma\,\mathrm{d}y \frac{\mathrm{d}x}{2r} = \frac{2\sigma}{r}\,\mathrm{d}x\mathrm{d}y$$

Die Kräfte auf die Seiten $\mathrm{d}x$ liefern noch einmal denselben Betrag in radialer Richtung. Damit diese Kraft des Betrags $2\,\mathrm{d}^2F$ die Seifenblase nicht zusammenzieht, muss in der Seifenblase ein Überdruck Δp herrschen. Mit $2\,\mathrm{d}^2F = \Delta p \cdot \mathrm{d}A$ folgt $\Delta p = \frac{\sigma}{r}$.

Auf Grund der Schwerkraft sammelt sich die Flüssigkeit zwischen innerer und äußerer Seifenhaut in der unteren Hälfte der Seifenblasenkugel. Dadurch können auf der oberen Hälfte der Seifenblasenkugel Stellen mit extrem dünner Haut auftreten, die dem Überdruck in der Seifenblase nachgeben. Die Blase platzt. Um die Drift der Flüssigkeit in den unteren Teil der Seifenblase zu verlangsamen, setzt man der Seifenlösung Stoffe mit einer großen Viskosität (z. B. Tapetenkleister, Zucker, Glycerin, Polyvinylalkohol) zu. Das farbige Schillern der Seifenblasen ist auf Interferenzen zurückzuführen.

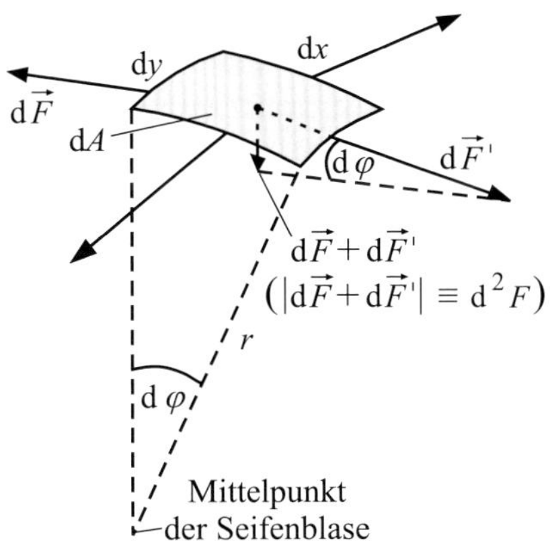

Abb. 3

In Abbildung 4 trifft ein weißer Lichtstrahl der Sonne unter einem Winkel α auf die Außenfläche der Haut der Seifenblase. Da die Brechzahl mit zunehmender Wellenlänge des Lichts abnimmt, kommt es durch die Brechung zu einer Aufspaltung der verschiedenen Wellenlängen des weißen Lichts (siehe Abb. 4). An der inneren Oberfläche der Seifenblase werden die Lichtstrahlen reflektiert. (Der reflektierte Strahl besitzt, da der Strahl auch gebrochen wird, eine geringere Intensität als der Strahl, der auf die innere Seifenhaut trifft.) Die so entstehenden kohärenten Strahlen (z. B. der reflektierte Strahl 1. Ordnung, der gebrochene Strahl 3., 5., usw. Ordnung) können miteinander interferieren. Dabei ist der Gangunterschied der Strahlen von Bedeutung. Er hängt von dem Einfallswinkel α des Lichtstrahls auf die äußere Haut, der Dicke der Seifenhaut und über den Brechungsindex von der Wellenlänge des Lichts ab. Ist der Gangunterschied gleich einem ganzzahligen Vielfachen der Wellenlänge, kommt es zu einer konstruktiven Interferenz und der Beobachter sieht diese Wellenlänge, falls sein Auge die Seifenblase unter dem ausgezeichneten Winkel betrachtet, für den ein Interferenzmaximum der Wellenlänge auftritt. Da das Wahrnehmen von Farben also von diesem ausgezeichneten Winkel abhängt, sieht man an unterschiedlichen Stellen auf der Seifenblase unterschiedliche Farben.

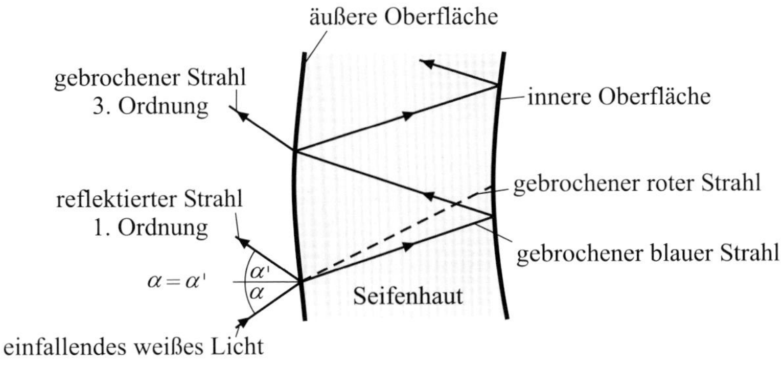

Abb. 4

Bemerkungen

1704 veröffentlichte Sir *Isaac Newton* (1643-1727) sein Werk „Opticks". Hierin beschrieb er ausführlich die Farbenspiele auf Seifenblasen und erklärte sie mit der Korpuskeltheorie. Danach entsprechen Farben Lichtpartikel verschiedener Größe, die an der Seifenhaut gebrochen werden. Er untermauerte die Korpuskeltheorie mit dem Experiment zur Farbzerlegung am Prisma und zog Parallelen zur Seifenhaut.
Zur Erklärung: „Erklärung" zum Experiment „Zerlaufende Tropfen".

Literatur

Oberdorfer, G.: Zytglogge Werkbuch, Das springende Ei und andere Experimente für die fünf Sinne, Zytglogge-Verlag, Gümmlingen Bonn Wien 1991
Falbe, J; Reignitz, M.: Römpp Chemie Lexikon T-Z, Georg Thieme Verlag, Stuttgart New York 1992

zur Erklärung:

Hering, E.; Martin, R.; Storer, M.: Physik für Ingenieure, VDI Verlag GmbH, Düsseldorf 1995, S.104
Vogel, H.: Gerthsen, Physik, Springer Verlag, Berlin 1995, S.100

zu Bemerkungen:

Walker, J.: Ein Knick in der Optik, Unterhaltsame Experimente aus Spektrum der Wissenschaft, Fischer Taschenbuch Verlag GmbH, Frankfurt am Main 1992

2.38 Ein Korken schwimmt bergauf

Ein Korkstück schwimmt auf einer gekrümmten Wasseroberfläche immer an die höchst gelegene Stelle. Fettet man es ein, so verhält es sich genau umgekehrt. Für dieses Verhalten liegt keine vollständige Erklärung vor.

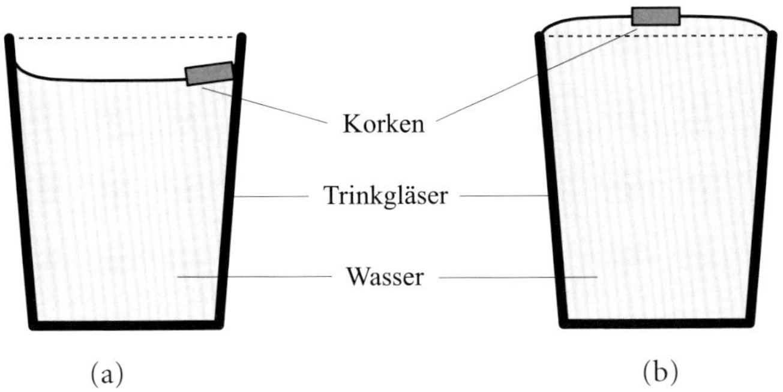

Abb. 1

Material

- Trinkglas (Durchmesser: ca. 5 cm)
- Gefäß mit Schnabel, z. B. Messbecher
- Korken einer Weinflasche
- Fett
- Hilfsmittel: Messer

Aufbau und Durchführung

Von einem Korken schneidet man eine ungefähr 5 mm dicke Scheibe ab und lässt sie unter folgenden Bedingungen auf Wasser schwimmen:
Ein Trinkglas wird mit Wasser gefüllt, so dass der Wasserspiegel noch deutlich unter dem Glasrand liegt. Versucht man, die Korkscheibe in der Mitte der Wasseroberfläche zu platzieren, so schwimmt sie nach einer Weile stets an die Glaswand und verharrt dort (siehe Abb. 1(a)).
Füllt man, ausgehend vom ersten Fall, vorsichtig Wasser nach, bis die Wasseroberfläche sich etwa 2 mm über den Glasrand erhebt, so treibt die Korkscheibe unwillkürlich immer in die Mitte der Wasseroberfläche (siehe Abb. 1(b)), auch wenn man sie mit viel Geduld an den Rand schiebt.
Fettet man das Korkstück ein und setzt es sehr behutsam auf die Wasseroberfläche, so verhält es sich genau umgekehrt wie in den Fällen 1 und 2, d. h. in einem übervollen Trinkglas schwimmt es an den Rand, andernfalls in die Mitte.

Erklärung

So verblüffend das Ergebnis dieses einfach durchzuführenden Experiments ist, so diffizil ist auch die physikalische Erklärung der beobachteten Vorgänge, die bis jetzt nach unserer Kenntnis noch nicht vollständig vorliegt.

In der Literatur wird das Experiment zwar relativ häufig erwähnt, das Ergebnis des Experiments jedoch auf recht unterschiedliche Weise begründet. Im Folgenden soll dementsprechend keine lückenlose Erklärung, sondern eine Übersicht über die physikalischen Effekte gegeben werden, die eine Rolle spielen *könnten*.
Der ausschlaggebende Grund für das Verhalten des Korkens dürfte mit Sicherheit die auf Grund der Oberflächenspannung gekrümmte Wasseroberfläche (siehe Abb. 1(a) und Abb. 1(b)) sein. Die größten Abweichungen von einer ebenen Wasseroberfläche herrschen an der Berührungslinie zwischen Wasser und Glas bzw. zwischen Wasser und Korken, wobei der am Korkstück auftretende Randwinkel sich durch Einfetten des Korkens verändert, weil dadurch seine Benetzbarkeit kleiner wird (zur Theorie des Randwinkels vergleiche z. B. [*Grimsehl* 1989, S. 164-166] und das Experiment „Oberflächenschwimmer").
Die offene Frage ist, wie das Verhalten des Korkstücks durch die gekrümmte Wasseroberfläche beeinflusst bzw. durch die Randwinkel bestimmt wird. Als Einflussfaktoren kommen dafür in Frage:

1. Gewichtskraft des Korkens:
   Eine gekrümmte Flüssigkeitsoberfläche legt zunächst die Vermutung nahe, dass der Korken durch seine Gewichtskraft bewegt wird. Da der Korken in den Fällen 1 und 2 aber an die höchst gelegene Stelle der Wasseroberfläche schwimmt, scheidet diese Erklärungsmöglichkeit aus, im Gegenteil, sie postuliert sozusagen zusätzliche Kräfte, die das Korkstück zu seinem „antigravitativen Verhalten" zwingen.
2. Minimierung der potenziellen Energie von Wasser und Korkstück:
   Die Fälle 1 und 2 könnte man damit erklären, dass die Gesamtenergie des Systems Wasser-Korken kleiner ist, wenn das Korkstück (mit einer relativ kleinen Dichte) eine hohe Position einnimmt und dafür das dichtere Wasser eine möglichst tiefe. Die Problematik dieser Erklärung liegt im dritten geschilderten Fall (siehe Aufbau und Durchführung). Das Einfetten des Korkens verändert die verdrängte Wassermenge nicht, führt aber zum umgekehrten Verhalten wie vorher.
3. Oberflächenspannung und Oberflächenenergie des Wassers:
   Die potenzielle Energie, die notwendig ist, um den Korken an die höchste Stelle der Wasseroberfläche zu befördern, könnte aus der Oberflächenenergie des Wassers stammen. Das Verhalten des Korkstücks wäre dann dadurch bestimmt, dass es stets an die Stelle schwimmt, für welche die Oberfläche des Wassers minimal wird. (Da das Volumen des verdrängten Wassers und damit die mit Wasser benetzte Fläche des Korkstücks konstant ist, treten bei der Grenzflächenenergie zwischen Wasser und Kork keine (zur Änderung der Oberflächenenergie) zusätzlichen Energieänderungen auf.) Die unterschiedlichen Positionen des Korkens bei Vorliegen des Oberflächenminimums im Falle eines benetzbaren bzw. nichtbenetzbaren Korkstücks müssten dann durch die unterschiedlichen auftretenden Randwinkel des Wassers an der Korkoberfläche (und damit die unterschiedliche Form der Wasseroberfläche) begründet werden.

Literatur

Berry, D. A.: A POTPOURRI OF PHYSICS TEACHING IDEAS, Selected reprints from The Physics Teacher April 1963 to December 1986, American Association of Physics Teachers, College Park, MD 20740-4100, U.S.A. o. J. [1987]
Press, H. J.: Spiel das Wissen schafft: 100 interessante Experimente aus Natur und Technik – spielend ausführen, Ravensburger Taschenbücher, Ravensburg 1992
Schlichting, H. J., Praxis der Naturwissenschaften: Physik 41/3 (1992), S. 45-47
Glass, D.: What's what? Naturwissenschaftliche Plaudereien, Deutscher Taschenbuch Verlag GmbH & Co. KG, München 1997

zur Erklärung:

Grimsehl, E.; Schallreuter, W.; Altenburg, K.: Lehrbuch der Physik, Band 1, Mechanik, Akustik, Wärmelehre, BSB B.G. Teubner Verlagsgesellschaft, Leipzig 1989, S. 164-166

2.39 Wasser als Klebstoff

Zwei Glasscheibchen, die durch eine dünne Wasserschicht zusammengehalten werden, verdeutlichen, dass zwischen Glas und Wasser Adhäsionskräfte wirken. Im Wasser wirken Kohäsionskräfte.

Abb. 1

Material

- 2 kleine Glasscheiben (Maße: ca. 3 cm × 5 cm), z. B. Objektträger aus der Mikroskopie
- Zahnstocher oder anderer dünner Gegenstand

Aufbau und Durchführung

Ein Glasscheibchen legt man auf eine Unterlage und bringt in der Mitte seiner Oberseite mit einem Zahnstocher einen kleinen Wassertropfen auf. Wird ein zweites Glasscheibchen an der Stelle des Wassertropfens quer über das erste gelegt (siehe Abb. 1), so haftet das untere daran und kann hochgehoben werden, ohne dass man es berührt. Das Wasser verteilt sich dabei im Raum zwischen den beiden Scheibchen. Dabei muss die Wassermenge nicht notwendigerweise ausreichen, um die ganze quadratische Fläche zu benetzen, wie in Abbildung 1 dargestellt. Die Glasscheibchen haften auch aneinander, wenn sich das Wasser nur über eine kreisförmige Fläche von wenigstens 1 cm Durchmesser ausbreitet.

Erklärung

Die Moleküle in der dünnen Wasserschicht ziehen sich gegenseitig durch die vorhandenen Kohäsionskräfte an. Diese entstehen durch die Dipol-Dipol-Wechselwirkungen zwischen den polar aufgebauten Wassermolekülen. Die beiden Seiten der Wasserschicht und die jeweils angrenzende Glasoberfläche ziehen sich auf Grund von Adhäsionskräften an. Dadurch, dass die Wasserschicht innerlich zusammengehalten wird und an ihren Oberflächen die Glasscheibchen anzieht, sorgt sie dafür, dass das untere Scheibchen nicht herunterfällt.

Der Luftdruck spielt in diesem Fall nicht die entscheidende Rolle, da die Wasserschicht über ihre seitliche Begrenzung in Kontakt mit der umgebenden Luft steht. Daher herrscht im Wasser ein Druck, der mindestens so groß wie der Luftdruck ist. Somit scheidet als Erklärung aus, dass die Scheibchen durch den Luftdruck zusammengepresst werden.

Literatur

zur Erklärung:

Grimsehl, E.; Schallreuter, W.; Altenburg, K.: Lehrbuch der Physik, Band 1, Mechanik, Akustik, Wärmelehre, BSB B.G. Teubner Verlagsgesellschaft, Leipzig 1989

2.40 Kapillarwirkung zwischen Glasscheiben

Mit zwei kleinen Glasscheiben ist es möglich, die Abhängigkeit zwischen dem Radius einer Kapillare und der Steighöhe einer darin befindlichen Flüssigkeit darzustellen.

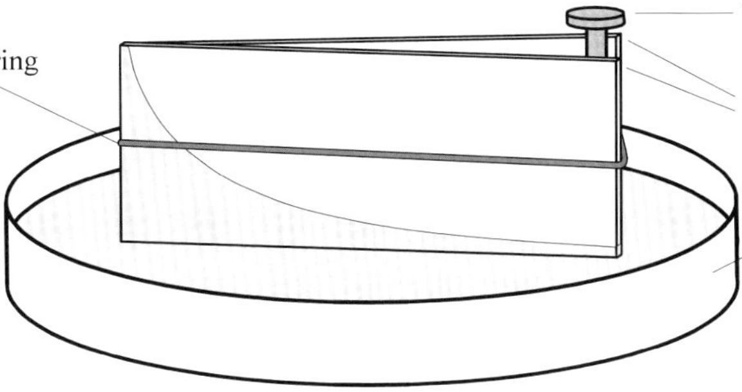

Abb. 1

Material

- 2 kleine Glasscheiben (Maße: ca. 4 cm × 6 cm), z. B. Objektträger aus der Mikroskopie
- Nagel oder Schraube (Durchmesser: ca. 3 mm; Länge: ca. 50 mm)
- Gummiring
- kleine Schale, z. B. Untertasse
- evtl. Reinigungsbenzin
- evtl. Tinte

Aufbau und Durchführung

Zwei gut gereinigte (fettfreie), kleine Glasscheiben werden aufeinander gelegt, wobei an einer Querseite ein Nagel dazwischen gebracht wird. Die Anordnung wird, wie in Abbildung 1 zu sehen, durch einen Gummiring zusammengehalten. Taucht man die Scheiben mit den unteren Glaskanten in (evtl. eingefärbtes) Wasser, so steigt es an der Kante, an der sich die Scheiben berühren, bis an den oberen Glasrand, während es auf der anderen Seite nur wenig angehoben wird. Der Rand der Wasseroberfläche zwischen den Scheiben beschreibt dabei eine hyperbelförmige Kurve (siehe Abb. 1).

Erklärung

Auf Grund der Adhäsionskräfte steigt Wasser in engen, durch Glas abgegrenzten Räumen entgegen der Schwerkraft ein Stück nach oben. Die Steighöhe nimmt dabei mit Vergrößerung des Abstandes zwischen den Glaswänden ab. Bei einer Kapillare mit kreisförmigem Querschnitt ist die Steighöhe umgekehrt proportional zu deren Radius (bezüglich der lichten Weite). Obwohl der Raum zwischen den Glasscheiben nicht in Kapillaren unterteilt ist, beobachtet man trotzdem die umgekehrte Proportionalität von Wandabstand und Anhebung der Wasseroberfläche. Da der Wandabstand von null an der Berührkante bis auf sein Maximum an der gegenüberliegenden Seite anwächst, bildet das Wasser eine Oberfläche, deren Rand die Form einer Hyperbel besitzt.

Literatur

Hahn, H.: Physikalische Freihandversuche, Band 2, Verlag Otto Saale, Braunschweig 1907

Köthe, R.: Das neue Experimentierbuch: 150 einfache Experimente aus der Physik, Chemie und Biologie, Tessloff Verlag, Hamburg 1986

2.41 Kreide auf Tauchgang

Die Bläschen, die von einem Kreidestück unter Wasser aufsteigen, zeigen, dass es sich bei Kreide um einen porösen Stoff handelt und die darin eingeschlossene Luft vom Wasser auf Grund von Kapillarkräften verdrängt wird.

Material

- neues Stück Kreide
- Trinkglas

Aufbau und Durchführung

Ein Trinkglas wird mit Wasser gefüllt und ein neues Stück Kreide hineingegeben. Unter leisem Pfeifen und Quietschen steigen einige Zeit lang Luftbläschen von dem Kreidestück auf (siehe Abb. 1).

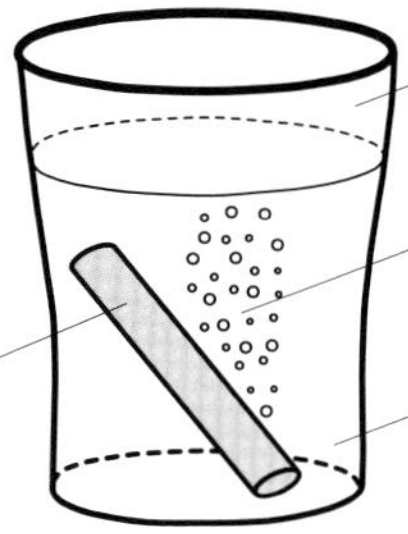

Abb. 1

Erklärung

Bei Kreide handelt es sich um einen mit Wasser benetzbaren Stoff. Durch Vergrößerung der benetzten Fläche wird wegen der vorhandenen Adhäsionskräfte Bindungsenergie frei. Da Kreide porös ist, dringt Wasser in die mikroskopisch kleinen Zwischenräume ein und presst dabei die eingeschlossene Luft aus der Kreide heraus. Die Luft, die in den engen Zwischenräumen strömt, regt das Kreidestück zu Schwingungen an, die als Geräusche wahrnehmbar sind.

Bemerkungen

Auf der Kapillarwirkung der Hohlräume in Kreide basiert das Experiment „Die brennende Kreide“.

Literatur

Zeier, E.: Physikalische Schulversuche, Freihandversuche, kleine Experimente, Aulis Verlag Deubner, Köln 1986

2.42 Die brennende Kreide

Die Kapillarität wird anhand von Petroleum demonstriert, das in einem senkrecht stehenden Stück Kreide bis zum oberen Ende hochsteigt und sich dort anzünden lässt.

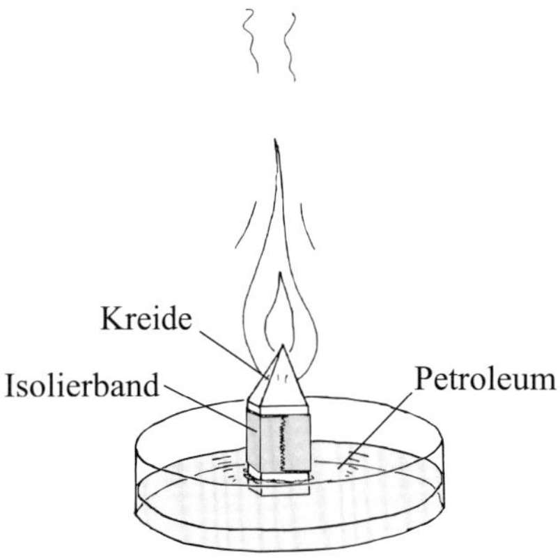

Abb. 1

Material

- kleine, flache Schale, z. B. Untertasse oder Petrischale
- Petroleum oder anderes für Öllampen geeignetes Öl
- Tafelkreide
- Gewebeband
- evtl. feuerbeständiges Gefäß, das sich über die Schale stülpen lässt, wenn in ihr die Kreide aufgestellt ist
- Hilfsmittel: Messer und Feuerzeug oder Zündhölzer

Aufbau und Durchführung

Ein Stück Tafelkreide wird an einem Ende mit einem Messer angespitzt und so mit Gewebeband eingewickelt, dass am einen Ende die Spitze und am anderen Ende ca. 1 cm frei bleibt (siehe Abb. 1).

In die Schale wird 0,5 cm hoch Petroleum gegossen. Stellt man das Kreidestück senkrecht mit der Spitze nach oben in die Schale (siehe Abb. 1), steigt das Petroleum infolge der Kapillarkraft bis zur Spitze der Kreide. Dort zündet man es an. Innerhalb von wenigen Sekunden wächst die Flamme bis auf eine Höhe von 7 – 10 cm an und breitet sich über die gesamte Spitze aus (siehe Abb. 1). Das Gewebeband, mit dem die Kreide umwickelt wurde, verhindert, dass die Flamme auf den Petroleumvorrat in der Schale übergreift. Die Flamme brennt in dieser Höhe ca. 10 Minuten lang, verkleinert sich dann und erlischt von selbst.

Soll die Flamme schon vorher gelöscht werden, empfiehlt es sich, ein Gefäß über die Schale mit der brennenden Kreide zu stülpen, um damit die Flamme zu ersticken. Es ist davon abzuraten, die Flamme auszublasen. Die Kreide könnte dabei umfallen und den Petroleumrest in der Schale entzünden.

Die Zeitdauer, die das Petroleum benötigt, um bis zur Kreidespitze anzusteigen, hängt von der Länge der Kreide ab. Verwendet man für dieses Experiment ein ca. 10 cm langes Stück Kreide, dauert es ca. 40 Minuten bis das Petroleum bis zur Spitze angestiegen ist. Es dauert nur 10 – 15 Minuten, wenn die Kreide auf eine Länge von 4 cm gekürzt wird.

Erklärung

Kreide ist sehr porös und hat deshalb viele kleine aneinander grenzende Hohlräume, die man als Kapillaren betrachten kann. Die Kohäsionskräfte zwischen den Molekülen des Petroleums und die Adhäsionkräfte zwischen den Molekülen der Kreide und des Petroleums bewirken an der Grenzschicht eine resultierende Kraft, die auf die Oberfläche des

Petroleums in der Kapillare wirkt. Sie ist in Richtung der Kapillaren von der Flüssigkeit weg, d. h. in unserem Fall nach oben gerichtet und wird Kapillarkraft genannt. Da zwischen den Flüssigkeitsmolekülen Kohäsionskräfte wirken, zieht die Oberfläche des Petroleums Flüssigkeit mit nach oben, so dass eine geschlossene Flüssigkeitssäule entsteht. Die Kapillarkraft hebt das Petroleum so weit in die Höhe, bis ihr die Gewichtskraft des angehobenen Petroleums das Gleichgewicht hält.
Die Länge einer normalen Tafelkreide genügt nicht, um diesen Gleichgewichtszustand zu erreichen. Deshalb wird immer Petroleum von unten nachgeliefert, wenn oben Petroleum verbrannt ist. Leider verbrennt das Petroleum schneller als es durch die Kreide nachgeliefert wird.

Bemerkungen

Die Funktionsweise des Dochtes einer Kerze oder einer Öllampe ist im Prinzip die gleiche wie die der brennenden Kreide.
Die Experimente „Kapillarwirkung zwischen Glasscheiben“ und „Kreide auf Tauchgang“ behandeln die gleiche Thematik.

Literatur

Zeier, E.: Kurzweil durch Physik, Aulis Verlag Deubner, Köln 1983

2.43 Wasser hält einen Karton fest

Die Adhäsionskraft zwischen Wasser und einem Stück Pappe hält einen belasteten zweiarmigen Hebel im Gleichgewicht.

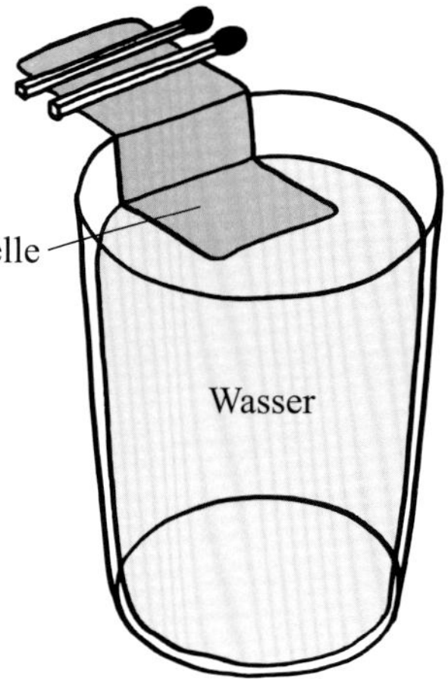

Abb. 1

Material

- Trinkglas
- Stück Pappe
- Streichhölzer
- Hilfsmittel: Schere

Aufbau und Durchführung

Aus einem Stück Pappe schneidet man einen ca. 10 cm langen und 2 cm breiten Streifen. Diesen knickt man zweimal rechtwinklig um, so dass er die Form einer Kelle erhält (siehe Abb. 1). Die Pappkelle wird so auf dem Rand eines leeren Trinkglases platziert, dass sie im Gleichgewicht ist. Legt man ein Streichholz auf den Teil des Pappstreifens, der sich außerhalb des Glases befindet, so kippt die Kelle nach außen.
Man stellt den Gleichgewichtszustand durch Abnehmen des Streichholzes wieder her und füllt so viel Wasser in das Glas, dass es die Pappe im Inneren des Glases gerade berührt. Legt man ein Streichholz auf den Pappstreifen außerhalb des Glases, so gerät die Anordnung nicht aus dem Gleichgewicht. Auch bei mehreren Streichhölzern kippt die Kelle nicht nach außen.

Erklärung

Die Pappkelle stellt einen zweiarmigen Hebel dar, der sich um den Glasrand als Achse drehen kann. Beim leeren Glas befindet sich der Hebel anfangs im Gleichgewicht und erfährt durch das hinzugefügte Streichholz ein Drehmoment, das ihn nach außen kippen lässt. Beim mit Wasser gefüllten Glas gleichen sich die Drehmomente aus, die von der Gewichtskraft der Streichhölzer und der Adhäsionskraft zwischen dem Wasser und der Pappe hervorgerufen werden, und der Hebel bleibt im Gleichgewicht.

Literatur

Hahn, H.: Physikalische Freihandversuche, Band 2, Verlag Otto Saale, Braunschweig 1907

2.44 Der Schwingungstaucher

Ein beschwertes und dadurch aufrecht in Flüssigkeiten schwimmendes Reagenzglas macht deutlich, welche typischen Verhaltensweisen ein harmonisches System je nach Stärke der Dämpfung zeigen kann.

Material

- größeres durchsichtiges Gefäß, z. B. großes Marmeladeglas
- Reagenzglas
- kleine Gewichtstücke, z. B. Metallkügelchen, Steinchen
- evtl. Honig und Motoröl

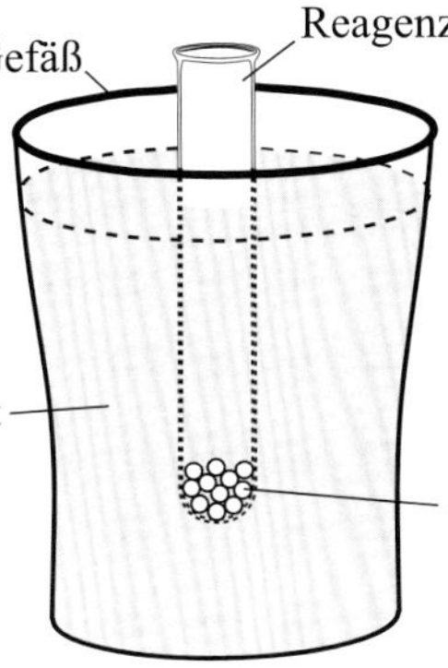

Abb. 1

Aufbau und Durchführung

Ein Reagenzglas wird so weit mit kleinen Gewichtstücken gefüllt, dass es in einem wassergefüllten Gefäß stabil aufrecht schwimmt. Nachdem man das Reagenzglas mit zwei Fingern etwas (siehe Abb. 1) hochgehoben (ca. 2 cm) und plötzlich wieder freigegeben hat, bewegt es sich eine Weile auf und ab und kommt wieder zur Ruhe. Das Reagenzglas anzuheben ist günstiger, als es tiefer in das Wasser zu drücken, weil es dann automatisch in der vertikalen Lage bleibt.
Das Reagenzglas führt eine gedämpfte harmonische Schwingung aus und kommt bald wieder zur Ruhe. Verwendet man eine sehr zähe Flüssigkeit (z. B. Honig), so wird die Dämpfung so groß, dass das System nicht mehr schwingungsfähig ist. In diesem Fall kriecht das Reagenzglas nach einer Auslenkung in die Ruhelage zurück, ohne sie dabei zu überschreiten. Den Übergang zwischen Schwingung und Kriechfall bildet der aperiodische Grenzfall, der sich näherungsweise mit Motoröl als Flüssigkeit realisieren lässt.

Erklärung

Im Gleichgewichtszustand taucht ein Abschnitt der Länge h des beschwerten Reagenzglases in das Wasser ein, die Auftriebskraft und Gewichtskraft sind gegengleich:

$$Ah\rho g - mg = 0 \qquad (1)$$

(A, m: Querschnittsfläche und Gesamtmasse des beschwerten Reagenzglases; ρ: Dichte von Wasser; g: Betrag der Erdbeschleunigung)
In der folgenden Rechnung gelte die Vereinbarung, dass positive Kräfte und Auslenkungen aus der Ruhelage nach oben gerichtet seien.
Für die rücktreibende Kraft $F(x)$ bei einer Auslenkung aus der Ruhelage um die Strecke x erhält man:

$$F(x) = A(h-x)\rho g - mg = Ah\rho g - mg - Ax\rho g = -A\rho g\, x \qquad \text{((1) eingesetzt)}$$

Ohne Reibung erhielte man eine ungedämpfte Schwingung mit der lediglich von der Eintauchtiefe abhängigen (abgesehen von der konstanten Erdbeschleunigung) Kreisfrequenz

$$\omega=\sqrt{\frac{A\rho g}{m}}=\sqrt{\frac{mg}{mh}}=\sqrt{\frac{g}{h}} \quad \text{weil} \quad A\rho g=\frac{mg}{h} \qquad (\text{aus}(1)).$$

Berücksichtigt man die Dämpfung (Reibungkonstante k), so lautet die entsprechende Differentialgleichung:

$$m\ddot{x}+k\dot{x}+Dx=0 \quad \text{mit} \quad D=A\rho g$$

Je nach Stärke der Dämpfung sind drei Fälle zu unterscheiden:

1. Schwache Dämpfung: $k<2\sqrt{mD}$
Schwimmt das Reagenzglas in Wasser, so ist das System zwar gedämpft, aber noch schwingungsfähig. Es bewegt sich nach der Gleichung

$$x(t) = x_0 e^{-\delta t} \cos(\omega t + \varphi)$$

(x_0 und φ sind durch die Anfangsbedingungen festgelegt und es gilt $\delta = \frac{k}{2m}$).

Die Kreisfrequenz ist dabei $\omega=\sqrt{\frac{g}{h}-\frac{k^2}{4m^2}} \approx \sqrt{\frac{g}{h}}$ für $k << 1$.

2. Aperiodischer Grenzfall: $k=2\sqrt{mD}$
In diesem Fall kehrt das System nach der Zeit-Weg-Gleichung

$$x(t) = x_0 (1 + \delta t)\, e^{-\delta t}$$

(Anfangsbedingungen $\dot{x}(0) = 0$ und $x(0) = x_0$)
am schnellsten wieder in die Ruhelage zurück.

3. Starke Dämpfung: $k>2\sqrt{mD}$
In diesem so genannten Kriechfall kehrt das System nur sehr langsam in die Ruhelage zurück. Dies erreicht man im Versuch durch die Verwendung einer sehr zähen Flüssigkeit. Für $x(t)$ gilt:

$$x(t)=ae^{-\delta_1 t}+be^{-\delta_2 t} \quad \text{mit} \quad \delta_{1,2}=\delta \pm \sqrt{\delta^2-\frac{D}{m}}$$

(a und b ergeben sich aus den Anfangsbedingungen).

Bemerkungen

Die Bedeutung des aperiodischen Grenzfalls als ideale Dämpfung bei Geräten, an welchen Schwingungen unerwünscht sind (z. B. Zeigermessinstrumente, Fahrzeugaufhängung) lässt sich gut demonstrieren, wenn man die Fälle 1 bis 3 separat aufbaut (Flüssigkeiten: Wasser, Motoröl und Honig). Während das Reagenzglas in Wasser zu lange schwingt und sich im Honig nur sehr langsam auf die Ruhelage zubewegt, hat es im Öl am schnellsten den Ausgangszustand erreicht.

Literatur

Zeier, E.: Physikalische Schulversuche, Freihandversuche, kleine Experimente, Aulis Verlag Deubner, Köln 1986

2.45 Stehende Wellen auf Kaffee

Stehende Wellen auf der Oberfläche einer Flüssigkeit dienen als Indikator dafür, dass sich ein Körper durch den ständigen Wechsel zwischen Gleit- und Haftreibung in Schwingung versetzen lässt.

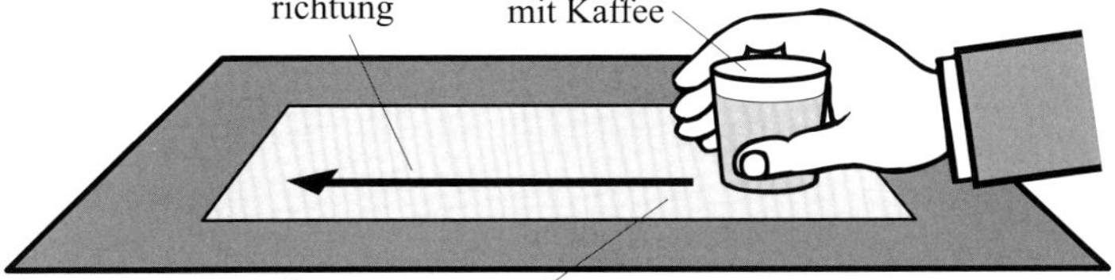

Abb. 1

Material

- Joghurtbecher (Durchmesser: ca. 6 cm; Höhe: ca. 7 cm)
- großer Bogen Schleifpapier (Länge: mindestens 30 cm; Körnigkeit: 200 – 400)
- Kaffee oder eine andere dunkle Flüssigkeit

Aufbau und Durchführung

Ein Joghurtbecher wird bis ungefähr 1 cm unterhalb seiner Öffnung mit Kaffee gefüllt und auf die raue Seite eines Bogens Schleifpapier gestellt. Man drückt ihn leicht auf das Schleifpapier und *schiebt* ihn darüber (siehe Abb. 1). Dabei bildet sich auf der Flüssigkeitsoberfläche sofort ein Muster stehender Wellen aus.

Durch Variation der Anpresskraft und der Geschwindigkeit lassen sich unterschiedliche Wellenmuster erzeugen. Bei einer bestimmten Geschwindigkeit und geeigneter Kraft auf den Becher lösen sich Tropfen von der Oberfläche der Flüssigkeit und spritzen einige Zentimeter hoch.

Erklärung

Die Bewegung des gefüllten Joghurtbechers ist nur makroskopisch gesehen gleichförmig. Betrachtet man sie mit einer hohen Orts- und Zeitauflösung, so besteht sie aus einem periodischen Wechsel zwischen Haften und Gleiten, der eine ständige Veränderung der Geschwindigkeit mit der gleichen Periodizität zur Folge hat.

Stark schematisiert besitzt ein Zyklus einen Ablauf, wie er in der Bilderfolge Abbildung 2(a) bis (e) dargestellt ist.

Durch das Eigengewicht des Bechers und der Kraft, mit der er auf das Schleifpapier gedrückt wird, haftet der Becher zu Beginn der Bewegung auf der Unterlage. Solange die schiebende Kraft kleiner als die maximal erreichbare Haftreibungskraft ist, bewegt sich der Boden des Bechers nicht (siehe Abb. 2(a) und Abb. 2(b)), sondern der Becher wird leicht deformiert (in Abb. 2(b) übertrieben dargestellt).

Beim Überschreiten einer bestimmten Kraft beginnt der Becher zu gleiten (siehe Abb. 2(c) bis Abb. 2(e)). Die Geschwindigkeit des Angriffspunkts der Kraft wächst relativ schnell an, da sich zusätzlich zum einsetzenden Gleiten auf der Unterlage auch die Deformation des Bechers rasch zurückbildet (siehe Abb. 2(b) bis Abb. 2(d)). Da die Hand zu träge ist, um dem raschen Geschwindigkeitsanstieg des Bechers zu folgen, sinkt die von der Hand auf den Becher wirkende Kraft. Unterschreitet sie den Betrag der Gleitreibungskraft, kommt der Becher zum Stehen, es herrschen wieder die Verhältnisse aus Abbildung 2(a) und der Zyklus beginnt von neuem.

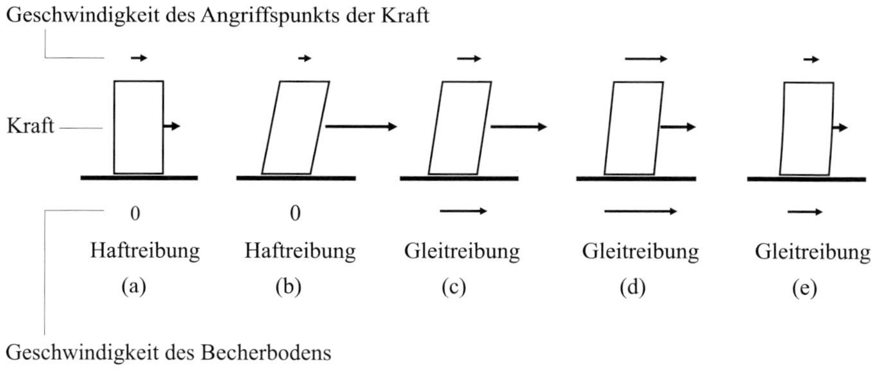

Abb. 2

Durch den beschriebenen Vorgang erfährt der Kaffee im Becher eine periodisch variierende Beschleunigung. Entspricht die Anregungsfrequenz näherungsweise einem der möglichen diskreten Eigenschwingungszustände der Flüssigkeitsoberfläche, so bildet sich ein stehendes Wellenmuster aus. Entstehen dabei besonders große Schwingungsamplituden, so spritzt der Kaffee in Tropfen aus dem Joghurtbecher.

Bemerkungen

Der dargestellte Mechanismus tritt oft bei der Entstehung von quietschenden Geräuschen auf, die dann meistens als störend empfunden werden. Beispiele sind das Schieben eines Stuhls mit Holzbeinen auf einem gefliesten Boden, das Quietschen von Kreide beim Schreiben auf einer Tafel oder quietschende Bremsen an Autos und Fahrrädern. Meist als schön empfunden wird dasselbe Prinzip bei Streichinstrumenten, bei denen es für die Tonerzeugung verantwortlich ist. Dort ruft der über die Saite streichende Bogen durch periodisches Haften und Gleiten Schwingungen der Saite hervor.
Der Wechsel zwischen Gleit- und Haftreibung zur Erzeugung stehender Wellen wird in ähnlicher Weise auch in dem Experiment „Singende Gläser“ ausgenutzt.

Literatur

Keeports, D., The Physics Teacher 26/7 (1988), S. 456-457

2.46 Seegang auf dem Küchentisch

Mit wassergefüllten Gefäßen wird demonstriert, dass das Phänomen der Resonanz nur dann auftritt, wenn die Anregung eines schwingungsfähigen Systems mit einer Frequenz erfolgt, die sehr nahe bei einer Eigenfrequenz liegt.

Abb. 1

Material

- 3 annähernd zylindrische Glasgefäße (Durchmesser: ca. 6, 9 und 12 cm), z. B. Konservengläser oder Bechergläser
- Tisch, dessen Tischplatte sich ein wenig hin- und herbewegen lässt

Aufbau und Durchführung

Drei Glasgefäße unterschiedlichen Durchmessers werden bis ca. 5 cm unterhalb ihrer Öffnung mit Wasser gefüllt und nebeneinander auf einen Tisch gestellt. Man fasst die Tischplatte mit beiden Händen fest an und bewegt sie in horizontaler Richtung mit einer bestimmten Frequenz etwas (nur wenige Millimeter) hin und her (siehe Abb. 1). Variiert man diese langsam, so lassen sich drei unterschiedliche Anregungsfrequenzen finden, bei welchen jeweils in *einem* der Gefäße das Wasser heftig hin- und herschwappt und herausspritzt. Es ist jedoch nicht möglich, eine Frequenz zu finden, bei der das Wasser *gleichzeitig* in zwei der Gefäße so stark in Bewegung gerät, dass es herausschwappt.

Erklärung

In erster Näherung (also für kleine Amplituden) kann man die Bewegung des Wassers in den Gefäßen durch eine harmonische Schwingung beschreiben.

Regt man ein schwingungsfähiges System periodisch an, so ist in jedem Fall die Frequenz

der stationären angeregten Schwingung gleich der Anregungsfrequenz. Von dieser hängt jedoch entscheidend ab, welche Amplitude sich nach dem Einschwingvorgang einstellt. (Diese Abhängigkeit behandelt das Experiment „'Resonanzkatastrophe' beim Fadenpendel".) Sehr große Amplituden treten nur auf, falls das System nicht zu stark gedämpft ist und die Anregung mit einer Frequenz erfolgt, die nahe bei einer Eigenfrequenz des Systems liegt. Trifft man beim periodischen Bewegen der Tischplatte eine der Eigenfrequenzen der gefüllten Gefäße (Resonanz), so schwappt das Wasser aus dem betreffenden Gefäß heraus.
Wegen der relativ geringen Dämpfung des Systems ist seine Resonanzfrequenz näherungsweise gleich der Eigenfrequenz. Um einen Anhaltspunkt für die Größe der Resonanzfrequenzen zu bekommen, kann man jeweils eines der Gefäße für einen Moment kippen und sofort wieder in die vertikale Stellung bringen. Dadurch schwappt das Wasser mit einer für das Gefäß charakteristischen Eigenfrequenz hin und her. Das größte Gefäß besitzt dabei die kleinste Eigen- bzw. Resonanzfrequenz, weil bei diesem die schwingende Masse (nämlich die des Wassers) am größten ist.

Literatur

Zeier, E.: Physikalische Schulversuche, Freihandversuche, kleine Experimente, Aulis Verlag Deubner, Köln 1986

2.47 Die widerspenstigen Münzen

In Wasser absinkende Münzen demonstrieren, dass eine Strömung an einem Körper ein Drehmoment hervorrufen kann.

Material

- großes Glasgefäß (Durchmesser: ca. 15 cm; Höhe: ca. 25 cm; Volumen: ca. 4 l), z. B. Einmachglas
- kleines Trinkglas (Durchmesser: ca. 5 cm; Höhe: ca. 7 cm), kleiner als die Öffnung des Gefäßes
- mehrere Münzen, nicht größer als ein Zwanzigcentstück

Abb. 1

Aufbau und Durchführung

Ein kleines Trinkglas wird in die Mitte des Bodens eines großen, randvoll mit Wasser gefüllten Glasgefäßes gestellt (siehe Abb. 1).
Die Aufgabe ist, Münzen knapp unter die Wasseroberfläche zu halten und so fallen zu lassen, dass sie im Trinkglas landen. Auch wenn man sich viel Mühe gibt, die Münze genau in vertikaler Stellung loszulassen, gelingt es nur selten, dass das Geldstück senkrecht nach unten absinkt. Die meisten Münzen bewegen sich auf einer gekrümmten Bahn zur Wand des Gefäßes und gleiten an dieser entlang nach unten.

Erklärung

Ist eine in Wasser absinkende Münze gegen die Vertikale geneigt, so ergibt sich im Querschnitt qualitativ das Stromlinienfeld aus Abbildung 2.
Die Münze wird – im Gegensatz zu einer senkrechten Ausrichtung zur Strömungsrichtung – nicht symmetrisch umströmt. Der so genannte Staupunkt S (siehe Abb. 2), an welchem der größte Staudruck auftritt, fällt daher nicht mit dem Schwerpunkt der Münze zusammen. Weil deshalb der Schwerpunkt nicht auf der Wirkungslinie der auf die Münze wirkenden Gesamtkraft liegt, entsteht ein Drehmoment (siehe Experiment „Die gelehrige Schachtel"), das die Münze weiter von einer parallelen Ausrichtung zur Strömungsrichtung wegdreht.
Es wirkt zwar kein Drehmoment, wenn die Münze genau parallel zur Strömungsrichtung ausgerichtet ist, aber diese Gleichgewichtslage ist labil, da bei einer minimalen Abweichung von ihr ein Drehmoment auftritt, welches die Münze noch weiter gegen die Strömungsrichtung neigt. Daher beginnen sich fast alle Münzen kurz nach dem Loslassen zu drehen.

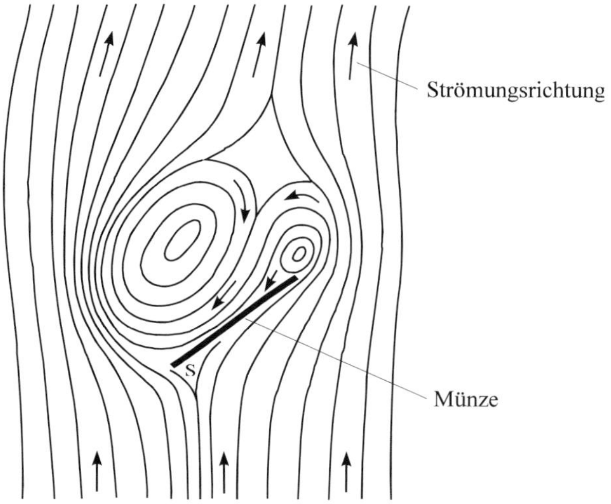

Abb. 2

Da das an der Münze vertikal vorbeiströmende Wasser nach dem Passieren der Münze eine geringe horizontale Geschwindigkeitskomponente besitzt (in Abbildung 2 nach rechts), wirkt auf die Münze eine Kraft in entgegengesetzter horizontaler Richtung (Begründung: Impulserhaltungssatz; ausführliche und gut dargestellte Begründung in [*Weltner* 1991]). Diese Kraft führt zu der gekrümmten Bahn der absinkenden Münzen.

Literatur

Press, H. J.: Spiel das Wissen schafft: 100 interessante Experimente aus Natur und Technik – spielend ausführen, Ravensburger Taschenbücher, Ravensburg 1992

zur Erklärung:

Grimsehl, E.; Schallreuter, W.; Altenburg, K.: Lehrbuch der Physik, Band 1, Mechanik, Akustik, Wärmelehre, BSB B.G. Teubner Verlagsgesellschaft, Leipzig 1989

Weltner, K., Physik und Didaktik 19/3 (1991), S. 183-185

zu Abbildung 2:

Grimsehl, E.; Schallreuter, W.; Altenburg, K.: Lehrbuch der Physik, Band 1, Mechanik, Akustik, Wärmelehre, BSB B.G. Teubner Verlagsgesellschaft, Leipzig 1989

2.48 Eine Kugel mit Effet

Auf Grund des Magnus-Effekts beschreibt eine rotierende Kugel in Wasser eine stark gekrümmte Bahn.

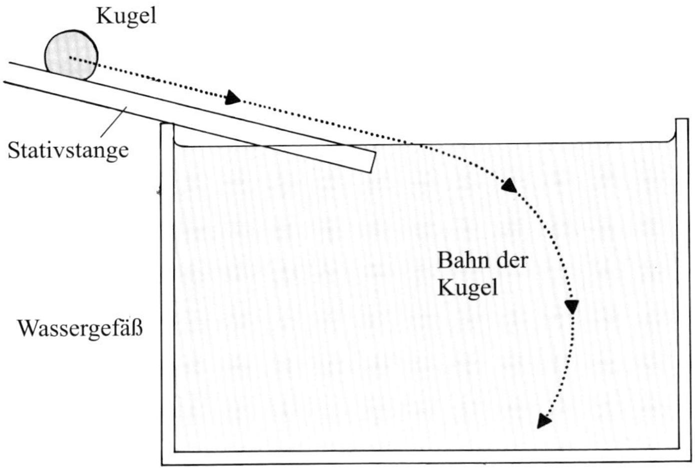

Abb. 1

Material

- Knetmasse
- großes, durchsichtiges Glasgefäß
- 2 Stativstangen (Länge: 1 m)

Aufbau und Durchführung

Ein durchsichtiges Glasgefäß wird fast vollständig mit Wasser gefüllt. An den Rand des Gefäßes werden schräg zwei Stativstangen gehalten, so dass diese parallel nebeneinander liegen und sich zwischen ihnen eine Rinne bildet. Aus Knetmasse formt man eine kleine Kugel (Durchmesser: ca. 2 cm) und legt sie in die Rinne. Die Kugel rollt auf den Stangen nach unten in das Wasser. Im Wasser sinkt die Kugel auf einer stark gekrümmten Bahn zu Boden (siehe Abb. 1).

Erklärung

Die Kugel rollt auf den Stativstangen in das Wasser und dreht sich dort weiter. Durch diese Rotationsbewegung entsteht eine Zirkulationsströmung des Wassers um die Kugel, da an der Kugel eine dünne Wasserschicht haftet, die deren Rotationsbewegung mitmacht, wobei die Geschwindigkeit des mitrotierenden Wassers mit zunehmender Entfernung von der Kugel abnimmt. Zusätzlich dazu wird die Kugel bei ihrer Vorwärtsbewegung parallel vom Wasser umströmt. Durch die Überlagerung von Parallel- und Zirkulationsströmung wird die rotierende Kugel nicht gleichmäßig vom Wasser umströmt.

An einer Seite der Kugel sind die beiden Strömungen gleichgerichtet (in Abbildung 2 links von der Kugel), so dass das Wasser dort schneller strömt als auf der anderen Seite, wo die Zirkulationsströmung entgegen der Parallelströmung verläuft (siehe Experiment „Die fliegende Papprolle"). Diesen unterschiedlichen Strömungsgeschwindigkeiten entsprechen nach der Bernoullischen Gleichung verschiedene Drücke (siehe Experiment „Ein Ball mit Effet"). Durch den Druckunterschied ergibt sich eine seitlich angreifende Kraft auf die Kugel, die diese senkrecht zu ihrer Vorwärtsbewegung ablenkt (in Abbildung 2 nach links), so dass die Kugel im Wasser auf einer stark gekrümmten Bahn zu Boden fällt.

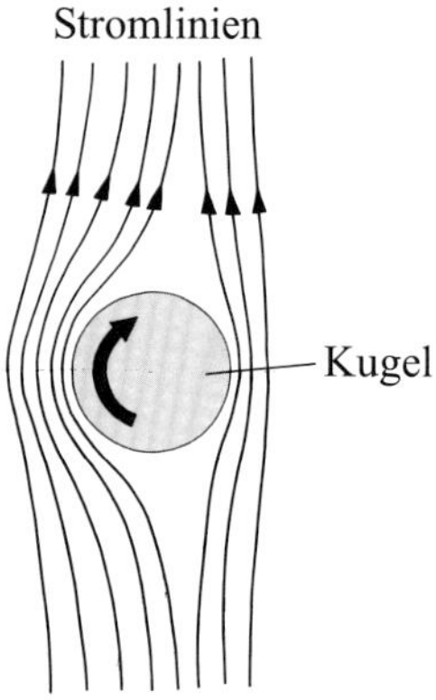

Abb. 2

Bemerkungen

Eine derartige Ablenkung von Kugeln und Bällen bezeichnet man als Magnus-Effekt (siehe Experiment „Die fliegende Papprolle"). Dieser lässt sich bei vielen Ballsportarten beobachten, wie beispielsweise beim Tennis, Fußball oder Billard. Der Ball wird dabei so gespielt, dass er zusätzlich zu seiner Vorwärtsbewegung in Drehung versetzt wird und so auf Grund des Magnus-Effekts eine krumme Bahn beschreibt. Damit eine möglichst große Luftschicht am Ball haftet, weisen Golfbälle kleine Vertiefungen auf, und haben Tennisbälle an der Oberfläche feine Härchen.
In Wasser lässt sich der Effekt am besten mit einem Ball oder einer Kugel demonstrieren, die eine etwas höhere Dichte als Wasser besitzen. Eine Metallkugel würde zu schnell auf den Boden sinken, während ein Tennisball im Wasser schwimmt, so dass in beiden Fällen der Effekt nicht gut sichtbar wird.

Literatur

Gobrecht, H.; Gobrecht, J. H.; Gobrecht, K. H.: Bergmann-Schäfer, Lehrbuch der Experimentalphysik, Band 1, Mechanik, Akustik, Wärme, Walter de Gruyter Verlag, Berlin 1990, S. 356

2.49 Der Moseseffekt

Um zu zeigen, dass die Oberfläche einer rotierenden Flüssigkeit die Form eines Rotationsparaboloids annimmt, werden zwei einfache Drehvorrichtungen vorgestellt.

Material

- Marmeladeglas, zu einem Drittel mit Wasser gefüllt und fest mit passendem Deckel verschlossen
- 2 Stücke einer Paketschnur (Länge: ca. 1,5 m)
- Bleistift oder entsprechende runde Leiste
- Papier, Kork- oder Styroporschnipsel
- Hilfsmittel: Schere, Klebeband

oder

- Milchflasche mit Schraubverschluss, zu einem Drittel mit Wasser gefüllt, oder andere Flasche mit größerem Deckel
- Schraube (Länge: 4 – 5 cm) und passend dazu Mutter und 2 Beilag- oder Zahnscheiben
- Bohrmaschine mit Drehzahlregelung
- Hilfsmittel: Ahle

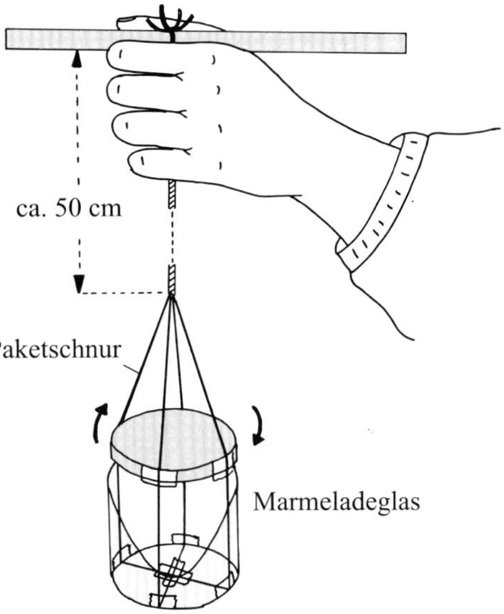

Abb. 1

Aufbau und Durchführung

Im Folgenden werden zwei Drehvorrichtungen vorgestellt, um Wasser in Rotation zu versetzen:
Zur Herstellung der ersten Drehvorrichtung befestigt man jeweils die Mitte zweier Paketschnurstücke über Kreuz mit Klebefilm am Mittelpunkt eines Marmeladeglasbodens (siehe Abb. 1). So gehen von diesem Punkt vier Paketschnüre aus. Diese werden so zum Rand des Bodens weitergeführt, dass sie ein Kreuz bilden, und dort mit Klebefilm befestigt (siehe Abb. 1). Vom Rand des Bodens werden die Schnüre senkrecht zum Glasboden in Richtung Deckel weitergeführt und dort mit Klebefilm befestigt (siehe Abb. 1). Es ist zu empfehlen, den Faden zwischen Boden und Deckelrand nochmals mit Klebeband zu befestigen (in Abbildung 1 nicht eingezeichnet).
Die vier Schnüre fasst man über dem Marmeladeglas mit einem Knoten zusammen. Die Achse des Marmeladeglases sollte wie in Abbildung 1 möglichst vertikal gerichtet sein, wenn die Konstruktion an diesem Knoten hängt. Ca. 50 cm von dem ersten Knoten entfernt werden die Schnüre noch einmal mit einem Knoten zusammengefasst. Über diesem Knoten bildet man mit den vier Fäden zwei Fadenpaare, legt zwischen diese Paare einen Bleistift und bindet die beiden Fadenpaare über dem Bleistift zu einem Knoten zusammen (siehe Abb. 1).
Während man das Marmeladeglas festhält, indem man es z. B. zwischen beiden Füßen einklemmt, spannt man die vier Schnüre und verdrillt sie durch Drehen des Bleistifts.
Lässt man das Marmeladeglas zwischen den Füßen los, wird es durch die verdrillten Schnüre in Rotation versetz, und die Oberfläche des Wassers nimmt die Form eines

Paraboloids an (siehe Abb. 1). Dreht sich das Glas sehr schnell, steht das Wasser wie ein Zylindermantel in dem Marmeladeglas. Von der Seite betrachtet erweckt das Wasser den Eindruck als sei es in zwei Hälften geteilt worden. Um die Form der Wasseroberfläche gut sichtbar zu machen, sollten vor Beginn des Experiments Papier-, Kork- oder Styroporschnipsel auf das Wasser gegeben werden.
Anstatt der oben beschriebenen Drehvorrichtung kann auch eine Bohrmaschine verwendet werden (siehe Abb. 2). In den Mittelpunkt des kreisförmigen Deckels einer Milchflasche wird mit einer Ahle ein Loch gebohrt. Auf der Innen- und Außenseite des Loches legt man jeweils eine Beilag- oder Zahnscheibe, steckt die Schraube von der Innenseite des Flaschendeckels ausgehend in das Loch und sichert sie mit einer Mutter. Die Mutter muss sehr fest angezogen werden.

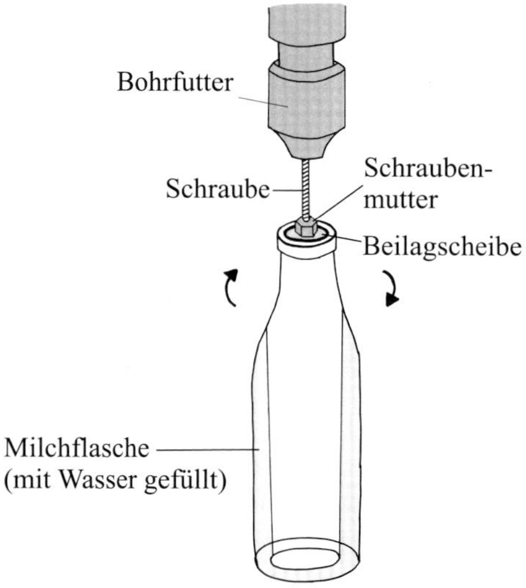

Abb. 2

Wird der präparierte Deckel wie gewohnt auf die Flasche geschraubt, steht das Schraubengewinde am Deckel aus der Flasche heraus (siehe Abb. 2). Diesen überstehenden Teil befestigt man wie einen Bohrer im Bohrfutter einer Bohrmaschine und hält dabei die Bohrmaschine senkrecht nach unten (siehe Abb. 2). Langsam wird die Rotationsgeschwindigkeit der Bohrmaschine gesteigert. Dabei muss sich die Bohrspindel rechts herum drehen. So wird der Schraubverschluss der Flasche beim Einschalten der Bohrmaschine noch fester verschlossen. Er würde sich öffnen, wenn die Schraube durch die Bohrmaschine nach links gedreht würde. Die Oberfläche des Wassers in der Flasche nimmt die Form eines Paraboloids an. Bei genügend hoher Drehzahl steht es wie ein Zylindermantel in der Flasche. Um die Wasseroberfläche sichtbar zu machen, können, wie bei der oben beschriebenen Variante, Styropor- oder Korkschnipsel auf das Wasser gestreut werden.
Das Experiment wird auf folgende Weise beendet: Ein Assistent hält die Hände rechts und links neben der Flasche bereit (*Vorsicht:* Es dürfen keine Haare zur Bohrmaschine gelangen!). Die Drehzahl der Bohrmaschine wird sehr schnell gedrosselt und die Flasche vom Assistenten gehalten. Dies ist notwendig, da sich das Wasser in der Flasche mit der bisherigen Winkelgeschwindigkeit weiterdreht. Durch seine schnelle Winkelgeschwindigkeit würde es wiederum die Flasche beschleunigen. Diese hätte eine größere Winkelgeschwindigkeit als der Flaschendeckel, der mit der Bohrmaschine fest verbunden ist, und der Schraubverschluss würde sich öffnen.
Für die erste Variante des Experiments sollten zylindrische Gefäße, wie ein Marmeladeglas verwendet werden, da ihre Drehbewegung in der Fadenkonstruktion nicht so empfindlich auf Störungen reagiert. Für die zweite Konstruktion sind rotationsymmetrische schmalere Gefäße zu empfehlen, die einen verhältnismäßig kleinen Deckel haben. Sehr gut geeignet ist, wie oben angegeben, eine Milchflasche.

Erklärung

Die Oberfläche einer rotierenden Flüssigkeit ist ein Rotationsparaboloid, dessen Achse mit der Drehachse der Flüssigkeit zusammenfällt. Die genaue Funktion der Flüssigeitsoberfläche in Abhängigkeit vom Abstand r zur Drehachse hat folgende Form (siehe Abb. 3):

$$z(r) = \frac{\omega^2}{2g} r^2 + z_0 \qquad (1)$$

(ω: Betrag der Winkelgeschwindigkeit der Flüssigkeit; g: Betrag der Erdbeschleunigung; z_0: Entfernung zwischen Scheitel des Paraboloids und Gefäßboden)

Da g für den gleichen Standort konstant ist, ist der Verlauf der Flüssigkeitsoberfläche $z(r) - z_0$ durch ω eindeutig festgelegt. Das Paraboloid wird mit größerer Winkelgeschwindigkeit schmaler.

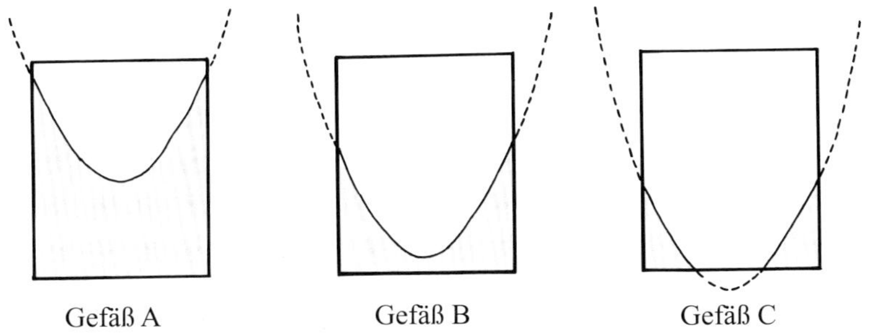

Abb. 3

Ist die Form des Paraboloids durch eine bestimmte Winkelgeschwindigkeit vorgegeben, so wird die Höhe des Scheitels z_0 eindeutig durch die Wassermenge im Gefäß bestimmt. Werden gleiche Gefäße mit gleicher Winkelgeschwindigkeit gedreht (siehe Abb. 3), enthalten aber unterschiedliche Flüssigkeitsmengen, so liegt der Scheitel in dem Gefäß tiefer, das weniger Flüssigkeit enthält. In Abbildung 3 sind drei gleiche Gefäße dargestellt, in denen die Wasseroberflächen die gleiche Form annehmen, d. h. die Gefäße werden

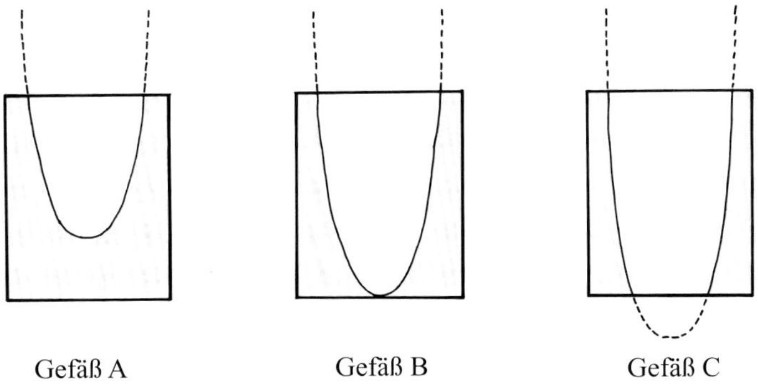

Abb. 4

gleich schnell gedreht. Die Gefäße unterscheiden sich nur in der Wassermenge, die sie enthalten. Gefäß A enthält am meisten, Gefäß C am wenigsten Wasser. In Gefäß C liegt der Scheitel unter dem Gefäßboden. Deshalb sind Teile des Gefäßbodens nicht mit Wasser bedeckt und das Wasser ist „geteilt".
In Abbildung 4 ist noch einmal das gleiche Gefäß mit verschiedenen Wasserständen dargestellt. Das Wasser wird aber mit einer größeren Winkelgeschwindigkeit gedreht. Deshalb ist die Steigung der Wände des Paraboloids wesentlich größer. Die Paraboloidwand schneidet sich mit dem Deckel des Gefäßes und nicht mit den Gefäßwänden wie in Abbildung 3. In Gefäß C (siehe Abb. 4) nimmt das Wasser fast die Form eines Zylindermantels an.

Bemerkungen

Die Tatsache, dass eine rotierende Wasseroberfläche die Form eines Parababoloids annimmt, kann ausgenutzt werden, um Wasser schneller aus einer Flasche auslaufen zu lassen. Das Wasser läuft deshalb so langsam aus einer Flasche aus, weil die Luft nur in Blasen durch das Wasser in die Flasche gelangen kann. Während eine Blase durch den Flaschenhals eindringt, kann kein Wasser auslaufen.
Versetzt man das Wasser in der Flasche in schnelle Rotation, nimmt die Wasseroberfläche die Form eines Paraboloids an. Dadurch entsteht in der Mitte ein Kanal, der das Eindringen der Luft ohne Blasenbildung ermöglicht.
Jedoch ist dies nicht die effektivste Methode, Wasser schnell aus einer Flasche zu bringen. Das Wasser läuft in kürzerer Zeit aus der Flasche, wenn die Flasche einfach geschüttelt wird, während das Wasser ausläuft (siehe Experiment „Die schnell geleerte Flasche").

Literatur

Hahn, H.: Physikalische Freihandversuche, Band 1, Verlag Otto Saale, Braunschweig 1907

2.50 Die schnell geleerte Flasche

Unter Ausnützung eines Wasserwirbels kann eine volle Flasche schneller als durch Ausfließenlassen des Wassers geleert werden.

(a) (b) (c) Abb. 1

Material

- leere Getränkeflasche
- Wassereimer

Aufbau und Durchführung

Füllt man eine leere Getränkeflasche randvoll mit Wasser und entleert man sie wieder, indem man sie mit dem nach unten weisenden Hals über einen Wassereimer hält, so „platscht" das Wasser in unregelmäßigen „Schüben" aus der Flasche (siehe Abb. 1(a)). Wiederholt man das Experiment und versetzt die kopfstehend gehaltene Flasche sofort nach dem Umdrehen schnell in Rotation um eine vertikale Achse, indem man mit der die Flasche haltenden Hand eine „Rührbewegung" ausführt (siehe Abb. 1(b)), so leert sich die Flasche deutlich schneller als beim ruhigen Halten (wobei die Flasche bereits nach wenigen Drehbewegungen wieder ruhig gehalten werden kann).

Erklärung

Damit das Wasser aus der Flasche fließen kann, muss gleichzeitig Luft in die Flasche hineinströmen können (siehe Experiment „Luft ist nicht nichts"). Bei normalen Getränkeflaschen ist die Weite des Flaschenhalses meist so bemessen, dass sich am unteren Ende der Wassersäule im kopfstehenden Flaschenhals keine Wassermembran auf Grund der Oberflächenspannung bilden kann, so dass Luftblasen in die Wassersäule aufsteigen können. Beim Aneinandervorbeiströmen durch den engen Hals verhindern die aufsteigenden Luftblasen das Ausbilden einer, im Idealfall laminaren Strömung der Flüssigkeit: Das Wasser „platscht" genauso unregelmäßig aus der Flasche in den Eimer, wie die Luft in einzelnen Blasen (anstatt in einer kontinuierlichen Strömung) in das Flascheninnere aufsteigt.
Indem man beim zweiten Mal die Flasche wie beschrieben in Rotation versetzt, ermöglicht man dem Wasser, in der Flasche einen Wirbel zu bilden: Auf Grund der Adhäsion von Wasser und der Flascheninnenwand werden die an der Innenwand anliegenden Wasser-

schichten wie die Flasche in Rotation versetzt. Sie umkreisen die inneren, von der Rotation der Flasche nicht erfassten Wasserschichten und erzeugen so durch Reibung eine Zirkulation. Wie in einer Zentrifuge wird das Wasser an die Flaschenwand gedrückt. Es fließt spiralförmig an der Innenseite der Flasche ab, wobei die Tropfen, die die Flasche verlassen, teilweise radial von der Flaschenöffnung wegsprühen. Durch diesen (tornadoähnlichen) Wirbel bildet sich in der Mitte des Flaschenhalses ein wasserfreier „Schlauch", durch den die Luft ungehindert in die Flasche strömen kann. Wasser und Luft behindern sich also kaum noch gegenseitig und ermöglichen so ein schnelleres Leeren.

Bemerkungen

Der Unterschied in den Ausfließzeiten zeigt sich deutlich, wenn man beide Experimente gleichzeitig von zwei Assistenten mit zwei gleichen Flaschen und gleicher Wassermenge ausführen lässt.
Noch schneller leert sich die Flasche, wenn man (wirklich) wie wahnsinnig die Flasche mit ganzem Körpereinsatz kräftig auf und ab schüttelt (siehe Abb. 1(c)). Dabei wird allerdings auch das Umfeld des das Wasser auffangenden Eimers nass. Wetten sollte man darauf jedoch nicht abschließen, da der Zeitgewinn von (b) nach (c) geringer ist als von (a) nach (b), also auch weniger Spielraum für anfängliche Schwierigkeiten beim Auffinden der richtigen „Schüttelfrequenz" lässt.

Literatur

Wittmann, J.: Trickkiste 2, Verblüffende Experimente zum Selbermachen, Bayerischer Schulbuch Verlag, München 1993

2.51 Die eigenwilligen Teeblätter

Unterschiedliche Reibungskräfte auf Teilchen, die sich auf konzentrischen Kreisbahnen mit derselben Winkelgeschwindigkeit bewegen, ergeben ungleiche Zentripetalkräfte.

Abb. 1

Material

- (transparente Tee-)Tasse oder Trinkglas
- Teeblätter oder Sägemehl oder feiner Sand
- Löffel

Aufbau und Durchführung

Eine zum Teil mit Wasser und wenigen Teeblättern gefüllte Tasse (es müssen einige Teeblätter auf den Tassenboden abgesunken sein!) wird mit einem Löffel gerührt. Sobald das Wasser mit den Blättern rotiert, entfernt man den Löffel wieder aus der Tasse. Die Rotationsgeschwindigkeit des Wassers sollte groß genug sein, um Wirbelbildungen beim Entnehmen des Löffels zu vermeiden. Die Teeblätter, die sich zu Beginn des Experiments auf dem Tassenboden befanden, sammeln sich in der Mitte des Bodens.
Stellt man die (transparente) Tasse mit den Teeblättern auf einen Overheadprojektor, so kann das Experiment einem größeren Publikum vorgeführt werden.

Erklärung

Durch das Rühren mit dem Löffel wird das Wasser stetig beschleunigt. Auf Grund der Reibungskraft zwischen dem Wasser und den Teeblättern werden auch diese beschleunigt. Teeblätter und Wasser besitzen dieselbe Winkelgeschwindigkeit ω.
Das Wasser kann man sich in konzentrische, äquidistante Zylindermantelschichten infinitesimaler Dicke um die Mittelachse der Tasse aufgeteilt vorstellen (siehe Abb. 2).

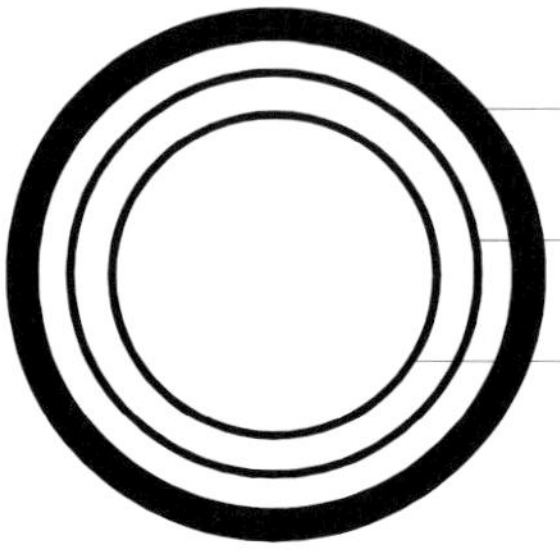

Abb. 2

Die Innenwand der Tasse übt auf die äußerste Wasserschicht einen Druck $p = \frac{F}{A}$ aus.
Dabei steht A für die Grenzfläche zwischen Wasserschicht und Innenwand der Tasse, F gibt den Betrag der Zwangskraft an, die die Glaswand auf die äußerste Wasserschicht ausübt (und die von dieser Wasserschicht auf die darauf folgende Wasserschicht ausgeübt wird usw.). Es gilt:

$$F = m(r)\omega^2 r \qquad \text{und} \qquad A = 2\pi r \cdot h$$

($m(r)$, ω: Masse und Winkelgeschwindigkeit der betrachteten Wasserschicht; r: Abstand der Wasserschicht zur Tassenmittelachse; h: Wassertiefe in der Tasse)
Daraus folgt: $p \propto m(r)$, d. h. der Druck nimmt zur Mitte hin ab, da das Volumen der Wasserschichten und damit die Masse nach innen hin kleiner wird. Ein einzelnes Teeblättchen im rotierenden Wasser folgt diesem Druckgradienten, bis die aus diesem Druckgradienten folgende Kraft auf das Teeblättchen $F_{H_2O} = pA_{Tee}$ (A_{Tee} siehe Abb. 3) gleich der für eine Kreisbewegung erforderlichen Zentripetalkraft $F_Z = m_{Tee}\omega^2 r$ ist (m_{Tee}: Masse des Teeblättchens; r: Abstand des Teeblättchens von der Tassenmittelachse).
Ist $F_{H_2O}(r) > F_Z(r)$, bewegt sich das Teeblättchen nach innen, da die auf das Teeblättchen wirkende Kraft nach innen größer ist als die für eine Kreisbewegung nötige Kraft. Falls $F_{H_2O}(r) < F_Z(r)$ gilt, bewegt sich das Teeblättchen nach außen, da die auf das Teeblättchen wirkende Kraft für eine Kreisbewegung nicht ausreicht. Das Kräftegleichgewicht $F_{H_2O}(r) = F_Z(r)$ ist demnach ein stabiles Gleichgewicht.
Werden das Wasser und damit die Teeblätter nicht mehr beschleunigt (indem der Löffel aus der Tasse genommen wird), reiben sowohl die Teeblätter als auch das Wasser mit dem Tassenboden (zuvor wurde diese Reibungskraft durch die Beschleunigung durch den Löffel kompensiert). Die Teeblättchen werden stärker abgebremst als die Wasser-

moleküle, da der Reibungskoeffizient zwischen Teeblatt und Tasse größer ist als der Reibungskoeffizient zwischen Wasser und Tasse. Das Kräftegleichgewicht zwischen $F_{H_2O}(r)$ und $F_Z(r)$ ist gestört, da die Winkelgeschwindigkeit ω des Teeblatts kleiner geworden ist, d. h. die erforderliche Zentripetalkraft $F_Z(r)$ für eine Kreisbewegung ist kleiner geworden. Das Teeblatt bewegt sich nach innen, bis $F_{H_2O}(r) = F_Z(r)$ erreicht ist. Dieser Vorgang wiederholt sich in infinitesimalen kleinen Schritten, bis das Teeblatt in der Mitte zur Ruhe gekommen ist.

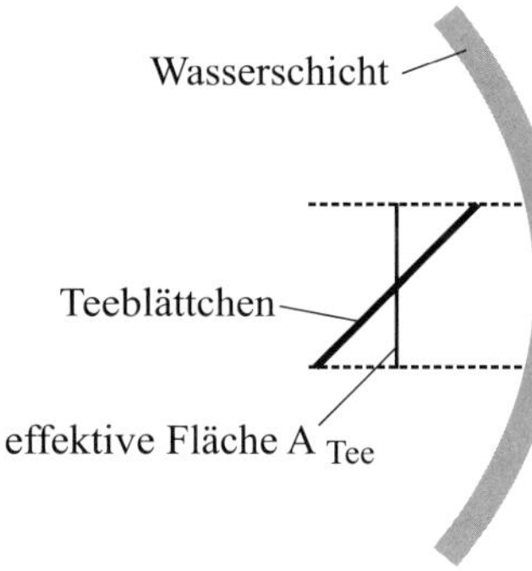

Abb. 3

Bemerkungen

In seinem Buch „Die Natur und die Griechen“ führt der österreichische Physiker und Nobelpreisträger *Erwin Schrödinger* (1887-1961) dieses Experiment an, um eine von fünf Ansichten der atomistischen Lehre *Demokrits* (ca. 460-370 v. Chr.) zu erklären: „4. Gewicht oder Schwere wurde nicht als inhärente Eigenschaft der Atome angesehen, sondern in einer an sich recht geistreichen Weise erklärt, nämlich durch eine allgemeine Wirbelbewegung, derzufolge sich die großen, massiven Atome zum Zentrum drängen, wo die Umlaufgeschwindigkeit kleiner ist, während die leichteren vom Zentrum abgedrängt und himmelwärts getrieben werden. Liest man die Beschreibung, so wird man an die Vorgänge in einer Zentrifuge erinnert, wobei es freilich gerade umgekehrt hergeht, die spezifisch schwereren Körper fliegen nach außen, die leichteren streben dem Zentrum zu. Andererseits, hätte Demokrit sich eine Tasse Tee gemacht und mit dem Löffel umgerührt, so hätte er die Teeblätter in der Mitte sich sammeln sehen, scheinbar ein ausgezeichneter Beleg seiner Wirbeltheorie. In Wahrheit liegt die Sache freilich wieder gerade umgekehrt, der Wirbel ist nämlich in der Mitte stärker als gegen den Rand hin, wo er durch die Wände abgebremst wird.“

Literatur

Zeier, E.: Physikalische Schulversuche, Freihandversuche, kleine Experimente, Aulis Verlag Deubner, Köln 1986

Bublath, J.: Das neue Knoff-Hoff Buch, Wilhelm Heyne Verlag, München 1989, S. 84-86

Walker, J.: Der fliegende Zirkus der Physik, R. Oldenbourg Verlag GmbH, München Wien 1994

zu Bemerkungen:

Schrödinger, E.: Die Natur und die Griechen, Diogenes Verlag AG, Zürich 1989, S. 135-136

2.52 Der Eitest: gekocht oder roh?

Eine Flüssigkeit in einem rotierenden Gefäß rotiert nach Anhalten des Gefäßes auf Grund der Trägheit der Flüssigkeit weiter.

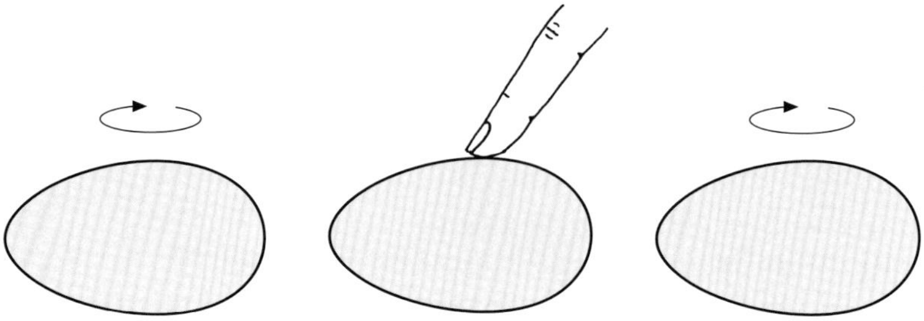

Abb. 1 (a) (b) (c)

Material

- hart gekochtes Ei
- rohes Ei

Aufbau und Durchführung

Ein rohes Ei und ein hart gekochtes Ei werden auf eine Tischplatte gelegt. Beide Eier werden durch wiederholtes „Andrehen" in Rotation versetzt. Dabei benötigt man für das rohe Ei deutlich mehr Zeit als für das gekochte, bis beide Eier mit vergleichbarer Winkelgeschwindigkeit ruhig rotieren (Bis eine ruhige Rotation erreicht ist, torkeln die Eier während ihrer Rotation.). Tippt man während der Rotation beide Eier von oben an, so dass sie zum Stillstand kommen, und lässt man sie sofort wieder los, beginnt das rohe Ei erneut zu rotieren (siehe Abb. 1(a) bis (c)), während das harte Ei ruhig liegen bleibt.

Erklärung

Ein rohes Ei ist im Inneren flüssig. Versucht man es durch Drehen der Schale in Rotation zu bringen, muss auch die Flüssigkeit in Rotation versetzt werden. Das Innere des Eis kann man sich aus immer kleiner werdenden eiförmigen Flüssigkeitsschichten aufgebaut vorstellen. Beginnt man die Schale zu drehen, reibt sie mit der Innenseite an der ersten Flüssigkeitsschicht und bringt diese dadurch auf dieselbe Winkelgeschwindigkeit. Analog reibt die äußere Flüssigkeitsschicht an der nach innen hin angrenzenden. Die Zeit, bis alle Flüssigkeitsschichten mit derselben Winkelgeschwindigkeit rotieren, hängt von der Stärke der Reibung zwischen den Flüssigkeitsschichten und von der Reibung zwischen Innenseite des Eis und der Flüssigkeit ab.
Stoppt man das rohe Ei, so stoppt man nur die Eierschale. Da die Flüssigkeit nicht starr mit der Schale verbunden ist, bleibt das Innere des Eis auf Grund seiner Trägheit im Zustand der Rotation und wird nur langsam durch die Reibung gebremst. Lässt man die

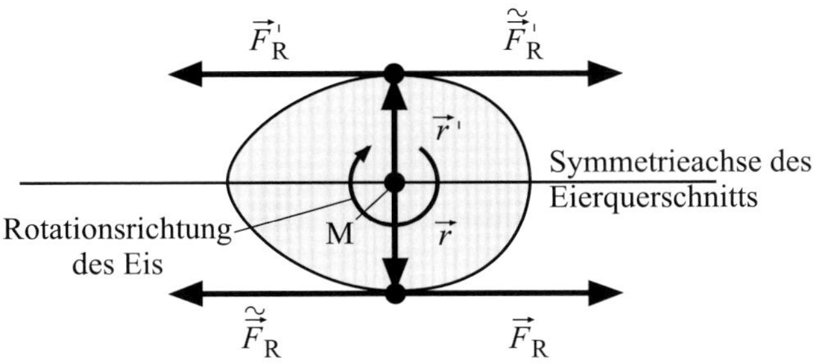

Abb. 2: Aufsicht auf einen Querschnitt durch das Ei

Eierschale wieder los, reibt die noch rotierende Flüssigkeit an der Innenseite der Schale und versetzt dadurch die Eierschale wieder in Rotation.
Bei ruhender Eierschale und rotierender Flüssigkeit hat das in Abbildung 2 eingezeichnete, durch Reibung hervorgerufene Kräftepaar $\vec{F}_R$ und $\vec{F}'_R$ nach dem Prinzip „actio = reactio“ ein Kräftepaar $\tilde{\vec{F}}_R$ und $\tilde{\vec{F}}'_R$ auf die Eierschale zur Folge. Die sich aus den an der Eierschale angreifenden Kräften $\tilde{\vec{F}}_R$ und $\tilde{\vec{F}}'_R$ ergebenden Drehmomente $\tilde{\vec{M}} = \vec{r} \times \tilde{\vec{F}}_R$ und $\tilde{\vec{M}}‘ = \vec{r} \times \tilde{F}'_R$ bewirken eine Rotation der Eierschale um eine Achse durch M, senkrecht zur Papierebene.
In einem hart gekochten Ei befindet sich das Eiweiß (sowohl das so genannte „Eiweiß“ als auch das so genannte „Eigelb“ bestehen chemisch gesehen hauptsächlich aus Eiweiß) in einer festen Phase, die mit der Eierschale fest verbunden ist. Versetzt man die Eierschale in Rotation, wird gleichzeitig das Eiweiß im Ei in Rotation versetzt. Analog wird beim Stoppen der Rotation der Eierschale auch das Eiweiß im Ei gestoppt.

Literatur

Gardner, M., The Physics Teacher 32/3 (1994), S. 189
Walker, J.: Der fliegende Zirkus der Physik, R. Oldenbourg Verlag GmbH, München Wien 1994

2.53 Die Dose auf der Rutschbahn

Mit einer Dose auf einer schiefen Ebene wird demonstriert, wie die Reibung mittels eines Schmiermittels verringert werden kann.

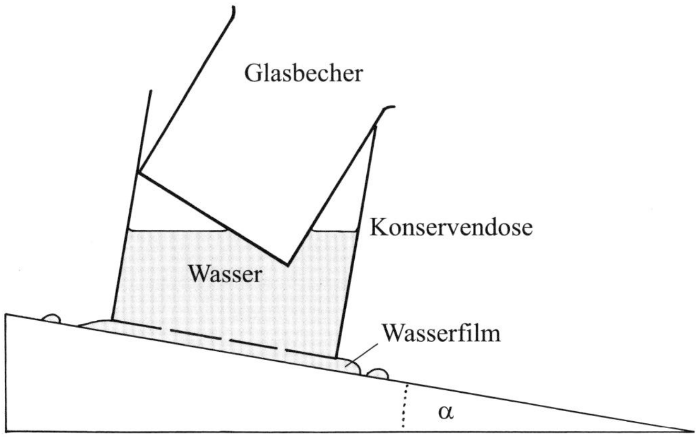

Abb. 1

Material

- Konservendose
- Becherglas
- Brett mit glatter Oberfläche
- Klotz
- Hilfsmittel: Hammer, Nagel

Aufbau und Durchführung

Aus einem Brett mit glatter Oberfläche und einem Klotz bildet man eine schiefe Ebene. Auf diese setzt man eine leere Konservendose, in deren Boden man zuvor mit einem Hammer und einem Nagel ein paar Löcher geschlagen hat. In die Dose stellt man ein mit Wasser gefülltes Becherglas. Man verändert nun den Winkel der schiefen Ebene durch Anheben des Brettes so, dass die gefüllte Konservendose gerade anfängt zu gleiten. Verkleinert man den Winkel wieder ein wenig, so bleibt die Dose in Ruhe. Dieser Winkel α der schiefen Ebene wird beibehalten. Füllt man das Wasser aus dem Becherglas in die Dose und setzt man das leere Becherglas wieder in das Doseninnere, so gleitet die Dose die schiefe Ebene hinab (siehe Abb. 1).

Erklärung

Auf Grund ihrer Masse wird die Dose mit einer Normalkraft vom Betrag F_N auf das Brett der schiefen Ebene gedrückt. Diese ist lediglich von der Gewichtskraft $\vec{G}$ der Dose und dem Neigungswinkel α der schiefen Ebene abhängig. Im ruhenden Zustand erfährt die Dose deshalb eine Haftreibung und beim Herabgleiten auf der schiefen Ebene eine Gleitreibung, wobei die Haftreibung stets größer als die Gleitreibung ist. Im ersten Teil des Experiments wird der Winkel der schiefen Ebene so eingerichtet, dass die maximale Haftreibung gerade gleich der zur schiefen Ebene parallelen, abwärtsgerichteten Kraft ist, so dass die Dose am Brett haftet. Schüttet man das Wasser in die Konservendose, so kann dieses durch die Löcher am Boden der Dose austreten und zwischen Dosenboden und Brettoberfläche einen Wasserfilm bilden. Damit ist für das Haften oder Gleiten der Dose nicht mehr die Reibungskraft zwischen Dose und Brett, sondern die Verschiebbarkeit der Wassermoleküle gegeneinander ausschlaggebend. Diese innere Reibung im Wasser ist kleiner als die Reibung zwischen Dose und Brett. Da auf Grund der geschickten Anordnung auch nach der Manipulation sowohl der Neigungswinkel α, als auch die Masse der Dose beibehalten wurde (bis auf das ausfließende Wasser), ist dieselbe parallele, abwärtsgerichtete Kraft jetzt größer als die entgegengesetzt gerichtete Reibungskraft, so dass die Dose die schiefe Ebene herabgleitet. Das Wasser dient also als Schmiermittel, das die Haft- und Gleitreibung herabsetzt.

Bemerkungen

Die Löcher sollten von außen nach innen in den Dosenboden geschlagen werden, wie man es ja auch am einfachsten bewerkstelligen kann, damit keine nach außen weisenden Grate ein gutes Gleiten der Dose verhindern.
Die zunächst etwas kompliziert anmutende Anordnung von Becherglas und Wasser in der Dose dient zur einfacheren Begründung, dass in beiden Teilexperimenten die Masse der haftenden oder gleitenden Dose die gleiche ist. Man kann das Experiment auch mit zwei gleichförmigen und gleichschweren Dosen ausführen, die beide auf gleicher Höhe einer schiefen Ebene platziert sind und von denen eine Löcher im Boden aufweist. Gibt man vorsichtig Wasser in beide Dosen, gleitet die lecke Dose als Erste die schiefe Ebene hinab.
Anhand dieses Experiments kann das Phänomen des „Aquaplaning“ (auf Deutsch: Wasserglätte) erklärt und dessen Bedeutung für die Sicherheit im Straßenverkehr verdeutlicht werden.
Die Materialabhängigkeit von Reibungskräften kann auch mit dem Experiment „Die wiedergefundene Spielkarte“ demonstriert werden.

Literatur

Meisinger, K.: Physikalische Experimente mit Dosen, Schriftliche Hausarbeit zur Ersten Staatsprüfung für das Lehramt an Hauptschulen nach der Lehramtsprüfungsordnung I (LPO I) 1994/II, o. V., Augsburg 1994

3.1 Seifenblasen – Sinken, Schweben, Steigen

Mit Seifenblasen, deren Füllung aus einem Gas geringerer Dichte als von Luft besteht, lassen sich die Vorgänge „Sinken“, „Schweben“ und „Steigen“ realisieren und als Folge unterschiedlicher durchschnittlicher Dichten erkennen.

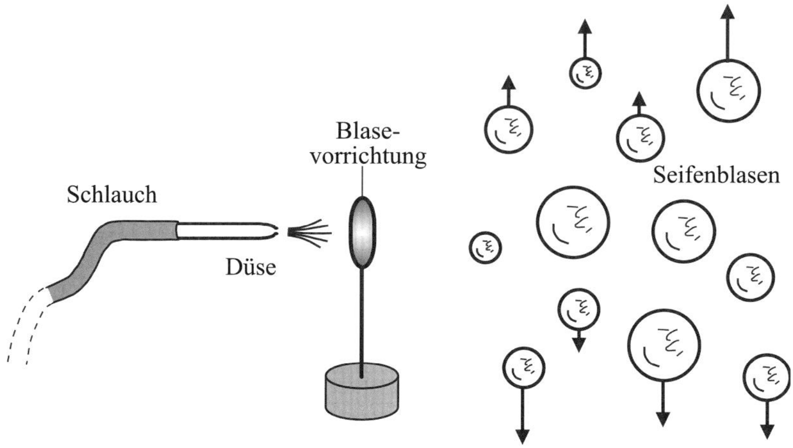

Abb. 1

Material

- Seifenlösung mit Blasevorrichtung, die bei käuflicher Lösung meist dabei ist
- Stadtgas, Methan oder Helium
- Schlauch
- Düse, passend zum Schlauch, z. B. Glasröhrchen, bei dem eine Öffnung durch Erhitzen etwas verengt wurde oder eine so genannte Olive
- evtl. Druckminderer für Gasflasche
- evtl. Feuerzeug

Aufbau und Durchführung

Erzeugt man mit Atemluft Seifenblasen, so sinken diese zu Boden. Um Seifenblasen mit einer anderen Gasfüllung herzustellen, lässt man das Gas über eine Düse mit mäßigem Druck auf die Blasevorrichtung strömen. Ein großer Teil der produzierten Seifenblasen steigt zur Decke empor, einige sinken jedoch zu Boden oder schweben während ihrer gesamten Lebensdauer in fast der gleichen Höhe.
Sofern es sich um ein brennbares Gas handelt, kann man dem Experiment noch einen „feurigen Charakter“ verleihen, wenn man die Seifenblasen mit einem Feuerzeug anzündet.
Die Verwendung von Wasserstoff ist nicht zu empfehlen, da wegen seiner extrem geringen Dichte praktisch alle Seifenblasen aufsteigen, auch wenn der „Knalleffekt“ in diesem Fall besonders amüsant ist.

Erklärung

Die Dichte des verwendeten Gases ist kleiner als die Dichte von Luft, die der Seifenblasenhaut ist größer. Für das Verhalten der Seifenblase ist deren durchschnittliche Dichte entscheidend. Fällt diese durch eine relativ dicke Seifenhaut und einen am unteren Ende hängenden kleinen Tropfen größer aus als die Dichte von Luft, sinkt die Seifenblase nach unten. Bei einer genügend dünnen Haut steigt die Seifenblase auf. Den Übergang zwischen diesen beiden Fällen bildet der Gleichgewichtszustand, in welchem sich Gewichtskraft und Auftriebskraft gerade kompensieren und die Seifenblase schwebt.

Literatur

Kern, H., Physik und Didaktik 14/2 (1986), S. 153-161

3.2 Die schwimmenden Seifenblasen

Den Auftrieb in Gasen demonstriert man mit Hilfe von Seifenblasen, die mit Luft gefüllt sind und auf einer CO_2-Schicht schwimmen.

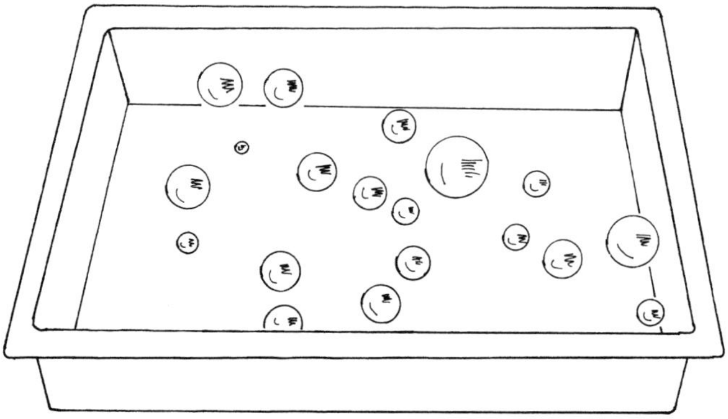

Abb. 1

Material

- Gefäß (Grundfläche: mindestens 0,4 m^2; Höhe: mindestens 10 cm)
- CO_2-Gasflasche, möglichst mit Druckminderer, ist in der Chemiesammlung jeder Schule vorhanden
  oder
  Natriumhydrogencarbonat ($NaHCO_3$; „Haus-Natron“) und Essigessenz
  oder
  Salzsäure und Kalk
- Gummischlauch, der an die CO_2-Gasflasche angeschlossen werden kann und von dort aus bis zum Boden des Gefäßes reicht
- Seifenlauge und Drahtschleife zur Herstellung von Seifenblasen
- Hilfsmittel: Streichhölzer

Aufbau und Durchführung

Zunächst muss in einem Gefäß eine CO_2-Schicht hergestellt werden. Dazu wird das eine Ende eines Gummischlauches an die CO_2-Gasflasche angeschlossen und das andere Ende auf den Boden des Gefäßes gelegt. Unter sehr geringem Druck lässt man CO_2 in das Gefäß „fließen“. CO_2 hat eine größere Dichte als Luft. Deshalb steigt das Kohlenstoffdioxid nicht auf, sondern bildet eine Schicht am Boden des Gefäßes. Die CO_2-Schicht sollte mindestens 10 cm dick sein. Die Schichtdicke kann mit Hilfe eines brennenden Streichholzes geprüft werden. Die Flamme erlischt, wenn sie in die CO_2-Schicht eintaucht. Die Schicht verkleinert sich langsam, da Kohlenstoffdioxid in die Luft diffundiert. Ist die Schicht 10 cm dick, hält sie sich 5 – 7 Minuten lang.

Auf diese Kohlenstoffdioxidschicht lässt man die Seifenblasen fallen. Sie federn an der Schicht leicht zurück und schwimmen dann darauf (siehe Abb. 1).
Ist eine CO_2-Flasche nicht verfügbar, kann man das Kohlenstoffdioxid auch aus der chemischen Reaktion von Natriumhydrogencarbonat ($NaHCO_3$) und Essigessenz gewinnen. $NaHCO_3$ ist in Lebensmittelgeschäften als „Haus-Natron" erhältlich. Es wird gleichmäßig auf der Grundfläche des Gefäßes verteilt, bis eine mindestens 3 mm dicke Schicht entstanden ist. Auf dieser Schicht verteilt man so viel Essigessenz, bis sie vollständig damit durchtränkt ist. Die benötigten Mengen an Essigessenz und Natriumhydrogencarbonat sollten nicht unterschätzt werden. So braucht man für ein Gefäß mit 0,4 m^2 Grundfläche ca. 1,5 kg $NaHCO_3$ und ca. 2,5 kg Essigessenz. Diese Methode ist ungefährlich aber doch relativ teuer. Eine billigere Alternative ist die chemische Reaktion von verdünnter Salzsäure und Kalk. Allerdings sollte man hierzu ein wenig Übung im Umgang mit Salzsäure haben.

Erklärung

Ist ein Körper von Gas umgeben, so entspricht sein Auftrieb der Gewichtskraft des von ihm verdrängten Gases.
Ist eine mit Luft gefüllte Seifenblase von Luft umgeben, so ist ihr Auftrieb kleiner als ihre Gewichtskraft und sie sinkt in Luft ab. Die Luft, die von der Seifenblase verdrängt wird, ist leichter als die Seifenblase selbst, da diese zu einem Teil aus Seifenhaut besteht, deren Dichte wesentlich größer ist als die von Luft.
Kohlenstoffdioxid hat bei gleicher Temperatur eine größere Dichte als Luft. Hat die Seifenblase eine ausreichende Größe, so ist das Kohlenstoffdioxid, das durch die ganze Seifenblase verdrängt würde, schwerer als die Seifenblase. Deshalb sinkt die Seifenblase in die Kohlenstoffdioxidschicht ein, bis sich ihr Auftrieb und ihre Gewichtskraft im Gleichgewicht befinden. Sie schwimmt also auf der Kohlenstoffdioxidschicht.

Bemerkungen

Das Experiment „Das schwebende Ei" behandelt denselben Sachverhalt.

Literatur

Hahn, H.: Physikalische Freihandversuche, Band 2, Verlag Otto Saale, Braunschweig 1907

3.3 Kerzenlöschen mit Kohlenstoffdioxid

Zur Demonstration, dass Kohlenstoffdioxid auf Grund seiner größeren Dichte in Luft sinkt, wird eine Kerze gelöscht.

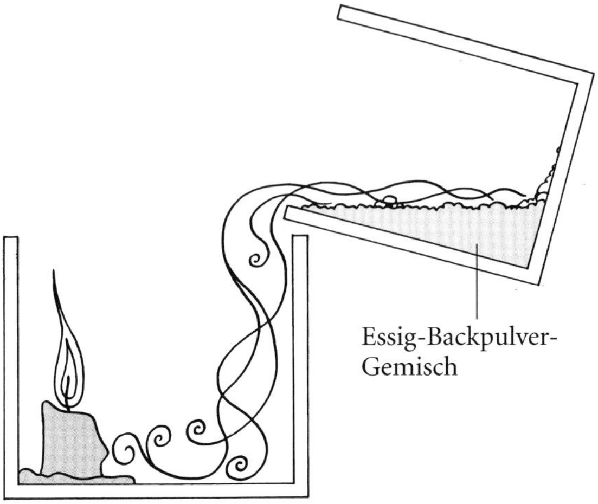

Abb. 1

Material

- Backpulver oder „Haus-Natron“
- Essig
- kleine Kerze
- 2 Trinkgläser

Aufbau und Durchführung

Eine brennende Kerze wird in ein Trinkglas gestellt. In ein zweites Glas schüttet man ein Päckchen Backpulver und gibt so viel Essig dazu, dass das Backpulver aufgelöst wird. Hält man dieses Glas schräg über das Glas mit der Kerze (siehe Abb. 1), so erlischt die Kerzenflamme. Dabei ist es vorteilhaft, wenn man eine kurze Kerze verwendet, sie am Rand des Glases platziert und das Glas mit dem Essig-Backpulver-Gemisch auf der der Kerze gegenüberliegenden Seite über das Glas hält (siehe Abb. 1).

Erklärung

Beim Mischen von Backpulver mit Essig entsteht Kohlenstoffdioxid.
Reaktionsgleichung:

$$Na_2CO_3 + 2\ CH_3COOH \rightarrow CO_2 + H_2O + 2\ CH_3COONa$$

Hält man das Glas mit dem Essig-Backpulver-Gemisch leicht geneigt über das Glas mit der Kerze, strömt das Kohlenstoffdioxid aus und sinkt auf Grund seiner im Vergleich zu

Luft höheren Dichte nach unten. Dabei verdrängt es die Luft im anderen Glas und insbesondere den Sauerstoff von der Kerzenflamme. Da Kohlenstoffdioxid nicht brennbar ist, erlischt die Flamme, ohne sich selbst zu entzünden. Hält man das Glas mit dem Essig-Backpulver-Gemisch direkt über die Kerzenflamme, wird das Kohlenstoffdioxid teilweise von der aufsteigenden warmen Luft über der Kerzenflamme mitgerissen, so dass im Glas zu wenig Kohlenstoffdioxid zu Boden sinkt, um den Sauerstoff von der Kerzenflamme zu verdrängen.

Literatur

Walpole, B.: Experimente, Tricks und Tips zum Verständnis der Natur, Lernen und Wissen im Spiel und mit Spaß, Südwest Verlag GmbH & Co. KG, München 1990

Ardley, N.: 101 spannende Experimente aus Wissenschaft und Technik, Loewe Verlag, Bindlach 1995

3.4 Aufgeblasen wiegt ein Luftballon weniger

Der Einfluss des Auftriebs in Luft wird mit Hilfe eines Luftballons demonstriert, dessen Volumen sich bei gleich bleibender Masse durch eine chemische Reaktion vergrößert.

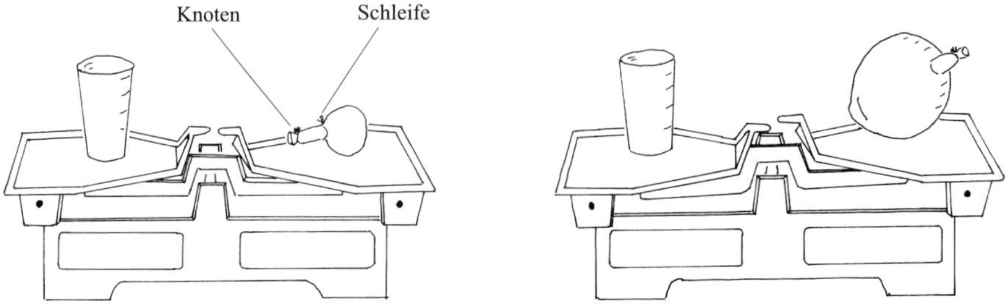

Abb. 1 (a) (b)

Material

- Balkenwaage oder andere sehr empfindliche Waage
- Luftballon oder Plastiktüte
- Faden
- Essigessenz
- Natriumhydrogencarbonat ($NaHCO_3$), als „Haus-Natron" in Lebensmittelgeschäften erhältlich
- Pappbecher oder anderes sehr leichtes Gefäß, das auf eine der Waagschalen gestellt werden kann
- Hilfsmittel: mittelgroßer Trichter, Trinkhalm

Aufbau und Durchführung

In den Bauch eines Luftballons füllt man mit Hilfe eines Trichters so viel Essigessenz, dass sich die Ballonhaut gerade noch nicht dehnt. Das Mundstück des Ballons wird eng am Ballonansatz mit einer Schleife verschlossen (siehe Abb. 1(a)). Diese Schleife muss später leicht gelöst werden können. Deshalb wird unter sie kein Knoten gesetzt. Das verbliebene Mundstück spült man gut mit Wasser aus, um evtl. vorhandene Essigessenzreste zu entfernen. Danach wird das Mundstück getrocknet, mit Natriumhydrogencarbonat gefüllt und mit einem Faden fest zugeknotet (siehe Abb. 1(a)).

Den so präparierten Luftballon legt man auf eine der Waagschalen. Weil der Luftballon ein sehr geringes Gewicht hat, benützt man zum Austarieren der Waage einen leichten Pappbecher. Dieser wird auf die andere Waagschale gestellt und so weit mit Wasser angefüllt, dass die Waage austariert ist. Um einzelne Tropfen Wasser in den Becher zu füllen, ist die Verwendung eines Trinkhalms zu empfehlen.

Löst man die Schleife (siehe Abb. 1(a)), kommen Essigessenz und Natriumhydrogencarbonat in Berührung und reagieren miteinander. Das dabei entstehende Kohlenstoffdioxid bläht den Luftballon auf. Dadurch erhöht sich sein Auftrieb und die Waagschale, die den Luftballon trägt, bewegt sich nach oben.

Erklärung

Die an den Waagschalen angreifende Kraft setzt sich aus der Gewichtskraft und dem Auftrieb der darauf stehenden Körper zusammen. Da sich die Masse des Ballons und seines Inhalts während des Experiments nicht verändert, bleibt die auf die zugehörige Waagschale wirkende Gewichtskraft konstant. Der Auftrieb des Luftballons entspricht der Gewichtskraft der von ihm verdrängten Luft. Er vergrößert sich also, wenn sich der Ballon aufbläht. Dadurch verkleinert sich die Kraft, die an der zugehörigen Waagschale angreift. Da an der anderen Waagschale alles unverändert bleibt, wird die Waagschale, die den Ballon trägt, angehoben.

Literatur

Conolly, W., The Physics Teacher 6 (1988), S. 401

3.5 Die Dichte komprimierter Luft

Ein aufgeblasener Luftballon wiegt mehr als ein leerer.

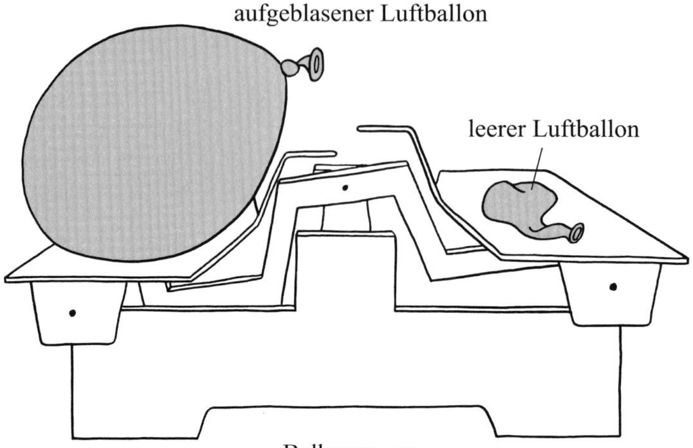

Abb. 1

Material

- 2 gleiche Luftballons
- empfindliche Balkenwaage oder empfindliche Digitalwaage
- evtl. Gewichtstücke zum Austarieren der Waage

Aufbau und Durchführung

Auf jede Waagschale wird zunächst ein leerer Luftballon gelegt. Ist die Waage nicht im Gleichgewicht, so tariert man sie mit Gewichten aus. Ein Luftballon wird von der Waagschale genommen, prall aufgeblasen und wieder auf die Schale gelegt. Die Waage zeigt durch ihren Ausschlag, dass die Schale mit dem aufgeblasenen Luftballon jetzt schwerer ist (siehe Abb. 1). Hat man statt einer Balkenwaage eine empfindliche Digitalwaage zur Verfügung, genügt ein Luftballon. Man wiegt ihn vor und nach dem Aufblasen. Die Waage wird nach dem Aufblasen ein größeres Gewicht anzeigen. Hat man keine empfindliche Waage zur Hand, kann man sich eine einfache Waage mit einem langen, leichten Holzstab als Waagebalken bauen.

Erklärung

Die Gewichtskraft jedes Luftballons auf der Waage wird durch seine Auftriebskraft in der Luft verringert. Der aufgeblasene Luftballon hat ein größeres Gewicht (Luft ist in ihm eingeschlossen) als der leere Luftballon, aber er erfährt auch einen größeren Auftrieb, da er mehr Luft verdrängt. Für die Auftriebskraft F_A gilt:

$$F_A = V_v \rho_a g$$

(F_A: Auftriebskraft; V_v: Volumen, das vom aufgeblasenen Luftballon verdrängt wird; ρ_a: Dichte der Luft außerhalb des Luftballons; g: Betrag der Erdbeschleunigung)
Für die Gewichtskraft der Luft im Luftballon gilt:

$$F_G = V_L \rho_i g$$

(F_G: Gewichtskraft der Luft im Luftballon; V_L: Volumen der Luft im Luftballon; ρ_i: Dichte der Luft im aufgeblasenen Luftballon; g: Betrag der Erdbeschleunigung)
Da im Versuch jedoch $V_v = V_L$ gilt (der geringe Volumenunterschied durch die Luftballonhaut ist vernachlässigbar) und die Luft im Luftballon komprimiert ist, also $\rho_a < \rho_i$ ist, folgt: $F_A < F_G$. Die Luft im aufgeblasenen Luftballon erfährt also eine Gewichtskraft, die größer ist als die Auftriebskraft. Der aufgeblasene Luftballon bringt somit eine größere Kraft auf die Waagschale, die Waage schlägt entsprechend aus.

Bemerkungen

Da der Luftballon mit Atemluft aufgeblasen wird, ist die Luft in ihm anders zusammengesetzt als die Umgebungsluft: Es ist mehr Kohlenstoffdioxid und Wasserdampf vorhanden. Während reiner Wasserdampf eine geringere Dichte aufweist als Luft, hat beim Atmen entstehendes Kohlenstoffdioxid eine größere Dichte als der Sauerstoff, aus dem er beim Atmen umgewandelt wird. Das Gasgemisch im aufgeblasenen Luftballon kann also schon bei Umgebungsdruck eine größere Dichte als die Umgebungsluft aufweisen (die Dichte des Gasgemisches ρ_g ergibt sich aus den Dichten ρ_1, ρ_2, ... der reinen Gase, aus denen es sich zusammensetzt, und deren Anteil in Volumenprozent n_1, n_2, ... am Gesamtvolumen wie folgt: $\rho_g = n_1\rho_1 + n_2\rho_2 + ...$).
Genaues Nachrechnen zeigt, dass bei angenommener teilweiser Umwandlung des Luftsauerstoffs (21 Vol.–%) in Kohlenstoffdioxid beim Atmen (nach dem Ausatmen: 17 Vol.–% Sauerstoff und 4 Vol.–% Kohlenstoffdioxid) und ohne Berücksichtigung des Wasserdampfes (er würde die Dichte ohnehin verringern), die Gesamtdichte des Gasgemisches nach dem Ausatmen lediglich um 2 % gegenüber der Dichte der Umgebungsluft bei gleichem Umgebungsdruck gestiegen ist. Dagegen steigt die Dichte bei Erzeugung eines Überdrucks von 100 hPa gegenüber einem Umgebungsdruck von 1013 hPa um ca. 10 % , so dass der Effekt der Dichteerhöhung durch Druckerhöhung den Effekt der Dichteerhöhung durch Gasumwandlung beim Atmen deutlich überwiegt.

Literatur

Walpole, B.: Experimente, Tricks und Tips zum Verständnis der Natur, Lernen und Wissen im Spiel und mit Spaß, Südwest Verlag GmbH & Co. KG, München 1990

3.6 Warme Luft wiegt weniger

Bei gleichem Druck und Volumen enthält ein warmes Gas weniger Moleküle als das gleiche Gas bei tieferen Temperaturen.

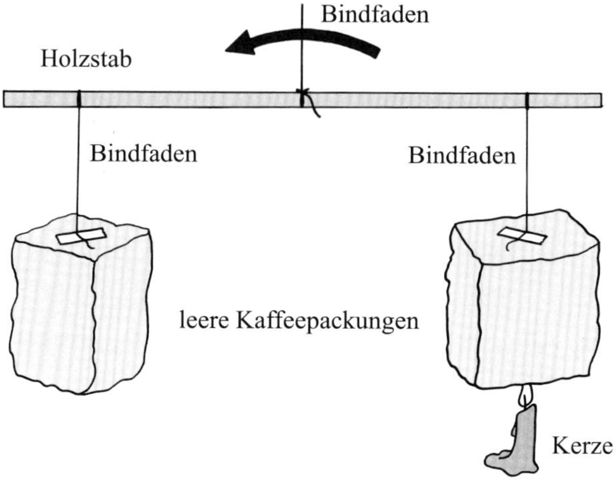

Abb. 1

Material

- 2 leere Kaffeepackungen oder ähnlich stabile Tüten
- Kerze als Wärmequelle
- leichter Holzstab als Waagebalken
- Bindfaden und Klebematerial

Aufbau und Durchführung

Jeweils an den Enden eines Holzstabs werden mit ca. 5 cm Schnur und Klebematerial leere Kaffeepackungen mit der offenen Öffnung nach unten gehängt. In der Mitte des Holzstabs wird ein weiterer Faden festgeknotet, an dem der als Waagebalken fungierende Holzstab aufgehängt wird (sollte kein passender Haken in der Decke vorhanden sein, kann der Faden und an ihm die Waage auch mit der Hand gehalten werden). Sollte der Holzstab noch nicht in der Waagrechten sein, kann man die Waage durch Verschieben des Aufhängepunkts am Stab austarieren.
Bringt man unter eine der leeren Kaffeepackungen eine Wärmequelle, neigt sich der Waagebalken auf der anderen Seite nach unten (siehe Abb. 1).

Erklärung

Die beiden Kaffeepackungen sind nicht leer, sondern mit Luft gefüllt. Das Gewicht, das an jeder Seite der Waage hängt, setzt sich also aus dem Gewicht der Kaffeepackung und dem Gewicht der Luft in der Kaffeepackung abzüglich des Gewichts der von der Kaffeepackung (und der Luft in ihr) verdrängten Luft (Auftrieb) zusammen. Für die Anzahl der Luftmoleküle in der Kaffeepackung gilt die Zustandsgleichung idealer Gase:

$$pV = NkT$$

(p: Druck, hier Umgebungsdruck; V: Volumen, hier Volumen der Kaffeepackung; N: Anzahl der Luftmoleküle; k: Boltzmann-Konstante; T: absolute Temperatur)
Da sich Umgebungsdruck und Volumen der Kaffeepackung nicht ändern, ist:

$$N \propto \frac{1}{T}$$

Warme Luft in der Kaffeepackung enthält also weniger Moleküle als kalte Luft und hat somit ein geringeres Gewicht als die kalte Luft in der anderen Kaffeepackung. Da die anderen relevanten Größen wie Gewicht der Kaffeepackungen und Auftrieb in der Umgebungsluft gleich bleiben, wird das Kräftegleichgewicht der Waage gestört, die Waage schlägt entsprechend aus.

Bemerkungen

Für das Experiment wurden leere Kaffeepackungen gewählt, da diese recht leicht, trotzdem aber genügend stabil sind, so dass die Öffnung auch bei einströmender warmer Luft erhalten bleibt, und ihre Oberfläche meist mit Aluminium beschichtet ist, was ein Entzünden der Tüte durch die Wärmequelle verhindert.

Literatur

Lüscher, E., Physik und Didaktik 1/2 (1973), S. 116-121
Köthe, R.: Das neue Experimentierbuch: 150 einfache Experimente aus der Physik, Chemie und Biologie, Tessloff Verlag, Hamburg 1986

3.7 Die Gaswaage

Dass der durch den Auftrieb von Gasen hervorgerufene Druck von der Steighöhe abhängt, wird durch unterschiedliche Höhen des Verbrennungsortes des Gases aus einer Campinggaskartusche demonstriert.

Abb. 1

Material

- Gas, das eine größere Dichte als Luft besitzt (z. B. Propan oder Butan aus einer Campinggaskartusche) oder Gas, welches eine geringere Dichte als Luft besitzt (z. B. Leuchtgas, Stadtgas) (Stadtgas meint das evtl. im Haushalt verfügbare Gas)
- 3 Schläuche
- T-Stück
- 2 Glasdüsen
- Hilfsmittel: Feuerzeug, Stab (Länge: 1 m)

Aufbau und Durchführung

An eine Campinggaskartusche oder an einen Gashahn (auch „Gasleitungsverschluss" genannt), welche(r) Gas mit einer größeren Dichte als Luft liefert, wird ein Schlauch befestigt. Auf ihn wird ein T-Stück gesetzt und zwei Glasdüsen werden je über einen Schlauch an das T-Stück angeschlossen (siehe Abb. 2). Zunächst hält man beide Düsen auf gleicher Höhe, lässt Gas aus den Glasdüsen strömen und entzündet es. Geht man mit den Spitzen auf verschiedene Höhe – evtl. muss man eine Glasdüse an einem Stab befestigen (siehe Abb. 1) – so wird die obere Flamme kleiner (siehe Abb. 1).

Verwendet man Gas mit geringerer Dichte als Luft, so wird die obere Flamme größer.

Erklärung

Für die Erklärung betrachtet man das Zusammenspiel zwischen Schweredruck, Luftdruck und verschiedenen Auftrieben.

In Abbildung 2 wird Gas direkt über einer Düse verbrannt. Die heißen Verbrennungsgase erfahren in der kalten Umgebungsluft einen Auftrieb. Durch die aufsteigenden Verbrennungsgase entsteht über der Düse ein Unterdruck p_U. (Dies ist der so genannte Kamineffekt). Die Druckdifferenz zwischen dem Umgebungsluftdruck an der Glasdüse und dem Unterdruck über der Glasdüse ergibt eine Kraft auf die Umgebungsluft und auf das Gas an der Glasdüse. Sowohl die Umgebungsluft als auch das Gas aus der Düse werden in das Unterdruckgebiet über der Düse beschleunigt.

Da das Gas vom Gaswerk bzw. von einer Gaskartusche unter einem Stempeldruck steht, steht auch das Gas am T-Stück unter einem evtl. durch die Zuleitungen zum Haus verminderten Stempeldruck p_Q. An der Glasdüse muss zusätzlich zum Stempeldruck p_Q der Auftrieb p_{Auf} des Gases im Bereich vom T-Stück zur Glasdüse berücksichtigt werden (in Abbildung 2 befindet sich das Gas, dessen Auftrieb betrachtet wird, in Zone 1 bzw. in Zone 2). Über der Glasdüse herrscht damit ein Druck

$$p = p_Q + p_U + p_{Auf}.$$

Dabei gilt für p_{Auf}:

$$p_{Auf} = \frac{(\rho_{Luft} - \rho_{Gas})\, Ahg}{A}$$

(ρ_{Luft}: Dichte der Luft; ρ_{Gas}: Dichte des Gases; A: Querschnittsfläche einer Glasdüse; h: Höhe der Gassäule in Zone 1 bzw. in Zone 2; g: Betrag der Erdbeschleunigung)
Damit ist der Druck p an einer Glasdüse höhenabhängig. Ist $\rho_{Luft} < {}_t\rho_{Gas}$, wird der Druck p an der Glasdüse bei einer größeren Höhe h der Gassäule kleiner, da p_{Auf} kleiner wird. Gilt $\rho_{Luft} > \rho_{Gas}$, wird der Druck p an der Glasdüse bei einer größeren Höhe h der Gassäule größer, da p_{Auf} größer wird. Ein kleinerer Druck p bedeutet einen geringeren Massenstrom des Gases durch die Düse und das hat eine kleinere Flamme zur Folge. Ein größerer Druck p an der Düse hat einen größeren Massenstrom des Gases durch die Glasdüse und damit eine größere Flamme zur Folge.

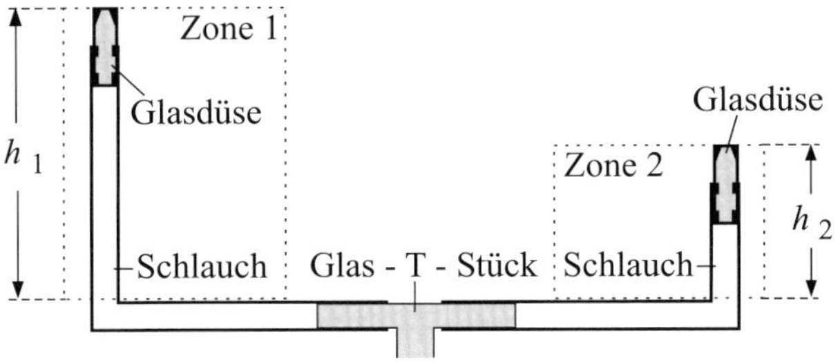

Abb. 2

Bemerkungen

Den im Experiment beschriebenen Effekt merkt man unter Umständen bei einem Rohrbruch der Gasleitung in einem mehrstöckigen Haus. Während im Keller und Erdgeschoss kein Gas aus dem „Hahn“ strömt, da auf Grund des Rohrbruchs kein Stempeldruck p_Q vorhanden ist, strömt das Gas im vierten Stock immer noch aus dem Hahn (denn Stadtgas besitzt aus sicherheitstechnischen Gründen eine kleinere Dichte als Luft).

Literatur

Backe, H.; Backe, R.; Giegengack, H.: Das Physik Experimentierbuch, Verlag Harri Deutsch, Thun und Frankfurt/Main 1987

zur Erklärung:

Pohl, R. W.: Mechanik, Akustik und Wärmelehre, Springer Verlag, Berlin 1983, S. 91

3.8 Die anhängliche Kerzenflamme

Mit einer in einem beschleunigten Gefäß brennenden Kerze wird demonstriert, dass der Auftrieb in einem Kraftfeld immer der Richtung der wirksamen Kraft entgegengerichtet ist.

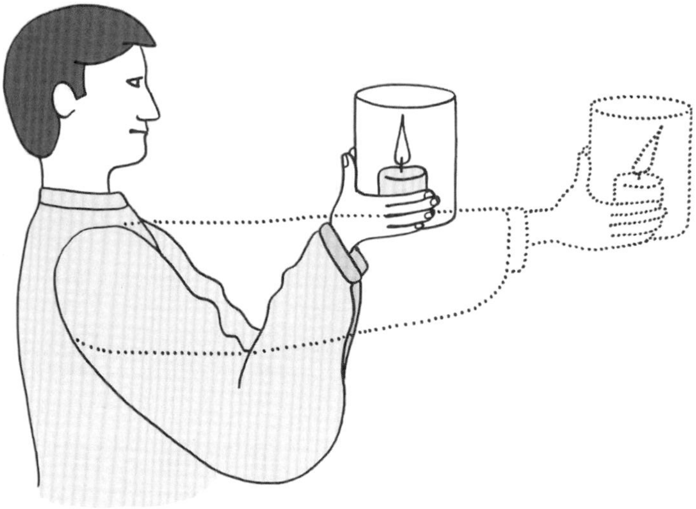

Abb. 1

Material

- kleine Kerze
- Becherglas oder Glasbehälter

Aufbau und Durchführung

Eine kleine Kerze wird mit einigen Wachstropfen auf dem Boden eines Becherglases fixiert und angezündet. Das Becherglas wird mit angewinkelten Armen am Körper gehalten und vom Körper weg beschleunigt (siehe Abb. 1). Die Kerzenflamme bewegt sich während der Bewegung vom Experimentator weg (siehe Abb. 1).
Man kann das Glas mit der brennenden Flamme auch mit waagrecht gestreckten Armen halten und sich um die eigene Körperachse im Kreis drehen. Die Flamme neigt sich umso stärker zum Körper hin, je schneller man sich dreht.

Erklärung

Im beschleunigten Bezugssystem des Becherglases existiert neben dem Gravitationskraftfeld $\vec{G}$ ein zusätzliches Trägheitskraftfeld $\vec{M}$. Das aus der Überlagerung der Kraftfelder $\vec{G}$ und $\vec{M}$ resultierende Kraftfeld sei mit $\vec{R}$ bezeichnet (siehe Abb. 2(a) und (b)).

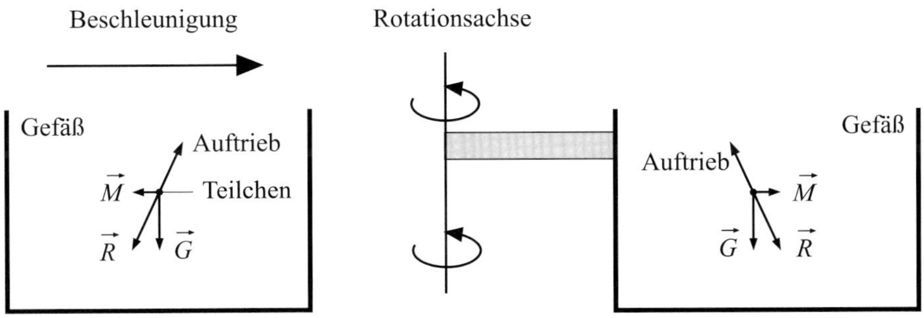

(a) (b) Abb. 2

In diesem resultierenden Kraftfeld $\vec{R}$ erfahren die spezifisch leichteren Flammengase einen Auftrieb, der dem Kraftfeld $\vec{R}$ entgegengerichtet ist. Bei dem Becherglas, welches vom Körper weg beschleunigt wird, weist der Auftrieb damit nach oben und vom Körper weg (siehe Abb. 2(a)).
Bei der zweiten Variante, bei der sich der Experimentator im Kreis dreht, weist das Kraftfeld $\vec{M}$, welches die Trägheitskraft (hier: die Zentrifugalkraft) hervorruft, vom Körper weg (siehe Abb. 2(b)). Damit ist der Auftrieb nach oben und zum Körper hin gerichtet (siehe Abb. 2(b)).

Bemerkungen

Derselbe Effekt tritt auf, wenn sich ein mit Heliumgas gefüllter Luftballon in einem Auto befindet. Beschleunigt das Auto, wird der Luftballon zur Windschutzscheibe hin gedrängt, bremst das Auto, fliegt der Luftballon nach hinten.
Das Experiment „Beschleunigungsmesser" behandelt die gleiche Thematik.

Literatur

Wittmann, J.: Trickkiste 1 Experimente, wie sie nicht im Physikbuch stehen, Bayerischer Schulbuch Verlag, München 1986

3.9 Das hüpfende Ei

Es wird demonstriert, dass bei festem Volumen und fester Temperatur die Masse bzw. die Dichte eines Gases und sein Druck direkt proportional zueinander sind.

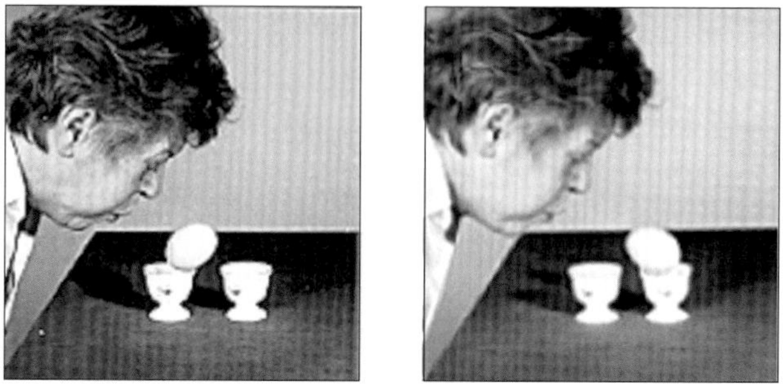

Abb. 1

Material

- 2 identische Eierbecher
- 1 gekochtes Ei
- evtl. Geschirrtuch

Aufbau und Durchführung

Zwei Eierbecher werden in einem Abstand von 1 – 2 cm auf einen Tisch gestellt, so dass sich die zwei Eierbecher und der Mund des Experimentators in einer Reihe befinden. In dem Eierbecher nächst des Experimentators befindet sich ein Ei. Man bläst kräftig in den Zwischenraum zwischen Ei und Eierbecher (siehe Abb. 1) und das Ei springt aus dem Becher heraus. Mit ein wenig Geschick landet das Ei im zweiten Eierbecher. Bei den ersten Versuchen legt man am besten hinter den zweiten Eierbecher ein zusammengelegtes Geschirrtuch als Aufschlagsdämpfer für das Ei.

Erklärung

Auf Grund der entstehenden Wirbel unter dem Ei kann die unter das Ei geblasene Luft nicht mit gleichem Massenstrom (z. B. auf der gegenüberliegenden Seite des Bläsers) durch den Zwischenraum zwischen Ei und Eierbecher aus dem Hohlraum unter dem Ei wieder austreten. Die daraus resultierende größere Dichte der Luft (im Vergleich zu Luft z. B. über dem Ei) hat nach der allgemeinen Gasgleichung bei konstantem Gasvolumen und etwa konstanter Temperatur einen größeren Druck zur Folge, unter dem das Gas steht. Die Druckdifferenz zwischen der Luft unter dem Ei und der Luft direkt über dem Ei (hier herrscht der aktuelle Luftdruck) hat eine Kraft auf das Ei zur Folge, welche das Ei nach oben aus dem Eierbecher heraus beschleunigt. War der Überdruck unter dem Ei groß genug, wird das Ei ganz über den Eierbecher gehoben. Da sich das hochgehobene

Ei immer noch in dem Luftstrom befindet, der ursprünglich auf den Zwischenraum zwischen Ei und Eierbecher gerichtet war, erfährt es auf Grund seines Luftwiderstandes eine Kraft in Richtung des Luftstroms und fällt in den zweiten Eierbecher.

Literatur

Zeier, E.: Physikalische Schulversuche, Freihandversuche, kleine Experimente, Aulis Verlag Deubner, Köln 1986

zur Erklärung:

Hering, E.; Martin, R.; Storer, M.: Physik für Ingenieure, VDI Verlag GmbH, Düsseldorf 1995

3.10 Die implodierende Dose

Eine Dose, in der Wasser zum Sieden gebracht wurde, wird beim schnellen Abkühlen durch den Luftdruck zusammengedrückt.

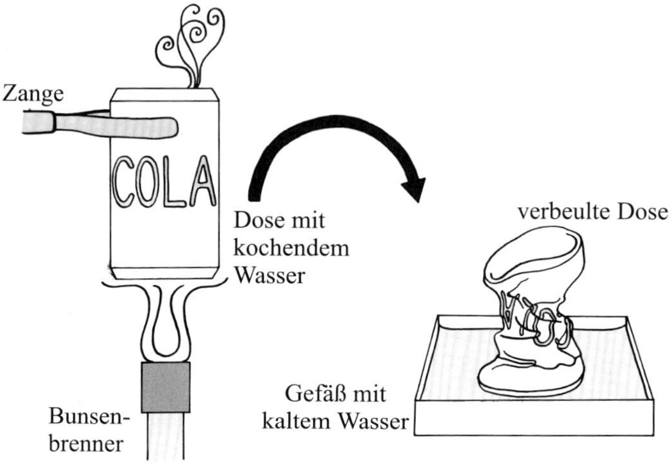

Abb. 1

Material

- leere Getränkedose
- Gefäß mit kaltem Wasser
- Bunsenbrenner oder andere starke Wärmequelle
- Zange, Handschuhe o. Ä., um die Dose über der Wärmequelle zu halten

Aufbau und Durchführung

Man gibt ein wenig Wasser in eine Getränkedose und bringt es in ihr über einer Wärmequelle zum Kochen. Taucht man die Dose mit der Öffnung nach unten mindestens 1 cm tief in kaltes Wasser, wird sie schlagartig zusammengedrückt (siehe Abb. 1).

Erklärung

Wenn das Wasser in der Dose kocht, füllt sie sich mit heißem Wasserdampf. Da die Dose oben offen ist, hat der Wasserdampf in der Dose den gleichen Druck wie der Luftdruck in der Umgebung der Dose. Taucht man die Dose mit der Öffnung nach unten in kaltes Wasser, sinkt schlagartig die Temperatur des Wasserdampfes in der Dose, der daraufhin zum größten Teil kondensiert. Dadurch sinkt der Druck in der Dose weit unter den Umgebungsdruck. Da ein Druckausgleich über Einströmen von kaltem Wasser und Außenluft durch die Dosenöffnung nicht schnell genug erfolgt (auf Grund der durch die Öffnung begrenzten Durchflussmenge), wird die wenig stabile Blechdose vom Luftdruck zusammengepresst.

Bemerkungen

Erstaunlich ist, dass ein so geringes Eintauchen der Dose genügt, um sie und den in ihr enthaltenen Wasserdampf stark und schnell genug abzukühlen.
Ein ähnliches Phänomen beobachtet man bei dünnwandigen Aluminiumflaschen, die aus Gewichtsgründen oft beim Wandern mitgenommen werden und luftdicht verschlossen werden können. Hat man z. B. heißen Tee eingefüllt und die Flasche fest verschlossen, so wird die Flasche nach Abkühlen des Tees Einbeulungen aufweisen.

Literatur

Raaf, H.; Sowada, H.: Physik macht Spaß, Überraschende Einsichten durch über 100 Modelle und Experimente, Herder Verlag, Freiburg im Breisgau 1990
Wittmann, J.: Trickkiste 2, Verblüffende Experimente zum Selbermachen, Bayerischer Schulbuch Verlag, München 1993
Meisinger, K.: Physikalische Experimente mit Dosen, Schriftliche Hausarbeit zur Ersten Staatsprüfung für das Lehramt an Hauptschulen nach der Lehramtsprüfungsordnung I (LPO I) 1994/II, o. V., Augsburg 1994

3.11 Eine Kerzenflamme hebt Wasser

Mit Hilfe des Luftdrucks wird Wasser in ein Glas gedrückt.

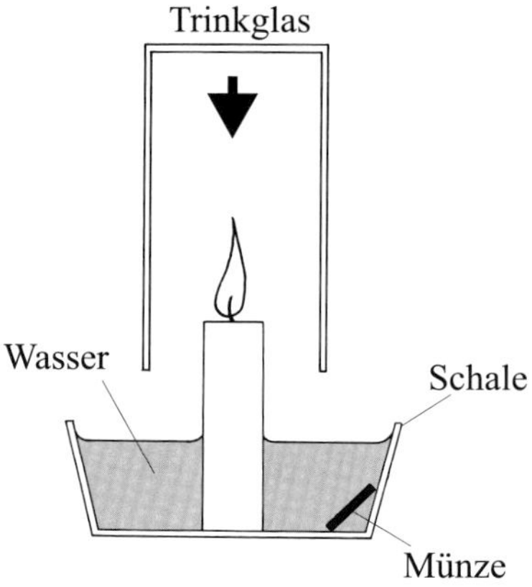

Abb. 1

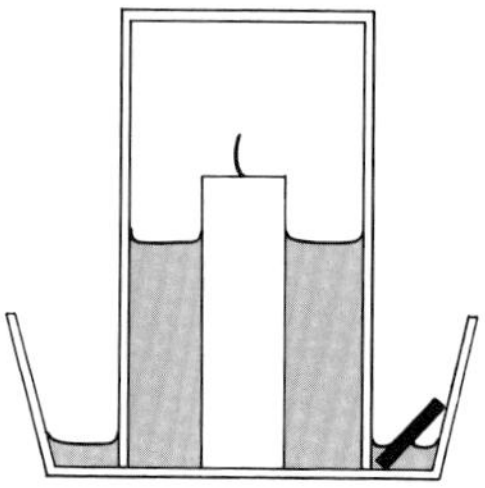

Abb. 2

Material

- Schale mit Wasser
- Kerze oder mit Spiritus getränkte Watte und Aluminiumfolie
- Trinkglas, groß genug, um über die Kerze gestülpt zu werden
- evtl. Münze

Aufbau und Durchführung

Eine Kerze wird am Boden einer Schale, z. B. mit ein paar Wachstropfen, befestigt. In die Schale wird Wasser gegeben, so dass der Boden gut bedeckt ist. Zündet man die Kerze an und stülpt man das Trinkglas über sie (siehe Abb. 1), so wird Wasser in das Trinkglas gedrückt und die Kerze wird nach einiger Zeit verlöschen (siehe Abb. 2). Der Wasserspiegel im Trinkglas ist jetzt deutlich über dem Wasserspiegel in der Schale, das Wasser ist also mit Hilfe der Kerze „angehoben" worden.

Das Experiment kann mit der Aufgabenstellung verbunden werden, eine Münze vom Boden der Schale zu nehmen, ohne sich die Finger nass zu machen. Man platziert eine Münze wie aus den Abbildungen 1 und 2 ersichtlich auf dem Boden der Schale. Man muss dann allerdings den Wasserpegel in der Schale so gering wählen, dass im Experiment das ganze Wasser aus der Schale ins Glas gedrückt wird.

Statt einer Kerze kann man auch einen in Spiritus getränkten Wattebausch verwenden. Man formt aus Aluminiumfolie ein kleines Schiffchen, legt den getränkten Wattebausch hinein und setzt das Ganze auf das Wasser in der Schale. Zündet man den Wattebausch an und stülpt wiederum das Trinkglas darüber, wird man das Einsaugen des Wassers wesentlich deutlicher beobachten. Mit dem in Spiritus getränkten Wattebausch ist es möglich, das Glas bis über die Hälfte mit Wasser zu füllen.

Erklärung

Brennt die Kerze, so wird Sauerstoff zu Kohlenstoffdioxid und Wasser (als Dampf in der Gasphase) verbrannt. Stülpt man das Glas über die Kerze, verschwindet also durch die Verbrennung der Sauerstoffanteil der Luft im Glas. Es entsteht Kohlenstoffdioxid und Wasser (als Dampf). Kohlenstoffdioxid ist gut in Wasser löslich, der Wasserdampf kann kondensieren, so dass das Luftvolumen im Glas, bei vollständiger Verbrennung des Sauerstoffs, um das ganze Sauerstoffvolumen (ca. 21 % des Luftvolumens) durch das Brennen der Kerze verringert wird. Bei gleichem Druck benötigen die im Glas verbleibenden Gase (hauptsächlich Stickstoff) ein kleineres Volumen, so dass der äußere Luftdruck Wasser ins Glas drückt. Da bei Verlöschen der Kerze mehr als 21 % (Sauerstoffanteil der Luft) des Volumens des Glases mit Wasser gefüllt sein können, kann der fehlende Sauerstoff nicht die einzige Ursache für die Druckabnahme sein. Beim Überstülpen des Glases befindet sich im Glas durch die Verbrennung sehr warme Luft. Verlischt die Flamme, kühlt sie sich ab, wodurch der Druck abnimmt. Da beim Wattebausch die Verbrennungstemperatur wesentlich höher liegt als bei der Kerzenflamme, was man schon an den unterschiedlichen Flammenfärbungen erkennen kann, ist dieser Effekt beim Wattebausch wesentlich stärker, so dass bei ihm vergleichsweise mehr Wasser ins Glas gesaugt wird.
Drei Effekte bewirken also die Druckabnahme des Gases im Glas und damit das Einsaugen des Wassers: Es lösen sich Verbrennungsprodukte im Wasser, Wasserdampf kondensiert und der Gasdruck fällt bei Abkühlung auf die Umgebungstemperatur.
Selten werden alle drei Effekte beschrieben. [*Glass* 1995] kritisiert Bücher wie z. B. [*Ardley* 1995], die allein den Sauerstoffverbrauch für die Volumenverringerung verantwortlich machen.

Bemerkungen

Da Wasser ins Glas gedrückt und hochgehoben wird, stellt die Experimentanordnung eine einfache Einrichtung zur Umwandlung von Wärmeenergie in mechanische Energie (hier: potenzielle Energie) dar, wenn auch unter Ausnützung des umgebenden Luftdrucks. Betrachtet man aber den Wirkungsgrad, also das Verhältnis von erbrachter Arbeit (Wasser wird angehoben, durch die Formel für potenzielle Energie abschätzbar) zu der aufgebrachten Wärmemenge, wird man sehr enttäuscht sein, denn er beträgt weit unter 0,01 %. Von der aufgebrachten Energie gehen also mehr als 99,99 % als Wärme und am Gas verrichteter Arbeit verloren.
Die Wärmemenge lässt sich über die Dauer des Brennens der Flamme und der Heizleistung der Kerze abschätzen. Die Heizleistung kann experimentell näherungsweise wie folgt ermittelt werden: Man misst die Dauer des Erhitzens einer bekannten Menge Wasser mit der Kerze und die dadurch erzielte Temperaturerhöhung. Die Heizleistung der Kerze ist dann der Quotient aus der dem Wasser zugeführten Wärmemenge und der benötigten Zeit. Die zugeführte Wärmemenge ist das Produkt aus spezifischer Wärmekapazität des Wassers (ca. $4{,}19\,\frac{\mathrm{J}}{\mathrm{gK}}$), Masse des erhitzten Wassers und der Temperaturdifferenz.

Literatur

Zeier, E.: Kurzweil durch Physik, Aulis Verlag Deubner, Köln 1983
Melenk, H.; Runge, U.: Verblüffende physikalische Experimente, Aulis Verlag Deubner, Köln 1991
Schlichting, H. J., Praxis der Naturwissenschaften: Physik 43/4 (1994), S. 12-14
Bublath, J.: Das neue Knoff-Hoff Buch, Wilhelm Heyne Verlag, München 1989
Ardley, N.: 101 spannende Experimente aus Wissenschaft und Technik, Loewe Verlag, Bindlach 1995
Glass, D.: Das neue What's what? Naturwissenschaftliche Plaudereien, Deutscher Taschenbuch Verlag GmbH & Co. KG, München 1997

3.12 Der Luftdruck im Klassenzimmer

Die Höhenabhängigkeit des Luftdrucks wird durch das Verändern der Höhe eines abgeschlossenen Luftvolumens demonstriert.

Material

- 2 gleiche, möglichst große Eimer (Inhalt: je mindestens 10 l) oder ein anderes Gefäß mit einem großem Volumen (größer als 20 l) und einer kleinen Öffnung
- 2 Trinkhälmchen
- Knetmasse
- Zigarette
- Seil (Länge: 4 m)
- Stativmaterial
- Hilfsmittel: Klebeband, Bunsenbrenner, Nagel, Zange

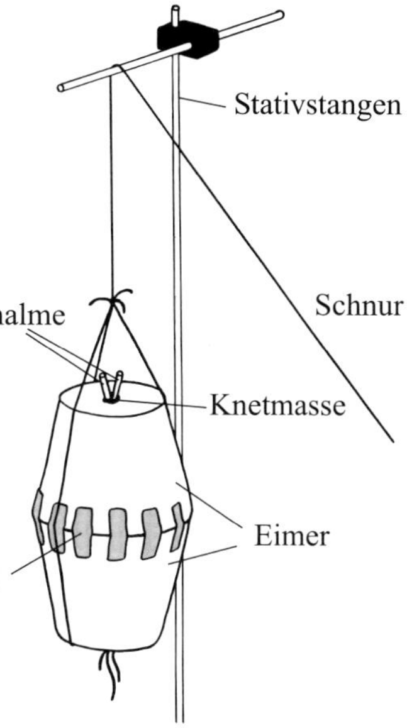

Abb. 1

Aufbau und Durchführung

Zwei Plastikeimer werden mit den Öffnungen luftdicht mit einem Klebeband aufeinander geklebt. In den Boden eines Eimers schmilzt man mit einem heißen Nagel ein Loch mit ca. 1 cm Durchmesser. In dieses Loch steckt man zwei Trinkhalme so, dass noch 10 cm der Halme aus dem Eimer ragen, und dichtet das Loch mit Knetmasse luftdicht ab. Die Eimer befestigt man so, wie in Abbildung 1 dargestellt, an einem Seil. Werden die Eimer mit diesem Seil angehoben, müssen die Trinkhalme gemäß Abbildung 1 nach oben zeigen. Mit Stativstangen baut man eine Art Galgen auf, an dem man die beiden Kübel vom Boden in eine Höhe von ca. 1 – 2 m ziehen kann (siehe Abb. 1).
Füllt man ein Trinkhälmchen mit Rauch, wobei die Eimer am Boden stehen, so kann man, während man die Eimerkonstruktion nach oben zieht, eine Rauchfahne an dem Röhrchen beobachten. Wird ein Trinkhalm in der Höhe mit Rauch befüllt und lässt man ihn anschließend zu Boden, so beobachtet man aus dem Trinkhalm keine Rauchfahne.

Erklärung

Nach der barometrischen Höhenformel

$$p(h) = p_0 \cdot \exp\left(\frac{h}{H}\right) \qquad \text{bei } T = 273\,\text{K}$$

($p(h)$: Luftdruck bei der Höhe h über der Meereshöhe; p_0: Luftdruck auf Meereshöhe; $H = 8005$ m)
ist der Luftdruck höhenabhängig. Ein ideales Gas vergrößert bei einer Höhenveränderung um 2 m sein Volumen von beispielsweise 100 l um ca. 25 cm^3, ein reales um ca. 32 cm^3.

Hat man Rauch in einen Trinkhalm geblasen, so wird beim Hochheben der Eimer der Rauch auf Grund des verminderten Drucks außerhalb der Kübel nach außen gedrückt. Ist ein Röhrchen in der Höhe mit Rauch befüllt und werden die Eimer am Seil auf den Boden gelassen, herrscht in den Eimern ein geringerer Druck als in der Umgebung und der Rauch im Röhrchen wird ins Innere der Eimer gedrückt.

Bemerkungen

„So wie Wolle in einem 20 oder 30 Klafter hohen Haufen [ein Klafter ist ein altes französisches Längenmaß und entspricht etwa 2m] durch ihr eigenes Gewicht zusammengedrückt würde und wie sie unten wegen der Belastung mehr zusammengedrückt würde als in der Mitte oder gegen oben hin, so wird die Luft, welche ebenso ein Gewicht hat und zusammendrückbar ist wie die Wolle, durch ihr eigenes Gewicht zusammengedrückt.", schrieb *Blaise Pascal* (1623-1662) in seiner 1653 erschienenen „Abhandlung über das Gewicht der Luft".

Literatur

Borer, A., Praxis der Naturwissenschaften: Physik 31/11 (1982), S. 341

zur Erklärung:

Vogel, H.: Gerthsen, Physik, Springer Verlag, Berlin 1995, S. 99

zu Bemerkungen:

Borer, A., Praxis der Naturwissenschaften: Physik 31/11 (1982), S. 341

3.13 Die schwere Zeitung

Durch einen Hammerschlag bricht eine Holzleiste, zum einen auf Grund des Luftdrucks, zum anderen auf Grund der Trägheit der Leiste.

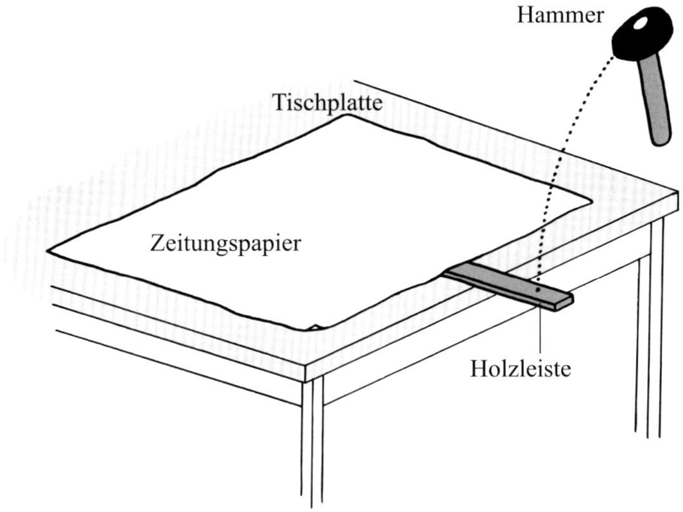

Abb. 1

Material

- 1 Blatt einer Tageszeitung
- Holzleiste (z. B. ca. 1 m × 2 cm × 0,5 cm mit rechteckigem Profil oder 1 m × 0,35 cm mit kreisförmigem Profil)
- Hammer oder anderes Gerät zum Schlagen
- Tisch

Aufbau und Durchführung

Eine Holzleiste legt man so auf einen Tisch, dass etwa ein Viertel ihrer Länge über die Tischplatte hinausragt. Über den Teil der Leiste, der auf dem Tisch liegt, wird ein Zeitungsblatt gelegt und glatt gestrichen. Die Leiste sollte möglichst in der Mitte des Blattes liegen (siehe Abb. 1). Mit dem Hammer schlägt man kräftig auf den überstehenden Teil der Leiste. Sie bricht ab.

Legt man eine ähnliche Holzleiste etwa zu drei Viertel auf einen Tisch und unterlegt man die Leiste mit zwei Holzklötzen (siehe Abb. 2), so bricht diese während eines Schlages ab. Je näher an der Tischkante das Schlagwerkzeug die Leiste trifft, desto besser. Es muss härter geschlagen werden als beim ersten Teilexperiment. *Achtung:* Das Stück der Holzleiste auf dem Tisch kann ohne Zeitung nach dem Schlag nach schräg vorne durch die Luft wirbeln.

Erklärung

Zum ersten Teil des Experiments:

Auf der Erdoberfläche herrscht ein Luftdruck von ca. $10\,\frac{\text{N}}{\text{cm}^2}$. Schlägt man auf das überstehende Ende der Holzleiste, so wird die Zeitung nach oben gedrückt. Da am Rand der Zeitung Luft nicht so schnell unter die Zeitung nachströmen kann wie die Zeitung durch die Leiste nach oben gedrückt wird, steht die Luft unter der Zeitung im Vergleich zu der Luft über der Zeitung unter einem Unterdruck. Das bedeutet, dass der Luftdruck nicht durch einen äquivalenten Druck kompensiert wird. Bei einer Fläche von ca. 0,5 m^2 der Zeitung macht das maximal 50 kN aus, mit denen der Luftdruck im Grenzfall von Vakuum unter der Zeitung von oben auf das Papier wirkt. Mit einem Hammer erreicht man nur ca. 7500 N. Man kann die Leiste also nicht hochschleudern, sondern nur abbrechen. Bei diesem Experiment ist die Trägheit der Holzleiste nicht ausschlaggebend, da die Kraft, mit der die Zeitung die Leiste auf dem Tisch hält, wesentlich größer ist als die Gewichtskraft der Leiste.

Zum zweiten Teil des Experiments:

Man schätzt zunächst die Schlagdauer Δt (im Experiment ist eine Schlagdauer von Δt = 0,001 s realistisch) und die Geschwindigkeit des Hammers v_{Ham} (im Experiment wird etwa $v_{\text{Ham}} = 15\,\frac{\text{m}}{\text{s}}$ erreicht) ab. Daraus berechnet man die Kraft $\vec{F}_{\text{Ham}}$, die der Hammer auf die Holzleiste ausübt. Es gilt

$$F_{\text{Ham}} \approx \frac{m_{\text{Ham}}\, v_{\text{Ham}}}{\Delta t} \quad (\text{im Experiment:} F_{\text{Ham}} \approx \frac{0{,}5\,\text{kg}\cdot 15\,\frac{\text{m}}{s}}{0{,}001\,\text{s}} = 7500\,\text{N})$$

(F_{Ham}: Betrag der Kraft, die der Hammer auf die Holzleiste ausübt; m_{Ham}: Masse des Hammers; v_{Ham}: Betrag der Geschwindigkeit des Hammers unmittelbar vor dem Schlag (Es wird angenommen, dass die Geschwindigkeit des Hammers während des Schlags auf null abgebremst wird.))

Diese Kraft $\vec{F}_{\text{Ham}}$, die im Abstand $\vec{r}_{\text{Ham}}$ von der Tischkante auf die Holzleiste wirkt, hat ein Drehmoment $\vec{M}_{\text{Ham}} = \vec{r}_{\text{Ham}} \times \vec{F}_{\text{Ham}}$ um den Auflagepunkt nahe der Tischkante zur Folge (siehe Abb. 2).

Diesem Drehmoment $\vec{M}_{\text{Ham}}$ wirkt das Drehmoment $\vec{M}_{\text{Leiste}} = \vec{r}_s \times \vec{G}$ ($\vec{r}_s$: Vektor von der Tischkante zum Schwerpunkt der Holzleiste; $\vec{G}$: Gewichtskraft der Holzleiste) entgegen.

Experimente zur Untersuchung der Bruchkraft der Leiste ergaben, dass an eine Leiste, die mit einem Ende auf dem Tisch fixiert ist, ein Gewicht von 8 – 13 N in einer Entfernung von 2 cm von der Tischkante angehängt werden muss, um die Leiste brechen zu lassen.

Falls $|\vec{M}_{\text{Leiste}}| > |\vec{M}_{\text{Ham}}|$ ist, die Holzleiste also auf dem Tisch liegen bleibt, und zugleich $|\vec{F}_{\text{Ham}}| > |\vec{F}_{\text{Bruch}}|$, so bricht die Holzleiste. Ist $|\vec{M}_{\text{Leiste}}| > |\vec{M}_{\text{Ham}}|$ und $|\vec{F}_{\text{Ham}}| < |\vec{F}_{\text{Bruch}}|$, so bleibt die Holzleiste auf dem Tisch liegen. Gilt $|\vec{M}_{\text{Leiste}}| < |\vec{M}_{\text{Ham}}|$, dreht sich die Holzleiste um ihren Auflagepunkt auf der Tischkante und bricht nicht.

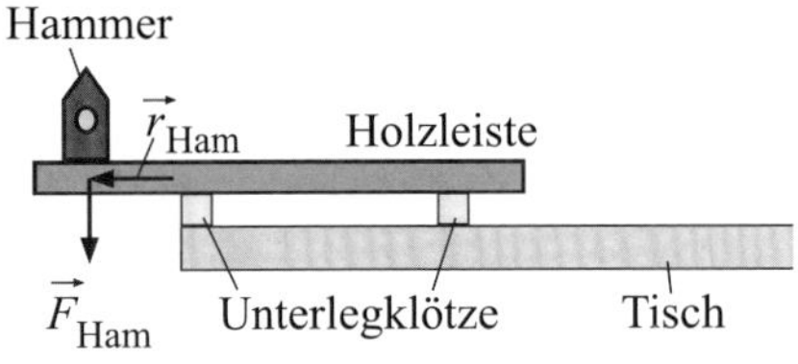

Abb. 2

Bemerkungen

Die Experimente „Wo reißt der Faden?“ und „Die stabilen Papierschlaufen“ behandeln eine ähnliche Thematik.

Literatur

Zeier, E.: Physikalische Schulversuche, Freihandversuche, kleine Experimente, Aulis Verlag Deubner, Köln 1986

3.14 Papier stoppt Wasser

Die Wirkung des Luftdrucks wird mit einem gefüllten umgedrehten Trinkglas und einer Postkarte demonstriert.

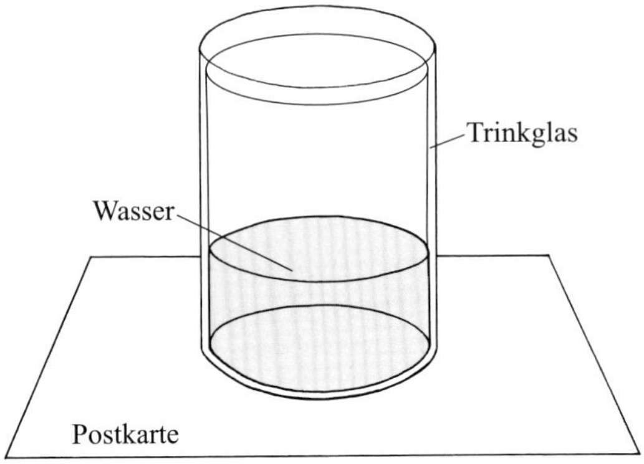

Abb. 1

Material

- Trinkglas
- Postkarte, stärkeres Papier oder feiner Tüllstoff

Aufbau und Durchführung

Man füllt ein Trinkglas mit Wasser (es kann, muss aber nicht randvoll sein), bedeckt es mit einer Postkarte, hält beides fest und dreht das Ganze vorsichtig auf den Kopf. Wenn man die Postkarte behutsam loslässt, bleibt sie am Glas haften und das Wasser bleibt im Glas (siehe Abb. 1).

Erklärung

Die Ursache für das Ergebnis des Experiments ist der Luftdruck. Ist das Glas randvoll mit Wasser und wird es umgedreht, so wirkt auf die obere Seite der Postkarte der Druck der Wassersäule, auf die untere der Luftdruck. Der Luftdruck ist mit ca. 1000 hPa so groß wie der hydrostatische Druck einer etwa 10 m hohen Wassersäule. Die Postkarte wird also vom Luftdruck an das Glas gepresst. Ist das Glas nicht randvoll, sondern befinden sich Wasser und Luft im Glas, wirken auf die Oberseite der Postkarte der Luftdruck im Glas und der Druck der Wassersäule. Da sich die Postkarte etwas nach außen wölben kann oder wenn man dafür sorgt, dass eine geringfügige Menge Wasser ausfließen kann (je nach Experimentiergeschick), sinkt der Luftdruck im Glas unter den äußeren Luftdruck, sogar so weit, dass die Postkarte wieder an das Glas gedrückt wird.

Bemerkungen

Die Postkarte dient im Experiment nur dazu, das Reißen der Wasseroberfläche zu verhindern. (Bei einer Pipette oder einem Saugheber, wie er in der Chemie verwendet wird, ist die Oberfläche klein genug, dass sie nicht reißt und so nichts herausfließen kann.) Statt der Postkarte kann man deshalb auch feinen Tüllstoff verwenden, der die Wasseroberfläche gut genug gegen das Reißen schützt. Ist die Oberfläche erst einmal gerissen, kann Luft nachströmen und das Wasser fließt aus dem Glas.

Literatur

Moisl, F.: Schüler-Experimentierbuch Physik 1, Ravensburger Taschenbücher, Ravensburg 1982

Zeier, E.: Physikalische Schulversuche, Freihandversuche, kleine Experimente, Aulis Verlag Deubner, Köln 1986

Long, D. D.: The physics around you, Wadsworth Publishing Company, Belmont 1988
Oberdorfer, G.: Zytglogge Werkbuch, Das springende Ei und andere Experimente für die fünf Sinne, Zytglogge-Verlag, Gümmlingen Bonn Wien 1991
Parker, S.: Experimente, Tricks und Tips, Wetter, Südwest Verlag GmbH & Co. KG, München 1991
Tölle, M.: Kinder entdecken ... Einfache Experimente, Time-Life Books B. V., Amsterdam 1994
Ardley, N.: 101 spannende Experimente aus Wissenschaft und Technik, Loewe Verlag, Bindlach 1995

3.15 Fünf Karten mit *einem* Finger aufeinander legen

Mit Hilfe von aneinander haftenden Spielkarten wird demonstriert, dass der Luftdruck zwei glatte Körper zusammenpresst, wenn er zwischen ihnen nicht angreifen kann.

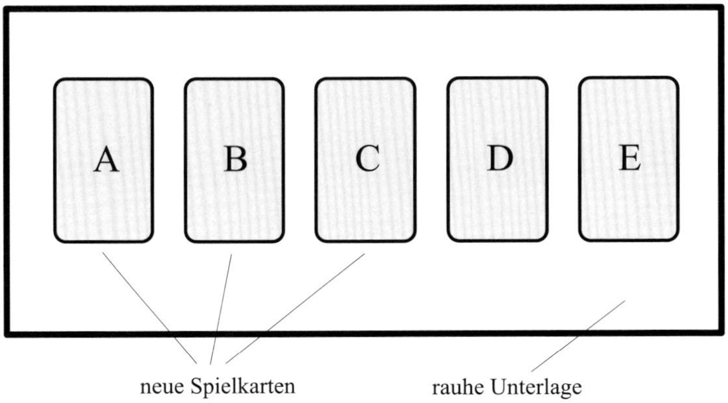

Abb. 1

Material

- 5 neue Spielkarten
- rauhe Unterlage, z. B. Tischdecke, Geschirrtuch, Schleifpapier

Aufbau und Durchführung

Man feuchtet einen Finger leicht an und presst ihn fest auf Karte A (siehe Abb. 1). Diese bleibt dadurch am Finger kleben und lässt sich so auf die Karte B legen. Ohne den Finger wegzunehmen drückt man wieder kurz auf die Karten. Jetzt bleibt beim Hochheben des Fingers die Karte B an A genügend lange haften, um beide auf Karte C abzusetzen. Diesen Vorgang wiederholt man zügig nacheinander, bis alle Karten auf einem Stoß liegen.

Erklärung

Die einen Gegenstand umgebende Luft erzeugt normalerweise nur eine sehr kleine Auftriebskraft. Wegen der Abnahme des Luftdrucks mit steigender Höhe über dem Erdboden (siehe Experiment „Der Luftdruck im Klassenzimmer") wirkt auf die obere Seite des Körpers ein etwas geringerer Druck als unten. Die Folge ist eine vertikal nach oben gerichtete Nettokraft (siehe Experiment „Aufgeblasen wiegt ein Luftballon weniger"). Wegen der winzigen Druckdifferenz ist diese äußerst klein.
Kann der Luftdruck jedoch nicht von allen Seiten an einem Körper angreifen, so entstehen große Druckunterschiede. Im Falle der Spielkarten A und B bewirkt dies, dass sie aneinandergepresst werden, weil der Luftdruck zwischen ihnen nicht wirken kann (siehe

Bemerkungen). Bei mehreren Karten wird nur die oberste Karte nach unten und die unterste Karte nach oben gedrückt, wodurch die mittleren Karten eingeklemmt werden. Eine rauhe Unterlage ist für den Versuch notwendig, weil die Karten sonst aus den gleichen Gründen auch am Tisch haften.

Bemerkungen

Da auch neue Spielkarten natürlich nicht ideal glatt sind, werden sie nur mit einem winzigen Bruchteil der Kraft zusammengepresst, die sich rechnerisch bei vollständiger Abdichtung ergeben würde (ca. 500 N). Außerdem dringt nach einer Weile Luft in die Räume zwischen den Karten ein und sie fallen herunter. Durch Verwendung glatterer Oberflächen (z. B. plangeschliffene Glasoberflächen) erreicht man wesentlich höhere Kräfte.
Die gleiche Thematik behandelt das Experiment „Die schwere Zeitung“.

Literatur

Gardner, M., The Physics Teacher 30/2 (1992), S. 85

3.16 Die Magdeburger Halbkugeln

Zwei Trinkgläser oder zwei Gummi-Saugglocken werden als Modell für Magdeburger Halbkugeln verwendet.

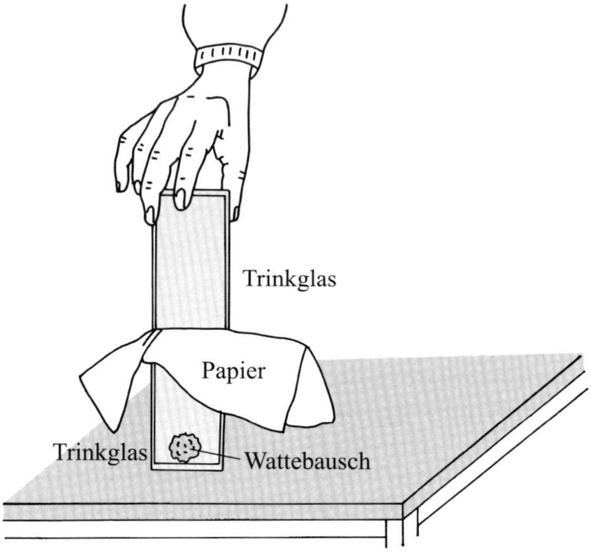

Abb. 1

Material

- 2 gleiche Trinkgläser mit möglichst glattem Rand
- Watte und Spiritus, oder Kerzenstummel
- Stück Zeitungspapier
- Hilfsmittel: Zündhölzer oder Feuerzeug

oder

- 2 Gummi-Saugglocken, evtl. nur eine

Aufbau und Durchführung

Etwas Zeitungspapier wird nass gemacht, ein Wattebausch mit Spiritus getränkt und angezündet. Nachdem man ihn in ein Trinkglas geworfen hat, bedeckt man die Trinkglasöffnung sofort mit dem nassen Zeitungspapier und stellt ein zweites Glas mit der Öffnung nach unten bündig darauf (siehe Abb. 1). Kurz nachdem die Flamme erloschen ist, haften die Gläser aneinander und das untere kann mit dem oberen hochgehoben werden (siehe Abb. 1).

Anstatt des getränkten Wattebausches kann auch ein kurzer Kerzenstummel verwendet werden. Dieser wird in eines der Gläser gestellt und angezündet. Sonst verfährt man genauso wie oben beschrieben.

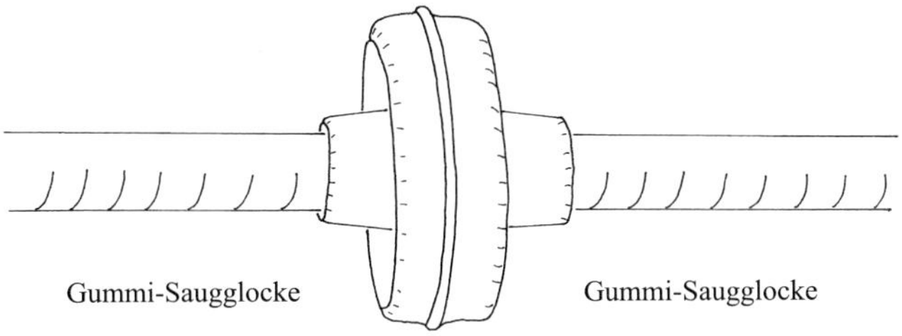

Abb. 2

Zwei Gummi-Saugglocken dienen auch als Modell für Magdeburger Halbkugeln. Werden diese wie in Abbildung 2 aufeinander gepresst, muss große Kraft aufgewendet werden, um sie wieder zu trennen. Steht nur eine Gummi-Saugglocke zur Verfügung, kann diese auf die gleiche Weise an einer gefließten Wand befestigt werden.

Erklärung

In allen Magdeburger Halbkugeln, seien es die historischen, zwei Gläser oder die beiden Gummi-Saugglocken, wird ein Unterdruck erzeugt (siehe unten). Außen herrscht also ein größerer Druck (p_a) als im Innenraum (p_1) der Magdeburger Halbkugeln. Zur Vereinfachung wird der Schweredruck vernachlässigt.

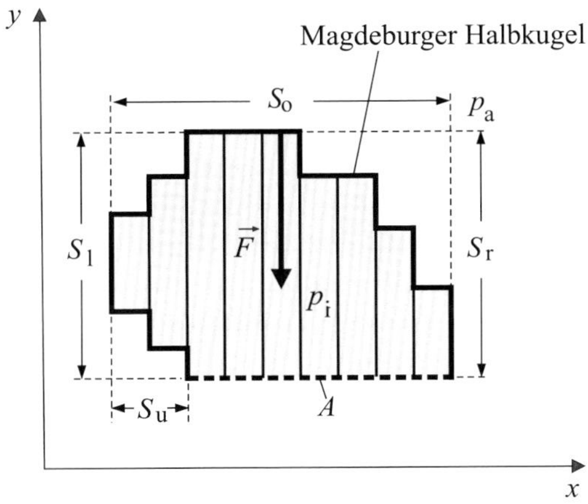

Abb. 3

Eine Magdeburger Halbkugel (hier nur *eine* betrachtet) kann man sich aus infinitesimal kleinen Quadern zusammengesetzt denken (in Bemerkungen werden die groben Züge einer mathematisch fundierteren Erklärung angegeben). Diese sind in Abbildung 3 zweidimensional (Querschnitt) sehr grob skizziert. Um die Erklärung möglichst allgemein zu halten, hat die dargestellte Halbkugel eine ganz beliebige Form. A (in Abbil-

dung 3 eine Strecke) stellt den Flächeninhalt der fiktiven ebenen Fläche $\vec{A}$ dar, die von der Berührungslinie der beiden Halbkugeln begrenzt wird. Die zweite Halbkugel ist nicht abgebildet, weil dadurch die Darstellung nur unübersichtlich würde.
Auf Grund des Druckunterschieds zwischen Außen- und Innenraum der Halbkugel greift an jedem Oberflächenstück $d\vec{S}$ die Kraft $d\vec{F}$ an, die senkrecht zu diesem Flächenstück ins Innere der Halbkugel gerichtet ist:

$$d\vec{F} = -(p_a - p_i)\, d\vec{S}$$

Diese Kräfte summieren sich zu einer resultierenden Kraft $\vec{F}$, die wie ihre Summanden an der Halbkugel angreift. Die x-Komponente $\vec{F}_x$ von $\vec{F}$ ergibt sich zu (siehe Abb. 3):

$$F_x = S_l\,(p_a - p_i) - S_r\,(p_a - p_i)$$

Da $S_r = S_l$, ist $F_x = 0$.
Als y-Komponente F_y der Kraft $\vec{F}$ erhält man (siehe Abb. 3):

$$F_y = S_u\,(p_a - p_i) - S_o\,(p_a - p_i) = -A\,(p_a - p_i)$$

Die Kraft $\vec{F}$ steht also senkrecht zur fiktiven Fläche $\vec{A}$ (d. h. $\vec{A} \mid \vec{F}$) und ist nach außen gerichtet (siehe Abb. 3). Ihr Betrag F ist:

$$F = A\,(p_a - p_i)$$

Man kann sich auf die gleiche Weise wie oben schnell überlegen, dass die Kraft, die auf die zweite Halbkugel wirkt, entgegengesetzt gleich der Kraft $\vec{F}$ ist. Durch diese beiden Kräfte werden die Halbkugeln aufeinandergepresst.
Der Unterdruck zwischen den Trinkgläsern kommt folgendermaßen zu Stande: Durch die brennende Flamme wird die Luft im unteren Glas stark erwärmt, dehnt sich aus und entweicht aus dem mit Zeitung bedeckten Glas. Nach Erlöschen der Flamme kühlt sich die Luft in diesem Glas wieder ab, was zu einem Unterdruck führt. Dadurch wird die Zeitung zwischen den Glasrändern zusammengepresst und dichtet den Spalt zwischen den Gläsern ab. Es kann kaum Luft von außen eindringen. Nur vom oberen Glas strömt durch das poröse Zeitungspapier Luft ins untere, wodurch sich der Druck in beiden Gläsern ausgleicht. Der sich ergebende Druck ist aber dennoch niedriger als der Luftdruck außerhalb der beiden Trinkgläser.
Drückt man die Gummi-Saugglocken aufeinander, entsteht in dem Raum zwischen ihnen ein Überdruck. Durch diesen wird die Luft aus dem Zwischenraum herausgedrückt. Die Gummi-Saugglocken werden dabei elastisch deformiert. Deshalb nähern sie sich ihrer ursprünglichen Form wieder an, wenn nach dem Loslassen keine Kraft auf sie wirkt. Dadurch vergrößert sich der Raum zwischen den Gummi-Saugglocken, und der Druck in diesem sinkt unter den Luftdruck der äußeren Luft. Deswegen werden die Gummi-Saugglocken aufeinander gedrückt, und die Ränder der Gummi-Saugglocken schließen den Zwischenraum dicht ab. Es kann keine Luft eindringen. Der Unterdruck bleibt bestehen.

Bemerkungen

Die historischen Magdeburger Halbkugeln waren zwei hohle Halbkugeln (Durchmesser: ca. 42 cm) aus Kupfer, deren Ränder luftdicht aufeinander passten. *Otto von Guericke* (1602-1686) evakuierte sie 1654 so stark, dass sie von 8 Pferden auf beiden Seiten nicht auseinander gezogen werden konnten. [*Lenk* 1989, S. 571]

Die obige Erklärung kann auch mathematisch fundierter, allerdings auch theoretischer, folgendermaßen formuliert werden:
Die beiden bündig aufeinander gelegten Magdeburger Halbkugeln bilden eine geschlossene Fläche S um das Volumen V. Auf die einzelnen Flächenelemente $d\vec{S}$ wirkt jeweils eine Kraft, die durch den Druckunterschied zwischen Innen- und Außenraum verursacht wird. Die aus diesen Kräften resultierende Kraft $\vec{F}$ auf S berechnet sich unter Anwendung des Gaußschen Integralsatzes für skalare Felder zu:

$$\vec{F} = \iint\limits_{S}\!\!\!\!\!\!\!\!\!\!\;\oint -(p_a - p_i)d\vec{S} = \iiint\limits_{V} -\vec{\nabla}(p_a - p_i)\mathrm{d}V'$$

Da $p_a - p_i = const$, gilt $\vec{\nabla}\,(p_a - p_i) = 0$ und $\vec{F}$ ergibt sich zu:

$$\vec{F} = \vec{0}$$

Daraus kann folgender Schluss gezogen werden: Teilt man S, z. B. durch eine Ebene E in zwei Teile (S_1 und S_2), so sind die beiden Kräfte ($\vec{F}_1$ und $\vec{F}_2$), die auf Grund des Druckunterschiedes auf die beiden einzelnen Hälften wirken, entgegengesetzt gleich ($\vec{F}_1 = -\vec{F}_2$). Die Größe der Kraft $\vec{F}_1$ bzw. $\vec{F}_2$ lässt sich durch folgende Überlegung bestimmen: Einer der Flächenteile, z. B. S_2, wird auf die ebene Schnittfläche $\vec{A}$ von E und V reduziert. Dadurch ändert sich die Kraft $\vec{F}_1$ nicht ($\vec{F}_1 = -\vec{F}_2$). Sie ist entgegengesetzt gleich der Kraft $\vec{F}_A$ ($\vec{F}_1 = -\vec{F}_A$), die auf Grund des Druckunterschieds auf die Fläche $\vec{A}$ wirkt. So lässt sich zusammenfassen:

$$\vec{F}_1 = -\vec{F}_2 = -\vec{F}_A$$

Der Betrag von $\vec{F}_A$ ist schnell zu berechnen:

$$F_A = (p_a - p_i)\,A$$

(F_A, A: Betrag von $\vec{F}_A$ bzw. $\vec{A}$)
Dies stimmt mit dem obigen Ergebnis überein.

Literatur

Oberdorfer, G.: Zytglogge Werkbuch, Das springende Ei und andere Experimente für die fünf Sinne, Zytglogge-Verlag, Gümmlingen Bonn Wien 1991
Bublath, J.: Verblüffende Experimente aus der Naturwissenschaft, Wilhelm Heyne Verlag, München 1995
Schlichting, H. J., Praxis der Naturwissenschaften: Physik 41/2 (1992), S. 29

zu Bemerkungen:

Lenk, R. (Hrsg.); *Gellert, W.* (Hrsg): Fachlexikon, abc, Physik, Band 1, Verlag Harri Deutsch, Thun und Frankfurt/Main 1989, S. 571

3.17 In einen Luftballon schauen

Konsequenzen der Zustandsgleichung idealer Gase werden anhand eines aufgeblasenen Luftballons demonstriert, der in einer Flasche seine Größe beibehält, auch wenn er offen ist.

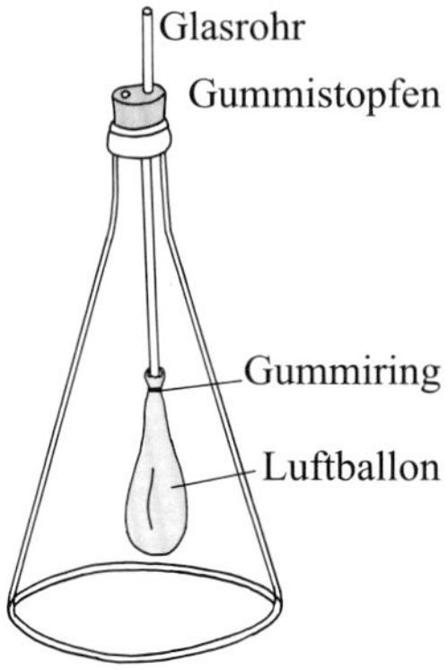

Abb. 1

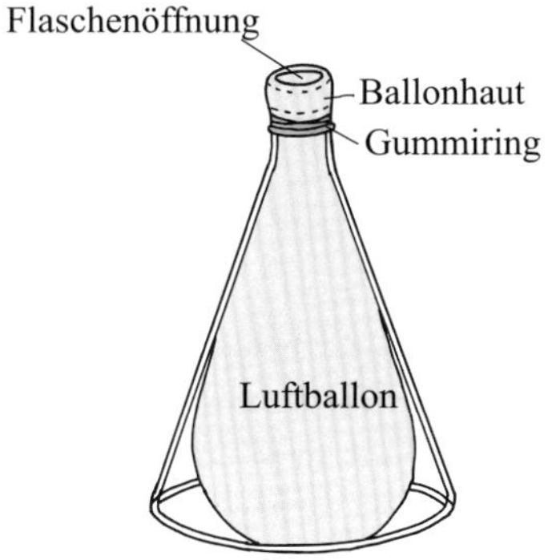

Abb. 2

Material

- Flasche aus durchsichtigem Material, am besten kegelförmig, z. B. Erlenmeyerkolben
- Gummistopfen mit zwei Bohrungen, in die Öffnung der Flasche passend
- Glasröhrchen, das knapp durch eine Bohrung im Gummistopfen passt, möglichst von der Öffnung bis zum Boden der Flasche reichend
- Gummi- oder Plastikschlauch
- Luftballons
- Gummiringe
- Hilfsmittel:
  Spülmittel oder Seifenlauge,
  Geschirr- oder Handtuch,
  evtl. Glasröhrchen (Durchmesser höchstens halb so groß wie der Durchmesser der Flaschenöffnung), von der Öffnung bis zum Boden der Flasche reichend

Aufbau und Durchführung

Ein Ende eines Glasröhrchens wird 2 – 3 cm tief in das Mundstück des Luftballons gesteckt. Den Teil des Luftballons, der das Glasrohr umgibt, umschlingt man einige Male mit einem Gummiring (siehe Abb. 1), bis der Luftballon fest mit dem Glasrohr verbunden und der Übergang vom Luftballon zum Glasrohr abgedichtet ist. Das andere Ende des Glasrohres wird von unten in eine Bohrung des Gummistopfens gesteckt (siehe Abb. 1). Das Glasrohr gleitet leichter in der Bohrung, wenn es zuvor mit ein wenig Spülmittel benetzt wird. Den Luftballon reibt man außen mit Spülmittel ein und verschließt die Flasche mit dem präparierten Gummistopfen. So befindet sich der Luftballon in der Flasche und kann über das Glasrohr aufgeblasen werden (siehe Abb. 1).

Verschließt man die zweite Bohrung im Gummistopfen z.B. mit dem Finger, kann der Luftballon nicht mehr bzw. nur sehr wenig aufgeblasen werden. Wird die zweite Bohrung im Gummistopfen offen gelassen, kann man den Luftballon wie gewohnt aufblasen. Um den Luftballon möglichst groß in der Flasche aufblasen zu können, sollte das untere Ende des Glasrohres bis zu ca. 4 cm an den Flaschenboden herangeführt werden. Den Luftballon bläst man langsam auf und zieht mit zunehmender Größe die Öffnung des Glasrohres weiter nach oben. Wird in diesem Zustand die zweite Bohrung im Gummistopfen verschlossen, bleibt der Luftballon aufgeblasen, auch wenn man den Mund vom Glasrohr nimmt.

Besonders effektvoll ist es, einen Luftballon so in einer Flasche aufzublasen, dass sich seine Gummihaut an die Wand der Flasche anlegt und sein Mundstück über die Öffnung der Flasche gestülpt wird (siehe Abb. 2). So hält sich der Luftballon auch ohne Gummistopfen aufgeblasen und die Innenseite der Gummihaut kann angeschaut werden.

Dazu braucht man außer den Materialien, die für die oben dargestellte Variante des Experiments notwendig sind, noch einen Gummi- oder Plastikschlauch, dessen Durchmesser höchstens halb so groß ist wie die Flaschenöffnung und der von der Öffnung bis zum Boden der Flasche reicht. Das Glasröhrchen, das schon für die erste Variante des Experiments notwendig war, schiebt man von oben nur so weit in die Bohrung des Gummistopfens hinein, bis es an der Unterseite des Stopfens gerade nicht übersteht. Das Mundstück des Luftballons wird von unten her so weit über den Gummistopfen gezogen, bis der Abschluss des Mundstücks ein wenig am Rand des Stopfens übersteht. Die Haut des Luftballons gleitet leichter über den Stopfen, wenn die Innenseite des Mundstücks zuvor mit Spülmittel eingerieben wird. Um zu verhindern, dass die Ballonhaut reißt, wenn das Mundstück über den Gummistopfen gezogen wird, sollte die Ballonhaut gedehnt werden. Dazu bläst man den Luftballon mehrmals stark auf und lässt die Luft jeweils wieder heraus. Dennoch ist ein wenig Übung notwendig, um die Ballonhaut nicht zu zerreißen. Deshalb sollte man mehrere Luftballons vorrätig haben. Der Schlauch, der von der Öffnung der Flasche bis zum Boden reicht, wird mit Spülmittel eingerieben und von einem Assistenten so in die Flasche gehalten, dass sich das untere Ende des Schlauchs ca. 0,5 cm über dem Flaschenboden befindet. Auch die Außenseite des Luftballons wird mit viel Spülmittel eingerieben und der Gummistopfen lose auf den Flaschenhals gesetzt. Der Luftballon soll möglichst weit in die Flasche hängen.

Durch das Glasrohr im Gummistopfen bläst man den Luftballon stark auf. Die zweite Öffnung des Gummistopfens sollte dazu natürlich mit dem Finger zugehalten werden. Füllt der Luftballon die ganze Flasche aus, lässt man den Assistenten den Schlauch aus der Flasche ziehen und verschließt die Flasche mit dem Gummistopfen, der von der Ballonhaut umgeben ist. Nimmt man den Mund vom Glasrohr, bleibt der Ballon aufgeblasen. Um die Ballonhaut am Stopfen und den oberen Rand der Flasche von Spülmittelresten zu befreien, trocknet man sie mit einem Geschirr- oder Handtuch ab. Die Ballonhaut, die den Gummistopfen umgibt, wird auf den Flaschenhals heruntergeklappt und dort mit einem Gummiring fixiert (siehe Abb. 2).

Entfernt man den Gummistopfen vom Flaschenhals, bleibt der Luftballon aufgeblasen (siehe Abb. 2). Von der Öffnung der Flasche aus ist die Innenseite der Gummihaut zu sehen.

Erklärung

Der Druck innerhalb des Luftballons spannt die Ballonhaut gegen den Druck, der außerhalb des Luftballons herrscht. Deshalb ist der Druck im Luftballon größer als der äußere Druck, wenn die Ballonhaut gespannt ist. Für die Erklärung des Experiments (siehe unten) wird die Zustandsgleichung idealer Gase verwendet. Luft bei Raumtemperatur ist eigentlich kein ideales Gas, aber hier soll diese Näherung genügen.
Ist die zweite Bohrung des Gummistopfens beim Blasen verschlossen, führt eine Vergrößerung des Luftballons zu einer Volumenverkleinerung des Raumes zwischen Luftballon und Flasche, in dem zuvor der äußere Luftdruck herrschte. Nach der Zustandsgleichung idealer Gase erhöht sich dadurch der Druck in diesem Teil der Flasche und mit ihm nach der obigen Erklärung auch der Druck im Luftballon. Um den Luftballon aufzublasen, muss die Lunge einen größeren Druck aufbringen als den im Luftballon. Gesunde Menschen können mit ihrer Lunge durchschnittlich einen Druck erzeugen, der 0,1 bar über dem äußeren Luftdruck (ca. 1 bar) liegt. Nach der Zustandsgleichung idealer Gase kann deshalb das Volumen des Raumes zwischen Luftballon und Flasche durch den vom Menschen aufgebrachten Druck (1,1 bar) höchstens um ca. 10 % des ursprünglichen Volumens verkleinert werden. Diese Volumenänderung ist kaum wahrnehmbar.
Ist die zweite Bohrung geöffnet, so ist der Raum zwischen Luftballon und Flaschenwand mit dem äußeren Luftraum verbunden. Deshalb herrscht dort konstant der äußere Luftdruck. Der Druck im Luftballon spannt die Ballonhaut gegen den äußeren Luftdruck. Der Überdruck, der zur Spannung der Ballonhaut nötig ist, ändert sich mit dem Volumen des Luftballons. Der maximale Wert ist bei den meisten Luftballons ca. 0,04 bar. Dieser ist niedriger als der Überdruck, der von der Lunge aufgebracht werden kann (0,1 bar). Deshalb kann der Luftballon aufgeblasen werden bis er platzt.
Bläst man den Luftballon auf, herrscht in ihm, wie gerade erwähnt, ein Druck von höchstens 1,04 bar. Verschließt man die zweite Bohrung im Gummistopfen mit dem Finger und nimmt man den Mund vom Glasrohr, sinkt der Druck im Ballon auf den Druck der äußeren Luft (1 bar). Dadurch verringert sich auf Grund der Spannung der Ballonhaut das Volumen des Luftballons. Dies führt zu einer Vergrößerung des Volumens zwischen Flaschenwand und Ballonhaut, wodurch der Druck in diesem Raum sinkt. Es herrscht Gleichgewicht, wenn der Unterschied zwischen dem Druck im Luftballon und dem Druck im Raum zwischen Luftballon und Flasche dem Überdruck entspricht, der sich aus der Spannung der Ballonhaut ergibt. Nach der Zustandsgleichung idealer Gase ergibt sich dadurch eine maximale Volumenvergrößerung des Raumes zwischen Luftballon und Flasche um ca. 4 % des ursprünglichen Volumens. Diese geringe Volumenvergrößerung ist kaum wahrnehmbar.

Bemerkungen

Manche Geschenkboutiquen bieten den Service an, Geschenke in einen Luftballon einzupacken. Das Prinzip ist das Gleiche wie bei dem Luftballon in der Flasche. Das Mundstück des Ballons wird über die Öffnung eines Gerätes gestülpt, das innen einem aufgeblasenen Luftballon gleicht. In diesem Gerät wird ein Unterdruck erzeugt, durch den die Ballonhaut an die Gefäßwände gezogen wird. In diesem Zustand kann der Luftballon bequem gefüllt werden. Verschließt man den Luftballon und nimmt man ihn aus dem Gerät, verändert sich seine Größe kaum.

Literatur

Melenk, H.; Runge, U.: Verblüffende physikalische Experimente, Aulis Verlag Deubner, Köln 1991

3.18 Ein aufgeblähter Schaumkuss

Die in einem Schaumkuss eingeschlossene Luft dehnt sich bei Abnahme des äußeren Drucks aus.

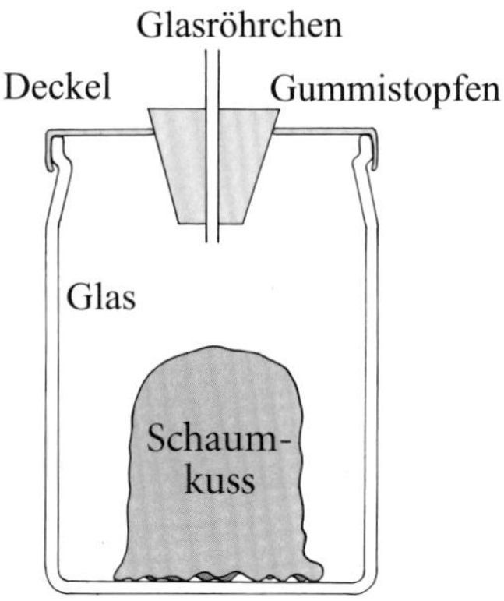

Abb. 1

Material

- Glas mit dicht schließendem Plastikdeckel, z. B. Marmeladeglas
- Schaumkuss
- Glasröhrchen (Durchmesser: ca. 3 mm; Länge: ca. 20 cm)
- Gummistopfen mit Loch für das Glasröhrchen
- Alleskleber
- evtl. Wasserstrahlpumpe und Gummischlauch
- evtl. Nagel und Bunsenbrenner

Aufbau und Durchführung

In die Mitte des Plastikdeckels schmilzt man mit einem heißen Nagel ein rundes Loch für einen Gummistopfen. Der Gummistopfen soll das Glas (mit Ausnahme des Lochs im Gummistopfen) luftdicht verschließen. In den Stopfen steckt man ein Glasröhrchen, das nicht in das Glas ragen sollte (siehe Abb. 1). Den Stopfen klebt man in das Loch im Plastikdeckel. Der Schaumkuss wird in das Glas gestellt. Es wird verschlossen, und man saugt an dem Glasröhrchen mit dem Mund Luft an. Um Luft holen zu können, muss man das Röhrchen ab und zu mit der Zunge verschließen. Der Schaumkuss bläht sich auf. Hat man eine Wasserstrahlpumpe zur Hand, so kann man sie mit einem Gummischlauch an das Glasröhrchen im Deckel anschließen.

Erklärung

Durch das Saugen erreicht man im Glasgefäß einen Unterdruck im Vergleich zu dem Luftdruck, unter dem die Luft im Eiweißschaum des Schaumkusses eingeschlossen wurde. Diese in einem Eiweißschaumbläschen eingeschlossene Luft dehnt sich auf Grund des Druckgradienten aus und der Druck im Bläschen sinkt gemäß der allgemeinen Gasgleichung infolge der Volumenzunahme. Aus dem Elastizitätsmodul eines Bläschens resultiert ein (relativ kleiner) Druck auf das Bläschen, der der Volumenausdehnung entgegengerichtet ist. Die Volumenänderung in einem einzigen Bläschen ist gering, alle Bläschen zusammengenommen ergeben eine merkliche Volumenzunahme des Schaumkusses. Ist die maximale Volumenzunahme eines Bläschens erreicht, bricht auf Grund der vorhandenen Druckdifferenz zwischen Luft außerhalb und innerhalb des Bläschens die Bläschenwand. Da die Molekülbindungen des Eiweißes relativ leicht aufbrechen, reicht eine Unterdruck erzeugende Wasserstrahlpumpe aus, um den Schaumkuss platzen zu lassen.

Literatur

Bublath, J.: Das neue Knoff-Hoff Buch, Wilhelm Heyne Verlag, München 1989

3.19 Das Goethebarometer

Mit einer Wasserflasche und drei Trinkhalmen lässt sich ein einfaches Barometer bauen, mit dem Änderungen des Luftdrucks gemessen werden können.

Material

- durchsichtige Flasche mit Verschluss
- 3 transparente Trinkhalme mit Gelenk oder gläsernes U-Rohr (Durchmesser: 0,5 cm)
- Knetmasse oder Klebeband
- evtl. Tinte oder kleines Korkstück
- Hilfsmittel: Bohrer

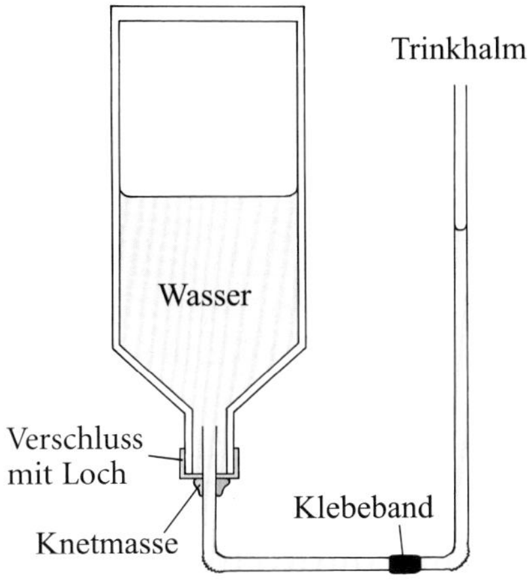

Abb. 1

Aufbau und Durchführung

In den Verschluss einer Flasche wird ein kleines Loch gebohrt, durch das ein Trinkhalm gerade hindurchpasst. Ein Trinkhalm wird von der Außenseite des Verschlusses ca. 5 cm weit durch das Loch gesteckt und das Loch um den Halm herum mit Knetmasse abgedichtet. Die Flasche wird zur Hälfte mit Wasser gefüllt und mit dem präparierten Stopfen verschlossen. An dem Trinkhalm befestigt man zwei weitere Trinkhalme, indem man sie ineinander steckt und die Verbindungsstellen mit einem Klebeband abdichtet. Die Trinkhalme werden so gebogen, dass sie ein „U" bilden (siehe Abb. 1).

Dreht man die Flasche um, fließt Wasser aus der Flasche in die Trinkhalme. Der Wasserstand in der Flasche ist dabei höher als in dem nach oben weisenden Trinkhalm. Ändert sich der atmosphärische Luftdruck, so ändert sich auch der Wasserstand im Trinkhalm. Bei höherem Luftdruck sinkt der Wasserstand im Trinkhalm, bei niedrigerem Luftdruck steigt er. Um den Wasserstand besser beobachten zu können, bringt man eine Skala am Trinkhalm an und verwendet eine farbige Flüssigkeit oder lässt auf dem Wasser im Trinkhalm ein kleines Korkstück schwimmen.

Erklärung

Wird die mit Wasser gefüllte Flasche verschlossen, ist der Druck der in der Flasche eingeschlossenen Luft gleich dem atmosphärischen Luftdruck. Beim Umdrehen der Flasche fließt Wasser aus der Flasche in die Trinkhalme. Dadurch vergrößert sich das Volumen der eingeschlossenen Luft und ihr Druck sinkt, so dass dieser niedriger ist als der atmosphärische Luftdruck, der auf die Wasseroberfläche im nach oben weisenden Trinkhalm wirkt. Daher ist der Wasserstand im Trinkhalm zu Beginn niedriger als in der Flasche.

Stellt sich nach dem Umdrehen der Flasche ein bestimmter Wasserstand in der Flasche und im vertikalen Trinkhalm ein, so ist in einem solchen Gleichgewichtszustand der Druck an jedem Querschnitt des horizontal liegenden Trinkhalmes auf beiden Seiten gleich. Auf der einen Seite ergibt sich der Druck durch den Schweredruck der Wassersäule im vertikalen Trinkhalm und dem darauf lastenden Luftdruck p_a und auf der anderen Seite durch den Schweredruck der Wassersäule in der Flasche und dem Druck p_i der in der Flasche eingeschlossenen Luft:

$$p_i + \rho g h_1 = p_a + \rho g h_2$$

(h_1, h_2: Höhe der Wassersäule in der Flasche und im vertikalen Trinkhalm bezüglich des horizontalen Trinkhalmes; ρ: Dichte des Wassers; g: Betrag der Erdbeschleunigung)
Der Druck, den die Wassersäule in der Flasche und die eingeschlossene Luft ausüben, bleibt konstant, während sich der atmosphärische Luftdruck auf die Wasseroberfläche im Trinkhalm ändern kann. Steigt der atmosphärische Luftdruck, so sinkt der Wasserstand im Trinkhalm so weit, bis die Änderung des Schweredrucks der Wassersäule im Trinkhalm der Änderung des Luftdrucks entspricht. Eine Druckänderung von 1 mbar entspricht einer Änderung des Wasserstands um 1 cm. Die Änderung des Wasserstands in der Flasche durch das nach innen verdrängte Wasser ist so gering, dass eine Änderung des Drucks der eingeschlossenen Luft in der Flasche vernachlässigt werden kann.

Bemerkungen

Ein Nachteil dieses Wasserbarometers ist seine Temperaturabhängigkeit. Nach der Zustandsgleichung idealer Gase ändert sich der Druck der eingeschlossenen Luft direkt proportional mit der Temperatur. Bei einem Normaldruck von 1000 mbar entspricht eine Temperaturänderung von 1 K einer Druckänderung von 3 mbar. Dadurch ändert sich der Wasserstand im Trinkhalm um 3 cm. Das Barometer lässt sich daher nur sinnvoll verwenden, wenn es bei gleicher Temperatur abgelesen wird.
Da das Barometer Druckänderungen genau messen kann, lässt es sich verwenden, um die Höhenabhängigkeit des Luftdrucks nachzuweisen. Bei einem Höhenunterschied von 10 m ändert sich der Wasserstand im Trinkhalm um etwa 1 cm. Dies lässt sich z. B. demonstrieren, indem man das Barometer eine Treppe hinaufträgt und die Änderung des Wasserstandes misst.
Ein derartiges Barometer bezeichnet man als Goethebarometer, da eine ähnliche Anordnung nach Johann Wolfgang von Goethes (1749-1832) Tod in dessen Schlafzimmer gefunden wurde.
Ein ähnliches Experiment zur gleichen Thematik ist „Die Vogeltränke“.

Literatur

Krause, A.; Wilke, H., Physik in der Schule 30/9 (1992), S. 304-307

3.20 Die Vogeltränke

Der atmosphärische Luftdruck gleicht den hydrostatischen Druck von Wasser in einer umgedrehten Flasche aus.

Material

- durchsichtige Flasche
- Schüssel
- evtl. Wasserschlauch (Länge: 12 m) und 2 Korken

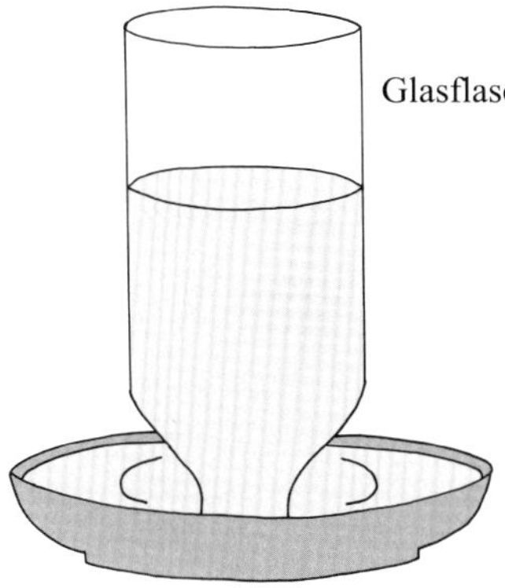

Abb. 1

Aufbau und Durchführung

Eine durchsichtige Flasche wird vollständig mit Wasser gefüllt und die Öffnung mit der Hand verschlossen. Die Flasche wird mit dem Hals nach unten in eine mit Wasser gefüllte Schüssel gehalten (siehe Abb. 1). Nimmt man die Hand von der Öffnung, so fließt kein Wasser aus der Flasche. Das Experiment gelingt auch, wenn die Flasche nur zum Teil mit Wasser gefüllt ist und sich Luft in der Flasche befindet.

Erklärung

Auf die Wasseroberfläche in der Schüssel wirkt der atmosphärische Druck von ca. 1000 hPa. Der Druck, den die Wassersäule in der Flasche ausübt, ist deutlich geringer. Er beträgt bei einer 30 cm hohen, vollständig mit Wasser gefüllten Flasche 30 hPa. Erst bei einer 10 m hohen Wassersäule ist der hydrostatische Druck, den die Wassersäule auf die Wasseroberfläche ausübt, gleich dem atmosphärischen Druck.
Wird die Flasche nicht vollständig mit Wasser gefüllt, herrscht in der Flasche zusätzlich zum hydrostatischen Druck durch die Wassersäule der atmosphärische Druck der eingeschlossenen Luft. Nimmt man die Hand von der Öffnung, so fließt anfangs etwas Wasser aus der Flasche. Dadurch vergrößert sich das Volumen der eingeschlossenen Luft und ihr Druck verringert sich. Es fließt so viel Wasser aus der Flasche, bis der Druck, den die eingeschlossene Luft und die Wassersäule in der Flasche zusammen ausüben, gleich dem atmosphärischen Luftdruck auf die Wasseroberfläche ist.
Hält man die Flasche so in die Schüssel, dass sich ihre Öffnung knapp unter der Wasseroberfläche befindet, kann man die Wassertiefe in der Schüssel gegenüber der Wassersäule in der Flasche vernachlässigen.

Bemerkungen

Eine derartige Anordnung kann als Vogeltränke genutzt werden, bei der sich ebenfalls eine umgedrehte Flasche mit der Öffnung in einer Schüssel befindet. Der Wasserstand in der Schüssel reguliert sich dabei durch aus der Flasche nachlaufendes Wasser selbst. Die Anordnung lässt sich auch als einfaches Barometer verwenden, da sich der Wasserstand

in der Flasche mit dem Luftdruck auf die Wasseroberfläche ändert (siehe Experiment „Das Goethebarometer"). Durch den atmosphärischen Druck wird in dem Experiment „Papier stoppt Wasser" auf ähnliche Weise Wasser in einem umgedrehten Trinkglas gehalten.
Mit einem Schlauch lässt sich nachweisen, dass eine 10 m hohe Wassersäule durch den atmosphärischen Luftdruck gehalten werden kann. Dazu wird ein 12 m langer Schlauch vollständig mit Wasser gefüllt und die beiden Öffnungen mit einem Korken verschlossen. Man hält den Schlauch aus einem entsprechend hohen Gebäude in eine mit Wasser gefüllte Schüssel und entfernt den unteren Korken. Es läuft so viel Wasser aus dem Schlauch, bis eine 10 m hohe Wassersäule im Schlauch verbleibt.

Literatur

Moisl, F.: Schüler-Experimentierbuch Physik 1, Ravensburger Taschenbücher, Ravensburg 1982
Köthe, R.: Das neue Experimentierbuch: 150 einfache Experimente aus der Physik, Chemie und Biologie, Tessloff Verlag, Hamburg 1986
Melenk, H.; Runge, U.: Verblüffende physikalische Experimente, Aulis Verlag Deubner, Köln 1991

3.21 Luft ist nicht nichts

Mit einem Becherglas wird gezeigt, dass Luft zwar unsichtbar ist, aber dennoch ein Volumen einnimmt.

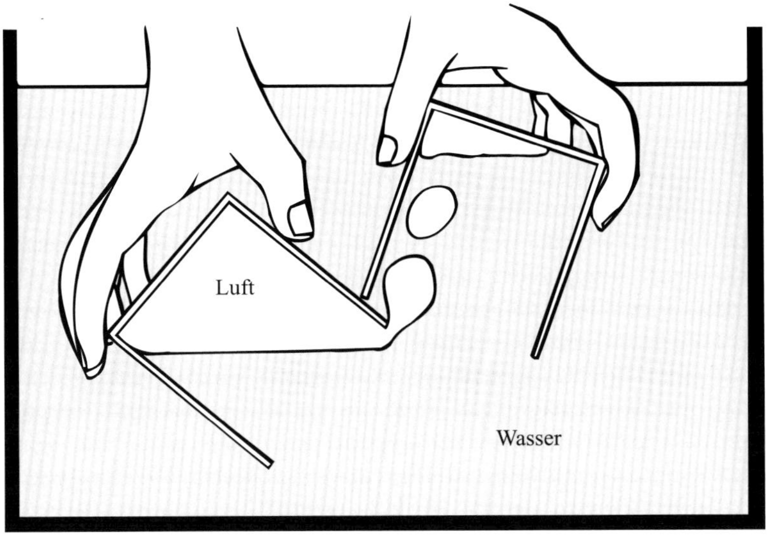

Abb. 1

Material

- Wasserwanne oder große Schüssel
- 2 Bechergläser
- Watte, Papiertaschentuch, Korkscheibchen, Tischtennisball oder anderer Schwimmkörper
- Kaffeefilter-Behälter aus durchsichtigem Kunststoff

Aufbau und Durchführung

(a) Eine Wasserwanne wird mit Wasser nicht ganz gefüllt. In ein Becherglas steckt man einen Wattebausch oder ein Papiertaschentuchknäuel so, dass er im unteren Teil des Becherglases festklemmt. Hält man das Becherglas mit der Öffnung nach unten und stülpt man es lotrecht in das Wasser der Wanne, bis der Rand des Becherglases den Boden der Wanne berührt, so dringt kein Wasser in das Innere des Becherglases ein: Nimmt man das Becherglas wieder lotrecht aus dem Wasser heraus, bleibt der Wattebausch bzw. das Papiertaschentuch trocken.

(b) Legt man ein zweites Becherglas so in die Wanne, dass es sich ganz mit Wasser füllt und hält man es mit der Öffnung nach unten unter Wasser, so kann man aus einem anderen Becherglas, das man wie unter (a) beschrieben in das Wasser einbringt, durch leichtes Neigen die Luft in das vollständig mit Wasser gefüllte Becherglas „umgießen" (siehe Abb. 1).

Erklärung

In dem Becherglas mit dem Wattebausch befindet sich außer dem Bausch noch Luft. Soll sich das Becherglas mit Wasser füllen, so muss diese Luft aus dem Becherglas entweichen. Normalerweise geschieht dies, indem das Wasser (beispielsweise beim Einschenken von Tee in ein „leeres", also luftgefülltes Glas) die Luft aus dem Becherglas verdrängt, d.h. hinausschiebt, indem sich das Wasser auf Grund seiner größeren Dichte unter der Luft ansammelt. Dabei wird, im Idealfall äußerst langsamen Eingießens, die Luftsäule angehoben, und die Luft entweicht nach oben aus der Becherglasöffnung (Bei schnellem Eingießen werden sowohl Luft, als auch Wasser verwirbelt). Wird, wie in (a), die Luft jedoch durch Ausnutzung der unterschiedlichen Dichten von Luft und Wasser daran gehindert, aus dem Becherglas zu entweichen, kann das Wasser die Luft nicht verdrängen und die Luft bleibt im Becherglas. In ausreichender Tiefe kann das Wasser auf Grund des mit der Tiefe zunehmenden Drucks die Luft im Becherglas allerdings sichtlich komprimieren und dadurch einen gewissen Pegelstand im Becherglas erreichen, aber niemals das Becherglas vollständig ausfüllen.

In (b) wird durch das Kippen des luftgefüllten Becherglases der Luft ermöglicht, in Blasen aus dem Becherglas zu entweichen, womit Wasser in das Becherglas eindringen kann. Diese Luftblasen verdrängen wiederum das Wasser aus dem wassergefüllten Becherglas, da sich auf Grund der unterschiedlichen Dichten die Luft über dem Wasser ansammeln kann. Das Umschütten von Luft aus einem Becherglas in ein anderes unter Wasser ist gewissermaßen das an der Wasseroberfläche gespiegelte Analogon zum Umschütten von Wasser aus einem Becherglas in ein anderes „unter Luft".

Bemerkungen

Anstatt mit einem trocken bleibenden Wattebausch kann man das Verbleiben der Luft im Becherglas in (a) auch mit einem schwimmenden Gegenstand (etwa einem Korkscheibchen oder einem Tischtennisball) demonstrieren, über den man das luftgefüllte Becherglas stülpt. Der Gegenstand dient als Pegelanzeiger und lässt erkennen, dass im Becherglas das Wasser nur bis zum Rand reicht.

[*Hahn* 1907, Band 2] schlägt vor, in das umgestülpte Becherglas Fliegen einzusperren [sic!].

Benützt man für (a) statt eines Becherglases einen Kaffeefilterbehälter aus durchsichtigem Kunststoff, kann man zunächst dieselbe Situation wie in (a) beschrieben herbeiführen, indem man das kleine Loch, durch das normalerweise der Kaffee aus dem Filter in die Kanne läuft, mit einem Finger abdichtet. Entfernt man den Finger und gibt das Loch frei, kann die Luft aus dem Behälterinneren nach oben durch das Loch entweichen und Wasser von unten in den Behälter strömen. Der Pegel zeigt schließlich denselben Wasserstand wie außerhalb des Behälters an.

Dasselbe Prinzip findet Anwendung in Taucherglocken, die lediglich auf menschliche Dimensionen vergrößerte Bechergläser darstellen und in denen man (wegen des vorgegebenen, begrenzten Sauerstoffes) eine gewisse Zeit z. B. auf dem Boden des Rheins Fahrrad fahren kann, wie einmal in einer Fernsehsendung demonstriert wurde.

Mit diesem Experiment kann gut vermittelt werden, dass Luft nicht nichts (also nicht dasselbe wie Vakuum!) ist: Obwohl beides normalerweise unsichtbar ist (der blaue Himmel ist *sichtbare* Luft), ist Luft mit Molekülen gefüllter Raum (und hat als solcher insbesondere eine Masse), während Vakuum von Molekülen freier Raum ist und keine Masse besitzt.

Literatur

Hahn, H.: Physikalische Freihandversuche, Band 1, Verlag Otto Saale, Braunschweig 1907
Hahn, H.: Physikalische Freihandversuche, Band 2, Verlag Otto Saale, Braunschweig 1907
Walpole, B.: Experimente, Tricks und Tips zum Verständnis der Natur, Lernen und Wissen im Spiel und mit Spaß, Südwest Verlag GmbH & Co. KG, München 1990
Eckermann, P.; Nordqvist, S.: Linsen, Lupen und magische Skope, Verlag Friedrich Oetinger, Hamburg 1991
Schlichting, H. J., Praxis der Naturwissenschaften: Physik 43/4 (1994), S. 18-19

3.22 Das widerspenstige Styroporstück

Es gelingt nicht, ein Stück Styropor in eine Flasche hineinzublasen.

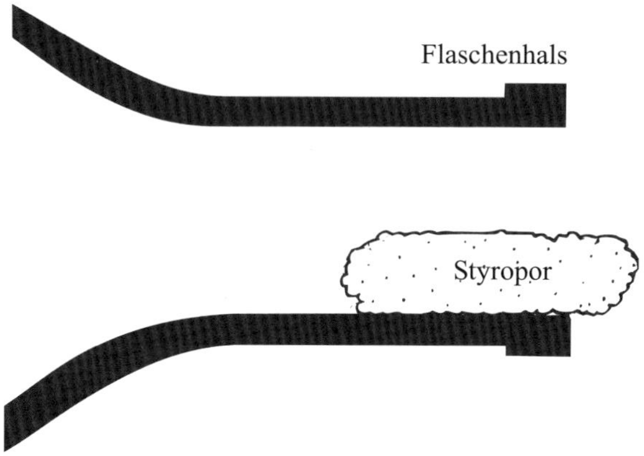

Abb. 1

Material

- leere Flasche mit weitem Hals
- Styroporstück oder Papierkügelchen

Aufbau und Durchführung

Man hält eine offene leere Flasche waagrecht so in einigem Abstand vor das Gesicht, dass man in den Flaschenhals blasen kann. Legt man ein Stück Styropor (oder ein Papierkügelchen) so in den Flaschenhals, dass es gerade nicht in die Flasche hineinrutscht oder aus dem Flaschenhals herausfällt (siehe Abb. 1) und bläst man gegen das Styroporstück, so wird es anstatt in die Flasche hinein- aus der Flasche herausgeblasen.

Erklärung

Durch das Blasen in den Flaschenhals entsteht in der Flasche im Vergleich zur Umgebung ein Überdruck, der das Styroporstück in der Regel aus dem Hals herausdrückt, zumindest aber nicht in die Flasche gelangen lässt.

Literatur

Wittmann, J.: Trickkiste 1, Experimente, wie sie nicht im Physikbuch stehen, Bayerischer Schulbuch Verlag, München 1986

Oberdorfer, G.: Zytglogge Werkbuch, Das springende Ei und andere Experimente für die fünf Sinne, Zytglogge-Verlag, Gümmlingen Bonn Wien 1991

Brecht, R.: Professor Zweistein: Experimente zum Mitmachen, Zebold Verlag GmbH, München 1992

3.23 Verbundene Luftballons

Mit zwei verbundenen Luftballons lässt sich zeigen, dass der Überdruck in einem Luftballon (bzw. einer Seifenblase) von dessen Volumen abhängt.

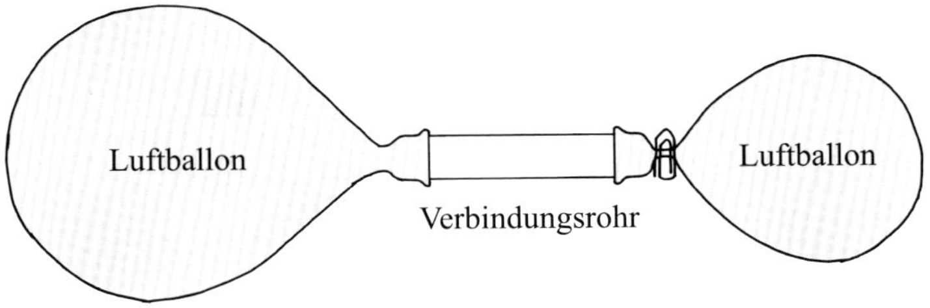

Abb. 1

Material

- 2 Luftballons
- kurzes, schmales Rohrstück, z. B. Schlauch oder Papprӧhre
- Büroklammer oder Wäscheklammer
- Seifenlauge
- Dreiwegehahn

Aufbau und Durchführung

Zwei Luftballons werden aufgeblasen: der erste auf mittlere Größe und der zweite etwas kleiner. Die beiden Ballons werden nicht zugeknotet, sondern an den Öffnungen verdrillt und mit einer Büroklammer abgeklemmt, so dass die Luft nicht ausströmen kann. Die Öffnungen der beiden Luftballons werden jeweils über ein Ende eines kurzen, schmalen Rohrstücks gestülpt (siehe Abb. 1). Entfernt man die Klammern, so dass die beiden Ballons miteinander verbunden sind, strömt die Luft aus dem kleineren Ballon in den größeren, bis der kleinere Ballon fast leer ist. Bei anderen Größenverhältnissen der Ballons kann es auch vorkommen, dass die Ballons ihre Größe behalten oder der größere den kleineren Ballon aufbläst.

Ein eindeutiges Ergebnis ergibt sich bei einem analogen Experiment mit Seifenblasen anstelle von Luftballons. Dazu werden zwei Öffnungen eines Dreiwegehahns in Seifenlauge getaucht. Die dritte Öffnung dient als Mundstück zum Aufblasen. Man stellt den Hahn so, dass das Mundstück und eine Öffnung verbunden sind und bläst durch das Mundstück, so dass an der mit Seifenlauge überzogenen Öffnung eine Seifenblase entsteht. Das Mundstück wird mit der anderen Öffnung verbunden und eine zweite Seifenblase aufgeblasen, die etwas größer ist als die erste. Man stellt den Hahn so, dass die Öffnung des Mundstücks geschlossen ist und die Öffnungen mit den Seifenblasen verbunden sind. Die kleinere Seifenblase bläst die größere auf. Man benötigt jedoch eine geeignete Seifenlauge (siehe Experiment „Seifenblasenrezepte"), mit der sich große Seifenblasen herstellen lassen, die sich lange halten und nicht zerplatzen. Das Experiment kann daher leicht misslingen.

Erklärung

Die Variante mit den Seifenblasen lässt sich durch die Oberflächenspannung erklären [*Gerthsen* 1995, S. 102]. Betrachtet man ein Flächenstück $dA = dx\, dy$ einer Seifenblase vom Radius r (siehe Abb. 2), so greift an beiden Seiten dy jeweils eine Tangentialkraft vom Betrag $dF = 2\sigma dy$ an (σ: Oberflächenspannung der Seifenblase). Der Faktor 2 kommt daher, dass eine Seifenblase eine innere und eine äußere Oberfläche besitzt. Diese beiden Tangentialkräfte schließen den Winkel $d\varphi = \frac{dx}{r}$ ein, so dass sich eine ins Innere der Seifenblase gerichtete Normalkraft vom Betrag $d^2 F = 2\sigma dy \frac{dx}{r}$ ergibt.

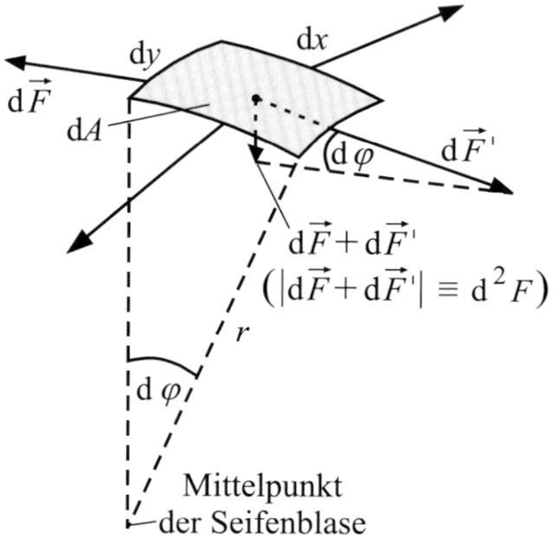

Abb. 2

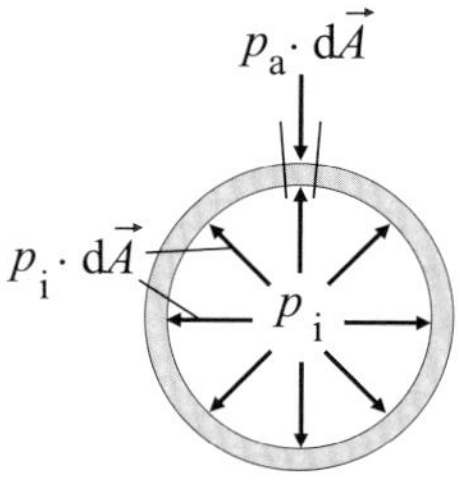

Abb. 3

Analog ergibt sich für die Seiten dx eine ebenso große Normalkraft. Da sich die Seifenblase nicht zusammenzieht, muss im Inneren ein entsprechender Überdruck Δp herrschen, so dass $d^2 F = \frac{4\sigma}{r} dx dy = \Delta p dA$ ist. Dadurch ergibt sich für Δp:

$$\Delta p = \frac{2\sigma}{r}$$

Daher herrscht in einer kleineren Seifenblase ein höherer Druck als in einer größeren. Bei einer Seifenblase ergibt sich ein Gleichgewicht des Druckes p_i, der von innen auf ein Flächenstück dA wirkt, und dem Druck p_a, der von außen auf dieses Flächenstück drükkt (siehe Abb. 3). Werden zwei unterschiedlich große Seifenblasen miteinander verbunden, wird dieser Gleichgewichtszustand gestört. Da p_i bei der kleineren Seifenblase höher ist als bei der größeren, strömt die Luft aus der kleineren Seifenblase in die größere, bis die kleinere Seifenblase ganz verschwunden ist und sich bei der größeren Seifenblase wieder ein Gleichgewicht von Innendruck und Außendruck einstellt.

Der Unterschied zwischen Seifenblase und Luftballon liegt darin, dass die Oberflächenspannung bei einer Seifenblase unabhängig von der Größe der Oberfläche den gleichen Wert behält, während sich die elastische Spannung der Gummimembran eines Luftballons mit dem Volumen ändert. Dies lässt sich beim Aufblasen eines Luftballons feststellen: Zu Beginn muss ein großer Druck zum Aufblasen aufgebracht werden. Hat der Ballon eine bestimmte Größe erreicht, lässt er sich relativ leicht aufblasen. Ist der Ballon so groß, dass er kurz vor dem Zerplatzen ist, nimmt der Druck wieder zu. Qualitativ ergibt sich folgender Zusammenhang zwischen dem Überdruck in einem Luftballon und seinem Volumen:

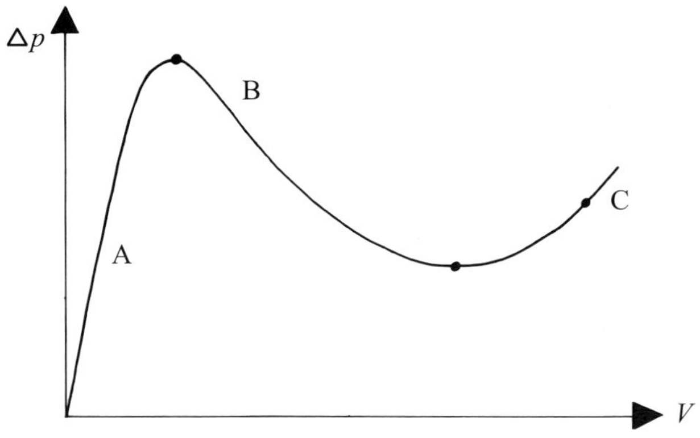

Abb. 4

Wie man in Abbildung 4 sieht, ist es bei zwei miteinander verbundenen Luftballons möglich, dass der Überdruck trotz unterschiedlicher Größe der Ballons gleich ist. Werden zwei unterschiedlich große Ballons miteinander verbunden, gleichen sich die Größen der Ballons aus, bis sich ein stabiler Gleichgewichtszustand ergibt. Am häufigsten ergibt sich der Fall, dass beide Ballons ein Volumen im Bereich B besitzen, so dass der kleinere Luftballon den größeren aufbläst. Haben beide Ballons ein kleines Volumen (Bereich A) oder sind beide kurz vor dem Zerplatzen (Bereich C), so bläst der größere Ballon den kleineren auf.

Literatur

Bublath, J.: Das Knoff-Hoff Buch, Wilhelm Heyne Verlag, München 1989

Fox, J., Physics Education 28 (1993), S. 325-326

Ucke, C.; Detsch, W., Physik und Didaktik 13/2 (1985), S. 118-126

Walker, J.: Der fliegende Zirkus der Physik, R. Oldenbourg Verlag GmbH, München Wien 1994

zu Abbildung 2 und Abbildung 3:

Vogel, H.: Gerthsen, Physik, Springer Verlag, Berlin 1995, S. 102

zu Abbildung 4:

Becker, J., Physik in der Schule 32/5 (1994), S. 183-185

3.24 Der scheinbar verstopfte Trichter

Mit einer leeren Flasche und einem Trichter wird gezeigt, dass Luft zwar unsichtbar ist, aber dennoch ein Volumen einnimmt.

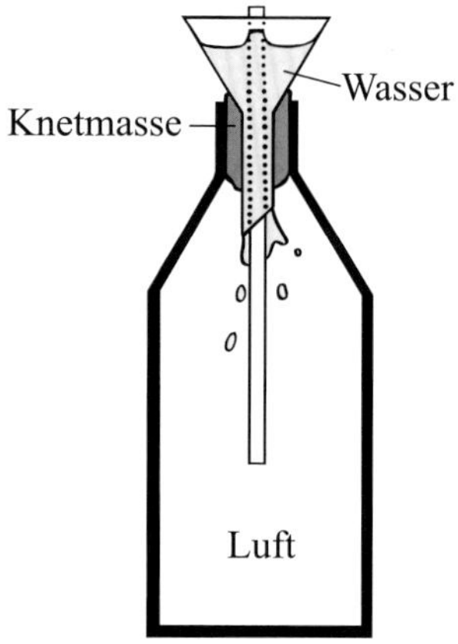

Abb. 1

Material

- leere Flasche
- Trichter mit enger Tülle
- Knetmasse oder anderes abdichtendes Material
- Trinkhalm oder Zahnstocher

Aufbau und Durchführung

Ein Trichter mit enger Tülle wird in den Hals einer leeren Flasche gesteckt und der Raum zwischen Trichter und Flaschenhals mit Knetmasse gut luftdicht abgedichtet. Füllt man den Trichter mit Wasser, so fließt es nicht in die Flasche. Sticht man, z. B. mit einem Zahnstocher, ein Loch in die Abdichtung, oder führt man einen am oberen Ende mit dem Finger zugehaltenen Trinkhalm durch den Trichter in die Flasche ein und gibt das obere Ende frei (siehe Abb. 1), so beginnt das Wasser aus dem Trichter in die Flasche zu fließen.

Erklärung

Die „leere" Flasche ist nicht leer wie ein Vakuum, also annähernd frei von Molekülen, sondern mit Luft gefüllt. Damit Wasser in die Flasche fließen kann, muss diese Luft aus der Flasche entweichen können (siehe Experiment „Luft ist nicht nichts"). In der beschriebenen Anordnung kann sie das nur durch die enge Tülle des Trichters, die jedoch von einer Wassersäule verschlossen ist. Ob die Luft es schafft, in einzelnen Blasen durch die Wassersäule hindurch aufzusteigen, hängt von der Dimensionierung der Trichtertülle ab: Ist deren Querschnitt so klein gewählt, dass sich auf Grund der Oberflächenspannung des Wassers, also auf Grund der Kohäsion der Wassermoleküle, eine Wassermembran über die gesamte Querschnittsfläche ausbilden kann, so kann die Luft nicht durch die Tülle entweichen. Stellt man der Luft jedoch einen alternativen Weg, an der Wassersäule vorbei, zur Verfügung (durch ein Loch in der Abdichtung oder ein „stabiles Loch" in der Wassersäule: den Trinkhalm), so strömt die Luft auf diesem Wege ungehindert aus der Flasche heraus und das Wasser aus dem Trichter in die Flasche hinein (siehe Experiment „Die schnell geleerte Flasche").

Bemerkungen

Bei engen Trichtertüllen (also z. B. beim Nachfüllen von Motoröl) stellt sich bei dicht aufliegenden Trichtern auch ohne Knetmasse das oben beschriebene Problem, das sich allerdings schnell und einfach durch ein Anheben des Trichters beheben lässt, wodurch zwischen der Trichtertülle und der Einfüllöffnung ein Weg für die ausströmende Luft freigegeben wird.

Literatur

Press, H. J.: Spiel das Wissen schafft: 100 interessante Experimente aus Natur und Technik – spielend ausführen, Ravensburger Taschenbücher, Ravensburg 1992

3.25 Schwerelos im freien Fall (2)

Wasser hört auf, aus den Löchern einer Getränkedose zu fließen, wenn sich die Dose im freien Fall befindet.

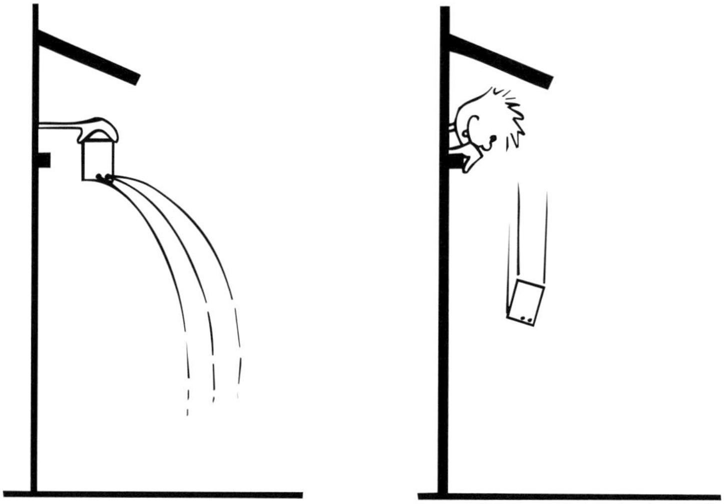

Abb. 1

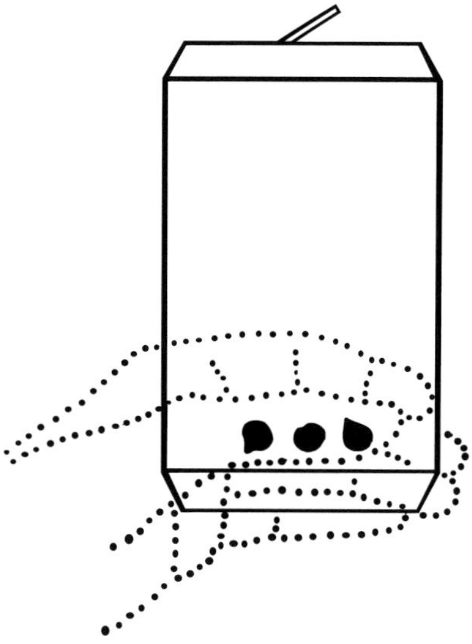

Abb. 2

Material

- leere Getränkedose
- Hilfsmittel: Nagel, Hammer

Aufbau und Durchführung

In den Mantel einer leeren Getränkedose schlägt man nahe am Dosenboden mit einem Hammer und einem Nagel ein paar Löcher, am geschicktesten so, dass man sie alle mit einem Finger abdichten kann (siehe Abb. 2).
Füllt man die wie in Abbildung 2 gehaltene Dose randvoll mit Wasser und hält man sie aus dem Fenster, so strömt das Wasser, sobald man die Löcher frei gibt, in parabelförmigen Strahlen aus der Dose. Lässt man die Dose fallen, hört das Ausströmen des Wassers während des freien Falls bis zum Aufschlag auf den Boden auf (siehe Abb. 1).

Erklärung

Im ruhenden Zustand fließt das Wasser aus den Löchern der Dose, da die über dem Niveau der Löcher lastende Wassersäule auf Grund ihrer Gewichtskraft zusätzlich zum

Luftdruck einen Druck an ihrer Grundfläche erzeugt, so dass der Gesamtdruck größer als der von außen an den Löchern wirkende Luftdruck ist. Da im freien Fall keine Gewichtskräfte wirksam werden, erzeugt die Wassersäule keinen zusätzlichen hydrostatischen Druck, wodurch das Wasser nicht mehr ausströmen kann.

Bemerkungen

Selbstverständlich kann dieses Experiment auch in geschlossenen Räumen ausgeführt werden (etwa auf einem Tisch oder einer Klappleiter stehend), sofern der Boden nass werden darf. Die Getränkedose sollte kurz nachdem man die Löcher freigegeben hat fallengelassen werden, damit nicht der Eindruck entsteht, sämtliches Wasser sei schon vor Beginn des freien Falls aus der Dose geströmt.
Mit einem Assistenten, der gut fangen kann, lässt sich folgende Abwandlung des Experiments durchführen: Nachdem das Wasser begonnen hat, aus der Dose zu strömen, wird die Dose quer durch das Zimmer dem Assistenten zugeworfen. Während des Falles (auf einer parabelförmigen Bahn) strömt kein Wasser aus der Dose.
Bei beiden Versuchsvarianten, insbesondere der ersten, darf man nicht die letzten Wassertropfen, die die Dose noch vor Beginn des freien Falls verlassen haben, für weiterhin ausströmendes Wasser halten. Dieser Fehlinterpretation beugt man vor, indem man zunächst das Ausströmen des Wassers zeigt, dann die Löcher wieder zuhält und so die Dose fallen lässt bzw. dem Assistenten zuwirft.
Dieselbe Thematik behandeln die Experimente „Die frei fallende Schere", „Schwerelos im freien Fall (1)" und „Schwerelos im freien Fall (3)".

Literatur

Berry, D. A.: A POTPOURRI OF PHYSICS TEACHING IDEAS, Selected reprints from The Physics Teacher April 1963 to December 1986, American Association of Physics Teachers, College Park, MD 20740-4100, U.S.A. o. J. [1987]
Edge, R. D.: String & Sticky Tape Experiments, American Association of Physics Teachers, College Park, MD 20740-4100, U.S.A. 1987
Glass, D.: Das neue What's what? Naturwissenschaftliche Plaudereien, Deutscher Taschenbuch Verlag GmbH & Co. KG, München 1997

3.26 Schwerelos im freien Fall (3)

Das Kräftegleichgewicht eines im Erdfeld ruhenden Körpers wird im freien Fall durch die Schwerelosigkeit des Körpers aufgehoben.

Abb. 1

Material

- Plastikflasche
- Gummistopfen oder Weinkorken
- Glas- oder Kunststoffröhrchen, z. B. Trinkhalm
- Hilfsmittel: Bunsenbrenner, Zange, Nagel oder Bohrer oder Schere, Wachs oder Klebeband

Aufbau und Durchführung

In einen Stopfen, der eine Plastikflasche dicht verschließt, wird ein Loch gebrannt oder gebohrt. Das Hineinbrennen des Loches mit einem in der Bunsenbrennerflamme erhitzten Nagel geht am schnellsten, riecht allerdings unangenehm. Das Hineinbohren mit einem Handbohrer oder einer einzelnen Schneide einer Schere geht geruchsneutral vonstatten, nimmt aber einige Zeit in Anspruch.

Durch das Loch wird ein Röhrchen so gesteckt, dass es sowohl den Boden der Flasche nicht berührt, wenn der Korken die Flasche dicht verschließt, als auch einige Zentimeter aus dem Stopfen ins Freie herausragt (siehe Abb. 1). Mit Wachs oder Klebeband können evtl. undichte Stellen zwischen Stopfen und Röhrchen verschlossen werden. Füllt man in die Flasche einige Zentimeter hoch Wasser, so dass das untere Ende des Röhrchens in die Flüssigkeit eintaucht, und bläst man kräftig Luft durch das Röhrchen in die Flasche, so erzeugt man in dieser einen Überdruck. Dies bemerkt man spätestens, wenn man das obere Ende wieder aus dem Mund nimmt und sofort eine Wasserfontäne aus dem Röhrchen strömt. Ist diese Fontäne versiegt, nimmt man die Flasche und lässt sie aus einiger Höhe (etwa auf einem Tisch oder einer Klappleiter stehend) fallen, oder wirft sie einem Assistenten zu. Während des freien Falles spritzt wieder eine Fontäne aus dem Röhrchen.

Erklärung

Wenn nach dem Einblasen der Luft die Fontäne versiegt ist, halten sich der Druck der Luft in der Flasche und der Druck am unteren Ende des Röhrchens, der sich aus dem äußeren Luftdruck und dem von der Gewichtskraft der Wassersäule im Röhrchen hervorgerufenen Druck zusammensetzt, das Gleichgewicht. Da im beschleunigten System der frei fallenden Flasche keine Gewichtskräfte wirksam sind, wird das Gleichgewicht aufgehoben, und die resultierende Kraft auf Grund des Überdrucks in der Flasche (im Vergleich zum äußeren Luftdruck) presst erneut Wasser aus dem Röhrchen. Da der durchschnittliche Luftdruck von ca. 1 bar einer ca. 10 m hohen Wassersäule entspricht, kann bei einer Länge des Röhrchens von 30 – 40 cm ein Überdruck von 30 – 40 mbar ausgeglichen werden.

Bemerkungen

Es empfiehlt sich, den Aufprall der Flasche gut abzudämpfen (z. B. durch eine mehrfach gefaltete Decke, oder, beim Zuwerfen, durch einen sicher fangenden Assistenten), da ansonsten, insbesondere bei Verwendung von Glasröhrchen, die mühsame Bastelarbeit leicht in die Brüche gehen kann.
Vor dem freien Fall sollte das Röhrchen randvoll sein. Also kann evtl. Wasser nachgefüllt werden. Je höher die Wassersäule ist, umso höher steigt die Fontäne. Deshalb sollte man eine möglichst große Flasche (z. B. eine 1,5 l-Getränkeflasche) und wenig Wasser sowie ein langes Röhrchen verwenden. Damit das Wasser wie gewünscht aus dem Röhrchen sprudeln kann, ist auf einen dichten Stopfen, eine dichte Verbindung zwischen Röhrchen und Stopfen, sowie darauf zu achten, dass das untere Ende des Röhrchens nicht auf dem Flaschenboden aufstößt.
Dieselbe Thematik behandeln die Experimente „Die frei fallende Schere“, „Schwerelos im freien Fall (1)“ und „Schwerelos im freien Fall (2)“.

Literatur

Wittmann, J.: Trickkiste 1, Experimente, wie sie nicht im Physikbuch stehen, Bayerischer Schulbuch Verlag, München 1986

3.27 Ein Modell zur menschlichen Atmung

Mit Hilfe einer Einwegspritze und eines Luftballons lässt sich die menschliche Atmung modellhaft darstellen.

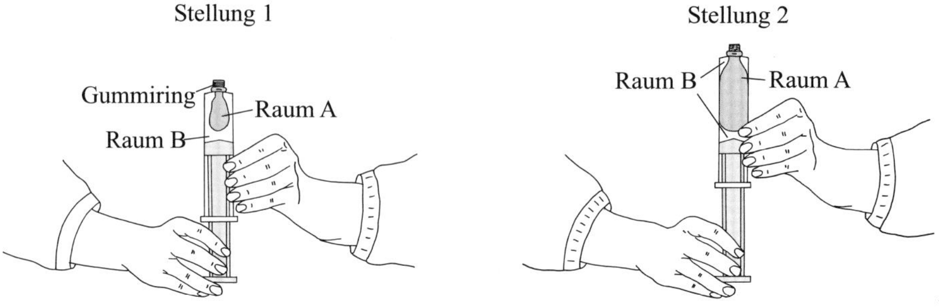

Abb. 1

Material

- Einwegspritze (Volumen: ca. 60 ml), möglichst mit Luer-Lock-Ansatz, ohne Nadel, in Apotheken erhältlich
- Luftballon, kleine bis mittlere Größe
- Gummiring mit möglichst kleinem Umfang
- Hilfsmittel: Ahle, Schere, Baumwoll- oder Leinenzwirnfaden (etwas länger als die verwendete Spritze)

Aufbau und Durchführung

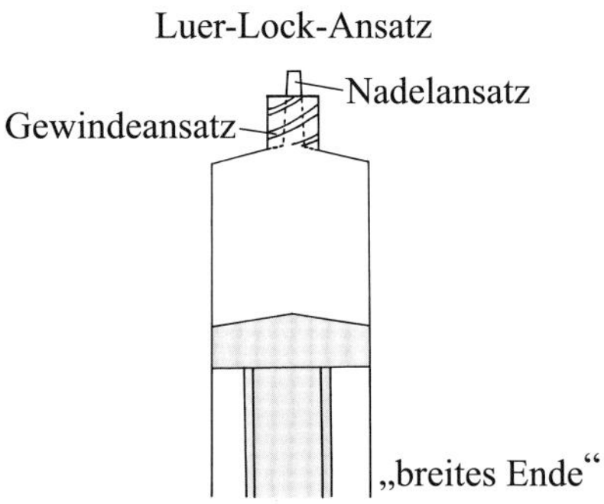

Abb. 2

Eine Einwegspritze mit Luer-Lock-Ansatz hat wie jede Spritze einen schmalen Ansatz („Nadelansatz" in Abbildung 2), auf den die Nadel aufgesteckt wird. Koaxial zu diesem befindet sich an der Spritze ein weiterer zylindrischer Ansatz mit Gewinde („Gewindeansatz" in Abbildung 2), dessen Durchmesser größer als der des Nadelansatzes ist. Den Stempel nimmt man vorerst aus der Einwegspritze heraus. Um eine große Öffnung zu erhalten, die von dem Gewindeansatz umrandet wird, entfernt man den Nadelansatz. Dazu wird eine Ahle kräftig und weit in den Nadelansatz hineingebohrt, bis dieser an der Ahle haftet. Bohrt man die Ahle noch weiter in den Nadelansatz, löst sich dieser von der Spritze. Es kann notwendig sein, das entstandene Loch noch zu weiten, bis dessen Durchmesser dem des begrenzenden Gewindeansatzes entspricht.

Durch die gebohrte Öffnung steckt man von außen den Zwirnfaden und führt diesen bis zum anderen Ende der Spritze (im weiteren Text „breites Ende" genannt) weiter. An das

Fadenende, das sich an dem „breiten Ende" der Spritze befindet, wird das Mundstück eines Luftballons geknotet. Mit Hilfe des Zwirnfadens zieht man den Luftballon durch die Spritze in die gebohrte Öffnung hinein. Das Ende des Mundstücks sollte etwas aus der Öffnung herausstehen und der Rest des Ballons sich noch in der Spritze befinden („Stellung 1" in Abbildung 1).
Ist der Luftballon versehentlich zu weit in die Öffnung geraten, kann man sich mit einem Bleistift behelfen. Sein stumpfes Ende wird vom „breiten Ende" aus in die Spritze geschoben und der Luftballon zwischen Bleistift und Spritzenwand eingeklemmt. So kann der Luftballon bequem in die Spritze zurückgezogen werden. Die Gummimembran eines Luftballons ist am Ende des Mundstücks etwas aufgerollt, wodurch eine Verdickung entsteht. Stört diese dabei, den Luftballon in die Öffnung zu ziehen, schneidet man sie einfach weg.
Um den Stempel wieder in die Spritze zu stecken, rückt man den Luftballon so an die Wand der gebohrten Öffnung, dass dort ein schmaler Kanal entsteht, durch den Luft aus der Spritze entweichen kann. Der Stempel wird so weit in die Spritze geschoben, dass er den in die Spritze hängenden Luftballon noch nicht berührt („Stellung 1" in Abbildung 1).
Den Zwirnfaden schneidet man vom Luftballon ab, klappt den Teil des Mundstücks, der aus der Öffnung heraussteht, auf den Gewindeansatz herunter und umwickelt ihn einige Male mit einem Gummiring, bis der Luftballon die gebohrte Öffnung der Spritze dicht abschließt (siehe Abb. 1).
Zieht man den Stempel herunter („Stellung 2" in Abbildung 1), wird Luft von außen in den Luftballon gesogen und wieder hinausgedrückt, wenn der Stempel wieder in Stellung 1 hinaufgeschoben wird (siehe Abb. 1).

Erklärung

Der Druck innerhalb des Luftballons spannt die Ballonhaut gegen den Druck, der außerhalb des Luftballons herrscht. Deshalb berechnet sich der Druck im Luftballon als Summe des Drucks außerhalb des Luftballons und des Überdrucks, der zur Spannung der Ballonhaut benötigt wird.
Befindet sich der Stempel der Spritze in Stellung 1 (siehe Abb. 1), in die er vor dem Abdichten mit dem Gummiring geschoben wurde, herrscht im Ballon („Raum A" in Abbildung 1) und im Spritzeninnenraum, der oben von der Außenwand des Ballons begrenzt wird („Raum B" in Abbildung 1), der äußere Luftdruck p_0. Die Ballonhaut ist nicht gespannt.
Wird der Stempel ein Stück nach unten gezogen, vergrößert sich das Volumen des Raumes B, wodurch es in diesem Raum nach der Zustandsgleichung idealer Gase zu einer Druckerniedrigung kommt. Da der Innenraum des Ballons in Verbindung mit der Außenluft steht, herrscht im Bereich A nach wie vor der äußere Luftdruck. Deshalb wird die Ballonhaut in den Spritzeninnenraum gedrückt und dadurch das Volumen des Raumes B wieder verkleinert.
Um zu bestimmen, welches Volumen der Raum B in Stellung 2 einnimmt, muss man nur wissen, welcher Druck p_B im Bereich B herrscht, wenn sich der Stempel in dieser

Stellung befindet. Im Luftballon herrscht der äußere Luftdruck (p_0 = 1 bar). Dieser ergibt sich nach obiger Darstellung aus der Summe des Drucks im Bereich B (p_B) und dem Überdruck, der zur Spannung der Ballonhaut benötigt wird (p_L). Der Überdruck zur Spannung der Ballonhaut liegt erfahrungsgemäß zwischen 0 bar und 0,04 bar (siehe Experiment „Verbundene Luftballons"). So ergibt sich für den Druck p_B:

$$p_B = p_0 - p_L$$

Da 0 bar $\leq p_L \leq$ 0,04 bar, gilt für p_B mit $p_0 \approx$ 1 bar:

$$0{,}96 \text{ bar} \leq p_B \leq 1 \text{ bar}$$

Der Druck im Bereich B hat also von 1 bar (Stellung 1) auf höchstens 0,96 bar (Stellung 2) abgenommen. Daraus ergibt sich für den Raum B nach der Zustandsgleichgung idealer Gase folgende Volumenzunahme von V_{B1} (Stellung 1) auf das Volumen V_{B2} (Stellung 2):

$$V_{B2} = \frac{100}{96} V_{B1}$$

Diese Volumenzunahme ist vernachlässigbar klein. Deshalb gilt näherungsweise: Das Volumen im Bereich B ist vor und nach dem Ausziehen des Stempels gleich. Das Volumen des Luftballons (Bereich A) muss also um den gleichen Betrag ansteigen, um den das Innenvolumen der Spritze (Bereich A und B) durch das Herausziehen des Stempels vergrößert wurde.

Bemerkungen

Der Mensch kann die Lunge nicht bewegen. Deshalb erweitert er den Brustkorb, um Luft in die Lungen einzuatmen. Durch anschließendes Zusammenziehen des Brustkorbes wird die Luft wieder aus den Lungen ausgeatmet. Die Erweiterung des Brustraumes kann durch Brustatmung oder durch Bauchatmung erfolgen: Bei der Brustatmung werden die Rippen gehoben und gesenkt (den Menschen liegend vorgestellt) und bei der Bauchatmung hebt und senkt sich das Zwerchfell.

Das Experiment dient also als Modell für die Bauchatmung. Der Luftballon stellt dabei einen Lungenflügel, die Spritze den Brustkorb und der Stempel das Zwerchfell dar, das sich auf und ab bewegt.

Literatur

Bublath, J.: Verblüffende Experimente aus der Naturwissenschaft, Wilhelm Heyne Verlag, München 1995

zu Bemerkungen:

Lucas, H.: DAS GROSSE READER'S DIGEST GESUNDHEITSBUCH, Verlag DAS BESTE GmbH, Stuttgart und Südwest Verlag GmbH & Co. KG, München o. J.

3.28 Der Fahrradschlauch als Hebebühne

Mit einem Fahrradschlauch und einer Luftpumpe kann man ohne großen Kraftaufwand sehr schwere Dinge heben.

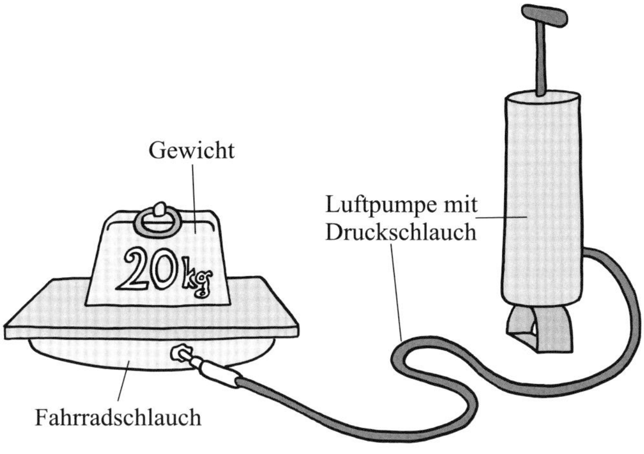

Abb. 1

Material

- Fahrradschlauch mit Ventil
- passende Luftpumpe, möglichst mit Druckschlauch (gibt es für Rennräder)
- großes Brett (es soll den ganzen ausgebreiteten Fahrradschlauch bedecken)
- evtl. Gewichtstück

Aufbau und Durchführung

An das Ventil eines nicht aufgeblasenen Fahrradschlauches wird eine Luftpumpe angeschlossen und auf den ausgebreiteten Schlauch ein Brett gelegt. Eine Versuchsperson setzt sich auf das Brett und pumpt den Fahrradschlauch auf. Dabei wird sie mitsamt dem Brett hochgehoben. Anstelle der Versuchsperson kann auch ein Gewichtstück gehoben werden (siehe Abb. 1).

Erklärung

Durch viele Kolbenbewegungen der Luftpumpe mit relativ geringem Krafteinsatz wird die Versuchsperson mit ihrem relativ großen Gewicht um eine geringe Höhe angehoben. Die Anordnung stellt eine kraftumwandelnde Einrichtung dar. Anstatt die Person auf einmal hochzuheben, wozu es einer großen Kraft bedarf, wird die Arbeit in sehr viele kleine Schritte zerlegt, die mit geringerem Kraftaufwand auszuführen sind. Da der Stempel der Luftpumpe eine geringe Fläche besitzt, benötigt man nur eine geringe Kraft um einen Druck zu erzeugen, der groß genug ist, um den Fahrradschlauch aufzupumpen und damit die Person hochzuheben. Dabei ist die Anhebung der Person bei einer Pumpbewegung sehr gering, der Kolbenweg jedoch groß. Das Produkt aus Kraft und Verschiebungsweg des Angriffpunktes der Kraft ist auf der Seite des Schlauches dasselbe wie auf der Seite der Pumpe (Goldene Regel der Mechanik) oder: Die aufgewandte Kolbenarbeit ist gleich der verrichteten Hubarbeit (Energieerhaltung).

Bemerkungen

Das Experiment stellt das Prinzip einer hydraulischen Presse dar, nur dass hier der verwendete Stoff zur Kraftübertragung Luft an Stelle einer Flüssigkeit ist. Da Luft als Gas komprimierbar und daher ein Teil der aufgebrachten Energie ins Gas selbst fließt (das Gas wird verdichtet und erwärmt sich), ist der Wirkungsgrad wesentlich geringer als bei einer Flüssigkeit. Deshalb werden in der Praxis für derartige Maschinen meist Flüssigkeiten (diverse Hydrauliköle) als kraftübertragende Materialien verwendet.
Das Experiment „Das Spritzenwettdrücken" behandelt die gleiche Thematik.

Literatur

Göbel, R.; Haubold, K., Physik in der Schule 23/4 (1985), S. 132

3.29 Das Ei in der Flasche

Nach der Zustandsgleichung idealer Gase lässt sich durch das Abkühlen der in einer Flasche eingeschlossenen Luft ein gekochtes Ei in die Flasche saugen.

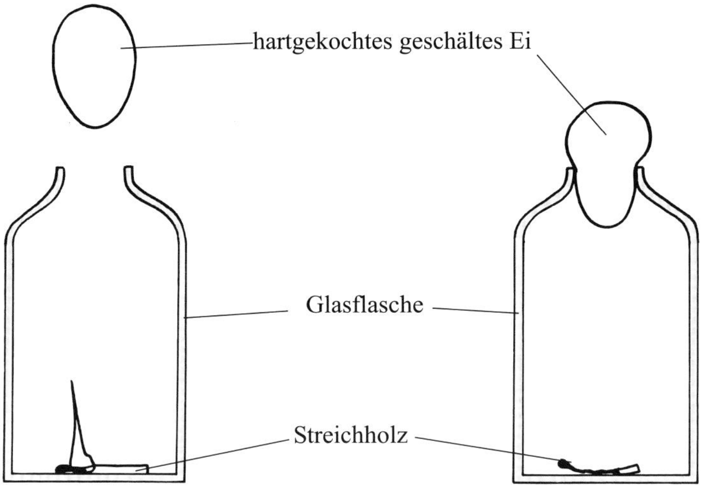

Abb. 1

Material

- hart gekochtes, geschältes Ei oder Luftballon
- Glasflasche mit breitem Hals, so dass ein Ei gerade nicht hindurchpasst, z. B. Milchflasche
- kaltes und warmes Wasser oder Papier und Streichhölzer

Aufbau und Durchführung

Eine Glasflasche wird mit heißem Wasser ausgespült. Man legt ein hart gekochtes, geschältes Ei auf den Flaschenhals und stellt die Flasche in kaltes Wasser. Das Ei wird langsam in die Flasche gesogen. Alternativ kann man ein Stück brennendes Papier in die Flasche fallen lassen und nach dem Erlöschen der Flamme das Ei auf den Flaschenhals legen. Das Ei wird ebenfalls langsam in die Flasche gesogen. Dreht man anschließend die Flasche um, so dass das Ei von innen den Flaschenhals verschließt und erwärmt die Flasche, so rutscht das Ei wieder aus der Flasche heraus.

Für das Experiment ist es wichtig, dass das Ei und der Flaschenhals die richtige Größe haben. Das Ei sollte in den Flaschenhals passen, aber nicht hindurchfallen können. Hat man keine passende Flasche, so stülpt man einen Luftballon über den Flaschenhals einer beliebigen Flasche. Beim Abkühlen der Flasche wird der Luftballon ins Innere gezogen und „bläst“ sich dort auf.

Erklärung

Sowohl beim Spülen der Flasche mit heißem Wasser als auch beim Verbrennen von Papier in der Flasche wird die Luft in der Flasche erwärmt. Legt man das Ei auf den Flaschenhals, wird die Flasche luftdicht verschlossen. Das Volumen der in der Flasche eingeschlossenen Luft bleibt dadurch zunächst konstant. Nach der Zustandsgleichung idealer Gase

$$pV = NkT$$

(p: Gasdruck; V: Gasvolumen; N: Zahl der Gasmoleküle in V; k: Boltzmann-Konstante; T: Gastemperatur in K)
nimmt beim Abkühlen der Flasche mit sinkender Temperatur der Druck in der Flasche ab ($p \propto T$ für $V = const$). Ist der Druck in der Flasche kleiner als der atmosphärische Druck außerhalb der Flasche, wird das Ei in die Flasche gedrückt. Dadurch sinkt das Volumen der in der Flasche eingeschlossenen Luft. Nimmt man die Temperatur für die Dauer dieses Vorgangs als konstant an, so steigt der Druck in der Flasche ($p \propto \frac{1}{V}$ für $T = const$). Wird die Flasche weiter abgekühlt, so setzt sich dieses Wechselspiel von Druck und Volumen bei sinkender Temperatur fort, bis sich das Ei ganz in der Flasche befindet.

Literatur

Bublath, J.: Das Knoff-Hoff Buch, Wilhelm Heyne Verlag, München 1989
Raaf, H.; Sowada, H.: Physik macht Spaß. Überraschende Einsichten durch über 100 Modelle und Experimente, Herder Verlag, Freiburg im Breisgau 1990
Melenk, H.; Runge, U.: Verblüffende physikalische Experimente, Aulis Verlag Deubner, Köln 1991

3.30 Die hüpfende Münze

Durch das Erwärmen der in einer Flasche eingeschlossenen Luft wird eine auf dem Flaschenhals liegende Münze angehoben.

Material

- Glasflasche
- Münze
- evtl. Schüssel oder Topf

Aufbau und Durchführung

Eine Glasflasche wird mit kaltem Wasser ausgespült und die Öffnung der Flasche befeuchtet. Auf die Öffnung legt man eine Münze, die so groß ist, dass sie die Flasche verschließt. Hält man die Flasche mit beiden Händen fest umschlossen (siehe Abb. 1), so wird die Münze auf dem Flaschenhals nach kurzer Zeit leicht angehoben und fällt auf den Flaschenhals zurück. Das „Hüpfen" der Münze wiederholt sich einige Male. Stellt man die Flasche in eine Schüssel mit heißem Wasser, wird die Münze öfters und in kürzeren Zeitabständen angehoben.

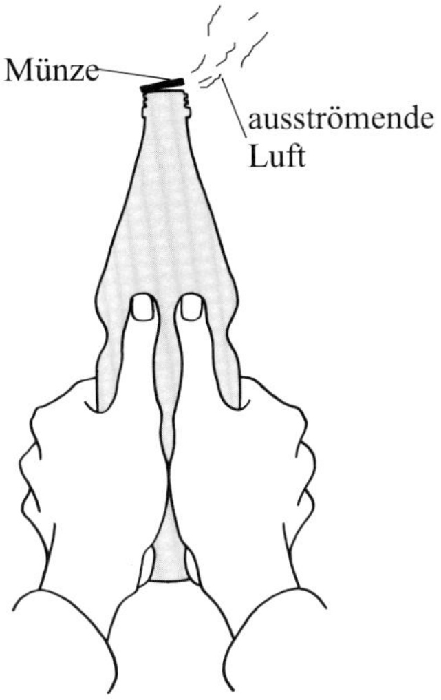

Abb. 1

Erklärung

Das Wasser auf der Flaschenöffnung schließt den Spalt zwischen Flasche und Münze luftdicht ab, so dass das Volumen V der Luft in der Flasche und die Anzahl N der Moleküle konstant bleiben. Durch das Erwärmen mit den Händen steigt die Temperatur T der eingeschlossenen Luft, und damit nach der Zustandsgleichung idealer Gase $pV = NkT$ (k: Boltzmann-Konstante) auch ihr Druck p. Ist der Druck der eingeschlossenen Luft in der Flasche groß genug, wird die Münze leicht angehoben. Es entweicht etwas Luft aus der Flasche, bevor die Münze wieder auf den Flaschenhals zurückfällt. Durch das Entweichen der Luft verringert sich die Anzahl der Moleküle der eingeschlossenen Luft in der Flasche. Nimmt man die Temperatur für den Augenblick des Entweichens als konstant an, sinkt der Druck der eingeschlossenen Luft. Die Münze lässt sich auf diese Weise einige Male anheben, bis sich die Luft in der Flasche durch die Hände nicht mehr weiter erwärmen lässt.

Literatur

Zeier, E.: Kurzweil durch Physik, Aulis Verlag Deubner, Köln 1983

Raaf, H.; Sowada, H.: Physik macht Spaß, Überraschende Einsichten durch über 100 Modelle und Experimente, Herder Verlag, Freiburg im Breisgau 1990

Brecht, R.: Professor Zweistein: Experimente zum Mitmachen, Zebold Verlag GmbH, München 1992

Press, H. J.: Spiel das Wissen schafft: 100 interessante Experimente aus Natur und Technik – spielend ausführen, Ravensburger Taschenbücher, Ravensburg 1992

3.31 Mineralwasser bläst Luftballon auf

Mit einem Luftballon und einer vollen Mineralwasserflasche lässt sich demonstrieren, dass Gase in Flüssigkeiten gelöst sein können.

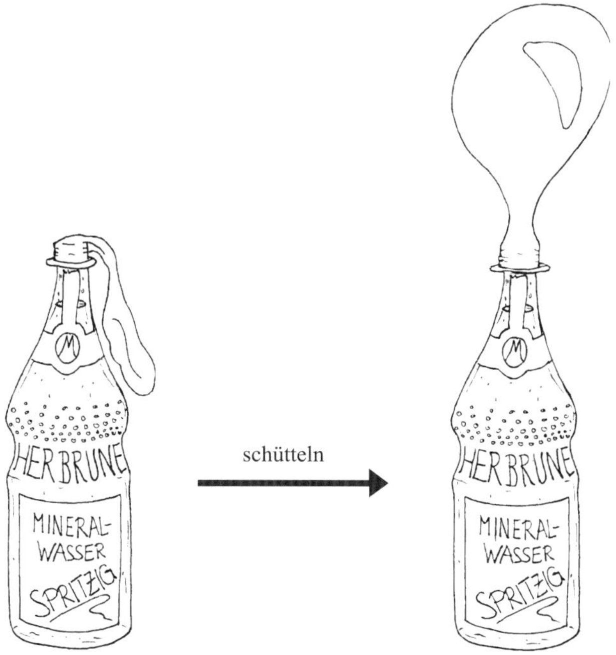

Abb. 1 (a) (b)

Material

- volle Mineralwasserflasche mit möglichst viel Kohlensäure (kein so genanntes stilles Wasser verwenden!)
- Luftballon

Aufbau und Durchführung

Ein Luftballon wird einmal vollständig aufgeblasen, um den Luftballongummi etwas vorzudehnen. Danach lässt man die Luft wieder ausströmen. Den schlaffen Luftballon stülpt man mit seiner Öffnung über die soeben geöffnete Mineralwasserflasche (siehe Abb. 1(a)). Durch Schütteln der Mineralwasserflasche lässt sich der Luftballon beträchtlich weit aufblasen (siehe Abb. 1(b)).

Erklärung

Beim Schütteln der Mineralwasserflasche perlt das gelöste Kohlenstoffdioxid (Kohlensäure) aus und nimmt nach der Zustandsgleichung idealer Gase entsprechend der Umgebungstemperatur und dem Umgebungsdruck im Luftballon ein bestimmtes Volumen ein. Es gilt:

$$V = N\frac{kT}{p}$$

(V: Volumen, das das ausperlende Kohlenstoffdioxid einnimmt; T: absolute Umgebungstemperatur; p: Umgebungsdruck; $k = 1{,}38066 \cdot 10^{-23}\,\frac{\mathrm{J}}{\mathrm{K}}$: Boltzmann-Konstante; N: Zahl der Kohlenstoffdioxidmoleküle in der Gasphase)
Durch das Ausperlen des Kohlenstoffdioxids wird die Anzahl N der Kohlenstoffdioxidmoleküle in der Gasphase erhöht. Da sich Druck und Temperatur nicht ändern, bedeutet die Zunahme von N eine Volumenerhöhung. Das Volumen, das die Kohlenstoffdioxidmoleküle im gelöstem Zustand einnehmen und das beim Ausperlen kleiner wird, ist vernachlässigbar gering. Der Luftballon wird also aufgeblasen. Der Gasdruck im aufgeblasenen Luftballon ist nur geringfügig größer als der Umgebungsdruck.

Bemerkungen

Das entstandene Gasvolumen ist erstaunlich groß. Bei vollständig ausgeperltem Kohlenstoffdioxid ist der Luftballon so weit aufgeblasen, dass man das ganze Wasser aus der Flasche in den Luftballon schütten kann. Dabei ist der Luftballon an der Flaschenöffnung gut festzuhalten ...
Beim Schütteln von kohlensäurehaltigen Getränken entsteht immer ein wenig Kohlenstoffdioxid. Ist die Flasche fest verschlossen, steigt der Druck in der Flasche. Manchmal kommt es vor, dass die Abfüllanlagen zu viel Kohlensäure in eine Flasche pumpen. Dann kann der Druck in der Flasche beim Transport (Erschütterungen!) so groß werden, dass die Flasche platzt.

Literatur

Walpole, B.: Experimente, Tricks und Tips zum Verständnis der Natur, Lernen und Wissen im Spiel und mit Spaß, Südwest Verlag GmbH & Co. KG, München 1990

3.32 Wasser gegen Luft

Mit zwei Einwegspritzen kann man sich davon überzeugen, dass Flüssigkeiten – im Gegensatz zu Gasen – nahezu inkompressibel sind.

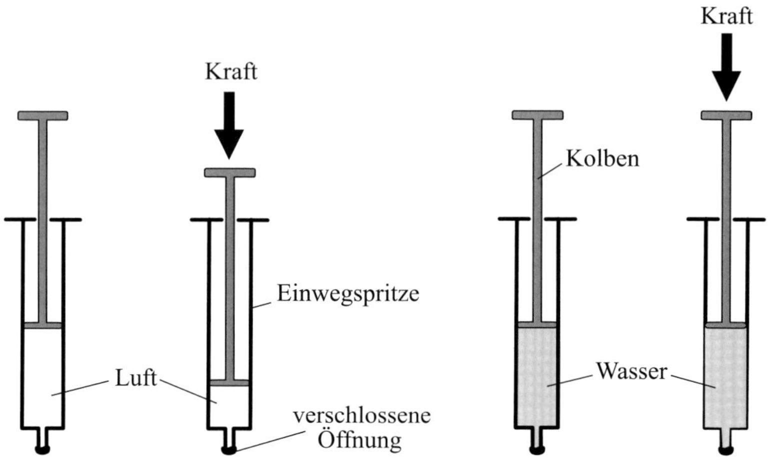

Abb. 1 (a) (b) Abb. 2 (a) (b)

Material

- 2 neue gleiche Einwegspritzen
- Hilfsmittel: Feuerzeug, Flachzange

Aufbau und Durchführung

Eine Einwegspritze wird etwa zur Hälfte mit Wasser gefüllt, eine andere mit der gleichen Menge Luft. Die Öffnungen der Spritzen werden verschlossen, indem man jeweils den Ansatz für die Kanüle mit einem Feuerzeug erhitzt, bis der Kunststoff weich ist und ihn sofort mit einer Flachzange fest zusammenpresst. Versucht man die Kolben der verschlossenen Spritzen weiter in diese hineinzuschieben, so wird die eingeschlossene Luft komprimiert (siehe Abb. 1), während selbst bei großer aufgewendeter Kraft eine Volumenverminderung des Wassers nicht beobachtet werden kann (siehe Abb. 2).

Erklärung

Auf Grund des relativ großen mittleren Abstands der Teilchen eines Gases sind die Wechselwirkungen der Teilchen untereinander vernachlässigbar gering. Um das Gas zu komprimieren, muss lediglich der Druck aufgebracht werden, der durch die thermische Bewegung der Moleküle entsteht. Nach der allgemeinen Gasgleichung ist das von einer abgeschlossenen Gasmenge eingenommene Volumen V indirekt proportional zum herrschenden Druck p:

$$V = \frac{NkT}{p} \qquad (1)$$

(N: Teilchenzahl; T: Temperatur; k: Boltzmann-Konstante)

Soll eine Flüssigkeit komprimiert werden, müssen die relativ starken abstoßenden Coulomb-Kräfte überwunden werden, die bei großer Annäherung der Flüssigkeitsmoleküle auftreten. Aus diesem Grund ist die Kompressibilität

$$\kappa = -\frac{1}{V}\frac{\mathrm{d}V}{\mathrm{d}p} \qquad \text{[\textit{Mende} 1988, S. 91]} \qquad (2)$$

(V: Volumen des Wassers; p: Druck im Wasser)

von Wasser extrem klein:

$$\kappa = 5 \cdot 10^{-5}\ \text{bar}^{-1} \quad (\text{bei } T = 20\ °\text{C und } p = 1 \ldots 25\ \text{bar}) \quad \text{[\textit{Mende} 1988, S. 91]}$$

Beispielsweise führt eine Verdoppelung des Drucks in den Einwegspritzen von 1 bar (entspricht ungefähr Luftdruck) auf 2 bar bei der eingeschlossenen Luft nach (1) zu einer Halbierung des Volumens (bei isothermer Kompression), während die relative Verminderung des Wasservolumens nach (2) näherungsweise nur

$$\frac{-\Delta V}{V} \approx \kappa\, \Delta p = 0{,}05\ ‰$$

beträgt.

Bemerkungen

Eine merkliche Kompression von Flüssigkeiten tritt erst bei extrem hohen Drücken auf. Ein Beispiel für deren Auftreten in der Natur ist der hydrostatische Druck in großen Meerestiefen. In einer Tiefe von 1000 m (herrschender Druck ca. 100 bar) besitzt das Wasser auf Grund der Kompression eine ca. 0,5 % höhere Dichte als Wasser gleicher Temperatur an der Meeresoberfläche.

Literatur

Göbel, R.; Haubold, K., Physik in der Schule 23/9 (1985), S. 353-358

zu Formel (2):

Mende, D.; Simon, G.: Physik, Gleichungen und Tabellen, VEB Fachbuchverlag Leipzig 1988

3.33 Rauchextraktion

In einer mit Rauch gefüllten Flasche wird die Luft erhitzt. Die ausströmende Luft nimmt die Rauchpartikel mit.

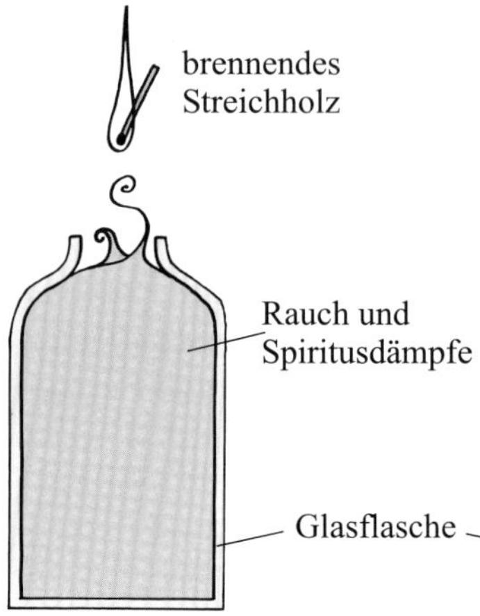

Abb. 1

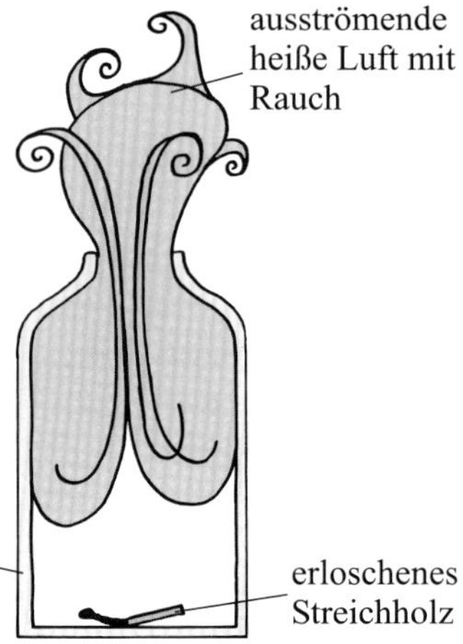

Abb. 2

Material

- Glasflasche mit nicht zu engem Hals, z. B. Milchflasche
- Zigarette, um Rauch zu erzeugen
- Trinkhalm, um Rauch in die Flasche zu blasen
- Spiritus
- Streichhölzer

Aufbau und Durchführung

Man gibt einige Tropfen Spiritus in eine Flasche und verteilt sie auf der Innenseite, so dass der Spiritus gut verdunsten kann. Mit einem Trinkhalm bläst man Rauch einer Zigarette in die Flasche, bis sie so mit Rauch gefüllt ist, dass man nicht mehr hindurchsehen kann. Um den Rauch aus der Flasche zu bekommen, nimmt man ein Streichholz, zündet es an und wirft es in die mit Rauch und Spiritusdämpfen gefüllte Flasche (siehe Abb. 1). Der Spiritusdampf verbrennt schlagartig. Danach ist der Rauch in der Flasche verschwunden. Für eine gute Verbrennung und somit ein zufriedenstellendes Ergebnis ist die richtige Mischung aus Spiritusdämpfen und Luftsauerstoff in der Flasche nötig. Zum Ermitteln der Menge Spiritus, die dazu notwendig ist, hilft nur mehrmaliges Probieren. Es sind die üblichen Vorsichtsmaßnahmen beim Experimentieren mit brennbaren Flüssigkeiten zu beachten. So sollte z. B. die Spiritusflasche nach dem Einfüllen einer geringen Menge Spiritus in die Glasflasche verschlossen und vor dem Experiment beiseite gestellt werden. Für den Fall, dass doch etwas schief geht, sollte unbedingt eine Löschdecke bereitliegen.

Erklärung

Beim Verbrennen der Spiritusdämpfe wird die Luft in der Flasche stark erhitzt, dehnt sich dabei aus und strömt durch den Flaschenhals. Die Rauchpartikel werden von der ausströmenden Luft mitgerissen (siehe Abb. 2). Die Flasche wird schlagartig wieder durchsichtig.

Bemerkungen

Am besten probiert man ohne Publikum aus, bei welcher Spiritusmenge das Experiment am besten klappt, präpariert dann eine Flasche entsprechend mit Rauch und Spiritus und verschließt sie mit einem Deckel (am besten mit dem originalen Flaschenverschluss). Bei der Vorführung muss man nur noch die Flasche öffnen und ein brennendes Streichholz hineinwerfen.

Als Rauch bezeichnet man das Vorhandensein von Feststoffteilchen in einem Gas (im Experiment: die Verbrennungsrückstände der Zigarette in Luft). Die Feststoffteilchen werden Rauchpartikel genannt.

Literatur

Bublath, J.: Das Knoff-Hoff Buch, Wilhelm Heyne Verlag, München 1989

3.34 Schlechter Windschatten

Eine erlöschende Kerze dient als Indikator dafür, dass die Luft auf der Leeseite eines umströmten Gegenstandes nicht in Ruhe ist.

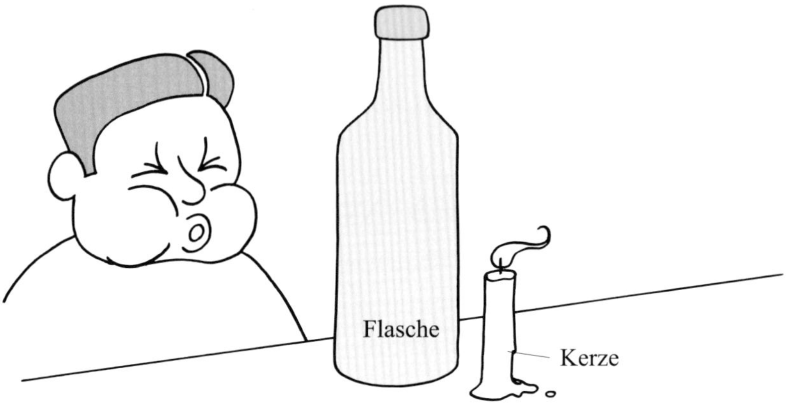

Abb. 1

Material

- Kerze
- Flasche, nach Möglichkeit durchsichtig

Aufbau und Durchführung

Hinter einer Flasche stellt man in geringem Abstand (ca. 3 cm) eine brennende Kerze auf und bläst von der gegenüberliegenden Seite, aus ca. 20 cm Entfernung und in Höhe der Kerzenflamme, auf die Flasche (siehe Abb. 1). Die Flamme beginnt zu flackern und erlischt bei genügend kräftigem Blasen. Bei Flaschen mit großem Durchmesser sollte der Abstand zwischen Mund und Flasche nicht zu klein gewählt werden, da sonst der vom Mund erzeugte, relativ enge Luftstrom noch nicht breit genug ist, um die Flasche zu umströmen. Benutzt man andere zylindrische Körper, so ist eine geeignete Entfernung der doppelte Durchmesser des Gegenstandes. Besonders praktisch sind durchsichtige Flaschen, da diese dem Blasenden erlauben, die Reaktion der Flamme selbst zu beobachten.

Erklärung

Die Luftströmung, welche die Flasche umgibt, ist für kleine Strömungsgeschwindigkeiten laminar (siehe Abb. 2(a)) und für große turbulent (siehe Abb. 2(b)).
In beiden Fällen ist die Luft auf der Leeseite bereits in geringem Abstand von der Flasche nicht in Ruhe und beeinflusst die Kerzenflamme.

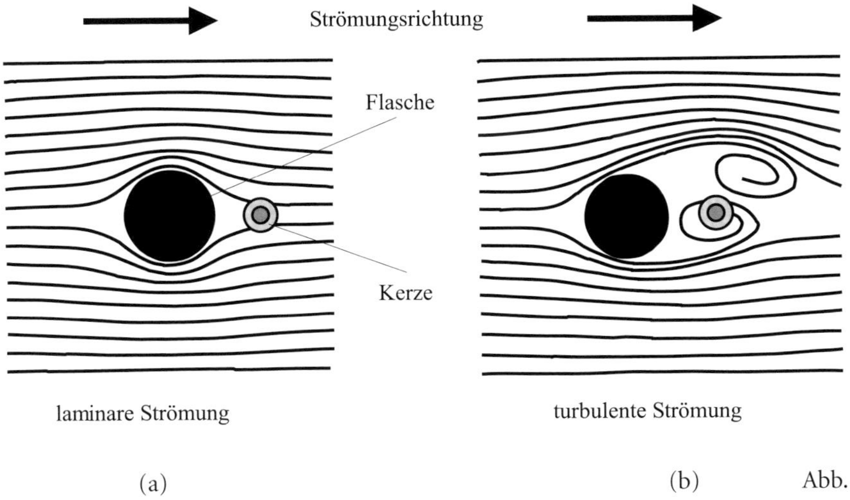

Abb. 2

Bemerkungen

Hinter einem turbulent umströmten Zylinder bilden sich Wirbel entgegengesetzter Rotationsrichtung aus (siehe Abb. 2(b)). Im stationären Zustand lösen sich ständig Wirbel ab und bilden eine so genannte Wirbelstraße. Dabei wechselt stets die Rotationsrichtung, wenn sich ein neuer Wirbel ablöst (siehe Abb. 2(b)). Dieser Wechsel bringt den Zylinder zum Schwingen und erzeugt dadurch Schallwellen (siehe Experiment „Warum ‚pfeift' der Wind?").

Literatur

Zeier, E.: Physikalische Schulversuche, Freihandversuche, kleine Experimente, Aulis Verlag Deubner, Köln 1986

Walpole, B.: Experimente, Tricks und Tips zum Verständnis der Natur, Lernen und Wissen im Spiel und mit Spaß, Südwest Verlag GmbH & Co. KG, München 1990

Press, H. J.: Spiel das Wissen schafft: 100 interessante Experimente aus Natur und Technik – spielend ausführen, Ravensburger Taschenbücher, Ravensburg 1992

Glass, D.: Das neue What's what? Naturwissenschaftliche Plaudereien, Deutscher Taschenbuch Verlag GmbH & Co. KG, München 1997

zu Bemerkungen:

Gobrecht, H.; Gobrecht, J. H.; Gobrecht, K. H.: Bergmann-Schäfer, Lehrbuch der Experimentalphysik, Band 1, Mechanik, Akustik, Wärme, Walter de Gruyter Verlag, Berlin 1990, S. 375

3.35 Das eigenwillige Papier

Die Aussage der bernoullischen Gleichung wird mit Papier demonstriert, das über den Zwischenraum zweier nebeneinander liegender Bücher gelegt und von einem Luftstrom im entstandenen Kanal nach unten gedrückt wird.

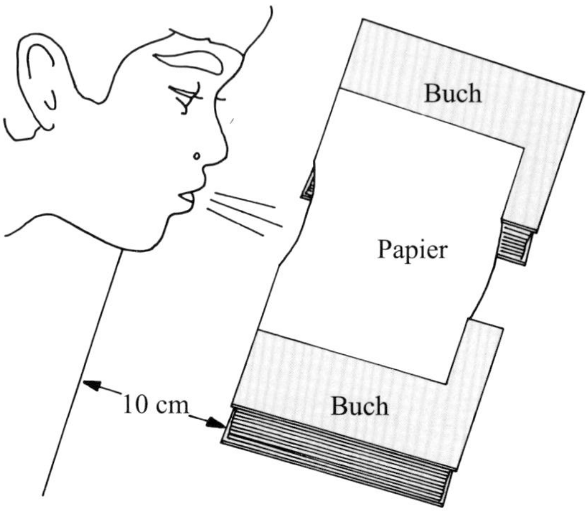

Abb. 1

Material

- 2 Bücher (Dicke: ca. 5 cm)
- Blatt Schreibpapier
- evtl. Postkarte
- evtl. Trinkhalm, mit möglichst großem Durchmesser

Aufbau und Durchführung

Zwei Bücher legt man in einem gegenseitigen Abstand von 5 – 10 cm auf eine ebene und glatte Unterlage, z. B. ein Tisch ohne Tischtuch, und legt ein Blatt Schreibpapier darauf (siehe Abb. 1). Dabei sollten die Bücher mindestens 10 cm von der Tischkante entfernt liegen.

Einer Versuchsperson stellt man die Aufgabe, das Papier von den beiden Büchern herunterzupusten, indem sie zwischen die beiden Bücher unter das Papier bläst (siehe Abb. 1). Das Papier wird dabei nach unten zwischen die Bücher gedrückt. Nimmt man einen Trinkhalm zu Hilfe, um den Luftstrom besser in den Zwischenraum zu richten, wird dieser Effekt noch verstärkt.

Verblüffender ist das Experiment für die Versuchsperson, wenn sie selbst entscheiden kann, wie sie die gestellte Aufgabe „Papier herunterblasen" lösen möchte. Die meisten Personen kommen von selbst auf den Gedanken, unter dem Papier hindurchzupusten.

Dabei riskiert man allerdings, dass die Versuchsperson das Papier auf andere Weise herunterzublasen versucht.
Das Experiment kann auch mit einer Postkarte durchgeführt werden. Die Postkarte wird leicht der Länge nach gebogen (siehe Abb. 2) oder leicht geknickt und auf den Tisch gelegt. Ansonsten verfährt man genauso wie oben beschrieben. Bläst man unter der Postkarte (evtl. mit einem Trinkhalm) hindurch, wird sie stark an die Unterlage gedrückt, so dass sie fast wieder eben ist.

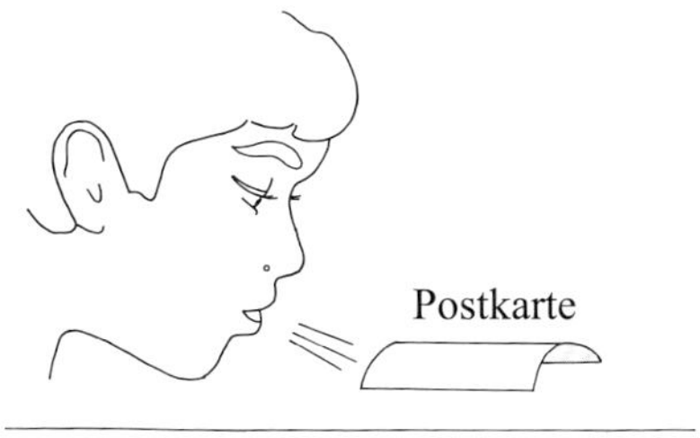

Abb. 2

Erklärung

Für eine laminare horizontale Strömung gilt die bernoullische Gleichung:

$$p_0 - p = \frac{1}{2}\,\rho v^2 - \frac{1}{2}\,\rho v_0^2 \qquad (1)$$

(p_0, p: statische Drücke bei Strömungsgeschwindigkeiten v_0, v; ρ: Dichte des Gases)
Eine laminare Strömung liegt vor, wenn die innere Reibung der strömenden Substanz groß ist gegenüber fremden Einflüssen, z. B. Reibung an der Oberfläche von Fremdkörpern. Die innere Reibung eines Gases ist verhältnismäßig klein. Deshalb ist eine laminare Strömung von Gasen eigentlich nicht möglich. Leider handelt es sich bei turbulenten Strömungen um chaotische Systeme, über deren Verhalten nur unbefriedigende Voraussagen gemacht werden können (zu turbulenter und laminarer Strömung siehe Experiment „Das Loschmidt'sche Paradoxon"). Deshalb wird die bernoullische Gleichung auch zur Erklärung herangezogen, wenn die Effekte einer laminaren Strömung überwiegen.
Beim beschriebenen Experiment wird die Luft in den röhrenförmigen Raum geblasen, der von den Buchrücken, der Unterlage und dem Papier begrenzt wird. Hier kann man näherungsweise von einer laminaren Strömung ausgehen. Trifft der Luftstrom nicht exakt in den Zwischenraum sondern auf den Rand des Papiers, wird er dort gespalten, wodurch Turbulenzen hervorgerufen werden. Diese sind an dem Flattern des Papiers zu erkennen.
Im beschriebenen Experiment ist p_0 in Gleichung (1) der statische Druck in der anströmenden Luft vor dem Papier, der mit dem Druck der unbewegten Luft übereinstimmt. Auf der Oberseite des Papiers befindet sich die Luft im Wesentlichen in Ruhe ($v = 0$). Deshalb gilt für den dort herrschenden statischen Druck p_{0b}:

$$p_{0b} = p_0$$

Der Hohlraum unter dem Papier deformiert die Luftströmung derart, dass sich unterhalb des Papiers ein Unterdruck gegenüber dem Normaldruck ausbildet, der die an der Unterseite des Papiers entlangströmende Luft beschleunigt. Es ist:

$$p_U < p_{0b} \text{ und } v > v_0$$

Der Druckunterschied verursacht eine Kraft, die am Papier angreift und nach unten gerichtet ist. Das Papier wird wider Erwarten fester an die Unterlage gedrückt anstatt abzuheben (aerodynamisches Paradoxon). Die bernoullische Gleichung leitet sich aus der Erhaltung der Energie ab und stellt einen Zusammenhang zwischen statischem Druck und Strömungsgeschwindigkeit her. Sie erklärt nicht die Ursache eines Druckunterschieds oder unterschiedlicher Strömungsgeschwindigkeiten. Im vorliegenden Fall kann der geringere Druck an der Unterseite des Blattes dadurch erklärt werden, dass die in Richtung Tischoberfläche strömende Luft ruhende, an der Papierunterseite haftende Luft durch innere Reibung mitreißt und dadurch für eine geringere Luftdichte nahe der Oberfläche sorgt.

Bemerkungen

Die Experimente „Die schwebende Pappe“ und „Das abhebende Lineal“ behandeln den gleichen Sachverhalt.

Literatur

Walpole, B.: Experimente, Tricks und Tips zum Verständnis der Natur, Lernen und Wissen im Spiel und mit Spaß, Südwest Verlag GmbH & Co.KG, München 1990

Glass, D.: Das neue What's what? Naturwissenschaftliche Plaudereien, Deutscher Taschenbuch Verlag GmbH & Co. KG, München 1997

zur Erklärung:

Weltner, K.: Verbreitete Fehlinterpretationen des Bernoullischen Gesetzes und Fehler bei dessen Anwendung, in: Deutsche Physikalische Gesellschaft, Fachverband Didaktik (Hrsg.), Didaktik der Physik, Beiträge zur 62. Physikertagung, Regensburg 1998

3.36 Das abhebende Lineal

Die Aussage der bernoullischen Gleichung wird mit Hilfe eines gebogenen Papierstreifens demonstriert, der an einem drehbar gelagerten Lineal befestigt ist und durch einen Luftstrom nach oben gezogen wird.

Material

- Lineal (Länge: 15 – 30 cm)
- stärkeres Papier
- Bleistift oder entsprechende Leiste
- Trinkhalm, mit möglichst großem Durchmesser
- Hilfsmittel: Klebeband

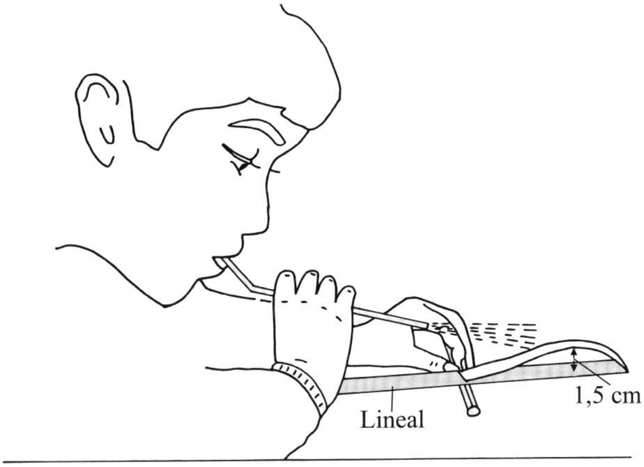

Abb. 1

Aufbau und Durchführung

Von einem Stück Papier wird ein Streifen abgeschnitten, der etwa so breit und ein Drittel so lang wie das Lineal ist. Eine Seite des Papierstreifens befestigt man mit Klebeband an einem Ende des Lineals. Das andere Ende des Papierstreifens wird so an das Lineal geklebt, dass der Papierstreifen einen ca. 1,5 cm hohen Bogen bildet (siehe Abb. 1). Dadurch erhält man das Modell eines Flügels.
Das so präparierte Lineal legt man quer über einen runden Bleistift (siehe Abb. 1). Die Seite des Lineals, auf die das Papier geklebt ist, sollte auf die Auflagefläche absinken. Um das Drehmoment, das diese Absenkung bewirkt, möglichst klein zu halten, muss das Lineal möglichst nahe am Schwerpunkt unterstützt werden.
Einen Trinkhalm hält man wie in Abbildung 1 in ca. 4 cm Höhe über dem Lineal und bläst Luft über den Papierstreifen. Die Linealseite mit dem Papierbogen hebt sich, die andere sinkt ab. Hält man den Trinkhalm so, dass der Luftstrom erst auf der Seite des Lineals austritt, auf die der Papierstreifen geklebt ist (siehe Abb. 1), wird der Eindruck vermieden, dass die Linealseite ohne Papierstreifen vom auftreffenden Luftstrom herunter gedrückt wird.
Der Bleistift sollte beim Blasen mit einer Hand festgehalten werden, da sonst Bleistift und Lineal wegrollen. Sollte sich das Lineal nicht wie oben beschrieben heben, muss die Haltung des Trinkhalms etwas verändert werden.

Erklärung

Laminare Strömungen liegen vor, wenn die innere Reibung der strömenden Substanz groß ist gegenüber fremden Einflüssen, z. B. Reibung an der Oberfläche von Fremdkörpern. Die innere Reibung eines Gases ist verhältnismäßig klein. Deshalb ist eine laminare Strömung von Gasen eigentlich nicht möglich. Selbst stromlinienförmige Körper mit

glatter Oberfläche werden nur annähernd laminar umströmt. Leider handelt es sich bei turbulenten Strömungen um chaotische Systeme, über deren Verhalten nur unbefriedigende Vorhersagen gemacht werden können (zu turbulenter und laminarer Strömung siehe Experiment „Das Loschmidt'sche Paradoxon"). Deshalb wird die bernoullische Gleichung auch zur Erklärung herangezogen, wenn die Effekte einer laminaren Strömung überwiegen. Dies ist beim vorliegenden Experiment der Fall, weil das Papier etwa stromlinienförmig auf dem Lineal befestigt ist.
Für eine laminare horizontale Strömung gilt die bernoullische Gleichung:

$$p_0 - p = \frac{1}{2}\,\rho v^2 - \frac{1}{2}\,\rho v_0^2 \qquad (1)$$

(p_0, p: statische Drücke bei Strömungsgeschwindigkeiten v_0, v; ρ: Dichte des Gases)
Die Luftströmung über dem Papierstreifen verhält sich wie die Strömung einer horizontal ausgerichteten Tragfläche eines Flugzeugs, bei der sich infolge der Deformation der Strömung (Coanda-Effekt, siehe Experiment „... das himmlische Kind!") an der Oberseite ein statischer Unterdruck p gegenüber dem Atmosphärendruck p_0 ausbildet, der nach (1) mit einer Erhöhung der Strömungsgeschwindigkeit verbunden ist. Es ergibt sich ein Druckunterschied zwischen Ober- und Unterseite des Papiers, der eine Kraft bewirkt, die am Papier angreift und nach oben gerichtet ist. Die Kraft verursacht ein Drehmoment um die Gerade, an der das Lineal auf dem Bleistift aufliegt. Diese Wirkung widerspricht der naiven Erwartung (aerodynamisches Paradoxon).

Bemerkungen

Deckt der Wind die Dächer von Häusern ab, geschieht dies nach dem gleichen Prinzip. Die Experimente „Die schwebende Pappe", „Das eigenwillige Papier" und „... das himmlische Kind!" behandeln den gleichen Sachverhalt.

Literatur

Gardner, M., The Physics Teacher 31/5 (1993), S. 304

zur Erklärung:

Weltner, K.: Verbreitete Fehlinterpretationen des Bernoullischen Gesetzes und Fehler bei dessen Anwendung, in: Deutsche Physikalische Gesellschaft, Fachverband Didaktik (Hrsg.), Didaktik der Physik, Beiträge zur 62. Physikertagung, Regensburg 1998

3.37 Die schwebende Pappe

Die Druckabnahme in einem mit hoher Geschwindigkeit bewegten Luftstrom lässt ein Stück Pappe frei schweben.

Material

- Garnrolle oder Föhn
- Stück Pappe
- Reißnagel
- Hilfsmittel: Schere, Klebstoff

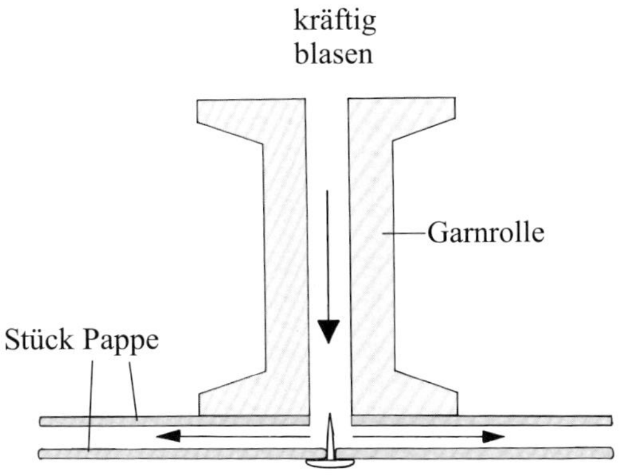

Abb. 1

Aufbau und Durchführung

Aus einem Stück Pappe werden zwei Quadrate Q_1 und Q_2 mit einer Seitenlänge von 8 – 10 cm ausgeschnitten. Bei Q_1 wird im Mittelpunkt (Schnittpunkt der Diagonalen) ein Reißnagel durch die Pappe gedrückt, bei Q_2 bohrt man im Mittelpunkt ein Loch, das genauso groß ist wie die Öffnung einer Garnrolle. Q_2 wird so auf eine Stirnfläche der Garnrolle geklebt, dass die beiden Löcher übereinander liegen.

Q_1 wird so unter die Garnrolle gehalten, dass sich die Spitze des Reißnagels in der Mitte des Lochs befindet (siehe Abb. 1). Bläst man kräftig von der anderen Seite in das Loch der Garnrolle und lässt man Q_1 los, so fällt das Pappquadrat nicht zu Boden, sondern schwebt unterhalb der Garnrolle in der Luft und fällt erst ab, wenn man aufhört zu blasen.

Verwendet man einen Föhn, anstatt durch eine Garnrolle zu blasen, sollten die Abmessungen der beiden Pappquadrate entsprechend größer gewählt werden. Mit einem Föhn gelingt es sogar, an Stelle der Pappe ein dünnes Holzbrett in der Luft schweben zu lassen.

Erklärung

Bläst man kräftig in die Öffnung der Garnrolle, so wird der Luftstrom beim Austritt aus der Garnrolle um 90 Grad umgelenkt, und er erweitert sich nach allen Seiten. Am Rand der Scheiben ist die Luftgeschwindigkeit wesentlich kleiner als zwischen Q_1 und Q_2. Nach der bernoullischen Gleichung entspricht der größeren Strömungsgeschwindigkeit zwischen Q_1 und Q_2 ein geringerer statischer Druck als der Atmosphärendruck am Rand der Scheiben und unterhalb von Q_1. Durch diesen Druckunterschied ergibt sich eine Kraft auf Q_1, die dessen Gewichtskraft ausgleicht. Dadurch fällt Q_1 wider Erwarten nicht zu Boden, sondern schwebt unterhalb von Q_2 frei in der Luft (aerodynamisches Paradoxon). Durch den Reißnagel wird ein seitliches Wegfliegen von Q_1 verhindert.

Bemerkungen

Zur Anwendbarkeit der bernoullischen Gleichung bei Gasen siehe Experiment „Das eigenwillige Papier".

Ähnliche Experimente zur gleichen Thematik sind „Der ‚schwere' Tischtennisball" und „Ein saugender Blasetrichter".

Literatur

Zeier, E.: Physikalische Schulversuche, Freihandversuche, kleine Experimente, Aulis Verlag Deubner, Köln 1986

Walpole, B.: Experimente, Tricks und Tips zum Verständnis der Natur, Lernen und Wissen im Spiel und mit Spaß, Südwest Verlag GmbH & Co. KG, München 1990

Press, H. J.: Spiel das Wissen schafft: 100 interessante Experimente aus Natur und Technik – spielend ausführen, Ravensburger Taschenbücher, Ravensburg 1992

3.38 Die fliegende Münze

Durch die Druckabnahme in einem mit hoher Geschwindigkeit bewegten Luftstrom wird eine Münze angehoben.

Abb. 1

Material

- Münze
- evtl. niedriges Gefäß, z. B. Schüssel

Aufbau und Durchführung

Man legt eine Münze ungefähr 5 cm von der Tischkante entfernt auf einen Tisch und hält die geöffnete Hand ca. 10 cm dahinter. Bläst man kräftig über die Münze hinweg, so wird sie angehoben und fliegt in die Hand. Man kann die Münze auch in ein niedriges Gefäß oder über ein Hindernis pusten (siehe Abb. 1).

Erklärung

Geht man davon aus, dass die Münze laminar umströmt wird, erfährt der Luftstrom über der Münze eine Deformation (Coanda-Effekt, siehe Experiment „... das himmlische Kind!"), die dazu führt, dass sich über der Münze ein Unterdruck gegenüber dem statischen Normaldruck in größerer Entfernung von der Münze ausbildet, d. h. es entsteht ein Druckgradient senkrecht zur Strömung, dem eine nach oben gerichtete Kraft entspricht (zur Erklärung siehe [*Weltner* 1998]). Durch diese wird die Münze angehoben und vom darüberstreichenden Luftstrom mitgerissen.

Der Druckunterschied Δp zwischen Ober- und Unterseite der Münze bzw. die Differenz zwischen Unterdruck und Normaldruck beträgt nach der bernoullischen Gleichung:

$$\Delta p = \frac{1}{2}\rho\Delta\left(v^2\right)$$

(ρ: Dichte der Luft; $\Delta\left(v^2\right)$: Differenz der Quadrate der Geschwindigkeiten über und vor der Münze, hervorgerufen durch die Deformation der Strömung)

Daraus ergibt sich eine Kraft $F = \Delta pA$ auf eine Münze mit der Seitenfläche A. Um die Münze anzuheben, muss diese Kraft größer sein als die Gewichtskraft der Münze:

$$\frac{1}{2}\rho\Delta\,(v^2)\,A > mg$$

(m: Masse der Münze; g: Betrag der Erdbeschleunigung)

Literatur

Edge, R. D.: String & Sticky Tape Experiments, American Association of Physics Teachers, College Park, MD 20740-4100, U.S.A. 1987

Walpole, B.: Experimente, Tricks und Tips zum Verständnis der Natur, Lernen und Wissen im Spiel und mit Spaß, Südwest Verlag GmbH & Co. KG, München 1990

Press, H. J.: Spiel das Wissen schafft: 100 interessante Experimente aus Natur und Technik – spielend ausführen, Ravensburger Taschenbücher, Ravensburg 1992

zur Erklärung:

Weltner, K.: Verbreitete Fehlinterpretationen des Bernoullischen Gesetzes und Fehler bei dessen Anwendung, in: Deutsche Physikalische Gesellschaft, Fachverband Didaktik (Hrsg.), Didaktik der Physik, Beiträge zur 62. Physikertagung, Regensburg 1998

3.39 Die fliegende Papprolle

Durch den Magnus-Effekt steigt eine sich drehende Papprolle beim Fliegen nach oben.

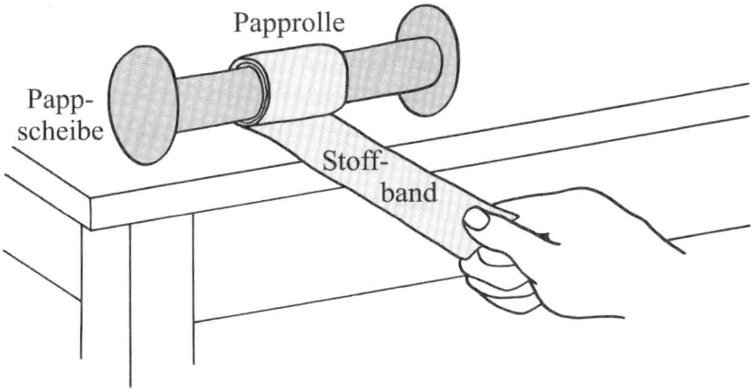

Abb. 1

Material

- Papprolle, z. B. Inneres einer Haushaltsrolle
- Schnur oder Stoffband (Länge: mindestens 1 m)
- Stück Pappe
- evtl. Holzstab

Aufbau und Durchführung

Aus einem Stück Pappe schneidet man zwei Kreisscheiben, die einen doppelt so großen Durchmesser haben wie die verwendete Papprolle. Die beiden Kreisscheiben klebt man an die Stirnflächen der Rolle. Eine Schnur (oder ein Stoffband) wird so oft in der Mitte um die Rolle gewickelt, dass noch etwa 20 cm der Schnur (des Bandes) nicht aufgewickelt sind. Die Papprolle wird auf einen Tisch gelegt und die Schnur (das Band) mit Schwung in waagrechter Richtung von der Rolle weggezogen (siehe Abb. 1). Bindet man die Schnur (das Band) an einen Holzstab, erreicht man beim Ziehen eine höhere Geschwindigkeit der Rolle. Durch die sich abwickelnde Schnur wird die Papprolle beschleunigt und in Drehung versetzt. Die Papprolle steigt in einem Bogen nach oben und fliegt erst dann zu Boden.

Erklärung

Die Rolle wird bei ihrer Vorwärtsbewegung von der Luft umströmt. Zusätzlich zu dieser Parallelströmung um die Rolle ergibt sich durch die Rotation der Rolle eine Zirkulationsströmung. Diese entsteht dadurch, dass an der Papprolle eine dünne Luftschicht haftet, die bei der Drehbewegung der Rolle mitrotiert, wobei deren Geschwindigkeit mit zunehmendem Abstand von der Rolle abnimmt. Dabei bewegt sich die an der Rolle haftende Luft auf einer Seite der Rolle mit der umströmenden Luft und auf der anderen Seite entgegen der umströmenden Luft. Abbildung 2 zeigt den Stromlinienverlauf, der sich dadurch um die rotierende Papprolle ergibt.

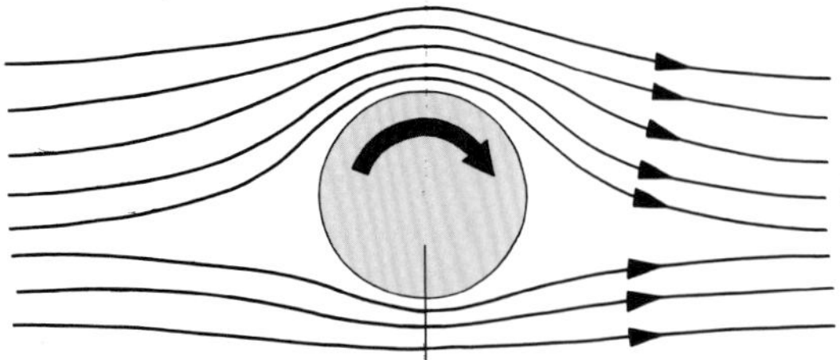

Abb. 2

Im gezeigten Fall hat die umströmende Luft oben an der Papprolle eine höhere Geschwindigkeit als unten. Nach der bernoullischen Gleichung, die auch bei Gasen anwendbar ist, wenn die Strömung näherungsweise laminar ist (siehe Experiment „Das eigenwillige Papier"), sind die unterschiedlichen Luftstromgeschwindigkeiten mit unterschiedlichen statischen Drücken verbunden. Der Druck im Luftstrom oben ist niedriger als unten, und es ergibt sich eine Querkraft auf die Papprolle (Magnus-Effekt), die diese nach oben ablenkt und dadurch eine nach oben gekrümmte Flugbahn bewirkt. Die beiden Pappscheiben an den Stirnflächen der Rolle verhindern ein seitliches Wegfliegen der Rolle.

Bemerkungen

Der deutsche Physiker *Heinrich Gustav Magnus* (1802-1870) untersuchte erstmals 1853 eine auf diesem Effekt beruhende Abweichung bei der Flugbahn von Gewehrkugeln. Lord *Rayleigh* (1842-1919) sorgte 1879 für die theoretische Erklärung. Der deutsche Ingenieur *Anton Flettner* (1885-1961) versuchte den Magnus-Effekt zum Antrieb von Schiffen zu nutzen. Anstelle von Segeln waren große rotierende Zylinder vertikal aufgestellt. Die Kraftwirkung auf diese Zylinder nach dem Magnus-Effekt sorgte für den Antrieb der Schiffe.

Literatur

Scherlenzky, C., Physik und Didaktik 13/3 (1985), S. 240-241

Wittmann, J.: Trickkiste 1, Experimente, wie sie nicht im Physikbuch stehen, Bayerischer Schulbuch Verlag, München 1986

Edge, R. D.: String & Sticky Tape Experiments, American Association of Physics Teachers, College Park, MD 20740-4100, U.S.A. 1987

Gobrecht, H.; Gobrecht, J. H.; Gobrecht, K. H.: Bergmann-Schäfer, Lehrbuch der Experimentalphysik, Band 1, Mechanik, Akustik, Wärme, Walter de Gruyter Verlag, Berlin 1990, S. 356

Walker, J.: Der fliegende Zirkus der Physik, R. Oldenbourg Verlag GmbH, München Wien 1994

3.40 Der „schwere" Tischtennisball

Das aerodynamische Paradoxon wird mit einem Tischtennisball gezeigt, der sich nicht aus einem Trichter herausblasen lässt.

Material

- Tischtennisball
- Trichter

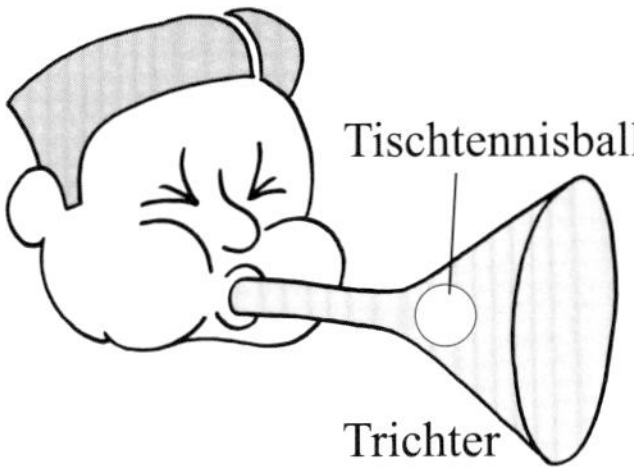

Abb. 1

Aufbau und Durchführung

Ein Tischtennisball wird in einen Trichter gelegt. Bläst man in das Ausflussrohr des Trichters, fliegt der Ball auch bei starkem Blasen nicht aus dem Trichter heraus. Er wird nur leicht angehoben und beginnt sich zu drehen. Bläst man kräftig genug, kann man die Trichteröffnung sogar nach unten halten, ohne dass der Ball herausfällt (siehe Abb. 1).

Erklärung

Bläst man in das Ausflussrohr des Trichters, strömt die Luft durch das enge Rohrstück und gelangt in die sich verbreiternde Trichteröffnung. Da eine Kompression der Luft vernachlässigt werden kann, ist nach der Kontinuitätsgleichung die Strömungsgeschwindigkeit im engen Rohrstück größer als in der Trichteröffnung. Nach der bernoullischen Gleichung ist daher der statische Druck im Luftstrom im engen Rohrstück geringer als in der Trichteröffnung. Die Druckerhöhung beim Austritt aus dem Ausflussrohr wird durch die Ablenkung des Luftstroms hervorgerufen (Coanda-Effekt, siehe Experiment „... das himmlische Kind!") (zur Erklärung siehe [*Weltner* 1998]). Der Druckunterschied hält den Ball im Trichter. Der durch das Blasen erzeugte Luftstrom umgibt den Ball asymmetrisch (oben stärker als unten) und hebt ihn leicht an, und die seitlich am Ball vorbeiströmende Luft versetzt ihn, ausgelöst durch eine Unsymmetrie, in Drehung.

Bemerkungen

Zur Anwendbarkeit der bernoullischen Gleichung bei Gasen siehe Experiment „Das eigenwillige Papier".
Ähnliche Experimente zur gleichen Thematik sind „Die schwebende Pappe" und „Ein saugender Blasetrichter".

Literatur

Köpf, U., Physik und Didaktik 13/3 (1985), S. 241-242

zur Erklärung:

Weltner, K.: Verbreitete Fehlinterpretationen des Bernoullischen Gesetzes und Fehler bei dessen Anwendung, in: Deutsche Physikalische Gesellschaft, Fachverband Didaktik (Hrsg.), Didaktik der Physik, Beiträge zur 62. Physikertagung, Regensburg 1998

3.41 Ein saugender Blasetrichter

In schnell strömender Luft ist gegenüber langsamer strömender Luft der statische Druck niedriger. Dies wird mit einem Trichter, durch den man Luft bläst, gezeigt.

Abb. 1

Material

- Trichter
- Kerze
- evtl. Wattebausch

Aufbau und Durchführung

Man zündet eine Kerze an, nimmt den Stutzen eines Trichters in den Mund und bläst damit im Abstand von ca. 10 cm auf die Kerzenflamme (nicht zu fest blasen!) (siehe Abb. 1). Die Kerzenflamme wird zum Trichter hin gesogen.

Für eine Variante des Experiments legt man einen Wattebausch unter die breite Trichteröffnung. Der Trichter zeigt mit der breiten Öffnung zum Tisch. Der Trichter wird nicht aufgesetzt, so dass die Luft beim Blasen durch den Spalt zwischen Trichteröffnung und Tisch durch den Trichterstutzen austreten kann. Während des Blasens durch den Trichterstutzen wird der Wattebausch in die Mitte der breiten Trichteröffnung gesogen.

Erklärung

Die Annahme eines konstanten Massenstroms der Luft durch den Trichter erscheint sinnvoll. Nach der Kontinuitätsgleichung muss die Luft im schmalen Stutzen des Trichters schneller strömen als in der breiten Trichteröffnung. Insbesondere ist die Luft im schmalen Stutzen schneller als die an der Kerze ankommende Luft. Eine größere Geschwindigkeit impliziert nach der bernoullischen Gleichung

$$p_0 - p = \frac{1}{2}\,\rho v^2 - \frac{1}{2}\,\rho v_0^2$$

(p_0, p: statische Drücke bei Strömungsgeschwindigkeiten v_0, v; ρ: Dichte des Gases) einen geringeren statischen Druck. Zwischen der Luft im schmalen Trichterstutzen und der Luft an der Kerzenflamme herrscht demnach ein Druckgefälle. Die aus diesem Druckunterschied resultierende Kraft $\vec{F}_{\text{Sog}}$ wirkt auf das brennende Gasgemisch (aus Luft, Wachsdampf und Verbrennungsgasen) über der Kerze und beschleunigt die Gase zum Trichter hin. Die heißen Gase erfahren in der kalten Umgebungsluft einen Auftrieb. Die Flamme verläuft in etwa entlang der Resultierenden aus Auftrieb und $\vec{F}_{\text{Sog}}$.

Legt man einen Wattebausch unter einen Trichter und bläst man in den schmalen Trichterstutzen, entsteht ein Druckunterschied zwischen der Luft im schmalen Trichterstutzen und der Luft über dem Wattebausch. Die daraus resultierende Kraft $\vec{F}_{\text{Sog}}$ zeigt entlang der größten Druckänderung, d. h. zum Trichterstutzen hin (siehe Abb. 2).

Die Kraft $\vec{F}_{\text{Sog}}$ besitzt eine Komponente $\vec{F}_{\text{X}}$ in Richtung zur Trichtermittelachse (Trich-

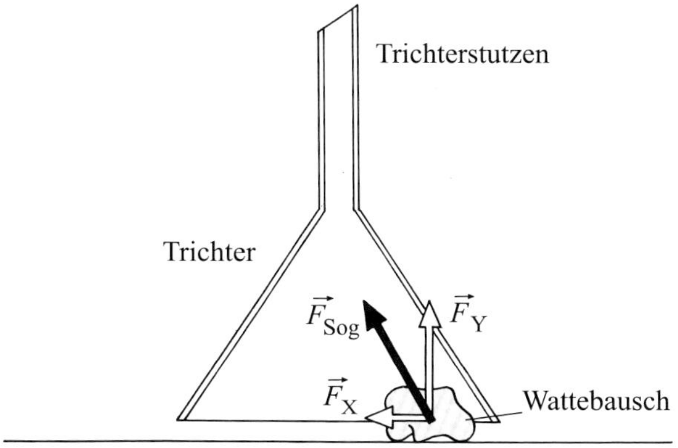

Abb. 2

tersymmetrieachse). Die vertikale Komponente $\vec{F}_Y$ der Kraft $\vec{F}_{Sog}$ auf den Wattebausch reduziert die auf den Wattebausch wirkende Gewichtskraft. Die bei einer horizontalen Verschiebung des Wattebausches wirkende Reibungskraft auf den Wattebausch ist der Gewichtskraft direkt proportional. Wird die Gewichtskraft reduziert, ist der Wattebausch auf Grund der reduzierten Reibungskraft auf der Tischplatte leicht beweglich. Im Experiment reicht die Kraft $\vec{F}_X$, die zur Trichtermittelachse hin zeigt, aus, um den Wattebausch in die Trichtermitte zu bewegen.

Bemerkungen

Ähnliche Experimente zur gleichen Thematik sind „Die schwebende Pappe“ und „Der ‚schwere‘ Tischtennisball“.

Literatur

Wittmann, J.: Trickkiste 1, Experimente, wie sie nicht im Physikbuch stehen, Bayerischer Schulbuch Verlag, München 1986

3.42 Der schwebende Tischtennisball

Sein Luftwiderstand und Druckverhältnisse gemäß der bernoullischen Gleichung halten einen Tischtennisball über einem Föhn in der Luft.

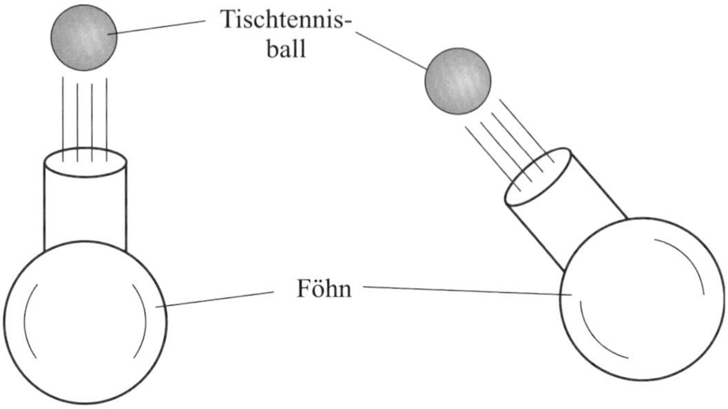

Abb. 1 Abb. 2

Material

- Föhn oder Staubsauger mit Gebläse
- Tischtennisball

Aufbau und Durchführung

Man richtet einen Föhn senkrecht nach oben und schaltet ihn ein. Ein Tischtennisball wird ca. 10 cm über die Düse des Föhns gebracht und losgelassen (siehe Abb. 1). Der Ball schwebt über der Düse und beginnt leicht zu rotieren. Man kann den Föhn auch bis zu ca. 45° neigen, wobei der Ball über der Düse in Richtung der Strömung verbleibt (siehe Abb. 2).
Hat man eine Föhnheizung zur Verfügung, führt man das Experiment mit heißer und mit kalter Luft durch. Bei eingeschalteter Föhnheizung schwebt der Ball höher über dem Föhn. Im Experiment mit einem handelsüblichen Föhn wurde eine um ca. 3 cm höhere Ballhöhe beobachtet. Sollte der Ball nicht über dem Föhn im geneigten Zustand schweben, kann es sein, dass die Düse zu groß ist. Man muss dann eine kleinere Düse auf dem Föhn anbringen.

Erklärung

Wenn der Tischtennisball über dem Föhn schwebt, sind Widerstandskraft $\vec{F}_W$ und Gewichtskraft $\vec{G}$ im Gleichgewicht. Die Widerstandskraft $\vec{F}_W$ setzt sich aus der Reibungswiderstandskraft $\vec{F}_R$ und der Druckwiderstandskraft $\vec{F}_D$ zusammen. $\vec{F}_R$ ist abhängig von der Form der Oberfläche des Balls, vom Reibungskoeffizienten zwischen Luft und der Oberfläche des Balls, sowie von der Geschwindigkeit der anströmenden Luft. Für $\vec{F}_D$ betrachtet man die Luftströmung um den Ball (siehe Abb. 3).

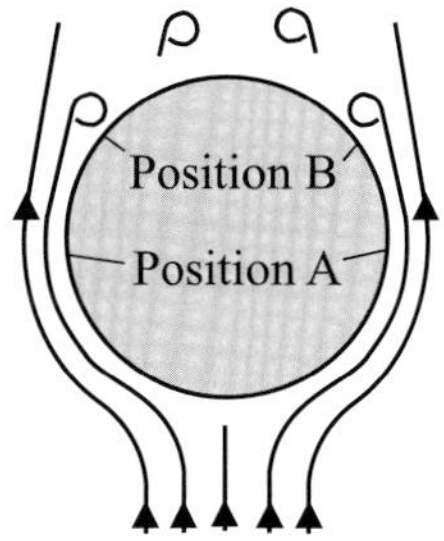

Abb. 3

Die den Ball anströmende Luft wird von dem Ball seitlich abgelenkt, so dass ein Strömungsbild um den Ball entsteht, wie es in Abbildung 3 dargestellt ist. Die Ablenkung nach außen unter dem Ball bedeutet eine Beschleunigung nach außen, quer zur Strömung, die durch einen Druckgradienten hervorgerufen wird. Dadurch bildet sich in Ballnähe ein Überdruck gegenüber dem Druck im Außenbereich aus. Die Druckerhöhung ruft eine tangentiale Beschleunigung der strömenden Luft hervor, wodurch die Strömungsgeschwindigkeit steigt. Nach Position A in Abbildung 3 wird die Luft durch einen umgekehrten Druckgradienten nach innen abgelenkt, indem sich durch den so genannten Coanda-Effekt (siehe Experiment „... das himmlische Kind!“) in Ballnähe ein Unterdruck ausbildet. Der Zusammenhang zwischen Druck- und Geschwindigkeitsänderung wird durch die bernoullische Gleichung wiedergegeben. Hinter dem Ball bilden sich Wirbel, die von dem Luftstrom mitgenommen werden, der bei Position B in Abbildung 3 die Kugeloberfläche verlässt. Die aus dem Wirbelraum über dem Ball mit der Seitenströmung durch innere Reibung abtransportierte Luft sorgt dort für eine dauerhafte Reduzierung der Luftdichte. Deshalb herrscht direkt über dem Ball ein geringerer statischer Druck als direkt unter dem Ball.
Diese Druckdifferenz ist für die Druckwiderstandskraft $\vec{F}_D$ verantwortlich. Nimmt man für den Betrag der Geschwindigkeit v der Luft am Ort des Balls bei Abwesenheit des Balls etwa $v = 1\,\frac{\text{m}}{\text{s}}$ an, erhält man für die Reynolds-Zahl Re etwa $Re = 1{,}4 \cdot 10^3$. Damit ergibt sich für den Widerstandsbeiwert: $c_W \approx 0{,}4$. Für die Widerstandskraft gilt:

$$\vec{F}_W = \frac{1}{2}\,c_W \rho A v^2$$

(ρ: Dichte der anströmenden Luft; A: Querschnittsfläche durch den Mittelpunkt des Balls; v: Betrag der Geschwindigkeit der anströmenden Luft).
Wandert der Ball aus der Strömung heraus, entsteht ein Strömungsbild um den Ball, wie es in Abbildung 4 dargestellt ist.

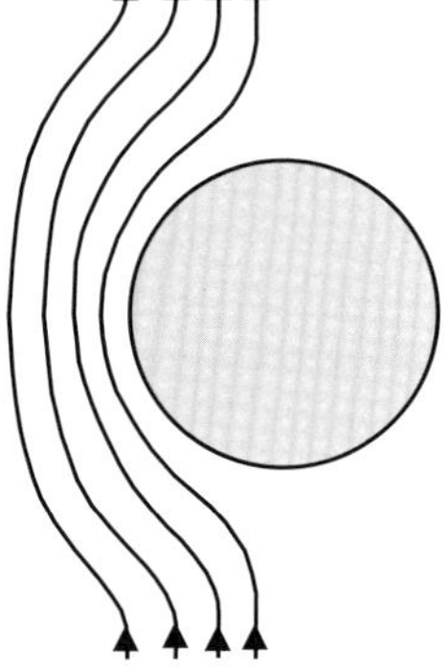

Abb. 4

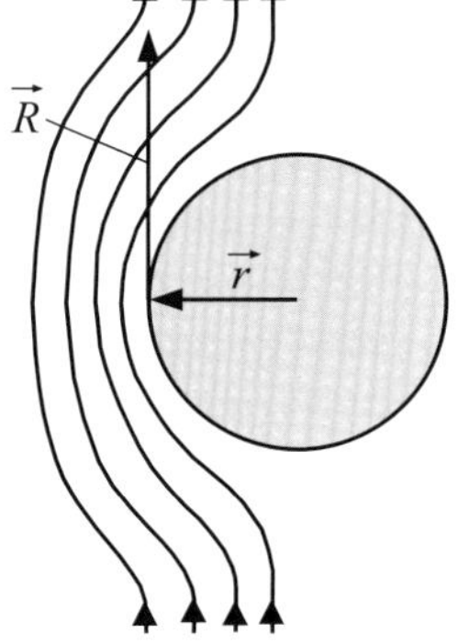

Abb. 5

Der Ball wird nur noch auf einer Seite umströmt. Die den Ball umströmende Luft nimmt Luftmoleküle aus dem Bereich links über dem Ball (siehe Abb. 4) mit. Dadurch entsteht in diesem Bereich ein Unterdruck im Vergleich zum atmosphärischen Druck. Die entstehende Druckdifferenz hat eine Kraft $\vec{F}_{\text{Mit}}$ zur Folge, die den Ball zur Strömung hin beschleunigt.
Wird der Ball asymmetrisch umströmt, wie es z. B. in Abbildung 4 dargestellt ist, hat dies eine Rotation des Balls zur Folge, denn die Reibungskraft $\vec{R}$ zwischen anströmender Luft und Ball impliziert ein Drehmoment $\vec{M} = \vec{r} \times \vec{R}$ ($\vec{r}$: Ballradius) (siehe Abb. 5) um die Ballmitte. Diese Rotation beschleunigt die Luft auf der umströmten Seite und bremst sich noch bewegende Luft auf der nicht direkt angeströmten Seite (dieser Effekt wird auch Magnus-Effekt genannt). Der Geschwindigkeitsunterschied impliziert nach der bernoullischen Gleichung eine Differenz im statischen Druck, was eine Kraft $\vec{F}_{\text{Mag}}$ zur Strömung hin zur Folge hat.
Auf einen Ball über einem evtl. schräg gestellten Föhn sind die Widerstandskraft $\vec{F}_W$, die Gewichtskraft $\vec{G}$ und die Querkraft $\vec{F}_Q = \vec{F}_{\text{Mit}} + \vec{F}_{\text{Mag}}$ im Gleichgewicht (siehe Abb. 6).
Wird der Ball durch kleine Störungen aus der Gleichgewichtslage entfernt, so rufen diese Abweichungen Gegenkräfte hervor, die den Ball wieder zurücktreiben. Wird der Ball in Strömungsrichtung verschoben, werden $\vec{F}_W$ und $\vec{F}_Q$ kleiner. Der Ball sinkt, entfernt sich also von der Strömung. Dadurch steigt $\vec{F}_Q$ und der Ball wird zur Strömung hingezogen. War $\vec{F}_Q$ bereits maximal, stürzt der Ball ab.

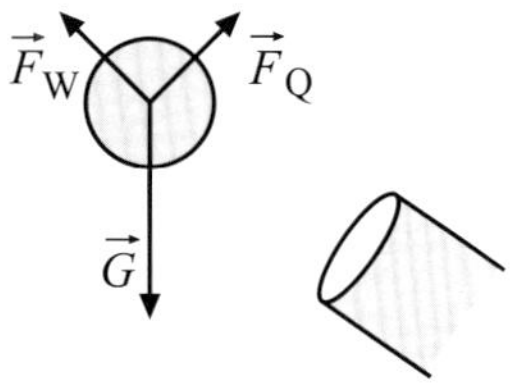

Abb. 6

Ein-/Ausschalten der Föhnheizung:
Nimmt man an, dass bei eingeschalteter Heizung der Massenstrom der Luft derselbe ist wie bei kalter Luft (da das Föhngebläse nicht schneller läuft), so gilt:

$$\frac{\mathrm{d}m}{\mathrm{d}t} = \rho v A = const.$$

($\frac{\mathrm{d}m}{\mathrm{d}t}$: Massenstrom der Luft aus dem Föhn; ρ: Dichte der Luft, die durch die Fläche A aus dem Föhn tritt; v: Betrag der Geschwindigkeit der Luft durch A; A: Fläche der Föhnöffnung).
Damit ist ρv konstant. Der Föhn erwärmt die Luft annähernd isobar. Nach der Zustandsgleichung idealer Gase gilt: $\rho \propto \frac{1}{T}$ (T: absolute Temperatur der Luft durch A) und deshalb muss v zunehmen, um bei steigender Temperatur ρv konstant zu halten. Bei größerer Geschwindigkeit ist die Widerstandskraft $\vec{F}_W$ bei gleicher Entfernung von der Föhndüse größer und deshalb tritt ein Kräftegleichgewicht zwischen $\vec{F}_W$ und $\vec{G}$ erst bei größerer Entfernung von der Föhndüse auf. Der Ball schwebt in einer größeren Höhe über der Föhnöffnung.

Literatur

Köpf, U., Physik und Didaktik 11/3 (1983), S. 235-244
Walker, J.: Der fliegende Zirkus der Physik, R. Oldenbourg Verlag GmbH, München Wien 1994

zur Erklärung:

Köpf, U., Physik und Didaktik 11/3 (1983), S. 235-244

Hering, E.; Martin, R.; Storer, M.: Physik für Ingenieure, VDI Verlag GmbH, Düsseldorf 1995, S. 123 ff.

Weltner, K.: Verbreitete Fehlinterpretationen des Bernoullischen Gesetzes und Fehler bei dessen Anwendung, in: Deutsche Physikalische Gesellschaft, Fachverband Didaktik (Hrsg.), Didaktik der Physik, Beiträge zur 62. Physikertagung, Regensburg 1998

3.43 Ein Ball mit Effet

Auf einen auf seiner Flugbahn rotierenden Ball wirkt gemäß der bernoullischen Gleichung eine Kraft senkrecht zur Flugbahn.

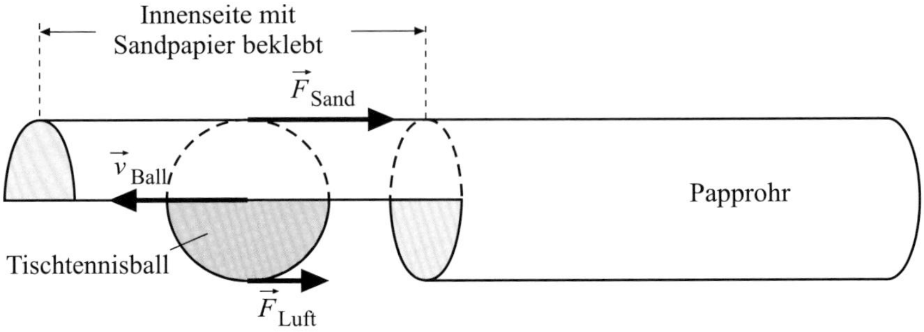

Abb. 1: Sicht von oben auf den Experimentaufbau (während der Wurfbewegung)

Material

- Tischtennisball
- Papprohr, z. B. Inneres einer Küchenrolle
- Sandpapier beliebiger Körnung
- Alleskleber
- evtl. Schere, Messer

Aufbau und Durchführung

Man schneidet ein Papprohr etwa bis zur Hälfte ein, wie in Abbildung 1 dargestellt. Die von den beiden geraden Schnittkanten aufgespannte Ebene wird im Folgenden als Schnittfläche bezeichnet. Auf die offen liegende Innenseite der Papprolle wird Sandpapier geklebt.

Einen Tischtennisball legt man in den unbeklebten, nicht aufgeschnittenen Teil der Rolle. Dieses nicht aufgeschnittene Ende der Rolle wird festgehalten, wobei die Rolle so gehalten wird, dass die Schnittebene vertikal steht (Abbildung 1 zeigt die Rolle in Aufsicht). Der Ball wird nach vorne beschleunigt, indem man die Küchenrolle seitlich am Körper vorbeiführt – die Küchenrolle also nicht wie bei einer normalen Wurfbewegung über den Kopf führt. Die Schnittebene der Küchenrolle muss während der gesamten Bewegung immer senkrecht stehen! Der Ball beschreibt für Rechtshänder eine Rechtskurve, für Linkshänder eine Linkskurve.

Erklärung

Bei der Bewegung der Papphröhre nach vorne wird der Ball in der Röhre beschleunigt. Erreicht der Ball das Sandpapier, erfährt er an der auf dem Sandpapier anliegenden Fläche eine größere Reibungskraft $\vec{F}_{Sand}$ als auf der gegenüberliegenden Fläche, bei der die

Reibungskraft $\vec{F}_{Luft}$ durch Reibung des Balls mit der umgebenden Luft verursacht wird (siehe Abb. 1). Die beiden durch die Reibungskräfte $\vec{F}_{Sand}$, $\vec{F}_{Luft}$ bedingten Drehmomente $\vec{M}_{Sand} = \vec{r} \times \vec{F}_{Sand}$ und $\vec{M}_{Luft} = \vec{r} \times \vec{F}_{Luft}$ ($\vec{r}$: Vektor vom Ballmittelpunkt zum Angriffspunkt der jeweiligen Kraft F_{Sand}, F_{Luft}) kompensieren sich deshalb nicht. Das resultierende Drehmoment $\vec{M} = \vec{M}_{Luft} + \vec{M}_{Sand}$ versetzt den Ball in Rotation.

Während des Flugs kommt es durch auf der Oberfläche des Balls haftende Luft zur Wechselwirkung zwischen der anströmenden Luft und der auf dem Ball haftenden Luftschicht (siehe Abb. 2).

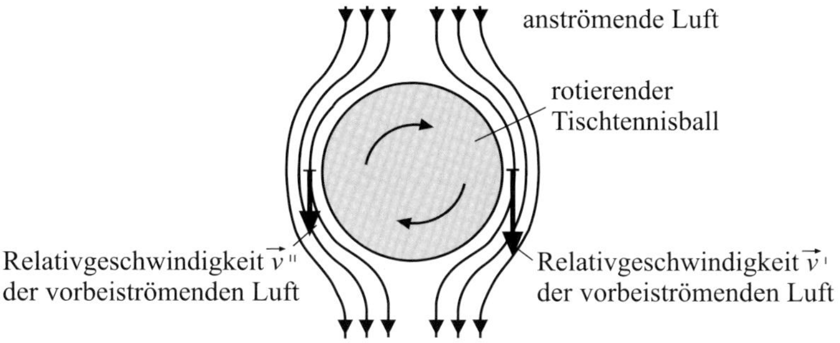

Abb. 2

Befindet man sich im Bezugssystem des Balls, besitzt die den Ball anströmende Luft eine Geschwindigkeit v_0. In Abbildung 2 rotiert der Ball „rechts herum". Auf Grund der Reibung des Balls mit der Luft besitzt die links an der Oberfläche des Balls vorbeiströmende Luft eine Relativgeschwindigkeit $v'' = v_0 - \omega r$ (r: Radius des Balls; ω: Betrag der Winkelgeschwindigkeit des Balls) und die rechts an der Oberfläche vorbeiströmende Luft eine Relativgeschwindigkeit $v' = v_0 - \omega r$ (jeweils relativ zum Ball). Nach der bernoullischen Gleichung

$$p_0 - p = \frac{1}{2}\rho v^2 - \frac{1}{2}\rho v_0^2 \qquad (1)$$

(p_0, p: statische Drücke bei Strömungsgeschwindigkeiten v_0, v; ρ: Dichte der Luft) geht dieser Unterschied der Luftgeschwindigkeiten mit einem Unterschied in den statischen Drücken einher. Nach (1) ist diese Druckdifferenz

$$\Delta p \approx \frac{1}{2}\rho(v'^2 - v''^2) = 2\rho\omega r v_0.$$

Sie impliziert eine Kraft auf den Ball, die z. B. in Abbildung 2 den Ball nach rechts, also senkrecht zur Strömungsrichtung der Luft, beschleunigen würde (Magnus-Effekt siehe Bemerkungen zu „Die fliegende Papprolle").

Literatur

Berry, D. A.: A POTPOURRI OF PHYSICS TEACHING IDEAS, Selected reprints from The Physics Teacher April 1963 to December 1986, American Association of Physics Teachers, College Park, MD 20740-4100, U.S.A. o. J. [1987]

3.44 Das Wind-Paradoxon

Bläst man in den Zwischenraum zwischen zwei frei beweglichen, dicht beieinander stehenden Körpern, so verengt sich, entgegen einer oft geäußerten Vermutung, der Zwischenraum.

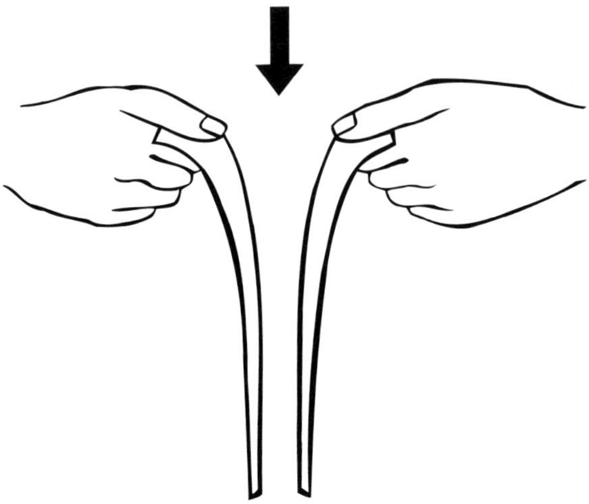

Abb. 1

Material

- 2 Blatt Papier oder 2 leere Getränkedosen und gleichförmige Buntstifte mit kreisförmigem Querschnitt oder 2 Tischtennisbälle, Wollfaden und 1 Zahnstocher oder 2 Äpfel, Wollfaden und 2 Nägel
- evtl. Trinkhalm
- evtl. Stativmaterial
- Hilfsmittel: Zange, Nagel, Bunsenbrenner

Aufbau und Durchführung

Man präpariert zwei Blatt Papier wie folgt: Mit der kurzen Seite als Höhe wird aus dem Papier ein Zylinder gerollt, so dass das Papier, nachdem der Zylinder wieder auseinander gerollt wurde, eine gewisse Wölbung beibehält. Diese muss so beständig sein, dass man beide Blätter einige Zentimeter voneinander entfernt halten kann, ohne dass sich die unteren Enden berühren (siehe Abb. 1). Bläst man anhaltend in den Zwischenraum, den die Papierflächen bilden, so bewegen sich die Blätter aufeinander zu und scheinen aneinanderzuhaften, solange der Luftstrom zwischen ihnen aufrecht erhalten wird. Hört man auf zu blasen, gehen die Blätter wieder in ihre Ausgangsposition zurück.

Man beobachtet denselben Effekt bei den folgenden Variante des Experiments:
Auf einer „Bahn aus Rollen", welche aus gleichförmigen Buntstiften mit kreisförmigen Querschnitt gebildet wird, werden zwei leere Getränkedosen so gestellt, dass zwischen ihnen nur 1 – 2 cm Abstand bleibt. Bläst man zwischen den Dosen hindurch, rollen sie auf den Stiften aufeinander zu.
In zwei Tischtennisbälle wird mit einem glühenden Nagel jeweils ein kleines Loch gebrannt. Durch dieses wird ein ca. 1 cm langes Stück Zahnstocher in den Ball hineingesteckt, an dem ein Wollfaden befestigt ist. Im Tischtennisball stellt sich das Zahnstocherstück quer, so dass es nicht mehr aus dem Loch herausgleiten kann. An den so am Ball angebrachten Fäden werden die Tischtennisbälle z. B. an Stativmaterial so nebeneinander aufgehängt, dass sich ihre Mittelpunkte auf gleicher Höhe und in einer Ebene befinden, zwischen den Oberflächen der Bälle aber noch 1– 2 cm Abstand bleibt. Bläst man durch den von ihnen gebildeten Spalt hindurch, nähern sich die Bälle einander.
Die eben beschriebene Version des Experiments funktioniert sogar mit auf die gleiche Art aufgehängten Äpfeln, wobei hier die Fäden an einem in den Apfel gesteckten Nagel festgemacht werden.
Bei den letzten drei Experimenten kann es hilfreich sein, mittels eines möglichst weiten Trinkhalms den Luftstrom genauer in den Zwischenraum zu richten.

Erklärung

Die bernoullische Gleichung besagt, dass in einer waagrechten laminaren Flüssigkeitsströmung der statische Druck p umso kleiner ist, je größer der Betrag v der Strömungsgeschwindigkeit ist:

$$p_0 - p = \frac{1}{2}\rho v^2 - \frac{1}{2}\rho v_0^2;\ v > v_0 \text{ und } p < p_0$$

(p_0, p: statische Drücke bei Strömungsgeschwindigkeiten v_0, v; ρ: Dichte der Flüsigkeit).
Die bernoullische Gleichung gilt so auch für Gase, insbesondere Luft, wenn man zwei Dinge beachtet:
Zum einen ist auf Grund der geringen inneren Reibung von Luft eine laminare (also wirbelfreie) Luftströmung praktisch nicht realisierbar, zum anderen gilt die bernoullische Gleichung für Flüssigkeiten nur auf Grund der Tatsache, dass Flüssigkeiten praktisch nicht kompressibel sind – im Gegensatz zu Gasen, die sich sehr gut komprimieren lassen.
Ersterem kann dadurch Rechnung getragen werden, dass man die Anwendung der bernoullischen Gleichung auf Gase nur als Näherung einer realen Strömung durch den idealen Fall einer laminaren Strömung betrachtet. Letzteres wird erst für Strömungsgeschwindigkeiten im Bereich der Schallgeschwindigkeit deutlich bemerkbar: In [*Gobrecht* 1990] findet man auf Seite 345 eine Rechnung, die zeigt, dass für $v = 50\,\frac{\text{m}}{\text{s}}$ lediglich $p = 0{,}99\ p_0$, für $v = 340\,\frac{\text{m}}{\text{s}}$ jedoch bereits $p = 0{,}26\ p_0$ gilt, also mit steigendem v sich nicht nur der Druck sondern auch die Dichte des Gases merklich ändert. Da solch hohe Geschwindigkeiten jedoch in dem beschriebenen Experiment nicht auftreten, kann die bernoullische Gleichung zur Erklärung herangezogen werden.

Im Außenbereich der beiden Hindernisse und innerhalb der unbeeinflussten Luftströmung vor dem Hindernis herrscht der statische Druck der Atmosphäre. Durch die Umlenkung der Luftströmung beim Eintritt in den Raum zwischen den Hindernissen senkt sich der statische Druck ab, die Luft wird beschleunigt und strömt mit höherer Geschwindigkeit durch die Verengung. Im Vergleich zum Außenbereich herrscht im Zwischenraum zwischen den beiden Blättern, bzw. den beiden Getränkedosen, Tischtennisbällen oder Äpfeln, ein Unterdruck, so dass die beiden Gegenstände aufeinander zubewegt werden. Dieses Phänomen wird aerodynamisches Paradoxon genannt.

Bemerkungen

Dasselbe Phänomen wird in den Experimenten „... das himmlische Kind!", „Das eigenwillige Papier", „Das abhebende Lineal" und „Die schwebende Pappe" beschrieben.

Literatur

Köthe, R.: Das neue Experimentierbuch: 150 einfache Experimente aus der Physik, Chemie und Biologie, Tessloff Verlag, Hamburg 1986

Edge, R. D.: String & Sticky Tape Experiments, American Association of Physics Teachers, College Park, MD 20740-4100, U.S.A. 1987

Walpole, B.: Experimente, Tricks und Tips zum Verständnis der Natur, Lernen und Wissen im Spiel und mit Spaß, Südwest Verlag GmbH & Co. KG, München 1990

Oberdorfer, G.: Zytglogge Werkbuch, Das springende Ei und andere Experimente für die fünf Sinne, Zytglogge-Verlag, Gümmlingen Bonn Wien 1991

zu den Zahlenwerten:

Gobrecht, H.; Gobrecht, J. H.; Gobrecht, K. H.: Bergmann-Schäfer, Lehrbuch der Experimentalphysik, Band 1, Mechanik, Akustik, Wärme, Walter de Gruyter Verlag, Berlin 1990, S. 345

zur Erklärung:

Weltner, K.: Verbreitete Fehlinterpretationen des Bernoullischen Gesetzes und Fehler bei dessen Anwendung, in: Deutsche Physikalische Gesellschaft, Fachverband Didaktik (Hrsg.), Didaktik der Physik, Beiträge zur 62. Physikertagung, Regensburg 1998

3.45 „... das himmlische Kind!“

Mit einem Papiermodell wird die Form eines Tragflächenprofils erklärt.

Abb. 1

Material

- Blatt Papier

Aufbau und Durchführung

Man hält ein Blatt Papier, wie in Abbildung 1 gezeigt, vor den Mund und bläst kräftig und beständig über die dabei entstehende Wölbung hinweg. Das lose herabhängende Ende des Papiers wird während des Blasens emporgehoben.

Erklärung

Streicht der Luftstrom über das Blatt, wird er umgelenkt. Dazu ist eine Kraft quer zur Strömung notwendig. Sie wird durch den nach dem rumänischen Flugzeugpionier *Henri Coanda* (1885-1972) benannten Coanda-Effekt hervorgerufen, der besagt, dass Luftströmungen den geometrischen Formen begrenzender Flächen folgen (sofern abrupte Richtungsänderungen vermieden werden). Dies kann an unserem Beispiel des Papierblattes wie folgt erklärt werden: Der Luftstrom nimmt durch innere Reibung am nach unten gebogenen Papier haftende Luft unterhalb des Luftstroms mit. Dadurch entsteht dort im Vergleich zum atmosphärischen Druck ein Unterdruck, der den Luftstrom tangential beschleunigt und einen Druckgradienten senkrecht zur Strömung erzeugt, der die Strömung nach unten ablenkt. Der Luftstrom „schmiegt“ sich an die gewölbte Form des Blattes an.

Nach der bernoullischen Gleichung bewegt sich die Luft umso schneller, je geringer der Druck ist. Im Experiment bewegt sich die beschleunigte Luft oberhalb des Blatt Papiers und ruht unterhalb des Blattes. Auf Grund der Druckdifferenz wirkt auf das Blatt eine

Kraft nach oben im Einklang mit der Erhaltung des Impulses. Es wird also angehoben. Zu Einzelheiten der bernoullischen Gleichung und ihrer Anwendung siehe Experimente „Das Wind-Paradoxon“ bzw. „Das eigenwillige Papier“.

Bemerkungen

Das beschriebene Phänomen wird bei der Konstruktion von Flugzeugtragflächen ausgenutzt. Deren Profil (siehe Abb. 2) hat gewisse Ähnlichkeit mit einem gewölbten Blatt Papier, so dass nach dem oben Gesagten die Luft oberhalb der Tragfläche mit größerer Geschwindigkeit als unterhalb an der Tragflächenoberfläche vorbeiströmt, was auf einen Druckunterschied zwischen der Tragflächenunter- und der Tragflächenoberseite zurückzuführen ist, so dass auf die Tragfläche eine resultierende Kraft nach oben wirkt. Für eine detaillierte Diskussion zum Problem des Fliegens siehe zur Erklärung [*Weltner* 1998].

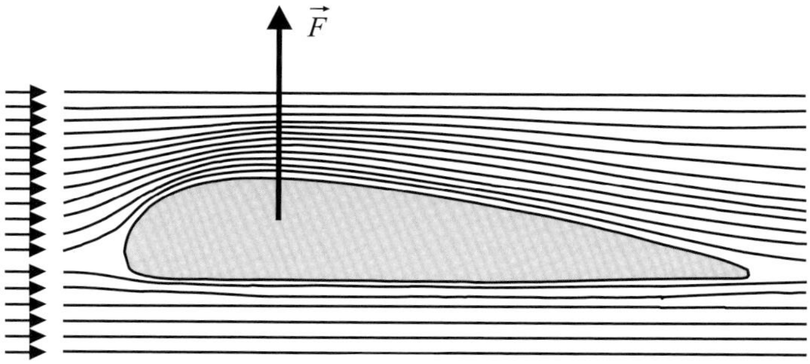

Abb. 2

Derselbe Effekt ist verantwortlich dafür, dass bei starken Stürmen Hausdächer vom Wind „abgedeckt“ werden: Als Folge der schnell an der Dachoberfläche vorbeiströmenden Luft entsteht oberhalb des Daches, im Vergleich zur ruhenden Luft unterhalb des Daches (im Dachboden), ein Unterdruck, so dass (ohnehin schon lockere oder unsauber verlegte) Dachziegel aus dem Ziegelverbund nach außen gedrückt werden können. Dies gilt insbesondere für Hexenhäuschen, deren Dächer nur notdürftig mit Lebkuchenplatten abgedeckt sind ... (Soviel zu dem Märchen, dem das Zitat, das diesem Experiment den Titel gab, entnommen wurde.)
Es ist nicht überliefert, ob auch die Redensart: „Der nimmt kein Blatt vor den Mund!“ auf Bernoulli zurückgeht ...
Weitere Experimente zur gleichen Thematik sind u. a. „Das abhebende Lineal“, „Das eigenwillige Papier“ und „Die schwebende Pappe“.

Literatur

Moisl, F.: Schüler-Experimentierbuch Physik 1, Ravensburger Taschenbücher, Ravensburg 1982
Claridge, M.; Shackell, J.: Mein erstes Naturbuch, Viele Experimente für jungeForscher und Entdecker, Schneider Verlag GmbH, München 1987

Walpole, B.: Experimente, Tricks und Tips zum Verständnis der Natur, Lernen und Wissen im Spiel und mit Spaß, Südwest Verlag GmbH & Co. KG, München 1990
Bauer, N.: Versuchssammlung für die Vorlesungen in Experimentalphysik an der Universität Augsburg, o. V., Augsburg 1992
Bublath, J.: Verblüffende Experimente aus der Naturwissenschaft, Wilhelm Heyne Verlag, München 1995

zur Erklärung:

Weltner, K.: Verbreitete Fehlinterpretationen des Bernoullischen Gesetzes und Fehler bei dessen Anwendung, in: Deutsche Physikalische Gesellschaft, Fachverband Didaktik (Hrsg.), Didaktik der Physik, Beiträge zur 62. Physikertagung, Regensburg 1998

3.46 Der quietschende Luftballon

Mit aus einem Luftballon ausströmender Luft lässt sich ein quietschender Ton erzeugen, wenn man die Austrittsöffnung so mit den Fingern in die Länge zieht, dass ein Austrittsspalt entsteht.

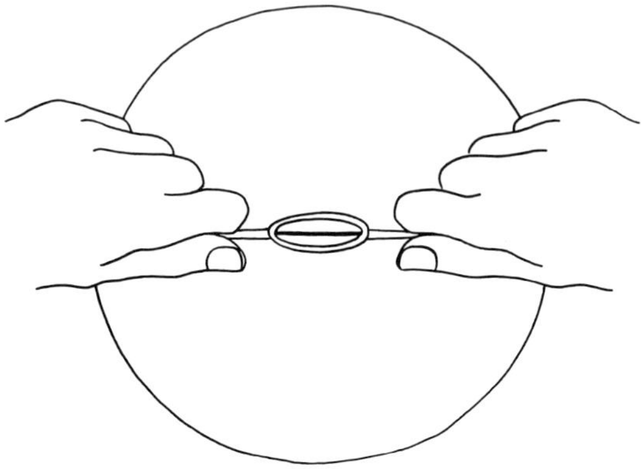

Abb. 1

Material

- Luftballon

Aufbau und Durchführung

Ein Luftballon wird aufgeblasen. Beim Entweichen der Luft wird die Austrittsöffnung mit den Fingern so in die Länge gezogen, dass die Luft nur noch durch einen Spalt entweichen kann (siehe Abb. 1). Abhängig von der aufgewendeten Kraft beim Auseinanderziehen entsteht ein quietschendes Geräusch mit unterschiedlicher Klangfärbung und Tonhöhe.

Erklärung

Durch die ausströmende Luft werden die beiden „Gummilippen", die den Austrittsspalt begrenzen, nicht etwa auseinandergedrückt, sondern zusammengezogen. Unter der Annahme, dass das bernoullische Gesetz wenigstens näherungsweise auch für Gase anwendbar ist (siehe „Das Wind-Paradoxon" zur Rechtfertigung), d. h. laminare Strömung und Inkompressibilität vorausgesetzt, wird der statische Druck gemäß der bernoullischen Gleichung umso geringer, je größer die Geschwindigkeit des bewegten Gases ist. Die Geschwindigkeit nimmt mit der Verengung des Austrittskanals zu. Zwischen den „Gummilippen" fällt der statische Druck unter den Wert des äußeren Luftdrucks ab, was zur Folge hat, dass sie sich aufeinander zubewegen und schließlich berühren. Dadurch wird der Luftstrom unterbrochen, die Luftgeschwindigkeit wird null und der Unterdruck verschwindet. Folglich gehen die Lippen auf Grund der elastischen Rückstellkraft wieder auseinander, und der Prozess beginnt von Neuem. Die „Gummilippen" führen eine mechanische Schwingung aus, die sich auf den austretenden Luftstrom überträgt (er tritt periodisch pulsierend aus) und somit als Schall (periodische Luftdruckschwankungen) hörbar wird. Das Frequenzspektrum der Schwingung hängt von der Luftgeschwindigkeit und damit vom Druck im Luftballon sowie von der Gummispannung der Lippen ab.

Bemerkungen

Das Experiment ist ein einfaches Modellexperiment zur Erzeugung von Tönen beim Menschen. Der Luftballon entspricht der Lunge und die „Gummilippen" den Stimmbändern (bzw. der von den Stimmlappen geformten Stimmritze) im Kehlkopf. Der Mensch kann sowohl die Luftgeschwindigkeit durch den Kehlkopf als auch die Spannung der so genannten Stimmlappen beeinflussen und so verschieden hohe Töne erzeugen.

Literatur

Becker, J., Physik in der Schule 32/5 (1994), S. 183-185

3.47 Vortex-Ringe

Mit einer Plastikflasche kann vorgeführt werden, wie in Gasen und Flüssigkeiten stabile, wandernde Wirbelringe entstehen.

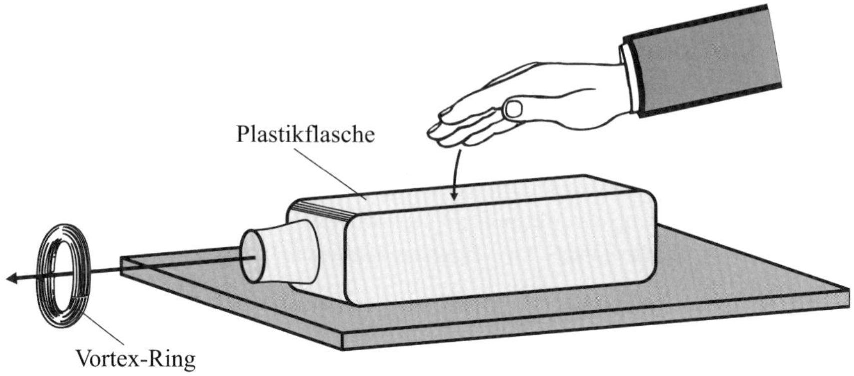

Abb. 1

Material

- weiche Plastikflasche (rechteckiger Querschnitt: ca. 5 cm × 10 cm; Höhe: ca. 25 cm; Durchmesser der Öffnung: ca. 2 cm), notfalls auch mit rundem Querschnitt
- Zigaretten
- Trinkhalm
- evtl. Tinte, Farbe blau oder schwarz
- evtl. große Wanne (Länge: mindestens 0,5 m)
- evtl. dunkler Stoff und Lampe
- evtl. Kerze

Aufbau und Durchführung

Ein Trinkhalm wird in die Öffnung einer Plastikflasche gesteckt und festgehalten. Durch ihn wird mit dem Mund langsam Zigarettenrauch geblasen, bis die Flasche mit dichtem Rauch gefüllt ist. Sie wird auf eine ihrer großen Seitenflächen in die Nähe einer Tischkante gelegt (siehe Abb. 1), und mit den Fingern wird ein leichter Schlag auf die obere Seite ausgeführt. An der Öffnung entsteht ein Rauchring, der sich von der Flasche fortbewegt. Besonders gut zu sehen ist er, wenn er beleuchtet und vor einem dunklen Hintergrund betrachtet wird. Die Fortpflanzungsgeschwindigkeit des Rings hängt von der Dauer des Schlages ab. Tippt man schnell auf die Flasche, bilden sich rasch wandernde Ringe, langsames Eindrücken der Flasche erzeugt dicke Rauchringe, die sich gemächlich fortbewegen. Zielt man mit schnell wandernden Luftwirbeln aus einer Entfernung von etwa einem Meter auf eine brennende Kerze, so lässt sich die Flamme ausblasen, wenn sie von dem Rand eines Rauchrings getroffen wird. Beobachtet man einen sehr langsamen Rauchring aus der Nähe, so erkennt man, dass er aus übereinander liegenden Luft- und Rauchschichten besteht, ähnlich einer „Biskuitrolle“.

Sehr schöne Ringe in einer Flüssigkeit lassen sich erzeugen, wenn die Flasche mit stark gefärbtem Wasser (ca. 5 Tintenpatronen je Liter Wasser) gefüllt und in einer großen Wanne (z. B. Badewanne) unter Wasser in waagrechter Stellung kurz zusammengedrückt wird. Um zu vermeiden, dass Strömungen des Wassers die Wirbelbildung beeinträchtigen, sollte man nach dem Füllen der Wanne einige Zeit warten, bis sich das Wasser beruhigt hat.

Erklärung

Die Entstehung eines Wirbelrings ist in Abbildung 2(a) bis (d) dargestellt. Es handelt sich dabei um Querschnittsansichten in einer Ebene, welche die Symmetrieachse des Flaschenhalses enthält. Während man die Flasche zusammendrückt, strömt Luft aus ihrem Inneren durch die Öffnung. Auf Grund der Viskosität von Luft ist die Strömungsgeschwindigkeit in der Mitte des Luftstroms am größten und nimmt zum Flaschenhals hin ab (siehe Abb. 2(a)).

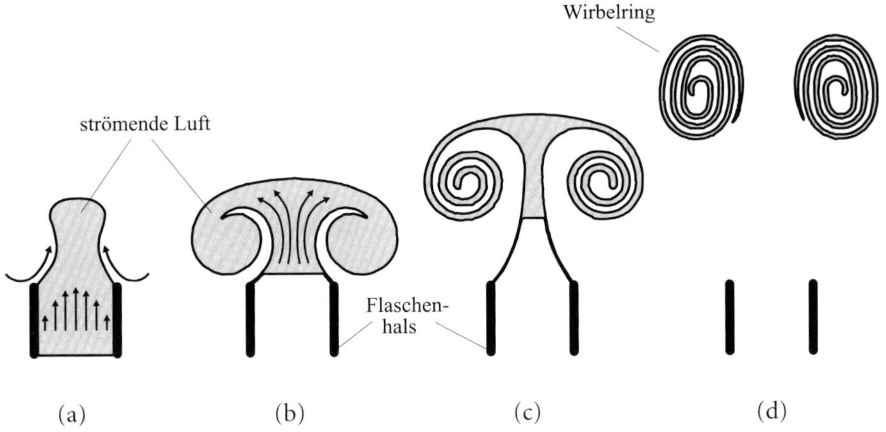

Abb. 2

Der austretende Luftstrom nimmt ihn umgebende Luftschichten mit (siehe Abb. 2a) und erzeugt um sich eine Zone verminderten Drucks. In diese strömt von außen Luft nach, die von der Strömung mitgenommen wird. Reißt der Luftstrom ab (Abb. 2(b)), so wird auch die Luft im näheren Bereich vor der Flaschenöffnung abgebremst. Dadurch verschwindet der Unterdruck vor dem Flaschenhals und die nach innen fließende Luft bewegt sich in Richtung Herkunftsort zurück (siehe Abb. 2(b)). Die dabei entstehende Kreisbewegung erzeugt einen schichtförmig aufgebauten, stabilen und torusförmigen Wirbel (siehe Abb. 2(c) bis (d)), einen sogenannten „Vortex-Ring“.

Bemerkungen

Mit einiger Übung lassen sich Rauchringe auch mit dem Mund erzeugen. Dazu füllt man die Mundhöhle mit dickem Rauch, bringt die Lippen ungefähr in die Form eines Kreisrings und führt mit der Zunge eine kurze Bewegung aus, die den Raum, welchen der Rauch einnehmen kann, verkleinert.

Literatur

Wittmann, J.: Trickkiste 1, Experimente, wie sie nicht im Physikbuch stehen, Bayerischer Schulbuch Verlag, München 1986

Edge, R. D.: String & Sticky Tape Experiments, American Association of Physics Teachers, College Park, MD 20740-4100, U.S.A. 1987

Meisinger, K.: Physikalische Experimente mit Dosen, Schriftliche Hausarbeit zur Ersten Staatsprüfung für das Lehramt an Hauptschulen nach der Lehramtsprüfungsordnung I (LPO I) 1994/II, o. V., Augsburg 1994

Glass, D.: Das neue What‘s what? Naturwissenschaftliche Plaudereien, Deutscher Taschenbuch Verlag GmbH & Co. KG, München 1997

3.48 Der Flüssigkeitszerstäuber

Mit zwei Trinkhalmen lässt sich die Funktionsweise eines Zerstäubers demonstrieren.

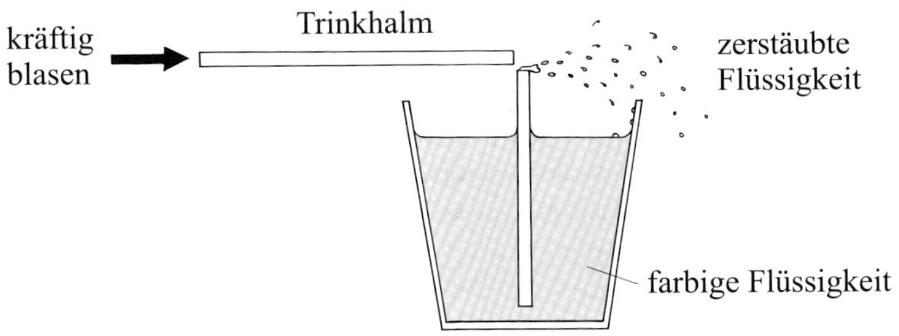

Abb. 1

Material

- 2 transparente Trinkhalme
- Gefäß, z. B. Trinkglas
- farbige Flüssigkeit, z. B. schwarzer Tee oder mit Tinte gefärbtes Wasser

Aufbau und Durchführung

Ein Trinkhalm wird so gekürzt, dass er etwa 1 cm länger als das verwendete Gefäß hoch ist. Dieses wird mit einer farbigen Flüssigkeit gefüllt und der gekürzte Trinkhalm senkrecht hineingehalten. Den zweiten Trinkhalm hält man waagrecht, so dass sich seine Öffnung über der Öffnung des in der Flüssigkeit stehenden Trinkhalms befindet (siehe Abb. 1). Bläst man durch den waagrechten Trinkhalm, so steigt die Flüssigkeit im anderen Halm. Durch die Verwendung von farbiger Flüssigkeit in einem transparenten Trinkhalm ist das Steigen der Flüssigkeit gut sichtbar. Bei kräftigem Blasen steigt die Flüssigkeit im Halm bis zur Öffnung und wird vom darüberstreichenden Luftstrom zerstäubt.

Erklärung

Der in den Luftstrom ragende Trinkhalm lenkt die Strömung derart um, dass eine Ausweichströmung entsteht (vor dem Halm nach oben steigend, nach dem Halm nach unten fallend). Damit die anströmende Luft nach oben abgelenkt werden kann, muss ein solcher Druckgradient vorhanden sein, dass der Druck nach oben abfällt. Da in größerer Entfernung Luftdruck herrscht, impliziert der Druckgradient einen Überdruck vor dem Trinkhalm, der durch Stauung erzeugt wird. Über dem Trinkhalm wird die Strömung nach unten abgelenkt. Dazu ist ein Druckgradient in umgekehrter Richtung wie vor dem Halm erforderlich. Das bedeutet, dass über der Öffnung des Trinkhalms ein Unterdruck herrschen muss, der durch den Coanda-Effekt verursacht wird (siehe Experiment „... das himmlische Kind!"). Die Ablenkung und Umlenkung der Strömung verursachen also Über- und Unterdruckgebiete. Diese wiederum haben eine tangentiale

Beschleunigung der strömenden Luft zur Folge. Den Zusammenhang zwischen Druck und tangentialer Strömungsgeschwindigkeit vermittelt die bernoullische Gleichung. Auf Grund des Unterdrucks über der Öffnung des Trinkhalms steigt die Flüssigkeit im Halm so weit hoch, bis der hydrostatische Druck der Flüssigkeitssäule im Trinkhalm dem Unterschied der Luftdrücke auf die Flüssigkeit im Glas und im Trinkhalm entspricht (siehe Experiment „Das Goethebarometer"). Bei starkem Blasen wird der Druck auf die Flüssigkeit im Trinkhalm so gering, dass diese bis zur Öffnung des Trinkhalms steigt und dort vom Luftstrom zerstäubt wird. Der zweite Trinkhalm dient dazu, die Luft gezielt um das obere Ende des in der Flüssigkeit stehenden Trinkhalms zu blasen.

Bemerkungen

Nach dem beschriebenen Prinzip funktionieren ältere Parfümzerstäuber. Die Luft wird mit Hilfe eines Blasebalgs mit hoher Geschwindigkeit über ein im Parfüm stehendes Röhrchen geblasen. Das Parfüm steigt im Röhrchen nach oben und wird vom Luftstrom zerstäubt. Bei Deodorants wird mit einem Treibgas ein Überdruck in einer Flasche erzeugt und dadurch die Flüssigkeit in einem Röhrchen nach oben gedrückt.
Ebenso wie oben beschrieben funktioniert eine von Malern benutzte sogenannte „Fixativspritze", bei der die Röhrchen allerdings keine Trinkhalme sind, sondern aus Metall bestehen.

Literatur

Köthe, R.: Das neue Experimentierbuch: 150 einfache Experimente aus der Physik, Chemie und Biologie, Tessloff Verlag, Hamburg 1986
Edge, R. D.: String & Sticky Tape Experiments, American Association of Physics Teachers, College Park, MD 20740-4100, U.S.A. 1987
Moisl, F.: Schüler-Experimentierbuch Physik 1, Ravensburger Taschenbücher, Ravensburg 1982
Walpole, B.: Experimente, Tricks und Tips zum Verständnis der Natur, Lernen und Wissen im Spiel und mit Spaß, Südwest Verlag GmbH & Co. KG, München 1990
Walker, J.: Der fliegende Zirkus der Physik, R. Oldenbourg Verlag GmbH, München Wien 1994

zur Erklärung:

Weltner, K.: Verbreitete Fehlinterpretationen des Bernoullischen Gesetzes und Fehler bei dessen Anwendung, in: Deutsche Physikalische Gesellschaft, Fachverband Didaktik (Hrsg.), Didaktik der Physik, Beiträge zur 62. Physikertagung, Regensburg 1998

3.49 Der Luftwiderstand von Fallkegeln

Mit Kegeln aus Papier kann man nachweisen, dass der Luftwiderstand mit steigender Geschwindigkeit und größerer effektiver Fläche des umströmten Körpers zunimmt.

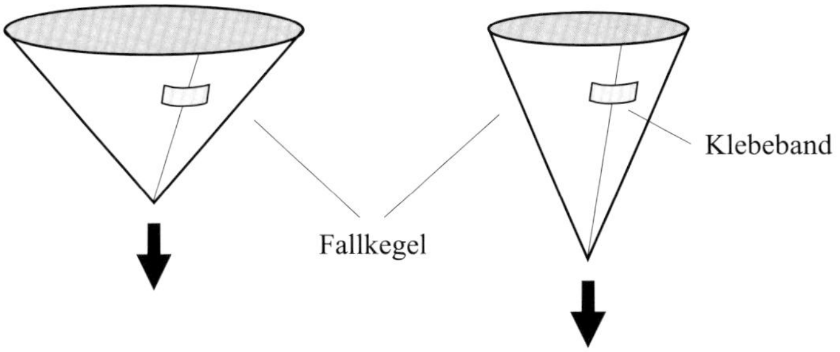

Abb. 1

Material

- 2 Blatt Papier gleicher Stärke (Größe: DIN A4)
- Klebeband
- Hilfsmittel: Zirkel, Schere

Aufbau und Durchführung

Aus Papier schneidet man zwei Kreisscheiben mit Radius 8 cm aus, zeichnet jeweils einen Mittelpunktswinkel von 60° bzw. 180° ein und schneidet das Papier entlang eines Schenkels bis zum Mittelpunkt durch. Schiebt man das Papier an der Schnittlinie übereinander, bis eine Schnittkante und der andere eingezeichnete Schenkel des Mittelpunktswinkels zur Deckung kommen, so entsteht ein Kegel, der sich auf der Außenseite mit einem Streifen Klebeband fixieren lässt (siehe Abb. 1). Der größere Mittelpunktswinkel erzeugt dabei den spitzeren Kegel, in der Masse unterscheiden sich die Kegel jedoch nicht. Lässt man beide Kegel gleichzeitig mit der Spitze nach unten aus ungefähr 2 m Höhe fallen, so erreichen sie beide nach kurzer Fallstrecke eine konstante Geschwindigkeit, welche aber beim spitzeren Kegel deutlich größer ist.

Erklärung

Wird ein Körper von Luft der Dichte ρ mit einer relativ hohen (Kriterium siehe Bemerkungen) Geschwindigkeit v umströmt, so wirkt auf ihn eine Kraft vom Betrag

$$F_W = \frac{1}{2} c_W \rho A v^2 \qquad (1)$$

(A: effektive Fläche; c_W: Widerstandszahl),
die als Luftwiderstand bezeichnet wird. Die effektive Fläche A erhält man dabei durch eine Projektion des umströmten Körpers auf eine zur Bewegungsrichtung senkrechte Ebene. Bei einem in Luft fallenden Körper steigt die Geschwindigkeit auf Grund der Gewichtskraft an, bis sich ein Kräftegleichgewicht mit dem ebenfalls anwachsenden

Luftwiderstand einstellt. Für die sich einstellende konstante Fallgeschwindigkeit (gleichförmige Bewegung) gilt:

$$\frac{1}{2} c_W \rho A v_e^2 - mg = 0$$

(m: Masse des Fallkegels; g: Betrag der Erdbeschleunigung)

$$v_e = \sqrt{\frac{2mg}{c_W \rho A}} \qquad (2)$$

Eine größere effektive Fläche im Fall des flacheren Kegels führt nach (2) zu einer kleineren Fallgeschwindigkeit, da zur Anfertigung beider Kegel gleich viel Papier verwendet wurde und sie folglich die gleiche Masse besitzen.

Bemerkungen

Ein Kriterium dafür, ob eine Strömung laminar oder turbulent ist, liefert die sogenannte Reynolds-Zahl

$$Re = \frac{l v \rho}{\eta}$$

(l: eine die Körpergröße bestimmende Länge; ρ, η: Dichte und dynamische Viskosität des strömenden Mediums; v: Betrag der Strömungsgeschwindigkeit).
Für kleine Reynolds-Zahlen ($Re < 1$) gilt die Stokes'sche Gleichung für die Reibungskraft einer laminar umströmten Kugel, während im Bereich turbulenter Strömungen ($Re > Re_{krit}$, wobei Re_{krit} ein von der Körperform abhängiger kritischer Wert ist) das Widerstandsgesetz (1) gültig ist. Wegen der extrem kleinen Viskosität von Luft ($\eta \approx 0{,}018$ mPa s) werden die Fallkegel bereits bei kleinen Geschwindigkeiten turbulent umströmt.

Beispiel:	$\rho = 1{,}3\ \frac{\text{kg}}{\text{m}^3}$	(Dichte von Luft)
	$v = 0{,}5\ \frac{\text{m}}{\text{s}}$	(Geschwindigkeit des Kegels)
	$l \approx 0{,}1$ m	(Durchmesser der Kegelgrundfläche)
	$\eta = 0{,}018$ mPa s	(Viskosität von Luft)
	$Re \approx 3600$	(Reynolds-Zahl der Strömung)

Literatur

Söltner, K., Praxis der Naturwissenschaften: Physik 31/2 (1982), S. 33-36
Zeier, E.: Physikalische Schulversuche, Freihandversuche, kleine Experimente, Aulis Verlag Deubner, Köln 1986

3.50 Zwei Fallkegel

Es wird demonstriert, dass unterschiedliche Strömungsgeschwindigkeiten der Luft über und unter einem fallenden Gegenstand nach der bernoullischen Gleichung eine Kraft auf den Gegenstand zur Folge haben.

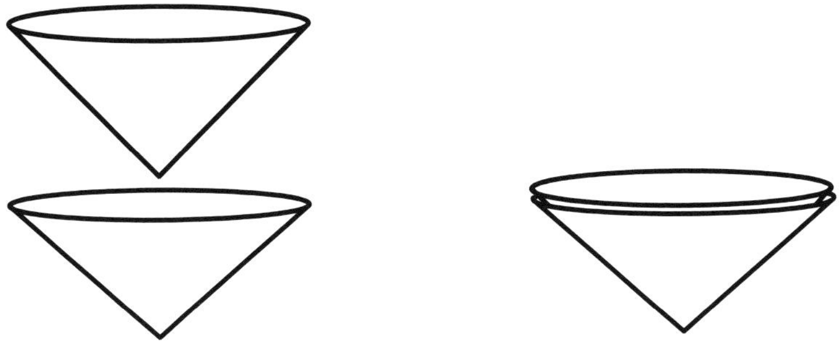

(a) (b) Abb. 1

Material

- 2 Blatt Papier
- Hilfsmittel: Klebstoff, Schere, Zirkel

Aufbau und Durchführung

Aus zwei Blättern Papier fertigt man zwei gleich große Kegel an (Durchmesser des vom ausgebreiteten Kegelmantel beschriebenen Kreises: ca. 20 cm). Diese werden ca. 10 cm übereinander gehalten und aus ca. 2 m Höhe gleichzeitig losgelassen (siehe Abb. 1(a)). Der obere Kegel fällt schneller als der untere und kommt im unteren auf etwa halber Strecke zu liegen (siehe Abb. 1(b)).

Erklärung

Der Fall der beiden Kegel wird durch eine Widerstandskraft $\vec{F}_W$ gebremst. Die Widerstandskraft $\vec{F}_W$ setzt sich zusammen aus der Reibungswiderstandskraft $\vec{F}_R$ (Luftmoleküle haften an der Kegeloberfläche. Durch Reibung von anströmender Luft mit auf dem Kegel haftender Luft entsteht eine Kraft, die der Strömung entgegengerichtet ist.) und der Druckwiderstandskraft $\vec{F}_D$. Um die Druckwiderstandskraft auf einen Kegel angeben zu können, betrachtet man die Strömung um den Kegel (siehe Abb. 2). Der Kegel drängt die ihn anströmende Luft seitlich ab, d. h. er übt eine Querkraft auf die Luft aus. Vor dem Kegel ist diese Kraft nach außen gerichtet. Sie resultiert aus einem solchen Druckgradienten senkrecht zur Anströmrichtung, dass der Druck nach außen abnimmt und unter dem Papierkegel ein Überdruck relativ zum Luftdruck weit außen entsteht. Am Ende des Kegels verursacht ein Druckgradient in umgekehrter Richtung ein Abbiegen der Strömung in Richtung Mittelachse des Kegels, d. h. im Bereich des Kegelendes entsteht ein Unterdruck. Das auf diese Weise erzeugte Druckgefälle zwischen Unter- und Oberseite des Papierkegels beschleunigt

die Luft in tangentialer Richtung. Statischer Druck und Geschwindigkeitsänderung hängen über die bernoullische Gleichung miteinander zusammen. Ein weiterer Effekt sorgt ebenfalls für eine Abnahme des statischen Drucks oberhalb des Kegels: Der Luftstrom um den Kegel reißt in der Nähe des oberen Endes teilweise ab (Abreißkante, siehe Abb. 2).
Die sich vom Papierkegel wegbewegenden Wirbel sowie die seitlich nach oben am Kegel vorbeiströmende Luft nimmt Luftmoleküle mit, wodurch über dem Kegel ein Unterdruck im Vergleich zum Druck unter dem Kegel entsteht. Die aus dem Druckunterschied oberhalb und unterhalb des Papierkegels resultierende Kraft auf den Kegel wird mit Druckwiderstandskraft $\vec{F}_D$ bezeichnet.

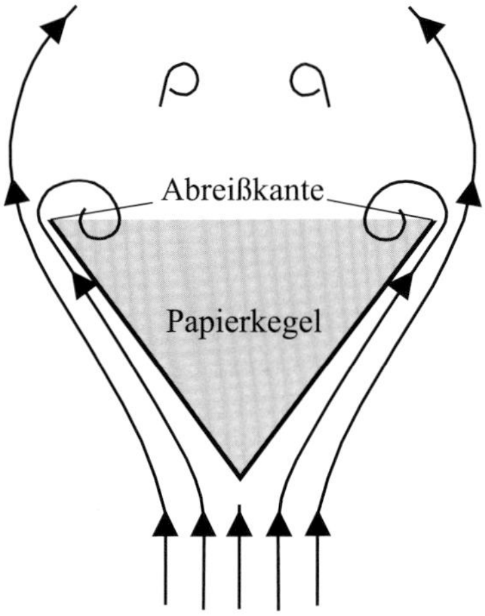

Abb. 2

Bei einer Reynolds-Zahl $Re = \frac{vd\rho}{\eta} = 1{,}3 \cdot 10^4$ ($v = 1{,}25\ \frac{\text{m}}{\text{s}}$: gemessene Geschwindigkeit der Luftströmung direkt unter dem Kegel; $d = 14{,}5$ cm: Durchmesser der Öffnung des Kegels; $\rho = 1{,}293\ \frac{\text{kg}}{\text{m}^3}$: Dichte der Luft; $\eta = 0{,}0000174\ \frac{\text{N}}{\text{m}^2}$: Viskosität der Luft bei 20 °C) kann man den Widerstandsbeiwert c_W des Kegels zu $c_W \approx 0{,}4$ abschätzen. Für $|\vec{F}_W|$ gilt:

$$|\vec{F}_W| = |\vec{F}_D + \vec{F}_R| = c_W \frac{\rho}{2} v?A \qquad (1)$$

(A: Fläche des Kegelbodens)
Es wird angenommen, dass der Massenstrom der Luft um den unteren und um den oberen Kegel gleich ist (d. h. der untere Kegel wird von genauso viel Luft je Zeiteinheit umströmt wie der obere Kegel). Insbesondere besitzt die Luft an der Abreißkante des unteren Kegels dieselbe Geschwindigkeit wie an der Abreißkante des oberen Kegels.
Der obere Kegel fällt in die strömende Luft des unteren Kegels und muss eine kleinere Beschleunigungskraft auf die umgebende Luft ausüben als der untere Kegel, um denselben Massenstrom von Luft zu bewerkstelligen. Also ist die Drukkwiderstandskraft $\vec{F}_D$ auf den oberen Kegel und mit ihm auch $\vec{F}_W$ kleiner als beim unteren Kegel. Auf Grund der kleineren Widerstandskraft stellt sich bei dem oberen Kegel eine größere Fallgeschwindigkeit ein als bei dem unteren. Der obere Kegel fällt in den unteren Kegel.

Literatur

Göbel, R.; Haubold, K., Physik in der Schule 23/4 (1985), S. 132

zur Erklärung:

Hering, E.; Martin, R.; Storer, M.: Physik für Ingenieure, VDI Verlag GmbH, Düsseldorf 1995, S. 123 ff.
Weltner, K.: Verbreitete Fehlinterpretationen des Bernoullischen Gesetzes und Fehler bei dessen Anwendung, in: Deutsche Physikalische Gesellschaft, Fachverband Didaktik (Hrsg.), Didaktik der Physik, Beiträge zur 62. Physikertagung, Regensburg 1998

3.51 Im Windkanal

Mit einem Föhn wird die Abhängigkeit des Luftwiderstands von der Form und Größe eines umströmten Körpers untersucht.

Material

- Föhn
- Stück Pappe
- Holzleiste, z. B. Lineal (Länge: 30 cm), oder Draht
- Klebeband
- Stativstange
- evtl. Styropor, z. B. Verpackungsmaterial
- Hilfsmittel: Schere, Messer

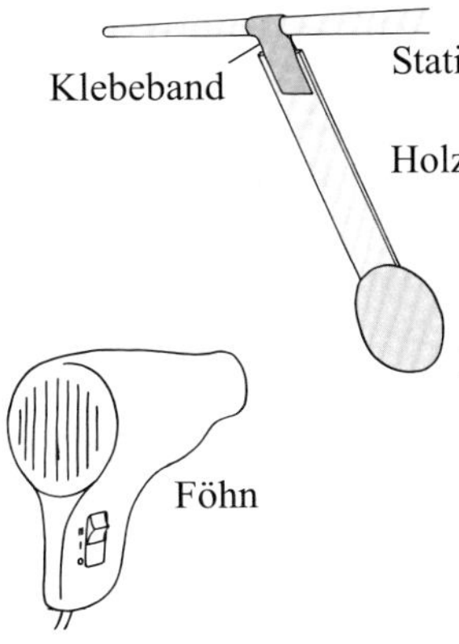

Abb. 1

Aufbau und Durchführung

Unter einer horizontal angebrachten Stativstange wird eine Holzleiste so mit einem Klebeband befestigt, dass diese vertikal herabhängt und sich um die Verbindungslinie zwischen Stange und Leiste drehen kann (siehe Abb. 1). Aus einem Stück Pappe schneidet man Kreisscheiben mit verschieden großen Radien sowie ein Rechteck, das die gleiche Fläche besitzt wie eine der Kreisscheiben.
Eine Kreisscheibe wird mit einem Klebeband am unteren Ende der Holzleiste befestigt. Bläst man mit einem Föhn gegen die Kreisscheibe, wird die Holzleiste ausgelenkt. Die Auslenkung hängt dabei von der Größe der Kreisscheibe ab. Die Scheibe mit dem größten Radius wird am weitesten ausgelenkt. Die meisten Föhne können mit zwei verschiedenen Stärken blasen. Bläst der Föhn stärker, wird die Holzleiste weiter ausgelenkt. Befestigt man die rechteckige Pappe an der Holzleiste und bläst man mit dem Föhn dagegen, so ist die Auslenkung größer als bei der flächengleichen Kreisscheibe.

Erklärung

Der Betrag F_W der Kraft, die ein Körper erfährt, der von einem Stoff der Dichte ρ mit der Geschwindigkeit des Betrages v turbulent umströmt wird, heißt Strömungswiderstand und beträgt:

$$F_W = \frac{1}{2} c_W \rho A v^2$$

(A: angeströmte Querschnittsfläche senkrecht zur Geschwindigkeitsrichtung; c_W: Widerstandsbeiwert, der unter anderem von der Gestalt und Oberflächenbeschaffenheit des Körpers abhängt)
Bläst man mit dem Föhn gegen einen an der Holzleiste befestigten Gegenstand, so wird die Holzleiste so stark ausgelenkt, bis F_W gleich dem Betrag der rücktreibenden Kraft durch die Gewichtskraft der Holzleiste ist:

$$F_W = mg \sin \varphi$$

(m: Masse der Holzleiste mit befestigtem Gegenstand; φ: Auslenkung der Holzleiste; g: Betrag der Erdbeschleunigung)
Der Winkel φ, um den die Holzleiste ausgelenkt wird, lässt sich ermitteln, indem man die Anordnung vor einer Tafel oder einem Blatt Papier anbringt und die jeweils erzielten Auslenkungen markiert. Die Masse m kann man näherungsweise als konstant ansehen, da die Masse der befestigten Gegenstände gegenüber der Masse der Holzleiste vernachlässigbar ist. Der Luftwiderstand F_W ist dann umso größer, je größer φ ist.
Aus den Auslenkungen der Holzleiste für die Kreisscheiben mit verschiedenen Radien kann man erkennen, dass der Luftwiderstand mit der angeströmten Querschnittsfläche A zunimmt. Bläst man mit dem Föhn unterschiedlich stark gegen die Pappscheiben, ergibt sich eine Abhängigkeit des Luftwiderstands von der Geschwindigkeit v, mit der die Körper angeströmt werden. Der Einfluss der Körperform auf den Luftwiderstand geht in den Widerstandsbeiwert c_W ein.

Bemerkungen

Um die Abhängigkeit des Luftwiderstands von der Form des umströmten Körpers zu untersuchen, kann man auch Gegenstände aus Styropor an der Holzleiste befestigen. Am einfachsten verwendet man Verpackungsmaterial aus Styropor, das an der Vorder- und Rückseite ein unterschiedliches Profil aufweist. Dieses steckt man so auf die Holzleiste, dass einmal die Vorderseite und einmal die Rückseite angeströmt wird. Dann ist die angeströmte Fläche gleich groß, aber die Körperform unterscheidet sich, so dass man unterschiedlich weite Auslenkungen erhält. Aus einem großen Styroporklotz kann man auch verschiedene Stromlinienkörper schneiden (siehe Abb. 2). Von diesen wird die Hohlkugel am weitesten ausgelenkt, dann die Kreisscheibe, dann die Kugel und am wenigsten der Faustkeil. Bei einer Kugel gilt für den Widerstandsbeiwert $c_W \approx 1$.

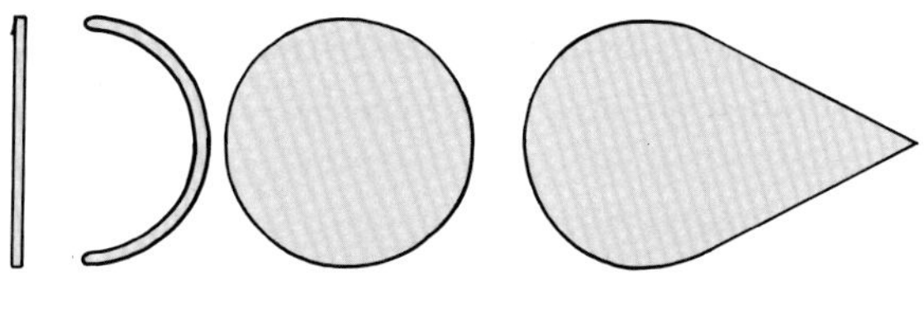

Abb. 2

Literatur

Bauer, N.: Versuchssammlung für die Vorlesungen in Experimentalphysik an der Universität Augsburg, o. V., Augsburg 1992

3.52 Münze und Papier im freien Fall

Durch mehrmaliges Falten eines Papierblatts wird der Luftwiderstand beim freien Fall reduziert und dadurch der Einfluss des Luftwiderstandes auf die Fallzeit gezeigt.

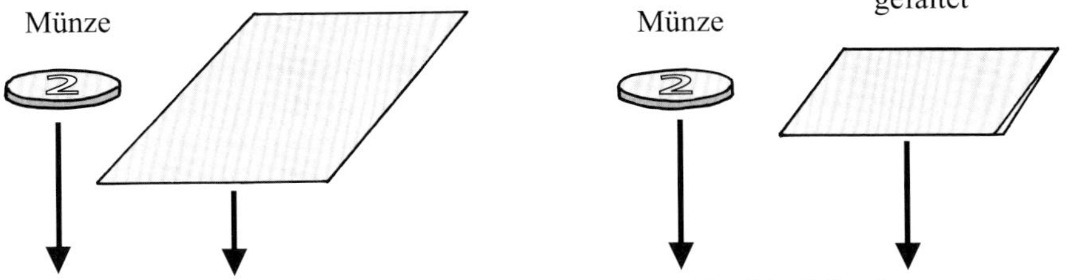

Abb. 1

Material

- Zweieurostück
- Blatt Papier (Größe DIN A 5)

Aufbau und Durchführung

Man lässt ein Zweieurostück und ein Blatt Papier gleichzeitig aus etwa 1,5 m Höhe fallen. Die Münze kommt zuerst am Boden an. Faltet man das Papier auf die halbe Größe und wiederholt man das Experiment, so ist der Unterschied in der Fallzeit zwischen Papier und Münze deutlich geringer. Das Papier wird weiter gefaltet und das Experiment wiederholt. Die Fallzeiten nähern sich immer mehr an. Sind die Münze und das Papier ungefähr gleich groß, sind auch die Fallzeiten annähernd gleich lang.

Erklärung

Im luftleeren Raum fallen alle Körper gleich schnell. Die Fallzeit $t=\sqrt{\frac{2s}{g}}$ ist von der Länge s der Fallstrecke und dem Betrag g der Fallbeschleunigung abhängig (Anfangsgeschwindigkeit $v_0 = 0$), jedoch nicht von der Form und dem Gewicht des fallenden Körpers. Der scheinbare Widerspruch zur Alltagserfahrung, dass verschiedenartige Körper unterschiedlich schnell fallen, wird durch den Luftwiderstand hervorgerufen. Der Betrag der Widerstandskraft ist

$$F_W = \frac{1}{2} c_W \rho A v^2 \tag{1}$$

(c_W: Widerstandsbeiwert; ρ: Dichte der Luft; A: angeströmte Querschnittsfläche senkrecht zur Fallrichtung; v: Betrag der Fallgeschwindigkeit)

Der Widerstandsbeiwert c_W ist unter anderem durch die Gestalt und Oberflächenbe-

schaffenheit des fallenden Körpers bestimmt (siehe Experiment „Im Windkanal"). Er ändert sich durch das Falten des Papiers nur geringfügig. Für die unterschiedlichen Fallzeiten des Papiers ist die Abhängigkeit des Luftwiderstands F_W von der Querschnittsfläche A entscheidend. Diese wird mit jedem Falten halbiert. Nach Gleichung (1) halbiert sich dadurch auch der Luftwiderstand. Die Fallzeit des Papiers wird kürzer, bis schließlich Münze und Papier bei ähnlich großem Luftwiderstand auch eine ähnlich lange Fallzeit besitzen.
Der Luftwiderstand ist zudem von der Fallgeschwindigkeit v abhängig. F_W nimmt solange zu, bis sich bei einer bestimmten Geschwindigkeit v_c ein Kräftegleichgewicht mit der Gewichtskraft vom Betrag F_G des Körpers einstellt:

$$F_W = F_G \quad \Leftrightarrow \quad \frac{1}{2} c_W \rho A v_c^2 = mg$$

Der Körper fällt daraufhin mit konstanter Geschwindigkeit v_c:

$$v_c = \sqrt{\frac{2mg}{c_w \rho A}}$$

Da v_c von der Masse m des fallenden Körpers abhängig ist, fallen schwerere Körper in Luft schneller zu Boden als leichte. Dies trifft auch zu, wenn eine konstante Endgeschwindigkeit bis zum Aufschlag nicht erreicht wird, weil bei schwereren Körpern der bremsende Luftwiderstand weniger zur beschleunigenden Gesamtkraft beiträgt. Ein Blatt Papier der Größe DIN A 5 erreicht die konstante Fallgeschwindigkeit nach ca. 15 cm. Da die Masse des Papiers beim Falten gleich bleibt, die Querschnittsfläche sich jedoch halbiert, wird bei jedem Falten eine höhere Endgeschwindigkeit erreicht. Bei einer Fallhöhe von 1,5 m erreichen die Münze und das gefaltete Papier die konstante Endgeschwindigkeit noch nicht.

Bemerkungen

Zur Demonstration, dass die Fallzeit von der Masse des fallenden Körpers unabhängig ist und nur durch den Luftwiderstand beeinflusst wird, kann man auch eine leere und eine mit Sand gefüllte Plastikflasche gleichzeitig fallen lassen. Diese besitzen den gleichen Luftwiderstand aber eine unterschiedliche Masse.

Literatur

Stahl, W., Praxis der Naturwissenschaften: Physik 23/1 (1974), S. 20-21
Moisl, F.: Schüler-Experimentierbuch Physik 1, Ravensburger Taschenbücher, Ravensburg 1982

3.53 Die Backpulverrakete

Der Antrieb einer Rakete nach dem Rückstoßprinzip wird an einem einfachen Modell gezeigt.

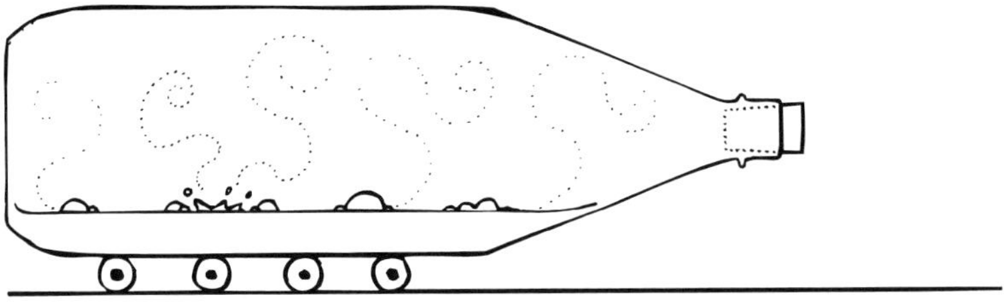

Abb. 1

Material

- Plastikflasche
- Gummistopfen
- Backpulver
- Essig
- Bleistifte mit rundem Profil oder andere Rollen
- evtl. Trichter

Aufbau und Durchführung

In eine leere Plastikflasche werden, am einfachsten mit Hilfe eines Trichters, zwei bis vier Päckchen Backpulver gefüllt. Darauf gießt man so viel Essig, dass das Backpulver ganz bedeckt ist. Nun verschließt man die Flasche schnell mit dem Gummistopfen und schüttelt sie noch ein-, zweimal, damit der Essig und das Backpulver auch gut durchmischt sind. Die Flasche wird, wie in Abbildung 1 gezeigt, auf eine „Rollbahn" (z. B. aus Bleistiften) gelegt. Je nachdem, wie gut der Essig mit dem Backpulver reagieren kann und wie fest der Stopfen die Flasche verschließt, wird früher oder später der Stopfen aus dem Flaschenhals „geschossen" und die Flasche auf den Rollen in die entgegengesetzte Richtung bewegt.

Erklärung

Bei der Reaktion von Essig und Backpulver entsteht Kohlenstoffdioxid-Gas (was das Schäumen des Gemisches erklärt), wodurch in der verschlossenen Flasche ein Überdruck erzeugt wird. Ist die von diesem auf den Stopfen ausgeübte Kraft größer als die Reibungskräfte, die ihn im Flaschenhals halten, wird der Stopfen aus der Flasche herausgeschossen. Dabei erhält er den Impuls

$$\vec{p}_{\text{Stopfen}} = m_{\text{Stopfen}}\,\vec{v}_{\text{Stopfen}}.$$

Ebenso wird ein Teil des Kohlenstoffdioxid-Gases mit dem Impuls $\vec{p}_{CO_2}$ aus der Flasche herausgeschleudert. Da im ruhenden Bezugssystem des Raumes, in dem die Backpulverrakete „gestartet" wird, das System Flasche+Stopfen den Impuls $\vec{p}_0 = \vec{0}$ hatte, muss auf Grund des Impulserhaltungssatzes der restliche Teil des Systems Flasche + Stopfen, d. h. die Flasche, den Impuls

$$\vec{p}_{\text{Flasche}} = m_{\text{Flasche}}\, \vec{v}_{\text{Flasche}}$$

erhalten, wobei

$$\vec{p}_{\text{Stopfen}} + \vec{p}_{CO_2} + \vec{p}_{\text{Flasche}} = \vec{p}_0 = \vec{0},$$

also

$$\vec{p}_{\text{Flasche}} = -\,(\vec{p}_{\text{Stopfen}} + \vec{p}_{CO_2})$$

gilt. Deshalb bewegt sich die Flasche in die zur Stopfenbewegung entgegengesetzte Richtung, wobei die Rollen nur der Verminderung der Reibung dienen.

Bemerkungen

Da es bei diesem Experiment darauf ankommt, einen möglichst großen Überdruck in nicht allzu langer Zeit zu erzeugen, damit der Effekt, d. h. die Länge des von der Flasche (und dem Stopfen ...) zurückgelegten Weges, möglichst groß ist, sollten die Handgriffe nach Füllen der Flasche mit Backpulver gut sitzen, so dass nur wenig Kohlenstoffdioxid-Gas aus der Flasche entweichen kann. Hierzu empfiehlt es sich, die bei den handelsüblichen Essigflaschen meist vorhandene „Dosierkappe", die nur einen langsam tropfenden Essig-„Strahl" zulässt, zu entfernen, oder die gewünschte Menge Essig zuvor in ein Becherglas zu füllen.

Damit der Stopfen guten Gewissens fest in den Flaschenhals gedrückt werden kann, sollte man ihn zuvor in Wasser tauchen. Die Wasserschicht vermindert die Reibung und zeigt zudem durch Blasenbildung ein mögliches Leck an.

Die Unterlage, auf der die Rollen platziert sind, sollte eben und die Rollen alle vom gleichen Durchmesser sein (etwa ein Satz gleicher Holz-, Farb- oder Filzstifte), damit die Rakete nicht von ihrer „Startrampe" rollt, ehe sie überhaupt „gezündet" hat. Neben dem runden Profil ist bei der Auswahl der Rollen auch darauf zu achten, dass nach dem „Raketenstart" oft ein Teil des Essig-Backpulver-Gemischs auf Grund der Trägheit aus der Flasche schwappt und auf der Unterlage und den Rollen eine Pfütze hinterlässt.

Eine Variante des Experiments wäre, die Rakete in einem großen Wasserbecken zu starten.

Weist man auf die Analogie zu anderen Raketen hin (z. B. den in der Raumfahrt verwendeten), ist es wichtig, klar herauszustellen, dass der Treibstoff der Backpulverrakete nicht das Essig-Backpulver-Gemisch, sondern in erster Linie der Stopfen sowie das Kohlenstoffdioxid-Gas ist.

Die Experimente „Die Kartoffelschleuder", „Die Wasserrakete", „Das Raketenschiffchen" und „Die Reagenzglaskanone" behandeln die gleiche Thematik.

Literatur

Bublath, J.: Verblüffende Experimente aus der Naturwissenschaft, Wilhelm Heyne Verlag, München 1995

3.54 Die Wasserrakete

Der Antrieb einer Rakete nach dem Rückstoßprinzip wird an einem einfachen, aber sehr effektvollen Modell gezeigt.

Material

- Plastikflasche, z. B. 1,5 l-Getränkeflasche
- Gummistopfen
- Fahrradschlauchventil
- Luftpumpe
- Hilfsmittel: Bohrer oder Schere, Messer

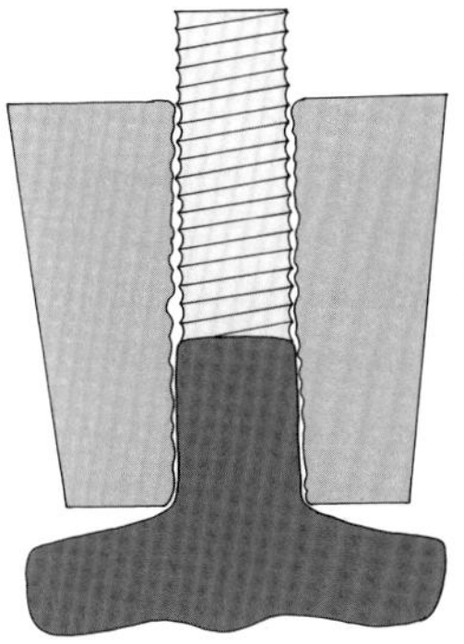

Abb. 1

Aufbau und Durchführung

In einen Gummistopfen, der eine Plastikflasche dicht verschließt, bohrt man der Länge nach und zentral mit einem Bohrer oder der Schneide einer Schere ein Loch. In dieses wird ein Fahrradschlauchventil, das man z. B. aus einem alten Schlauch ausschneiden kann, eingesetzt (Längsschnitt durch den Stopfen siehe Abb. 1). Damit der Ansatzstutzen für die Luftpumpe noch ausreichend aus dem Loch im Stopfen herausragt, muss der Stopfen evtl. ein wenig verkürzt werden, was ebenfalls mit der Schere oder einem Messer geschehen kann.

Für den Start der Rakete sollte man mit einem Assistenten zusammenarbeiten. Zunächst wird die Rakete, entgegen der Überschrift dieses Experiments, ohne Wasser gestartet. Während der Assistent die mit dem präparierten Gummistopfen verschlossene Flasche auf den Kopf gestellt festhält und gleichzeitig mit seinen Fingern den Stopfen vor dem frühzeitigen „Herausschießen“ bewahrt (siehe Abb. 2), pumpt man mit der Luftpumpe ca. 50 – 60 Stöße Luft in die Flasche. Bei ausreichendem Überdruck kann man die Luftpumpe vorsichtig vom Ventil entfernen. Löst der Assistent seinen Griff und rüttelt gegebenenfalls ein wenig am Gummistopfen, schießt die Rakete los und fliegt ein paar Meter weit.

Wiederholt man den Raketenstart auf die gleiche Art, nachdem man in die Flasche 0,2 – 0,5 l Wasser gefüllt hat, fliegt die Rakete, je nach Abschusswinkel, erstaunlich hoch und/oder weit. Zurück bleiben der Gummistopfen und ein nasser Assistent.

Abb. 2

Erklärung

Die Wasserrakete funktioniert nach dem Rückstoßprinzip, wobei die Rakete (die leere Flasche) ihre Beschleunigung

- im „trockenen Betrieb“ (erster Fall) vom Stopfen und der hineingepumpten Luft, bzw.
- im „nassen“ Betrieb (zweiter Fall) vom Stopfen, vom Wasser und der hineingepumpten Luft

erhält, die in die zur anfänglichen Flugrichtung der Rakete entgegengesetzte Richtung „ausgestoßen“ werden.

Die in den folgenden Überlegungen angestellten Berechnungen sind nur als Überschlagsrechnungen zu betrachten, da bei den Vorgängen während der einzelnen „Phasen“ des Raketenstarts praktisch keine Größe (Innendruck, Masse, Geschwindigkeit) konstant bleibt.

Nach dem Impulserhaltungssatz gilt

$$p_T = p_R$$

$$\Leftrightarrow \quad m_T v_T = m_R v_R$$

(p_T, $m_T v_T$: Betrag des Impulses, Masse, Betrag der Geschwindigkeit des Treibstoffs; p_R, $m_R v_R$: Betrag des Impulses, Masse, Betrag der Geschwindigkeit der Rakete).

Im Folgenden wird als Treibstoff

- im ersten Fall lediglich die hineingepumpte Luft (bei Vernachlässigung des Stopfens)
- im zweiten Fall lediglich das Wasser (bei Vernachlässigung des Stopfens und der hineingepumpten Luft)

betrachtet. Ausschlaggebend für die Erklärung der unterschiedlichen Flugweiten in den beiden Fällen ist der Betrag v_R der Geschwindigkeit der Rakete nach dem Ausstoß des Treibstoffs:

$$v_R = \frac{m_T}{m_R} v_T.$$

Der Betrag v_T der Geschwindigkeit, mit der ein Gas bzw. eine Flüssigkeit durch eine kleine Öffnung aus einem Gefäß ausströmt, in dem der Druck p_i herrscht, in eine Umgebung des Druckes p_a ($p_i > p_a$) ergibt sich nach der bernoullischen Gleichung als Näherung zu

$$v_T = \sqrt{\frac{2(p_i - p_a)}{\rho_T}}$$

(ρ_T: Dichte des Gases bzw. der Flüssigkeit hier als konstant angenommen, was im Falle des Wassers *sicher*, im Falle der Luft *sicher nicht* stimmt).

Setzt man diesen Ausdruck in die Gleichung für v_R ein und beachtet die Definition der Dichte

$$\rho_T = \frac{m_T}{V_T}$$

(V_T: Volumen des Treibstoffs),

so erhält man die Gleichung

$$v_R = \sqrt{\rho_T}\,\frac{V_T}{m_R}\sqrt{2(p_i - p_a)}.$$

Im Experiment wurden für die beiden Fälle folgende Werte gemessen bzw. der Literatur entnommen:

- Treibstoff Luft

$$\rho_{\text{Luft}} = 1{,}293 \frac{\text{kg}}{\text{m}^3}$$
$$V_{\text{Luft}} = 1{,}5 \cdot 10^{-3}\,\text{m}^3$$
$$p_{\text{i}} = 2\,p_{\text{a}} = 2 \cdot 1013 \cdot 10^2\,\text{Pa}$$
$$m_{\text{R}} = m_{\text{Flasche}} = 105 \cdot 10^{-3}\,\text{kg}$$

(Die Masse des Treibstoffes Luft, ca. 1 g, ist gegenüber der Masse der leeren Rakete zu vernachlässigen, und damit auch die Veränderung der Raketenmasse nach dem Treibstoffausstoß.)

- Treibstoff Wasser

$$\rho_{\text{Wasser}} = 0{,}998 \cdot 10^3 \frac{\text{kg}}{\text{m}^3}$$
$$V_{\text{Wasser}} = 0{,}5 \cdot 10^{-3}\,\text{m}^3$$
$$p_{\text{i}} = 2{,}5\,p_{\text{a}} = 2{,}5 \cdot 1013 \cdot 10^2\,\text{Pa}$$
$$m_{\text{R}} = \frac{1}{2}\left[(m_{\text{Flasche}} + m_{\text{Wasser}}) + m_{\text{Flasche}}\right] = 355 \cdot 10^{-3}\,\text{kg}$$

(Die Masse des Treibstoffs Wasser ist größer als die Masse der leeren Rakete, d. h. die Veränderung der Raketenmasse während des Treibstoffausstoßes kann nicht vernachlässigt werden. Um die Anwendung der Raketengleichung zu vermeiden, wird daher das arithmetische Mittel aus der Raketenmasse vor dem Treibstoffausstoß und der Raketenmasse nach dem Treibstoffausstoß als Näherungswert für m_{R} verwendet).

Für beide Fälle wurde der Druck p_{i} über das Gesetz von Boyle-Mariotte bestimmt:

$$p_{\text{i}} = \frac{V_{\text{a}}}{V_{\text{i}}}\,p_{\text{a}}$$

(V_{a}, V_{i}: Volumen der in die Flasche gepumpten Luft unter dem Außendruck p_{a} bzw. Innendruck p_{i}).

Dabei wird für p_{a} der Normalluftdruck eingesetzt und für V_{i} im ersten Fall das Flaschenvolumen und im zweiten Fall die Differenz aus Flaschen- und Wasservolumen verwendet. V_{a} kann man mit dem Ergebnis eines Vorexperiments bestimmen, in dem man das Volumen von z. B. 50 Luftpumpenstößen ermittelt (siehe Abb. 3), und somit ein mittleres Volumen pro Stoß angeben kann, mit dessen Hilfe man dann V_{a} über die Anzahl der Stöße abschätzt.

Mit den oben angegebenen Werten erhält man

$$v_{\text{R}_{\text{Luft}}} = 7{,}3\,\frac{\text{m}}{\text{s}} \quad \Rightarrow \quad h = 2{,}7\text{ m}$$

$$v_{\text{R}_{\text{Wasser}}} = 24{,}5\,\frac{\text{m}}{\text{s}} \quad \Rightarrow \quad h = 30{,}6\text{ m}$$

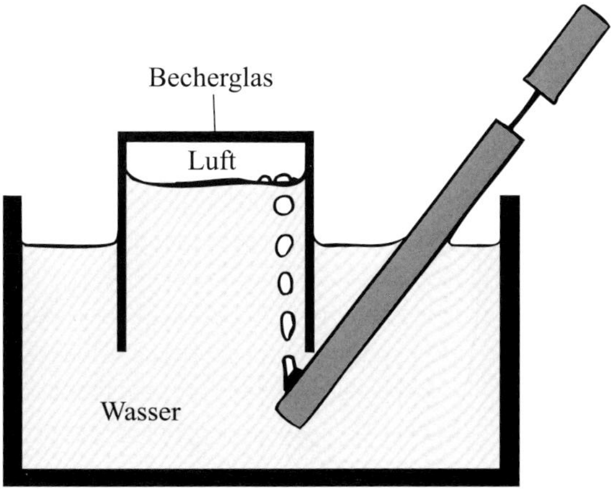

Abb. 3

(h: maximale Höhe bei senkrechtem Raketenstart [senkrechter Wurf mit $v_0 = v_R$]), was qualitativ gut mit der Beobachtung übereinstimmt.

Bemerkungen

Es empfiehlt sich, dieses Experiment im Freien durchzuführen. Die Wasserrakete fliegt wirklich erstaunlich weit, zumal im Vergleich zur „Luftrakete", von der man vielleicht sogar etwas enttäuscht sein wird.

Zum Gelingen des Experiments trägt das richtige Mischungsverhältnis von Luft und Wasser bei: Ist zu viel Wasser in der Flasche, hebt die Rakete unter Umständen gar nicht ab und verspritzt lediglich ihren Treibstoff in der Gegend, da ihr Anfangsgewicht zu groß ist; ist zu wenig Wasser enthalten, bekommt die Rakete nur einen kleinen Impuls vom Treibstoff übertragen und die Flugweite unterscheidet sich nicht wesentlich von der der „Luftrakete". Für die 1,5 l-Getränkeflasche stellten sich Wasserfüllungen im Bereich 0,3 – 0,5 l als erfolgreich heraus. Als anderer wichtiger Faktor entpuppte sich die Anzahl der Luftpumpenstöße (in der Formel für v_R also die Größe p_i). Diese wird nach oben durch das Vermögen des Assistenten begrenzt, den Stopfen auch noch in der Flasche zu halten, wenn der Innendruck schon beträchtlich erhöht worden ist. Zum Stopfen bleibt anzumerken, dass er sehr beherzt in den Flaschenhals gestoßen werden muss, aber nicht in irgendeiner Weise „verkanten" darf.

In der Literatur wird des Öfteren von Startrampen und flugstabilisierenden Bauteilen geschrieben, die aber für das Gelingen des Experiments keineswegs notwendig sind. Drei Möglichkeiten solcher Startrampen seien hier angeführt:

- ein in jeder Chemie-Sammlung vorhandenes Drei- oder Vierbein, das dort als Auflage für Erlenmeyerkolben beim Erhitzen über dem Bunsenbrenner verwendet wird; die Flasche wird mit dem Kopf nach unten lose in den Auflagering gesetzt
- ein entsprechendes aus Pappe zusammengestecktes Dreibein, für das Abb. 4 ein Schnittmuster bietet, wenn diese Abbildung von DIN A 4 auf DIN A 3 vergrößert wird
- ein Abflussrohr passenden Durchmessers mit ca. 1,5 m Länge aus Plastik (in jedem Baumarkt erhältlich), in dem die Flasche wie eine Kugel im Lauf einer Kanone gestartet wird; hier empfiehlt sich die Verwendung einer Fußpumpe mit Druckschlauch

Auch der Assistent kann mit seiner zweiten Hand gut der Rakete als Startrampe dienen. Schließlich sei erwähnt, dass die Plastikflasche zwar stumpf geformt ist, aber dennoch aus hartem Material besteht. Man sollte also vermeiden, auf Menschen zu zielen (wobei man als Assistent bei senkrechten Starts an sich selbst zuerst denken sollte ...). Eine größere Gefahr geht eher vom Stopfen aus, der sich auch in ein Geschoß verwandeln, im Gegensatz zur Flasche allerdings als solches „ins Auge gehen" kann. Keine der verwendeten Flaschen platzte, sie gingen höchstens im Grundstück des Nachbarn verloren.

Der Assistent wird in jedem Falle nass. Aber was ist das angesichts der Möglichkeit, zuzusehen, wie eine Getränkeflasche majestätisch vor blauem Himmel zum First des Gebäudes aufsteigt, um nach einem annähernd parabelförmigen Flug im jenseitigen Feuchtbiotop zu landen ...

Ähnliche Experimente zur gleichen Thematik sind „Die Luftballonrakete", „Die Luftrakete" und „Das Raketenschiffchen".

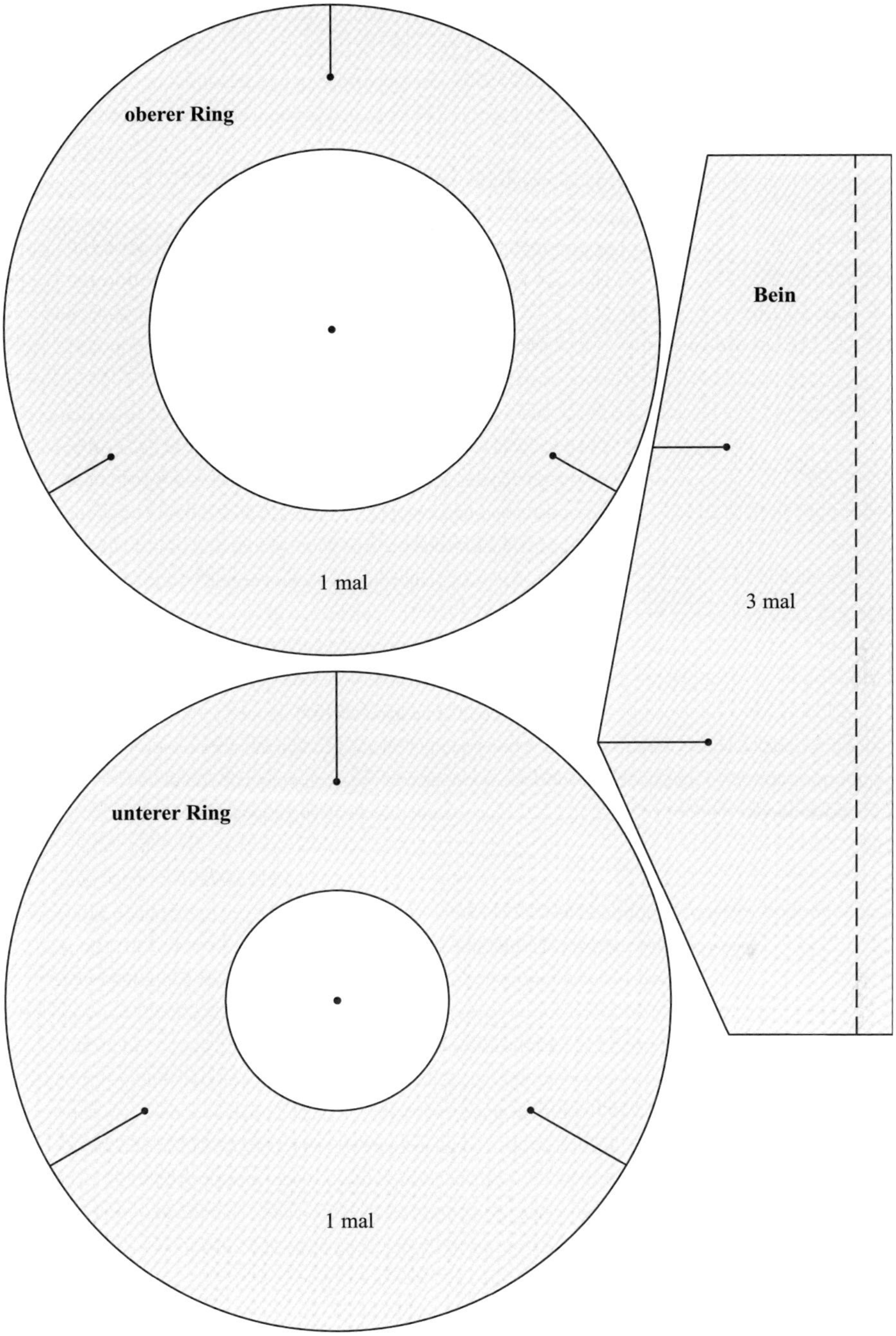

Abb. 4

Literatur

Kratz, M.: Experimente als Hausaufgaben Physik, Aulis Verlag Deubner, Köln 1993

Ucke, C., Physik in der Schule 31/12 (1993), S. 419-420

zu den Formeln:

Hammer, A.; Hammer, K.: Physikalische Formeln und Tabellen, J. Lindauer Verlag, München 1985

Gobrecht, H.; Gobrecht, J. H.; Gobrecht, K. H.: Bergmann-Schäfer, Lehrbuch der Experimentalphysik, Band 1, Mechanik, Akustik, Wärme, Walter de Gruyter Verlag, Berlin 1990, S. 87, 341

3.55 Die Reagenzglaskanone

An einem Reagenzglas, dessen aufgesetzter Stopfen durch Überdruck herauskatapultiert wird, lassen sich die Prinzipien des Rückstoßes untersuchen.

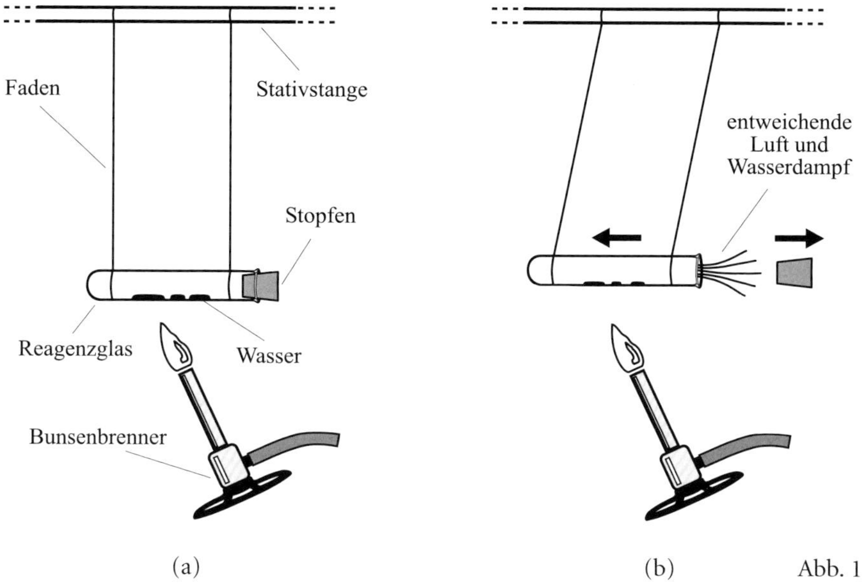

Abb. 1

Material

- feuerfestes Reagenzglas
- Gummistopfen, mit dem sich das Reagenzglas verschließen lässt
- Faden (Länge: ca. 1 m)
- Stativmaterial
- Bunsenbrenner
- Schutzbrille und Schutzscheibe

Aufbau und Durchführung

Ein Reagenzglas wird mit etwa 1 ml Wasser gefüllt und mit einem Gummistopfen *leicht* verschlossen. Da später beim Erwärmen der Stopfen herausgedrückt werden soll, ist darauf zu achten, dass er sich leicht lösen kann und nicht festklemmt, weil das Reagenzglas sonst explosionsartig zerspringen kann. Das Experiment sollte aber in jedem Fall hinter einer Schutzscheibe und mit Schutzbrille durchgeführt werden. Keinesfalls sollten Korkstopfen verwendet werden, da sie durch heißen Wasserdampf aufquellen und anschließend viel fester sitzen als zu Anfang. Das Reagenzglas wird an zwei Fäden (Länge: jeweils ca. 0,5 m) wie in Abbildung 1(a) an einer Stativstange horizontal aufgehängt und der mittlere Bereich mit dem Bunsenbrenner erwärmt, wobei der Gummistopfen nicht heiß werden und mit der Glaswand verkleben darf. Ist der Druck weit genug angestiegen, wird der Stopfen aus dem Reagenzglas herauskatapultiert und dieses in entgegengesetzter Richtung beschleunigt (siehe Abb. 1(b)).

Erklärung

Die Zustandsgleichung idealer Gase ist in der Form

$$p_{\text{ges}} V = N_{\text{ges}} k T \qquad (1)$$

(p_{ges}: Gesamtdruck eines Gasgemisches; N_{ges}: Gesamtteilchenzahl; V: Volumen des Gasgemisches; k: Boltzmann-Konstante; T: absolute Temperatur)
auch für beliebige Gasgemische gültig und beschreibt daher das eingeschlossene Luft-Wasserdampf-Gemisch in dem Reagenzglas.
Beim Erwärmen steigt zum einen die Temperatur und zusätzlich die Gesamtteilchenzahl, weil der zunehmende Dampfdruck des Wassers zur Verdunstung bzw. zum Sieden weiterer Flüssigkeit führt. Nach Beziehung (1) führt sowohl die Erhöhung von T, als auch der Anstieg von N_{ges} bei konstantem Volumen V zu einer Erhöhung des Gesamtdrucks p_{ges} (Die geringe Zunahme des Volumens V der eingeschlossenen Gase durch Verdunsten oder Sieden von Wasser kann vernachlässigt werden).
Überschreitet der Gesamtdruck einen kritischen Wert, so löst sich der Stopfen und das Luft-Wasserdampf-Gemisch beginnt zu expandieren, wobei Reagenzglas und Stopfen wegen der Impulserhaltung in zueinander entgegengesetzter Richtung beschleunigt werden. Auf Grund des Impulserhaltungssatzes sind die Impulse p_1 und p_2 beider Gegenstände nach der Beschleunigungsphase gegengleich.
Der Stopfen erreicht wegen seiner kleineren Masse allerdings eine wesentlich höhere Rückstoßgeschwindigkeit. Bei unterschiedlichen Massen m_1 und m_2 der Körper sind auch deren kinetischen Energien E_1 und E_2 nach dem Auseinanderfliegen verschieden:

$$E_1 = \frac{p^2}{2m_1} \neq \frac{p^2}{2m_2} = E_2 \quad \text{falls } m_1 \neq m_2 \qquad (\text{mit } p^2 := p_1^2 = p_2^2)$$

Bemerkungen

Bei einem Rückstoß zwischen zwei Körpern mit extrem unterschiedlicher Masse bleibt der schwerere fast in Ruhe, während der leichtere eine hohe kinetische Energie bekommt und schnell wegfliegt.
Dieses Phänomen kann bei der Durchführung des Experiments „Das Prinzip eines Verbrennungsmotors" beobachtet werden.
Ähnliche Experimente zur gleichen Thematik sind „Die Kartoffelschleuder" und „Die Backpulverrakete".

Literatur

Friedrich, A., Praxis der Naturwissenschaften: Physik 19/10 (1970), S. 273

3.56 Rotierende Trinkhalme

Mit zwei zusammengesteckten Trinkhalmen, durch die man Luft bläst, kann das Rückstoßprinzip demonstriert werden.

Material

- 2 Trinkhalme mit Gelenk
- Kugelschreiber

Aufbau und Durchführung

Man weitet das eine Ende eines Trinkhalmes mit einem Kugelschreiber etwas auf und steckt einen zweiten so hinein, dass ein langes und ein kurzes Ende (vom Gelenk aus betrachtet) zusammentreffen. Dadurch entstehen drei gerade Abschnitte, die jeweils durch ein Gelenk voneinander getrennt sind. Die beiden Gelenke werden so gebogen, dass alle drei entstandenen Abschnitte paarweise senkrecht aufeinander stehen (siehe Abb. 1). Das längere der beiden Endstücke nimmt man zwischen die angefeuchteten Lippen und stützt es davor mit den Fingern etwas ab, ohne es festzuhalten. Bläst man in das Röhrchen, dreht es sich munter, saugt man Luft an, bleibt es in Ruhe. Bei längerem Blasen gleitet das Röhrchen langsam aus dem Mund heraus.

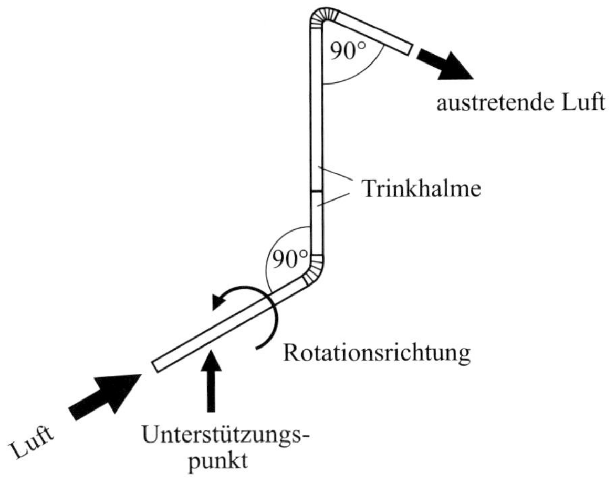

Abb. 1

Erklärung

Impulsänderungen und damit Kräfte treten nur an den Stellen der zusammengesteckten Trinkhalme auf, an welchen die Luft ihre Strömungsrichtung ändert. Die Wirkung eines Richtungswechsels der Luft um 90° wird im Folgenden exemplarisch an einem Röhrchen untersucht, das wie in Abbildung 2 entlang der Koordinatenachsen verläuft und am Ursprung einen Viertelkreisbogen beschreibt.

Das Röhrchen mit Querschnittsfläche A werde in Pfeilrichtung von Luft der Dichte ρ mit einer Geschwindigkeit, deren Betrag konstant v_0 ist, durchströmt. Für den Massenstrom $\dot{m}$ der Luft, der einen fest gewählten Rohrquerschnitt passiert, gilt damit:

$$\dot{m} = \frac{\mathrm{d}m}{\mathrm{d}t} = \frac{\rho A \mathrm{d}l}{\mathrm{d}t} = \frac{\rho A v_0 \mathrm{d}t}{\mathrm{d}t} = \rho A v_0 \qquad (1)$$

(dl: zurückgelegter Weg der Luft in der Zeit dt).

Strömt während der Zeit dt Luft der Masse dm durch

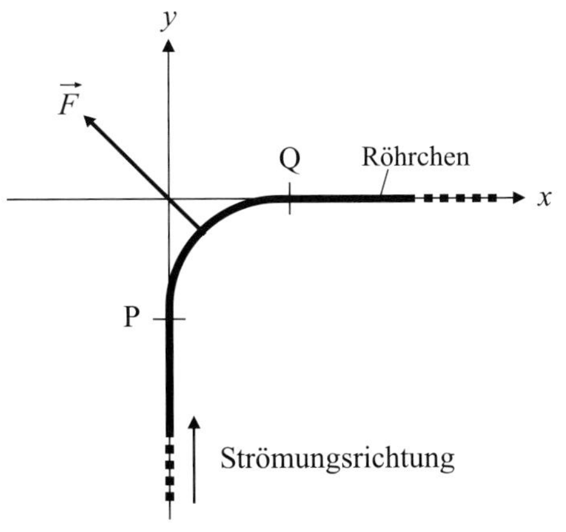

Abb. 2

einen bestimmten Querschnitt des Röhrchens, so tritt in dieser Zeit Luft der Masse dm bei P (siehe Abb. 2) in den Kreisbogen ein und genauso viel bei Q (siehe Abb. 2) wieder aus (bei stationärem Strömungszustand). In der Zeit dt erfährt die Luft also eine Impulsänderung um

$$\mathrm{d}\vec{p} = v_0\,(\vec{e}_\mathrm{x} - \vec{e}_\mathrm{y})\,\mathrm{d}m. \qquad (2)$$

$\vec{F}$ sei die Kraft, welche durch die Richtungsänderung des Luftstroms auf den Trinkhalm wirkt. Eventuelle Impulsänderungen vor Eintritt oder nach Austritt des Luftstroms aus dem Halm werden getrennt von $\vec{F}$ behandelt. Für $\vec{F}$ gilt:

$$\vec{F} = -\frac{\mathrm{d}\vec{p}}{\mathrm{d}t} = -v_0\,(\vec{e}_\mathrm{x} - \vec{e}_\mathrm{y})\,\frac{\mathrm{d}m}{\mathrm{d}t} = \rho A v_0^2\,(\vec{e}_\mathrm{y} - \vec{e}_\mathrm{x}) \quad \text{((1) und (2) verwendet)} \qquad (3)$$

Die von der strömenden Luft verursachte Kraft $\vec{F}$ eines Teilstücks wie in Abbildung 2 ist also parallel zu *der* Symmetrieachse des Rohrstücks, die in der aufgespannten Ebene liegt (siehe Abb. 2) und unabhängig vom Krümmungsradius des Rohrbogens. Im Experiment existieren zwei solcher Bögen, mit den daraus resultierenden Kräften $\vec{F}_{\mathrm{I,II}}$ und $\vec{F}_{\mathrm{II,III}}$ (siehe Abb. 3).

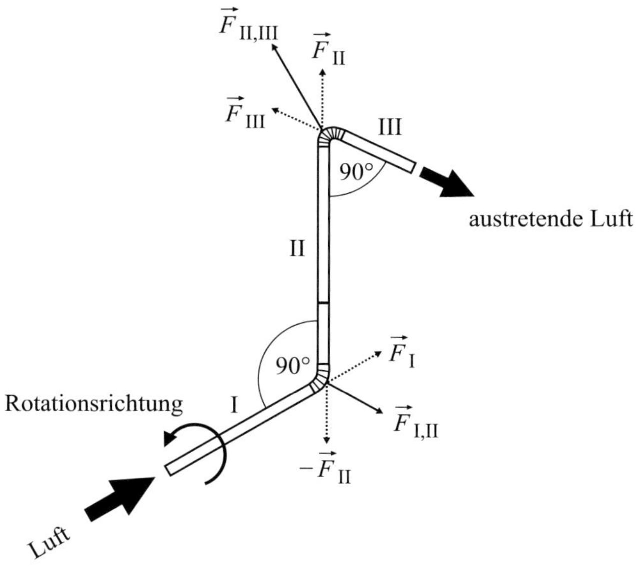

Abb. 3

Näherungsweise treten beim Blasen Impulsänderungen nur in den Kurven auf. Die Luft strömt bereits im Mund und tritt fast mit der Geschwindigkeit v_0 in das Röhrchen ein. Nach dem Austritt aus der Öffnung ändert sich der Impuls der Luft erst in größerem Abstand, was kaum Einfluss auf die Trinkhalme hat.

Die beiden zum Teilstück II parallelen Komponenten $\vec{F}_{\mathrm{II}}$ und $-\vec{F}_{\mathrm{II}}$ ergeben vektoriell addiert den Nullvektor und erzeugen auch kein Drehmoment, da ihre Wirkungslinien zusammenfallen. Die zum Abschnitt III parallele Kraftkomponente $\vec{F}_{\mathrm{III}}$ erzeugt ein Drehmoment und führt zu einer Rotation der Trinkhalme, während die Kraft $\vec{F}_{\mathrm{I}}$ die ganze Anordnung langsam aus dem Mund schiebt.

An den bisher betrachteten Kräften ändert sich bei Umkehr der Strömungsrichtung nichts. Warum bleibt die Anordnung in Ruhe, wenn Luft mit dem Mund angesaugt wird und rotiert nicht in der gleichen Richtung wie beim Blasen? Die Antwort ist, dass die ruhende Luft direkt an der Eintrittsöffnung auf die Geschwindigkeit v_0 beschleunigt wird und die damit verbundene Impulsänderung die Kräftebilanz beeinflusst (siehe Abb. 4).

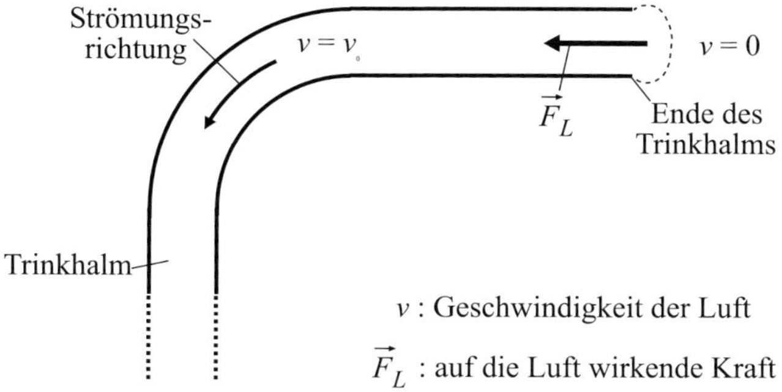

Abb. 4

Um ständig die einströmende Luft auf die Geschwindigkeit v_0 zu beschleunigen, ist die Kraft $F_L = \rho A v_0^2$ (analog zu (3) für eine Geschwindigkeitsänderung von null auf v_0 in einer Dimension) in Strömungsrichtung notwendig. Nach dem Prinzip „actio = reactio" wird die damit verbundene Gegenkraft $-\vec{F}_L$ von dem Trinkhalm aufgebracht.
Für die in Richtung des Abschnitts III wirkenden Kräfte gilt damit

$$\vec{F}_{III} + (-\vec{F}_L) = \vec{0}.$$

Ohne detaillierte Betrachtung der Kräfte kann das Verharren in Ruhe auch folgendermaßen erklärt werden: Vor dem Einströmen besitzt die Luft parallel zum Bereich III keinen Impuls und nach der ersten durchlaufenen Kurve auch nicht. Da die Luft insgesamt in dieser Richtung keine Impulsänderung erfährt, kann sich auch diese Impulskomponente des Trinkhalms nicht ändern.

Bemerkungen

Ein weiterer verblüffender Effekt tritt auf, wenn die Abschnitte II und III unter Wasser gebracht und die Trinkhalme durch Ansaugen gefüllt werden. Beginnt man an der Anordnung zu saugen, so dreht sich das freie Ende ein Stück entgegen der Strömungsrichtung, hört man auf, so macht es einen Ruck in der umgekehrten Richtung.
Grund für das seltsame Verhalten ist die Flüssigkeit im Abschnitt III, die bei Beginn des Saugens beschleunigt und am Ende wieder abgebremst werden muss. Die damit verbundenen Gegenkräfte drehen die Trinkhalme während der Beschleunigungsphasen ein Stück weit. Bei Luft ist dieser Effekt wegen ihrer geringen Dichte nicht bemerkbar.

Literatur

Köpf, U., Physik und Didaktik 19/4 (1991), S. 321-324

Unter **www.friedrich-verlag.de** finden Sie Materialien zum Buch als Download.
Bitte geben Sie den achtstelligen Download-Code in das Suchfeld ein.

DOWNLOAD-CODE: d62535pf

Hinweis:

Das Download-Material enthält Arbeitshilfen und Materialien, die Sie beim Aufbau einer Bildungs- und Erziehungspartnerschaft mit Eltern unterstützen.

Durch den Kauf dieses Buches (ISBN 978-3-7614-2535-0) haben Sie das Recht erworben, das ergänzende Download-Material in Ihren derzeitigen und zukünftigen Lerngruppen und Klassen einzusetzen und zu vervielfältigen. So können Sie etwa einzelne Seiten ausdrucken und verteilen oder mit Beamer oder Whiteboard verwenden.

Was Sie **nicht** dürfen:

- das Download-Material oder Teile davon an Kolleginnen und Kollegen weitergeben.
- das Download-Material oder Teile davon in Netzwerke einstellen, wie etwa Schulserver oder Cloud-Systeme, sodass Kolleginnen und Kollegen darauf Zugriff erhalten.
- die Lizenzinformation und Quellenhinweise auf dem Downloadmaterial entfernen.
- bei einer Bibliotheksausleihe des Buches das Download-Material herunterladen.

Bitte tragen Sie im Sinne dieser Lizenz dazu bei, dass wir weiterhin digitales Ergänzungsmaterial für Lehrerinnen und Lehrer bereitstellen können. Der Verlag behält sich dabei vor, auch gegen urheberrechtliche Verstöße vorzugehen.

Unsere Autorinnen und Autoren sowie der Verlag wünschen Ihnen viel Erfolg bei der Nutzung der Materialien!

Haben Sie Fragen zum Download? Dann wenden Sie sich bitte an den Leserservice der Friedrich Verlags GmbH. Schreiben Sie uns oder rufen Sie uns an!

Sie erreichen unseren Leserservice
Montag bis Donnerstag von 8 – 18 Uhr
Freitag von 8 – 14 Uhr
Tel.: 0511/40004-150
Fax: 0511/40004-170
E-Mail: leserservice@friedrich-verlag.de

Wir freuen uns über Ihre Rückmeldung und helfen Ihnen gerne weiter!

Stichwortverzeichnis

Band 1 = Seiten 1 bis 490; Band 2 = Seiten 491 bis 926

Band 1 = Seiten 1 bis 490; Band 2 = Seiten 491 bis 926

Physikalische Freihandexperimente

Physikalische Freihand-experimente

Band 2

Akustik

Wärme

Elektrizität

Magnetismus

Optik

Diese Sammlung entstand unter Mitarbeit von:
Clemens Berthold, Daniela Christ, Gunther Braam, Jürgen Haubrich, Markus Herfert, Helmut Hilscher, Jürgen Kraus, Christian Möller

Koordination: *Helmut Hilscher*

6. Auflage

Friedrich Aulis

Bibliografische Information der Deutschen Nationalbibliothek
Die Deutsche Nationalbibliothek verzeichnet diese Publikation in der Deutschen Nationalbibliografie; detaillierte bibliografische Daten sind im Internet über http://dnb.d-nb.de abrufbar.

Impressum

Helmut Hilscher (Hrsg.)
Physikalische Freihandexperimente
Band 2: Akustik, Wärme, Elektrizität, Magnetismus, Optik

6. Auflage 2022

Druck: BELTZ Bad Langensalza GmbH, Bad Langensalza
Printed in Germany

ISBN: 978-3-7614-2535-0 (Band 1 und 2)

Inhaltsverzeichnis

Band 1 = Kapitel 1 bis 3; Band 2 = Kapitel 4 bis 9

Band 1 = Kapitel 1 bis 3; Band 2 = Kapitel 4 bis 9

Band 1 = Kapitel 1 bis 3; Band 2 = Kapitel 4 bis 9

Band 1 = Kapitel 1 bis 3; Band 2 = Kapitel 4 bis 9

4 Akustik

Band 1 = Kapitel 1 bis 3; Band 2 = Kapitel 4 bis 9

 Band 1 = Kapitel 1 bis 3; Band 2 = Kapitel 4 bis 9

 Band 1 = Kapitel 1 bis 3; Band 2 = Kapitel 4 bis 9

Vorwort

Der Ursprung dieses Werkes geht auf eine Idee des Professors für Didaktik am Institut für Physik der Universität Augsburg, Dr. *Helmut Hilscher*, zurück: Beschreibungen von Freihandexperimenten sind in der Literatur nur in verstreuten oder entlegenen Quellen zu finden, die zudem nicht immer physikalischen Ansprüchen genügen. Eine Sammlung ausgearbeiteter Experimente, die in keiner Schule fehlen sollte, würde diese Lücke füllen. Es bot sich an, eine solche umfangreiche Sammlung im Rahmen von Staatsexamensarbeiten anfertigen zu lassen. Sechs Studenten des Lehramtes an Gymnasien erklärten sich bereit, die Sichtung, Durchführung, Optimierung und Dokumentation von Freihandexperimenten vorzunehmen: *Clemens Berthold, Daniela Binzer, Gunther Braam, Jürgen Haubrich, Jürgen Kraus* und *Christian Möller*.

Nach einer umfangreichen Literaturrecherche standen zunächst ungefähr 1000 Experimente zur Auswahl. Von diesen wurden auf der Grundlage der folgenden Kriterien, die sich während der Beschäftigung mit der Thematik immer deutlicher herausbildeten, etwa 400 Experimente ausgewählt und in einer einheitlichen Struktur beschrieben:

- Verwendung von allgemein verfügbaren oder leicht zu beschaffenden Alltagsgegenständen und Materialien
- Einfacher und leicht durchschaubarer Aufbau
- Problemlose Durchführung und kurze Dauer des Experimentes

Bereits bei einer der frühen Projektbesprechungen war der Gedanke aufgetaucht, nicht zuletzt wegen des absehbaren großen Umfangs der im Entstehen begriffenen Experimente-Sammlung, zunächst eine CD-ROM statt eines gebundenen Buches herzustellen. Zur Mitarbeit an dieser CD-ROM entschlossen sich drei Verfasser der Examensarbeiten: *Clemens Berthold, Daniela Binzer* und *Gunther Braam*. Hinzu kam *Markus Herfert*, der im Rahmen seiner Examensarbeit für das Lehramt an Hauptschulen eine Reihe von Experimenten verfilmte. Dieses Team überarbeitete unter der Leitung und Mitarbeit von Prof. Dr. *Helmut Hilscher* Zeichnungen und Texte für die CD-ROM, programmierte die Benutzeroberfläche und integrierte Texte und Bilder.

Wegen des großen Erfolges der 1998 erschienenen CD-ROM war es mir nun erneut ein besonderes Anliegen, dieses Werk dem physikalisch interessierten Publikum auch in Form von Büchern zur Verfügung zu stellen. Ich wünsche allen Lesern viel Freude bei der Lektüre der Ausarbeitungen und vor allem viel Begeisterung bei der Durchführung der Experimente.

Dem Aulis Verlag danke ich für die sehr angenehme Zusammenarbeit bei der technischen Umsetzung der CD-ROM-Version in diese nun vorliegende Buchausgabe.

Clemens Berthold

Anmerkung des Verlages:
Für die 6. Auflage 2022 stehen alle Inhalte der CD-ROM jetzt als Download bereit. Nähere Informationen dazu finden Sie auf S. 926 am Ende dieses Bandes.

4.1 Mit einem Joghurtbecher Musik hören

Mit einem Plastikbecher lässt sich nachweisen, dass Schall auf einer Langspielplatte durch eine Rille gespeichert ist, welche kleine Abweichungen von einer Spirale aufweist.

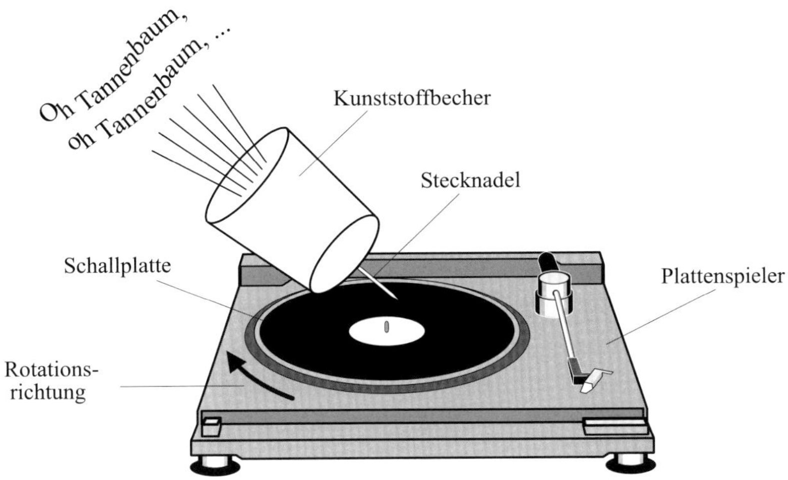

Abb. 1

Material

- Plattenspieler
- Schallplatte, die Kratzer bekommen darf
- Kunststoffbecher, möglichst groß und aus weichem Kunststoff, z. B. Joghurtbecher
- Stecknadel

Aufbau

Eine Stecknadel wird von der Innenseite aus durch den Boden eines Joghurtbechers gestochen und durchgeschoben, bis ihr Kopf auf dem Boden aufsteht. Der Becher wird so über eine rotierende Schallplatte gehalten, dass die Nadel mit der Plattenoberfläche ungefähr einen Winkel von 45° bildet und entgegen der Laufrichtung geneigt ist (siehe Abb. 1). Setzt man die Nadelspitze vorsichtig auf der Schallplatte auf, so ist deutlich die gespeicherte Musik zu hören.

Erklärung

Die spiralförmige Rille einer Schallplatte besitzt kleine horizontale Auslenkungen und unterschiedliche Tiefen. In diesen beiden Abweichungen von einer exakten Spiralform sind die Informationen für die beiden Kanäle einer Stereoaufnahme gespeichert. Normalerweise wird die Rille von einer Diamantnadel abgetastet und deren mechanische Schwingungen in ein elektrisches Signal umgewandelt. Im Experiment werden die Schwingungen von der Stecknadel auf den Becher übertragen, welcher als Resonanzkörper dient.

Bemerkungen

Erstmals gelang es dem amerikanischen Erfinder *Thomas Alva Edison* (1847-1931) im Jahr 1877 Sprache mit dem „Edison-Phonographen" zu speichern. Er benutzte dazu eine Zinnwalze, auf der die Schwingungen verschiedene Rillentiefen erzeugten.

Literatur

Treitz, N.: Spiele mit Physik, Verlag Harri Deutsch, Thun und Frankfurt/Main 1991
Press, H. J.: Spiel das Wissen schafft: 100 interessante Experimente aus Natur und Technik – spielend ausführen, Ravensburger Taschenbücher, Ravensburg 1992

zu Bemerkungen:

Lingen Verlag (Hrsg.): Das grosse Lingen Universallexikon, Lingen Verlag, Köln 1982

4.2 „Meeresrauschen“ mit dem Plastikbecher

Mit einem Plastikbecher vor dem Ohr werden Hintergrundgeräusche hörbar.

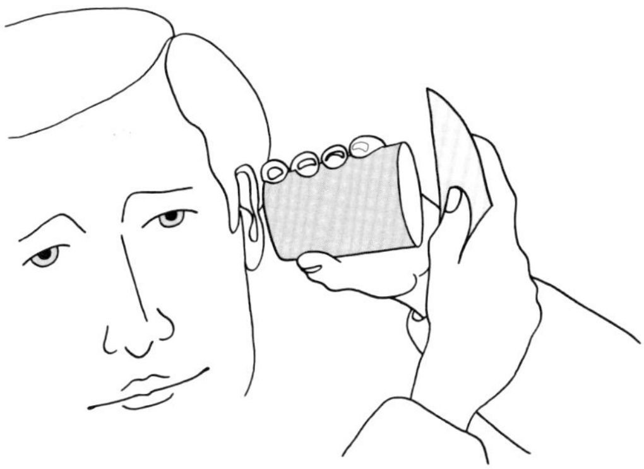

Abb. 1

Material

- Plastikbecher (Volumen: ca. 0,5 l), z. B. Joghurtbecher oder Becher, in dem andere Milchprodukte angeboten werden
- Pappkarton oder stärkeres Papier (ca. 20 cm × 20 cm)

Aufbau und Durchführung

Mit einem Stift oder einem anderen harten Gegenstand wird in den Boden eines Plastikbechers ein Loch von ca. 5 mm Durchmesser gestochen. In einem ruhigen Raum hält man mit einer Hand den Plastikbecher so an ein Ohr, dass das Loch im Boden des Bechers über der Ohrmuschel zu liegen kommt. Mit der anderen Hand hält man einen Pappkarton über der Öffnung des Bechers (siehe Abb. 1). Abhängig vom Abstand des Pappkartons zur Öffnung des Plastikbechers wird man ein unterschiedlich hohes, schwaches Rauschen wahrnehmen, das an Meeresrauschen erinnert.

Erklärung

Obwohl ein Raum als ruhig wahrgenommen wird, ist er das natürlich nicht. Solange sich im Raum ein Stoff wie etwa die Luft befindet, der Schallwellen übertragen kann, treten immer Störungen und Wirbel auf (z. B. durch die eigene Bewegung) und produzieren so Schall. Normalerweise liegt die Intensität dieses Schalls jedoch unterhalb der Hörschwelle und wird somit nicht wahrgenommen. Im Experiment regt nun dieser Schall die Luft zwischen dem Boden des Plastikbechers und dem Pappkarton durch Resonanz zum Schwingen an und macht somit den Schall hörbar (Verstärkerfunktion eines Resonators, siehe Experiment „Ein Holztisch als Resonator“). Da die in Resonanz schwingende Luftsäule nicht rundum geschlossen ist, sondern sich zwischen Becher und Karton ein Spalt befindet, ist die mögliche Resonanz sehr breit, d. h. sehr viele Frequenzen können die Luft zwischen Becherboden und Pappkarton resonant zum Schwingen anregen. Eine solche Überlagerung vieler Frequenzen wird nicht als einzelner Ton oder mehrere Töne, wie beim Vorhandensein nur bestimmter Frequenzen (siehe Experiment „Eine Glasröhre als Orgelpfeife“), wahrgenommen, sondern als Rauschen. Abhängig vom Abstand des Pappkartons zur Öffnung des Bechers tritt die Resonanz bei unterschiedlichen Frequenzbereichen auf. Je weiter der Pappkarton vom Becher entfernt wird, desto tiefer wird das Rauschen, da die Luftsäule zwischen Becherboden und Pappkarton länger wird, was tiefere Resonanzfrequenzen bedeutet (siehe Experiment „Offene und gedackte Pfeifen“).

Bemerkungen

Dieser Effekt, die Verstärkung der Hintergrundgeräusche über die Hörschwelle durch Resonanz, lässt sich auch bei leeren Meeresmuscheln beobachten. Hält man eine Muschel ans Ohr, kann man ein schwaches Rauschen wahrnehmen, was einem oft als tatsächliches Meeresrauschen der Muschelschale erklärt wird. Dies ist natürlich physikalischer Unsinn (siehe obige Erklärung). Zudem handelt es sich meistens bei den Muscheln, in denen man angeblich das Meer rauschen hören kann, nicht um eine Muschelschale, sondern um die Schale einer Meerschnecke, denn nur diese ist einschalig: Alle Meeresmuscheln haben zwei Schalen und diese sind eher flach wie das gewölbte Glas einer Taschenuhr.

Literatur

Edge, R. D.: String & Sticky Tape Experiments, American Association of Physics Teachers, College Park, MD 20740-4100, U.S.A. 1987

Raaf, H.; Sowada, H.: Physik macht Spaß, Überraschende Einsichten durch über 100 Modelle und Experimente, Herder Verlag, Freiburg im Breisgau 1990

4.3 Ein Holztisch als Resonator

Das Experiment zeigt die Wirkung von Resonatoren zur Verstärkung von Tönen.

Material

- Stimmgabel
- Holztisch oder anderer Resonator, z. B. Korpus einer Gitarre oder eines anderen Saiteninstruments

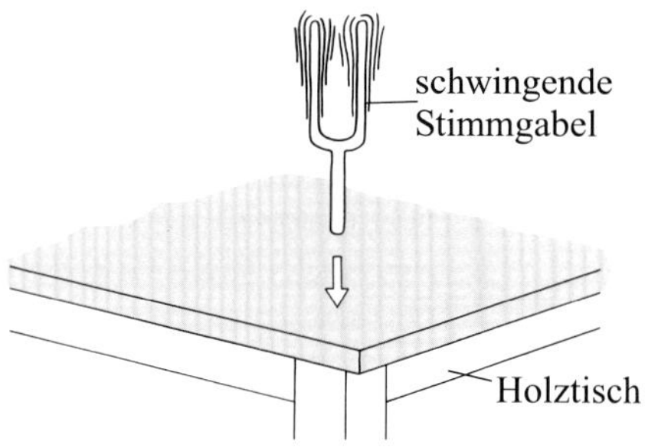

Abb. 1

Aufbau und Durchführung

Eine Stimmgabel wird angeschlagen und in die Luft gehalten. Dabei wird darauf geachtet, wie lange ein Ton wahrnehmbar ist. Man schlägt die Stimmgabel ein zweites Mal möglichst gleich stark an und hält sie mit ihrem unteren Ende (siehe Abb. 1) gegen einen Holztisch oder den Korpus eines Saiteninstruments. Der Ton erklingt jetzt wesentlich lauter und auch schneller ab. Als Resonator kann man auch den eigenen Schädelknochen verwenden. Dazu hält man die Stimmgabel mit ihrem Ende gegen die Zähne. Der Ton wird wesentlich lauter wahrgenommen, allerdings verursacht die schwingende Stimmgabel an den Zähnen ein unangenehmes Gefühl.

Erklärung

Berührt die Stimmgabel den Tisch, so schwingt dieser in der Frequenz der Stimmgabel mit großer Amplitude mit. Durch die vergrößerte Abstrahlfläche (die ganze Tischfläche anstelle der Stimmgabelzinken) werden mehr Luftmoleküle zum Schwingen angeregt; das entstehende Schallfeld ist größer und der wahrnehmbare Ton lauter. Dabei wird jedoch auch die in der mechanischen Schwingung der Stimmgabel gespeicherte Energie schneller in Schallenergie umgewandelt, so dass der Ton, im Vergleich zur frei schwingenden Stimmgabel, schneller abklingt. Damit der Tisch mit großer Amplitude mitschwingt, muss die anregende Frequenz der schwingenden Stimmgabel sehr nahe an einer Eigenfrequenz des Tisches liegen, der zum Schwingen angeregt wird. Schwingungsfähige Systeme, bei denen sehr viele Eigenfrequenzen nahe beieinander liegen, bezeichnet man als Resonatoren. Als Resonatoren eignen sich z. B. Holz, das vom Material her schon sehr viele nahe beieinanderliegende Eigenfrequenzen besitzt, die zusätzlich von der geometrischen Form des Holzstücks beeinflusst werden. Dagegen besitzt z. B. ein Metallstab wenige starke Eigenschwingungen (siehe Experiment „Der tönende Metallstab"), ist nur bei den Eigenfrequenzen leicht zum Mitschwingen anzuregen und deshalb als Resonator ungeeignet.

Bemerkungen

Die meisten Saiteninstrumente (außer den elektrisch verstärkten) machen sich die Verstärkung der Tonlautstärke durch Resonanz zu Nutze. Die schwingende Saite überträgt ihre Schwingungen auf den Korpus des Instruments, der dann mitschwingt und somit die

Lautstärke erhöht. Bei dem Bau der Instrumente wird besonders darauf geachtet, dass der Korpus bei allen auf dem Instrument zu spielenden Frequenzen möglichst gleich gut mitschwingen kann, also der Korpus sehr viele, nahe beieinanderliegende Eigenschwingungen mit annähernd gleicher Dämpfung besitzt (davon hängt ab, wie stark der Korpus mitschwingt), sonst würden manche Frequenzen im Vergleich zu anderen den Korpus stärker zum Mitschwingen anregen, deshalb als lauter wahrgenommen werden und zu einem unausgewogenen Klangbild des Instruments führen. Holz hat mit seiner organisch gewachsenen Struktur (keine Gitterstruktur wie bei Metallen) die Fähigkeit, bei vielen Frequenzen zu schwingen, und daher findet dieses Material als Resonator bevorzugt Verwendung. Da auf Grund von Dichteschwankungen im Material (Jahresringe ...) jedoch für Schwingungen ausgezeichnete Richtungen vorhanden sind, ist der Bau eines ausgeglichen klingenden Saiteninstruments nicht gerade einfach und bedarf einer Menge an Erfahrung (durch die gewählte Form des Korpus lässt sich das Auftreten von Eigenschwingungen beeinflussen). Dies erklärt den hohen Bekanntheitsgrad traditionsreicher Geigenbauer (Amati, Guarneri, Stradivari, Steiner, ...) und die Tatsache, dass berühmte Streichervirtuosen oft einen einzigen Geigenbauer bevorzugen und dessen Namen nur äußerst ungern preisgeben.

Literatur

Köthe, R.: Das neue Experimentierbuch: 150 einfache Experimente aus der Physik, Chemie und Biologie, Tessloff Verlag, Hamburg 1986
Long, D. D.: The physics around you, Wadsworth Publishing Company, Belmont 1988

4.4 Richtungshören

Mit dem Experiment lässt sich zeigen, wie das menschliche Gehör die Richtung feststellt, aus der ein Geräusch kommt.

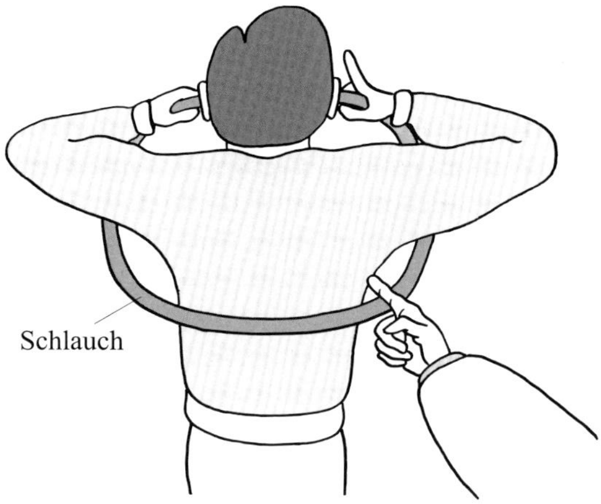

Abb. 1

Material

- Schlauch (Länge: 80 cm)

Aufbau und Durchführung

Eine Versuchsperson hält sich die Öffnungen eines Schlauches an beide Ohren und schließt die Augen. Mit einem Finger klopft man nacheinander an verschiedene Stellen des Schlauches (siehe Abb. 1), und die Versuchsperson zeigt mit der Hand in die Richtung, aus der sie das Klopfen gehört hat. Klopft man rechts oder links von der Mitte des Schlauches, so zeigt die Versuchsperson in die entsprechende Richtung. Klopft man an zwei verschiedene Stellen rechts von der Mitte, so kann die Versuchsperson feststellen, welche Klopfstelle näher am Ohr liegt.

Erklärung

Durch das Klopfen breitet sich im Inneren des Schlauches eine Schallwelle aus. Klopft man in der Mitte, so ist die Entfernung der Schallquelle zu beiden Ohren gleich groß. Der Schall erreicht beide Ohren in derselben Zeit, so dass die Versuchsperson die Schallquelle in der Mitte vermutet. Wird nicht in der Mitte des Schlauches geklopft, so erreicht der Schall das näher gelegene Ohr früher. Aus der Reihenfolge und der Zeitdifferenz, mit der der Schall an beiden Ohren empfangen wird, kann das Gehirn die Richtung bestimmen, aus welcher der Schall kommt. Das menschliche Ohr kann dabei Zeitdifferenzen von weniger als 30 μs unterscheiden.

Bemerkungen

Da die Richtung einer Schallquelle mit Hilfe der Zeitdifferenz bestimmt wird, hat das menschliche Gehör Probleme, die Richtung, aus der lang anhaltende Töne kommen, zu lokalisieren. Geht man vor einer Versuchsperson, die die Augen verschlossen hat, auf und ab und bläst kurz in eine Pfeife, so kann die Versuchsperson jeweils die Richtung angeben, aus der der Ton kommt. Bläst man dagegen lang anhaltend in die Pfeife, so kann die Versuchsperson die Richtung nicht mehr zuordnen.

Das Feststellen der Richtung einer Schallquelle mit Hilfe des Zeitunterschiedes setzt voraus, dass beide Ohren von der gleichen Schallintensität erregt werden. Bei einer seitlich liegenden Schallquelle stellt der Kopf für die Schallwellen ein Beugungshindernis dar, so dass die Intensität der Schallwellen an einem Ohr niedriger ist. Dieser Intensitätsunterschied wird bei Frequenzen über 3 kHz bemerkbar, wenn der Kopfdurchmesser etwa einer halben Wellenlänge entspricht. Daher lässt sich der Schall nur bei niedrigen Frequenzen aus der Zeitdifferenz lokalisieren, bei hohen Frequenzen wird die Richtung aus dem Lautstärkeunterschied ermittelt und bei mittleren Frequenzen um 3 kHz aus einer Mischung aus beidem. In beiden Fällen benötigt man beide Ohren zum Richtungshören. Hält man ein Ohr zu, so kann man die Richtung eines Geräusches nicht genau angeben.

Literatur

Zeier, E.: Physikalische Schulversuche, Freihandversuche, kleine Experimente, Aulis Verlag Deubner, Köln 1986

4.5 Das Schlauchtelefon

Über einen Schlauch lassen sich leise Geräusche in guter Qualität über größere Distanzen übermitteln. Dies zeigt, dass die Intensität von Schall mit zunehmender Entfernung von seiner Quelle langsamer abnimmt, wenn man den Raumwinkel, in dem er sich fortpflanzen kann, verkleinert.

Abb. 1

Material

- mehrere Meter Schlauch (lichte Weite: ca. 1 cm)
- 2 Trichter (äußerer Durchmesser des Auslaufs: ca. 1 cm)

Aufbau und Durchführung

Die Enden eines Schlauches werden jeweils über den Auslauf eines Trichters geschoben. Eine Person spricht leise in einen Trichter hinein, während eine andere sich den zweiten Trichter nahe an ein Ohr hält. Das Geflüster ist gut zu verstehen, wobei es keine Rolle spielt, ob der Schlauch Kurven besitzt oder straff gespannt wird. Will man keinen direkten Seh- oder Sprechkontakt haben, kann man den Schlauch durch eine Tür führen und diese bis auf einen Spalt schließen.

Erklärung

Wenn keine Hindernisse im Weg sind, breitet sich Schall von seiner Quelle gleichmäßig in alle Raumrichtungen aus. Bei dieser ungestörten Ausbreitung wächst die Fläche einer Wellenfront mit dem Quadrat der Entfernung von der Schallquelle an (quadratisches Abstandsgesetz). Dadurch nimmt die Schallintensität mit zunehmendem Abstand von der Schallquelle rasch ab und unterschreitet insbesondere bei sehr schwachen Quellen schnell die Mindestintensität, um vom menschlichen Ohr noch wahrgenommen werden zu können.

Im Gegensatz dazu besitzen die Wellenfronten des Schalls, der sich in der Luft des Schlauchinneren fortpflanzt, eine konstante Fläche, nämlich eine Kreisscheibe, deren Durchmesser der lichten Weite des Schlauches entspricht. Intensitätsverluste treten in diesem Fall hauptsächlich durch eine Übertragung der Schwingung auf das Material des Schlauches auf. Außerdem entstehen Verluste durch Reibung zwischen bewegter Luft und Schlauchwand, da es sich bei Schall um longitudinale Schwingungen handelt und damit die Schwingungsrichtung parallel zum Schlauch ist. Spricht man direkt in einen der Trichter hinein, so breitet sich der Schall zu einem großen Teil nur in der Luft des Schlauchinneren aus. Dadurch erhält man bei gleicher Entfernung eine höhere Schallintensität als bei Ausbreitung ohne Schlauch.

Bemerkungen

Das von Ärzten zum Abhören von Lungen- und Herzgeräuschen verwendete Stethoskop funktioniert auf die gleiche Weise. Der an der Hautoberfläche eintreffende Schall aus dem Körperinneren versetzt über eine dünne Membran ein kleines Luftvolumen in Schwingung, dessen Druckschwankungen über zwei Schläuche direkt an die Gehöreingänge weitergeleitet werden.

Literatur

Cash, T.; Taylor, B.: Experimente, Tricks und Tips, Akustik, Südwest Verlag GmbH & Co. KG, München 1990

4.6 Das Schnurtelefon

Schallwellen lassen sich durch eine Schnur übertragen.

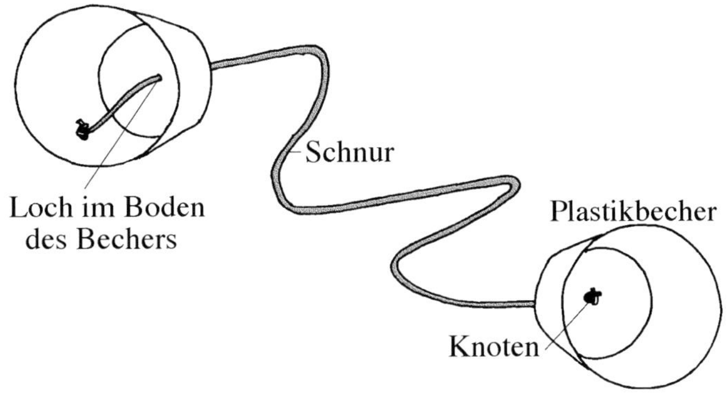

Abb. 1

Material

- Paketschnur (Länge: ca. 10 m)
- 2 Plastikbecher, z. B. große Joghurtbecher
- Nagel oder Bohrer

Aufbau und Durchführung

Mit einem Nagel bohrt man in den Boden eines Plastikbechers ein kleines Loch, so dass die Paketschnur gerade durch das Loch passt. Diese wird von außen wenige Zentimeter durch das Loch geschoben und im Inneren des Bechers verknotet (siehe Abb. 1). Das andere Ende der Paketschnur befestigt man am zweiten Becher auf dieselbe Art. Die Schnur zwischen den Bechern wird straff gespannt. Eine Person spricht leise in einen der Becher. Hält sich eine zweite Person die Öffnung des anderen Bechers an ihr Ohr, so kann sie das Gesprochene gut verstehen.

Erklärung

Beim Sprechen wird die Luft im Plastikbecher in Schwingung versetzt. Die Schwingung wird von der Luft auf den Boden des Bechers und von diesem auf die Schnur übertragen, in der sie sich als Welle fortpflanzt. Diese überträgt sich am anderen Ende der Schnur auf den zweiten Becher. Dieser wirkt wie in dem Experiment „Mit einem Joghurtbecher Musik hören" als Resonator, so dass auch leise gesprochene Worte noch gut zu verstehen sind.

Literatur

Zeier, E.: Physikalische Schulversuche, Freihandversuche, kleine Experimente, Aulis Verlag Deubner, Köln 1986

Edge, R. D.: String & Sticky Tape Experiments, American Association of Physics Teachers, College Park, MD 20740-4100, U.S.A. 1987

Cash, T.; Taylor, B.: Experimente, Tricks und Tips, Akustik, Südwest Verlag GmbH & Co. KG, München 1990

Meisinger, K.: Physikalische Experimente mit Dosen. Schriftliche Hausarbeit zur Ersten Staatsprüfung für das Lehramt an Hauptschulen nach der Lehramtsprüfungsordnung I (LPO I) 1994/II, o. V., Augsburg 1994

Ardley, N.: 101 spannende Experimente aus Wissenschaft und Technik, Loewe Verlag, Bindlach 1995

4.7 Obertöne „mundgeblasen“

Mit ein wenig Übung kann man einen „Ton“ so „singen“, dass dessen zugehörige Obertöne niedriger Ordnung einzeln und deutlich voneinander unterscheidbar hörbar werden.

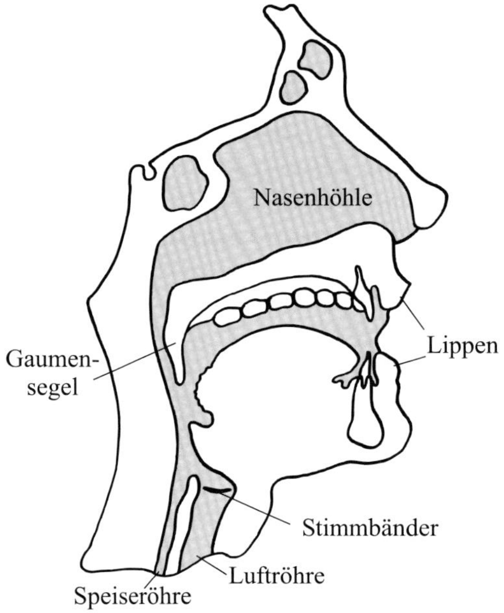

Abb. 1

Material

- nichts
- evtl. elektrischer Rasierapparat

Aufbau und Durchführung

Für dieses Experiment ist eigentlich nur ein langer Atem und eine gesunde Atemtechnik vonnöten. Beides will jedoch gelernt sein. „Richtig“ atmet man wie folgt: Man stellt oder setzt sich aufrecht hin, so dass die Atmung nicht durch einen eingeknickten Bauch oder einen eingefallenen Brustkorb erschwert wird. Das Zwerchfell muss in seiner Arbeit durch einen gestrafften Rumpf unterstützt werden. Ist einem diese „Chor-Haltung“ (oder „Corps-Haltung“, je nach Einstellung ...) unbekannt, so kann man sie einnehmen und aufrechterhalten, indem man sich vorstellt, man sei eine Marionette, an deren Scheitel ein Faden angebracht sei, an dem der Kopf nach oben gezogen wird. In dieser Position holt man ein paar Mal durch die Nase tief Luft, um ein Gefühl für das eigene Lungenfassungsvermögen zu bekommen. Daraufhin gähnt man aus Herzenslust und vollkommen unflätig mit locker aufgefallenem Mund, wobei es nichts schadet, sich gleichzeitig dabei zu strecken. Es kommt lediglich darauf an, dass man den Körper gähnen lässt und nicht die Muskulatur im Kiefer und Halsbereich künstlich verkrampft. Wenn man dabei auch noch das typische Gähngeräusch, ein fallendes Portamento, von sich gibt, hat man praktisch schon die Grundhaltung für dieses Experiment eingenommen. Wichtig ist, sich das Gefühl des bei diesem Gähnen automatisch nach oben gezogenen weichen Gaumens einzuprägen („Gaumensegel“ in Abbildung 1). Wer diese Art der Vorbereitung nicht mit seiner guten Kinderstube vereinbaren kann, dem sei gesagt, dass der weiche Gaumen u. a. dann angehoben ist, kurz bevor die Stimme bei Aussprache der einzelnen Konsonanten „K“ oder „G“ einsetzt.
Hat man tief eingeatmet und die eben beschriebene Gähnhaltung eingenommen, so kann man, immer noch mit weit geöffnetem, aber nicht verkrampften Mund, einen tiefen „Ton“ (sozusagen den Schlusston des normalen Gähn-Portamentos) „singen“ bzw. diesen Laut von sich geben. Geschieht dies richtig, so hat man das Gefühl, der „Ton“ entstehe, im Unterschied zum normalen Sprechen, nicht vorne in der Mundhöhle, sondern eher im Rachen.

Erst jetzt kommt die Muskulatur rund um den Mund aktiv zum Einsatz: Formt man, während man den gleich bleibenden tiefen „Ton" im Rachen erzeugt, im fließenden Übergang die Lippenstellungen, die den Vokalen „A-O-U" und ihren Zwischenformen entsprechen (d. h. schließt und öffnet man nun zügig im Wechsel die Mundhöhle, etwa zwei Mal pro Sekunde), so vernimmt man zu dem kehligen Laut eine Art „waaoouuw-waaoouuwwaaoouu", das im Gegensatz zum „Grundton" im Rachen eher in der Mundhöhle lokalisiert zu sein scheint. Dieses Geräusch wird vom schnellen Übergang einiger Obertöne des im Rachen erzeugten „Grundtons" hervorgerufen. Verändert man die Lippenstellungen nicht mehr zügig, sondern langsam und hält man schließlich einige Positionen fest, so gelingt es mit einiger Geduld und Übung, diese Obertöne einzeln und voneinander getrennt zu erzeugen. Mit der Weite der Öffnung der Mundhöhle nimmt die Ordnung des erzeugten Obertons zu.
Für Menschen, denen es nicht gelingen sollte, Obertöne wie oben beschrieben zu produzieren, bietet sich folgende Experiment-Variante an: Anstatt den Grundton selbst zu erzeugen, wird ein eingeschalteter Rasierapparat an die Wange gedrückt. Der von ihm erzeugte Klang wird im Resonanzraum der Mundhöhle verstärkt. Durch verschiedene Mundstellungen werden einzelne Frequenzen des Klangs isoliert.

Erklärung

Der Mensch erzeugt die beim Sprechen, Schreien, Singen, Gähnen usw. hörbaren Geräusche, indem die Stimmbänder im Kehlkopf durch Muskeln und den Luftstrom aus der Lunge durch die Luftröhre zu Schwingungen angeregt werden. Diese Schwingungen werden auf die Luftsäule im Rachen übertragen und durch Resonanzkörper (Schädel, Rachen, Mundhöhle, Nasenhöhle) verstärkt. Dabei entstehen nie Töne im physikalischen Sinn (Sinusschwingungen einer genau definierten Frequenz), sondern immer Klänge bzw. Geräusche, d. h., jedem (physikalischen) Ton ist ein ganzes Spektrum von Obertönen zugefügt, die, je nach Aufbau des Rachenraums, der Mundhöhle usw., unterschiedlich stark verstärkt werden (zu Obertönen siehe Experiment „Die Obertöne einer Röhre"). Diese Obertöne und ihre verschiedenen „Gewichtungen" sind für die verschiedenen Klangfarben der menschlichen Stimme verantwortlich, ganz analog zu Musikinstrumenten, deren verschiedene Klangfarben erst durch die Anregung der verschiedenen Obertöne hervorgerufen werden. Auf Grund dieser Analogie kann man mit Recht die menschliche Stimme als Blasinstrument betrachten. So wurde sie von dem französischen Komponisten *Hector Berlioz* (1803-1869) 1843 in seiner Instrumentationslehre „Grand Traité d'Instrumentation et d'Orchestration Modernes" klassifiziert. *Richard Strauss* (1864-1949) übernahm diese Einteilung in der von ihm 1904 überarbeiteten Übersetzung dieses Buchs. Die Obertöne sind also in jedem „Ton" (im umgangssprachlichen Sinne) enthalten, also auch in dem tiefen „Grundton". Durch die unterschiedliche Stellung von Lippen und weichem Gaumen wird der Resonanzraum der Mundhöhle verändert. Bei einer geeigneten Stellung, die im Experiment durch reines Ausprobieren gefunden wird, ist die Resonanzfrequenz, bestimmt durch die „Geometrie" der Mundhöhle, gerade gleich der Frequenz eines der Obertöne des „Grundtons". Dieser Oberton wird verstärkt und ist deutlich gleichzeitig, aber doch getrennt vom „Grundton" hörbar.

Bemerkungen

Es ist durchaus zu empfehlen, das Experiment zunächst zu Hause im stillen Kämmerlein zu üben, um nicht von der Umwelt für verrückt erklärt zu werden, wenn man eben noch ruhig am Schreibtisch saß, um darauf immer wieder denselben tiefen Ton zu brummen und währenddessen Grimassen zu schneiden. (Auf Grund ihrer bekannten guten Resonanz-Eigenschaften für ein breites Frequenzspektrum bietet sich für die Verstärkung des Effekts ein Ausprobieren in einer durch drei Wände und eine stabile Tür begrenzten Duschkabine an.) Hat man aber erst einmal die Technik erlernt, so ist die Belohnung, seine eigenen Obertöne jederzeit „freihändig" demonstrieren zu können, Entschädigung genug für die kurzzeitige Verklausung.
Die Vorübungen zur Einnahme einer richtigen „Chor-Haltung" dienen lediglich dazu, ein Gefühl für das eigene Lungenvolumen zu bekommen und die Atmung nicht unnötig zu behindern, da für das „Herumexperimentieren" mit den einzelnen Lippenstellungen doch ein langer Atem von einigen 10 s benötigt wird, um nicht ständig die eben gefundene ideale Lippenstellung neu suchen zu müssen, da man zwischendurch Luft holen musste. Zudem sollte man noch ein wenig Luftreserve für den Fall bereit haben, dass ein Oberton besonders gut isoliert werden konnte. Presst man dann noch diese Luft durch die im Kehlkopf von den Stimmlippen begrenzte Stimmritze, so wächst mit der Lautstärke des Grundtons auch die des Obertons an.
Je tiefer der „Grundton" gewählt wird, umso mehr Obertöne kommen in den Hörbereich des Menschen zu liegen. Ferner nimmt die Lautstärke des durch Resonanz „herausgefilterten" Obertones im Allgemeinen mit zunehmender Frequenz ab. Aus beiden Gründen sind Bässe bei diesem Experiment Sopranen überlegen.
Um die Obertöne auch richtig identifizieren zu können, ist es hilfreich, sich die natürliche Obertonreihe (Grundton, Oktave, Quinte, Quarte, große Terz, kleine Terz, ...) auf dem Klavier oder einem anderen Instrument vorzuspielen und sich die so von ihnen gebildete „Melodie" einzuprägen. Es sei allerdings bemerkt, dass zur genauen Angabe der natürlichen Obertonreihe ein (gestimmtes) Klavier auf Grund seiner temperierten Stimmung nicht sehr hilfreich ist und einige Obertöne auf der Klaviatur nicht enthalten sind (da sie in der westlichen Musiktradition nicht benutzt wurden und werden). Alternativ erzeugt man die genauen Frequenzen mit einem Frequenzgenerator und nimmt diese in vernünftiger Reihenfolge auf einer Audio-Kassette auf, oder man baut oder kauft sich einen Monochord.
Die Obertöne unterscheiden sich auch bei der menschlichen Stimme im „Charakter" deutlich von dem ihres „Grundtons": Klingt letzterer oft richtig „erdverbunden", erinnern die menschlichen Obertöne auf Grund ihrer größeren Reinheit im Vergleich zum Grundton (nur *ihre* Frequenz wird herausgefiltert und verstärkt, kein Frequenzspektrum!) eher an Störgeräusche elektrischer Geräte oder das Pfeifen einer eben erst aufgedrehten Heizung. Dieser reine, überirdische Charakter der Obertöne von Musikinstrumenten wurde von Komponisten oft zur Darstellung von übernatürlichen Wesen (Elfen, Irrlichtern, Maren, ...), Sphärenklängen oder anderen transzendenten Ideen verwandt (Flageolett-Töne, frz. „sons harmoniques"). [*Berlioz* 1955] äußert dazu auf Seite 36: „Die Flageolettöne der anderen Saiten [der Violine] klingen umso feiner und zarter, je höher sie sind;

hierdurch, sowie durch ihren krystallhellen Klang sind sie ganz besonders für jene Akkorde geeignet, die ich feenhaft nennen möchte, das heißt: für Harmonieeffekte, welche unsere Einbildungskraft mit schillernden Träumereien erfüllen, indem sie uns die anmutigsten Gebilde einer dichterischen, übernatürlichen Welt vorzaubern."
Oberton*gesang* ist in den neuzeitlichen europäischen Kulturen wenig bis nicht vorhanden, im Gegensatz zu außereuropäischen Kulturen (Australien, Asien, z. B. Himalaya-Gebiet, Tibet, Mongolei). Allerdings gibt es einige wenige zeitgenössische Komponisten, die gesungene Obertöne in Vokalwerken verlangen. In [*Sadie* 1980] liest man auf Seite 154 in dem dem deutschen Komponisten *Karlheinz Stockhausen* gewidmeten Artikel: „The universalization of Stockhausen's musical material took a different direction in *Stimmung* for six vocalists (1968), where the performers have to pitch their voices as closely as they can to a single series of natural harmonics throughout the 75-minute course of the piece. The text of the work is short poems composed by Stockhausen himself and a collection of ‚magic names' which, together with the fact that the singers sit cross-legged in a small circle, create an atmosphere of ritual. [...] New techniques of vocal articulation are required, and the work's numerous performances have so far been largely the preserve of its original performers, the specially trained Collegium Vocale Köln." Andere Komponisten sehen die Einnahme eines meditativen „Schneidersitzes" nicht als notwendige Voraussetzung für Obertongesang an ...
So z. B. der schwedische Posaunist und Komponist *Folke Rabe* (*1935) in seinem Stück „Joe's Harp" für 6 Soprane, 5 Alte, 5 Tenöre und 6 Bässe (Abschlussdatum der Partitur: 23.7.1970; Nordiska Musikförlaget / Edition Wilhelm Hansen Stockholm 6555). *Rabe* gibt als Anweisung zur Erzeugung von gesungenen Obertönen den einprägsamen Ratschlag: „The drones [die gebrummten oder gesummten Grundtöne] require a special vocal technique, which can, however, be mastered after a brief period of training. The palate [Gaumen] is kept very high, as when stifling a yawn or eating a hot potato. The uvula [Zäpfchen] is brought forward, thus producing maximum resonance."
Oder aber auch der deutsche Komponist *Peter Michael Hamel* (*1947), in dessen „Dona nobis pacem" für achtstimmigen, gemischten Chor a capella (Abschlussdatum der Partitur: 16. 11. 1984, UA: 12. 5. 1985; Bärenreiter 7109) in den Takten 29-33 in allen Stimmen, und in den Takten 87-94 in allen Stimmen mit Ausnahme der Soprane, auf den Text „A—O—U—M" zu einem Grundton die (übrigens genau notierten) Obertöne erklingen sollen. Jeder Sänger singt also quasi zweistimmig. [An dieser Stelle sei dem Uraufführungsdirigenten von „Dona nobis pacem", Herrn *Prof. Kurt Suttner*, für die Hinweise zu den drei hier angeführten „Obertonstücken" gedankt.]
Eine gute Einführung zur menschlichen Singstimme als Instrument und dessen Physik gibt der Artikel „Die Singstimme" von *Johan Sundberg* in [*Winkler* 1988].
Abschließend sei erwähnt, dass die beschriebene Technik des Obertonsingens nicht die einzig mögliche ist. Obertöne können z. B. auch mit geschlossenem Rachen erzeugt werden.

Literatur

Berlioz, H.: Instrumentationslehre. Ergänzt und revidiert von Richard Strauss, Edition Peters, Leipzig 1955

zu Bemerkungen:

Rabe, F.: Joe´s Harp, Nordiska Musikförlaget / Edition Wilhelm Hansen, Stockholm 1970

Sadie, S.: The New Grove Dictionary of Music and Musicians, 18 Spiridon – Tin whistle, Macmillan Publishers Limited, London 1980

Hamel, P.M.: Dona nobis pacem, Bärenreiter, Kassel Basel London 1984

Mathelitsch, L., Physik und Didaktik 15/4 (1987), S. 299-316

Winkler, K.: Die Physik der Musikinstrumente, Spektrum der Wissenschaft Verlags-Gesellschaft, Heidelberg 1988

zu Abbildung 1:

Winkler, K.: Die Physik der Musikinstrumente, Spektrum der Wissenschaft Verlags-Gesellschaft, Heidelberg 1988

4.8 Die Obertöne einer Röhre

Mit einer Kunststoffröhre kann das Phänomen der Obertöne einer schwingenden Luftsäule demonstriert werden.

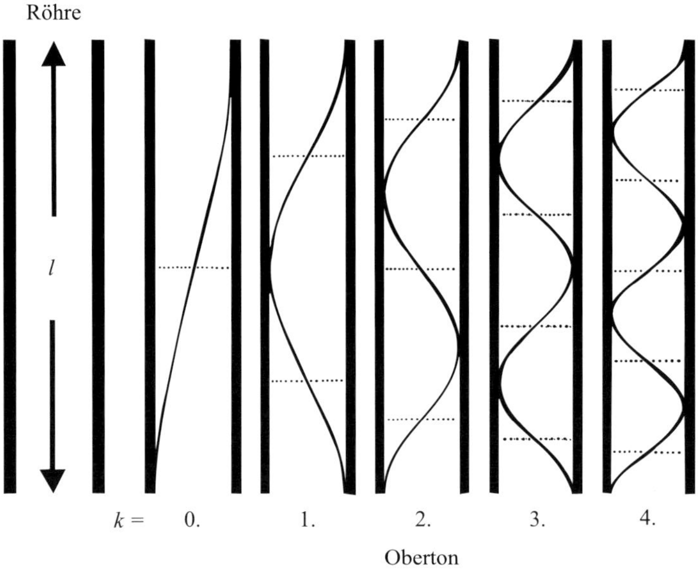

Abb. 1

Material

- flexible, geriffelte, beidseitig offene Kunststoffröhre, wie sie in Spielwarenhandlungen zu kaufen ist (Länge: ca. 1 m; Durchmesser: ca. 2,5 cm)

Aufbau und Durchführung

Man nimmt eine flexible, geriffelte, beidseitig offene Kunststoffröhre an einem Ende in die Hand und versetzt das lose Ende durch Drehbewegungen des die Röhre haltenden Handgelenks bzw. des Unterarms so in Bewegung, dass das lose Ende wie ein Propeller (bei vertikalem Schleudern) oder ein Lasso (bei horizontalem Schleudern über dem Kopf) kreist. Je nach „Schleudergeschwindigkeit" dieses „Röhrenpropellers" vernimmt man laut und deutlich verschieden hohe, genau festgelegte Töne.

Erklärung

Wird die Luft in einem Rohr in Schwingungen versetzt, so können dadurch Töne erzeugt werden (auf diesem Prinzip basiert die Tonerzeugung jedes Blasinstruments, egal ob Holz- oder Blechblasinstrument, Dudelsack oder Orgel). Dafür ist es notwendig, dass durch das Rohr eine Luftströmung aufrecht erhalten wird, die periodisch gestört wird. Im vorliegenden Experiment wird die Luftströmung durch das Schleudern des Rohres erzeugt: Die mit einer von der „Propellergeschwindigkeit" abhängigen Geschwindigkeit des Betrags v am losen Röhrenende vorbeiströmende Umgebungsluft erzeugt an diesem Röhrenende einen Unterdruck gegenüber dem Druck in der Röhre. Bei anhaltendem Schleudern strömt dadurch die Luft beständig vom offenen Röhrenende in der Hand zum losen Röhrenende. Die Störung der Strömung wird durch die Riffelung der Röhrenwand oder bereits durch die Kante der Röhrenöffnung hervorgerufen, die durch Verwirbeln das Ausbilden einer laminaren Luftströmung verhindert. Dadurch entstehen Druckschwankungen in der Röhre. Diese Störungen kann man sich als Überlagerung verschiedenster Frequenzen vorstellen. Von diesen werden gerade diejenigen durch Rückkopplung verstärkt, die zu der schwingenden Luftsäule der Länge l „passen", d. h. die bei konstanter Schallgeschwindigkeit c zu der Frequenz f gehörende Wellenlänge λ muss der Bedingung

$$l = (k+1)\frac{\lambda}{2} \quad \Leftrightarrow \quad \frac{\lambda}{2} = \frac{1}{(k+1)} \cdot l \quad \Leftrightarrow \quad f = (k+1) \cdot \frac{1}{2l}\, c$$

genügen. Dabei ergeben sich die (willkürlich bei 0 beginnenden) Belegungen der Konstanten k mit 0, 1, 2, 3, ... aus der (physikalischen) Bedingung, dass $(k + 1)$ nur die Werte 1, 2, 3, 4, ... annehmen darf, was sich wiederum aus der Bedingung ergibt, dass die Schwingung der Luftsäule der Röhre an beiden offenen Enden Bewegungsbäuche aufweisen muss (siehe Abb. 1).

Nach diesen Überlegungen müsste man also mit der geschleuderten Röhre eine unendliche Reihe von Tönen erzeugen können: Einen Grundton ($k = 0$) und dessen k-te Obertöne. Tatsächlich gelingt es jedoch nur, ein paar der rechnerisch möglichen Töne zu erzeugen (meist nur den Grundton und die ersten vier Obertöne). Wie im Experiment gezeigt, hängt die Ordnung k des angeregten Obertons nämlich von der Schleudergeschwindigkeit v, also von der Strömungsgeschwindigkeit der Luft in der Röhre ab, die schlichtweg durch die mechanischen Fähigkeiten des Experimentators begrenzt ist. Da die Ausbreitung einer Druckschwankung maximal mit der Geschwindigkeit des Luftstromes erfolgen kann, der sie hervorruft, können bei kleinem v nur kleine Frequenzen, also tiefe Töne, angeregt und verstärkt werden. Man kann sich diesen Zusammenhang am Modell eines Zahnrades und einer zurückfedernden Ratsche verdeutlichen:

Damit sich ein Druckmaximum von der Störungsquelle lösen und sich so eine Druckschwankung ausbreiten kann, muss ein bestimmter „Schwellenwert" des Drucks überwunden werden. Diesem Schwellenwert entspricht im Modell die Höhe eines jeden Zahnes des Zahnrades. Soll die Ratsche 20-mal in der Sekunde zurückfedern, muss sie 20-mal in der Sekunde ausgelenkt werden. Eine hohe Frequenz der „Ratschenschwingung" (entspricht der Druckschwankung) kann demnach nur durch eine hohe Rotationsgeschwindigkeit des anregenden Zahnrades (entspricht der Strömungsgeschwindigkeit der Luft durch die Röhre) erzielt werden.

Setzt man nach [*Mende* 1988, S. 282] $c = 343\,\frac{\text{m}}{\text{s}}$ für 20 °C warme Luft, so ergeben sich die mit einer $l = 1$ m langen Röhre „darstellbaren" Töne ungefähr wie folgt:

- ein Grundton, 171 Hz (f)

- der 1. Oberton (im Abstand einer Oktave zum Grundton), 342 Hz (f^1)
- der 2. Oberton (im Abstand einer Quinte zum 1. Oberton), 513 Hz (c^2)
- der 3. Oberton (im Abstand einer Quarte zum 2. Oberton), 684 Hz (f^2)
- der 4. Oberton (im Abstand einer großen Terz zum 3. Oberton), 855 Hz (a^2)
- und evtl. noch der 5. Oberton (im Abstand einer kleinen Terz zum 4. Oberton), 1026 Hz (c^3),

wobei die angegebenen Tonhöhen nur die nächst gelegenen Töne der internationalen Stimmung (440 Hz = a^1) angeben. Bis zum 3. Oberton dröhnt ein 1 m langes Rohr also in Alt-Lage.
Zu Einzelheiten der Tonerzeugung in einem Rohr siehe Experiment „Eine Glasröhre als Orgelpfeife".

Bemerkungen

[*Honegger* 1981] führt auf Seite 83 zur Geschichte der Obertöne aus: „Die Obertonreihe wurde 1701 von *J. Sauveur* wissenschaftlich erklärt, nachdem sie u. a. von *M. Mersenne* Anfang des 17. Jh. beschrieben worden war. *Jean-Baptiste Fourier* (1768-1830) hat die Zerlegbarkeit einer beliebigen periodischen Schwingung in die Teiltöne mathematisch bewiesen und Analyseverfahren angegeben."
Eine gut verständliche Einführung in die Obertonreihe und ihre Bedeutung für die Musik gab der amerikanische Komponist und Dirigent *Leonard Bernstein* (1918-1990) in dem ersten seiner „Six Talks at Harvard (The Charles Eliot Norton Lectures, 1973)", die auch auf Deutsch vorliegen [*Bernstein* 1991].
Es ist erstaunlich, wie wenige Leute Intervalle nach Gehör richtig bestimmen können, wozu eben gerade *kein* absolutes Gehör, sondern, dank der temperierten Stimmung, nur ein relatives Gehör vonnöten ist. Für die Identifizierung der Obertöne seien ein paar akustische Eselsbrücken an die Hand gegeben. Es bilden

- eine aufsteigende Oktave der erste und der dritte Ton der symphonischen Dichtung „Also sprach Zarathustra" von *Richard Strauss* (1864-1949), besser bekannt als Fanfare aus der Werbung und dem Film „2001 – Odyssee im Weltall" von *Stanley Kubrick;*
- eine aufsteigende Sexte der erste und der zweite Ton des Gesangs „Ein Prosit der Gemütlichkeit";
- eine aufsteigende Quinte der erste und der zweite Ton der symphonischen Dichtung „Also sprach Zarathustra", sowie der erste und der dritte Ton der Bayernhymne;
- eine absteigende Quinte der erste und der zweite Ton der Fanfare der alten ARD-„Tagesschau";
- eine aufsteigende Quarte der erste und der zweite Ton der Eröffnung des „Te Deum" von *Marc-Antoine Charpentier* (1634-1704), besser bekannt als „Eurovisions-Fanfare", sowie der erste und der zweite Ton der Volkslieder „In München steht ein Hofbräuhaus" und „Solang der Alte Peter";
- eine auf- wie absteigende Quarte das klassische „Tatü-tata" der Feuerwehr;
- eine aufsteigende große Terz der erste und der zweite Ton der Bayernhymne;
- eine aufsteigende kleine Terz der erste und der zweite Ton des Gesangs „Olée-olé-olé-oléé ...";

- eine absteigende kleine Terz der klassische Ruf des Kuckucks, sowie der erste und der zweite Ton des „River Kwai March“ von *Malcolm Arnold* (*1921), besser bekannt als Werbemelodie der Firma Underberg;
- eine aufsteigende Sekunde der zweite und der dritte Ton des Gesangs „Happy Birthday to you“, sowie der erste und der zweite Ton des Kinderliedes „Alle meine Entchen“.

Zur Einordnung der mit einer 1 m langen Röhre erzeugten Tonhöhen sei gesagt, dass für einen Chor-Bass das e^1 bereits hoch liegt und das berühmte „hohe C“ der Tenöre das c^2 = 523 Hz ist. Entsprechend ist für Soprane das c^3 = 1046 Hz schon hoch. Dennoch dürfen sich Koloratursoprane insbesondere in etlichen italienischen Belcanto-Opern, aber auch in französischen Opern (*Adam, Meyerbeer, Thomas*) bis in die Bereiche des c^4 = 2092 Hz hinaufschwingen; und dafür, dass auch Tenöre ihre Zusatzqualifikation beweisen können, hat u. a. auch *Giuseppe Verdi* (1813-1901) in seiner Oper „I due Foscari“ gesorgt, in der er für den Tenor *Giovanni Mario* (1810-1883) extra eine zusätzliche Arie einbaute, die das es^2 fordert.
Als wohl einmaliges Stimmphänomen darf die deutsche Sopranistin *Erna Sack* (1898-1972) angesehen werden, die Töne oberhalb des oben erwähnten viergestrichenen Cs singen konnte. *Richard Strauss* änderte wegen ihrer besonderen Fähigkeiten Partien in seiner Oper „Die schweigsame Frau“. Es lohnt sich unbedingt, Aufnahmen von *Erna Sack*, die mittlerweile auch auf CD erhältlich sind, aufzulegen: Wenn man es nicht selbst gehört hat, glaubt man nicht, dass solche Töne mit einem menschlichen Kehlkopf erzeugt werden können!

Literatur

Lutz, G., Physik und Didaktik 16/1 (1988), S. 67-70
Walker, J.: Der fliegende Zirkus der Physik, Oldenbourg Verlag, München und Wien 1994

zum Zahlenwert:

Mende, D.; Simon, G.: Physik, Gleichungen und Tabellen, VEB Fachbuchverlag Leipzig 1988, S. 282

zu Bemerkungen:

Honegger, M.: Das große Lexikon der Musik, Herder, Freiburg Basel Wien 1981
Bernstein, L.: Musik – die offene Frage, Vorlesungen an der Harvard-Universität, Wilhelm Goldmann Verlag, München 1991

4.9 Offene und gedackte Pfeifen

Mit einem Rohr lassen sich, je nach Art der Anregung, stehende Wellen unterschiedlicher Wellenlänge und damit Töne unterschiedlicher Höhe erzeugen.

Material

- beidseitig offenes Glas- oder Papprohr (Länge: 20 – 90 cm; Durchmesser: ca. 3 cm)
- evtl. mehrere derartige Rohre verschiedener Länge

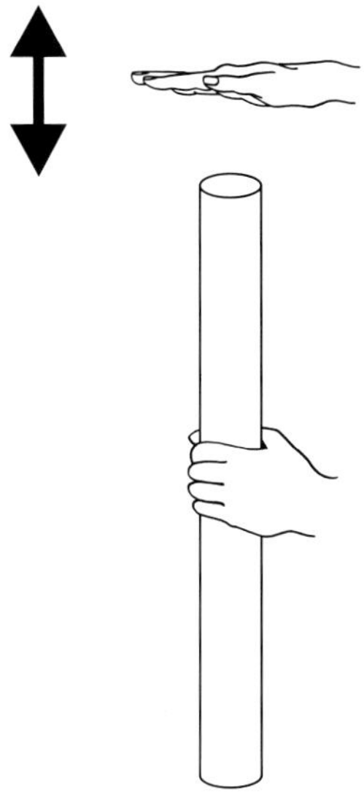

Abb. 1

Aufbau und Durchführung

Mit der flachen Hand schlägt man kurz und federnd (nachdem die Hand das Rohrende berührt hat, wird diese sofort wieder zurückgezogen) auf ein Ende eines beidseitig offenen Rohres (siehe Abb. 1). Man hört den Grundton einer offenen Pfeife, den dieses Rohr liefert, wenn es durch einen federnden Schlag einseitig kurz abgedeckt und sofort wieder geöffnet wird. Schlägt man dagegen abdeckend auf das gleiche Rohr so, dass die Hand nach dem Schlag auf der Öffnung liegen bleibt, so hört man den Grundton der gedackten Pfeife, der eine Oktave tiefer liegt als der der offenen Pfeife. Durch abwechselndes federndes bzw. abdeckendes Schlagen wird der Unterschied der entstehenden Tonhöhe deutlich hörbar.
Bei Rohren unterschiedlicher Länge ist auch die Tonhöhe verschieden: Je länger das Rohr ist, desto tiefer ist der Ton. Der Ton beim abgedeckten Schlag ist immer eine Oktave tiefer als beim federnden Schlag.

Erklärung

Durch den Schlag mit der Hand erfährt die Luftsäule im Rohr eine Anregung; sie beginnt zu schwingen. Bei einem beidseitig offenen Rohr der Länge l entsteht eine stehende Welle mit einem Wellenbauch der Schallschnelle (Schallschnelle: relative Geschwindigkeit der schwingenden Teilchen; siehe Experiment „Eine Glasröhre als Orgelpfeife“) an jedem Ende des Rohres (siehe Abb. 2(a)). Die Wellenlänge λ der resonanten Schwingung beträgt also beim Grundton das Doppelte der Rohrlänge. Bei den Obertönen gilt:

$$l = n\,\frac{\lambda}{2} \quad \text{mit } n = 2, 3, 4, 5, \ldots$$

Bei einseitig zugedecktem Rohr entsteht an der offenen Seite ein Wellenbauch der Schallschnelle, an der geschlossenen ein Wellenknoten der Schallschnelle (siehe Abb. 2(b)), als Wellenlänge des Grundtons ergibt sich also ein Vierfaches der Rohrlänge, für die Obertöne gilt hier entsprechend:

$$l = (2n + 1)\,\frac{\lambda}{4} \quad \text{mit } n = 1, 2, 3, 4, \ldots$$

Über die Schallgeschwindigkeit in der Luft ergeben sich dann die zugehörigen Frequenzen des Grundtons zu:

$$f = \frac{c}{2l} \qquad \text{(offenes Rohr oder offene Pfeife)}$$

$$f = \frac{c}{4l} \qquad \text{(gedecktes Rohr oder gedackte Pfeife)}$$

(f: Frequenz des Grundtons; c: Betrag der Schallgeschwindigkeit in Luft, also ca. $340\,\frac{\text{m}}{\text{s}}$; l: Länge des Rohres)

Die Frequenz des Grundtons des gedeckten Rohrs ist also halb so groß wie die des offenen Rohrs, was einem Intervallunterschied von einer Oktave entspricht.

In Abbildung 2 werden die Schallwellen zur leichteren Darstellung als Transversalwellen gezeichnet, obwohl es sich bei Schallwellen in Gasen um reine Longitudinalwellen handelt.

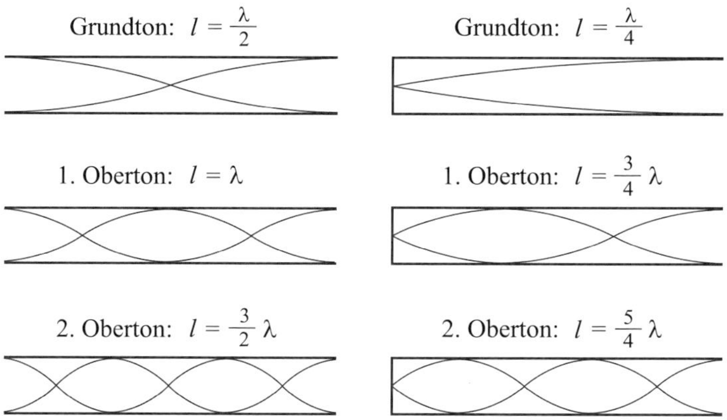

Abb. 2 (a) offenes Rohr (b) gedecktes Rohr

Bemerkungen

Rohre, in denen Töne mit schwingenden Luftsäulen erzeugt werden, bezeichnet man oft auch als Pfeifen. Man unterscheidet dann offene und gedackte Pfeifen. Der Begriff der gedackten Pfeife stammt aus dem Orgelbau und wird dort für gedeckte Pfeifen verwendet. Vermutlich stammt dieser Sprachgebrauch („gedackt" anstelle von „gedeckt") noch aus den Anfängen des Orgelbaus im 16. Jahrhundert. Er wird aus Tradition bis heute verwendet und findet sich auch noch häufig in Physikbüchern.

Literatur

Seus, E., Physik und Didaktik 8/1 (1980), S. 73-77

Zeier, E.: Physikalische Schulversuche, Freihandversuche, kleine Experimente, Aulis Verlag Deubner, Köln 1986

zu den Formeln:

Stöcker, H.: Taschenbuch der Physik, Formeln, Tabellen, Übersichten, Verlag Harri Deutsch, Thun und Frankfurt/Main 1994, S. 210-212

4.10 Eine Glasröhre als Orgelpfeife

Mit einem Glasrohr, etwas Draht und einer Wärmequelle lässt sich ein orgelähnlicher lauter Ton erzeugen.

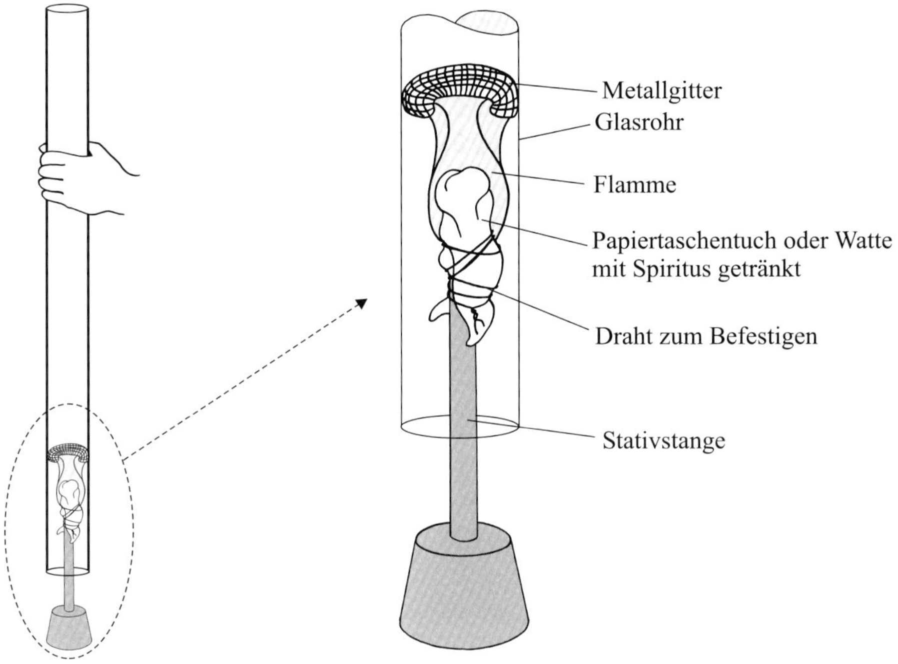

Abb. 1

Material

- beidseitig offenes Glasrohr (Länge: ca. 80 cm; Durchmesser: 3,5 – 4 cm), z. B. von einer alten Leuchtstoffröhre
- Fliegengitter aus Metall oder Knäuel aus dickerem Kupferdraht
- Watte oder Papiertaschentuch
- Spiritus
- Stativmaterial
- dünner Draht

Aufbau und Durchführung

Zum Aufbau: siehe Abb. 1. Das Metallgitter (Fliegengitter oder evtl. Kupferdrahtknäuel) wird bei ca. ein Viertel der Rohrlänge von einem Rohrende entfernt in die Röhre geklemmt, so dass es von selbst hält. Aus dem Stativmaterial baut man einen Ständer, über den sich die Röhre gut stülpen lässt. Am oberen Ende des Ständers befestigt man mit Draht etwas Watte oder ein Papiertaschentuch und tränkt es mit Spiritus. Nach dem Entzünden des Spiritus wird die Röhre mit der Hand so über die Vorrichtung gestülpt, dass das Drahtgitter in der Röhre erwärmt wird. Sobald das Drahtgitter zu glühen beginnt, nimmt man die Röhre von der Wärmequelle und hält sie vertikal in Hüfthöhe. Zuerst leise, dann immer lauter werdend beginnt die Luft in der Röhre zu tönen. Schließlich entsteht ein kräftiger orgelähnlich klingender Ton.

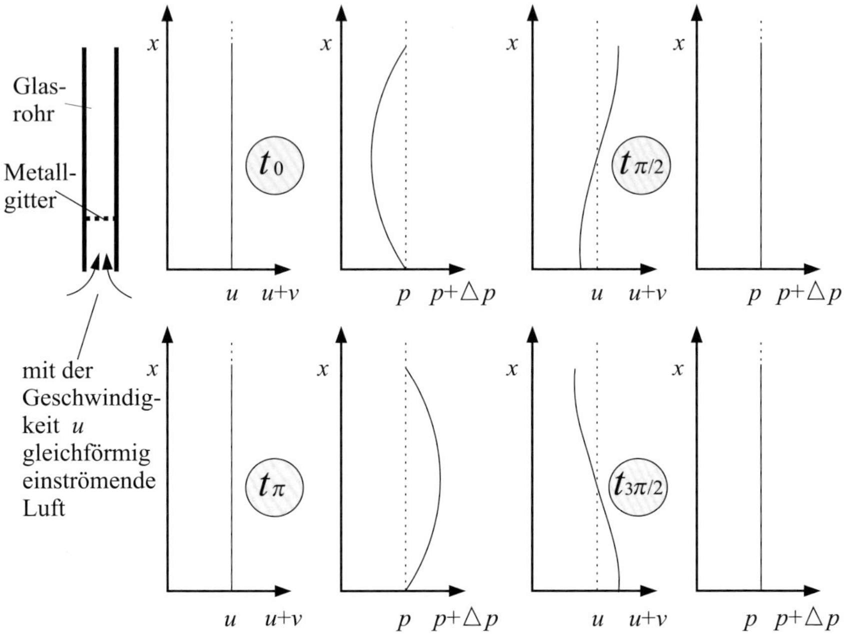

Abb. 2

Erklärung

Der Ton wird durch Rückkopplung aufrechterhalten. Rückkopplung liegt vor, wenn ein Schwingungsvorgang eine Energiezuführung so steuert, dass die Schwingungsphase dieser Energiezuführung der steuernden Schwingung um $\frac{\pi}{2}$ vorauseilt. In diesem Fall tritt eine Verstärkung der Schwingung ein. Im Experiment wird Wärmeenergie in Schallenergie umgewandelt. Diese Umwandlung erfolgt durch periodische Erwärmung, d. h. periodische Ausdehnung der Luft. Die Periodizität wird vom Schall selber geliefert. Der Mechanismus ist folgendermaßen zu verstehen: Wie bei einem Kamin entsteht durch das erwärmte Metallgitter eine gleichförmige Luftströmung der Geschwindigkeit *u* durch das Rohr. Es genügt eine geringfügige Störung der Strömung, um eine Schwingung der Luftsäule im Rohr hervorzurufen. Denkt man sich die Störung nach Fourier als Überlagerung von Sinusschwingungen erzeugt, so werden diejenigen Frequenzen, die in der Nähe der Resonanzfrequenz der Luftsäule im Rohr liegen, verstärkt, die übrigen Frequenzen dage-

gen geschwächt, da nur bei Resonanz, also stehenden Wellen, eine weitere Anregung durch Rückkopplung erfolgt (siehe Experiment „Offene und gedackte Pfeifen").
Man betrachte nun die Verhältnisse im Rohr im eingeschwungenen Zustand: In einer stehenden Welle ist der Schalldruck Δp (Druckdifferenz zu einem Umgebungsdruck p) gegenüber der Schallschnelle v (relative Geschwindigkeit der Luftteilchen zu einer gleichförmigen Strömungsgeschwindigkeit, hier u) um $\frac{\pi}{2}$ phasenverschoben (man betrachte dazu Abbildung 2, in der der Verlauf der Größen $u + v$ und $p + \Delta p$ in Abhängigkeit vom Ort x im Rohr zu vier verschiedenen Zeitpunkten einer Schwingungsperiode der Periodendauer T dargestellt ist; dabei ist t_0 der Zeitpunkt zu Beginn einer Schwingungungsperiode, $t_{\pi/2}$, t_π und $t_{3\pi/2}$ die Zeitpunkte nach $\frac{1}{4}$ T, $\frac{1}{2}$ T und $\frac{3}{4}$ T; die Indizes von t verdeutlichen die Phasenlage).

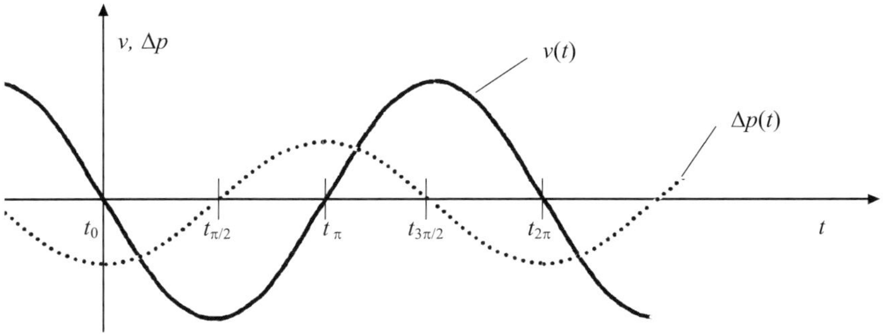

Abb. 3

In Abbildung 3 ist der zeitliche Verlauf der Schallschnelle v und des Schalldrucks Δp am Ort des Metallgitters dargestellt. Bei $t_{\pi/2}$ wechselt der Schalldruck Δp am Metallgitter vom negativen zum positiven Vorzeichen und die Strömungsgeschwindigkeit $u + v$ der Luft ist minimal. Zu diesem Zeitpunkt ist die durch die Wärmezufuhr erzeugte Schalldruckerhöhung maximal, denn bei der kleinsten Geschwindigkeit wird die Luft am längsten durch das heiße Metallgitter erwärmt. Die Schallschnelle steuert also eine Energiezuführung zur Schwingung des Schalldrucks. Abhängig vom Wert der Schallschnelle wird die Luft am Metallgitter periodisch mehr oder minder erwärmt und bewirkt dadurch eine periodische mehr oder minder große Schalldruckerhöhung. Die Schalldruckerhöhung durch Wärmeanregung (diese entspricht bis auf einen Faktor und einer Verschiebung senkrecht zur t-Achse dem an der t-Achse gespiegelten $v(t)$-Graphen) eilt dem Schalldruck um $\frac{\pi}{2}$ voraus. Dies ist gerade die Rückkopplungsbedingung. Die Schwingung wird durch Rückkopplung verstärkt. Dreht man nun die Glasröhre in eine andere Lage, z. B. in die waagrechte, ist die Anregung nicht mehr gegeben (der gleichmäßige Luftstrom durch das Rohr fällt weg; die Luft am Metallgitter wird dauernd, also nicht wie oben periodisch, erwärmt, dehnt sich aus und strömt beidseitig aus dem Rohr aus), der Ton verstummt.

Die Höhe des entstehenden Tons ist von der Rohrlänge abhängig: Bei der Rohrlänge l ergibt sich durch Resonanz (schwingende Luftsäule mit zwei offenen Enden) als Grundton eine stehende Welle der Wellenlänge $\lambda = 2l$ (siehe Experiment „Offene und gedackte Pfeifen"). Entsprechend der Schallgeschwindigkeit c von Luft (ca. 340 $\frac{\text{m}}{\text{s}}$) ergibt das für den Grundton die Frequenz

$$f = \frac{c}{\lambda} = \frac{c}{2l}.$$

Bei einer 50 cm langen Röhre ergibt sich z. B. eine Frequenz von 170 Hz, was einem tiefen e entspricht (e in der so genannten kleinen Oktave, das ist die Oktave unter der eingestrichenen Oktave). Neben dem Grundton entstehen auch noch Obertöne mit anderen Frequenzen (siehe Experiment „Offene und gedackte Pfeifen"), jedoch mit deutlich geringerer Amplitude, so dass hauptsächlich der Grundton wahrgenommen wird.

Bemerkungen

Bei einer Orgel wird die Strömung der Luft nicht wie im Experiment durch Wärme und Kamineffekt, sondern durch einen Blasebalg (früher) oder ein Gebläse (heute üblich) erzeugt. Auch die Störung des Luftstroms und damit die Erzeugung einer Luftschwingung geschieht anders. Man unterscheidet dabei Lippen- und Zungenpfeifen. Bei Lippenpfeifen wird der Luftstrom wie bei einer Blockflöte an einer scharfen Kante geteilt und so verwirbelt. Bei einer Zungenpfeife wird ein dünnes Plättchen durch den Luftstrom in Schwingungen versetzt, die elastischen Zungenschwingungen erregen dann die Luftsäule in der Orgelpfeife zum Schwingen. Je nach Rohrlänge und Bauart (offen oder gedackt) entsteht dann ein anderer Grundton. Die ebenfalls entstehenden mehr oder minder lauten Obertöne sorgen mit ihrem Amplitudenverhältnis und ihrer Phasenlage zum Grundton für die Klangfarbe einer Orgelpfeife. Das Amplitudenverhältnis und die Phasenlage der Obertöne zum Grundton einer Orgelpfeife lassen sich durch die Bauform (z. B. quadratischer oder runder Querschnitt) und die verwendeten Materialien beeinflussen. So besitzt eine Orgel für jeden gewünschten Ton mehrere Orgelpfeifen unterschiedlichen Klangcharakters (so genannte Register), die je nach Belieben kombiniert werden können.

Literatur

Wittmann, J.: Trickkiste 1, Experimente, wie sie nicht im Physikbuch stehen, Bayerischer Schulbuch Verlag, München 1986

zur Erklärung:

Gobrecht, H.; Gobrecht, J. H.; Gobrecht, K. H.: Bergmann-Schäfer, Lehrbuch der Experimentalphysik. Band 1, Mechanik, Akustik, Wärme, Walter de Gruyter Verlag, Berlin 1990, S. 576-577

4.11 Tonerzeugung wie bei Blasinstrumenten

Es werden die wesentlichen Methoden der Tonerzeugung bei Blasinstrumenten verdeutlicht.

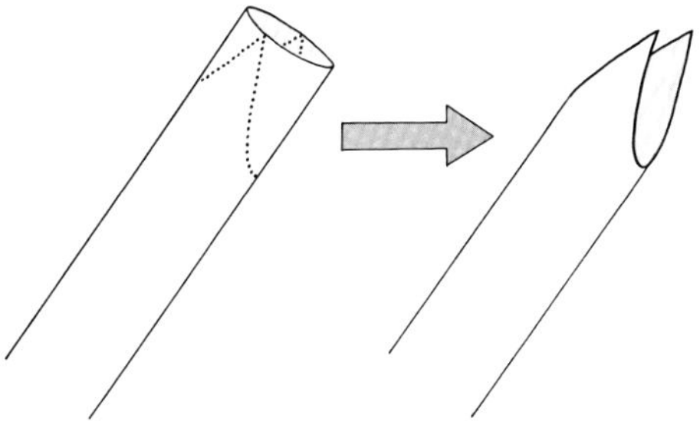

(a) (b)
Abb. 1

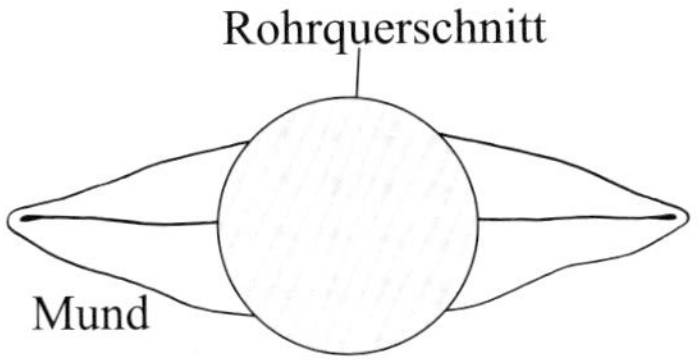

Abb. 2

Material

- Trinkhalm
- Rohr (Länge: ca. 50 cm; Durchmesser: 2 cm) aus Pappe oder anderem Material, evtl. auch Schlauch

Aufbau und Durchführung

Tonerzeugung wie bei Holzblasinstrumenten:
Ein Trinkhalm wird an einem Ende zusammengedrückt und dadurch abgeflacht. An den in Abbildung 1(a) gestrichelt gezeichneten Linien wird der Trinkhalm abgeschnitten, so dass er danach die in Abbildung 1(b) gezeigte Form besitzt. Das so präparierte Ende des Trinkhalms hält man zwischen die Lippen und beginnt zu blasen. Je nach Druck der Lippen auf den Trinkhalm kann ein unterschiedlich hoher Ton erzeugt werden. Schneidet man zusätzlich wie bei einer Flöte ein Loch in den Trinkhalm, kann die Tonhöhe auch durch Abdecken oder Freigeben dieser Öffnung variiert werden, wobei der Ton bei freigegebener Öffnung bei gleichem Lippendruck höher ist.

Tonerzeugung wie bei Blechblasinstrumenten:
Das Rohr wird an die geschlossenen Lippen gehalten (siehe Abb. 2). Man versucht zu blasen und dabei die Lippen zum Schwingen anzuregen (ohne Rohr sollte sich dies ähnlich wie ein Schnattern anhören), so dass ein deutlicher Ton gehört werden kann. Das klappt vielleicht nicht beim ersten Mal, ist aber durch ein wenig Übung gut zu erreichen. Vor allem die Kraft, mit der die Lippen aufeinander gepresst werden, ist zu variieren. Nach einiger Übung kann man mehrere Töne, abhängig von der Anblastechnik und der Lippenspannung, zum Schwingen anregen.

Erklärung

Tonerzeugung wie bei Holzblasinstrumenten:

Durch das Vorbeiströmen der Luft geraten die zwei Zungen am Ende des Trinkhalms in Schwingungen, was zu einem pulsierenden Ausströmen der Luft und somit zur Schallerzeugung führt. Die Höhe des entstehenden Tons hängt zum einen von der Rohrlänge (siehe Experiment „Offene und gedackte Pfeifen"), zum anderen vom Druck der Lippen auf die schwingenden Zungen ab, da die mechanische Schwingung der Zungen dadurch beeinflusst wird. Es können also die zur Rohrlänge passenden Eigenschwingungen angeregt werden, aber auch nichtresonante erzwungene Schwingungen lassen sich durch eine Veränderung des Lippendrucks erzeugen.

Tonerzeugung wie bei Blechblasinstrumenten:

Die vibrierenden Lippen übernehmen die Funktion der Zungen am Ende des Trinkhalms, jedoch können hier, anders als beim Trinkhalm, bei ungeübtem Bläser nur die von der Rohrlänge abhängigen Eigenschwingungen angeregt werden (das sind Grundton und entsprechende Obertöne eines beidseitig offenen Rohrs; siehe Experiment „Offene und gedackte Pfeifen"). Nur geübte Bläser sind in der Lage, andere nichtresonante Töne zu erhalten; der Lippendruck muss dabei extrem feinfühlig und exakt variiert werden können. Erzwungene nichtresonante Schwingungen benötigen dabei eine wesentlich größere Anregungsamplitude (also ein stärkeres Schwingen der Lippen), um die gleiche Schwingungsamplitude wie bei einer Eigenschwingung zu erreichen.

Bemerkungen

Für den Klangcharakter ist das Verhältnis der Amplitude des Grundtons zu den Amplituden der entsprechenden Obertöne sowie die gegenseitige Phasenlage verantwortlich (siehe Experiment „Eine Glasröhre als Orgelpfeife").
Ähnlich wie im Experiment werden bei Holzblasinstrumenten die Töne durch schwingende Zungen hervorgerufen. Bei Orchesterinstrumenten sind die Zungen dabei aus Schilfrohr geschnitten (Rohrblatt), während sie bei Schalmeien aus Metall sind. Man unterscheidet dabei noch ein- und doppelblättrige Instrumente. Instrumente mit einem Rohrblatt sind z. B. die Klarinette oder das Saxophon, solche mit zwei Rohrblättern, die wie der oben verwendete Trinkhalm zwei Zungen besitzen, sind z. B. die Oboe oder das Fagott. Obwohl in der Musik die Flöten und Pfeifen auch zu den Holzblasinstrumenten gezählt werden, erfolgt dort die Tonerzeugung ohne eine schwingende Zunge. Es handelt sich dabei um Lippenpfeifen mit Schneide-Tonerzeugung. Man rechnet diese Instrumente zu den Holzblasinstrumenten, da sie früher meist aus Holz gefertigt worden waren.
Da Töne, die aus Eigenschwingungen hervorgehen, meist klarer und besser klingen als solche aus erzwungenen nichtresonanten Schwingungen (die auch noch schwerer zu erzeugen sind), wird bei allen modernen Blasinstrumenten die Höhe des entstehenden Tons durch eine Veränderung der Rohrlänge (und damit der Eigenfrequenzen, die von der Rohrlänge abhängen) bewirkt. Holzblasinstrumente besitzen dazu Klappen, die geöffnet werden können und so die Rohrlänge verkürzen, Blechblasinstrumente leiten

über Ventile die Luft durch Röhren unterschiedlicher Länge oder das Rohr wird wie bei der Posaune in seiner Länge direkt verändert.

Literatur

Cash, T.; Taylor, B.: Experimente, Tricks und Tips, Akustik, Südwest Verlag GmbH & Co. KG, München 1990

zu Bemerkungen:

Stöcker, H.: Taschenbuch der Physik, Formeln, Tabellen, Übersichten, Verlag Harri Deutsch, Thun und Frankfurt/Main 1994, S. 227-229

4.12 Flötespielen unter Wasser

Mit einer alten Blockflöte, die beim Spielen ins Wasser getaucht wird, lässt sich zeigen, dass die Höhe des beim Blasen entstehenden Tons von der Länge der schwingenden Luftsäule abhängt.

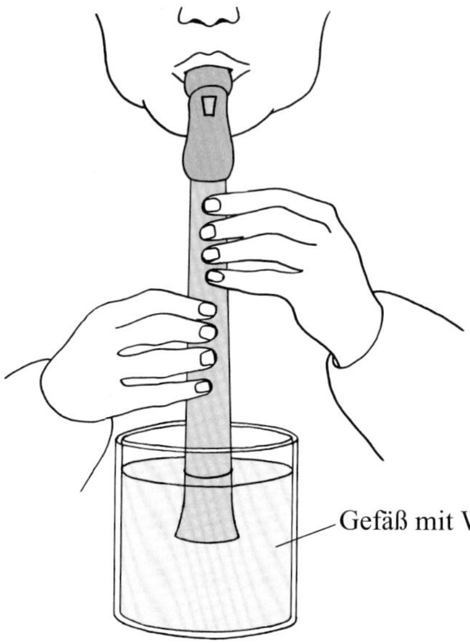

Abb. 1

Material

- alte Blockflöte aus Plastik oder Metall (wird beim Experiment nass, daher möglichst keine wertvolle Flöte aus Holz verwenden)
- Gefäß mit Wasser, in das die Flöte beim Spielen getaucht werden kann
- evtl. Klebeband zum Verschließen der Löcher der Flöte

Aufbau und Durchführung

Alle Löcher einer Blockflöte werden mit den Fingern oder mit Klebeband verschlossen. Beim Blasen durch die Flöte erklingt ein tiefer Ton. Taucht man beim Blasen die Blockflöte mit dem Ende unter Wasser (siehe Abb. 1), verändert sich der hörbare Ton. Er wird umso höher, je tiefer die Flöte ins Wasser getaucht wird.

Erklärung

Die Höhe des beim Flötespielen entstehenden Tons hängt von der Länge der schwingenden Luftsäule ab. Wenn die Flöte ins Wasser getaucht wird, handelt es sich um eine gedackte Pfeife (siehe Experiment „Offene und gedackte Pfeifen"). Für die Frequenz des entstehenden Grundtons gilt:

$$f = \frac{c}{4l}$$

(f: Frequenz des Grundtons; c: Betrag der Schallgeschwindigkeit in Luft, also ca. $340\ \frac{\text{m}}{\text{s}}$; l: Länge der schwingenden Luftsäule)

Taucht man die Flöte immer tiefer ins Wasser, dringt Wasser von unten in die Röhre der Flöte und die schwingende Luftsäule wird immer kürzer. Damit erhöht sich die Frequenz des entstehenden Grundtons immer mehr und der entstehende Ton wird immer höher.

Bemerkungen

Neben der Länge der schwingenden Luftsäule ist – wie bei jedem Blasinstrument – die Art des Anblasens für die Höhe des entstehenden Tons verantwortlich. Bei gleicher Länge der Luftsäule können neben dem Grundton noch Obertöne mit anderen Fre-

quenzen als der des Grundtons angeregt werden (siehe Experiment „Offene und gedackte Pfeifen"). Welcher Ton dominiert und damit gehört wird, hängt entscheidend von der Art des Anblasens ab. Mit einer Blockflöte lässt sich das leicht demonstrieren: Je nachdem wie fest man in eine Blockflöte hineinbläst, wenn alle Löcher geschlossen sind, hört man verschiedene Töne, die sich typischerweise um Oktavintervalle unterscheiden.
Die gleiche Thematik behandelt das Experiment „Flaschenpfeifen und -glocken".

Literatur

Cash, T.; Taylor, B.: Experimente, Tricks und Tips, Akustik, Südwest Verlag GmbH & Co. KG, München 1990

4.13 Flaschenpfeifen und -glocken

Mit einer zum Teil mit Wasser gefüllten Flasche wird demonstriert, dass die Eigenfrequenz einer schwingenden Luft- bzw. Wassersäule abhängig von der Höhe der Luftsäule bzw. der Masse der Wassersäule ist.

Abb. 1

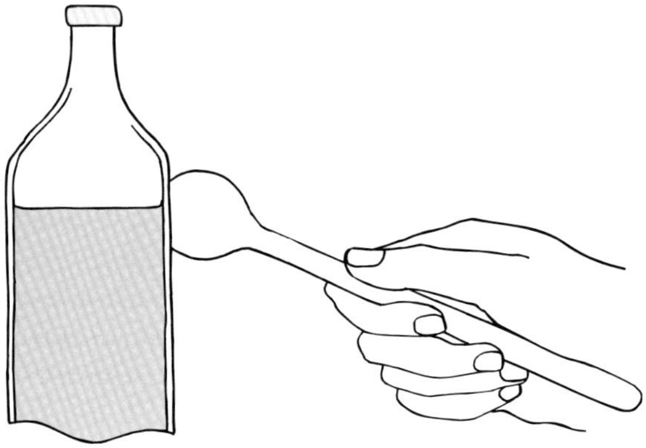

Abb. 2

Material

- Glasflasche
- Löffel oder ein anderes Schlagwerkzeug

Aufbau und Durchführung

Eine Glasflasche wird zum Teil mit Wasser gefüllt. Bläst man schräg in die Flaschenöffnung hinein (siehe Abb. 1), entsteht ein Ton. Einen Oberton davon kann man erzeugen, wenn man wesentlich fester in die Flasche bläst. Je mehr Wasser in die Flasche gefüllt wird, desto höher wird der Ton.
Schlägt man eine zum Teil mit Wasser gefüllte Glasflasche mit einem Löffel an (siehe Abb. 2), entsteht ebenfalls ein Ton. Erhöht man hier die Wasserfüllung, nimmt die Tonhöhe ab.

Erklärung

Beim Blasen auf die Flaschenöffnung wird die Luftsäule in der Flasche, vergleichbar mit der Luftsäule einer Blockflöte, zum Schwingen angeregt. Dabei dient die Flaschenhalskante als Lippe. Die Lippe wird von einem Luftstrom umströmt. An der Lippenkante lösen sich auf der Abströmseite Wirbel ab, die Luftdruckschwankungen zur Folge haben. Als Resonator, der für eine stehende Welle sorgt, dient der nicht mit Wasser gefüllte Flaschenbauch. Die Tonhöhe und damit die Frequenz hängt von der Länge der Luftsäule ab. Nimmt die Länge der Luftsäule ab, so nimmt die Wellenlänge λ der Schwingung ab,

und wegen $f = \frac{c_L}{\lambda}$ nimmt die Frequenz f der Schwingung bei konstanter Schallgeschwindigkeit in Luft vom Betrag c_L zu. Der Ton wird höher.
Beim Anschlagen der Flasche mit dem Löffel wird, im Unterschied zur vorhergehenden Anregung, das Glas und mit ihm das Wasser zum Schwingen angeregt. Die Eigenfrequenz des Wassers hängt von der Masse des Wassers und damit (in diesem Experiment) von der Höhe der Wassersäule ab. Da mit höher werdender Wassersäule die Wellenlänge λ der Eigenschwingung zunimmt, nimmt wegen $f = \frac{c_W}{\lambda}$ bei konstanter Schallgeschwindigkeit in Wasser vom Betrag c_W die Frequenz ab. Der Ton wird tiefer.

Bemerkungen
Schwingende Luftsäulen behandelt auch das Experiment „Flötespielen unter Wasser“.

Literatur
Walpole, B.: Experimente, Tricks und Tips zum Verständnis der Natur, Lernen und Wissen im Spiel und mit Spaß, Südwest Verlag GmbH & Co. KG, München 1990

4.14 Die musikalische Kerze

Durch die Druckänderungen in der Luft bei der Ausbreitung von Schallwellen flackert eine Kerzenflamme.

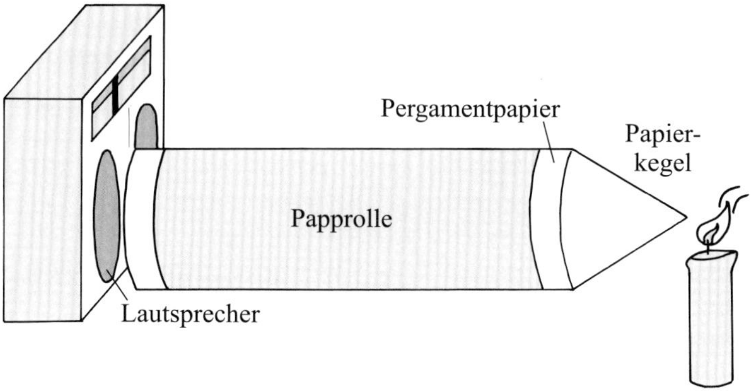

Abb. 1

Material

- Papprolle (Länge: ca. 30 cm; Durchmesser: 5 cm), z. B. Inneres einer Haushaltsrolle
- Pergamentpapier oder Luftballon
- Kerze
- Papier
- evtl. Kassettenrekorder oder Radio
- Hilfsmittel: Schere, Klebstoff

Aufbau und Durchführung

Aus einem Blatt Papier schneidet man eine Kreisscheibe mit einem Radius von ca. 7 cm. Aus dieser schneidet man einen 90°-Sektor aus und rollt die verbleibende Dreiviertel-Kreisscheibe zu einem Kegel zusammen. Diesen klebt man an eine Stirnseite der Papprolle (siehe Abb. 1). Die Spitze des Papierkegels wird abgeschnitten, so dass ein kleines Loch mit ca. 2 mm Durchmesser entsteht. Über die andere Stirnseite der Papprolle klebt man Pergamentpapier oder die Gummimembran eines Luftballons.

Der Papierkegel wird so vor eine brennende Kerze gehalten, dass sich das Loch in der Spitze unmittelbar vor der Flamme befindet. Klopft man mit einem Finger gegen das Pergamentpapier, so flackert die Kerzenflamme. Hält man die Papprolle mit der Pergamentseite an den Lautsprecher eines Kassettenrekorders oder Radios, so flackert die Flamme vor dem Papierkegel im Takt der Musik (siehe Abb. 1). Hält man sich die Papprolle vor den Mund und schreit man laut gegen das Pergamentpapier, so erlischt die Flamme.

Erklärung

Der Schall breitet sich durch lokale Druckänderungen in der Luft aus. Hält man eine Schallquelle vor das Pergamentpapier, so werden diese Druckänderungen über das Pergamentpapier auf die Luft in der Papprolle übertragen. Bei Überdruck tritt etwas Luft durch das Loch in der Spitze des Papierkegels aus und bringt die Kerzenflamme zum Flackern. Bei Unterdruck in der Röhre wird von außen etwas Luft angesaugt. Da Luft aus der gesamten Umgebung vor dem Loch angesaugt wird, ist die Luftströmung am Ort der Flamme zu gering, um die Kerzenflamme zu bewegen. Die Stärke des Schalldrucks hängt von der Lautstärke ab. Bei einem lauten Schrei ist der erzeugte Überdruck groß genug, um die Flamme auszublasen.

Bemerkungen

Wie im Titelfilm dieser CD-ROM sichtbar, benötigt die Kerzenflamme nach einer Auslenkung eine gewisse Zeit, um wieder in ihre Ausgangsposition zurückzukehren. Schnelle Techno-Schläge von 120 oder sogar mehr „beats per minute" haben nur eine flackernde Dauerauslenkung zur Folge. Denselben Effekt zeitigt allerdings auch (klassische) Musik, deren Dynamik lediglich in einem engen Band um eine bestimmte Lautstärke verläuft (dauerhafte piano-, mezzoforte- oder fortissimo-Musik). Um einen schönen „Kerzenflammen-Ausschlag" zu erzielen, bedarf es also einer kurzfristigen, großen Lautstärkeschwankung. Sofort kommt einem dabei natürlich die 1791 entstandene Sinfonie G-Dur Hob.I.94 des österreichischen Komponisten *Joseph Haydn* (1732-1809) in den Sinn, die nicht umsonst den Beinamen „Mit dem Paukenschlag" trägt (im Französischen sogar den noch schöner-geheimnisvolleren Namen: „La Surprise" ...), und auf die deshalb die Wahl für den bereits angesprochenen Titelfilm dieser CD-ROM fiel. Aber auch mit der „Joyeuse Marche" (1888) des Franzosen *Emmanuel-Alexis Chabrier* (1841-1894) oder den schmissigeren der Ouvertüren des italienischen *Franzosen Luigi Cherubini* (1760-1842) lassen sich schöne Ergebnisse erzielen.

Literatur

Cash, T.; Taylor, B.: Experimente, Tricks und Tips, Akustik, Südwest Verlag GmbH & Co. KG, München 1990

Becker, J., Physik in der Schule 32/6 (1994), S. 223-225

4.15 Das schwingende Lineal

Mit einem Lineal lassen sich die Zusammenhänge von Tonhöhe und -lautstärke mit Schwingungsfrequenz und -amplitude demonstrieren.

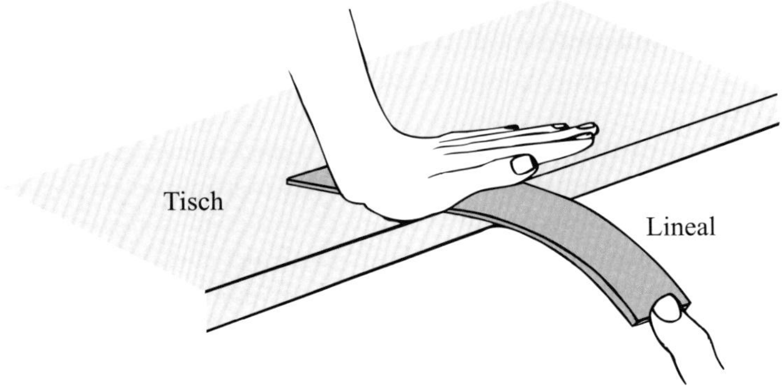

Abb. 1

Material

- dünnes, biegsames Lineal

Aufbau und Durchführung

Man legt ein Lineal so auf einen Tisch, dass es weit über die Tischkante hinausragt, wobei man es mit einer Hand genau an der Tischkante fest auf den Tisch drückt, während man mit der anderen Hand das ins Freie ragende Ende in Schwingungen versetzt, indem man das freie Ende nach unten drückt und zurückschnellen lässt (siehe Abb. 1). Man nimmt einen Ton wahr, solange das Lineal hin und her schwingt. Unter Umständen muss man die Länge L des überstehenden Linealstücks erst ein wenig verkürzen, um überhaupt einen Ton zu hören. Verkürzt man L weiter, wird der Ton höher. Lenkt man das freie Ende vertikal weiter aus, wird der Ton lauter (oder das Lineal bricht ...).

Erklärung

Schwingt ein Gegenstand schnell hin und her, so wird die Luft, die an den Gegenstand angrenzt, in Schwingungen versetzt. Diese Schwingungen erzeugen Druckschwankungen, die sich als longitudinale Wellen der Wellenlänge λ in der Luft fortpflanzen. Treffen sie im Ohr auf das Trommelfell und versetzen sie dieses in Schwingungen, so nimmt das Gehirn einen Ton wahr. Die Tonhöhe steigt, wenn die Frequenz f der Schwingung größer wird, und fällt, wenn die Frequenz kleiner wird. Das (gesunde) menschliche Ohr kann Töne im Frequenzbereich von ca. 20 – 20000 Hz wahrnehmen. Der genaue Zusammenhang zwischen der Frequenz f des durch das „Lineal-Schnippen" erzeugten Tons und der Länge L des überstehenden, schwingenden Linealstücks ist nicht trivial: In die Formel gehen das Elastizitätsmodul, die Abmessungen des Lineals und dessen Dichte mit ein. Wichtig ist

jedoch nur, dass die Frequenz f indirekt proportional zu einer Potenz L^p ($p \geq 1$) von L ist. Damit lassen sich die beobachteten Phänomene erklären:
Ein langes schwingendes Linealstück, also ein großes L, bedeutet eine kleine Frequenz f, also einen tiefen Ton. Ist L zu lang, so ist f unter Umständen zu klein ($f < 20$ Hz), um als Ton wahrgenommen werden zu können. Verkürzt man L, so vergrößert man f, d. h. der Ton wird höher.
Wird die Tonhöhe von der Frequenz beeinflusst, so ist für die Lautstärke die Amplitude der Schwingung, also die Auslenkung des Linealstücks, verantwortlich, was im letzten Teil des Experiments gezeigt wird.

Bemerkungen

Am besten gelingt das Experiment mit einem dünnen Kunststofflineal, das auf einen Tisch ohne Tischdecke gedrückt wird.
Mit Linealen verschiedener Materialien und Abmessungen kann gezeigt werden, dass nicht nur die Länge L für die Tonhöhe verantwortlich ist.

Literatur

Zeier, E.: Physikalische Schulversuche, Freihandversuche, kleine Experimente, Aulis Verlag Deubner, Köln 1986
Cash, T.; Taylor, B.: Experimente, Tricks und Tips, Akustik, Südwest Verlag GmbH & Co. KG, München 1990
Raaf, H.; Sowada, H.: Physik macht Spaß, Überraschende Einsichten durch über 100 Modelle und Experimente, Herder Verlag, Freiburg im Breisgau 1990

zur Erklärung:

Mende, D.; Simon, G.: Physik, Gleichungen und Tabellen, VEB Fachbuchverlag Leipzig 1988, S. 282

4.16 Die Schwingung einer Stimmgabel

Durch das Spritzen von Wasser lässt sich zeigen, dass die Zinken einer tönenden Stimmgabel in Bewegung sind.

Abb. 1

Material

- Stimmgabel
- Trinkglas

Aufbau und Durchführung

Ein Trinkglas wird vollständig mit Wasser gefüllt. Man schlägt eine Stimmgabel kräftig an und taucht die Zinken der Stimmgabel in das Wasser, so dass sie gerade eintauchen. Das Wasser im Glas spritzt hoch, und es bilden sich leichte Wellen auf der Wasseroberfläche. Berührt man eine tönende Stimmgabel mit der Zunge, spürt man ein Vibrieren der Zinken

Erklärung

Die Zinken einer tönenden Stimmgabel führen gedämpfte Schwingungen aus. Abbildung 2 zeigt die Grund- und Oberschwingungen einer Stimmgabel. Die Amplitude der Schwingung der Zinken ist dabei so klein, dass die Bewegungen der Zinken mit dem bloßen Auge kaum erkennbar sind. Hält man die Stimmgabel in das Wasser, übertragen sich die Schwingungen der Zinken auf das Wasser, so dass sich Wellen auf der Wasseroberfläche bilden. Überträgt man die Vorgänge im Wasser auf die Luft, lässt sich folgern, dass sich die Schwingungen der Zinken einer Stimmgabel wie im Wasser auch in der Luft fortpflanzen und dadurch hörbare Töne erzeugt werden.

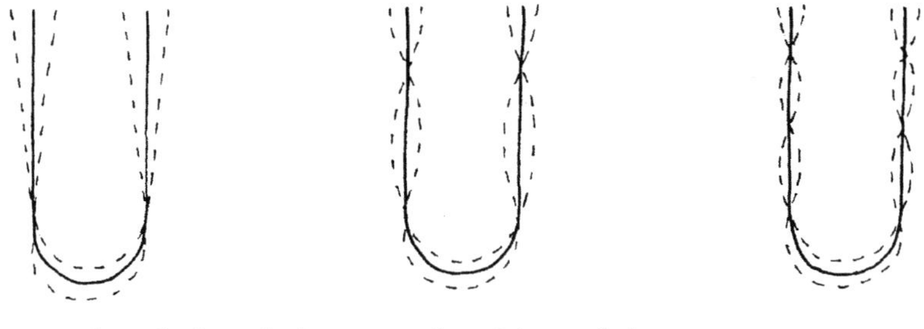

Abb. 2: Grund- und Oberschwingungen einer Stimmgabel

Literatur

Zeier, E.: Physikalische Schulversuche, Freihandversuche, kleine Experimente, Aulis Verlag Deubner, Köln 1986

Cash, T.; Taylor, B.: Experimente, Tricks und Tips, Akustik, Südwest Verlag GmbH & Co. KG, München 1990

4.17 Eine klingende Scheibe

Durch periodische Unterbrechung eines Luftstroms kann man Schallwellen erzeugen.

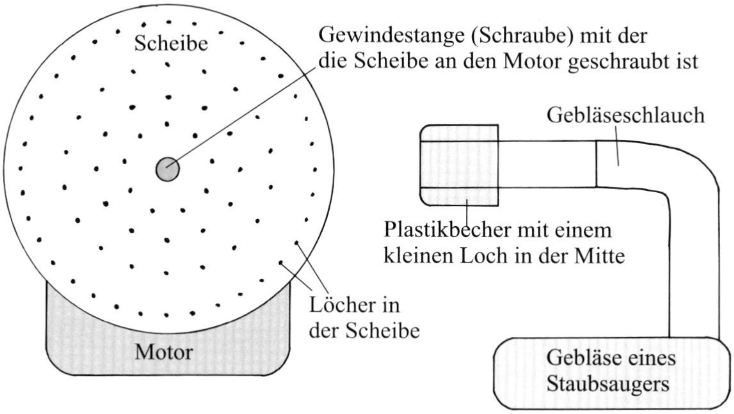

Abb. 1

Material

- Motor oder Bohrmaschine
- Metallscheibe (Durchmesser: 20 – 30 cm) mit Löchern (Durchmesser: ca. 0,5 cm) oder eine entsprechend zugeschnittene Pappscheibe
- Gebläse, z. B. eines Staubsaugers, mit Schlauch
- Becher, z. B. Joghurtbecher

Aufbau und Durchführung

Eine Metallscheibe, auf der auf immer größer werdenden konzentrischen Kreisen Löcher eingestanzt sind, wird über einen Metallstab an einen Motor montiert (siehe Abb. 1). Ist man nicht im Besitz einer solchen Metallscheibe, kann man in eine Pappscheibe Löcher auf konzentrischen Kreisen um den Scheibenmittelpunkt stechen. Der Abstand der Kreise voneinander ist dabei unwichtig, der Abstand der Löcher eines Kreises sollte nicht variieren (siehe Abb. 1). Einen Joghurtbecher mit einem kleinen Loch im Boden drückt man mit der Innenseite auf das Ende eines Schlauchs. Diese Düse wird ca. 1 cm von einem „Lochkreis" entfernt auf die rotierende Scheibe gerichtet. Je näher man sich am Mittelpunkt der Scheibe befindet, desto tiefer ist der entstehende Ton.

Erklärung

Schallwellen sind Longitudinalwellen in Luft. Deshalb ist eine Anregung durch einen periodisch unterbrochenen Luftstrahl möglich. Die Frequenz f eines Tons wird bestimmt durch die Zeit Δt zwischen zwei Unterbrechungen des Luftstroms:

$$f = \frac{1}{\Delta t}$$

Aus Abbildung 2 folgt:

$$\Delta s = r\Delta\varphi$$

($\Delta\varphi$: Winkel, unter dem zwei benachbarte Löcher vom Mittelpunkt der Scheibe aus erscheinen; Δs: siehe Abb. 2)

Mit $\Delta t = \dfrac{\Delta\varphi}{\omega}$ erhält man:

$$f = \frac{1}{\Delta t} = \frac{\omega}{\Delta\varphi} = \frac{\omega r}{\Delta s}$$

Die Anzahl N ($N \in \mathbb{N}$) der Löcher auf einem Kreis mit Radius r ist gegeben durch $N = \dfrac{2\pi\, r}{\Delta s}$. Für die Frequenz f des Tons, der durch das Unterbrechen des Luftstroms angeregt wird, folgt damit:

$$f = \frac{\omega N}{2\pi}$$

Das bedeutet: Falls N von einem Lochkreis zum nächsten kleiner wird, wird die Frequenz des entstehenden Tons kleiner und damit der Ton tiefer. Wird N von einem Lochkreis zum nächsten größer, wird die Frequenz des entstehenden Tons größer und der Ton damit höher.

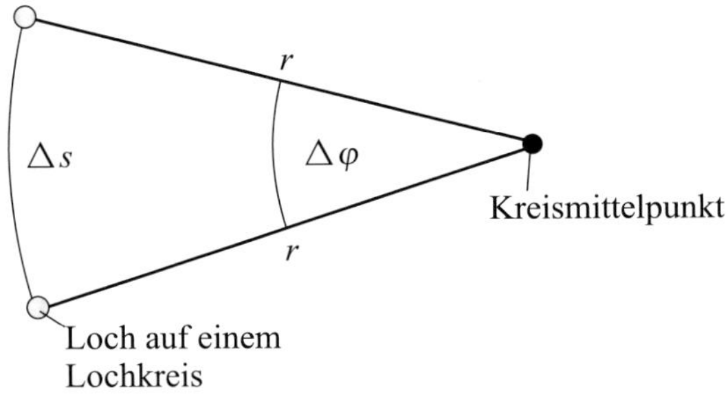

Abb. 2

Bemerkungen

Auch der Wind kann einen periodischen Luftstrom erzeugen, wenn er an einem starren zylindrischen Mast oder Draht vorbeistreift. Er löst dabei abwechselnd auf der einen oder anderen Seite Wirbel ab (Kármán'sche Wirbelstraße, siehe Experiment „Warum pfeift der Wind?"). Die Frequenz der Wirbelablösung hängt von der Windgeschwindigkeit und dem Mastdurchmesser ab.

Literatur

Brechel, R., Physik in der Schule 30 (1992), S. 296

4.18 Chladnische Klangfiguren

Eigenschwingungen einer Metallplatte werden durch Sand auf der Metallplatte sichtbar.

Material

- dünne Metallplatte (ca. 15 cm × 15 cm × 1 mm) mit einem Loch in der Mitte
- Metallstab mit Gewinde an einer Seite
- Schraubenmuttern, passend zum Gewinde am Metallstab
- Tischkralle oder ein Gerät, um den Metallstab senkrecht an einem Tisch zu befestigen
- Paketschnur oder Geigenbogen
- Harz oder Kolophonium
- reiner Sand

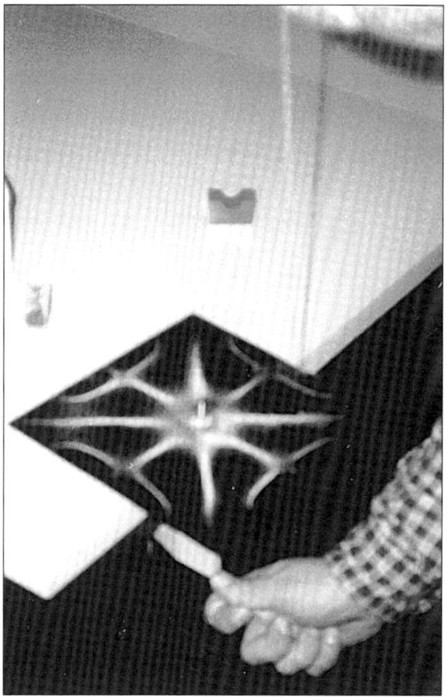

Abb. 1

Aufbau und Durchführung

An einem Metallstab mit Gewinde wird an einem Ende eine dünne Metallplatte zwischen zwei Schraubenmuttern fixiert. Den Stab befestigt man mit einer Tischkralle vertikal an einem Tisch (siehe Abb. 1). Die Metallplatte sollte sich ca. 20 cm über der Tischplatte befinden. Man stäubt etwas Sand auf die waagrechte Platte und harzt eine Paketschnur gut ein. Hat man einen Geigenbogen zur Hand, wird dieser gut eingeharzt. Die Paketschnur spannt man zwischen der rechten und linken Hand und streicht sie (bzw. den Geigenbogen) am Rand der Platte von oben nach unten. Der Sand ordnet sich in Figuren an (siehe Abb. 1).

Man kann verschiedene Sandfiguren erzeugen, indem man die Platte an verschiedenen Stellen mit der Schnur anstreicht und/oder mit Daumen und Zeigefinger verschiedene Stellen der Platte festhält.

Erklärung

Die eingeharzte Paketschnur haftet an dem Rand der Metallplatte. Führt man die Schnur nach unten, biegt sich die Metallplatte ebenfalls nach unten, bis die aus der Spannung der Metallplatte resultierende Kraft größer wird als die Haftreibungskraft zwischen Schnur und Platte. Die Metallplatte bewegt sich zurück nach oben. Diese Bewegung wird durch die Gleitreibungskraft zwischen Schnur und Metallplatte gedämpft. Hat die sich nach oben bewegende Platte die Ruhelage durchquert (Stellung der Platte ohne Schnur), kehrt sie auf Grund der Reibungskraft und der aus der Plattenspannung resultierenden Kraft ihre Bewegungsrichtung am oberen Umkehrpunkt um. Die nach unten wirkende Reibungskraft beschleunigt die Platte nach unten. Die nach unten geführte Schnur regt

somit die Metallplatte an der Stelle, an der sie vorbeistreicht, stetig zu einer Schwingung an. Die Platte schwingt – je nach Anregung – in charakteristischen Moden.
Anstelle von Knotenpunkten (wie bei schwingenden Saiten) treten hier Knotenlinien oder Klangbilder auf. Sie sind je nach Art der Metallplatte verschieden, denn die Eigenschwingungen hängen vom Material, von der Größe, der Dicke, der Form, vom Ort der Anregung, von der Temperatur und anderen Parametern ab. Der Sand bleibt an den Stellen der geringsten Bewegung der Platte (den Knotenlinien) liegen. An den sich bewegenden Stellen rutscht er beiseite.
Fasst man die Platte an verschiedenen Stellen an, dämpft man die Schwingung an der angefassten Stelle. Dort, wo die Paketschnur über den Plattenrand streicht, entsteht ein Schwingungsmaximum, und der Sand wird weggeschleudert. An den gedämpften Stellen entstehen Knoten, und der Sand bleibt liegen.

Bemerkungen

Entdeckt wurden diese Figuren 1787 von dem deutschen Physiker und Begründer der experimentellen Akustik *Ernst Florens Friedrich Chladni* (1756-1827).

Literatur

Oberdorfer, G.: Zytglogge Werkbuch, Das springende Ei und andere Experimente für die fünf Sinne, Zytglogge-Verlag, Gümmlingen Bonn Wien 1991

4.19 Töne sichtbar machen

Mit einem Oszilloskop und einem Mikrofon können akustische Schwingungen optisch dargestellt werden. Grundlegende Zusammenhänge zwischen Gehörtem und Gesehenem lassen sich erkennen.

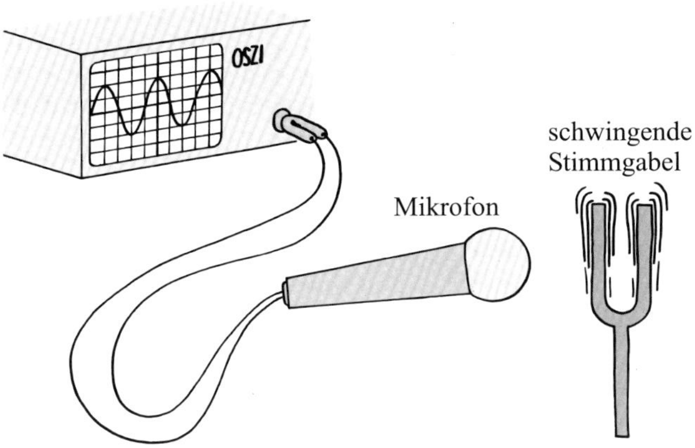

Abb. 1

Material

- Oszilloskop
- Mikrofon ohne externe Spannungsversorgung (dynamisches Mikrofon oder Kondensatormikrofon mit eingebauter Batterie) oder Lautsprecher, als Mikrofon verwendet
- passende Kabel und Verbindungsstecker
- Tonerzeuger, z. B. Stimmgabel oder Musikinstrumente

Aufbau und Durchführung

Ein Mikrofon wird an den Eingang eines Oszilloskops gelegt. Man stellt die Eingangsempfindlichkeit und die Zeitablenkung des Oszilloskops so ein, dass beim Sprechen in das Mikrofon auf dem Bildschirm deutliche Schwingungen zu sehen sind (siehe Abb. 1). Man erzeugt mit der Stimme verschiedene Töne (Klangfarbe, Tonhöhe, Lautstärke) und achtet auf die Unterschiede in den dargestellten Kurven (zum Begriff „Ton" siehe Bemerkungen). Auch ein Vergleich mit anderen Tonerzeugern, wie z. B. einer Stimmgabel oder Musikinstrumenten, lohnt sich.

Erklärung

Töne sind nichts anderes als mehr oder minder periodische Druckschwankungen in der Luft. Diese Druckschwankungen werden vom Mikrofon in Spannungsschwankungen umgewandelt (siehe Experiment „Ein einfaches Telefon"), deren zeitlicher Verlauf auf dem Oszilloskop dargestellt wird.

Bemerkungen

In der Physik unterscheidet man üblicherweise zwischen Tönen (reine Sinusschwingung in nur einer Frequenz), Klängen (Überlagerung von Tönen mit verschiedenen Amplituden und Frequenzen, die nur in ganzzahligem Frequenzverhältnis zur tiefsten Frequenz, dem so genannten Grundton stehen) und Geräuschen (Überlagerung von Tönen mit kontinuierlichem Frequenzspektrum). Im Experiment wird der Begriff „Ton" wie in der Musik üblich verwendet und entspricht dem physikalischen Begriff Klang; jedes Musikinstrument und auch die menschliche Stimme kann physikalisch gesehen nur Klänge erzeugen.

Grundlegende Zusammenhänge zwischen Tonempfinden und gesehener Kurve auf dem Oszilloskop lassen sich erkennen: Die Lautstärke des Tons entspricht der Amplitude der Kurve, die Tonhöhe der Kurvenfrequenz und die Klangfarbe dem Kurvenverlauf (sinusförmig, sägezahnförmig, ...; nach *Jean-Baptiste Fourier* (1768-1830) in ein entsprechendes Frequenzspektrum zerlegbar). Je reiner ein Ton ist, d. h. je weniger Obertöne er beinhaltet (siehe Experiment „Eine Glasröhre als Orgelpfeife"), desto mehr ähnelt der auf dem Oszilloskop dargestellte Kurvenverlauf einer Sinuskurve.

Wie alle realen elektroakustischen Wandler ist ein Mikrofon alles andere als ideal. So ist z. B. die Amplitude der entstehenden Wechselspannung bei gleichem Schalldruck, aber unterschiedlicher Frequenz des Schalls im Allgemeinen recht unterschiedlich, was natürlich die oben gemachten Betrachtungen etwas, wenn auch unwesentlich, verfälscht. Bei der Verwendung von Mikrofonen zur elektronischen Schallverarbeitung (Verstärkeranlagen, Tonaufzeichnungen, Tonübertragung, ...) stört dies jedoch enorm. Man versucht mit mehr oder minder erfolgreichem technischen Aufwand diesen so genannten Frequenzgang von Mikrofonen zu glätten, um so möglichst nahe an den angestrebten linearen Frequenzgang (d. h. gleiche Spannungsamplitude bei unterschiedlicher Frequenz aber gleichem Schalldruck) zu kommen. Dieser Mehraufwand schlägt sich im Preis nieder, so dass gute professionelle Mikrofone durchaus 1000,– Euro oder mehr kosten können.

Literatur

zu Bemerkungen:

Stöcker, H.: Taschenbuch der Physik, Formeln, Tabellen, Übersichten, Verlag Harri Deutsch, Thun und Frankfurt/Main 1994, S. 238

4.20 Schallwelleninterferenz

Schallinterferenzen werden mit zwei Kopfhörermuscheln demonstriert.

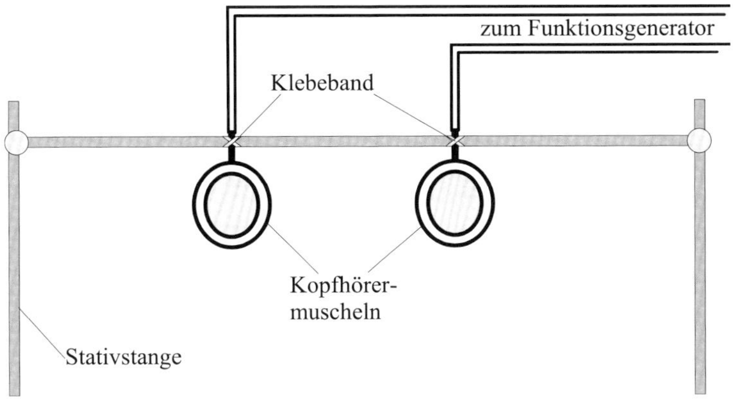

Abb. 1

Material

- 2 Kopfhörermuscheln oder 2 gleiche Lautsprecher
- Funktionsgenerator
- Klebeband
- Stativmaterial

Aufbau und Durchführung

Aus drei Stativstangen und Muffen wird ein auf dem Kopf stehendes U auf einem Tisch montiert (siehe Abb. 1). An der waagrechten Stativstange befestigt man mit einem Klebeband zwei Kopfhörermuscheln im Abstand von 20 – 50 cm auf Kopfhöhe. Die Kopfhörermuscheln sollten etwa parallel nach vorne abstrahlen. Die Kopfhörermuscheln schließt man an einen Funktionsgenerator an. Den Funktionsgenerator stellt man auf eine Frequenz von ca. 2500 Hz ein. Läuft man in einer Entfernung von ca. 1 m parallel zur Anordnung auf und ab, kann man Lautstärkeschwankungen hören.

Erklärung

Die Kopfhörermuscheln werden von demselben Funktionsgenerator angesteuert. Deshalb wird die Luft vor den Membranen der Kopfhörermuscheln genau mit derselben Frequenz und phasengleich zu Schwingungen angeregt. Die Schwingungen der Luft rufen periodische Druckschwankungen hervor, die sich als Welle ausbreiten. Die von den beiden Membranen der Kopfhörermuscheln ausgehenden kohärenten Schallwellen interferieren miteinander. Konstruktive Interferenz ergibt sich, falls die Differenz Δs der Abstände eines „Beobachtungspunktes" zu den Schallquellen ein ganzzahliges Vielfaches der Wellenlänge λ darstellt (es gilt dann: $\Delta s = n\lambda$ mit $n \in \mathbb{N}$). Destruktive Interferenz ergibt sich, falls $\Delta s = (n + 1) \cdot \frac{\lambda}{2}$ gilt.

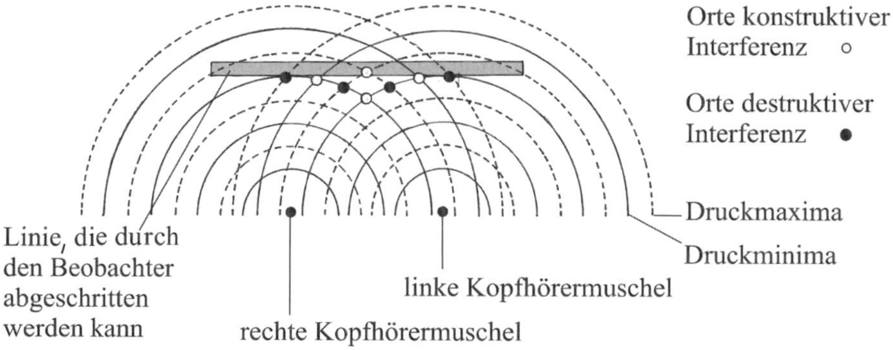

Abb. 2

In Abbildung 2 stellen die durchgezogenen Linien die Lage der Druckmaxima und die unterbrochenen Linien die Lage der Druckminima dar. Die Schnittpunkte der durchgezogenen Linien stellen die Orte konstruktiver Interferenz dar. Überlagert sich ein Druckminimum mit einem Druckmaximum, löschen sich die beiden Wellen (im Idealfall) durch destruktive Interferenz aus.

Literatur

Ebert, B.; Peter, J., Physik in der Schule 26 (1988), S. 390-32

4.21 Die Stimmgabel: Laut oder leise?

Mit einer Stimmgabel kann man zeigen, dass es sich bei Schall um longitudinale Wellen handelt.

Material

- Stimmgabel (Eigenfrequenz: ca. 2 kHz)

Aufbau und Durchführung

Die Stimmgabel wird kräftig angeschlagen, senkrecht in die Luft gehalten und dabei um ihre senkrechte Achse langsam gedreht (siehe Abb. 1). Der wahrnehmbare Ton wird bei einer Umdrehung zwei Mal lauter und leiser, wobei die größte Schallintensität in der Schwingungsrichtung der Stimmgabelzinken beobachtet werden kann, in der Abbildung 1 also links und rechts von der Stimmgabel. Die kleinste Intensität registriert man senkrecht zu dieser Richtung.

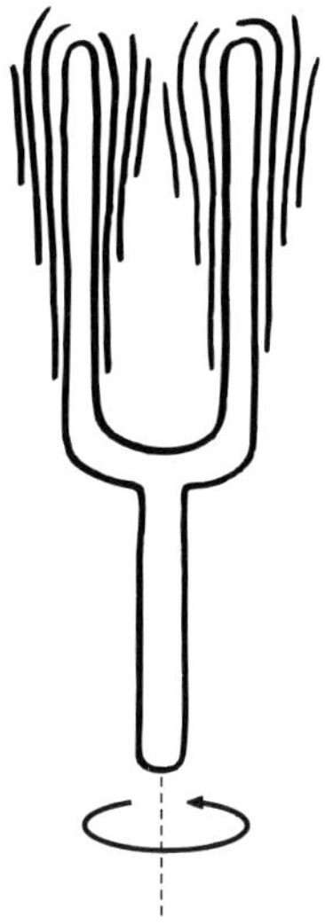

Abb. 1

Erklärung

Da es sich bei Schall um longitudinale Wellen handelt, müssen die Ausbreitungsrichtung der Welle und die Schwingungsrichtung des Mediums parallel zueinander sein. Die Schallwelle größter Amplitude bildet sich aufgrund dieser Tatsache bei einer Stimmgabel in der Schwingungsrichtung der Zinken aus. In den anderen Richtungen erregen die schwingenden Zinken Schallwellen kleinerer Amplituden, was als geringere Lautstärke wahrgenommen wird. In Richtung senkrecht zur Schwingungsrichtung der Zinken kann sich theoretisch keine Schallwelle ausbilden. Dass man in diesen Richtungen dennoch (relativ leise) etwas hört, ist auf Beugung des Schalls an der Stimmgabel (die zugleich Quelle und Hindernis darstellt) zurückzuführen.

Literatur

Zeier, E.: Physikalische Schulversuche, Freihandversuche, kleine Experimente, Aulis Verlag Deubner, Köln 1986

4.22 Die Stimmgabel-Sirene

Mit zwei Stimmgabeln gleicher Frequenz kann eine akustische Schwebung erzeugt werden.

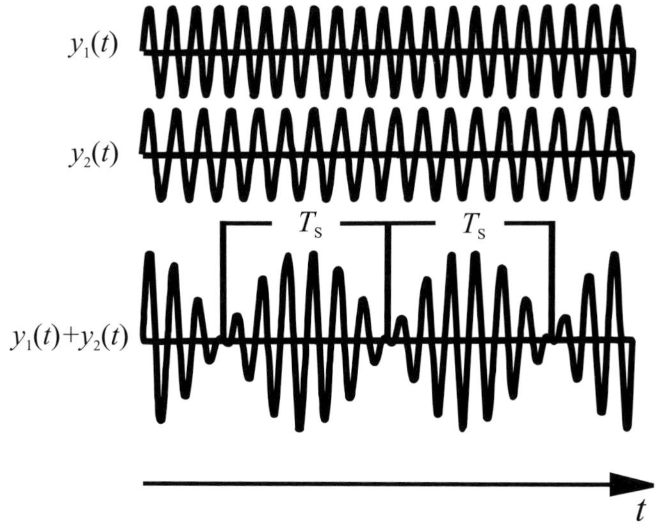

Abb. 1

Material

- 2 Stimmgabeln gleicher Stimmung

Aufbau und Durchführung

Bringt man zwei Stimmgabeln gleicher Stimmung durch Anschlagen zum Schwingen, so wird man außer einer Zunahme der Lautstärke und stereofonischer Effekte keinen Unterschied zum Fall einer einzelnen schwingenden Stimmgabel feststellen. Erwärmt man jedoch eine der beiden Stimmgabeln vor dem Anschlagen mit der eigenen Körperwärme, indem man sie kurz in der geschlossenen Hand hält, so vernimmt man in der Folge beim gleichzeitigen Schwingen beider Stimmgabeln einen Ton, dessen Lautstärke kontinuierlich und regelmäßig an- und abschwillt.

Erklärung

Das beobachtete Phänomen der akustischen Schwebung tritt dann auf, wenn sich zwei harmonische Schwingungen $y_1\ (t)$ und $y_2\ (t)$ fast gleicher Frequenzen $f_1 > f_2$ überlagern: Die Addition der beiden Sinusschwingungen ergibt (bei vereinfachender Annahme gleicher Amplituden A_i und gleicher Phasen und unter Verwendung eines der Additionstheoreme):

$$y(t) = y_1(t) + y_2(t) = A(\sin \omega_1 t + \sin \omega_2 t) = 2A\cos(\frac{\omega_1 - \omega_2}{2}t) \cdot \sin(\frac{\omega_1 + \omega_2}{2}t)$$

$$y(t) = 2A\cos(2\pi \frac{f_1 - f_2}{2}t) \cdot \sin(2\pi \frac{f_1 + f_2}{2}t)$$

also eine Sinusschwingung der Frequenz $\frac{f_1 + f_2}{2}$, deren Amplitude $2A$ sinusförmig mit der Frequenz $\frac{f_1 - f_2}{2}$ moduliert ist, d. h. die Lautstärke der resultierenden Schwingung nimmt periodisch zu und wieder ab. Sind die Amplituden A_i der Ausgangsschwingungen, wie in obiger Rechnung angesetzt, gleich groß ($A_1 = A_2 = A$), so kommt es nicht nur zu einer periodischen Abnahme der Lautstärke, sondern sogar zu einem gegenseitigen vollständigen Auslöschen der beiden Ausgangsschwingungen jeweils nach der so genannten Schwebungsdauer T_S, genau dann nämlich, wenn der geringe Frequenzunterschied pro Schwingung so oft aufsummiert wurde, dass ein Maximum der einen Schwingung gerade auf ein Minimum der anderen trifft (siehe Abb. 1). Abbildung 1 entnimmt man auch, dass sich in der Zeit T_S das Argument des Cosinus gerade um π ändert. Damit ergibt sich für die Schwebungsdauer T_S und die Schwingungsdauern der beiden Ausgangsschwingungen folgender Zusammenhang:

$$\pi = 2\pi \frac{f_1 - f_2}{2} T_S$$

$$T_S = \frac{1}{f_1 - f_2} = \frac{T_1 T_2}{T_2 - T_1}$$

(T_1, T_2: Schwingungsdauern der beiden ursprünglichen Schwingungen der Frequenzen f_1 und f_2)

Im beschriebenen Experiment wird der geringe Frequenzunterschied der ursprünglich gleich gestimmten Stimmgabeln durch das Erwärmen der einen Gabel erreicht: Bei Wärmezufuhr dehnt sich das Metall der Stimmgabelzinken vor allem in der Länge aus, wodurch sich die Frequenz der Stimmgabel ändert, da eine Längenzunahme des Zinkens, analog zur Verlängerung der schwingenden Saite oder der Luftsäule bei Streich- bzw. Blasinstrumenten, einen tieferen Ton, also eine kleinere Frequenz zur Folge hat (siehe Experiment „Das schwingende Lineal"). Indem man also durch Erwärmen eine der beiden Stimmgabeln gewissermaßen ein wenig „verstimmt", schafft man die Voraussetzungen für eine akustische Schwebung.

Bemerkungen

Eine andere Methode, die Frequenz einer Stimmgabel zu verändern kann gegebenenfalls angewandt werden, wenn die zur Verfügung stehenden Stimmgabeln einen Frequenzunterschied aufweisen, der für das Auftreten einer Schwebung zu groß ist: Befestigt man eine Masse an einem Zinken einer Stimmgabel, so verändert sich deren Frequenz je nach Positionierung der Masse am unteren oder oberen Ende des Zinkens. Mit dieser Stimm-Masse, die bei einigen Stimmgabeln von Schulgeräteherstellern bereits mitgeliefert wird, kann das Phänomen der akustischen Schwebung auch direkt durch Verschieben der Masse gezeigt werden, oder aber indirekt, indem man durch Anbringen der Masse zu-

nächst eine gleiche Stimmung beider Gabeln und danach die Schwebung wie beschrieben durch Erwärmen erzeugt.
Das Phänomen der akustischen Schwebung wird von Klavierstimmern genutzt. Dabei besteht die Kunst darin, aus der Schwebungsdauer T_S der Schwebung, die sich aus dem Referenzton und der zu stimmenden Saite ergibt, zu folgern, wie weit die Saite noch angezogen werden muss, um die Höhe des Referenztones zu erhalten.
Die Veränderung der Tonhöhe von Musikinstrumenten unter Wärmezufuhr macht das Stimmen eines Sinfonieorchesters vor und mitunter auch inmitten einer Aufführung, während einer Pause, zur Notwendigkeit.
Interessanterweise sinkt die Tonhöhe einer Stimmgabel bei Erwärmung, die Tonhöhe der Orchesterstimmung jedoch steigt mit der Zeit ... Diese Aussage bezieht sich allerdings auf eine andere Zeitskala und hat eher psychische denn physikalische Ursachen: Das Verlangen nach einem brillanteren Klang ließ die Höhe (nicht nur) des Referenztones a im 17. und 18. Jahrhundert so weit ansteigen, dass sich im letzten Jahrhundert das französische Innenministerium gezwungen sah, einen (nationalen) Bezugston genau festzulegen, u.a. weil die Opernsänger Probleme mit den Spitzentönen in älteren Werken hatten, da diese für die zur ihrer Zeit noch tiefere Stimmung geschrieben worden waren (so viel zur Bedeutung der Oper im Zweiten Kaiserreich!!!). Am 17. Juli 1858 wurde eine zwölfköpfige Kommission einberufen, die sich mit dem Problem befassen sollte. Diese Kommission setzte sich aus illustren Experten der Tonkunst wie der Physik zusammen: *Pelletier* (Staatssekretär, Präsident der Kommission), *Halévy* (Komponist, Schriftführer der Kommission), *Auber* (Komponist und Direktor des Conservatoires), *Berlioz* (Komponist und Musikkritiker), *Despretz* (Physiker und ab 1837 Professor an der Sorbonne), *Doucet* (Dramatiker und ab 1863 Direktor der Theaterverwaltung), *Lissajous* (Physiker und ab 1873 Dozent für Akustik am Conservatoire), *Général Mellinet* (Militärmusiker), *Meyerbeer* (Komponist), *Monnais* (Schriftsteller und Theater-Kommissar im Staatsministerium), *Rossini* (Komponist) und *Ambroise Thomas* (Komponist und 1871 Nachfolger *Aubers* am Conservatoire) [*Rogeboz-Malfroy* 1994, S. 52]. Noch heute gibt es eine Sammlung von mit Herkunfts-Etiketten versehenen Stimmgabeln, die sich der französische Komponist *Hector Berlioz* (1803-1869), der der Kommission angehörte, aus den verschiedenen musikalischen Zentren Europas (Braunschweig, Brüssel, Gotha, London, Stuttgart, Weimar, ...) hatte zusenden lassen, um eine Bestandsaufnahme der verschiedenen „Kammertöne“ anzufertigen. [*Holoman* 1989, S. 490-491] bemerkt dazu: „Most of them are in fact quite high by modern standards; more than half are pitched in C, not A“. *Berlioz* verfasste über dieses Problem einen Artikel, der am 29. September 1858 im „Journal des débats“ erschien und in dem er das A der Pariser Oper mit 898 Schwingungen pro Sekunde als Referenzton vorschlug. [*Holoman* 1989, S. 491] schreibt: „The full report was presented early in January 1859 [recte: 1. Februar 1859], and a „diapason normal“ was proclaimed on 16 February 1859, a pitch of 870 vibrations per second (A = 435) at 15 °C. A complicated apparatus consisting of a large tuning fork housed in a weatherproof glass case was constructed and sent to the Conservatoire, where it remains.“ Der an Prägnanz nichts zu wünschen lassende Abschlussbericht lautet im

Original: „L'élévation croissante du diapason et les différents diapasons existants (selon les pays, les établissements musicaux et les maisons de facture) présentent des inconvénients. Les responsables de cette situation ne sont ni les chanteurs, ni les compositeurs, mais les facteurs d'instruments et les instrumentistes. La commission a donc adopté à l'unanimité la proposition suivante: ‚Il est désirable que le diapason abaissé soit adopté généralement comme régulateur invariable.' La commission a ensuite convoqué les principaux facteurs et chefs d'orchestre afin de discuter des trois systèmes possibles: abaissement d'un demi-ton, abaissement d'un quart de ton, abaissement moindre que ce dernier. C'est l'abaissement du quart de ton qui a réuni la majorité des suffrages. La commission propose donc au ministre d'instituer un diapason uniforme pour la France, et décide que ce diapason sera fixé à 870 vibrations à la seconde." [*Rogeboz-Malfroy* 1994, S. 52] Als Anekdote sei berichtet, dass damit der Kammerton aus Karlsruhe zum Standard gemacht worden war, wie sich nachträglich herausstellte. So schreibt *Berlioz* am 19. 2. 1859 an *Richard Pohl*: „D'après les comparaisons que nous avons faites avec les diapasons étrangers, il va se trouver que le diapason de Paris ainsi abaissé sera l'unisson juste du diapason actuel de Carlsruhe." [*Citron* 1989, S. 659-660].

Die Herausgeber von [*Berlioz* 1971, S. 427] weisen darauf hin, dass auf internationaler Ebene „on sait que cette question n'est pas encore résolue. Voir *le Monde* du 28 juin 1966 (article de René Dumesnil) et le Monde des 12-13 octobre 1969 (article d'Ugo Leone sur l'*Instabilité du „la". – A la recheche d'un diapason européen*)". Dem jedoch widerspricht [*Mazzola* 1990, S. 26]: „Sie [die Menge der verwendeten Frequenzen] basiert auf der Basisfrequenz 440 Hz des Kammertons (Festlegung in London, 1939), des eingestrichenen a."

Dass eine sinnvolle (inter-)nationale Standardisierung die eine, die tägliche Praxis aber die andere Sache ist, beweist die schwedische Sopranistin *Birgit Nilsson* in ihrer Autobiografie, die hier abschließend zitiert sei: „Es ist vielleicht bekannt, dass die Stimmung des Orchesters in Wien viel höher ist, fast einen halben Ton, als anderswo. Den meisten Sängern, vor allem den Tenören, flattern deshalb Manschetten und Stimmbänder vor den hohen Tönen. Ich selbst hatte nie sonderlich über dieses Phänomen nachgedacht, bis ich einmal direkt aus New York kam, wo ich eine Reihe von „Elektra"-Vorstellungen gesungen hatte. Nun sollte ich dieselbe Partie in Wien singen. Ich kämpfte den ganzen Abend lang wie eine Verrückte. Die Stimmung von New York saß sozusagen immer noch im Hals, und es war ungeheuer schwer, sich zu der höheren Orchesterstimmung der Philharmoniker „hinaufzuschrauben". Ich hatte durchweg den Eindruck, zu tief zu singen, und glauben Sie mir, das war wirklich kein schönes Gefühl. [...] Die Philharmoniker weigern sich, ihre Stimmung zu verändern, da ihr bereits brillanter Klang in einer höheren Lage noch brillanter wird. Ebenso wenig wollen sie den Orchestergraben auf dieselbe Ebene verlegen, wie das in anderen Opernhäusern der Fall ist. Sie wollen nämlich auch gesehen werden. In Wien ist der Orchesterklang deshalb nicht nur ungewöhnlich brillant, sondern auch ungewöhnlich laut. Aber das ist eben der Preis, den die Sänger dafür zahlen müssen, mit einem so phantastischen Orchester wie den Wiener Philharmonikern singen zu dürfen." [*Nilsson* 1997, S. 205-206]

Literatur

Zeier, E.: Physikalische Schulversuche, Freihandversuche, kleine Experimente, Aulis Verlag Deubner, Köln 1986

zu Bemerkungen:

Berlioz, H.: A travers chants, Librairie Gründ, Paris 1971
Holoman, D. K.: Berlioz, Harvard University Press, Cambridge, Massachusetts 1989
Mazzola, G.: Geometrie der Töne, Elemente der Mathematischen Musiktheorie, Birkhäuser Verlag, Basel Boston Bonn 1990
Rogeboz-Malfroy, E.: Ambroise Thomas ou la tentation du lyrique, Éditions Cêtre, Besançon 1994
Nilsson, B.: La Nilsson, Mein Leben für die Oper, Wolfgang Krüger Verlag, Frankfurt am Main 1997
Citron, P. (Hrsg.): Hector Berlioz: Correspondance générale, V. 1855-1859, Flammarion, Paris 1989

4.23 Der wandernde Ton

Durch Resonanz kann eine Stimmgabel eine andere Stimmgabel zu Schwingungen anregen.

(a) (b) Abb. 1

Material

- 2 Stimmgabeln gleicher Frequenz
- Tisch
- evtl. Klavier

Aufbau und Durchführung

Zwei Stimmgabeln der gleichen Frequenz werden in einigen Zentimetern Abstand voneinander gehalten. Man schlägt eine der beiden Gabeln kräftig an und bringt sie nach ein paar Sekunden zum Verstummen, indem man ihre Zinken mit der Hand umfasst. Setzt man unmittelbar danach die zweite Stimmgabel mit ihrem Fuß auf eine Tischplatte (ohne Tischdecke) auf, so vernimmt man deutlich wieder den ursprünglichen Ton. Er scheint von der ersten auf die zweite Stimmgabel „übergegangen" zu sein (siehe Abb. 1).

Erklärung

Schlägt man eine Stimmgabel an, so versetzen ihre schwingenden Zinken die Luft in ihrer Umgebung in Schwingungen. Die erzeugten Druckschwankungen (Schall) breiten sich in der Luft aus und regen zum einen das menschliche Trommelfell, zum anderen aber auch die zweite Stimmgabel zu Schwingungen an. Da beide Stimmgabeln die gleiche Frequenz haben, kommt es dabei zur Resonanz und die zweite Stimmgabel schwingt so stark, dass ihr Ton deutlich vernommen werden kann. Durch das Aufsetzen der zweiten Stimmgabel auf den Tisch wird lediglich die Lautstärke verstärkt, indem man einen Resonanzkörper (den Tisch) mit der Stimmgabel verbindet.

Bemerkungen

Das Experiment funktioniert besonders gut mit Stimmgabeln, die bereits auf hölzerne Resonanzkästen montiert sind.

Steht ein Klavier zur Verfügung, so kann man folgende Variante des Experiments vor-

führen, in der neben der Resonanz zusätzlich die Obertöne eines Grundtons ein Rolle spielen: Man drückt auf der Klaviatur eine Taste eines tiefen Tons (bzw. zwei Tasten im Oktavabstand) so langsam herunter, dass die Saite nicht angeschlagen, sondern nur zum Schwingen befreit wird. Schlägt man nun kräftig einen höheren Ton im Oktavabstand zur niedergedrückten Taste an und dämpft man diesen (evtl. sogar manuell) nach ein paar Sekunden, so nimmt man deutlich, neben leiseren anderen Tönen, den soeben angeschlagenen Ton wieder wahr. Bei diesem Experiment tritt Resonanz zwischen der Schwingung des angeschlagenen Tons und der ersten (bzw. der ersten und dritten) Oberschwingung der niedergedrückten Taste(n) auf.
Zu Obertönen siehe auch das Experiment „Die Obertöne einer Röhre".

Literatur

Zeier, E.: Physikalische Schulversuche, Freihandversuche, kleine Experimente, Aulis Verlag Deubner, Köln 1986

4.24 Die singenden Gläser

Ein Trinkglas lässt sich durch den periodischen Wechsel zwischen Haft- und Gleitreibung in Schwingung versetzen, wodurch ein hörbarer Ton erzeugt wird. Mit zwei Trinkgläsern und einem Stück Draht lässt sich Resonanz zeigen.

Material

- 2 gleiche, dünnwandige Trinkgläser, z. B. Cognacschwenker
- dünnes Drahtstück

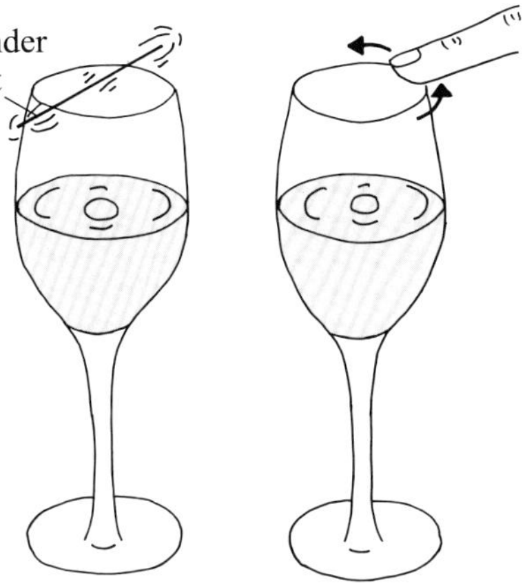

Abb. 1

Aufbau und Durchführung

Ein dünnwandiges Trinkglas wird zur Hälfte mit Wasser gefüllt. Man reibt mit einem befeuchteten Finger unter leichtem Druck über den Rand des Glases (siehe Abb. 1). Dadurch entsteht ein deutlich hörbarer Ton. Variiert man die Wassermenge im Glas, so ändert sich die Tonhöhe. Je mehr Wasser im Glas ist, umso tiefer wird der Ton. Füllt man das Glas vollständig mit Wasser und reibt mit dem Finger über den Glasrand, so kräuselt sich die Wasseroberfläche und es bilden sich Wellen.

Ein zweites Trinkglas wird einige Zentimeter neben das erste Glas gestellt und mit Wasser gefüllt, so dass der Wasserstand in beiden Gläsern gleich ist. Reibt man mit dem Finger über den Rand der Gläser, so sollten gleich hohe Töne zu hören sein. Auch bei gleichen Gläsern ist es meist nötig, die Gläser durch Variieren des Wasserstandes auf die gleiche Tonhöhe zu stimmen. Dann legt man auf eines der Gläser ein dünnes Drahtstück und reibt über den Rand des anderen Glases (siehe Abb. 1). Dieses Glas ertönt, beim anderen Glas beginnt das Drahtstück zu vibrieren und bewegt sich auf dem Glasrand. Gibt man in eines der Gläser etwas Wasser hinzu, bleibt der Draht dagegen ruhig liegen.

Erklärung

Fährt man mit dem Finger unter leichtem Druck über den Glasrand, so wird das Glas in Schwingung versetzt. Die Anregung erfolgt dabei wie in dem Experiment „Stehende Wellen auf Kaffee“ durch einen periodischen Wechsel von Haft- und Gleitreibung. Die vom Finger aufgewandte Kraft lässt sich in zwei Komponenten aufteilen: eine Kraftkomponente, die den Finger auf das Glas drückt, und eine für die Vorwärtsbewegung des Fingers. Die Bewegung des Fingers ist dabei nur makroskopisch gesehen gleichmäßig. Durch den Druck auf den Glasrand haftet die Haut des Fingers am Glas. Durch die gleichzeitige Vorwärtsbewegung wird der Finger deformiert. Ist die Kraft der Vorwärtsbewegung des Fingers dem Betrag nach größer als die Haftreibung, die den Finger am Glas hält, löst sich die am Glas haftende Haut und der Finger bewegt sich vorwärts. Die Deformation des Fingers bildet sich dabei so schnell zurück, dass kurzzeitig die vom Finger auf den

Glasrand ausgeübte Kraft abnimmt. Ist sie betragsmäßig kleiner als die Haftreibungskraft, haftet die Haut des Fingers wieder am Glas und der Vorgang beginnt erneut.
Das Glas wird durch diesen periodischen Wechsel von Haft- und Gleitreibung in Schwingung versetzt. Aus dem Frequenzspektrum der angeregten Schwingungen wird nur diejenige unterstützt, die einer Eigenfrequenz des Glases entspricht. Durch Zugabe von Wasser in das Glas ändert sich dessen Eigenfrequenz. Dadurch lässt sich die Tonhöhe verändern. Je mehr Wasser sich im Glas befindet, umso niedriger ist die Frequenz, mit der das Glas schwingt. Diese Schwingung des Glases überträgt sich auf die Luft und ist als Ton hörbar. Die Schwingung des Glases sieht man auch an den Wellen, die sich bei einem vollständig gefüllten Glas auf der Wasseroberfläche bilden.
Bei zwei Gläsern werden die Schallwellen, die von einem Glas ausgehen, durch die Luft auf das andere Glas übertragen. Da beide Gläser auf die gleiche Tonhöhe gestimmt sind, ist die Frequenz, mit der das Glas mit dem Drahtstück durch die Schwingung des anderen Glases angeregt wird, gleich seiner Eigenfrequenz. Dadurch ergibt sich Resonanz und auch das Glas, über das nicht gerieben wird, wird in Schwingung versetzt. Dies erkennt man am Vibrieren des Drahtstücks. Ändert man die Eigenfrequenz eines Glases durch Zugabe von Wasser, liegt der Resonanzzustand nicht mehr vor, so dass keine merkliche Schwingungsanregung mehr erfolgt und das Drahtstück ruhig liegen bleibt.

Literatur

Köthe, R.: Das neue Experimentierbuch: 150 einfache Experimente aus der Physik, Chemie und Biologie, Tessloff Verlag, Hamburg 1986
Raaf, H.; Sowada, H.: Physik macht Spaß, Überraschende Einsichten durch über 100 Modelle und Experimente, Herder Verlag, Freiburg im Breisgau 1990
Oberdorfer, G.: Zytglogge Werkbuch, Das springende Ei und andere Experimente für die fünf Sinne, Zytglogge-Verlag, Gümmlingen Bonn Wien 1991
Tölle, M.: Kinder entdecken ... Einfache Experimente, Time-Life Books B. V., Amsterdam 1994

4.25 Der tönende Metallstab

In einem Metallstab können longitudinale und transversale Schwingungen angeregt werden, die als deutlich unterschiedlich hohe Töne gehört werden.

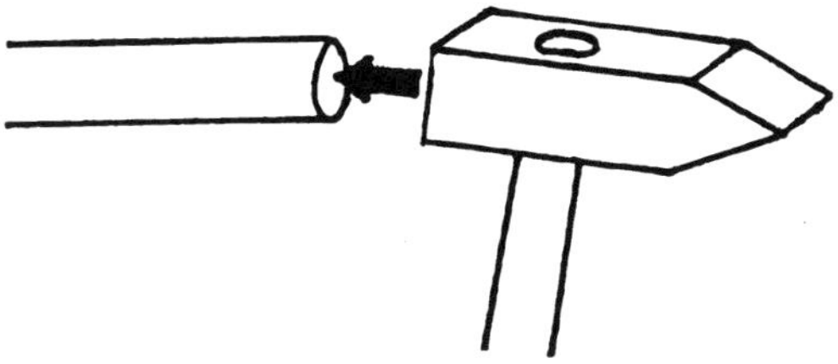

Abb. 1

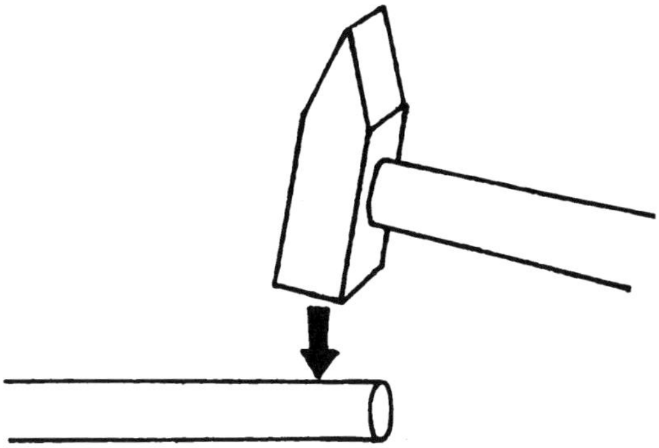

Abb. 2

Material

- Stativstange oder anderer Metallstab (Länge: ca. 1 m)
- Hammer mit Metallkopf (ca. 200 g)

Aufbau und Durchführung

Eine Stativstange wird mit der Hand etwa in der Mitte gehalten. Schlägt man mit einem Hammer auf ein Ende der Stange (siehe Abb. 1), wird ein hoher schriller Ton hörbar. Schlägt man dagegen mit dem Hammer senkrecht zur Stangenachse auf die Stativstange (siehe Abb. 2), so nimmt man hauptsächlich einen wesentlich tieferen und weniger schrillen Ton wahr. Der zuvor erzeugte Ton ist aber auch hier, wenn auch mit geringerer Lautstärke, hörbar.

Erklärung

Wird mit dem Hammer auf ein Stangenende geschlagen, wird die Stativstange hauptsächlich in longitudinale Schwingungen versetzt, dagegen beim Schlag senkrecht zur Stangenachse überwiegend in transversale Schwingungen. Die Grundfrequenz f der im Stab angeregten Eigenschwingung hängt von der Länge l des Stabes und der jeweiligen Ausbreitungsgeschwindigkeit c ab. Es gilt:

$$f = \frac{c}{2l}$$

Da die Ausbreitungsgeschwindigkeit für transversale Wellen geringer ist als für longitudinale Wellen, ist die Frequenz der entstehenden Schwingung bei der Longitudinalwelle größer und damit die Höhe des gehörten Tons höher als bei der Transversalwelle. Neben der Grundfrequenz und damit dem Grundton entstehen auch noch Töne anderer Frequenzen, die so genannten Obertöne (siehe Experiment „Offene und gedackte Pfeifen"). Sie tragen zum wahrnehmbaren Klang bei (siehe Experiment „Eine Glasröhre als Orgelpfeife"). Da man es trotz des unterschiedlichen Schlages mit dem Hammer nicht schafft, nur eine Art der beiden möglichen Schwingungen anzuregen (longitudinal oder transversal), hört man immer eine Überlagerung beider Grundtöne. Die Anschlagsart hat jedoch Einfluss auf die Intensität und somit die Lautstärke der jeweiligen Schwingung.

Bemerkungen

Bei Musikinstrumenten wird die Anregung von Saiten zu Transversalschwingungen zur Tonerzeugung genutzt (bei Saiten treten ausschließlich Transversalschwingungen im hörbaren Bereich auf). So schlägt z. B. beim Klavier ein kleiner Hammer auf die Saite, die dadurch zu transversalen Schwingungen angeregt wird.
Die Anregung von longitudinalen Schwingungen in Metallstäben wird dagegen in der Technik dazu benutzt, um das Elastizitätsmodul des Stabmaterials zu bestimmen, da die Ausbreitungsgeschwindigkeit c von der Dichte ρ und dem Elastizitätsmodul E abhängt:

$$c=\sqrt{\frac{E}{\rho}}$$

Literatur

Zeier, E.: Physikalische Schulversuche, Freihandversuche, kleine Experimente, Aulis Verlag Deubner, Köln 1986

zu den Formeln:

Stöcker, H.: Taschenbuch der Physik, Formeln, Tabellen, Übersichten, Verlag Harri Deutsch, Thun und Frankfurt/Main 1994, S. 209-212, 222

4.26 Micky-Maus-Stimme durch Helium

Eingeatmetes Helium-Gas verändert die Tonhöhe der Stimme beim Sprechen.

Material

- Luftballon
- Helium-Gas

Abb. 1

Aufbau und Durchführung

Ein Luftballon wird mit Helium-Gas gefüllt. Die Versuchsperson atmet Helium aus dem Luftballon tief ein und spricht beim Ausatmen. Die Stimme klingt dabei wesentlich höher, ähnlich der von Micky Maus in den Zeichentrickfilmen.

Vorsicht!!!: Es ist darauf zu achten, dass nur reines Helium verwendet wird! Helium, das auf Jahrmärkten zum Füllen von Luftballons verwendet wird, ist nicht immer rein! Das eingeatmete Helium ist durch seine Reaktionsträgheit dabei zwar medizinisch unbedenklich, aber wenn Helium eingeatmet ist, kann der Kreislauf natürlich keinen Sauerstoff aufnehmen. Es ist darauf zu achten, dass dem Blutkreislauf immer genügend Sauerstoff zugeführt wird, sonst drohen Ohnmacht und ernsthafte Schädigungen der Organe und des Gehirns. Das Experiment sollte also nicht sofort wiederholt werden, so dass durch das normale Atmen wieder genügend Sauerstoff ins Blut gelangt.

Erklärung

Das menschliche Sprechen ist ein sehr komplizierter Vorgang, bei dem mehrere Faktoren, wie z. B. die geometrischen Abmessungen des Kehlkopfes, die Anspannung der Stimmlappen und die Schallgeschwindigkeit in Luft zur entstehenden Tonhöhe beitragen. Vereinfacht lässt sich das Ergebnis des Experiments folgendermaßen erklären: Im Experiment wird bei sonst gleichen Bedingungen nur die Schallgeschwindigkeit geändert. Anstelle von Luft (Schallgeschwindigkeit: ca. 340 $\frac{\text{m}}{\text{s}}$ bei 20 °C) wird Helium (Schallgeschwindigkeit: ca. 1020 $\frac{\text{m}}{\text{s}}$ bei 20 °C) ausgeatmet und zur Stimmartikulation verwendet (der geringe Anteil von CO_2, der in der Lunge dem Helium beigemischt wird, sei vernachlässigt). Bei ansonsten gleichen Bedingungen entsteht bei ausgeatmetem Helium ein Ton mit der gleichen Wellenlängen λ wie bei ausgeatmeter Luft, auf Grund der unterschiedlichen Schallgeschwindigkeiten c_{Luft} und c_{Helium} über die Beziehung $f = \frac{c}{\lambda}$ aber unterschiedliche Tonfrequenzen f. Da die Schallgeschwindigkeit von Helium ca. dreimal so groß ist wie die von Luft, würde man eine dreimal so hohe Tonfrequenz erwarten. Tatsächlich werden die Eigenfrequenzen des Mund- und Rachenraumes (die so genannten „Formanten") jedoch nicht ganz so weit nach oben verschoben: [*Moser* 1997, S. 490-491]

gibt zwei Frequenzspektren eines männlichen Probanden wieder, der den Vokal a einmal in Luft und einmal in Helium ausspricht. Der erste Formant wird dabei in Helium lediglich um den Faktor 1,7, der zweite nur um den Faktor 1,5 verschoben. Als Grund wird angegeben, dass die Atemluft in der Lunge nicht komplett gegen Helium ausgetauscht wird und somit Luft nicht durch Helium, sondern lediglich durch ein Helium-Luft-Gemisch ersetzt wird.
Schließlich ändert sich die Frequenz beim Übergang der Schallwellen zwischen Helium und Luft nicht (wohl aber die Wellenlänge), so dass auch in der Luft ein deutlich höherer Ton wahrgenommen werden kann.
Natürlich entstehen beim Sprechen nicht nur Schwingungen einer Wellenlänge, sondern viele überlagerte Schwingungen mit unterschiedlicher Phasenlage und Amplitude, die neben der Tonhöhe auch den Toncharakter oder Klang der Stimme beeinflussen. In einem Gas mit einer anderen Schallgeschwindigkeit als in Luft werden nicht nur die Frequenzen, sondern auch die Verhältnisse der Amplituden und die Phasenlage der Schwingungen verändert, so dass die Stimme nicht nur in unterschiedlicher Höhe erklingt, sondern auch einen anderen Klang erhält. Im Experiment erinnert die entstehende Stimme an Micky Maus.

Bemerkungen

Beim Tiefseetauchen wird anstelle von Luft ein Helium-Sauerstoff-Gemisch zum Atmen verwendet, da der in der Luft vorhandene Stickstoff beim Umgebungsdruck in großen Tiefen zu extremen Vergiftungserscheinungen führt. Die Schallgeschwindigkeit des Helium-Sauerstoff-Gemisches ist größer als die von Luft. Bei der Kommunikation der Taucher untereinander oder mit der Einsatzstation über in den Tauchmasken eingebaute Funksprechverbindungen musste man sich lange Jahre mit dem Effekt der Micky-Maus-Stimme abfinden, die, erst recht über Funk übertragen, sehr unangenehm und undeutlich klingt. Erst seit neuerer Zeit setzt man Geräte (digitales Pitch-Shifting) ein, die hohe Stimmen vor der Funkübertragung wieder künstlich auf eine gewohnte Tonhöhe herabsetzen und so die Qualität und Verständlichkeit der Funkübertragungen deutlich erhöhen.

Literatur

Bublath, J.: Das Knoff-Hoff Buch, Wilhelm Heyne Verlag, München 1989

Moser, A. L.; Nordmeier, V.; Schlichting, H.J.: Physik des menschlichen Stimmappa-rats – Analyse von Schallsignalen mit Hilfe eines Computersystems, in: Deutsche Physikalische Gesellschaft, Fachverband Didaktik der Physik: Vorträge, Physikertagung 1997, Berlin 1997 (Tagungsband)

Walker, J.: Der fliegende Zirkus der Physik, R. Oldenbourg Verlag GmbH, München Wien 1994

zu den Zahlenwerten:

Stöcker, H.: Taschenbuch der Physik, Formeln, Tabellen, Übersichten, Verlag Harri Deutsch, Thun und Frankfurt/Main 1994, S. 280

4.27 Doppler-Effekt mit einer Stimmgabel

Bei einer gegenüber einem Beobachter mit sich ändernder Geschwindigkeit bewegten Stimmgabel kann der Doppler-Effekt deutlich demonstriert werden.

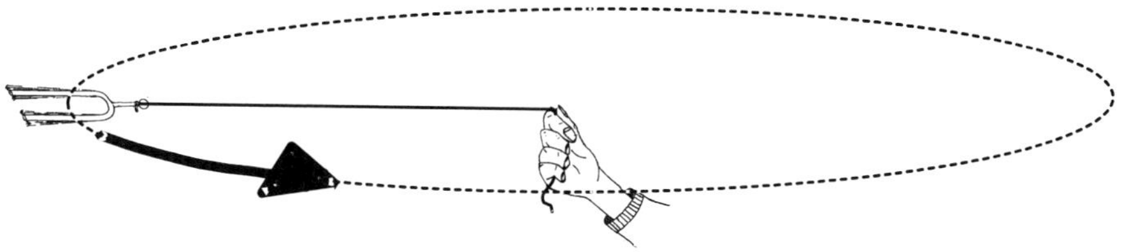

Abb. 1

Material

- Stimmgabel, evtl. mit Resonanzkasten
- Seil oder starker Faden (Länge: ca. 1 m)

Aufbau und Durchführung

Ein Seil wird mit einem Ende an eine Stimmgabel geknotet. Man hält das Seil am anderen Ende fest, schlägt die Stimmgabel an, so dass ein deutlich wahrnehmbarer Ton entsteht und schwingt sie dann mit dem Seil kreisförmig über dem Kopf (siehe Abb. 1). Dabei sollte natürlich genügend Platz vorhanden sein, so dass niemand verletzt und nichts beschädigt wird. Für einen etwas entfernt stehenden Beobachter sind deutliche Tonhöheschwankungen hörbar. Leider nimmt die Lautstärke der Stimmgabel schnell ab, so dass man sich vom Anschlagen der Stimmgabel bis zum Schleudern der Stimmgabel am Seil etwas beeilen sollte.

Anstelle der Stimmgabel kann natürlich ein anderer möglichst leichter Gegenstand geschleudert werden, sofern dieser einen Ton konstanter Tonhöhe aussendet. Geeignet sind z. B. leichte Lautsprecher, die an ihrem Kabel geschwungen werden. Den Ton erzeugt man dann am besten mit einem Leistungsfunktionsgenerator (z. B. Sinusschwingung mit ca. 440 Hz, was dem Kammerton a entspricht). Oder man verwendet gleich einen Tongenerator. Gut geeignet sind auch batteriebetriebene Summer, die es in jedem Elektronikgeschäft zu kaufen gibt.

Erklärung

Für den etwas entfernt stehenden Beobachter ändert die Stimmgabel als Tonerzeuger beim Schleudern andauernd ihre Geschwindigkeit relativ zu ihm. Auf Grund des Doppler-Effekts nimmt der Beobachter deshalb einen Ton schwankender Tonhöhe wahr. Bewegt sich die Stimmgabel auf den Beobachter zu, ist der wahrgenommene Ton höher als der Ton der ruhenden Stimmgabel, bewegt sich die Stimmgabel vom Beobachter weg, so ist der gehörte Ton tiefer. Durch das Schleudern der Stimmgabel wird die Geschwindigkeit relativ zum Beobachter kontinuierlich zischen zwei Extremwerten (schnellste Bewegung auf den Beobachter zu und schnellste Bewegung von ihm weg) geändert. Der Beobachter hört dies als ein Schwanken der Tonhöhe zwischen einem tiefen und einem hohen Ton.

Entscheidend für die Größe der Tonhöhen-, also der Frequenzänderung ist nicht die relative Bewegung zwischen Beobachter und Tonquelle, sondern die Bewegung von beiden relativ zum Ausbreitungsmedium des Schalls, also z. B. der Luft. Bei ruhendem Beobachter und bewegter Tonquelle (bezüglich der Luft) gilt für die Frequenzänderung:

$$f_{\text{Beobachter}} = \frac{f_{\text{Quelle}}}{1 \pm \frac{V_{\text{Quelle}}}{c}}$$

($f_{\text{Beobachter}}$: Frequenz, die der Beobachter hört; f_{Quelle}: Frequenz der Tonquelle; c: Betrag der Schallgeschwindigkeit in Luft; v_{Quelle}: Betrag der Geschwindigkeit der Tonquelle bezüglich des Beobachters)

Dabei gilt in der Formel das Pluszeichen, wenn sich die Quelle vom Beobachter entfernt, und das Minuszeichen, wenn sie sich dem Beobachter nähert. Bei bezüglich der Luft ruhender Tonquelle und bewegtem Beobachter gilt dagegen:

$$f_{\text{Beobachter}} = f_{\text{Quelle}} \, (1 \pm v_{\text{Beobachter}})$$

($v_{\text{Beobachter}}$: Betrag der Geschwindigkeit des Beobachters bezüglich der Tonquelle, sonstige Bezeichnungen wie oben).

In dieser Formel gilt das Pluszeichen, wenn der Beobachter sich der Quelle nähert, und das Minuszeichen, wenn er sich von der Quelle entfernt. Nur wenn die Geschwindigkeit klein gegenüber der Schallgeschwindigkeit in Luft ist, geht die erste Formel bei Reihenentwicklung und Näherung in die zweite über. Sind bezüglich der Luft sowohl Schallquelle als auch Beobachter in Bewegung, so sind beide Formeln entsprechend zu verwenden.

Bemerkungen

Der Doppler-Effekt wird auch technisch genutzt: Bei der Radarkontrolle zur Bestimmung der Geschwindigkeit von Kraftfahrzeugen werden ausgesandte elektromagnetische Wellen vom bewegten Fahrzeug reflektiert. Auf Grund des Doppler-Effekts haben die reflektierten Wellen eine andere Frequenz. Über die Frequenzverschiebung lässt sich die Geschwindigkeit des Fahrzeugs bestimmen.

Literatur

Zeier, E.: Physikalische Schulversuche, Freihandversuche, kleine Experimente, Aulis Verlag Deubner, Köln 1986

zu den Formeln:

Stöcker, H.: Taschenbuch der Physik, Formeln, Tabellen, Übersichten, Verlag Harri Deutsch, Thun und Frankfurt/Main 1994, S. 213-214

4.28 Warum „pfeift" der Wind?

Die Entstehung von Schall bei der Umströmung eines Körpers mit Luft lässt sich mit einem Seil demonstrieren. Darüber hinaus kann der Übergang von laminarem zu turbulentem Strömungsverhalten beobachtet werden.

Material

- dünnes Seil (Durchmesser: 4 – 6 mm; Länge: ca. 1,5 m)
- evtl. kleines Gewichtstück (20 – 30 g)

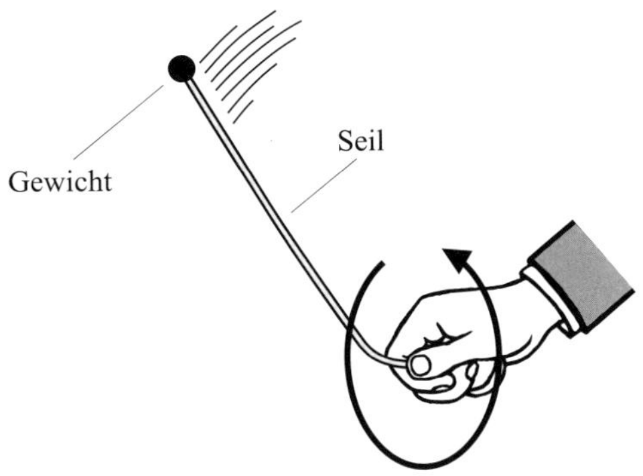

Abb. 1

Aufbau und Durchführung

Ein Stück Seil von ungefähr 1 m Länge versetzt man mit einer Hand in schnelle Rotation (siehe Abb. 1, etwa 25 Umdrehungen in 10 Sekunden). Dabei ist ein pfeifender Ton zu hören, dessen Tonhöhe mit steigender Rotationsgeschwindigkeit anwächst.

Das Bewegen des Seiles wird etwas vereinfacht, wenn man am Seilende ein kleines Gewichtstück anbringt (*Achtung:* Das Gewichtstück muss sehr sorgfältig befestigt werden, damit es sich nicht lösen kann!). Lässt man das Seil zum Vergleich langsam über dem Kopf kreisen (etwa 5 Umdrehungen in 10 Sekunden), so ist nichts zu hören.

Erklärung

Bei relativ hohen Strömungsgeschwindigkeiten (Kriterium siehe Bemerkungen) wird ein Körper turbulent umströmt, wobei Wirbel entstehen. Hinter dem zylinderförmigen Seil bilden sich links- und rechtsdrehende Wirbel (siehe Abb. 2). Im stationären Strömungszustand lösen sich im Wechsel Wirbel der einen und der anderen Rotationsrichtung in regelmäßigem Zeitabstand ab und bilden die nach dem ungarischen Physiker *Theodore von Kármán* benannte Wirbelstraße. Durch das zeitlich versetzte Ablösen von Wirbeln auf den Seiten A und B (siehe Abb. 2) beginnt das Seil zu schwingen und erzeugt in der umgebenden Luft Schallwellen.

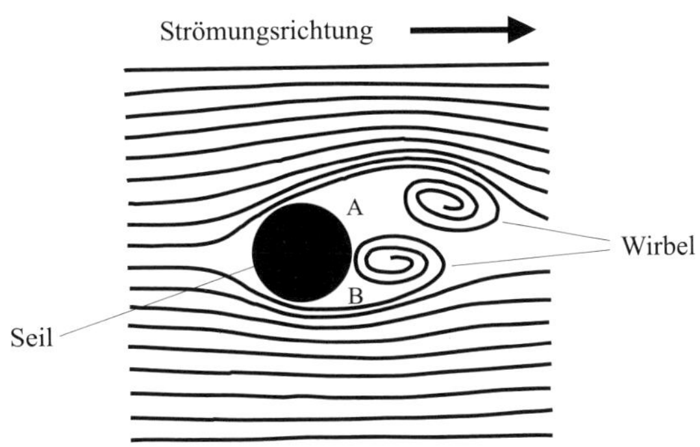

Abb. 2

Mit steigender Strömungsgeschwindigkeit steigt die Ablösefrequenz der Wirbel und damit auch die Höhe des Tons an. Da die verschiedenen Bereiche des Seils unterschiedliche Bahngeschwindigkeiten besitzen, hört man ein Frequenzgemisch, das man als pfeifendes Geräusch wahrnimmt.

Wenn das Seil relativ langsam kreist, herrschen laminare Strömungsverhältnisse (ohne Wirbelbildung) und die Schallerzeugung bleibt aus.

Bemerkungen

Ein Kriterium dafür, ob eine Strömung laminar oder turbulent ist, liefert die so genannte Reynolds-Zahl:

$$Re = \frac{lv\rho}{\eta}$$

(l: eine die Körpergröße bestimmende Länge; η: dynamische Viskosität; ρ: Dichte des strömenden Mediums; v: Betrag der Strömungsgeschwindigkeit).
Der Übergang von laminarer (Re klein) zu turbulenter Strömung (Re groß) liegt im Bereich $Re \approx 1000$, ist aber noch von der genauen Form des umströmten Körpers abhängig. Wegen der extrem kleinen Viskosität ($\eta \approx 0{,}018$ mPas) treten in Luft fast ausschließlich turbulente Strömungen auf, sofern es sich um größere Gegenstände handelt. Auf Grund des kleinen Durchmessers des Seils ist die Strömung in diesem Experiment für kleine Rotationsgeschwindigkeiten noch laminar ($Re \approx 550$, am Seilende bei 5 Umdrehungen in 10 Sekunden), aber für größere turbulent ($Re \approx 2700$, am Seilende bei 25 Umdrehungen in 10 Sekunden).
Die geschilderten Vorgänge spielen sich auch in ähnlicher Weise ab, wenn Wind an Kanten (z. B. eines Hauses) vorbeistreicht oder durch einen engen Türspalt strömt und dabei das typische heulende bzw. pfeifende Geräusch entsteht.

Literatur

Gobrecht, H.; Gobrecht, J. H.; Gobrecht, K. H.: Bergmann-Schäfer, Lehrbuch der Experimentalphysik. Band 1, Mechanik, Akustik, Wärme, Walter de Gruyter Verlag, Berlin 1990, S. 375
Glass, D.: Das neue What‘s what? Naturwissenschaftliche Plaudereien, Deutscher Taschenbuch Verlag GmbH & Co. KG, München 1997

5.1 Wärmeleitung in Wasser

Wasser leitet Wärme so schlecht, dass man es in einem Reagenzglas an der Oberfläche sieden lassen kann, während sich am Boden gleichzeitig Eis befindet.

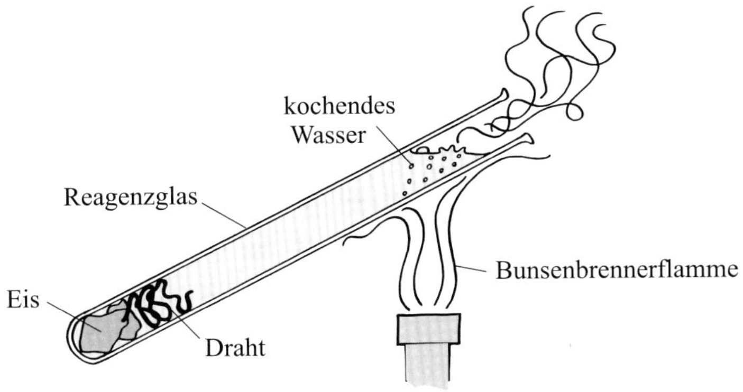

Abb. 1

Material

- Reagenzglas
- Wasser und ein Stückchen Eis
- biegsamer stärkerer Draht zum Fixieren des Eises im Reagenzglas
- Bunsenbrenner

Aufbau und Durchführung

In einem Reagenzglas wird ein Stück Eis mit einem Draht im unteren Drittel festgeklemmt, so dass das Eis auch bei gefülltem Reagenzglas unter Wasser bleibt. Das Reagenzglas wird mit Wasser gefüllt und leicht schräg mit dem oberen Drittel über eine Bunsenbrennerflamme gehalten (siehe Abb. 1). Dabei kann man es mit der Hand im unteren Drittel festhalten, ohne sich die Finger zu verbrennen. Man kann aber auch eine Zange benutzen, um das Reagenzglas über die Flamme zu halten. Nach einer Weile siedet das Wasser oben im Reagenzglas, ohne dass das Eis unten merklich schmilzt.

Erklärung

Wasser ist ein schlechter Wärmeleiter. Der Transport der von der Bunsenbrennerflamme aufgebrachten Energie im Wasser ist so schlecht, dass das Wasser am Boden kaum erwärmt wird, obwohl das Wasser am oberen Ende des Reagenzglases siedet. Es liegt an der Konvektion, dass das Wasser dennoch an der Oberfläche zum Sieden gebracht werden kann, ohne dass man es an dieser Stelle, sondern nur vom Ende des Reagenzglases her erwärmt (warmes Wasser steigt nach oben und verdrängt dort kaltes Wasser, das nach unten gedrückt und dann selbst erwärmt wird).

Literatur

Wittmann, J.: bsv-Lehrprogramme, Wärme und Energie, Bayerischer Schulbuch Verlag, München 1977

Zeier, E.: Physikalische Schulversuche, Freihandversuche, kleine Experimente, Aulis Verlag Deubner, Köln 1986

5.2 Wärmeleitung mit einer Münze

Eine Kupfermünze ist ein erstaunlich guter Wärmeleiter.

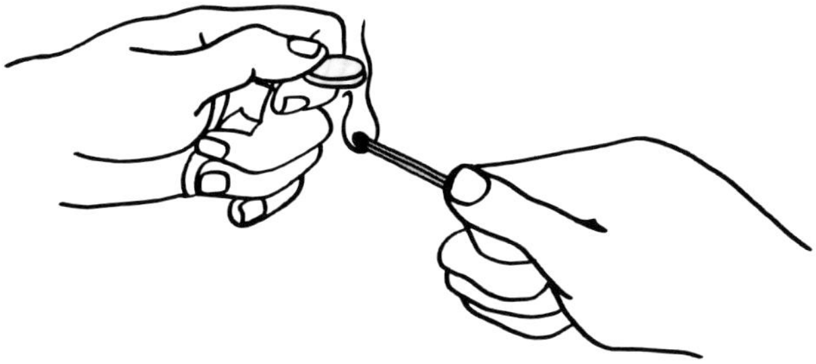

Abb. 1

Material

- Münze, möglichst aus Kupfer
- Streichhölzer

Aufbau und Durchführung

Hält man eine Münze am Rand mit den Fingern einer Hand und erwärmt man sie mit einem Streichholz an der den Fingern gegenüberliegenden Seite (siehe Abb. 1), so wird die Münze so schnell heiß, dass man sie fallen lässt, um sich nicht die Finger zu verbrennen, noch bevor das Streichholz abgebrannt ist.

Erklärung

Metalle, besonders Kupfer, sind gute Wärmeleiter. Die von der Münze aufgenommene Energie verteilt sich schnell in der gesamten Münze. Andererseits haben Metalle, verglichen mit Wasser, eine geringe spezifische Wärmekapazität, so dass bei vergleichbarer Erwärmung wesentlich weniger Energie notwendig ist als bei Wasser. Die Münze wird mit ihrer geringen Wärmekapazität und ihrer guten Wärmeleitung so schnell durch die Streichholzflamme erhitzt, dass man sie fallen lässt, um sich nicht die Finger zu verbrennen. Das Streichholz ist hingegen dank des verwendeten Holzes ein so schlechter Wärmeleiter, dass man es, obwohl es an der einen Seite brennt, an der anderen problemlos halten kann, ohne sich in geringster Weise zu verbrennen.

Bemerkungen

Man führt das Experiment am besten vor, indem man einer Person das Experiment (ohne Ergebnis) schildert und fragt, was sie zuerst loslassen wird, das Streichholz oder die Münze. Die meisten werden das Streichholz nennen und sind dann sehr überrascht, wenn sie es ausprobieren.
Bereits 1757 hat *Benjamin Franklin* dieses Experiment vorgeschlagen. [*Glass* 1997, S. 85] zitiert ihn wie folgt: „Wenn Sie in den Fingern der einen Hand einen Silberdollar halten

und in der anderen Hand ein Stück Holz von gleicher Größe und wenn Sie beide Gegenstände gleichzeitig in die Flamme einer Kerze halten, dann werden Sie feststellen, daß Sie den Dollar früher als das Holzstück fallen lassen müssen."
Die schlechte Wärmeleitung von Holz ist die Ursache dafür, dass man Holz im Vergleich zu Stein oder Metallen bei gleicher Temperatur als wärmer empfindet. Die menschliche Haut ist ein Wärmestromsensor und kein Thermometer. Man empfindet Gegenstände also als kalt, wenn sie der Haut eine große Wärmemenge pro Zeiteinheit entziehen, und umgekehrt Gegenstände als warm, wenn sie der Haut eine große Wärmemenge pro Zeiteinheit zuführen. Je schlechter die Wärmeleitung in einem Material ist, desto eher besitzt bei einem Gegenstand die von der Haut berührte Fläche die Hauttemperatur und kein Wärmetransport findet mehr statt.

Literatur

Zeier, E.: Physikalische Schulversuche, Freihandversuche, kleine Experimente, Aulis Verlag Deubner, Köln 1986

zu Bemerkungen:

Glass, D.: Das neue What's what? Naturwissenschaftliche Plaudereien, Deutscher Taschenbuch Verlag GmbH & Co. KG, München 1997

5.3 Was sind gute Temperaturleiter?

Die Temperaturleitfähigkeit verschiedener Materialien wird verglichen, indem man das Fortschreiten des Schmelzens von Butter auf Löffeln aus verschiedenen Materialien beobachtet.

Material

- Löffel oder Stäbe ähnlicher Form aus verschiedenen Materialien, z. B. Silber, Stahl, Holz, Kunststoff oder Glas
- Gefäß (ca. genauso hoch wie breit), in das die Löffel hineingelehnt werden können ohne umzukippen, z. B. Tasse, aber am besten isoliertes Thermogefäß
- Butter
- kleinere Körner, z. B. Weizen, Reis oder Grünkern
- kochendes Wasser
- Hilfsmittel: Trichter

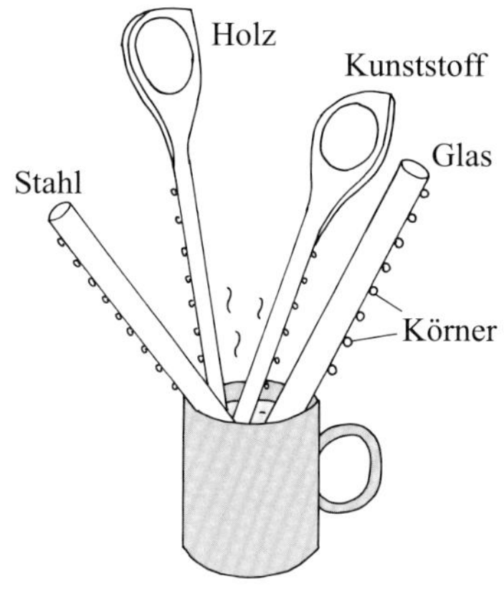

Abb. 1

Aufbau und Durchführung

Die Löffel und Stäbe aus den angegebenen Materialien werden in das Gefäß gestellt und gleichmäßig am Rand verteilt (siehe Abb. 1). An die Unterseiten der Löffelstiele, etwa 1 cm über dem Gefäßrand beginnend, klebt man jeweils ein Korn mit möglichst wenig Butter fest. Darüber werden im Abstand von 1 cm noch weitere Körner befestigt (siehe Abb. 1).
Mit Hilfe eines Trichters gießt man kochendes Wasser in das Gefäß. Der Trichter verhindert, dass die Butter, mit der die Körner an den Löffeln befestigt sind, mit dem heißen Wasser in Berührung kommt. Jetzt ist auch klar, warum die Körner an der Unterseite der Löffelstiele befestigt werden. So wird die Butter nicht von den heißen Dämpfen, die vom kochenden Wasser aufsteigen, erwärmt.
Es soll beobachtet werden, in welcher Reihenfolge die Körner herunterfallen. Die Körner auf dem Silberlöffel beginnen zuerst zu fallen, es folgen die auf dem Stahllöffel und danach die Körner des Holzlöffels und die des Löffels bzw. Stabes aus Glas. Die Körner auf dem Kunststofflöffel fallen zuletzt.
Um ein Sortiment von Stäben möglichst vieler verschiedener Materialien zu erhalten, kann auch auf die Kunststoff- und Glasstäbe zurückgegriffen werden, die in der Elektrostatik Verwendung finden. Dieses Sortiment kann man noch mit einer kurzen Stativstange (Metall) und einer Holzleiste erweitern, die einen ähnlichen Durchmesser haben wie die übrigen Stäbe. Allerdings sind diese Stäbe sehr dick, und es ist viel Wärmeenergie erforderlich, um ihre Temperatur zu erhöhen. Deshalb verwendet man anstatt der Tasse am besten ein Thermogefäß. Dies kann mehr heißes Wasser fassen und verhindert, dass viel Wärmeenergie an die Umgebung verloren geht.

Erklärung

Das heiße Wasser erwärmt die Teile der Löffel, die sich im Wasser befinden, gibt also

Wärmeenergie an diese ab, bis sie die gleiche Temperatur wie das Wasser haben. Die Temperatur wird in den Löffeln nach oben weitergeleitet. Die Geschwindigkeit, mit der die Temperatur weitergeleitet wird, nimmt mit der Temperaturleitzahl zu. Diese ist vom Material abhängig:

$$\text{Temperaturleitzahl: } \frac{\lambda}{\rho\, c}$$

(λ: Wärmeleitfähigkeit; ρ: Dichte; c: spezifische Wärmekapazität)
In Tabelle 1 sind die ungefähren Werte für die verschieden Materialien aufgelistet:

Tabelle 1:

	λ [W m^{-1} K^{-1}]	ρ [10^3 kg m^{-3}]	c [10^3 J kg^{-1} K^{-1}]	λ / (ρc) [10^{-6} m^2 s^{-1}]
Silber	407	10,5	0,4	97
Stahl	15 – 45	7,8	0,5	3,8 – 12
Glas	0,8 – 1,4	2,5 – 3,2	0,5 – 0,8	0,3 – 1,1
Holz	0,1 – 0,2	0,4 – 0,8	2,5	0,05 – 0,2

Die Butter schmilzt und die Körner fallen herunter, wenn die Temperatur an der Stelle des Löffels, an der sich Butter und Körner befinden, so hoch wie die Schmelztemperatur der Butter ist. An den Stellen, an denen das Korn bereits heruntergefallen ist, ist die Temperatur des Stabes mindestens so groß wie die Schmelztemperatur der Butter. Dort, wo die Körner noch am Löffel haften, ist die Temperatur kleiner als die Schmelztemperatur der Butter. So kann beobachtet werden, wie schnell eine bestimmte Temperatur, die Schmelztemperatur der Butter, in den Stäben fortschreitet.
Die Schmelztemperatur der Butter liegt je nach Gegend, aus der die verwendete Milch kommt, zwischen 20 °C (Allgäuer Butter) und 30 °C (Fränkische Butter).

Literatur

Raaf, H.; Sowada, H.: Physik macht Spaß, Überraschende Einsichten durch über 100 Modelle und Experimente, Herder Verlag, Freiburg im Breisgau 1990
Ardley, N.: 101 spannende Experimente aus Wissenschaft und Technik, Loewe Verlag, Bindlach 1995

zu Tabelle 1:

Kuchling, H.: Taschenbuch der Physik, Verlag Harri Deutsch, Thun und Frankfurt/Main 1989, S. 581-582, S. 569-598, S. 612-613

5.4 Kerze löschen ohne zu blasen

Die gute Wärmeleitung von Kupfer wird ausgenützt, um eine Flamme auszulöschen.

Material

- brennende Kerze oder brennendes Feuerzeug
- Kupferdrahtstück (Durchmesser: 1,5 mm; Länge: 10 – 20 cm), z. B. Kupferkabelreste, von denen zuvor die Isolierung entfernt wurde
- Hilfsmittel: Bleistift (Durchmesser: 4 – 6 mm) oder anderer runder Stab

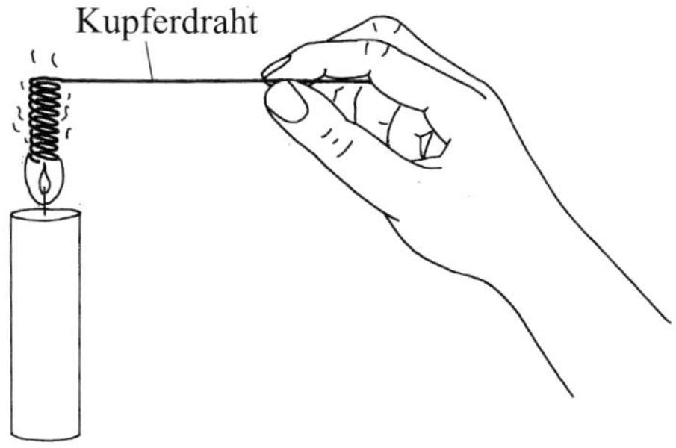

Abb. 1

Aufbau und Durchführung

Aus Kupferdraht stellt man eine 2 – 3 cm lange Spule her (siehe Abb. 1), deren Windungen eng nebeneinander liegen. Dazu wird der Draht, mit einem Ende beginnend, um einen Bleistift gewickelt. Das Reststück, das nach dem Wickeln übrig bleibt, verwendet man wie in Abbildung 1 als Stiel. Wird die Kupferspirale langsam über eine Kerzenflamme gestülpt (siehe Abb. 1), erlischt der Teil der Flamme, der von der Kupferspirale umgeben ist. Um die Flamme ganz zu löschen, senkt man die Spirale bis zum unteren Ende der Flamme. Dabei sollte vermieden werden, den Docht zu berühren. Sonst könnte der Eindruck entstehen, dass die Flamme nicht durch den Einfluss des Kupfers, sondern durch die Berührung des Dochtes gelöscht wird.

Erklärung

Die Reaktion des gasförmigen Wachses mit dem Sauerstoff der Luft verläuft exotherm, sie benötigt allerdings Aktivierungsenergie. Diese wird in der brennenden Flamme durch die frei werdende Reaktionsenthalpie (Wärmeenergie) der zuvor abgelaufenen Reaktionen geliefert.
Kupfer ist ein guter Wärmeleiter. Deshalb leitet es die frei werdende Wärmeenergie ab, wenn es sich in der Nähe der Flamme befindet. Die Wärmeenergie steht also kommenden Reaktionen nicht als Aktivierungsenergie zur Verfügung. Die Flamme erlischt.

Bemerkung

Das Experiment „Die schwebende Flamme“ behandelt dasselbe Phänomen.

Literatur

o. L.

5.5 Nie mehr Brandlöcher!

Die Wärmeleitfähigkeit von Metall wird mit der Wärmeleitfähigkeit von Styropor verglichen.

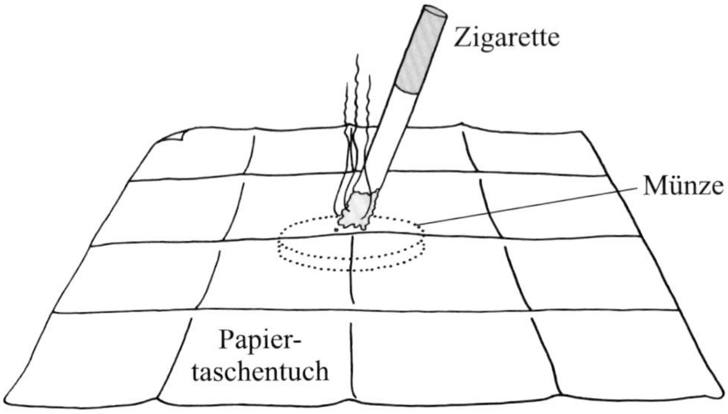

Abb. 1

Material

- Papiertaschentuch
- Zigarette
- Streichhölzer oder ein Feuerzeug
- Zweieurostück
- Stück Styropor

Aufbau und Durchführung

Man legt eine Münze auf einen Tisch und spannt eine Lage eines Papiertaschentuchs darüber. Auf der Münze, die man unter dem Taschentuch erkennen kann, drückt man eine brennende Zigarette aus. Das Taschentuch brennt nicht an, die Münze wird jedoch sehr heiß!

Mit etwas Mut wiederholt man das Experiment ohne Münze, wobei man das Taschentuch über ein Styroporstück spannt. Die Zigarette brennt dabei ein Loch in das Taschentuch.

Erklärung

Wärme strömt immer längs eines Temperaturgefälles und zwar umso stärker, je steiler dieses Gefälle ist. Es gilt die Wärmeleitungsgleichung

$$\vec{j} = -\lambda \cdot \operatorname{grad} T$$

($\vec{j}$: Wärmestromdichte; T: absolute Temperatur in Abhängigkeit vom Ort; λ: Wärmeleitfähigkeit)

Der Wärmestrom ist also zu der materialspezifischen Wärmeleitfähigkeit λ direkt proportional. Bei Metallen ist dieses λ größer als bei Styropor, d. h. Metalle leiten in derselben Zeit eine größere Wärmemenge ab als Styropor. Deshalb reicht im Experiment die Wär-me einer Zigarettenglut nicht aus, um ein Papiertaschentuch, welches auf einer Münze liegt, zu entzünden, da die Münze die Wärme zu schnell ableitet. Styropor kann dagegen die Wärme nicht so schnell ableiten, und das Papiertaschentuch fängt Feuer.

Tabelle 1: Wärmeleitkoeffizienten einiger Materialien

Material	λ [W mK^{-1}]
Polystyrol	0,0384
Glas	0,059
Fichte	0,117
Granit	3
Papier	0,14
$CuNi_5$	0,46
$CuNi_{30}$	0,251

Bemerkungen

Der Eindruck, ein Gegenstand ist „warm“ oder „kalt“ wird aus dem Teil der Hand, der den Gegenstand berührt, dem Gehirn vermittelt. Infolge seiner weit höheren Wärmeleitfähigkeit entzieht ein kaltes Metall der Hand mehr Wärme als das Holz, ein heißes führt ihr mehr zu. Deshalb scheint ein Metall, welches sich auf der gleichen Temperatur wie ein Stück Holz befindet, kälter bzw. wärmer zu sein als das Holz.

Literatur

Köthe, R.: Das neue Experimentierbuch: 150 einfache Experimente aus der Physik, Chemie und Biologie, Tessloff Verlag, Hamburg 1986

5.6 Die schwebende Flamme

Eine Bunsenbrennerflamme kann auf Grund der Wärmeleitfähigkeit von Metall die Maschen eines Drahtnetzes nicht durchdringen.

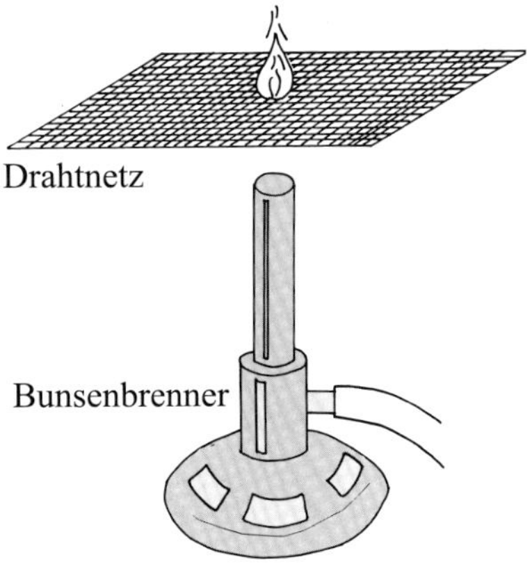

Abb. 1

Material

- Bunsenbrenner, Campingkocher oder Feuerzeug
- feinmaschiges Drahtnetz
- Zange

Aufbau und Durchführung

Ein feinmaschiges Drahtnetz wird mit einer Zange gehalten und von oben einer Bunsenbrennerflamme genähert. Die Flamme kann das Netz nicht durchdringen und brennt nur unterhalb des Drahtnetzes. Man bewegt das Drahtnetz nach unten zum Ausströmrohr des Gases. Dabei wird die Flamme immer kleiner und erlischt, wenn das Drahtnetz direkt auf das Ausströmrohr gehalten wird.
In einer Variante wird der Gashahn des Bunsenbrenners aufgedreht, aber das Gas nicht entzündet. Hält man das Drahtnetz einige Zentimeter über die Rohrmündung und entzündet das Gas oberhalb des Netzes, so brennt es nur über dem Netz. Die Flamme schlägt nicht nach unten durch (siehe Abb. 1).

Erklärung

Das brennbare Gas des Bunsenbrenners kann durch die Maschen des Drahtnetzes hindurchdringen, die Flamme hingegen nicht, da das Metall des Drahtnetzes auf Grund seiner hohen Wärmeleitfähigkeit die Wärme der Flamme ableitet. Dadurch liegt im ersten Fall die Temperatur oberhalb des Drahtnetzes unter der Zündtemperatur des Gases.
Im zweiten Fall strömt das brennbare Gas des Bunsenbrenners durch die Maschen des Drahtnetzes und lässt sich oberhalb des Netzes entzünden. Das Metall leitet wiederum die Wärme der Flamme ab, so dass die Temperatur unterhalb des Netzes niedriger ist als die Zündtemperatur des Gases.

Bemerkungen

1815 nutzte der englische Chemiker *Humphry Davy* (1778-1829) diese Eigenschaft bei der Entwicklung der nach ihm benannten Sicherheitsgrubenlampe. Die Explosionsgefahr durch die sich im Stollen befindenden Kohlenwasserstoffe wurde durch ein doppeltes Drahtnetz um die Grubenlampe verhindert. Die brennbaren Kohlenwasserstoffe konnten in die Lampe einströmen, aber eine Entzündung der Gase außerhalb der Lampe wurde vermieden.
Das Experiment „Kerze löschen ohne zu blasen" behandelt dasselbe Phänomen.

Literatur

Wagner, D.; Steffen, P.: Freihandversuche, Demonstrationspraktikum für Lehramtskandidaten, o. V., Bochum 1975/76
Bublath, J.: Das neue Knoff-Hoff Buch, Wilhelm Heyne Verlag, München 1989

5.7 Das Leidenfrost'sche Phänomen

Auf Grund der geringen Wärmeleitfähigkeit von Wasserdampf verdampfen Wassertropfen nicht auf einer heißen Herdplatte.

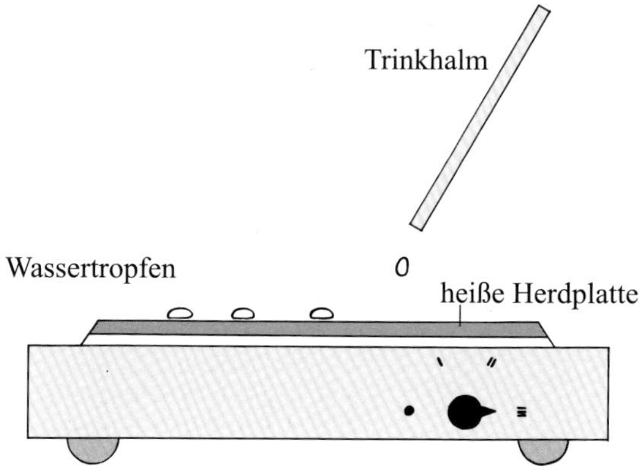

Abb. 1

Material

- Herdplatte
- evtl. Trinkhalm oder Pipette

Aufbau und Durchführung

Man gibt einige Tropfen Wasser auf eine Herdplatte und schaltet diese ein. Sobald die Herdplatte eine Temperatur von 100 °C erreicht, verdampfen die Wassertropfen. Ab einer Temperatur der Herdplatte von ca. 140 °C verdampfen weitere neu aufgebrachte Wassertropfen nicht sofort (siehe Abb. 1). Sie hüpfen und flitzen auf der heißen Herdplatte umher und werden nur langsam kleiner. Große Tropfen halten sich selbst bei Temperaturen von über 200 °C mehrere Minuten.

Erklärung

An den Stellen, an denen ein Wassertropfen mit der heißen Herdplatte in Berührung kommt, verdampft das Wasser und der entstehende Wasserdampf steigt nach oben. Bei Temperaturen knapp über 100 °C bildet sich nur wenig Dampf. Der Tropfen wird weiter von der Platte erwärmt und verdampft vollständig. Ab einer Temperatur von ca. 140 °C bildet sich zwischen Platte und Tropfen so viel Wasserdampf, dass der Tropfen vom aufsteigenden Dampf mitgerissen wird. Daher hüpfen die Tropfen auf der Platte. Bei jeder Berührung bildet sich Wasserdampf, bis die Tropfen schließlich vollständig verdampft sind.

Große Tropfen werden auf Grund ihrer Masse nicht mitgerissen, sondern schweben auf dem entstehenden Dampf. Durch die niedrige Wärmeleitfähigkeit von Wasserdampf wird nur wenig Wärme von der Herdplatte auf den Wassertropfen geleitet, so dass sich das Wasser im Tropfen nur langsam erwärmt und seine Temperatur unterhalb der Siedetemperatur von Wasser bleibt.

Bemerkungen

Das Phänomen der auf einer heißen Platte hüpfenden und flitzenden Wassertropfen ist nach dem deutschen Physiker *Johann Gottlob Leidenfrost* (1715-1794) benannt, der diesen Vorgang 1756 in seiner Dissertation untersucht hat.

Literatur

Köthe, R.: Das neue Experimentierbuch: 150 einfache Experimente aus der Physik, Chemie und Biologie, Tessloff Verlag, Hamburg 1986
Zeier, E.: Physikalische Schulversuche, Freihandversuche, kleine Experimente, Aulis Verlag Deubner, Köln 1986
Gobrecht, H.; Gobrecht, J. H.; Gobrecht, K. H.: Bergmann-Schäfer, Lehrbuch der Experimentalphysik, Band 1, Mechanik, Akustik, Wärme, Walter de Gruyter Verlag, Berlin 1990, S. 657

5.8 Wo schmilzt das Wachs schneller?

An einer Dose, deren Innenraum berußte und glänzende Stellen aufweist, beobachtet man, dass schwarze, raue Flächen Infrarotstrahlung wesentlich besser absorbieren als glänzende oder weiße.

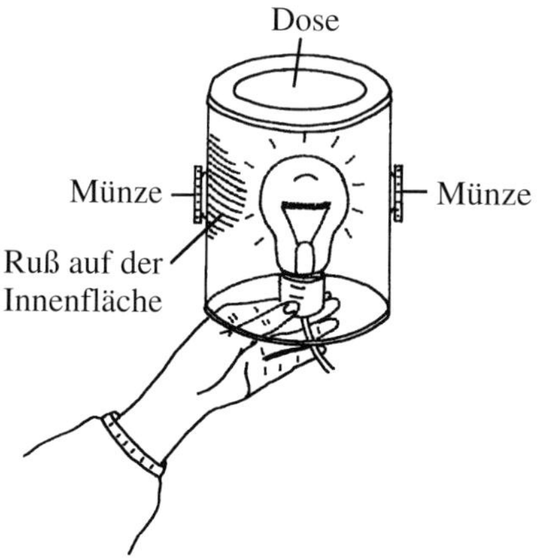

Abb. 1

Material

- geöffnete Blechdose, deren Innenfläche aus glänzendem oder weißem Material besteht
- Kerze
- 2 gleiche Münzen
- Glühlampe (Leistung: mindestens 60 W), mit Fassung und Netzanschluss
- Hilfsmittel: Streichhölzer

Aufbau und Durchführung

An der Innenwand einer Blechdose wird auf halber Höhe eine Fläche von ca. 5 cm × 5 cm mit einer Kerzenflamme berußt (siehe Abb. 1). An der Außenwand befestigt man mit möglichst wenig Wachs zwei Münzen (siehe Abb. 1). Eine der Münzen sollte außen über der schwarz gefärbten Stelle liegen und die andere in gleicher Höhe gegenüber der ersten Münze, d. h. über einer glänzenden oder weißen Stelle (siehe Abb. 1). Die präparierte Dose stülpt man über eine Glühlampe.
Die Münze über der schwarz gefärbten Fläche rutscht deutlich früher ab, weil sich dort das Wachs wesentlich schneller erwärmt als über der glänzenden Stelle. Berührt man außen an der Dose gleichzeitig die beiden Bereiche mit den Fingern, kann man den Temperaturunterschied deutlich fühlen.

Erklärung

Glühlampen senden zu einem sehr großen Teil infrarotes Licht aus. Dieses wird zum Teil von der Innenseite der Dosenwand absorbiert (siehe unten), wodurch sich deren innere Energie und Temperatur erhöht. Ein Teil der inneren Energie wird in Form von Wärmeenergie an das Wachs auf der Dosenwand weitergeleitet. Die Größe des Wärmestromes von der Wand zum Wachs ist vom Temperaturunterschied zwischen diesen beiden Materialien abhängig. Die innere Energie des Wachses erhöht sich, wodurch seine Temperatur ansteigt. Bei Erreichen der Schmelztemperatur (50 – 62 °C, rutscht die Münze herunter.
Der Absorptionskoeffizient für infrarotes Licht einer rauen, schwarzen Fläche ist wesentlich größer als der einer glänzenden oder weißen. Deshalb nimmt die innere Energie und die Temperatur der schwarzen Fläche schneller zu, wenn beide Flächen mit der gleichen Lichtquelle bestrahlt werden. Die größere Temperatur der schwarzen Fläche führt zu einem stärkeren Wärmestrom von dieser Fläche zum daneben liegenden

Wachs. Deshalb nimmt die innere Energie und die Temperatur des Wachses neben der schwarzen Fläche wesentlich schneller zu als die des Wachses neben der weißen oder glänzenden Fläche. Die Schmelztemperatur des Wachses wird früher erreicht.

Bemerkungen

Der französische Forscher *Jean Felix Piccard* (1884-1963) nutzte bei seinem Ballonaufstieg in die Stratosphäre die Sonnenstrahlung aus, um die Temperatur in seiner Gondel zu regulieren. Eine Hälfte der kugelförmigen Gondel war weiß und die andere schwarz angestrichen. Durch einen Propeller konnte die Gondel gedreht werden. Je nach gewünschter Temperaturveränderung in der Gondel drehte er die schwarze oder die weiße Hälfte der Sonne zu.

Literatur

Meisinger, K.: Physikalische Experimente mit Dosen, Schriftliche Hausarbeit zur Ersten Staatsprüfung für das Lehramt an Hauptschulen nach der Lehramtsprüfungsordnung I (LPO I) 1994/II, o. V., Augsburg 1994

zu Bemerkungen:

Raaf, H.; Sowada, H.: Physik macht Spaß, Überraschende Einsichten durch über 100 Modelle und Experimente, Herder Verlag, Freiburg im Breisgau 1990, S. 54

5.9 Die kalte Glühlampe

Das Experiment demonstriert den Energietransport durch Wärmestrahlung.

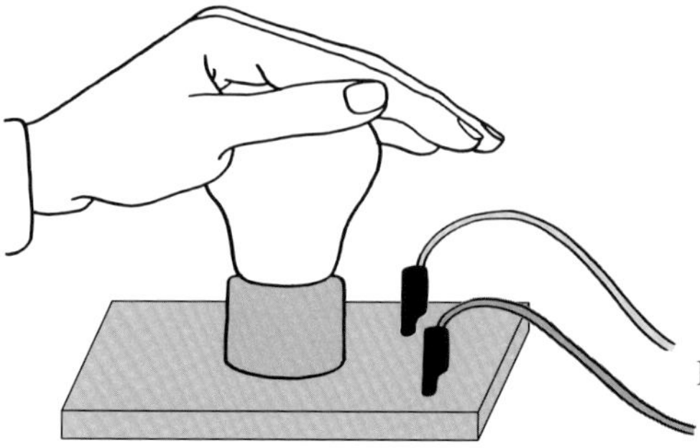

Abb. 1

Material

- Glühlampe (230 V; ca. 100 W) in Fassung mit an- und abschaltbarer Netzspannung

Aufbau und Durchführung

Man hält beide Hände dicht um den Glaskolben einer ausgeschalteten Glühlampe, ohne sie zu berühren. Die Lampe wird eingeschaltet. Man spürt sofort eine deutliche Wärmewirkung auf der Haut. Nach ca. zwei Sekunden berührt man den Glaskolben der Lampe (siehe Abb. 1), der erstaunlicherweise noch relativ kalt ist. Nach einiger Zeit hat sich auch der Glaskolben erwärmt und sollte nicht mehr berührt werden.

Erklärung

Bei weitgehend luftleeren bzw. mit Gas weit unter Umgebungsdruck gefüllten Glühlampen dringt Wärmestrahlung nach dem Einschalten sofort durch das Glas und erwärmt die Haut der Hand. Im Innenraum tritt kein merklicher Wärmetransport durch Wärmeleitung oder Konvektion auf. Da Glas ein schlechter Wärmeleiter ist und die Absorption von Wärmestrahlung durch das Glas gering ist, bleibt der Glaskolben der Glühlampe für eine verhältnismäßig lange Zeit (mehrere Sekunden) nach dem Einschalten der Lampe relativ kalt.

Bemerkungen

Eine herkömmliche Glühlampe wandelt einen Großteil der zugeführten elektrischen Energie in Wärmeenergie bzw. Strahlungsenergie von Wärmestrahlung um und nicht in Strahlungsenergie von elektromagnetischer Strahlung im sichtbaren Bereich. Von der aufgewendeten elektrischen Leistung werden bei der Glühlampe ca. 2 % in Lichtleistung umgesetzt. Ein Großteil der hineingesteckten elektrischen Energie wird also „zwekkfremd“ verbraucht (eine Glühlampe soll Licht liefern und nicht einen Ofen ersetzen). Günstiger sieht es bei Leuchtstoffröhren aus, die, mit moderner Elektronik ergänzt, heute in so genannten „Energiesparlampen“ Verwendung finden. Hier wird ein weitaus größerer Teil der aufgewendeten elektrischen Leistung in Lichtleistung umgewandelt (ca. 10 %).

Literatur

Heyder, W., Naturwissenschaften im Unterricht: Physik 2/5 (1991), S. 28-34
Glass, D.: What‘s what? Naturwissenschaftliche Plaudereien, Deutscher Taschenbuch Verlag GmbH & Co. KG, München 1995

5.10 Wie „heizt" Kleidung?

Die isolierende Wirkung von Kleidung kann durch die unterschiedlich schnelle Abkühlung von heißem Wasser in Marmeladegläsern nachgewiesen werden.

Abb. 1

Material

- 2 gleiche Marmeladegläser mit Deckel
- dickes Kleidungsstück, z. B. Winterschal, Pullover, Winterjacke, Decke

Aufbau und Durchführung

Zwei Marmeladegläser werden mit heißem Wasser (Temperatur: 80 – 90 °C) gefüllt und mit den zugehörigen Deckeln verschlossen (siehe Abb. 1). Eines der Marmeladegläser wird in ein dickes Kleidungsstück eingewickelt, am besten so, dass es vollständig eingehüllt ist. Das andere Marmeladeglas wird zum Vergleich daneben gestellt. Nach etwa einer halben Stunde vergleicht man durch Fühlen mit einer Hand die Temperaturen der Marmeladegläser. Dabei stellt man fest, dass das verpackte Marmeladeglas deutlich wärmer ist als das andere.

Erklärung

Bei dem nichtisolierten Marmeladeglas wird durch Wärmeleitung die Luft in Nähe der Glasoberfläche erwärmt. Da warme Luft eine geringere Dichte als kalte besitzt, wird durch die entstehende Konvektion ständig kalte Luft an die Glasoberfläche transportiert. (Eine Möglichkeit, wie sich nachweisen lässt, dass bereits leicht erwärmte Luft aufsteigt, ist in dem Experiment „Turbine durch Handwärme betreiben" dargestellt.) Das Marmeladeglas gibt dadurch in relativ kurzer Zeit viel Wärmeenergie an die Umgebung ab. Dadurch sinkt seine innere Energie und damit auch seine Temperatur.
Die das andere Marmeladeglas umgebende Isolation verhindert das Auftreten der Konvektion. Die Wärmeenergie kann von der Glasoberfläche bis zur Außenseite der Isolie-

rung nur durch Wärmeleitung transportiert werden. Da Luft ein sehr schlechter Wärmeleiter ist, sind die Wärmeverluste bei dem isolierten Marmeladeglas wesentlich kleiner, es kühlt also langsamer ab.
Auch die Verluste durch Wärmestrahlung, dem dritten Austauschmechanismus neben Wärmeleitung und Konvektion, werden durch die Isolation vermindert. Die vom Marmeladeglas ausgehende Strahlung trifft auf die Isolation und heizt sie auf. Dadurch emittiert auch diese Wärmestrahlung, welche aber zumindest teilweise wieder in Richtung Marmeladeglas abgestrahlt wird. Es wird also nicht die gesamte Wärmestrahlung in die Umgebung abgegeben, wie bei dem nichtisolierten Marmeladeglas. Dieser Effekt verlangsamt zusätzlich zu den oben geschilderten Gründen den Abkühlungsprozess.

Literatur

Köthe, R.: Das neue Experimentierbuch: 150 einfache Experimente aus der Physik, Chemie und Biologie, Tessloff Verlag, Hamburg 1986
Walpole, B.: Experimente, Tricks und Tips zum Verständnis der Natur, Lernen und Wissen im Spiel und mit Spaß, Südwest Verlag GmbH & Co. KG, München 1990

5.11 Konvektion der Kühlschrankluft

Als Auswirkung der Konvektion beobachtet man den teilweisen Austausch zwischen der Luft in einem Kühlschrank, der zu einem Spalt geöffnet ist, und der umgebenden Raumluft.

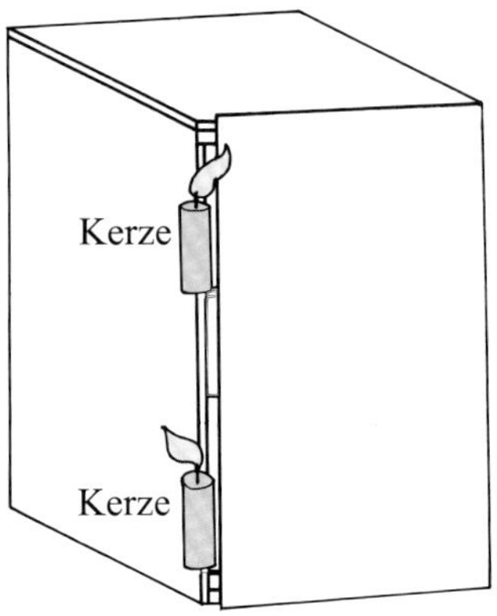

Abb. 1

Material

- brennende Kerze
- Kühlschrank, in Betrieb

Aufbau und Durchführung

Ein Kühlschrank wird einen Spalt breit (1 – 4 cm) geöffnet und direkt vor diesen Spalt eine brennende Kerze gehalten. Befindet sich die Kerze vor dem unteren Teil des Spaltes, zeigt ihre Flamme vom Kühlschrank weg (siehe Abb. 1). Die Flamme zeigt dagegen zum Kühlschrank hin, wenn die Kerze vor den oberen Teil des Spaltes gehalten wird (siehe Abb. 1).

Erklärung

Die Kerzenflamme weist in Richtung der Strömung der umgebenden Luft. Die Luft im Kühlschrank hat eine wesentlich niedrigere Temperatur als die Luft des umgebenden Raumes und deshalb auch eine größere Dichte. Wird der Kühlschrank geöffnet, strömt kalte, dichtere Luft nach unten (Konvektion) aus dem Kühlschrank heraus. Dadurch entsteht ein Unterdruck im Kühlschrank, der durch hineinströmende warme Luft aus dem Zimmer ausgeglichen wird.

Bemerkungen

Entsprechende Beobachtungen können theoretisch auch an einer Tür gemacht werden, die ein kaltes Zimmer von einem warmen trennt. Allerdings verfälschen geringste Luftzüge das Ergebnis erheblich.
In dem Experiment „Turbine durch Handwärme betreiben“ werden auch Luftströmungen nachgewiesen, die durch Konvektion verursacht werden.

Literatur

Wittmann, J.: bsv-Lehrprogramme, Wärme und Energie, Bayerischer Schulbuch Verlag, München 1977
Zeier, E.: Physikalische Schulversuche, Freihandversuche, kleine Experimente, Aulis Verlag Deubner, Köln 1986

5.12 Kaffee bei tiefstehender Sonne

Da über dem Übergangsgebiet zwischen zwei angrenzenden Konvektionszellen einer mit Kaffee gefüllten Tasse kein Wasserdampf kondensiert, kann man anhand des vorhandenen bzw. nicht vorhandenen Wasserdampfes Konvektionszellen erkennen.

Material

- Kaffeetasse
- starker, heißer schwarzer Kaffee oder heißer schwarzer Tee
- Taschenlampe oder eine tiefstehende Morgen- oder Abendsonne

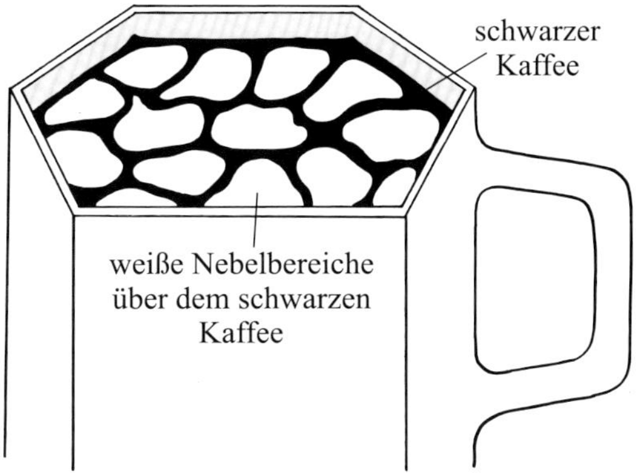

Abb. 1

Aufbau und Durchführung

Eine Kaffeetasse wird bis zum Rand hin mit heißem, starkem schwarzen Kaffee gefüllt und von schräg oben mit einer Taschenlampe beleuchtet (am besten beleuchtet man im Freien mit einer tiefstehenden Morgensonne). Man erkennt unregelmäßige, weißliche Flecken, die von dunklen Linien abgegrenzt sind (siehe Abb. 1). Das Muster könnte man als wabenförmig bezeichnen. Die Flecken, die einen Durchmesser nicht größer als 2,5 cm besitzen, sind ständig in Bewegung und können ihre Form ändern, verschwinden aber nicht.

Erklärung

Da über die Grenzschicht Kaffee/Luft mehr Wärme abgeführt werden kann (der Kühleffekt ist hauptsächlich auf die Verdunstung zurückzuführen) als über die Grenzschicht Kaffee/Tasse (hier wird Wärme nur über den Mechanismus der Wärmeleitung abgeführt), kühlt der heiße Kaffee an der Oberfläche schneller ab als der restliche Kaffee in der Tasse. Da heißer Kaffee eine kleinere Dichte besitzt als kühlerer Kaffee, kann sich ein Wärmestrom über eine Konvektion einstellen. Es bilden sich Konvektions- oder so genannte Bénard-Zellen (siehe Abb. 2).

In der Mitte der Zelle steigt warmer Kaffee auf und kälterer Kaffee sinkt am Zellenrand nach unten.

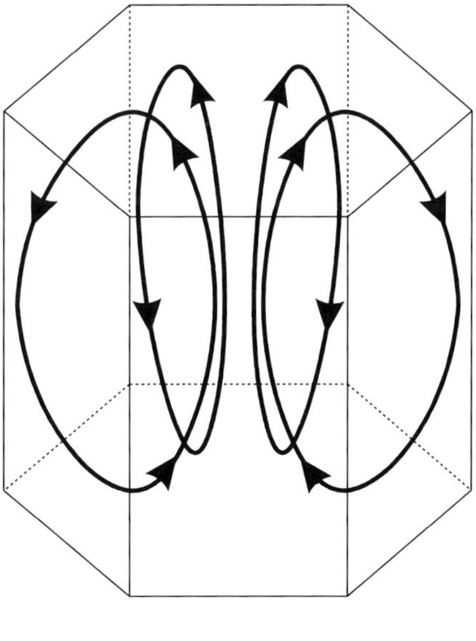
Abb. 2

In der Tasse markieren die weißlichen Flecken

heißen Kaffee und die schwarzen Ränder den kühleren Kaffee. Die weißlichen Flecken sind in Luft suspendierte Wassertröpfchen. Steigt heißer Kaffee an die Oberfläche, verdunsten Wassermoleküle (nach der Boltzmann-Verteilung haben einige Wassermoleküle genug kinetische Energie, um die Flüssigkeitsoberfläche zu verlassen). In der Luft geben die Wassermoleküle ihre kinetische Energie zum Teil an Luftmoleküle (durch Stöße) ab und es bilden sich schließlich kleine Wassertröpfchen. Da die verdunsteten Wassermoleküle über der gesamten Konvektionszelle ihre Energie zum Teil an Luftmoleküle abgeben, entsteht eine Tröpfchenschicht über der Zelle. Durch ständig verdunstende energiereiche Wassermoleküle entsteht eine Strömung des Gases über der Kaffeeoberfläche nach oben.

Die Wassertröpfchen über einer Konvektionszelle besitzen einen gewissen Strömungswiderstand in der gerade angesprochenen Strömung. Dieser Strömungswiderstand setzt sich wie folgt zusammen:

- Einige verdunstete Wassermoleküle (oder Luftmoleküle) treffen auf einen Tropfen, dringen in den Tropfen ein und geben ihre vertikale Impulskomponente an den Tropfen ab.
- Zwischen dem am Tropfen nach oben vorbeiströmenden Gas und dem Tropfen entsteht eine Reibungskraft, die seitlich am Tropfen angreift und nach oben weist.
- Bildet die Strömung oberhalb des Tropfens Wirbel, werden die Luftmoleküle über dem Tropfen mitgerissen. Die daraus resultierende Differenz des statischen Drucks oberhalb und unterhalb des Tropfens hat eine nach oben weisende Kraft auf den Tropfen zur Folge. Der Strömungswiderstand ist der Gewichtskraft des Tropfens entgegengerichtet. Der Tropfen verweilt auf der ausgezeichneten Höhe, bei der sich Strömungswiderstandskraft und Gewichtskraft kompensieren. Deshalb bleibt die Tröpfchenschicht über dem heißen Kaffee bestehen. Der Abstand zwischen diesem „Nebel" aus kondensiertem Wasser und der Kaffeeoberfläche beträgt etwas weniger als 1 mm.

Da aus kühlerem Kaffee durchschnittlich weniger Moleküle aus der Oberfläche austreten als aus der Oberfläche von heißerem Kaffee, stellt sich über dem kühleren Kaffee eine geringere durchschnittliche Geschwindigkeit des strömenden Gases ein als über dem heißeren Kaffee. (Moleküle mit einer großen Geschwindigkeit nach oben treten in einen Gasraum mit Molekülen ein, deren Geschwindigkeiten statistisch verteilt sind. Je mehr Moleküle mit großer Geschwindigkeit nach oben in den Gasraum eintreten, desto größer ist die durchschnittliche Geschwindigkeit der Moleküle im Gasraum nach oben.) Der Strömungswiderstand der Tröpfchen hängt quadratisch von der Geschwindigkeit der Strömung ab. Deshalb ist der Strömungswiderstand der Tröpfchen über dem kühleren Kaffee kleiner als der Strömungswiderstand der Tröpfchen über dem heißeren Kaffee. Der Abstand der Tröpfchen zur Flüssigkeitsoberfläche, der aus dem Gleichgewicht zwischen Strömungswiderstandskraft und Gewichtskraft der Tröpfchen folgt, wird so klein, dass die Tröpfchen wieder in die Flüssigkeitsoberfläche eintreten. Über dem kühleren Kaffee ist keine Tröpfchenschicht zu beobachten.

Die Tröpfchen erscheinen weiß, da das schräg einfallende Licht durch Brechung und Reflexion an den Tröpfchen gestreut wird und die durch Dispersion dabei auftretenden Farben sich zu Weiß mischen. Der darunterliegende Kaffee ist schwarz (wie man an den

Rändern der Konvektionszellen erkennt). Nur an den von dem Nebel bedeckten Stellen erscheint er weißlich. Bläst man über die Kaffeetasse, so verschwindet dieser Nebel für kurze Zeit. Der Nebel ist also nur ein Indikator für die Konvektionszellen.

Bemerkungen

Zitat von *J. Ingram*, von dem dieses Experiment stammt: „Mein Freund *Jearl Walker*, Physiker und Erzähler in bester texanischer Tradition, liebt es, sich mit dem Flair des harten Lebens zu umgeben: jede Menge Bier nach Sonnenuntergang und Unmengen Kaffee bei Sonnenaufgang. Ihm verdanke ich die Idee, einen Blick in eine dieser endlosen Tassen Kaffee zu werfen, um alle möglichen interessanten wissenschaftlichen Phänomene zu entdecken."

Literatur

Ingram, J.: Wie man trocken durch den Regen läuft und andere Phänomene des täglichen Lebens, Knaur, München 1992

Walker, J.: Der fliegende Zirkus der Physik, R. Oldenbourg Verlag GmbH, München Wien 1994

5.13 Der wachsende Draht

An einem Draht wird demonstriert, dass sich kristalline feste Körper bei Erwärmung ausdehnen.

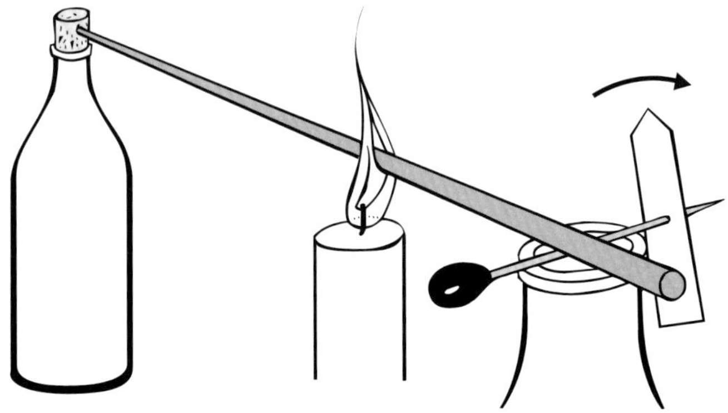

Abb. 1

Material

- Stück Draht (Länge: ca. 50 cm)
- 2 gleich große leere Weinflaschen
- Korken
- Stecknadel
- Stück Papier oder Pappe
- Kerze oder Bunsenbrenner

Aufbau und Durchführung

Ein Ende eines geraden Stücks Draht wird seitlich in die obere Hälfte eines Weinkorkens gesteckt. Den Korken setzt man in den Hals einer leeren Weinflasche ein. Das andere Ende des Drahtes legt man quer auf eine Stecknadel, die lose quer über der Öffnung des Halses einer zweiten leeren Weinflasche ruht (siehe Abb. 1). Auf der Stecknadel ist ein längliches Stück Papier oder Pappe aufgespießt, das als Zeiger dienen soll. Stellt man unter den so gelagerten Draht eine Kerze oder einen Bunsenbrenner und erhitzt man einen Teil des Drahtes, so dreht sich, in der Situation von Abbildung 1, der Pappzeiger so, dass sein oberes Ende von der Wärmequelle weg weist.

Erklärung

Auf Grund der Wärmezufuhr dehnt sich der Draht in allen drei Dimensionen aus, am meisten jedoch in der Länge, da die Längenänderung Δl in einer Dimension nicht nur zur Temperaturdifferenz ΔT, sondern auch zur Ausgangslänge l direkt proportional ist:

$$\Delta l = \alpha \cdot 1 \cdot \Delta T$$

(α: Längenausdehnungskoeffizient)

Für Kupfer beträgt $\alpha = 16{,}8 \cdot 10^{-6}\,\frac{1}{\mathrm{K}}$, für Konstantan $\alpha = 15{,}2 \cdot 10^{-6}\,\frac{1}{\mathrm{K}}$. Damit ergeben sich unter der Annahme von Temperaturdifferenzen $\Delta T \approx 1000$ K für ein 50 cm langes Drahtstück Längenänderungen im Millimeterbereich. Diese werden dadurch sichtbar gemacht, dass der sich ausdehnende Draht auf der Stecknadel „rollt" und diese dabei dreht, was an der veränderten Zeigerposition zu erkennen ist. Hat die Stecknadel einen Querschnittsradius von 0,5 mm und beträgt der Abstand der Zeigerspitze vom Mittelpunkt der kreisförmigen Stecknadelquerschnittsfläche 5 cm, so beschreibt die Zeigerspitze bei einer Drahtlängenänderung von 1 mm einen Kreisbogen von 10 cm Länge (sofern der Draht nicht über die Stecknadel *gleitet*).

Bemerkungen

Die Längenausdehnung von Körpern bei Erwärmung muss beim Bau von z. B. Eisen- und Straßenbahngleisen oder Brücken berücksichtigt werden. Damit es durch Temperaturunterschiede nicht zu unerwünschten seitlichen Verformungen der Schienen bzw. des Belages kommt sowie zur Vermeidung von Spannungen, werden im Streckenverlauf Dehnungsfugen eingebaut, in die hinein sich die Materialien ausdehnen können.
Ein Beispiel für einen Stoff, der sich bei Erwärmung zusammenzieht, wird in dem Experiment „Das schrumpfende Gummiband" vorgestellt.

Literatur

Krekeler, H.; Rieger-Bastian, M.: Experimente einfach verblüffend!, Ravensburger Buchverlag Otto Maier GmbH, Ravensburg 1994

zu den Zahlenwerten:

Mende, D.; Simon, G.: Physik, Gleichungen und Tabellen, VEB Fachbuchverlag Leipzig 1988, S. 111

5.14 Ein scharfer Vergleich

Mit zwei Rasierklingen lässt sich die Ausdehnung eines Geldstücks beim Erhitzen und das Schrumpfen bei Abkühlung nachweisen.

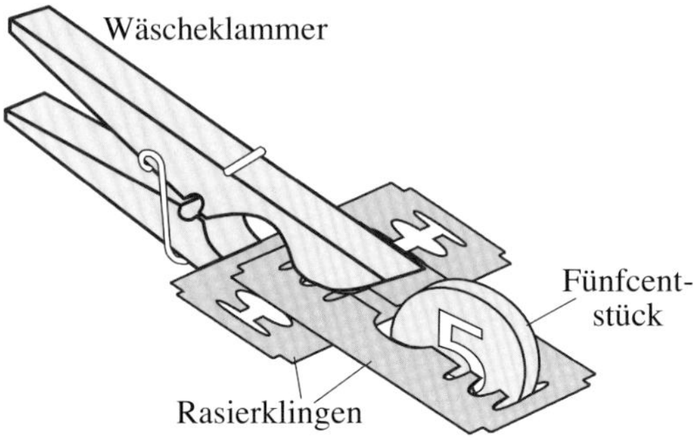

Abb. 1

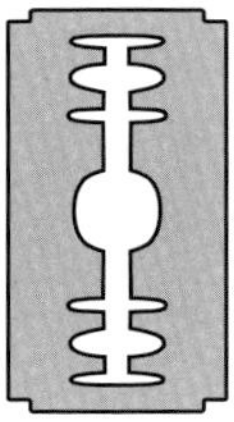

Abb. 2

Material

- 2 Langloch-Rasierklingen wie in Abbildung 2
- Fünfcentstück
- Wäscheklammer
- Flachzange
- Bunsenbrenner, Campingkocher oder Feuerzeug
- Gefäß (Durchmesser: ca. 20 cm; Höhe: ca. 10 cm), z. B. Kochtopf

Aufbau und Durchführung

Den Spalt einer Rasierklinge grenzt man dadurch ab, dass man sie quer über eine zweite Klinge legt. Die Spaltlänge wird so eingestellt, dass ein Fünfcentstück gerade noch durch den Spalt fallen kann (siehe Abb. 1). Diese Lage der Klingen wird mit einer Wäscheklammer fixiert, um die Spaltlänge im folgenden Ablauf des Experiments konstant zu halten. Nachdem man die Münze mit einer Zange über dem Bunsenbrenner stark, aber nicht bis zum Glühen erhitzt hat, passt sie nicht mehr durch den eingestellten Spalt. Bei waagrecht gehaltenen Klingen kann sie nicht durchfallen und klemmt fest. Bringt man die Anordnung in dieser Stellung in kaltes Wasser, so fällt die Münze nach kurzem Zischen durch den Spalt.

Erklärung

Eisen (Hauptbestandteil des Fünfcentstücks) besitzt einen Längenausdehnungskoeffizienten von $\alpha = 12 \cdot 10^{-6}\,\frac{1}{\mathrm{K}}$. Bei einer Temperaturerhöhung von $\Delta T \approx 500$ K ergibt sich damit eine Vergrößerung des Münzendurchmessers um

$$\Delta d = \alpha\, d\, \Delta T \approx 0{,}13 \text{ mm}.$$

($d = 21$ mm: Durchmesser der Münze)

Dieser winzige Unterschied hindert das Geldstück daran, im erhitzten Zustand durch den Spalt zu fallen, weil dessen Länge genau dem Durchmesser der kalten Münze entspricht. Das setzt natürlich voraus, dass die Rasierklingen nicht erwärmt werden und damit keiner Längenausdehnung unterworfen sind.

Literatur

Raaf, H.; Sowada, H.: Physik macht Spaß, Überraschende Einsichten durch über 100 Modelle und Experimente, Herder Verlag, Freiburg im Breisgau 1990

5.15 Die gebogenen Trinkhalme

Durch Längenausdehnung verbiegen sich zwei verbundene Trinkhalme, wenn einer erwärmt wird.

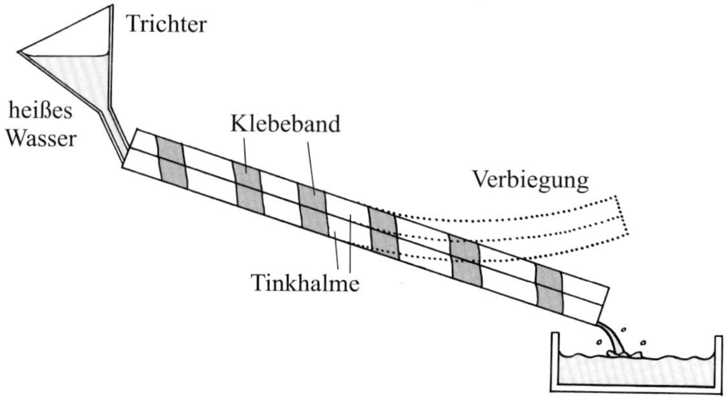

Abb. 1

Material

- 2 Trinkhalme
- Klebeband
- 2 Gefäße, z. B. Trinkgläser
- evtl. Trichter

Aufbau und Durchführung

Zwei gleich lange Trinkhalme werden nebeneinander gehalten und mit einem Klebeband zusammengeklebt. Hält man die Halme leicht geneigt so, dass sie übereinander liegen (siehe Abb. 1), und schüttet man in einen der Trinkhalme heißes Wasser (am besten mit Hilfe eines Trichters), so verbiegen sich die Halme. Wird das heiße Wasser in den oberen Trinkhalm gegossen, erfolgt die Verbiegung nach unten. Gießt man es in den unteren Trinkhalm, so verbiegen sich die Halme nach oben. Zum Auffangen des Wassers stellt man unter die untere Öffnung der Trinkhalme ein Gefäß.

Erklärung

Gießt man heißes Wasser in einen Trinkhalm, so wird dieser erwärmt und dehnt sich aus. Der andere Trinkhalm wird dagegen nur geringfügig wärmer und behält weitgehend seine Abmessungen. Da beide Halme durch das Klebeband fest miteinander verbunden sind, bewirkt die Längenausdehnung des erwärmten Halmes die Verbiegung (siehe Experiment „Ein Thermometer aus Papier"). Dabei ist es besser, das heiße Wasser in den unteren Trinkhalm zu gießen, damit die Verbiegung nach oben erfolgt, so dass diese nicht auf das Gewicht des Wassers zurückgeführt werden kann.

Literatur

Edge, R. D.: String & Sticky Tape Experiments, American Association of Physics Teachers, College Park, MD 20740-4100, U.S.A. 1987

5.16 Ein Thermometer aus Papier

Ein Streifen aus aluminiumbeschichtetem Papier verbiegt sich unter Wärmeeinfluss auf Grund der unterschiedlichen Längenausdehnung von Aluminium und Papier.

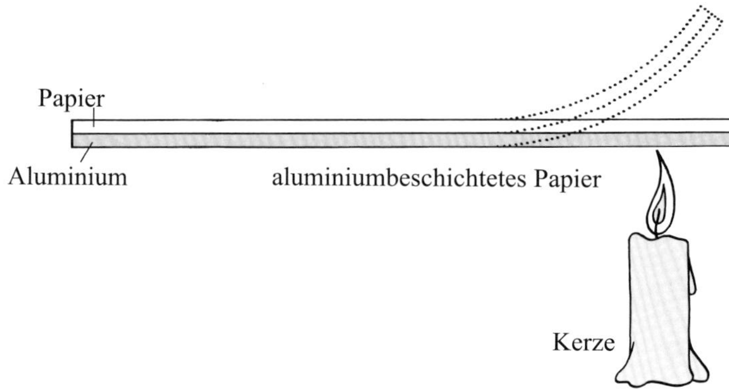

Abb. 1

Material

- mit Aluminium beschichtetes Papier, z. B. Innenhülle einer Schokoladen- oder Zigarettenschachtel (oder Aluminiumfolie, Papier und Klebstoff)
- Wärmequelle, z. B. Kerze oder heiße Herdplatte

Aufbau und Durchführung

Aus einem mit Aluminium beschichteten Papier wird ein ca. 8 cm langer und 1 cm breiter Streifen ausgeschnitten. Man kann notfalls auch je einen Streifen mit diesen Abmessungen aus einer Aluminiumfolie und einem Blatt Papier ausschneiden und beide Streifen zusammenkleben. Hält man den Streifen mit der Aluminiumseite nach unten über eine Wärmequelle, so krümmt sich der Streifen nach oben (siehe Abb. 1). Wird der Streifen mit der Papierseite nach unten über die Wärmequelle gehalten, so biegt sich der Streifen nach unten.

Erklärung

Das Aluminium hat einen höheren Ausdehnungskoeffizienten als das Papier. Unter Wärmeeinfluss dehnen sich beide Materialien aus, das Aluminium jedoch stärker als das Papier. Da die beiden Materialien fest miteinander verbunden sind, bewirkt die größere Längenausdehnung des Aluminiums die Verbiegung des Streifens.

Bemerkungen

Nach demselben Prinzip funktionieren Bimetalle, bei denen zwei Metallstreifen mit verschiedenen Ausdehnungskoeffizienten (z. B. Zink und Eisen) aufeinander gewalzt oder

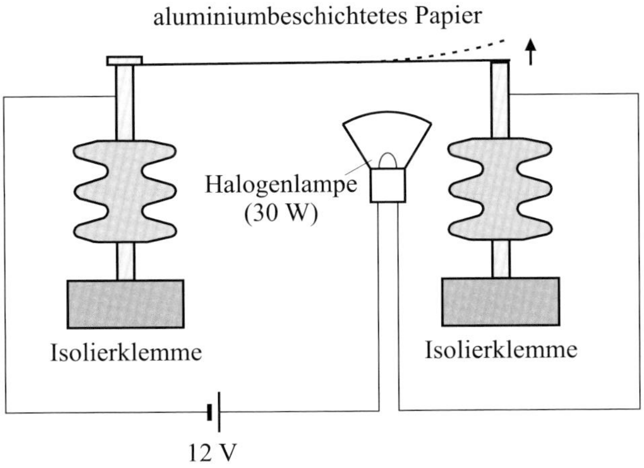

Abb. 2

geschweißt werden. Bimetalle werden unter anderem als automatische Temperaturregler (z. B. in Heizkissen und Bügeleisen) oder als Thermometer verwendet. Die Funktionsweise eines automatischen Temperaturreglers lässt sich mit vorstehender Schaltung (siehe Abb. 2) demonstrieren.

Das beschichtete Papier wird mit der Aluminiumseite nach unten so in einer Isolierklemme befestigt, dass das Aluminium eine zweite Isolierklemme berührt. Der Stromkreis ist dadurch geschlossen und die Lampe leuchtet. Durch die von der Halogenlampe abgestrahlte Wärme dehnen sich das Aluminium und das Papier aus und der Streifen biegt sich nach oben. Dadurch wird der Stromkreis unterbrochen und die Lampe erlischt. Der Papierstreifen kann sich abkühlen und die Verbiegung geht zurück, bis der Streifen wieder die Isolierklemme berührt und dadurch den Stromkreis schließt.

Dasselbe Phänomen behandelt das Experiment „Die gebogenen Trinkhalme".

Literatur

Kratz, M.: Experimente als Hausaufgaben Physik, Aulis Verlag Deubner, Köln 1993

5.17 Eisberge und Wachstäler

Die unterschiedliche Volumenänderung von Wachs und Wasser beim Erstarren ist zu beobachten, wenn Wasser und flüssiges Wachs in kleinen Metallgefäßen (Flaschendeckeln) erstarren.

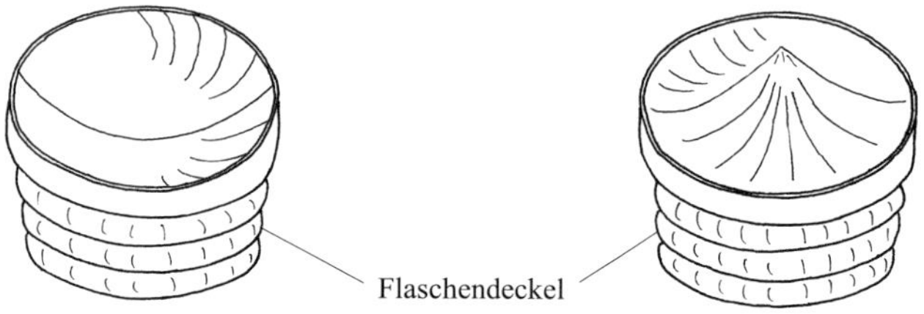

Abb. 1

Material

- 2 Metalldeckel von Sprudelflaschen
- geschmolzenes Wachs, z. B. einer Kerze
- Hilfsmittel: Gefrierfach oder -truhe

Aufbau und Durchführung

Die Deckel zweier Sprudelflaschen werden als kleine Gefäße verwendet. Den einen Deckel füllt man ganz mit flüssigem Wachs und lässt das Wachs bei Zimmertemperatur erstarren. Der andere Deckel wird bis zum Rand mit Wasser gefüllt und in ein Gefrierfach gegeben. Wichtig ist, dass der Deckel auf den Boden des Gefrierfaches gestellt wird. Ist dies nicht möglich, sollte der Deckel zumindest auf bereits gefrorenen Gegenständen, die viel Wasser enthalten, gelagert werden. Das Experiment gelingt nicht, wenn der Deckel im Gefrierfach auf wärmeisolierendes Material gestellt wird.
Das erstarrte Wachs im Deckel ist nach unten, das Eis dagegen nach oben gewölbt (siehe Abb. 1).

Erklärung

Beide Flüssigkeiten beginnen dort zu erstarren, wo sie an die Innenfläche des Deckels grenzen (Erklärung siehe unten). Das Eis bzw. das erstarrte Wachs bildet also eine Schicht zwischen Deckel und Flüssigkeit, durch die der Deckel innen ausgekleidet wird. Idealisiert kann man sich vorstellen, dass die verbleibende Flüssigkeit wieder an dieser Schicht zu erstarren beginnt und die zuvor entstandene Schicht auskleidet. Dieser Vorgang setzt sich fort, bis das gesamte Wachs bzw. Wasser erstarrt ist.
Das Wachs nimmt im erstarrten Zustand ein kleineres Volumen ein als im flüssigen. Deshalb steht der Flüssigkeit, die nach Bildung der ersten Schicht zurückbleibt, mehr

Volumen zur Verfügung als zuvor. Der Spiegel der verbleibenden Flüssigkeit sinkt ab. Entsprechendes geschieht bei Bildung der folgenden Schichten. So entsteht die Mulde im Wachs (siehe Abb. 1).
Wasser nimmt im gefrorenen Zustand ein größeres Volumen ein als im flüssigen. Deshalb steht der Flüssigkeit, die nach Bildung der ersten Schicht zurückbleibt, ein kleineres Volumen zur Verfügung als zuvor. Die Höhe des Spiegels des verbleibenden Wassers steigt. Das Wasser wölbt sich über den Rand des Eises. Entsprechendes geschieht bei Bildung der folgenden Schichten. So entsteht der kleine Eisberg (siehe Abb. 1).
Es ist noch abzuklären, warum Wasser und Wachs an der Innenfläche des Deckels zu erstarren beginnen:
Die Dichte des Wachses nimmt mit steigender Temperatur ab. Deshalb sinkt das kältere Wachs nach unten (Konvektion). Da die Haftreibung zwischen Deckelwand und Wachs sehr groß ist, findet die Konvektion vor allem in der Mitte des Deckels statt. Das Aluminium des Flaschendeckels ist ein guter Wärmeleiter. Deshalb findet an der Grenzfläche zwischen Wachs und Aluminium, d. h. auch an den Wänden ein guter Wärmeaustausch mit der Umgebung statt. Sieht man von der Haut ab, die sich oben an der Wachsoberfläche bildet, beginnt das Wachs also vor allem an Boden und Wand des Deckels zu erstarren.
Bei Wasser leuchtet es nicht unmittelbar ein, dass es an den Wänden des Flaschendeckels zu erstarren beginnt. Wegen der Anomalie des Wassers müsste der Erstarrungsvorgang, wie z. B. in einem Weiher, an der Oberfläche einsetzen. In der Beschreibung des Experiments wird jedoch betont, dass der Deckel direkt auf den Boden des Gefrierfaches gestellt werden muss. So hat er direkten Kontakt mit den Kühlspiralen. Da Aluminium ein guter Wärmeleiter ist, gibt der ganze Deckel, d. h. auch die Wände, schnell Wärmeenergie an die Kühlspiralen ab. Wände und Boden des Deckels entziehen ihrerseits dem benachbarten Wasser schnell Wärmeenergie, so dass dieses erstarrt, bevor Konvektion einsetzen kann.

Bemerkungen

Die beiden Situationen, die künstlich mit Wasser, Wachs und Flaschendeckeln hergestellt wurden, finden sich auch im Alltag wieder.
Die Situation mit dem Wasser ergibt sich, wenn Wasser in einem Eiswürfelbehälter aus Metall in das Gefrierfach gegeben wird. Automatisch versucht man, es dort auf den Boden zu stellen, um es waagerecht zu lagern. Gefriert das Wasser, bilden die entstehenden Eiswürfel „kleine Berge“ aus.
Die Situation mit dem Wachs ergibt sich beim Versuch, Kerzen zu gießen. Dabei stört es sehr, wenn sich das Wachs beim Erstarren stark nach unten wölbt.

Literatur

o. L.

5.18 Das schrumpfende Gummiband

Nicht alle Körper dehnen sich mit steigender Temperatur aus. Ein gespanntes Gummiband z. B. verkürzt sich, wenn es mit einem Fön erwärmt wird.

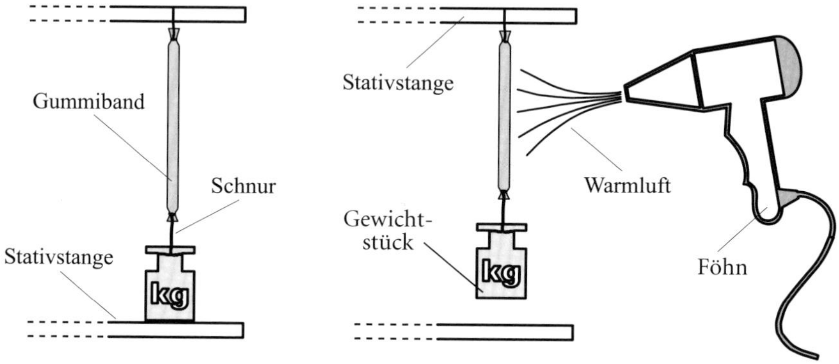

Abb. 1 (a) (b)

Material

- Gummiring, wie er für Einmachgläser verwendet wird
- Gewichtstück (600 – 800 g)
- Föhn
- Stativmaterial
- Hilfsmittel: Schnur, Schere

Aufbau und Durchführung

Aus einem Gummiring, wie er bei Einmachgläsern verwendet wird, schneidet man die Lasche heraus, wodurch ein Gummiband entsteht. Mit diesem wird ein Gewichtstück an einer horizontal montierten Stativstange aufgehängt (siehe Abb. 1(a)). Zur Befestigung des Gummibandes am Gewichtstück und an der Stativstange sollte man jeweils ein Stück Schnur verwenden, da zwei Knoten im Gummiband seine nutzbare Länge bereits stark verkleinern. Die obere Kante einer weiteren Stativstange wird genau auf die Höhe der Unterseite des Gewichtstücks gebracht (siehe Abb. 1(a)). Erwärmt man das Gummiband mit einem Fön, so verkürzt es sich. Dies ist gut am Abstand zwischen Gewichtstück und unterer Stativstange zu beobachten (siehe Abb. 1(b)).

Erklärung

Gummi ist ein Polymer und besteht aus langen Kettenmolekülen, die untereinander durch Schwefelbrücken vernetzt sind. Unter Einhaltung bestimmter spezifischer Bedingungen (z. B. vorgegebene Bindungswinkel) kann der räumliche Aufbau eines Moleküls stark variieren, hat aber keinen Einfluss auf dessen Bindungsenergie. Im Gegensatz zur Energie hängt jedoch die Entropie des Systems „Gummiband“ von der räumlichen Struktur der Moleküle ab. Mit zunehmender geradliniger Form der Ketten steigt der Ordnungsgrad des Systems an und sinkt damit seine Entropie. In dem gedehnten Gummiband herrscht bezüglich der räumlichen Struktur der Kettenmoleküle keine Isotropie. Die durchschnittliche Ausdehnung der Moleküle in Richtung des Gummibandes ist in diesem Fall größer als in einer Richtung senkrecht dazu. Die Kettenmoleküle besitzen also im gedehnten Zustand eine geradlinigere Struktur als im nicht gedehnten Zustand des Gummibandes. Führt man dem gedehnten Gummiband der Temperatur T die Wärmemenge δQ zu, so ändert sich seine Entropie S um

$$\mathrm{d}S \geq \frac{\delta Q}{T}. \qquad (1)$$

Gleichheit gilt in Beziehung (1), falls es sich um einen reversiblen Prozess handelt. Unabhängig vom genauen Prozess handelt es sich in jedem Fall um einen Anstieg der Entropie:

$$\mathrm{d}S > 0$$

Um in einen Zustand höherer Entropie überzugehen, verkürzt sich das Gummiband, wodurch die Streckung der Kettenmoleküle in Bandrichtung abnimmt und die Unordnung zunimmt.

Bemerkungen

Die meisten festen Körper dehnen sich bei einer Temperaturerhöhung aus. Ein Beispiel dafür findet man im Experiment „Der wachsende Draht“.

Literatur

Walpole, B.: Experimente, Tricks und Tips zum Verständnis der Natur, Lernen und Wissen im Spiel und mit Spaß, Südwest Verlag GmbH & Co. KG, München 1990

zur Erklärung:

Vogel, H.; Gerthsen, C.: Physik, Ein Buch zum Gebrauch neben Vorlesungen, Springer Verlag, Berlin 1993, S. 769

5.19 Turbine durch Handwärme betreiben

Mit einer kleinen Papierturbine über einer Hand lässt sich demonstrieren, dass warme Luft nach oben steigt.

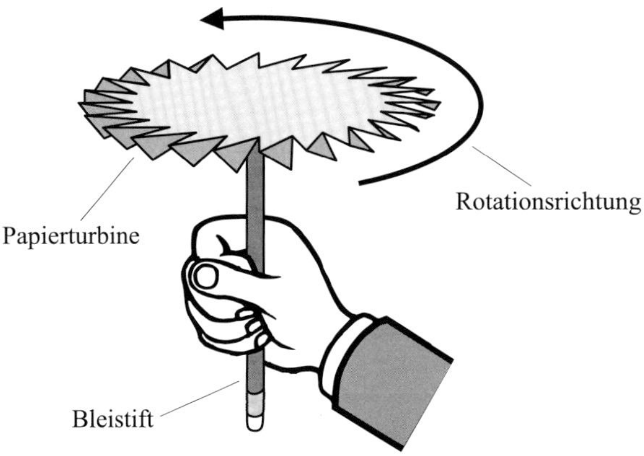

Abb. 1

Material

- festes Papier, z. B. Postkarte, dünne Pappe
- Bleistift oder Nähnadel
- evtl. Kopierer oder Computer mit Scanner und Drucker
- Hilfsmittel: Kugelschreiber, Klebefilm, Zirkel, Geodreieck

Aufbau und Durchführung

Die Zeichnung aus Abbildung 2 überträgt man entweder mittels moderner Technik (Kopierer oder Computer mit Scanner und Drucker) oder mit Zeichengeräten im Maßstab 1 : 1 auf festes Papier. Die Figur wird entlang aller dicken Linien ausgeschnitten, und die Fähnchen werden an den gestrichelten Linien gefaltet. Man biegt alle Fähnchen zurück, so dass sie mit der Papierebene einen Winkel von ca. 60° bilden.

Das Gelingen des Experiments hängt entscheidend von einer möglichst reibungsfreien Lagerung der Turbine ab. Dazu klebt man auf den Mittelpunkt der Kreisscheibe zwei kleine Stücke Klebefilm (Länge: ca. 1 cm) übereinander. Durch kräftiges Aufdrücken einer Kugelschreiberspitze auf den Klebefilm erzeugt man im Mittelpunkt des Kreises eine Vertiefung. Mit dieser Vertiefung nach unten wird die Turbine auf einen gut gespitzten, senkrecht stehenden Bleistift aufgesetzt (siehe Abb. 1).

Mit kleinen Stücken Klebefilm, die man innerhalb des inneren Kreises anbringt, tariert man die Turbine aus, bis sie waagrecht steht. Hält man den Bleistift so, dass die Hand sich unter der Turbine befindet, so beginnt sich diese langsam zu drehen. Dabei sollte man darauf achten, nicht in Richtung der Turbine zu atmen, da sie sehr empfindlich auf Luftströmungen reagiert.

Ein weiteres Problem sind kalte Hände in warmen Räumen, weil dann evtl. der Temperaturunterschied zwischen Hand und Raumluft nicht ausreicht, um genügend Warmluft aufsteigen zu lassen. In diesem Fall hilft es manchmal, die zweite Hand zusätzlich unter die Turbine zu halten. Eine weitere Möglichkeit der Optimierung ist die Verwendung einer Nähnadel oder die Herstellung einer extrem feinen Bleistiftspitze. Malt man mit dem ganz flach gehaltenen Bleistift unter Drehen desselben auf Papier, so wird die Spitze besonders dünn. Eine eindrucksvolle Rotationsgeschwindigkeit erhält man in jedem Fall, wenn die Turbine über einen warmen Heizkörper gehalten wird.

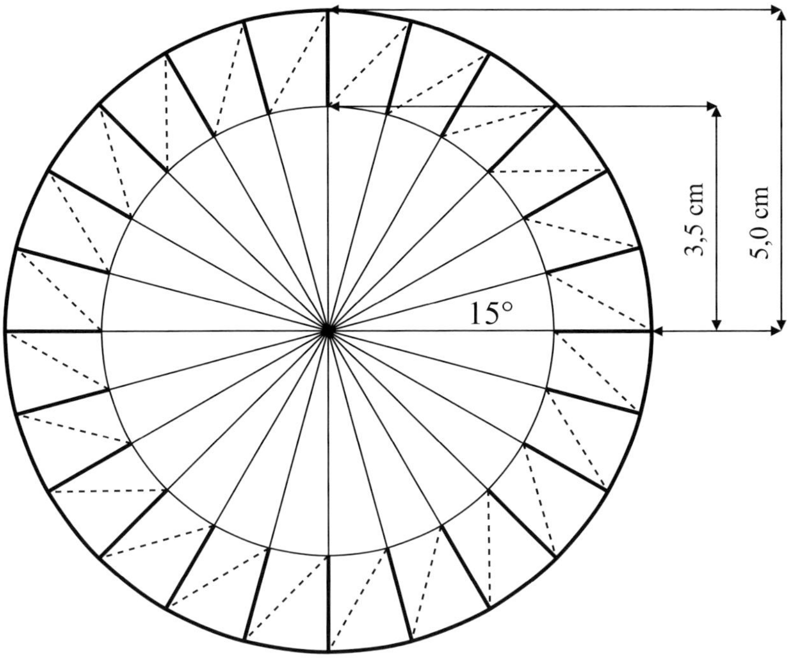

Abb. 2

Erklärung

Warme Luft besitzt eine kleinere Dichte als kalte und steigt daher wegen des Auftriebs nach oben. Die kinetische Energie der strömenden Luft wird an der Turbine teilweise in Rotationsenergie umgewandelt.

Literatur

Edge, R. D., The Physics Teacher 26/7 (1988), S. 468

5.20 Die aufsteigende Papierserviette

Die Reste einer brennenden Papierserviette werden von einem warmen, aufsteigenden Luftstrom in die Lüfte emporgehoben.

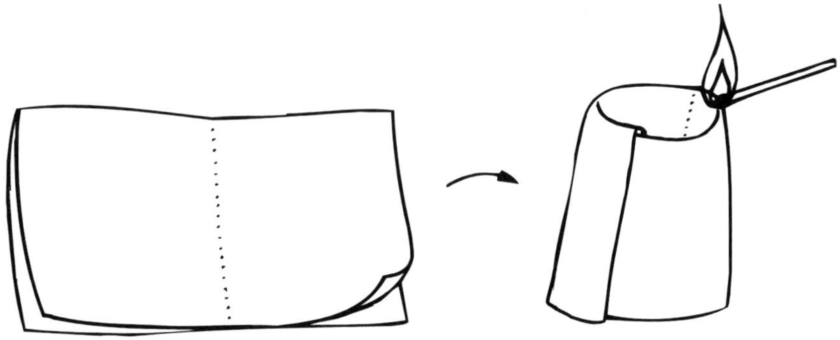

Abb. 1

Material

- dünne Papierserviette oder dünnes Papiertaschentuch
- Zündhölzer oder Feuerzeug
- feuerfeste Unterlage

Aufbau und Durchführung

Eine möglichst dünne, leichte Papierserviette wird, wie in Abbildung 1 gezeigt, zu einem Zylinder geformt, auf eine feuerfeste Unterlage gestellt und nach Möglichkeit an mehreren Stellen gleichzeitig am oberen Zylinderrand angezündet. Nachdem die Serviette ausreichend heruntergebrannt ist, steigen ihre noch verbliebenen Reste in die Luft auf.

Erklärung

Beim Abbrennen der Serviette erwärmt sich die Luft in der Nähe der brennenden Serviette und steigt mit den heißen Verbrennungsgasen auf Grund ihrer im Vergleich zu der sie umgebenden Luft geringeren Dichte auf. Infolge des so entstehenden Unterdrucks strömt kalte Luft zur Serviette hin, erwärmt sich dort, und der eben geschilderte Vorgang wiederholt sich, so dass sich die brennende Serviette am unteren Ende eines aufsteigenden Luftstroms befindet. Da beim Verbrennen der Serviette nur sehr leichte Ascheteile zurückbleiben, werden diese gegen Ende des Abbrennens leicht genug sein, um vom Luftstrom emporgehoben zu werden.

Bemerkungen

Entscheidend für das Gelingen dieses Experiments ist die Wahl der richtigen Papierserviette: Sie muss gut brennbar und so leicht wie möglich sein. Evtl. kann man nur eine

Lage einer mehrlagigen Serviette, die sich als zu schwer erwiesen hat, benützen, oder aber auf Papiertaschentücher ausweichen. Da nicht jede Serviette wie gewünscht abheben wird, ist eine feuerfeste Unterlage wichtig. Noch wichtiger jedoch ist, bei Durchführung des Experiments in einem geschlossenen Raum, eine feuerfeste Decke: *Wenn* die Aschen- und Papierreste aufsteigen, so steigen sie ungeahnt zügig und vor allem hoch auf!
Die Zylinderform erwies sich unter vielen in der Literatur vorgeschlagenen Varianten (u. a. Kegel oder gar ein schlichtes Knäuel) als die erfolgreichste.
Während und nach der Durchführung des Experiments sollte es möglichst windstill sein: Während des Experiments, damit der Zylinder nicht umfällt und der warme Luftstrom nicht gestört wird, und nach dem Experiment, damit die extrem leichten, noch zusammenhängenden Aschereste nicht in viele Einzelteile zerfallen, die nur mühsam wieder zu beseitigen sind.
Für Anhänger von Teebeutel-Tee und Freunde von Thrillern aus den Zeiten des Kalten Krieges gibt es zu diesem Experiment eine Variante mit passender Geschichte:

(a) (b) (c) (d) Abb. 2

Nachdem die Russen 1957 mit ihrem erfolgreichen Sputnik-Programm den USA einen großen Schock versetzt hatten, verkündet der Präsident der Vereinigten Staaten, in drei Monaten werde die erste Rakete zum Mond starten.
Die Russen schicken einen Spion in die USA. Ihm gelingt es, den Bauplan der Rakete zu entwenden (Abb. 2 (a) → (b)). Nach einem Monat hält der Präsident in einer Ansprache immer noch an dem erstgenannten Termin fest.
Ein zweiter Spion wird in die USA entsandt. Ihm gelingt es, die Zündschnur der Rakete zu entwenden (Abb. 2 (b) → (c)). Nach einem Monat hält der Präsident in einer Ansprache immer noch an dem erstgenannten Termin fest.

Ein dritter Spion wird in die USA entsandt. Ihm gelingt es, den Treibstoff der Rakete zu entwenden (Abb. 2 (c) → (d)). Nach einem Monat ist der Tag des Raketenstarts gekommen. Und die Rakete, ohne Bauplan gebaut, ohne Zündschnur gezündet und ohne Treibstoff angetrieben, hebt sich empor in die unendlichen Weiten des Universums ...

Literatur

Zeier, E.: Kurzweil durch Physik, Aulis Verlag Deubner, Köln 1983

Zeier, E.: Physikalische Schulversuche, Freihandversuche, kleine Experimente, Aulis Verlag Deubner, Köln 1986

5.21 Der Vulkan aus der Flasche

Die Konvektion wird mit Hilfe von kaltem klarem Wasser gezeigt, in dem heißes gefärbtes Wasser aus einem kleineren Gefäß aufsteigt.

Material

- durchsichtiges Gefäß mit kaltem Wasser, möglichst hoch, z. B. Einweckglas (Fassungsvermögen: mindestens 1 l) oder Kaffeekanne einer Kaffeemaschine
- kleine Flasche (Öffnungsdurchmesser: mindestens 1,5 cm), z. B. Medizinfläschchen oder Tintenfass
- Tinte
- kochendes Wasser

Abb. 1

Aufbau und Durchführung

Eine kleine Flasche wird zu einem Viertel mit Tinte gefüllt und mit kochendem Wasser aufgefüllt. Stellt man die kleine Flasche in ein großes mit kaltem Wasser gefülltes Gefäß, steigt das heiße gefärbte Wasser nach oben und sammelt sich an der Wasseroberfläche (siehe Abb. 1). Dies ähnelt einem Vulkanausbruch.
Aus der Größe der Öffnung der verwendeten Flasche ergibt sich die Stärke und die Dauer des „Vulkanausbruchs". Verwendet man eine kleine Flasche, deren Öffnungsdurchmesser ca. 1,5 cm groß ist, kommt es zu einem heftigen und dauerhaften „Vulkanausbruch" (3 – 5 Minuten). Verwendet man ein Gefäß, dessen Öffnungsdurchmesser größer als 2 cm ist, z. B. ein Tintenfass, entsteht auch ein heftiger, aber kurzer „Vulkanausbruch" (ca. 1 Minute).

Erklärung

Liegt die Temperatur des Wassers über 4 °C, dehnt es sich mit zunehmender Temperatur aus und seine Dichte verringert sich. Deshalb ist im kalten Wasser der Auftrieb eines Massenelements des heißen Wassers größer als seine Gewichtskraft, und das heiße Wasser steigt nach oben (Konvektion). Dabei ist zu beachten, dass sich das heiße Wasser im kleinen Fläschchen von der Glaswand aus nach innen abkühlt.

Literatur

Walpole, B.: Experimente, Tricks und Tips zum Verständnis der Natur, Lernen und Wissen im Spiel und mit Spaß, Südwest Verlag GmbH & Co. KG, München 1990
Ardley, N.: 101 spannende Experimente aus Wissenschaft und Technik, Loewe Verlag, Bindlach 1995

5.22 Eine Einwegspritze als Wasserkocher

Zum qualitativen Nachweis der Abhängigkeit der Siedetemperatur vom Umgebungsdruck genügt eine Einwegspritze.

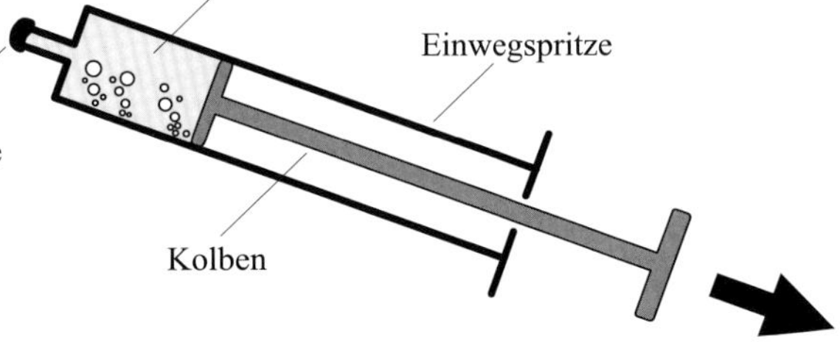

Abb. 1

Material

- neue Einwegspritze (Volumen: mindestens 5 ml)
- Hilfsmittel: Feuerzeug, Flachzange

Aufbau und Durchführung

Eine Einwegspritze zieht man zu etwa einem Drittel mit warmem Wasser (Temperatur: ca. 40 °C) auf, hält sie mit der Öffnung nach oben und presst evtl. eingeschlossene Luft wieder heraus. Um die Öffnung zu verschließen, erwärmt man den vordersten Teil der Spritze kurz mit einem Feuerzeug bis der Kunststoff weich ist und drückt ihn sofort mit einer Flachzange fest zusammen. Ob eine vollständige Abdichtung erfolgt ist, lässt sich kontrollieren, indem man starken Druck auf den Kolben der Spritze ausübt. Dabei darf vorne nicht die geringste Menge Wasser entweichen. Wird langsam aber kräftig an dem Kolben gezogen, so beobachtet man die Bildung von Blasen (siehe Abb. 1), bevor sich ein Teil der Spritze mit gasförmigem Wasser füllt. Um den Einwand zu entkräften, es handle sich nur um Luft, die durch ungenügende Abdichtung eingedrungen sei, wird der herausgezogene Kolben losgelassen. Er bewegt sich von selbst in seine Ausgangslage zurück, wobei der gasgefüllte Bereich in der Spritze verschwindet. Das Experiment kann so oft wiederholt werden, bis der Kolben tatsächlich nicht mehr ausreichend abdichtet.

Erklärung

Der Dampfdruck p einer Flüssigkeit nimmt mit steigender Temperatur T zu. Diese Aussage über die Dampfdruckkurve $p\ (T)$ macht die Clausius-Clapeyron-Gleichung in der Form für einen Übergang *flüssig* $\longrightarrow$ *gasförmig*:

$$\frac{\mathrm{d}p}{\mathrm{d}T} = \frac{\lambda}{T\,(v_\mathrm{D} - v_\mathrm{F})}$$

(λ: molare Verdampfungswärme; v_D, v_F: molares Volumen des gesättigten Dampfes und der Flüssigkeit)

Da $v_D - v_F > 0$ und $\lambda > 0$, gilt auch $\frac{dp}{dT} > 0$.

Ist der Umgebungsdruck kleiner als der zur momentanen Temperatur gehörende Dampfdruck, beginnt die Flüssigkeit zu sieden. Um dies zu erreichen gibt es zwei Möglichkeiten:

- Erhöhung der Temperatur
- Absenkung des Umgebungsdrucks

Natürlich ist auch eine Kombination beider Vorgehensweisen möglich. Normalerweise benutzt man die erste Möglichkeit, um Wasser zum Kochen zu bringen. In der Spritze wird jedoch der auf dem Wasser lastende Druck solange verringert, bis er den Dampfdruck unterschreitet.

Bemerkungen

Eine Übersicht über einige Dampfdruckwerte von Wasser bei verschiedenen Temperaturen gibt die Tabelle 1.

Tabelle 1: Dampfdruckwerte von Wasser

Temperatur [°C]	Dampfdruck [mbar]
10	12
30	42
50	123
100	1013
200	10030

Die Abhängigkeit der Siedetemperatur vom Luftdruck bewirkt auch, dass Wasser z. B. in 2000 Meter Höhe über dem Meeresspiegel (Luftdruck ca. 800 mbar, siehe Experiment „Der Luftdruck im Klassenzimmer") schon bei ca. 93 °C zu sieden beginnt.
Das gleiche Phänomen behandelt das Experiment „Siedendes Wasser unter 100 °C".

Literatur

Ucke, C.; Detsch, W., Physik und Didaktik 13/2 (1985), S. 118-126

5.23 Siedendes Wasser unter 100 °C

Durch die Verringerung des Drucks in einem abgeschlossenen Gefäß kann man Wasser bei einer niedrigeren Temperatur als 100 °C zum Sieden bringen.

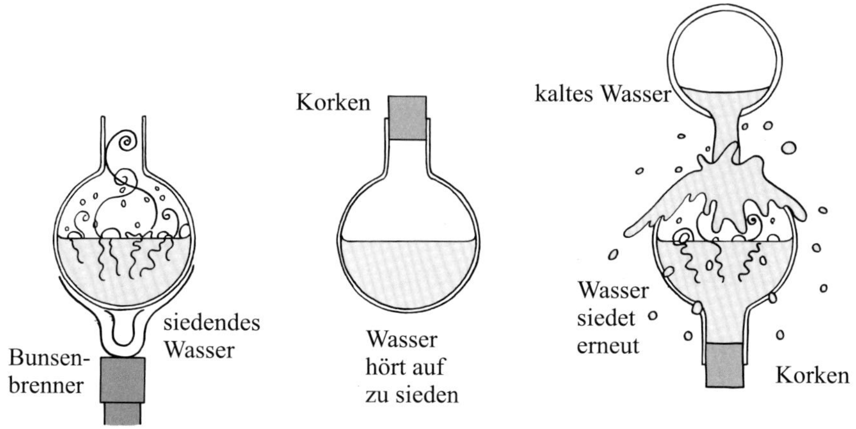

Abb. 1

Material

- hitzebeständiges, verschließbares Glasgefäß, z. B. Reagenzglas oder Rundkolben
- zur Gefäßöffnung passender Korken, evtl. Korken mit Loch und ein Glasrohr mit Hahn
- Bunsenbrenner

Aufbau und Durchführung

Ein Glasgefäß wird zur Hälfte mit Wasser gefüllt. Über einem Bunsenbrenner bringt man das Wasser zum Sieden. Hat der entstehende Wasserdampf die Luft aus dem Glasgefäß verdrängt, nimmt man dieses von der Flamme und verschließt es mit einem Korken. Das Wasser im Gefäß kühlt etwas ab und hört auf zu sieden. Gießt man kaltes Wasser über das abgeschlossene Glasgefäß, so beginnt das Wasser in ihm erneut zu sieden.

Erklärung

Das Wasser im Glasgefäß siedet, wenn der Dampfdruck des Wassers gleich dem auf dem Wasser lastenden Druck ist. Ist das Glasgefäß nicht verschlossen, lastet auf dem Wasser der atmosphärische Luftdruck. Bei 1013 mbar siedet das Wasser bei 100 °C. Ist der Druck über dem Wasser niedriger, siedet das Wasser bereits bei einer geringeren Temperatur (siehe Experiment „Eine Einwegspritze als Wasserkocher“).
Die Druckerniedrigung wird folgendermaßen erreicht: Der beim Sieden entstehende Wasserdampf verdrängt die Luft aus dem offenen Glasgefäß. Verschließt man das Gefäß und gießt kaltes Wasser darüber, so kondensiert der Wasserdampf. Das kondensierte

Wasser nimmt ein geringeres Volumen ein als zuvor der Wasserdampf, so dass der Druck im verschlossenen Glasgefäß sinkt. Ist der Druck gleich dem Dampfdruck (bei der inzwischen niedrigeren Temperatur im Glasgefäß), beginnt das Wasser erneut zu sieden. Der Unterdruck lässt sich nachweisen, indem man das Gefäß mit einem Korken verschließt, aus dem ein Glasrohr mit Hahn führt. Taucht man das Glasrohr in ein mit Wasser gefülltes Glas und öffnet den Hahn, so wird Wasser in das Glasgefäß gedrückt.

Literatur

Wagner, D.; Steffen, P.: Freihandversuche, Demonstrationspraktikum für Lehramtskandidaten, o. V., Bochum 1975/76
Bublath, J.: Das neue Knoff-Hoff Buch, Wilhelm Heyne Verlag, München 1989

5.24 Künstlicher Nebel in einer Flasche

Die mit einer adiabatischen Expansion verbundene Abkühlung eines Gases dient zur Erzeugung von Nebel.

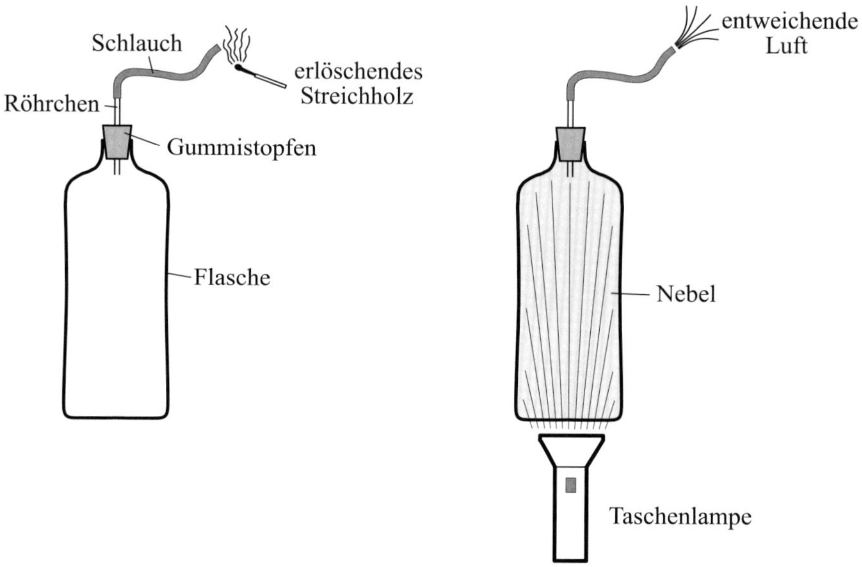

Abb. 1 (a) (b)

Material

- durchsichtige Flasche mit passendem Schraubverschluss
- Gummistopfen mit Loch und passend zur Flaschenöffnung
- Glas- oder Metallröhrchen, passend zum Loch des Gummistopfens
- kurzes Stück flexiblen Schlauches
- Streichhölzer
- evtl. Taschenlampe
- evtl. Fahrradventil und Luftpumpe

Aufbau und Durchführung

Eine Flasche wird mit etwas warmem Wasser (Temperatur: ca. 40 °C) gefüllt, mit dem zugehörigen Schraubverschluss verschlossen und kräftig geschüttelt. Der Verschluss wird wieder entfernt und in die Flaschenöffnung ein Gummistopfen gedrückt, durch dessen Loch ein Röhrchen geschoben wurde (siehe Abb. 1(a)). Über das Röhrchen stülpt man das Ende eines Schlauchstücks. Um einen leichten Unterdruck zu erzeugen, saugt man mit dem Mund etwas Luft aus der Flasche und knickt den Schlauch um. Während man die Öffnung wieder frei gibt, hält man ein erlöschendes Streichholz davor, wodurch

Rauchpartikel in die Flasche gesaugt werden. Durch kräftiges Hineinpressen von Atemluft erzeugt man einen möglichst großen Überdruck und lässt die Luft nach etwa einer halben Minute Wartezeit und kurzem Schütteln plötzlich wieder ausströmen. Während die Luft entweicht, bildet sich in der Flasche innerhalb kürzester Zeit Nebel, welcher besonders gut sichtbar ist, wenn man in einem abgedunkelten Raum die Flasche von unten mit einer Taschenlampe beleuchtet (siehe Abb. 1(b)).
Die folgende, komfortablere Variante des Experiments benötigt etwas mehr Vorarbeit, erleichtert jedoch die Durchführung und führt zu einem besseren Ergebnis des Experiments: Die Verbesserung dient dazu, einen größeren Überdruck in der Flasche zu erreichen, als mit der Lunge möglich ist (ca. 0,1 bar). In den Schraubverschluss einer Limonadenflasche (aus Kunststoff, wegen der Explosionsgefahr) baut man ein Fahrradventil ein. Über dieses kann mit einer Luftpumpe problemlos Luft in die Flasche gepumpt werden. *Vorsicht:* Wegen der Explosionsgefahr sollte dies nur sehr maßvoll geschehen (maximaler Überdruck ca. 1 bar). Das erlöschende Streichholz hält man möglichst weit in die Öffnung der Flasche. Dabei sinkt genügend Rauch in das Flascheninnere.

Erklärung

Das Schütteln der Flasche mit etwas Wasser darin dient dazu, die eingeschlossene Luft mit Wasserdampf anzureichern, da die natürlich vorkommenden relativen Luftfeuchten nur 30 – 50 % betragen. Dabei steigt der Partialdruck p_W des Wasserdampfes in der Luft fast bis auf die Höhe des Dampfdruckes $p_D(T_1)$ von Wasser bei der momentanen Temperatur T_1 an. Beim Zupumpen von Luft erhöht sich die Temperatur auf $T_2 > T_1$, da es sich um eine adiabatische Kompression handelt. Nach der Temperaturerhöhung liegt der Dampfdruck $p_D(T_2)$ wieder deutlich über dem wenig angestiegenen Partialdruck p_W. Nach einer Weile entsteht durch Abkühlung und weiteres Verdunsten von Wasser der Zustand $p_W \approx p_D(T_0)$ mit $T_1 < T_0 < T_2$.
Durch eine anschließende rasche Expansion der Luft passiert Folgendes:

- Die adiabatische Expansion führt zu einer Abkühlung und damit zu einer Erniedrigung des zugehörigen Dampfdrucks.
- Die Absenkung des Gesamtdrucks bewirkt auch eine Verringerung des Partialdrucks des Wasserdampfes.

Eine Nebelbildung tritt ein, wenn der Dampfdruck bei diesem Vorgang schneller fällt als der Partialdruck des Wasserdampfes, also wenn die relative Luftfeuchte über 100 % steigen würde (Taupunkt; zum Taupunkt siehe Experiment „Wasser aus der Luft"). Wegen der ständig frei werdenden Kondensationswärme (falls Nebel entsteht) ist der Vorgang nicht mehr vollständig analytisch erfassbar. Um zu zeigen, dass die Voraussetzungen für die Entstehung von Nebel gegeben sind, gehen wir von einem gesättigten Ausgangszustand (Temperatur T_0, Druck p_0, $p_W(p_0) = p_D(T_0)$ aus und berechnen für eine Druckminderung von p_0 auf $p_0 - \mathrm{d}p$

- die Absenkung $\mathrm{d}p_W$ des Wasserdampf-Partialdrucks, unter der Annahme, dass kein Dampf kondensiert und
- die Verminderung $\mathrm{d}p_D$ des Dampfdrucks, unter der Annahme, dass der Vorgang adiabatisch abläuft, also keine Wärme durch Kondensation zugeführt wird.

Dabei nehmen wir an, dass sich die Dampfdruckkurve durch

$$p_D(T) = p^* e^{-\frac{\lambda}{RT}} \qquad \text{[\textit{Gerthsen} 1993, S. 242]} \qquad (1)$$

(p^*: Konstante; λ: molare Verdampfungswärme; R: allgemeine Gaskonstante) beschreiben lässt.

Der Partialdruck p_W nimmt bei der Expansion relativ zum Anfangswert p_D (T_0) im gleichen Verhältnis ab wie der Gesamtdruck p zu p_0:

$$\frac{p_W(p)}{p_D(T_0)} = \frac{p}{p_0}$$

$$p_W(p) = \frac{p}{p_0} p_D(T) = \frac{p}{p_0} p^* e^{-\frac{\lambda}{RT_0}} \qquad \text{((1) mit } T = T_0 \text{ eingesetzt)}$$

Für die Absenkung dp_W des Partialdrucks gilt für $p = p_0$:

$$\frac{dp_W}{dp}\bigg|_{p=p_0} = \frac{p^* e^{-\frac{\lambda}{RT_0}}}{p_0}$$

$$dp_W \approx 0{,}037 \, dp \qquad (\text{für } p^* = 441 \cdot 10^3 \text{ bar}, p_0 = 2 \text{ bar}, T_0 = 313 \text{ K})$$

Durch die Abkühlung nach der für adiabatische Vorgänge gültigen Beziehung

$$T(p) = T_0 \left(\frac{p}{p_0}\right)^{\frac{\kappa-1}{\kappa}} \qquad \text{[\textit{Mende} 1988, S. 139]} \qquad (2)$$

($\kappa = 1{,}402$: Adiabatenexponent von Luft)
erhält man mit

$$p_D(p) = p_D(T(p)) = p^* e^{-\frac{\lambda}{RT_0}\left(\frac{p}{p_0}\right)^{\frac{1-\kappa}{\kappa}}} \qquad \text{((2) in (1) eingesetzt)}$$

$$\frac{dp_D}{dp}\bigg|_{p=p_0} = -p^* e^{-\frac{\lambda}{RT_0}\left(\frac{p}{p_0}\right)^{\frac{1-\kappa}{\kappa}}} \frac{\lambda}{RT_0} \frac{1-\kappa}{\kappa} \left(\frac{p}{p_0}\right)^{\frac{1-2\kappa}{\kappa}} \frac{1}{p_0}\bigg|_{p=p_0} = \frac{\kappa-1}{\kappa} \frac{\lambda}{RT_0} \frac{p^* e^{-\frac{\lambda}{RT_0}}}{p_0}$$

für die Absenkung dp_0 des Dampfdrucks an der Stelle $p = p_0$:

$$dp_0 \approx 0{,}16 \, dp \qquad (\text{für } p^* = 441 \cdot 10^3 \text{ bar}, p_0 = 2 \text{ bar}, T_0 = 313 \text{ K})$$

Der Dampfdruck fällt also etwa 4,5-mal so schnell wie der Partialdruck, d. h. es tritt sofort Übersättigung ein, und der Wasserdampf beginnt an den vorher eingebrachten Keimen (Rauch) zu kondensieren. Die frei werdende Kondensationwärme wirkt dabei der Abkühlung entgegen. Da durch Kondensation eine relative Luftfeuchtigkeit von 100 % nicht unterschritten wird, befindet sich das System immer im gesättigten Zustand.

Bemerkungen

Die Dampfdrücke von Wasser liegen bei Zimmertemperaturen im Bereich von 17 mbar (bei 15 °C) und 42 mbar (bei 30 °C) (siehe Experiment „Eine Einwegspritze als Wasserkocher“).

Literatur

Göbel, R.; Haubold, K., Physik in der Schule 23/9 (1985), S. 353-358
Wittmann, J.: Trickkiste 1, Experimente, wie sie nicht im Physikbuch stehen, Bayerischer Schulbuch Verlag, München 1986

zu Formel (1):

Vogel, H.; Gerthsen, C.: Physik, Ein Buch zum Gebrauch neben Vorlesungen, Springer Verlag, Berlin 1993, S. 242

zu Formel (2):

Mende, D.; Simon, G.: Physik, Gleichungen und Tabellen, VEB Fachbuchverlag Leipzig 1988, S. 139

5.25 Wasser aus der Luft

Um den in der Luft enthaltenen Wasserdampf nachzuweisen, beobachtet man, wie eine kalte Oberfläche beschlägt und schließlich nass wird.

Abb. 1

Material

- 2 Marmeladegläser mit Deckel
- Eiswürfel

Aufbau und Durchführung

Ein Marmeladeglas füllt man mit Eiswürfeln, gießt kaltes Wasser hinein bis das Eis vollständig bedeckt ist und verschließt es mit einem passenden Deckel (siehe Abb. 1). Nach einigen Minuten beschlägt die Außenseite des Glases und kann bei längerem Stehen so feucht werden, dass Tropfen herunterlaufen. Zum Vergleich kann man ein leeres Glas aufstellen, welches trocken bleibt. Dem Einwand, es könnte sich um Wasser aus dem Glas handeln, widerspricht der aufgesetzte Deckel.

Erklärung

Das Eiswasser kühlt das Marmeladeglas und auch die angrenzende Luftschicht so weit ab, dass die relative Luftfeuchtigkeit in unmittelbarer Nähe des Glases auf 100 % steigt (Taupunkt), weil mit fallender Temperatur die Sättigungskonzentration des Wasserdampfes in der Luft fällt. Als Folge kondensiert der überschüssige Wasserdampf in der Luft an der Glaswand.

Bemerkungen

Eine andere Möglichkeit, den Taupunkt zu unterschreiten, ist die adiabatische Expansion von Luft. Sie kühlt sich dabei ab, was zur Bildung von Nebel führen kann (siehe Experiment „Künstlicher Nebel in einer Flasche“).

Literatur

Moisl, F.: Schüler-Experimentierbuch Physik 1, Ravensburger Taschenbücher, Ravensburg 1982

Walpole, B.: Experimente, Tricks und Tips zum Verständnis der Natur, Lernen und Wissen im Spiel und mit Spaß, Südwest Verlag GmbH & Co. KG, München 1990

5.26 Kondensationskeime am Fenster

Indem man auf eine zum Teil gereinigte Glasscheibe haucht, wird demonstriert, dass die Kondensation von Wasser aus feuchter, warmer, sich abkühlender Luft durch so genannte Kondensationskeime begünstigt werden kann.

Abb. 1

Material

- nicht geputzte Glasscheibe, z. B. eine Fensterscheibe

Aufbau und Durchführung

Auf eine nicht frisch geputzte Glasscheibe werden mit einem Finger Figuren gemalt. Man haucht die betreffenden Stellen am Fenster an. Das Fenster beschlägt überall, außer an den Fingerspuren, die dadurch sichtbar werden.

Erklärung

Der warme, feuchte Atem kühlt nach Verlassen des Körpers in der kühleren Umgebungsluft ab. Da in kalter Luft die Sättigungskonzentration von Wasserdampf geringer ist als in warmer Luft, ist der Hauch mit Wasser übersättigt. Durch immer gegebene Schwankungen der Dichte des Wasserdampfes in der Luft können sich mehrere Wassermoleküle aus der Luft zu einem Wassertropfen verbinden, den man dann Kondensationskeim nennt. Bei der Kondensation muss Oberflächenenergie (E_{Ober}) aufgebracht werden, die direkt proportional zu r^2 (r: Keimradius) ist, und es wird Kondensationsenergie (E_{Kond}) frei, die direkt proportional zu r^3 (dem Volumen) ist (siehe Abb. 2). Die Kondensationsenergie ist die Bindungsenergie der kondensierten Wassermoleküle im Innern eines Tropfens, die Oberflächenenergie die Korrektur zu dieser Bindungsenergie (die beiden Energien haben unterschiedliches Vorzeichen; siehe Abb. 2).

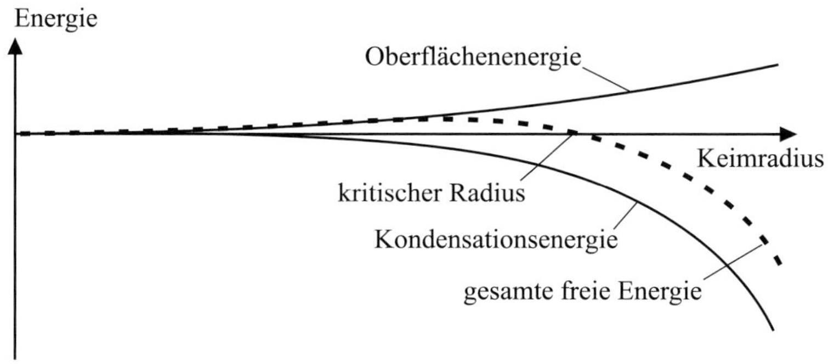

Abb. 2

Aus dem Verlauf der gesamten freien Energie ($E_{\text{frei}} = E_{\text{Ober}} + E_{\text{kond}}$) (siehe Abb. 2) folgt, dass es einen Radius (den so genannten „kritischen Radius“) gibt, den ein stabiler Kondensationskeim nicht unterschreiten kann. Je größer der Radius ist, desto mehr überwiegt die Kondensationsenergie und der Keim ist stabil. Dieser Radius wird sehr selten erreicht. Der Keimradius kann künstlich vergrößert werden, z. B. durch eine ebene Fensterscheibe (siehe Abb. 3). Der Winkel α zwischen der Wasseroberfläche des Keims und der Glasoberfläche des Fensters resultiert aus den Beträgen der Oberflächenspannungen zwischen Luft und Wasser, Wasser und Fensterglas sowie Fensterglas und Luft. Für einen Wassertropfen auf einer Fensterscheibe bei 20 °C misst man $\alpha \approx 44°$.

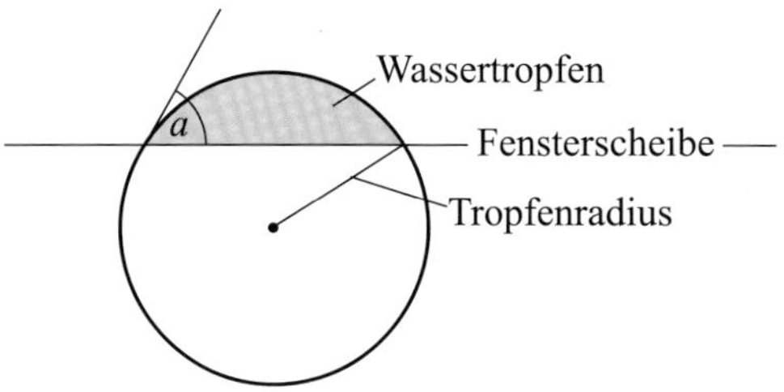

Abb. 3

Die Fingerspuren hinterlassen eine Fettspur, die das Benetzen des Glases mit Wasser und damit eine Vergrößerung des Keimradius durch Oberflächenspannung teilweise verhindern. Eine andere Möglichkeit, den Keimradius zu vergrößern, sind Verunreinigungen, z. B. Staubteilchen, auf der Oberfläche der Fensterscheibe. Auf Grund der Geometrie der Staubkörner wird bei einer Kondensation an einem Staubkorn der kritische Radius der Keimbildung (statistisch gesehen) wesentlich öfter überschritten als an der ebenen Glasscheibe. Diese Staubteilchen wurden durch den Finger weggewischt und stehen deshalb zur Keimbildung in der „Fingerspur“ nicht mehr zur Verfügung.

Bemerkungen

Schmutzige Scheiben beschlagen aus den oben erläuterten Gründen eher als saubere.

Literatur

zur Erklärung:

Borchers, H.; Hausen, H.; Hellwege, K.-H.; Schäfer, Kl.; Schmidt, E.: Landolt Börnstein: Zahlenwerte und Funktionen, II. Band: Eigenschaften der Materie in ihren Aggregatszuständen: 3. Teil Schmelzgleichgewichte und Grenzflächenerscheinungen, Springer Verlag, Berlin 1956

Haasen, P.: Physikalische Metallkunde, Springer Verlag, Berlin 1984, S. 48

zu Abbildung 2:

Haasen, P.: Physikalische Metallkunde, Springer Verlag, Berlin 1984, S. 49

5.27 Wasser gefriert durch Verdunsten

Wasser kann durch verdunstenden Ether so stark abgekühlt werden, dass es gefriert.

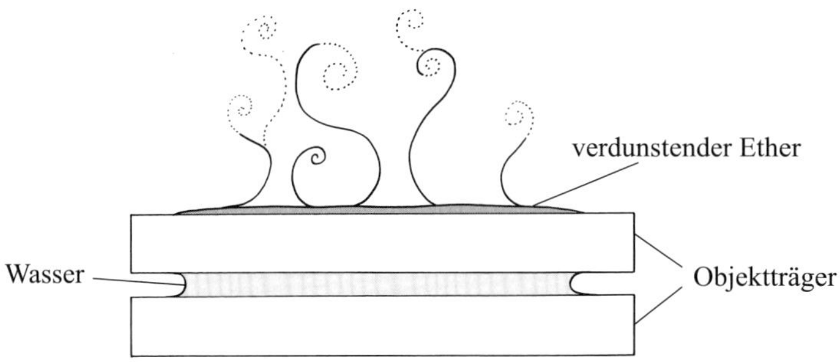

Abb. 1

Material

- 2 Objektträger oder ähnlich dünne Glasscheiben
- Ether

Aufbau und Durchführung

Auf einen Objektträger wird ein großer Wassertropfen gegeben und ein anderer Objektträger darauf gelegt. Auf den oben liegenden Objektträger gibt man wenig Ether (Schnittzeichnung siehe Abb. 1) und unterstützt evtl. das Verdunsten des Ethers durch Blasen. Nach einer Weile ist das Wasser zwischen den Objektträgern gefroren.

Erklärung

Zum Verdunsten benötigt eine Flüssigkeit Energie, die sie der Umgebung als Wärmeenergie entzieht. Der im Experiment verdunstende Ether entzieht der Umgebung, also auch dem Objektträger und durch ihn dem Wasser, so viel Energie, dass das Wasser gefriert („Verdunstungskälte"). Es wird Ether verwendet, da er auf Grund seiner Dampfdruckkurve bei Zimmertemperatur besonders schnell verdunstet, und so der Umgebung eine große Wärmemenge entzogen wird.

Bemerkungen

Das Prinzip, dass man Dinge durch Verdunsten abkühlen kann, findet in der Natur und auch in der Technik viele Anwendungen, man denke nur an das Schwitzen des menschlichen Körpers, um bei heißer Umgebung oder Anstrengung die Körpertemperatur konstant zu halten. So kann man auch Getränkeflaschen an heißen Sommertagen abkühlen, indem man sie in nasse Tücher wickelt und in die Sonne legt.

Literatur

Köthe, R.: Das neue Experimentierbuch: 150 einfache Experimente aus der Physik, Chemie und Biologie, Tessloff Verlag, Hamburg 1986

Zeier, E.: Physikalische Schulversuche, Freihandversuche, kleine Experimente, Aulis Verlag Deubner, Köln 1986

Walpole, B.: Experimente, Tricks und Tips zum Verständnis der Natur, Lernen und Wissen im Spiel und mit Spaß, Südwest Verlag GmbH & Co. KG, München 1990

5.28 Salz macht kalt

Die Schmelzpunkterniedrigung des Wassers durch Salz wird anhand von Wasser demonstriert, das gefriert, wenn es in einem Reagenzglas in eine Mischung von Eiswürfeln und Salz gebracht wird.

Material

- Gefäß, z. B. Trink- oder Becherglas
- Reagenzglas, mit Wasser gefüllt
- Eiswürfel
- Kochsalz

Aufbau und Durchführung

Eiswürfel und Salz werden ungefähr im Volumen-Verhältnis 2 : 1 in ein Trinkglas gegeben, wobei das Salz über das Eis verteilt wird. Auf den Boden des Trinkglases stellt man ein Reagenzglas, in das man so viel Wasser gießt, dass der Wasserspiegel höchstens zwei Drittel so hoch ist wie die Oberkante der Schicht Eiswürfel im Trinkglas (siehe Abb. 1). Das Eis beginnt zu schmelzen und das Wasser im Reagenzglas gefriert. Die Außenwand des Trinkglases beschlägt mit Wassertropfen, die zu Reif gefrieren.

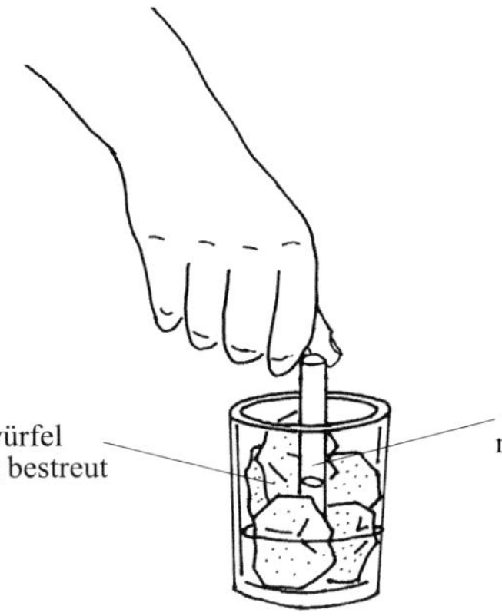

Abb. 1

Erklärung

Der Schmelzpunkt von gefrorenem Leitungswasser (Eis) liegt unter Normalbedingungen bei ca. 0 °C. Wird das Eis mit Salz gemischt, führt dies zu einer Erniedrigung seines Schmelzpunktes auf eine Temperatur, die unter 0 °C liegt. Das Gemisch aus Eiswürfeln und Salz (im weiteren Text als Sole bezeichnet) behält diese niedrige Temperatur, bis alle Eiswürfel geschmolzen sind. Zum Schmelzen braucht das Eis Energie, die es der Umgebung, u. a. auch dem Leitungswasser im Reagenzglas, als Wärmeenergie entzieht (Schmelzwärme). Dadurch wird das Leitungswasser auf die Temperatur der Sole abgekühlt. Da diese unter dem Gefrierpunkt des Leitungswassers (0 °C) liegt, gefriert das Wasser im Reagenzglas. Das Gleiche gilt auch für die Wassertropfen an der Außenseite des Trinkglases.

Bemerkungen

Das Experiment „Das festgefrorene Streichholz“ demonstriert dasselbe Phänomen.

Literatur

Tölle, M.: Kinder entdecken ... Einfache Experimente, Time-Life Books B. V., Amsterdam 1994

5.29 Das festgefrorene Streichholz

Durch das Festfrieren eines Streichholzes auf einem Eiswürfel lässt sich zeigen, dass zum Ändern des Aggregatzustandes von fest zu flüssig Energie benötigt wird.

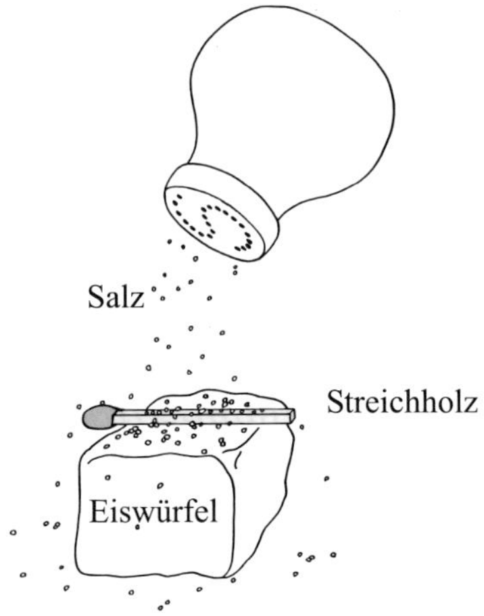

Abb. 1

Material

- Eiswürfel
- Streichholz oder Zahnstocher
- Kochsalz
- evtl. Salzstreuer

Aufbau und Durchführung

Auf einen Eiswürfel wird ein Streichholz gelegt. Streut man Kochsalz auf den Eiswürfel, kann man an den Stellen, auf die das Salz gefallen ist, erkennen, wie das Eis schmilzt. Dennoch friert das Streichholz am Eiswürfel fest und der Eiswürfel lässt sich mit dem Streichholz hochheben.

Erklärung

Salz senkt den Schmelzpunkt von Eis. Daher schmilzt das Eis an den Stellen um das Streichholz herum, auf die das Salz gefallen ist. Die benötigte Schmelzwärme zum Ändern des Aggregatzustandes wird der Umgebung entzogen, die dadurch abkühlt. Deshalb sinkt unter dem Streichholz, wo kein Salz hinfallen konnte, die Temperatur und das Wasser, das sich dort zuvor bei Zimmertemperatur gebildet hat, gefriert.

Bemerkungen

Dasselbe Phänomen behandelt das Experiment „Salz macht kalt“.

Literatur

Walpole, B.: Experimente, Tricks und Tips zum Verständnis der Natur, Lernen und Wissen im Spiel und mit Spaß, Südwest Verlag GmbH & Co. KG, München 1990
Press, H. J.: Spiel das Wissen schafft: 100 interessante Experimente aus Natur und Technik – spielend ausführen, Ravensburger Taschenbücher, Ravensburg 1992

5.30 Der schmelzende Eiswürfel

Schmilzt ein schwimmender Eisblock in einem mit Wasser gefüllten Glas, so bleibt der Wasserstand derselbe.

Material

- Eisblock oder mehrere Eiswürfel
- Becherglas
- Untertasse oder andere Abdeckung für das Becherglas

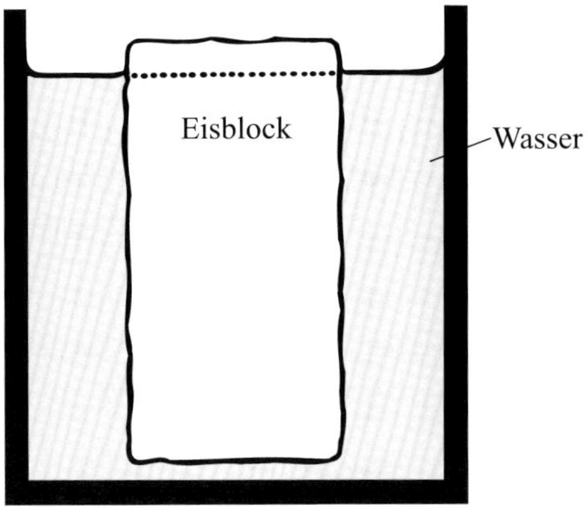

Abb. 1

Aufbau und Durchführung

In ein Becherglas gibt man einen möglichst großen Eisblock und füllt das Glas mit so viel Wasser auf, dass der Eisblock schwimmt. Der Wasserstand wird vor und nach dem Schmelzen des Eisblocks markiert. Damit die Verdunstung des Wassers keine Rolle spielt, deckt man das Glas während des Schmelzens mit einer Untertasse oder einem anderen Deckel ab.

Erklärung

Auf einen vollständig in Wasser untergetauchten Körper wirkt auf Grund des tiefenabhängigen hydrostatischen Drucks die Auftriebskraft F_A. Deren Betrag ist gleich dem Betrag des Gewichts des von dem untergetauchten Körper verdrängten Wasservolumens. Sie greift im Schwerpunkt dieses verdrängten Wasservolumens an. Ist der Betrag der zur Wasseroberfläche weisenden Auftriebskraft $\vec{F}_A$ größer als der Betrag der von der Wasseroberfläche weg weisenden Gewichtskraft $\vec{G}$ des untergetauchten Körpers, so erfährt der Körper auf Grund der zur Wasseroberfläche weisenden resultierenden Kraft $\vec{F}_A + \vec{G}$ eine zur Wasseroberfläche gerichtete Beschleunigung. Der Körper hebt sich so weit aus dem Wasser heraus, bis er an der Wasseroberfläche schwimmt. In dieser Ruhelage gilt $\vec{G} = -\vec{F}^*_A$, wobei $\vec{F}^*_A$ die Auftriebskraft des Teilvolumens $\vec{V}^*$ des Körpers ist, das in das Wasser eintaucht.
Eis von 0 °C besitzt eine geringere Dichte als Wasser von 0 °C:

$$\rho_{Eis} = 0{,}917 \, \frac{g}{cm^3}$$

$$\rho_{Wasser} = 0{,}999 \, \frac{g}{cm^3}$$

Deshalb schwimmt der Eisblock nach obigen Aussagen im Wasser (siehe Abb. 1):
Wie man leicht nachrechnet, ragt ein idealer, quaderförmiger Eisblock der Höhe H um ca. $\frac{1}{12}\,H$ aus dem Wasser heraus (siehe Experiment „Das Aräometer“). Der Betrag der Auftriebskraft $\vec{F}_A$ entspricht dem Betrag des Gewichts $\vec{G}^*$ des verdrängten Wasservolumens V^*. Da aber $\vec{G}^* = -\vec{F}^*_A$ gilt, entspricht das Gewicht $\vec{G}^*$ des gesamten Eisblocks dem

Gewicht $\vec{G}^*$ des verdrängten Wasservolumens V^*, d. h. in dem Eisblock ist genau die Masse Wasser im festen Aggregatzustand enthalten, die im flüssigen Aggregatzustand das Volumen V^*ausfüllt. Schmilzt also der Eisblock, so bleibt der Wasserstand der Gleiche wie zuvor.

Bemerkungen

Wichtig bei diesem Experiment ist vor allem, dass der Eisblock wirklich schwimmt. Sind mehrere Eisblöcke aufeinander geschichtet oder ein einzelner in so wenig Wasser gesetzt, dass er noch auf dem Becherglasboden stehen bleibt, so verändert sich der Wasserstand durchaus. Am günstigsten ist deshalb ein einzelner, großer Eisblock, der gerade in den Querschnitt des verwendeten Glases passt, oder aber die Verwendung eines kleinen Beckens (z. B. einer leeren Speiseeis-„Familienpackung“ aus Kunststoff), in dem mehrere Eiswürfel nebeneinander frei schwimmen können. In beiden Fällen sollte die Wasseroberfläche so klein sein, dass sich eine Veränderung des Wasserstandes auch im Rahmen der Messgenauigkeit bemerkbar machen würde.

Literatur

Treitz, N.: Spiele mit Physik, Ein Buch zum Basteln, Probieren und Verstehen, Verlag Harri Deutsch, Thun und Frankfurt/Main 1983

Bublath, J.: Das Knoff-Hoff Buch, Wilhelm Heyne Verlag, München 1989

Walpole, B.: Experimente, Tricks und Tips zum Verständnis der Natur, Lernen und Wissen im Spiel und mit Spaß, Südwest Verlag GmbH & Co. KG, München 1990

Melenk, H.; Runge, U.: Verblüffende physikalische Experimente, Aulis Verlag Deubner, Köln 1991

Treitz, N.: Spiele mit Physik, Verlag Harri Deutsch, Thun und Frankfurt/Main 1991

zu den Zahlenwerten:

Mende, D.; Simon, G.: Physik, Gleichungen und Tabellen, VEB Fachbuchverlag Leipzig 1988, S. 54, 113

5.31 Ein Draht schneidet sich durch Eis

Ein Draht, der genügend stark auf einen Eiswürfel drückt, kann diesen langsam durchdringen.

Material

- Eiswürfel aus einer Eiswürfelschale des Gefrierfachs
- dünner Metalldraht (Durchmesser: ca. 0,2 mm; Länge: 20 cm)
- 2 Gewichtstücke (je ca. 1 kg)
- leere Flasche mit Korken als Auflage für den Eiswürfel

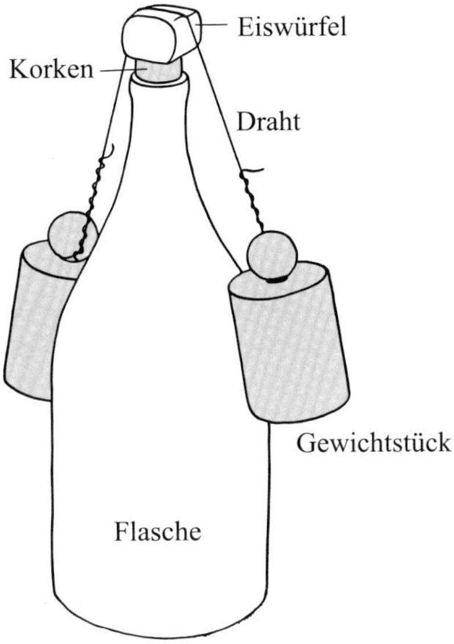

Abb. 1

Aufbau und Durchführung

Ein Korken wird ungefähr zur Hälfte in eine Flasche gedrückt, auf den Korken legt man einen Eiswürfel. An den Enden eines ca. 20 cm langen Drahtstücks befestigt man zwei Gewichtstücke (Drahtschlaufe um das Gewicht legen und den Draht verdrillen) und legt den Draht, wie aus Abbildung 1 ersichtlich, über den Eiswürfel. Der so beschwerte Draht wird sich langsam durch den Eiswürfel schneiden, ohne dass dabei der Eiswürfel zerschnitten wird. Nach vollständigem Durchdringen des Eiswürfels mit dem Draht ist der Eiswürfel nicht in zwei Stücke geteilt, sondern noch immer ein einziges Stück.

Erklärung

Die Schmelztemperatur eines Stoffes ist vom Druck abhängig. Bei Eis sinkt die Schmelztemperatur mit steigendem Druck (siehe zweite Bemerkung) (bei fast allen anderen Stoffen steigt die Schmelztemperatur mit steigendem Druck). Der Draht übt auf Grund der Gewichte und seiner wegen seines kleinen Durchmessers kleinen Auflagefläche einen großen Druck auf das Eis aus, so dass unter dem Draht die Schmelztemperatur des Eises niedriger ist als im restlichen Eiswürfel. Bei gleicher Temperatur von Draht und Eis schmilzt das Eis unter ihm und ermöglicht ein tieferes Eindringen in den Eiswürfel, während das entstandene Wasser über dem Draht wieder gefriert, da hier kein erhöhter Druck wirkt. Der Druck allein kann jedoch das beobachtete Eindringen des Drahtes in das Eis quantitativ nicht erklären. Neben dem Herabsetzen des Schmelzpunktes durch den ausgeübten Druck spielt die Wärmeleitfähigkeit des verwendeten Drahtes eine Rolle. Je größer die Wärmeleitfähigkeit ist, desto größer ist die Energiezufuhr aus der Umgebung (ein Großteil des Drahtes ist ja nicht im Eis, sondern in der wesentlich wärmeren Luft) und umso schneller durchschneidet der Draht den Eiswürfel. So durchdringt ein Kupferdraht bei gleichen Gewichtstücken einen gleich großen Eiswürfel wesentlich schneller als ein Nylonfaden mit gleichem Durchmesser aber wesentlich niedrigerer Wärmeleitfähigkeit.

Bemerkungen

Im Experiment wird eine Weinflasche mit Korken als Stativ für den Eiswürfel gewählt, da der Eiswürfel auf Kork nicht so leicht wegrutschen kann wie auf anderen Oberflächen. Man kann jedoch beliebige Konstruktionen verwenden, bei der die Gewichtstücke den Draht auf den Eiswürfel drücken können. Hat man statt eines Eiswürfels einen größeren Eisquader zur Verfügung, legt man diesen am besten wie einen Balken zwischen zwei Auflageflächen und hängt den Draht mit den Gewichten dann frei über die Mitte des Eisquaders.

Der niedrigere Schmelzpunkt des Eises bei erhöhtem Druck spielt auch beim Schlittschuhlaufen eine Rolle. Die Schlittschuhkufen mit kleiner Auflagefläche bringen die gesamte Gewichtskraft des Läufers auf das Eis, so dass unter den Kufen auf Grund des starken Drucks der Schmelzpunkt des Eises herabgesetzt wird. Manche Erklärungen gehen nun davon aus, dass unter der Kufe das Eis allein auf Grund des Drucks schmilzt und der entstandene Wasserfilm als Gleitmittel dient. Betrachtet man jedoch, dass der Schmelzpunkt lediglich um 0,0075 K bei 1 bar Druckerhöhung sinkt, wird klar, dass dies keine vollständige Erklärung ist. Die Zahlenwerte stammen aus der theoretischen Clausius-Clapeyron-Gleichung:

$$\frac{\mathrm{d}T}{\mathrm{d}p} = \frac{T\,(V_1 - V_2)}{\nu\Lambda}.$$

(Λ: Schmelzwärme, auf ein Mol bezogen; T: Schmelztemperatur in Kelvin; $\frac{\mathrm{d}T}{\mathrm{d}p}$: Druckgradient der Schmelztemperatur; V_1, V_2: Volumen im flüssigen bzw. festen Zustand; ν: Stoffmenge in mol)

Da sich das Volumen von Wasser beim Gefrieren um ca. 9 % vergrößert, ist die Differenz $V_1 - V_2$ negativ, folglich auch $\frac{\mathrm{d}T}{\mathrm{d}p}$, d. h. der Schmelzpunkt des Eises sinkt mit steigendem Druck. Mit den Werten $\Lambda = 6030\,\frac{\mathrm{J}}{\mathrm{mol}}$, T = 273 K, $V_1 = 1{,}00$ l, $V_2 = 1{,}09$ l und $\nu = 55{,}5$ mol ergibt sich der oben genannte Wert (Erniedrigung des Schmelzpunktes um 0,0075 K bei 1 bar Druckerhöhung).

Der Effekt durch die Druckerhöhung ist also äußerst gering, so dass beim Schlittschuhlaufen noch andere Faktoren eine Rolle spielen müssen, wie z. B. die Reibung der Schlittschuhkufen auf dem Eis und dadurch Erzeugung von Wärme oder die Wärmezufuhr über die Kufen. Auch handelt es sich beim angegebenen Wert der Schmelzpunkterniedrigung um einen theoretischen Wert und nicht um einen experimentell ermittelten Wert. Der reale Wert kann sich also auch noch vom angegebenen Wert unterscheiden.

Literatur

Raaf, H.; Sowada, H.: Physik macht Spaß, Überraschende Einsichten durch über 100 Modelle und Experimente, Herder Verlag, Freiburg im Breisgau 1990

Walpole, B.: Experimente, Tricks und Tips zum Verständnis der Natur, Lernen und Wissen im Spiel und mit Spaß, Südwest Verlag GmbH & Co. KG, München 1990

Oberdorfer, G.: Zytglogge Werkbuch, Das springende Ei und andere Experimente für die fünf Sinne, Zytglogge-Verlag, Gümmlingen Bonn Wien 1991

Ardley, N.: 101 spannende Experimente aus Wissenschaft und Technik, Loewe Verlag, Bindlach 1995

zu Bemerkungen:

Gobrecht, H.; Gobrecht, J. H.; Gobrecht, K. H.: Bergmann-Schäfer, Lehrbuch der Experimentalphysik, Band 1, Mechanik, Akustik, Wärme, Walter de Gruyter Verlag, Berlin 1990, S. 774-775

zu den Zahlenwerten:

Gobrecht, H.; Gobrecht, J. H.; Gobrecht, K. H.: Bergmann-Schäfer, Lehrbuch der Experimentalphysik, Band 1, Mechanik, Akustik, Wärme, Walter de Gruyter Verlag, Berlin 1990, S. 774-775

5.32 Der erste Hauptsatz der Thermodynamik mit einem Schlag

Die Aussage des ersten Hauptsatzes der Thermodynamik wird mit Hilfe eines kleinen Bleistücks illustriert, dessen Temperatur sich erhöht, wenn man es mit der Hand erwärmt oder mit dem Hammer darauf schlägt.

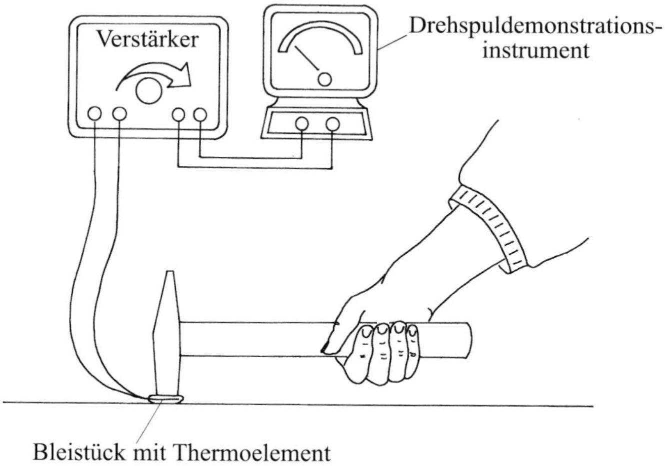

Abb. 1

Material

- 2 Drähte aus unterschiedlichen Metallen, z. B. Eisen und Konstantan
- 2 Bananenstecker mit Kroko-Klemmen
- Stückchen Blei
- Spannungsverstärker, z. B. Messverstärker oder Operationsverstärker, den man als Spannungsverstärker so beschaltet, dass der Verstärkungsfaktor in der Größenordnung 10^3 liegt
- Spannungsmessgerät, möglichst Demonstrationsinstrument
- Experimentierkabel
- Hammer
- Hilfsmittel: Lötkolben und Lötzinn

Aufbau und Durchführung

Um ein Thermoelement herzustellen, lötet man jeweils ein Ende zweier verschiedener Drähte zusammen. Mit Kroko-Klemmen wird an die verbleibenden Enden jeweils ein Bananenstecker geklemmt. Ein Stückchen Blei biegt man so zusammen, dass ein kleiner Hohlraum entsteht, dessen Größe so bemessen ist, dass die Lötstelle des Drahtpaares

darin Platz hat. Das verlötete Ende des Thermoelements wird in den Hohlraum des Bleistücks geschoben und mit leichtem Hammerschlag fixiert, so dass es nicht mehr von selbst aus dem Bleimantel gleiten kann. Die beiden freien Enden des Thermoelements schließt man an den Eingang des Messverstärkers an. Zur Messwertanzeige wird das Demonstrationsmessinstrument mit dem Ausgang des Verstärkers verbunden. Es kann notwendig sein, die Nullpunkteinstellung abzugleichen.
Schlägt man mit dem Hammer kräftig auf das Bleistückchen, steigt dessen Temperatur an, was am Zeigerausschlag des Drehspulinstruments zu erkennen ist.
Ist der Zeiger des Drehspulinstruments in seine Nullposition zurückgekehrt, nimmt man das Bleistückchen in die Hand. Dadurch erwärmt sich dieses und der Zeiger des Drehspulinstruments schlägt wieder in dieselbe Richtung aus.

Erklärung

Der 1. Hauptsatz der Thermodynamik sagt aus, dass die innere Energie eines Körpers auf zwei Weisen verändert werden kann: durch Zu- oder Entnahme von Wärmeenergie oder durch zu- oder abgeführte Arbeit. Dem Bleistück wird durch den Hammerschlag mechanische Arbeit und durch die Berührung mit der Hand Wärmeenergie zugeführt. Die Zunahme an innerer Energie des Bleistücks ist an dessen Temperaturerhöhung zu erkennen.

Bemerkungen

Blei eignet sich für dieses Experiment besonders gut, weil es leicht verformbar ist und im Vergleich zu anderen Feststoffen eine geringe spezifische Wärmekapazität ($0{,}129\ \frac{\mathrm{J}}{\mathrm{gK}}$) aufweist.

Literatur

Hilscher, H., Physik in der Schule 32/6 (1994), S. 226

5.33 Das Prinzip eines Verbrennungsmotors

Die Explosion eines brennbaren Gasgemisches in einer Pappröhre ist ein eindrucksvolles Beispiel für die Umwandlung chemischer Energie in kinetische, wobei als Zwischenstufe innere Energie auftritt.

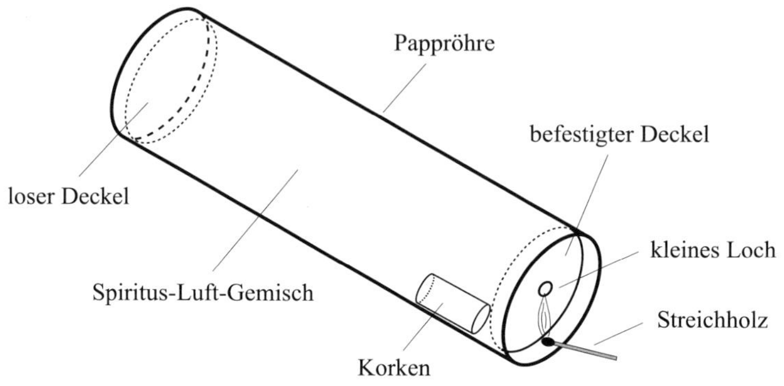

Abb. 1

Material

- Pappröhre (Durchmesser: 5 – 10 cm; Länge: 30 – 50 cm) mit passenden Deckeln
- Spiritus oder Benzin
- Korken oder anderer kleiner, leichter Gegenstand
- Feuerzeug oder Streichhölzer
- Ahle oder anderer spitzer Gegenstand
- evtl. Heftklammerer oder Klebstoff

Aufbau und Durchführung

Ein Ende einer Pappröhre wird mit einem der zugehörigen Deckel, in dessen Mitte man ein Loch (Durchmesser: ca. 5 mm) gebohrt hat, fest verschlossen (evtl. Heftklammerer oder Klebstoff verwenden). Bevor man das andere Ende lose mit einem Deckel verschließt, gibt man einige Spritzer Spiritus oder Benzin (1 – 2 ml je Liter Röhrenvolumen) und einen Korken in die Röhre. Nachdem sie gut geschüttelt wurde – der Korken dient nur zur besseren Durchmischung der eingeschlossenen Gase – hält man eine Flamme an die Öffnung des befestigten Deckels (siehe Abb. 1). Mit lautem Knall fliegt der lose Deckel weit durch den Raum. Dabei ist darauf zu achten, dass nicht auf Personen oder zerbrechliche Gegenstände gezielt wird oder der Deckel nicht so fest sitzt, dass die Pappröhre birst.

Erklärung

Bei der Verbrennung von Kohlenwasserstoffen (wie Spiritus oder Benzin) wird die gespeicherte chemische Energie in innere Energie umgewandelt. Da die Verpuffung der gasförmigen Kohlenwasserstoffe in der Pappröhre extrem schnell abläuft, bleibt die Röhre wegen der Trägheit des lose aufgesetzten Deckels bis zum Ende des Verbrennungsvorgangs verschlossen und damit das Volumen V der in der Röhre eingeschlossenen Gase konstant. Wegen des konstanten Volumens führt die chemische Energie ΔQ nach dem ersten Hauptsatz der Thermodynamik – verallgemeinert betrachtet –

$$\mathrm{d}U = \delta Q - p\mathrm{d}V = \delta Q \quad \text{weil} \quad \mathrm{d}V = 0$$

(p: Druck in der Papppröhre)
zu einer Erhöhung der inneren Energie U der eingeschlossenen Gase. Geht man näherungsweise von einer konstanten Teilchenzahl aus, so ist die Folge ein Druckanstieg auf Grund der Beziehungen aus den Modellvorstellungen zum idealen Gas:

$$\Delta U = \frac{f}{2} Nk\Delta T \quad \text{und} \quad pV = NkT \quad \Rightarrow \quad \Delta p = \frac{2\Delta U}{fV}.$$

(N: Gesamtteilchenzahl; T: absolute Temperatur; k: Boltzmann-Konstante; f: Anzahl der Freiheitsgrade der Gasteilchen ($f = 5$ für Sauerstoff und Stickstoff))
Dem stark angestiegenen Druck hält der unbefestigte Deckel nicht stand. Er löst sich und wird durch die rasch expandierenden Gase beschleunigt, wobei die Röhre wegen ihrer viel größeren Masse näherungsweise in Ruhe bleibt (außerdem wird sie festgehalten). Bei diesem Vorgang wird innere Energie der Gase in kinetische Energie des Deckels umgewandelt.
Mitverantwortlich für den recht beeindruckenden Ablauf des Experiments ist, dass der Druck in der Röhre durch den extrem raschen Druckanstieg und die Trägheit des Deckels den Wert weit überschreiten kann, der lediglich zum Herausdrücken des Deckels notwendig wäre. Stiege der Druck langsam, würde der Deckel bei dem kritischen Wert herausgeschoben und wenig spektakulär zu Boden fallen.

Literatur

Melenk, H.; Runge, U.: Verblüffende physikalische Experimente, Aulis Verlag Deubner, Köln 1991

6.1 Seifenblasen im elektrischen Feld

Durch die elektrostatische Abstoßung gleichnamiger Ladungen schweben elektrisch geladene Seifenblasen über einer elektrisch geladenen Metallplatte.

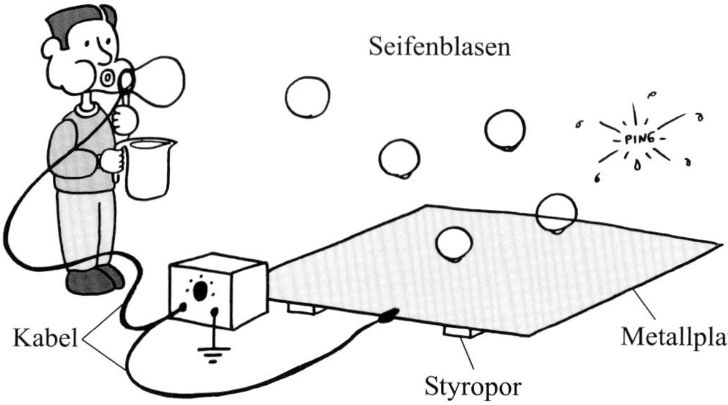

Abb. 1

Material

- Metallplatte (Fläche: ca. 1 m^2) oder Aluminiumfolie
- Hochspannungsgerät (10 kV)
- Seifenlauge für Seifenblasen
- Metalldraht
- Kunststoffstab
- Styropor
- Experimentierkabel

Aufbau und Durchführung

Aus einem Metalldraht wird ein Ring mit einem Durchmesser von ca. 5 cm gebogen und an einem Kunststoffstab befestigt, der als Isoliergriff dient. Eine Metallplatte legt man auf Styroporstücke. Der Drahtring wird mit dem Pluspol eines Hochspannungsgerätes verbunden und auf ein Potenzial von 8 – 10 kV gelegt. Den Drahtring hält man in eine Seifenlauge, so dass er mit dieser überzogen ist, und bläst Seifenblasen in Richtung der Metallplatte. Befinden sich die Seifenblasen über der Platte, verbindet man die Metallplatte mit dem Pluspol des Hochspannungsgerätes (siehe Abb. 1), so dass diese auf dem gleichen Potenzial liegt wie der Drahtring. Die Seifenblasen sinken nicht auf die Platte, sondern schweben über der Metallplatte.

Erklärung

Mit dem Hochspannungsgerät werden die Metallplatte und der Drahtring positiv geladen. Über den Drahtring erhalten die Seifenblasen ebenfalls positive Ladungen. Befindet sich eine Seifenblase über der Metallplatte, stoßen sich die gleichnamigen Ladungen auf der Seifenblase und der Metallplatte ab. Die Seifenblase schwebt dann in einer Höhe über der Metallplatte, in der die elektrostatische Kraft und die Gewichtskraft der Seifenblase dem Betrag nach gleich groß sind. Verbindet man die Metallplatte von Anfang an mit dem Hochspannungsgerät, werden die Seifenblasen durch die abstoßende Coulomb-Kraft bereits abgelenkt, bevor sie die Metallplatte erreichen, so dass es nicht gelingt, die Seifenblasen über der Metallplatte schweben zu lassen.

Literatur

Bauer, N.: Versuchssammlung für die Vorlesungen in Experimentalphysik an der Universität Augsburg, o. V., Augsburg 1992

6.2 Der hüpfende Grieß

Es wird demonstriert, dass geladene Grießkörner von einer gleichnamig geladenen Plastikfolie abgestoßen werden.

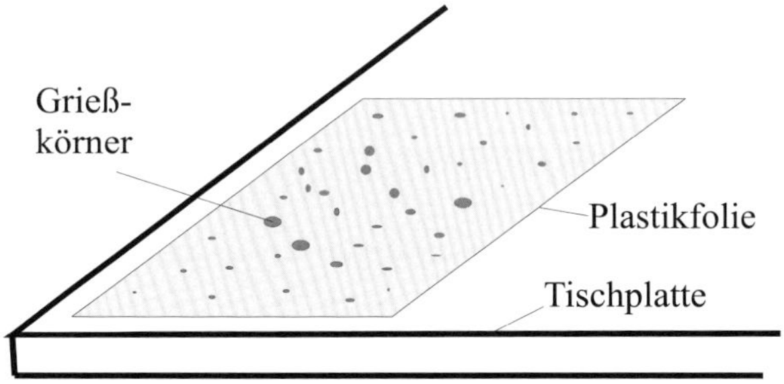

Abb. 1

Material

- dünne Plastikfolie, z. B. Einweckfolie (Haushaltsfolie) oder ein Deckel eines Aktenschnellhefters
- Grieß, z. B. Hartweizengrieß

Aufbau und Durchführung

Eine dünne Plastikfolie wird auf einen sauberen, ebenen Tisch gelegt. Während man oft mit der Hand oder mit einem flachen Gegenstand über die Folie streicht, presst man die Folie fest an die Tischplatte. Auf die Folie streut man Hartweizengrieß. Hebt man die Folie an, so dass sie den Kontakt zu der Tischplatte verliert, springen die Grießkörner bis zu 50 cm hoch in die Luft und kommen wieder auf der Folie auf.

Erklärung

Streicht man mit der Hand oder einem Gegenstand über die Folienoberfläche, lädt sie sich durch den innigen Kontakt mit dem reibenden Gegenstand statisch auf. Die Folie liegt eng (durch das Anpressen) an der dielektrischen Tischplatte an. Das Dielektrikum wird auf Grund der Ladungen auf der Folie polarisiert. (Handelt es sich um eine leitende Tischplatte, kommt es in der Platte zur Ladungstrennung.) Bringt man die Grießkörner auf die Plastikfolie, laden sie sich gleichnamig auf. Die geladenen Grießkörner werden einerseits von den gleichnamigen Ladungen der Folie abgestoßen und andererseits von den ungleichnamigen Polarisations- bzw. Influenzladungen der Tischoberfläche angezogen. Die resultierende elektrische Kraft ist geringer als die Gewichtskraft der Körner, die deswegen liegen bleiben. Wird die Folie angehoben, nimmt insbesondere der Abstand zwischen den Ladungen auf den Grießkörnern und den ungleichnamigen Ladungen auf der Tischplatte zu. Da das elektrische Feld bei größerem Abstand schwächer wird, nimmt die anziehende elektrische Kraft zwischen den Ladungen auf den Grießkörnern und den ungleichnamigen Ladungen auf der Tischplatte ab. Die resultierende elektrische Kraft auf die Grießkörner ist größer als die Gewichtskraft der Grießkörner und die Grießkörner werden nach oben beschleunigt. Beim Zurückfallen der Grießkörner wird ein Grießkorn (wegen der Ladungen auf dem Grießkorn) von den „Ladungszentren" auf der Folie abgestoßen (die Ladungen, die auf der Folie durch das Darüberstreichen entstanden sind, sind nicht homogen auf der Folie verteilt). Das Grießkorn wird in der Flugphase in ein „ladungsarmes" Gebiet gedrängt. Dort bleibt es liegen, da hier die Gewichtskraft gegenüber der resultierenden elektrischen Kraft überwiegt.

Bemerkungen

Eine eindrucksvolle Variante zu diesem Experiment ist folgendes Experiment:
Auf die Metallkugel eines Bandgenerators stellt man einen Plastikbecher, der mit kleinen Styroporstückchen gefüllt ist. Es ist nicht die Füllmenge des Bechers ausschlaggebend für das Gelingen des Experiments, sondern die Größe der Styroporstücke. Hier gilt: je kleiner, desto besser. Schaltet man den Bandgenerator ein, so werden die Styroporstücke aus dem Becher geschleudert. (Die Ladungen der Oberfläche des Bandgenerators influenzieren auf der Innenseite des Plastikbechers gleichnamige Ladungen. Diese Ladungen gehen auf die Styroporstückchen über.) (Die Effektivität des Bandgenerators wird enorm gesteigert, wenn man ihn vor dem Experiment mit Alkohol reinigt und sein Laufband während des Experiments mit der heißen Luft eines Heizlüfters föhnt.)
Wiederholt man das Experiment mit einem Metallbecher, so verlassen die Styroporkrümelchen den Becher nicht. (Auf der Innenseite eines Bechers aus leitendem Material sitzen keine freien Ladungen. Deshalb stellt er einen Faradayschen Käfig dar und ist somit feldfrei. Die Styroporkügelchen bleiben in Ruhe.)
Dasselbe Phänomen behandeln die Experimente „Die tanzenden Papierschnipsel", „Die springenden Aluminiumkugeln" und „Salz und Pfeffer trennen".

Literatur

zu Bemerkungen:

Haywood, T. W.; Nelson, R. C., The Physics Teacher 12 (1979), S. 143

6.3 Der gebogene Wasserstrahl

Ein Wasserstrahl wird von einem elektrisch geladenen Gegenstand abgelenkt, da Wassermoleküle ein permanentes elektrisches Dipolmoment besitzen.

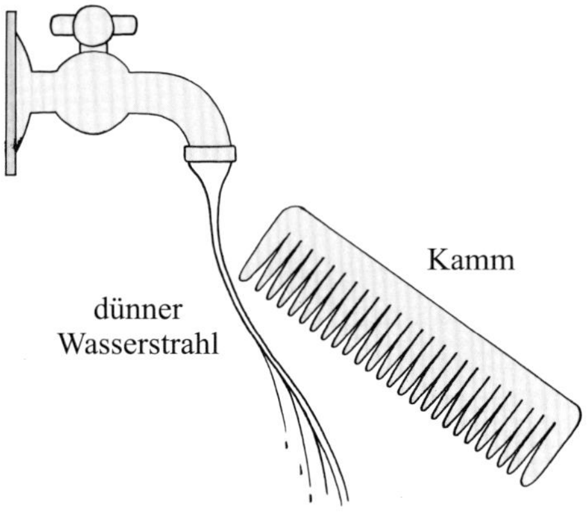

Abb. 1

Material

- Kunststoffgegenstand, z. B. Kamm, Plastiklöffel, Luftballon
- Wolltuch

Aufbau und Durchführung

Ein Kunststoffgegenstand wird an einem Wolltuch gerieben und dadurch elektrostatisch aufgeladen. Eine gute Aufladung lässt sich auch erreichen, indem man den Kunststoffgegenstand an frisch gewaschenen, trockenen Haaren reibt. Ein Wasserhahn wird leicht aufgedreht, so dass ein dünner Strahl herausfließt. Nähert man den geladenen Gegenstand dem Wasserstrahl, so wird dieser zum Gegenstand hin abgelenkt (siehe Abb. 1). Kommt das Wasser mit dem geladenen Gegenstand in Berührung, geht die Ablenkung zurück.

Erklärung

Die einzelnen Wassermoleküle besitzen ein permanentes elektrisches Dipolmoment. Im feldfreien Raum sind die Moleküle durch Temperaturbewegung ungerichtet, so dass sich die einzelnen Dipolmomente ausgleichen. Im inhomogenen elektrischen Feld, das durch den geladenen Kunststoffgegenstand entsteht, richtet sich ein Teil der Moleküle im Wasserstrahl in Feldrichtung aus. Die Einzelladungen der Dipole erfahren im inhomogenen elektrischen Feld unterschiedliche Kräfte. Es ergibt sich eine resultierende Kraft auf die Dipole zum geladenen Gegenstand hin, wodurch der Wasserstrahl abgelenkt wird.
Kommt das Wasser mit dem Gegenstand in Berührung, können die Ladungen vom Kunststoffgegenstand abfließen, so dass er elektrisch neutral wird. Die Wassermoleküle

befinden sich nicht mehr in einem elektrischen Feld und sind wieder ungerichtet. Daher geht die Ablenkung des Wasserstrahls zurück.

Bemerkungen

Ein weiteres Beispiel für die Beeinflussbarkeit von Flüssigkeiten durch elektrische Felder ist in dem Experiment „Hüpfendes Öl" dargestellt.

Literatur

Raaf, H.; Sowada, H.: Physik macht Spaß, Überraschende Einsichten durch über 100 Modelle und Experimente, Herder Verlag, Freiburg im Breisgau 1990

Treitz, N.: Spiele mit Physik, Verlag Harri Deutsch, Thun und Frankfurt/Main 1991

Press, H. J.: Spiel das Wissen schafft: 100 interessante Experimente aus Natur und Technik – spielend ausführen, Ravensburger Taschenbücher, Ravensburg 1992

Glass, D.: What‘s what? Naturwissenschaftliche Plaudereien, Deutscher Taschenbuch Verlag GmbH & Co. KG, München 1995

6.4 Elektrostatisch gekoppelte Pendel

Durch die elektrostatische Kraft als koppelnde Kraft wird aus zwei aufgeladenen Plastiklinealen ein gekoppeltes Pendel.

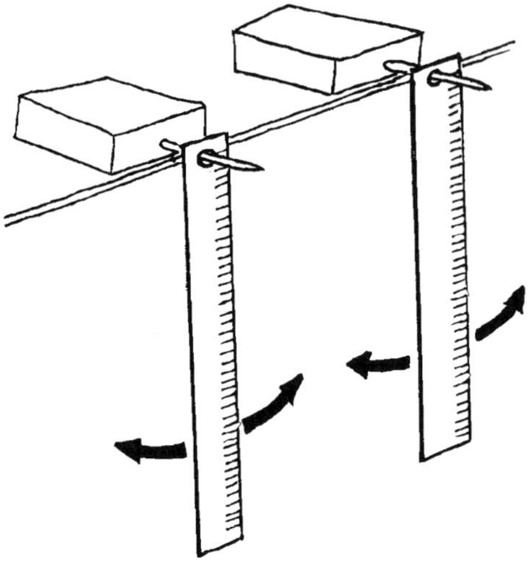

Abb. 1

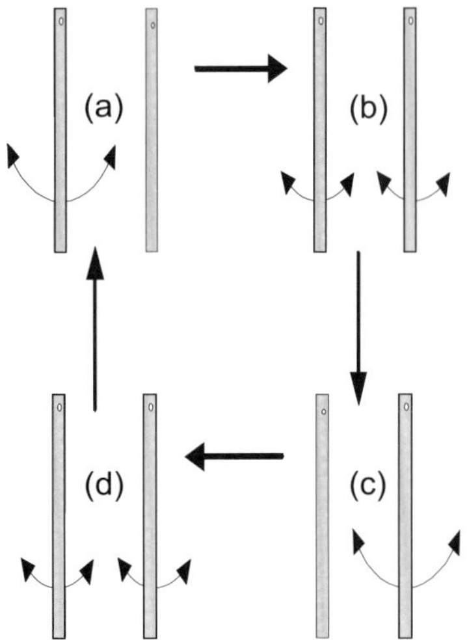

Abb. 2

Material

- 2 gleiche Plastiklineale mit einem Loch an einem Ende (Länge: ca. 30 cm)
- Wolltuch oder anderes passendes Material, um die Lineale elektrisch aufzuladen
- 2 Strick- oder Stecknadeln
- 2 Holz- oder Styroporklötze
- Tisch oder andere Auflagefläche
- evtl. Gewichte und Pappe

Aufbau und Durchführung

Man steckt in zwei Holzklötze je eine Nadel (evtl. mit einem Hammer hineinschlagen), so dass sie fest sitzt, aber noch mindestens einige Zentimeter herausragt. Die Nadeln dienen als Drehachse für die Linealpendel. Die Holzklötze werden so an die Tischkante gelegt, dass die Nadeln ca. 10 cm voneinander entfernt in gleicher Richtung über die Tischkante hinausragen. An jede Nadel wird ein Lineal gehängt, so dass beide Lineale in einer Ebene liegen (siehe Abb. 1). Eventuell muss man die Holzklötze mit Gewichten beschweren, dass sie ruhig auf dem Tisch liegen bleiben. Man probiert aus, wie weit man die Lineale auslenken kann, ohne dass sie sich berühren. Rutscht beim Schwingen ein Lineal auf der Nadel nach vorn oder hinten, legt man so lange Pappe unter den entsprechenden Holzklotz, bis die Nadel waagrecht ist und so das Lineal ohne Rutschen schwingen kann.

Man lädt beide Lineale elektrisch auf, indem man sie am Ende, an dem sich das Loch befindet, festhält und mit dem Wolltuch kräftigt reibt. (Evtl. sind andere Materialien zum Aufladen bei den verwendeten Linealen besser geeignet. Da hilft nur Ausprobieren!) Man lenkt eines der aufgeladenen Lineale mit einem Bleistift, Kugelschreiber oder anderem Nichtleiter aus, um eine Entladung, wie sie beim Berühren mit den Fingern stattfinden würde, zu vermeiden.
Nach einer Weile wird das nicht angestoßene Lineal zu schwingen beginnen, zuerst mit geringer Amplitude, dann immer stärker. Die Amplitude der Schwingung des angestoßenen Pendels wird dabei immer geringer, bis es schließlich stehen bleibt. Jetzt kehrt sich der Prozess um, bis wieder das angeregte Pendel mit großer Amplitude schwingt und das andere stehen bleibt und der Prozess von vorne beginnt. Dieser Zusammenhang ist in Abbildung 2 verdeutlicht: Zuerst schwingt nur ein Lineal (Abb. 2(a)), nach einer Weile beide Lineale, jedoch mit geringerer Amplitude (Abb. 2(b)), dann nur das andere Lineal (Abb. 2(c)), dann wieder beide Lineale (Abb. 2(d)) und schließlich wieder nur das Lineal vom Anfang (Abb. 2(a)). Der Vorgang setzt sich zyklisch fort, bis die gesamte Energie des Systems in innere Energie umgesetzt wurde.

Erklärung

Die beiden Lineale sind als Pendel über die elektostatische Kraft gekoppelt, da beide Lineale elektrisch aufgeladen sind. Schwingt ein Pendel, so überträgt es über die Kopplung einen Teil seiner Schwingungsenergie auf das andere Pendel. Es sind die typischen Erscheinungen bei gekoppelten Schwingungen wie Energieübertragung, Veränderung der Schwingungsamplituden und Phasensprung der Schwingung um π beim Nulldurchgang der entsprechenden Amplitudenfunktion beobachtbar.

Bemerkungen

Die Stärke der Kopplung kann vergrößert werden, indem man die Holzklötze näher zusammenschiebt und somit die schwingenden Lineale einander nähert. Umgekehrtes Vorgehen bewirkt eine Verkleinerung der Kopplung.
Das Experiment ist sehr verblüffend, wenn die Vorbereitungen, vor allem aber das elektrische Aufladen, ohne Zuschauer gemacht werden. Es ist jedoch zu beachten, dass die Aufladung der Lineale nicht ewig bestehen bleibt, und deshalb das Experiment nach dem Aufladen der Lineale möglichst bald vorgeführt werden sollte.
Das Analogon mit Magnetfeldern ist im Experiment „Die gekoppelten Magnetpendel" dargestellt.

Literatur

Zeier, E.: Kurzweil durch Physik, Aulis Verlag Deubner, Köln 1983
Zeier, E.: Physikalische Schulversuche, Freihandversuche, kleine Experimente, Aulis Verlag Deubner, Köln 1986

6.5 Der Folienkondensator

Die schrittweise Entladung von zwei parallel geschalteten Kondensatoren wird demonstriert. Des Weiteren wird mit einem Folienkondensator gezeigt, dass die Durchschlagsspannung eines Kondensators von der sich darauf befindlichen Ladungsmenge abhängig ist.

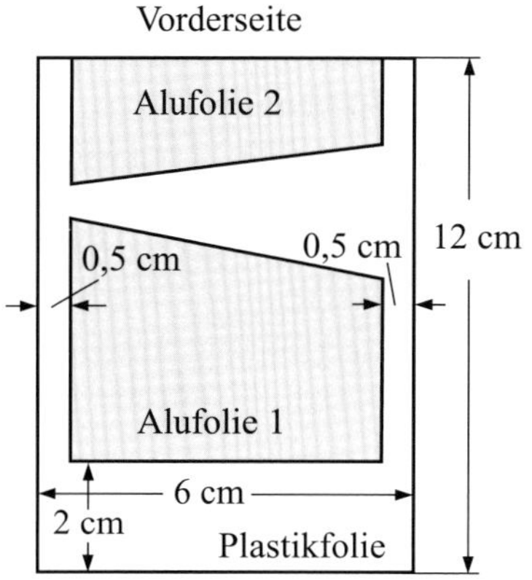

Abb. 1

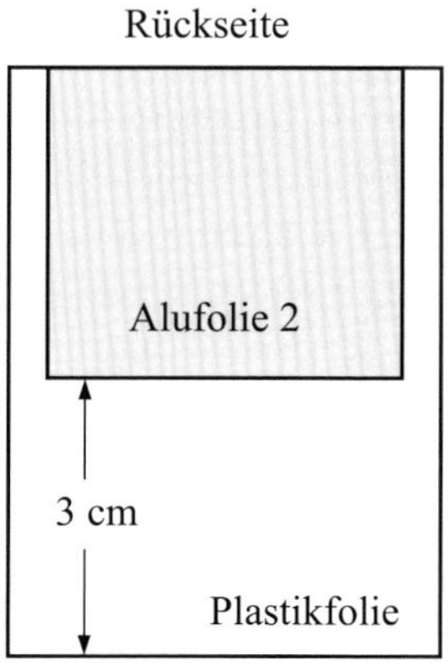

Abb. 2

Material

- Hochspannungsgerät (ca. 15 kV)
- Widerstand (50 MΩ)
- Plastikfolie oder Aktenhülle
- Aluminiumfolie
- Alleskleber
- Stecknadel
- Glimmlämpchen

Aufbau und Durchführung

Auf eine Plastikfolie (ca. 6 cm × 12 cm) werden zwei Streifen aus Aluminiumfolie gemäß Abbildung 1 und Abbildung 2 aufgeklebt. Die Größenangaben in Abbildung 1 und Abbildung 2 sind dabei nicht verbindlich, sondern als Vorschlag gedacht. Wichtig ist, dass die Aluminiumfolie 1 nur auf die Vorderseite der Plastikfolie geklebt wird und die Aluminiumfolie 2, die etwa 1 cm über das obere Ende in Abbildung 2 der Plastikfolie ragen sollte, auf die Rückseite (und der überstehende Teil der Aluminiumfolie 2 auf die Vorderseite) geklebt wird, ohne die Aluminiumfolie 2 zu zerschneiden. Der minimale Abstand der beiden Aluminiumfolien auf der Vorderseite sollte ca. 0,5 cm betragen. Die Folien dürfen sich nicht berühren!

Die beiden Aluminiumfolien stellen dann die zwei Platten eines Plattenkondensators dar, zwischen denen sich ein Dielektrikum (die Plastikfolie) befindet. Im Folgenden wird dieser Kondensator als Folienkondensator bezeichnet.

Für das erste Teilexperiment wird das eine Ende eines 50 MΩ-Widerstands mit einem Pol des Hochspannungsgeräts verbunden. Der andere Pol der Hochspannungsquelle wird geerdet. Auf das freie Ende des Widerstands steckt man eine Stecknadel. Dabei muss die Spitze der Nadel vom Widerstand weg weisen (evtl. muss die Nadel über einen Bananenstecker an den Widerstand gesteckt werden). Erdet man die eine Aluminiumfolie des Folienkondensators (indem man sie anfasst) und bringt man die andere Aluminiumfolie vor die Stecknadel, die man vorher auf Hochspannungspotenzial gelegt hat, so schlagen in periodischen Abständen Funken von der einen Folie zur anderen über. Der Abstand Kondensator-Nadelspitze bestimmt dabei die Frequenz.
Für das zweite Teilexperiment erdet man die eine Aluminiumfolie des Kondensators wieder durch Berühren. Die andere Folie bringt man in Kontakt mit der unter Hochspannung stehenden Nadel. Der Kondensator wird wieder von der Hochspannung getrennt und jetzt nur noch an der Plastikfolie, nicht mehr an den Aluminiumfolien gehalten. Mit einem Glimmlämpchen werden abwechselnd die beiden Aluminiumfolien berührt. Das Glimmlämpchen leuchtet etwa zehnmal auf.

Erklärung

Die beiden Aluminiumfolien stellen die zwei Platten eines Kondensators dar, die durch die dielektrische Plastikfolie getrennt sind. Die Kapazität C_{Kond} dieses Folienkondensators ist abhängig von der Fläche der Aluminiumfolie (insbesondere von der Fläche der kleineren Aluminiumfolie), der Dielektrizitätskonstanten der Plastikfolie und des Allesklebers, der Dicke der Plastikfolie und dem minimalen Abstand der Folien auf der Vorderseite (siehe Abb. 1).
Eine der beiden Folien bringt man in die Nähe einer geladenen Nadelspitze. Da an geladenen Spitzen auf Grund des starken elektrischen Feldes Ladungen aus der Spitze austreten können, wird die Folie, die sich näher an der Spitze befindet, elektrisch geladen. (Ist die Nadelspitze negativ geladen, treten auf Grund des starken elektrischen Feldes Elektronen aus der Oberfläche der Nadelspitze aus. Die Elektronen werden von der Spitze weg beschleunigt und treffen auf die näher liegende Aluminiumfolie. Ist die Nadelspitze positiv geladen, wird die die Spitze umgebende Luft ionisiert, die negativen Ladungen zur Spitze beschleunigt und die positiven Ladungen auf Grund der elektrostatischen Abstoßung von der Spitze weg beschleunigt. Die positiv geladenen Luftmoleküle treffen auf die Aluminiumfolie, aus der sie Elektronen herauslösen. Mit diesen freien Elektronen können die geladenen Luftmoleküle rekombinieren und die Aluminiumfolie bleibt positiv geladen zurück.) Je näher sich die Aluminiumfolie an der geladenen Nadelspitze befindet, desto weniger Ladungen werden durch Stöße mit Luftmolekülen gebremst und schließlich von Luftmolekülen absorbiert. Des Weiteren wird (bildlich gesprochen) die Dichte der elektrischen Feldlinien auf der Kondensatoroberfläche mit abnehmendem Abstand der Nadelspitze vom Kondensator größer. Deswegen treffen je Zeiteinheit bei kleinerem Abstand mehr Ladungen auf die Folie als bei größerem Abstand. Die Aufladung geschieht mit kleiner werdendem Abstand der Aluminiumfolie von der Nadelspitze schneller, und die Funkenfrequenz steigt.
Die Potenzialdifferenz zwischen der geladenen und der geerdeten Kondensatorplatte

entspricht einem elektrischen Feld, welches insbesondere an den sich gegenüberliegenden Kanten der Aluminiumfolie (siehe Abb. 1) sehr groß ist. Ist dieses elektrische Feld größer als die Durchschlagsfeldstärke von Luft (ca. $10^6 \frac{V}{m}$), fließen Ladungen in einem Lichtbogen, (der auch bei geringeren Spannungen aufrecht erhalten wird) entlang der Feldlinien zwischen den Aluminiumfolien.
Im zweiten Teil des Experiments werden praktisch abwechselnd zwei Kondensatoren parallel geschaltet. Unser Körper (und mit ihm die ganze Erde) bilden mit der jeweils berührten Aluminiumfolie ebenfalls einen Kondensator (siehe Abb. 3). Dieser besitzt wegen des großen Plattenabstandes eine im Vergleich zum Folienkondensator wesentlich kleinere Kapazität C_{Erde}. Beim Berühren des Folienkondensators mit dem Glimmlämpchen werden diese beiden Kondensatoren quasi parallel geschaltet. Der Folienkondensator wird entladen, bis an beiden Kondensatoren dieselbe Spannung anliegt. Es entsteht eine Ladungsverteilung, wie sie in Abbildung 3 skizziert ist.

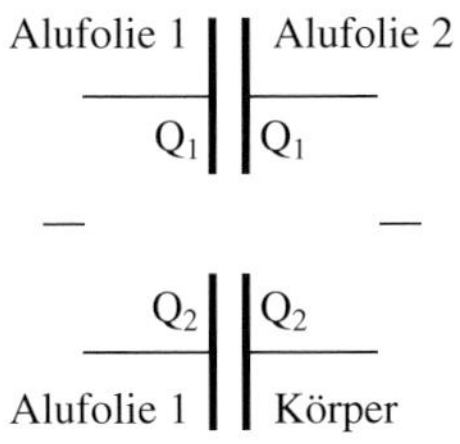

Abb. 3

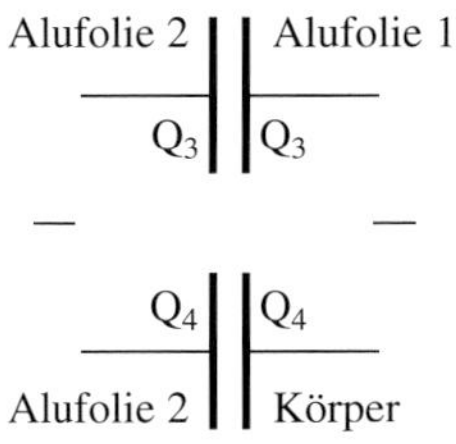

Abb. 4

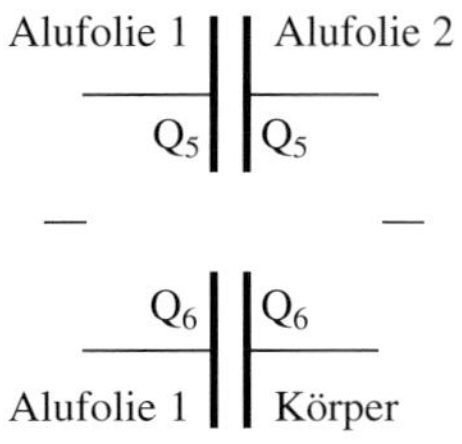

Abb. 5

In Abbildung 3 sei auf den Platten des Folienkondensators jeweils die Ladung Q_1 vorhanden und auf den Platten des zweiten Kondensators jeweils die Ladung Q_2. Wird die Aluminiumfolie 1 des Folienkondensators mit dem Glimmlämpchen berührt, befindet sich auf den Platten des Folienkondensators jeweils die Ladung Q_3 und auf den Platten des zweiten Kondensators jeweils die Ladung Q_4 (siehe Abb. 4). Es gilt $Q_3 + Q_4 = Q_1$.
Mit $\frac{Q_3}{C_{Kond}} = \frac{Q_4}{C_{Erde}}$ folgt:

$$Q_3 = \frac{C_{Kond}}{C_{Kond} + C_{Erde}} Q_1$$

Berührt man mit dem Glimmlämpchen wieder die andere Aluminiumfolie, ist eine Ladungsverteilung gemäß Abbildung 5 gegeben. Im Idealfall gilt wiederum $Q_5 + Q_6 = Q_3$. (Q_5 bezeichnet die Ladung auf den beiden Platten des Folienkondensators und Q_6 die Ladung auf dem zweiten Kondensator.) Mit $\frac{Q_5}{C_{Kond}} = \frac{Q_6}{C_{Erde}}$ folgt :

$$Q_5 = \left(\frac{C_{Kond}}{C_{Kond} + C_{Erde}} \right)^2 Q_1$$

Nimmt man $C_{Erde} = 0{,}1 \cdot C_{Kond}$ an, so erhält man $Q_3 = 0{,}9 \cdot Q_1$ und $Q_5 = 0{,}8 \cdot Q_1$. Der Folienkondensator wird demnach schrittweise entladen. Sobald die mit der Ladung auf dem Kondensator kleiner werdende Potenzialdifferenz zwischen den Kondensatorplatten und dem geerdeten Körper nicht mehr zur Zündung des Gases im Glimmlämpchen ausreicht, wird keine Entladung mehr beobachtet.

Bemerkungen

Mittels eines Funkenüberschlags, wie er beim ersten Teilexperiment zu beobachten ist, realisiert man oft eine Kippschwingung.

Literatur

Wittmann, J.: Trickkiste 1, Experimente, wie sie nicht im Physikbuch stehen, Bayerischer Schulbuch Verlag, München 1986

zur Erklärung:

Vogel, H.: Gerthsen Physik, Springer Verlag, Berlin 1995

6.6 Ladungstransport mit einer Kaffeepackung

Eine aufgeladene Kaffeepackung schwingt im elektrischen Feld zwischen zwei geladenen Konduktorkugeln hin und her.

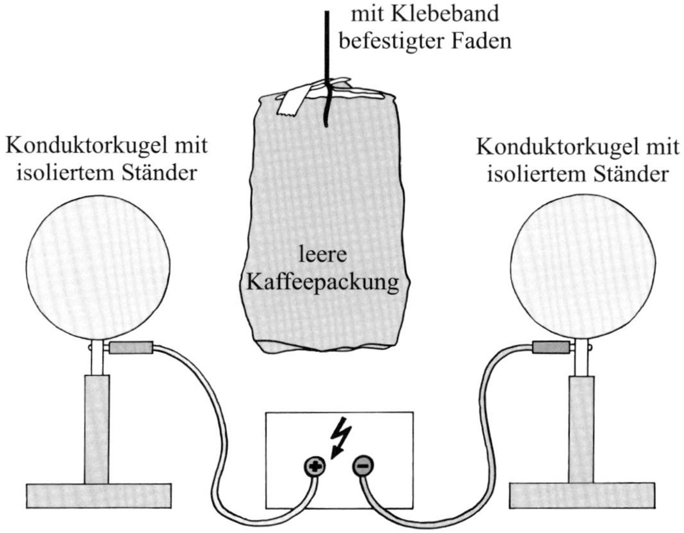

Abb. 1

Material

- Hochspannungsquelle (Spannung: 10 – 20 kV)
- 2 Konduktorkugeln mit isolierten Ständern
- passendes Kabelmaterial zur Verbindung von Kugeln und Hochspannungsgerät
- leere Kaffeepackung (die mit einer Metallschicht überzogene Tüte, worin der gemahlene Kaffee eingeschweißt ist) oder mit Grafit überzogener Tischtennisball, Knäuel aus Aluminiumfolie oder anderer leichter, leitender Gegenstand
- dünner nicht leitender Faden, z. B. aus Nylon und Klebematerial
- evtl. Stativmaterial zum Aufhängen der Kaffeepackung

Aufbau und Durchführung

Bei diesem Experiment sind die üblichen Sicherheitsvorkehrungen beim Experimentieren mit Hochspannung zu beachten!
Zwei Konduktorkugeln auf Ständer werden ca. 10 cm voneinander entfernt auf den Tisch gestellt. Mit Kabeln verbindet man jede mit je einem Pol einer ausgeschalteten Hochspannungsquelle. An einer leeren Kaffeepackung befestigt man einen Faden und hängt diese

am Faden zwischen die zwei Kugeln, so dass sie gut zwischen den Kugeln schwingen kann. Der Faden kann entweder mit der Hand gehalten werden, oder man verwendet Stativmaterial. Schaltet man die Hochspannungsquelle ein, beginnt die Kaffeepackung zwischen den Konduktorkugeln zu schwingen (siehe Abb. 1). Ist dies nicht der Fall, muss man die Hochspannung erhöhen oder den Abstand der Kugeln verringern; evtl. ist es nötig, die Kaffeepackung anzustoßen, die Schwingung ist dann aber selbsterhaltend.

Erklärung

Durch die Hochspannungsquelle sind die Kugeln elektrisch geladen und von einem elektrischen Feld umgeben. In der leitenden Metalloberfläche der Kaffeepackung werden Ladungen durch elektrische Influenz getrennt. Durch Asymmetrie der wirkenden elektrostatischen Kräfte (Feld nicht homogen, Kaffeepackung nicht genau in der Mitte zwischen den Kugeln, ...) oder manuelles Anstoßen bewegt sich die Kaffeepackung auf eine Kugel zu. Dort gibt sie die Ladung ab, deren Vorzeichen dem der Kugelladung entgegengesetzt ist, und lädt sich mit der Polarität der Kugel auf. Die Kaffeepackung erfährt auf Grund der elektrostatischen Abstoßung eine Kraft in Richtung zur anderen Kugel und bewegt sich dorthin. Hier wird sie wiederum umgeladen und schwingt im elektrischen Feld zur ersten Kugel zurück. Das Ganze ist also ein zyklischer Vorgang: Die Kaffeepackung schwingt zwischen den Konduktorkugeln solange an den Kugeln die Hochspannung liegt.

Bemerkungen

Das Experiment kann auch als Modell für den Ladungstransport angesehen werden. Für einen Stromfluss sind Ladungsträger (hier auf der Kaffeepackung) notwendig. Dies kann gezeigt werden, indem man in die Kabelverbindungen mit dem Hochspannungsgerät Glimmlämpchen einbaut. Sie leuchten immer dann auf, wenn die Kaffeepackung die entsprechende Kugel berührt.

Literatur

Berry, D. A.: A POTPOURRI OF PHYSICS TEACHING IDEAS, Selected reprints from The Physics Teacher April 1963 to December 1986, American Association of Physics Teachers, College Park, MD 20740-4100, U.S.A. o. J. [1987]

6.7 Modellversuch zur Xerografie

Mit Hochspannung werden Bereiche eines lackierten Bleches aufgeladen. Darüber geblasener Puder bleibt an den geladenen Stellen haften und macht sie somit sichtbar.

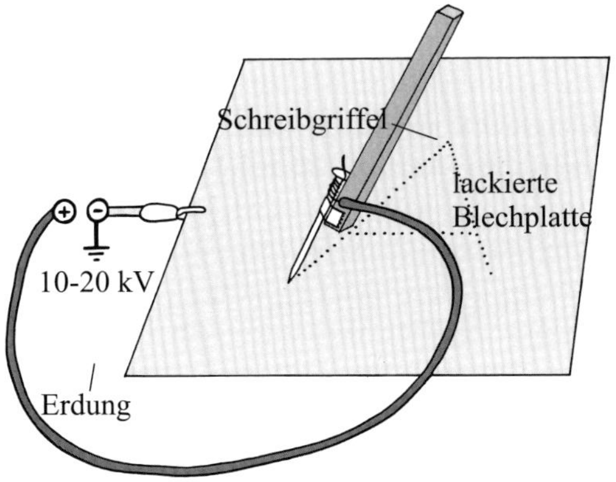

Abb. 1

Material

- Hochspannungsgerät (10 – 20 kV)
- dunkel lackierte Blechplatte (ca. 20 cm × 20 cm), z. B. Abdeckung einer Elektroherdplatte
- Puder, z. B. Lykopodium oder Körperpuder
- Nagel oder anderer recht spitzer leitender Gegenstand als Schreibgriffel
- passende Kabel, evtl. Kroko-Klemmen
- Holzleiste (Länge: ca. 20 cm) als Isolator für den Schreibgriffel
- Klebeband

Aufbau und Durchführung

Beim Experiment sind die üblichen Sicherheitsvorkehrungen beim Experimentieren mit Hochspannung zu beachten!
Ein Nagel wird, wie aus Abbildung 2 ersichtlich, mit Klebeband an einer Holzleiste befestigt und leitend mit einem Kabel verbunden. Das andere Ende des Kabels wird mit dem Pluspol einer Hochspannungsquelle leitend verbunden. Den Minuspol der Hochspannungsquelle verbindet man mit einem Kabel leitend mit irgendeiner Stelle am Blech. Zusätzlich sollte der Minuspol der Spannungsquelle geerdet sein (indem man den Minuspol leitend z. B. mit dem Schutzkontakt einer Steckdose oder einer Wasserleitung verbindet, wenn dies nicht geräteintern geschieht (zur Schaltung siehe Abb. 1). Nach Einschalten der Hochspannung wird mit dem an der Holzleiste befestigten Nagel als Schreibgriffel (nur das isolierende Holz anfassen!) auf die lackierte Seite des Blechs geschrieben (in Abbildung 1 gestrichelt dargestellt). Bläst man Puder über das Blech,

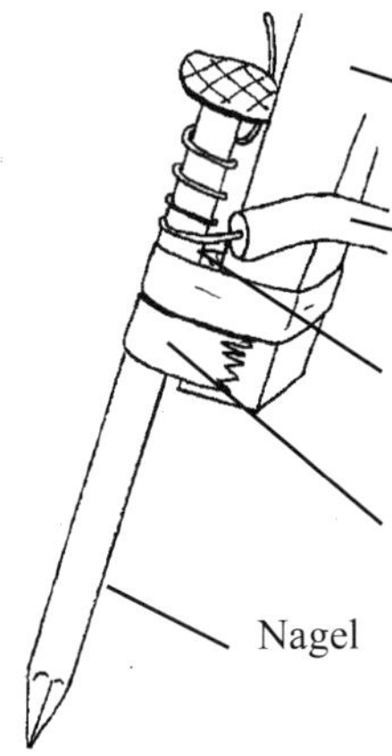

Abb. 2

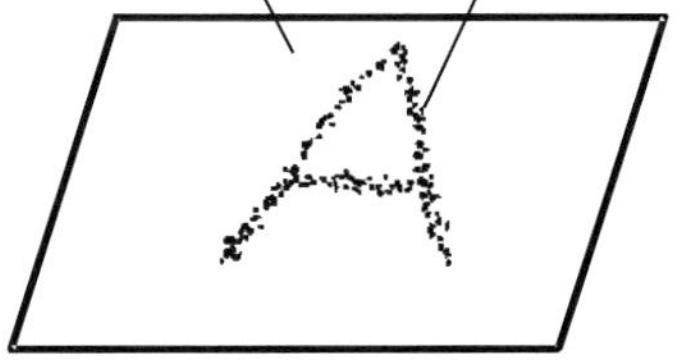

Abb. 3

bleiben Puderteilchen an den zuvor mit dem Nagel berührten Stellen haften, das Geschriebene wird sichtbar (siehe Abb. 3).

Erklärung

Der Lack auf dem Blech ist ein Isolator. Beim Berühren mit dem mit der Spannungsquelle verbundenen Nagel wird ein kleiner Bereich des Lacks um den Berührpunkt geladen, ohne dass das ganze Blech aufgeladen wird. Die geladenen Stellen auf dem Blech erzeugen ein, wenn auch schwaches, elektrisches Feld. Wird Puder über das Blech geblasen, werden in den Puderteilchen im elektrischen Feld die Ladungen durch Influenz getrennt, und die Puderteilchen werden zu den geladenen Stellen auf dem Blech hin beschleunigt und einige bleiben dort haften. Dadurch werden die vorher mit dem Nagel aufgeladenen Stellen sichtbar.

Bemerkungen

Dieses Experiment dient als Modellexperiment zur Xerografie. Xerografie bedeutet so viel wie Trockenfotografie, da hier, anders als bei der Fotografie mit Fotopapier und Chemikalien, das Abbild ohne flüssige Substanzen zu Stande kommt. Angewandt wird das Verfahren z. B. bei Kopiergeräten oder Laserdruckern. Dort wird zuerst eine Drucktrommel (vergleichbar mit dem lackierten Blech im Experiment) aufgeladen und anschließend durch Beleuchtung wieder teilweise entladen. So genannter Toner (ein Kunstharz-Farbpulver) wird auf die Trommel gebracht (vergleichbar mit dem Puder im Experiment) und bleibt an den noch geladenen Stellen haften. Die Trommel wird nun über den eigentlichen Druckträger (Papier, Metall, keramische Gegenstände, ...) gerollt (im Experiment nicht verwirklicht), Toner bleibt an den entsprechenden Stellen teilweise haften. Durch Wärme wird der Toner endgültig auf dem Druckträger fixiert. Die

Drucktrommel wird nach dem Übertrag des Toners auf den Druckträger vom überschüssigen Toner gereinigt, wieder aufgeladen und der Prozess beginnt von neuem. Einer der ersten Hersteller von Kopiergeräten nach diesem Prinzip hatte das Verfahren im Firmennamen: Rank Xerox.

Literatur

Wittmann, J.: Trickkiste 1, Experimente, wie sie nicht im Physikbuch stehen, Bayerischer Schulbuch Verlag, München 1986

6.8 Ein Radio als Ladungsdetektor

Mit einem Radio lassen sich sehr kleine Ladungsmengen durch hervorgerufene „Knack-Geräusche" registrieren.

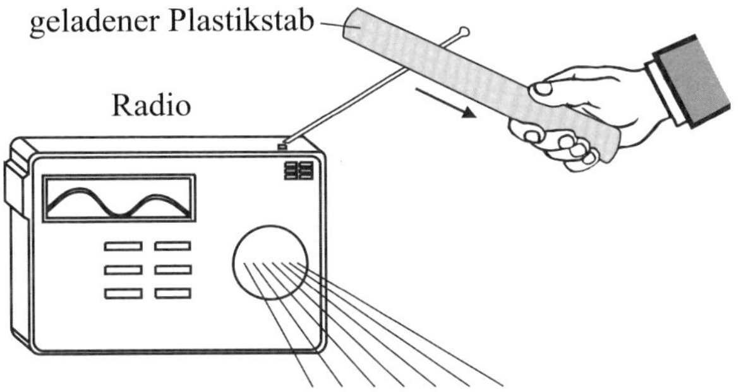

Abb. 1

Material

- Radio mit zugänglicher Antenne
- Plastikstab, z. B. Lineal aus Kunststoff
- Kleidungsstück mit großem Wollanteil, z. B. Schal, Pullover

Aufbau und Durchführung

Ein Radio wird so abgestimmt, dass kein Sender empfangen wird und auf (fast) volle Lautstärke eingestellt. Durch Reiben an einem geeigneten Kleidungsstück (siehe Material) lädt man einen Plastikstab elektrisch auf. Streift man mit dem Stab an der Antenne des Radios entlang (siehe Abb. 1), so ist eine Folge von „Knack-Geräuschen" aus dem Lautsprecher des Radios zu hören.

Erklärung

Durch die Reibung zwischen Plastikstab und Kleidungsstück werden Ladungen getrennt, wodurch eine hohe Potenzialdifferenz zwischen dem Stab und ungeladenen leitenden Gegenständen entsteht. Dadurch springen kleine Funken über, wenn man den Stab der Antenne nähert.

Die Folge ist ein rascher Anstieg und Abfall der elektrischen Feldstärke in der Nähe der Antenne. Betrachtet man von diesem Zeitverhalten der elektrischen Feldstärke das Frequenzspektrum (also die Fouriertransformierte), so besitzt es einen Frequenzanteil, welcher der eingestellten Empfangsfrequenz des Radios entspricht. Dieser Teil des Spektrums (und natürlich ein kleiner Bereich höherer und niedrigerer Frequenz) wird von der Empfangsschaltung des Radios registriert und verursacht das auftretende „Knack-Geräusch".

Bemerkungen

Obwohl die Potenzialdifferenz des Lineals gegenüber geerdeten Gegenständen einige tausend Volt beträgt und deshalb zur Entstehung kleinerer Funkenüberschläge ausreicht, ist die überschüssige Ladung auf dem Lineal wegen seiner winzigen Kapazität extrem klein. Die mit dem Radio registrierten Ladungsmengen dürften ungefähr die Größenordnung

$$1\ \text{pF} \cdot 1\ \text{kV} = 10^{-12}\ \text{F} \cdot 10^{3}\ \text{V} = 10^{-9}\ \text{C}$$

besitzen.

Literatur

Wang, D., The Physics Teacher 27/9 (1989), S. 686

6.9 Das Elektroskop im Honigglas

Mit einem aus einfachsten Mitteln gebauten Elektroskop lässt sich die Abstoßung gleichnamiger Ladungen zeigen.

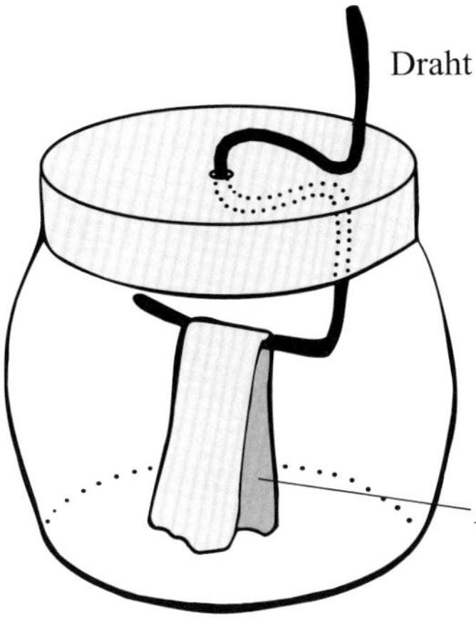

Abb. 1

Material

- leeres Honigglas mit Deckel
- Büroklammer aus Metall
- Aluminiumfolien-Streifen, z. B. ein Streifen Schokoladenverpackung

Aufbau und Durchführung

In den Kunststoffdeckel eines Honigglases wird ein kleines Loch (Durchmesser: 1 – 2 mm) gebohrt, gebrannt oder geschlagen. Durch das Loch hindurch steckt man den Draht einer aufgebogenen Büroklammer so, dass dieser nicht verrutschen kann (siehe Abb. 1). Auf das zu einem Haken gebogene untere Ende des Drahtes hängt man einen dünnen Streifen Aluminiumfolie wie ein Handtuch auf eine Wäscheleine, so dass sich die beiden gegenüberliegenden, herabhängenden Seiten gerade oder zumindest fast berühren. Den so präparierten Deckel schraubt man auf das Glas.

Berührt man mit einem elektrisch geladenen Leiter das obere Ende des Büroklammerndrahts, so spreizen sich die beiden herabhängenden Teile der Aluminiumfolie und vergrößern ihren Abstand. Auch wenn der Gegenstand vom Büroklammerndraht entfernt wird, bleibt der „Ausschlag“ der Aluminiumstreifen bestehen. Erdet man den Draht, so geht der Ausschlag zurück.

Nähert man dem Elektroskop einen geladenen Gegenstand (Leiter oder Nichtleiter, etwa einen an Wolle geriebenen Kunststoffstab oder Luftballon), so spreizen sich die Aluminiumstreifen unterschiedlich stark, je nachdem, wie nahe der geladene Gegenstand dem Elektroskop kommt.

Erklärung

Berührt man den Draht mit einem elektrisch geladenen Leiter, so fließen Überschussladungen von letzterem auf den Draht und die Aluminiumfolie und verbleiben dort, da durch die Luft und den Kunststoff des Deckels der Draht gut isoliert ist. Die Ladungen verteilen sich auf der gesamten Oberfläche des Aluminium-Streifens, so dass sich auf den Innenseiten des „Handtuchs" gleichnamige Ladungen gegenüberliegen. Da sich gleichnamige Ladungen abstoßen, spreizen sich die herabhängenden Teile der Aluminiumfolie. Wegen der guten Isolierung bleibt der „Ausschlag" des Elektroskops längere Zeit erhalten, es sei denn, man ermöglicht einen Ladungsausgleich durch Erden.
Bringt man einen z. B. elektrisch negativ geladenen Leiter oder Nichtleiter lediglich in die Nähe des Drahtes, so sammeln sich auf Grund der Influenz am aus dem Glas herausragenden Drahtende positive Ladungen und an der Aluminiumfolie im Glas negative Ladungen an, was ebenfalls zu einer Abstoßung der herabhängenden Teile der Folie führt. In diesem Fall spreizen sich die Folienenden oder bewegen sich wieder aufeinander zu, je nachdem, ob man den geladenen Gegenstand dem Glas nähert oder vom Glas entfernt, da die Influenzwirkung von der Entfernung des influenzierenden Gegenstandes vom Elektroskop abhängt.

Bemerkungen

Zur besseren Sicht in das Glas sollten vor dem Experiment etwaige Etiketten (am besten in einem Bad mit heißem Wasser) entfernt werden. Beim Bau des Elektroskops muss darauf geachtet werden, dass der Haken für die Aluminiumfolie so hoch zu liegen kommt, dass die Streifen nicht am Glasboden reiben, wodurch unter Umständen ein Ausschlag rein mechanisch verhindert werden könnte.
Das Elektroskop im Glas bietet den Vorteil, dass die Bewegungen der Aluminium-Streifen nicht von Strömungen in der Umgebungsluft beeinflusst werden.

Literatur

Baker, W.; Haslam, A.: Wir spielen und experimentieren: Batterien, Birnchen und Magnete, ars edition, München 1993

6.10 Die tanzenden Papierschnipsel

Mittels einer elektrisch geladenen Schallplatte werden Papierschnipsel elektrisch polarisiert und in einem elektrischen Feld zum „Tanzen" gebracht.

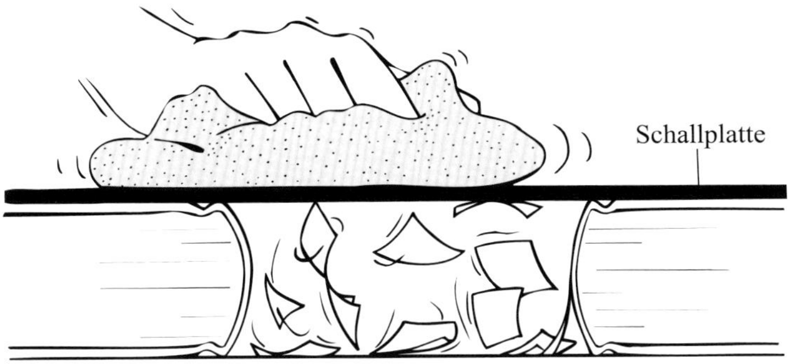

Abb. 1

Material

- Vinyl-Schallplatte, möglichst ohnehin schon zerkratzt und daher sonst unbrauchbar
- 2 gleich dicke Bücher
- viele leichte Papierschnipsel
- Fell oder Woll- oder Fleecepullover

Aufbau und Durchführung

Ein Teil eines Bogens leichten (Schreibmaschinen-)Papiers wird in viele kleine Schnipsel, etwa von der Größe des Nagels des kleinen Fingers, geschnitten oder gerissen. Diese werden, wie in Abbildung 1 gezeigt, in den Zwischenraum, den zwei dicke, auf einen Tisch gelegte Bücher bilden, geschüttet. Den Zwischenraum deckt man mit einer nicht mehr zum Abspielen geeigneten Vinyl-Schallplatte ab. Reibt man mit einem Fell oder einem Woll- oder Fleecepullover über die Schallplatte, so beginnen sich einige der Schnipsel unterhalb der Platte aufzurichten, manche werden zur Platte emporgerissen um wieder von ihr abzuprallen, und andere bleiben an der Platte haften. Auch untereinander bilden sich scheinbar aneinanderklebende Schnipselpaare aus.

Erklärung

Durch das Reiben mit dem Fell oder dem Pullover wird die Schallplatte negativ geladen (zu Einzelheiten der Triboelektrizität siehe Experiment „Anhängliche Luftballons"). Das elektrostatische Feld, das von den negativen Ladungen der Schallplatte erzeugt wird, bewirkt in den dielektrischen Papierschnipseln zwar keine Verschiebung von freien Elektronen, wie es im Falle von Metallschnipseln der Fall wäre (siehe Experiment „Die springenden Aluminiumkugeln"), aber immerhin eine Polarisation der Ladungen. Dadurch richten sich die Papierschnipsel so aus, dass sie mit ihrer „nettopositiven" Kante, also der Kante, an der die positiven Enden der „verschobenen Elektronenwolken“ nicht durch die negativen Enden benachbarter Elektronenwolken nach außen hin kompensiert werden, zur negativen Platte hinweisen. Ausreichend leichte Schnipsel können sogar von der Platte so stark angezogen werden, dass sie vom Tisch abheben und die Platte berühren. Ist dabei der Kontakt zwischen Platte und einem Schnipsel nur gering, können keine negativen Ladungen auf die Papierschnipsel überwechseln, wo sie ja an sich von einer nettopositiven Ladung angezogen würden, so dass der Schnipsel auf Grund der gegenseitigen Anziehung und des unterbleibenden Ladungsausgleiches an der Platte hängen bleibt. Bei gutem Kontakt können jedoch Elektronen von der Platte auf die Papierschnipsel wechseln. Da die einzelnen Schnipsel jedoch nur polarisiert waren, also die Gesamtladung null aufwiesen, sind sie nach dem Übertritt von Elektronen von der Platte auf den Schnipsel negativ geladen, weshalb sie von der ebenfalls negativ geladenen Platte abgestoßen werden. Durch ein beständiges Reiben entstehen so die „wilden Tänze“ der Papierschnipsel, die sich auch untereinander auf Grund ihrer Polarisation anziehen und aneinander haften können.

Bemerkungen

In einer Variante dieses Experiments wird meist ein ebenfalls durch Triboelektrizität negativ aufgeladener Luftballon Papierschnipseln genähert. Die hier beschriebene Version bietet demgegenüber jedoch den Vorteil, die beschriebenen Phänomene auf einer relativ großen Fläche beobachten und die Schallplatte immer wieder durch ständiges Reiben bequem neu laden zu können.

Es bleibt jedem unbenommen, die Papierschnipsel in der Form von Strichmännchen auszuschneiden (wie es oft in der Literatur beschrieben oder dargestellt wird) und so das *tänzerische* Element des Experiments stärker zu betonen .

Dasselbe Phänomen behandeln auch die Experimente „Der hüpfende Grieß“, „Die springenden Aluminiumkugeln“ und „Salz und Pfeffer trennen“.

Literatur

Raaf, H.; Sowada, H.: Physik macht Spaß, Überraschende Einsichten durch über 100 Modelle und Experimente, Herder Verlag, Freiburg im Breisgau 1990

Brecht, R.: Professor Zweistein: Experimente zum Mitmachen, Zebold Verlag GmbH, München 1992

Krekeler, H.; Rieger-Bastian, M.: Experimente einfach verblüffend!, Ravensburger Buchverlag Otto Maier GmbH, Ravensburg 1994

6.11 Die springenden Aluminiumkugeln

Durch influenzierte Ladungen hüpfen kleine Aluminiumkügelchen auf einer elektrostatisch geladenen Schallplatte.

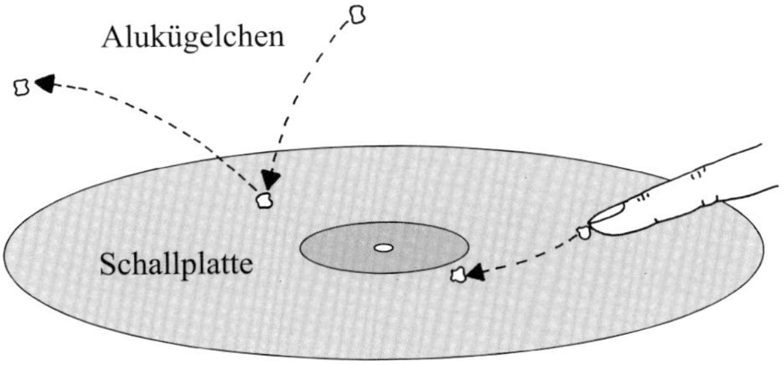

Abb. 1

Material

- Vinyl-Schallplatte
- Aluminiumfolie

Aufbau und Durchführung

Man reibt mit dem Handrücken (evtl. auch mit einem Wolltuch) über eine Schallplatte und legt diese auf eine Unterlage. Aus einer Aluminiumfolie formt man kleine Kügelchen und lässt sie aus 10 – 20 cm Höhe auf die Schallplatte fallen. Ein Teil der Kügelchen berührt kurz die Platte, springt wieder hoch und fliegt in hohem Bogen von der Platte. Die restlichen Kügelchen bleiben auf der Platte liegen und haften dort, auch wenn man die Platte umdreht. Nähert man sich einem haftenden Aluminiumkügelchen mit dem Finger, so bewegt sich dieses vom Finger weg.

Erklärung

Die Platte wird durch das Reiben mit dem Handrücken elektrostatisch aufgeladen. Lässt man die Aluminiumkügelchen auf die Platte fallen, so werden in ihnen durch das elektrische Feld der Platte Ladungen influenziert. Ist die Platte positiv geladen, so bildet sich im Aluminiumkügelchen auf der der Platte zugewandten Seite ein Überschuss an negativen Ladungen und auf der abgewandten Seite ein Überschuss an positiven Ladungen (siehe Abb. 2). Bei dem Teil der Aluminiumkügelchen, die von der Platte springen, ergibt sich ein lokaler Ladungsaustausch zwischen positiven Ladungen auf der Platte und negativen Ladungen im Aluminiumkügelchen. Das Kügelchen ist dadurch positiv geladen und wird von den verbliebenen positiven Ladung auf der Platte abgestoßen.
Ein Teil der Aluminiumkügelchen bleibt an der Schallplatte haften, da auf Grund der rauen Oberfläche von Platte und Kügelchen die beiden Materialien nur an wenigen Stellen direkten Kontakt haben. Da die Schallplatte aus isolierendem Material besteht, können sich die Ladungen nur an diesen Stellen ausgleichen, so dass der größte Teil der

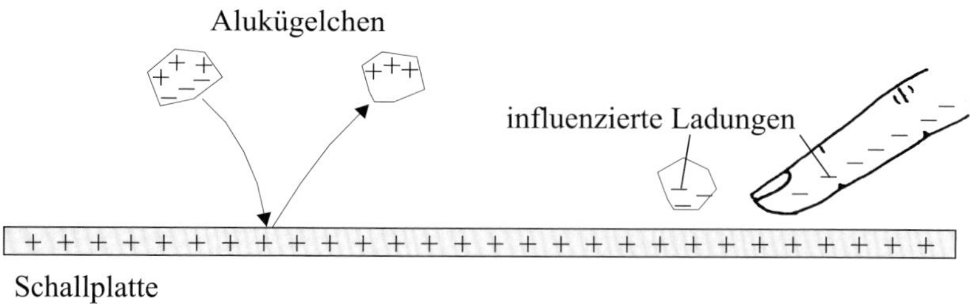

Abb. 2

influenzierten Ladungen erhalten bleibt. Ist die anziehende elektrostatische Kraft größer als die Gewichtskraft der Aluminiumkügelchen, haften diese, auch wenn man die Platte umdreht.
Hält man einen Finger über die Platte, so werden auch in ihm durch das elektrische Feld der Platte Ladungen influenziert. Berührt man mit dem Finger kurz ein Aluminiumkügelchen, so gleichen sich die positiven Ladungen auf dem Kügelchen und die negativen Ladungen auf dem Finger aus (siehe Abb. 2). Das Aluminiumkügelchen ist daraufhin negativ geladen. Da der Finger ebenfalls negativ geladen bleibt, stoßen sich die ungleichnamigen Ladungen auf dem Aluminiumkügelchen und dem Finger gegenseitig ab und das Kügelchen bewegt sich vom Finger weg.

Bemerkungen

Dasselbe Phänomen behandeln auch die Experimente „Die tanzenden Papierschnipsel" „Der hüpfende Grieß" und „Salz und Pfeffer trennen".

Literatur

Wittmann, J.: bsv-Lehrprogramme, Elektrostatik, Bayerischer Schulbuch Verlag, München 1973
Raaf, H.; Sowada, H.: Physik macht Spaß, Überraschende Einsichten durch über 100 Modelle und Experimente, Herder Verlag, Freiburg im Breisgau 1990
Ardley, N.: 101 spannende Experimente aus Wissenschaft und Technik, Loewe Verlag, Bindlach 1995

6.12 Das folgsame Klebeband

Auf einer Hand lassen sich Ladungen influenzieren, durch die ein elektrisch geladenes Klebeband angezogen wird.

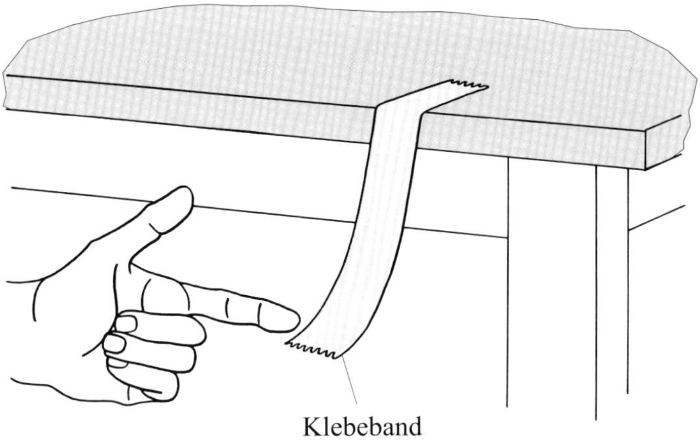

Abb. 1

Material

- Klebeband

Aufbau und Durchführung

Von einer Rolle mit Klebeband werden ca. 15 cm Band ruckartig abgezogen und abgeschnitten. Der Streifen wird so an eine Tischkante geklebt, dass das Klebeband frei in der Luft hängt. Nähert man eine Hand dem Band, bewegt sich das Band zur Hand (siehe Abb. 1) und folgt kleinen Bewegungen der Hand.

Erklärung

Bei einem auf einer Rolle aufgerollten Klebeband bilden sich Bindungen zwischen dem Klebstoff des Bandes und dem darunter liegenden Band aus. Zieht man das Band ruckartig von der Rolle ab, werden diese Bindungen auseinander gerissen und dadurch Ladungen getrennt. Über kurze Entfernungen hinweg kann sich das Band stellenweise durch Funken entladen (siehe das Experiment „Der leuchtende Würfelzucker"), die restlichen Ladungen bleiben erhalten. Auf dem Klebeband ergeben sich Bereiche, die positiv geladen sind und Bereiche, die negative Ladungen tragen. Da das Material des Klebebands ein Isolator ist, können sich die Ladungen auf dem Band nicht ausgleichen.
Nähert man sich dem Band mit der Hand, werden auf der Hand Ladungen influenziert. Hält man die Hand über einen positiv geladenen Bereich des Bandes, werden auf der Hand negative Ladungen influenziert. Bei negativ geladenen Bereichen des Bandes sind die auf der Hand influenzierten Ladungen positiv. Die ungleichnamigen Ladungen auf

der Hand und dem Klebeband ziehen sich gegenseitig an, so dass sich das Klebeband auf die Hand zubewegt.

Literatur

Zeier, E.: Physikalische Schulversuche, Freihandversuche, kleine Experimente, Aulis Verlag Deubner, Köln 1986
Walker, J., Spektrum der Wissenschaft 2 (1988), S. 130-133

6.13 Die unentschlossene Overheadprojektor-Folie

Die Auswirkungen elektrischer Influenz werden in einem einfachen Grundlagenexperiment demonstriert.

Material

- Overheadprojektor-Folie
- 2 Klötzchen aus Styropor oder einem anderen isolierenden Material
- Wollfaden
- Glimmlampe
- evtl. Stativmaterial

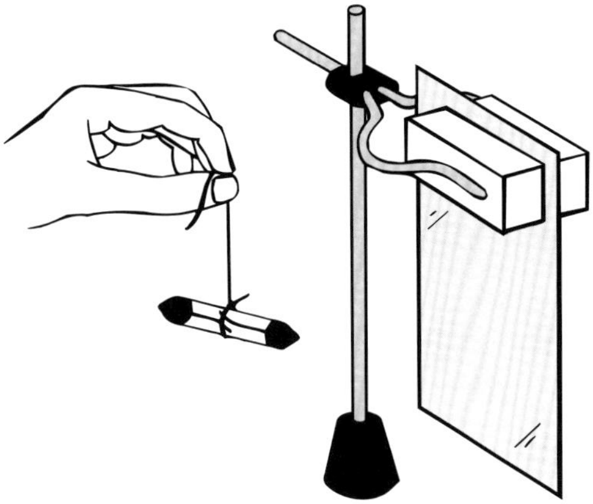

Abb. 1

Aufbau und Durchführung

Durch Reiben an einem Kleidungsstück (oder mit einem Katzenfell) wird ein Stück Overheadprojektor-Folie elektrisch geladen und mit Styroporstücken als Isolator senkrecht hängend in der Luft gehalten oder mittels Stativmaterial in dieser Lage, wie in Abbildung 1 gezeigt, befestigt. Nähert man ein an einem Wollfaden frei hängendes, ungeladenes (also etwa am Heizkörper oder Wasserhahn zuvor geerdetes) Glimmlämpchen langsam der Folie, so wendet sich ein Ende des Glimmlämpchens der Folie zu. Nähert man das Lämpchen der Folie weiter, wird das Lämpchen zur Folie hingezogen. Im Moment der Berührung leuchtet das Lämpchen auf und wird von der Folie abgestoßen.

Erklärung

Durch das Reiben wird die Folie negativ geladen. Nähert man das Glimmlämpchen der Folie, so wird an dem Ende des Lämpchens, das der Folie am nächsten ist, eine positive Ladung influenziert, d. h. die im Metall dieser Glimmlampenhälfte frei beweglichen

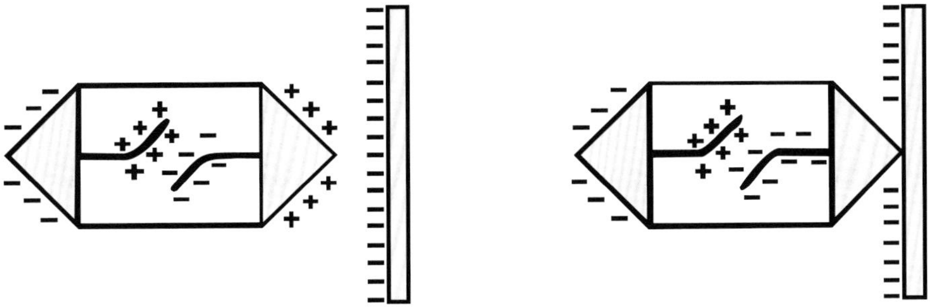

(a) (b) Abb. 2

Elektronen werden von der negativen Ladung der Folie abgestoßen, wodurch das auf die Folie gerichtete Ende des Glimmlämpchens positiv geladen wird (Abb. 2(a)).
Auf dieses Ende übt die negative Ladung der Folie eine Anziehungskraft aus, so dass das Lämpchen sich immer mehr der Folie nähert. Bei der Berührung von Folie und Lämpchen fließen negative Ladungen auf das Lämpchen über und neutralisieren die positiven Bereiche des einen Endes des Lämpchens (Abb. 2(b)). Zwischen den negativen Ladungen, die sich auf Grund der Influenz an der einen Elektrode des Lämpchens angesammelt hatten, und den positiven Ladungen auf der anderen Elektrode kommt es zu einer Entladung, da auf die negativen Ladungen nicht mehr die Anziehung des zuvor positiv geladenen, jetzt aber neutralen Endes des Lämpchens wirkt. Der so auf Grund des zwischen den Elektroden aufgebauten elektrischen Feldes erzeugte Stromfluss von Elektronen der Füllgasatome ruft durch Anregung der Gasatome eine Leuchterscheinung hervor. Das zuvor ungeladene Lämpchen, bei dem die Ladungen lediglich durch Influenz getrennt worden waren, das aber die Gesamtladung null aufwies, ist nun negativ geladen wie die Folie, von der es deshalb abgestoßen wird.

Bemerkungen

Dass das Lämpchen tatsächlich abgestoßen wird und nicht nur in die Ruhelage zurückschwingt, lässt sich durch erneutes Annähern des nun negativ geladenen Lämpchens an die Folie erkennen.

Literatur

Wittmann, J.: bsv-Lehrprogramme, Elektrostatik, Bayerischer Schulbuch Verlag, München 1973

6.14 Influenz-Stromgenerator

Die Auswirkungen der Influenz werden ausgenützt, um einen Metallgegenstand mit Hilfe eines anderen geladenen Körpers aufzuladen, ohne die beiden Körper miteinander in Berührung zu bringen.

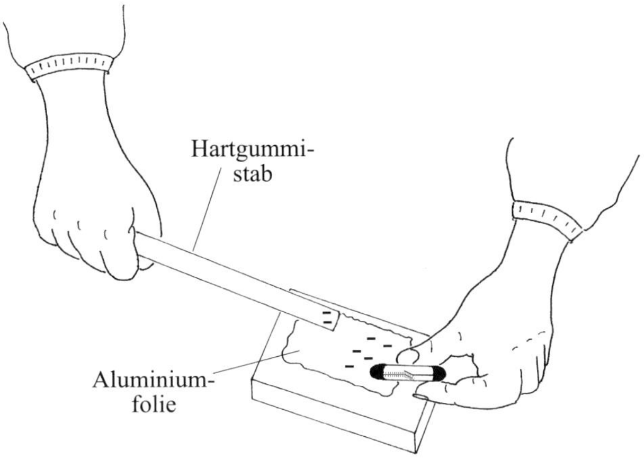

Abb. 1

Material

- Fleecepullover, Katzenfell oder Wolle
- Hartgummistab, Löffel aus Kunststoff oder Luftballon
- Aluminiumfolie oder anderer Metallgegenstand
- Glimmlämpchen
- Styropor

Aufbau und Durchführung

Eine Aluminiumfolie legt man auf eine Styroporscheibe. Ein Hartgummistab wird durch Reiben, z. B. negativ (s. u.), aufgeladen und wie in Abbildung 1 in ca. 0,5 cm Höhe über eine Hälfte der Aluminiumfolie gehalten. Berührt man die Folie auf der gegenüberliegenden Seite (siehe Abb. 1) mit einem Glimmlämpchen, fließen über dieses Elektronen auf die Hand ab. Dies ist daran zu erkennen, dass die Elektrode des Glimmlämpchens, die der Aluminiumfolie zugewandt ist, aufleuchtet (siehe Abb. 1). Entfernt man den Hartgummistab wieder von der Aluminiumfolie und berührt diese noch einmal mit dem Glimmlämpchen, leuchtet die Elektrode auf, die der Aluminiumfolie abgewandt ist. Es fließen also wieder Elektronen auf die Folie. Das Experiment kann beliebig oft wiederholt werden.

Die Elektronen würden natürlich auch von der Folie ab- bzw. auf sie hinauffließen, wenn die Folie nicht mit dem Glimmlämpchen sondern nur mit einem Finger berührt wird. Das Glimmlämpchen dient nur dazu, den Ladungsfluss und seine Richtung sichtbar zu machen.

Werden anstatt des negativ geladenen Hartgummistabes Gegenstände verwendet, die posi-

tiv aufgeladen wurden, fließen die Elektronen in Richtungen, die den oben beschriebenen entgegengesetzt sind. Ein Hartgummistab, der an Fleecestoff, Wolle oder Katzenfell gerieben wurde, ist negativ geladen. Ein Glasstab wird durch Reiben an Seide oder Leder positiv aufgeladen.
Gut geeignet ist auch ein Luftballon, der zuvor durch Reiben an den Haaren negativ aufgeladen wurde. Dessen geladener Teil wird von der Seite an die Aluminiumfolie herangebracht und die Folie auf der gegenüberliegenden Seite mit dem Glimmlämpchen berührt.

Erklärung

In einem Metall, hier der Aluminiumfolie, gibt es frei bewegliche Elektronen. Ist der Stab negativ aufgeladen, werden freie Elektronen der Aluminiumfolie von seiner Ladung abgestoßen und entfernen sich von ihm. Sie fließen auf die Seite der Aluminiumfolie ab, die dem Stab abgewandt ist (siehe Abb. 1).
Wird dieser Teil der Folie mit dem Glimmlämpchen bzw. dem Finger berührt, fließt ein Teil der angesammelten Elektronen über das Glimmlämpchen ab. Die Gesamtladung der Aluminiumfolie ist daraufhin positiv. Dies ist durch Berühren mit einem Glimmlämpchen festzustellen, nachdem der geladene Stab entfernt wurde.

Bemerkungen

Metallgegenstände durch Influenz aufzuladen ist wesentlich effektiver als ein Aufladen durch „Abstreifen" von Ladungen.
1730 untersuchte der Engländer *Stephen Gray* (1666-1736) die Weiterleitung von elektrischer Ladung in Stoffen. Er entdeckte, dass es Stoffe gibt, die elektrische Ladung weiterleiten und andere, die dies nicht tun. Als sich herausstellte, dass Wasser zu den leitenden Stoffen gehört, erdachte er sich folgendes Experiment:
„Da nun feststand, daß auch Flüssigkeiten die Elektrizität annehmen und fortleiten, mußte es wohl möglich sein, auch einen Menschen, der ja zu einem großen Teil aus Flüssigkeit besteht, elektrisch zu machen und als Leiter zu verwenden. Um sich davon zu überzeugen, befestigte *Gray* an der Balkendecke seiner Kammer Schnüre aus Roßhaar und vereinigte sie zu Schlingen, so daß sie einen Knaben tragen konnten. Einen solchen bestellte er am 8. Mai 1730 zu sich. Der Bub war acht oder neun Jahre alt und wog 47 Pounds und 2 Unzen, also etwa 40 Pfund. Er wurde so in die Schlinge gelegt, daß der Körper horizontal und das Gesicht nach unten gerichtet war. Unter den Kopf rückte *Gray* einen Schemel, auf dem Papierschnitzelchen und Staniolflitter lagen. Sobald die stark geriebene Glasröhre an die Fußsohlen des Knaben gehalten wurde, flogen diesem die Schnitzelchen ins Gesicht, ja solches konnte schon geschehen, noch ehe die Röhre die Sohlen wirklich berührte." [*Fraunberger* 1985, S. 50-53] Eine Abbilung dieser Versuchsanordnung findet man in [*Halliday* 1994] auf Seite 1609.
An diesem Knaben beobachtete man also auch Influenz. Allerdings befasste sich *Gray* zu diesem Zeitpunkt noch nicht mit diesem Phänomen, sondern nur mit der Leitung von Ladung. Mit Influenz setzte sich erst *John Canton* (1718-1792) und der Schwede *Johann Carl Wilke* (1732-1796) Mitte des 18. Jahrhunderts intensiver auseinander.

Literatur

Wittmann, J.: bsv-Lehrprogramme, Elektrostatik, Bayerischer Schulbuch Verlag, München 1973

zu Bemerkungen:

Fraunberger, F.: Illustrierte Geschichte der Elektrizität, Aulis Verlag Deubner, Köln und Prisma Verlag GmbH, Gütersloh 1985
Halliday, D.; Resnick, R.: Physik Teil 2, Walter de Gruyter Verlag, Berlin 1994

6.15 Der Schüttelgenerator

Auf einer sich in einem elektrischen Feld befindlichen Metallkugel werden Ladungen influenziert und an die Innenseite einer geladenen Dose abgegeben. Damit wird die Funktionsweise eines Faraday'schen Käfigs demonstriert.

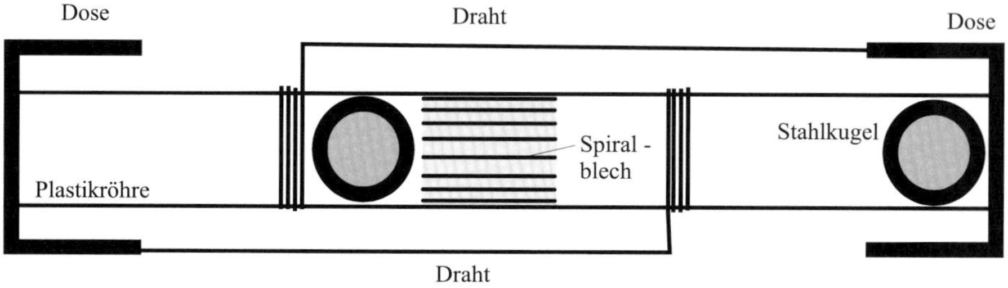

Abb. 1

Material

- Plastikröhre oder eine andere, elektrisch nicht leitende Röhre (Durchmesser: 2 cm; Länge: 30 cm)
- 2 Stahlkugeln, die in die Röhre passen (eine maximale Größe der Kugeln ist vorteilhaft)
- 2 Blechdosen (Durchmesser: 5 cm), z. B. Kondensmilchdosen
- dünner Streifen aus biegsamem Blech (Maße: 3 cm × 6 cm)
- steifer Draht (Länge: ca. 1 m), nicht isoliert oder isoliert
- Alleskleber
- Klebeband
- Einweckgummi (wird er über die Plastikröhre von einem Rohrende zum anderen gespannt, muss er sehr straff sitzen)
- Glimmlämpchen

Aufbau und Durchführung

Ein Blechstreifen wird zu einer Spirale gebogen und in die Mitte einer Plastikröhre eingepasst. Falls die Spirale in der Röhre gleitet, muss sie festgeklebt werden. Bei zwei Dosen wird je ein Deckel entfernt und der außen am Bodenrand überstehende Falz an gegenüberliegenden Stellen mit einem Hammer leicht eingekerbt. In beide Öffnungen der Röhre wird eine Kugel gegeben und auf die Enden der Röhre jeweils eine der Dosen geklebt, wobei die Innenseite der Dose in Richtung der Röhre zeigt (siehe Abb. 1). Das Gummi wird über die Kerben an den Dosen um diese Anordnung gespannt. Ca. 8 cm links von der Mitte der Röhre wird ein Draht einige Male um die Röhre gewickelt und an der rechten Dose festgelötet (siehe Abb. 1). Die Drahtschlaufen um die Röhre muss man mit Klebeband isolieren. Genauso wird etwa 8 cm rechts der Rohrmitte ein Draht ein paar Mal um das Rohr gewickelt und an der linken Dose angelötet (siehe Abb. 1). Die

Drahtschlaufen werden wieder isoliert, um eine Berührung der beiden angelöteten Drähte auszuschließen. (Man kann auch einen isolierten Draht verwenden.)
Schüttelt man diese Anordnung kurze Zeit (ca. 30 s) in Richtung der Längsachse, so kann man mittels des Glimmlämpchens an den Dosen eine Ladung nachweisen.

Erklärung

Man kann davon ausgehen, dass zu Beginn des Experiments die beiden Dosen nicht exakt auf demselben Potenzial liegen. Mit den Dosen liegen auch die mit ihnen verbundenen Drähte auf diesem Potenzial. Sei z. B. die rechte Dose positiv geladen. In der Ausgangsposition sei die rechte Kugel in Kontakt mit der Spirale in der Mitte des Rohres. Die linke Kugel sei in Kontakt mit der linken Dose. Bewegen sich durch das Schütteln beide Kugeln nach rechts, wird auf der linken Kugel, die sich zwischen dem um die Röhre gewickelten Draht und dem Spiralblech befindet, eine Ladungstrennung induziert (siehe Abb. 2(a)). Da der um die Röhre gewickelte Draht positiv geladen ist, werden auf der dem Draht zugewandten Seite der Kugel negative Ladungen und auf der dem Draht abgewandten Seite positive Ladungen influenziert (siehe Abb. 2(a)).

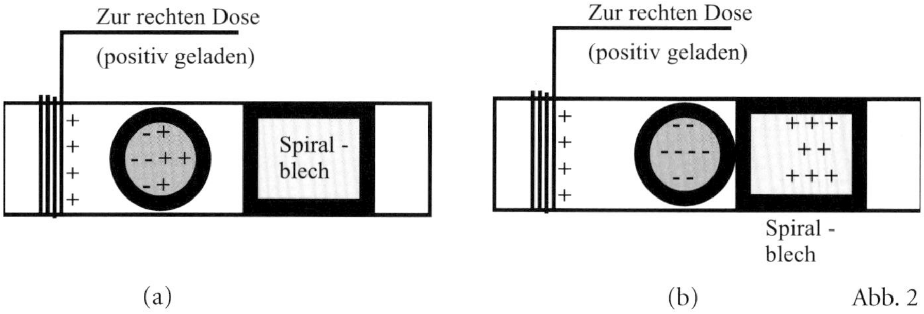

Abb. 2

Bei Kontakt mit dem Spiralblech in der Mitte der Röhre trennen sich die influenzierten Ladungen gemäß Abbildung 2(b). Bewegt sich die Kugel durch das Schütteln nach links, kommt die geladene linke Kugel in Kontakt mit der Innenseite der linken Dose. In der Dose existiert – wie in einem Faraday'schen Käfig – kein elektrisches Feld. Deshalb können die Ladungen der Kugel auf die Dose abfließen.
Dieser Vorgang wiederholt sich bei jeder Schüttelbewegung. Ist das Spiralblech in der Mitte der Röhre geladen (wie z. B. bei dem gerade beschriebenen Vorgang), wird die Influenzwirkung stärker, und die sich von dem Spiralblech lösende Kugel trägt eine größere Ladung. Während die Kugeln hin- und herrollen, werden die Dosen aufgeladen.
Die entstehende Potenzialdifferenz zwischen den Dosen und der Erde wird mittels des Glimmlämpchens nachgewiesen.

Literatur

Wittmann, J.: Trickkiste 1, Experimente, wie sie nicht im Physikbuch stehen, Bayerischer Schulbuch Verlag, München 1986

6.16 Das Elektrophor

Durch die in einer Metallplatte influenzierten Ladungen lassen sich hohe Spannungen erzeugen.

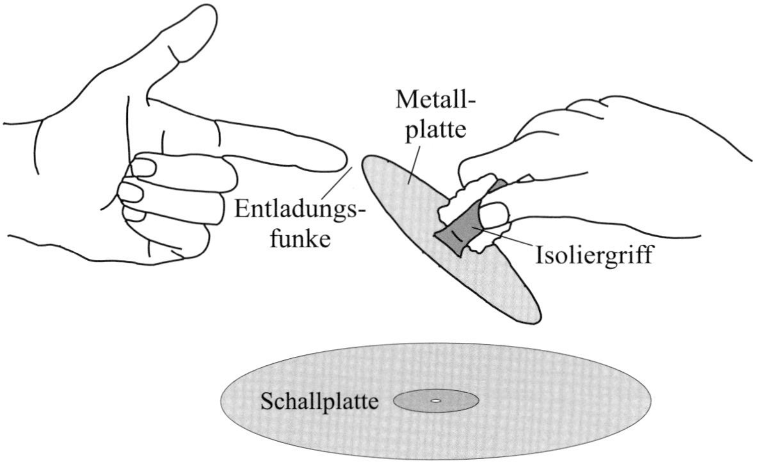

Abb. 1

Material

- Vinyl-Schallplatte oder Styroporplatte oder Plastikfolie (Plexiglasscheibe)
- Deckel einer Keksdose aus Metall oder Aluminiumfolie und Stück Pappe
- Stück Styropor oder Plastikdose
- Klebstoff oder Klebeband
- evtl. Wolltuch
- evtl. Glimmlämpchen

Aufbau und Durchführung

Auf den Deckel einer Blechdose wird ein Stück Styropor oder eine kleine Plastikdose als Isoliergriff geklebt. Anstatt eine Blechdose zu verwenden, kann man auch ein Stück Pappe mit Aluminiumfolie überkleben und mit einem Isoliergriff versehen. Man reibt mit dem Handrücken oder einem Wolltuch über eine Schallplatte und legt diese auf eine Unterlage. Der Blechdeckel wird am Isoliergriff gehalten und auf die Schallplatte gelegt. Man berührt den Blechdeckel kurz mit einem Finger und hebt ihn daraufhin am Isoliergriff hoch.

Bringt man einen Finger in die Nähe des Deckels, springt ein kleiner Funke vom Deckel auf die Hand über und man verspürt einen schwachen elektrischen Schlag. Berührt man den Deckel mit einem Glimmlämpchen, so leuchtet dieses kurz auf. Der Blechdeckel lässt sich auf die beschriebene Weise mehrmals aufladen, ohne dass die Schallplatte erneut gerieben werden muss.

Erklärung

Die Schallplatte wird durch das Reiben mit dem Wolltuch elektrostatisch aufgeladen. Legt man den Blechdeckel auf die Platte, werden in diesem Ladungen influenziert (siehe Abb. 2).

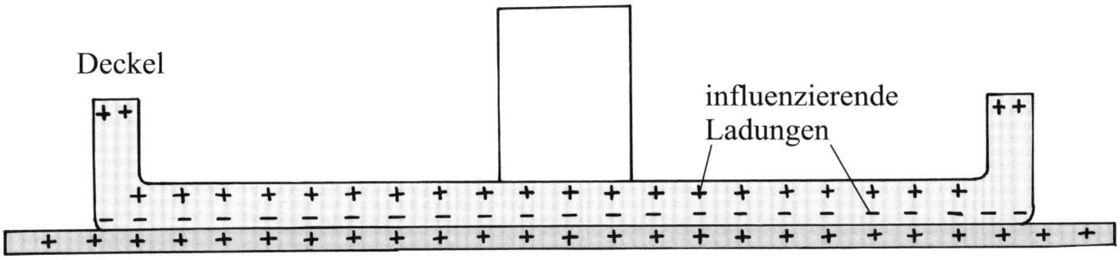

Abb. 2

Berührt man den Deckel mit einem Finger, können sich die positiven Ladungen auf dem Deckel durch vom Finger zufließende negative Ladungen ausgleichen, während die influenzierten negativen Ladungen auf dem Deckel erhalten bleiben. Der Deckel ist dadurch elektrisch geladen. Die Schallplatte und der Deckel stellen einen Kondensator dar, der auf Grund des geringen Abstandes zwischen den Platten eine hohe Kapazität besitzt. Hebt man den Deckel, so vergrößert sich der Abstand und damit die Potenzialdifferenz zwischen den Platten. Bringt man einen Finger in die Nähe des Deckels, so entlädt sich der Deckel über kurze Entfernungen durch die Luft, indem ein Funke überspringt.
Auf Grund der rauen Oberfläche der Schallplatte hat diese nur an wenigen Stellen direkten Kontakt mit dem Blechdeckel. Da die Schallplatte ein Isolator ist, kann nur an diesen Stellen ein Ladungsaustausch zwischen Platte und Deckel stattfinden, so dass die Schallplatte ihre Ladung weitgehend behält.

Literatur

Wittmann, J.: Trickkiste 1, Experimente, wie sie nicht im Physikbuch stehen, Bayerischer Schulbuch Verlag, München 1986
Gobrecht, H.; Gobrecht, J. H.; Gobrecht, K. H.: Bergmann-Schäfer, Lehrbuch der Experimentalphysik, Band II, Elektrizität und Magnetismus, Walter de Gruyter Verlag, Berlin 1987

6.17 Hüpfendes Öl

Die dielektrischen Eigenschaften von Öl sind zu beobachten, wenn man dem Öl das inhomogene elektrische Feld eines geladenen Körpers nähert.

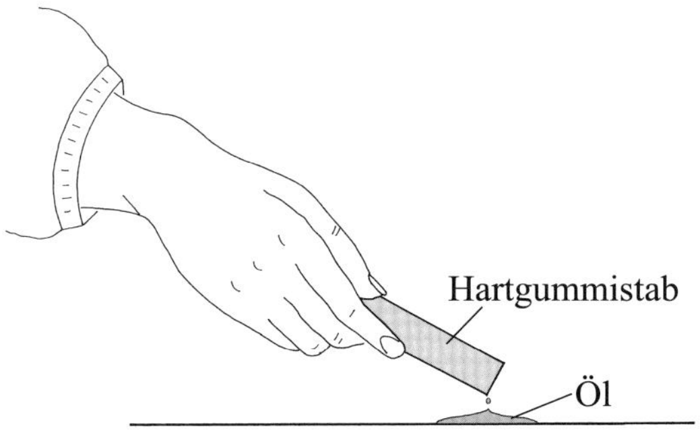

Abb. 1

Material

- gefärbtes Lampenöl (Petroleum) oder beliebiges anderes Öl
- Hartgummistab, Kunststofflöffel oder Kamm
- Fleecestoff, Wollstoff oder Katzenfell
- evtl. Luftballon
- evtl. kleine flache Schale, z. B. Petrischale oder Uhrglas
- Hilfsmittel: Geschirr- oder Handtuch

Aufbau und Durchführung

Auf einen Tisch wird ein bisschen Öl gegossen. Um einen Hartgummistab elektrostatisch aufzuladen, reibt man ihn z. B. an Fleecestoff. Wird ein Ende des geladenen Stabes ca. 3 mm über das Öl gehalten, wölbt sich dieses leicht zum Stab, kleine Tropfen hüpfen hinauf und bleiben am Stab hängen (siehe Abb. 1). Es ist auch zu beobachten, dass sich viele kleine Tropfen zu einem dünnen Ölstrahl vereinigen. Hängt viel Öl am Stab, zieht er das Öl nicht mehr an. Der Stab muss mit einem trockenen Tuch abgewischt werden. Es ist auch zu empfehlen, ihn durch Reiben wieder neu aufzuladen.
Das Öl wird auch von einem aufgeblasenen Luftballon angezogen, der durch Reiben, z. B. an den Haaren, stark aufgeladen wurde. Hält man den Luftballon über das Öl, hüpfen mehrere dünne Ölstrahlen nebeneinander zum Luftballon. Das Öl „regnet" förmlich nach oben und bleibt am Luftballon hängen.
Für dieses Experiment kann jedes Öl verwendet werden, auch Speise- und Maschinenöl. Um die dünnen Ölstrahlen besser beobachten zu können, ist es jedoch zu empfehlen, gefärbtes Öl zu verwenden, z. B. gefärbtes Lampenöl.
Soll die Tischplatte nicht durch Öl verunreinigt werden oder ist das verwendete Öl sehr dünnflüssig, kann es auch in eine kleine flache Schale gegossen werden. Um das Hüpfen

gut beobachten zu können, muss die Schale bis über den Rand mit Öl gefüllt werden, so dass eine kleine Erhebung der Oberfläche entsteht.
Soll das Experiment einem großen Publikum vorgeführt werden, ist die Verwendung einer Videokamera sehr zu empfehlen.

Erklärung

Fettmoleküle sind sehr komplex aufgebaut. Unter dem Einfluss des elektrischen Feldes werden die Ladungen eines Fettmoleküls verschoben, wodurch die Fettmoleküle ein elektrisches Dipolmoment erhalten. Die Größe des Dipolmomentes ist annähernd proportional zur Stärke des äußeren Feldes. Es gibt auch Fettmoleküle, die bereits ohne äußeres Feld ein Dipolmoment besitzen. Sie richten sich so im Feld aus, dass ihr Dipolmoment parallel zu den äußeren Feldlinien gerichtet ist und werden durch das äußere Feld zusätzlich noch auf die oben beschriebene Weise polarisiert.
Der geladene Stab erzeugt ein inhomogenes elektrisches Feld, dessen Feldlinien, je nach Vorzeichen der Ladung des Stabes, vom Stab ausgehen bzw. dort münden und dessen Feldstärke zum Stab hin zunimmt.
Elektrische Dipole erfahren im inhomogenen elektrischen Feld eine Kraft in Richtung des Feldgradienten, also zum geladenen Stab. Bringt man den Stab an das Öl heran, werden die Fettmoleküle entgegen ihrer Gewichtskraft und der Oberflächenspannung der Öloberfläche zum geladenen Stabende gezogen. Das Öl wölbt sich nach oben. Ist die Anziehungskraft größer als die Summe aus Gewichtskraft und Kohäsionskraft zu den umgebenden Molekülen, so fliegen die Moleküle, zu kleinen Tropfen vereinigt, zum Stab. Da Öl Kunststoff benetzt und außerdem ein Ladungsaustausch zwischen Isolatoren nur langsam erfolgt, bleibt das Öl an dem Stab haften.

Bemerkungen

Ein weiteres Beispiel für die Beeinflussbarkeit von Flüssigkeiten durch elektrische Felder ist in dem Experiment „Der gebogene Wasserstrahl“ dargestellt.

Literatur

Zeier, E.: Physikalische Schulversuche, Freihandversuche, kleine Experimente, Aulis Verlag, Köln 1986

6.18 Salz und Pfeffer trennen

Ein elektrostatisch aufgeladener Kunststoffgegenstand zieht Salz und Pfeffer an.

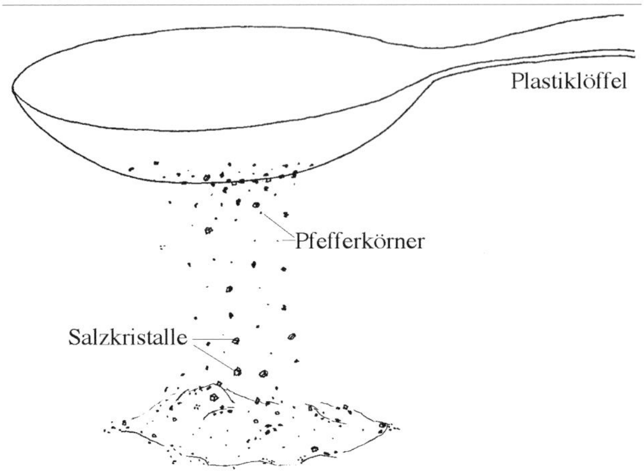

Abb. 1

Material

- Salz und Pfeffer
- Kunststoffgegenstand, z. B. Plastiklöffel oder Luftballon
- Wolltuch

Aufbau und Durchführung

Ein Kunststoffgegenstand wird durch Reiben an einem Wolltuch elektrostatisch aufgeladen. Man mischt Salz und Pfeffer und nähert den geladenen Gegenstand von oben langsam dem Gemisch. Die Pfefferkörner springen zum Kunststoffgegenstand hoch, während die Salzkörner liegen bleiben. Hält man den geladenen Gegenstand näher an das Gemisch, so springen auch die Salzkörner zum Gegenstand hin (siehe Abb. 1). Die meisten Körner bleiben am geladenen Gegenstand haften, während ein kleiner Teil am Gegenstand abprallt und wieder auf die Unterlage zurückfällt. Einzelne Körner können dabei auch mehrmals zum Gegenstand hochspringen und wieder zurückfallen.

Erklärung

Salzkörner sind Ionenkristalle. Die Ladungsverteilungen der Na^+- und Cl^--Ionen im Kristall sind näherungsweise kugelsymmetrisch. Das inhomogene elektrische Feld, das durch den geladenen Kunststoffgegenstand entsteht, übt eine Kraft auf die Ladungen an der Oberfläche des Kristalls aus und verschiebt sie dadurch geringfügig, wodurch auch die Ladungsverteilung im Inneren des Kristalls beeinflusst wird. Pfefferkörner bestehen im Wesentlichen aus Kohlenstoff-Wasserstoff-Ketten mit bestimmten Atomgruppen (zum Großteil aus Piperin ($C_{17}H_{19}NO_3$), die den scharfen Geschmack des Pfeffers ver-

ursachen [*Beyer* 1991]), und bei denen durch das elektrische Feld des geladenen Gegenstandes ebenfalls Ladungen verschoben werden.
Ist bei einem Salz- oder Pfefferkorn die anziehende elektrostatische Kraft auf diese Ladungen durch das inhomogene Feld des geladenen Kunststoffgegenstandes größer als die Gewichtskraft der Körner, so bewegen sie sich zum geladenen Gegenstand hin. Da die fein gemahlenen Pfefferkörner in der Regel eine geringere Masse haben als die Salzkristalle, ist dies für die Pfefferkörner schon bei einem größeren Abstand der Fall. Eine vollständige Trennung von Salz und Pfeffer ist jedoch nicht zu erreichen.
Der Kunststoffgegenstand wird durch das Reiben am Wolltuch nicht gleichmäßig aufgeladen, sondern weist Bereiche auf, die stärker geladen sind, und Bereiche, die weniger stark geladen sind. Ob ein hochspringendes Korn auf Grund der elektrostatischen Anziehung zwischen den ungleichnamigen Ladungen im Korn und dem Kunststoffgegenstand an diesem haften bleibt oder wieder auf die Unterlage zurückfällt, ist abhängig von der Stelle, auf die das Korn trifft, dem Grad der Polarisation des Korns sowie der Masse und der Geschwindigkeit des hochspringenden Korns.

Bemerkungen

Dasselbe Phänomen behandeln die Experimente „Die tanzenden Papierschnipsel", „Der hüpfende Grieß" und „Die springenden Aluminiumkugeln".

Literatur

Bublath, J.: Verblüffende Experimente aus der Naturwissenschaft, Wilhelm Heyne Verlag, München 1995
Raaf, H.; Sowada, H.: Physik macht Spaß, Überraschende Einsichten durch über 100 Modelle und Experimente, Herder Verlag, Freiburg im Breisgau 1990
Beyer, H.; Walter, W.: Lehrbuch der organischen Chemie, S. Hirzel Verlag, Stuttgart 1991

6.19 Die gespenstische Leuchtstoffröhre

Anhand einer alten Leuchtstoffröhre wird demonstriert, dass ein elektrisches Feld, das durch Reiben erzeugt wird, ausreicht, um eine Gasentladung zu zünden.

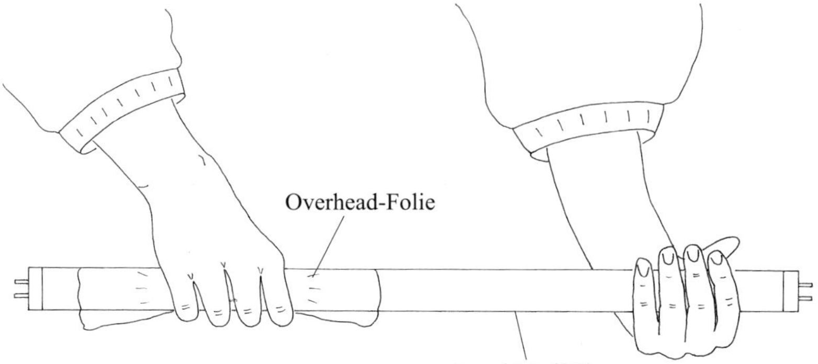

Abb. 1

Material

- Leuchtstoffröhre, funktionstüchtig oder ausgedient
- Overheadprojektor-Folie
- evtl. Hartgummistab
  und
- Fleecestoff oder Katzenfell

Aufbau und Durchführung

Nachdem man ein Zimmer verdunkelt hat und sich die Augen an die Dunkelheit gewöhnt haben, reibt man eine Overheadprojektor-Folie wie in Abbildung 1 an der Röhre.
Der Teil der Röhre, an dem die reibende Folie anliegt oder gerade angelegen hat, leuchtet gespenstisch auf. Das Leuchten ist besonders hell, wenn die Folie abgezogen wird.
Die Röhre kann auch in „Fernwirkung" zum Leuchten gebracht werden. Dazu wird ein Hartgummistab durch Reiben an Fleecestoff oder Katzenfell aufgeladen und der Röhre genähert. Der Teil der Röhre, der sich in der Nähe des Stabes befindet, leuchtet, auch wenn sich Röhre und Hartgummistab nicht berühren.

Erklärung

Die Leuchtstoffröhre ist mit Quecksilber-Gas geringen Drucks gefüllt. Durch die Netzspannung, die an den beiden Elektroden anliegt, wird im Quecksilber eine selbstständige Gasentladung hervorgerufen. Die in der Röhre erzeugten Ionen und Elektronen werden zur jeweiligen Elektrode beschleunigt. Auf dem Weg dorthin können sie mit anderen Gasatomen stoßen. Dabei wird Energie zwischen den beiden Stoßpartnern ausgetauscht. Dies kann entweder zur Ionisierung des Gasatoms führen oder dazu, dass ein Elektron im

Gasatom energetisch angehoben wird. Im ersten Fall wird ein Ion erzeugt, das im Feld beschleunigt wird und wieder stoßen kann, im zweiten Fall sendet das Atom Licht aus, wenn das angeregte Elektron in seinen ursprünglichen Zustand zurückspringt. Die Hg-Atome senden dabei überwiegend UV-Licht (Wellenlänge: 254 nm) aus. Die Leuchtstoffschicht auf der Innenwand wandelt dieses UV-Licht in sichtbares Licht um.
Durch das Reiben der Folie an der Röhre werden elektrische Ladungen getrennt. Die Folie wird positiv und der Teil der Röhrenwand, der an die Folie grenzt, negativ geladen. Die negativen Ladungen an der Wand erzeugen ein Feld im Inneren der Röhre, das dort die größte Feldstärke besitzt, wo die Ladungen sitzen. Deshalb leuchtet nur der Teil der Röhre auf, an dem die Folie anliegt oder gerade angelegen hat und wo das Feld noch besteht. Die zum „Zünden" der Röhre erforderlichen Ionen und Elektronen rühren von Ionisationen durch Untergrundstrahlung her.
Liegt die Folie an der Glaswand an, schwächen die positiven Ladungen der Folie das Feld in der Röhre, das durch die negativen Ladungen erzeugt wird. Deshalb ist das Feld in der Leuchtstoffröhre besonders stark, wenn die Folie abgezogen wird. Die Röhre leuchtet sehr hell auf.

Bemerkungen

Manchmal zünden Leuchtstoffröhren nicht, obwohl sie funktionsfähig und ans Netz angeschlossen sind. In diesem Fall kann das große Feld, das durch das Reiben von Gegenständen erzeugt wird, ausgenützt werden, um diese Leuchtstoffröhren zu zünden. Dazu berührt man eine der Metallkappen am Ende der Leuchtstoffröhren mit einem geladenen Gegenstand. Geeignet ist z. B. ein Kamm, der durch Reiben an den Haaren elektrostatisch aufgeladen wurde, oder ein Fleecepullover.
Das Experiment demonstriert auch die Umwandlung von mechanischer Arbeit in Lichtenergie.

Literatur

Wittmann, J.: Trickkiste 1, Experimente, wie sie nicht im Physikbuch stehen, Bayerischer Schulbuch Verlag, München 1986
Raaf, H.; Sowada, H.: Physik macht Spaß, Überraschende Einsichten durch über 100 Modelle und Experimente, Herder Verlag, Freiburg im Breisgau 1990

6.20 Anhängliche Luftballons

Luftballons können durch Reibung elektrostatisch geladen werden und als Folge davon an Gegenständen haften.

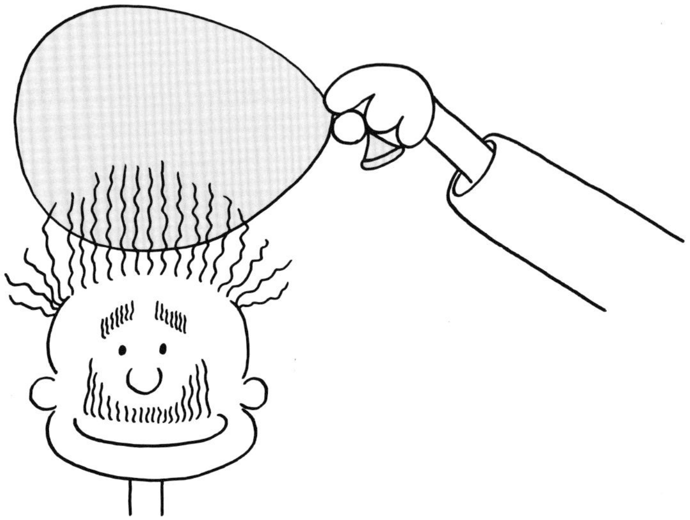

Abb. 1

Material

- Luftballons

Aufbau und Durchführung

Man reibt einen prall aufgeblasenen Luftballon an einer Fensterscheibe oder einer Tür, an der Zimmerwand oder -decke, an einem Wollpullover oder frisch gewaschenen Haaren hin und her, wobei der Ballon gut aufgedrückt werden muss. Lässt man den Ballon los, so bleibt er an den aufgezählten Stellen haften, bzw. zieht die Haare, an denen er gerieben wurde, an, sobald man ihn von den Haaren entfernt (siehe Abb. 1).

Erklärung

Berühren sich zwei unterschiedliche Isolatoren oder ein Isolator und ein Metall (oder Halbleiter), so kann auf Grund ihrer unterschiedlichen Elektronegativitäten eine Kontaktspannung entstehen. Dieses Phänomen wird Triboelektrizität genannt, nach dem griechischen Wort „tribein" für reiben. Dabei gibt ein Material Elektronen an das andere Material ab, wobei das Reiben lediglich für einen ausreichenden Kontakt der beiden Materialien sorgt. Reibt man die Gummihaut eines Luftballons an z. B. Pelz, Glas, Wolle, Seide, Metall oder Bernstein, so fließen Elektronen von diesen Materialien auf die Gummihaut. Auf Grund der so entstehenden Ladungsüberschüsse entgegengesetzten Vorzeichens ziehen sich die aneinander geriebenen Materialien gegenseitig an. Da der Kontakt während des Reibens besser war, als er während der Berührung auf Grund der elektrostatischen Anziehung ist, gleichen sich die Ladungsunterschiede nur langsam wieder aus. Ein Luftballon bleibt also unter Umständen für Stunden an der Zimmerdecke oder der Fensterscheibe hängen.

Bemerkungen

Einige weitere Phänomene des Alltags sind auf Triboelektrizität zurückzuführen, so z. B. das bläuliche „Funkensprühen" im Dunkeln beim Ausziehen von Pullovern, Jacken oder Westen bestimmter Materialien (z. B. Fleecejacken), sofern diese mit entsprechender Unterbekleidung oder den Haaren reiben können, welches meist von einem Knistern begleitet wird. Ebenso wie am Luftballon „haften" (frisch gewaschene) Haare am Kamm, wenn dieser oft genug durch die Haare bewegt wurde. Auch die elektrischen Schläge, die man, bei geeigneter Kombination von isolierendem Schuhwerk und entsprechender Auslegeware erhält, wenn man Türklinken oder Metallgeländer von Treppenaufgängen berührt, werden von Ladungen verursacht, die durch Reibung getrennt wurden. Begünstigt werden diese Vorgänge durch sehr trockene Luft. Unangenehm sind elektrische Schläge, die häufig beim Aussteigen aus Autos passieren. Sie lassen sich vermeiden, wenn man vor dem Aufstehen vom Sitz und während des Trennens der Körperkleidung vom Sitzbezug sich mit einer Hand an einer metallenen Stelle der geöffneten Tür festhält, weil dadurch ein Aufladen des Körpers verhindert wird.
Triboelektrizität kann auch beim Ausfließen von Flüssigkeiten aus Rohren oder Behältern auftreten.

Literatur

Raaf, H.; Sowada, H.: Physik macht Spaß, Überraschende Einsichten durch über 100 Modelle und Experimente, Herder Verlag, Freiburg im Breisgau 1990
Brecht, R.: Professor Zweistein: Experimente zum Mitmachen, Zebold Verlag GmbH, München 1992

zur Erklärung:

Falbe, J; Reignitz, M.: Römpp Chemie Lexikon T-Z, Georg Thieme Verlag, Stuttgart New York 1992

6.21 Gewittersimulation

Die Ladungstrennung in einer Gewitterwolke wird mit einem elektrisch neutralen Gemisch aus zwei elektrisch geladenen Substanzen, die unter Ausnutzung ihres unterschiedlichen Gewichts getrennt werden, simuliert.

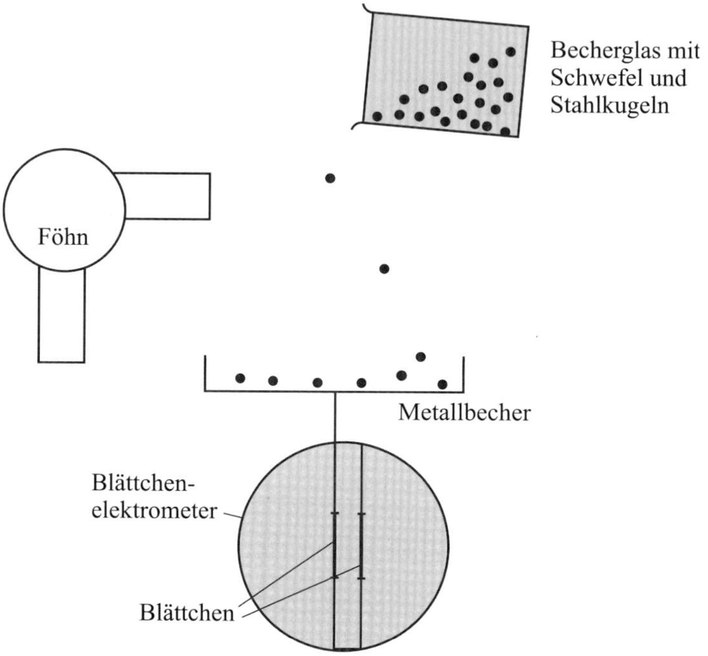

Abb. 1

Material

- Blättchenelektrometer oder Elektroskop
- Metallbecher, der auf das Blättchenelektrometer montiert wird
- Becherglas
- Stahlkugeln (Durchmesser: ca. 3 mm)
- Schwefelpulver
- Föhn oder Staubsauger mit Gebläse

Aufbau und Durchführung

An die Blättchen eines Blättchenelektrometers (siehe Experiment „Das Elektroskop im Honigglas“) wird ein Metallbecher angeschlossen (siehe Abb. 1). Stahlkugeln werden mit Schwefelpulver in ein Becherglas geschüttet. Die Volumenanteile sollten etwa gleich groß sein. Mit einem nicht leitenden Stab (z. B. einem Glasstab) rührt man das Gemisch aus Schwefelpulver und Stahlkugeln um. Das Becherglas hält man ca. 10 cm über den

Metallbecher und schüttet den Becherglasinhalt in den Metallbecher. Dabei wird ein Föhn seitlich auf das fallende Gemisch gerichtet (siehe Abb. 1). Durch den Luftstrom des Föhns wird während des Falls des Gemisches in den Metallbecher fast alles Schwefelpulver aus dem Gemisch Stahlkugeln/Schwefelpulver geblasen. Im Metallbecher befinden sich dann die Stahlkugeln und etwas Schwefelpulver. Die Blättchen des Elektrometers wölben sich und zeigen eine Ladung im Metallbecher an.

Erklärung

Der Schwefel liegt normalerweise als Ring mit acht Schwefelatomen vor. Durch das Rühren werden einige solcher Ringe (oder andere Schwefelbindungen) aufgebrochen. Dabei können Radikale mit ungepaarten Elektronen entstehen. Diese ungepaarten Elektronen werden vom Schwefel an die Stahlkugeln abgegeben. Der Schwefel ist damit elektrisch positiv und die Stahlkugeln elektrisch negativ geladen. Diese geladenen Partner können durch die Berührung mit einem nichtleitenden Glasstab nur wenig entladen werden. Da die Stahlkugeln wesentlich schwerer sind als die Schwefelkörnchen, wird die Flugbahn der Stahlkugeln (auf Grund ihrer größeren Trägheit) nicht so stark durch den Luftstrom des Föhns beeinflusst wie die Flugbahn der leichteren Schwefelkörnchen. Deshalb wird durch den Föhn der elektrisch positiv geladene Schwefel aus dem fallenden Gemisch Stahlkugeln/Schwefelpulver geblasen. Die elektrisch negativ geladenen Stahlkugeln fallen in den Metallbecher. Dieser wird dadurch aufgeladen und das Blättchenelektrometer zeigt die Ladung der Stahlkugeln an.

Bemerkungen

Die Vorgänge während eines Gewitters können mittlerweile gut beschrieben werden. Fest steht unter anderem, dass man ein Gewitter in mehrere äquivalente Gewitterzellen (Wolken) einteilen kann und dass innerhalb einer Gewitterzelle eine Ladungstrennung existiert: Die Zelle ist im unteren Teil negativ und im oberen Teil positiv geladen (siehe Abb. 2).

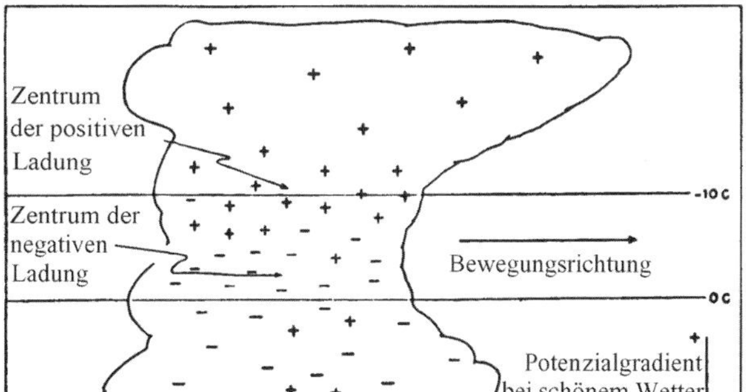

Abb. 2

Die negativen Ladungen gelangen dann durch Blitze auf den Erdboden. Zu der Ladungstrennung kommt es auf Grund einer Wechselwirkung zwischen den in einer typischen Gewitterwolke vorhandenen Wasser-, Luft- und Eisteilchen. Diese Wechselwirkungen sind unter anderem: Berührung gleichartiger Teilchen verschiedener Größe, Zerfallen von Teilchen, Absplittern und Zerstäuben, Volta-Effekte zwischen Teilchen gleicher oder verschiedener Phase, elektrochemische Prozesse, usw. *Richard Feynman* (1918-1988) beschreibt folgenden Ladungstrennungsmechanismus:
Man betrachtet einen ungeladenen Wassertropfen, der in einem elektrischen Feld von ca. $100\,\frac{\text{V}}{\text{m}}$ (dies ist etwa die Stärke des normalen elektrischen Erdfeldes) zur negativ geladenen Erde fällt. Im Tropfen wird ein Dipol induziert, bei dem der Pluspol zur Erde hin, der Minuspol von der Erde weg weist (siehe Abb. 3). Auf Grund der kosmischen Strahlung existieren in der Atmosphäre positiv und negativ geladene Ionen (z. B. Elektronen oder ein einfach positiv geladenes Sauerstoffmolekül). Nähert sich der fallende Tropfen einem langsamen, positiv geladenen Ion, wird dies (auf Grund der elektrostatischen Abstoßung) zur Seite gedrängt. Da relativ zum fallenden Tropfen die Luft nach oben steigt, wird das Ion von dem Luftstrom mitgenommen und kann sich nicht mit dem Tropfen verbinden. Ein negatives Ion wird von der unteren Seite des Tropfens angezogen und tritt in den Tropfen ein (siehe Abb. 3), der so negative Ladungen in den unteren Teil der Gewitterzelle bringt, während die positiven Ionen von verschiedenen Aufwärtsströmungen in den oberen Teil der Gewitterzelle geweht werden.

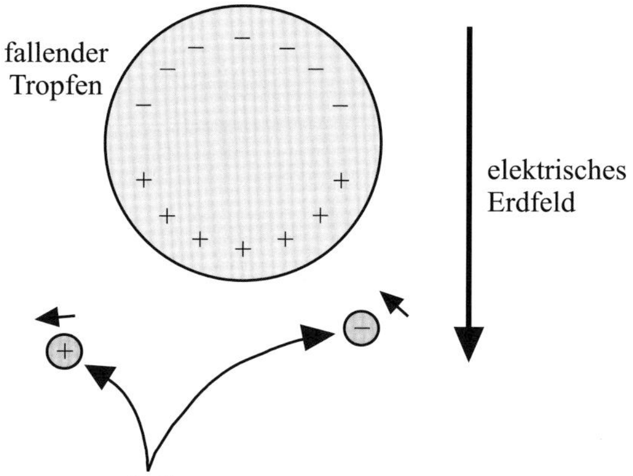

Abb. 3

In einer Gewitterwolke existiert zusätzlich zu dem positiven und dem negativen Ladungszentrum (siehe Abb. 2) ein kleines positives Ladungszentrum im starken Regengebiet (siehe Abb. 2). Diese positiven Ladungen entstehen „vermutlich durch eine positive Koronaentladung, die unter der Gewitterwolke von am Erdboden vorhandenen Spitzen (an Gräsern, Zweigen u. Ä.) unter Einwirkung des starken Bodenfeldes abgesprüht und durch den Wind hochtransportiert wird.“ ([*Möller* 1996, S. 44]). *Richard Feynman* schreibt, dass diese Aussage über das kleine positive Ladungszentrum nur eine Vermutung ist: „Niemand scheint zu wissen, warum er [der kleine positive Ladungsbereich] dort ist, wie wichtig er ist [...]. Die Dinge wären sehr viel einfacher, wenn er nicht vorhanden wäre.“ ([*Feynman* 1991, S. 177-178]).

Literatur

Bauer, N.: Versuchssammlung für die Vorlesungen in Experimentalphysik an der Universität Augsburg, o.V., Augsburg 1992

zu Bemerkungen:

Feynman, R. P.: Feynman Vorlesungen über Physik Band II: Elektromagnetismus und Struktur der Materie, Oldenbourg Verlag, München 1991
Möller, H., Praxis der Naturwissenschaften: Physik 45/2 (1996), S. 42-46

6.22 Ein Modell zu Franklins „Blitzableiter“

Wie sich zwei gleichnamige Ladungen verhalten, wenn man eine Spitze aus Metall zwischen sie hält, wird mit zwei geladenen Luftballons und einer Nadel demonstriert.

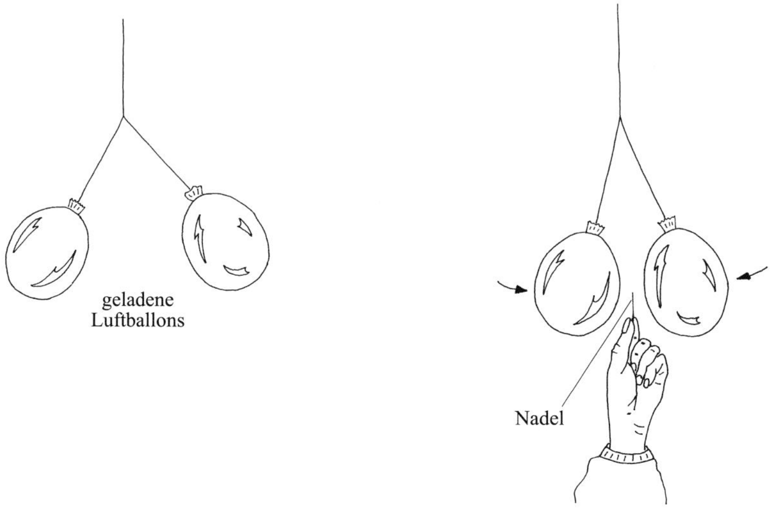

Abb. 1 (a) (b)

Material

- 2 Luftballons
- Faden (Länge: mindestens 1 m)
- Fleece-, Wollstoff o. Ä., möglichst groß, z. B. Fleecejacke oder Wollpullover
- Näh- oder Stecknadel
- Hilfsmittel: Klebefilm

Aufbau und Durchführung

Zwei Luftballons werden aufgeblasen, zugeknotet und ihre Mundstücke mit einem Faden verbunden. An die Mitte dieses Fadens knotet man, wie in Abbildung 1(a) zu sehen, einen zweiten Faden und befestigt diesen mit Klebefilm z. B. an der Zimmerdecke. Werden beide Luftballons am gleichen Material, z. B. an den Haaren oder an einer Fleecejacke, gerieben, stoßen sie sich gegenseitig ab und entfernen sich voneinander (siehe Abb. 1(a)).

Bringt man einen spitzen Leiter, z. B. eine Steck- oder Nähnadel, mit der Hand zwischen die Luftballons (siehe Abb. 1(b)), bewegen sie sich auf die Nadel und damit aufeinander zu. Entfernt man die Nadel wieder, bleiben sie zusammen.

Soll nur die gegenseitige Abstoßung zweier geriebener Luftballons gezeigt werden, braucht nur ein Luftballon mit einem Faden an der Zimmerdecke befestigt werden.

Bringt man einen zweiten aufgeladenen Luftballon nah an den ersten heran, wird der erste aus der Ruhelage ausgelenkt.

Erklärung

Wird ein Luftballon an geeignetem Material (Fleecestoff, Wollstoff, Haare o. Ä.) gerieben, lädt er sich elektrostatisch auf. Das Vorzeichen seiner Ladung ist davon abhängig, an welchem Material er gerieben wird. Da die Luftballons im beschriebenen Experiment am gleichen Material gerieben werden, hat ihre Ladung dasselbe Vorzeichen, und sie stoßen sich gegenseitig ab. Da sich die Ballonhaut durch Reiben an den meisten Materialien negativ auflädt, geht die folgende Erklärung von negativ geladenen Luftballons aus. Es bleibt dem Leser überlassen, das Verhalten zweier positiv geladener Luftballons entsprechend zu erklären.
Bringt man die Nadel an die beiden negativ geladenen Luftballons heran, werden die Elektronen in ihr von der Ladung der Luftballons abgestoßen. Die Leitungselektronen eines Metalls sind frei beweglich. Sie fließen deshalb zum unteren Ende der Nadel, das den Luftballons abgewandt ist (Influenz), und von dort aus über die Hand zur Erde ab. Die Nadelspitze, die den Luftballons zugewandt ist, ist also positiv geladen. Ihre positive Ladung übt eine Anziehungskraft auf die negativ geladenen Luftballons aus, wodurch sich diese der Nadelspitze nähern.
An der positiv geladenen Nadelspitze kommt es zur Spitzenentladung. Die Feldlinien werden an der Spitze zusammengedrängt. Deshalb herrscht unmittelbar vor der Spitze eine hohe elektrische Feldstärke. In der Luft bereits vorhandene Ladungsträger erhalten in dem starken Feld genügend Bewegungsenergie, dass sie weitere Luftmoleküle ionisieren können. Durch die entstandenen Ionen, die frei beweglich sind, werden die Luftballons entladen. Sie stoßen sich nach Entfernen der Nadel nicht mehr ab.

Bemerkungen

Der Amerikaner *Benjamin Franklin* (1706-1790) schildert 1747 in einem Brief an einen Bekannten in London folgende Beobachtung:
„Man befestigt eine Bleikugel, die drey oder vier Zoll Durchmesser hat, auf der Öffnung einer reinen und trockenen Bouteille. Oben an der Decke des Zimmers hänge man gerade über der Öffnung der Bouteille ein kleines Korkkügelchen in der Größe einer Murmel an einem feinen Seidenfaden auf. Der Faden muß aber so lang sein, daß das Korkkügelchen an der Seite der Bleikugel anliegt.
Man elektrisiere die Bleikugel; so wird das Kügelchen, nachdem die Elektrizität stark ist, von derselben zurückgestoßen. Unter Umständen bringe man in der Entfernung von sechs oder acht Zoll die Spitze eines dünnen und spitzigen Pfriemens gegen die Bleikugel: so wird das Abstoßen augenblicklich aufhören und das Kügelchen an die Bleikugel zurückfallen. Ein stumpfer Körper muß bis auf einen Zoll genähert werden und muß einen Funken ziehen, wann er dieselbe Würkung thun soll.“ [*Fraunberger* 1985, S. 121]
Franklin sagte damit nichts Neues. Diese Beobachtung war im alten Europa schon bekannt. Es war allerdings *Franklins* ureigener Verdienst, aus dieser Wirkungsweise einer Stecknadel geschlossen zu haben, dass sich mit zugespitzten Metallstangen Blitzein-

schläge verhindern ließen. Diese Idee führte zum Blitzableiter, auch wenn man über seine Wirkungsweise heute anderer Ansicht ist. [*Fraunberger* 1985, S. 120]
Anstatt der Nadel kann auch eine ebene Platte aus Metall, z. B. ein Edelstahltablett, oder aus einem isolierenden Material (Dielektrikum), z. B. ein Buch, zwischen die Luftballons gebracht werden. Die geladenen Luftballons bewegen sich auf die Platte und damit aufeinander zu.
Besteht die Platte aus Metall, sind die Ladungen innerhalb der Platte frei beweglich, und es tritt, genauso wie oben erklärt, Influenz auf. Im Isolator (Dielektrikum), z. B. Buch, sind die Elektronen zwar nicht frei beweglich, aber sie werden innerhalb eines Atoms bzw. Moleküls verschoben (dielektrische Polarisation). Deshalb treten an dem Ende des Buches, das den Ballons zugewandt ist, Polarisationsladungen auf. Von diesen werden die beiden Luftballons angezogen.
Entfernt man die Platte zwischen den Luftballons, stoßen sich die Ballons, im Gegensatz zum oben beschriebenen Experiment, wieder gegenseitig ab. Die Gummihaut ist ein Isolator. Deshalb kann der Luftballon nur die Elektronen abgeben, die sich an der Berührstelle von Luftballon und Platte befinden. Da eine ebene Platte zwischen die Luftballons gebracht wurde, kommt es zu keiner Spitzenentladung. Die Entladung ist entsprechend gering und die Luftballons stoßen sich wieder ab, wenn die Platte zwischen ihnen entfernt wird.

Literatur

Raaf, H.; Sowada, H.: Physik macht Spaß, Überraschende Einsichten durch über 100 Modelle und Experimente, Herder Verlag, Freiburg im Breisgau 1990

zur Erklärung:

Gobrecht, H.; Gobrecht, J. H.; Gobrecht, K. H.: Bergmann-Schäfer, Lehrbuch der Experimentalphysik, Band II, Elektrizität und Magnetismus, Walter de Gruyter Verlag, Berlin 1987, S. 17, 44, 603

zu Bemerkungen:

Fraunberger, F.: Illustrierte Geschichte der Elektrizität, Aulis Verlag Deubner, Köln und Prisma Verlag GmbH, Gütersloh 1985, S. 120

6.23 Die elektrische Windmühle

Gemäß dem Prinzip „actio = reactio" versetzen aus Nadelspitzen austretende Ladungen ein auf einer Nadel gelagertes Drahtgestell in Rotation.

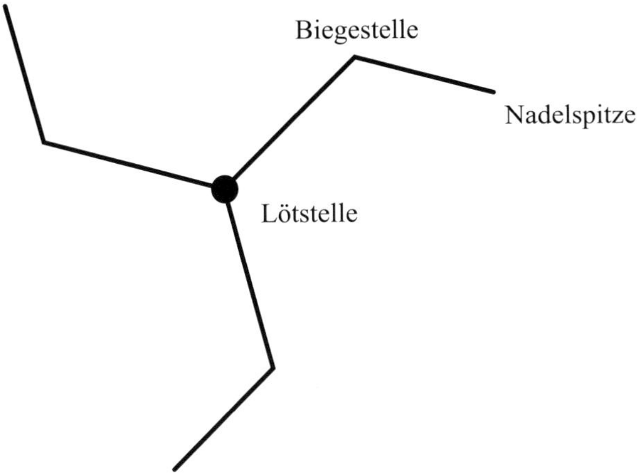

Abb. 1

Abb. 2

Material

- Hochspannungsgerät (ca. 15 kV)
- 4 Stecknadeln
- Korken
- Kerze
- Kroko-Klemme
- Kabel
- Hilfsmittel: Lötkolben, Lötzinn, Hammer, Kombizange

Aufbau und Durchführung

Drei Stecknadeln werden im Winkel von je 120 ° an den Köpfen mit Lötzinn zusammengelötet. Die Lötstelle sollte man mit einem schwachen Hammerschlag festigen und auf Stabilität testen. Über einer Kerzenflamme werden die geraden Nadeln etwa in der Mitte um 60 ° jeweils in dieselbe Richtung von der Geraden weggebogen (siehe Abb. 1). Die flachere Seite der Lötstelle wird mit einer Nadel eingestochen. In den Korken wird mit einer Nadel ein kleines Loch gestochen und die Nadel mit dem Kopf in den Korken gesteckt (siehe Abb. 2).

Der Korken wird mit etwas Wachs an einem Tisch befestigt und die Nadel mit einer Kroko-Klemme an einen Pol der Hochspannung angeschlossen. Der andere Pol der Hochspannung wird geerdet. Die drei aneinander gelöteten Nadeln werden mit ihrer eingestochenen Lötstelle auf die Nadel im Korken gelegt. Bei ca. 15 kV fängt das Rad an, sich immer schneller zu drehen.

Erklärung

An geladenen Spitzen herrschen große Feldstärken. Ist die Spitze negativ geladen, können dadurch Elektronen die Spitze verlassen. Sie werden im starken elektrischen Feld beschleunigt. Nach dem Prinzip „actio = reactio" erfährt die Spitze einen Rückstoß. Das Rad beginnt sich schnell zu drehen.
Ist die Spitze positiv geladen, so wird die umgebende Luft der Spitze zum Teil ionisiert und die entstehenden freien Elektronen werden zur Spitze hin beschleunigt. Gleichzeitig werden die positiv geladenen Ionen von der Spitze weg beschleunigt. Die negativen Elektronen treffen auf der Spitze auf und geben ihren Impuls ab. An den Nadelspitzen wirkt jeweils eine Kraft, die am Rädchen ein Drehmoment bezüglich der Drehachse hervorruft.

Bemerkungen

Überraschenderweise funktioniert diese elektrische Windmühle wesentlich besser als im Handel erhältliche elektrische Windräder, da sie im Unterschied zu diesen sehr leicht ist.

Literatur

Backe, H.; Backe, R.; Giegengack, H.: Das Physik Experimentierbuch, Verlag Harri Deutsch, Thun und Frankfurt/Main 1987

6.24 Der elektrostatische Motor

Eine auf einer Nadelspitze gelagerte Plastikflasche lässt sich durch elektrostatische Kräfte in Rotation versetzen.

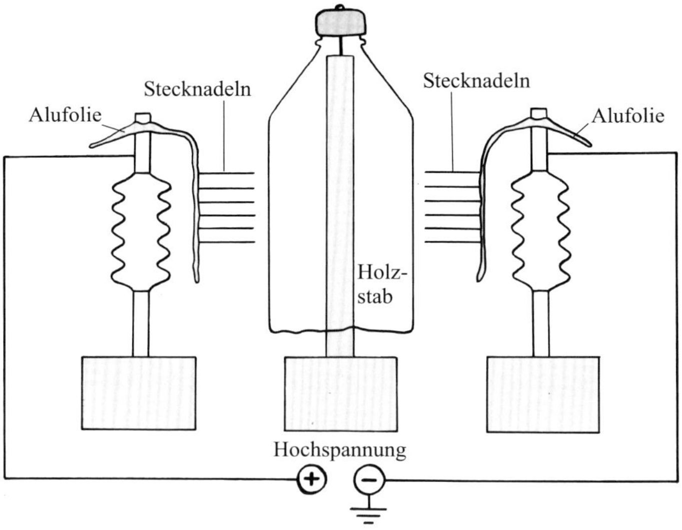

Abb. 1

Material

- Hochspannungsgerät (ca. 15 kV)
- Plastikflasche mit Plastikschraubverschluss
- runder Holzstab (Länge: ca. 30 cm)
- Pfanne eines Druckknopfes (evtl. bei einem Bekleidungsgeschäft erhältlich)
- 13 Stecknadeln
- Alufolie (Länge: ca. 30 cm; Breite: 20 – 30 cm)
- 2 Holtz'sche Klemmen oder noch 2 Holzstäbe (Länge: ca. 20 cm)
- 3 Tonnenfüße
- 2 Kabel
- Hilfsmittel: Bunsenbrenner und Nagel, Alleskleber

Aufbau und Durchführung

Durch die Mitte des Schraubverschlusses einer Plastikflasche bohrt man ein Loch (evtl. mit einem heißen Nagel) und klebt eine Druckknopfpfanne hinein. Von der Plastikflasche löst man das evtl. vorhandene Etikett ab und schneidet den Boden der Flasche heraus.
In den Holzstab treibt man an einem Ende eine Stecknadel, so dass die Spitze vom Stab weg weist. Unter Umständen ist es ratsam, zuerst mit der Spitze der Nadel ein Loch in den Stab zu bohren und dann die Nadel in den Stab zu stecken. Das andere Ende des Stabs wird

in einem Tonnenfuß befestigt und die Flasche mit Schraubverschluss über den Stab gestülpt. Die Druckknopfpfanne sollte dabei auf der Nadelspitze zu liegen kommen.
Die Alufolie wird in zwei gleiche Stücke zerschnitten. Sie werden so oft gefaltet, bis sie noch ca. 2 cm breit und ca. 10 cm lang sind. Im Abstand von ca. 1 cm werden von einer Seite her etwa 6 Stecknadeln längs der Mittellinie des Streifens durch die Folie gesteckt (siehe Abb. 2).

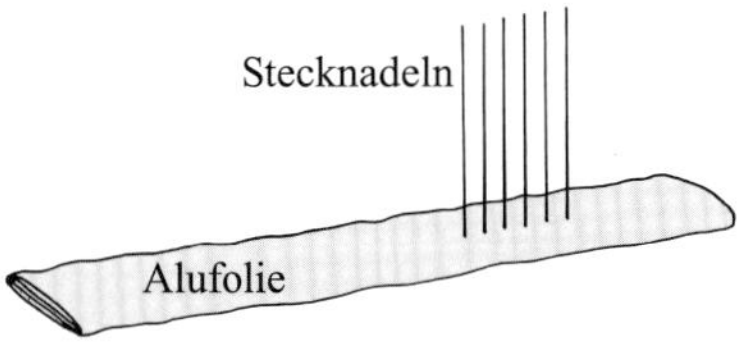

Abb. 2

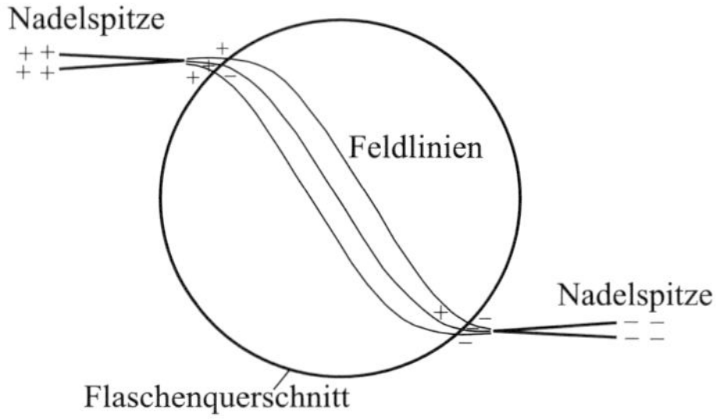

Abb. 3

Diese Aluminiumstreifen werden auf einer Holtz'schen Klemme befestigt, die in einem Tonnenfuß steht. Die Experimentieranordnung wird gemäß der Abbildung 1 aufgebaut, wobei der Abstand zwischen Nadeln und Flasche 1 – 2 cm betragen sollte. Die Holtz'schen Klemmen werden so aufgebaut, dass die Nadeln fast tangential zur Flasche ausgerichtet sind (siehe Abb. 3). Die Holtz'schen Klemmen werden an die Hochspannung angeschlossen, wobei die eine Klemme auf Erdpotenzial liegt. Bei 10 kV beginnt sich die Flasche zu drehen und wird zusehends schneller.

Erklärung

Die Feldlinien des elektrischen Feldes verlaufen von der positiv geladenen Holtz'schen Klemme, insbesondere von den daran über die Alufolie befestigten Nadelspitzen, zu den negativ geladenen Nadelspitzen. Die Feldlinien durchdringen die zwischen den Klemmen stehende Plastikflasche, die als Dielektrikum polarisiert wird. Durch die große Feldstärke an den Spitzen können Ladungen aus den Spitzen austreten, die den Feldlinien folgen und so auf die Flasche treffen. Die so entstehenden lokalen Überschussladungen auf der Flasche stoßen sich von den geladenen Nadelspitzen ab. Diese Abstoßung ruft ein Drehmoment hervor und die Flasche beginnt sich zu drehen. Die lokalen Ladungen auf der Flasche werden von den umgekehrt geladenen Nadelspitzen angezogen. Das daraus entstehende Drehmoment ist gleich dem aus der Abstoßung resultierenden Drehmoment gerichtet. Passieren die lokalen Ladungen nach einer halben Drehung die umgekehrt geladene Nadelspitze, gelangen Ladungen dieser Nadelspitze entlang den Feldlinien auf die Flasche. Die Flasche trägt nun eine lokale Ladung, die dasselbe Vorzeichen besitzt wie die Ladung der Nadelspitze. Es liegt wiederum eine Konstellation vor, wie sie in Abbildung 3 skizziert ist. Das aus der Abstoßung der lokalen Ladungen auf der Flasche und der Nadelspitze hat ein Drehmoment zur Folge, welches gleich den bisher besprochenen Drehmomenten gerichtet ist. Die Flasche gerät in immer schnellere Rotation.

Literatur

Patzig, W.; Wilke, H.-J., Physik in der Schule 31/3 (1993), S. 102-104

6.25 Ein Radio verstummt

Das Verhalten eines Radios zeigt, dass die von einem Rundfunksender ausgesandte elektromagnetische Strahlung an Metallen reflektiert wird.

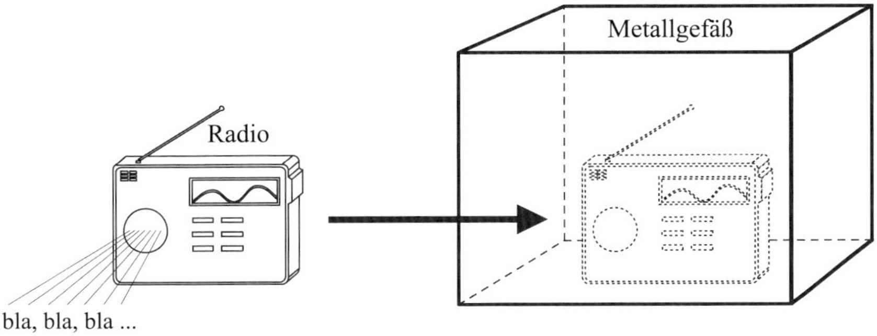

Abb. 1

Material

- kleines, batteriebetriebenes Radio
- Metallgefäß, das größer als das Radio ist, z. B. Dose, Kanister, engmaschiger Drahtkäfig oder Eimer, der mit Aluminiumfolie ausgekleidet ist

Aufbau und Durchführung

An einem Radio stellt man einen Sender mit beliebiger Frequenz (Einfluss des gewählten Wellenlängenbereichs siehe Erklärung) auf Zimmerlautstärke ein und bringt es in ein Metallgefäß, wobei der Sender verstummt. Ist er trotzdem noch zu hören, so müssen evtl. vorhandene Öffnungen mit Aluminiumfolie verschlossen werden, um eine vollständige Abschirmung zu erreichen. Steht kein Metallgefäß zur Verfügung, in welches das Radio hineinpasst, so kann man sich damit behelfen, einen Eimer mit Aluminiumfolie auszukleiden. Als Deckel verwendet man einfach ein großes Stück Aluminiumfolie. Noch einfacher ist es, das Radio direkt in Aluminiumfolie einzupacken.
Das Experiment gelingt nicht mit einem netzbetriebenen Radio, weil über das Netzkabel immer elektromagnetische Strahlung (EM-Strahlung) in das Radioinnere gelangt.

Erklärung

EM-Strahlung wird von Metallflächen unterhalb einer sehr hohen Grenzfrequenz (der so genannten Langmuir-Frequenz des Elektronengases; Größenordnung: 10^{15} Hz) reflektiert, d. h., der dahinter liegende Raum wird abgeschirmt. Da das Radio im Experiment komplett von der Außenwelt abgeschirmt ist, kann es keinen Sender mehr empfangen. Wie sehr sich Öffnungen bemerkbar machen, hängt von der verwendeten Frequenz des Senders ab. EM-Wellen höherer Frequenz (entspricht kleinerer Wellenlänge) durchdringen eine Öffnung leichter als EM-Wellen niedriger Frequenz. Das Experiment ist daher mit einem Mittelwellensender (Frequenzen siehe Tab. 1) leichter durchführbar als mit einem UKW-Sender (UKW = **U**ltra-**K**urz-**W**elle).

Tabelle 1: Wellenlängen verschiedener Frequenzbereiche

	Frequenzen	Wellenlängen
Langwelle	150 – 300 kHz	1 – 2 km
Mittelwelle	500 – 1600 kHz	190 – 600 m
Kurzwelle	5,9 – 26,1 MHz	11,5 – 51 m
UKW	87,5 – 108 MHz	2,8 – 3,4 m

Dies beantwortet auch die Frage, warum ein Maschendrahtgitter zur Abschirmung verwendet werden kann. Ist die Wellenlänge extrem groß im Vergleich zum Maschenabstand des Gitters, so ist es für die EM-Strahlung nicht möglich, das Gitter zu passieren. Will man diese Problematik umgehen, so verwendet man am besten vollkommen geschlossene Gefäße bei der Vorführung.

Bemerkungen

Eine praktische Anwendung findet die beschriebene Abschirmung bei so genannten Koaxialkabeln, die zur Übertragung hochfrequenter Signale (z. B. Antennenkabel) benutzt werden. Ein solches Kabel besitzt um den Innenleiter ein zylindrisches Kupfergeflecht. Da sich die Signalleitung zwischen Innenleiter und innerem Zylindermantel abspielt, ist sie vollständig von äußerer Störstrahlung abgeschirmt.

Literatur

Zhu, E., The Physics Teacher 27/9 (1989), S. 686

6.26 Schläge liefern Strom

Mit dem Piezo-Zündelement eines Feuerzeuges kann eine Glimmlampe zum Aufleuchten gebracht und damit nachgewiesen werden, dass zwischen bestimmten gegenüberliegenden Seitenflächen mancher Kristalle bei mechanischem Druck eine Potenzialdifferenz entsteht.

Abb. 1

Material

- Einweg-Piezofeuerzeug
- Glimmlampe
- evtl. Kabel mit Kroko-Klemmen oder Lötkolben und Lötzinn
- evtl. 2 große Geldstücke
- evtl. Korken
- evtl. Messer und verschiedenes Werkzeug

Aufbau und Durchführung

Von einem Piezofeuerzeug wird der Zündmechanismus abgebaut, der meistens nur festgeklemmt ist und mit einem kleinen Schraubenzieher ausgehebelt werden kann. Eine Elektrode des Zündelements besitzt die Form einer Spitze und befindet sich im eingebauten Zustand in der Nähe der Düse, aus welcher das Gas ausströmt. Nimmt man das Zündelement in eine Hand und hält diese Elektrode an einen Kontakt einer Glimmlampe, während man den anderen mit der anderen Hand berührt, so leuchten beide Elektroden der Glimmlampe beim Auslösen des Zündelements kurz auf und man spürt einen leichten, aber ungefährlichen Stromschlag. Wer dies unangenehm empfindet, kann einen Kontakt der Glimmlampe erden (z. B. an einem Heizkörper), anstatt ihn mit der Hand zu berühren.

Mit etwas mehr Vorarbeit kann das Experiment auch ohne den fertigen Zündmechanismus durchgeführt werden und gewinnt damit an verblüffendem Effekt. Dazu muss aus dem Zündelement der Piezokristall ausgebaut werden, wofür sich leider kein allgemein gültiges Vorgehen angeben lässt, da es keinen einheitlichen Aufbau des Zündmechanismus gibt. Der Kristall ist meist zylinderförmig (Durchmesser: ca. 2 mm; Höhe: ca. 5 mm), besitzt eine mattgraue Farbe und sollte gefühlvoll ausgebaut werden, da er leicht bricht. Von einem Korken schneidet man eine dünne, zylinderförmige Scheibe (gleiche Höhe wie der Kristall) ab, versieht sie in der Mitte mit einem kleinen Loch und schiebt in dieses den Kristall, so dass er darin fest verankert ist und seine Enden bündig mit der Korkoberfläche sind. Das Korkstück wird zwischen zwei große Münzen gelegt, die über Kabel mit den beiden Kontakten einer Glimmlampe verbunden sind (siehe Abb. 1). Vollführt man mit einem Hammer einen sachten Schlag auf die obere Münze, so blitzt die Glimmlampe kurz auf. Um zu verhindern, dass der Piezokristall zersplittert, sollte man die Kraft des Schlages relativ klein halten.

Erklärung

Voraussetzung für das Auftreten des Piezoeffekts ist, dass ein Kristall eine polare Achse besitzt. Um diese herrscht zwar Rotationssymmetrie, aber ihre beiden Richtungen sind unter dem Gesichtspunkt der Ladungsverteilung nicht gleichwertig. Bei einer Stauchung oder Dehnung des Kristalls in Achsenrichtung werden Ladungen so verschoben, dass zwischen den Seitenflächen, welche die Achse durchdringt, eine elektrische Spannung U entsteht, die zur Deformation Δx proportional ist:

$$U = \delta \, \Delta x$$

(δ: piezoelektrischer Koeffizient, Größenordnung $10^{10}\,\frac{\text{V}}{\text{m}}$)

Obwohl die auftretenden Spannungen sehr hoch sind (mehrere kV), ist der Funkenschlag eines Piezo-Zündelements für den Menschen ungefährlich, weil die Stromstärke winzig ist.

Auch wenn sich durch $\Delta x > 0$ und $\Delta x < 0$ Potenzialdifferenzen entgegengesetzten Vorzeichens erzeugen lassen, ist der Grund, dass im Experiment beide Elektroden der Glimmlampe aufleuchten nicht eine rasch aufeinander folgende Stauchung und Dehnung des Kristalls (bezüglich der ursprünglichen Form). Im gestauchten Zustand fließen Ladungen aus den Kabeln auf die Oberflächen des Kristalls und bauen ein Gegenfeld zum elektrischen Piezofeld auf, bis dieses kompensiert ist. Dabei leuchtet eine Elektrode der Glimmlampe. Verschwindet das Piezofeld, weil der Kristall in seine Ausgangsform zurückkehrt, so herrscht zwischen den Seitenflächen eine Spannung, deren Polung umgekehrt zur aufgetretenen Piezospannung ist. Durch erneuten Ladungsausgleich fließt ein Strom in entgegengesetzter Richtung und die andere Elektrode der Glimmlampe leuchtet auf. Die zeitliche Abfolge des Aufleuchtens der einzelnen Elektroden während des Hammerschlags ist jedoch zu kurz, um vom menschlichen Auge wahrgenommen zu werden.

Bemerkungen

Der Entdecker des piezoelektrischen Effekts ist der französische Physiker *Pierre Curie* (1859-1906), der 1880 bemerkte, dass zwischen bestimmten gegenüberliegenden Seitenflächen eines Quarzkristalls eine elektrische Spannung auftritt, wenn man auf dieselben Flächen einen Druck ausübt.

Die heute am meisten verwendeten Piezomaterialien sind Quarz, Turmalin und Bariumtitanat ($BaTiO_3$), aber auch verschiedene Piezokeramiken. Technische Anwendung findet der Piezoeffekt in der Elektroakustik, z. B. bei Mikrofonen oder Schallplatten-Tonabnehmern. Dabei wird eine mechanische Schwingung in ein elektrisches Signal umgewandelt. Auch die Umkehrung des Piezoeffekts, nämlich die Verformung eines Körpers durch Anlegen einer Spannung, wird technisch genutzt (z. B. Kopfhörer, Schwingquarze).

Literatur

Wittmann, J.: Trickkiste 2, Verblüffende Experimente zum Selbermachen, Bayerischer Schulbuch Verlag, München 1993

zur Erklärung:

Vogel, H.; Gerthsen C.: Physik, Ein Buch zum Gebrauch neben Vorlesungen, Springer Verlag, Berlin 1993, S. 294

6.27 Der leuchtende Würfelzucker

Beim Zerkleinern eines Stücks Würfelzucker wird eine Leuchterscheinung beobachtet.

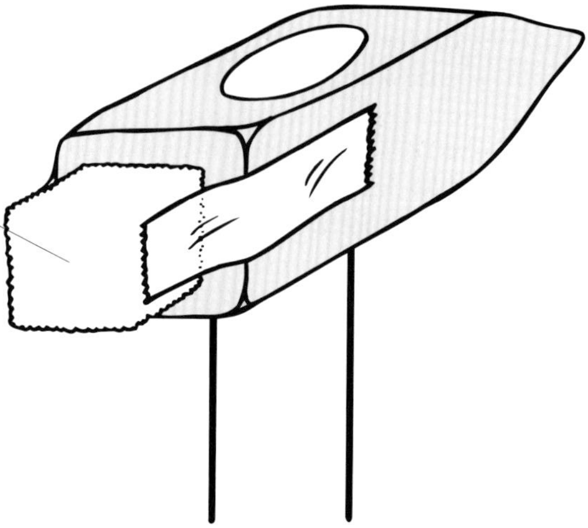

Abb. 1

Material

- Würfelzucker
- Hammer
- feste Unterlage

Aufbau und Durchführung

In einer völlig dunklen Umgebung schlägt man mit einem Hammer auf ein Stück Würfelzucker. Von der Stelle, an der der Hammer die Zuckerkristalle unter sich zermalmt, geht kurzzeitig ein blaues Leuchten aus.

Erklärung

Beim Zerkleinern der Zuckerkristalle mit dem Hammer entstehen auf Grund des ungeordneten Auseinanderreißens der Kristallstrukturen viele elektrisch geladene Mikropartikel. Freie Elektronen, die in den dadurch erzeugten elektrischen Feldern beschleunigt werden, treffen auf ihrer Bahn durch die luftgefüllten Zwischenräume der Kristallreste auf Stickstoffmoleküle. Die Stickstoffmoleküle absorbieren bei solchen Stoßprozessen Energie, die sie in Form von Licht abstrahlen. Der Hauptanteil dieser Strahlung liegt im für den Menschen nicht wahrnehmbaren ultravioletten Bereich des elektromagnetischen Spektrums, aber ein kleinerer Teil wird vom menschlichen Auge als blauer Lichtblitz wahrgenommen. Die einzelnen Lichtblitze sind nur von sehr kurzer Dauer (ca. $1 \cdot 10^{-6}$ s). Das Leuchten unter dem Hammer ist also eher als „Gewitter“ zu bezeichnen, da es von einer großen Anzahl kleiner Blitze in rascher Folge hervorgerufen wird. Das Phänomen von Leuchterscheinungen beim Aufreißen von Kristallstrukturen heißt Tribolumineszenz, nach dem griechischen Wort „tribein“ für reiben.

Bemerkungen

Für die Wahrnehmung des Leuchtens ist ein nachbildfreies Auge vonnöten, d. h. unmittelbar vor dem Experiment sollte man nicht in Lichtquellen oder blendende Oberflächen schauen, da sonst das zu beobachtende Leuchten im „Untergrundrauschen“ der Nachbilder untergeht. Die Umgebung sollte total dunkel sein, also etwa ein Hörsaal mit herabgelassenen Verdunkelungsjalousien, eine Dunkelkammer bei ausgeschaltetem Rotlicht, ein Keller ohne Oberlicht oder eine Neumondnacht fernab von leuchtenden Zeugnissen der Zivilisation. Dem Auge muss ausreichend Zeit zur Akkommodation gegeben werden. Damit man mit dem Hammer im Dunkeln auch den Zucker gut trifft, kann man den Zuckerwürfel wie in Abbildung 1 gezeigt mit etwas Klebeband am Hammer befestigen. Als Untergrund bietet sich am ehesten der Fußboden an. Es ist nicht so, dass das Leuchten zu schwach wäre, um nicht auch in leicht dämmriger Atmosphäre beobachtet werden zu können. Da es aber gerade bei diesem Experiment bei unvorbereiteten Beobachtern (d. h. Beobachtern mit „lichtverschmutzten“ Augen) immer zwei Gruppen geben wird, von denen die eine behauptet, nichts gesehen zu haben, und die andere das Gegenteil schwört, ist es sinnvoll, das Experiment lieber einmal mit ausreichender Vorbereitungszeit durchzuführen, als mehrmals unter nur teilweise begünstigenden äußeren Bedingungen. Scharen sich im Dunkeln mehrere Personen um die Aufschlagstelle des Hammers, mag der ein oder andere natürlich evtl. nur deshalb nichts wahrgenommen haben, weil der Hinterkopf des Vordermannes für luftgefüllten Raum gehalten wurde.
Die Tribolumineszenz wurde bereits im 17. Jahrhundert beschrieben, beispielsweise in den Berichten der Akademie von Florenz (hier zitiert in der freien Übersetzung von [*Walker* 1982]): „Über leuchtende Körper“, „… außer Feuersteinen gibt es noch weitere Körper, die Licht enthalten und aufleuchten, wenn man sie im Dunkeln aneinander schlägt oder zerbricht. Dazu gehören unter anderem Zuckerhut, gestoßener weißer Zucker und Steinsalz. Zerreibt man dieses Material, so beleuchtet sein Licht das Innere des Mörsers und man kann deutlich die Form des Pistills ausmachen.“ Der irische Naturwissenschaftler *Robert Boyle* (1627-1691) bemerkte, dass (hier zitiert nach [*Ingram* 1992]): „Zuckerbrocken, die geschickt mit einem Messer geschabt werden, Lichtfunken erzeugen“. Die genauere Erklärung des Phänomens gelang erst in unserem Jahrhundert. Gesichert ist mittlerweile, dass das Leuchten tatsächlich von Stickstoffmolekülen ausgeht, da zum einen die Leuchterscheinung im Vakuum mit zunehmender Güte des Vakuums, also abnehmender Stickstoffmolekül-Anzahl, geringer wird und schließlich ganz verschwindet, und zum anderen das Leuchten in einer Neonatmosphäre im roten Bereich des Farbspektrums liegt, was auf eine Anregung der Neonatome zurückzuführen ist. Außerdem stellt man fest, dass von Kristallen, die in verschiedenen Modifikationen auftreten, nur diejenigen mit polaren Raumgruppen Tribolumineszenz zeigen.
Ebenfalls unter dem Stichwort Tribolumineszenz werden Leuchterscheinungen beim Abreißen von Klebestreifen von ihrer Unterlage geführt, für das einerseits wieder die Stik-

kstoffmoleküle der Luft, aber andererseits auch die Moleküle des Klebestreifens oder der Unterlage verantwortlich sind, die von Elektronen angeregt werden und beim Übergang in ihren ursprünglichen Zustand Licht emittieren. Von Interesse mag sein, dass in einem Leserbrief zum Artikel [*Walker* 1988] eine weitere Alternative genannt wird: „Reißt man in einem dunklen Raum die weißen Briefumschläge am selbstklebenden Falz auf, so sieht man im Trennspalt eine deutliche Lichterscheinung. An braunen Briefumschlägen habe ich sie noch nicht bemerkt. Vermutlich verstärkt der optische Aufheller im weißen Papier die Wahrnehmbarkeit der Erscheinung." [*Lamprecht* 1988]

Eine Filmaufnahme dieses Phänomens war Bestandteil der am 23. 2. 1997 im ZDF ausgestrahlten Sendung „Die Knoff-Hoff Show".

In der angegebenen Literatur finden sich darüber hinaus Beschreibungen, dass die Triboluminescenz auch beim Zerbeißen zuckerhaltiger Bonbons vor dem Spiegel des abgedunkelten Badezimmers beobachtet werden kann.

[*Ingram* 1992] schließt mit den Worten: „Hätte ich schon damals um diese Vorgänge gewusst, als ich mir immer neue Gründe ausdenken musste, um jemanden zu überreden, mit mir in einen kleinen dunklen Raum zu gehen."

Literatur

Walker, J., Spektrum der Wissenschaft 9 (1982), S. 120-126

Lamprecht, J., Spektrum der Wissenschaft 7 (1988), S. 3

Walker, J., Spektrum der Wissenschaft 2 (1988), S. 130-133

Falbe, J; Reignitz, M.: Römpp Chemie Lexikon T-Z, Georg Thieme Verlag, Stuttgart New York 1992

Ingram, J.: Wie man trocken durch den Regen läuft und andere Phänomene des täglichen Lebens, Knaur, München 1992

6.28 Leuchtendes Lametta

Durch das Schmelzen eines Lamettafadens wird die Wärmewirkung des elektrischen Stroms demonstriert.

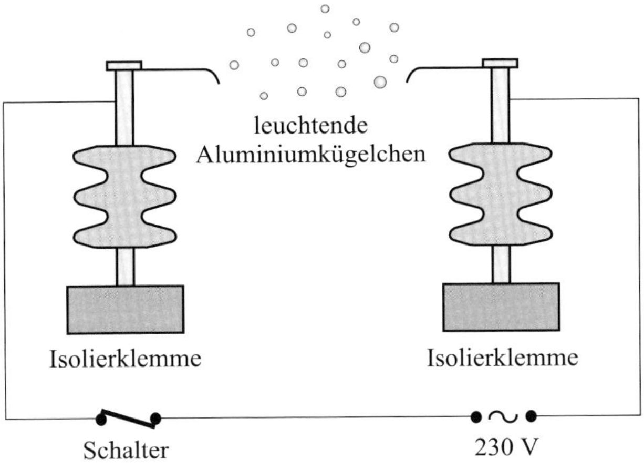

Abb. 1

Material

- Alufolie oder Lametta
- 2 Isolierklemmen
- 2 Experimentierkabel
- Schalter
- evtl. feuerfeste Unterlage

Aufbau und Durchführung

Zwischen zwei Isolierklemmen wird ein ca. 30 cm langer und 0,5 cm breiter Streifen Alufolie gespannt. Diesen schließt man über einen Schalter an 230 V Netzspannung an. Wird der Stromkreis geschlossen, so schmilzt der Aluminiumstreifen und es bilden sich kleine glühende Kügelchen. Die Tischplatte sollte man durch eine Unterlage vor den heißen Aluminiumkügelchen schützen.

Erklärung

Der spezifische Widerstand von Aluminium beträgt $0{,}028 \cdot 10^{-6}\ \Omega\text{m}$ (bei 18 °C). Wird der Aluminiumstreifen an 230 V angeschlossen, so fließt ein relativ hoher Strom. Die elektrische Energie wird in den Leitungsdrähten und im Aluminiumstreifen in innere Energie umgewandelt. Der Aluminiumstreifen wird dadurch so stark erwärmt, dass er sofort zu glühen beginnt und schmilzt. Der Stromkreis wird dadurch unterbrochen, so dass die Leitungsdrähte vor einer zu starken Erwärmung geschützt werden. Auf diesem Prinzip basiert die Wirkungsweise einer Schmelzsicherung

Bemerkungen

Ein ähnliches Experiment zur gleichen Thematik ist „Die Glühwendel".

Literatur

Zeier, E.: Physikalische Schulversuche, Freihandversuche, kleine Experimente, Aulis Verlag Deubner, Köln 1986

6.29 Die Glühwendel

Durch das Glühen einer Drahtwendel wird die Wärmewirkung des elektrischen Stroms und die Funktionsweise einer Glühbirne demonstriert.

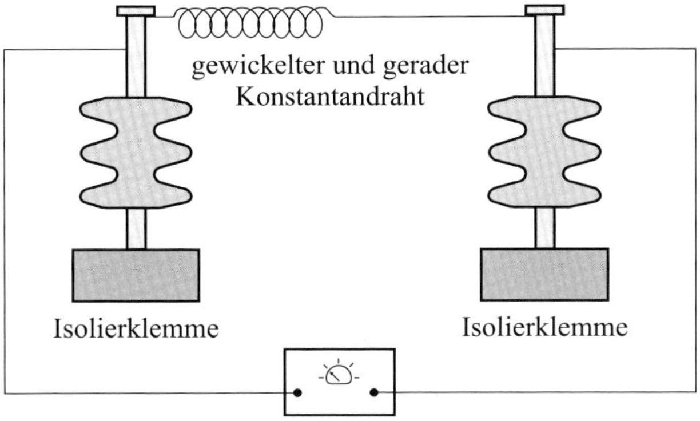

Abb. 1

Material

- 2 Isolierklemmen
- 2 Experimentierkabel
- Konstantandraht (Länge: ca. 2 m; Durchmesser: 0,5 mm)
- regelbare Stromquelle (30 V)

Aufbau und Durchführung

Ein ca. 2 m langer Konstantandraht wird zur Hälfte um einen Bleistift gewickelt, so dass die Windungen dicht nebeneinander liegen, sich aber nicht berühren. Die andere Hälfte des Drahtes bleibt gerade. Der Draht wird zwischen zwei Isolierklemmen gespannt und an eine regelbare Stromquelle angeschlossen (siehe Abb. 1). Erhöht man langsam die Stromstärke, beginnt der gewickelte Teil des Drahtes zu glühen, während man am geraden Teil keine Veränderung bemerkt. Die Stromstärke, ab der der gewickelte Teil des Drahtes zu glühen beginnt, ist davon abhängig, wie dicht nebeneinander die Windungen der Drahtwendel liegen.

Erklärung

Mit dem gewickelten Konstantandraht lässt sich die Wirkungsweise einer Glühwendel in einer Glühbirne zeigen. Die elektrische Energie wird im Draht in innere Energie umgewandelt und der Draht dadurch erwärmt (siehe Experiment „Leuchtendes Lametta"). Die entsprechende Heizleistung ist nach dem Gesetz von Joule für den geraden und den gewickelten Teil des Drahts gleich.

Die vom elektrischen Strom erzeugte Wärme wird vom Draht vor allem durch Wärmestrahlung abgegeben. Beim gewickelten Teil des Drahts wird die abgestrahlte Energie einer Windung von den benachbarten Windungen teilweise wieder absorbiert, so dass sich die Windungen gegenseitig heizen. Beim geraden Drahtstück hingegen wird die Wärme in die umgebende Luft abgestrahlt. Dadurch hat die Drahtwendel gegenüber dem geraden Drahtstück einen geringeren Wärmeverlust und somit bei gleicher Stromstärke eine höhere Temperatur, so dass sie bei niedrigeren Strömen zu glühen beginnt als der gerade Teil des Drahtes.

Literatur

Zeier, E.: Physikalische Schulversuche, Freihandversuche, kleine Experimente, Aulis Verlag Deubner, Köln 1986

6.30 Welche Lampe leuchtet am hellsten?

Die Aufteilung einer angelegten Spannung auf verschieden große Widerstände bei einer Reihenschaltung wird im Experiment verdeutlicht.

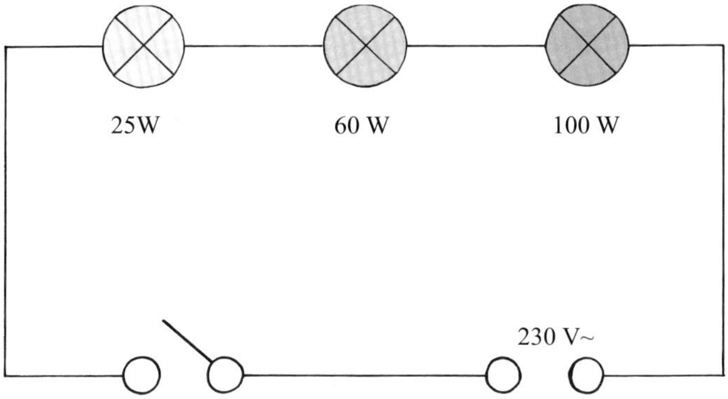

Abb. 1

Material

- 3 Glühlampen für 230 V mit unterschiedlichen Watt-Angaben, z. B. 25 W, 60 W und 100 W
- 3 passende Lampenfassungen
- passende Kabel
- Schalter für 230 V oder schaltbare Steckdose

Aufbau und Durchführung

Beim Experimentieren mit Netzspannung sind die üblichen Vorsichtsmaßnahmen zu beachten. Am besten arbeitet man mit einer schaltbaren Steckdose. Arbeiten an der Schaltung sind zur eigenen Sicherheit nur im spannungslosen Zustand zu verrichten.
Man baut die in Abbildung 1 gezeigte Schaltung auf. Nach Einschalten der Netzspannung und Betätigung des Schalters leuchtet erstaunlicherweise die Lampe, die auf dem Lampenkolben die geringste Watt-Angabe aufgedruckt hat, am hellsten, dann folgt die Lampe mit der mittleren Watt-Angabe, und die Lampe mit der größten Watt-Angabe leuchtet fast gar nicht mehr und wird nur leicht warm, was man durch Anfassen mit einer Hand feststellen kann.

Erklärung

Bei der Reihenschaltung werden alle Lampen von Strom gleicher Stärke durchflossen, die Spannung von 230 V teilt sich dagegen auf alle drei Lampen auf. Die Watt-Angaben der Lampen beziehen sich auf eine Nennspannung von 230 V. Da

$$P = \frac{U^2}{R}$$

(P: Leistung; U: Spannung; R: Widerstand)

gilt, besitzt die Lampe mit der höchsten Watt-Angabe den geringsten Widerstand, die mit der kleinsten Watt-Angabe den größten Widerstand.
Bei der Reihenschaltung fließt durch alle Lampen der gleiche Strom I, für die elektrische Leistung P jeder Lampe gilt $P = UI$. Die an jeder Lampe abfallende Spannung U ist dabei proportional zum Widerstand R der Lampe. An der Lampe mit der kleinsten Watt-Angabe fällt also die größte Spannung ab, da sie den größten Widerstand besitzt. Ihre elektrische Leistung ist also am größten und sie leuchtet somit am hellsten (je größer die elektrische Leistung, desto heller leuchtet die Lampe). Entsprechend ihrem kleineren Widerstand sind die anderen beiden Lampen dunkler, die Lampe mit der höchsten Watt-Angabe hat gegenüber den anderen Lampen einen so geringen Widerstand, dass ihre Wendel nur gering erwärmt wird und beim Glühen kaum mehr Licht im sichtbaren Bereich, sondern hauptsächlich Wärme abstrahlt.

Bemerkungen

Das Experiment zeigt, dass es bei Lampen neben der Watt-Angabe, die auf den Verkaufspackungen angegeben wird, auch noch auf die Spannung ankommt, bei der diese Leistung erreicht wird. Eine Deklaration als 100 W-Birne, ohne Angabe der zu verwendenden Spannung, ist vollkommen sinnlos. Im Übrigen beziehen sich die Leistungsangaben bei Lampen auf die erbrachte elektrische Leistung, die abgestrahlte Lichtleistung ist nur ein Bruchteil davon (ca. 1 – 10 %).
Heutzutage werden oft so genannte Halogenlampen mit einer Betriebsspannung von 12 V verwendet. Bei gleicher elektrischer Leistung wie eine 230 V Glühlampe haben sie einen geringeren Widerstand und somit eine wesentlich dickere Glühwendel. Die dickere Glühwendel lässt sich auf höhere Temperatur erhitzen, ohne ihre mechanische Festigkeit zu verlieren. Daher ist der Wirkungsgrad für Licht bei einer Niedervoltlampe höher als der von Lampen für 230 V. Zudem sind diese Niedervoltlampen mit einem Halogengasgemisch gefüllt.
Verdampfende Metallatome der Glühwendel werden von den Halogengasmolekülen gebunden, die gebundenen Metallatome lagern sich bei Berührung wieder an der Glühwendel ab, und das Halogen wird wieder frei. Dieser Vorgang verhindert die Trübung des Lampenglases durch Ablagerung von abgedampften Metallatomen, erhöht also die Einsatzdauer bei nahezu konstanter Lichtausbeute.

Literatur

Melenk, H.; Runge U.: Verblüffende physikalische Experimente, Aulis Verlag Deubner, Köln 1991

6.31 Ein Mikrofonmodell

Der Schalldruck presst Bleistiftminen unterschiedlich stark aufeinander und verändert dadurch den elektrischen Kontaktwiderstand zwischen den Minen.

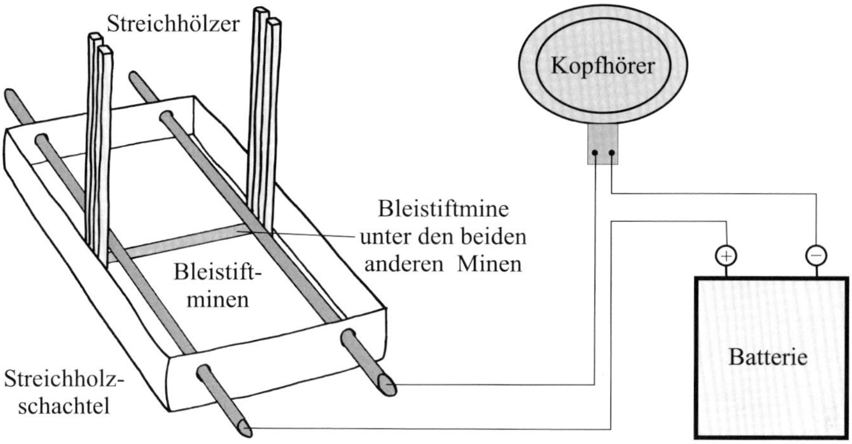

Abb. 1

Material

- Kopfhörer (Widerstand (Impedanz): ca. 2 kΩ)
- 2 Bleistiftminen (Durchmesser: 3,3 mm; Härte: 6B) oder größere und härtere Bleistiftminen
- Flachbatterie (4,5 V)
- Innenteil einer Streichholzschachtel
- Streichhölzer
- 4 Kroko-Klemmen
- 3 Kabel

Aufbau und Durchführung

In eine Streichholzschachtel sticht man vier Löcher so, dass man durch sie zwei Bleistiftminen entlang der Längsachse parallel zueinander durchstecken kann (siehe Abb. 1). Die beiden Minen sollten möglichst großen Abstand voneinander haben. Zwischen den beiden Minen und dem Schachtelboden muss noch Platz für ein frei bewegliches Stück Mine sein. Dieses Minenstück wird von einer der langen Minen abgebrochen. Es muss etwa so lang sein, wie die Schachtel breit ist. Dieses Stück wird quer unter die ersten beiden Minen gelegt und mit vier Streichhölzern in der Mitte der Schachtel dadurch fixiert, dass die Streichhölzer mit dem Fuß von unten durch den Schachtelboden gebohrt werden, wobei die Steichholzköpfe nicht durch den Boden rutschen dürfen (siehe Abb. 1). Der Schachtelboden wird um 180° gedreht, so dass die Schachtelöffnung nach unten

zeigt (Abbildung 1 zeigt die noch nicht gedrehte Streichholzschachtel!). Die beiden längeren Bleistiftminen werden in Reihe an eine Batterie (siehe Abb. 1) und an einen Kopfhörer angeschlossen. Die Kabel zum „Kohlemikrofon“ werden an einer Seite der Schachtel über zwei Kroko-Klemmen an die zwei Bleistiftminen angeschlossen.
Legt man die Lippen auf den Schachtelboden und beginnt man laut zu summen oder zu singen, so kann man diese Klänge auch im Kopfhörer hören.

Erklärung

Der Streichholzschachtelboden dient als Membran und verstärkt den Schalldruck. Durch den Schalldruck wird die quer gelagerte Mine unterschiedlich stark an die beiden anderen Minen gedrückt. Dies hat eine Veränderung des elektrischen Kontaktwiderstandes zwischen den drei Minenstücken und damit eine Änderung der Stromstärke zur Folge. Die Änderung der Stromstärke wird im Kopfhörer in akustische Schwingungen umgesetzt.

Literatur

Göbel, R.; Haubold, K., Physik in der Schule 23/12 (1985), S. 490-495

6.32 Eine Bleistiftmine als Potenziometer

Eine Bleistiftmine wird als Helligkeitsregler (Dimmer) für eine Glühlampe verwendet.

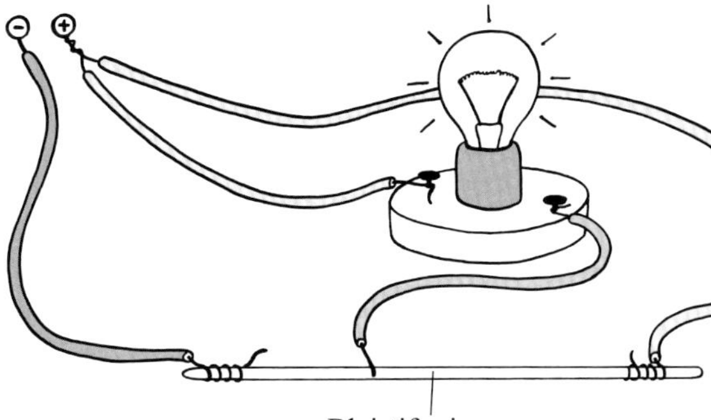

Abb. 1

Material

- Bleistiftmine (Länge: 10 cm; Durchmesser: ca. 2 mm)
- Glühbirnchen (Leistung: 1 W bei ca. 2 V)
- evtl. Fassung für das Glühbirnchen
- passende, am besten regelbare Spannungsquelle oder Batterie
- passende Kabel, Drähte, Kroko-Klemmen o. Ä.

Aufbau und Durchführung

An beiden Anschlüssen eines Glühbirnchens werden Kabel angebracht, ein Kabel wird mit dem Plus-Pol einer Spannungsquelle verbunden, das andere wird mit seinem leitenden offenen Ende (evtl. abisolieren) als Schleifkontakt verwendet. Mit weiteren Kabeln verbindet man die Enden der Bleistiftmine mit den Polen der Spannungsquelle (Schaltung siehe Abb. 1). Man stellt die auf dem Glühbirnchen angegebene Spannung an der Spannungsquelle ein und berührt mit dem Schleifkontakt die Bleistiftmine. Das Glühbirnchen brennt, abhängig von der Strecke zwischen dem Stromanschluss der Bleistiftmine, der mit dem Minus-Pol der Spannungsquelle verbunden ist, und dem Schleifkontakt, unterschiedlich hell: je kürzer die Strecke, desto heller. Evtl. muss man die anliegende Spannung etwas verändern, um optimale Ergebnisse (deutliche Veränderung der Helligkeit des Glühbirnchens beim Verschieben des Schleifkontaktes) zu erreichen. Die Experimentanordnung stellt also einen einfachen Dimmer für das Glühbirnchen dar. Es ist auch darauf zu achten, dass die Bleistiftmine nicht zu lange mit der Spannungsquelle in Verbindung bleibt, da sie sich auf Grund ihres Widerstandes stark erhitzen kann.

Erklärung

Die Bleistiftmine besteht zum Teil aus leitfähigem Grafit (sein Anteil ist abhängig vom Härtegrad, z. B. hat eine HB-Bleistiftmine einen geringeren Grafitanteil als eine 3B-Mine). Sie besitzt deshalb einen längenabhängigen Widerstand (eine 10 cm lange HB-Mine mit einem

Durchmesser von 2 mm hat einen Widerstand von ca. 20 Ω). Im Experiment wird die Bleistiftmine wie ein Potenziometer in einer Spannungsteilerschaltung verwendet. Mit dem Schleifkontakt werden unterschiedliche Längen abgegriffen und so die abgegriffene Spannung variiert. Je nach Länge des abgegriffenen Bleistiftstücks und damit je nach Größe der am Glühbirnchen liegenden Spannung leuchtet das Lämpchen unterschiedlich hell. Da zudem das Glühbirnchen (als Last) einen stark von der anliegenden Spannung abhängigen Widerstand besitzt (der Glühdraht besitzt bei größerer Temperatur einen größeren Widerstand), kann man über Variation der Spannung die Spannungsaufteilung zwischen Glühlämpchen und Bleistiftmine optimieren (bei einem Spannungsteiler soll der Lastwiderstand wesentlich größer als der Widerstand sein, der zur Spannungsteilung dient), um gute Ergebnisse, d. h. eine deutlich wahrnehmbare Helligkeitsveränderung, zu erhalten.

Bemerkungen

Die Bleistiftmine wird im Experiment wie ein Potenziometer verwendet. Zwar kann man mit dieser Schaltung das Glühlämpchen in seiner Helligkeit verändern, sie ist jedoch als richtige Dimmerschaltung völlig ungeeignet. Auch wenn die Lampe dunkel sein soll, fließt ein Strom über das Potenziometer, und es wird somit sinnlos Energie verbraucht. Zudem ist die thermische Belastung des Potenziometers bei höheren Leistungen nicht zu unterschätzen. Deshalb werden als Dimmer für Lampen andere Schaltungen eingesetzt. Verbreitet sind heute zwei Typen: Zum einen verwendet man Transformatoren mit veränderlicher Sekundärwicklungszahl. Die Spannung an der Sekundärwicklung ist somit regelbar, die zu dimmende Lampe wird an der Sekundärwicklung angeschlossen. Bei höheren Lampenleistungen (1 kW oder mehr) ist der Bau eines entsprechenden Transformators jedoch aufwendig und nicht gerade billig. Deshalb wird häufig eine so genannte Phasenanschnittsteuerung verwendet. Die Funktionsweise dieser aus elektronischen Bauteilen bestehenden Schaltung kann man sich vereinfacht wie folgt vorstellen: Über einen elektronisch gesteuerten Schalter (Triac oder Thyristor) wird der Strom zur Lampe in sehr kurzen Abständen (ca. 0,01 s) an- und ausgeschaltet. Je nach Verhältnis der Zeitdauer *mit* Stromfluss durch die Lampe zur Zeitdauer *ohne* Stromfluss durch die Lampe brennt die Lampe unterschiedlich hell. Da der Glühdraht der Lampe bei kurzen Stromunterbrechungen nicht merklich abkühlt und das menschliche Auge träge ist, ist kein Flackern der Lampe trotz des dauernden Ein- und Ausschaltens zu bemerken. Bei der üblicherweise verwendeten Wechselspannung zum Betrieb einer Lampe wird als Einschaltzeitpunkt die Phase des Nulldurchgangs der Sinusspannung gewählt und der Ausschaltzeitpunkt je nach gewünschtem Ergebnis innerhalb der gleichen Periode bei einer anderen Phasenlage. Daher der Name Phasenanschnittsteuerung.

Literatur

Baker, W.; Haslam, A.: Wir spielen und experimentieren: Batterien, Birnchen und Magnete, ars edition, München 1993

zu Bemerkungen:

Stöcker, H.: Taschenbuch der Physik, Formeln, Tabellen, Übersichten, Verlag Harri Deutsch, Thun und Frankfurt/Main 1994, S. 764

6.33 Strom durch Wärme

Zwischen zwei Berührungsstellen zweier verschiedener Metalle entsteht eine Spannung, wenn man eine Berührungsstelle erwärmt oder abkühlt.

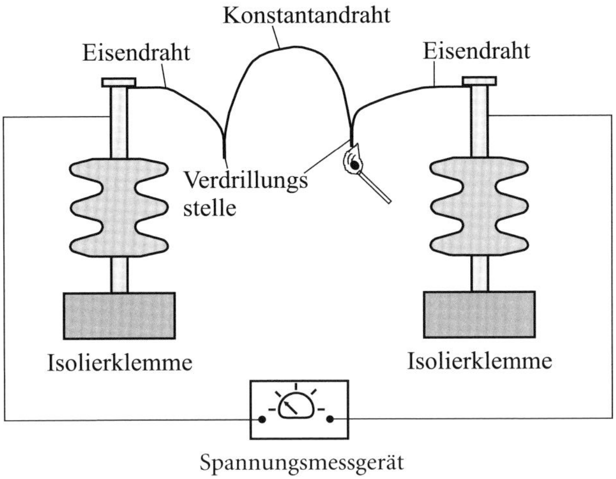

Abb. 1

Material

- Konstantandraht (Länge: ca. 20 cm; Durchmesser: 0,5 mm)
- Eisendraht (Länge: ca. 40 cm; Durchmesser: 0,5 mm)
- Spannungsmessgerät (im mV-Bereich)
- Experimentierkabel
- Streichholz oder Feuerzeug
- evtl. 2 Isolierklemmen
- evtl. Hammer oder Lötkolben und Lötzinn

Aufbau und Durchführung

Der Eisendraht wird in der Mitte auseinander geschnitten, so dass man zwei 20 cm lange Stücke erhält. Diese werden mit den Enden des Konstantandrahtes jeweils auf ca. 5 cm Länge verdrillt. Der Kontakt zwischen beiden Metallen erhöht sich, wenn man mit einem Hammer auf die Verdrillungsstellen schlägt oder die Drähte zusammenlötet. Die freien Enden des Eisendrahtes werden in je eine Isolierklemme gespannt und ein Spannungsmessgerät mit den Klemmen verbunden (siehe Abb. 1).

Hält man ein brennendes Streichholz unter eine Verbindungsstelle der beiden Drähte, so zeigt das Messgerät eine Spannung an. Bei einem Messgerät, das im μV-Bereich anzeigt, ergibt sich bereits ein Ausschlag, wenn man sich einer Kontaktstelle mit der Hand nähert. Die Spannung ändert ihr Vorzeichen, wenn man die Verbindungsstelle nicht erwärmt, sondern abkühlt oder die andere Verbindungsstelle erwärmt.

Erklärung

Durch das Verdrillen der Drähte wird ein guter Kontakt zwischen den beiden Metallen hergestellt. Da die Fermi-Grenze von Eisen höher liegt als die von Konstantan, gehen Elektronen vom Eisen zum Konstantan über. Es bildet sich eine Kontaktspannung ΔU zwischen den beiden Metallen aus, die gleich der Differenz der Fermi-Niveaus ist. Diese lässt sich näherungsweise aus den Teilchenzahldichten der Elektronen in den beiden Metallen angeben:

$$\Delta U = \frac{kT}{e} \ln \frac{n_2}{n_1}$$

(n_1, n_2: Teilchenzahldichten der Elektronen in Eisen und Konstantan; T: absolute Temperatur der Verdrillungsstelle; e: Elementarladung; k: Boltzmann-Konstante)
An der anderen Verdrillungsstelle bildet sich die gleiche Kontaktspannung aus. Wird eine Kontaktstelle erwärmt, während die andere auf Zimmertemperatur bleibt, so sind die Kontaktspannungen an beiden Verdrillungsstellen unterschiedlich hoch. Die Differenz der beiden Kontaktspannungen ist die Thermospannung, die nur vom Temperaturunterschied der beiden Verdrillungsstellen und den verwendeten Materialien abhängt.
Bei der Verbindung Eisen/Konstantan beträgt die Thermospannung ca. $\frac{5{,}4 \text{ mV}}{100 \text{ K}}$, für Kupfer/Konstantan beträgt sie $\frac{4{,}3 \text{ mV}}{100 \text{ K}}$.

Bemerkungen

Hält man eine Verdrillungsstelle in Eiswasser, die andere in kochendes Wasser, lässt sich das Thermoelement kalibrieren und kann als Thermometer verwendet werden. Ein solches Thermometer bietet den Vorteil, dass die Thermospannung über einen großen Temperaturbereich proportional zur Temperaturdifferenz zwischen den Verbindungsstellen zunimmt (für Eisen/Konstantan von – 200 °C bis 800 °C). Es hat den Nachteil, dass man nur Temperaturdifferenzen zwischen den Verdrillungsstellen messen kann.
Da bei der Messung eine Verdrillungsstelle stets auf einer konstanten Temperatur gehalten werden muss, ist es bei der Verwendung eines Thermoelements als Thermometer praktischer, die Drähte nur an einer Stelle zu verdrillen und die Kontaktspannung zu messen, um so Absolutwerte der Temperatur zu erhalten. Vorteile solcher Thermoelement-Thermometer sind eine geringe Größe, geringe Wärmekapazität und die Möglichkeit, das Anzeigegerät getrennt vom Thermoelement aufzustellen, um so auch Temperaturen an schwer zugänglichen Stellen messen zu können.

Literatur

Zeier, E.: Physikalische Schulversuche, Freihandversuche, kleine Experimente, Aulis Verlag Deubner, Köln 1986
Bublath, J.: Das neue Knoff-Hoff Buch, Wilhelm Heyne Verlag, München 1989
Wittmann, J.: Trickkiste 2, Verblüffende Experimente zum Selbermachen, Bayerischer Schulbuch Verlag, München 1993
Vogel, H.: Gerthsen Physik, Springer Verlag, Berlin 1995, S. 343

6.34 Licht durch Salz

Mit Salzwasser lässt sich ein elektrischer Stromkreis schließen.

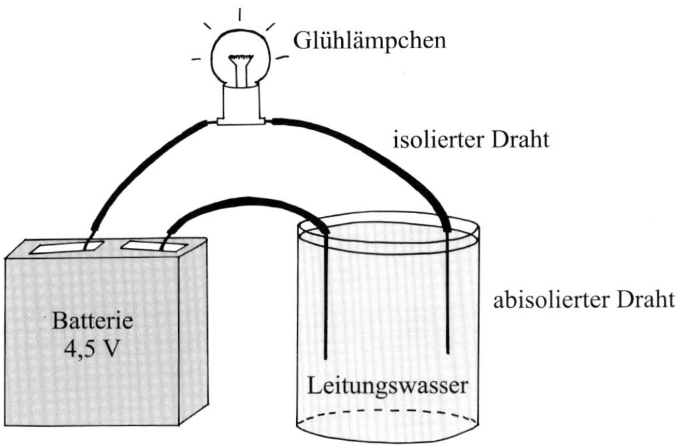

Abb. 1

Material

- Flachbatterie (4,5 V)
- Glühlampe (2 W)
- isolierter Draht oder Experimentierkabel
- Trinkglas oder Becher
- Kochsalz

Aufbau und Durchführung

Ein Trinkglas wird mit Leitungswasser gefüllt. Von drei ca. 20 cm langen Drahtstücken entfernt man von den Enden die Isolierung. Von einem Draht verbindet man ein Ende mit einem Pol einer Batterie, das andere Ende lässt man in das Wasser hängen. Ein zweites Stück Draht wird mit einem Ende an einer Glühlampe befestigt, das andere Ende lässt man ebenfalls in das Wasser hängen. Verbindet man mit dem dritten Drahtstück den anderen Pol der Batterie mit der Glühlampe (siehe Abb. 1), so leuchtet diese nicht. Erst wenn man Kochsalz in das Wasser streut, beginnt sie zu leuchten. Je mehr Salz man in das Wasser gibt, umso heller leuchtet die Glühlampe.

Erklärung

Im Wasser wird der elektrische Strom durch Ionen transportiert. Die Leitfähigkeit ist unter anderem durch die Teilchenzahldichten von Kationen und Anionen im Wasser bestimmt. Im Leitungswasser sind in der Regel zu wenig freie Ladungsträger vorhanden, so dass die Leitfähigkeit und damit die Stromstärke zu niedrig ist, um die Lampe zum Leuchten zu bringen. Durch die Zugabe von Kochsalz wird die Anzahl der Ladungsträger erhöht, indem sich das Kochsalz im Wasser in Na^+- und Cl^--Ionen spaltet. Durch

das angelegte elektrische Feld bewegen sich die Ionen zu den Elektroden und werden dort neutralisiert. Die Cl^--Ionen geben an der Anode ihre Ladung ab und es entsteht Chlor, das sich zum Teil im Wasser löst, zum Teil entweicht. An der Kathode nehmen die Na^+-Ionen Elektronen auf. Das entstehende Natrium reagiert mit dem Wasser ($2\ Na + 2\ H_2O \rightarrow 2\ NaOH + H_2\uparrow$), so dass an der Kathode Wasserstoff frei wird.
Je mehr Kochsalz man in das Wasser gibt, umso höher ist die Konzentration der Ladungsträger und damit die Leitfähigkeit des Wassers. Bei einer Konzentration von $1\ \frac{mol}{m^3}$ NaCl in Wasser beträgt der spezifische Widerstand 94 Ωm, bei $10\ \frac{mol}{m^3}$ ist der spezifische Widerstand 9,8 Ωm. Die Leitfähigkeit steigt daher nahezu proportional mit der NaCl-Konzentration im Wasser, so dass die Glühlampe umso heller leuchtet, je mehr Salz im Wasser gelöst ist. Die Proportionalität zwischen Leitfähigkeit und Salzkonzentration gilt nur in einem Bereich bis ca. 70 % der Sättigungskonzentration. Bei hohen Salzkonzentrationen strebt die Leitfähigkeit von Salzwasser einem konstanten Wert zu.

Literatur

Gobrecht, H.; Gobrecht, J. H.; Gobrecht, K. H.: Bergmann-Schäfer, Lehrbuch der Experimentalphysik, Band II, Elektrizität und Magnetismus, Walter de Gruyter Verlag, Berlin 1987, S. 683

Tölle, M.: Kinder entdecken ... Einfache Experimente, Time-Life Books B. V., Amsterdam 1994

Vogel, H.: Gerthsen Physik, Springer Verlag, Berlin 1995, S. 332 ff

6.35 Der einfachste Elektromotor

Mit einfachen Mitteln wird ein funktionstüchtiger Elektromotor aufgebaut.

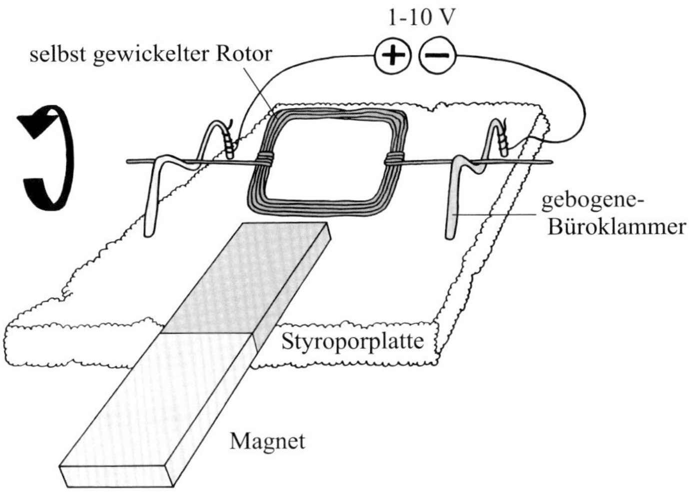

Abb. 1

Material

- mit Lack isolierter Wicklungsdraht (Länge: 2 m; Durchmesser: ca. 0,5 mm)
- Permanentmagnet oder Elektromagnet (evtl. selbstgewickelt mit ein paar Nägeln als Spulenkern)
- 2 Büroklammern oder stabiler Draht
- Weichholz- oder Styroporplatte zur Montage des Motors (ca. 10 cm × 10 cm × 2 cm)
- Batterie oder Spannungsquelle für Gleichstrom (1 – 10 V)
- entsprechende Kabel

Aufbau und Durchführung

Aus Wicklungsdraht wird eine Spule wie in Abbildung 2 gefertigt (er kann z. B. um eine Streichholzschachtel gewickelt werden). Den Wicklungsdraht lässt man an gegenüberliegenden Seiten der Spule ca. 2 cm herausstehen. Mit einem scharfen Messer oder mit Schleifpapier entfernt man die isolierende Lackschicht an beiden überstehenden Drahtenden an den aus Abbildung 2 und Abbildung 3 ersichtlichen Stellen (an beiden Drahtenden auf der gleichen Seite der Drahtoberfläche). Dabei wird ein Winkelbereich von ca. 60 ° abisoliert (siehe Abb. 3). Die so präparierte Spule dient als Rotor des Elektromotors, die herausstehenden Drahtenden werden zur Drehachse. Als Lager für die Drehachse biegt man zwei Büroklammern zunächst auf, dann in Form eines „M“ und steckt sie in zur Spule passendem Abstand in eine Montageplatte. Auf die Montageplatte legt man einen Magnet (siehe Abb. 1). Eine Befestigung ist nicht notwendig. Der Rotor wird, wie aus Abbildung 1 ersichtlich, auf die zurechtgebogenen Büroklammern gelegt. Ver-

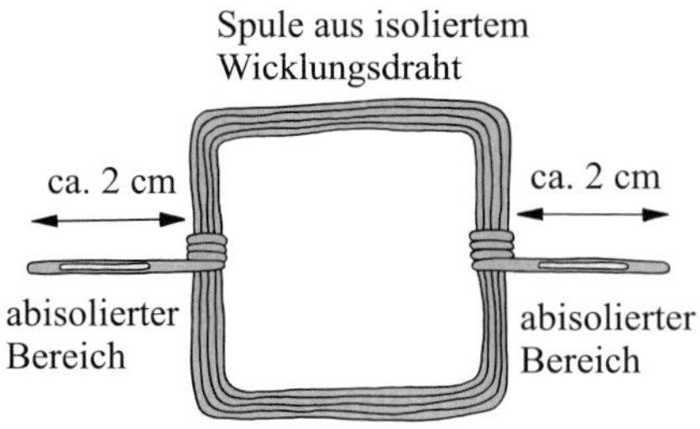

Abb. 2

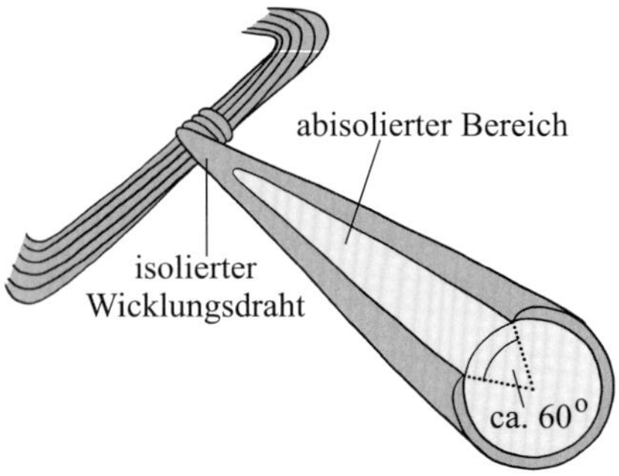

Abb. 3

bindet man die Büroklammern mit einer Batterie, so beginnt der Rotor, sich ziemlich schnell zu drehen; evtl. muss er dazu kurz angestoßen werden.

Erklärung

Die Rotorspule wird nur vom Strom durchflossen, wenn die abisolierten Stellen der Drehachse mit den Büroklammern in Verbindung stehen. Im Magnetfeld des Permanentmagneten erfahren die stromdurchflossenen Leiter der Spule die Lorentz-Kraft, die bei der Rotorspule ein Drehmoment hervorruft. Der Rotor beginnt sich zu drehen. Nach kurzer Drehung liegen nur noch die isolierten Drahtstücke auf den Büroklammern, kein Strom fließt mehr durch die Spule und somit wirkt kein Drehmoment mehr. Auf Grund der Trägheit dreht sich der Rotor aber weiter, bis wieder die unisolierten Flächen der Auflagedrähte des Rotors die mit der Batterie verbundenen Büroklammern berühren. Es fließt wieder ein Strom durch die Spule des Rotors und bewirkt erneut ein Drehmoment auf den Rotor und der Vorgang beginnt von vorn. Da es sein kann, dass zu Beginn die unisolierten Drahtteile die Büroklammern nicht berühren, muss der Rotor evtl. zu Beginn angestoßen werden.
Wäre die ganze Oberfläche des Auflagedrahtes abisoliert, würde dauernd ein Strom durch die Rotorspule fließen. Die Rotorspule wird zum Elektromagneten und richtet sich entsprechend dem Magnetfeld des Permanentmagneten aus und bleibt in dieser Lage. Da aber nur ein Teil der Oberfläche abisoliert ist, schaltet sich der Elektromagnet der Rotorspule rechtzeitig wieder aus, so dass es, wie oben beschrieben, zur Rotation kommen kann.
Bei Umkehrung der Polung der Spannungsquelle ändert sich die Drehrichtung des Rotors, da er nun ein Drehmoment in die andere Richtung erfährt, wenn der Draht des Rotors vom Strom durchflossen wird.

Bemerkungen

Auf den Rotor wirkt nur ein Drehmoment, wenn er vom Strom durchflossen wird. Diese kurze Zeit (ein Sechstel der vollen Drehung bei 60° abisolierter Oberfläche, siehe Abb. 3) genügt auf Grund der Trägheit jedoch, um eine stetige Rotation aufrecht zu erhalten, vorausgesetzt die Reibungsverluste sind gering und der Motor muss keine mechanische Arbeit verrichten. Da aber richtige Elektromotoren gerade dazu gebaut werden, muss

man sich hier weiterer konstruktiver Maßnahmen, wie z. B. Verwendung eines Polwenders bei Gleichstrommotoren, der die Wirkungszeit eines zur Rotationsrichtung passenden Drehmoments verdoppelt, bedienen.
Das Experiment zeigt die wichtigsten Konstruktionsmerkmale eines Elektromotors, wenn auch etwas vereinfacht (kein Polwender!). Es werden jedoch nur einfache Materialien verwendet. Bei Einsatz eines selbstgewickelten Elektromagneten benötigt man als einzig ausgefallenes und nicht in jedem Haushalt verfügbares Material den isolierten Wicklungsdraht, der jedoch leicht und preisgünstig zu beschaffen ist. Da zudem der Aufbau recht simpel und die auftretenden Stromstärken bei Verwendung einer Batterie als Spannungsquelle ungefährlich sind, kann der Motor sehr gut von Schülern evtl. im Rahmen eines Projekts oder als Hausaufgabe nachgebaut werden.

Literatur

Lowe, N. K.: UNESCO: Low cost equipment for science and technology education, Division of Science, Technical and environmental education, UNESCO, Paris 1991
Baker, W.; Haslam, A.: Wir spielen und experimentieren: Batterien, Birnchen und Magnete, ars edition, München 1993

6.36 Die Zitronenbatterie

Mit einem edlen und einem unedlen Metallblech lässt sich im sauren Medium einer Zitrone ein galvanisches Element herstellen.

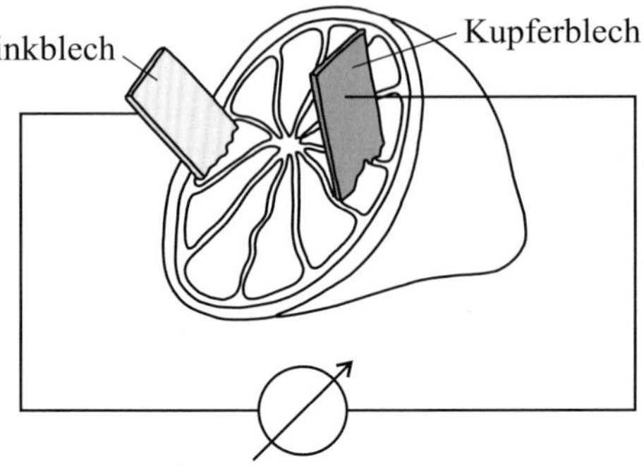

Abb. 1

Material

- Zitrone oder Apfel, Grapefruit, Kartoffel
- Zink- und Kupferblech (Fläche: ca. 3 cm^2) oder dicker Zink- und Kupferdraht
- Spannungsmesser (Messbereich ca. 1 V)

Aufbau und Durchführung

Eine Zitrone wird mit der Handfläche auf eine Tischplatte gepresst und unter diesem Druck ein wenig gerollt. Die Zitrone wird aufgeschnitten und in eine Hälfte ein Kupfer- und ein Zinkblech gesteckt (siehe Abb. 1). Zwischen diesen beiden Blechen kann man mit dem Spannungsmesser eine Spannung von etwa 0,5 V abgreifen (und einen Kurzschlussstrom von ca. 0,09 mA messen). Um größere Spannungen zu erhalten, stellt man mehrere solcher Zitronen mit je einem Zink- und Kupferblech her und lötet jeweils über einen Draht ein Kupferblech an ein Zinkblech. Die einzelnen Spannungen addieren sich.

Erklärung

Das Pressen vor dem Experiment zerstört teilweise das Fruchtfleisch, womit die Wanderung der Ionen im Elektrolyten (Wasser und Säure der Zitrone) erleichtert wird.
Reaktionen:
Die Zitrone enthält wie die meisten Lebensmittel verschiedene Ionen (in sehr geringen Konzentrationen). Das elementare Zink (Zn) dient als Reduktionsmittel (d. h. es gibt Elektronen ab) und die Ionen (A^{m+}; m gibt die Ladung des Ions an) als Oxidationsmittel (d. h. sie nehmen Elektronen auf). An den Elektroden kommt es zu folgenden Reaktionen (n gibt die Anzahl der beteiligten Ionen A^{m+} bei der Reaktion an):

$$3\,Zn \rightarrow 3\,Zn^{2+} + 6\,e^-$$

$$6\,e^- + n \cdot A^{m+} \rightarrow n \cdot A \qquad \text{(es gilt } n \cdot m = 6;\ n, m \in \mathbb{N})$$

$$3\,Zn + n \cdot A^{m+} \rightarrow 3\,Zn^{2+} + n \cdot A$$

Die Zinkionen (Zn^{2+}) lösen sich in der Zitrone, und die Ionen in der Zitrone (A^{m+}) scheiden sich am Kupferblech ab. Diese Reaktion endet, wenn zu wenig Ionen in der Lösung sind oder wenn das Kupferblech mit Fremdatomen überzogen ist. An der Zinkelektrode bildet sich ein elektrisches Feld zwischen der negativ geladenen Zinkplatte und den positiven Ionen vor der Zinkplatte (siehe Abb. 2).

Je mehr Zinkionen in Lösung gehen, desto größer wird die Feldstärke des elektrischen Feldes zwischen Zinkplatte und Ionen. Bei einer gewissen Feldstärke kommt der Lösungsprozess des Zinks zum Stillstand.

Am Kupferblech lagern sich positiv geladene Ionen (A^{m+}) an. Sie nehmen Elektronen von den Kupferatomen auf, sofern die A^{m+} eine größere Elektronegativität als das elementare Kupfer besitzen. Die Reaktion endet, wenn das Kupferblech von Fremdatomen überzogen ist oder sich kein positiv geladenes Ion auf Grund der elektrischen Abstoßung am positiv geladenen Kupferblech anlagern kann.

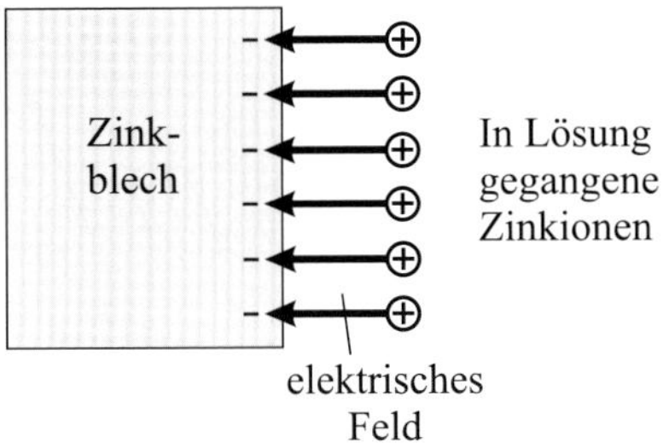

Abb. 2

Verbindet man die beiden Bleche durch einen Draht oder ein Messinstrument, so fließen Elektronen von dem Zinkblech zum Kupferblech.

Im Experiment wird die Potenzialdifferenz zwischen Kupfer- und Zinkblech gemessen.

Bemerkungen

Die Bestandteile eines galvanischen Elements werden normalerweise durch ihr elektrochemisches Potenzial (Maß für die potenzielle Energie von Elektronen in einem Material) charakterisiert.

Zink:	– 0,76 V
Wasserstoff (H_2):	0 V
Kupfer:	0,34 V

Anhand dieses Potenzials kann man Metalle in edle (großes Potenzial) und unedle (kleines Potenzial) unterteilen. An einem Zink/Kupfer-Element könnte man – ohne Stromfluss – eine Spannung von 1,1 V abgreifen.

Mit der Umwandlung von chemischer in elektrische Energie experimentierten zuerst die italienischen Physiker Luigi Galvani (1737-1798) und Alessandro Volta (1745-1827). Das erste galvanische Element stellte Volta 1794 mit Kupfer- und Zinkelektroden her, die in verdünnte Schwefelsäure getaucht waren.

Literatur

Baker, W.; Haslam, A.: Wir spielen und experimentieren: Batterien, Birnchen und Magnete, ars edition, München 1993

7.1 Die abstoßenden Rasierklingen

Die abstoßende Kraft, die gleichnamige magnetische Pole aufeinander ausüben, können mit magnetisierten Rasierklingen demonstriert werden.

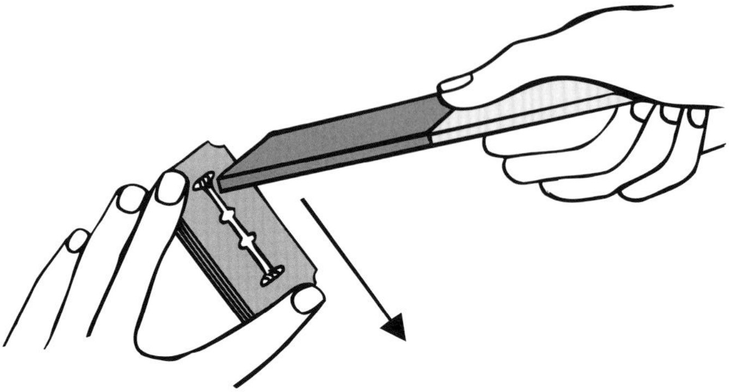

Abb. 1

Material

- Permanentmagnet
- Rasierklingen
- Zahnstocher
- evtl. Korkstück als Unterlage

Aufbau und Durchführung

Mehrere Rasierklingen werden deckungsgleich aufeinandergelegt und mit Zeige- und Mittelfinger einer Hand an den beiden schmalen Seiten auf eine Unterlage gedrückt. Mit einem Magneten streicht man mehrere Male in Längsrichtung über das so festgehaltene Rasierklingenpaket (siehe Abb. 1). Danach hebt man dieses so von der Unterlage ab, dass die Rasierklingen zu jedem Zeitpunkt von Daumen und Zeigefinger fest aufeinander gedrückt bleiben. Steckt man einen waagrecht gehaltenen Zahnstocher durch die dekkungsgleich liegenden Schlitze in der Mitte der Rasierklingenflächen und löst man den Griff um die Rasierklingen, so ordnen sich diese ohne fremdes Zutun in einigen Millimeter Abstand voneinander hängend auf dem Zahnstocher an.

Erklärung

Rasierklingen bestehen aus Stahl, also aus Eisen. Eisen ist ein ferromagnetisches Material. Das bedeutet, dass sich eine Rasierklinge unterhalb der Curie-Temperatur (T_C (Eisen) = 770 °C) magnetisieren lässt, indem man sie in ein Magnetfeld einbringt. Dies geschieht im Experiment durch das Überstreichen mit dem Permanentmagnet. Dabei richten sich die Weiß'schen Bezirke in der Rasierklinge entsprechend dem äußeren Feld gleichmäßig aus, wodurch die Rasierklinge eine dauerhafte Magnetisierung erfährt (siehe Experiment

„Die qualitative Magnetfeldsonde"). Im Experiment wird durch die deckungsgleiche Lage der Rasierklingen und das Überstreichen in Längsrichtung erreicht, dass bei allen Rasierklingen gleichnamige Pole übereinander zu liegen kommen. Gleichnamige magnetische Pole stoßen sich ab. Damit sich diese Abstoßung erst bei den auf dem Zahnstocher hängenden Rasierklingen zeigt, muss man die Rasierklingen fest aufeinanderdrücken. Verringert man beispielsweise nach dem Magnetisieren den Druck auf das Rasierklingenpaket, indem man Mittel- und Zeigefinger vom Paket auf der Unterlage entfernt, wird das Paket „auseinanderscheren" bzw. „auffächern", da die abstoßenden Kräfte an den übereinander liegenden Polen auf Grund der nicht vollständig symmetrischen Anordnung der Rasierklingen übereinander unter anderem auch zu Drehmomenten führen. Verhindert man das Drehen gegeneinander, indem man das Rasierklingenpaket auf einen Zahnstocher „auffädelt", so äußert sich die Abstoßung dadurch, dass sich die Rasierklingen „wie von Geisterhand bewegt" voneinander entfernen, sofern die Reibung zwischen Zahnstocheroberfläche und Rasierklinge nicht zu groß ist oder der Zahnstocher in den Schlitzen verkantet und so ein freies Gleiten der Rasierklingen verhindert.

Bemerkungen

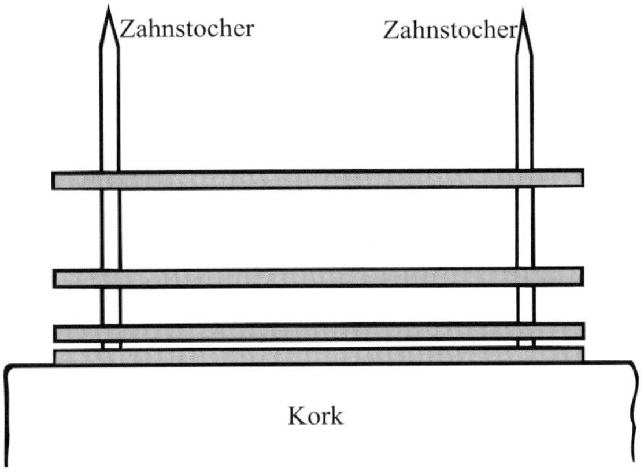

Abb. 2

Eine Variante des Experiments verhindert das Auseinanderscheren, indem man das Rasierklingenpaket mit zwei Zahnstochern an den äußersten Stellen der Schlitze auf einer Korkunterlage justiert. Magnetisiert man das Paket durch Überstreichen mit einem Permanentmagneten, so ordnen sich die Rasierklingen übereinander schwebend an, wobei der Abstand zwischen zwei Rasierklingen nach unten hin abnimmt (siehe Abb. 2). Bei dieser Variante ist erst recht darauf zu achten, dass die Rasierklingen zwar von den Zahnstochern geführt werden, aber nicht durch Reibung am Schweben gehindert werden. Evtl. müssen die verwendeten Zahnstocher ein wenig dünner geschnitzt werden.

Literatur

Seus, E., Physik und Didaktik 8/1 (1980), S. 73-77

7.2 Ein Magnet wird geteilt

Das Experiment demonstriert, dass man sich einen Permanentmagneten aus lauter Elementarmagneten aufgebaut vorstellen kann.

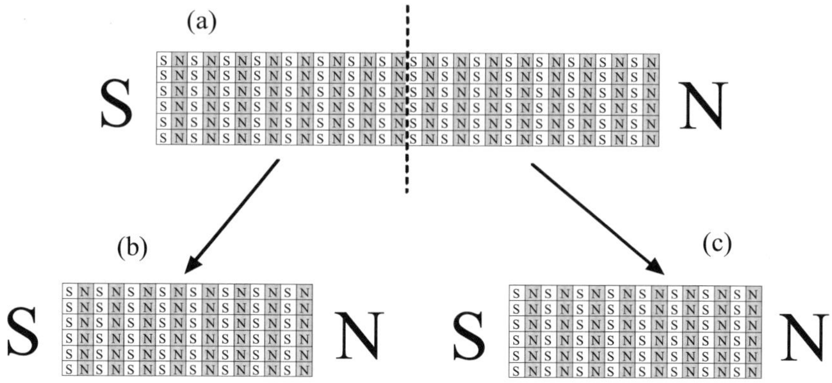

Abb. 1

Material

- Fahrradspeiche oder anderer langer Gegenstand, der magnetisiert und leicht durchgeschnitten werden kann
- starker Magnet zum Magnetisieren
- Magnetnadel oder Kompass
- Seitenschneider oder Zange, um die Fahrradspeiche auseinanderzuschneiden

Aufbau und Durchführung

Eine Fahrradspeiche wird mit einem Magneten magnetisiert, indem man mehrmals mit dem gleichen Magnetpol in gleicher Richtung an der Fahrradspeiche entlang streicht. Die Magnetisierung der Fahrradspeiche wird mit der Magnetnadel nachgewiesen: Ein Ende der Fahrradspeiche zieht den Nordpol, das andere den Südpol der Magnetnadel an. Wird die Fahrradspeiche mit einer Zange in der Mitte auseinandergeschnitten, verhält sich jedes Teilstück wie zuvor die ganze Fahrradspeiche: Bei jedem Teilstück zieht ein Ende den Nordpol der Magnetnadel an, das andere Ende den Südpol. Aus einer magnetischen Fahrradspeiche sind also zwei magnetische Teilstücke geworden. Diesen Vorgang kann man mehrmals wiederholen, jedoch haben die entstehenden kleineren Teilstücke eine immer geringer werdende Anziehungswirkung auf die Magnetnadel.
Mit dem Experiment kann auch gezeigt werden, dass es keine magnetischen Monopole gibt, sondern immer nur Dipole.

Erklärung

Die Fahrradspeiche kann man sich aus vielen kleinen Stabmagneten aufgebaut vorstellen, die aus ca. $10^6 - 10^8$ Atomen bestehen und Weiß'sche Bezirke heißen. Man verwendet dafür aber auch die Bezeichnung Elementarmagnete. In unmagnetisiertem Zustand sind die Elementarmagnete ungeordnet, so dass insgesamt keine Magnetisierung beobachtet werden kann (hierzu siehe das Experiment „Entmagnetisieren durch Wärme"). Beim Magnetisieren wirkt durch das magnetische Feld des Magneten, der an der Felge entlang gestrichen wird, ein Drehmoment auf die Elementarmagnete, das die Elementarmagnete in der Fahrradspeiche ausrichtet (Schema siehe Abb. 1(a)). Beim Durchschneiden der Fahrradspeiche bleibt die magnetische Ordnung in jedem Teilstück erhalten, so dass die Teilstücke die gleiche magnetische Eigenschaft wie die ganze Fahrradspeiche haben (siehe Abb. 1(b) und (c)).

Literatur

Göbel, R.; Haubold, K., Physik in der Schule 27/6 (1989), S. 244

7.3 Magnetische Heizkörper

Durch das Erdmagnetfeld werden eisenhaltige Gegenstände magnetisiert. Dies lässt sich mit einer Kompassnadel nachweisen.

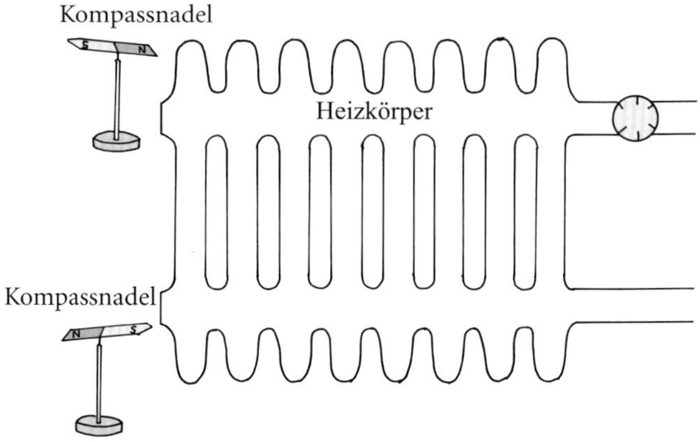

Abb. 1

Material

drehbare Magnetnadel oder Kompass

Aufbau und Durchführung

Eine drehbare Magnetnadel wird an einen eisenhaltigen Gegenstand gehalten, der fest im Zimmer montiert ist und somit längere Zeit nicht bewegt wurde (z. B. Heizkörper oder Leitungsrohr). Hält man die Magnetnadel unten an den Gegenstand, so wird der Südpol der Nadel angezogen, der Nordpol abgestoßen. Hält man die Magnetnadel oben an den Gegenstand, dreht sich die Nadel: Der Nordpol der Magnetnadel wird angezogen und der Südpol abgestoßen (siehe Abb. 1).

Erklärung

Die Erde ist von einem Magnetfeld umgeben, dessen Südpol in der Nähe des geologischen Nordpols liegt. Die magnetische Feldstärke beträgt an den Polen ca. $6 \cdot 10^{-5}$ Tesla, am Äquator ungefähr die Hälfte. Der Inklinationswinkel der Magnetfeldlinien beträgt in Mitteleuropa zwischen 63° und 73°. Durch dieses Feld werden ferromagnetische Gegenstände magnetisiert. Die Vertikalkomponente des Magnetfeldes bewirkt dabei, dass diese Gegenstände, wenn sie längere Zeit nicht bewegt wurden, unten einen magnetischen Nordpol und oben einen Südpol aufweisen. Dies lässt sich mit der Magnetnadel nachweisen.

Literatur

Zeier, E.: Physikalische Schulversuche, Freihandversuche, kleine Experimente, Aulis Verlag Deubner, Köln 1986
Vogel, H.: Gerthsen Physik, Springer Verlag, Berlin 1995, S. 373ff.

7.4 Der Freihandkompass

Eine Rasierklinge wird durch Magnetisierung zu einem Kompass.

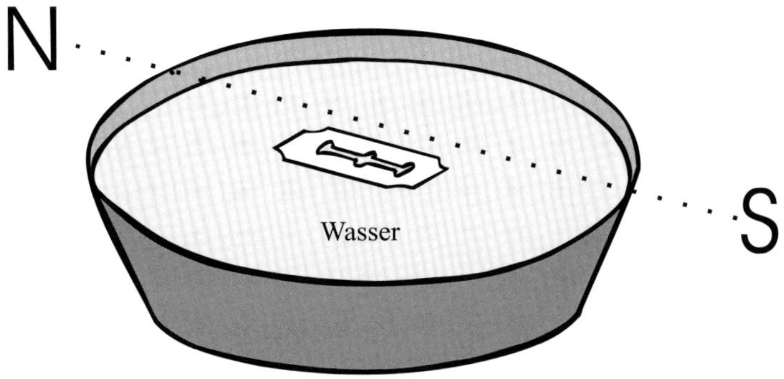

Abb. 1

Material

- Rasierklinge
- Permanentmagnet
- Schüssel

Aufbau und Durchführung

Eine Rasierklinge wird magnetisiert, indem man mit einem Ende eines Permanentmagneten mehrmals in derselben Richtung der Länge nach über eine ihrer beiden Seiten streicht. Legt man die Rasierklinge vorsichtig so in eine mit Wasser gefüllte Schüssel, dass sie auf der Wasseroberfläche schwimmt, so richtet sich die Klinge in Nord-Süd-Richtung aus (siehe Abb. 1).

Erklärung

Durch das Überstreichen mit dem Permanentmagneten wird die Rasierklinge in ein Magnetfeld gebracht. Dadurch richten sich die Weiß'schen Bezirke im Eisen, aus dem der Rasierklingenstahl besteht, gleich aus, so dass die Rasierklinge selber zu einem Magneten wird (nähere Erläuterungen siehe Experiment „Die qualitative Magnetfeldsonde“).

Bemerkungen

[*Seus* 1980] stellt fest, dass sich „eine magnetisierte Rasierklinge [...] bequem in jeder Brieftasche oder Geldbörse unterbringen [lässt]; beim Wandern kann sie auf jeder Wasserpfütze als einfachster Kompaß Verwendung finden“.

Literatur

Seus, E., Physik und Didaktik 8/1 (1980), S. 73-77

7.5 Stabmagnet oder Eisenstab?

Unter Ausnutzung seiner Feldeigenschaften kann man einen Stabmagneten unter gleich aussehenden Eisenstäben herausfinden.

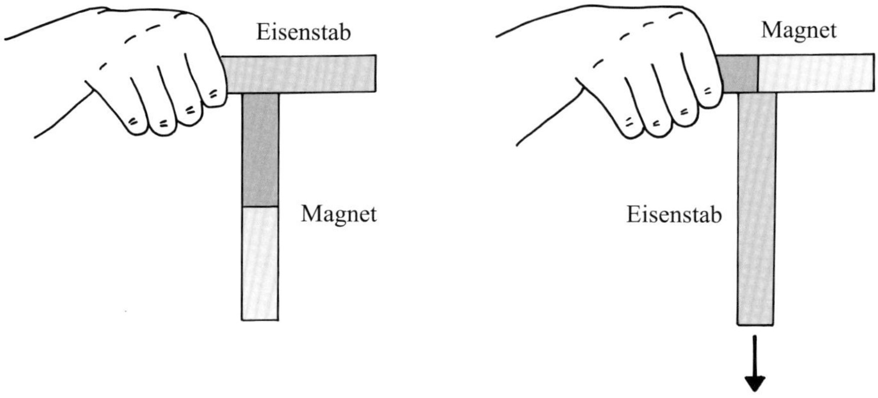

Abb. 1 (a) (b)

Material

- Stabmagnet
- Eisenstab, der genauso aussieht wie der Stabmagnet

Aufbau und Durchführung

Es liegen zwei gleich aussehende Stäbe auf dem Tisch. Einer der beiden ist ein Stabmagnet, der andere ist ein entmagnetisierter Eisenstab. Ohne weitere Hilfsmittel soll entschieden werden, welcher der beiden Stäbe der Stabmagnet ist.
Dazu hält man einen der beiden Stäbe horizontal. Der andere Stab wird so an den ersten gehalten, dass beide Stäbe zusammen ein T bilden (siehe Abb. 1(a) und (b)). Bleibt der vertikale Stab an dem horizontal gehaltenen von selbst haften (siehe Abb. 1(a)), ist der vertikal gehaltene Stab der Magnet. Wenn er nicht hängen bleibt (siehe Abb. 1(b)), ist der horizontal gehaltene Stab der Magnet.
Ist der Stabmagnet zu schwach, um am Eisenstab zu haften, wenn er wie in Abbildung 1(a) an den Eisenstab gehängt wird, so behilft man sich damit, die beiden Stäbe T-förmig auf den Tisch zu legen, und prüft, ob sie einander sehr schwach oder stark anziehen.

Erklärung

Im ersten Fall ist der senkrechte Stab der Magnet (siehe Abb. 1(a)). Das magnetische Feld am Pol des Stabmagneten ist sehr stark. Dadurch richten sich im horizontal gehaltenen Eisenstab magnetische Dipole parallel zu den Feldlinien aus (ferromagnetische Eigenschaften des Eisens). Entlang der Feldlinien nimmt die Feldstärke zum Stabmagneten hin zu. Deshalb wirkt auf die Dipole im Eisen eine Kraft, die zum Stabmagneten

gerichtet ist. So ziehen sich nach dem Prinzip „actio = reactio“ die Dipole im Eisen und der Stabmagnet gegenseitig an. Der Stabmagnet bleibt haften.
Im zweiten Fall wird der Eisenstab an den horizontalen Magneten gehalten (siehe Abb. 1(b)). Entlang der Feldlinien, die den Eisenstab durchsetzen, ändert sich die Feldstärke kaum, sondern nur senkrecht zu ihnen. Deshalb wirkt auf die Dipole im Eisenstab, die wieder parallel zu den Feldlinien ausgerichtet werden, praktisch keine Kraft. Der Eisenstab wird vom waagrecht gehaltenen Stabmagneten nicht angezogen.

Bemerkungen

Das Experiment „Die ‚Tragfähigkeit‘ eines Stabmagneten“ behandelt den gleichen Sachverhalt.

Literatur

Schneider, P.: bsv-Lehrprogramme, Der Magnetismus, Bayerischer Schulbuch Verlag, München 1976

7.6 Die „Tragfähigkeit“ eines Stabmagneten

Die Feldverteilung eines Stabmagneten wird dadurch verdeutlicht, dass an seine Pole wesentlich mehr Nägel gehängt werden können als an seine Mitte, wenn die Nägel an der Mittellinie seiner Unterseite angeordnet werden.

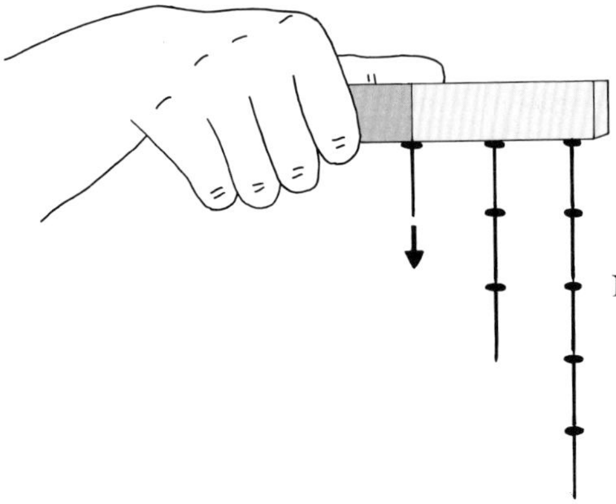

Abb. 1

Material

Stabmagnet
Eisen- bzw. Stahlnägel mit Köpfen (Länge: 2 – 3 cm)

Aufbau und Durchführung

Man hält einen Stabmagneten waagrecht und hängt längs der Mittellinie seiner Unterseite nebeneinander mit dem Kopf nach oben drei bis fünf Nägel. Die Nägel werden durch die magnetische Anziehungskraft gehalten. Einen Nagel befestigt man am Pol und einen in der Mitte des Stabmagneten. Die übrigen Nägel verteilt man so zwischen den beiden ersten, dass die Nägel gleiche Abstände voneinander haben (siehe Abb. 1).
An diese Nägel versucht man möglichst viele weitere Nägel zu hängen, so dass von den ersten Nägeln Nagelketten ausgehen (siehe Abb. 1). Die Nagelköpfe sollten dabei auch nach oben gerichtet sein. Je größer die Entfernung zwischen dem Nagel, von dem die Kette ausgeht, und der Mitte des Stabmagneten ist, desto mehr Nägel lassen sich aneinander hängen, ohne dass die Kette abreißt. Außen ist die „Tragfähigkeit“ des Stabmagneten also größer und weiter innen kleiner.

Erklärung

In einem äußeren magnetischen Feld wird Eisen zu einem Dipolmagneten. Dessen Dipolmoment ist parallel zu den Feldlinien gerichtet, die das Eisen durchdringen (ferromagnetische Eigenschaften des Eisens). Ändert sich die Feldstärke entlang dieser Feldlinien, wirkt auf den Eisen-Dipolmagneten eine Kraft, in Richtung zunehmender Feldstärke.

Am Pol des Stabmagneten verlaufen die Feldlinien, die die Eisennägel durchdringen, fast vertikal. Entlang dieser Feldlinien nimmt die Feldstärke mit kleiner werdendem Abstand zum Magneten zu. So erfahren die Eisennägel eine Anziehungskraft zum Stabmagneten. Die übereinander angeordneten Nägel ziehen sich auch gegenseitig an. So bilden sich an den Polen lange Nagelketten.
Die Feldlinien, die den an der Mitte des Stabmagneten aufgehängten Nagel durchdringen, verlaufen im Wesentlichen horizontal. Entlang dieser Feldlinien ändert sich die magnetische Feldstärke nicht, sondern nur senkrecht zu den Feldlinien. Deshalb erfahren die Eisennägel keine Anziehungskraft zum Stabmagneten hin. Die Nägel werden in Querrichtung magnetisiert und können deshalb in Längsrichtung keinen weiteren Nagel polarisieren und anziehen. Die Nägel haften also weder aneinander noch am Stabmagneten.

Bemerkungen

Das Experiment „Stabmagnet oder Eisenstab?“ behandelt denselben Sachverhalt.

Literatur

Göbel, R.; Haubold, K., Physik in der Schule 27/6 (1989), S. 241-245

7.7 Die Curie-Temperatur von Eisen

Durch Erhitzen eines Eisendrahtes lässt sich zeigen, dass Eisen oberhalb der Curie-Temperatur seine ferromagnetischen Eigenschaften verliert.

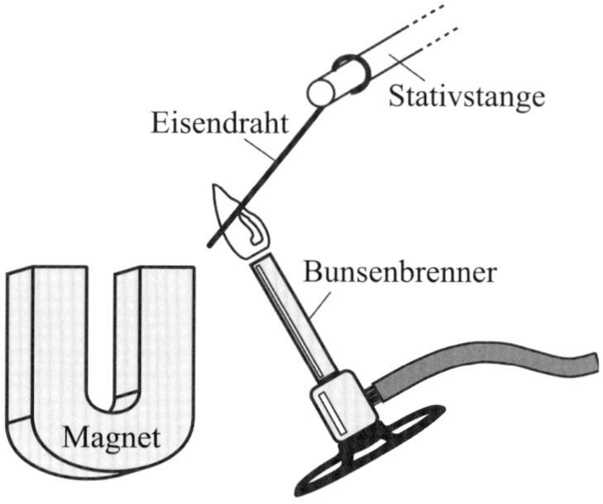

Abb. 1

Material

- Magnet
- Eisendraht (Durchmesser: ca. 1 mm; Länge: ca. 20 cm)
- Bunsenbrenner
- Stativmaterial

Aufbau und Durchführung

Ein Ende eines Stücks Eisendraht wird zu einer Öse gebogen. Diese schiebt man über eine horizontal angebrachte Stativstange, so dass der Draht quer zu ihr frei pendeln kann (siehe Abb. 1). Ein Magnet wird so aufgestellt, dass er den Draht ein Stück weit von der Ruhelage auslenkt, ihn aber nicht berührt (Abstand: ca. 1 cm). Erwärmt man mit einem Bunsenbrenner das dem Magneten zugewandte Ende des Drahtes bis zum Glühen, so pendelt er bei Überschreiten der Curie-Temperatur in die Ruhelage zurück. Lässt man den Draht dort abkühlen, wird er wieder vom Magneten angezogen. Der Magnet darf keinesfalls heiß werden, weil er dabei Schaden nehmen kann (siehe Bemerkungen).

Erklärung

Ferromagnetische Stoffe, wie z. B. Eisen, werden von einem Permanentmagneten über kurze Entfernungen stark angezogen. Grund dafür sind die in einem Ferromagneten vorhandenen Weiß'schen Bezirke (Größe: 10 µm – 1 mm). Dabei handelt es sich um kleine Bereiche, in welchen die auf atomarer Ebene existierenden magnetischen Momente bereits alle die gleiche Richtung besitzen (spontane Magnetisierung). Bringt man einen Ferromagneten in ein Magnetfeld, z. B. das eines Permanentmagneten, so wachsen die

Weiß'schen Bezirke, deren Magnetisierung parallel und gleichgerichtet zum Magnetfeld sind, auf Kosten anders orientierter Bereiche. Dieser Vorgang erzeugt einen makroskopischen Magneten mit einem Magnetfeld gleicher Orientierung, wie es der Permanentmagnet am Ort des Ferromagneten besitzt. Die Folge ist, dass sich der Permanent- und der Ferromagnet anziehen.
Nach dem Überschreiten der Curie-Temperatur (bei Eisen ca. 770 °C) existiert auf Grund der hohen thermischen Bewegung keine spontane Magnetisierung mehr und der Ferromagnetismus verschwindet. Auf Grund der paramagnetischen Eigenschaften oberhalb der Curie-Temperatur erfährt der Draht zwar noch eine Anziehungskraft, die jedoch um Größenordnungen kleiner ist als unterhalb der Curie-Temperatur und daher nicht mehr ausreicht, um ihn auszulenken. Lässt man den Draht wieder abkühlen, so nimmt er wieder die ferromagnetischen Eigenschaften an.

Bemerkungen

Das Verschwinden der Weiß'schen Bezirke oberhalb der Curie-Temperatur macht es möglich, einen Magneten durch Erhitzen zu entmagnetisieren. Die gleich orientierten Bereiche werden beim Überschreiten der kritischen Temperatur zerstört und bilden sich beim Abkühlen nur in statistisch regelloser Anordnung wieder aus, wodurch die vormals makroskopischen magnetischen Eigenschaften des Stoffes verloren gehen (siehe Experiment „Entmagnetisieren durch Wärme").

Literatur

Zeier, E.: Physikalische Schulversuche, Freihandversuche, kleine Experimente, Aulis Verlag Deubner, Köln 1986

7.8 Entmagnetisierung durch Wärme

Durch Erhitzen über die Curie-Temperatur wird eine magnetisierte Stricknadel entmagnetisiert.

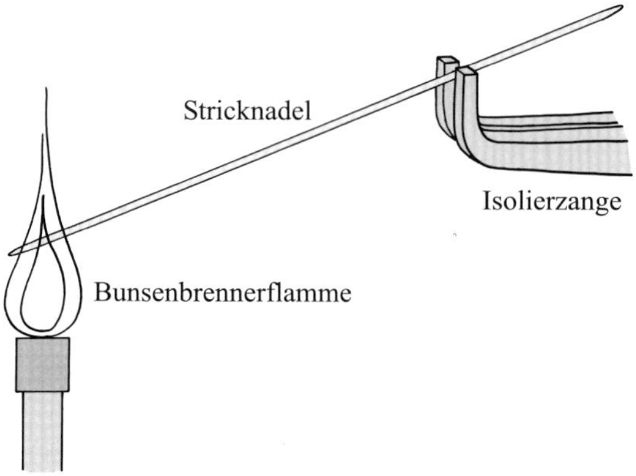

Abb. 1

Material

- Stricknadel oder anderer Gegenstand, der magnetisiert werden kann
- starker Magnet zum Magnetisieren
- Magnetnadel oder Kompassnadel zum Nachweis der Magnetisierung
- Bunsenbrenner
- Isolierzange, um die Stricknadel über die Bunsenbrennerflamme zu halten

Aufbau und Durchführung

Eine unmagnetisierte Stricknadel wird mit beiden Enden (im Experiment mit Stricknadelende „A" und Stricknadelende „B" bezeichnet) abwechselnd an eine Magnetnadel gehalten (siehe Abb. 2). Sowohl Ende „A" (siehe Abb. 2(a)), wie auch Ende „B" (siehe Abb. 2(b)) der Stricknadel zieht beide Pole der Magnetnadel an.

Die Stricknadel wird mit einem starken Magneten magnetisiert, indem man mehrmals mit dem gleichen Magnetpol in gleicher Richtung an der Stricknadel entlangstreicht. Nach der Magnetisierung zeigt die Stricknadel beim Annähern an die Magnetnadel ein anderes Verhalten als oben beschrieben. Bei einem Ende der Stricknadel wird der Nordpol der Magnetnadel angezogen, der Südpol hingegen abgestoßen, beim anderen Ende der Stricknadel ist es gerade

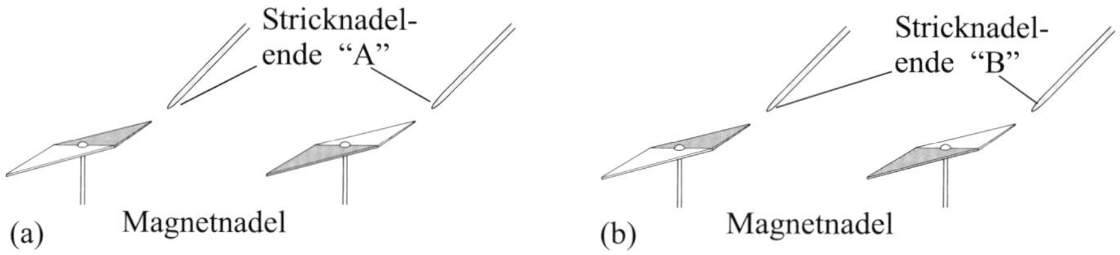

Abb. 2

umgekehrt (siehe Abb. 3). Die Stricknadel wirkt also selbst wie ein Magnet, am einen Ende befindet sich ein Süd-, am anderen Ende ein Nordpol. Wird die Stricknadel mit der Zange über den Bunsenbrenner gehalten und zum Glühen gebracht (siehe Abb. 1), so verliert sie ihre magnetischen Eigenschaften, die Stricknadel zeigt wieder das in Abbildung 2 dargestellte Verhalten beim Annähern an die Magnetnadel.

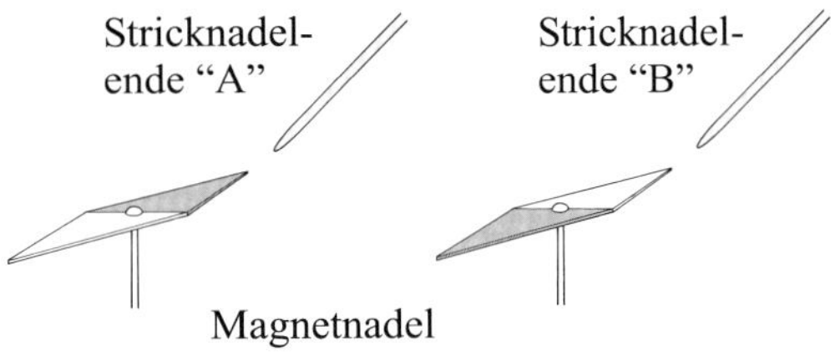

Abb. 3

Erklärung

Die Stricknadel kann man sich aus vielen kleinen Stabmagneten aufgebaut vorstellen, die aus ca. $10^6 - 10^8$ Atomen bestehen und Weiß'sche Bezirke heißen. Im unmagnetisierten Zustand sind diese ungeordnet, so dass insgesamt keine Magnetisierung beobachtet werden kann. Bringt man die unmagnetisierte Stricknadel in die Nähe der Magnetnadel, richten sich die Weiß'schen Bezirke an der Spitze der Stricknadel so aus, dass die Magnetnadel angezogen wird. Entfernt man die Stricknadel von der Magnetnadel, fallen die Weiß'schen Bezirke wieder in den ungeordneten Zustand zurück. Beim Magnetisieren der Stricknadel mit dem Magneten werden die Weiß'schen Bezirke auf der ganzen Stricknadellänge geordnet, die Ordnung bleibt auch, anders als zuvor, nach dem Magnetisierungsvorgang erhalten, die Stricknadel wirkt jetzt nach außen wie ein Permanentmagnet. Dies zeigt sich durch das in Abbildung 3 dargestellte Verhalten bei Annäherung der Stricknadel an die Magnetnadel. Wird die Stricknadel erhitzt, so dass sie zum Glühen kommt, ist die thermische Bewegung ihrer Atome so groß, dass die atomare Ordnung der Weiß'schen Bezirke nicht mehr erhalten bleiben kann, die Stricknadel verliert ihre magnetischen Eigenschaften. Die Temperatur, bei der dies geschieht, ist vom Material abhängig und wird Curie-Temperatur oder Curie-Punkt genannt (z. B. beträgt die Curie-Temperatur für reines Eisen nach [*Stöcker* 1994, S. 586] 1033,15 K). Mit dem Abkühlen bilden sich die Weiß'schen Bezirke in ungeordneter Form zurück, so dass die Stricknadel im abgekühlten Zustand entmagnetisiert bleibt.

Bemerkungen

Neben der oben beschriebenen Zerstörung der Ordnung der Weiß'schen Bezirke durch Wärme ist es auch möglich, die Ordnung durch mechanische Einwirkungen, wie etwa starke Schläge oder Erschütterungen, zu zerstören. Permanentmagnete sollten deshalb nie stärkerer mechanischer Einwirkung und hohen Temperaturen ausgesetzt werden, will man, dass sie ihre magnetischen Eigenschaften möglichst lange behalten.
Die gleiche Thematik behandelt das Experiment „Die Curie-Temperatur von Eisen".

Literatur

Göbel, R.; Haubold, K., Physik in der Schule 27/6 (1989), S. 241-245

zum Zahlenwert:

Stöcker, H.: Taschenbuch der Physik, Formeln, Tabellen, Übersichten, Verlag Harri Deutsch, Thun und Frankfurt/Main 1994, S. 586

7.9 Magnetisierte Eisenfeilspäne

Um die Entmagnetisierung durch erhöhte thermische Bewegung zu veranschaulichen, werden Eisenfeilspäne als Modell für einen magnetisierbaren Festkörper verwendet.

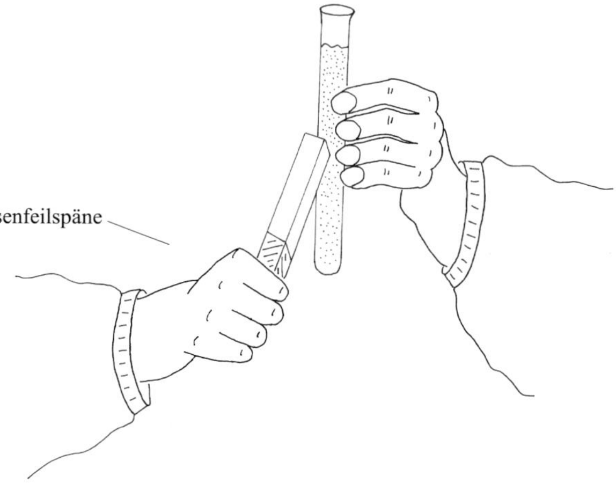

Abb. 1

Material

- Eisenfeilspäne
- Reagenzglas, wenn die Eisenfeilspäne nicht schon in einem schmalen längeren Gefäß aus nicht magnetisierbarem Material aufbewahrt werden
- Stabmagnet
- Kompassnadel

Aufbau und Durchführung

Ein Reagenzglas wird zu etwa drei Vierteln mit Eisenfeilspänen gefüllt und vertikal gehalten. Mit Hilfe einer Kompassnadel weist man nach, dass der Inhalt des Reagenzglases nicht magnetisiert ist. Dies ist der Fall, wenn beide Seiten der Kompassnadel vom unteren Ende des Reagenzglases angezogen werden.

Man hält einen Stabmagneten fast parallel zum Reagenzglas (siehe Abb. 1) und streicht mit einem Pol des Magneten mindestens zweimal von oben nach unten am Reagenzglas entlang. Wird das untere Ende des Reagenzglases wieder an die beiden Seiten der Kompassnadel gehalten, zieht es ein Ende der Kompassnadel an und stößt das andere ab. Der Inhalt des Reagenzglases ist also so magnetisiert worden, dass sein oberes und unteres Ende jeweils einen Magnetpol bildet. Die Gesamtheit der Eisenfeilspäne im Reagenzglas wird nach außen hin wieder unmagnetisch, wenn man das Reagenzglas mit dem Daumen verschließt und kräftig schüttelt. Dies kann wieder mit Hilfe der Kompassnadel nachgewiesen werden.

Oft werden die Eisenfeilspäne in einer schmalen längeren Streudose aufbewahrt, die aus unmagnetischem Material besteht. In diesem Fall kann statt des Reagenzglases gleich diese Streudose verwendet werden.

Erklärung

Streicht man mit einem Pol eines Stabmagneten an den Eisenfeilspänen im Reagenzglas entlang, erhalten sie eine Magnetisierung in der Richtung des äußeren Feldes, bei der angegebenen Haltung des Stabmagneten also leicht schräg zur Vertikalen. Die Eisenfeilspäne werden zu magnetischen Dipolen, deren Dipolmomente sich zum Gesamtdipolmoment des Eisenfeilpulvers aufaddieren. So stellt sich die in der Beschreibung des Experiments geschilderte Magnetisierung ein.
Das Eisenfeilpulver im Reagenzglas kann als Modell eines magnetisierten Festkörpers betrachtet werden. Denn die Magnetisierung eines Festkörpers kommt durch die Ausrichtung vorhandener magnetischer Momente zu Stande. Diese Ausrichtung kann durch Umordnung der Elementarmagnete (Paramagnetismus) bzw. die Umordnung der Weiß'schen Bezirke (Ferromagnetismus) erfolgen.
Werden die Eisenfeilspäne geschüttelt, verteilen sich ihre Dipolmomente gleichmäßig auf alle Raumrichtungen und heben sich deshalb im Mittel auf. Die Eisenfeilspäne als Ganzes sind nicht mehr magnetisiert.
Ähnliches geschieht bei der Entmagnetisierung von Para- oder Ferromagneten durch erhöhte thermische Bewegung oder durch Erschütterung. Die Ausrichtung der Elementarmagnete wird durch die Bewegung rückgängig gemacht.

Literatur

Göbel, R.; Haubold, K., Physik in der Schule 27/6 (1989), S. 241-245

7.10 Magnetfeldlinien mit einem Handstreich

Mit einem Gemisch aus Öl und Eisenfeilspänen, das sich in einer verschlossenen Klarsichthülle befindet, lassen sich Magnetfelder in kürzester Zeit und praktisch ohne Aufwand sichtbar machen.

Abb. 1

Material

- Klarsichthülle (Größe: DIN A5)
- durchsichtige Flüssigkeit mittlerer Viskosität; z. B. Salatöl, Glycerin
- Eisenfeilspäne
- Magnet
- Hilfsmittel: Lötkolben und feuerfeste Unterlage; oder Gerät zum Verschweißen von Gefrierbeuteln

Aufbau und Durchführung

Eine Klarsichthülle wird mit Salatöl gefüllt, das bei gleichmäßiger Verteilung eine Schicht von etwa 2 mm Dicke bilden sollte. Nach Zugabe von ein paar Gramm Eisenfeilspänen wird die offene Seite der Hülle verschlossen. Dazu legt man die gefüllte Hülle mit der Öffnung nach oben auf eine etwas geneigte feuerfeste Unterlage und streicht mit der heißen Spitze eines Lötkolbens mit mäßiger Geschwindigkeit im Abstand ungefähr eines halben Zentimeters vom Rand an der offenen Seite der Klarsichthülle entlang. Dabei sollte möglichst wenig Luft eingeschlossen sein. Es ist zu empfehlen, das Verschließen mit einem Lötkolben vorher an einer leeren Hülle zu üben. Wesentlich schneller kann die Klarsichthülle mit einem Gerät zum Verschweißen von Plastiktüten verschlossen werden.
Hat man den Inhalt der Klarsichthülle durch Darüberstreichen gleichmäßig verteilt und legt man einen Magneten darauf, so beginnen die Eisenfeilspäne sich entlang der magnetischen Feldlinien anzuordnen (siehe Abb. 1). Um ein anderes Magnetfeld sichtbar zu machen, streicht man einmal über die Klarsichthülle, um ihren Inhalt wieder gleichmäßig zu verteilen und bringt das Magnetfeld in ihre Nähe.

Soll das Magnetfeld für ein größeres Publikum zu sehen sein, legt man die Hülle auf einen Overheadprojektor.

Erklärung

Die grundsätzliche Vorgehensweise, ein Magnetfeld mit Eisenfeilspänen sichtbar zu machen, ist bei diesem Experiment nichts Außergewöhnliches (Vorteile dieser speziellen Methode siehe Bemerkungen). Die Späne werden von dem äußeren Feld durch Ausrichten der Weiß'schen Bezirke magnetisiert und ordnen sich durch gegenseitige Anziehungskräfte zu Dipolketten entlang der Feldlinien an.

Bemerkungen

Bei der herkömmlichen Methode, ein Magnetfeld sichtbar zu machen, legt man über den Magnet eine Plexiglasscheibe und streut darauf Eisenfeilspäne. Evtl. muss man (insbesondere bei schwachen Magnetfeldern) etwas an der Scheibe klopfen, damit das gewünschte Bild entsteht.

Die Vorteile der dargestellten Methode liegen auf der Hand: Man erspart sich das Ausstreuen, Einsammeln und Abfüllen der Eisenfeilspäne. Die Späne können in der Flüssigkeit auch von schwachen Magnetfeldern bewegt werden. Besonders vorteilhaft ist, dass das Eisenpulver keinesfalls mit dem Magnet in direkten Kontakt kommen kann. Jeder, der schon einmal das „Vergnügen" hatte, Eisenpulver von einem (starken) Magneten zu entfernen, wird diese Tatsache zu schätzen wissen. Der größte Vorteil ist jedoch die einfache und schnelle Reproduzierbarkeit des Experiments. Sie setzt den Zeitfaktor außer Kraft, wenn es darum geht, auf Schülerfragen und Vorschläge einer Variation des Experiments einzugehen.

Ist man einmal im Besitz einer präparierten Klarsichthülle, sollte man es nicht versäumen, die Magnetfelder zweier wechselwirkender Magnete zu untersuchen (z. B. Feld zwischen gleichnamigen und ungleichnamigen Polen). Aber Vorsicht: Für experimentierfreudige Menschen handelt es sich um ein zeitraubendes „Spielzeug", und ein Nachmittag kann schneller vorbei sein als man denkt.

Literatur

Johnson, G., The Physics Teacher 28/4 (1990), S. 24

7.11 Die qualitative Magnetfeldsonde

Mit einer magnetisierten Büroklammer kann man den Verlauf des Feldes eines Stabmagneten verfolgen.

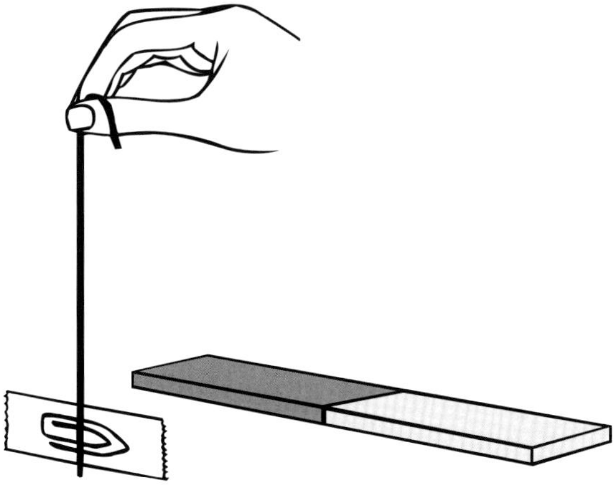

Abb. 1

Material

- Stabmagnet
- Büroklammer aus Eisen
- Faden (Länge: ca. 30 cm)
- Klebeband
- Bleistift
- Papier

Aufbau und Durchführung

Eine Büroklammer wird magnetisiert, indem man mit einem Ende eines Stabmagneten mehrmals in derselben Richtung über die Büroklammer streicht. An die magnetisierte Büroklammer befestigt man mit Klebeband einen ca. 30 cm langen Faden, wobei man das Klebeband gleichzeitig als bewegungsdämpfendes Luftsegel benutzt (siehe Abb. 1). Befestigt man den Stabmagneten auf einem Stück Papier und bringt die Büroklammer, am langen Faden gehalten, in die Nähe des Stabmagneten, so richtet sich die Klammer in bestimmte Richtungen aus. Zeichnet man die Richtungen der Klammer an verschiedenen Stellen mit einem Bleistift auf das Papier und verbindet man die Linien, so erhält man ein Bild des Verlaufs der Feldlinien des Stabmagneten.

Erklärung

Die Atome paramagnetischer Elemente besitzen auf Grund von nichtabgeschlossenen Elektronenschalen ein permanentes magnetisches Moment. Im Allgemeinen kompensieren sich die magnetischen Momente im Körper gegenseitig, da ihre Orientierung auf Grund der thermischen Bewegung ungeordnet ist. Die Büroklammer besteht aus Eisen. Eisen ist ein ferromagnetisches, also auch ein paramagnetisches Element, dessen permanente magnetische Dipolmomente über das so genannte Weiß'sche Feld miteinander wechselwirken können, so dass auch ohne äußeres Magnetfeld und trotz der thermischen Bewegung Bereiche entstehen, in denen die magnetischen Dipole parallel ausgerichtet sind (spontane Magnetisierung). Diese verschieden orientierten, so genannten Weiß'schen Bezirke kompensieren sich wiederum gegenseitig. Bringt man jedoch einen ferromagnetischen Körper in ein Magnetfeld $\vec{H}$ ein, was hier durch das Überstreichen mit dem Stabmagneten realisiert wird, so richten sich die Dipolmomente der verschiedenen Weiß'schen Bezirke entlang des äußeren Magnetfeldes aus. Die Büroklammer wird im Experiment also als Kompassnadel benutzt, deren magnetischer Dipol sich in Feldrichtung ausrichtet.

Bemerkungen

Kommt man mit der Büroklammer nahe an den Stabmagneten heran, kann man den Faden etwas kürzer fassen, damit die Klammer nicht sofort zum Magneten hingezogen wird. Ansonsten kann man ihr jedoch viel Spiel lassen.
Die aufgezeichneten Feldlinien sollten den in Abbildung 2 gezeigten Linien ähneln.
Damit der Einfluss des Erdmagnetfeldes am geringsten ist, sollte man den Stabmagneten ungefähr in Nord-Süd-Richtung auf das Papier legen.

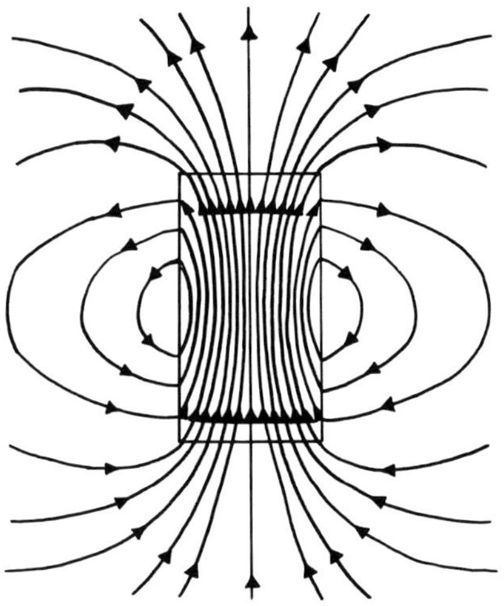

Abb. 2

Literatur

Berry, D. A.: A POTPOURRI OF PHYSICS TEACHING IDEAS, Selected reprints from The Physics Teacher April 1963 to December 1986, American Association of Physics Teachers, College Park, MD 20740-4100, U.S.A. o. J. [1987]
Edge, R. D.: String & Sticky Tape Experiments, American Association of Physics Teachers, College Park, MD 20740-4100, U.S.A. 1987

zu Abbildung 2:

Halliday, D.; Resnik, R.: Physik, Teil 2, Walter de Gruyter Verlag, Berlin 1994, S. 1028

7.12 Ein Versuch nach Ørsted

Eine stromdurchflossene Spule erzeugt ein Magnetfeld, das eine Kompassnadel ablenken kann.

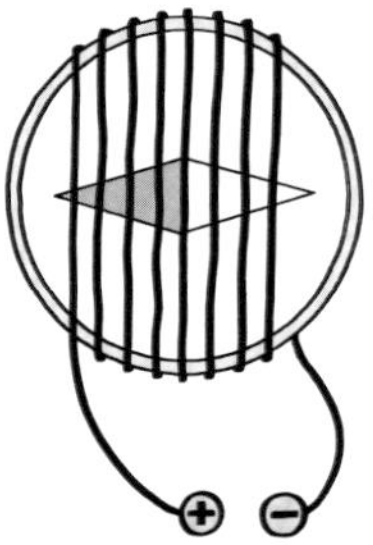

Abb. 1

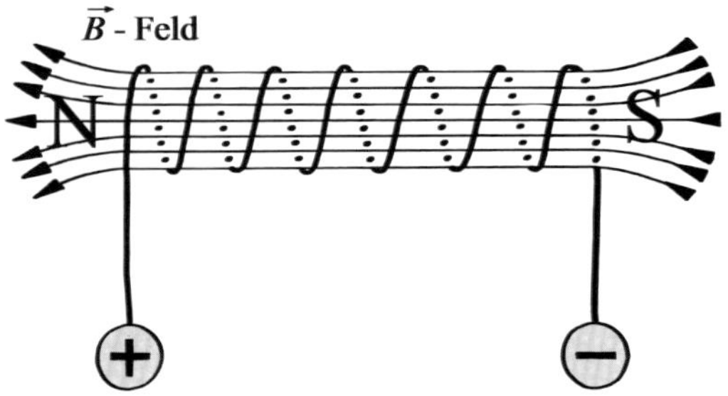

Abb. 2

Material

- Kompass oder gut gelagerte Magnetnadel
- isolierter Draht (Länge: ca. 1 m)
- Batterie oder Gleichstromquelle, die mit mehreren Ampere belastet werden kann

Aufbau und Durchführung

Der Draht wird, wie aus Abbildung 1 ersichtlich, um den Kompass gewickelt. Er bildet so eine Spule um den Kompass. Die Enden des Drahtes werden abisoliert. Legt man den Kompass so, dass sich die Magnetnadel in ihm frei drehen kann und schließt an die Enden des Drahtes die Batterie an, so richtet sich die Magnetnadel in Richtung des von der Spule erzeugten Magnetfeldes aus. Da sich die Magnetnadel bei freier Beweglichkeit nach dem Erdmagnetfeld ausrichtet, ist darauf zu achten, dass das durch die Spule entstehende Magnetfeld nicht gerade dieselbe Richtung aufweist, da sich dann die Magnetnadel nicht bewegt. Wenn die Verbindung des Drahtes zur Batterie gelöst wird, kehrt die Magnetnadel wieder in Nord-Süd-Richtung zurück.

Erklärung

Fließt elektrischer Strom durch eine Spule, entsteht ein Magnetfeld. Ist eine Spule so wie in Abbildung 2 mit dem Plus- und Minuspol einer Spannungsquelle verbunden, ist die Richtung der Magnetfeldlinien, sowie die Lage von Nord- und Südpol der Spule so, wie in der Abbildung angezeigt. Vertauscht man die Pole der Spannungsquelle, kehrt sich die Richtung der Magnetfeldlinien um und Nord- und Südpol tauschen ihre Lage.
Die Kompassnadel richtet sich so aus, dass ihr Nordpol immer in Richtung der Magnetfeldlinien zeigt. Das Magnetfeld der Spule ist wesentlich größer als das der Erde und so richtet sich die Kompassnadel so aus, als ob nur das Magnetfeld der Spule vorhanden wäre.

Bemerkungen

Dieses Experiment geht auf den dänischen Physiker *Hans Christian Ørsted* (1777-1851) zurück. Es wird erzählt, dass *Ørsted* zufällig auf die Beeinflussung von Magnetnadeln durch elektrischen Stromfluss gestoßen sei: Während einer Vorlesung soll er Experimente mit elektrischem Strom vorgeführt haben und auf seinem Experimentiertisch seien zufällig ein paar Kompassnadeln herumgelegen. Mitten im Experimentieren bemerkte er das ungewöhnliche Verhalten der Kompassnadeln. Daraufhin stellte er dann systematische Untersuchungen zur Beeinflussung von Magneten durch elektrische Ströme an. Nach ihm ist die Einheit der magnetischen Feldstärke im Gauß'schen Maßsystem (cgs-System) benannt: Ein Oersted (1 Oe) entspricht $\frac{1000\ \mathrm{A}}{4\,\partial\,\mathrm{m}}$.

Entgegen der landläufigen und häufig auch in Geografiebüchern zu findenden Meinung, besitzt die Erde in der Nähe des geografischen Nordpols zur Zeit einen magnetischen Südpol. Die genaue Lage ändert sich mit der Zeit. In der Erdgeschichte sind sogar Umpolungen des Erdmagnetfeldes (über die Ausrichtung von magnetischen Partikeln in Sedimentschichten) nachweisbar. Allerdings liegen zwischen diesen Umpolungen Zeitspannen (etliche tausend Jahre), die ungleich größer denen zwischen Neuauflagen von Schulbüchern sind.

Literatur

Köthe, R.: Das neue Experimentierbuch: 150 einfache Experimente aus der Physik, Chemie und Biologie, Tessloff Verlag, Hamburg 1986

Lowe, N. K.: UNESCO: Low cost equipment for science and technology education, Division of Science, Technical and environmental education, UNESCO, Paris 1991

7.13 Eisenpulverkreise

Das von einem stromdurchflossenen Leiter erzeugte Magnetfeld kann mit Eisenpulver sichtbar gemacht werden.

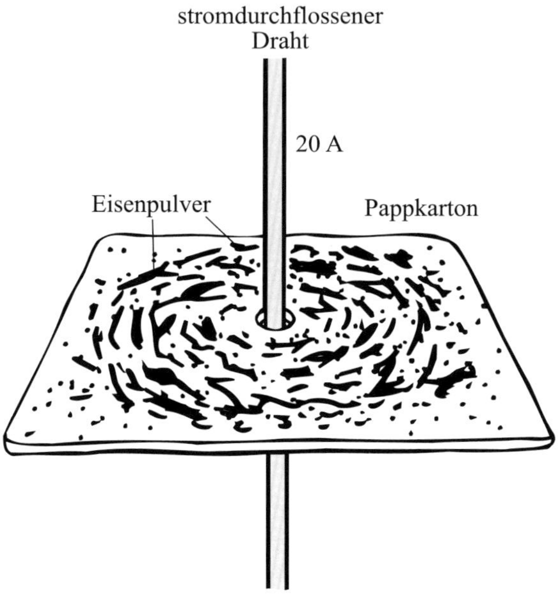

Abb. 1

Material

- Netzgerät
- Kupferdraht
- Stück Pappkarton (ca. 10 cm × 10 cm)
- Eisenpulver

Aufbau und Durchführung

Man legt ein Stück Pappkarton auf zwei Unterlagen und durchstößt mit einem Kupferdraht das Pappstück in der Mitte. Legt man an den Draht eine Gleichspannung an, so ordnet sich Eisenpulver, das man auf dem Pappstück verteilt hat, in um den Draht konzentrischen Kreisen an, wenn man mit einem Finger mehrmals leicht gegen den Rand des Pappstücks klopft.

Erklärung

Ein stromdurchflossener Leiter ist von einem Magnetfeld umgeben. In diesem richten sich die Eisenspäne entlang den Magnetfeldlinien aus, da Eisen ferromagnetisch ist (siehe Experiment „Die qualitative Magnetfeldsonde"). Auf Grund der Geometrie des

Drahtes in der im Experiment gewählten Anordnung beschreiben die Feldlinien konzentrische Kreise um den Durchstoßungspunkt des Drahtes im Karton. Das Antippen des Kartons dient lediglich dazu, den Eisenteilen zu ermöglichen, sich entlang den Linien anzuordnen, was ansonsten durch die Reibung zwischen Eisenspan und Pappkarton verhindert würde.

Bemerkungen

Die in manchem Buch suggerierte Durchführbarkeit dieses Experiments mit einer Taschenlampenbatterie stellt sich als Chimäre heraus: Das von dem Kurzschlussstrom einer 4,5 V-Batterie erzeugte magnetische Feld ist viel zu gering, um den beschriebenen Effekt zu reproduzieren.
Die erste dokumentierte Beobachtung des beschriebenen Phänomens stammt aus dem Jahre 1820 von dem dänischen Physiker *Hans Christian Ørsted* (1777-1851).

Literatur

Press, H. J.: Spiel das Wissen schafft: 100 interessante Experimente aus Natur und Technik – spielend ausführen, Ravensburger Taschenbücher, Ravensburg 1992

7.14 Windung für Windung

Stellt man die Sekundärspule eines Transformators durch sukzessives Aufwickeln eines Kabels her, so lässt sich damit demonstrieren, dass die Sekundärspannung mit steigender Windungszahl zunimmt.

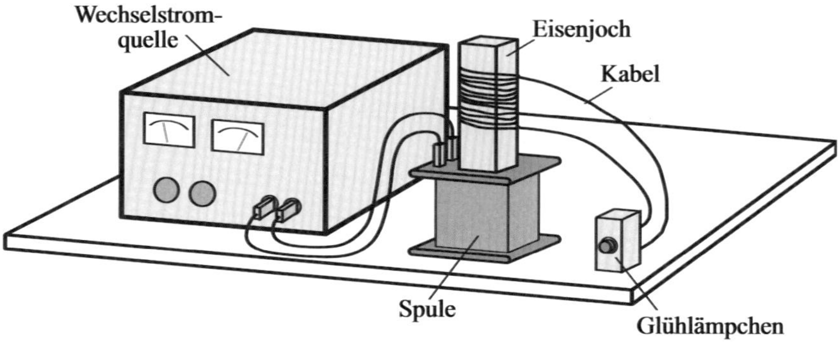

Abb. 1

Material

- Spule (Windungszahl: ca. 600; Belastbarkeit: ca. 5 A)
- Eisenjoch
- Kabel (Länge: ca. 6 m), evtl. mit Bananensteckern
- Glühlämpchen (ca. 4 V; 0,3 A), falls vorhanden mit Fassung, die Buchsen für Bananenstecker besitzt
- Wechselstromquelle (ca. 10 V)
- 2 Kabel zum Anschluss der Spule an die Spannungsquelle
- evtl. Hilfsmittel: Lötkolben, Lötzinn

Aufbau und Durchführung

Über ein senkrecht aufgestelltes Eisenjoch schiebt man eine Spule und verbindet sie mit einer Wechselstromquelle. Die beiden Enden eines langen Kabels werden an ein Glühlämpchen angeschlossen (z. B. durch Anlöten oder mit Hilfe von Bananensteckern). Wickelt man das Kabel Windung für Windung um das Joch (siehe Abb. 1), so beginnt das Lämpchen bei etwa der 15. Windung (entspricht ungefähr 2 m aufgewickeltem Kabel) schwach zu leuchten und wird mit jeder weiteren Windung heller.

Erklärung

Die folgenden Überlegungen gelten nur für einen idealen, also verlustlosen Transformator. Dieser liegt hier, vor allem auf Grund der ungenügenden Kopplung der Spulen, nicht vor. Die genaue Behandlung des nicht idealen und belasteten Transformators ist jedoch sehr aufwendig, weshalb hier nur eine „nullte Näherung“ vorgestellt werden soll.

Unabhängig vom Belastungszustand gilt nach [*Gerthsen* 1993, S. 388] für das Verhältnis von Primärspannung $U_1\,(t)$ zu Sekundärspannung $U_2\,(t)$:

$$\frac{U_1\,(t)}{U_2\,(t)} = -\frac{N_1}{N_2} \qquad (1)$$

(N_1, N_2: Windungszahlen der Primär- und Sekundärspule)

Da nach (1) U_1 und U_2 um 180° gegeneinander verschoben sind, gilt für die Effektivwerte $U_{1,\mathrm{eff}}$ und $U_{2,\mathrm{eff}}$ der Wechselspannungen $U_1\,(t)$ und $U_2\,(t)$:

$$U_{2,\mathrm{eff}} = \frac{N_1}{N_2}\,U_{1,\mathrm{eff}}$$

Wenn die Sekundärspule aus relativ wenig Windungen besteht, ist der Betrag ihres komplexen Wechselstromwiderstandes vernachlässigbar klein gegenüber dem Ohmschen Widerstand R des Lämpchens. In diesem Fall fällt näherungsweise die gesamte Sekundärspannung $U_2\,(t)$ an dem Glühlämpchen ab, dem dadurch die elektrische Leistung

$$P \approx \frac{{U_{2,\mathrm{ff}}}^2}{R} = \frac{N_2^2}{N_1^2}\frac{U_{1,\mathrm{eff}}^2}{R} \propto N_2^2 \qquad (\text{gültig für } |X_2| << R)$$

(X_2: komplexer Wechselstromwiderstand der Sekundärspule)

zugeführt wird. Wird P mit wachsendem N_2 genügend groß, so beginnt das Lämpchen zu leuchten und wird zunächst mit jeder weiteren Windung der Sekundärspule heller. Mit steigender Windungszahl der Sekundärspule gewinnt auch deren Induktivität und Ohm'scher Widerstand an Einfluss. Dies führt sogar dazu, dass im anderen Extremfall sehr großer Windungszahlen praktisch die gesamte Spannung $U_2\,(t)$ am Widerstand der Sekundärspule abfällt und das Glühlämpchen nicht leuchtet.

Bemerkungen

Nach der beschriebenen Durchführung des Experiments unter rein qualitativen Aspekten bietet sich eine Wiederholung an, bei der parallel zum Lämpchen ein Spannungsmessgerät angeschlossen ist. Damit lässt sich auch bei kleinen Windungszahlen der Spannungsanstieg bei jeder neuen Windung registrieren und nachweisen, dass er konstant ist.

Literatur

Ferguson, J., The Physics Teacher 15/1 (1979), S. 59

zur Formel:

Vogel, H.; Gerthsen, C.: Physik, Ein Buch zum Gebrauch neben Vorlesungen, Springer Verlag, Berlin 1993, S. 388

7.15 Das Prinzip eines Generators

Mit einer Leuchtdiode kann der Strom nachgewiesen werden, der von einem bewegten Permanentmagneten in einer Spule induziert wird.

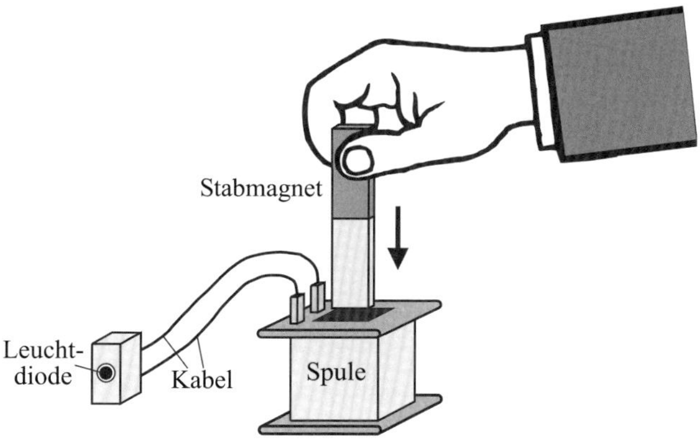

Abb. 1

Material

- starker Stabmagnet
- Spule (ca. 600 Windungen), deren Öffnung größer als die Querschnittsfläche des Magneten ist
- Leuchtdiode
- Kabel mit Bananensteckern oder Kroko-Klemmen, je nach Anschlüssen der Spule und Leuchtdiode

Aufbau und Durchführung

Die Anschlüsse einer Leuchtdiode (LED) werden über Kabel mit den Kontakten einer Spule verbunden, die Polung spielt dabei keine Rolle. Hält man die Spule so, dass ihre Symmetrieachse vertikal ist und lässt man einen Stabmagneten aus geringer Höhe (unteres Ende des Magneten ca. 10 cm über der Spule) durch die Öffnung der Spule fallen (siehe Abb. 1), so leuchtet die LED kurz auf, unabhängig davon, welcher Pol des Magneten die Spule zuerst passiert.

Der Magnet darf dabei nicht direkt auf den Boden fallen, weil durch einen harten Aufprall seine Magnetisierung abnimmt. Entweder lässt man ihn auf einer mehrfach gefalteten Decke aufkommen oder die Spule wird irgendwo befestigt, um den Magneten mit der freien Hand auffangen zu können.

Erklärung

Durch die Bewegung des Magneten befindet sich die Spule in einem zeitlich variierenden Magnetfeld. Wegen der starren Geometrie der Spule verändern sich damit auch die magnetischen Flüsse Φ_i ($i = 1, ..., N$), welche die N einzelnen Windungen durchsetzen.

Nach dem Induktionsgesetz herrscht zwischen den Anschlüssen der Spule die Spannung

$$U_{\text{ind}} = \sum_{i=1}^{N} U_i = -\sum_{i=1}^{N} \dot{\Phi}. \tag{1}$$

(U_i: induzierte Spannung in der i-ten Windung)
Während der Magnet die Spule durchquert, wächst der magnetische Fluss, von welchem jede Windung durchsetzt wird, auf ein Maximum an und fällt wieder auf null ab. Die hervorgerufene Induktionsspannung U_i wechselt zum Zeitpunkt des Maximums von Φ_i ihr Vorzeichen. Allerdings findet dieser Vorgang in den verschiedenen Windungen zeitlich versetzt statt.

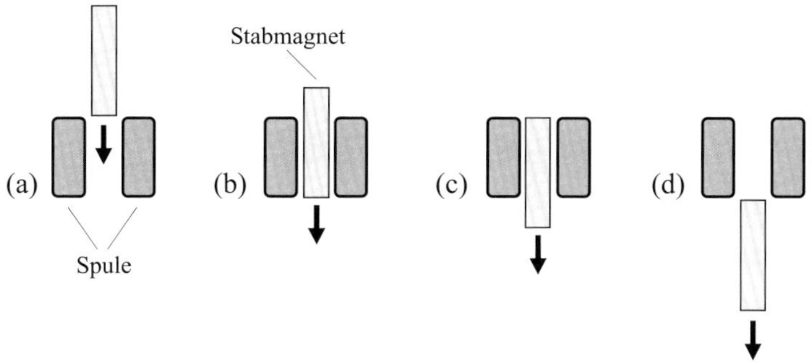

Abb. 2

Bis zu dem Zeitpunkt, an dem der Magnet vollständig in das Spuleninnere eingedrungen ist (siehe Abb. 2(a) und (b)), besitzen alle Φ_i das gleiche Vorzeichen oder sind null, da in diesem Zeitraum das Magnetfeld in allen Windungen anwächst oder konstant ist. Die umgekehrten Verhältnisse mit dem entgegengesetzten Vorzeichen der Φ_i herrschen, sobald der Magnet beginnt, das Innere der Spule zu verlassen (siehe Abb. 2(c) und (d)). Wegen Beziehung (1) liefert dies für den Zeitraum zwischen den Zuständen (a) und (b) (siehe Abb. 2) eine Induktionsspannung umgekehrten Vorzeichens wie zwischen (c) und (d). Unabhängig von der Polung der Spule und der Orientierung des Magneten tritt auf jeden Fall in einem bestimmten Zeitraum während des gesamten Vorgangs an der LED eine Spannung in Durchlassrichtung auf und sie leuchtet für einen Augenblick. Dabei wird potenzielle Energie des Magneten in elektrische Energie umgewandelt.

Bemerkungen

Hat man einen besonders starken Stabmagneten zur Verfügung, so reicht es evtl. aus, ihn von Hand mit mäßiger Geschwindigkeit in das Spuleninnere einzutauchen und wieder herauszuziehen, um die LED zum Aufleuchten zu bringen. Dies eröffnet die Möglichkeit, zwei LEDs unterschiedlicher Farbe antiparallel an die Spule anzuschließen, wobei die eine beim Eintauchen des Magneten und die andere beim Herausziehen desselben aufleuchtet. Kehrt man bei diesem Vorgang die Dipolorientierung des Magneten um, so vertauschen auch die LEDs ihre Rollen.

Literatur

Seus, E., Physik und Didaktik 8/1 (1980), S. 73-77

7.16 Der Spätzünder

Die durch Selbstinduktion auftretende Stromverzögerung wird mit Hilfe zweier parallel geschalteter Glühlämpchen demonstriert, von denen eines mit einem Ohmschen Widerstand und das andere mit einer Spule in Reihe geschaltet ist.

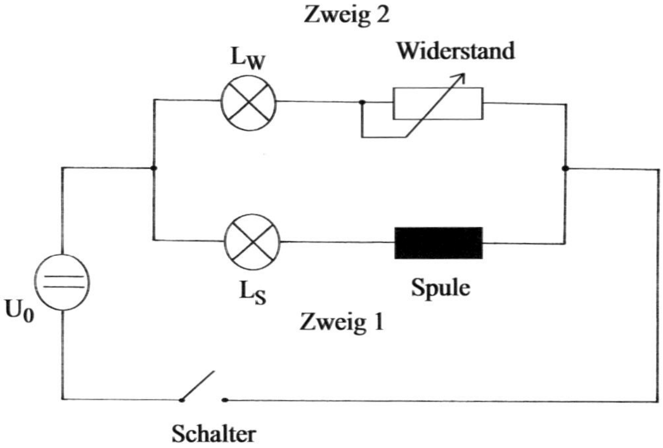

Abb. 1

Material

- Gleichspannungsnetzgerät, wenn möglich mit kontinuierlich regelbarer Spannung
- Experimentierkabel oder Steckbrett
- Schalter
- 2 Glühlämpchen (3,7 V; 0,3 A)
- Schiebewiderstand (ca. 10 kΩ)
- Spule, z. B. 500 Windungen, mit Eisenkern, wenn möglich U-Kern mit Joch

Aufbau und Durchführung

Mit den oben angegebenen Materialien baut man eine Schaltung nach dem Schaltbild auf, das in Abbildung 1 zu sehen ist. Der Eisenkern wird vorerst noch nicht in die Spule eingebaut. An die Schaltung legt man eine Gleichspannung an, die für die einzelnen Bauteile nicht zu groß ist, schließt den Schalter und stellt den Schiebewiderstand so ein, dass die beiden Glühlämpchen L_W und L_S gleich hell leuchten.
Wird der Schalter geöffnet und wieder geschlossen, erlöschen die Lämpchen gleichzeitig und leuchten gleichzeitig wieder auf. Steckt man den Eisenkern bei geöffnetem Schalter in die Spule und schließt den Schalter, leuchtet das Lämpchen L_S, das mit der Spule in Reihe geschaltet ist, später auf als L_W. Es kann sein, dass bei Wiederholung des Experiments nicht mehr derselbe Effekt auftritt. So muss immer vor einer Wiederholung des Experiments die Stromrichtung umgekehrt oder der Eisenkern umgedreht werden.
Die oben gemachten genauen Angaben zu den verwendeten Komponenten sind nur ein

Beispiel dafür, bei welcher Zusammenstellung von Bauelementen das Experiment gelingt. Das Experiment kann genauso mit einer anderen geeigneten Zusammensetzung von Bauelementen durchgeführt werden.

Erklärung

Wird der Schalter geschlossen, liegt an den beiden Zweigen der Parallelschaltung die Spannung U_0 an (siehe Abb. 1). Im Zweig 1, in den der Ohmsche Widerstand geschaltet ist, fließt ohne Verzögerung der Strom, der sich aus dem Ohmschen Widerstand in diesem Zweig und der anliegenden Spannung U_0 ergibt.
Die anliegende Spannung U_0 am Zweig 2 lässt auch hier Strom fließen. Dadurch steigt der magnetische Fluss in der Spule. Diese Flussänderung induziert nach der Lenz'schen Regel eine Spannung, die ihrer Ursache, der angelegten Spannung, entgegenwirkt (Selbstinduktion). Es kommt zur Stromverzögerung. Das Zeitverhalten der Stromstärke I lässt sich durch folgende Funktion beschreiben:

$$I(t) = \frac{U_0}{R}(1 - e^{-t/\tau}), \qquad \tau = \frac{L}{R} \tag{1}$$

(R: Ohm'scher Widerstand im Zweig 2; L: Induktivität der Spule)
An der Funktion $I(t)$ ist zu erkennen, dass die Stromstärke erst nach gewisser Zeit (im folgenden Text Verzögerungszeit genannt) ihren stationären Wert $\frac{U_0}{R}$ erreicht. Mit größerem τ und deshalb mit zunehmendem L verlängert sich die Verzögerungszeit. Enthält die Spule keinen Eisenkern, ist ihre Induktivität so klein, dass mit bloßem Auge keine Verzögerungszeit festzustellen ist. Diese Einstellung eignet sich, um den Ohmschen Schiebewiderstand so einzustellen, dass die Lämpchen gleich hell aufleuchten. Durch den Eisenkern in der Spule vergrößert sich die Induktivität der Spule sehr stark (mindestens 100-fach). Entsprechend länger dauert es, bis die Stromstärke ihren stationären Wert erreicht und das Glühlämpchen L_S so hell wie das Lämpchen L_W leuchtet.

Literatur

Zeier, E.: Physikalische Schulversuche, Freihandversuche, kleine Experimente, Aulis Verlag Deubner, Köln 1986

zu Formel (1):

Vogel, H.: Gerthsen Physik, Springer Verlag, Berlin 1995, S. 385

7.17 Der Thomson'sche Ringversuch

Ein senkrecht nach oben katapultierter Metallring dient zum Nachweis, dass in einem Transformator mit kurzgeschlossenem Sekundärkreis durch Primär- und Sekundärstrom magnetische Felder hervorgerufen werden, die entgegengesetzt gerichtet sind.

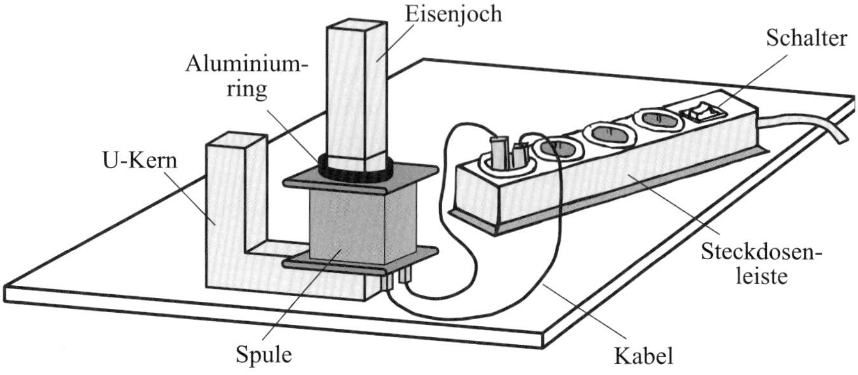

Abb. 1

Material

- Spule (600 – 800 Windungen; Belastbarkeit: mindestens 5 A)
- U-Kern
- Eisenjoch
- Aluminium- oder Kupferring, der über das Eisenjoch passt (Ringstärke: ca. 5 mm)
- Kabel mit Bananensteckern
- ein- und ausschaltbare Netzspannung (220 – 230 V; 50 – 60 Hz), z. B. Steckdosenleiste mit Schalter, der *beide* Pole trennt

Aufbau und Durchführung

Eine Spule wird über einen Schenkel eines U-Kerns gesteckt und auf diesem zusätzlich ein Eisenjoch senkrecht aufgestellt (siehe Abb. 1). Über das Joch lässt man einen Aluminiumring fallen und verbindet bei *ausgeschalteter* Spannung die Spule mit einer Netzspannungsquelle. Wird die Spannung eingeschaltet, fliegt der Ring senkrecht nach oben in eine beachtliche Höhe, wobei er sogar bis an die Zimmerdecke geschleudert werden kann. Hält man den Ring bei eingeschalteter Spannung 20 – 30 s lang fest, so wird er unerträglich heiß. *Bevor* man wieder andere Teile der Anordnung berührt, etwa zum Wiederaufbau des Experiments, muss aus Sicherheitsgründen und um eine Überhitzung der Spule zu vermeiden, auf jeden Fall die Netzspannung ausgeschaltet werden.

Erklärung

Bei der Anordnung des Experiments handelt es sich um einen Transformator, dessen Sekundärspule aus einer kurzgeschlossenen Windung besteht, dem Aluminiumring.

Wegen des Eisenkerns in der Spule und in dem Metallring sind die vorhandenen Induktivitäten so groß, dass beim komplexen Wechselstrom-Widerstand die Ohmschen Widerstände in Primär- und Sekundärkreis vernachlässigt werden können. Außerdem geht die folgende Rechnung von einem idealen Transformator aus, bei welchem kein magnetischer Streufluss außerhalb des Eisenkerns und keine Hysteresis auftritt. Die Orientierung der auftretenden Spannungen wurde so gewählt, dass Spannungen gleichen Vorzeichens bei gleichen Wechselstrom-Widerständen Ströme hervorrufen, die gleichgerichtete Magnetfelder erzeugen.
Unabhängig vom Belastungszustand des Transformators gilt für das Verhältnis aus Primärspannung $U_1\,(t)$ und Sekundärspannung $U_2\,(t)$:

$$\frac{U_1\,(t)}{U_2\,(t)} = -\frac{N_1}{N_2} \qquad \text{[}\textit{Gerthsen}\text{ 1993, S. 388]} \tag{1}$$

(N_1, N_2: Windungszahlen der Primär- und Sekundärspule)
Für die Ströme $I_1\,(t)$ und $I_2\,(t)$ gilt bei Vernachlässigung der Ohmschen Widerstände:

$$U_1\,(t) = \mathrm{i}\omega\, L_1 I_1\,(t) \qquad \text{und} \qquad U_2\,(t) = \mathrm{i}\omega\, L_2 I_2\,(t) \tag{2}$$

(L_1, L_2: Induktivitäten von Primär- und Sekundärspule; w: Kreisfrequenz der Wechselspannung)
Unter Benützung von Beziehung (1) liefert (2) für das Verhältnis der Ströme:

$$\frac{I_1\,(t)}{I_2\,(t)} = \frac{L_2 U_1\,(t)}{L_1 U_2\,(t)} = -\frac{N_1 L_2}{N_2 L_1} \tag{3}$$

Da die hervorgerufenen Magnetfelder proportional zu den Strömen $I_1\,(t)$ und $I_2\,(t)$ sind, besitzen sie wegen des negativen Vorzeichens in Beziehung (3) entgegengesetzte Richtungen. Auf Grund der Wechselwirkung der Magnetfelder stoßen sich die Spule und der Metallring ab. Bei der angegebenen Dimensionierung der Bauteile reichen die Kräfte aus, um den Aluminiumring nach oben zu katapultieren.
Setzt man in (3) näherungsweise die Beziehung $L_i \propto N_i^2$ ($i = 1$ und 2) für die Induktivität einer lang gestreckten Spule ein, so gilt für die Amplituden $|\,I_1\,|$ und $|\,I_2\,|$ der Ströme:

$$\frac{|\,I_1\,|}{|\,I_2\,|} \approx \frac{N_2}{N_1} \quad \Rightarrow \quad |\,I_2\,| \approx 600\,|\,I_1\,|, \qquad \text{mit } N_1 = 600 \text{ und } N_2 = 1 \tag{4}$$

Trotz der relativ geringen Stärke des Primärstroms (gemessener Wert: $|\,I_1\,| \approx 4$ A) fließt in dem Metallring ein extrem großer Strom (mit Beziehung 4) berechneter Wert: $|\,I_2\,| \approx$ 2400 A). Da auch der massive Metallring einen nichtverschwindenden Ohmschen Widerstand R besitzt, heizt die elektrische Leistung

$$P \approx R\,|\,I_2\,|^2 \approx 1200 \text{ W}$$

den Ring rasch auf. (R wurde aus dem spezifischen Widerstand von Aluminium und den geometrischen Abmessungen des Rings abgeschätzt: $R \approx 0{,}2\ \Omega$m.)
Eleganter, aber dafür mit weniger Einsicht in die physikalischen Abläufe, lässt sich das Ergebnis des Experiments auch mit Hilfe der Lenz'schen Regel erklären. Danach ist das Magnetfeld, das durch den im Aluminiumring induzierten Strom entsteht, so gerichtet, dass es der Ursache seiner Entstehung (dem Magnetfeld der Spule) entgegenwirkt. Auf Grund der entgegengesetzt gerichteten Magnetfelder stoßen sich Ring und Spule ab.

Literatur

Zeier, E.: Physikalische Schulversuche, Freihandversuche, kleine Experimente, Aulis Verlag Deubner, Köln 1986

zur Formel (1):

Vogel, H.; Gerthsen, C.: Physik, Ein Buch zum Gebrauch neben Vorlesungen, Springer Verlag, Berlin 1993, S. 388

7.18 Die magisch gebremste Scheibe

An einer nichtferromagnetischen Beilagscheibe, die durch das Magnetfeld eines Hufeisenmagneten abgebremst wird, beobachtet man das Prinzip einer Wirbelstrombremse.

Material

- Hufeisenmagnet
- Messingbeilagscheibe (Durchmesser: ca. 2 cm), oder gleichmäßiger Ring aus Edelmetall, z. B. Ehering

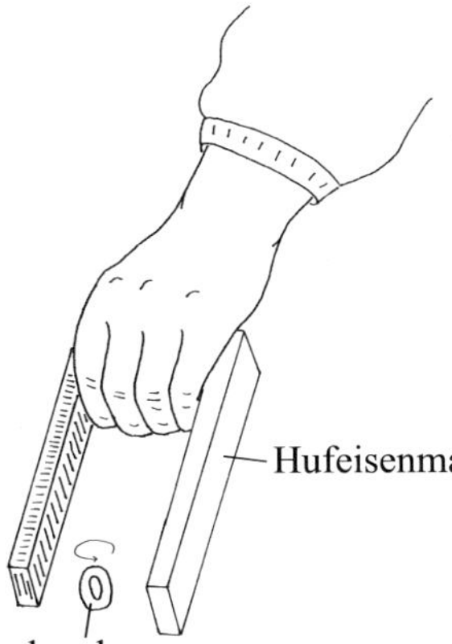

Abb. 1

Aufbau und Durchführung

Die Beilagscheibe wird auf ihren Rand gestellt und um die Vertikale in Rotation versetzt (siehe Abb. 1). Dazu hält man sie wie in Abbildung 2 locker mit dem Zeigefinger einer Hand (Hand 2). Die andere Hand (Hand 1) hält ihren Mittelfinger mit ihrem Daumen fest und spannt ihn an (siehe Abb. 2). Der gespannte Mittelfinger wird auf den seitlichen Rand der Beilagscheibe gerichtet und weggeschnippt. Dabei sollte die Beilagscheibe möglichst weit außen am Rand getroffen werden, um sie nur in Rotation zu versetzen und nicht weit weg zu schnippen.

Bringt man die Pole eines Hufeisenmagneten in die Nähe der rotierenden Beilagscheibe (siehe Abb. 1), wird sie vom Feld des Magneten durchsetzt und abgebremst. Eine Beilagscheibe aus Messing dreht im Feld des Hufeisenmagneten ungefähr halb so lang wie ohne Einfluss eines magnetischen Feldes. Dies trifft auch für einen Ring aus Edelmetall zu.

Um einen Zusammenstoß der Beilagscheibe mit den Polen des Magneten zu vermeiden, sollte der Magnet mit der Beilagscheibe mitbewegt werden. Dies ist am leichtesten, wenn die Pole von schräg oben an die rotierende Beilagscheibe herangebracht werden (siehe Abb. 1).

Die Verwendung von Münzen liegt zwar auf den ersten Blick nahe, ist aber nicht zu empfehlen, da Münzen ferromagnetisch sein können. Dann überlagern sich das Verhalten eines ferromagnetischen Stoffes und das eines leitenden Stoffes bei Veränderung des

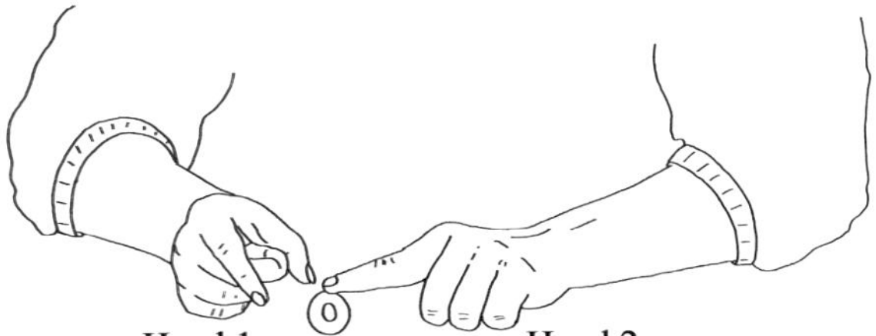

Abb. 2

magnetischen Feldes. So kann das Abbremsen durch Wirbelströme nicht separat beobachtet werden (siehe Erklärung).

Erklärung

Durch die Drehung der Beilagscheibe im Feld des Hufeisenmagneten verändert sich der magnetische Fluss, der die Beilagscheibe durchsetzt. Es wird ein Strom induziert, der nach der Lenz'schen Regel eine Abbremsung der Beilagscheibe bewirkt. Bei der beschriebenen Rotation der Beilagscheibe ist dies ein Wirbelstrom um deren Rotationssymmetrieachse. Diese steht senkrecht zur Rotationsachse der Beilagscheibe.
Die Rotationsenergie der Beilagscheibe wird in elektrische Energie der induzierten Wirbelströme umgewandelt. Die elektrische Energie wandelt sich in innere Energie um.

Bemerkungen

Nach dem gleichen Prinzip kann auch die Bewegung eines Menschen in einem Magnetfeld gebremst werden. Die Haut des Menschen hat zwar einen hohen Widerstand, aber im Körperinneren ist der Widerstand relativ gering. Deshalb reichen Magnetfelder von 0,1 T aus, um die Bewegung eines Menschen spürbar zu hemmen.
Um dies auszuprobieren werden Magnetfelder gebraucht, deren Ausdehnung so groß ist, dass sich ein Mensch darin bewegen kann. Sie existieren leider nur in größeren Anlagen, z. B. Beschleunigeranlagen, und sind nur für das dort beschäftigte Personal zugänglich.
Eine ähnliche Thematik behandelt das Experiment „Die Magnetbremse".

Literatur

o. L.

7.19 Die Magnetbremse

Ein Magnet dämpft die Schwingung eines Pendels, dessen Pendelmasse aus einem Aluminiumfolie-Ring besteht.

Material

- Aluminiumfolie
- Wollfaden
- Stativmaterial
- Stab- oder Hufeisenmagnet

Aufbau und Durchführung

Aus Aluminiumfolie wird ein Ring geformt (Durchmesser: 5 – 8 cm), der mit Wollfäden bifilar an einer Stativstange aufgehängt wird (siehe Abb. 1). Man lenkt das so entstandene Pendel um 90° aus und zählt die Perioden, die das Pendel bis zum Stillstand (auf Grund des Luftwiderstandes und der Reibung der Wolle an der Aufhängung) durchläuft. Wiederholt man das Experiment, wobei man zusätzlich bei jeder Schwingung einen Magneten so hält, dass er im Umkehrpunkt in den Ring hineinragt, so kommt das Pendel schneller zum Stillstand.

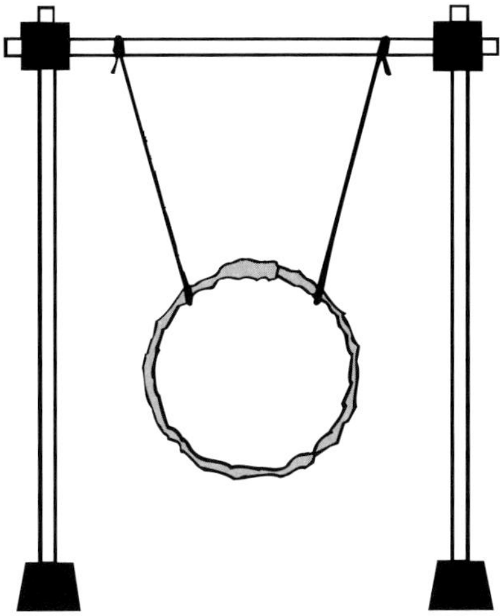

Abb. 1

Erklärung

Jedesmal wenn der Magnet beginnt und aufhört, in den Ring hineinzuragen, ändert sich der magnetische Fluss, der den Ring durchsetzt. Eine Änderung des magnetischen Flusses ist nach dem Induktionsgesetz mit dem Aufbau einer Induktionsspannung verbunden. Da im Aluminium die Elektronen frei beweglich sind, fließt im Ring auf Grund der Spannungen ein elektrischer Strom. Dieser erzeugt ein Magnetfeld, das nach der Lenz'schen Regel so orientiert ist, dass es seiner Ursache – der Flussänderung – entgegenwirkt. „Schiebt" sich der Aluminiumfolienring also auf den Magneten, so ist das Magnetfeld, das sich als Folge des Induktionsstromes ausbildet, so gerichtet, dass der Ring vom Magnet weggestoßen wird. „Gleitet" der Ring vom Magnet weg, wird er vom induzierten Magnetfeld zum Magneten hingezogen. In beiden Fällen wird der Ring negativ beschleunigt, also abgebremst. Das Pendel ist demnach mit Magnet stärker gedämpft als ohne Magnet und kommt deshalb schneller zum Stillstand.

Bemerkungen

Das Einbringen des Hufeisen- oder Stabmagneten mit der Hand in den Ring (ohne diesen zu berühren) erfordert etwas Geschick, aber spätestens nach der dritten Schwingung sollte man den richtigen Rhythmus gefunden haben.

Der Rückgang der Schwingungen bis zum Stillstand ist deutlich (z. B. 20 – 25 auf

10 – 15) und lässt sich noch besser zeigen, wenn ein Assistent den Ring auch noch im anderen Umkehrpunkt mit einem Magneten abbremst.
Eine ähnliche Thematik behandelt das Experiment „Die magisch gebremste Scheibe".

Literatur

Zeier, E.: Physikalische Schulversuche, Freihandversuche, kleine Experimente, Aulis Verlag Deubner, Köln 1986

7.20 Wirbelstromantrieb

Die Bewegung eines schwimmenden Stücks gefalteter Aluminiumfolie zeigt, dass ein zeitlich veränderliches Magnetfeld in Metallen Wirbelströme induziert.

Material

- starker Magnet
- Stück Aluminiumfolie (Größe: ca. 30 cm × 40 cm)
- flache Schale (Durchmesser: ca. 15 cm)
- evtl. Overheadprojektor-Folie oder Blatt Papier (Größe: DIN A4)

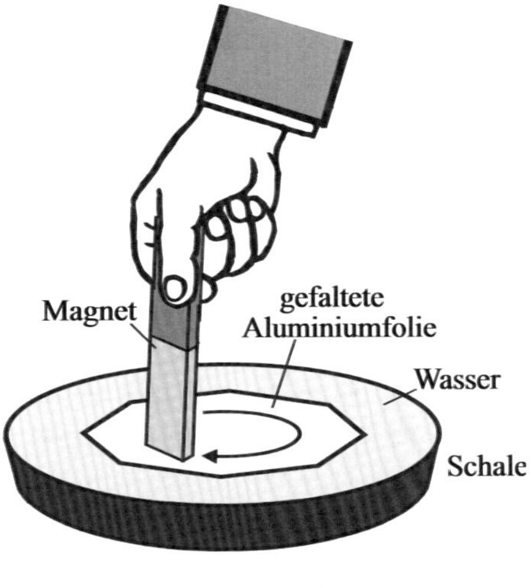

Abb. 1

Aufbau und Durchführung

Ein Stück Aluminiumfolie wird dreimal jeweils in der Mitte gefaltet, so dass acht Lagen Folie übereinanderliegen. Im Allgemeinen besitzen die einzelnen Lagen nach diesem Vorgang die Form eines Rechtecks (Größe: ca. 10 cm × 15 cm, wenn man mit einem Stück Aluminiumfolie der Größe 30 cm × 40 cm beginnt) und können durch nochmaliges Falten in eine quadratische Form gebracht werden. Durch Umklappen der Quadratecken erhält die Folie ungefähr die Form eines regelmäßigen Achtecks (entspricht näherungsweise einer Kreisscheibe mit Durchmesser ca. 10 cm; siehe Abb. 1). Auf Grund der eingeschlossenen Luft schwimmt die gefaltete Aluminiumfolie in einer Schale mit Wasser. Die Schale sollte so weit gefüllt werden, dass sich das Wasser etwas über ihren Rand erhebt, weil die Folie dann stets in die Mitte der Wasseroberfläche schwimmt (siehe Experiment „Ein Korken schwimmt bergauf").
Kreist man zügig mit einem Pol eines Magneten 1 – 2 cm über der schwimmenden Aluminiumfolie (siehe Abb. 1), so beginnt diese nach kurzer Zeit im gleichen Drehsinn zu rotieren wie der Magnetpol seine Bahn durchläuft. Wechselt man die Rotationsrichtung, so kommt die Aluminiumfolie wieder zur Ruhe und beginnt in der anderen Richtung zu rotieren. Um den Einwand zu entkräften, dass eine Kraftübertragung durch Luftwirbel erfolgt, kann man eine Overheadprojektor-Folie zwischen Magnet und Aluminium halten.

Erklärung

Auf Aluminium wirkt in einem zeitlich konstanten Magnetfeld nur eine extrem kleine Kraft, da es sich um einen paramagnetischen Stoff handelt. Mittels eines zeitlich veränderlichen Magnetfeldes lässt sich die Aluminiumscheibe durch die auftretenden Induktionsströme trotzdem in Bewegung versetzen. In der Nähe eines Magnetpols herrscht ein relativ starkes inhomogenes Magnetfeld. Kreist der Pol eines Magneten über der Aluminiumfolie, so ändert sich ständig der lokale magnetische Fluss, der die verschiedenen Bereiche der Folie durchsetzt. Die dadurch induzierten Spannungen rufen Wirbelströme in dem Metall hervor. Nach der Lenz'schen Regel erzeugen diese ein Magnetfeld, das der Ursache seiner Entstehung – in diesem Fall die Relativbewegung zwischen Aluminiumfolie und Magnet – entgegenwirkt. Die Relativbewegung wird verkleinert, indem die Folie im gleichen Drehsinn zu rotieren beginnt wie der Magnetpol seine Bahn durchläuft.

Bemerkungen

Mit dem vorgestellten Effekt lassen sich in der Technik berührungsfreie Kupplungen realisieren. So ist z. B. die Nadel eines Tachometers mit einer kleinen Aluminiumscheibe verbunden, die von einem rotierenden Magneten mitgenommen wird.
Auch ein Asynchronmotor funktioniert nach dem gleichen Prinzip.

Literatur

Baumann, A., Physik und Didaktik 15/3 (1987), S. 247-248

7.21 Der langsame Fall

Mit einem Kupferrohr und einem Magneten lässt sich die Wirkung von Wirbelströmen eindrucksvoll demonstrieren.

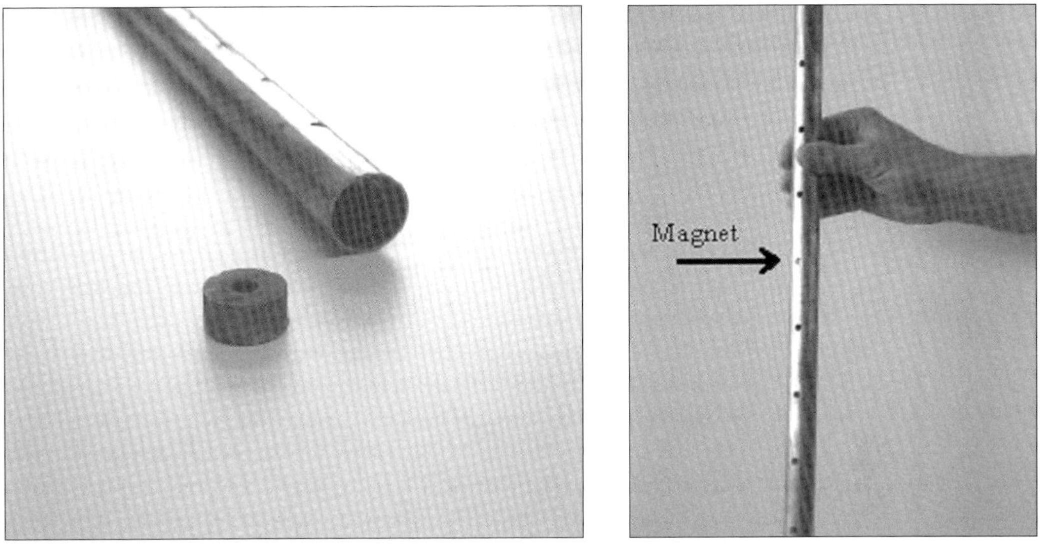

(a) (b) Abb. 1

Material

- Kupferrohr (Länge: 2 – 2,5 m)
- starker, kurzer Rundmagnet (z. B. Material: NdFeB), der im Kupferrohr nicht verkantet
- Eisenstück mit den Abmessungen des Magneten

Aufbau und Durchführung

In ein Kupferrohr bohrt man auf einer Linie im gleichmäßigen Abstand von etwa 5 cm Löcher (siehe Abb. 1(b)). Die dabei im Rohrinneren entstandenen Grate müssen sorgfältig entfernt werden! Durch die Löcher beobachtet man die Bewegung eines Eisenstücks bzw. eines Magneten.

Lässt man durch das senkrecht gehaltene Rohr das Eisenstück fallen, so beobachtet man eine gleichförmig beschleunigte Fallbewegung. Typische Fallzeit: 1,5 s.

Lässt man dagegen durch das senkrecht gehaltene Rohr den Magneten fallen, so beobachtet man eine langsame gleichförmige Bewegung. Fallzeit ca.: 30 s.

Erklärung

Bewegt man ein Stück Kupfer durch ein Magnetfeld, so werden in ihm Wirbelströme induziert, deren magnetische Wirkung nach der Lenz'schen Regel die Bewegung bremst. Die verlorengehende Bewegungsenergie findet sich in Form von innerer Energie des

bewegten Körpers wieder („Ohm'sche Wärme“). Dieselbe Induktionserscheinung tritt auf, wenn ein Magnet an einem ruhenden Stück Kupfer vorbeibewegt wird.
Im Experiment wird der Magnet nach dem Loslassen nicht nur durch den Luftwiderstand, sondern auch auf Grund der Induktion durch eine der beschleunigenden Gewichtskraft entgegenwirkenden Kraft, die wie die Luftwiderstandskraft vom Betrag der Geschwindigkeit abhängt, gebremst. Es stellt sich ein stabiles dynamisches Gleichgewicht zwischen Gewichtskraft und Bremskraft ein, so dass der Magnet nach dem Trägheitsgesetz mit konstanter Geschwindigkeit fällt. Je stärker der Magnet ist, desto eher wird der Gleichgewichtszustand erreicht und desto geringer ist die konstante Fallgeschwindigkeit.

Bemerkungen

Dieses verblüffende Experiment wirkt besonders gut, wenn man zuerst das Eisenstück durch das Rohr fallen lässt und die Zuschauer über die magnetischen Eigenschaften des „zweiten Stücks“ im Unklaren lässt.
Wichtig dabei ist, dass der Magnet im Rohr gut gleiten kann und trotzdem wenig Zwischenraum zwischen Rohrwand und Magnet besteht.
Je stärker der Magnet ist, desto besser ist der Effekt zu sehen. Mit dem von uns verwendeten Magneten war eine Falldauer von 10 Sekunden pro Meter zu messen. Wir verwendeten einen Ringmagneten aus NdFeB (19 × 10 mm) der Firma „Fehrenkemper Magnetsysteme“, Hülseder Str. 4, 31867 Messenkamp.
Die Löcher im Rohr sind nicht für das Gelingen des Experiments notwendig. Sie ermöglichen dem Zuschauer, die Bewegung zu verfolgen und beugen so vor allem dem Zweifel vor, ob der Magnet überhaupt falle und nicht hängen geblieben ist.
Der Magnet kann mit Signalfarbe lackiert werden, um besser durch die Öffnungen gesehen zu werden. Auch die Ausleuchtung des Rohres durch die obere Öffnung kann hilfreich sein.
Im Unterricht eignet sich das Experiment in idealer Weise zur Einführung der gleichförmigen Bewegung.

Literatur

o. L.

7.22 Die gekoppelten Hufeisen(magnete)

Die Wechselwirkung von elektrischem und magnetischem Feld wird zur Kopplung zweier Pendel ausgenützt.

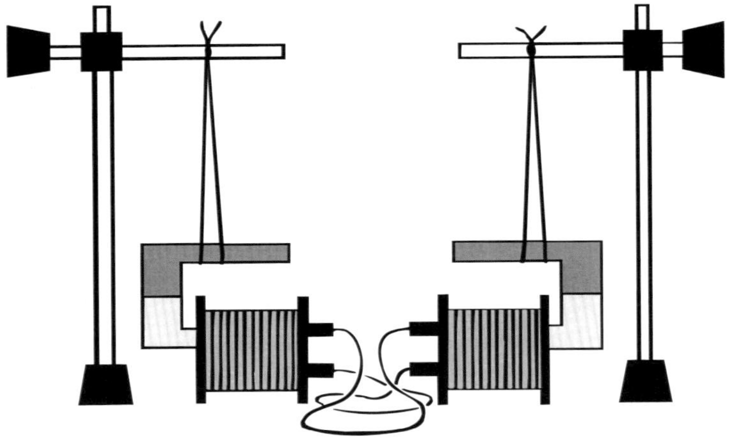

Abb. 1

Material

- 2 starke Hufeisenmagnete
- 2 Spulen (je 1000 oder mehr Windungen) mit ausreichend großem Durchmesser, so dass der Schenkel eines Hufeisenmagneten bequem in das Spuleninnere hineinragen kann
- Kabel
- Faden
- Stativmaterial
- evtl. Klebestreifen

Aufbau und Durchführung

Zwei Hufeisenmagnete werden so wie in Abbildung 1 gezeigt an einer Fadenschlaufe aufgehängt und eventuell mit etwas Klebestreifen am Faden befestigt. Ihre unteren Schenkel lässt man jeweils so weit in das Innere einer Spule hineinragen, dass die Magnete noch leicht vor und zurück bzw. in die Spule hinein und wieder heraus schwingen können ohne anzustoßen. Die beiden Spulen werden mit Kabeln verbunden. Lenkt man einen Hufeisenmagneten aus und lässt man ihn pendeln, so fängt kurz darauf auch der andere Magnet zu schwingen an.

Erklärung

Dringt der ursprünglich ausgelenkte Magnet in das Innere der ersten Spule ein, so ändert sich der magnetische Fluss, von dem die Spule durchsetzt wird. Nach dem Induktionsgesetz ist mit einer solchen Änderung eine Induktionsspannung zwischen den beiden Enden der Spule verbunden. Diese erzeugt in dem Stromkreis der beiden Spulen einen Stromfluss. Da stromdurchflossene Leiter von einem Magnetfeld umgeben sind (siehe Experiment „Eisenpulverkreise"), bildet sich auf Grund des Stromflusses in beiden Spulen ein Magnetfeld aus. In der ersten Spule ist dieses so orientiert, dass es dem Magnetfeld des ersten Hufeisenmagneten entgegengerichtet ist (Lenz'sche Regel), so dass der erste Magnet abgebremst wird und eine (gedämpfte) harmonische Schwingung beschreibt. In der zweiten Spule hängt es von der Kombination des Spulendrehsinns und der Polung des Hufeisenmagneten ab, ob er zunächst aus der Spule herausgedrängt oder hineingezogen wird; in jedem Fall wird so jedoch der zweite Magnet zu Schwingungen angeregt und der bereits für den ersten Magneten beschriebene Vorgang setzt auch beim zweiten ein. Die Stromrichtung und die Orientierung der von den Spulen erzeugten Magnetfelder ändern sich dabei jede halbe Schwingung. Bei geeigneten Dimensionierungen der Magnete und der Spulen (möglichst gleiche Stärke bzw. Windungszahlen) lassen sich mit dieser Anordnung so alle Phänomene gekoppelter harmonischer Schwingungen (z. B. Wechsel der im Gesamtsystem gespeicherten Energie von einem zum anderen Spule-Magnet-System, Phasenverschiebungen) beobachten.

Bemerkungen

Der gleiche physikalische Vorgang tritt im Experiment „Ein einfaches Telefon" auf.

Literatur

Zeier, E.: Physikalische Schulversuche, Freihandversuche, kleine Experimente, Aulis Verlag Deubner, Köln 1986

7.23 Die gekoppelten Magnetpendel

Durch die Abstoßung gleichnamiger Magnetpole verhalten sich zwei an Fäden aufgehängte Stabmagnete wie gekoppelte Pendel.

Material

- 2 gleiche Stabmagnete
- Faden (Länge: ca. 2 m)
- Stativmaterial

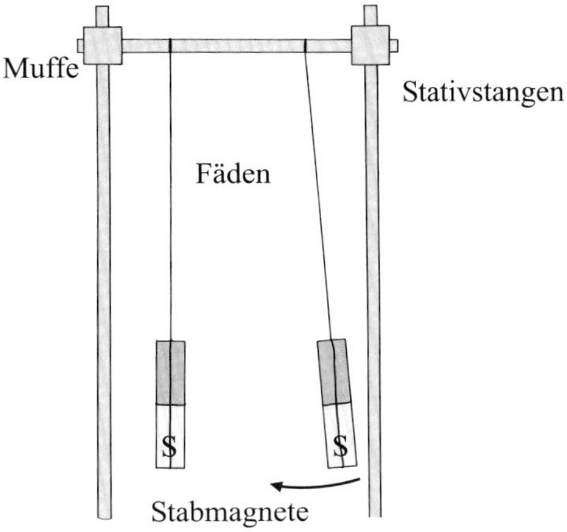

Abb. 1

Aufbau und Durchführung

Aus Stativstangen und Muffen baut man ein Gestell auf, wie es in Abbildung 1 zu sehen ist. Zwei Stabmagnete befestigt man an je einem 1 m langen Bindfaden, indem man den Faden wie bei einem Paket einmal quer und einmal längs um einen Magneten wickelt und an einer Stelle verknotet. Dabei sollte jeweils noch ein ca. 40 cm langes Stück Faden übrig sein, das man an der waagrechten Stativstange befestigt. Die beiden Magnete müssen dabei so aufgehängt sein, dass sie ca. 10 cm Abstand voneinander haben und die gleichnamigen Pole der Magnete in dieselbe Richtung zeigen (siehe Abb. 1).

Ein Magnet wird in der Ebene, die durch die beiden Magnete aufgespannt wird, ca. 8 cm weit aus der Ruhelage ausgelenkt. Lässt man den Magneten los, so schwingt er in dieser Ebene. Nach einigen Schwingungen beginnt der bisher ruhende Stabmagnet ebenfalls zu schwingen. Die Amplitude der Pendelbewegung des ausgelenkten Stabmagneten nimmt ab, während die des anderen Magneten zunimmt. Kommt der ausgelenkte Magnet vollständig zur Ruhe, schwingt der andere Stabmagnet in diesem Augenblick mit maximaler Amplitude. Daraufhin kehren sich die Verhältnisse um: Der nun ruhende Magnet beginnt wieder zu pendeln, während die Amplitude der Schwingung des anderen Stabmagneten abnimmt. Dieser Wechsel vollzieht sich einige Male. Die Amplituden werden dabei immer kleiner, bis schließlich beide Pendel ruhen.

Erklärung

Die Stabmagnete verhalten sich wie die mit einer Feder gekoppelten Pendel in der Mechanik (siehe Experiment „Die schwingenden Wäscheklammern"). Die Kopplung erfolgt durch die Abstoßung gleichnamiger Magnetpole. Kommt der schwingende Magnet in die Nähe des ruhenden Magneten, stoßen sich die beiden Magnete ab. Der ruhende Magnet wird dadurch etwas ausgelenkt und beginnt zu schwingen, während die Bewegung des schwingenden Magneten abgebremst wird. Der schwingende Magnet verliert dabei an Energie, die auf den ruhenden Magneten übergeht. Haben die Stabmagnete die gleiche Masse und die gleiche Pendellänge, ergibt sich im Idealfall eine vollständige Energieübertragung, so dass abwechselnd jeweils ein Magnetpendel zur Ruhe kommt.

Bemerkungen

Das Analogon mit elektrischen Feldern behandelt das Experiment „Elektrostatisch gekoppelte Pendel".

Literatur

Zeier, E.: Physikalische Schulversuche, Freihandversuche, kleine Experimente, Aulis Verlag Deubner, Köln 1986

7.24 Faradays misslungenes Experiment

Durch die Induktion eines Kreisstroms wird die Lenz'sche Regel demonstriert.

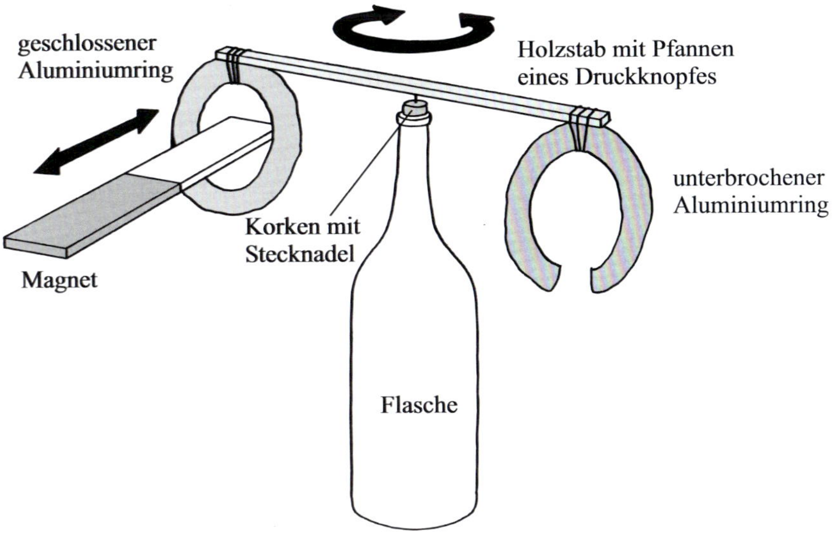

Abb. 1

Material

- 2 Aluminiumringe (Durchmesser: ca. 5 cm), können z. B. aus Aluminiumblech ausgeschnitten werden
- dünner Holzstab (Länge: ca. 30 cm)
- Teil eines Druckknopfs für Kleidungsstücke (so genannte „Pfanne") als Lager (siehe Abb. 2)
- Flasche mit Korken
- Stecknadel
- Befestigungs- und Klebematerial
- Eisensäge oder Blechschere
- starker Stab- oder Hufeisenmagnet

Aufbau und Durchführung

In einen Aluminiumring wird ein Schlitz gesägt, so dass der Ring durchbrochen ist. Der so präparierte sowie ein geschlossener Ring werden jeweils an einem Ende des Holzstabs befestigt (siehe Abb. 1). Ein Korken, aus dem eine Stecknadel mit ihrer Spitze nach oben herausragt, wird in den Hals einer Flasche gesteckt. Die Stecknadel soll den Holzstab mit den Aluminiumringen im Schwerpunkt unterstützen. Damit sich der Holzstab leicht um die Nadelachse drehen kann, wird im Unterstützungspunkt eine kleine Vertiefung in den Holzstab gebohrt und dort die Pfanne eines Druckknopfs hineingesteckt, die als Lager

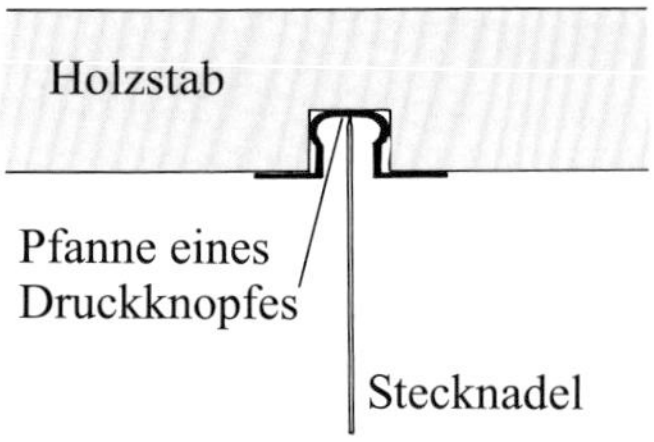

Abb. 2

dient (siehe Abb. 2). Der Holzstab mit den beiden Ringen wird mit der Pfanne auf die Nadelspitze gesetzt und man überprüft, ob er sich leicht drehen lässt (evtl. muss man die Anordnung durch Verschieben eines Rings noch austarieren, so dass die Holzleiste eine waagrechte Position einnimmt).

Nach diesen Vorarbeiten beginnt das eigentliche Experiment (siehe Abb. 1):

Taucht man einen starken Magneten mit einem Pol in den geschlossenen Ring, wird dieser zurückweichen, beim Herausziehen des Magneten dagegen dem Magneten folgen, beim geschlitzten Ring ist in beiden Fällen keine Regung zu sehen, vorausgesetzt man verursacht bei Bewegung des Magneten nicht so starke Luftströmungen, dass die Anordnung allein auf Grund der Luftströmung in Bewegung gerät. Hat man Probleme mit der Luftströmung, kann man die Vorrichtung dämpfen, indem man auf den jeweils nicht betrachteten Ring ein Stück Papier klebt.

Erklärung

Für das Experiment ist die Verwendung von Aluminium wichtig, da Aluminium keine ferromagnetischen Eigenschaften besitzt und somit nicht von Magneten angezogen wird. Taucht der Magnet in den geschlossenen Aluminiumring, wird dort ein Kreisstrom induziert, der nach der Lenz'schen Regel so gerichtet ist, dass das von ihm erzeugte Magnetfeld seiner Ursache, also dem zunehmenden Magnetfeld, entgegenwirkt. Das über den Stromfluss im Ring entstehende Magnetfeld ist also so gerichtet, dass auf der Seite des eindringenden Magneten derselbe Magnetpol entsteht und so der Ring abgestoßen wird. Beim Herausziehen des Magneten ist der im Ring induzierte Strom wieder seiner Ursache entgegengesetzt, diesmal entsteht ein anziehend wirkendes Magnetfeld. Beim geschlitzten Aluminiumring kann wegen der Unterbrechung kein Kreisstrom entstehen. Es wird kein Magnetfeld aufgebaut, und der Ring bleibt auch dann in Ruhe, wenn der Magnet in den Ring getaucht oder aus ihm herausgezogen wird.

Bemerkungen

Dieses Experiment führte der englische Physiker *Michael Faraday* (1791-1867) auf der Suche nach der Erscheinung der elektromagnetischen Induktion durch. In seinen Notizbüchern sind dazu Eintragungen aus den Jahren 1825 und 1828 zu finden. Da *Faradays* Drehanordnung jedoch zu unempfindlich war, blieb ihm der Erfolg versagt. Mehr Erfolg dagegen hatte *Heinrich Friedrich Emil Lenz* (1804-1865), der 1834 die nach ihm benannte Regel für die Richtung des induzierten Stromes aufstellte.
Induktionsströme werden z. B. bei Wirbelstrombremsen technisch genutzt.

Literatur

Pedzisz, B.; Wilke, H.-J., Physik in der Schule 31/1 (1993), S. 26-27

7.25 Ein einfaches Telefon

Aus zwei gleichen Lautsprechern und Drähten wird ein einfaches Telefon gebaut.

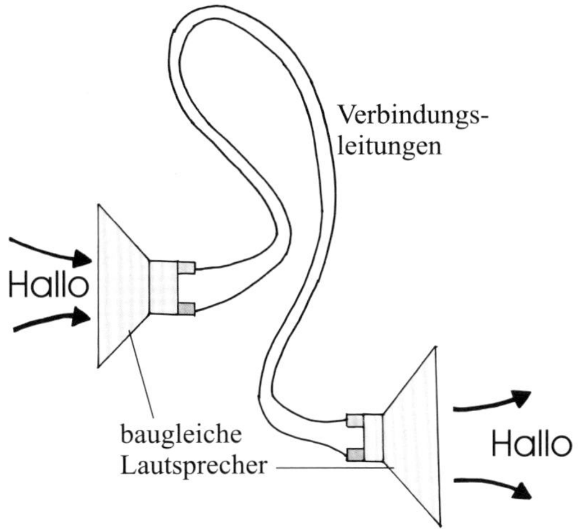

Abb. 1

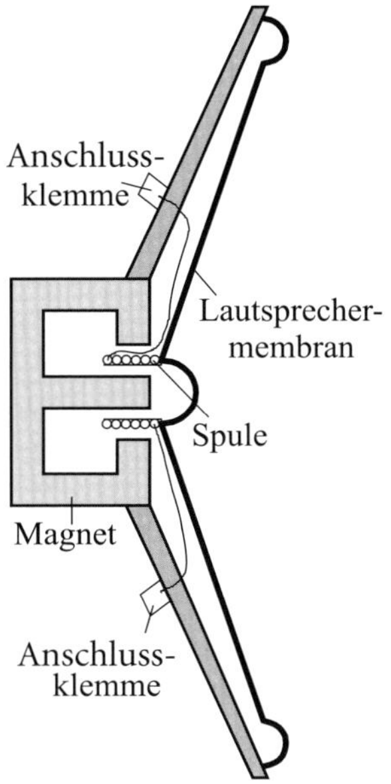

Abb. 2

Material

- 2 baugleiche Lautsprecher
- 2 Drähte (Länge: 10 – 30 m)

Aufbau und Durchführung

Man verbindet die Anschlussklemmen zweier baugleicher Lautsprecher elektrisch leitend mit zwei Drähten (siehe Abb. 1). Die so verbundenen Lautsprecher können als einfaches Telefon verwendet werden. Spricht oder singt eine Person in einen Lautsprecher, kann dies eine andere Person über den anderen Lautsprecher hören. Da dies auch umgekehrt funktioniert (Hörer und Sprecher tauschen ihre Rollen), kann die Einrichtung als einfaches Telefon verwendet werden. Der Höreindruck über den Lautsprecher wird deutlicher, wenn sich die beiden Personen mit jeweils einem Lautsprecher in verschiedenen Räumen befinden und so ein direktes Mithören des Gesprochenen oder Gesungenen nicht möglich ist.

Erklärung

Normale Lautsprecher (keine Piezolautsprecher o. Ä.) sind so genannte dynamische Schallwandler (schematische Darstellung siehe Abbildung 2). Sie bestehen aus einer Membran mit einer daran befestigten Spule und einem Magneten, in den die Spule hineinragt. Legt man eine Wechselspannung an die Lautsprecherspule, erzwingt man eine Schwingung der Lautsprechermembran, die dann Schallwellen erzeugt. Bringt man umgekehrt die Lautsprechermembran durch Schallwellen zum Schwingen, wird in der sich im Magneten durch die Membran bewegte Spule eine Spannung induziert. Ein dynamischer Lautsprecher kann also immer als Lautsprecher (wandelt elektrische Energie in Schallenergie) und als Mikrofon (wandelt Schallenergie in elektrische Energie) verwendet werden. Verbindet man nun die zwei Lautsprecher leitend miteinander und verwendet man den einen als Mikrofon, der beim Hineinsprechen oder Singen Schallschwingungen in Wechselspannung umwandelt, so genügt die in ihm induzierte Spannung, um im anderen Lautsprecher eine erneute Wandlung in Schall, wenn auch mit erheblich geringerer Lautstärke, zu verursachen.

Bemerkungen

Damit die Übertragung ganz ohne Verstärker mit einigermaßen geringen Verlusten funktioniert, sollten die verwendeten Lautsprecher baugleich sein (gleiche Spulen, gleichstarke Magnete, ...).
Diese Art der Schallwandler geht auf den amerikanischen Erfinder *Alexander Graham Bell* (1847-1922) zurück, der als Erster entdeckte, dass sich ein derart konstruiertes Gerät sowohl als Mikrofon als auch als Lautsprecher nutzen lässt und damit das Telefon erfand (erste öffentliche Vorstellung auf der Weltausstellung in Philadelphia 1876). Er ist auch Namensgeber der im Telekommunikationsbereich und in der Tontechnik üblichen Einheit Dezibel (dB).
Da die Anforderungen an Mikrofone und Lautsprecher meist weit auseinander gehen (z. B. möglichst verzerrungsarme Umsetzung von Sprache bei Mikrofonen und möglichst große Lautstärke bei Lautsprechern), unterscheiden sich Mikrofone und Lautsprecher heute in wesentlichen Konstruktionsmerkmalen, obwohl ein Lautsprecher als Mikrofon und ein Mikrofon als Lautsprecher, wenn auch mit erheblichen Qualitätseinbußen, verwendet werden können (solange sie nach dem beschriebenen dynamischen Prinzip arbeiten).
Der gleiche physikalische Vorgang tritt im Experiment „Die gekoppelten Hufeisen(magnete)“ auf.

Literatur

Miranda, J.; Weltner, K., Physik in der Schule 30/10 (1992), S. 350-352

zu Schallwandlern und Schallempfängern:

Stöcker, H.: Taschenbuch der Physik, Formeln, Tabellen, Übersichten, Verlag Harri Deutsch, Thun und Frankfurt/Main 1994, S. 229, 231

7.26 Die schwingende Glühwendel

Mit einer Glühlampe und einem Magneten wird gezeigt, dass auf bewegte Ladungen im magnetischen Feld eine Kraft ausgeübt wird.

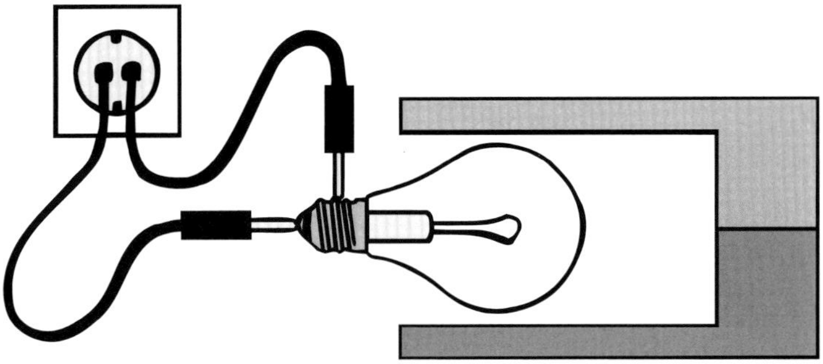

Abb. 1

Material

- klare Glühbirne
- Hufeisenmagnet
- Kabel
- Sonnenbrille oder Farbfilter

Aufbau und Durchführung

Eine klare Glühlampe wird an eine Steckdose angeschlossen. Hält man einen Hufeisenmagneten so um die Birne, dass die Glühwendel zwischen den beiden Polen zu liegen kommt (siehe Abb. 1), so beginnt die Wendel schnell hin und her zu schwingen, was man am besten durch eine Sonnenbrille oder dunkle (evtl. übereinander gelegte) Farbfilter beobachten kann, da das bloße Auge zu stark vom Licht der Glühwendel geblendet ist und so deren Schwingungen nicht wahrgenommen werden können.

Erklärung

In der Glühwendel bewegen sich Ladungen mit der Frequenz $f = 50$ Hz des Wechselstromes hin und her. Diese Bewegung geschieht im Magnetfeld $\vec{H}$ des Hufeisenmagneten, das im Innenbereich des Hufeisenmagneten annähernd homogen ist und über die Beziehung

$$\vec{B} = \mu_0 \vec{H}$$

(μ_0: magnetische Feldkonstante)
mit einer magnetischen Flussdichte $\vec{B}$ verbunden ist. Auf eine elektrische Ladung Q, die sich mit der Geschwindigkeit $\vec{v}$ in einem Magnetfeld der magnetischen Flussdichte $\vec{B}$ bewegt, wirkt die, nach dem niederländischen Physiker *Hendrik Antoon Lorentz* (1853-1928) benannte Kraft

$$\vec{F} = Q\vec{v} \times \vec{B}.$$

Diese Kraft bewirkt die Ablenkung der Ladungsträger, also die von der jeweiligen Richtung der Momentangeschwindigkeit abhängige Auslenkung der Glühwendel.

Bemerkungen

Auch für matte Glühbirnen gilt selbstverständlich das oben Gesagte, nur lässt sich die Bewegung der Glühwendel durch das matte Glas nicht ohne weiteres beobachten.
Das Experiment „Stehende Wellen auf einem Draht" behandelt dasselbe Phänomen.

Literatur

o. L.

7.27 Stehende Wellen auf einem Draht

Die Lorentz-Kraft wird mit einem stromdurchflossenen Leiter demonstriert, der durch ein Magnetfeld verläuft und durch die Lorentz-Kraft zu Eigenschwingungen angeregt wird.

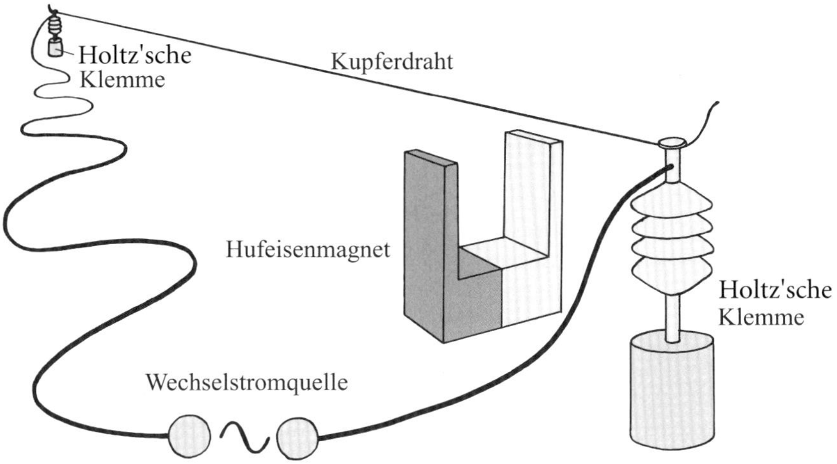

Abb. 1

Material:

- Wechselstromquelle (bis 10 A)
- Kupferdraht (Durchmesser: 0,2 mm; Länge: 2 m)
- Hufeisenmagnet
- 2 Holtz'sche Klemmen oder 2 Holzstäbe
- 2 Kabel

Aufbau und Durchführung

Ein Kupferdraht wird zwischen zwei Holtz'sche Klemmen gespannt und an eine Wechselstromquelle angeschlossen. Stellt man einen Hufeisenmagneten unter den Draht (siehe Abb. 1), beginnt der Draht bei Stromfluss zu schwingen. Der Abstand des Magneten von einer Holtz'sche Klemme ist beliebig. Die Verbindungslinie der beiden Magnetpolenden sollte senkrecht zum Draht stehen (siehe Abb. 1) und der Draht etwa 1 cm oberhalb des Magneten verlaufen, d. h. ca. 1 cm oberhalb der Polenden. Die Anzahl der Schwingungsknoten hängt nicht von der elektrischen Spannung, sondern nur von der mechanischen Spannung des Drahtes ab. Evtl. muss man den Draht mehr oder weniger spannen, um eine Schwingung oder eine der Oberschwingungen zu erhalten.
Bei längerem Betrieb oder bei höherer Leistung beginnen die Knoten zu glühen. (Dies lässt sich besonders gut im Dunkeln beobachten.)

Erklärung

Auf bewegte Ladungen in einem Magnetfeld wirkt die Lorentz-Kraft $\vec{F}_{\text{Lorentz}}$:

$$\vec{F}_{\text{Lorentz}} = Q \cdot (\vec{v} \times \vec{B})$$

(Q: Größe der Ladung im Magnetfeld $\vec{B}$; $\vec{v}$: Geschwindigkeit der Ladung)

Die Summe aller einzelnen Lorentz-Kräfte auf die einzelnen Ladungsträger im Draht ergibt die resultierende Lorentz-Kraft auf den Draht. Da sich die Geschwindigkeit der Elektronen im Draht auf Grund der Wechselspannung periodisch ändert, ändert sich auch die Lorentz-Kraft periodisch. Neben der Lorentz-Kraft $\vec{F}_{\text{Lorentz}}$ wirkt auf den Draht auch die Gewichtskraft $\vec{G}$ des Drahts und eine Zwangskraft $\vec{F}_{\text{Zwang}}$, die aus der Spannung des Drahts zwischen den zwei Holtz'sche Klemmen resultiert. Die Resultierende aus diesen drei Kräften $\vec{F}_{\text{Lorentz}}$, $\vec{G}$ und $\vec{F}_{\text{Zwang}}$ regt auf Grund der sich periodisch ändernden Lorentz-Kraft bei geeigneter Länge des Drahts eine Eigenschwingung des Drahts an. Die geeignete Länge des Drahts wird zum einen durch Verschieben der Holtz'schen Klemmen erreicht, zum anderen durch die thermische Längenausdehnung des Drahts. (Das Verschieben der Klemmen ändert zwar auch die Spannung des Drahts und damit die Zwangskraft $\vec{F}_{\text{Zwang}}$. Da jedoch jeder Metalldraht dehnbar ist, wird durch das Verschieben der Klemmen die Länge des Drahts variiert.)

Wird die Stromstärke erhöht, erhöht sich die Geschwindigkeit $\vec{v}$ der Ladungsträger im Draht. Die damit verbundene größere Lorentz-Kraft führt zu einer größeren Amplitude der Schwingung des Drahts.

Auf Grund des Widerstandes des Drahtes erwärmt sich dieser auf seiner gesamten Länge. Durch das Schwingen an den Schwingungsbäuchen wird der Draht an diesen Stellen gekühlt. Diese Kühlung findet an den Knoten nicht statt. Deswegen beginnt der Draht an den Schwingungsknoten zu glühen.

Bemerkungen

Wird die Wechselstromquelle durch einen durchstimmbaren (Leistungs-)Frequenzgenerator ersetzt, kann man eine Serie von Eigenschwingungen (bzw. Oberschwingungen) des Drahtes bei konstanter Drahtlänge beobachten.

Dasselbe Phänomen behandelt das Experiment „Die schwingende Glühwendel"

Literatur

o. L.

7.28 Der gestörte Bildschirm

Ein vor den Bildschirm eines Ozilloskops gebrachter Magnet verzerrt den Verlauf des Elekronenstrahls.

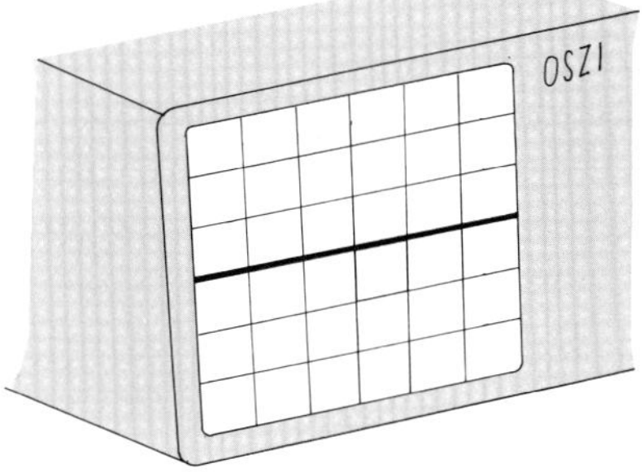

Abb. 1

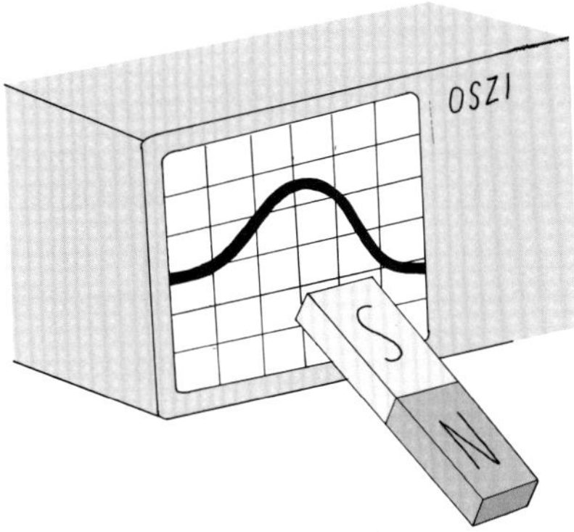

Abb. 2

Material

- starker Magnet
- Oszilloskop oder Monochrombildschirm, evtl. Schwarz-Weiß-Fernseher

Aufbau und Durchführung

Dieses Experiment darf nur mit einem Oszilloskop oder einem Monochrombildschirm durchgeführt werden. Bei Farbbildschirmen sind dauerhafte Bildverzerrungen möglich!

Auf den Bildschirm eines Oszilloskops wird ein stehendes Bild (siehe Abb. 1) erzeugt (z. B. die Nulllinie, indem man den verwendeten Eingang auf GND (kurz für „ground" Masse) stellt). Auf einen Monochrombildschirm bildet man am besten eine Computergrafik ab. Bringt man einen starken Magneten in die Nähe des Bildschirms, wird das Bildschirmbild stark verzerrt (siehe Abb. 2), entfernt man den Magneten wieder, so sieht man erneut das unverzerrte Bild. Damit ferromagnetische Teile im Oszilloskop oder der Monochrombildröhre nicht dauerhaft magnetisiert werden und somit evtl. eine dauerhafte Verzerrung des Bildes verursachen, sollte sich der Magnet nur kurze Zeit vor dem Bildschirm befinden.

Erklärung

Mit dem Magneten wird die Bahn des Elektronenstrahls in der Braun'schen Röhre des Ozilloskops oder des Monochrombildschirms beeinflusst. Die sich bewegenden Elektronen erfahren im Magnetfeld die Lorentz-Kraft, werden abgelenkt und treffen deswegen an einer anderen Stelle auf den Bildschirm.

Bemerkungen

Dieses Experiment darf auf keinen Fall mit Farbbildschirmen demonstriert werden, da hinter dem Bildschirm eine Lochmaske aus Metall sitzt, um die in Farbröhren verwendeten drei Elektronenstrahlen auf die jeweiligen Farbfluoreszenzpunkte zu fokussieren. Ein in die Nähe des Bildschirms gebrachter Magnet kann diese Lochmaske leicht magnetisieren, so dass auch nach Entfernen des Magneten bleibende Bildstörungen, wie Verzerrungen und vor allem Farbtonveränderungen im entsprechenden Bereich, entstehen können. Monochrombildschirme und Oszilloskope besitzen keine Lochmaske hinter dem Bildschirm, weshalb hier die Gefahr der bleibenden Bildschädigung nicht im selben Maße gegeben ist. Da aber genügend Gegenstände im Bereich der Röhre, z. B. zusätzliche Ablenkmagnete und Fokussierspulen, dauerhaft beeinflusst werden können, sollte der Magnet zur Demonstration dennoch nur sehr kurz vor den Bildschirm gebracht werden.

Literatur

Long, D. D.: The physics around you, Wadsworth Publishing Company, Belmont 1988

7.29 Die Magnetkanone

Mit Hilfe eines Permanentmagneten kann gezeigt werden, wie bei einem elastischen Stoß unerwartet große Geschwindigkeiten der stoßenden Körper auftreten können.

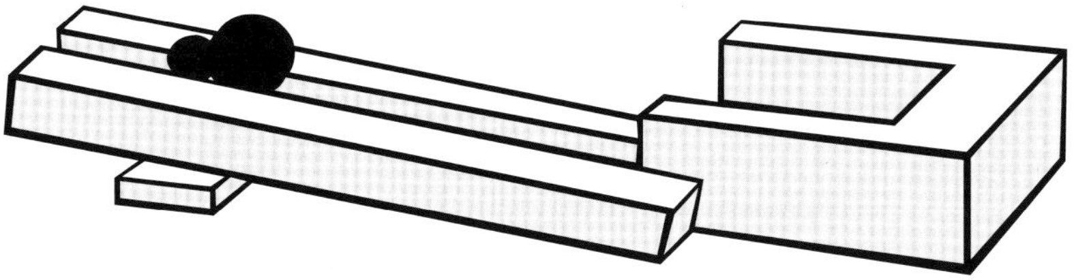

Abb. 1

Material

- Permanentmagnet
- 2 Stahlkugeln verschiedener Durchmesser (ca. 2 cm und 1 cm)
- 2 dünne Holzleisten (Querschnittsfläche: ca. 1 cm × 1 cm)

Aufbau und Durchführung

Mit zwei Holzleisten wird, wie in Abbildung 1 gezeigt, eine Rinne gebildet, die auf einen Pol eines Permanentmagneten ausgerichtet ist. Wird wie in Abbildung 1 ein Hufeisenmagnet benutzt, so kann dessen Joch als Stütze der schiefen Rinne dienen. In der Rinne lässt man zwei Stahlkugeln auf den Magnetpol zurollen, weshalb die Kanten der verwendeten Holzleisten möglichst glatt und die Abmessungen der Rinne gerade so weit sein sollten, dass die beiden Kugeln zwar gut geführt werden, die kleinere von beiden jedoch nicht durch die Rinne hindurchfällt.

(a) Lässt man die sich berührenden Kugeln in einiger Entfernung vom Magneten los und die Rinne so herunterrollen, dass die kleinere Kugel am Magneten anschlägt, bleiben beide Kugeln am Magneten haften.

(b) Setzt man umgekehrt die große Kugel vor die kleine, so bleibt nach dem Aufprall nur die große Kugel am Magneten haften, während die kleine Kugel mit einer unerwartet großen Geschwindigkeit vom Magneten weg- und die Rinne hinaufrollt.

Erklärung

Der Permanentmagnet übt auf die Stahlkugeln eine Anziehungskraft aus, da das Eisen der Kugeln ein ferromagnetisches Material ist. Der Betrag F der Kraft, die zwischen einer Kugel und dem Pol des Magneten wirkt, nimmt mit zunehmendem Abstand d der Kugel vom Pol ab. Der Verlauf der Kraft-Abstands-Kurve kann in nullter Näherung durch eine Rechtecksfunktion veranschaulicht werden. In Abbildung 2 ist dies qualitativ dargestellt: Der Betrag F der Kraft, die der Magnet auf die Kugel ausübt, wird dabei nur bis zu einem gewissen Abstand d^* als konstant und ungleich null angenommen. In Abständen größer als d^* wirke keine Kraft mehr auf die Kugel. Genauer betrachtet sind die Ecken dieses Rechtecks natürlich ziemlich „verschmiert" (tatsächlicher Verlauf der Kraft-Abstands-

Kurve: gepunktete Linie). Mit diesem Modell lassen sich die beobachteten Verhalten wie folgt erklären:

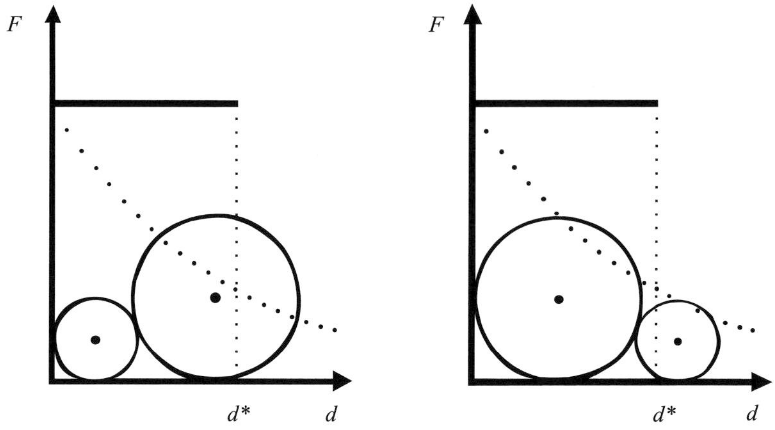

Abb. 2 (a) (b)

In (a) befindet sich der Schwerpunkt, also der Angriffspunkt der Magnetkraft, sowohl der kleinen wie auch der großen Kugel innerhalb des Rechtecks, so dass auf beide die anziehende Kraft des Magneten wirkt. Die durch den Stoß mit dem Pol des Magneten auf die Kugeln auf Grund der Impulsänderung übertragene Kraft reicht nicht aus, um die anziehende Kraft des Magneten zu überwinden. Beide Kugeln stoßen inelastisch mit dem Magneten.

In (b) ist bei geeigneter Dimensionierung von Magnetkraft und dem Durchmesser der großen Kugel letztere gerade so groß, dass sie den Bereich (das Rechteck in Abbildung 2(b)) ausfüllt, in dem die Kraft des Magneten wirkt. Da so der Schwerpunkt der kleinen Kugel außerhalb der Reichweite der Magnetkraft zu liegen kommt, erfährt die kleine Kugel keine Anziehung durch den Magneten, bleibt also nicht an der großen Kugel haften, sondern wird durch einen zentralen elastischen Stoß reflektiert. Im Idealfall wird dabei die gesamte kinetische Energie des Systems auf die kleine Kugel übertragen. Der Energieerhaltungssatz gibt Auskunft darüber, was das für den Betrag der Geschwindigkeit der kleinen Kugel nach dem Stoß bedeutet:

$$\frac{1}{2}\,m_i v_i^{\,2} + \frac{1}{2}\,m_2 v_2^{\,2} = 0 + \frac{1}{2}\,m_2 V'^{\,2}_2$$

(m_1, m_2: Massen der großen bzw. der kleinen Kugel; v_1, v_2: Betrag der Geschwindigkeiten der großen bzw. der kleinen Kugel vor dem Stoß; v'_2: Betrag der Geschwindigkeit der kleinen Kugel nach dem Stoß)

Da die Geschwindigkeiten der beiden Kugeln beim Herabrollen auf der Rinne übereinstimmen, kann man v_1 und v_2 durch einen Geschwindigkeitsbetrag v und v'_2 durch einen Geschwindigkeitsbetrag v ersetzen. Geeignet aufgelöst erhält man damit:

$$v' = \sqrt{1+\frac{m_1}{m_2}}\cdot v = \sqrt{1+\frac{r_1^3}{r_2^3}}\cdot v$$

(r_1, r_2: Radien der großen bzw. der kleinen Kugel)
Mit typischen Werten wie z. B. $r_1 = 1$ cm und $r_2 = 0{,}6$ cm ergibt sich:

$$v' = 2{,}37 \cdot v.$$

Die kleine Kugel wird zwar wegen der Reibung und der Magnetkraft, die eben nur im Idealfall auf null absinkt, nicht tatsächlich auf das berechnete Vielfache des Betrages v der Ausgangsgeschwindigkeit beschleunigt, aber der Betrag v' der Geschwindigkeit nach dem Stoß ist dennoch deutlich größer als v. Dass die Geschwindigkeit der kleinen Kugel nach dem Stoß so unerwartet hoch ist, liegt darin begründet, dass sich die Kugeln, zusätzlich zu der von der Gravitationskraft hervorgerufenen Beschleunigung, insbesondere auf den letzten Millimetern, auf Grund der zwischen Kugeln und Magneten herrschenden Anziehungskraft, auf der schiefen Rinne beschleunigt auf den Magnetpol zubewegen.

Bemerkungen

Bei diesem Experiment kommt es entscheidend auf die Dimensionierung der verwendeten Materialien an. Je nach Stärke des Magneten funktioniert der elastische Stoß nicht immer (oder nie), nämlich dann, wenn der Durchmesser der großen Kugel zu klein ist (oder die Steigung der Holzrinne zu steil). Als Faustregel hat sich bewährt, bei Verwendung eines Hufeisenmagneten aus einer Lehrmittelsammlung, der so stark ist, dass es mit nur einer Hand unmöglich ist, das Joch gleichzeitig von beiden Polen zu entfernen, zwei Stahlkugeln der beschriebenen Maße zu verwenden und diese in einer eher sehr flachen Rinne rollen zu lassen. Dabei sollten die beiden Kugeln höchstens eine Handbreit vom Magnetpol entfernt losgelassen werden. Selbstverständlich erfordern andere Magnete andere, nur durch etwas „Herumexperimentieren“ zu ermittelnde Parameter, wobei verschiedene Kombinationen verschiedener Kugeln ausprobiert werden sollten.
Die von [*Kern* 1984] beschriebene Variante, die sich berührenden Kugeln einfach auf einen Tisch zu platzieren und dieser Anordnung langsam einen Stabmagneten zu nähern, erweist sich als wenig praktikabel, da die Kugeln dabei meist voneinander getrennt werden und so lediglich eine angezogen wird – und dies darüber hinaus nicht immer zentral.
Das Experiment stellt eine Variante zu dem oft zitierten (und noch öfter als Rechenaufgabe zu den Stoßgesetzen beschriebenen) Experiment dar, in dem zwei „Flummis“ (recte: Superbälle) unterschiedlicher Größe vertikal sich berührend übereinander angeordnet aus über einem Meter Höhe fallen gelassen werden (siehe Experiment „Hupfbälle“). Trifft dieses Doppelballgebilde ideal vertikal auf dem Boden auf, so bleibt der untere Flummi liegen, während der obere etliche Meter hoch „katapultiert“ wird, was analog zu dem hier beschriebenen Fall durch die Übertragung der gesamten kinetischen Energie auf den oberen Flummi erklärt wird. Hier wie dort kann die erste, gemeine, Verwirrung stiftende Frage lauten: „Die Kugel ist ja nachher viel schneller als vorher!“ (bzw.: „Der Flummi springt ja viel höher als es seiner Ausgangshöhe entspricht!“) oder „Wird damit nicht gegen den Energieerhaltungssatz verstoßen?“…

Literatur

Kern, H., Physik und Didaktik 12/4 (1984), S. 336-337

8.1 Ein Bleistift im Wasserglas

Mit einem halb vollen Wasserglas und einem Bleistift lässt sich die Brechung von Licht eindrucksvoll demonstrieren.

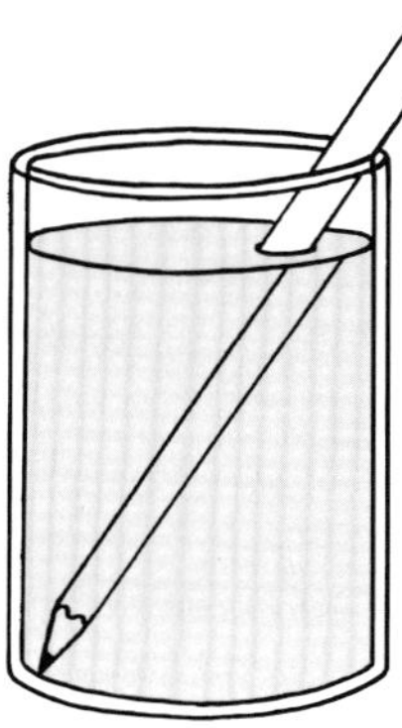

Abb. 1

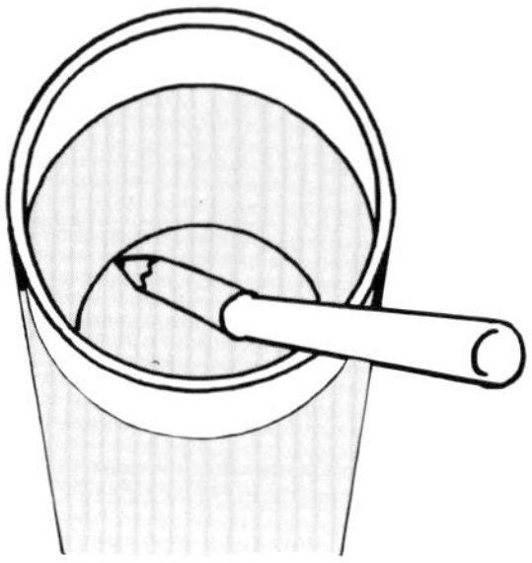

Abb. 2

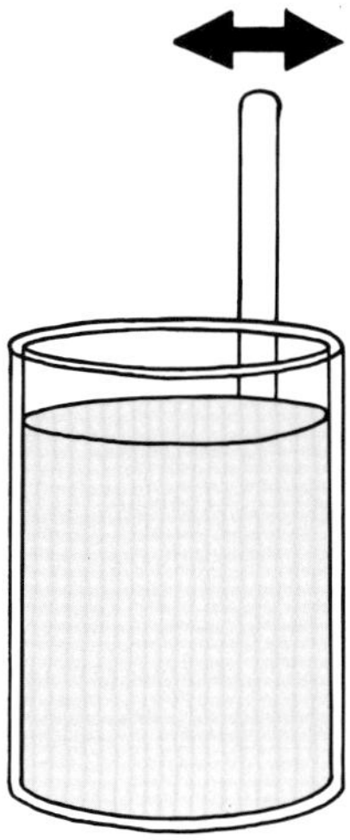

Abb. 3

Material

- Trinkglas, halb mit Wasser gefüllt
- Bleistift oder Trinkhalm

Aufbau und Durchführung

Ein Bleistift wird in ein halb gefülltes Wasserglas gestellt und beide Gegenstände aus verschiedenen Richtungen betrachtet. Der Bleistift kann je nach Beobachtungsrichtung z. B. aus zwei versetzten Stücken bestehend (siehe Abb. 1) oder gebogen (siehe Abb. 2) erscheinen. Hält man den Bleistift senkrecht hinter das Glas und beobachtet man von vorne, kann man durch seitliches Verschieben des Bleistifts ein „Verschwinden“ des unter der Wasseroberfläche gelegenen Teils des Bleistifts beobachten (siehe Abb. 3).

Erklärung

Zur Erklärung betrachte man die Abbildungen 4 bis 6, in denen die Strahlengänge dargestellt werden, die für eine Erklärung der Beobachtungen in Abbildung 1 bis 3 benötigt werden. Dabei werden Brechungen am Trinkglas einfachheitshalber vernachlässigt. Sie spielen bei den gemachten Beobachtungen keine wesentliche Rolle.

In Abbildung 4 ist ein horizontaler Schnitt durch das Wasserglas dargestellt, und zwar in Abbildung 4(a) knapp über der Wasseroberfläche in Abbildung 4(b) knapp unter der Wasseroberfläche. Es ist zu erkennen, dass beim Strahlengang im Wasser das Auge den Bleistiftteil unter Wasser unter einem anderen Winkel sieht als den Bleistiftteil beim

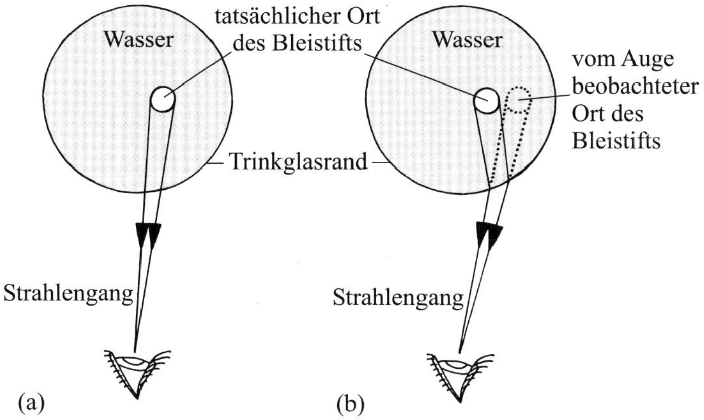

Abb. 4

Strahlengang über Wasser. Der Teil des Bleistifts im Wasser erscheint gegenüber dem außerhalb des Wassers versetzt. Dies ist die Beobachtung von Abbildung 1.
Abbildung 5 zeigt den Strahlengang bei der Beobachtung, die in Abbildung 2 dargestellt ist. Der Bleistift erscheint für das Auge gebogen (punktierte Linie).
Abbildung 6 zeigt die Verhältnisse, wenn sich der Bleistift hinter dem Glas befindet und von vorne beobachtet wird (siehe Abb. 3). Wiederum zeigt Abbildung 6(a) einen horizontalen Schnitt über der Wasseroberfläche und Abbildung 6(b) einen horizontalen Schnitt unter der Wasseroberfläche. Kein vom Bleistiftteil hinter dem Wasser reflektierter Lichtstrahl kann ins Auge gelangen, deshalb ist der Bleistift hinter dem Wasser für den Beobachter nicht sichtbar.

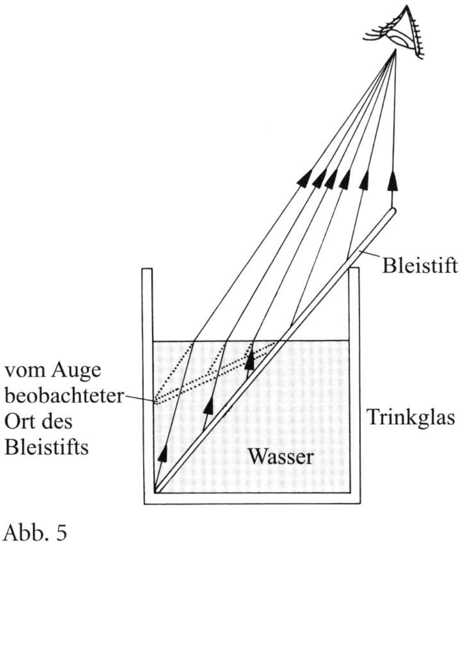

Abb. 5

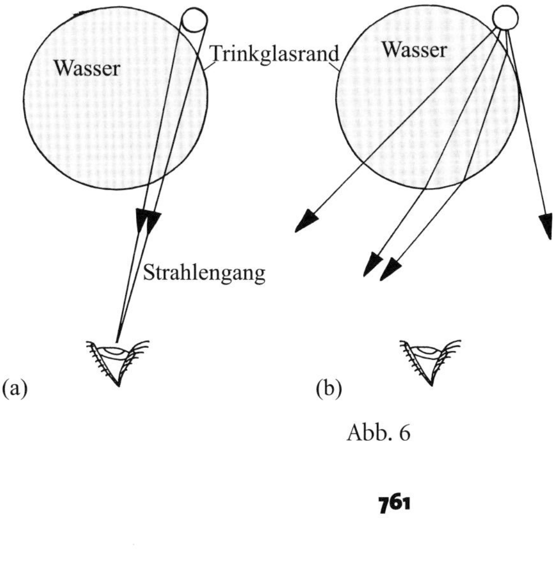

Abb. 6

Bemerkung

Ähnliche Beobachtungen lassen sich im Sommer auch beim Baden machen. Steht man bis zu den Oberschenkeln im Wasser und streckt ein Bein nach vorne, so erscheint das Bein wesentlich verkürzt und geknickt. Die Brechungserscheinung wird noch deutlicher, wenn man sich in flaches Wasser oder eine Badewanne legt.

Literatur

Moisl, F.: Schüler-Experimentierbuch Physik 1, Ravensburger Taschenbücher, Ravensburg 1982

Walpole, B.: Experimente, Tricks und Tips zum Verständnis der Natur, Lernen und Wissen im Spiel und mit Spaß, Südwest Verlag GmbH & Co. KG, München 1990

Eckermann, P.; Nordqvist, S.: Linsen, Lupen und magische Skope, Verlag Friedrich Oetinger, Hamburg 1991

Glass, D.: What‘s what? Naturwissenschaftliche Plaudereien, Deutscher Taschenbuch Verlag GmbH & Co. KG, München 1997

8.2 Das Linsenparadoxon

Mit Hilfe einer Wasserlinse in Luft und einer Luftlinse in Wasser gleicher Form wird demonstriert, dass die Eigenschaften einer Linse nicht nur von ihrer Form abhängig sind.

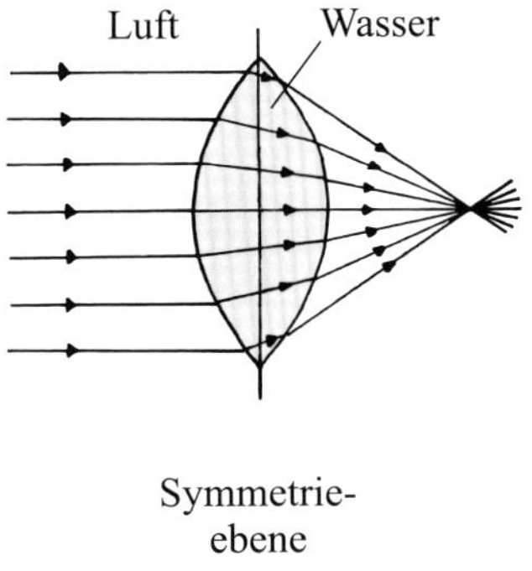

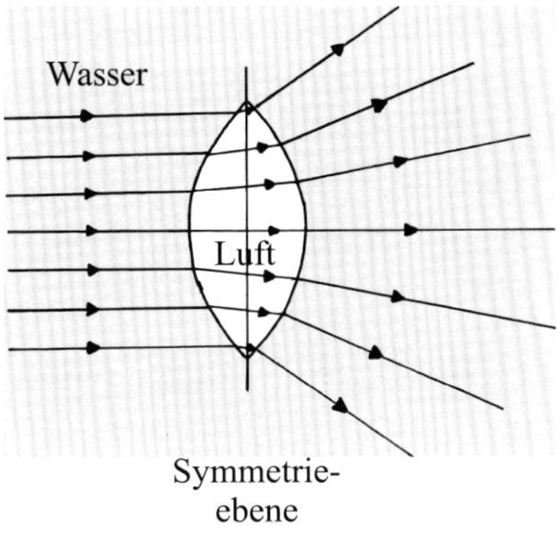

Abb. 1

Material

- 2 gleiche Uhrgläser
- Gefäß, undurchsichtig (Höhe: mindestens 7 cm; Grundfläche so, dass man die Uhrgläser hineinhalten kann), ca. 5 cm hoch mit Wasser gefüllt
- Münze oder anderer kleiner Gegenstand, der in Wasser untergeht

Aufbau und Durchführung

Zwei Uhrgläser legt man so aufeinander, dass sie zusammen die Form einer bikonvexen Linse bilden. Um den Hohlraum zwischen den Uhrgläsern möglichst dicht abzuschließen, müssen ihre Ränder genau aufeinander liegen. Eine Münze wird auf den Grund eines mit Wasser gefüllten Gefäßes gelegt. Werden die Uhrgläser ins Wasser getaucht, bilden sie darin eine Luftlinse (siehe Abb. 1(b)). Betrachtet man durch diese Luftlinse die Münze, erscheint sie verkleinert, obwohl es sich um eine bikonvexe Linse handelt.
Zum Vergleich füllt man den Hohlraum zwischen den Uhrgläsern mit Wasser und nimmt sie aus dem Wasser heraus. So bilden die Uhrgläser eine Wasserlinse, die von Luft umgeben ist (siehe Abb. 1(a)). Betrachtet man durch sie die Münze, so erscheint die Münze vergrößert.

Erklärung

Im vorliegenden Experiment bilden die beiden Uhrgläser die Begrenzung einer bikonvexen Linse. Im ersten Fall handelt es sich um eine Luftlinse in Wasser und im zweiten Fall um eine Wasserlinse in Luft. Das Glas, aus dem die Uhrgläser bestehen, wird vorerst (s. u.) nicht berücksichtigt.

Es muss nur geklärt werden in welchem der beiden Fälle die Linse eine Streulinse oder eine Sammellinse darstellt. Eine Sammellinse bricht einen auftreffenden Lichtstrahl, der parallel zur optischen Achse der Linse verläuft, zu dieser Achse hin (siehe Abb. 1(a)), eine Streulinse dagegen von dieser Achse weg (siehe Abb. 1(b)).

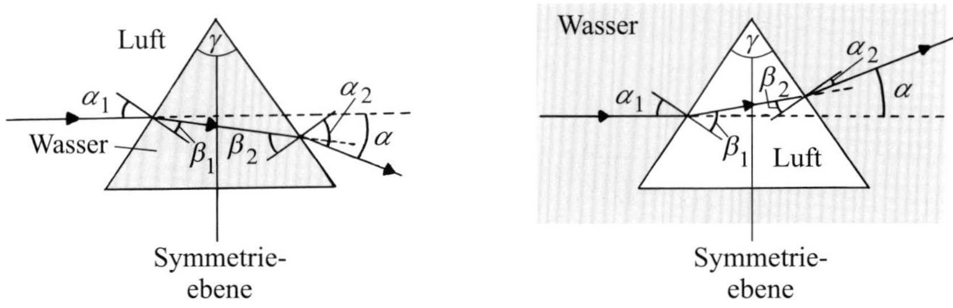

Abb. 2 (a) (b)

Eine Linse kann man sich aus infinitesimal kleinen Prismenstücken zusammengesetzt vorstellen. Dabei sind die Prismen so in der Linse angeordnet, dass die Symmetrieebene der Prismen, die in Abbildung 2 eingezeichnet ist, mit der Symmetrieebene der Linse, die in Abbildung 1 eingezeichnet ist, zusammenfallen. So können die obigen Überlegungen auf die Frage reduziert werden, in welchem Fall ein Lichtstrahl, der wie in Abbildung 2 senkrecht auf diese Symmetrieebene eines Prismas trifft, von der brechenden Kante des Prismas weg oder zu dieser hin gebrochen wird. Wird der Lichtstrahl von der brechenden Kante weg gebrochen, stellt die entsprechende Linse eine Sammellinse dar, im anderen Fall eine Streulinse.

Fällt ein Lichtstrahl auf die Seitenflächen eines Prismas, ergibt sich der Winkel α, um den der Lichtstrahl abgelenkt wird, nach den Abbildungen 2(a) und (b) zu:

$$\alpha = (\beta_1 - \alpha_1) + (\beta_2 - \alpha_2) \qquad (1)$$

Der Brechungsindex des Wassers $n_W \approx 1{,}33$ ist größer als der von Luft $n_L \approx 1$. Deshalb werden die Lichtstrahlen beim Übergang von Luft in Wasser zum Einfallslot hin und beim Übergang von Wasser zu Luft vom Einfallslot weg gebrochen.

So kann man für den Winkel α folgende Fälle unterscheiden:

1. Das Prisma besteht aus Wasser und die Umgebung aus Luft (siehe Abb. 2(a)):
   Nach den obigen Erklärungen gilt in diesem Fall:
   $$\alpha_1 > \beta_1 \quad \text{und} \quad \alpha_2 > \beta_2 \qquad (2)$$
   Beziehung (2) in Gleichung (1) eingesetzt, ergibt $\alpha < 0$. Der Lichtstrahl wird also von der brechenden Kante weg gebrochen. (Positive Winkel werden im Gegenuhrzeigersinn, negative im Uhrzeigersinn gemessen.) Deshalb ist eine bikonvexe Wasserlinse in Luft eine Sammellinse.
2. Das Prisma besteht aus Luft und die Umgebung aus Wasser (siehe Abb. 2(b)):
   Nach den obigen Erklärungen gilt in diesem Fall:
   $$\alpha_1 < \beta_1 \quad \text{und} \quad \alpha_2 < \beta_2 \qquad (3)$$
   Beziehung (3) in Gleichung (1) eingesetzt, ergibt $\alpha > 0$. Der Lichtstrahl wird also zur

brechenden Kante des Prismas hin gebrochen. Eine bikonvexe Luftlinse in Wasser ist also eine Streulinse.

Es ist nur noch zu klären, warum bei diesen Überlegungen das Glas der Uhrgläser vernachlässigt werden kann. In der obigen Erklärung wurde nur mit den Winkeln argumentiert, unter denen die Lichtstrahlen in das Prisma ein- und wieder austreten. Es muss an dieser Stelle also nur gezeigt werden, dass sich diese Winkel unter dem Einfluss des Glases nicht verändern.

In Abbildung 3 ist ein Lichtstrahl zu sehen, der die Medien A, B und C durchdringt, die durch zwei parallele Grenzflächen voneinander getrennt sind. Für die eingezeichneten Winkel, um die der Lichtstrahl gegen das Einfallslot geneigt ist, gilt (siehe Abb. 3):

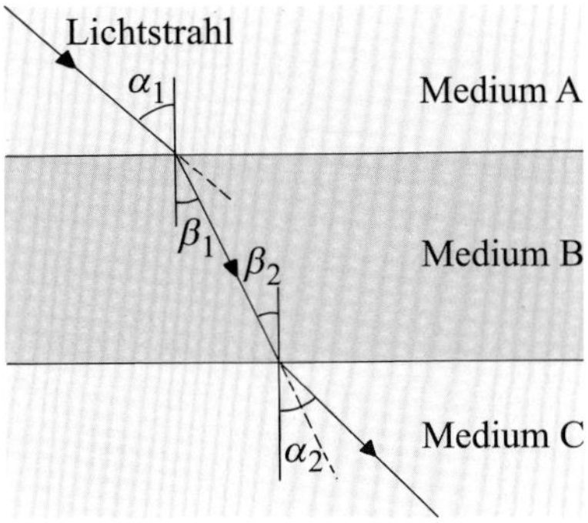

Abb. 3

$$\frac{\sin \alpha_1}{\sin \beta_1} = \frac{n_B}{n_A} \quad (4) \qquad \text{und} \quad \frac{\sin \beta_2}{\sin \alpha_2} = \frac{n_C}{n_B} \quad (5)$$

(n_A, n_B, n_C: Brechungsindizes der Medien A, B bzw. C)

Weil die beiden Grenzflächen parallel zueinander sind, gilt $\beta_1 = \beta_2$. So erhält man aus den beiden Gleichungen (4) und (5) folgende Beziehung zwischen α_1 und α_2:

$$\frac{\sin \alpha_1}{\sin \alpha_2} = \frac{n_C}{n_A}$$

Diese Beziehung entspricht genau der zwischen Einfalls- und Ausfallswinkel bei direktem Übergang von Medium A zu Medium C (ohne Medium B dazwischen). Das Glas entspricht dem Medium B. Deshalb kann es vernachlässigt werden.

Bemerkungen

Wassertropfen auf einer durchsichtigen Folie haben eine leicht nach oben gewölbte Oberfläche und sind deshalb plankonvexe Linsen aus Wasser. Da sie von Luft umgeben sind, wirken sie als Sammellinsen. Luftblasen in Wasser dagegen wirken als Streulinsen.

Literatur

Kratz, M.: Experimente als Hausaufgaben Physik, Aulis Verlag Deubner, Köln 1993

8.3 Die verschwundene Münze

Auf Grund der Brechung des Lichts an einer Wasseroberfläche wird eine verborgene Münze wieder sichtbar.

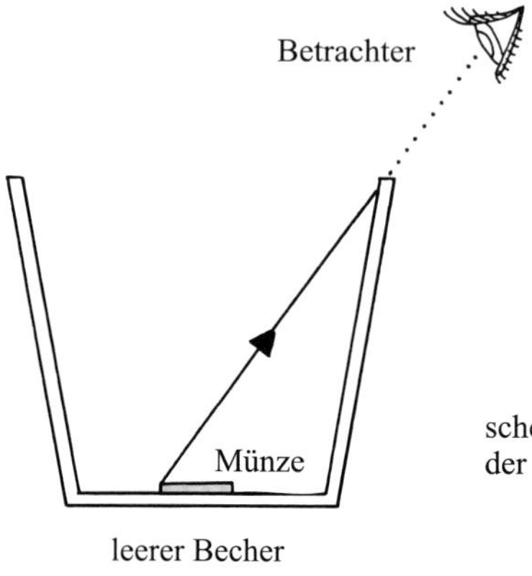

Abb. 1

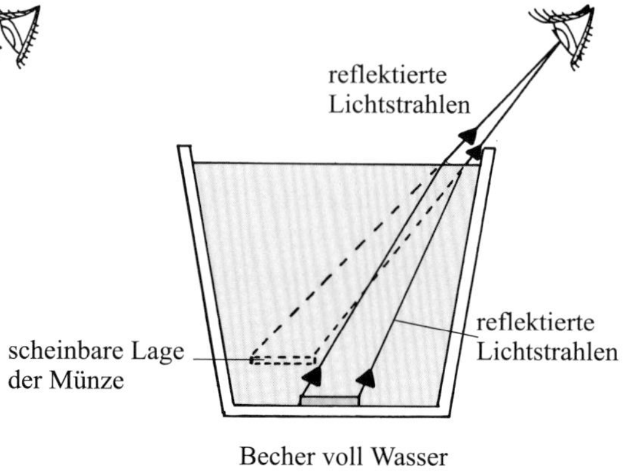

Abb. 2

Material

- Münze
- undurchsichtiges Gefäß, z. B. Kaffeetasse oder Pappbecher
- evtl. Videokamera

Aufbau und Durchführung

Eine Münze wird auf den Boden eines undurchsichtigen Gefäßes gelegt. Man blickt so in das Gefäß, dass man die Münze sehen kann und geht dann mit dem Kopf so weit zurück, bis die Münze gerade vom Rand des Gefäßes verdeckt wird. Behält man diesen Blickwinkel bei, während man Wasser in das Gefäß schüttet, so erscheint die Münze wieder im Blickfeld. Um das Experiment vor mehreren Personen vorzuführen, empfiehlt es sich, die Münze mit einer Videokamera zu filmen. Montiert man die Kamera auf einem Stativ, wird automatisch der Blickwinkel konstant gehalten.

Erklärung

Ist kein Wasser im Gefäß, so können bei dem vorgegebenen Blickwinkel des Betrachters die von der Münze reflektierten Strahlen nicht in das Auge des Betrachters gelangen (siehe Abb. 1). Schüttet man Wasser in das Gefäß, werden die von der Münze reflektierten Strahlen an der Wasseroberfläche gebrochen. Bei einem Übergang von einem optisch dichteren zu einem optisch dünneren Medium erfolgt die Brechung nach dem Brechungsgesetz vom Lot weg (siehe Abb. 2). Dadurch gelangen die von der Münze reflektierten Lichtstrahlen in das Auge des Betrachters.

Bemerkungen

Die Brechung des Lichts beim Übergang von Wasser zu Luft wird vom menschlichen Auge nicht wahrgenommen. Geht man von einer geradlinigen Ausbreitung des Lichts und einem gleich bleibenden Abstand zwischen Gegenstand und Auge aus, scheinen sich Gegenstände im Wasser näher an der Oberfläche zu befinden (siehe Abb. 2) und ein Schwimmbecken oder ein See wirken nicht so tief wie sie tatsächlich sind.

Literatur

Zeier, E.: Physikalische Schulversuche, Freihandversuche, kleine Experimente, Aulis Verlag Deubner, Köln 1986

Bublath, J.: Das neue Knoff-Hoff Buch, Wilhelm Heyne Verlag, München 1989

Walpole, B.: Experimente, Tricks und Tips zum Verständnis der Natur, Lernen und Wissen im Spiel und mit Spaß, Südwest Verlag GmbH & Co. KG, München 1990

8.4 Der Brennpunkt

Mit einer Sammellinse oder einem Hohlspiegel kann bei Sonnenschein Papier entzündet werden.

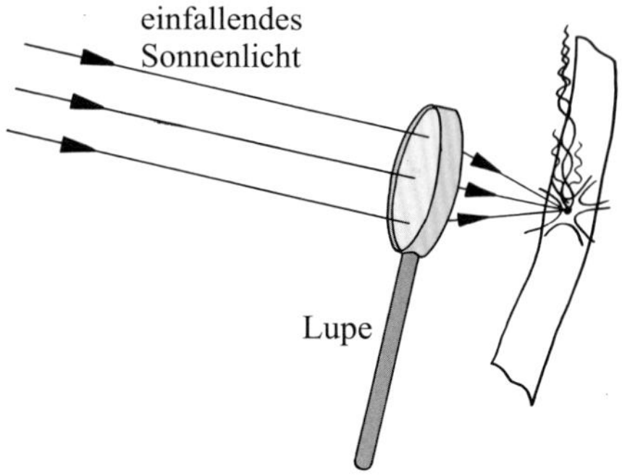

Abb. 1

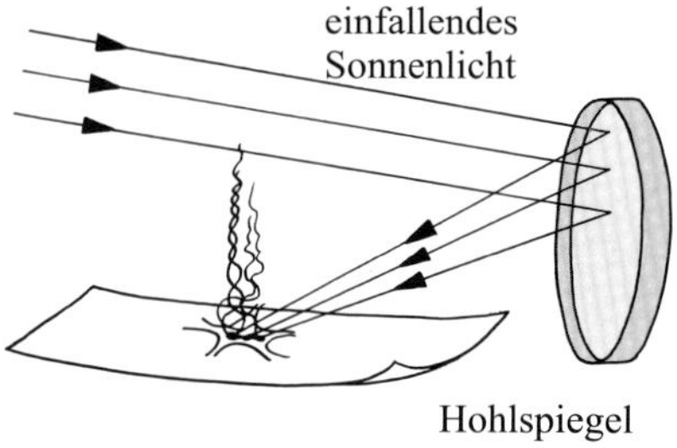

Abb. 2

Material

- Sammellinse (Brennweite: ca. 50 mm), z. B. Leselupe, oder Hohlspiegel (Durchmesser: ca. 10 cm), z. B. Rasierspiegel
- Papier oder andere leicht entzündbare Materialien, z. B. Streichhölzer

Aufbau und Durchführung

Zu diesem Experiment ist Sonnenlicht notwendig.

Eine Sammellinse wird so gehalten, dass sie von den Lichtstrahlen der Sonne senkrecht getroffen wird. Auf der anderen Seite der Sammellinse hält man ein Stück Papier (siehe Abb. 1) und variiert dessen Abstand zur Linse, bis der helle Lichtfleck auf dem Papier seine kleinste Fläche einnimmt. In dieser Position, bei der sich die Sonnenstrahlen im Brennpunkt der Sammellinse treffen, entflammt das Papier nach kurzer Zeit. Bringt man an die gleiche Stelle andere brennbare Materialien, z. B. den Kopf eines Streichholzes, werden auch diese nach einiger Zeit entzündet.

Verwendet man anstelle einer Linse einen Hohlspiegel, kann man mit einem Papier mit der oben beschriebenen Methode den Brennpunkt finden. Da beim Hohlspiegel Brennpunkt und einfallende Strahlen auf der gleichen Seite liegen, muss der Spiegel leicht zur Einfallsrichtung der Sonnenstrahlen gekippt werden (siehe Abb. 2), so dass sich die reflektierten Strahlen und der Brennpunkt außerhalb des Bereichs der einfallenden Strahlen befinden.

Erklärung

Sonnenlicht besteht nicht nur aus sichtbarem Licht, sondern auch aus Wärmestrahlung. Mit einer Sammellinse oder einem Hohlspiegel wird nicht nur das sichtbare Licht im Brennpunkt vereinigt, sondern auch die Wärmestrahlung (auf Grund der von der Wellenlänge der Strahlung abhängigen Brechungszahlen liegen Brennpunkt für sichtbares Licht und Wärmestrahlung nicht an exakt dem gleichen Ort, jedoch nahe genug beieinander, dass bei guter Fokussierung im sichtbaren Bereich auch eine gute Fokussierung der Wärmestrahlung vorhanden ist). Die oben genannten Materialien absorbieren Licht und Wärmestrahlung, wenn sie in den Strahlengang gehalten werden. Die Energiedichte ist im Brennpunkt so groß, dass brennbare Stoffe dort entzündet werden können.

Bemerkungen

Der Brennpunkt hat seinen Namen auf Grund der im Experiment geschilderten Eigenschaft: Im Brennpunkt kann Material angezündet werden.
Römische Schriftsteller berichten, Archimedes hätte bei der Verteidigung von Syrakus (214-212 v. Chr.) römische Schiffe mit Hilfe zahlreicher als Hohlspiegel verwendeter Schilde von Soldaten in Brand stecken lassen. Die Neuzeit hielt dies bei den technischen Möglichkeiten der Antike für reine Legende. Nach [*Mehler* 1979] konnte aber 1973 im griechischen Marinezentrum Skaramanga eine nachgebildete Trireme mit 60 zerkratzten Bronzeschilden, wie sie die Verteidiger von Syrakus gehabt haben könnten, zur Entzündung gebracht werden. [*Walker* 1994, S. 79] berichtet über jenes Experiment: „Soldaten hielten 70 flache Spiegel (jeder etwa 1,5 m $\times$ 1 m), mit denen sie die Sonnenstrahlen gebündelt auf ein Ruderboot lenkten, das etwa 50 m vor der Küste lag. Nachdem die Soldaten ihre Spiegel gut ausgerichtet hatten, begann das Boot in Sekundenschnelle zu brennen und versank in einem Meer von Flammen."

Literatur

Zeier, E.: Physikalische Schulversuche, Freihandversuche, kleine Experimente, Aulis Verlag Deubner, Köln 1986
Raaf, H.; Sowada, H.: Physik macht Spaß, Überraschende Einsichten durch über 100 Modelle und Experimente, Herder Verlag, Freiburg im Breisgau 1990

zu Bemerkungen:

Mehler, A.; Wagner, R.: Schulversuche zur Physik: Mechanik 1, Kalorik, Optik, Verlag Moritz Diesterweg und Otto Saale Verlag, München Frankfurt/Main Berlin 1979, S. 94
Walker, J.: Der fliegende Zirkus der Physik, R. Oldenbourg Verlag GmbH, München Wien 1994

8.5 Ein einfacher Diaprojektor

Mit einer Taschenlampe, Pergamentpapier und einer Sammellinse lässt sich ein einfacher Diaprojektor bauen.

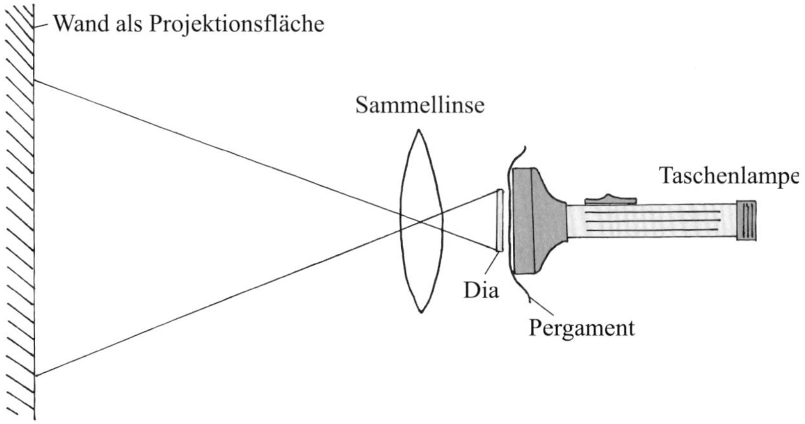

Abb. 1

Material

- Taschenlampe
- Pergamentpapier (Butterbrotpapier)
- Sammellinse (Brennweite: ca. 50 mm)
- Dia

Aufbau und Durchführung

Vor eine Taschenlampe wird Pergamentpapier und darauf ein Dia gehalten. In einem abgedunkelten Raum richtet man die angeschaltete Taschenlampe mitsamt Pergamentpapier und Dia auf eine freie Wand und bringt die Sammellinse zwischen Taschenlampe und Wand. Durch Variieren des Abstandes zwischen Taschenlampe und Linse lässt sich eine scharfe Abbildung des Dias auf der Wand erreichen (zum Aufbau siehe Abb. 1).

Erklärung

Die Taschenlampe dient als Lichtquelle, das Pergamentpapier zur gleichmäßigen Ausleuchtung des Dias, ähnlich wie die Kondensorlinsen bei einem richtigen Diaprojektor. Die Sammellinse bildet das beleuchtete Dia reell auf die Wand ab.

Bemerkungen

Der oben vorgestellte einfache Diaprojektor ist ziemlich lichtschwach, d. h. die Abbildung des Dias auf der Wand ist relativ dunkel. Jedoch zeigt der einfache Diaprojektor schon die wesentlichen Bauteile eines richtigen Diaprojektors: Anstelle des Pergamentpapiers zur gleichmäßigen Ausleuchtung des Dias findet dort eine ausgefeilte Kondensoroptik Verwendung, und statt einer einfachen Sammellinse zur Abbildung des Dias verwendet man ein Objektiv mit mehreren Linsen, um eine möglichst qualitativ hochwertige Abbildung ohne Verzerrungen und anderen Linsenfehlern, wie sie bei Verwendung von nur einer Linse unweigerlich vorkommen, zu erhalten. Zudem besitzt ein richtiger Diaprojektor eine wesentlich lichtstärkere Lampe, was weitere konstruktive Maßnahmen wie z. B. den Einbau eines Lüfters bedingt.

Literatur

Köthe, R.: Das neue Experimentierbuch: 150 einfache Experimente aus der Physik, Chemie und Biologie, Tessloff Verlag, Hamburg 1986

8.6 Der unsichtbare Glasstab

Die unterschiedliche Intensität des reflektierten Lichts an einer Grenzschicht zweier transparenter Medien wird mit zwei Glasstäben demonstriert, die in zwei unterschiedliche Lösungen getaucht werden.

Abb. 1

Material

- Glycerin ($C_3O_3H_8$)
- Aceton (C_3OH_6)
- 2 Becher- oder Trinkgläser
- 2 Glas- oder Plexiglasstäbe
- evtl. Taschenlampe oder Experimentierleuchte

Aufbau und Durchführung

Ein Becherglas wird zur Hälfte mit einem Glycerin/Aceton-Gemisch (25 ml Aceton auf 1 l Glycerin) gefüllt. Ein anderes Becherglas wird zur Hälfte mit Wasser gefüllt. Ein Beobachter blickt, wie in Abbildung 1 dargestellt, von vorn auf die Bechergläser. Wird ein Plexiglas- oder ein Glasstab in das Becherglas mit dem Wasser gestellt, ist auch der Teil des Stabes, der sich im Wasser befindet, vom Beobachter deutlich zu erkennen. Stellt man einen Stab in das Becherglas mit dem Glycerin/Aceton-Gemisch, ist der eingetauchte Teil nicht mehr zu sehen (siehe Abb. 1).

Will man diesen Effekt einem größeren Publikum vorführen, ist es ratsam, die Becher mit dem Glasstab im Dunkeln mit einer Taschenlampe oder einer Experimentierleuchte zu beleuchten. Dabei werden die Becher mit dem Glasstab aus der Richtung beleuchtet, von der der Beobachter das Experiment betrachtet. Das Schattenbild der beiden Gläser wird am schärfsten, wenn die Leuchte auf minimale Lichtintensität eingestellt ist. Im Schattenbild der beiden Gläser kann man ebenso deutlich obige Beobachtungen machen.

Erklärung

Die Intensität des reflektierten Lichts an einer Grenzfläche hängt von dem Unterschied der Brechzahlen der beiden Medien ab. Die Brechzahlen von Wasser und Glas bzw. von Wasser und Plexiglas sind deutlich verschieden (siehe Tabelle 1). An der Grenzschicht zwischen Stab und Flüssigkeit wird deshalb Licht reflektiert. Sind die Brechzahlen etwa gleich, ist die Intensität des reflektierten Lichts null bzw. gering, so dass das Licht vom Auge nicht wahrgenommen wird. Für die Reflektivität der Grenzschicht (Anteil der Intensität des einfallenden Lichts, der reflektiert wird) für elektromagnetische Wellen gilt, falls das elektrische Feld der Welle

- senkrecht zur Einfallsebene (Ebene, die durch ein- und ausfallenden Lichtstrahl aufgespannt wird) steht:

$$\rho_\sigma = \left(\frac{1-a}{1+a}\right)^2 \quad \text{wobei} \quad a = \frac{\sqrt{n_{\text{Stab}}^2 - n_{\text{Lösung}}^2 \cdot \sin^2\theta}}{n_{\text{Lösung}} \cdot \cos\theta}$$

  (ρ_σ: Reflektivität; θ: Einfallswinkel zwischen einfallendem Lichtstrahl und der Radialnormalen des Glasstabes; n_{Stab}: Brechungsindex des Glas/Plexiglasstabs; $n_{\text{Lösung}}$: Brechungsindex der Lösung)
- in der Einfallsebene liegt:

$$\rho_\pi = \left(\frac{1-b}{1+b}\right)^2 \quad \text{wobei} \quad b = \left(\frac{n_{\text{Lösung}}}{n_{\text{Stab}}}\right)^2 \cdot a \quad (\rho_\pi: \text{Reflektivität})$$

Man sieht: Falls $n_{\text{Lösung}} = n_{\text{Stab}}$ gilt, folgt $a = b = 1$ und damit $\rho_\sigma = \rho_{\pi} = 0$.

Tabelle 1: Brechungsindizes verschiedener Substanzen

Substanz	Brechzahl
Normalglas	1,52
Weichglas	1,51
Plexiglas (Polymethacrylaten)	1,49 bis 1,64
Wasser	1,33
Aceton	1,35
Glycerin	1,47
Benzol	1,50

Bemerkungen

Der in Abbildung 1 verwendete Glasstab besitzt offenbar einen etwas geringeren Brechungsindex als Glycerin. Das optimale Verhältnis der Glycerin/Aceton-Mischung wird man für jeden Glasstab individuell bestimmen müssen.

Oft wird vorgeschlagen, den Glasstab in einem Gemisch von 2,3 Teilen Aceton und 10 Teilen Benzol zu stellen. Leider ist Benzol enorm giftig. Deshalb wird dieses Gemisch hier nicht betrachtet.

Literatur

Berry, D. A.: A POTPOURRI OF PHYSICS TEACHING IDEAS, Selected reprints from The Physics Teacher April 1963 to December 1986, American Association of Physics Teachers, College Park, MD 20740-4100, U.S.A. o.J. [1987]

zur Erklärung:

Borchers, H.; Hausen, H.; Hellwege, K.-H.; Schäfer, Kl.; Schmidt, E.: Landolt Börnstein: Zahlenwerte und Funktionen, II. Band: Eigenschaften der Materie in ihren Aggregatszuständen: 8.Teil Optische Konstanten, Springer Verlag, Berlin 1962

Hammer, A.; Hammer, K.: Physikalische Formeln und Tabellen, J. Lindauer Verlag, München 1985

Klein, M. V.; Furtak, T. E.: Optik, Springer Verlag, Berlin 1988

Falbe, J.; Reignitz, M.: Römpp Chemie Lexikon Pl-S, Georg Thieme Verlag, Stuttgart New York 1992

8.7 Eine Farben unterscheidende Linse?

Eine mit Wasser gefüllte Flasche lässt sich als Linse verwenden und erzeugt eine verblüffende Bildumkehrung.

Abb. 1

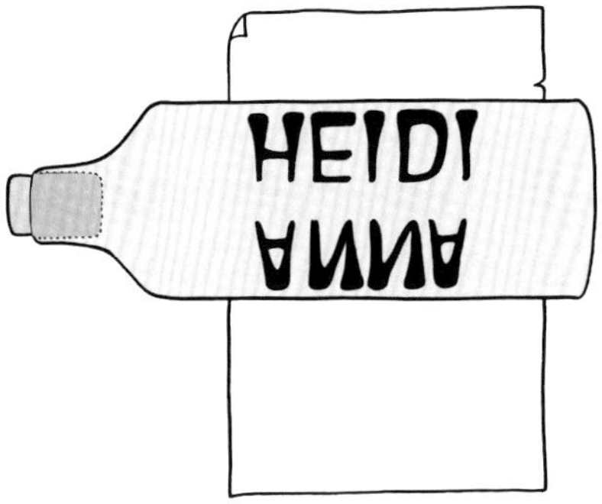

Abb. 2

Material

- durchsichtige Flasche mit Verschluss oder Reagenzglas mit Korken
- Blatt Papier und Farbstifte

Aufbau und Durchführung

Eine durchsichtige Flasche wird vollständig mit Wasser gefüllt und verschlossen. Auf ein Blatt Papier schreibt man in großen Druckbuchstaben:

DIE HOHE EICHE	oder	HEIDI
STAND AM WALDRAND	alternativ	ANNA

Hält man die Flasche in einem Abstand von mindestens 5 cm waagrecht über die Schrift (siehe Abb. 1), so erscheint das Gesamtbild an der Flaschenachse gespiegelt. Die zweiten Zeile (ANNA) steht auf dem Kopf, die erste Zeile (HEIDI) scheint dies nicht zu tun (siehe Abb. 2).

Erklärung

Die Flasche hat senkrecht zu ihrer Längsachse einen kreisförmigen Querschnitt, so dass die von der Schrift ausgehenden Strahlen wie bei einer stark gekrümmten bikonvexen Linse abgebildet werden. Abbildung 3 zeigt den Verlauf einiger ausgewählter Strahlen durch die Flasche.

Es entsteht dabei ein Bild, das an der Flaschenachse gespiegelt ist. Der Abstand zwischen der Flasche und der Schrift sowie der Flasche und dem Betrachter muss dabei größer als die Brennweite der „Linse“ sein. In Richtung der Längsachse weist die Flasche keine Krümmung auf (Zylinderlinse). Die Strahlen werden beim Durchgang durch die Flasche lediglich parallel verschoben, so dass beim entstehenden Bild rechte und linke Seite nicht vertauscht sind. Auch die ersten Zeile der Schrift steht auf dem

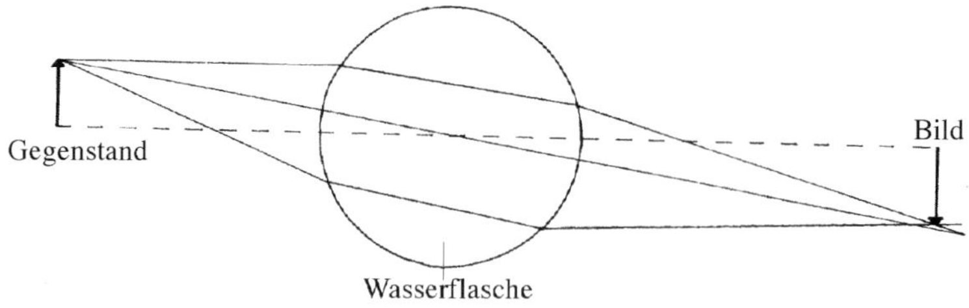

Abb. 3

Kopf. Auf Grund der Symmetrie der verwendeten Buchstaben wird diese Umkehrung jedoch nicht sichtbar.

Bemerkungen

Schreibt man die beiden Zeilen mit verschiedenen Farben, so wird der Beobachter in die Irre geführt. Er meint, die physikalische Erklärung für diese Bildumkehrung ist bei den unterschiedlichen Farben zu suchen (z. B. unterschiedlicher Brechungsindex von blauem und rotem Licht).
Füllt man die Flasche nur halb voll Wasser, so erhält man eine plankonvexe Linse. An der Bildumkehrung ändert sich dadurch nichts.

Literatur

Raaf, H.; Sowada, H.: Physik macht Spaß, Überraschende Einsichten durch über 100 Modelle und Experimente, Herder Verlag, Freiburg im Breisgau 1990
Treitz, N.: Spiele mit Physik, Verlag Harri Deutsch, Thun und Frankfurt/Main 1991

8.8 Geisterhafte Schatten

Durch Ausnutzung der Temperaturabhängigkeit der optischen Dichte von Luft lassen sich die Luftströmungen über einer Flamme sichtbar machen.

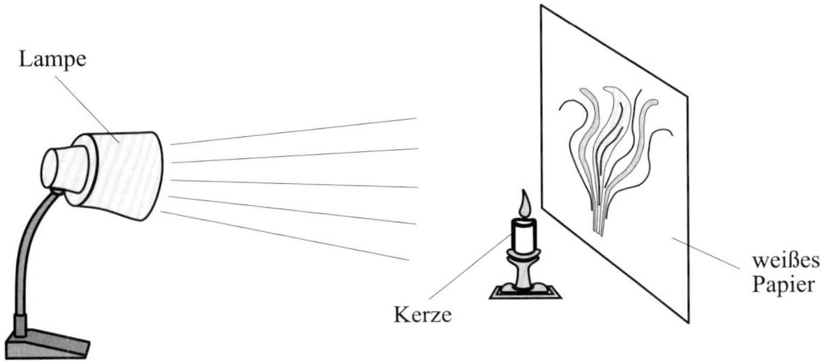

Abb. 1

Material

- helle Lichtquelle, z. B. Glühlampe mit Reflektor (mindestens 60 W)
- Kerze
- weißes Papier (Größe: ca. DIN A4) oder helle, glatte Wand

Aufbau und Durchführung

In einem abgedunkelten Raum beleuchtet man aus einer Entfernung von ca. 2 m ein weißes Blatt Papier mit einer hellen Lichtquelle. Bringt man eine Kerzenflamme etwa 20 cm vor das Papier (siehe Abb. 1), so ist darauf ein schlierenartiges Muster aus Bereichen unterschiedlicher Helligkeit zu erkennen, welches sich ständig verändert.

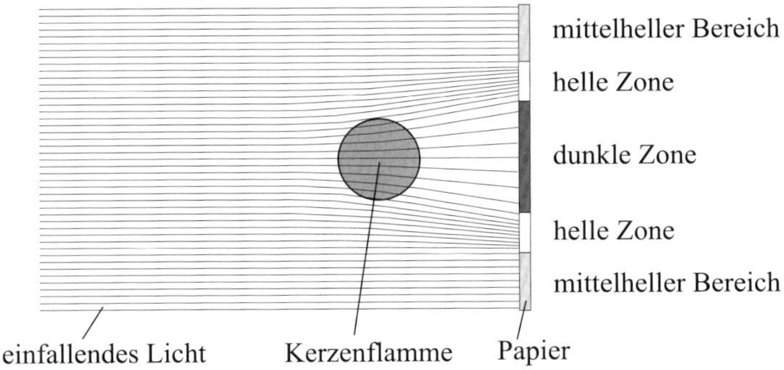

Abb. 2

In Höhe der Flamme erkennt man auf dem Papier eine regelmäßige und zeitlich unveränderliche Anordnung von Zonen verschiedener Helligkeit (Anordnung im Querschnitt siehe Abb. 2).

Erklärung

Ist der Brechungsindex n in einem Medium räumlich nicht konstant, so besitzt dieser ein nicht verschwindendes Gradientenfeld grad n. Um zu klären, in welche Richtung dadurch ein Lichtstrahl abgelenkt wird, betrachtet man eine infinitesimal dicke Schicht, auf welcher der Gradient des Brechungsindexes senkrecht steht und die von dem Lichtstrahl durchquert wird (siehe Abb. 3). In der Schicht lege das Licht den Weg $d\vec{r}$ zurück, wobei der Winkel zwischen $d\vec{r}$ und dem Gradienten des Brechungsindexes φ bzw. $\varphi + d\varphi$ sei. Der Brechungsindex ändert sich von n zu $n + dn$.

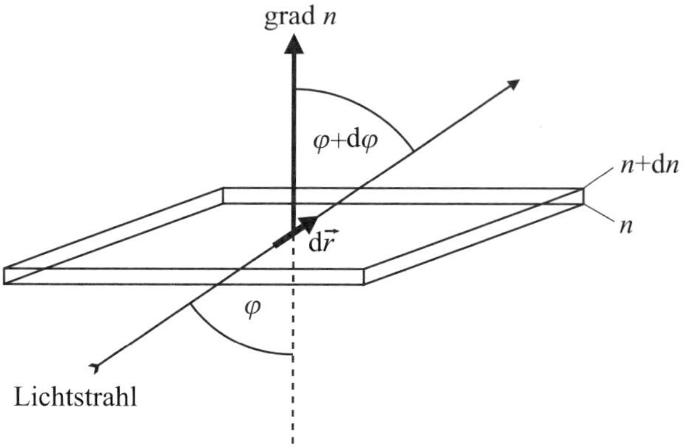

Abb. 3

Nach dem Snellius'schen Brechungsgesetz gilt (wegen $\sin\varphi = \sin(\partial - \varphi)$ für den gesamten Bereich $0 < \varphi < \partial$):

$$\frac{\sin\varphi}{\sin(\varphi + d\varphi)} = \frac{n + dn}{n}$$

$$\begin{aligned} n\sin\varphi &= (n + dn)\sin(\varphi + d\varphi) \\ &= (n + dn)(\sin\varphi + \cos\varphi\, d\varphi) \\ &= n\sin\varphi + n\cos\varphi\, d\varphi + \sin\varphi\, dn + \cos\varphi\, d\varphi\, dn \\ &\approx n\sin\varphi + n\cos\varphi\, d\varphi + \sin\varphi\, dn, \text{ weil } d\varphi << 1 \text{ und } dn << 1 \end{aligned}$$

Da es sich bei $d\varphi$ und dn um infinitesimale Größen handelt, liefert dies die exakte Beziehung

$$n\cos\varphi\, d\varphi + \sin\varphi\, dn = 0.$$

$$d\varphi = -\frac{\sin\varphi\, dn}{\cos\varphi\, n} \tag{1}$$

Für dn gilt:

$$dn = \text{grad}\, n \cdot d\vec{r} = |\,\text{grad}\, n\,|\, dr\cos\varphi \tag{2}$$

Setzt man die Beziehung (2) in (1) ein, so folgt:

$$d\varphi = \sin\varphi \frac{|\,\text{grad}\, n\,|}{n} dr \leq 0, \text{ da } 0 \leq \varphi < \partial$$

Da stets $d\varphi \leq 0$ ist, wird Licht immer in Richtung von grad n abgelenkt (siehe Abb. 3), außer es besitzt bereits die Richtung von grad n im Fall $\varphi = 0$.

Heiße Luft besitzt einen kleineren Brechungsindex als kalte Luft gleichen Drucks. Da die Kerzenflamme heißer als ihre Umgebung ist, steht der Gradient des Brechungsindexes senkrecht auf der Symmetrieachse der Flamme und ist von ihr weg gerichtet (Diese Überlegung geht näherungsweise von einer zylinderförmigen Flamme aus.). Dadurch ergibt sich der Strahlenverlauf aus Abbildung 2 eines einfallenden parallelen Lichtbündels. Strahlen, die bei geradliniger Ausbreitung direkt hinter der Flamme auf das Papier treffen würden, werden in weiter außen liegende Bereiche abgelenkt, die dadurch stärker beleuchtet werden (siehe Abb. 2). Hinter der Flamme entsteht eine dunklere Zone, weil das Licht teilweise nach außen gelenkt und zusätzlich ein geringer Anteil von der Flamme absorbiert wird. Die Luftströmung ist in Höhe der Flamme laminar, wird weiter oben turbulent und erzeugt Verwirbelungen der Luft mit einem komplizierten Feld von grad n. Die Folge ist ein unregelmäßiges Muster aus hellen und dunklen Bereichen auf dem Papier.

Bemerkungen

Blickt man im Sommer über eine stark aufgeheizte Fläche (z. B. Haus- oder Autodach), so erscheint die dahinterliegende Landschaft verzerrt und flimmernd. Auch dabei steigt die knapp über der Oberfläche erwärmte Luft auf und vermischt sich in Wirbeln mit der kühleren. In dieser unregelmäßigen und zeitlich veränderlichen Verteilung von warmer und kalter Luft wird das Licht ständig in andere Richtungen abgelenkt. Die Ablenkung eines dünnen Lichtbündels in Luft unterschiedlicher Temperatur wird in dem Experiment „Wie man Licht ‚wegblasen' kann" untersucht.

Ähnliche Schlieren wie in dem beschriebenen Experiment beobachtet man auf dem Boden eines hellen Gefäßes, das mit heißem Wasser gefüllt wurde und von oben beleuchtet wird. In Analogie zu diesem Experiment sind Temperaturunterschiede innerhalb des Wassers und die dadurch verursachten Konvektionsströmungen dafür verantwortlich.

Ein Medium mit zeitlich konstantem, aber räumlich unterschiedlichem Brechungsindex, lässt sich durch eine Zuckerlösung mit Konzentrationsgefälle realisieren (siehe Experiment „Der krumme Lichtstrahl").

Literatur

zur Erklärung:

Grimsehl, E.; Schallreuter, W.; Haferkorn, H.: Lehrbuch der Physik, Band 3, Optik, BSB B. G. Teubner Verlagsgesellschaft, Leipzig 1988, S. 46ff.

8.9 Der krumme Lichtstrahl

Mit einer Schichtung von Wasser über einer Zuckerlösung kann gezeigt werden, dass sich Licht in einem Stoff mit veränderlichem Brechungsindex krummlinig ausbreiten kann. Außerdem lassen sich die Phänomene der Brechung und Totalreflexion studieren.

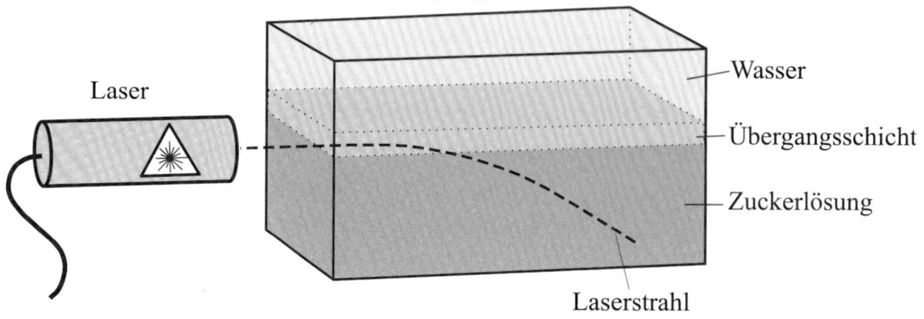

Abb. 1

Material

- HeNe-Laser oder Laserpointer
- Zucker
- quaderförmiges, durchsichtiges Gefäß (Höhe: ca. 10 cm, möglichst lang); zur Not auch durchsichtige Glasflasche mit Deckel
- Milch oder Dosenmilch
- Löffel
- evtl. Trinkhalm

Aufbau und Durchführung

Man stellt genügend Zuckerlösung her (50 g Zucker pro 100 ml Wasser), um das Gefäß etwa 5 cm hoch füllen zu können. Dies geht erheblich schneller und leichter, wenn man warmes Wasser (Temperatur: 50 – 60 °C) verwendet. Die Zuckerlösung wird in das Gefäß gefüllt und mit einem Tropfen verdünnter Milch (Mischungsverhältnis: Wasser : Milch ≈ 10 : 1) versetzt. Ein Laserstrahl, welcher die Lösung durchquert, muss in einem dunklen Raum von der Seite gut erkennbar sein (evtl. weitere Tropfen der verdünnten Milch zugeben). Der Laserstrahl darf jedoch nicht wegen zu viel zugesetzter Milch aufgeweitet werden. Die Zuckerlösung wird ungefähr 5 cm hoch mit Wasser überschichtet, welchem ebenfalls eine winzige Menge Milch zugefügt wurde. Um eine Durchmischung zu vermeiden, lässt man das Wasser über einen Löffel, den man knapp über dem momentanen Flüssigkeitspegel waagrecht hält, auf die bereits im Gefäß befindliche Flüssigkeit laufen.

Notfalls lässt sich das Experiment auch mit einer durchsichtigen Flasche durchführen. Um in diesem Fall das Wasser über die Zuckerlösung zu schichten, hält man die Flasche so schräg, dass die Lösung fast herausfließt und lässt das Wasser langsam hineinströmen. Die Flasche wird mit dem zugehörigen Deckel verschlossen und vorsichtig in die Waagerechte gebracht.

Im Endzustand lässt sich die Flüssigkeitsschichtung in drei Zonen einteilen (siehe Abb. 1):

- obere Schicht: fast reines Wasser;
- mittlerer Bereich: Übergangsschicht mit einem Konzentrationsgefälle;
- untere Schicht: Zuckerlösung mit fast konstanter Konzentration.

Richtet man einen Laserstrahl auf das Gefäß, so lassen sich die folgenden unterschiedlichen Strahlverläufe erzeugen:

1. Bleibt der Strahl vollständig in der oberen oder unteren Schicht, so breitet sich das Licht geradlinig aus (siehe Abb. 2).

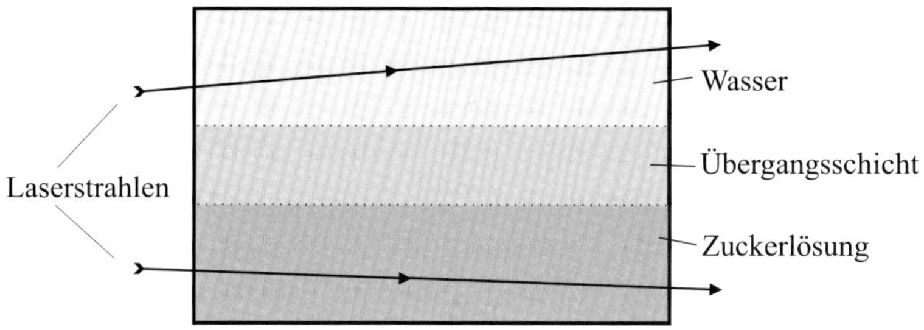

Abb. 2

2. Trifft der Strahl, von der Zuckerlösung aus, unter einem großen Einfallswinkel auf die Übergangsschicht, so wird er in einem Bogen wieder nach unten abgelenkt (siehe Abb. 3).

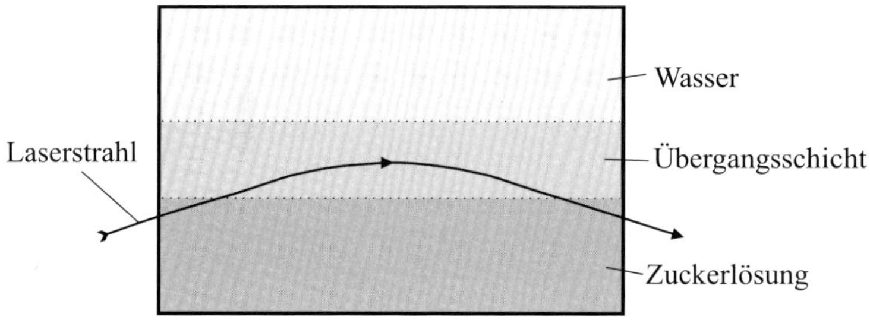

Abb. 3

3. Ist der Einfallswinkel nicht zu groß, so durchdringt der Strahl die Übergangsschicht und wird kontinuierlich aus der ursprünglichen Richtung abgelenkt (siehe Abb. 4).

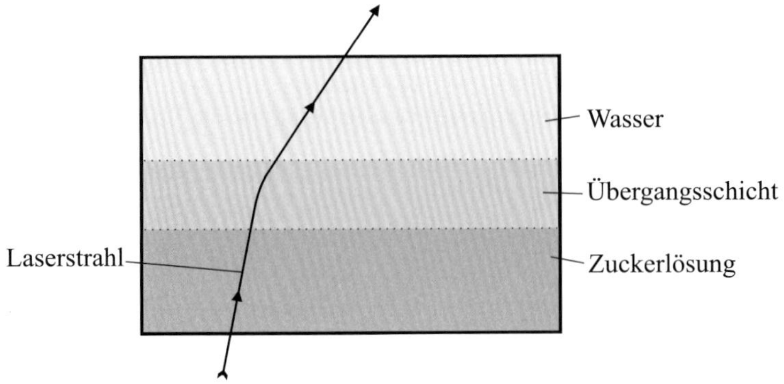

Abb. 4

4. Ist die untere Schicht nur 1 – 2 cm dick und der Einfallswinkel groß, so bewegt sich das Licht auf mehreren aneinander gereihten Bögen (siehe Abb. 5). Um die unterste Schicht dünner zu machen, kann man die Zuckerlösung teilweise mit einem Trinkhalm absaugen.

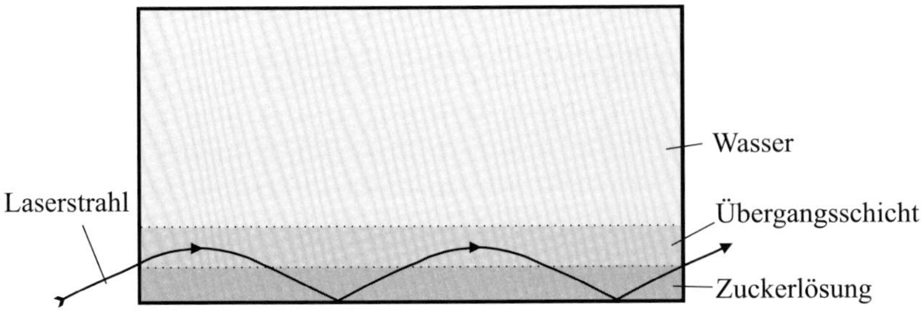

Abb. 5

Bewahrt man das Gefäß an einem ruhigen Ort auf, so bleibt die Flüssigkeitsschichtung mehrere Tage erhalten, da eine Durchmischung durch Diffusion sehr lange dauert.

Erklärung

Die Zuckerlösung besitzt einen größeren Brechungsindex als Wasser. Dadurch entsteht in der Übergangsschicht ein Bereich mit kontinuierlich veränderlichem Brechungsindex. In einem solchen bezüglich der optischen Dichte anisotropen Medium wird Licht stets in Richtung des Brechungsindexgradienten abgelenkt. (Eine theoretische Herleitung dieses Verhaltens von Licht kann in der Erklärung des Experiments „Geisterhafte Schatten" nachgelesen werden.) Dieser zeigt in der Übergangsschicht vertikal nach unten. Damit lassen sich die einzelnen Fälle folgendermaßen erklären:

1. Im Wasser (obere Schicht) oder der Zuckerlösung (untere Schicht) ist der Brechungsindex konstant, und das Licht breitet sich wie im Vakuum geradlinig aus.

2. Der Laserstrahl tritt mit geringer Steigung in die Übergangsschicht ein und wird nach unten (Richtung des Gradienten des Brechungsindexes) abgelenkt, so dass er die Wasserschicht nicht erreicht. Dies entspricht der Totalreflexion, die man sonst bei scharfen Übergängen vom optisch dichteren zum dünneren Medium beobachtet und welche ab einem bestimmten Grenzwinkel auftritt.
3. Strahlt man unter relativ kleinem Einfallswinkel in die Übergangsschicht ein, so wird das Licht zwar abgelenkt, tritt jedoch im Unterschied zum Fall 2 in die Wasserschicht ein und bewegt sich dort geradlinig weiter. Wäre die Übergangsschicht sehr dünn, so läge eine Brechung am Übergang zwischen zwei Medien verschiedener optischer Dichte vor.
4. Hier handelt es sich im Wesentlichen um den Fall 2, nur dass der Strahl am Übergang Gefäßboden-Luft totalreflektiert wird und damit wieder in die Übergangsschicht eintritt.

Die winzige Menge beigefügter Milch dient nur dazu, durch leichte Streuung das Lichtbündel von der Seite sichtbar zu machen.

Bemerkungen

Analoge Beobachtungen einer krummlinigen Ausbreitung kann man auch bei Schallwellen machen. Da die Schallgeschwindigkeit temperaturabhängig ist, stören Temperaturgradienten die normalerweise geradlinige Ausbreitung von Schall. Eine Folge ist die so genannte „Zone des Schweigens", die bei Explosionen auftreten kann. Durch direkte Schallausbreitung in Bodennähe ist der Knall nur bis zu einer bestimmten Entfernung wahrzunehmen, danach schließt sich die Zone des Schweigens an. Ab einer bestimmten Entfernung gibt es jedoch nochmals eine Zone, in welcher die Explosion durch schräg nach oben abgestrahlten Schall, welcher in der wärmeren Stratosphäre wieder in Richtung Erdboden abgelenkt wurde, zu hören ist.

Literatur

Zeier, E.: Physikalische Schulversuche, Freihandversuche, kleine Experimente, Aulis Verlag Deubner, Köln 1986

Berry, D. A.: A POTPOURRI OF PHYSICS TEACHING IDEAS, Selected reprints from The PhysicsTeacher April 1963 to December 1986, American Association of Physics Teachers, College Park, MD 20740-4100, U.S.A. o. J. [1987]

Walker, J.: Der fliegende Zirkus der Physik, R. Oldenbourg Verlag GmbH, München Wien 1994

zur Erklärung:

Grimsehl, E.; Schallreuter, W.; Haferkorn, H.: Lehrbuch der Physik, Band 3, Optik, BSB B. G. Teubner Verlagsgesellschaft, Leipzig 1988, S. 46ff.

zu Bemerkungen:

Walker, J.: Der fliegende Zirkus der Physik, Oldenbourg Verlag, München und Wien 1994, S. 133

8.10 Wie man Licht „wegblasen“ kann

Ein Lichtbündel, das die Oberfläche einer heißen Metallplatte streift, dient zum Nachweis, dass die optische Dichte von Luft temperaturabhängig ist.

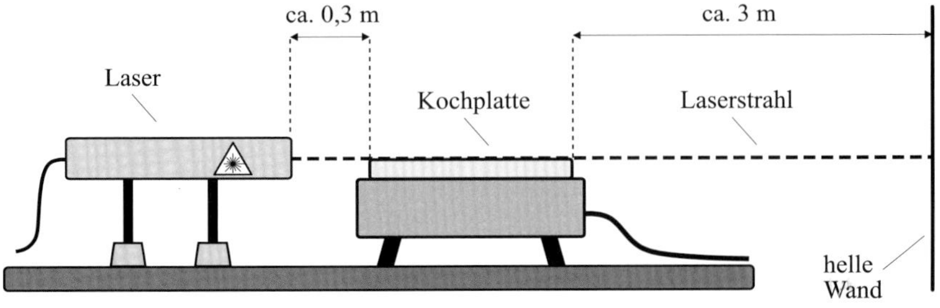

Abb. 1

Material

- HeNe-Laser oder Laserpointer
- Kochplatte, die nicht in einem Herd eingebaut ist und außerhalb ihrer Vertiefung sehr plan ist
- evtl. plane Metallplatte (ca. 10 cm × 10 cm × 0,5 cm)
- evtl. Bunsenbrenner und dazu passendes Gestell, so dass die Metallplatte von unten erhitzt werden kann
- evtl. Stativmaterial
- evtl. Gummiring

Aufbau und Durchführung

In einem fast vollständig abgedunkelten Raum wird ein Laser so justiert, dass der Laserstrahl die Oberfläche einer heißen Kochplatte genau parallel streift (siehe Abb. 1) und dadurch der Verlauf des Strahls entlang der Platte durch auftretendes Streulicht sichtbar ist. Zusätzlich sollte der Laserstrahl so gerichtet sein, dass er im Abstand von ca. 3 m hinter der Kochplatte auf eine helle Wand trifft.

Die Justierung wird vereinfacht, wenn der Laser mit Hilfe von Stativmaterial in die gewünschte Stellung gebracht wird. Laserpointer besitzen meistens nur einen Taster und keinen Schalter. Um den Laserpointer in Dauerbetrieb zu versetzen, kann der Taster mit einem Gummiring in der eingeschalteten Stellung fixiert werden. Besitzt die Oberfläche der Kochplatte Unebenheiten, so ist eine Justierung, bei welcher der gesamte Strahlverlauf auf der Oberfläche der Platte sichtbar wird, nicht möglich. In diesem Fall schafft eine plane Metallplatte, die man auf die heiße Kochplatte legt, Abhilfe (*Vorsicht:* Dabei ist auf unkontrollierte Reflexionen des Laserstrahls am Metall zu achten). Steht überhaupt keine Kochplatte zur Verfügung, so kann die Metallplatte auch mit einem Bunsenbrenner von unten erhitzt werden.

Bläst man im beschriebenen Aufbau über die heiße Platte, so verschwindet das Streulicht und der Strahlverlauf ist nicht mehr zu erkennen. Das Lichtbündel wurde sozusagen „weggeblasen". Hört man auf zu blasen, so wird der Laserstrahl sofort wieder sichtbar. Beobachtet man den Auftreffpunkt des Laserstrahls an der Wand während eine andere Person bläst, so ist zu erkennen, wie dieser ein Stück nach oben wandert. Dabei darf man sich nicht von Beugungserscheinungen, die durch die Kante der Metallplatte entstehen oder durch Interferenzmaxima, bedingt durch die Rillen auf der Oberfläche mancher Kochplatten, irritieren lassen.

Erklärung

Die erwärmte Luft über der heißen Kochplatte besitzt bis zu einer Höhe, die mindestens der Ausdehnung des Lichtbündels eines Lasers entspricht, näherungsweise die gleiche Temperatur und damit eine konstante optische Dichte. Das Laserlicht beschreibt daher einen geradlinigen Weg entlang der Oberfläche der Kochplatte (siehe Abb. 2(a)).

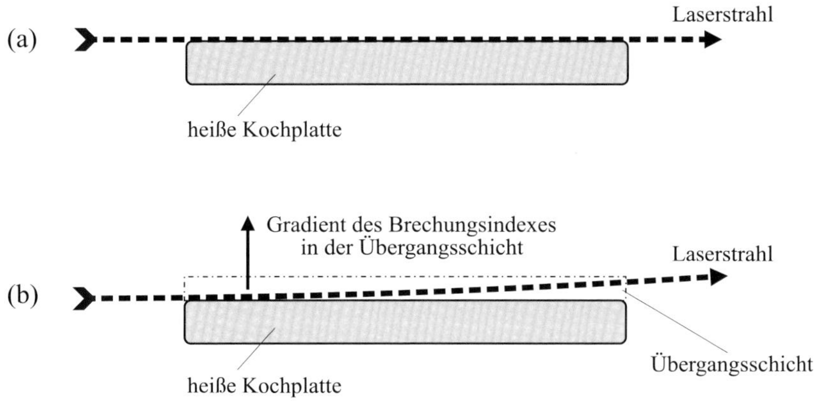

Abb. 2

Bläst man Luft über die Kochplatte, so bildet sich zwischen dem kalten Luftstrom und der heißen Platte eine dünne Übergangsschicht aus (siehe Abb. 2(b)), in der die Temperatur der Luft von der der Kochplatte (unteres Ende der Übergangsschicht) auf die des Luftstroms abfällt (oberes Ende der Übergangsschicht). Da kalte Luft einen größeren Brechungsindex als warme Luft gleichen Drucks besitzt, steht der Gradient des Brechungsindexes (antiparallel zum Temperaturgradient) senkrecht auf der Oberfläche der Kochplatte und ist von ihr weg gerichtet (siehe Abb. 2(b)). In einem bezüglich der optischen Dichte anisotropen Medium wird Licht stets in Richtung des Gradienten des Brechungsindexes von seiner momentanen Ausbreitungsrichtung abgelenkt. (Eine theoretische Herleitung dieses Verhaltens von Licht kann in der Erklärung des Experiments „Geisterhafte Schatten" nachgelesen werden.) Auf Grund dieses Verhaltens wird der Laserstrahl nach oben abgelenkt und ist dann mangels auftretenden Streulichts auf der Platte nicht mehr zu erkennen. Durch die Ablenkung des Lichts wandert auch der Punkt, an dem das Laserlicht auf die Wand trifft, nach oben.

Bemerkungen

Das Experiment „Geisterhafte Schatten“ befasst sich unter anderem damit, wie ein Bündel parallelen Lichts von Luft mit extrem unregelmäßiger Temperaturverteilung beeinflusst wird.
Eine größere Ablenkung von Laserlicht lässt sich, wie im Experiment „Der krumme Lichtstrahl“ beschrieben, durch ein Konzentrationsgefälle in einer Zuckerlösung erzielen.

Literatur

Möller, H.; Schneider, W., Physik in der Schule 32/2 (1994), S. 63-64

8.11 Spiegelbilder bei einem Löffel

Mit einem Löffel kann man nachweisen, dass ein Konvexspiegel ein aufrecht stehendes Spiegelbild erzeugt, während es bei einem Konkavspiegel unter bestimmten Bedingungen auf dem Kopf steht.

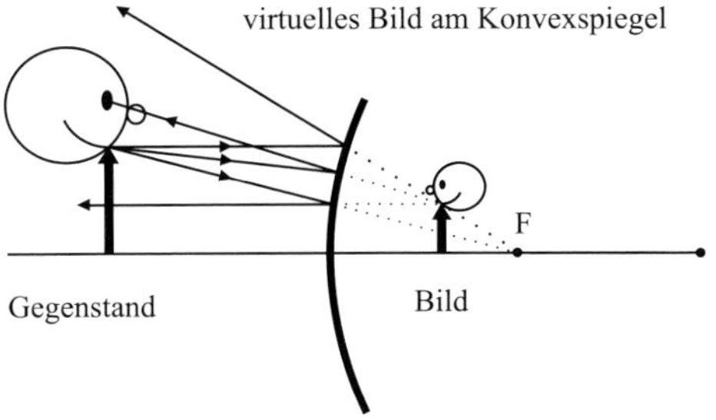

Abb. 1

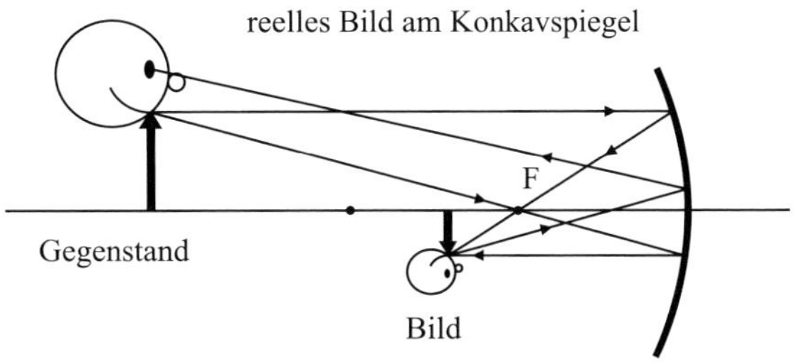

Abb. 2

Material

- Suppenlöffel aus Metall, dessen Oberfläche nicht zu sehr verkratzt ist
- evtl. vergrößernder Kosmetikspiegel

Aufbau und Durchführung

Man blickt aus etwa 30 cm Entfernung auf den gewölbten Bereich eines Löffels, so dass man sich selbst erkennen kann. Zeigt dabei die Wölbung zum Gesicht (Konvexspiegel), so ist ein aufrecht stehendes Spiegelbild zu sehen, während es im umgekehrten Fall (Konkavspiegel) auf dem Kopf steht.
Bei Kosmetikspiegeln, in welchen man ein vergrößertes und aufrecht stehendes Bild des eigenen Gesichts betrachten kann, handelt es sich auch um Konkavspiegel. Erst wenn man sich aus sehr großer Entfernung (ca. 2 m) in einem solchen Spiegel betrachtet, steht das Spiegelbild auf dem Kopf.

Erklärung

Um die qualitativen Zusammenhänge zu erläutern, wird angenommen, dass es sich um Parabolspiegel handelt, da nur bei diesen ein Brennpunkt F (siehe Abb. 1 bis 3) existiert, während andere spiegelnde Rotationsflächen im Allgemeinen einen ausgedehnten Fokussierungsbereich besitzen. Die in der Realität vorhandenen Abweichungen von der rotationssymmetrischen Form haben ein verzerrtes Spiegelbild zur Folge. Beim Konvexspiegel sieht der Beobachter ein verkleinertes virtuelles Bild, das aufrecht steht, wie man am Strahlengang (siehe Abb. 1) erkennen kann. Ein Konkavspiegel erzeugt dagegen ein reelles und auf dem Kopf stehendes Bild (siehe Abb. 2), falls der Abstand des Beobachters vom Spiegel größer ist als die Brennweite des Spiegels. Diese beträgt beim Löffel nur wenige Zentimeter, d.h. sie wird wegen der begrenzten Akkommodationsfähigkeit des Auges (Mindestabstand ca. 10 cm) immer überschritten, wenn man ein scharfes Spiegelbild erkennen kann. Wenn jedoch der Abstand zwischen Gegenstand und Konkavspiegel kleiner als dessen Brennweite ist, entsteht ein vergrößertes, virtuelles Bild, das aufrecht steht (siehe Abb. 3).

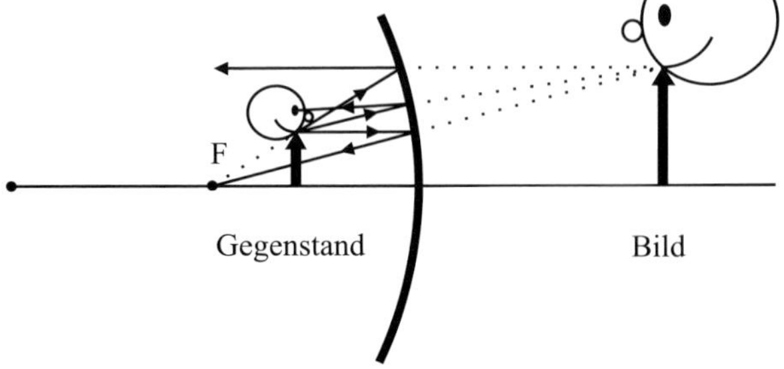

Abb. 3

Dieses ist umso größer, je näher sich der Gegenstand am Brennpunkt befindet. Darauf beruht auch die Vergrößerungswirkung von Kosmetikspiegeln, die eine relativ große Brennweite besitzen (ca. 0,5 m). Aber auch wenn man sich in einem solchen Spiegel aus großer Entfernung betrachtet, sieht man das eigene Gesicht umgekehrt.

Bemerkungen

Eine Frage bzw. theoretische Spielerei, die zum Nachdenken anregt: Man blickt in einem ganz normal beleuchteten Raum mit einem Auge auf die verspiegelte Innenseite einer großen Halbkugel, wobei sich das Auge genau im Kugelzentrum befindet. Was sieht man?

Bei dieser Anordnung kann kein Licht in das Auge gelangen, unabhängig davon, in welcher Richtung es in die Halbkugel einfällt. Theoretisch müsste man daher vollständige Dunkelheit wahrnehmen, wenn es einen idealen Spiegel gäbe und die Pupille punktförmig wäre.

Literatur

Walpole, B.: Experimente, Tricks und Tips zum Verständnis der Natur, Lernen und Wissen im Spiel und mit Spaß, Südwest Verlag GmbH & Co. KG, München 1990

8.12 Wo liegt das Spiegelbild?

Mit Hilfe der individuellen minimalen Sehschärfe wird experimentell untersucht wie weit das virtuelle Spiegelbild hinter dem Spiegel liegt.

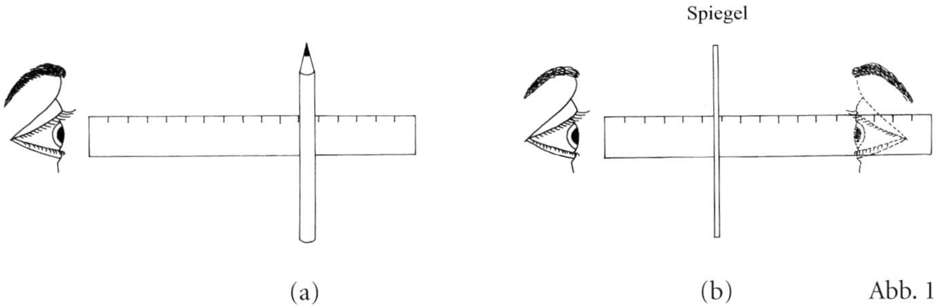

Abb. 1

Material

- kleiner Taschen- oder Handspiegel
- Lineal oder Geometrie-Dreieck
- kleinerer Gegenstand, z. B. Schreibstift

Aufbau und Durchführung

Im Vorexperiment bestimmt die Versuchsperson ihre eigene minimale Sehschärfe. Darunter versteht man die kleinstmögliche Entfernung zum Auge, bei der ein Gegenstand noch scharf zu sehen ist. Dazu hält die Versuchsperson ein Lineal parallel zur optischen Achse des Auges an das Auge (siehe Abb. 1(a)) und führt einen Schreibstift langsam an diesem Lineal entlang auf das Auge zu, bis sie den Stift gerade noch scharf sieht.

Anschließend prüft die Versuchsperson wie weit sie einen Spiegel auf die gleiche Weise an das Auge heranführen kann, bis sie das eigene Auge gerade noch scharf im Spiegel sieht (siehe Abb. 1(b)). Im Rahmen der Messgenauigkeit ergibt sich eine Entfernung zwischen Spiegel und Auge, die genau halb so groß ist wie die minimale Sehschärfe des Auges, die zuvor mit dem Bleistift ermittelt wurde.

Erklärung

Betrachtet eine Versuchsperson ihr eigenes Auge im Spiegel, sieht sie eigentlich das virtuelle Spiegelbild des Auges hinter dem Spiegel (siehe Abb. 1(b)). Ist also das Auge im Spiegel gerade noch scharf zu sehen, entspricht die Entfernung zwischen virtuellem Spiegelbild und Auge der minimalen Sehschärfe. Wie das Experiment ergibt, ist der Spiegel dabei eine halbe minimale Sehschärfe vom Auge entfernt. Deshalb liegt das virtuelle Spiegelbild genau so weit hinter dem Spiegel wie das Objekt (Auge) vor dem Spiegel (siehe Abb. 1(b)).

Bemerkungen

Die obigen Ergebnisse liefern auch die Anwort auf die Frage, welche Entfernung bei einem Fotoapparat eingestellt werden muss, wenn man sich selbst mit dem Fotoapparat im Spiegel scharf fotografieren möchte.

Literatur

Leisen, J., Praxis der Naturwissenschaften: Physik 40/8 (1991), S. 46-47

8.13 Das Spiegelparadoxon

Um zu untersuchen, welche Spiegelgröße ausreichend ist, um das eigene Gesicht vollständig im Spiegel sehen zu können, zeichnet man das eigene Gesicht auf dem Spiegel nach.

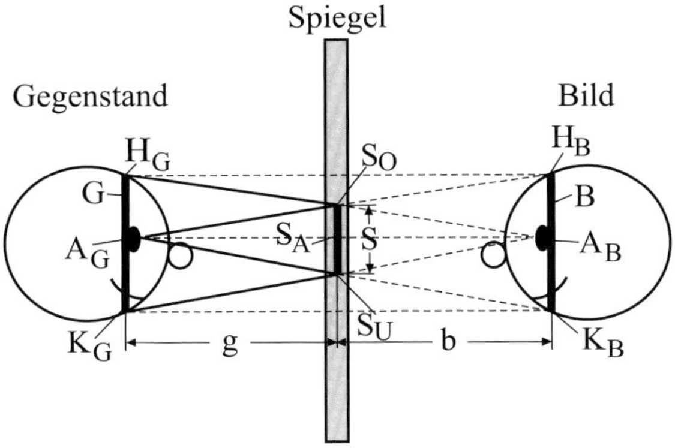

Abb. 1

Material

- Spiegel an der Wand hängend und mindestens halb so hoch und halb so breit wie das Gesicht
- Overheadprojektor-Folie und Folienstift
  oder
  Wachsmalkreide
- Hilfsmittel: Klebefilm oder Spülmittel

Aufbau und Durchführung

Eine Versuchsperson stellt sich so vor einen Spiegel, dass sie ihr eigenes Gesicht vollständig im Spiegel sieht. Auf dem Spiegel wird mit Klebefilm eine Folie so befestigt, dass die Versuchsperson das Spiegelbild ihres Gesichtes auf der Folie nachmalen kann. Das entstandene Bild *S* (siehe Abb. 1) ist nur halb so groß wie das Gesicht.
Verändert die Versuchsperson ihre Entfernung zum Spiegel und bewegt dabei die Augen auf einer Normalen zur Spiegelebene, ändert sich die Größe des gemalten Bildes nicht.
Anstelle der Folie und des Folienstiftes kann auch Wachsmalkreide verwendet werden. Diese Methode hat jedoch den Nachteil, dass man das gemalte Bild nicht vom Spiegel herunternehmen kann, um seine Größe mit der des Urbildes zu vergleichen. Die Wachsmalkreide kann leicht mit Spülmittel wieder vom Spiegel entfernt werden.

Erklärung

Der Sachverhalt ist anhand von Abbildung 1 leicht zu verstehen. Dort ist das wirkliche Gesicht (Gegenstand) und das virtuelle Bild (Bild) des Gesichtes hinter dem Spiegel dargestellt. Die Strecken *G* bzw. *B* symbolisieren den Bereich des wirklichen Gesichtes bzw. seines virtuellen Bildes, der für das Auge tatsächlich sichtbar ist.

Da $g = b$ (siehe Abb. 1) gilt für S:

$$S = \frac{B}{2} = \frac{G}{2}$$

S_O (bzw. S_U) ist der Schnittpunkt der Diagonalen des Rechtecks, das durch die Punkte A_G, A_B, H_B und H_G (bzw. K_G, K_B, A_B und A_G) gebildet wird. Deshalb lässt sich über die Lage von S aussagen:

$$\overline{S_O S_A} = \frac{1}{2}\overline{H_G A_G} = \frac{1}{2}\overline{H_B} A_B \quad \text{und} \quad \overline{S_A S_U} = \frac{1}{2} = A_G K_G = \frac{1}{2}\overline{A_B K_B}$$

An Abbildung 1 ist auch zu erkennen, dass Länge und Lage von S gleich bleiben, wenn die Versuchsperson ihren Abstand g zum Spiegel verändert und das Auge dabei auf einem Lot zur Spiegelebene bewegt.

So weit die Theorie, wenn die Augen in der Ebene liegen, die G enthält und senkrecht auf der Zeichenebene steht (siehe Abb. 1). In Wirklichkeit haben die Augen einen etwas größeren Abstand vom Spiegel als G. Deshalb ist S etwas größer als B / 2. Die Differenz zwischen der Länge von S und B / 2 wird kleiner, wenn g groß gewählt wird. Deshalb sollte der Versuch nicht von Kindern durchgeführt werden, weil diese zu kurze Arme haben.

Literatur

Dinger, F.-J.: bsv-Lehrprogramme, Der ebene Spiegel, Bayerischer Schulbuch Verlag, München 1973

Gardner, M., The Physics Teacher 30/1 (1992), S. 27

8.14 Der intelligente Spiegel

Hinter einem um 90° aufgeklappten Winkelspiegel erscheint ein virtuelles Bild, das seitenrichtig ist.

Material

- Winkelspiegel oder 2 rechteckige Handspiegel, möglichst ohne Rahmen
- kleinerer Gegenstand, dessen Seiten unterschiedlich sind, z. B. Schlüssel
- Hilfsmittel: evtl. Schminke

Abb. 1

Aufbau und Durchführung

Die beiden Spiegel eines Winkelspiegels werden so aufgestellt, dass sie zusammen einen rechten Winkel bilden (siehe Abb. 1). Betrachtet man das eigene Gesicht im Winkelspiegel, ist anstatt des gewohnten Spiegelbildes das Gesicht seitenrichtig im Spiegel zu sehen (siehe Abb. 1). Dies ist besonders gut zu erkennen, wenn eine Gesichtshälfte mit Schminke angemalt wird.

Um die Bilder im Spiegel besser analysieren zu können, legt man einen kleinen Gegenstand mit vier verschiedenen Seiten, z. B. einen Schlüssel vor den Winkelspiegel. Abbildung 2 erläutert den Sachverhalt. Im Winkelspiegel sind drei virtuelle Bilder des Schlüssels zu sehen. Das virtuelle Bild 3 hinter dem Winkelspiegel ist seitenrichtig und

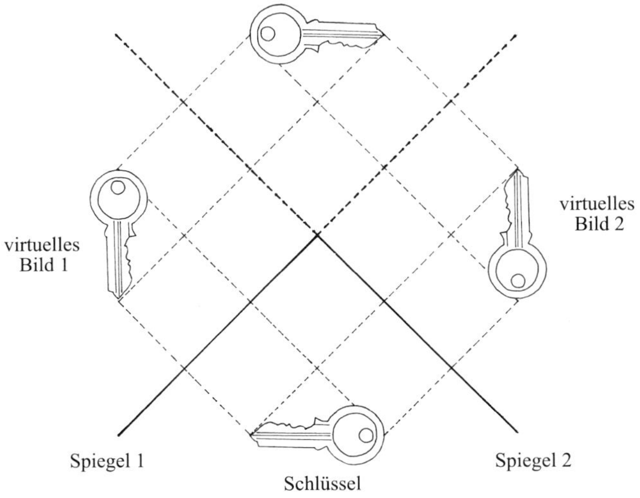

Abb. 2

entspricht dem seitenrichtigen Spiegelbild des Gesichtes, d. h., der Bart des Schlüssels zeigt zum Beobachter, während der des Originals vom Beobachter wegzeigt. Mit anderen Worten: Das virtuelle Bild 3 zeigt den Beobachter so, als würde er sich selbst von vorne betrachten. Das linke Ohr ist rechts usw.

Erklärung

In Abbildung 2, sind die beiden Spiegel und die durch sie entstehenden virtuellen Spiegelbilder des Schlüssels eingezeichnet. Die virtuellen Bilder 1 und 2 entstehen direkt aus den Spiegelungen an den Spiegeln 1 und 2. Die virtuellen Bilder 1 und 2 werden ihrerseits noch einmal gespiegelt und zwar virtuelles Bild 1 an Spiegel 2 und virtuelles Bild 2 an Spiegel 1. Beide Spiegelungen ergeben das virtuelle Bild 3. Wenn dieses Bild an der Schnittgeraden der beiden Spiegel um 180° gedreht wird, erhält man wieder das Urbild.

Literatur

Zeier, E.: Physikalische Schulversuche, Freihandversuche, kleine Experimente, Aulis Verlag Deubner, Köln 1986

Glass, D.: Das neue What's what? Naturwissenschaftliche Plaudereien, Deutscher Taschenbuch Verlag GmbH & Co. KG, München 1997

8.15 Der Dreifachspiegel

Mit einem Spiegel und einem Laser ist nachweisbar, dass Glasoberflächen bei relativ kleinen Einfallswinkeln den größten Teil von auftreffendem Licht transmittieren, einen kleinen Teil reflektieren und nur sehr wenig absorbieren.

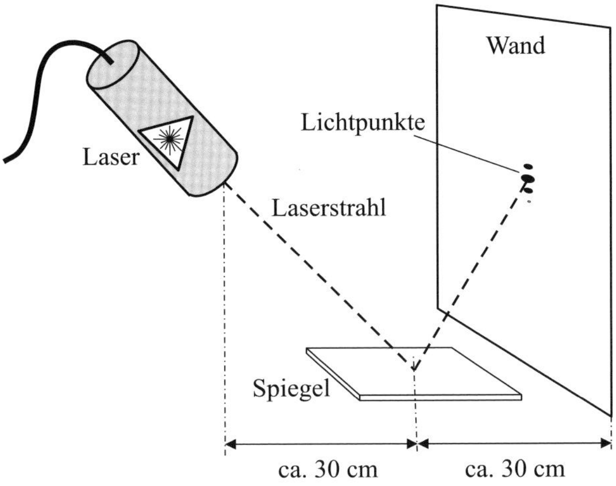

Abb. 1

Material

- HeNe-Laser oder Laserpointer
- dicker Spiegel (Dicke der Glasplatte: mindestens 5 mm)

Aufbau und Durchführung

Ein Laserstrahl wird unter einem Winkel von ungefähr 45° auf einen waagrechten Spiegel gerichtet und der reflektierte Strahl auf einer weißen Wand beobachtet (siehe Abb. 1). An der Wand sind wider Erwarten mindestens drei Lichtpunkte zu erkennen, die auf einer Geraden liegen, wobei der zweitoberste deutlich heller als die übrigen ist.

Erklärung

Ein Spiegel besteht aus einer Glasplatte, an welcher auf einer Seite (der Rückseite des Spiegels) eine dünne Metallschicht aufgebracht wurde. Wenn Licht unter ca. 45° auf die Glasoberfläche des Spiegels trifft, dringt ein relativ großer Anteil in das Glas ein (ca. 95 % der Intensität), während ein kleiner Bruchteil (ca. 5 % der Intensität) an der Oberfläche reflektiert wird (Winkelabhängigkeit von Reflexion und Transmission: siehe Bemerkungen). Dieser erzeugt an der Wand den obersten Lichtpunkt (siehe Abb. 2). Der transmittierte Anteil des Lichts wird an der metallischen Beschichtung reflektiert und verlässt großteils wieder die Glasschicht, was den hellen zweitobersten Punkt zur Folge hat (siehe

Abb. 2). Ein Teil des Lichts wird jedoch nochmals in Richtung Spiegelfläche reflektiert und ist Ursache für den untersten der drei hellen Punkte (siehe Abb. 2).

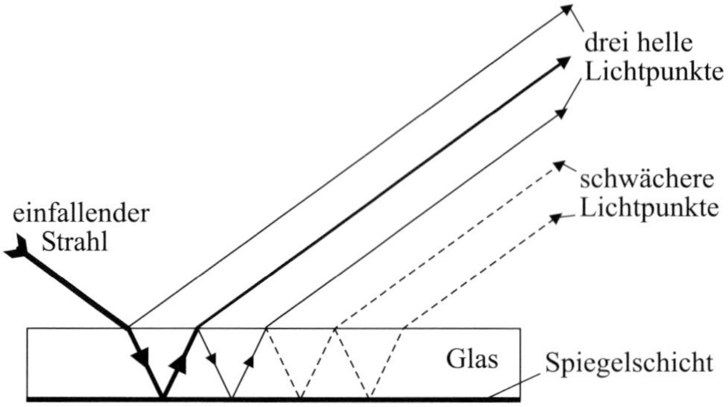

Abb. 2

Je nach Leistung des Lasers sind darunter noch weitere Lichtpunkte erkennbar, deren Intensität aber rasch abnimmt. Sie entstehen durch wiederholte Reflexion des Lichts an Glasoberfläche und Spiegelschicht und anschließendem Austritt an der Glasoberfläche. Eine Totalreflexion am Übergang Glas-Luft kann nicht eintreten, da der Grenzwinkel vom Laserstrahl im Glas nicht überschritten werden kann. Dies liegt daran, dass der vom Laser kommende Strahl beim Eintritt in das Glas zum Lot hin gebrochen wird (siehe Abb. 2 und Bemerkungen).

Bemerkungen

An einer Glasscheibe mit planparallelen Oberflächen lässt sich keine Totalreflexion erzeugen. Prinzipiell möglich wäre eine Totalreflexion beim Übergang Glas-Luft am Punkt P (siehe Abb. 3), weil es sich dabei um einen Übergang vom optisch dichteren zum dünneren Medium handelt.

Dazu müsste das Licht im Glas den Grenzwinkel der Totalreflexion überschreiten. Die Bedingung lautet:

$$\sin \varphi > \frac{n_L}{n_G}$$

(n_L, n_G: Brechungsindizes von Luft und Glas; φ: siehe Abb. 3)

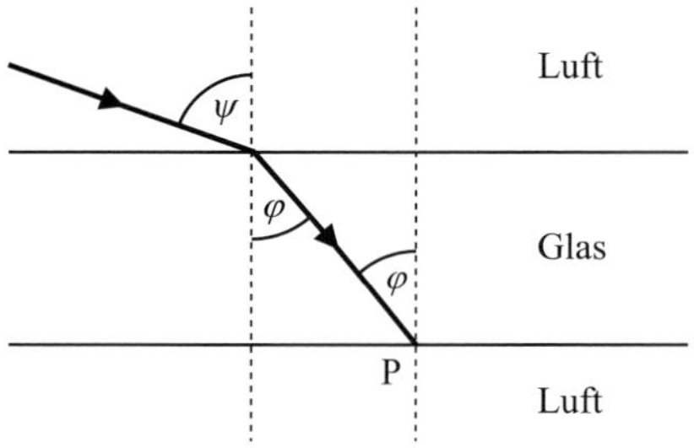

Abb. 3

Wegen des Snellius'schen Brechungsgesetzes gilt aber mit Ψ als Einfallswinkel:

$$\sin\varphi = \frac{n_L}{n_G}\sin\Psi \leq \frac{n_L}{n_G} \quad \text{da in } \Psi \leq 1 \qquad (1)$$

Daher ist es nicht möglich, einen Lichtstrahl so flach auf eine Glasoberfläche fallen zu lassen, dass der Grenzwinkel beim darauffolgenden Übergang Glas-Luft überschritten wird.

Der Grund für die manchmal auftretenden Spiegelungen an Fensterscheiben ist, dass mit steigendem Einfallswinkel Ψ der Reflexionsgrad r (bezüglich der Intensität) von Glas (Brechungsindex $n_G \approx 1{,}5$) stark ansteigt:

$$r = \frac{1}{2}\left(\frac{\sin^2(\psi-\varphi)}{\sin^2(\psi+\varphi)} + \frac{\tan^2(\psi-\varphi)}{\tan^2(\psi+\varphi)}\right) \qquad \text{[\textit{Gerthsen} 1993, S. 514/515]}$$

wobei $\varphi \approx \arcsin(0{,}67 \sin\Psi)$ (aus (1) mit $n_G \approx 1{,}5$ und $n_L \approx 1$)

Die Abhängigkeit des Reflexionsgrades r vom Einfallswinkel Ψ ist in Abbildung 4 dargestellt.

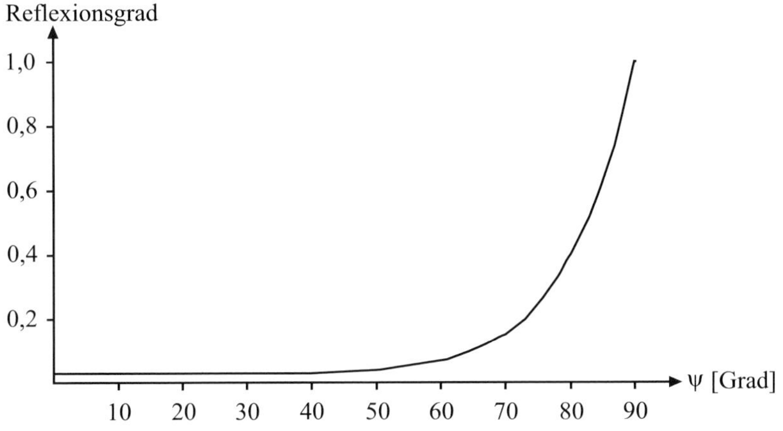

Abb. 4

Hinzu kommt, dass die hinter den Fensterscheiben liegenden Räume oft relativ schwach beleuchtet sind und die Intensität der Raumbeleuchtung oft wesentlich kleiner ist als der vom Fenster reflektierte Anteil des hellen Tageslichts. Eine Totalreflexion tritt bei diesem Phänomen jedoch nie auf (s. o.).

Literatur

Zeier, E.: Kurzweil durch Physik, Aulis Verlag Deubner, Köln 1983

zu Bemerkungen:

Vogel, H.; Gerthsen, C.: Physik, Ein Buch zum Gebrauch neben Vorlesungen, Springer Verlag, Berlin 1993, S. 514-515

8.16 Das Reflexionsgesetz aus der Westentasche

Das Reflexionsgesetz für glatte, ebene Flächen wird mit einem Kamm und einem Spiegel verifiziert.

Abb. 1

Material

- Lichtquelle parallelen Lichtes, z. B. Taschenlampe mit verstellbarem Reflektor
- Kamm
- Taschenspiegel
- helle Unterlage, z. B. weißes Blatt Papier
- Bleistift

Aufbau und Durchführung

Ein Assistent hält eine Lampe, die ein annähernd paralleles Lichtbündel aussendet, so auf der Höhe einer Tischkante, dass das Licht streifend auf eine helle Unterlage auf dem Tisch fällt. In das Lichtbündel wird ein Kamm so eingebracht, dass die schmalen Lichtbündel, die von den Zwischenräumen zwischen den Zinken ausgehen, auf einen schräg zu ihnen gehaltenen Taschenspiegel treffen und von diesem, wiederum die Unterlage streifend, reflektiert werden (siehe Abb. 1). Man zieht die Kante des Spiegels, einige einfallende Lichtbündel sowie deren Reflexionen mit Bleistift auf der Unterlage nach, errichtet auf der Kantenlinie das Lot und bestimmt mit einem Winkelmesser die Ein- und Ausfallswinkel.

Erklärung

Durch die Zinken des Kammes wird das Lichtbündel der Lampe in schmale Lichtbündel aufgegliedert. Da das Lichtbündel der Lampe parallel ist, sind auch die schmalen Lichtbündel auf Grund der geradlinigen Ausbreitung des Lichtes untereinander parallel und treffen unter demselben Winkel auf den Spiegel auf. Trifft Licht auf eine Grenze zwischen zwei optisch unterschiedlich dichten Bereichen, so kann stets ein Teil des Lichtes absorbiert werden, also die Grenzfläche passieren (und dabei eventuell Brechung oder Dispersion unterworfen sein) und der restliche Teil an der Grenzfläche reflektiert werden. Im Allgemeinen ist die Reflexion diffus, d. h. es gibt bezüglich der Grenzfläche keine bevorzugte Richtung, in die ausfallende Strahlen reflektiert werden. Solche Grenzflächen erscheinen matt. Je glatter die (ebene) Grenzfläche ist, umso deutlicher erfüllen einfallende und ausfallende Strahlen das Reflexionsgesetz, das besagt, dass einfallende und zugehörige ausfallende Strahlen zusammen mit dem Lot auf die reflektierende, ebene Grenzfläche in einer Ebene liegen und mit diesem gleiche Winkel einschließen; oder in der Kurzform: Einfallswinkel gleich Ausfallswinkel. Solche Grenzflächen erscheinen spiegelnd. Das Nachmessen der Winkel zwischen den Bleistiftlinien bestätigt dies.

Bemerkungen

Die Schwierigkeit dieses Experimentes besteht in der Erzeugung eines parallelen und lichtstarken Lichtbündels. Um die vorhandene Intensität gut auszunutzen, sollte der Spiegel ziemlich dicht hinter dem Kamm gehalten werden. Lichtbündel nahe des Zentrums des Lichtbündels der Lampe sind eher zueinander parallel als Lichtbündel am Rande.
Wird auf die Parallelität der Lichtbündel verzichtet, so kann das Reflexionsgesetz ebenfalls nachgewiesen werden, dann sogar für verschiedene Einfallswinkel. Umso genauer muss dann auf eine richtige Zuordnung von einfallenden und ausfallenden Lichtbündeln geachtet werden.
Der Kamm wirkt nicht als Gitter, an dem Beugungserscheinungen beobachtet werden können, da die Abstände zwischen den Zinken im Zehntel-Millimeter-Bereich (10^{-4} m), die Wellenlängen des Lichtes jedoch im Hundert-Nanometer-Bereich (10^{-7} m) liegen.

Literatur

Zeier, E.: Physikalische Schulversuche, Freihandversuche, kleine Experimente, Aulis Verlag Deubner, Köln 1986
Walpole, B.: Experimente, Tricks und Tips zum Verständnis der Natur, Lernen und Wissen im Spiel und mit Spaß, Südwest Verlag GmbH & Co. KG, München 1990

8.17 Die undurchsichtige Glaswand

Mit dünnen Glasscheibchen kann gezeigt werden, dass es für das Verhalten von Licht beim Übergang zwischen zwei verschiedenen Stoffen lediglich auf deren Brechungsindizes ankommt.

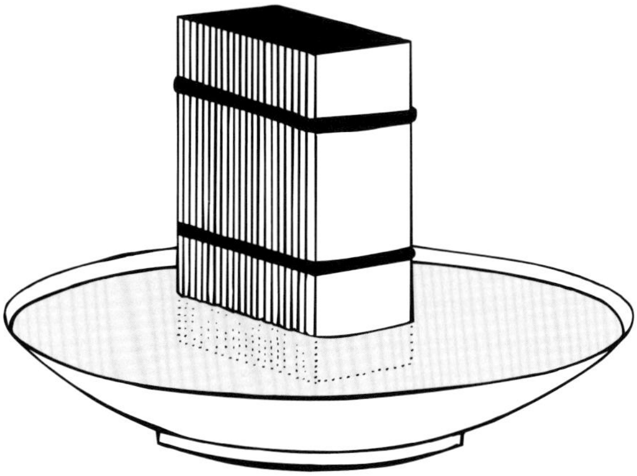

Abb. 1

Material

- 20 oder mehr Objektträger oder andere kleine, dünne, möglichst gleichgeformte Glasscheibchen
- Teller oder Petrischale
- 2 Gummiringe
- evtl. Benzol oder Alkohol

Aufbau und Durchführung

Blickt man durch ein dünnes Glasscheibchen, so kann man alles, was sich hinter ihm im Blickfeld des Betrachters befindet, klar und deutlich sehen. Legt man mehrere dünne Glasscheibchen plan aufeinander und justiert man diesen „Scheibenstapel" mit zwei Gummiringen, so wird man nur noch wenig von der Welt hinter dem Stapel wahrnehmen können. Bei einer genügend großen Anzahl von Scheibchen ist der Stapel praktisch undurchsichtig.

Stellt man den undurchsichtigen Scheibenstapel, wie in Abbildung 1 gezeigt, in einen Teller voller Wasser, Benzol oder Alkohol und wartet man einige Zeit, so verbessert sich die Lichtdurchlässigkeit des Stapels merklich.

Erklärung

Trifft ein Lichtbündel auf die Grenzschicht zweier transparenter Körper, so wird ein Teil des Lichts an der Grenzfläche reflektiert und der restliche Anteil transmittiert. Setzt man den Anteil des reflektierten Lichts pro Grenzfläche Glas-Luft bzw. Luft-Glas ungefähr gleich 4 %, so kann nach jedem Übergang nur noch 96 % der einfallenden Intensität I_0 wahrgenommen werden. Für die Intensität I nach Passieren von n Glasscheibchen ergibt sich:

$$I = 0{,}96^{\,2n}\, I_0$$

Bei 10 Scheibchen ist I auf 44,2 %, bei 20 Scheibchen bereits auf 19,5 %, bei 30 Scheibchen auf 8,6 % und bei 40 Scheibchen schließlich auf 3,8 % der Ausgangsintensität gesunken. Um diese Intensitätsverluste zu verringern, muss man die Luft in den Zwischenräumen zwischen zwei Scheibchen durch einen Stoff ersetzen, der den gleichen oder zumindest einen ähnlichen Brechungsindex wie das verwendete Glas hat. Gängige Glassorten haben Brechungsindizes zwischen 1,4 und 1,7. Der Brechungsindex von Benzol ist ungefähr 1,5, der von Wasser 1,33 und die Werte für einige Alkohole liege zwischen 1,3 und 1,4. Setzt man den Stapel in den flüssigkeitsgefüllten Teller, so steigt das Wasser bzw. das Benzol oder der Alkohol auf Grund von Kapillarkräften in den Zwischenräumen des Stapels empor und ersetzt dort die Luft, so dass die Verluste auf Grund von Reflexion pro Grenzfläche geringer werden und damit die Lichtdurchlässigkeit des Scheibenstapels wieder zunimmt. Dabei nutzt man aus, dass verschiedene Stoffe wie Glas und Wasser für die elektromagnetischen Wellen des sichtbaren Lichts ungefähr die gleichen Eigenschaften aufweisen, was sich im ungefähr gleichen Brechungsindex äußert.

Bemerkungen

[*Seus* 1982] gibt (ohne die folgende Berechnung) für die relative Brechzahl Glas-Wasser

$$n_{\text{rel}} = \frac{n_{\text{Kronglas}}}{n_{\text{Wasser}}} = \frac{1{,}5}{1{,}33} = 1{,}127$$

ca. 1,13 an, was nahe bei 1 liegt, d. h. das Licht bemerkt den Übergang von einem zum anderen Medium praktisch nicht.
Benzol ist krebserregend.

Literatur

Seus, E., Physik und Didaktik 10/4 (1982), S. 347-348
Gobrecht, H.; Eichler, H.-J.; Krystek, M.; Niedrig, H.; Richter, M.; Schoenbeck, H.; Weber, H.; Weber, K.: Bergmann-Schäfer, Lehrbuch der Experimentalphysik, Band III, Optik, Walter de Gruyter Verlag, Berlin 1987, S. 466ff.

8.18 Eine brennende Kerze im Wasserglas

Durch das durch eine Glasplatte erzeugte Spiegelbild einer Kerze werden Reflexion und Transmission von Licht an einer Glasplatte demonstriert.

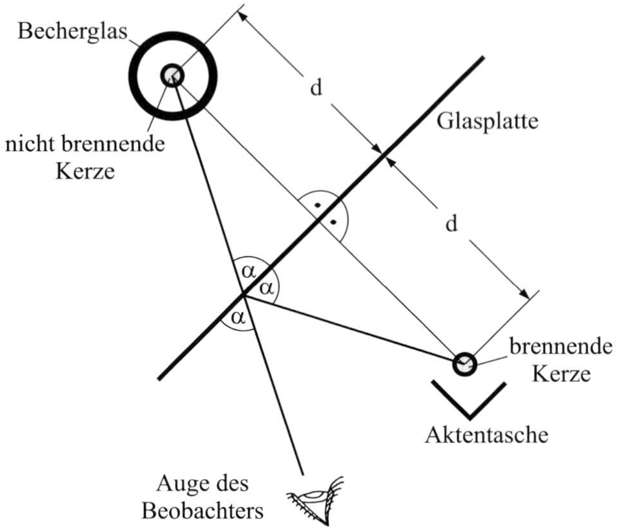

Abb. 1

Material

- 2 identische kleine Kerzen
- Becherglas oder Trinkglas
- Glasplatte (ca. 20 cm × 30 cm)
- Stativmaterial, um Glasplatte vertikal zu fixieren
- Aktentasche oder ähnlicher dunkler Alltagsgegenstand
- evtl. Alkohol und Lappen
- evtl. schwarzes Tuch

Aufbau und Durchführung

In ein Becherglas wird auf die Mitte des Bodens etwas Wachs getropft und eine Kerze auf das flüssige Wachs gestellt. Das Becherglas muss so groß bzw. die Kerze so klein sein, dass die brennende Kerze ganz im Glas steht. Die Kerze darf nicht brennen, sollte aber schon benutzt sein, d. h., sie sollte einen schwarzen Docht und angeschmolzenes Wachs besitzen. Die zweite Kerze wird entzündet. Genau in der Mitte zwischen den Kerzen wird senkrecht eine Glasplatte gestellt (siehe Abb. 1) und mit Stativmaterial fixiert. Für das Experiment ist es zuträglich, wenn man die Glasplatte vorher mit Alkohol reinigt. Die Glasplatte sollte im Idealfall eine Lotebene zwischen den beiden Kerzen bilden. Hat man ein schwarzes Tuch zur Hand, so baut man dieses Experiment besser auf dem Tuch auf.

Der Beobachter stellt sich in beliebigem Abstand vor die Glasplatte auf die Seite der brennenden Kerze. Der Blickwinkel auf die Glasplatte spielt keine große Rolle. Der Beobachter sollte die Kerze im Glas nur durch die Glasscheibe sehen können. Die brennende Kerze wird mit einer Aktentasche mit dunkler Innenseite vor dem Beobachter versteckt (siehe Abb. 1) und so justiert, dass die Kerze im Glas zu brennen scheint. Ist die Flamme zu hoch oder zu tief, so muss die brennende Kerze gekürzt bzw. erhöht werden. Bei der Vorführung wird nun das Becherglas mit der scheinbar brennenden Kerze mit Wasser gefüllt – die Kerze scheint unter Wasser weiter zu brennen. Effektvoller wird das Experiment, wenn es im Dunkeln vorgeführt wird.

Erklärung

Verwendet man eine dünne Glasscheibe, kann man bei der Betrachtung des Strahlengangs von der brennenden Kerze zum Auge des Beobachters (siehe Abb. 1) die Brechung an der Glasscheibe vernachlässigen.
Da die Glasscheibe lichtdurchlässig ist, sieht der Beobachter den nicht brennenden Kerzenstumpen im Becherglas. Auf Grund der Reflektivität der Glasscheibe (siehe hierzu den Reflexionsgrad einer Grenzschicht Luft/Glas im Experiment „Der unsichtbare Glasstab") sieht der Beobachter ein virtuelles Bild der Kerzenflamme hinter der Glasscheibe. Aus geometrischen Gründen (siehe Abb. 1) scheint – für jeden Beobachter – sich die virtuelle Kerzenflamme im Becherglas am Ort der zweiten Kerze zu befinden.

Literatur

o. L.

zur Erklärung:

Klein, M. V.; Furtak, T. E.: Optik, Springer Verlag, Berlin 1988

8.19 Die unsichtbare Kreide

Durch Totalreflexion wird ein Stück Tafelkreide in einem Reagenzglas bei Eintauchen in Wasser unsichtbar.

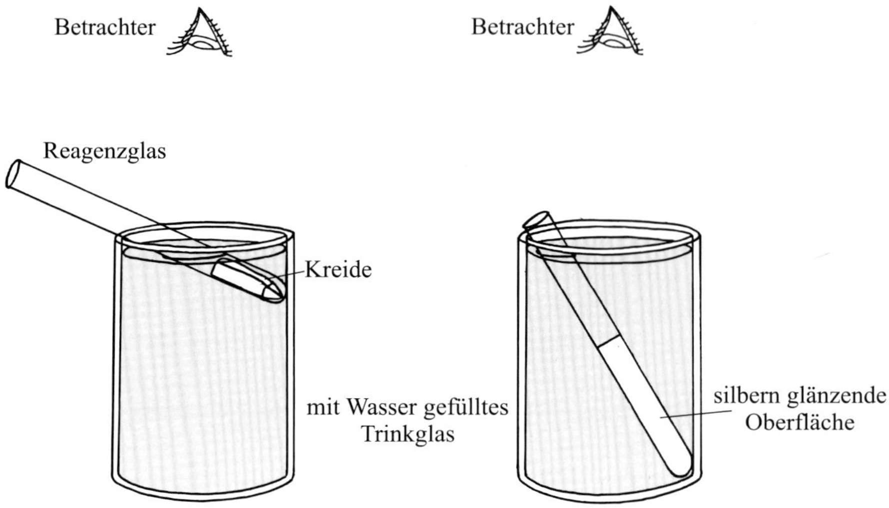

Abb. 1 Abb. 2

Material

- großes Trinkglas
- Reagenzglas
- beliebiger Gegenstand, der in das Reagenzglas passt, z. B. ein Stück farbige Tafelkreide

Aufbau und Durchführung

Ein Stück farbige Tafelkreide wird in ein Reagenzglas gelegt und dieses flach in ein mit Wasser gefülltes Trinkglas gehalten (siehe Abb. 1). Blickt man von oben auf das Reagenzglas, so kann man die Farbkreide in ihm sehen. Wird das Reagenzglas steil in das Wasser gehalten (siehe Abb. 2), so glänzt die Oberfläche des Reagenzglases silbern und die Kreide ist nicht mehr zu sehen. Füllt man Wasser in das Reagenzglas, so verschwindet der silberne Glanz und die farbige Kreide wird wieder sichtbar.

Erklärung

Wird das Reagenzglas in das Trinkglas gehalten, so ergibt sich für das auf die Oberfläche des Reagenzglases einfallende Licht ein Übergang vom Wasser im Trinkglas zur Luft im Reagenzglas. Die Brechung des Lichts am Glas wird dabei nicht berücksichtigt (siehe Experiment „Ein U-Rohr als Lichtleiter"). An einem Übergang von einem optisch dichteren zu einem optisch dünneren Stoff entsteht ab einem bestimmten Grenzwinkel Total-

reflexion. Der Grenzwinkel hängt von den Brechzahlen der beteiligten Materialien ab und beträgt für eine Wasser-Luft-Grenzfläche 48,6°.
Abbildung 3 und Abbildung 4 zeigen den Verlauf von einigen ausgewählten Lichtstrahlen für ein flach und ein steil ins Trinkglas gehaltenes Reagenzglas. Zur besseren Übersicht wurde die Brechung des Lichts beim Ein- und Austritt aus dem Trinkglas nicht berücksichtigt.

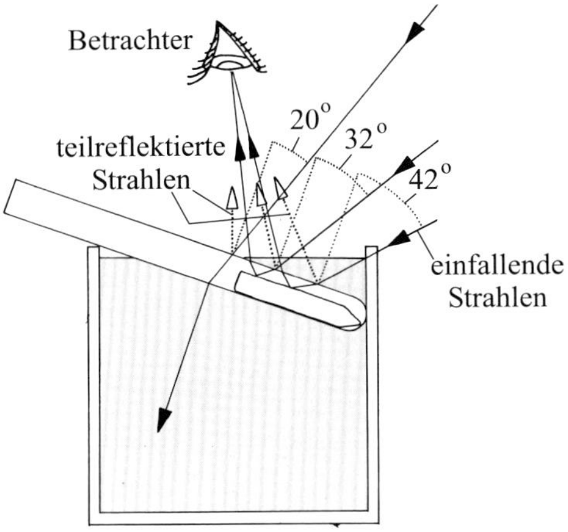

Abb. 3

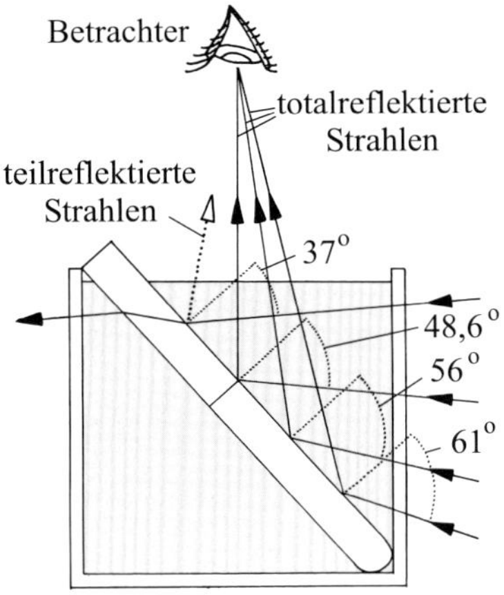

Abb. 4

Wird das Reagenzglas flach in das Trinkglas gehalten, so fallen die vom Reagenzglas reflektierten Lichtstrahlen, die ein sich senkrecht über dem Glas befindender Betrachter sieht, unter einem kleineren Winkel als 48,6° auf die Grenzfläche ein (siehe Abb. 3). Der Großteil der einfallenden Lichtstrahlen wird an der Wasser-Luft-Grenzfläche gebrochen und erst an der Kreide gestreut, so dass der Betrachter die farbige Kreide sehen kann.
Hält man das Reagenzglas steil in das Trinkglas, so treffen die Lichtstrahlen, die vom unteren Teil des Reagenzglases reflektiert werden und zum Betrachter gelangen, unter einem größeren Winkel als 48,6° auf die Wasser-Luft-Grenzfläche (siehe Abb. 4). Diese Strahlen werden vollständig reflektiert. Die Oberfläche des Reagenzglases glänzt silbern und die farbige Kreide im Reagenzglas ist nicht zu sehen.
Je steiler das Reagenzglas in das Trinkglas gehalten wird, umso größer ist die Oberfläche, die ein senkrecht über dem Reagenzglas befindlicher Betrachter silbern glänzen sieht. Wird in das Reagenzglas Wasser gefüllt, so liegt keine Wasser-Luft-Grenzfläche mehr vor. Die einfallenden Lichtstrahlen werden erst an der Kreide gestreut, so dass diese für den Betrachter wieder sichtbar ist.

Literatur

Göbel, R.; Haubold, K., Physik in der Schule 27/1/2 (1989), S. 39-44

8.20 Das silberne Ei

Durch Totalreflexion glänzt ein mit einer Rußschicht überzogenes Ei in Wasser silbern.

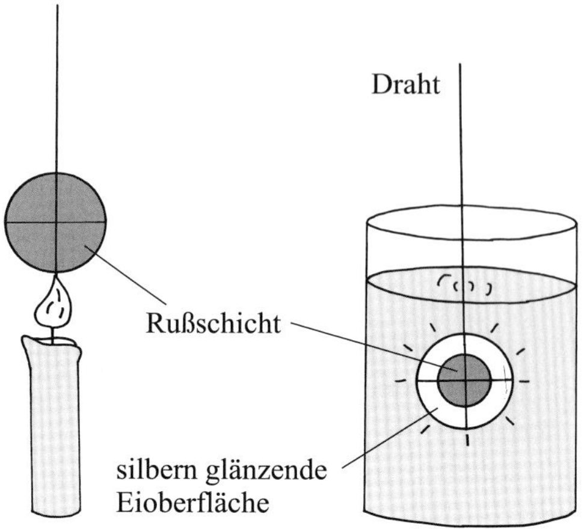

Abb. 1

Material

- gekochtes Ei oder Metallkugel
- Kerze oder Bunsenbrenner
- Trinkglas
- Draht (Länge: ca. 30 cm)

Aufbau und Durchführung

Ein gekochtes Ei wird an einem Stück Draht befestigt und über eine Kerzenflamme oder die gelb leuchtende Flamme eines Bunsenbrenners gehalten. Durch die Flamme wird das Ei vollständig mit einer schwarzen Rußschicht überzogen. Taucht man das berußte Ei in ein mit Wasser gefülltes Trinkglas, so kann man nur an einigen Stellen den schwarzen Ruß sehen. Der größte Teil der Eioberfläche glänzt silbern. Nimmt man das Ei wieder aus dem Wasser, ist es noch vollständig mit der schwarzen Rußschicht überzogen.

Erklärung

Wird das Ei über der Flamme mit einer Rußschicht überzogen, bleiben an den Rußpartikeln Luftmoleküle haften, so dass das Ei von einer dünnen Luftschicht umgeben ist. Taucht man das Ei in das Wasser, ergibt sich für das auf das Ei einfallende Licht ein Wasser-Luft-Übergang. An einem Übergang von einem optisch dichteren zu einem optisch dünneren Stoff werden Lichtstrahlen, die ab einem bestimmten Grenzwinkel einfallen, totalreflektiert. Für einen Wasser-Luft-Übergang beträgt dieser Grenzwinkel 48,6°.
Abbildung 2 zeigt einen Querschnitt des Eis und einige ausgewählte Lichtstrahlen, die in

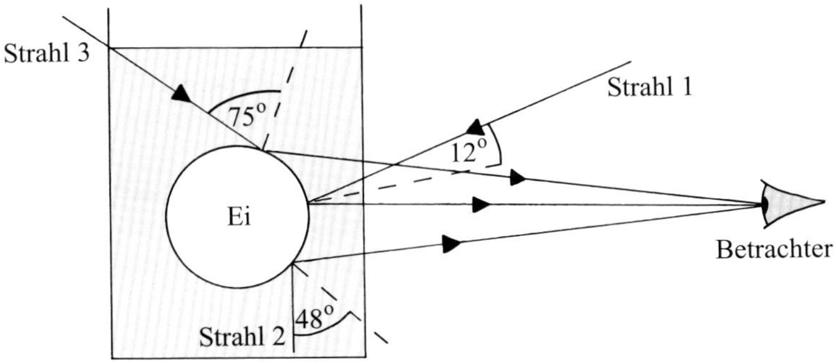

Abb. 2

das Auge eines vor dem Glas befindlichen Betrachters gelangen. Die Brechung des Lichts beim Ein- und Austritt in das Glas wurde nicht berücksichtigt.
Strahl 2 trifft unter einem Winkel von ca. 48,6° auf den Wasser-Luft-Übergang. Er wird an der Luftschicht totalreflektiert, so dass das Ei an dieser Stelle silbern erscheint. In den Bereichen oben und unten am Ei treffen die Lichtstrahlen unter einem größeren Winkel als 48,6° auf die Eioberfläche (Repräsentant: Strahl 3), so dass das Ei dort silbern glänzt. In den mittleren Bereichen des Eis (Repräsentant: Strahl 1) fällt das Licht unter einem kleineren Winkel ein. Das Licht wird an der Luftschicht teilweise gebrochen und an der Rußschicht gestreut, so dass diese für den Betrachter sichtbar ist.

Bemerkungen

Dasselbe Phänomen behandelt das Experiment „Eine silberne Luftzelle“.

Literatur

Kern, H., Physik und Didaktik 14/2 (1986), S. 153-161

8.21 Eine silberne Luftzelle

Der Übergang von Lichtreflexion zur Totalreflexion von Licht an einer Grenzschicht zweier transparenter Stoffe wird an einer unter Wasser eingeschlossenen Luftblase demonstriert.

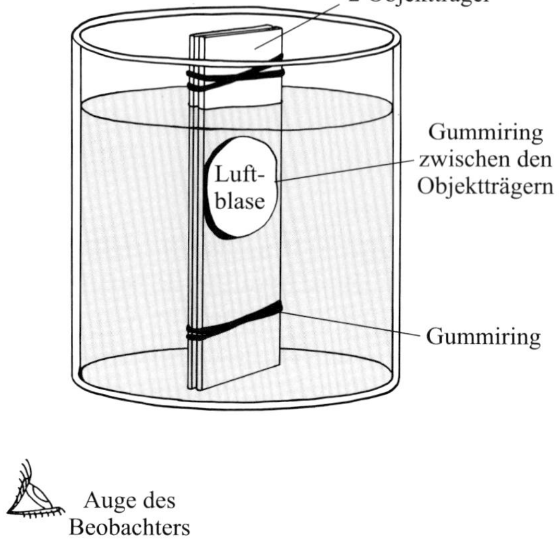

Abb. 1

Material

- 2 Objektträger oder 2 kleine Glasplatten (ca. 5 cm × 8 cm)
- 3 Gummiringe
- transparentes Gefäß, z. B. Becherglas

Aufbau und Durchführung

Ein Gummiring wird so zwischen zwei Objektträgern eingeschlossen, dass zwischen den Objektträgern und dem Gummiring ein abgeschlossener Luftraum entsteht (siehe Abb. 1). Mit zwei weiteren Gummiringen werden die Objektträger fixiert (siehe Abb. 1). Die Objektträger werden vertikal in ein mit Wasser gefülltes Becherglas gehalten und solange um die vertikale Achse gedreht, bis die eingeschlossene Luftzelle silbern erscheint.

Erklärung

Das einfallende Licht legt einen Weg zurück, wie er in Abbildung 2 skizziert ist. Der einfallende Lichtstrahl wird an der Grenzschicht Wasser/Glas und an der Grenzschicht Glas/Luft gebrochen.

Totalreflexion tritt ab einem Einfallswinkel α_{GW} ein, wenn der an der Grenzschicht Glas/Luft gebrochene Lichtstrahl parallel zur Glasebene austritt. Bei beiden Brechungen gilt das Snellius'sche Brechungsgesetz:

$$\sin \alpha_{GW} \cdot n_{Wasser} = \sin \tilde{\alpha} \cdot n_{Glas}$$
$$\sin \tilde{\alpha} \cdot n_{Glas} = \sin 90° \cdot n_{Luft} = n_{Luft}$$

(n_{Wasser}, n_{Glas}: Brechungsindizes von Wasser, Glas; $\tilde{\alpha}$: Winkel, unter dem der Lichtstrahl aus der Grenzschicht Wasser/Glas in das Glas eintritt; n_{Luft}: Brechindex von Luft; $\tilde{\alpha}$: Winkel unter dem der Lichtstrahl auf die Grenzschicht Glas/Luft auftrifft)
Insgesamt folgt für $n_{Wasser} = 1{,}333$ und $n_{Luft} = 1{,}000$ (bei 1013 mbar) sowie $n_{Glas} = 1{,}525$ (Normalglas):

$$\alpha_{GW} = \arcsin\left(\frac{n_{Luft}}{n_{Wasser}}\right) = 48{,}6°$$

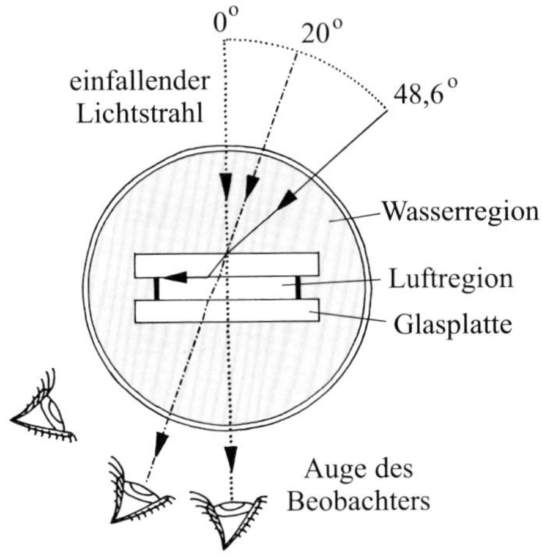

Abb. 2

Für den Beobachter erscheint die Luftzelle zwischen den Objektträgern transparent, falls der Beobachter den Hintergrund hinter der Luftzelle erkennen kann. Im Experiment wird durch das Drehen der Objektträger der Einfallswinkel der Lichtstrahlen, ausgehend von den Objekten hinter der Luftzelle, insbesondere auf die Grenzschicht Wasser/Glasplatte variiert. Ist ein Einfallswinkel erreicht, unter dem der an der Grenzschicht Glasplatte/Luft gebrochene Lichtstrahl total reflektiert wird, fällt kein Licht, ausgehend von Gegenständen hinter der Luftzelle, ins Auge des Beobachters. Für den Beobachter erscheint die Luftzelle dunkel. Da der Raum nicht völlig dunkel ist, wird Streulicht am Objektträger reflektiert (siehe Reflexionsgrad einer Grenzschicht im Experiment „Der unsichtbare Glasstab") und fällt ins Auge des Beobachters. Deshalb erscheint die Luftzelle silbern.

Bemerkungen

Dasselbe Phänomen behandelt das Experiment „Das silberne Ei".

Literatur

Göbel, R.; Haubold, K., Physik in der Schule 27/1/2 (1989), S. 39-44

zur Erklärung:

Borchers, H.; Hausen, H.; Hellwege, K.-H.; Schäfer, Kl.; Schmidt, E.: Landolt Börnstein: Zahlenwerte und Funktionen, II. Band: Eigenschaften der Materie in ihren Aggregatszuständen: 8. Teil Optische Konstanten, Springer Verlag, Berlin 1962

8.22 Eine Münze verschwindet unter einem Glas

Mit einem Glas und Wasser kann man durch Totalreflexion eine Münze scheinbar verschwinden lassen.

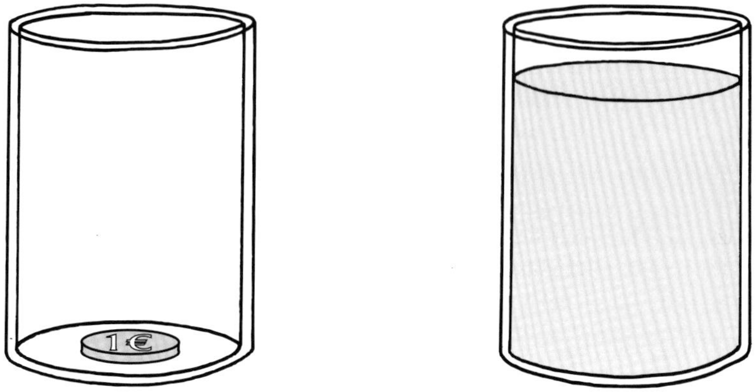

Abb. 1 (a) (b)

Material

- Trinkglas
- Münze

Aufbau und Durchführung

Man stellt ein leeres Trinkglas auf die Münze. Von der Seite betrachtet (siehe Abb. 1 (a)) kann man die Münze deutlich sehen. Gießt man Wasser in das Glas und verändert man die Blickrichtung nicht, scheint die Münze verschwunden zu sein (siehe Abb. 1 (b)). Schaut man jedoch senkrecht von oben in das Glas, sieht man die Münze unter dem Glas noch liegen.

Erklärung

Da Luft und Wasser unterschiedliche Brechungsindizes besitzen, ergeben sich beim leeren (siehe Abb. 2) und beim gefüllten (siehe Abb. 3) Glas unterschiedliche Strahlengänge. Beim leeren Glas kann die Münze aus der gezeigten Beobachtungsrichtung gesehen werden, während beim gefüllten Glas eine Totalreflexion an der Grenzschicht Glasboden/Luft (zwischen Glasboden und Münze befindet sich ein, wenn auch noch so kleiner Luftspalt) eine Beobachtung der Münze verhindert. Es ist darauf zu achten, dass sich zwischen Münze und Glasboden auch wirklich ein Luftspalt befindet, was z. B. nicht gegeben ist, wenn die Münze mit Wasser benetzt ist, da sich dann zwischen Münze und Glasboden eine dünne Wasserschicht befindet. In Abbildung 2 sind nur zwei von der Münze reflektierte Strahlen gezeichnet, die ins Auge des Beobachters gelangen.

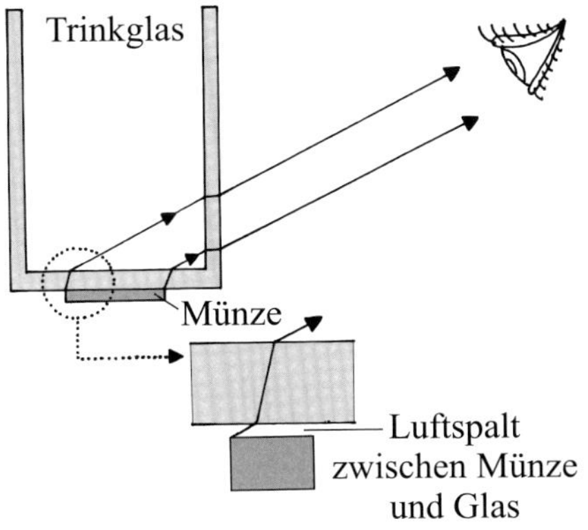

Abb. 2

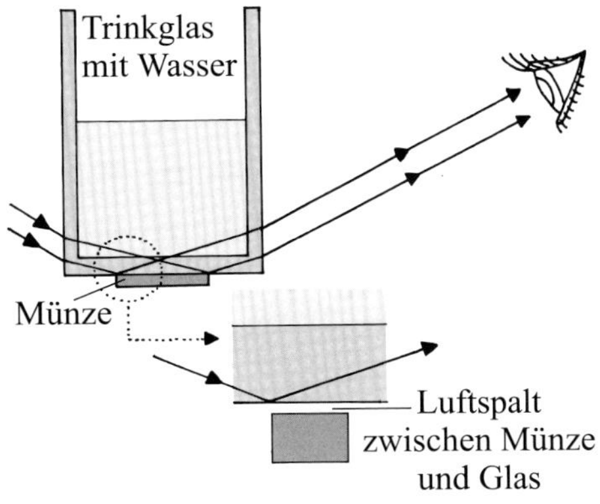

Abb. 3

Der Grenzwinkel für Totalreflexion beim Übergang zwischen Glas und Luft liegt (je nach Glassorte) bei ca. 40°. Ein Lichtstrahl, der einen größeren Einfallswinkel (bezogen auf das Lot zur brechenden Grenzfläche) besitzt, wird nicht gebrochen, sondern vollkommen reflektiert.

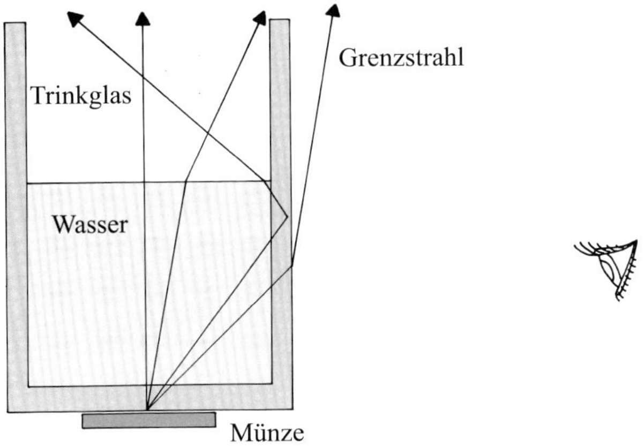

Abb. 4

In Abbildung 4 sind Strahlengänge gezeichnet, die entstehen, wenn man annimmt, dass Licht auf die Münze fällt und von der Münze in alle möglichen Richtungen gestreut wird (es sind wieder nur die gestreuten Strahlen und diese nur rechts vom Einfallslot gezeichnet). Der Grenzstrahl ist dabei der Strahl, der von der Münze nach rechts reflektiert und gerade noch ins Glas gebrochen wird, und dort mit dem Lot annähernd (er ist geringfügig kleiner) den Grenzwinkel für Totalreflexion einschließt. Wie aus Abbildung 4 ersichtlich, verlässt der Grenzstrahl das mit Wasser gefüllte Glas steil nach oben. Es werden die von der Münze gestreuten Strahlen in einen Raumwinkelbereich gebrochen, den der Beobachter nicht erfassen kann. Es gelangt kein von der Münze gestreuter Strahl zum Beobachter; für ihn ist also die Münze nicht sichtbar.

In Abbildung 3 und 4 wurde einfachheitshalber der Strahlengang so gezeichnet, als ob die Brechungsindizes von Glas (ca. 1,4) und Wasser (ca. 1,3) gleich wären. Deshalb tritt in Abbildung 3 und 4 beim Übergang Wasser/Glas und Glas/Wasser keine Brechung auf. Für die hier entscheidende Totalreflexion beim Übergang Glas/Luft ist dies aber ohne Einfluss.

Bemerkungen

Das Experiment kann wie ein Zaubertrick vorgeführt werden, es ist jedoch darauf zu achten, dass die Zuschauer nur seitlich ins Glas schauen können, da, wie oben erwähnt, die Münze bei anderen Blickwinkeln durchaus noch sichtbar ist. Evtl. behilft man sich, indem man das Glas oben mit einem Stück Pappe abdeckt, dann kann wirklich niemand mehr die Münze erblicken.

Literatur

Raaf, H.; Sowada, H.: Physik macht Spaß, Überraschende Einsichten durch über 100 Modelle und Experimente, Herder Verlag, Freiburg im Breisgau 1990

Oberdorfer, G.: Zytglogge Werkbuch, Das springende Ei und andere Experimente für die fünf Sinne, Zytglogge-Verlag, Gümmlingen Bonn Wien 1991

zu den Zahlenwerten:

Stöcker, H.: Taschenbuch der Physik, Formeln, Tabellen, Übersichten, Verlag Harri Deutsch, Thun und Frankfurt/Main 1994, S. 249-250

8.23 Ein U-Rohr als Lichtleiter

Mit Hilfe eines U-Rohres lässt sich die Funktionsweise eines Lichtleiters demonstrieren.

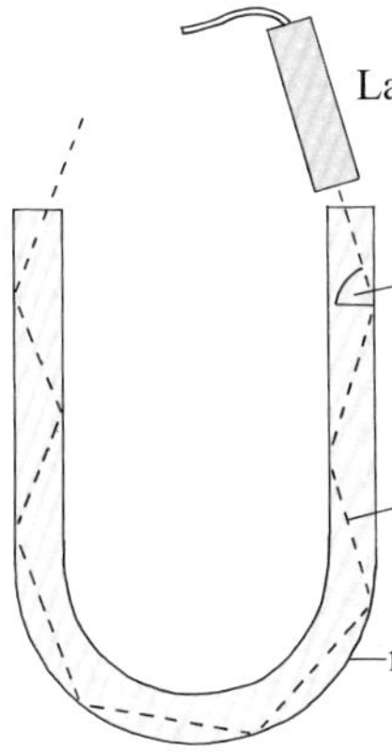

Abb. 1

Material

- U-Rohr oder transparenter Plastikschlauch (Länge: ca. 1 m)
- Laser
- Nylonschnur (Durchmesser: ca. 1 mm)

Aufbau und Durchführung

Ein U-Rohr wird vollständig mit Wasser gefüllt. Man richtet den Lichtstrahl eines Lasers auf die Öffnung eines Schenkels des U-Rohres. Der Laser muss dabei so gehalten werden, dass der Lichtstrahl unter einem größeren Winkel als 50° auf die Seitenwand des U-Rohres trifft (siehe Abb. 1). Der Lichtstrahl verlässt das U-Rohr nicht durch die Wand, sondern an der Öffnung des anderen Schenkels. Verwendet man einen Plastikschlauch, kann man diesen beliebig verbiegen. Strahlt man an einer Öffnung in den mit Wasser gefüllten Schlauch, tritt das Licht an der anderen Öffnung wieder aus. Gibt man einen Tropfen Milch in das Wasser, lässt sich der Strahlengang des Lichtstrahls im U-Rohr beobachten.

Als Variante des oben beschriebenen Experiments hält man die Schnittstelle einer Nylonschnur leicht schräg in den Strahl eines Lasers. Die Schnur schimmert auf etwa 50 cm Länge in rötlichem Laserlicht. Damit das Licht des Lasers in die Nylonschnur gelangen kann, muss die Schnittstelle der Nylonschnur eben sein (siehe Abb. 3).

Erklärung

Beim Übergang von einem optisch dichteren zu einem optisch dünneren Medium ergibt sich ab einem bestimmten Einfallswinkel des Lichtes Totalreflexion. Beim Übergang von Wasser zu Luft beträgt dieser Grenzwinkel 48,6°, bei einem Übergang von Glas zu Luft 41,8° (für einen Brechungsindex $n_{\text{Glas}} = 1{,}5$). Hält man den Laser wie beschrieben an die Öffnung des

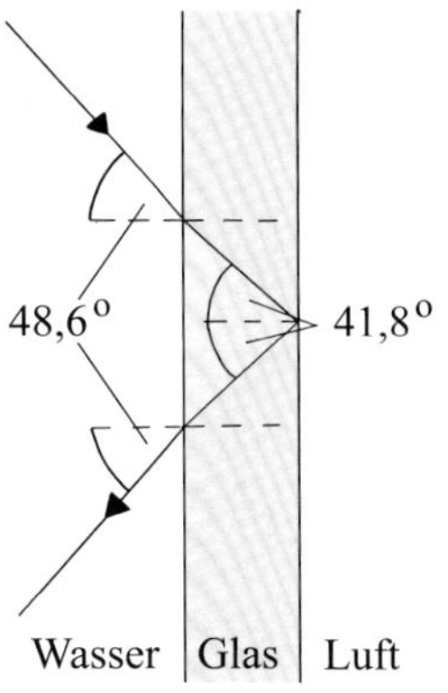

Abb. 2

U-Rohres, trifft das Licht stets unter einem größeren Winkel als 48,6° auf die Glaswand. Das Licht wird beim Übergang vom Wasser zum Glas gebrochen und trifft unter einem größeren Winkel als 41,8° auf den Übergang vom Glas zur Luft (siehe Abb. 2), so dass es dort totalreflektiert wird und kein Licht aus den Seitenwänden des U-Rohres austritt.
Gibt man Milch in das Wasser, wird das Licht des Lasers an der Milch im Wasser gestreut, so dass man den Strahlengang des Laserlichtes gut beobachten kann (siehe Experiment „Das gefangene Lichtbündel"). Durch die Streuung nimmt jedoch die Intensität des Lichtes im U-Rohr kontinuierlich ab, so dass an der anderen Schenkelöffnung nur noch wenig Licht austritt.
Mit dem Nylonfaden lässt sich die Funktionsweise von Glasfaserkabeln demonstrieren, die industriell als Lichtwellenleiter verwendet werden. Wird der Laser wie beschrieben an die Schnittstelle des Fadens gehalten, trifft das Licht des Lasers, das sich im Nylonfaden ausbreitet, zum Großteil unter einem Winkel auf die Oberfläche des Fadens, der größer ist als der Grenzwinkel für Totalreflexion an einem Übergang von Nylon zu Luft (siehe Abb. 3). Das Licht wird totalreflektiert und verlässt den Faden nicht durch die Oberfläche.

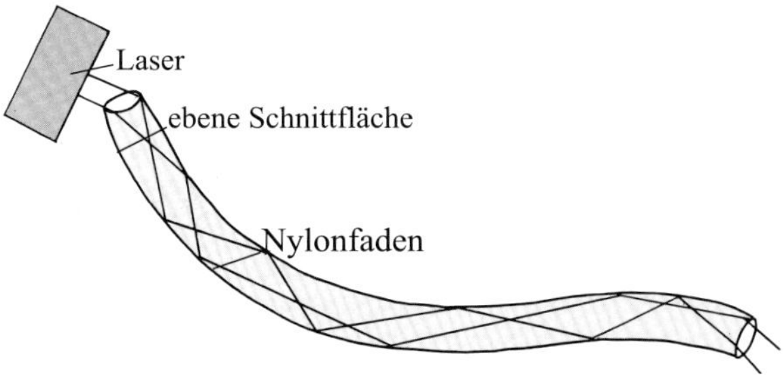

Abb. 3

Auf Grund der rauen Oberfläche des Fadens trifft ein Teil des Lichtes unter einem kleineren Winkel auf die Oberfläche des Fadens und tritt aus dem Nylonfaden aus. Daher schimmert der Faden auf einer Länge von ca. 50 cm rötlich. Danach hat die Intensität des Lichts so stark abgenommen, dass man es nicht mehr erkennen kann. In Lichtleitern müssen daher die Oberflächenwände glatt sein, damit derartige Verluste möglichst gering bleiben.

Bemerkungen
Weitere Experimente zur gleichen Thematik sind „Das gefangene Lichtbündel" und „Eine Gießkanne mit Pflänzchenbeleuchtung".

Literatur
Göbel, R.; Haubold, K., Physik in der Schule 27/1/2 (1989), S. 39-44

zu Abbildung 3:
Vogel, H.: Gerthsen Physik, Springer Verlag, Berlin 1995, S. 486

8.24 Eine Gießkanne mit Pflänzchenbeleuchtung

Das Prinzip der Lichtleitung wird mit Hilfe eines Wasserstrahls, der aus einer Gießkanne austritt, demonstriert.

Material

- Gießkanne mit geradem Ausgießer und ohne Brause, am besten aus Metall
- Taschenlampe möglichst wasserdicht, die so in den Ausgießer passt (siehe Abb. 2), dass noch Wasser daran vorbei fließen kann
- Knetmasse
- evtl. Plastiktüte und Klebefilm
- evtl. größeres flaches Gefäß als Auffangwanne

oder

- großer Joghurtbecher oder undurchsichtiges Plastikgefäß in ähnlicher Größe
- durchsichtiger Klebefilm
- Laser, z. B. HeNe-Laser oder Laserpointer
- Auffanggefäß
- Hilfsmittel: Bunsenbrenner, Zange und Nagel

Abb. 1

Aufbau und Durchführung

Eine Taschenlampe wird so im Ausgießer einer Gießkanne befestigt, dass ihre Achse parallel zu dessen Wand liegt (siehe Abb. 2). Dazu formt man Knetmasse zu einer Rolle und drückt sie der Länge nach so an die Taschenlampe, dass sie in etwa die Form annimmt, die

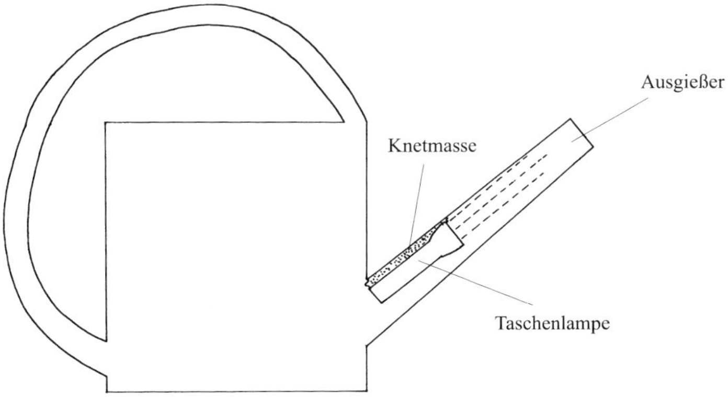

Abb. 2

sie nachher im Ausgießer haben soll (siehe Abb. 2). Die Taschenlampe wird eingeschaltet und vom Innenraum der Gießkanne aus mit dem leuchtenden Ende voran ganz in den Ausgießer gesteckt. Dort befestigt man die Taschenlampe mit der Knetmasse. Dabei ist darauf zu achten, dass sowohl die Taschenlampe als auch die Stelle des Ausgießers, an der die Taschenlampe befestigt wird, möglichst trocken sind. Die Knetmasse darf nicht zu kalt sein, da sie sonst nicht an der Ausgießerwand haftet. Sie darf allerdings auch nicht zu warm sein, sonst ist sie zu weich und die parallele Lage der Taschenlampe zur Ausgießerwand würde sich beim Festdrücken zu stark verändern. Die Knetmasse erhält die passende Temperatur, wenn sie mit den Händen warm geknetet wird. Ist die zur Verfügung stehende Taschenlampe nicht wasserdicht, kann man sich auch mit einer Plastiktüte behelfen, in die man die Taschenlampe einpackt. Die Öffnung der Tüte wird mit Klebefilm verschlossen, die Plastiktüte straff um die Taschenlampe herum gewickelt und das Ende mit Klebefilm befestigt. So kann sie auch mit Knetmasse im Ausgießer befestigt werden.
Füllt man die so präparierte Gießkanne mit Wasser und gießt man das Wasser bei Dunkelheit in eine Auffangwanne, erscheint die Stelle erleuchtet, auf die der Wasserstrahl trifft. Sollte dies nicht der Fall sein, muss die Gießkanne nur weiter geneigt werden, damit der Wasserstrahl nicht so stark gekrümmt ist. Auch der Wasserstrahl und eine größere Umgebung um dessen Auftreffpunkt erscheint leicht erleuchtet. Begießt man im Dunkeln ein Pflänzchen, werden das Pflänzchen und seine nähere Umgebung beleuchtet (siehe Abb. 1).
Das oben beschriebene Experiment kann nur mit einer geeigneten Gießkanne und einer passenden Taschenlampe (s. o.) gelingen. Sollte eines der beiden Dinge nicht vorhanden sein, ist das Experiment folgendermaßen abzuwandeln (siehe Abb. 3):

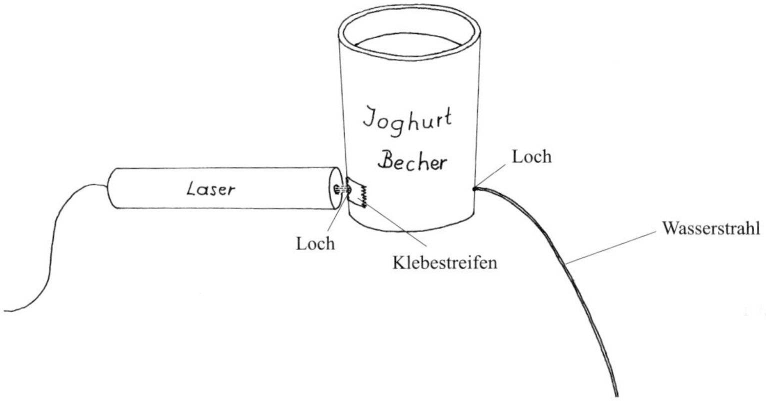

Abb. 3

In einen großen Joghurtbecher schmilzt man mit einem glühenden Nagel zwei Löcher ein. Diese sollen an der Seitenwand einander genau gegenüberliegen und möglichst wenig vom Boden des Joghurtbechers entfernt sein (siehe Abb. 3). Der Nagel wird mit einer Zange gehalten und über der Bunsenbrennerflamme erhitzt. Eines der beiden

Löcher verschließt man auf der Innen- und Außenseite mit durchsichtigem Klebefilm. Der so präparierte Joghurtbecher wird mit Wasser gefüllt, während man das noch offene Loch mit einem Finger abdichtet. Den Laser hält man horizontal so an das mit Klebefilm verschlossene Loch, dass der Laserstrahl durch diese Öffnung hindurch genau in das gegenüberliegende mit dem Finger verschlossene Loch trifft (siehe Abb. 3). Öffnet man dieses Loch und lässt man den austretenden Wasserstrahl in ein Auffangbecken fließen, erscheint an der Stelle des Auffangbeckens ein erleuchteter Fleck, auf die der Wasserstrahl trifft. Außerdem leuchtet der gesamte Wasserstrahl.

Erklärung

Der Wasserstrahl der Gießkanne dient als Lichtleiter. Wasser hat einen größeren Brechindex als Luft. So tritt beim Übergang der Lichtstrahlen von Wasser nach Luft Totalreflexion auf. Der Grenzwinkel der Totalreflexion beträgt in diesem Fall 48,5°.

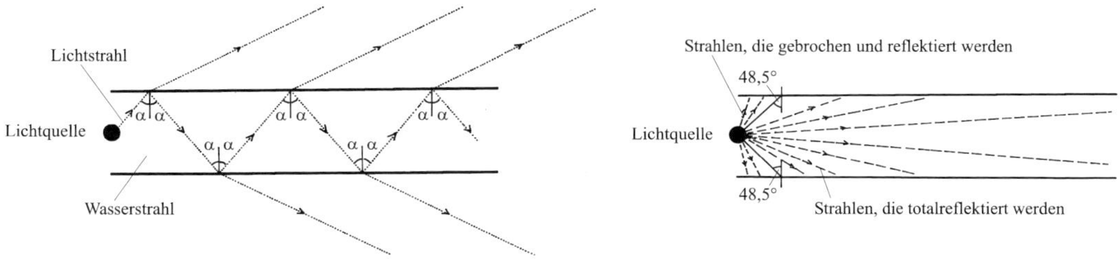

(a) (b) Abb. 4

Zuerst wird in Abbildung 4 ein Wasserstrahl betrachtet, der einen kreisförmigen Querschnitt, eine ideal glatte Oberfläche und einen geraden Verlauf hat. In diesem Wasserstrahl befindet sich eine Lichtquelle.

In Abbildung 4(a) ist ein beliebiger Lichtstrahl zu sehen, der diese Lichtquelle verlässt. Dieser Strahlengang ist, wie auch alle folgenden Strahlengänge, zweidimensional gezeichnet. Der Lichtstrahl trifft unter einem Winkel α zum Einfallslot auf der Wasseroberfläche auf. Ein Teil dieses Lichtstrahls wird an der Wasseroberfläche reflektiert. Der andere Teil tritt aus dem Wasser aus und wird dabei an der Wasseroberfläche gebrochen. Da der Wasserstrahl in unserem Modell einen Kreiszylinder darstellt, trifft der reflektierte Anteil des Lichtstrahls wieder unter demselben Winkel α wie der ursprüngliche Lichtstrahl zum Einfallslot auf die Wasseroberfläche auf (siehe Abb. 4(a)). Der Anteil des Lichtstrahls, der aus dem Wasser austritt, ist vom Winkel α abhängig. Deshalb geht bei jeder Reflexion an der Wasseroberfläche wieder der gleiche Anteil nach außen verloren.

Vergrößert sich der Winkel α, um den der Strahl gegen das Einfallslot geneigt ist, verkleinert sich der Anteil, der nach außen verloren geht. Ist α so groß oder größer als der Grenzwinkel der Totalreflexion, d. h. 48,5°, geht kein Licht mehr nach außen verloren.

In Abbildung 4(b) sind die Lichtquelle und die von ihr ausgehenden Lichtstrahlen eingezeichnet. Lichtstrahlen, die mit kürzeren Strichen gezeichnet sind, schließen mit dem Einfallslot einen Winkel ein, der kleiner als 48,5° ist. Diesen Strahlen geht bei der Reflexion an der Wasseroberfläche ein Anteil nach außen verloren. Nach obiger Erklärung ist

der verlorene Anteil bei jeder Reflexion gleich. Deshalb ist die Intensität dieser Lichtstrahlen am Ende eines längeren Wasserstrahls vernachlässigbar klein.
Die Lichtstrahlen, die um einen Winkel gegen das Einfallslot geneigt sind, der größer als 48,5° ist, sind mit längeren Strichen eingezeichnet. Das Licht dieser Strahlen wird ohne Verluste bis ans Ende des Leiters weitergeleitet.
Der Lichtstrahl, der mit einer durchgehenden Linie gezeichnet ist, schließt mit der Normalen der Wasseroberfläche den Grenzwinkel der Totalreflexion ein, d. h. 48,5°.
Die angestellten Überlegungen gelten nur für einen geraden Wasserstrahl mit den oben genannten Eigenschaften. Der Wasserstrahl der Gießkanne ist jedoch gekrümmt. Genaue theoretische Überlegungen darüber, bei welchen Neigungen der Gießkanne wie viel Licht am Boden des Beetes ankommt, wären zu kompliziert und würden nicht viel zu einem vertieften Verständnis beitragen. Deshalb soll an dieser Stelle nur plausibel gemacht werden, warum größere Verluste auftreten, wenn der Wasserstrahl stärker gekrümmt ist und einen größeren Durchmesser hat.

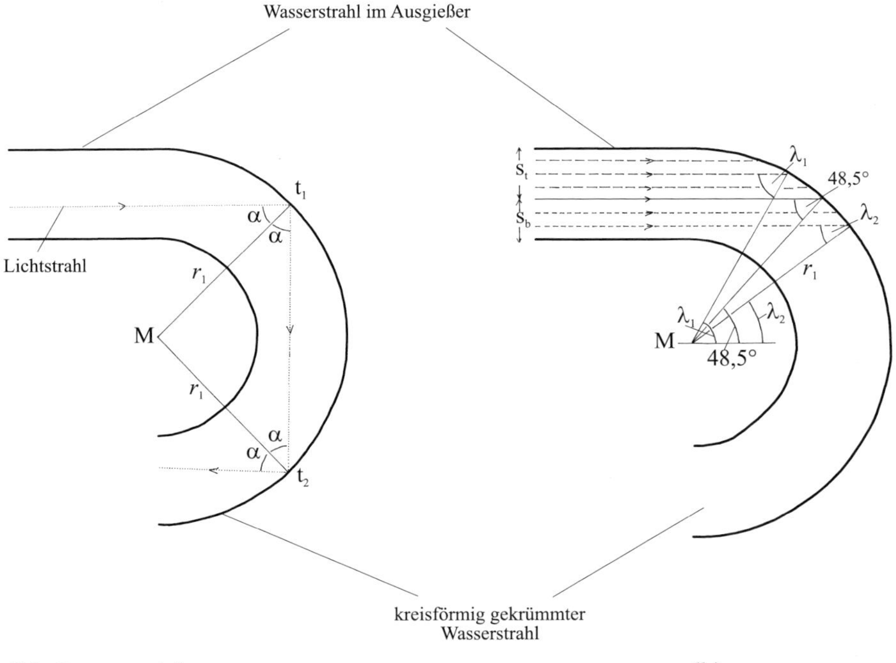

Abb. 5 (a) (b)

Dazu werden zu den oben genannten noch folgende vereinfachende Annahmen gemacht:

- Im Ausgießer verlaufen die Lichtstrahlen alle parallel zur Symmetrieachse des Ausgießers (siehe Abb. 5). Diese Näherung ist erlaubt, da alle Strahlen, die auf den Rand des Ausgießers treffen, vernachlässigt werden können. Denn sie werden am Rand des Ausgießers absorbiert und zum Teil diffus gestreut.
- Der Teil des Wasserstrahls, der außerhalb der Gießkanne verläuft, sei zu einem Halb-

kreis (Mittelpunkt M) gekrümmt (siehe Abb. 5). So kann man am einfachsten untersuchen, welchen Einfluss die Krümmung des Strahls oder sein Durchmesser darauf hat, wie groß der Anteil des Lichts ist, der am Ende des Wasserstrahls ankommt.

In Abbildung 5(a) ist ein beliebiger Lichtstrahl eingezeichnet, der vom Ausgießer kommt und in den halbkreisförmig gekrümmten Wasserstrahl hinein läuft. Er trifft an der Stelle t_1 (siehe Abb. 5(a)) auf die Wasseroberfläche. Das Einfallslot des Lichtstrahls ist der Radius r_1 an der Stelle t_1 (siehe Abb. 5(a)).

Wird der Lichtstrahl an der Wasseroberfläche reflektiert, trifft er, genauso wie die Strahlen im geraden Wasserstrahl, unter demselben Winkel wieder auf die Wasseroberfläche auf (siehe t_2 in Abbildung 5(a)). Dies ist daran zu erkennen, dass das Dreieck, das aus den Punkten t_1, t_2 und M gebildet wird, gleichschenklig ist.

Die Lichtstrahlen, die in Abbildung 5(b) mit kürzeren Strichen gezeichnet sind (Bereich s_b), schließen mit der Normalen der Wasseroberfläche einen Winkel ein, der kleiner als 48,5° ist. Nach den gleichen Überlegungen wie beim geraden Wasserstrahl kommen diese Lichtstrahlen mit vernachlässigbarer Intensität am Ende des Wasserstrahls an. Die Lichtstrahlen, die mit der Normalen der Wasseroberfläche einen Winkel einschließen, der größer als 48,5° ist, sind in Abbildung 5(b) mit längeren Strichen (Bereich s_t) gezeichnet. Sie werden ohne Verluste an das Ende des Wasserstrahls weitergeleitet.

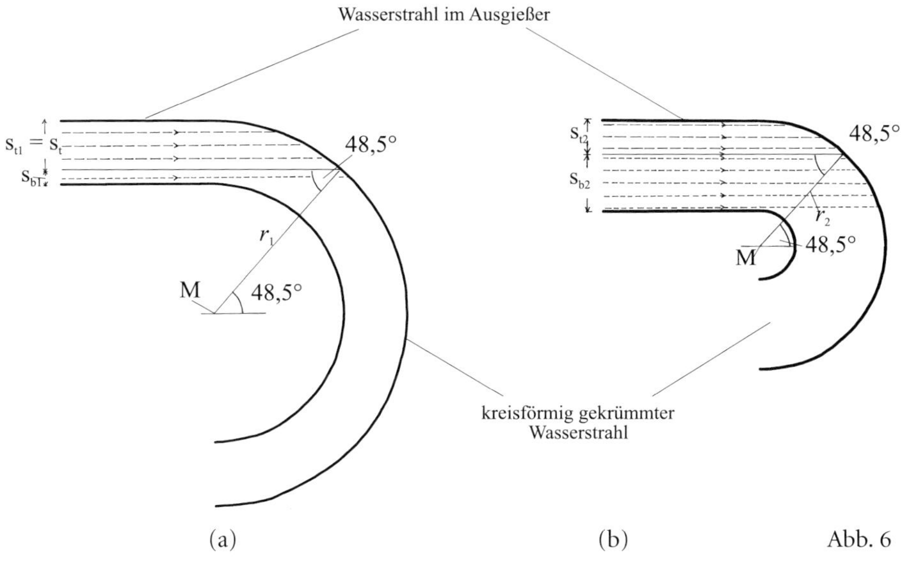

Abb. 6

Verringert man den Durchmesser des Wasserstrahls und lässt dabei den Krümmungsradius r_1 des Wasserstrahls unverändert (siehe Abb. 6(a) und Abb. 5), so wird der Bereich der Strahlen, die an der Wasseroberfläche gebrochen werden, kleiner ($s_{b1} < s_b$) und der Bereich der Strahlen, die totalreflektiert werden, bleibt gleich ($s_{t1} = s_t$). Deshalb wird der Anteil der totalreflektierten Lichtstrahlen im Verhältnis zu allen Lichtstrahlen größer. Verkleinert man den Krümmungsradius des Wasserstrahls von r_1 auf r_2 (siehe Abb. 6(b)) und lässt man dabei den Durchmesser des Wasserstrahls gleich, verkleinert sich der Bereich der

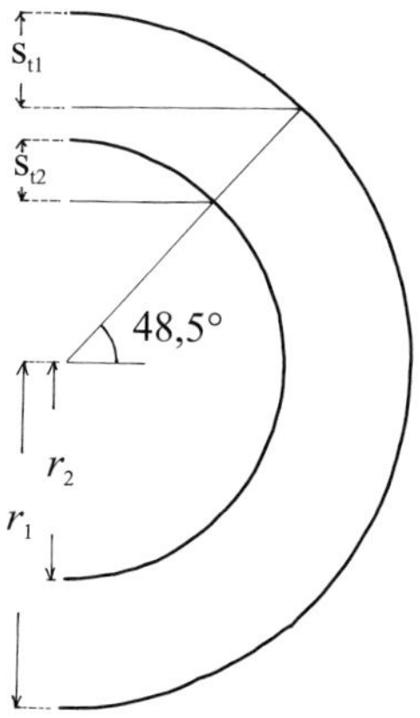

Abb. 7

Lichtstrahlen, die totalreflektiert werden, von s_{t1} auf s_{t2} (siehe Abb. 6(b)). Dies ist anhand von Abbildung 7 zu verstehen. Dort sind zwei Halbkreise mit den Radien r_1 und r_2 und zugehörig die Bereiche s_{t1} und s_{t2} eingezeichnet. Durch zentrische Streckung gehen r_1 und r_2 auseinander hervor. Deshalb tun dies auch s_{t1} und s_{t2}. Da der Durchmesser des Wasserstrahls gleich bleibt, bringt eine Verkleinerung des Bereichs $s_t = s_{t1}$ auf s_{t2} eine Vergrößerung des Bereichs s_b mit sich.
Zusammenfassend ist zu sagen: Das Verhältnis der Intensität des Lichtes, das am Ende des Wasserstrahls ankommt, zu der Intensität, die ursprünglich in den Wasserstrahl geschickt wurde, vergrößert sich mit Zunahme des Krümmungsradius und Abnahme des Durchmessers des Wasserstrahls.
Bisher wurde von einer ideal glatten Oberfläche ausgegangen. In Wirklichkeit hat der Wasserstrahl eine unregelmäßige Oberfläche. Dadurch können vermehrt Lichtstrahlen austreten.
Das austretende Licht erleuchtet den Wasserstrahl leicht und lässt eine größere Fläche um die Auftreffstelle des Wasserstrahls hell erscheinen.

Bemerkungen

Weitere Experimente zur gleichen Thematik sind „Das gefangene Lichtbündel" und „Ein U-Rohr als Lichtleiter".

Literatur

Eckermann, P.; Nordqvist, S.: Linsen, Lupen und magische Skope, Verlag Friedrich Oetinger, Hamburg 1991
Patzig, W.; Wilke, H.-J., Physik in der Schule 31/3 (1993), S. 102

8.25 Das gefangene Lichtbündel

Mit einer Flasche kann demonstriert werden, unter welchen Bedingungen Totalreflexion auftritt.

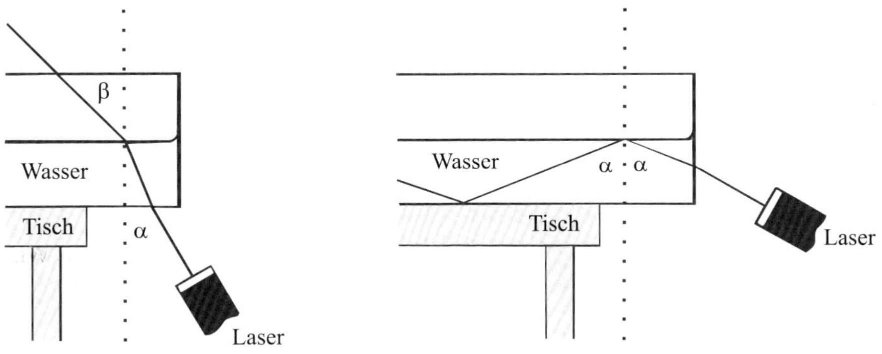

(a) (b) Abb. 1

Material

- durchsichtige Plastikflasche
- Kondensmilch
- Laser oder eine andere Lichtquelle, mit der ein intensives, scharf begrenztes Lichtbündel erzeugt werden kann, z. B. Reuter-Lampe

Aufbau und Durchführung

Eine durchsichtige Plastikflasche wird ungefähr zur Hälfte mit Wasser gefüllt, in das man ein paar Tropfen Kondensmilch gibt, so dass die Flüssigkeit leicht trübe wird. Die Flasche wird verschlossen und horizontal so auf einen Tisch gelegt, dass ihr Boden leicht über die Tischkante hinausragt. Leuchtet man mit einem hellen, scharf begrenzten Lichtbündel, wie in Abbildung 1(a) gezeigt, von unten auf die Grenzfläche Wasser-Luft, so wird das Lichtbündel gebrochen und tritt aus dem Wasser in die Luft in der Flasche und weiter in die Luft, die die Flasche umgibt. Leuchtet man flacher, wie in Abbildung 1(b) gezeigt, in die Flasche, so wird das Lichtbündel in das Wasser zurückreflektiert, am Flaschenmantel erneut reflektiert usw., so dass vom Lichtbündel im Wasser eine Zick-Zack-Linie beschrieben wird. Der Übergang von der Situation 1(a) zur Situation 1(b) findet bei einem ganz bestimmten Einfallswinkel statt.
Der Raum, in dem das Experiment vorgeführt werden soll, muss eventuell abgedunkelt werden.

Erklärung

Trifft ein Lichtbündel auf die Grenze zweier optisch unterschiedlich dichten Medien, wie hier Wasser und Luft, so können die Phänomene der Reflexion und Transmission (siehe Experiment „Die undurchsichtige Glaswand"), eventuell unter Brechung, sowie der Polarisation (siehe Experiment „Die Brewster-Kerze“) auftreten. In diesem Experiment spielen Transmission unter Brechung und Reflexion die entscheidende Rolle. In der Anordnung wie in Abbildung 1(a) wird ein kleiner Teil des Lichtbündels an der Wasseroberfläche reflektiert, der größte Anteil jedoch transmittiert, wobei das Lichtbündel vom Einfallslot weggebrochen wird ($\beta > \alpha$), da Wasser optisch dichter als Luft ist. Vergrößert man den Einfallswinkel α kontinuierlich, so wächst auch der Ausfallswinkel β mit. Im Grenzfall $\beta = 90°$ wird der transmittierte Anteil des Lichtbündels gerade parallel zur horizontalen Wasseroberfläche gebrochen, d. h. es existiert ein Grenzwinkel $\alpha_g < \beta = 90°$, der bei Überschreitung nur noch Reflexion des (gesamten) Lichtbündels, also Totalreflexion, zulässt. Für den Übergang Wasser-Luft beträgt dieser Grenzwinkel ca. 48°. Da die untere Mantelfläche der Flasche parallel zur Wasseroberfläche verläuft, wiederholt sich die Totalreflexion auch an der unteren Grenzfläche Plastik-Luft (Winkelgleichheit an Parallelen) und der Vorgang beginnt von neuem an der Grenze Wasser-Luft, so dass das Lichtbündel im Wasser „gefangen“ ist. Die dem Wasser beigegebenen Milchtropfen dienen lediglich als Streuzentren, zur Sichtbarmachung des Verlaufs des Lichtbündels.

Bemerkungen

Die Weiterleitung von optischen Signalen in so genannten Lichtleitern basiert auf dem Phänomen der (mehrmaligen) Totalreflexion an der Grenze Glas-Luft.

Die meist als Fata Morgana bezeichnete Naturerscheinung von sich in scheinbar vorhandenen Seen spiegelnder Bäume, Berge oder Gebäude beruht auf dem Phänomen der (einmaligen) Totalreflexion an der Grenze Kaltluft-Warmluft in Bodennähe.

Literatur

o. L.

zum Zahlenwert:

Mende, D.; Simon, G.: Physik, Gleichungen und Tabellen, VEB Fachbuchverlag Leipzig 1988, S. 301

8.26 Die doppelten Finger

Die Totalreflexion an der Wasseroberfläche und die Auswirkungen der Lichtbrechung am Übergang zwischen Wasser und Luft wird mit Hilfe eines Spiegels, der unter Wasser gehalten wird, demonstriert.

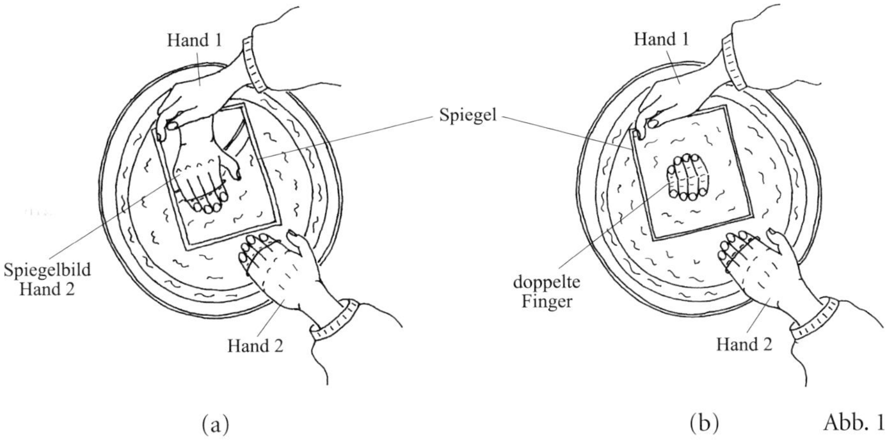

Abb. 1

Material

- Spiegel, z. B. Handspiegel
- Gefäß, undurchsichtig und mit Wasser gefüllt (Höhe: mindestens 10 cm; Grundfläche so, dass der Spiegel bequem in das Gefäß passt), z. B. Eimer oder Kochtopf

Aufbau und Durchführung

Ein Spiegel wird mit einer Hand waagrecht unter die Wasseroberfläche gehalten (siehe Abb. 1, Hand 1). Die Finger der anderen Hand (siehe Abb. 1, Hand 2) taucht man zur Hälfte ins Wasser ein, so dass im Spiegel die ganze Hand sichtbar ist (siehe Abb. 1(a)). Bei genauerer Beobachtung des Spiegelbildes der Hand stellt man fest, dass der Teil, der sich im Wasser befindet, kürzer erscheint, während der aus dem Wasser herausragende Teil in wirklicher Länge zu sehen ist (siehe Abb. 1 (a)).
Wird der Spiegel langsam zum Gefäßboden hingeneigt (siehe Abb. 1(b)), ist bei genügender Neigung des Spiegels der Teil der Hand (Hand 2), der sich außerhalb des Wassers befindet, im Spiegel nicht mehr sichtbar. Statt dessen entsteht durch Spiegelung an der Wasseroberfläche das Bild des Handteiles, der sich unterhalb der Wasseroberfläche befindet. So sieht man diese Fingerteile doppelt (siehe Abb. 1(b)).
Bemerkenswert ist außerdem noch, dass sich die Gesamtansicht der Hand im Spiegel verlängert, wenn man den Spiegel nach unten neigt. Ist der Spiegel etwa 45° zur Wasseroberfläche geneigt und werden die Finger senkrecht ins Wasser gehalten, so erscheint der Teil der Finger, der unter der Wasseroberfläche liegt, in wirklicher Länge und der obere Teil verlängert. Dies kann natürlich nur beobachtet werden, wenn bei dieser Neigung des

Spiegels noch die ganze Hand im Spiegel sichtbar ist. Sollte dies nicht der Fall sein, muss nur die Kopfstellung verändert werden, bis die ganze Hand wieder sichtbar ist.
Soll das Experiment einem größeren Publikum vorgeführt werden, ist die Verwendung einer Videokamera sehr zu empfehlen.

Erklärung

Um zu analysieren, was der Beobachter im Spiegel sieht, muss man sich überlegen, woher die Strahlen kommen, die am Spiegel reflektiert werden und ins Auge treffen. Dabei muss die Brechung der Lichtstrahlen an der Wasseroberfläche berücksichtigt werden. Diese Betrachtungen werden im Folgenden für drei verschiedene Stellungen des Spiegels angestellt.

1. Der Spiegel liegt parallel zur Wasseroberfläche.
2. Die Größe des Winkels, den der Spiegel mit der Wasseroberfläche einschließt, liegt zwischen 0° und 48,5°.
3. Der Spiegel schließt mit der Wasseroberfläche einen Winkel von mindestens 48,5° ein.

Für die Erklärung des Experiments ist nur von Interesse, was der Beobachter im Spiegel sieht. Deshalb werden in den Strahlenkonstruktionen, die zur Veranschaulichung des Sachverhaltes dienen, von den ins Auge fallenden Lichtstrahlen, nur die berücksichtigt, die vom Spiegel kommen. Die Lichtstrahlen, die aus dem Luftraum über der Wasseroberfläche einfallen, werden mit längeren Strichen gezeichnet (siehe unten), die Strahlen, die aus dem Raum unter Wasser, d. h. aus einer Totalreflexion an der Wasseroberfläche, stammen können, mit kurzen Strichen. Die Strahlenkonstruktionen werden der Einfachheit halber in einer Ebene betrachtet. Die Übertragung auf drei Dimensionen ist dem Leser überlassen.

1. Der Spiegel liegt parallel zur Wasseroberfläche:

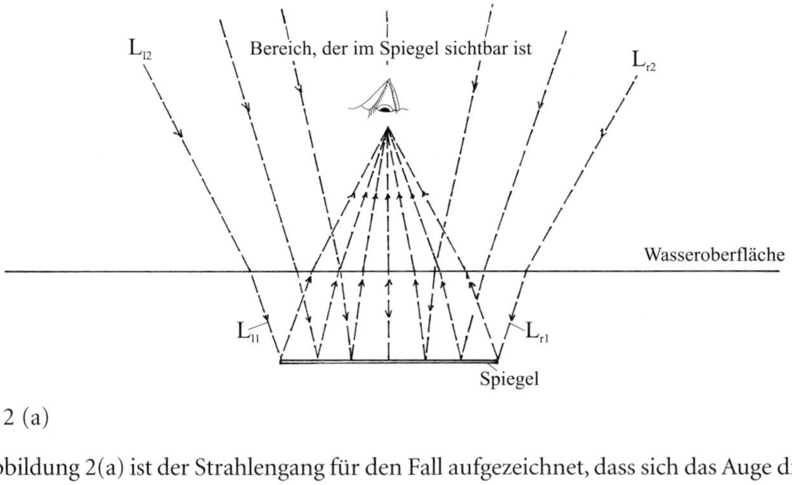

Abb. 2 (a)

In Abbildung 2(a) ist der Strahlengang für den Fall aufgezeichnet, dass sich das Auge direkt über dem Mittelpunkt des Spiegels befindet. In Abbildung 2(b) liegt das Auge an einem beliebigen Ort über der Wasseroberfläche. An der Zeichnung ist zu erkennen, dass von den Strahlen, die am Spiegel reflektiert werden, nur Strahlen ins Auge fallen, die aus dem Raum über der Wasseroberfläche stammen (mit längeren Strichen gezeichnet).

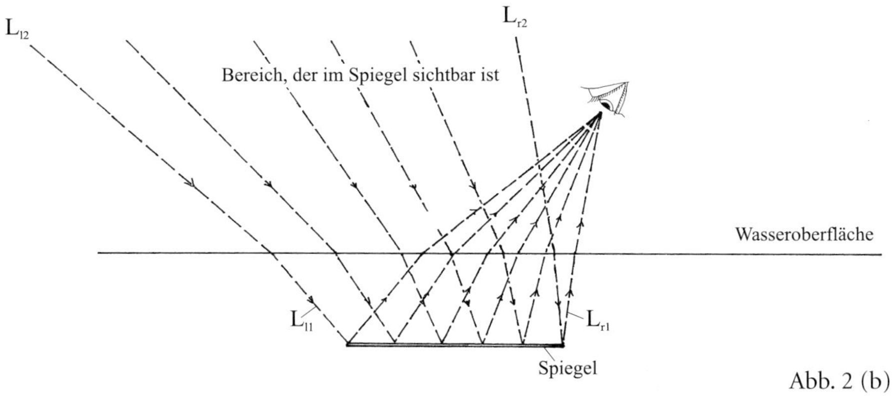

Abb. 2 (b)

Lichtstrahlen können das Wasser nur verlassen, wenn der Winkel, den sie mit der Normalen der Wasseroberfläche einschließen, kleiner ist als der Grenzwinkel der Totalreflexion des Übergangs von Wasser in Luft (48,5°). Da Spiegel und Wasseroberfläche parallel zueinander liegen, müssen diese Strahlen vor der Reflexion am Spiegel auch mit der Normalen der Wasseroberfläche einen Winkel einschließen, der kleiner als 48,5° ist. So können diese Strahlen ihrerseits nur aus dem Luftraum über der Wasseroberfläche stammen.

Im Spiegel überblickt man den Raum im Wasser, der sich zwischen den Strecken L_{l1} und L_{r1} befindet, und den Bereich des Luftraumes, der zwischen den Halbgeraden L_{r2} und L_{l2} liegt.

2. Größe des Winkels, den der Spiegel mit der Wasseroberfläche einschließt, liegt zwischen 0° und 48,5°:

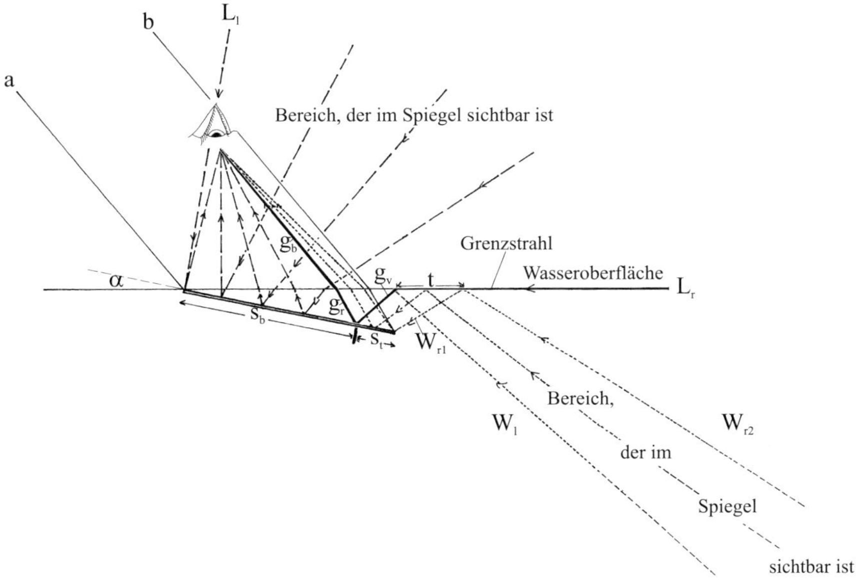

Abb. 3 (a)

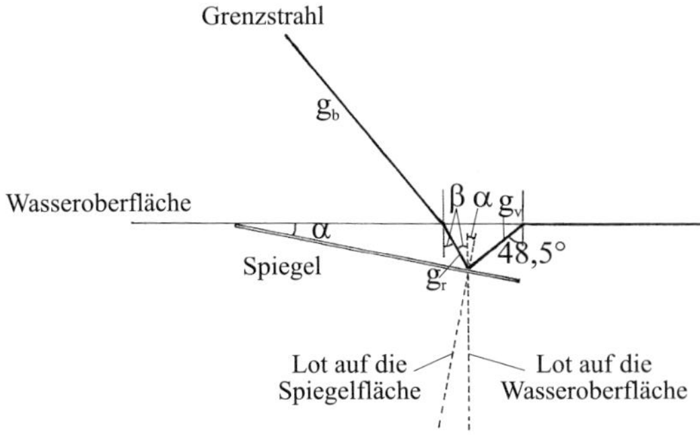

Abb. 3 (b)

Wenn man nach dem in der Einleitung angegebenen Verfahren vorgeht, erhält man den Strahlengang, der in Abbildung 3(a) gezeichnet ist. Außer den Lichtstrahlen, die nach der obigen Vereinbarung mit kurzen und langen Strichen gezeichnet sind, ist in der Abbildung noch ein dick eingezeichneter Strahl zu sehen. Bevor dieser Strahl am Spiegel reflektiert wird, schließt er mit dem Lot der Wasseroberfläche einen Winkel von 48,5° ein (siehe Abb. 3(b)), d. h. den Grenzwinkel der Totalreflexion. Er fällt streifend zur Wasseroberfläche ein (siehe Strahl L_r in Abbildung 3(a) und (b)) und teilt den Lichtkegel, der vom Spiegel ausgehend ins Auge fällt, in zwei Teile. Alle Lichtstrahlen, die links neben dem dick gezeichneten Strahl liegen, schließen vor der Reflexion am Spiegel mit der Normalen der Wasseroberfläche einen kleineren Winkel als den Grenzwinkel der Totalreflexion ein und stammen deshalb aus dem Luftraum über der Wasseroberfläche. Die Strahlen, die rechts neben dem dick gezeichneten Strahl liegen, schließen mit der Normalen der Wasseroberfläche einen größeren Winkel ein. Sie sind also zuvor an der Wasseroberfläche reflektiert worden (Totalreflexion). So ergeben sich zwei Gebiete auf dem Spiegel. Im Gebiet s_b sieht man in den Luftraum über dem Wasser, im Bereich s_t in den Raum unter Wasser bzw. dessen Spiegelbild, das durch Spiegelung an der Wasseroberfläche entsteht (siehe Abb. 3(a)). Deshalb soll der Lichtstrahl, der die beiden Gebiete trennt, bei den weiteren Erklärungen als „Grenzstrahl“ bezeichnet werden.

Im Bereich s_b des Spiegels überblickt man den Bereich unter Wasser, der durch Spiegel und g_v begrenzt wird, und den Bereich des Luftraumes, der zwischen L_1 und L_r liegt. Dabei sind L_1 und L_r selbst in dem Strahlenbündel, das ins Auge fällt, enthalten (siehe Abb. 3(a)). Im Bereich s_t des Spiegels überblickt man den Bereich unter Wasser, der links durch g_v und rechts durch W_{r1} begrenzt wird, und den Bereich, der links durch W_1 und rechts durch W_{r2} begrenzt wird. W_{r2} (bzw. W_{r1}) ist selbst in dem Strahlenbündel enthalten, das ins Auge fällt, W_1 aber nicht, da dieser Strahl in der Wasseroberfläche weiterläuft und nicht an der Wasseroberfläche reflektiert wird (siehe Abb. 3(a)). Taucht man den Finger innerhalb der Strecke t so ins Wasser, dass die Fingerspitzen noch in dem gestrichelt gezeichneten Bereich liegen, so sieht man den Finger doppelt.

In Abbildung 3(a) sind außerdem noch die Halbgeraden a und b eingezeichnet. Diese kommen folgendermaßen zustande: Von den Spiegelrändern ausgehend wird zur Wasseroberfläche hin eine Parallele zu dem Teil des „Grenzstrahles“ gezeichnet, der am Spiegel bereits reflektiert wurde und noch im Wasser verläuft (g_r). An der Wasseroberfläche setzt man diese beiden Strahlen durch eine Parallele zu dem Teil des „Grenzstrahles“ fort, der außerhalb des Wassers zum Auge hin verläuft (g_b). Befindet sich das Auge des Beobachters zwischen den Halbgeraden a und b, so sieht er im Spiegel teilweise das Spiegelbild des Raumes unter Wasser, das durch Totalreflexion (s_t) an der Wasseroberfläche

entsteht, und teilweise in den Raum über der Wasseroberfläche (s_b). Bewegt der Beobachter sein Auge nach links, so bewegt sich auch der Grenzstrahl mit dem Auge nach links und der Bereich s_t wird größer. Liegt das Auge auf der Grenzlinie a, so stimmt der Grenzstrahl mit der Halbgeraden a überein und der Bereich s_t erstreckt sich über die gesamte Spiegelfläche. Der Beobachter sieht nur noch in den Raum unter Wasser bzw. dessen Spiegelbild, das durch Spiegelung an der Wasseroberfläche entsteht (s. o.). Wenn der Beobachter weiter nach links geht, bleibt dies so. Es ändert sich lediglich der Bereich unter Wasser, der für den Beobachter im Spiegel sichtbar ist. Entsprechendes gilt, wenn der Beobachter sein Auge nach rechts bewegt. Es vergrößert sich s_b und bei Erreichen der Grenzlinie b hat sich s_b über die gesamte Spiegelfläche ausgebreitet. Der Beobachter kann nur noch in den Raum über der Wasseroberfläche blicken (s. o.).
Ist also bekannt, welche Richtung der Teil g_r des Grenzstrahles hat, kann nach den Brechungsgesetzen berechnet werden, in welche Richtung er beim Übergang in die Luft gebrochen wird (g_b). Diese Informationen reichen aus, um nach dem oben angegebenen Verfahren zu analysieren, welche Bereiche des Raumes unter Wasser und des Raumes über Wasser ein Beobachter von verschiedenen Orten aus im Spiegel sieht. Deshalb muss nur noch festgestellt werden, wie die Richtung von g_r von der Stellung des Spiegels abhängt, um die oben angeführte Analyse auch auf beliebige Spiegelstellungen übertragen zu können.
Der Abschnitt g_v des Grenzstrahles schließt mit der Normalen zur Wasseroberfläche einen Winkel von 48,5° ein (s. o.). α sei der Winkel, den der Spiegel mit der Wasseroberfläche einschließt (siehe Abb. 3(b)). Er ist genauso groß wie der Winkel zwischen der Normalen der Wasseroberfläche und der Normalen des Spiegels. So ergibt sich für den Winkel β, den g_v mit der Normalen der Wasseroberfläche einschließt (siehe Abb. 3(b)):

$$\beta = 48{,}5° - 2\,\alpha \qquad (1)$$

An dieser Gleichung kann abgelesen werden, dass β von 48,5° auf – 48,5° abnimmt, wenn man den Spiegel von $\alpha = 0$ auf $\alpha = 48{,}5°$ neigt.

3. Spiegel schließt mit der Wasseroberfläche einen Winkel von mindestens 48,5° ein:

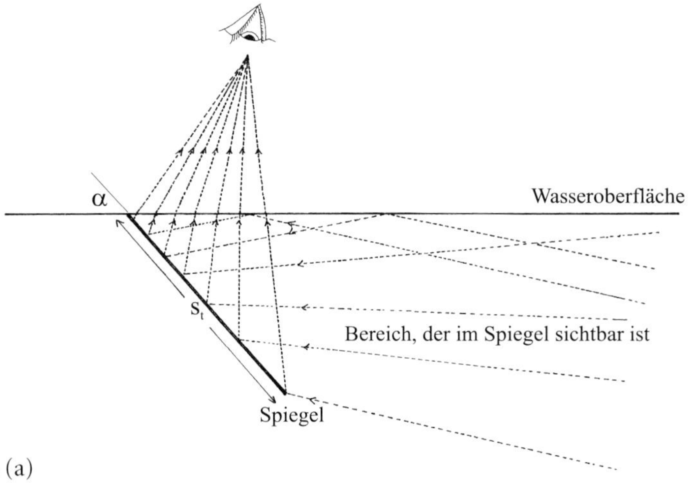

Abb. 4 (a)

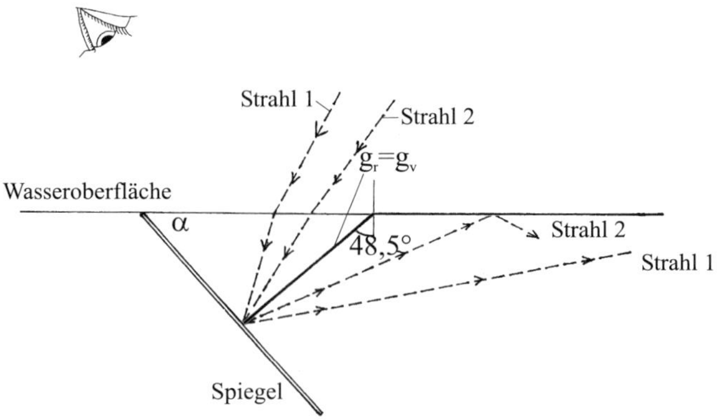

Abb. 4 (b)

Im Fall $\alpha = 48{,}5°$ entspricht g_v einer Normalen zum Spiegel. Deshalb wird g_v am Spiegel wieder auf sich selbst reflektiert, d. h. g_r entspricht genau g_v (siehe Abb. 4(b)). Alle Lichtstrahlen, die aus dem Luftraum über der Wasseroberfläche kommen, schließen nach Brechung mit der Normalen der Wasseroberfläche einen Winkel ein, der kleiner als 48,5° ist (siehe Abb. 4(b)). Deshalb schließen diese Strahlen, nachdem sie an der Spiegelfläche reflektiert wurden, mit der Normalen der Wasseroberfläche einen Winkel ein, der größer als 48,5° ist (siehe Abb. 4(b)). Sie können also das Wasser nicht verlassen, sondern werden totalreflektiert. In ein Auge, das sich über der Wasseroberfläche befindet, können also nur Strahlen fallen, die ursprünglich aus dem Raum unter Wasser kommen bzw. von dessen Spiegelbild, das durch Spiegelung an der Wasseroberfläche entsteht. Dies gilt genauso, wenn $\alpha > 48{,}5°$. In Abbildung 4(a) ist der Strahlengang aufgezeichnet. Man erhält ihn für den jeweiligen Beobachtungspunkt nach dem gleichen Prinzip wie auch bei den vorigen Strahlenkonstruktionen.

In der Beschreibung des Experiments wurde auch geschildert, dass sich die Ansicht der Hand, die im Spiegel sichtbar ist, verlängert, wenn man den Spiegel aus der waagrechten Lage neigt. Um dies zu verstehen, betrachtet man die virtuellen Bilder, die durch Brechung der Lichtstrahlen beim Übergang Wasser-Luft und durch Reflexion am Spiegel

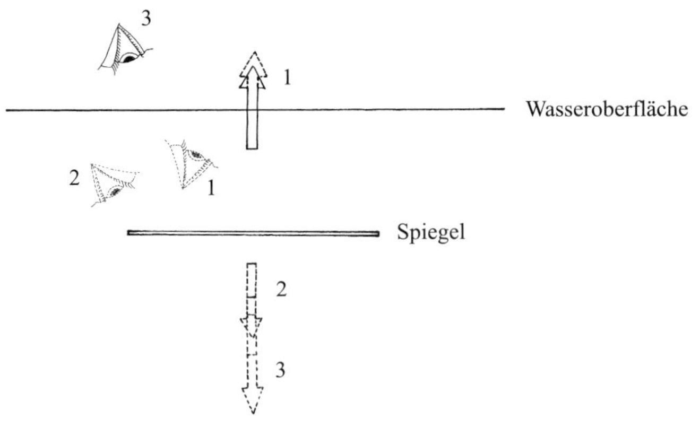

Abb. 5(a)

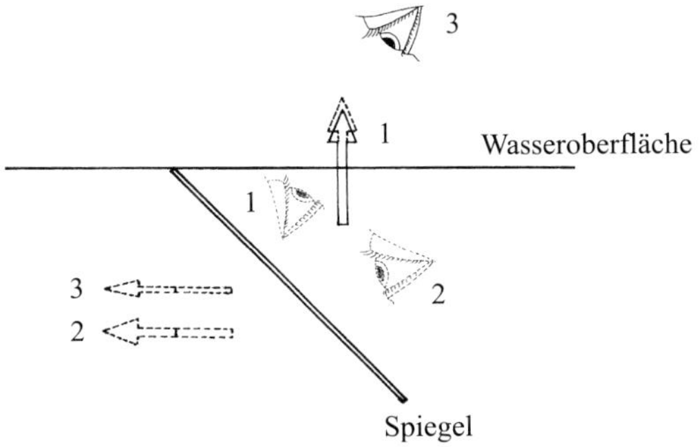

Abb. 5(b)

entstehen. In den Abbildungen 5(a) und (b) ist ein Pfeil eingezeichnet, dessen untere Hälfte in das Wasser eingetaucht ist. In der Abbildung 5(a) liegt der Spiegel parallel zur Wasseroberfläche, und in Abbildung 5(b) ist er um 45° gegen die Wasseroberfläche geneigt. Beide Abbildungen werden im Folgenden gleichzeitig erklärt:
Das virtuelle Bild 1 des Pfeiles ist für einen Betrachter sichtbar, der sich unter Wasser befindet und zum Pfeil hinaufschaut (Betrachter 1). Dieser Betrachter sieht den ins Wasser eingetauchten Teil des Pfeiles in Originallänge, weil die Lichtstrahlen, die von diesem Teil des Pfeiles aus ins Auge fallen, nicht gebrochen werden. Die Strahlen aber, die von dem oberen Teil des Pfeils aus ins Auge fallen, werden gebrochen. Durch die Brechung erscheint dem Betrachter 1 dieser Teil des Pfeiles verlängert.
Das Verhältnis zwischen Gegenstandsgröße G und Bildgröße B ergibt sich in der paraxialen Näherung zu:

$$B = -G\frac{n_1}{n_2} \qquad (6)$$

(n_1: Brechungsindex des Mediums, in das der Betrachter schaut; n_2: Brechungsindex des Mediums, in dem sich der Betrachter aufhält)
Der Raum unter Wasser erscheint in Normalenrichtung zur Wasseroberfläche um 75 % verkürzt, wenn der Betrachter vom Luftraum aus ins Wasser schaut. Wenn der Beobachter vom Wasser aus in den Luftraum schaut, erscheint ihm der Raum über der Wasseroberfläche auf 133 % verlängert. Dies ist der reziproke Wert von 75 %. Natürlich ist diese Näherung eigentlich nur zulässig, wenn die einfallenden Strahlen mit der Flächennormalen nur einen kleinen Winkel einschließen. Davon ist bei diesem Experiment nicht auszugehen. Hier soll diese Näherung trotzdem genügen, da nur ein grundsätzliches Prinzip aufgezeigt wird. Betrachter 2 befindet sich auch unter Wasser. Allerdings schaut er in den Spiegel und sieht dort das virtuelle Bild 2, das am Spiegel durch Reflexion von dem virtuellen Bild 1 gebildet wird. Da es zu keiner weiteren Brechung der Lichtstrahlen kommt, erscheint das virtuelle Bild 2 gegenüber dem virtuellen Bild 1 nicht verzerrt: Betrachter 3 befindet sich wieder in der Luft und schaut auch in den Spiegel. Er sieht das virtuelle Bild 3. Dieses entsteht aus dem virtuellen Bild 2 durch Brechung der Lichtstrahlen an der Wasseroberfläche.
Wird der Spiegel parallel zur Wasseroberfläche gehalten (siehe Abb. 5(a)), liegt das virtuelle Bild 3 des Pfeiles senkrecht zur Wasseroberfläche und wird in seiner Länge ver-

kürzt. Deshalb erscheint dem Betrachter der Teil des Stabes wieder in Orginallänge, der außerhalb des Wassers liegt, und der Teil verkürzt, der im Wasser liegt.
Ist der Spiegel dagegen um 45° zur Wasseroberfläche geneigt (siehe Abb. 5(b)), liegt das virtuelle Bild 2 waagrecht. Für den Betrachter 3 ergibt sich also nur eine Verkleinerung der Breite des Pfeiles. Der Pfeil erscheint dem Betrachter 3 etwas abgeplattet, aber die Länge des virtuellen Bildes 2 bleibt erhalten. Die Gesamtansicht des Pfeiles im Spiegel verlängert sich also, wenn man den Spiegel gegen die Wasseroberfläche neigt. Der Teil des Stabes, der sich im Wasser befindet, erscheint in Originallänge und der Teil, der außerhalb des Wassers liegt, verlängert.

Literatur

zu Formel (2):
Halliday, D.; Resnik, R.: Physik. Teil 2, Walter de Gruyter Verlag, Berlin 1994, S. 1302

8.27 Beugung an Bärlappsporen

Die durch Beugung von monochromatischem Licht an Bärlappsporen auftretenden Muster bzw. die spektrale Zerlegung von weißem Licht zeigen, dass extrem kleine Körper kein geometrisches Schattenbild erzeugen.

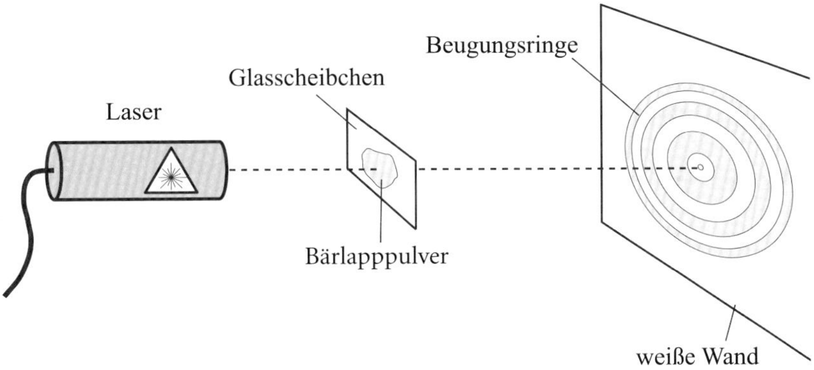

Abb. 1

Material

- HeNe-Laser oder Laserpointer
- Glasplättchen (ca. 2 cm × 5 cm), z. B. Objektträger aus der Mikroskopie oder Diarähmchen mit Glas
- Bärlappsporen, in Apotheken als Lykopodium erhältlich
- Hautcreme oder anderer zäher, fetthaltiger Stoff, z. B. Butter oder Schmierfett
- Papiertaschentuch
- evtl. Kerze

Aufbau und Durchführung

Auf einem Glasplättchen wird ein kleiner Fleck (Durchmesser ca. 1 cm) hauchdünn mit Hautcreme eingefettet und mit einem Papiertaschentuch wieder leicht abgewischt. Aus einer Höhe von ungefähr 20 cm streut man eine kleine Messerspitze Bärlapppulver auf die Fettschicht, schüttelt etwas, um es gut zu verteilen und klopft überschüssiges, loses Pulver herunter. Hat man ein Diarähmchen benutzt, kann man durch Schließen des Glasdeckels ein Dauerpräparat herstellen.

Richtet man in einem dunklen Raum einen Laserstrahl senkrecht auf die mit Sporen bedeckte Fläche, so entsteht auf einem dazu parallelen Schirm (z. B. weiße Wand; Abstand zur Glasscheibe: ca. 30 cm) ein konzentrisches Beugungsmuster mit einem hellen Fleck in der Mitte und konzentrischen hellen und dunklen Zonen darum (siehe Abb. 1).

Betrachtet man durch die Schicht aus Bärlapppulver mit einem Auge eine punktförmige weiße Lichtquelle (z. B. brennende Kerze in großem Abstand), so erscheinen die verschiedenen Spektralfarben auf Kreisringen um die Lichtquelle.

Erklärung

Fällt kohärentes Licht auf die Bärlappsporen, so fungiert jedes einzelne Körnchen als Streuzentrum und erzeugt auf einem dahinter angebrachten Schirm ein Beugungsbild. Bei einem engen parallelen Lichtbündel und näherungsweise gleich großen Sporen haben die Beugungsbilder aller beleuchteten Bärlappkörnchen die gleiche Intensitätsverteilung und sind kaum gegeneinander verschoben. Durch Überlagerung auf dem Schirm entsteht daraus ein einziges Beugungsmuster, welches im Aussehen jedem einzelnen Beugungsbild gleicht, außer dass es eine größere Intensität besitzt. Im Gegensatz zur Intensität des Beugungsbildes hängt die Lage seiner Maxima nicht davon ab, wie viel Bärlapppulver auf das Glasplättchen aufgebracht wurde.
Außer einem Bereich rund um die optische Achse, der dem Querschnitt des Laserstrahls entspricht, handelt es sich um das gleiche Beugungsmuster wie es eine Lochblende mit dem Durchmesser eines Bärlappkörnchens erzeugt. Die Erklärung dazu liefert das Babinet'sche Theorem, welches besagt, dass das Beugungsbild eines beliebig geformten ebenen Hindernisses mit dem eines gleich geformten Lochs gleicher Lage in einem undurchsichtigen Material übereinstimmt. Dies gilt allerdings nur in den Bereichen des Schirms, welche dunkel bleiben, wenn man das Lichtbündel ungehindert einfallen lässt.
Da bei Beugung die Lage der Maxima von der Wellenlänge des einfallenden Lichts abhängt, wird weißes Licht in seine spektralen Anteile zerlegt, die unter verschiedenen Winkeln zur optischen Achse sichtbar sind.

Bemerkungen

Befinden sich in der Atmosphäre kleine, gleich große Wassertröpfchen, so kommt es zu den farbigen Ringerscheinungen um den Mond, einem so genannten Hof.

Literatur

Baumann, A.: Physik und Didaktik 9/2 (1981), S. 178-179
Zeier, E.: Physikalische Schulversuche, Freihandversuche, kleine Experimente, Aulis Verlag Deubner, Köln 1986

zur Erklärung:

Grimsehl, E.; Schallreuter, W.; Haferkorn, H.: Lehrbuch der Physik, Band 3, Optik, BSB B. G. Teubner Verlagsgesellschaft, Leipzig 1988, S. 111

8.28 Peeping Tom's candle

Mit einem einfach hergestellten Einfachspalt lassen sich Beugungsbilder einer Kerzenflamme beobachten.

Material

- Kerze
- Aluminiumfolie, z. B. Schokoladenpapier (ca. 5 cm × 5 cm)
- Glasscheibchen oder Scheibe aus durchsichtigem Kunststoff, z. B. Objektträger oder Kunststoffverpackung von Reißnägeln, Büroklammern o. Ä.
- Hilfsmittel: Rasierklinge, evtl. Klebestreifen

Aufbau und Durchführung

Ein Stück Aluminiumfolie wird auf einem kleinen Glasscheibchen glatt gestrichen und eventuell mit Klebestreifen straff befestigt. Mit einer Rasierklinge ritzt man mit einem einzigen glatten Schnitt in die Folie einen ca. 3 cm langen, feinen Spalt. Hält man den Spalt vertikal ausgerichtet dicht vor ein Auge und betrachtet man durch den Spalt eine ruhige Kerzenflamme in 2 – 3 m Entfernung, so ist das Bild der Kerzenflamme in der Mitte des Spaltes von etlichen hellen „Nebenbildern" umgeben, die horizontal und symmetrisch zum Spalt angeordnet sind.

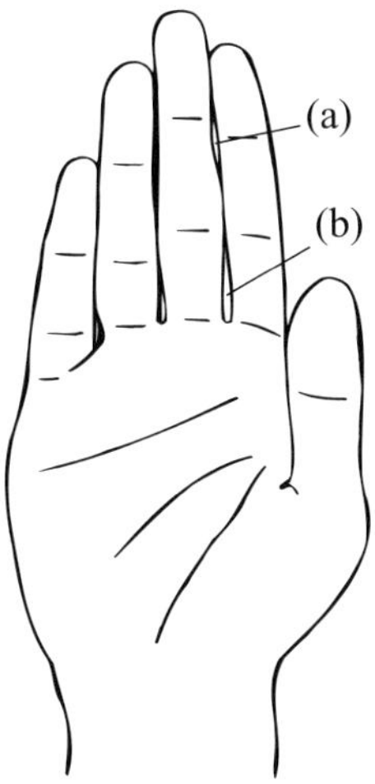

Abb. 1

Erklärung

Ist der in die Folie geritzte Schnitt eng genug, so wird das Licht beim Durchgang durch den Spalt gebeugt und die oben beschriebenen Beugungsmuster können beobachtet werden. Die Glasscheibe dient lediglich dazu, die Weite des Spaltes konstant zu halten, indem sie verhindert, dass die dünne Aluminiumfolie durch den Druck des sie festhaltenden Daumen und Zeigefinger verformt wird. Die Kerzenflamme kann, aus großer Entfernung durch den Spalt betrachtet, näherungsweise als punktförmig angesehen werden.

Bemerkungen

In der Literatur wird oft eine noch einfachere Version dieses Experiments angegeben: Als Spalt dient der Zwischenraum, den die zweiten Glieder von Zeige- und Mittelfinger bei ausgestreckter Hand bilden (siehe Abb. 1(a)). Hält man diesen Spalt dicht vor ein Auge, so kann ebenfalls das Beugungsmuster einer Kerze, die in einigen Metern Entfernung aufgestellt ist, beobachtet werden. Diese Version erfordert einiges Geschick. Dafür kann jedoch die Spaltbreite durch seitliches Aneinanderpressen der beiden Finger bzw. durch Drehen der Hand um eine vertikale Achse durch den Mittelfinger verändert werden.
Eine Kerze bietet sich als Lichtquelle vor allem wegen ihrer vertikalen Ausdehnung an. Im Gegensatz zu den Beugungsbildern einer auch horizontal ausgedehnten Lichtquelle überlappen sich die Beugungsbilder der dünnen Flamme nicht zu sehr. Ist keine Kerze vorhanden, kann man mit einer Spaltblende (Pappkarton mit rechteckigem Loch) zwischen Lichtquelle und Einfachspalt die ausgedehnte Lichtquelle in eine dünne längliche

rechteckige Lichtquelle verwandeln. Auch hierzu gibt es die „freihändigere" Version, die allerdings noch mehr Geschick als der Einfachspalt, und einen ruhigen Arm verlangt. Mit einer Hand bildet man wie oben beschrieben dicht vor dem Auge einen Einfachspalt. Die etwas breitere Ritze zwischen den hinteren Gliedern des Zeige- und Mittelfingers (siehe Abb. 1(b)) der anderen Hand dient, am ausgestreckten Arm zwischen Lichtquelle und „Einfachspalt" und parallel zu letzterem gehalten, als Spaltblende zur Erzeugung einer dünnen vertikalen Lichtquelle. So kann Beugung am Einfachspalt auch an einer matten Glühbirne oder am hellen Computerbildschirm beobachtet werden.

Literatur

Zeier, E.: Physikalische Schulversuche, Freihandversuche, kleine Experimente, Aulis Verlag Deubner, Köln 1986

Von Baeyer, H.C.: Regenbogen, Schneeflocken und Quarks. Physik und die Welt, die wir täglich erleben, Rowohlt Taschenbuch Verlag GmbH, Reinbeck bei Hamburg 1996

8.29 Eine Vogelfeder als optisches Gitter

Betrachtet man eine Kerzenflamme durch eine Vogelfeder, so beobachtet man ähnlich wie beim optischen Gitter ein Farbspektrum.

Material

- möglichst dunkle Vogelfeder
- Kerzenflamme oder andere möglichst punktförmige Lichtquelle, z. B. Glühlämpchen

Aufbau und Durchführung

Man betrachtet mit einem Auge eine Kerzenflamme aus einiger (3 – 4 m) Entfernung. Bringt man vor das Auge eine Vogelfeder (siehe Abb. 1), kann man, ähnlich wie beim optischen Gitter, Farbspektren der Kerzenflamme beobachten. Verdunkelt man den Raum, wird der wahrgenommene Effekt deutlicher.

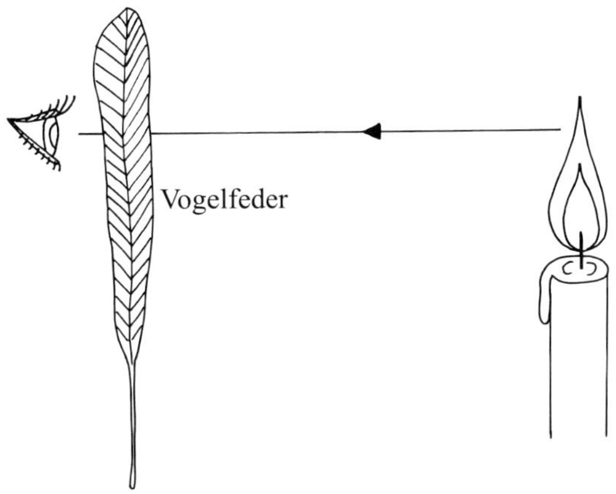

Abb. 1

Erklärung

Die Vogelfeder wirkt mit ihrem filigranen Aufbau wie ein kompliziertes optisches Gitter; zu sehen sind also Interferenzerscheinungen mit Licht auf Grund von Beugung.

Bemerkungen

Vogelfedern bestehen aus gänzlich verhornten Zellen der Oberhaut und haben eine sehr fein verästelte Struktur. Die Zwischenräume liegen im Bereich der Wellenlänge des sichtbaren Lichts und produzieren daher Interferenzen durch Beugung, wie sie z. B. im Experiment beobachtet werden. Das Schillern mancher Vogelfedern ist auch auf Interferenzerscheinungen bei Reflexion von Licht zurückzuführen.

Literatur

Göbel, R.; Haubold, K., Physik in der Schule 27/1/2 (1989), S. 39-44

Eckermann, P.; Nordqvist, S.: Linsen, Lupen und magische Skope, Verlag Friedrich Oetinger, Hamburg 1991

8.30 Bunte Wasserpfützen

Das bunte Schillern einer dünnen Petroleumschicht, die sich auf Wasser befindet, lässt darauf schließen, dass an der Schicht Interferenz auftritt.

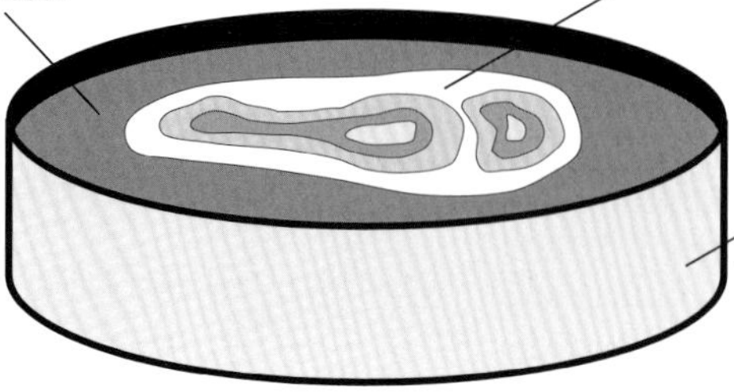

Abb. 1

Material

- Reinigungsbenzin (wegen giftiger Benzoldämpfe kein Kfz-Benzin verwenden!)
- Petroleum oder Ölsäure
- Zahnstocher
- Schnapsglas
- Gefäß mit schwarzer Innenfläche (Durchmesser: mindestens 10 cm; Höhe: ca. 5 cm)

Aufbau und Durchführung

Nachdem ein Gefäß gründlich ausgespült wurde, um alle Verschmutzungen, insbesondere auch geringste Spuren von Spülmittel zu entfernen, wird es mit Wasser gefüllt. In einem Schnapsglas stellt man eine Mischung aus ungefähr 20 Teilen Reinigungsbenzin und einem Teil Petroleum her. Mit einem Zahnstocher gibt man eine Spur des Benzin-Petroleum-Gemisches auf die Wasseroberfläche, wodurch nach der Verdunstung des Benzins eine dünne Petroleumschicht darauf entsteht. Voraussetzung dafür, dass sich das Benzin-Petroleum-Gemisch über eine große Fläche ausbreitet und sich nicht zu einem schwimmenden Tropfen zusammenzieht (wie ein „Fettauge in der Suppe"), ist eine möglichst große Oberflächenspannung des Wassers (siehe dazu [*Vogel* 1993, S. 94-95]). Daher ist es wichtig, das Gefäß von Spülmittelresten zu befreien. Das Mischen mit Benzin dient zur feineren Dosierung der Petroleummenge und begünstigt die Ausbreitung auf der Wasseroberfläche.
Beobachtet man die Spiegelung einer Lichtquelle (am einfachsten das durch ein Fenster einfallende Licht) auf der Flüssigkeitsoberfläche, so schillert sie bunt in verschiedenen Farben (siehe Abb. 1).

Erklärung

Die extrem dünne Petroleumschicht auf der Wasseroberfläche besitzt eine Dicke, deren Größenordnung der Wellenlänge von sichtbarem Licht entspricht.

Von einfallendem Licht wird ein vom Einfallswinkel abhängiger Anteil an der Oberfläche der Petroleumschicht reflektiert (siehe Abb. 2). Der restliche Teil dringt in die Schicht ein und wird am Übergang Petroleum-Wasser wieder nur teilweise reflektiert (siehe Abb. 2). Durch Mehrfachreflexion in der Petroleumschicht können auch mehr als zwei interferierende Lichtwellen entstehen (siehe Abb. 2), deren Amplitude mit steigender Anzahl der Reflexionen jedoch rasch abnimmt.

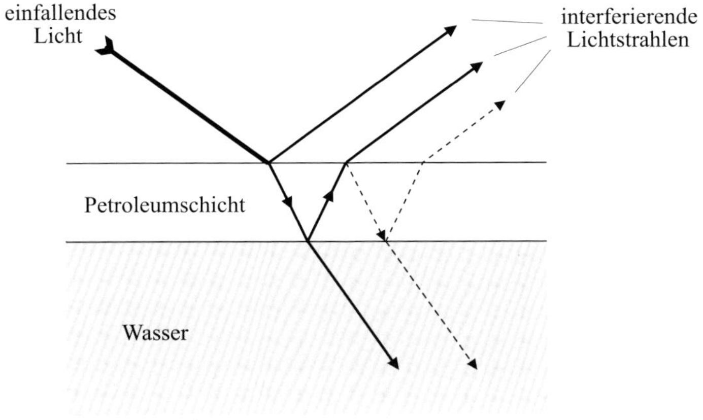

Abb. 2

Die aus der Oberfläche der Petroleumschicht austretenden Lichtwellen (oder auch Lichtstrahlen, siehe Abb. 2) interferieren, und in Abhängigkeit von ihrem optischen Gangunterschied entsteht für einen bestimmten Spektralbereich konstruktive Interferenz. Da der optische Gangunterschied außer von der Wellenlänge von der (nichtkonstanten) Schichtdicke und dem Einfallswinkel des Lichts abhängt, erscheinen verschiedene Bereiche der Schicht in unterschiedlichen Farben, die mit dem Blickwinkel variieren.

Bemerkungen

Wesentlich besser als im Experiment reproduzierbar, lassen sich solche Interferenzerscheinungen auf nassen Straßen beobachten, wenn sich ein Öltropfen auf dem Asphalt über eine große Fläche ausgebreitet hat.
Weitere Experimente zur gleichen Thematik sind „Die schillernde Seifenhaut“ und „Seifenblasenrezepte“.

Literatur

Zeier, E.: Kurzweil durch Physik, Aulis Verlag Deubner, Köln 1983
Treitz, N.: Spiele mit Physik, Verlag Harri Deutsch, Thun und Frankfurt/Main 1991

zu Aufbau und Durchführung:

Vogel, H.; Gerthsen, C.: Physik, Ein Buch zum Gebrauch neben Vorlesungen, Springer Verlag, Berlin 1993, S. 94-95

8.31 Warum schillert eine CD bunt?

Bestrahlt man eine CD mit einem Laser, so zeigen die auftretenden Interferenzerscheinungen, dass die regelmäßig strukturierte Oberfläche ein Reflexionsgitter darstellt.

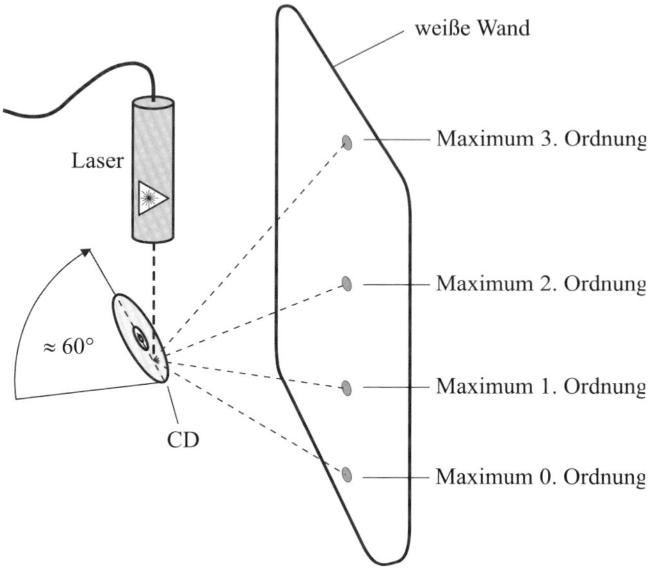

Abb. 1

Material

- HeNe-Laser oder Laserpointer
- Compact Disc (CD)

Aufbau und Durchführung

Ein vertikal verlaufender Laserstrahl wird in einem abgedunkelten Zimmer auf eine CD gerichtet, die ca. 60° gegen die Horizontale geneigt ist und sich etwa 30 cm vor einer weißen Wand befindet (siehe Abb. 1). Der Strahl muss dabei vom Laser aus gesehen vor oder nach dem Loch der CD und nicht links bzw. rechts davon auftreffen (siehe Abb. 1), damit die Spuren der CD und der Laserstrahl senkrecht aufeinander stehen (Grund: siehe Erklärung). An der Wand sind mehrere Lichtflecke zu erkennen, die auf einer vertikalen Linie liegen.

Erklärung

Die digitale Information einer CD ist in einer spiralförmigen Spur gespeichert, die unterschiedlich lange Vertiefungen (Breite 500 nm; Tiefe 200 nm) besitzt. Der Abstand zweier benachbarter Spuren beträgt $d = 1600$ nm und stellt den Gitterabstand der als Reflexionsgitter fungierenden CD dar (siehe Abb. 2). In dem kleinen Bereich, der von dem

Laserstrahl beleuchtet wird, sind die Spuren parallel und näherungsweise geradlinig (siehe Abb. 2).
Interferenzerscheinungen treten nur in einer Ebene auf, die senkrecht auf den Spuren steht (siehe Abb. 2), da zwischen Strahlen die an den Vertiefungen gestreut wurden, nur in einer solchen Ebene ein fester Gangunterschied auf Grund des konstanten Spurabstands besteht. An der Wand sind die Interferenzmaxima unterschiedlicher Ordnung zu sehen. Führt man den Versuch mit den angegebenen Positionen von CD und Laser durch, so können theoretisch Maxima bis zur vierten Ordnung beobachtet werden (mit dem Maximum 0. Ordnung als unterstem; siehe Abb. 1). Das Maximum 4. Ordnung ist jedoch nur mit einem guten Laser (kein Laserpointer) in großer Höhe an der Wand oder evtl. sogar an der Raumdecke zu erkennen, während die restlichen Maxima problemlos darstellbar sind.

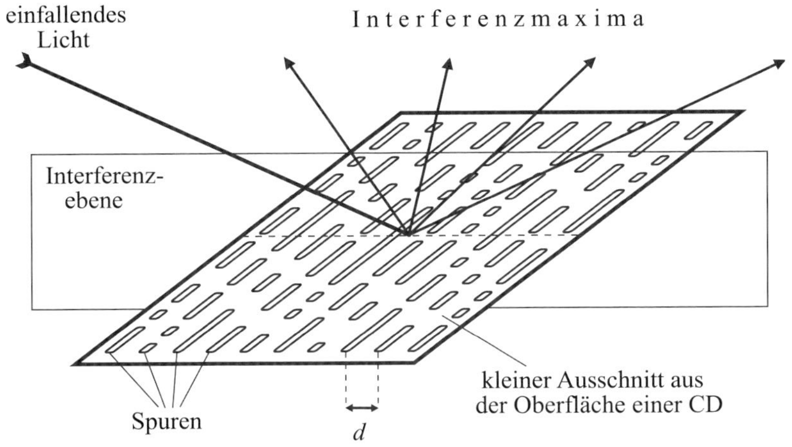

Abb. 2

(Statt Lichtbündel wurden schematisierend Strahlen eingezeichnet.)
Die Ursache dafür, dass eine CD bunt schillert, wenn sie in weißem Licht betrachtet wird, ist die Abhängigkeit der Lage der Interferenzmaxima von der Wellenlänge des Lichts. Unter verschiedenen Blickwinkeln sieht man Maxima unterschiedlicher Wellenlängen.
Das gleichzeitige Auftreten unterschiedlicher Farben beim Anblick einer CD liegt an dem unterschiedlichen Winkel, unter welchem man ihre verschiedenen Bereiche bei endlichem Betrachtungsabstand sieht. Vergrößert man diesen Abstand, so werden die Bereiche der CD, die in der Farbe eines bestimmten Spektralbereichs (z. B. rot, gelb, grün, ...) erscheinen, größer, weil dann ein bestimmter Raumwinkelbereich vom Auge aus einen größeren Bereich der CD erfasst als bei kleinerem Betrachtungabstand.

Literatur

Kettler, J., Physik und Didaktik 21/1 (1993), S. 76-78

8.32 Die schillernde Seifenhaut

Die Interferenz an einer Keilschicht ist an einer vertikal hängenden Seifenhaut zu beobachten.

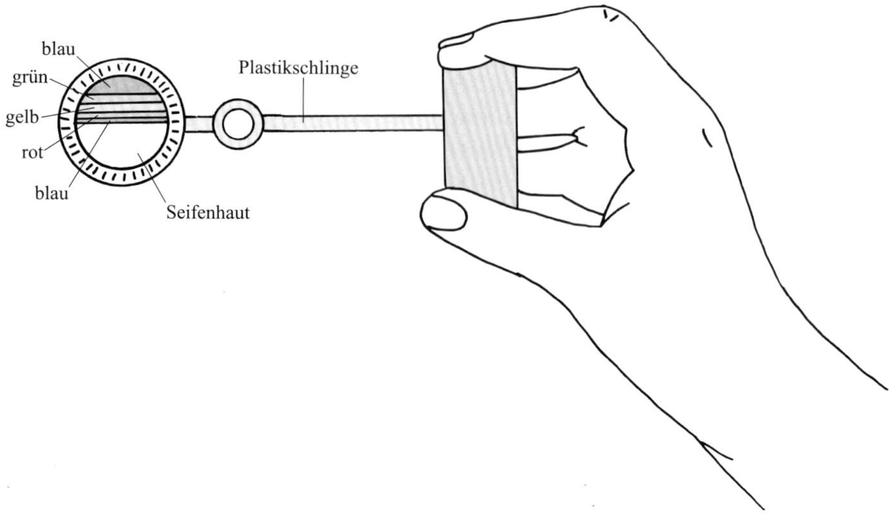

Abb. 1

Material

- Seifenlauge und Blasevorrichtung (siehe Abb. 1), die in käuflichen Lösungen mitgeliefert wird
- evtl. nicht isoliertes Drahtstück (Durchmesser: 2 – 3 mm; Länge: 40 – 70 cm) und Klebefilm

Aufbau und Durchführung

Taucht man die Blasevorrichtung kurz in Seifenlauge, bleibt in ihr eine Seifenhaut zurück. Diese Seifenhaut hält man so, dass sie möglichst vertikal hängt (siehe Abb. 1) und Licht, das an ihr reflektiert wird, ins Auge fällt. Als Lichtquelle ist die Sonne gut geeignet. Scheint die Sonne nicht, genügt auch die Zimmerbeleuchtung. Auf Grund der Schwerkraft läuft Lauge gleichmäßig an der Seifenhaut ab. Dadurch wird die Haut keilförmig nach unten hin dicker. Im oberen Teil der Haut ist ein Muster von horizontalen, untereinander liegenden, einfarbig schillernden Streifen zu beobachten (siehe Abb. 1). Die Farben der verschiedenen Streifen wiederholen sich. Dieses Muster breitet sich nach unten auf der Seifenhaut aus. Dabei nimmt die Streifenbreite nach unten hin ab. Mit der Zeit wird die keilförmige Haut immer dünner. Kurz vor dem Zerplatzen besteht sie oben nur noch aus wenigen Moleküllagen und erscheint dort ganz durchsichtig.
Sehr gut geeignet für dieses Experiment, aber natürlich mit größerem Aufwand verbunden, ist selbst hergestellte Seifenlauge. Dazu sind geeignete Rezepte in dem Experiment

„Seifenblasenrezepte" zu finden. Dort wird auch beschrieben, wie man eine Drahtschleife zum Aufspannen der Seifenhaut herstellt. Mit diesen Seifenlaugen können wesentlich größere und stabilere Seifenhäute erzeugt werden. Gute Beobachtungen macht man mit Drahtschleifen, deren Durchmesser 10 – 20 cm beträgt. Für Drahtschleifen mit einem Durchmesser bis zu 10 cm kann auch noch käufliche Seifenlauge verwendet werden.

Erklärung

Die vertikal hängende Seifenhaut bildet unter dem Einfluss der Schwerkraft eine Keilschicht, die von Luft umgeben ist und deren Dicke die gleiche Größenordnung besitzt wie die Wellenlänge des sichtbaren Lichts. Um die Überlegungen etwas zu vereinfachen, nimmt man näherungsweise an, dass der Keilwinkel null ist und die Dicke der Schicht stufenartig abnimmt.

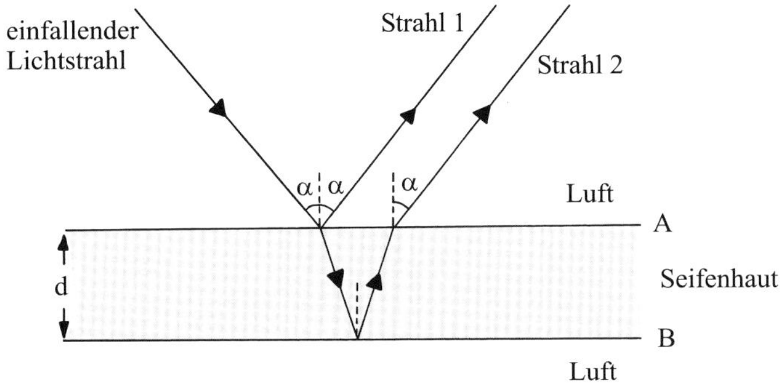

Abb. 2

Ein einfallender Lichtstrahl wird wie in Abbildung 2 zum Teil an der Grenzfläche A zwischen Luft und Seifenhaut reflektiert (Strahl 1) und zum Teil an ihr gebrochen. Der gebrochene Strahl wird an der Grenzfläche B (siehe Abb. 2) zwischen Seifenlauge und Luft reflektiert und an der Grenzfläche A parallel zu Strahl 1 gebrochen (Strahl 2). Bei Reflexion des einfallenden Lichtstrahles an der Grenzfläche A tritt ein Phasensprung um ∂ auf. Die Strahlen 1 und 2 sind kohärent und interferieren miteinander. In Abhängigkeit vom Phasenunterschied kommt es zwischen beiden Strahlen zu destruktiver oder zu konstruktiver Interferenz. Der Phasenunterschied $\Delta\varphi$ lässt sich folgendermaßen angeben, wenn der Phasensprung um ∂ bei der Reflexion an der Grenzschicht A berücksichtigt wird:

$$\Delta\varphi = 4\partial \frac{d}{\lambda} \sqrt{n^2 - \sin^2 \alpha + \partial} \qquad (1)$$

(d: Dicke der Schicht; λ: Wellenlänge des einfallenden Lichtstrahles; n:Brechungsindex der Schicht; α: Einfallswinkel des betrachteten Strahles).

Der Einfallswinkel α ist für alle Strahlen, die ins Auge fallen, nachdem sie an der Seifenhaut reflektiert wurden, fast gleich. Er kann also näherungsweise als Konstante betrachtet werden. Der Brechungsindex n der Seifenhaut hängt nur von der Wellenlänge λ des einfallenden Lichts ab, wenn die Zusammensetzung der Seifenlauge als homogen betrachtet wird.

Deshalb ist der Phasenunterschied nur von der Schichtdicke d und der Wellenlänge λ abhängig. Für jede Schichtdicke ist also eindeutig bestimmt, welche Wellenlängen konstruktiv und welche destruktiv interferieren. Die Schicht erscheint in der sich daraus ergebenden Mischfarbe. Deshalb sind Bereiche gleicher Schichtdicke gleich gefärbt und die farbigen Streifen verlaufen parallel zur Keilkante, im Falle der vertikal hängenden Seifenhaut also horizontal. Die Bedingung für destruktive Interferenz einer bestimmten Wellenlänge ist bei verschiedenen Schichtdicken erfüllt. Deshalb wiederholen sich die Interferenzfarben. Die Streifenbreiten nehmen mit zunehmendem Keilwinkel ab, da sich die Schichtdicke bei größerem Keilwinkel stärker ändert. Der Keilwinkel der Seifenhaut nimmt je Höhen-Längeneinheit nach unten hin zu, da sich dort die nach unten laufende Lauge sammelt.
An der Gleichung (1) ist auch zu erkennen, dass sich die reflektierten Strahlen 1 und 2 gegenseitig auslöschen, wenn die Schichtdicke d auf null absinkt. Deshalb sieht man bei sehr geringen Schichtdicken keine Interferenzstreifen. Weil Lichtstrahlen die Schicht durchdringen können, erscheint sie durchsichtig.

Bemerkungen

Die Experimente „Newton'sche Ringe mit Objektträgern“ und „Bunte Wasserpfützen“ demonstrieren ebenso die Interferenz an einer dünnen Schicht variabler Dicke.

Literatur

Seus, E., Physik und Didaktik 8/4 (1980), S. 330-335

zu Formel (1):

Demtröder, W.: Experimentalphysik 2, Elektrizität und Optik, Springer Verlag, Berlin Heidelberg 1995, S. 288

8.33 Newton'sche Ringe mit Objektträgern

Mit zwei gut aufeinanderliegenden dünnen Glasscheiben lassen sich Interferenzerscheinungen (ähnlich den Newton'schen Ringen) beobachten.

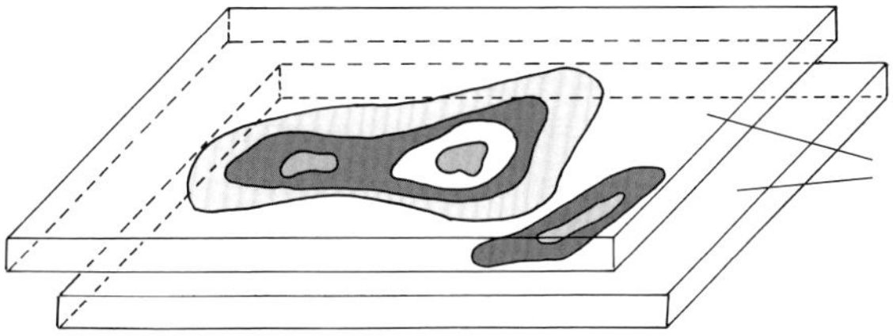

Abb. 1

Material

2 dünne Glasscheiben (Länge: 5 cm; Breite: 2 cm; Dicke: ca. 0,5 mm), z. B. Objektträger
Spiritus und Tuch zum Reinigen

Aufbau und Durchführung

Zwei Glasscheiben werden gut gereinigt. Man legt die Glasscheiben so übereinander, dass sie sich knapp überlappen. Dann schiebt man die Glasscheiben übereinander und drückt sie dabei immer kräftig aufeinander. Beobachtet man durch die so präparierten Glasplatten helle Gegenstände wie eine weiße Wand oder ein Stück weißes Papier, lassen sich mehr oder minder ringförmige farbige Gebilde ähnlich den Newton'schen Ringen erkennen (siehe Abb. 1).

Erklärung

Die farbigen Erscheinungen kommen durch Interferenz zustande. Zwischen den gut gereinigten und zusammengepressten Glasplatten befindet sich immer noch eine dünne Luftschicht. Elektromagnetische Wellen im sichtbaren Frequenzbereich können somit direkt durch die Grenzschichten Glas-Luft und Luft-Glas hindurchgehen oder an dem Übergang Luft-Glas reflektiert werden (siehe Abb. 2; bei jeder Reflexion verliert das Licht an Intensität), so dass zwischen diesen Wellen ein Gangunterschied (durch den unterschiedlich langen zurückgelegten Weg und einen zusätzlichen Gangunterschied von $\frac{\lambda}{2}$ durch den Phasensprung der elektromagnetischen Welle um $\frac{\partial}{2}$ bei Reflexion an der Grenzschicht Luft-Glas) und somit Interferenzerscheinungen auftreten. Weitere vorkommende Reflexionen und Brechungen werden der Einfachheit halber hier nicht betrachtet. Für das Auftreten von Interferenzen ist entscheidend, dass der Gangunterschied der sich überlagernden Wellen im Bereich der Wellenlänge des Lichts liegt, also ca. 400 – 800 nm beträgt. Die Luftschicht zwischen den Glasscheiben muss also sehr dünn sein, was man durch das Aufeinanderschieben der Glasscheiben unter Druck erreichen kann. Da die Luftschicht zwischen den Glasplatten nicht überall die gleiche Dicke aufweist, ist der

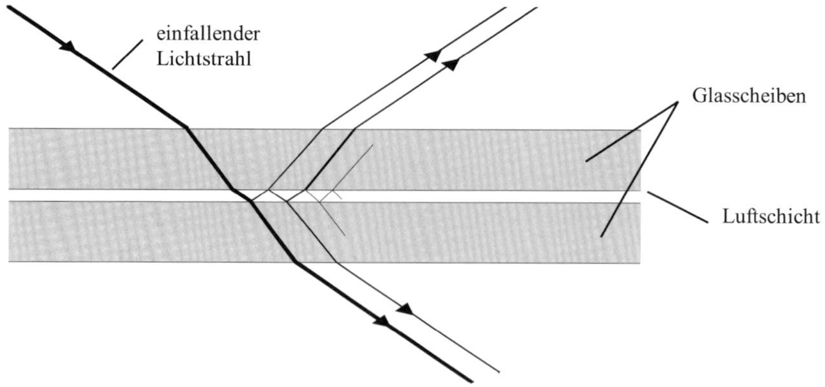

Abb. 2

Gangunterschied abhängig vom Ort, an dem ein Strahl die Glasplatten durchdringt. Es entstehen die oben beschriebenen ringförmigen farbigen Interferenzerscheinungen.

Bemerkungen

Die Bezeichnung dieser Interferenzerscheinungen als Newton'sche Ringe geht auf den englischen Physiker *Sir Isaac Newton* (1643-1727) zurück, der sich um das Jahr 1675 herum mit den Farberscheinungen bei dünnen Plättchen beschäftigte. Weitere große Errungenschaften *Newtons* waren die berühmten Newton'schen Axiome der klassischen Mechanik. 1687 erschien das für den Fortgang der Naturwissenschaften wichtigste Werk *Newtons*: „Philosophiae naturalis principica matematica". Darin fasst *Newton* die Leistungen seiner Vorgänger *Kepler, Galilei, Huygens, Guericke* usw. zu einem System der theoretischen Mechanik zusammen. Neben diesen naturwissenschaftlichen Arbeiten veröffentlichte *Newton* auch theologische Schriften, wie z. B. Bemerkungen zum Propheten *Daniel* und zur Offenbarung des *Johannes. Newton* darf also im wahrsten Sinne des Wortes als Universalgelehrter gelten.
Zur Demonstration der Newton'schen Ringe wird meistens eine schwach gewölbte konvexe Linse auf eine ebene Glasplatte gedrückt. Damit lassen sich dann schöne kreisförmige Ringe beobachten. Man kann ihre Lage über den Krümmungsradius der Linse exakt mathematisch auf der Grundlage der Wellenoptik berechnen.

Literatur

o. L.

zur Erklärung:

Stöcker, H.: Taschenbuch der Physik, Formeln, Tabellen, Übersichten, Verlag Harri Deutsch, Thun und Frankfurt/Main 1994, S. 267-269

8.34 Ein Loch im Finger

Mit einer Plexiglasplatte, in die konzentrische Kreise eingeritzt sind, wird eine Interferenzfigur erzeugt.

Material

- Plexiglasplatte (ca. 10 cm × 10 cm)
- Overheadprojektor
- evtl. Schaumstoffstück (ca. 10 cm × 10 cm × 1 cm), Holzplatte (ca. 10 cm × 10 cm × 1 cm); Sandpapier (ca. 10 cm × 10 cm), Alleskleber
- evtl. Bohrmaschine, Gewindestange (ca. 10 cm), 6 Schraubenmuttern, passend zum Gewinde

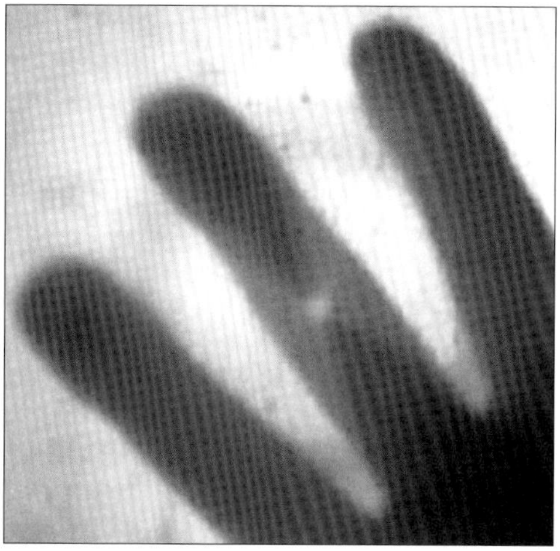

Abb. 1

Aufbau und Durchführung

Auf eine Plexiglasscheibe werden konzentrische Kreise unterschiedlicher Radiendifferenz eingeritzt. Hat man kein professionelles Gerät zur Hand, klebt man auf eine Holzplatte ein Schaumstoffstück und darauf ein Stück Sandpapier (siehe Abb. 2). Durch diese Platte bohrt man in der Mitte ein Loch, so dass eine Gewindestange gerade durch dieses Loch passt. Der Gewindestab wird auf der unbeklebten Seite des Brettchens mit zwei Schraubenmuttern, auf der beklebten Seite des Brettchens mit vier Schraubenmuttern fixiert (siehe Abb. 2). Auf der unbeklebten Seite des Brettchens sollten noch etwa 5 cm der Gewindestange überstehen (siehe Abb. 2).

Die Plexiglasplatte wird mit Hilfe eines Schraubstocks fixiert. In die Mitte bohrt man ein Loch, so dass eine Schraubenmutter gerade hineinpasst. Dann spannt man die Holzplatte mittels des überstehenden Stücks der Gewindestange in das Bohrfutter einer Bohrmaschine (eine Standbohrmaschine wäre vorteilhaft). Über die Bohrmaschine, die Gewindestange, die Holzplatte und den Schaumstoff wird das Sandpapier fest auf die Plexiglasplatte gedrückt. Bei kleiner Drehzahl der Bohrmaschine werden Kreise in die Plexiglasplatte geritzt, wobei die vier Schraubenmuttern im Loch der Plexiglasplatte den Bohrer führen.

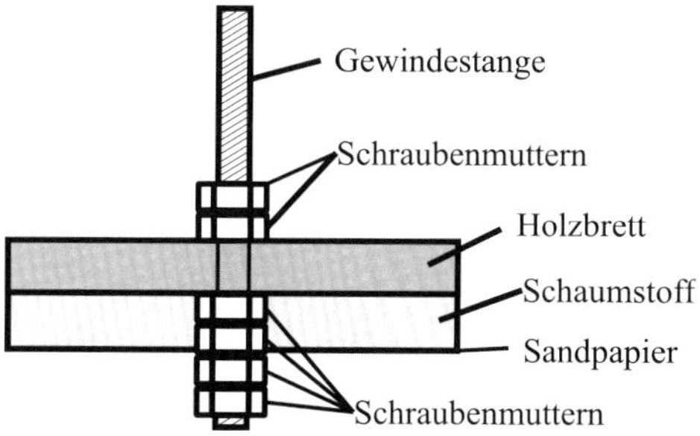

Abb. 2

Die so präparierte Plexiglasscheibe wird zwischen einem Overheadprojektor und einer Wand so gehalten, dass die Lichtstrahlen des Overheadprojektors etwa senkrecht auf die Plexiglasplatte fallen (die Plexiglasscheibe darf sich nicht zwischen der Lampe und den Abbildungslinsen des Projektors befinden!). Der Abstand zwischen Overheadprojektor und Plexiglasplatte sollte etwa 1 m betragen, der Abstand zwischen Plexiglasplatte und Wand, muss so gewählt werden, dass das Schattenbild der Hand auf der Wand deutlich zu erkennen ist (die Hand liegt auf einer Seite der Plexiglasplatte auf; siehe Abb. 1). Im Experiment erwiesen sich ca. 30 cm als günstig. In die Mitte der eingeritzten Kreise legt man einen Finger. Blickt man auf das Schattenbild des Fingers, hat es den Anschein, dass Licht durch ein Loch im Finger scheint (siehe Abb. 1).

Erklärung

Von der ausgedehnten Lichtquelle des Overheadprojektors wird annähernd eine ebene Welle emittiert. Diese wird an den eingeritzten Kreisen der Plexiglasplatte gebeugt. Nach Fresnel erhält man das Beugungsbild, indem man annimmt, dass von den Beugungszentren (dies sind Punkte der auf der Plexiglasplatte eingeritzten Kreise) Huygen'sche Elementarwellen ausgesandt werden. Abbildung 3 zeigt einen Querschnitt durch die Experimentieranordnung, der durch die Kreismitte der eingeritzten Kreise verläuft.

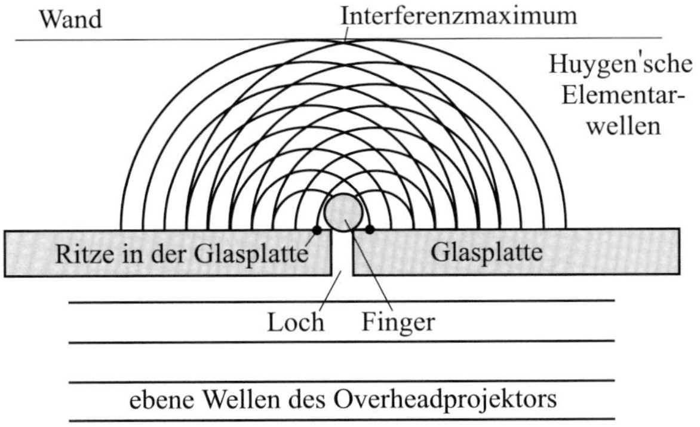

Abb. 3: Querschnitt durch die Experimentieranordnung

Elementarwellen der in Abbildung 3 dargestellten zwei Ritze löschen sich gegenseitig aus, wenn ihr Gangunterschied $\left(n+\frac{1}{2}\right)\lambda$ (λ: Wellenlänge des gebeugten Lichts; $n = 0, 1, 2, \ldots$) ist. Zur konstruktiven Interferenz kommt es, falls der Gangunterschied $n\lambda$ beträgt. Die Radien r der konzentrischen Kreise um die beiden Emitter der Huygen'schen Elementarwellen in Abbildung 3 seien jeweils mit $r = n\lambda$ Vielfache einer Wellenlänge. Damit geben die Schnittpunkte der Kreise in Abbildung 3 die Lage der Interferenzmaxima an. Diese häufen sich um die Mittelachse. Deshalb erscheint die Schnittfläche des Bereichs um die Mittelachse mit der Wand als heller Fleck. Da die Ritze in der Plexiglasplatte keinen festen Abstand voneinander haben, d. h. auch wesentlich größere Abstände als die Wellenlänge des Lichts auftreten können, wird nicht das gesamte Licht gebeugt, sondern zum Teil an der Plexiglasplatte gebrochen. Es entsteht bei geeignetem Abstand der Hand von der Wand ein Schattenbild der Hand auf der Wand. (Ist die Hand zu weit von der Wand entfernt, wird der Kernschatten der Hand von einem Teil der ausgedehnten Lichtquelle des Overheadprojektors beleuchtet und der Schatten ist nicht mehr deutlich für das Beobachterauge zu erkennen.)

Bemerkungen

Der französische Physiker *Augustin Fresnel* (1788-1827) war zu seiner Zeit einer der wenigen Verfechter der Wellentheorie des Lichts. *Fresnel* war Ingenieur und französischer Beamter. Da er sich der Opposition gegen *Napoleon* anschloss, verlor er seine Stelle und hatte so Zeit, seinen Interessen auf dem Gebiet der Optik nachzugehen. Da er keinen Zugang zu ausländischen Veröffentlichungen hatte, führte er eigene Experimente zur Beugung durch. Als Lichtquelle benutzte er ein Bild der Sonne, das er mit einer kleinen Blende, die mit einem Tropfen Honig versehen war, erzeugte. 1819 ging *Fresnel* als Sieger in einem Wettbewerb der Akademie der Wissenschaft in Paris zur Natur des Lichts hervor. Damit verhalf er der Wellentheorie des Lichts zum Durchbruch. Den im Experiment beobachteten „Fleck" auf dem Finger nennt man auch Poisson'schen Fleck, da *Siméon Denis Poisson* (1781-1840) einer der schärfsten Kritiker *Fresnels* in der Jury des angesprochenen Wettbewerbs war.

Literatur

Wittmann, J.: Trickkiste 1, Experimente, wie sie nicht im Physikbuch stehen, Bayerischer Schulbuch Verlag, München 1986

zur Erklärung:

Klein, M. V.; Furtak, T. E.: Optik, Springer Verlag, Berlin 1988
Vogel, H.: Gerthsen Physik, Springer Verlag, Berlin 1995, S. 524-529

zu Bemerkungen:

Klein, M. V.; Furtak, T. E.: Optik, Springer Verlag, Berlin 1988

8.35 „Schwärzer“ als schwarz

Ein kleines Loch in schwarzem Stoff, der einen Hohlraum abdeckt, verdeutlicht, dass kein materieller Körper ideal schwarz ist, also auftreffendes Licht vollständig absorbiert.

Abb. 1

Material

- absolut undurchsichtiges Gefäß beliebiger Farbe, aber nicht spiegelnd, z. B. Tasse
- schwarzer Stoff oder schwarzes Papier (Fläche größer als die Gefäßöffnung), nicht durchscheinend
- Hilfsmittel: Schere

Aufbau und Durchführung

In ein Stück schwarzen Stoff schneidet man in der Mitte ein kleines Loch (Durchmesser: ca. 5 mm) und deckt damit ein offenes Gefäß ab (siehe Abb. 1). Das Loch erscheint in jedem Fall dunkler als seine Umgebung, unabhängig davon, wie schwarz der gewählte Stoff ist. Erstaunlicherweise gelingt das Experiment auch dann, wenn das Gefäß innen weiß ist.

Erklärung

Auch ein Körper, welcher dem Auge vollständig schwarz erscheint, reflektiert einen Teil des auftreffenden Lichtes. Der Farbeindruck „schwarz“ wird im Gehirn vielmehr durch den großen Helligkeitsunterschied zur Umgebung hervorgerufen. Mit dieser Erkenntnis lässt sich das „herkömmliche Schwarz“ (Stoff) als tiefdunkles Grau entlarven, wenn man dem Auge ein „echtes Schwarz“ zum Vergleich anbietet. Ein „echtes Schwarz“ lässt sich näherungsweise herstellen, indem man Licht sehr oft reflektieren lässt, bevor es in das Auge gelangt. Nachdem im vorliegenden Beispiel Licht durch das Loch in das Gefäßinnere gelangt ist, wird es sehr oft von den Wänden gestreut, bevor es die kleine Öffnung trifft und das Gefäß wieder verlässt. Da bei jeder Reflexion ein bestimmter Bruchteil absorbiert wird, ist selbst bei weißen Gefäßwänden die entweichende Lichtmenge minimal, wie die folgende Überschlagsrechnung zeigt:

Annahmen:
Der Reflexionsgrad der Innenwände des Gefäßes und der Unterseite des Stoffes sei $r = 0{,}5$. Die Fläche der Innenwand des Hohlraums sei 500-mal so groß wie die Fläche des Lochs und die Streurichtung eines Strahls sei zufällig.

Rechnung:
Die Wahrscheinlichkeitsverteilung der Anzahl X der Reflexionen, nach welcher der Strahl wieder durch das Loch entweicht, ist eine geometrische Verteilung mit der Trefferwahrscheinlichkeit $p = \frac{1}{500}$:

$$P(X = x) = p(1 - p)^{x-1}$$

Der Anteil Y des Lichtes, welcher das Loch wieder verlässt, ist

$$Y = 0{,}5^X$$

Das Mittel des entweichenden Lichtanteils ist durch den Erwartungswert dieser Verteilung gegeben:

$$E[Y] = \sum_{x=1}^{\infty} r^x\, p(1-p)^{x-1} = \frac{p}{1-p}\sum_{x=1}^{\infty}(r(1-p))^x = \frac{p}{1-p}\left(-1+\sum_{x=0}^{\infty}(r(1-p))^x\right)$$

$$= \frac{p}{1-p}\left(-1+\frac{1}{1-r(1-p)}\right) = \frac{rp}{(1-r)+rp} \approx 2‰$$

Dieser Wert ist bereits deutlich kleiner als der Reflexionsgrad von schwarzem Stoff ($r \approx 0{,}05 = 50$ ‰).

Literatur

Treitz, N.: Spiele mit Physik, Verlag Harri Deutsch, Thun und Frankfurt/Main 1991
Meisinger, K.: Physikalische Experimente mit Dosen, Schriftliche Hausarbeit zur Ersten Staatsprüfung für das Lehramt an Hauptschulen nach der Lehramtsprüfungsordnung I (LPO I) 1994/II, o. V., Augsburg 1994

8.36 Der leuchtende Papierzylinder

Mit einem Laser und einem Zylinder aus Papier kann der Unterschied zwischen Streuung und gerichteter Reflexion veranschaulicht werden.

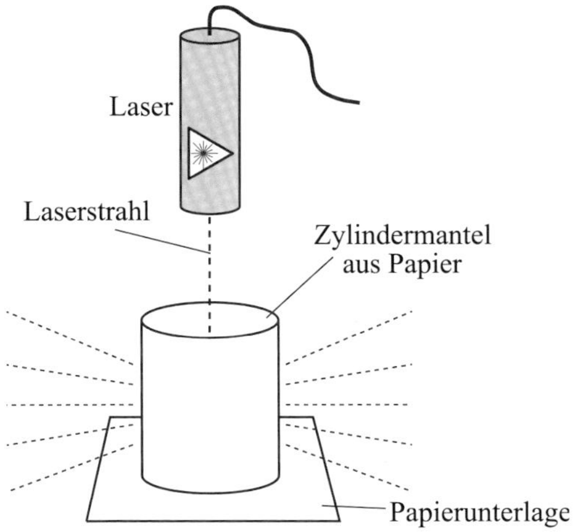

Abb. 1

Material

- HeNe-Laser, möglichst mit größerer Leistung als der eines Laserpointers
- weißes Papier (Stärke: 80 $\frac{g}{m^2}$)
- Spiegel
- Klebeband

Aufbau und Durchführung

Aus einem Stück Papier der Größe DIN A5 (ca. 15 cm × 21 cm) formt man einen Zylindermantel, indem man die beiden kürzeren Ränder mit Klebeband aneinander befestigt. Der Zylindermantel wird auf weißes Papier gestellt (siehe Abb. 1) und aus ca. 30 cm Entfernung senkrecht von oben ein Laserstrahl entlang der Zylinderachse auf den Zylinderboden gerichtet (siehe Abb. 1). Ist der Raum abgedunkelt, beobachtet man, dass der gesamte Zylindermantel hell in der Farbe des verwendeten Laserlichts leuchtet.

Zum Vergleich sollte man das untergelegte Papier gegen einen Spiegel austauschen. Wenn der Laserstrahl den Zylindermantel nicht versehentlich streift, bleibt dieser fast völlig dunkel und an der Raumdecke ist der reflektierte Strahl zu erkennen, wenn der Laser leicht gegen die Zylinderachse gekippt wird.

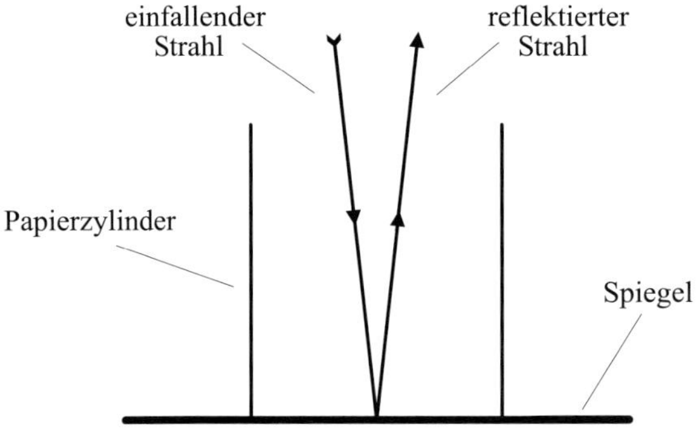

Abb. 2

Erklärung

Bei untergelegtem Spiegel verlässt der Laserstrahl den Becher nach einer gerichteten Reflexion wieder als gebündelter Strahl (siehe Abb. 2).

Trifft das einfallende Licht dagegen auf das untergelegte Papier, so wird es auf Grund der rauen Oberfläche des Papiers in alle Raumrichtungen gestreut (siehe Abb. 3). Dadurch wird die gesamte Innenwand des Zylinders beleuchtet. Ein Teil des Lichts kann das Papier des Zylindermantels durchdringen und wird dabei nochmals gestreut (siehe Abb. 3). Ein Beobachter nimmt einen vollständig erleuchteten Zylinder wahr, weil durch die zwei beschriebenen Streuprozesse von jedem Punkt seiner Oberfläche Licht in alle Raumrichtungen abgestrahlt wird (siehe Abb. 3).

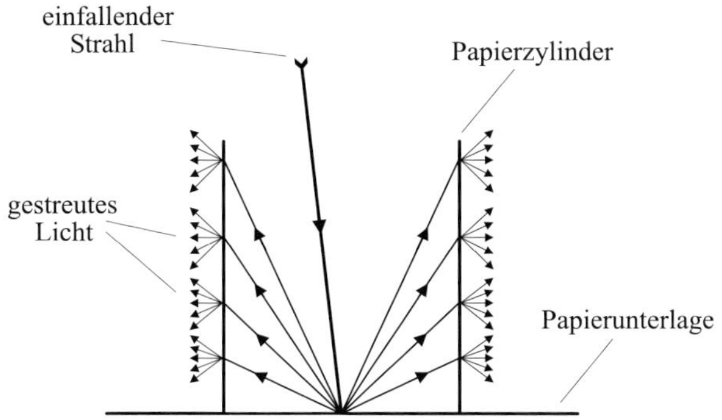

Abb. 3

Literatur

o. L.

8.37 Himmelblau, Abend- und Morgenrot

An einer trüben, transparenten Flüssigkeit in einem Gefäß wird demonstriert, dass die Rayleigh-Streuung von Licht von der Wellenlänge abhängig ist. Das Experiment stellt ein Modell dar zur Erklärung, warum der Himmel blau ist und die Sonne beim Auf- und Untergang rötlich erscheint.

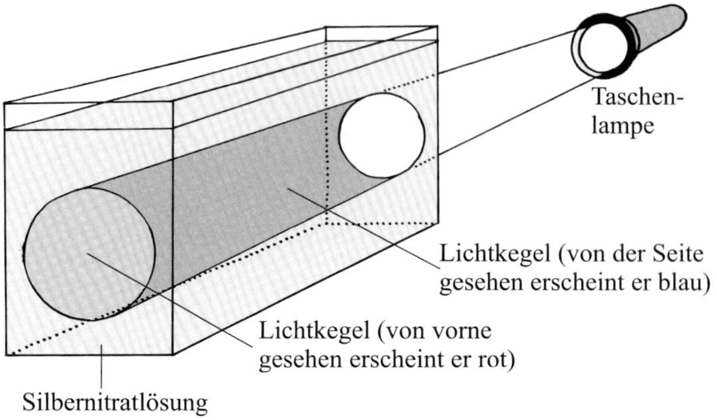

Abb. 1

Material

- durchsichtiges, klares Gefäß, z. B. eine Wanne
- Taschenlampe oder Experimentierleuchte
- Silbernitrat ($AgNO_3$) oder fettarme Milch oder 10 g Natriumthiosulfat (NaS_2O_3) und 500 g stark verdünnte Salzsäure (HCl_{aqu})

Aufbau und Durchführung

In ein mit Wasser gefülltes transparentes, klares Gefäß werden einige Tropfen Silbernitratlösung gegeben und gut vermischt. Beleuchtet man diese Mischung mit einer Taschenlampe (siehe Abb. 1), so erscheint das Gefäß seitlich bläulich-weiß. Blickt man von vorne durch das Glas auf die Taschenlampe, erscheint diese rötlich. Wird die Konzentration des Silbernitrats vergrößert, erscheint der der Taschenlampe abgewandte Teil des Gefäßes von der Seite rot, der der Taschenlampe zugewandte Teil blau.
Statt des Silbernitrats kann man auch fettarme Milch in das Wasser tropfen oder auf 100 g Wasser 2 g Natriumthiosulfat und 100 g verdünnte Salzsäure geben.

Erklärung

Im Taschenlampenlicht sind fast alle Wellenlängen des sichtbaren Lichts enthalten. Eine Streuung ist nicht in einer homogenen Substanz (z. B. reines Wasser) möglich, da die Rayleigh-Streuung an Einzelteilchen stattfindet, die klein gegenüber der Wellenlänge des Lichts sind. Deshalb werden dem Wasser bestimmte Fremdsubstanzen (wie z. B. die im

Experiment verwendeten Materialien) zugefügt. Für Streuzentren (wie z. B. die Ag^+- und die NO_3-Ionen in der Lösung), deren Größe wesentlich kleiner als die Wellenlänge des eingestrahlten Lichts ist, gilt die folgende Betrachtung:
Das elektrische Feld der elektromagnetischen Strahlung wirkt auf die Elektronenverteilung im Atom (Ag^+). Im Atom wird ein Dipolmoment vom Betrag p induziert, so dass im Bereich zwischen den getrennten Ladungen $\pm Q$ das äußere elektrische Feld $\vec{E}$ durch das induzierte Feld $\vec{E}_{ind}$ aufgehoben wird ($|\vec{E}| = |\vec{E}_{ind}|$). Für den Betrag des induzierten Felds $\vec{E}_{ind}$ zwischen den Ladungen $\pm Q$ (siehe Abb. 2) gilt:

$$|\vec{E}_{ind}| = \frac{Q}{2\varepsilon_0 A}$$ [*Vogel*] 1995, S. 526]

(ε_0: elektrische Feldkonstante; $A = \left(\frac{d}{2}\right)^2 \pi$: etwa Querschnittsfläche des Atoms; d: mittlerer Abstand der Ladungsschwerpunkte)

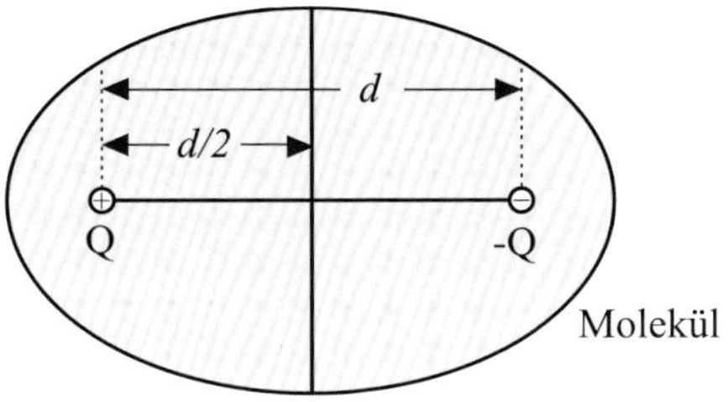

Abb. 2

Damit ist:

$$p = Qd \approx 2\varepsilon_0 A d E_{ind} \approx 2\varepsilon_0 V E_{ind}$$

($V = Ad$: gibt in etwa das Atomvolumen an).
Da sich der Betrag der äußeren Feldstärke E mit der Frequenz ω des eingestrahlten Lichts ändert, muss sich auch der Betrag der induzierten Feldstärke E_{ind} mit dieser Frequenz ändern. Nach *Heinrich Hertz* (1857-1894) wird von dem Dipol dabei die Leistung P abgestrahlt

$$P = \frac{\omega^4 p^2}{6\pi\varepsilon_0 c^3} \approx \frac{2\omega^4 \varepsilon_0 V^2 E_{ind}^2}{3\pi c^3}$$ [*Vogel* 1995, S. 405]

(c: Betrag der Vakuumlichtgeschwindigkeit)
Diese Leistung wird der einfallenden Welle entnommen. Die einfallende Welle besitzt eine Intensität $I = c\varepsilon_0 E^2$. Das ergibt folgenden Streuquerschnitt σ:

$$\sigma = \frac{P}{I} \approx \frac{2\omega^4 V^2}{3\pi c^4}$$

Da der Streuquerschnitt σ von ω^4 abhängt, ist er für blaues Licht ($\lambda \approx 400$ nm) ca. 16-mal größer als für rotes Licht ($\lambda \approx 800$ nm). Blaues Licht wird viel stärker gestreut als rotes Licht. Diesen Streumechanismus nennt man Rayleigh-Streuung.
Verwendet man angesäuerte Natriumthiosulfatlösung, findet folgende Reaktion statt:

$$S_2O_3^{2-} + 2 \cdot H_3O^+ \rightarrow 3 \cdot H_2O + SO_2 \uparrow + S \downarrow$$

Das Licht wird dann am elementaren Schwefel, der wie das Nitrat viel kleinere Abmessungen als die optisch sichtbaren Wellenlängen besitzt, nach Rayleigh gestreut.

Die Fetttröpfchen der Milch in der Wasserlösung sind nicht viel größer als die Wellenlängen des optisch sichtbaren Lichts. Die Streuung von Licht an diesen Tröpfchen wird durch die sog. Mie-Streuung (benannt nach *Gustav Mie* (1868-1957)) beschrieben. Ihr Streuquerschnitt hängt, wenn auch schwächer (nicht mehr von der vierten Potenz der Frequenz) als bei der Rayleigh-Streuung, von der Frequenz des einfallenden Lichts ab. Daher erhält man auch mit Milch ähnliche Versuchsergebnisse wie bei den zur Demonstration der Rayleigh-Streuung besonders geeigneten Substanzen.

Bemerkungen

Da Luft keine regelmäßigen Strukturen aufweist wie eine reine Flüssigkeit (bei Luft ist ein Dichteunterschied auf geringen Entfernungen oftmals gegeben), wird das Sonnenlicht mit dem beschriebenen Mechanismus der Rayleigh-Streuung an den Luftmolekülen als Streuzentren gestreut. (Die Abmessungen der Luftmoleküle sind wesentlich kleiner als die Wellenlängen des optisch sichtbaren Lichts.)
Für die mittlere freie Weglänge l von Licht der Wellenlänge λ gilt:

$$l = \frac{1}{n\sigma} \approx \frac{3\pi c^4}{2\omega^4 V^2 n} = \frac{3\lambda^4}{2^5 \pi^3 V^2 n}$$

(n: Teilchenzahldichte; $\omega = \frac{2\pi c}{\lambda}$)

Das Molekülvolumen V wird aus der Dichte ρ der flüssigen Luft (etwa gleich der des Wassers), in der die Moleküle fast dichtgepackt liegen, abgeschätzt. Es ist

$$\frac{1}{V} = \frac{\rho \cdot N_A}{M_m} \approx 3 \cdot 10^{28}\ \mathrm{m}^{-3}$$

($M_m = 18\ \frac{\mathrm{g}}{\mathrm{mol}}$: molare Masse $[\frac{\mathrm{g}}{\mathrm{mol}}]$ von Wasser; $N_A = 6 \cdot 10^{23}\ \frac{1}{\mathrm{mol}}$: Avogadrokonstante)

n errechnet sich aus $n = \frac{N_A \rho}{\overline{M}}$ mit $\rho = 1{,}3 \cdot 10^3\ \frac{\mathrm{kg}}{\mathrm{m}^3}$ (Dichte der Luft) und $\overline{M} = 41\ \frac{\mathrm{g}}{\mathrm{mol}}$ (mittlere molare Masse von Luft) zu

$$n = 2 \cdot 10^{25}\ \frac{1}{\mathrm{m}^3}$$

Mit dem abgeschätzten Wert von V und dem berechneten Wert von n ergibt sich für die mittlere freie Weglänge von Licht der Wellenlänge λ

$$\mathrm{l} \approx 140 \cdot 10^{27}\ \lambda^4\ \frac{1}{\mathrm{m}^3}.$$

Die mittlere freie Weglänge für Violett (400 nm) beträgt demnach 3,6 km, für Rot (800 nm) beträgt sie 57 km und für Gelb (600 nm) ergibt sich die mittlere freie Weglänge zu 18 km. Bei steilem Sonnenstand werden nur Violett und Blau fast weggestreut, bei Sonnenauf- und Sonnenuntergang, wenn der Weg durch die 8 km dicke Atmosphäre über 300 km lang ist, kommt nur das Rot (geschwächt) hindurch.
John William Strutt Lord Rayleigh (1842-1919; Nobelpreis 1904) fand 1899 heraus, dass das Licht der Sonne vor allem an Luftmolekülen und nicht nur an Fremdteilchen in der Luft, wie das 1868 *John Tyndall* (1820-1893) am Smog über London deutete, gestreut wird. (Nach [*Glass* 1997, S. 87] schlug *Tyndall* vor, für das hier beschriebene Experiment

dem Wasser „Kölnisch-Wasser"-Tropfen als Streuteilchen hinzuzufügen.) Bereits 1871 entdeckte *Rayleigh*, dass die Intensität des gestreuten Lichts umgekehrt proportional zur vierten Potenz der Wellenlänge ist.
Da blaues Licht stärker gestreut wird als rotes, sind z. B. Nebelschlussleuchten am Automobil rot (und Scheinwerfer gelb).

Literatur

Wittmann, J.: Trickkiste 1, Experimente, wie sie nicht im Physikbuch stehen, Bayerischer Schulbuch Verlag, München 1986
Zeier, E.: Physikalische Schulversuche, Freihandversuche, kleine Experimente, Aulis Verlag Deubner, Köln 1986
Walker, J.: Ein Knick in der Optik, Unterhaltsame Experimente aus Spektrum der Wissenschaft, Fischer Taschenbuch Verlag GmbH, Frankfurt am Main 1992, S. 118-126
Kratz, M.: Experimente als Hausaufgaben Physik, Aulis Verlag Deubner, Köln 1993
Glass, D.: Das neue What's what? Naturwissenschaftliche Plaudereien, Deutscher Taschenbuch Verlag GmbH & Co. KG, München 1997
Ardley, N.: 101 spannende Experimente aus Wissenschaft und Technik, Loewe Verlag, Bindlach 1995

zu Bemerkungen:

Glass, D.: Das neue What's what? Naturwissenschaftliche Plaudereien, Deutscher Taschenbuch Verlag GmbH & Co. KG, München 1997

zur Erklärung:

Vogel, H.: Gerthsen Physik, Springer Verlag, Berlin 1995

zu den Formeln:

Vogel, H.: Gerthsen Physik, Springer Verlag, Berlin 1995

8.38 Wie fotografiert man aus dem Auto?

Die Polarisation durch Reflexion wird mit Hilfe eines Polarisationsfilters und einer spiegelnden nichtmetallischen Fläche gezeigt.

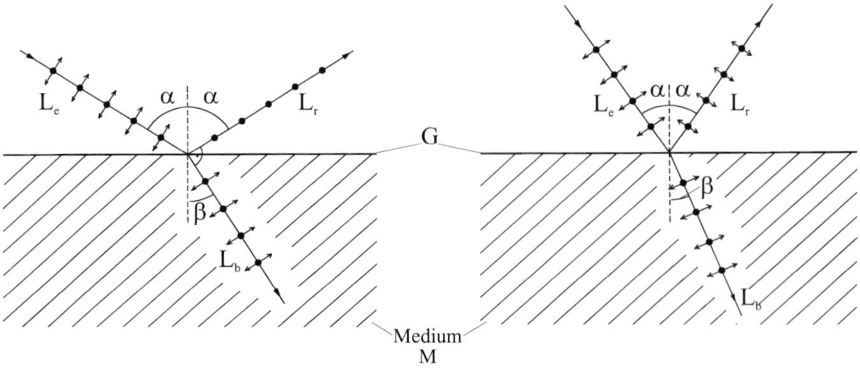

Abb. 1 (a) (b)

Material

- Polarisationsfilter, z. B. Polarisationsfilter für den Fotoapparat oder Sonnenbrille mit Polarisationsfilter (von Seglern und Anglern verwendet)

Aufbau und Durchführung

Im Freien oder im Zimmer wählt man irgendeine spiegelnde Fläche, die nicht aus Metall besteht, z. B. das Fenster, einen Teller, der mit glänzender Glasur überzogen ist, eine Wasserfläche oder die Fensterscheiben eines Autos.

Schaut man schräg auf bzw. durch diese Fläche, wird der Blick durch Spiegelungen gestört. Zum Vergleich betrachtet man die gleiche Fläche durch einen Polarisationsfilter. Dreht man den Filter vor dem Auge, werden die Spiegelungen bei einer bestimmten Stellung des Filters (siehe Erklärung) deutlich schwächer oder verschwinden ganz. Auf diese Weise kann man im Idealfall durch spiegelnde Glasscheiben oder Wasserschichten ungehindert hindurchsehen.

Erklärung

In Abbildungen 1(a) und (b) verläuft der Lichtstrahl L_e in Luft und fällt an der Grenzfläche G auf das Medium M, dessen Brechungsindex größer als der von Luft ist. An G wird L_e zum Teil reflektiert (L_r) und zum Teil gebrochen (L_b). Die drei Lichtstrahlen L_e, L_r und L_b liegen in der Einfallsebene, in Abbildung 1 die Papierebene. Die Komponenten ihrer elektrischen Feldvektoren, die senkrecht zur Einfallsebene liegen (senkrechte Komponente), sind als Punkte und die Komponenten, die tangential zur Einfallsebene liegen (tangentiale Komponente), als Striche (mit Pfeilen) dargestellt.

Ein Beobachter sieht Spiegelungen an der Fläche G, wenn Lichtstrahlen, die an dieser

Fläche reflektiert werden, in sein Auge fallen. Um das Sehen von Spiegelungen zu vermeiden, muss mit Hilfe eines Filters die Intensität dieser reflektierten Lichtstrahlen stärker vermindert werden als die Intensität der übrigen Lichtstrahlen. Reflektierte Lichtstrahlen, in Abbildung 1 L_r, haben die Eigenschaft, dass die Amplitude ihrer senkrechten Komponente größer ist als die ihrer tangentialen Komponente (außer: $\alpha = 0$ oder $\frac{\partial}{2}$, Erklärung unten). Wird durch einen Polarisationsfilter die senkrechte Komponente von L_r herausgefiltert, vermindert dies die Intensität dieses Lichtstrahles um mehr als 50 %, die Intensität der unpolarisierten Lichtstrahlen nur um 50 %.

Es ist noch zu erklären, warum die Amplitude der senkrechten Komponente (A_{rs}) von L_r größer ist als die der tangentialen Komponente (A_{rt}).

Dies ist anschaulich zu verstehen, wenn die Strahlen L_b und L_r senkrecht aufeinander stehen (Brewster-Winkel, siehe Abb. 1(a)): Trifft die Lichtwelle L_e auf die Grenzfläche G, regt sie dort die Elektronen der getroffenen Atome zu Schwingungen in Richtung des elektrischen Feldvektors der Welle L_b an, die in M verläuft (siehe Abb. 1(a)). Die reflektierte Welle L_r entsteht nach dem Huygens-Fresnel-Prinzip als Überlagerung der Elementarwellen, die von diesen schwingenden Elektronen ausgehen. Linear schwingende Ladungsträger können in ihrer Schwingungsrichtung keine Strahlung emittieren. Deshalb hat der Lichtstrahl L_r keine tangentiale Komponente (siehe Abb. 1(a)), wenn die Strahlen L_r und L_b einen rechten Winkel einschließen (Brewster'sches Gesetz).

Eine allgemeine Aussage über das Verhältnis zwischen A_{rs} und A_{rt} lässt sich nur mit Hilfe der elektromagnetischen Lichttheorie machen. Danach ergibt sich für den Reflexionskoeffizienten der senkrechten und der tangentialen Komponente in Abhängigkeit vom Einfallswinkel α:

$$\rho_s = \frac{A_{rs}}{A_{es}} - \frac{\sin(\alpha - \beta)}{\sin(\alpha + \beta)} \quad \text{und} \quad \rho_t = \frac{A_{rt}}{A_{et}} = \frac{\tan(\alpha - \beta)}{\tan(\alpha + \beta)} \qquad (1)$$

(ρ_s: Reflexionskoeffizient der senkrechten Komponente; ρ_t: Reflexionskoeffizient der tangentialen Komponente; A_{es}: Amplitude der senkrechten Komponente von L_e; A_{et}: Amplitude der tangentialen Komponente von L_e.)

Da L_e nicht polarisiert ist, sind A_{es} und A_{et} im Mittel gleich. So ergibt sich das Verhältnis v zwischen den beiden AmplitudenA_{rs} und A_{rt}:

$$v = \frac{S_{rt}}{A_{rs}} = \left|\frac{\rho_t}{\rho_s}\right| = \left|\frac{\cos(\alpha+\beta)}{\cos(\alpha-\beta)}\right| \qquad (2)$$

Da der Brechungsindex des Mediums M größer als der von Luft ist, gilt auf Grund des Brechungsgesetzes $\alpha > \beta$ ($-\frac{\partial}{2} \leq \frac{\partial}{2}$), und es lässt sich über v aussagen:

$0 \leq v < 1 \quad$ für $\quad 0 < \alpha < \frac{\partial}{2}$

$v = 1 \quad$ für $\quad \alpha = 0$ oder $\alpha = \frac{\partial}{2}$

Als Spezialfall beinhaltet Gleichung (2) das Brewster'sche Gesetz:

$v = 0 \quad$ für $\quad \alpha + \beta = \frac{\partial}{2}$

Bemerkungen

Polarisationsfilter werden in der oben beschriebenen Weise ausgenutzt, um z. B. durch spiegelnde Glasscheiben hindurchzufotografieren. Die Spiegelungen an Glasscheiben stören sehr, wenn man durch die Scheibe eines Autos oder im Museum durch die Wand einer Glasvitrine fotografieren möchte.
Polarisationsfilter werden auch von Seglern und Anglern genutzt, um die Augen vor einem großen Teil des an der Wasseroberfläche reflektierten Sonnenlichts zu schützen. Die Gläser, der von ihnen verwendeten Sonnenbrillen, filtern nicht nur die UV-Strahlen heraus, sondern auch die horizontale Komponente des auf sie fallenden Lichtes, wenn die Brille horizontal auf der Nase sitzt.
Die gleiche Thematik behandelt das Experiment „Die Brewster-Kerze“.

Literatur

Wittmann, J.: Trickkiste 1, Experimente, wie sie nicht im Physikbuch stehen, Bayerischer Schulbuch Verlag, München 1986
Zeier, E.: Physikalische Schulversuche, Freihandversuche, kleine Experimente, Aulis Verlag Deubner, Köln 1986

zu Formel (1):

Demtröder, W.: Experimentalphysik 2, Elektrizität und Optik, Springer Verlag, Berlin Heidelberg 1995, S. 228

8.39 Die Brewster-Kerze

An einer Glasscheibe kann das Phänomen der Polarisation durch Reflexion demonstriert werden.

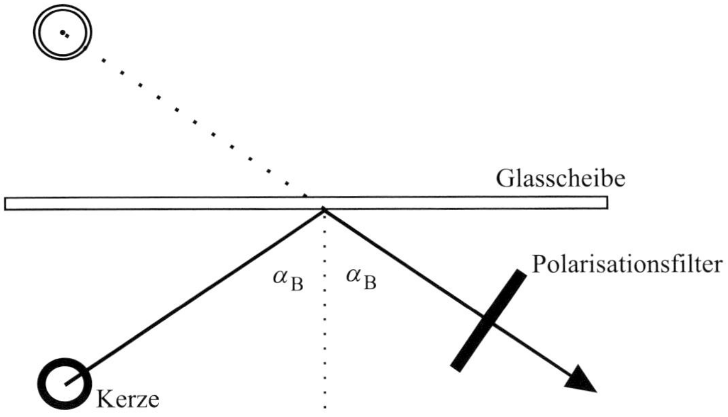

Abb. 1

Material

- Kerze
- Glasscheibe
- Polarisationsfilter

Aufbau und Durchführung

Man zündet eine Kerze an und platziert sie so auf einem Tisch, dass sie sich in einer senkrecht auf dem Tisch gehaltenen Glasscheibe spiegelt. Betrachtet man das Spiegelbild der Kerze mit einem Auge durch einen Polarisationsfilter, der so eingestellt ist, dass er nur Licht durchlässt, das in horizontaler Richtung polarisiert ist, unter verschiedenen Winkeln α, so stellt man fest, dass es einen bestimmten Winkel gibt, unter dem das Spiegelbild der Kerze „verschwindet" (siehe Abb. 1).

Erklärung

Ein 1813 von dem schottischen Physiker *Sir David Brewster* (1781-1868) aufgestelltes Gesetz besagt, dass der reflektierte Anteil elektromagnetischer Strahlung, die unter einem bestimmten Winkel α_B auf ein reflektierendes Medium fällt, polarisiert ist. Diese Beobachtung lässt sich mit der Strahlungscharakteristik von Dipolen erklären, als die die von der Strahlung zu Schwingungen angeregten Elektronen des reflektierenden Materials angesehen werden können. Der im Versuch durch Probieren gefundene „bestimmte" Winkel ist der Brewster-Winkel α_B. Für verschiedene Glasarten nimmt er Werte zwischen 56° und 60° an. Beträgt der Einfallswinkel α_B, stehen reflektierter und gebrochener Strahl aufeinander senkrecht. Genaueres zum Brewster'schen Gesetz findet man in der Erklärung zu Experiment „Wie fotografiert man aus dem Auto?".

Bemerkungen

[*Treitz* 1991] schlägt vor, in einer festen Anordnung, eventuell in einem Schuhkarton als „Guckkasten", eine Konstellation einer brennenden Kerze, einer Glasscheibe und einer nichtbrennenden Kerze so aufzubauen, dass bei Betrachtung des Spiegelbildes der brennenden Kerze durch einen den Brewster-Winkel α_B festlegenden Schlitz dieses Spiegelbild gerade mit der auf der anderen Seite der Glasscheibe (am Ort des virtuellen Bildes) stehenden, nichtbrennenden Kerze zur Deckung zu bringen. Durch Drehen des Polarisators kann so scheinbar eine Kerze an- und ausgeschaltet werden.

In seinem Buch „Sie belieben wohl zu scherzen, Mr. Feynman!" verdeutlicht der amerikanische Nobelpreisträger *Richard P. Feynman* (1918-1988) auf den Seiten 279-281 den didaktischen Urkonflikt zwischen Lehrbuchwissen und Erfahrungswissen anhand des Brewster'schen Gesetzes; eine Passage, die jeder (Physik-)Lehrer einmal gelesen haben sollte:

„Im Hinblick auf das Bildungswesen in Brasilien machte ich eine sehr interessante Erfahrung. Ich unterrichtete eine Gruppe von Studenten, die letzten Endes Lehrer werden würden, denn damals gab es in Brasilien für Leute mit einer wissenschaftlichen Ausbildung nicht viele Möglichkeiten. Diese Studenten hatten schon viele Kurse absolviert, und dies sollte für sie ein Fortgeschrittenen-Kurs über Elektrizität und Magnetismus sein – die Maxwellschen Gleichungen und so weiter.

Die Universität war in verschiedenen, über die ganze Stadt verstreuten Bürogebäuden untergebracht, und der Kurs, den ich abhielt, fand in einem Gebäude statt, von dem aus man die Bucht überblicken konnte.

Ich stellte etwas sehr Merkwürdiges fest: Ich konnte eine Frage stellen, die die Studenten sofort beantworteten. Aber wenn ich die Frage das nächste Mal stellte – das gleiche Thema, die gleiche Frage, so viel ich wusste –, konnten sie sie keineswegs beantworten. Einmal sprach ich beispielsweise über polarisiertes Licht und gab jedem von ihnen einen Streifen polarisierendes Material.

Ein Polarisator lässt nur solches Licht durch, dessen elektrischer Vektor eine bestimmte Richtung hat, und ich erklärte, wie man, ausgehend davon, ob der Polarisator dunkel oder hell ist, herausfinden kann, in welcher Ebene das Licht polarisiert wird. Wir nahmen zunächst zwei Streifen polarisierendes Material und drehten sie so lange, bis sie die größte Menge Licht durchließen. Aufgrund dessen konnten wir feststellen, daß die beiden Streifen nun Licht durchließen, das in der gleichen Richtung polarisiert wurde – was durch den einen Polarisator ging, ging auch durch den anderen hindurch. Aber dann fragte ich, wie man mit einem *einzigen* Stück polarisierenden Materials die *absolute* Richtung der Polarisierung feststellen kann. Sie hatten keine Ahnung.

Ich wusste, dass man dazu ein gewisses Maß an Findigkeit brauchte, deshalb gab ich ihnen einen Hinweis: „Schauen Sie auf das Licht, das draußen vom Wasser in der Bucht reflektiert wird."

Keiner sagte etwas.

Dann fragte ich: „Haben Sie schon mal etwas vom Brewster'schen Winkel gehört?"
„Ja. Der Brewster'sche Winkel ist der Winkel, bei dem Licht, das von einem Medium mit einem Brechungsindex reflektiert wird, vollständig polarisiert ist."
„Und wie ist das Licht polarisiert, wenn es reflektiert wird?"
„Das Licht ist senkrecht zur Reflektionsebene polarisiert." Ich muss mir das sogar jetzt noch überlegen; sie wussten es auf Anhieb! Sie wußten sogar, dass der Tangens des Winkels gleich dem Index ist!
Ich fragte: „Na, und was folgt daraus?"
Immer noch nichts. Dabei hatten sie mir gerade erzählt, dass Licht, das von einem Medium mit Brechungsindex wie dem Wasser draußen in der Bucht reflektiert wird, polarisiert ist; sie hatten mir sogar gesagt, *wie* es polarisiert ist.
Ich sagte: „Schauen Sie durch den Polarisator auf die Bucht dort draußen. Und jetzt drehen sie den Polarisator."
„Ooh", sagten sie, „das ist ja polarisiert!"
Nach allerlei Nachforschungen fand ich schließlich heraus, dass die Studenten alles auswendig gelernt hatten, aber nicht wussten, was es bedeutete. Wenn sie hörten: „Licht, das von einem Medium mit Brechungsindex reflektiert wird", wussten sie nicht, dass damit ein Material *wie zum Beispiel Wasser* gemeint war. Sie wussten nicht, dass die „Richtung des Lichts" die Richtung ist, in der man etwas *sieht*, wenn man darauf schaut, und so weiter. Alles war ganz und gar auswendig gelernt, aber nichts war in sinnvolle Worte übersetzt worden. Wenn ich also fragte: „Was ist der Brewster'sche Winkel?", war es, als würde ich die Antwort mit dem richtigen Stichwort aus einem Computer abrufen. Wenn ich dagegen sagte: „Schauen Sie auf das Wasser", tat sich nichts – denn unter „Schauen Sie auf das Wasser!" hatten sie nichts abgespeichert."

Literatur

Treitz, N.: Spiele mit Physik, Verlag Harri Deutsch, Thun und Frankfurt/Main 1991

zu Bemerkungen:

Feynman, R. P.: Sie belieben wohl zu scherzen, Mr. Feynman! Abenteuer eines neugierigen Physikers, Serie Piper, München Zürich 1991

8.40 Optisch aktive Stoffe

Mit zwei Polarisationsfiltern können durchsichtige Stoffe daraufhin untersucht werden, ob sie die Polarisationsrichtung von Licht beeinflussen.

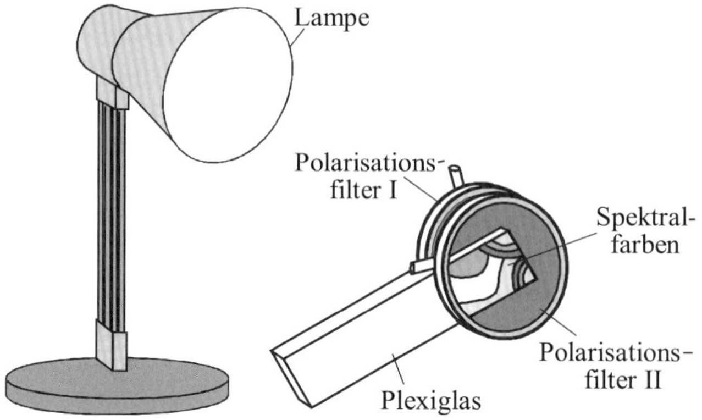

Abb. 1

Material

- 2 Polarisationsfilter, die linear polarisieren
- kleine Stücke verschiedener durchsichtiger Kunststoffe, z. B. Plexiglas, Plastikfolien

Aufbau und Durchführung

Eine Lichtquelle wird durch zwei aufeinander gelegte Polarisationsfilter betrachtet. Indem deren Polarisationsebenen senkrecht zueinander ausgerichtet werden, erreicht man, dass durch die Anordnung kein Licht mehr hindurchdringt. Bringt man in dieser Stellung zwischen die Filter ein kleines Stück Plexiglas, so erscheinen seine unterschiedlichen Bereiche in verschiedenen Farben (siehe Abb. 1). Biegt oder verdreht man das Plexiglas etwas, so verändern sich die Farbmuster. Mit einem Overheadprojektor als Lichtquelle kann man das Farbenspiel durch Projektion problemlos einem größeren Publikum sichtbar machen. Außer Plexiglas zeigen auch viele andere durchsichtige, feste Kunststoffe oder Plastikfolien das beschriebene Verhalten.

Erklärung

Ein Stoff, in dem die Ausbreitungsgeschwindigkeit von Licht von dessen Polarisations- und Ausbreitungsrichtung abhängt, heißt „optisch aktiv". Durchläuft linear polarisiertes Licht einen optisch aktiven Stoff, so wird seine Polarisationsebene um einen bestimmten Winkel um die optische Achse (welche die Richtung angibt, in der die Lichtgeschwindigkeit nicht von der Polarisationsrichtung abhängt) gedreht. Dabei hängt die Größe des Drehwinkels auch von der Wellenlänge des Lichts ab. Der Grund dafür ist, dass die für die optische Aktivität verantwortlichen unterschiedlichen Lichtgeschwindigkeiten wegen der

Dispersion in Medien auch von der Wellenlänge abhängen. Im Experiment dient der Filter I (siehe Abb. 1) als Polarisator, zur Erzeugung von linear polarisiertem Licht. Der Filter II wird als Analysator so ausgerichtet, dass seine Polarisationsebene senkrecht zu der von Filter I steht und daher das polarisierte Licht vollständig absorbiert wird.
Bringt man zwischen die Filter ein Stück Plexiglas, so dreht es die Polarisationsebene einer bestimmten Spektralfarbe um – sagen wir – 90°. Das Licht dieser Wellenlänge passiert den Filter II und wird beobachtet. Dabei sieht man natürlich nicht nur Licht einer einzigen Wellenlänge, da auch Licht ähnlicher Wellenlänge den Filter II teilweise passieren kann. Da die optische Aktivität bei Plexiglas von mechanischen Spannungen im Material hervorgerufen wird und diese an verschiedenen Stellen unterschiedlich groß sind, wird auch die Polarisationsebene des durchquerenden Lichts mehr oder weniger weit gedreht. Die Folge ist, dass die verschiedenen Bereiche des Plexiglases entsprechend der herrschenden Spannung in unterschiedlichen Farbtönen erscheinen. Durch zusätzliche Kräfte von außen kann man die produktionsbedingten Spannungen im Material und damit das Farbmuster verändern.

Bemerkungen

Durch die beschriebene Methode lassen sich an einem Plexiglasmodell eines Gegenstandes Spannungen sichtbar machen, die bei Belastung auftreten (siehe Abb. 2).

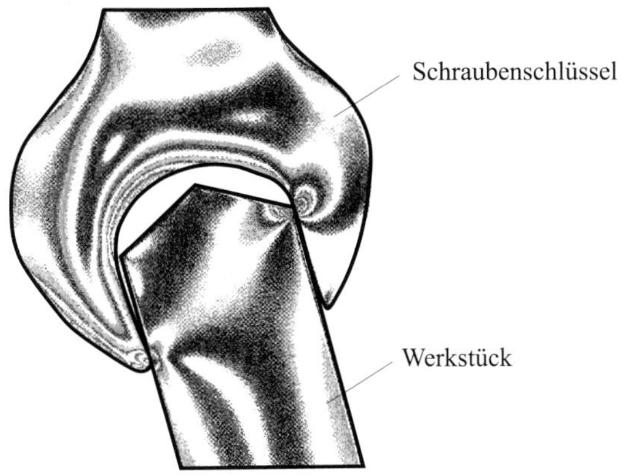

Abb. 2

Literatur

Bublath, J.: Das neue Knoff-Hoff Buch, Wilhelm Heyne Verlag, München 1989

zur Erklärung:

Grehn, J.; von Hessberg, A.; Holz, H.-G.; Krause, J.; Krüger, H.; Schmidt, H. K.: Metzler Physik, J. B. Metzlersche Verlagsbuchhandlung, Stuttgart 1989

zu Abbildung 2:

Jung, W.; Lanz, G.; Lorz, R.; Zoubek, W.: Abiturwissen, Physik, Weltbild Verlag GmbH, Augsburg 1992, S. 208

8.41 Die Instant-Brille für Kurzsichtige

Kurzsichtigkeit kann nicht nur durch Linsen, sondern auch durch einfache Blenden ausgeglichen werden.

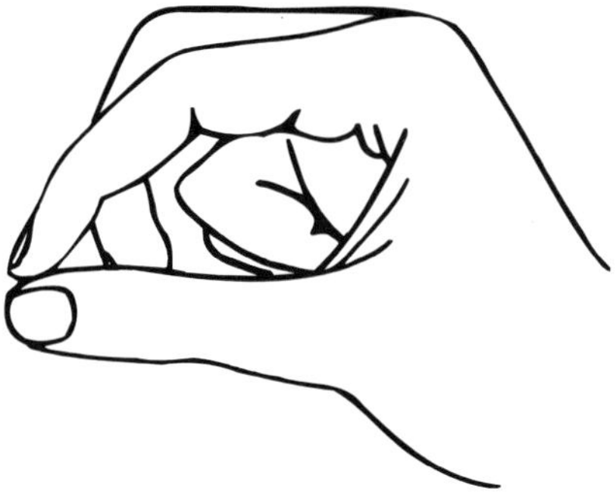

Abb. 1

Material

- nichts (evtl. ein Stück Pappe mit einem winzigen Loch)

Aufbau und Durchführung

Das Experiment kann am einfachsten und eindrucksvollsten von kurzsichtigen Brillenträgern mit abgesetzter Brille durchgeführt werden. Für Normalsichtige gibt es ein ebenso einfaches Alternativ-Experiment, das auf denselben physikalischen Gesetzmäßigkeiten beruht.
An die gut ausgeleuchtete Tafel wird mit dicker Kreide ein Stern, ein Kreuz, ein Buchstabe o. Ä. gezeichnet.

(a) Durchführung für Brillenträger mit abgesetzter Brille
Nehmen die Brillenträger ihre Brillen ab, werden die meisten von ihnen die Figur an der Tafel lediglich verschwommen wahrnehmen können. Schließen sie jedoch ein Auge (bei unterschiedlicher Sehschwäche: das bessersichtige) und betrachten die Figur durch eine sehr dicht vor das andere Auge gehaltene Blende, so wird die Wahrnehmung schärfer. Als leicht regulierbare Blende bietet sich das von Daumen, Zeigefinger und Mittelfinger gebildete Löchlein an, das man wie in Abbildung 1 gezeigt formt, wobei die Regulierung des Lochdurchmessers durch Verschieben des Mittelfingers geschehen kann.

(b) Durchführung für Brillenträger mit aufgesetzter Brille sowie Normalsichtige
Die Versuchspersonen strecken jeweils einen Arm horizontal in Augenhöhe nach vorne aus und fokussieren mit einem Auge über den emporgestreckten Daumen hinweg die Figur an der Tafel. Sieht man die Figur scharf, so wird man den davor gehaltenen Daumen nur unscharf wahrnehmen und umgekehrt. Wiederholt man dieses Experiment mit der dicht vor dem sehenden Auge gehaltenen Blende (die man mit der noch freien Hand wie in Abbildung 1 gezeigt formen kann), so wird man sowohl den Daumen als auch die Figur an der Tafel gleichzeitig scharf wahrnehmen können.

Erklärung

In Abbildung 2(a) ist vereinfacht wiedergegeben, was bei diesem Experiment im Falle von unkorrigierter Kurzsichtigkeit passiert:
Der Punkt P (die Spitze des Pfeiles) des Gegenstandes wird durch die Linse des Auges auf den Bildpunkt P' abgebildet. Bei Kurzsichtigkeit liegt dieser Punkt P' allerdings vor der Netzhaut, was zur Folge hat, dass das tatsächliche Bild des Punktes P auf der Netzhaut kein einzelner Punkt, sondern über einen gewissen Bereich der Größe d verschmiert ist. Ist dieses d größer als der durch das Auflösungsvermögen des Auges vorgegebene Abstand d_{min}, der durch den Abstand der Sehzapfen in der Netzhaut vorgegeben

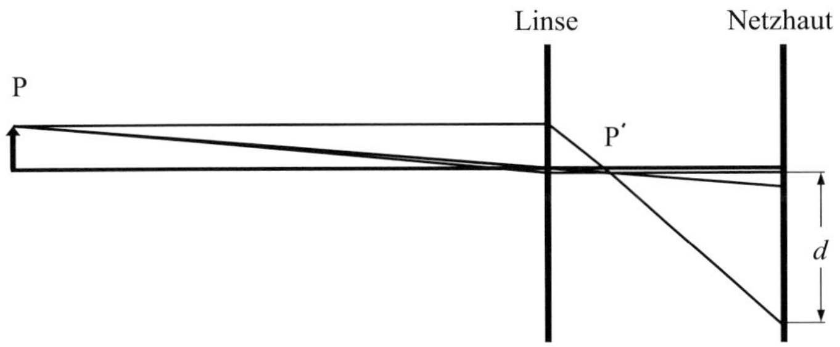

Abb. 2(a)

ist, so überlagern sich die Bilder verschiedener Punkte des Gegenstandes und die Wahrnehmung wird verschwommen.
In Abbildung 2(b) wird die Wirkungsweise der Blende erklärt:

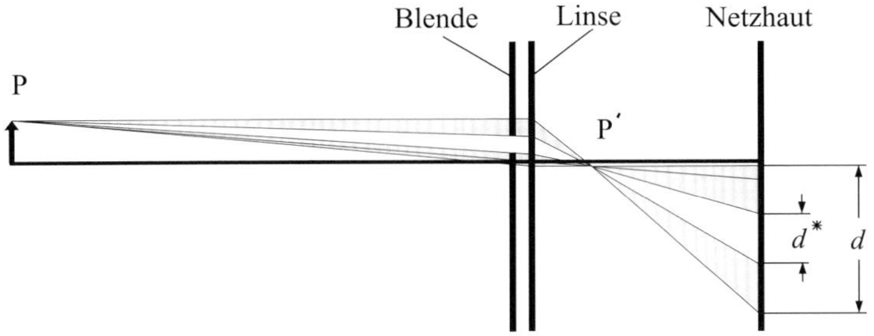

Abb. 2(b)

Das kleine „Fingerblenden-Loch" direkt vor der Augenlinse, hier vereinfacht als ebene Blende dargestellt, blendet die gefärbten Bereiche bis auf ein kleines Strahlenbündel aus, das auf der Netzhaut nur mehr einen Bereich der Größe $d^* < d$ abdeckt. Da durch das Auflösungsvermögen des Auges ein kleinster Abstand $d_{\min}$ vorgegeben ist, unterhalb dessen voneinander entfernte Punkte nicht mehr als verschiedene Punkte, sondern als ein einzelner Punkt wahrgenommen werden können, kann durch die Blende ein scharfes Bild erzeugt werden, falls $d^* < d_{\min}$ gilt. Zumindest aber wird die Wahrnehmung mit Blende stets weniger verschwommen sein als im Falle des unkorrigierten Auges, da *mit* Blende der Bereich, in denen sich die Bilder verschiedener Gegenstandspunkte auf der Netzhaut überlagern, kleiner ist. Durch die Blende wird also die Schärfentiefe vergrößert, d. h., das Auge kann über eine größere Distanz als ohne Hilfsmittel Gegenstände in verschiedener Tiefe scharf wahrnehmen. Die Grenzen dieses Verfahrens werden durch zwei Faktoren gesetzt: Zum einen ist das Sehfeld stark eingeschränkt, da die „Fingerblende" zwar nahe, aber immer noch nicht nahe genug an der Linse angebracht ist; zum anderen wird durch das Ausblenden eines kleinen Lichtbündels die Intensität des Lichts, das auf die Netzhaut trifft, verringert.

Bemerkungen

Besonders deutlich zeigt sich der Effekt, wenn man anstatt eines beleuchteten Objekts ein selbstleuchtendes Objekt betrachtet. Geradezu ideal hierfür sind die Standby-LEDs von

Fernseh- und Video-Geräten, sowie die Anzeigenfelder von CD-Playern oder (insbesonders in der Schule) Messgeräten. Aus einem ausgedehnten roten oder grünen „Leuchtklecks“ wird mit ein wenig Geduld und (im wahrsten Sinne des Wortes) Fingerspitzengefühl wieder eine scharf berandete LED.
Etwas Geduld und Übung benötigt man, wenn man mit beiden Händen vor beiden Augen „Fingerblenden“ formt. Dabei geht man am besten so vor, dass man zuerst auf einem Auge „scharf stellt“, während das andere noch geschlossen ist, die einmal gefundene Einstellung der Finger „arretiert“, indem man die Finger auf den Stirn- und Backenknochen abstützt, um sodann das eben scharf gestellte Auge zu schließen und das andere entsprechend vorzubereiten. Der Effekt, schließlich beide Augen zu öffnen und ohne Brille, nur mit einer Fingeranhäufung vor den Augen, plötzlich wieder scharf zu sehen, ist fast schon ein bisschen atemberaubend, auch wenn es nur die LED des CD-Players ist, die wieder „normal“ erscheint.
Die unterschiedlichen Wirkungsweisen der Sehschwächenkorrektur mittels Linsen bzw. Blenden sind:

- Die Linsen der Brille verschieben den Bildpunkt (in Abbildung 2(a): P’) auf die Netzhaut.
- Die Blenden belassen den Bildpunkt vor der Netzhaut und verringern lediglich die Unschärfe.

Nach [*Gobrecht* 1987, S. 371] liegt der durch den endlichen Abstand der Sehzäpfchen bedingte so genannte „physiologische Grenzwinkel“ des menschlichen Auges, unterhalb dessen zwei Punkte nicht mehr getrennt wahrgenommen werden, in der Größenordnung von etwa 1’.

Literatur

Moisl, F.: Schüler-Experimentierbuch Physik 1, Ravensburger Taschenbücher, Ravensburg 1982
Berry, D. A.: A POTPOURRI OF PHYSICS TEACHING IDEAS, Selected reprints from The Physics Teacher April 1963 to December 1986, American Association of Physics Teachers, College Park, MD 20740-4100, U.S.A. o. J. [1987]
Glass, D.: Das neue What’s what? Naturwissenschaftliche Plaudereien, Deutscher Taschenbuch Verlag GmbH & Co. KG, München 1997

zu Bemerkungen:

Gobrecht, H.; Eichler, H.-J.; Krystek, M.; Niedrig, H.; Richter, M.; Schoenbeck, H.; Weber, H.; Weber, K.: Bergmann-Schäfer, Lehrbuch der Experimentalphysik, Band III, Optik, Walter de Gruyter Verlag, Berlin 1987

8.42 Die Lochkamera

Mit einer aus einer Konservendose angefertigten Lochkamera lässt sich die Grundlage der Bildentstehung von optischen Geräten demonstrieren.

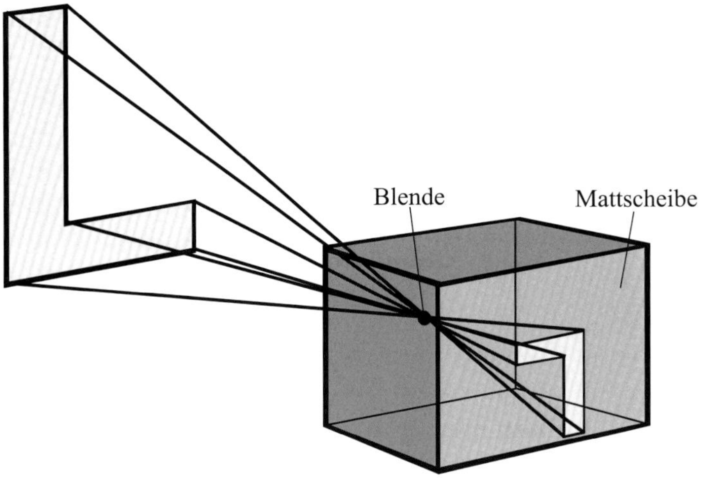

Abb. 1

Material

- leere Konservendose
- Pergamentpapier
- Klebeband
- Hilfsmittel: Hammer, Nagel

Aufbau und Durchführung

Von einer leeren Konservendose entfernt man den Deckel. In den Mittelpunkt der Bodenfläche schlägt man mit einem Hammer und einem Nagel ein kleines Loch (Durchmesser: ca. 1 mm). Wird das offene Ende der Dose straff mit Pergamentpapier bespannt, das man am einfachsten mit Klebeband an der Dose befestigt, so kann man in einem abgedunkelten Raum auf dem Pergamentpapier, das die Mattscheibe einer Lochkamera darstellt, wenn man das Loch (die Blende der Kamera) auf möglichst selbstleuchtende oder hell beleuchtete Gegenstände richtet, kopfstehende und seitenverkehrte Bilder beobachten.

Erklärung

Die von einem Gegenstand ausgehenden Lichtstrahlen können nur durch die Blende in die Kamera gelangen, woraus sich auf Grund der geradlinigen Ausbreitung des Lichts auf der Mattscheibe zwangsweise kopfstehende und seitenverkehrte Bilder ergeben (siehe Abb. 1): Zu jedem Punkt des Gegenstandes werden die von ihm ausgehenden und durch die Blende verlaufenden Strahlen (und ihre Auftreffpunkte auf der Mattscheibe) betrachtet. Je größer die Blende ist, umso unschärfer wird das Bild, da ein einzelner *Punkt* P des Gegenstandes vom Lichtbündel auf einen ausgedehnten *Bereich* P' der Mattscheibe abgebildet wird, so dass sich die Bilder von benachbarten Gegenstandspunkten überdecken (siehe Abb. 2).

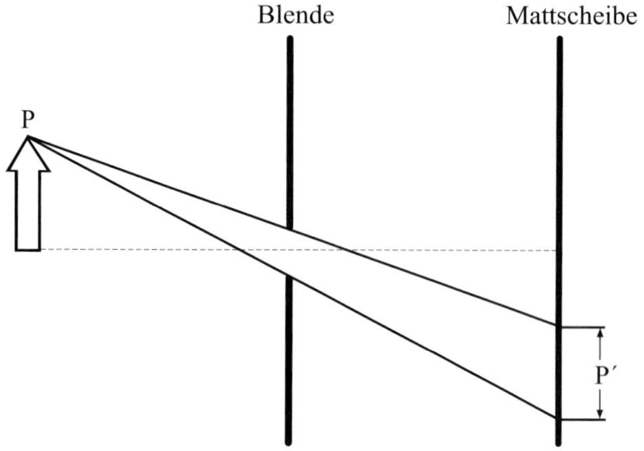

Abb. 2

Mit abnehmender Blendengröße nimmt deshalb zwar die Schärfe der Bilder zu, aber gleichzeitig die Lichtintensität ab, weshalb scharfe Bilder bei kleiner Blende am besten von leuchtenden Gegenständen beobachtet werden können, wobei die Verdunkelung des Zimmers der Verringerung des Streulichts dient, das ansonsten die lichtschwachen Bilder der Lochkamera noch undeutlicher erscheinen ließe. Außer durch die kleiner werdende Lichtintensität ist der Größe der Blende nach unten eine weitere Grenze durch Beugungserscheinungen gesetzt, deren Einfluss mit kleiner werdender Blende steigt. [*Gobrecht* 1987] gibt auf Seite 41 als optimalen Blendendurchmesser d

$$d=\sqrt{\frac{\lambda l}{2}}$$

(λ: Wellenlänge des Lichts; l: Abstand zwischen Blende und Mattscheibe)
an, woraus sich für Licht mittlerer Wellenlänge (580 nm) und einer 12 cm hohen Konservendose der Wert d = 0,187 mm errechnet.

Bemerkungen

Die Lochkamera kann selbstverständlich auch aus Papprollen oder Schuhkartons zusammengebaut und beliebig verfeinert werden, so dass schließlich sogar (seitenverkehrte) Negativaufnahmen angefertigt werden können. Dazu muss im Prinzip lediglich die Blende verschließbar sein und vor die Mattscheibe Fotopapier eingelegt werden können.

Bildet man mit der Lochkamera einen Gegenstand ab, dessen Entfernung, von der Blende aus gemessen, bekannt ist, kann man durch Vermessung des Bildes mit Hilfe des Strahlensatzes zumindest näherungsweise die Größe des Gegenstandes angeben. So lässt sich

z. B. der Durchmesser der Sonne, bei bekanntem Abstand zwischen Erde und Sonne, bestimmen.
Hat man einen Raum zur Verfügung, der gut verdunkelt werden kann und einzig durch ein schmales Schlüsselloch oder ein kleines Loch in der Jalousie an einem strahlenden Sommertag helles Sonnenlicht eindringen lässt, so kann man mit einem Blatt Papier als Mattscheibe Bilder aus dem Freien auffangen, da der gesamte Raum eine begehbare Lochkamera darstellt. Eine „Luxusausgabe" einer solchen (begehbaren) „camera obscura" (wörtlich: dunklen Kammer), nämlich eigentlich ein begehbares Fernrohr, befindet sich in einem kleinen Nebengebäude des berühmten Old Royal Observatory in Greenwich bei London (jenes Observatoriums, durch dessen Giebel der 0-Meridian festgelegt ist). Dieses Nebengebäude stellt im Inneren einen Rundbau dar, in dessen Mitte ein Tisch mit einer großen weißen Platte platziert ist. Mittels eines schräg justierten Spiegels, der über einem kleinen Loch in der Kuppel des Baus angebracht ist, das sich wiederum genau über der Mitte des Tisches befindet, sowie eines Linsensystems in jenem Loch in der Kuppel, wird das Geschehen auf einer einige hundert Meter entfernten Straße auf die Tischplatte projiziert, so dass man im sprichwörtlichen „stillen Kämmerlein" in der Rushhour wartenden, ahnungslosen Autofahrern beim Nasebohren oder spazieren gehenden Liebespärchen beim Turteln zusehen kann. Aber Vorsicht! [*Glass* 1995] warnt: „Ein französischer Schriftsteller des 17. Jahrhunderts berichtet von einer Camera obscura in der Nähe eines Parks, in dem sich, wie man wusste, junge Paare von zweifelhafter Moral herumtrieben. Vornehme Besucher bezahlten, um in die Camera obscura eintreten und die Bilder betrachten zu können, die von den verschiedenen skandalösen Vorgängen unter Bäumen und Büschen an der Wand erschienen. Diese zahlenden Besucher waren nicht nur überrascht von dem, was sie sahen, sondern auch, wie sie es sahen – wußten die meisten von ihnen doch nicht, dass ein Loch ein solches Bild an eine Wand werfen kann, weil Licht sich geradlinig fortbewegt. Will man dieser Beschreibung aus dem 17. Jahrhundert Glauben schenken, dann gab es auch noch einige andere Dinge, die die Besucher nicht wussten: Erstens, dass die meisten der amourösen Abenteuer, die sie beobachteten, von den Betreibern der Camera obscura inszeniert wurden, und zweitens, dass ihnen, während sie in dem dunklen Raum standen und gebannt auf die anregenden Bilder starrten, ihre Brieftaschen gestohlen wurden!"

Literatur

Zeier, E.: Kurzweil durch Physik, Aulis Verlag Deubner, Köln 1983
Zeier, E.: Physikalische Schulversuche, Freihandversuche, kleine Experimente, Aulis Verlag Deubner, Köln 1986
Berry, D. A.: A POTPOURRI OF PHYSICS TEACHING IDEAS, Selected reprints from The Physics Teacher April 1963 to December 1986, American Association of Physics Teachers, College Park, MD 20740-4100, U.S.A. o. J. [1987]
Edge, R. D.: String & Sticky Tape Experiments, American Association of Physics Teachers, College Park, MD 20740-4100, U.S.A. 1987
Temple, P.: Eckige Eier? Experimente, Tricks und Kniffe gegen Langeweile, Verlag an der Este, Buxtehude 1987

Raaf, H.; Sowada, H.: Physik macht Spaß, Überraschende Einsichten durch über 100 Modelle und Experimente, Herder Verlag, Freiburg im Breisgau 1990
Eckermann, P.; Nordqvist, S.: Linsen, Lupen und magische Skope, Verlag Friedrich Oetinger, Hamburg 1991
Taylor, B.: Einfache Experimente, Licht und Schatten, Spielend lernen, Südwest Verlag GmbH & Co. KG, München 1991
Brecht, R.: Professor Zweistein: Experimente zum Mitmachen, Zebold Verlag GmbH, München 1992
Tölle, M.: Kinder entdecken … Einfache Experimente, Time-Life Books B. V., Amsterdam 1994
Glass, D.: Das neue What's what? Naturwissenschaftliche Plaudereien, Deutscher Taschenbuch Verlag GmbH & Co. KG, München 1997
Ardley, N.: 101 spannende Experimente aus Wissenschaft und Technik, Loewe Verlag, Bindlach 1995

zur Erklärung:

Gobrecht, H.; Eichler, H.-J.; Krystek, M.; Niedrig, H.; Richter, M.; Schoenbeck, H.; Weber, H.; Weber, K.: Bergmann-Schäfer, Lehrbuch der Experimentalphysik, Band III, Optik, Walter de Gruyter Verlag, Berlin 1987

zu Bemerkungen:

Glass, D.: What´s what? Naturwissenschaftliche Plaudereien, Deutscher Taschenbuch Verlag GmbH & Co. KG, München 1995

8.43 Der kopfstehende Schatten

Mit einer kleinen Blende kann gezeigt werden, dass Bilder auf der Augennetzhaut seitenverkehrt und kopfstehend sind.

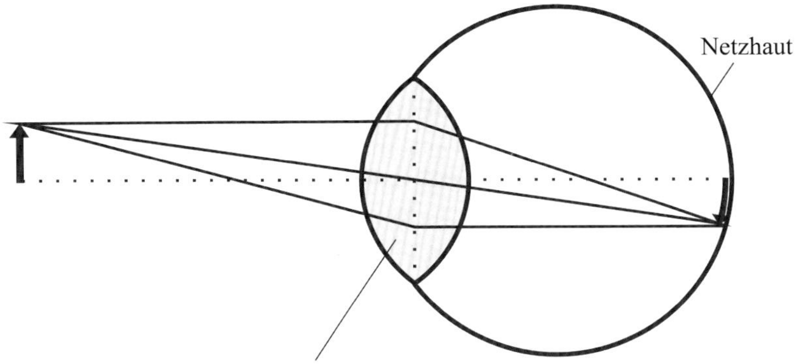

Abb. 1

Material

- Pappscheibe
- Bleistift

Aufbau und Durchführung

In eine dünne Pappscheibe wird mit einem gespitzten Bleistift ein kleines Loch gestochen (Durchmesser: 2 – 3 mm). Man schließt ein Auge und hält die Pappscheibe wenige Zentimeter vor das offene Auge und betrachtet durch das kleine Loch eine ausgedehnte Lichtquelle, etwa den Himmel, eine angestrahlte Wand oder Decke, oder einen hellen Computerbildschirm. Schiebt man die Bleistiftspitze so dicht wie möglich vor der Hornhaut z. B. von *unten* zwischen das Auge und die Pappblende, so wird man die Bleistiftspitze von *oben* in den kleinen Lichtkreis, den die Blende aus der ausgedehnten Lichtquelle „ausschneidet", hereinragen sehen. Bewegt man die Bleistiftspitze von *rechts nach links*, so bewegt sie sich im Lichtkreis von *links nach rechts*. Die Bewegungen der Bleistiftspitze werden also zweimal wahrgenommen: einmal sehr unscharf als Bewegung direkt vor dem Auge und in Übereinstimmung mit den Richtungen, in denen sich die Hand bewegt, die den Bleistift hält, und einmal als „Schatten" vor dem Lichtkreis, wobei sich dieser Schatten seitenverkehrt und kopfstehend zur Handbewegung verhält.

Erklärung

Die Optik des Auges erzeugt von jedem Gegenstand, von dem Lichtstrahlen ausgehen, die das Auge treffen, auf der Netzhaut ein kopfstehendes und seitenverkehrtes Bild (siehe

Abb. 1). Erst im Gehirn wird dieses, im wörtlichen Sinne „verkehrte“ Bild so verarbeitet, dass es mit den Wahrnehmungen anderer Sinnesorgane (Hände, Gleichgewichtsorgan im Mittelohr) übereinstimmt. Projiziert man mit einem, im Vergleich zur Umgebung lichtstarken Lichtbündel den Schatten eines Gegenstandes mit einer Zentralprojektion auf die Netzhaut, wie es im Experiment durch die Blende und die Bleistiftspitze geschieht, so trifft dieser Schatten richtig orientiert auf die Netzhaut, sofern das Abbildungssystem des Auges (Hornhaut, Linse, Glaskörper) bei der Bildentstehung keine oder zumindest nur eine zu vernachlässigende Rolle spielt, was durch die Nähe der Bleistiftspitze zur Hornhaut erreicht wird. Das Gehirn verarbeitet diesen Schatten jedoch wie jedes andere Bild auf der Netzhaut: Rechts und links sowie oben und unten werden vertauscht, weshalb der Schatten vor dem Lichtkreis seitenverkehrt und kopfstehend wahrgenommen wird.
Wüsste man nichts über die Orientierung der Bilder auf der Netzhaut, ließe sich aus dem Experiment folgende Überlegung ableiten: Ein richtig orientiert auf die Netzhaut projiziertes (Schatten-)Bild wird verkehrt orientiert wahrgenommen, d. h. das Gehirn vertauscht rechts mit links und oben mit unten. Da beim „normalen“ Einsatz des Auges unter Einbeziehung seines Abbildungssystems alle Gegenstände richtig orientiert wahrgenommen werden (und davon ausgegangen wird, dass der Bildverarbeitungsprozess in beiden Fällen der gleiche ist), muss im „Normalfall“ das Bild auf der Netzhaut verkehrt orientiert sein.

Bemerkungen

Dass man nicht nur den seitenverkehrten und kopfstehenden Schatten der Bleistiftspitze, sondern auch noch ein sehr unscharfes, aber großes Bild der Bleistiftspitze selber sieht (wie man ja auch z. B. einen unmittelbar vor das Auge gehaltenen Zeigefinger richtig orientiert, unscharf und groß wahrnimmt), ist bei diesem Experiment eher ein unerwünschter Nebeneffekt. Dieser kann dadurch ausgeschaltet werden, dass man sich aus einem kleinen leeren Karton aus lichtundurchlässiger Pappe (z. B., ironischerweise, einer Glühbirnenverpackung) ein Kästchen, wie in Abbildung 2 gezeigt, bastelt.

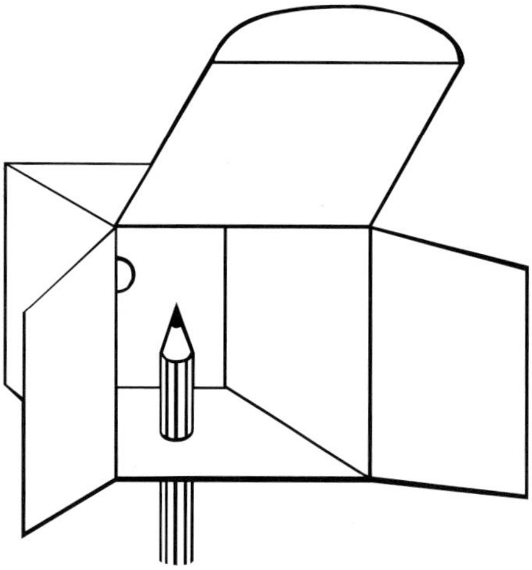

Abb. 2

Schiebt man die Bleistiftspitze von unten zwischen Auge und Blende, so wird durch die seitlichen Wände das Streulicht der Umgebung von der Bleistiftspitze ferngehalten. Diese wird also nicht beleuchtet (außer auf der vom Auge abgewandten Seite durch das Lichtbündel der Blende) und kann deshalb nur über das Bild ihres Schattens auf der Netzhaut wahrgenommen werden.
Wie es möglich ist, das Abbildungssystem des Auges zu umgehen, indem man sehr nahe an die Hornhaut mit dem abzubildenden Objekt herangeht, kann in einem Modellexperiment gezeigt werden: Das Licht einer Lampe wird mit einem Kondensor auf das Loch in der Pappblende gerichtet. Hinter der Blende ist eine Mattscheibe (als Modell der Netzhaut) angebracht. Zwischen Blende und Mattscheibe wird eine Sammellinse (als Modell des Abbildungssystems Hornhaut, Linse, Glaskör-

per) von so großer Brennweite eingebracht, dass sie kein scharfes Bild einer Bleistiftspitze auf der Mattscheibe erzeugen kann, falls die Spitze zwischen ihr und der Blende gehalten wird (was der Situation eines direkt vor das Auge gehaltenen Gegenstandes entspricht). Auf der Mattscheibe sieht man lediglich ein Bild des Schattens der Bleistiftspitze.
Das Experiment sollte auf Grund der Verletzungsgefahr des Auges selbstverständlich vorsichtig durchgeführt werden. Anstatt der Bleistiftspitze kann auch ein auf Overheadprojektor-Folie gedruckter Pfeil oder Buchstabe benutzt werden. Ist er in der Mitte einer DIN A4-Folie aufgedruckt und wird diese Stelle der Folie direkt vor die Hornhaut gehalten, verringert sich auch die Verletzungsgefahr durch die Kanten und Ecken der Folie.
Die gleiche Thematik behandelt das Experiment „Das Auge sieht die Welt verkehrt“.

Literatur

Treitz, N.: Spiele mit Physik, Ein Buch zum Basteln, Probieren und Verstehen, Verlag Harri Deutsch, Thun und Frankfurt/Main 1983
Zeier, E.: Physikalische Schulversuche, Freihandversuche, kleine Experimente, Aulis Verlag Deubner, Köln 1986
Walker, J.: Der fliegende Zirkus der Physik, R. Oldenbourg Verlag GmbH, München Wien 1994

8.44 Das Auge sieht die Welt verkehrt

Ein Loch in einem Karton, welcher sich näher am Auge als die Brennweite der Augenlinse befindet, wird durch das Auge abgebildet. Damit wird demonstriert, dass das Bild im Auge seitenverkehrt ist und auf dem Kopf steht.

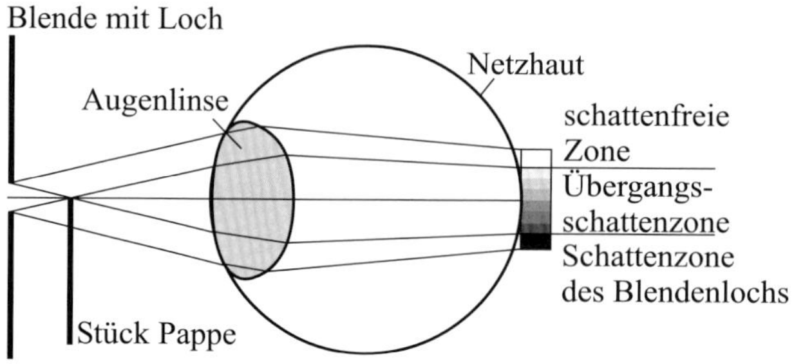

Abb. 1

Material

- 2 Stücke Pappe oder 2 Bierdeckel
- Experimentierleuchte oder Taschenlampe
- Sammellinse mit großer Brennweite (größer als 10 cm)
- Mattscheibe
- Stativmaterial

Aufbau und Durchführung

In ein Stück Pappe wird ein kleines Loch gestochen. Der Lochdurchmesser sollte 2 – 3 mm betragen. Im Folgenden wird diese Pappe als Blende bezeichnet.
Mit einem Auge blickt man durch das Loch in der Pappe auf einen hellen Hintergrund. Das andere Auge hält man geschlossen. Die Blende sollte deutlich näher als 10 cm am Auge sein. Das Loch wird mit einer Pappe, die man langsam von unten zwischen Auge und Blende über das Loch schiebt, verdunkelt (siehe Abb. 1). Man sieht das Loch sich von oben her verdunkeln. Schiebt man die Pappe von rechts zwischen Auge und Blende über das Loch, sieht man das Loch sich von links her verdunkeln.
Um dieses Experiment deuten zu können, wird der Strahlengang im Auge nachgestellt: In einem abgedunkelten Raum fixiert man mit entsprechendem Stativmaterial die Blende und beleuchtet das Loch mit einer Experimentierleuchte. Hinter der Pappe wird im Abstand von einigen Zentimetern die Mattscheibe positioniert. Zwischen Mattscheibe und Blende stellt man eine Sammellinse. Der Abstand der Blende zur Sammellinse muss kleiner sein als die Brennweite der Linse.
Verdunkelt man das Loch in der Blende mit einer Pappe, die langsam von unten nach oben zwischen Blende und Mattscheibe führt, verdunkelt sich der helle Fleck auf der Mattscheibe von unten. Verdunkelt man das Loch der Blende von rechts, verdunkelt sich der helle Fleck auf der Mattscheibe von rechts.

Erklärung

Die minimale Brennweite des Auges (minimaler Abstand vom Auge, bei dem ein Gegenstand noch scharf gesehen wird) beträgt beim Normalsichtigen etwa 10 cm. Ein Gegenstand, der weiter vom Auge entfernt ist als diese Brennweite, wird im Auge scharf abgebildet. Ist ein Gegenstand (oder ein leuchtendes Loch) näher am Auge, wird der Gegenstand nicht scharf auf der Netzhaut (Retina) abgebildet und die Brechung durch die Augenlinse spielt im Experiment keine Rolle.

Wie im zweiten Teilexperiment deutlich wird, entsteht auf der Netzhaut ein Bild, bei dem der Schatten des Kartons, der das Loch der Blende verdeckt, nicht seitenverkehrt und vertikal vertauscht in das Bild des hellen Lochs wandert. (Der Strahlengang ist in Abbildung 1 dargestellt.) Da man den Schatten jedoch von oben bzw. von links das Loch abdecken sieht, falls man das Loch von unten bzw. von rechts abdeckt, muss das Bild der Netzhaut im Gehirn um 180° gedreht werden.

Bemerkungen

Die gleiche Thematik behandelt das Experiment „Der kopfstehende Schatten“.

Literatur

Zeier, E.: Kurzweil durch Physik, Aulis Verlag Deubner, Köln 1983

zur Erklärung:

Vogel, H.: Gerthsen Physik, Springer Verlag, Berlin 1995, S. 498

8.45 Der blinde Fleck des Auges

Das Experiment führt vor, dass die Netzhaut jedes Auges eine lichtunempfindliche Stelle besitzt.

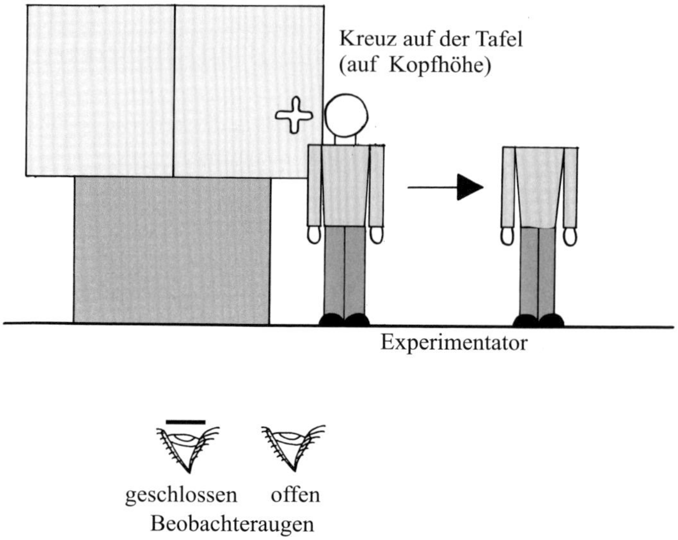

Abb. 1

Material

- Wandtafel
- Kreide
- weißes Papier
- Münze
- Stift

Aufbau und Durchführung

Rechts-Links-Angaben sind immer vom Beobachter aus zu verstehen.
An eine Wandtafel wird auf Kopfhöhe ein Kreuz gemalt. Die Größe des Kreuzes sollte 20 – 30 cm betragen. Der Experimentator stellt sich rechts vom Kreuz vor die Tafel. Der Beobachter sollte ca. 5 m vor der Tafel vor dem Kreuz stehen. Der Beobachter hält sich mit einer Hand sein linkes Auge zu. Während sich der Experimentator langsam nach rechts bewegt, fixiert der Beobachter mit seinem offenen Auge das Kreuz an der Tafel. Obwohl der Experimentator immer im Blickfeld des Beobachters steht, wird er irgendwann seinen Kopf verlieren (nur für den Beobachter!) (siehe Abb. 1). Dies geschieht umso früher, je näher man an der Tafel steht. Bewegt sich der Experimentator weiter nach rechts, kommt sein Kopf wieder zum Vorschein.
Auf ein weißes Blatt Papier malt man ein kleines Kreuz (Größe: ca. 2 cm). Rechts dane-

ben legt man in geringem Abstand (5 – 10 cm) ein Geldstück. Mit einer Hand wird das linke Auge verdeckt. Mit dem rechten Auge fixiert man das Kreuz und geht mit dem Kopf aus einer Höhe von ca. 40 cm langsam näher an das Kreuz. Bei einer noch relativ großen Höhe wird das Geldstück verschwinden (nur für den Beobachter!). Legt man die Münze weiter vom Kreuz entfernt, so verschwindet sie bereits in größerer Höhe.

Erklärung

Verantwortlich für das Verschwinden des Kopfes bzw. der Münze ist der blinde Fleck auf der Netzhaut des Auges. An dieser Stelle tritt der Sehnerv in das Auge und verästelt sich. Am Ende der vielen, feinen Zweige befinden sich die Stäbchen und Zäpfchen, während sich auf diesem Fleck keine lichtempfindlichen Stäbchen oder Zäpfchen befinden. Hier ist das Auge lichtunempfindlich und damit blind. Wird ein Bereich durch die Augenlinse auf diesen Fleck im Augapfel abgebildet, bleibt der abgebildete Bereich für den Beobachter unsichtbar. In Abbildung 2 werden die Gegenstandspunkte 1 bis 5 durch das Auge auf die Bildpunkte 1' bis 5' (jeweils Gegenstandspunkt i auf Bildpunkt i'; $i = 1, ..., 5$) abgebildet.

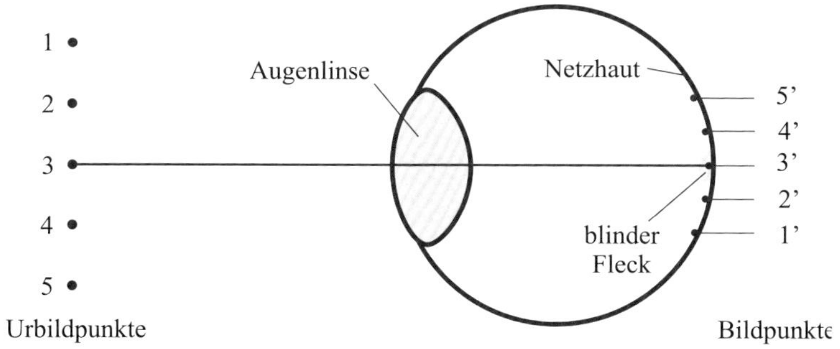

Abb. 2

Die Strahlengänge der einzelnen Abbildungen wurden zu Gunsten der Übersicht weggelassen. Die Gegenstandspunkte 1, 2, 4, 5 werden nicht auf den blinden Fleck dieses Augapfels abgebildet und sind so für den Beobachter sichtbar. Gegenstandspunkt 3 wird auf den blinden Fleck des Augapfels abgebildet und ist damit für den „Besitzer des Augapfels" mit diesem Auge nicht sichtbar.

Bemerkungen

Beim Sehen mit einem Auge tritt dieser Effekt zu Tage. Sind beide Augen geöffnet, so treffen Lichtstrahlen eines Objekts vor den Augen mit unterschiedlichen Winkeln auf die beiden Augen. Treffen sie z. B. im linken Auge den blinden Fleck, so gehen sie im rechten Auge am blinden Fleck vorbei. Beim beidäugigen Sehen wird dieser Effekt vom Gehirn durch das Überlagern der beiden Bilder der beiden Augen ausgeglichen. Theoretisch müsste an der Stelle des Bildes, an dem der blinde Fleck sitzt, ein schwarzes Scheibchen erscheinen. Da das Auge jedoch ständig wandert und das Gehirn von Geburt an daran gewöhnt ist, über diesen Fleck zu interpolieren, d. h. abzuschätzen, was sich an

dieser Stelle befinden müsste, um dies dann in das Bild einzufügen, entsteht ein Bild ohne einen schwarzen Fleck.
Entdeckt wurde der blinde Fleck des Auges 1666 von dem französischen Physiker *Edmé Mariotte* (1620-1684). Zu dieser Zeit arbeitete er am Hofe *König Ludwig XIV.* in Versailles. Zur Demonstration stellte *Mariotte* zwei Höflinge im Abstand von ca. 2 m einander gegenüber. Dann zeigte er jedem einen Punkt, den er mit einem Auge fixieren sollte. Überrascht riefen die beiden Höflinge, dass der jeweils andere ohne Kopf sei.

Literatur

Zeier, E.: Kurzweil durch Physik, Aulis Verlag Deubner, Köln 1983

zu Bemerkungen:

Zeier, E.: Kurzweil durch Physik, Aulis Verlag Deubner, Köln 1983

8.46 Das Loch in der Hand

Auf Grund der Bildentstehung im Gehirn aus den zwei Einzelbildern der beiden Augen lässt sich die Illusion eines Lochs in der Hand erzeugen.

Material

- Blatt Papier (Größe: DIN A4)

Aufbau und Durchführung

Man rollt ein Blatt Papier der Länge nach zu einer Röhre. Der Durchmesser sollte so klein sein, dass man ein Ende der Papierröhre bündig (wie einen Monokel) in die Augenhöhle anlegen kann. Nimmt man die Röhre in die rechte Hand und setzt man die Röhre an das linke Auge, so sieht man

Abb. 1

- bei geschlossenem rechten Auge mit dem linken das Innere der Röhre und ein Bild der Umgebung am Ende der Röhre.
- bei geschlossenem linken Auge mit dem rechten Auge die rechte Hand, wie sie die Röhre hält, sowie einen Teil der Umgebung.
- mit beiden geöffneten Augen die rechte Hand, wie sie die Röhre hält, einen Teil der Umgebung und in der rechten Hand ein mehrere Zentimeter großes Loch (siehe Abb. 1).

Erklärung

Das Bild der Umgebung, das im Gehirn entsteht, setzt sich bei zwei geöffneten Augen immer aus den beiden Einzelbildern der Augen zusammen. Diese unterscheiden sich auf Grund des endlichen Abstandes der beiden Augen stets voneinander (siehe Experiment „Der hüpfende Daumen und die Fingerwurst"). Im „Normalfall" unterscheiden sich zwar die Winkel, unter denen ein Gegenstand vom rechten und vom linken Auge wahrgenommen wird, aber der Gegenstand ist der gleiche, so dass das Gehirn die uns vertrauten räumlichen Bilder aus den sich zwar geometrisch fundamental unterscheidenden aber vom Motiv her sehr ähnlichen Einzelbildern der Augen zusammensetzen kann (Stereoskopie). Dieser Prozess der Bildentstehung wird dann besonders deutlich, wenn man, wie im Experiment, zwei vom Motiv her sehr unterschiedliche Einzelbilder sich zu einem Gesamtbild vereinigen lässt.

Warum sich die beiden Einzelbilder gerade wie beobachtet vereinen, begründet schlüssig [*Makejewa* 1981] auf Seite 63: „Das linke Auge sieht durch das Rohr die erleuchtete Wand. Dort erblickt es irgendeinen Gegenstand, der ein gewisses Interesse weckt, weshalb sich die Augenlinse unwillkürlich auf die Wand einstellt. Bei normalem Sehvermögen ist aber die Akkommodation einer Linse nicht möglich, ohne dass die andere in Mitleidenschaft gezogen wird; daher stellt sich auch die Linse des rechten Auges auf die große Entfernung ein. Es ergibt sich folgende Situation: Das linke Auge empfängt ein scharfes Bild nur von dem Teil der Wand, der durch das Papierrohr ausgeblendet wird, während das Innere des Rohres verschwommen erscheint, da die Linse auf dieses nicht eingestellt ist. Darüber hinaus weist die Innenseite des Papierrohres keinerlei Ungewöhnlichkeiten auf, die die Aufmerksamkeit des Auges auf sich lenken könnten. Das rechte Auge sieht die rechte Hand [...] nur verschwommen."

Bemerkungen

Auf demselben Prinzip beruht die Funktionsweise eines so genannten „Stereoskops" (meist wird der wegen seiner nach ihm benannten Schaltung zur Widerstandsmessung bekannte englische Physiker *Sir Charles Wheatstone* (1802-1875) als dessen Erfinder genannt): In eine Halterung können zwei Bilder desselben Motivs, aber aus unterschiedlichen Richtungen (also unter unterschiedlichen Winkeln) aufgenommen, eingelegt werden, so dass das linke Auge nur das linke Bild und das rechte Auge nur das rechte Bild zu sehen bekommt. Im Gehirn werden dann die getrennt wahrgenommenen Bilder zu einem räumlichen Bild zusammengesetzt. Stereoskope waren schon bald nach der Erfindung der Fotografie (Ankauf der Rechte an dem neu entwickelten Verfahren durch den französischen Staat: 1839, auf Anraten u. a. der Physiker *Dominique François Arago* (1786-1853) und *Joseph Louis Gay-Lussac* (1778-1850)) weit verbreitet und erlebten ihre „Blütezeit" Ende des letzten Jahrhunderts. Zur Herstellung der Aufnahmen wurde eine Kamera mit zwei, im Augenabstand des Menschen angeordneten Linsen verwendet oder aber ein Mechanismus, der es erlaubte, auf einem Stativ eine Kamera so seitlich zu verschieben oder umzuklappen, dass die Linse in der zweiten Position gerade im Augenabstand von ihrer ersten Position platziert war.
Der spanische Maler *Salvador Dali* (1904-1989) hat mehrere Paare stereoskopischer Bilder gemalt, die sich außer in den Sehwinkeln der dargestellten Motive auch ein wenig in den Farbschattierungen unterscheiden und bei Betrachtung über ein Paar geeignet angeordneter Spiegel ein beeindruckendes, räumliches Bild entstehen lassen.

Literatur

Makejewa, G. P.; Zedrik, M. S.: Verwunderliches aus der Physik I, Verlag Harri Deutsch, Thun und Frankfurt / Main 1981
Zeier, E.: Physikalische Schulversuche, Freihandversuche, kleine Experimente, Aulis Verlag Deubner, Köln 1986

zu Bemerkungen:

Maur, K. V.: Salvador Dalí 1904-1989, Verlag Gerd Hatje, Stuttgart 1989

8.47 Der hüpfende Daumen und die Fingerwurst

Mit bloßer Hand kann gezeigt werden, dass das einwandfreie Funktionieren der Stereoskopie auf diejenige Tiefe beschränkt ist, auf die die Augen akkommodiert sind.

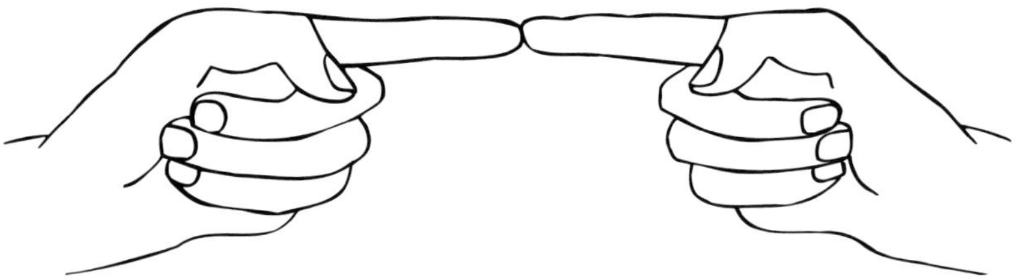

Abb. 1

Material

- nichts

Aufbau und Durchführung

(a) Man hält den ausgestreckten Daumen am ausgestreckten Arm und visiert mit einem Auge einen Gegenstand in einigen Metern Entfernung an (z. B. eine Tür, eine Tafel, ein Bild, einen Schrank), d. h. man stellt das Auge auf den Gegenstand „scharf". Dabei bringt man den Daumen fast zur Überdeckung mit einer vertikalen Begrenzungslinie des Gegenstandes. Schließt man das bisher sehende Auge und öffnet man das andere, so scheint sich der Daumen von der Begrenzungslinie seitlich wegbewegt zu haben. Schließt man schnell hintereinander mal das eine, mal das andere Auge, so scheint der (ruhig gehaltene!) Daumen zwischen zwei Positionen vor dem Gegenstand hin und her zu hüpfen.
(b) Man hält die beiden Zeigefinger so waagrecht in ca. 25 cm Abstand vor den Augen, dass sich ihre Spitzen gerade berühren (siehe Abb. 1). Blickt man mit beiden Augen über die sich berührenden Finger in die Ferne, d. h. stellt man die Augen auf einen Gegenstand in der Ferne scharf, so scheint sich zwischen den Zeigefingerspitzen eine „Fingerwurst" zu befinden. Entfernt man die Fingerspitzen voneinander, so wird diese „Fingerwurst" kürzer und scheint zwischen den Fingerspitzen zu schweben. Schließt man ein Auge, so verschwindet die „Fingerwurst" und die Fingerspitzen berühren sich wieder bzw. sind einige Zentimeter voneinander entfernt.

Erklärung

Die Augen können auf verschiedene Tiefen akkommodiert werden, indem die Brechkraft der Augenlinse verändert wird. Dabei variiert der Ziliarmuskel die elastische Vorderfläche der Linse. Je nach Akkommodation werden nur Gegenstände in einer bestimmten Entfernung von den Augen scharf wahrgenommen. Für die beiden Einzelbilder des rechten und des linken Auges gilt dann, dass sie im Gehirn gerade so zu einem Gesamtbild zusammen-

gefügt werden können, dass sie für den gegebenen Abstand ein räumliches Bild des Gegenstandes ergeben (Stereoskopie). Die Bilder eines Objekts in einer anderen Tiefe ergeben kein einzelnes Gesamtbild des Objekts: Die Einzelbilder des rechten und des linken Auges werden nebeneinander und verschwommen wahrgenommen. Die Stereoskopie liefert also jeweils nur für denjenigen Abstand zufriedenstellende räumliche Bilder eines Objekts, auf den die Augen akkommodiert sind.
Wechselt man in (a) schnell von einem zum anderen Auge, so sieht man den Daumen jeweils als unscharfes Einzelbild des rechten bzw. linken Auges, wobei das linke Auge den Daumen auf Grund seines Abstandes vom rechten Auge unter einem anderen Winkel als das rechte Auge wahrnimmt. Da zu Beginn des Experiments das Auge auf einen Gegenstand in der Ferne „scharfgestellt“, d. h. akkommodiert wurde, wird dieser Gegenstand von beiden Augen scharf wahrgenommen. Der Daumen befindet sich vor der Akkommodations-Ebene, weshalb seine Bilder nicht zu einem einzelnen Bild vereint werden können, sondern in einem gewissen Abstand zueinander überlagert wahrgenommen werden, was das scheinbare Hüpfen des Daumens erklärt. Tatsächlich sieht man beide unscharfen Einzelbilder des Daumens nebeneinander, wenn man mit beiden Augen den Gegenstand in der Ferne anvisiert. Wechselt man von dieser Akkommodation zu derjenigen, in der der Daumen mit beiden Augen betrachtet scharf und als ein Bild erscheint, wird der bisher anvisierte Gegenstand in der Ferne doppelt und unscharf wahrgenommen, da nun dessen Einzelbilder nicht zu einem scharfen Gesamtbild zusammengefügt werden können.
In (b) passiert genau das Gleiche, nur ergibt die Anordnung der Finger einen zusätzlichen Effekt. Sind beide Augen geöffnet und auf die Fingerspitzen akkommodiert, so verarbeitet das Gehirn das Einzelbild des linken Auges (siehe Abb. 2(b)) sowie das Einzelbild des rechten Auges (siehe Abb. 2(c)) zu einem scharfen Gesamtbild (siehe Abb. 2(a)). Sind die Augen auf einen Gegenstand in der Ferne akkommodiert, so werden die beiden Einzelbil-

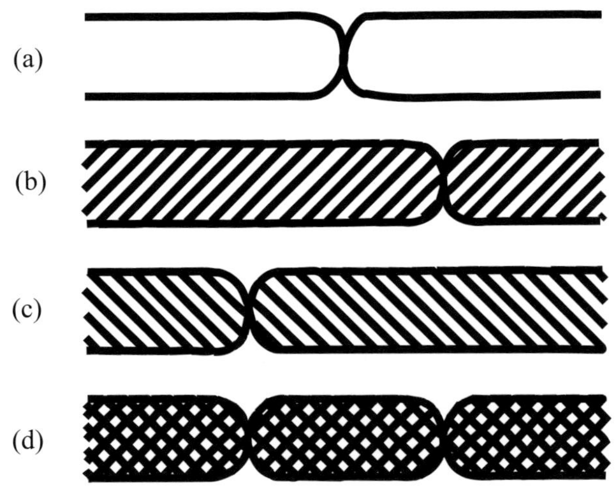

Abb. 2

der getrennt überlagert und ergeben die Illusion der „Fingerwurst" (siehe Abb. 2(d)). Dass sich bei dieser „Addition":

Abb. 2(b) + Abb. 2(c) = Abb. 2(d)

als „Summe" in der Mitte eine Würstchenform ergibt, liegt darin begründet, dass das Auge die Summe „Luft + Fleischfarbe" in der Nachbarschaft der Bereiche „Fleischfarbe + Fleischfarbe" weniger fleischfarben wahrnimmt, als die Umgebung (siehe Experiment „Die Pinocchio-Nase").

Bemerkungen

Auf demselben Prinzip beruht die Wirkungsweise der 1994 auf den Markt gekommenen, von *Tom Baccei* entwickelten computergenerierten 3D-Bilder, bei denen sich, bei geeigneter Akkommodation, aus einem scheinbar wirren Muster dreidimensionale Gebilde dem Betrachter zeigen:
Werden bei der „Fingerwurst" die Einzelbilder so übereinander geschoben wahrgenommen, dass bei Akkommodation auf die Ferne sich die Fingerkuppen gerade nicht decken, so werden bei den 3D-Bildern in dem scheinbar wirren Muster die Umrisse zweier, mit einem Computer angefertigter Einzelbilder in solch einem Abstand voneinander angeordnet, dass diese sich bei Akkommodation des Auges auf die Ferne gerade so übereinander schieben, dass dem linken und dem rechten Augen jeweils ein Einzelbild „angeboten" wird, wie es entstehen würde, wenn sich das dargestellte Objekt in der Akkommodationsebene in der Ferne befände. Das Problem bei der Betrachtung dieser 3D-Bilder ist also, die Augen auf die Ferne zu akkommodieren, obwohl der Blick in die Ferne durch das vor die Augen gehaltene 3D-Bild versperrt ist.
Aus dem Experiment lässt sich eine einfache Lehre für den Alltag ziehen: Will man mehrere identisch aussehende und nebeneinader periodisch angeordnete Gegenstände (z. B. Zaunlatten, leere Reihen im Fußballstadion oder der Oper, oder Heizkörperlamellen) aus der Ferne mit dem Finger abzählen, sollte man ein Auge schließen, da man ansonsten entweder (bei Akkommodation auf den Gegenstand) zwei Finger sieht und bald vergisst, welcher von beiden „gilt", oder aber (bei Akkommodation auf den Finger) den periodischen Gegenstand doppelt wahrnimmt, was jedes Zählen unmöglich macht.

Literatur

Zeier, E.: Physikalische Schulversuche, Freihandversuche, kleine Experimente, Aulis Verlag Deubner, Köln 1986

zur Erklärung:

Gobrecht, H.; Eichler, H.-J.; Krystek, M.; Niedrig, H.; Richter, M.; Schoenbeck, H.; Weber, H.; Weber, K.: Bergmann-Schäfer, Lehrbuch der Experimentalphysik, Band III, Optik, Walter de Gruyter Verlag, Berlin 1987, S. 5

8.48 Einäugiges Sehen

Auf Grund der Tatsache, dass es mit *einem* Auge nicht gelingt, Abstände in räumlicher Tiefe richtig einzuschätzen, scheitert man bei der Aufgabe, auf einem Tisch liegende Gegenstände mit einem Finger zu berühren.

Abb. 1

Material

- Blatt Papier oder Pappkarton
- Radiergummi, Spitzer, Büroklammer, Kreidestück oder andere kleine Gegenstände
- Hilfsmittel: Schere

Aufbau und Durchführung

Verteilt man mehrere kleine Gegenstände auf einem Tisch und geht vor dem Tisch so in die Hocke, dass man gerade ein wenig über die Tischkante blicken kann, so hat man keine Schwierigkeiten, einzelne der verteilten Gegenstände zu berühren, indem man den ausgestreckten Zeigefinger einer Hand schnell von oben dem jeweils anvisierten Gegenstand nähert. Schließt man jedoch ein Auge oder betrachtet man die Anordnung mit nur einem Auge durch ein kleines Loch in einer Pappscheibe, die man zwischen die Gegenstände und das sehende Auge hält, so fällt es schwer, den Zeigefinger so auf einen Gegenstand herabzusenken, dass er diesen berührt (siehe Abb. 1).

Erklärung

Mit einem ruhenden Auge kann man nur flächige Bilder wahrnehmen. Bewegt man den Kopf, während man ein Auge geschlossen hält, so kann sich das Gehirn zwar einen Eindruck verschaffen, welche Ausdehnungen z. B. ein Buch hat. Dies gelingt allerdings nur, da das Gehirn, unterstützt vor allem durch den Tastsinn, bereits gelernt hat, gewisse Wahrnehmungen des Auges (auch eines einzelnen) mit bestimmten räumlichen Vorstellungen zu verbinden. Es ist also nicht weiter verwunderlich, dass man mit einem Auge z. B. die Gegenstände am täglichen Arbeitsplatz so wahrnehmen kann, dass man nicht in die Luft greift, wenn man die Hand nach ihnen ausstreckt: Aus Gewohnheit weiß das Gehirn, wie weit der Arm ausgestreckt werden muss, um z. B. einen Bleistift aus dem Stifthalter zu ergreifen. Schafft man jedoch eine ungewohnte Situation, so ist das Gehirn für die Koordination der Bewegungen der Hand und des Armes einzig auf die Hilfe eines Auges angewiesen. Das Danebengreifen bzw. Danebenzeigen im Experiment zeigt, dass ein Auge allein keine räumlichen Bilder liefert: Der Zeigefinger wird zwar stets auf der Verbindungslinie von Auge und Gegenstand auf dem Tisch auftreffen, aber meist vor oder hinter dem Gegenstand. Die Wahrnehmung der räumlichenTiefe ist mit einem ruhenden Auge nicht zu bewerkstelligen. Erst mit zwei Augen ist die Stereoskopie, also das räumliche Sehen, möglich: Nur zwei unterschiedliche Bilder eines Gegenstandes ermöglichen es dem Gehirn, den horizontalen und vertikalen Richtungen des Bildes auch die Tiefe hinzuzufügen. Die Bilder der beiden Augen unterscheiden sich auf Grund des Abstandes von einigen Zentimetern zwischen den Pupillen: Die beiden Strecken, die die Pupillen mit dem betrachteten Objektpunkt verbinden, schließen einen Winkel, die so genannte Parallaxe, ein. Der Objektpunkt wird also aus zwei verschiedenen Richtungen betrachtet (siehe Experiment „Der hüpfende Daumen und die Fingerwurst").

Bemerkungen

Um sich bei diesem Experiment nicht in die eigene Tasche zu lügen, sollte man die Gegenstände vor der Durchführung des zweiten, „einäugigen" Teils des Experiments von einem Assistenten umsortieren lassen, während man beide Augen schließt.
„Leider" ist unser Gehirn doch relativ gut entwickelt, so dass man bald herausfindet, dass man die Gegenstände auch mit einem Auge sehend gut treffen kann, wenn man, (bei geeigneter Anordnung der Lichtquelle!) als zusätzliche Hilfe den Schatten des Zeigefingers auf der Tischoberfläche benutzt: Weist dessen Verlängerung genau auf den Gegenstand, so ist der Zeigefinger auf dem richtigen Weg. Um diesen „Hilfseffekt" auszuschalten, soll der Finger schnell auf den Gegenstand herabgesenkt werden. Außerdem kann man verlangen, dass sich das sehende Auge gerade auf der Höhe der Tischkante befindet und so keine Schatten auf der Tischoberfläche wahrnehmen kann.

Literatur

Zeier, E.: Physikalische Schulversuche, Freihandversuche, kleine Experimente, Aulis Verlag Deubner, Köln 1986

8.49 Ein Regenbogen im Zimmer

Mit einem Tageslichtprojektor und einem Trinkglas lässt sich ein „Regenbogen" erzeugen.

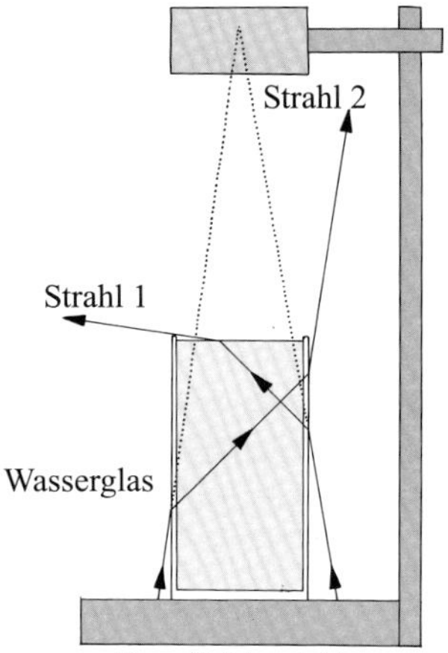

Abb. 1

Material

- Tageslichtprojektor
- durchsichtiges Gefäß, z. B. Trinkglas

Aufbau und Durchführung

Man füllt ein durchsichtiges Gefäß mit Wasser und stellt es auf die Schreibplatte eines Tageslichtprojektors. Das Zimmer wird verdunkelt und der Projektor eingeschaltet. An den Zimmerwänden entsteht ein „Regenbogen". Verwendet man ein schmales, hohes Trinkglas, ergibt sich ein zweiter „Regenbogen" an der Zimmerdecke.

Erklärung

In Tageslichtprojektoren werden Fresnel-Linsen verwendet, um das Licht von der Schreibplatte zu den oberen Umlenkspiegeln zu fokussieren. Von jedem Ring der Fresnel'schen Zonenplatte geht ein Lichtkegel aus, dessen Spitze bei den Umlenkspiegeln liegt. Die Lichtstrahlen eines Ringes treten alle unter einem gleich großen Winkel aus. Stellt man das Glasgefäß auf die Schreibplatte des Projektors, kommen die Lichtstrahlen, die auf die Seitenwände des Glases treffen, nur von wenigen Ringen. Die Lichtstrahlen sind daher nahezu parallel.

Die Farbzerlegung des Lichts ergibt sich dadurch, dass das Licht beim Durchgang durch das mit Wasser gefüllte Glas zweimal gebrochen wird. Auf Grund der unterschiedlichen Brechungsindizes für die jeweiligen Wellenlängen wird das Licht dadurch wie bei einem Prisma in seine Spektralfarben zerlegt (siehe Experiment „Farbzerlegung des weißen Lichts").

Die „Regenbogen" ergeben sich durch die Lichtstrahlen, die durch die Seitenwand in das Wasserglas eintreten. Strahlen, die durch den Boden des Glases gehen, werden nur geringfügig gebrochen und treffen auf die oberen Umlenkspiegel. Ein Teil der Strahlen (Repräsentant: Strahl 1 in Abbildung 1) verlässt das Glas an der Öffnung. Durch diese Strahlen entsteht der Regenbogen an den Zimmerwänden. Der andere Teil der Lichtstrahlen (Repräsentant: Strahl 2 in Abbildung 1) tritt an der gegenüberliegenden Seitenwand des Glases aus und erzeugt einen zweiten Regenbogen an der Zimmerdecke. Verwendet man ein hohes, schmales Glas, ist der Regenbogen an der Zimmerdecke heller; bei einem niedrigen Glas ist der Regenbogen an den Zimmerwänden heller.

Die gebogene Form des entstehenden Farbbandes kommt dadurch zustande, dass die Lichtstrahlen, die aus einem Ring der Fresnel'schen Zonenplatte stammen, in derselben Höhe und unter demselben Winkel aus dem Glas austreten. Da das Licht zu den Zimmerwänden unterschiedlich weite Entfernungen zurücklegt, ergibt sich die gebogene

Form des Farbbandes. An der Stelle, an der der Abstand zwischen Glas und Wand am geringsten ist, liegt der Scheitel des nach oben geöffneten Bogens.

Literatur

Berry, D. A.: A POTPOURRI OF PHYSICS TEACHING IDEAS, Selected reprints from The Physics Teacher April 1963 to December 1986, American Association of Physics Teachers, College Park, MD 20740-4100, U.S.A. o. J. [1987]

8.50 Ein Regenbogen im Freien

Bei Sonnenschein lässt sich mit dem Wasserstrahl eines Gartenschlauches ein Regenbogen erzeugen.

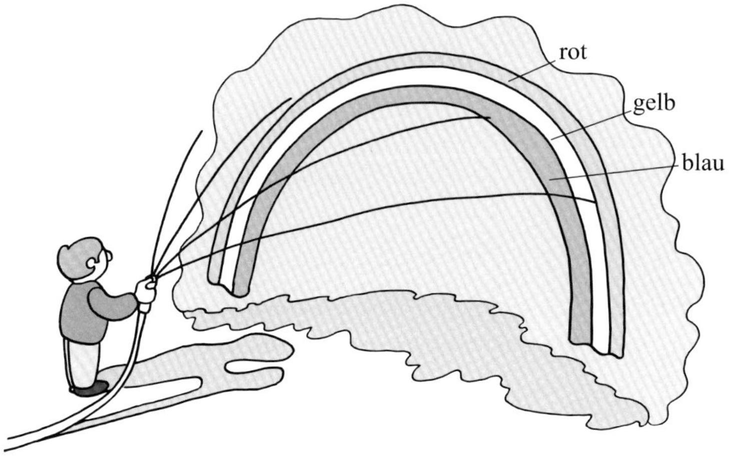

Abb. 1

Material

- Wasserschlauch oder Rasensprenger
- Wasseranschluss für den Schlauch
- Sonne

Aufbau und Durchführung

An einem Sonnentag (ob Winter oder Sommer spielt für dieses Experiment keine Rolle) wird im Freien ein Schlauch an einem Wasserhahn angeschlossen. Stellt man sich mit dem Rücken zur Sonne und blickt man auf den um den Wasserstrahl entstehenden Wasserdunst, so kann man einen Regenbogen beobachten. Kann man eine eventuell vorhandene Düse am Schlauchende auf Sprühfunktion (weit aufgefächerter Strahl) einstellen, so wird der Regenbogen deutlicher sichtbar. Diesen nennt man Hauptregenbogen. Eventuell ist oberhalb bzw. außerhalb des Hauptregenbogens etwas schwach ein zweiter Regenbogen, der Nebenregenbogen, mit umgekehrter Farbfolge zu beobachten.

Erklärung

Ein Lichtstrahl, der auf einen Wassertropfen (der Wassertropfen ist in Abbildung 2 vereinfacht als Kreis dargestellt) trifft, beschreibt den in Abbildung 2 skizzierten Weg:
Die Dispersion wird vorerst vernachlässigt, d. h., man beschreibt zunächst nur einen monochromatischen Strahl, etwa einen roten.
Der einfallende Strahl wird an einem Wassertropfen reflektiert und gebrochen. (Die

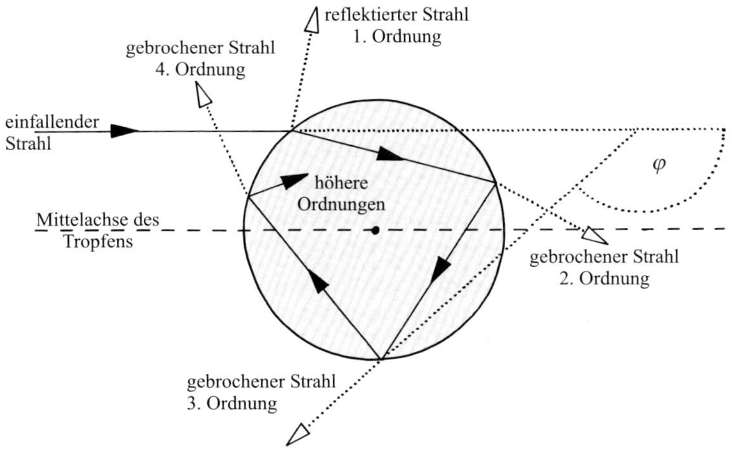

Abb. 2

Intensität der beiden resultierenden Strahlen ist vom Einfallswinkel des Strahls abhängig.) Der gebrochene Strahl 1. Ordnung wird an der Grenzschicht Tropfen/Luft erneut reflektiert und gebrochen. Der reflektierte Strahl 2. Ordnung wird an der Grenzschicht Tropfen/Luft wiederum reflektiert/gebrochen. Der dabei entstehende gebrochene Strahl 3. Ordnung ist für die Bildung des Hauptregenbogens verantwortlich. Der gebrochene Strahl 4. Ordnung (siehe Abb. 2) ist für die Entstehung des Nebenregenbogens verantwortlich. (Strahlen höherer Ordnung sollen hier unberücksichtigt bleiben.)
Als Streuwinkel bezeichnet man den Winkel (hier: im Uhrzeigersinn) zwischen einfallendem Strahl und dem aus dem Tropfen ausfallenden Strahl. In Abbildung 2 ist der Streuwinkel φ für den gebrochenen Strahl 3. Ordnung dargestellt. Eine Auftragung des

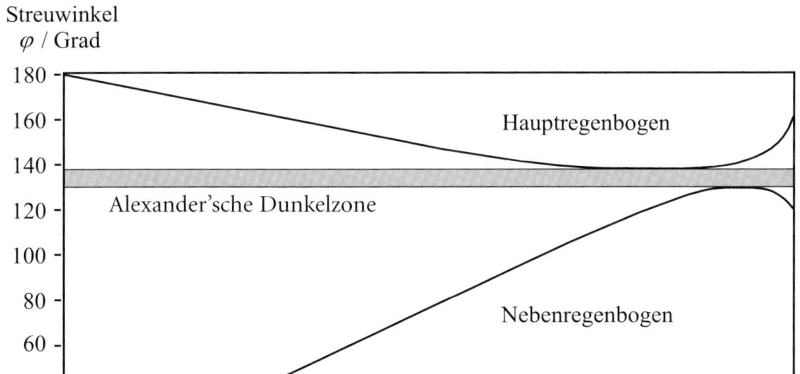

Abb. 3

Streuwinkels φ gegen den Abstand des einfallenden Strahls von der Mittelachse des Tropfens in Einfallsrichtung (dem so genannten Stoßparameter) zeigt Abbildung 3.
Verläuft der einfallende Strahl durch die Mittelachse des Tropfens, wird der zum Hauptregenbogen beitragende Strahl einmal reflektiert und verlässt den Tropfen in Richtung Sonne. Der Streuwinkel beträgt 180°. Vergrößert sich der Abstand des einfallenden Strahls von der Mittelachse, wird der Streuwinkel kleiner. Die Besonderheit liegt darin, dass der Winkel nur bis zu einer minimalen Grenze von 138° (für $\lambda = 800$ nm) fällt und danach wieder anwächst (siehe Abb. 3). Der kleinste Streuwinkel wird erreicht, wenn der Abstand des einfallenden Strahls von der Mittelachse ca. 7/8 des Tropfenradius beträgt. Ist der Abstand größer oder kleiner, besitzen Strahlen 3. Ordnung größere Streuwinkel. Für Strahlen 4. Ordnung gilt Ähnliches (siehe Abb. 3) wie für Strahlen 3. Ordnung. Ihr Streuwinkel erreicht ein Maximum von 130° bei einem Abstand des einfallenden Strahls von der Mittelachse von ca. 19/20 des Tropfenradius. Bei größeren oder kleineren Abständen zur Mittelachse ist der Streuwinkel kleiner.
In den Winkelbereich zwischen 130° und 138° fällt demnach kein Streulicht der Tropfen. Dieses graue (da dunkle) Band unter dem Hauptregenbogen nennt man Alexander'sche Dunkelzone.
Ein Lichtstrahl, der so auf den Wassertropfen fällt, dass sein Teilstrahl 3. Ordnung den Tropfen unter minimalem Streuwinkel verlässt, nennt man cartesischen Strahl des Hauptregenbogens (analog wird der cartesische Strahl des Nebenregenbogens definiert). In Abbildung 3 erkennt man, dass auf Grund des flachen Minimums der Streukurve für den Hauptregenbogen Strahlen in einer relativ großen Umgebung der cartesischen Strahlen den Tropfen annähernd unter demselben Streuwinkel verlassen. Das Streulicht ist in einem bestimmten Winkelintervall um 138° wesentlich intensiver als an anderen gleich großen Winkelbereichen. Dadurch entsteht ein leuchtendes Band mit scharfer Grenze nach außen und kontinuierlich schwächer werdendem Streulicht nach innen. Die scharfe Grenze nach außen hin wird durch den cartesischen Strahl beschrieben.
Berücksichtigt man die Dispersion, derzufolge jede Wellenlänge ihren eigenen cartesischen Strahl besitzt, liegen die Intensitätsmaxima der verschiedenen Wellenlängen dicht nebeneinander und bilden ein Band. Das Streulicht unterschiedlicher Wellenlänge überlagert sich dabei. Beim Hauptregenbogen besitzt der blaue cartesische Strahl einen Streuwinkel von ca. 140°, der rote von ca. 138°. Der blaue cartesische Strahl des Nebenregenbogens besitzt einen Streuwinkel von ca. 127°, der rote von ca. 130°. In einiger Entfernung des Beobachters vom Regentropfen reicht diese Auffächerung der cartesischen Strahlen aus, um einen farbigen Regenbogen zu sehen.
Für die Krümmung des Regenbogens ist der konstante Sichtwinkel von ca. 41° ($\alpha_{\text{Sicht}} = 180° - \overline{\varphi}$; α_{Sicht}: Sichtwinkel; $\overline{\varphi}$;: mittlerer Streuwinkel, siehe Abb. 2) ausschlaggebend (siehe Abb. 4). Der Regenbogen entsteht in einem relativ großen Grenzgebiet zwischen Regen- und Nichtregengebiet bzw. nach einem Regenschauer, da hier die Dichte von Wassertropfen pro Volumen gering genug ist, dass die von den Wassertropfen gestreuten Lichtstrahlen nicht in zwischen dem Beobachter und diesen Wassertropfen liegenden Wassertropfen ein zweites Mal gestreut werden. Ein Ausschnitt eines solchen Übergangsgebiets bzw. eines Gebiets nach einem Regenschauer ist in Abbildung 4 dargestellt.

Der Beobachter sieht wegen der Rotationssymmetrie als Regenbogen unter dem mittleren Sichtwinkel von $\overline{\varphi} = 41°$ ein kreisförmiges farbiges Band (siehe Abb. 4) um die durch Sonne und Beobachterauge festgelegte Gerade.
Der Mittelpunkt des sichtbaren Kreisbogens ist derjenige Punkt, in dem die Rotationsachse auf die Übergangsschicht des Regengebiets trifft. Alle unter dem Sichtwinkel aus der Regenwand ins Beobachterauge fallenden Lichtstrahlen einer bestimmten Wellenlänge liegen auf einem Kegelmantel. Der Öffnungswinkel des Kegels ist doppelt so groß wie der Sichtwinkel.

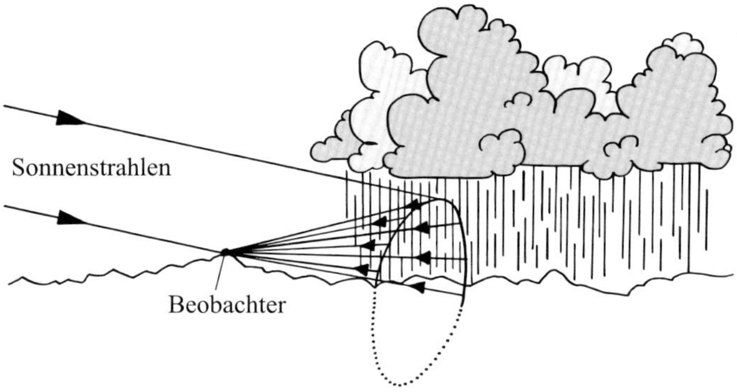

Abb. 4

Bemerkungen

Bereits 1266 konnte der englische Theologe und Naturphilosoph *Roger Bacon* (ca. 1210-1294) die „Sichtwinkel" des Hauptregenbogens mit ca. 42° und des Nebenregenbogens mit ca. 50° angeben. Der französische Philosoph und Mathematiker *René Descartes* (1596-1650) erkannte als Erster die Abhängigkeit des Streuwinkels vom Abstand des einfallenden Strahls zur Mittelachse des Tropfens. Der griechische Philosoph *Alexander von Aphrodisias* entdeckte etwa 200 n. Chr. die Alexander'sche Dunkelzone jenseits des Hauptregenbogens.
1979 beschrieb *Douglas Adams* in seinem Buch „Per Anhalter durch die Galaxis" eine Variante, wie der Sichtwinkel von ca. 42° philosophisch zu bestimmen wäre. Diese Variante ist jedoch enorm komplex und wird hier deshalb nicht beschrieben.
Hartl und *Gleixner* publizierten 1995 ein Computerprogramm „rainbow" (erhältlich bei der „Zentralstelle für Computer im Unterricht", Augsburg) zur Simulation eines Regenbogens.

Literatur

Brecht, R.: Professor Zweistein: Experimente zum Mitmachen, Zebold Verlag GmbH, München 1992

zur Erklärung:

Walker, J.: Ein Knick in der Optik, Unterhaltsame Experimente aus Spektrum der Wissenschaft, Fischer Taschenbuch Verlag GmbH, Frankfurt am Main 1992, S. 118-126

Brecht, R.: Professor Zweistein: Experimente zum Mitmachen, Zebold Verlag GmbH, München 1992
Vollmer, M., Physik in unserer Zeit 3 (1995), S. 106-115
Walker, J.: Der fliegende Zirkus der Physik, R. Oldenbourg Verlag GmbH, München Wien 1994
Von Baeyer, H.C.: Regenbogen, Schneeflocken und Quarks. Physik und die Welt, die wir täglich erleben, Rowohlt Taschenbuch Verlag GmbH, Reinbeck bei Hamburg 1996

zu Bemerkungen:

Walker, J.: Ein Knick in der Optik, Unterhaltsame Experimente aus Spektrum der Wissenschaft, Fischer Taschenbuch Verlag GmbH, Frankfurt am Main 1992, S. 118-126

8.51 Farbzerlegung des weißen Lichts

Mit einem Spiegel in einem Wassergefäß lässt sich das Sonnenlicht in seine Spektralfarben zerlegen.

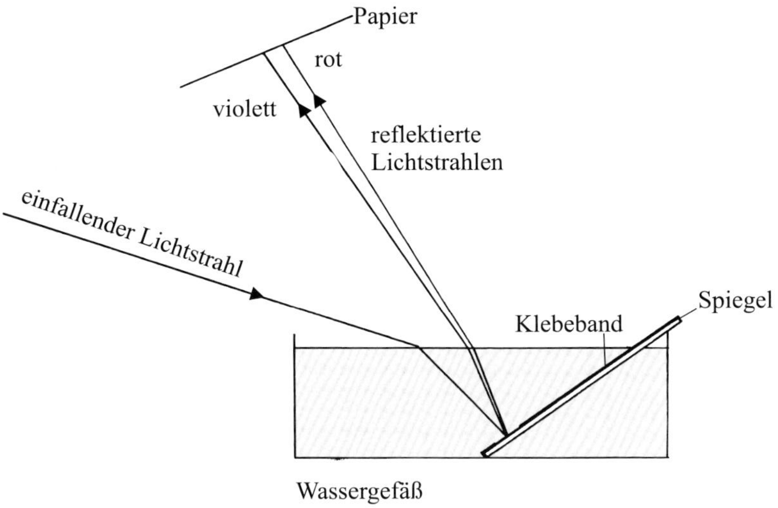

Abb. 1

Material

- flache Schüssel
- kleiner Spiegel
- weißes Papier
- Klebeband, nicht transparent
- evtl. Experimentierlampe, Lochblende und Sammellinse

Aufbau und Durchführung

Ein kleiner Spiegel wird mit einem Klebeband so abgeklebt, dass nur noch ein 1 cm breiter Spalt des Spiegels freiliegt. Man stellt den Spiegel schräg in eine flache Schüssel und lässt, falls es möglich ist, Sonnenlicht auf den Spiegel scheinen. Hält man ein weißes Blatt Papier in das vom Spiegel reflektierte Licht, so ist ein heller Lichtstreifen zu sehen. Füllt man Wasser in die Schüssel, so dass der Spiegel mit Wasser bedeckt ist (siehe Abb. 1), sieht man auf dem Papier ein farbiges Band. Lässt man das Licht einer Glühlampe auf den Spiegel scheinen, so ergibt sich auf dem Papier ein weißer Fleck mit farbigen Rändern. Hält man eine Lochblende und eine Sammellinse so vor die Lampe, dass man parallele Lichtstrahlen erhält, ergibt sich ebenfalls ein klares Spektrum.

Erklärung

Durch die Anordnung des Spiegels im Wasser werden die Lichtstrahlen, die auf das Papier treffen, zweimal an der Wasseroberfläche gebrochen (siehe Abb. 1). Auf Grund der verschiedenen Brechungsindizes von Wasser für die verschiedenen Wellenlängen (n_1 = 1,3289 für λ_1 = 760 nm und n_2 = 1,3435 für λ_2 = 400 nm), wird das Licht wie bei einem Prisma in seine Spektralfarben zerlegt. Die Lichtstrahlen sollten dabei, wie die parallelen Lichtstrahlen der Sonne, unter dem gleichen Winkel auf die Wasseroberfläche treffen. Beim divergenten Licht der Glühlampe überlagern sich die verschiedenen Farbanteile wieder zu weiß, lediglich an den Rändern des Lichtflecks ergibt sich oben ein Übermaß an Rot und unten ein Übermaß an Blau.

Bemerkungen

Der Versuch geht auf den englischen Universalgelehrten *Sir Isaac Newton* (1643-1727) zurück, der sich in seinen Arbeiten über die Optik (1666-1672) mit der Dispersion des Lichtes beschäftigte. Um das Licht, das durch ein kleines Loch in ein verdunkeltes Zimmer einfiel, umzulenken, hielt er ein Prisma in den Strahlengang. Er war so überrascht, dass anstelle eines weißen Flecks ein farbiges Band entstand, dass er die Erscheinung Spektrum nannte (von engl. „spectre“: Gespenst, Geisterscheinung).

Literatur

Fraunberger, F., Physik und Didaktik 6/1 (1978), S. 82-84

Walpole, B.: Experimente, Tricks und Tips zum Verständnis der Natur, Lernen und Wissen im Spiel und mit Spaß, Südwest Verlag GmbH & Co. KG, München 1990

Melenk, H.; Runge, U.: Verblüffende physikalische Experimente, Aulis Verlag Deubner, Köln 1991

8.52 Der Farbkreisel

Durch additive Farbmischung erscheint ein farbig bemalter, rotierender Kreisel weiß.

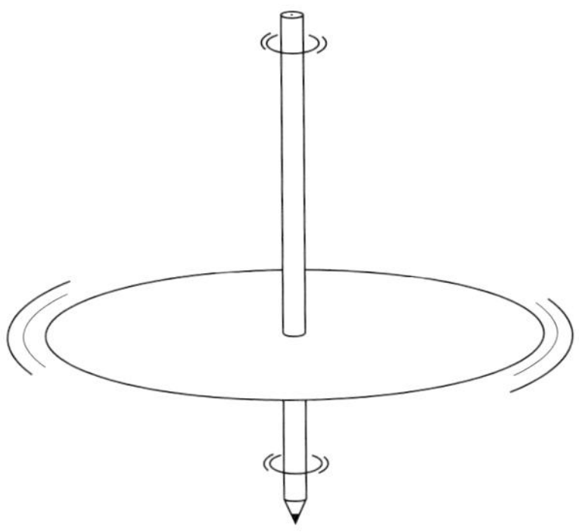

Abb. 1

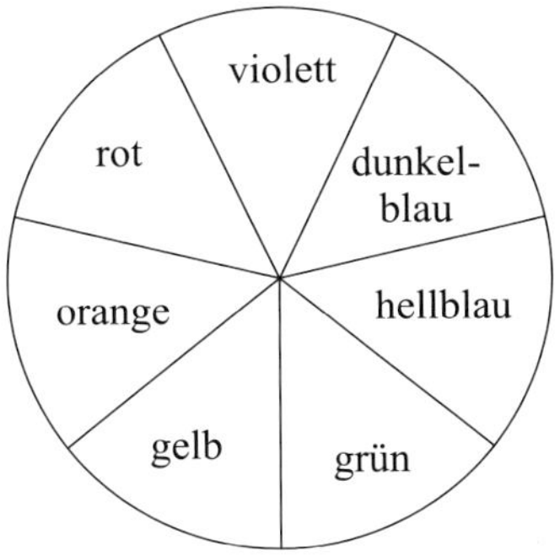

Abb. 2

Material

- Stück Pappe
- Buntstifte oder Wasserfarben
- kurzer Holzstift oder Nagel
- evtl. weißes Papier und Klebstoff
- evtl. Lichtquelle, z. B. Taschenlampe
- Hilfsmittel: Schere

Aufbau und Durchführung

Aus einem Stück Pappe wird eine Kreisscheibe mit einem Durchmesser von ca. 10 cm ausgeschnitten. Falls die Pappe eine dunkle Grundfärbung hat, sollte man sie mit weißem Papier überkleben. Die Kreisfläche unterteilt man in sieben gleich große Sektoren (Mittelpunktwinkel ca. 51°). Die Sektoren werden mit den Farben Rot, Orange, Gelb, Grün, Hellblau, Dunkelblau und Violett ausgemalt (siehe Abb. 2).
Durch den Mittelpunkt der Kreisscheibe bohrt man ein kleines Loch und steckt von oben einen Holzstift mit der Spitze voran ca. 2 cm weit hindurch. Man erhält so einen Kreisel mit dem Holzstift als Drehachse (siehe Abb. 1). Versetzt man den Kreisel in eine schnelle Drehbewegung, so erscheint die Kreisfläche in grauweißer Farbe. Wird der Kreisel aus kurzer Entfernung vom weißen Licht einer Glühlampe angestrahlt, sieht man die Kreisfläche in reinem Weiß.

Erklärung

Die Farben, mit denen die Sektoren der Kreisfläche bemalt sind, stehen repräsentativ für verschiedene Wellenlängenbereiche des Sonnenspektrums. Die additive Farbmischung dieser Farben ergibt Weiß. Die additive Farbmischung entsteht durch die Trägheit des

Auges. Durch die schnelle Drehbewegung des Kreisels kann das Auge das von den einzelnen Farbsektoren reflektierte Licht nicht mehr getrennt wahrnehmen. Es entsteht ein einheitlicher Farbeindruck: Grauweiß als additive Mischung der einzelnen Farben.
Von einer weißen Fläche werden alle Farben des sichtbaren Spektrums fast vollständig reflektiert. Die farbigen Sektoren absorbieren dagegen gewisse Spektralbereiche und reflektieren nur einen Teil des einfallenden Lichts. Dadurch ist die von den Farbsektoren reflektierte Strahlungsleistung geringer als bei einer weißen Fläche und die Kreisfläche erscheint in grauweißer Färbung. Dies lässt sich durch eine höhere einfallende Strahlungsleistung ausgleichen, indem man den Kreisel mit einer Glühlampe aus kurzer Entfernung anstrahlt.

Bemerkungen

Mit dem Farbkreisel lassen sich auch beliebige andere Farbmischungen erzielen. Teilt man die Kreisfläche in sechs Sektoren und bemalt sie abwechselnd mit blauer und gelber Farbe, ergibt sich beim Drehen des Kreisels die Farbe Grün. Teilt man die Kreisfläche in drei gleich große Sektoren und bemalt sie mit roter, blauer und grüner Farbe, so erscheint die Kreisfläche beim schnellen Drehen in Grauweiß. Dies liegt daran, dass das menschliche Auge nur Rot-, Blau- und Grün-Farbrezeptoren besitzt und sich verschiedene Farben durch unterschiedlich starke Erregung der einzelnen Rezeptoren ergeben. Die gleichmäßige Erregung aller drei Rezeptoren wird als Weiß wahrgenommen.
Auch die Farben des Fernsehbildes werden durch diese drei Hauptfarben erzeugt. Dies lässt sich leicht zeigen, indem man ein Fernsehbild durch eine Lupe betrachtet. Man sieht dabei, dass sich die Farben des Fernsehbildes aus Rot, Blau und Grün zusammensetzen. Hinter jedem einzelnen Bildpunkt des Bildschirms befindet sich ein Triplett aus einem rot, einem blau und einem grün lumineszierenden Phosphorkorn, die durch drei Elektronenstrahlen angeregt werden. Abhängig von der Stärke der Anregung dieser Körner lassen sich verschiedene Farben realisieren.

Literatur

Moisl, F.: Schüler-Experimentierbuch Physik 1, Ravensburger Taschenbücher, Ravensburg 1982
Walpole, B.: Experimente, Tricks und Tips zum Verständnis der Natur, Lernen und Wissen im Spiel und mit Spaß, Südwest Verlag GmbH & Co. KG, München 1990
Eckermann, P.; Nordqvist, S.: Linsen, Lupen und magische Skope, Verlag Friedrich Oetinger, Hamburg 1991
Gobrecht, H.; Eichler, H.-J.; Krystek, M.; Niedrig, H.; Richter, M.; Schoenbeck, H.; Weber, H.; Weber, K.: Bergmann-Schäfer, Lehrbuch der Experimentalphysik, Band III, Optik, Walter de Gruyter Verlag, Berlin 1987, S. 706
Ardley, N.: 101 spannende Experimente aus Wissenschaft und Technik, Loewe Verlag, Bindlach 1995

8.53 Farbige Schatten

Aus farbigem Licht, das mit Licht aus zwei verschiedenfarbigen Lichtquellen gemischt wurde (additive Farbmischung), kann durch Schattenbildung die Farbe der Lichtquelle „heraussubtrahiert" werden, die den Schatten erzeugt.

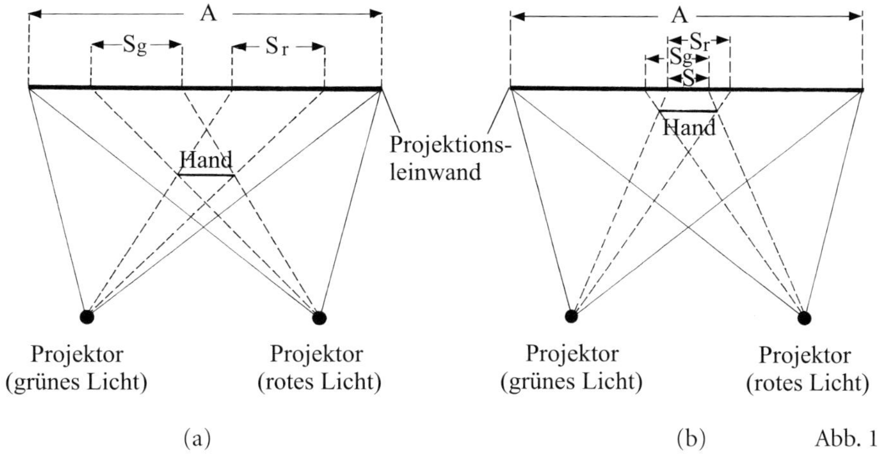

Abb. 1

Material

- 2 Diaprojektoren mit möglichst gleicher Strahlungsleistung oder 2 andere geeignete Lichtquellen (siehe unten)
- 2 Farbfilter, die nicht durch Wärmeentwicklung geschädigt werden können
- Projektionsleinwand oder weiße Wand
- Hilfsmittel: evtl. Pappkarton

Aufbau und Durchführung

Die beiden Diaprojektoren werden so aufgestellt, dass sie genau dieselbe Fläche auf der Projektionsleinwand ausleuchten (A in Abb. 1(a)). In die Projektoren legt man jeweils einen der Farbfilter ein, z. B. einen roten und einen grünen. Die ausgeleuchtete Fläche erscheint in der Mischfarbe, die sich aus der Farbaddition ergibt, im gewählten Beispiel gelb. Hält man eine Hand in die sich überschneidenden Lichtkegel (H in Abb. 1(a)), so erscheinen zwei Schatten der Hand auf der Leinwand (S_r und S_g in Abb. 1(a)), der eine rot (S_r), der andere grün (S_g). Schneiden sich die beiden Schatten (siehe Abb. 1(b)), so ist ihr Schnittbereich (S in Abb. 1(b)) dunkel (grauschwarz).

Für ein effektvolles Gelingen des Experiments sind zwei Aspekte entscheidend: Die Diaprojektoren müssen genau dieselbe Fläche auf der Leinwand ausleuchten, da sonst diese von roten oder grünen Streifen umgeben ist. Die Intensität des auftreffenden Lichtes muss gleich groß sein, da sonst eine der beiden Farben dominiert. Aus diesen beiden Gründen ist die Verwendung von Diaprojektoren gleicher Strahlungsleistung und Objektiven möglichst gleicher Brennweite von Vorteil.

Um das Experiment möglichst effektvoll zu gestalten, hat man folgende Variationsmög-

lichkeiten: Die Größe der Schatten kann mit dem Abstand zwischen Hand und Projektionsleinwand (bzw. Diaprojektor) beeinflusst werden. Der grauschwarze Schattenbereich verkleinert sich, wenn der Abstand zwischen den Diaprojektoren oder der Abstand zwischen Hand und Projektionsleinwand vergrößert wird (siehe Abb. 1(a) und (b)). Allerdings werden bei der ersten Möglichkeit die Schattenbilder der Hand stärker verzerrt und bei der zweiten Möglichkeit unscharf.
Werden andere Lichtquellen verwendet, ist Folgendes zu beachten: Um Streulicht weitgehend zu vermeiden, müssen die Lichtquellen von einem Gehäuse umgeben sein. Notfalls sind provisorische Gehäuse mit Pappe zu basteln. Das Licht darf nur aus einer kleinen Öffnung austreten, damit nur ein begrenzter Bereich auf der Leinwand ausgeleuchtet wird. Ist eine der beiden Lichtquellen schwächer, sollte sie in einem geringeren Abstand zur Leinwand aufgestellt werden. Die Farbfilter stellt man direkt vor den Öffnungen auf. Es ist darauf zu achten, dass die Wärme der Lichtquellen die Farbfilter nicht schädigt oder den evtl. vorhandenen Pappkarton in Flammen setzt.
Stehen zwei gleiche Lichtquellen und Komplementärfarbfilter zur Verfügung, kann es unter obiger Anleitung gelingen, auf der Leinwand als Mischfarbe Weiß zu erzeugen. So verblüffen die farbigen Schatten noch mehr, weil die Alltagserfahrung lehrt, dass die Schatten von weißem Licht grauschwarz sind. Leider gelingt diese Variante des Experiments nicht immer. Sie scheitert oft daran, dass die Intensität der Lichtquellen nicht genau gleich ist und eine der beiden Farben dominiert, oder die Qualität der Komplementärfarbfilter nicht ausreicht.

Erklärung

Eine mattweiße Fläche, wie die verwendete Projektionsleinwand oder eine weiße Wand, hat die Eigenschaft, das auf sie fallende Licht ohne Veränderung der relativen spektralen Zusammensetzung diffus zu streuen. Fällt Licht von Lichtquellen verschiedener Farben auf einen Punkt der Leinwand, z. B. Grün und Rot, so wird das Licht beider Frequenzen an diesem Punkt gestreut. Von diesem Punkt ausgehend fallen Lichtstrahlen beider Farben ins Auge. So erscheint der Punkt dem Betrachter in der Summe beider Farbreize, d. h. in der sich aus der Farbaddition ergebenden Mischfarbe, in unserem Beispiel Gelb. In den Schattenbereich der grünen Lichtquelle gelangt kein grünes (Farbsubtraktion) sondern nur rotes Licht. Deshalb erscheint dieser Bereich rot. Genauso kann in den Schattenbereich der roten Lichtquelle nur das Licht der grünen Lichtquelle treffen. Dieser Schattenbereich erscheint grün. Dort wo sich die beiden Schattenbereiche schneiden, trifft weder Licht der roten noch der grünen Lichtquelle auf die Leinwand. Dieser Bereich erscheint dunkel in grauschwarzer Tönung. Er ist nicht schwarz, da auch Licht aus der Umgebung auf die Leinwand fällt.

Literatur

Berry, D. A.: A POTPOURRI OF PHYSICS TEACHING IDEAS, Selected reprints from The Physics Teacher April 1963 to December 1986, American Association of Physics Teachers, College Park, MD 20740-4100, U.S.A. o. J. [1987]

8.54 Schrift verschwindet

Farbige Gegenstände streuen nur einen Teil des einfallenden Lichtspektrums (die so genannte „Körperfarbe"). Dies wird im Experiment mit roter Schrift auf weißem Papier und einer roten Lichtquelle verdeutlicht.

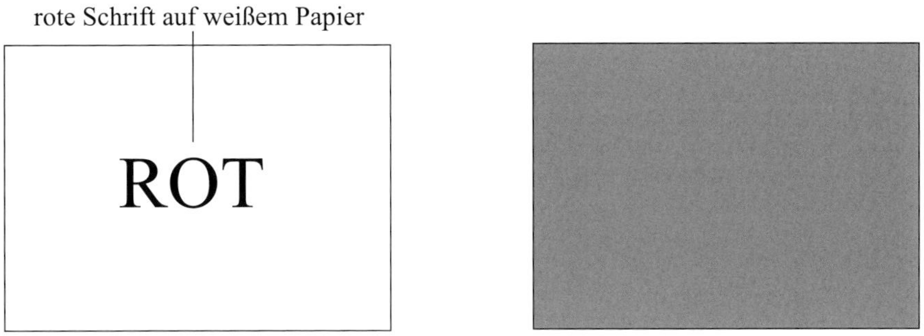

(normale Beleuchtung) (rote Beleuchtung) Abb. 1

Material

- weißes Papier
- roter Farbstift oder rote Tinte
- rote Lichtquelle, z. B. Lampe mit Rotfilter

Aufbau und Durchführung

Auf Papier wird mit roter Farbe irgendetwas geschrieben. Bei normalem Umgebungslicht kann man die Schrift deutlich erkennen. Betrachtet man das Papier im Rotlicht (andersfarbige Beleuchtung muss unterbunden werden, evtl. ist das Zimmer zu verdunkeln), scheint die rote Schrift verschwunden zu sein (siehe Abb. 1).

Erklärung

Die rote Farbe auf dem Papier kann nur Licht aus dem roten Spektralbereich, das weiße Papier dagegen Licht aus dem ganzen Spektralbereich streuen. Bei roter Beleuchtung wird rotes Licht von der roten Farbe und dem weißen Papier gleichermaßen gestreut, so dass man keinen Unterschied mehr zwischen Papier und Schrift wahrnehmen kann, das Papier erscheint einheitlich rot. Die rote Schrift scheint verschwunden zu sein.

Bemerkungen

Es lohnt sich, weitere Experimente mit verschiedenfarbigen Gegenständen und unterschiedlich farbigen Lichtquellen (evtl. auch Natrium- oder Quecksilberdampflampen) durchzuführen. Betrachtet man z. B. eine rote Tomate und einen grünen Apfel im Rotlicht, erscheint die Tomate blassrot, der Apfel hingegen schwarz. Verwendet man grünes Licht zur Beleuchtung, wirkt der Apfel blassgrün und die Tomate schwarz.

Das oben beschriebene Experiment lässt sich etwas interessanter gestalten. Auf weißes Papier wird mit roter Farbe das Wort „Grün“, mit grüner Farbe „Rot“ geschrieben. Bei normaler Beleuchtung mit weißem Licht wird jeder Versuchsbeobachter diesen kognitiven Konflikt bemerken. Bei Beleuchtung mit rotem Licht wird jedoch die rotfarbige Schrift nicht mehr zu lesen sein und somit nur noch das Wort „Rot“, das in grüner Farbe geschrieben wurde und jetzt schwarz wirkt, zu sehen sein. Bei Beleuchtung mit grünem Licht kann nur noch das Wort „Grün“ gelesen werden, obwohl es mit roter Farbe geschrieben ist.

Literatur

Zeier, E.: Physikalische Schulversuche, Freihandversuche, kleine Experimente, Aulis Verlag Deubner, Köln 1986

Walpole, B.: Experimente, Tricks und Tips zum Verständnis der Natur, Lernen und Wissen im Spiel und mit Spaß, Südwest Verlag GmbH & Co. KG, München 1990

8.55 Die bunte Rasierklinge

Erhitzt man eine Rasierklinge, so nimmt diese unterschiedliche Farben an, die auch nach Abkühlung erhalten bleiben.

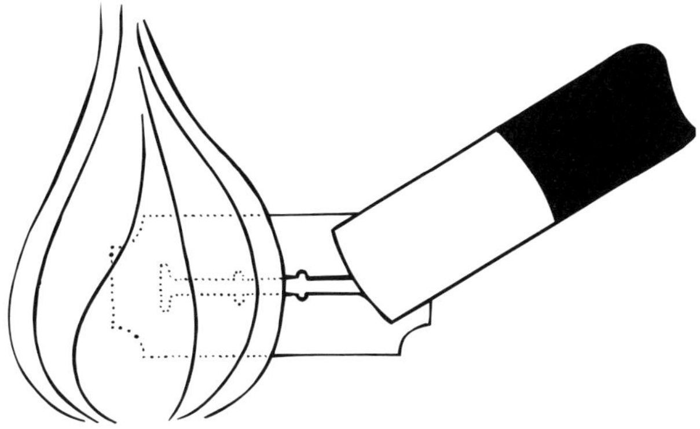

Abb. 1

Material

- Rasierklinge
- Zange
- Bunsenbrenner

Aufbau und Durchführung

Mit einer Zange hält man eine Rasierklinge in eine Bunsenbrennerflamme. Die Rasierklinge nimmt in verschiedenen Bereichen alle möglichen Farben von Gelb bis Blau an. Nimmt man die Rasierklinge bei Erreichen der blauen Farbe aus der Flamme und lässt man sie abkühlen, bleiben die Farben erhalten. Durch Kratzen lassen sie sich wieder entfernen.

Erklärung

In der Bunsenbrennerflamme bilden sich auf der Oberfläche der Rasierklinge aus dem Eisen des Rasierklingenstahls und dem Sauerstoff der Luft dünne Schichten von Eisen-(II,III)oxid (Fe_3O_4, auch „Hammerschlag" genannt). Dabei hängt die Struktur der sich ausbildenden Schichten von der Temperatur ab, auf die der Stahl erhitzt wird. Die unterschiedliche Schichtstruktur äußert sich in den verschiedenen Wellenlängenbereichen, die jeweils absorbiert werden. Die von den Schichten reemittierten Farben werden „Anlassfarben" genannt. Jeder Anlassfarbe kann eine maximale Temperatur T zugeordnet werden, bis zu der der entsprechende Bereich der Rasierklinge erhitzt wurde. Kratzt man die Eisenoxid-Schichten wieder ab, verschwinden mit ihnen auch die Anlassfarben. In nachstehender Tabelle 1 sind die Farben mit der jeweiligen maximalen Temperatur aufgelistet.

Tabelle 1:

Anlassfarbe	T [°C]
Blank	200
Hellgelb	220
Gelb	230
Braun	245
Braunrot	255
Rot	265
Purpurrot	275
Violett	285
Kornblumenblau	295
Hellblau	310
Graublau	325
Metallgrau	330

Bemerkungen

Die verschiedenen Anlassfarben können auf der Rasierklinge nebeneinander betrachtet werden, wenn die Klinge so in die Flamme gehalten wird, dass die unterschiedlichen Temperaturbereiche der Flamme stets dieselben Bereiche der Rasierklinge erwärmen (siehe Abb. 1).

Das Anlassen von Stahl ist ein Vergütungsverfahren, in dem die Elastizität und die Dehnbarkeit des Werkstoffes erhöht werden. Diese Eigenschaften sind nach dem Härten des Stahls durch Abschrecken nur in ungewünschtem Maße ausgebildet, da durch das ungleichmäßige Abkühlen von Oberfläche und Innerem der Stahl mit inneren Spannungen behaftet und deshalb sehr spröde ist. In einer Salzschmelze oder im Wasser- oder Ölbad wird der Werkstoff bis zu einer der in Tabelle 1 angegebenen Temperaturen erhitzt (z. B. Sägen und Dolche bis Kornblumenblau, Uhrfedern bis Hellblau), eine Zeit lang auf dieser Temperatur gehalten („Anlassdauer“) und danach wieder abgekühlt.

Literatur

Glass, D.: Das neue What's what? Naturwissenschaftliche Plaudereien, Deutscher Taschenbuch Verlag GmbH & Co. KG, München 1997

zu Tabelle 1:

Falbe, J.; Reignitz, M.: Römpp Chemie Lexikon M-Pk, Georg Thieme Verlag, Stuttgart New York 1991, S. 195

8.56 Die Pinocchio-Nase

Der Schatten, der durch eine ausgedehnte Lichtquelle entsteht, ist größer als der vom Auge wahrgenommene Schatten.

Material

- Tageslichtprojektor oder sehr helle, ausgedehnte Lichtquelle, z. B. Sonne
- Blatt Papier

Aufbau und Durchführung

Eine Versuchsperson stellt sich im Profil vor einen eingeschalteten Tageslichtprojektor, so dass der Schatten gut auf einer Wand oder weißen Tafel zu erkennen ist. Ein Blatt Papier nähert man dem Lichtkegel des Tageslichtprojektors (siehe Abb. 2), bis eine Blattkante in den Lichtkegel „eintaucht". Schiebt man das Papierblatt weiter in den Lichtkegel des Tageslichtprojektors hinein, kommt der Schatten des Blatts dem Schatten des Gesichtsprofils der Versuchsperson stetig näher. Bei einem gewissen Abstand der beiden Schatten verlängern sich der Schatten der Nase und des Kinns (siehe Abb. 1).

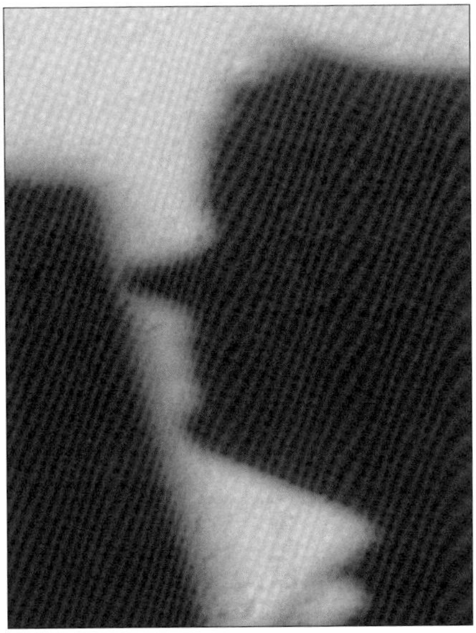

Abb. 1

Erklärung

Sowohl den Schatten des betrachteten Körperteils, z. B. der Nase, als auch den Schatten des Blatt Papiers kann man in drei unterschiedliche Zonen einteilen: Die Zone, die nicht von der Lichtquelle beleuchtet wird, nennt man die Kernschattenzone (siehe Abb. 2). Des Weiteren existiert eine schattenfreie Zone (siehe Abb. 2). Im Übergang der beiden Zonen nimmt die Lichtintensität zum Kernschatten hin stetig ab, da das Gebiet von immer weniger Licht erreicht wird (siehe Abb. 2). Ursache ist die geradlinige Ausbreitung des Lichts.

Das Auge nimmt die geschwächte Lichtintensität eines Schattenbereichs erst wahr, wenn diese unter einen gewissen Prozentsatz der Lichtintensität eines schattenfreien Bereichs abgefallen ist („logarithmisches Sehen"). Die Übergangsschattenzonen, so wie sie in Abbildung 2 dargestellt sind, werden also vom Auge nicht in ihrer ganzen Ausdehnung erkannt.

Ist die Lichtintensität aus einem Bereich unter einen gewissen Prozentsatz der Lichtintensität aus einem schattenfreien Bereich abgefallen, unterscheidet das Auge nicht mehr zwischen diesem Bereich und dem Kernschatten. Der Kernschatten wird also vom Auge „vergrößert". Im Experiment werden zwei Übergangszonen überlagert. Ist die Lichtintensität aus dem Bereich der überlagerten Übergangsschattenzonen klein genug, erkennt das Auge nur eine große Kernschattenzone.

Da der Rest des Kopfschattens nicht durch eine andere Übergangszone überlagert wird, bleibt dieser Schatten unbeeinflusst. Der Beobachter sieht wegen der exponierten Stellung der Nase in Richtung Papierblatt einen überdimensionalen Nasenschatten an einem normalen Kopfschatten.

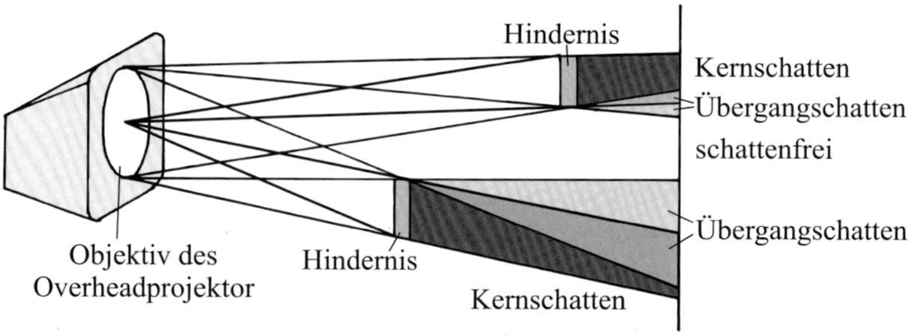

Abb. 2

Literatur

Wittmann, J.: Trickkiste 1, Experimente, wie sie nicht im Physikbuch stehen, Bayerischer Schulbuch Verlag, München 1986

9.1 Rote Tinte leuchtet grün!

Unter bestimmten Bedingungen leuchtet rote Tinte durch Fluoreszenz grün.

Material

- rote Tinte
- Glasgefäß, z. B. Becherglas (∅: 5 – 10 cm)
- leuchtstarke Taschenlampe
- Blaufilter, z. B. als Fotozubehör erhältlich, oder blaue Plastikfolie

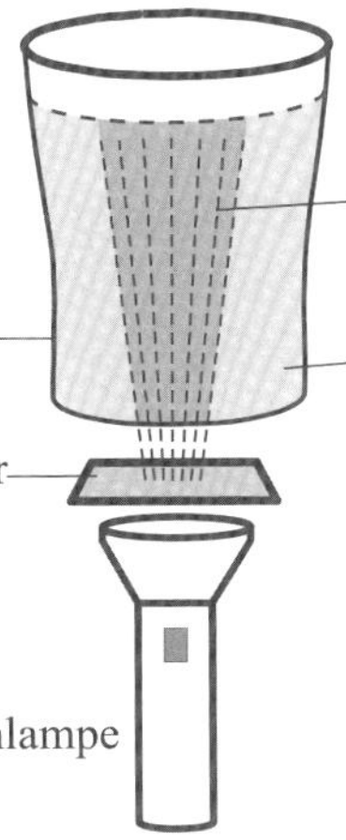

Abb. 1

Aufbau und Durchführung

Ein wassergefülltes Glasgefäß wird von unten mit einer Taschenlampe durchstrahlt. Zwischen Lampe und Glas bringt man einen Blaufilter in das Lichtbündel (siehe Abb. 1). Nach Abdunkeln des Experimentierraumes lässt man einige Tropfen roter Tinte in das Wasser fallen. Von oben betrachtet erscheint die Tinte im Wasser im üblichen Rot, während die Tintenschlieren von der Seite in hellem Grün erscheinen. Rührt man um, so leuchtet das gesamte Wasser – von oben rot, von der Seite grün.

Erklärung

Die Farbe, in der die Lösung eines bestimmten Stoffs in Durchsicht erscheint, hängt davon ab, welche Spektralfarben von ihm absorbiert und welche transmittiert werden. Eosin, der Farbstoff roter Tinte, transmittiert nur rot und absorbiert alle anderen Spektralfarben, weshalb die Tinte rot leuchtet, wenn man von oben in das Glas blickt, da das einfallende Licht trotz Blaufilter noch einen roten Spektralanteil besitzt. Ein Teil des absorbierten Lichts bringt das Eosin-Molekül in einen angeregten Zustand, von welchem es anschließend durch Emission von grünem Licht wieder in den Grundzustand zurückkehrt.
Da die Anregung des Eosin-Moleküls nicht auf Grund kontinuierlicher Energiezufuhr von der einfallenden Strahlung erfolgt, sondern durch Absorption eines einzelnen Lichtquants, kann dieser Vorgang nur von Lichtquanten im grünen Spektralbereich und höherer Energie (blau, violett, ultraviolett) als die des grünen Lichts ausgelöst werden. Weil die Emission des grünen Lichts gleichmäßig in alle Raumrichtungen erfolgt, ist die genau vertikal nach oben abgestrahlte Lichtmenge relativ gering und beeinflusst den Farbeindruck rot nicht. In jeder horizontalen Richtung ist, im Vergleich zu geringem Streulicht, das emittierte grüne Licht die dominierende Strahlung.

Bemerkungen

Auf Fluoreszenz basiert auch die Wirkung der von Waschmittelherstellern ihren Waschpulvern zugefügten und unter dem Slogan „weißer als weiß“ vertriebenen Weißmachern. Diese Chemikalien absorbieren den stets vorhandenen, aber unsichtbaren Ultraviolett-Anteil des Tageslichts, emittieren Licht im blauen Bereich des Spektrums und kompensieren damit den durch Verschmutzungen erhöhten rotgelben Anteil des reflektierten Lichts.

Literatur

Wittmann, J.: Trickkiste 2, Verblüffende Experimente zum Selbermachen, Bayerischer Schulbuch Verlag, München 1993

9.2 Flammenfärbungen

Die verschiedenen Färbungen einer Flamme, die beim Erhitzen unterschiedlicher Stoffproben entstehen, zeigen, dass die chemischen Elemente bei thermischer Anregung charakteristisches Licht emittieren.

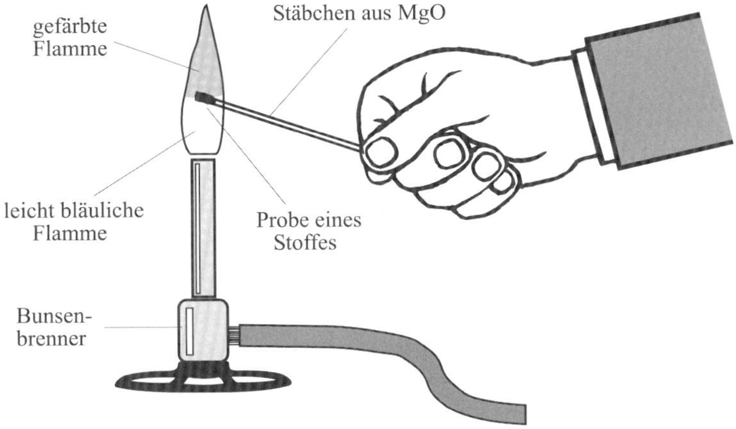

Abb. 1

Material

- Stäbchen aus Magnesiumoxid (MgO), die in jedem Chemielabor vorhanden sind
- Kochsalz ($NaCl$)
- Kalk ($CaCO_3$), z. B. aus einer Eierschale, oder Calciumchlorid ($CaCl_2$)
- Kaliumcarbonat (K_2CO_3), als Pottasche in der Apotheke erhältlich, oder Kaliumchlorid (KCl)
- Bunsenbrenner
- Hammer
- evtl. Borax ($Na_2B_4O_7$) oder Borsäure (H_3BO_3)

Aufbau und Durchführung

An einem Bunsenbrenner wird eine große Flamme eingestellt, die aber nur leicht bläulich leuchten sollte. Die vorliegenden Stoffe (siehe Material) klopft man mit einem Hammer pulvrig und nimmt mit dem befeuchteten Ende eines für Flammenfärbungen

Tabelle 1: Flammenfärbungen verschiedener Elemente

chemisches Element	Färbung der Flamme
Natrium	gelb
Kalium	ziegelrot
Calcium	violett
Bor	grün

vorgesehenen Stäbchens etwas von der Substanz auf. Hält man die Probe auf ungefähr halber Höhe in die Flamme des Bunsenbrenners, so leuchtet die Flamme über dem Stäbchen in einer für den Stoff charakteristischen Farbe. Die Farbe wird durch die chemischen Elemente, die in dem erhitzten Stoff gebunden sind, bestimmt (siehe Tabelle 1).

Erklärung

Bringt man eine Stoffprobe in die heiße Flamme des Bunsenbrenners, so werden manche Atome durch thermische Stöße in einen Zustand höherer Energie gebracht. Die dabei in der Elektronenhülle der Atome ablaufenden Vorgänge erlauben nur bestimmte diskrete Energieänderungen. Kehren die Atome durch Emission von Lichtquanten in den Grundzustand zurück, so wird dabei nur Licht bestimmter und für ein chemisches Element charakteristischer Wellenlängen abgestrahlt. Das im sichtbaren Bereich emittierte Licht ruft die Färbung der Flamme hervor.

Bemerkungen

Chemiker benutzen die Flammenprobe, um ein bestimmtes Element in einem Stoffgemisch nachzuweisen, ohne es aus der Probe isolieren zu müssen. Dabei ist es auch nicht relevant, in welcher chemischen Verbindung das Element vorliegt.
Wesentlich genauere Analysen sind möglich, wenn das emittierte Licht spektral zerlegt wird (z. B. mit einem Gitter). Auch bei der Überlagerung verschiedener Emissionsspektren lassen sich dann noch die einzelnen Spektrallinien zweifelsfrei einem bestimmten Element zuordnen. In der Astronomie bietet die Untersuchung des Lichts von Sternen die Möglichkeit, etwas über deren Zusammensetzung zu erfahren.

Literatur

Köthe, R.: Das neue Experimentierbuch: 150 einfache Experimente aus der Physik, Chemie und Biologie, Tessloff Verlag, Hamburg 1986

9.3 Bierschaumzerfall

Mit Bierschaum lässt sich der radioaktive Zerfall in einem Analogieexperiment simulieren.

Material

- hoher, breiter Messzylinder oder ein Trinkglas mit festem Querschnitt
- Bier; am besten eignet sich dunkles Weizenbier
- Hilfsmittel: Lineal, Klebeband, Stift

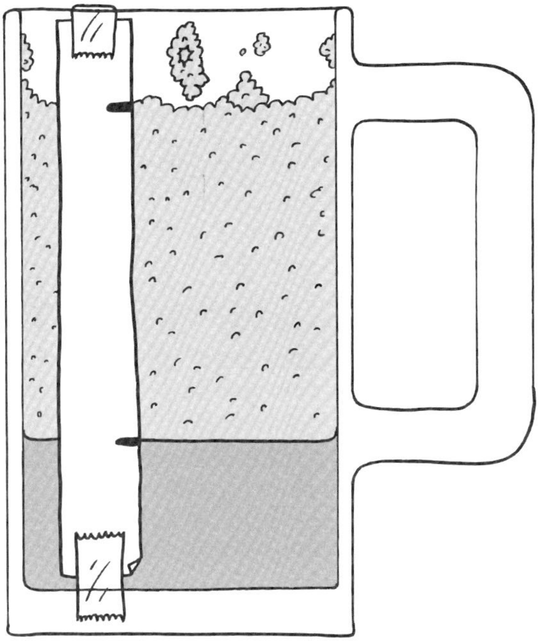

Abb. 1

Aufbau und Durchführung

Ein hohes Trinkglas wird gründlich ausgewaschen, so dass keine Spülmittelreste mehr im Glas zurückbleiben. Das Glas sollte einen großen Durchmesser besitzen, damit der Schaum nicht übermäßig an den Gefäßwänden haftet, weil sich sonst beim Zerfall des Schaums die Schaumgrenzen nicht verschieben bzw. die Schaumhöhe nicht eindeutig festlegbar ist. Im Gefäß dürfen sich keine Spülmittelreste befinden, da Spülmittel die Schaumbläschen zerstören, und die Messung dadurch erheblich beeinträchtigt wird.

Man trocknet die Außenseite des Glases ab und klebt einen dünnen Papierstreifen, der vom Rand bis zum Boden des Glases reichen sollte, außen auf das Trinkglas. Das Glas wird schnell mit Bier gefüllt. Dabei sollte die Flasche etwa einen halben Meter über dem Glas gehalten werden. Die Schaumschicht sollte möglichst groß sein (siehe Abb. 1). Die untere und obere Schaumgrenze wird in konstanten Zeitabständen (je nach Biersorte zwischen 5 s und 30 s) mit Hilfe eines Stiftes auf dem Papierstreifen auf dem Glas markiert. Dabei muss man beachten, dass sich sowohl die obere, als auch die untere Schaumgrenze verschieben. Die Auftragung der Schaumhöhe in einem Diagramm gegen die Zeit ergibt eine Exponentialkurve (siehe Abb. 2).

Erklärung

In den Schaumbläschen herrscht im Vergleich zum äußeren Luftdruck ein Überdruck (siehe Experiment „Seifenblasenrezepte"). Mit der Zeit fließt infolge der Schwerkraft immer mehr Flüssigkeit vom oberen in den unteren Teil eines Schaumbläschens. Dabei können im oberen Teil eines Bläschens Inhomogenitäten in der Dicke der Bläschenwand entstehen, die zum Platzen des Bläschens auf Grund des Überdrucks im Bläschen führen. Die Flüssigkeit der geplatzten Bläschen sammelt sich am Gefäßboden. Nimmt man an, dass alle Bläschen dieselbe Zerfallswahrscheinlichkeit λ besitzen, kann man den Anteil dn aller Bläschen n, der in der Zeit dt zerfällt, durch

$$\mathrm{d}n = -\lambda n\,\mathrm{d}t$$

beschreiben. Durch Integration erhält man

$$n = n_0\,\mathrm{e}^{-\lambda t}$$

(n: Anzahl der Schaumbläschen zur Zeit t; n_0: Anzahl der Schaumbläschen zu Beginn der Messung).

Trägt man die Höhe der Bierschaumschicht (sie ist ein Maß für die Anzahl der Bläschen zu einem Zeitpunkt) über der Zeit auf, ergibt sich eine Exponentialkurve. Ein Beispiel eines Messergebnisses mit dunklem Weißbier und einem Messzeitintervall von anfangs 15 s (die ersten fünf Messpunkte) und dann 30 s (der Rest der Messpunkte) ist in Abb. 2 dargestellt.

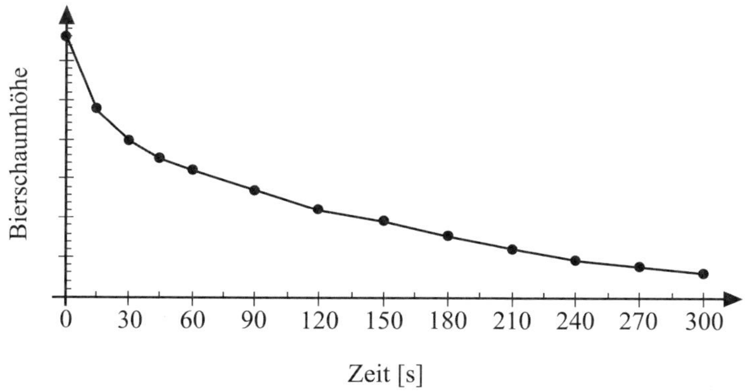

Abb. 2

Literatur

Göbel, R.; Haubold, K., Physik in der Schule 27/3 (1989), S. 104-105

9.4 Das Münzkristallgitter

Durch unterschiedliche Anordnung von Münzen auf einer vorgegebenen Fläche werden unterschiedliche Flächendichten in Analogie zu Atomdichten von Festkörpern realisiert.

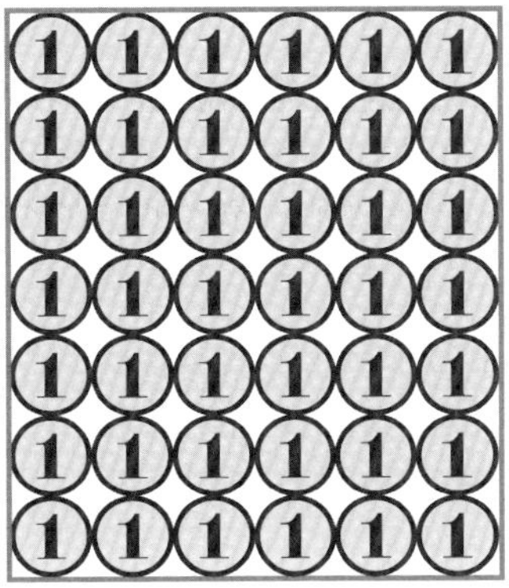

Abb. 1

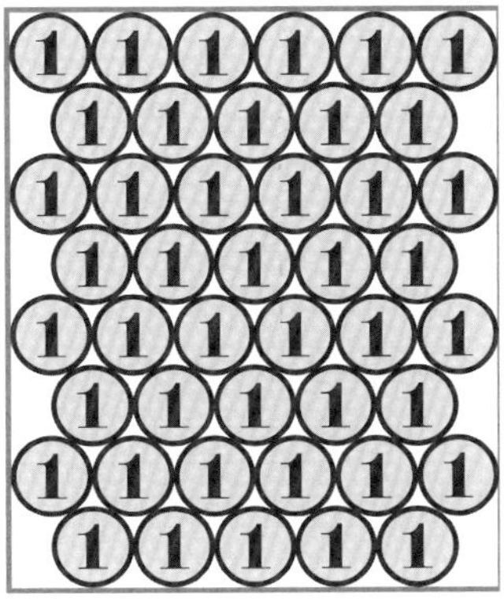

Abb. 2

Material

- 44 Eincentmünzen
- kariertes Papier
- Stift und Lineal

Aufbau und Durchführung

Auf ein Blatt Papier zeichnet man ein Rechteck der Breite 11,2 cm und der Höhe 10 cm. In dieses Rechteck legt man 42 Eincentstücke so, wie in Abbildung 1 gezeigt. Um zwei Centstücke mehr in dem Rechteck unterzubringen, müssen die Centstücke wie in Abbildung 2 angeordnet werden.

Erklärung

Die Anzahl der Münzen, die auf einer vorgegebenen Fläche platziert werden können, hängt von der Art der Anordnung auf der Fläche ab. Wie Abbildung 1 und Abbildung 2 zeigen, gibt es Flächenbedeckungen mit unterschiedlicher Münzendichte. Das Beispiel mit den Münzen stellt die zweidimensionale Analogie zu verschieden dichten Kugelpakkungen in drei Dimensionen (Atomgitter) dar.

Bemerkungen

Führt man das angegebene Experiment mit Kugeln und einem vorgegebenen Volumen, wie etwa einer Schachtel, durch, kann man die Kugelschichten wie in Abbildung 1 oder wie in Abbildung 2 anordnen. Jeder Kugelschicht entspricht dann jeweils eine „Münzzeile".

Literatur

Hewitt, P. G.: Conceptual physics, Harper Collins College Publishers, San Francisco 1993

9.5 Kristallzüchtung

Kristallisationskeime aus einer übersättigten, sich abkühlenden Salzlösung bilden sich mit Vorliebe an einer rauen Oberfläche, z. B. einer Paketschnur.

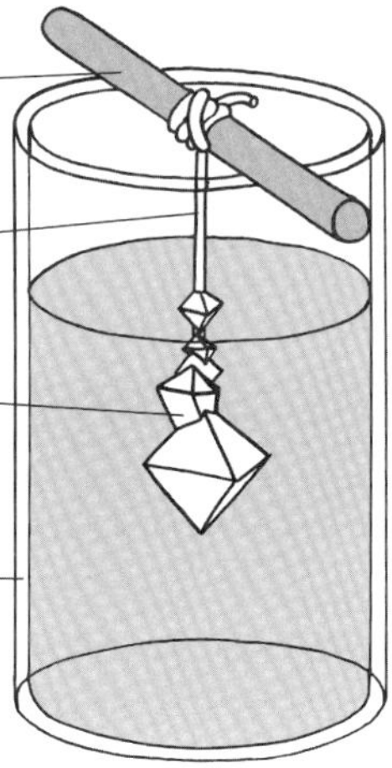

Abb. 1

Material

- destilliertes Wasser
- Gefäß (ca. 1 l)
- Topf (für Wasserbad)
- auszukristallisierende Substanz (siehe Tabelle 1)
- Wollfaden oder Paketschnur
- Stäbchen (Länge: ca. 20 cm) aus beliebigem Material
- evtl. Nitrolack und Lösungsmittel
- Hilfsmittel: Herdplatte, Topf

Aufbau und Durchführung

In ein sauberes Gefäß gibt man ca. 0,5 l destilliertes Wasser und erwärmt es in einem Wasserbad auf ca. 80 °C. Eine entsprechende Ansatzmenge eines Salzes (siehe Tabelle 1) wird in das destillierte Wasser gegeben, um eine nahezu gesättigte Lösung zu erhalten. Ist ein Bodensatz vorhanden, muss dieser durch Umschütten der Lösung in ein anderes Glas beseitigt werden. Die Temperatur der Lösung sollte dabei nicht variieren (evtl. muss das neue Glas zuerst erwärmt werden). Das Gefäß nimmt man aus dem Wasserbad und hängt einen an einem Stäbchen befestigten Wollfaden in die Lösung. Nach einigen Stunden hat sich ein Kristall am Faden gebildet (siehe Abb. 1). Die Lösung sollte man von Fremdstoffen frei halten. Die meisten der gezüchteten Kristalle sind feuchtigkeitsanfällig. Deshalb sollte man sie kurz in ein Bad aus einem Teil Nitrolack und vier Teilen Lösungsmittel tauchen (siehe Tabelle 1, S. 913).

Erklärung

Die heiße, gesättigte Lösung kühlt ab. Da sich in der kühleren Lösung weniger Moleküle der Substanz lösen können als in der heißen Lösung, ist die kühlere Lösung übersättigt. Durch statistische Schwankungen der Dichte der Substanz in der Lösung können sich Kristallisationskeime bilden. Dafür muss Oberflächenenergie, die direkt proportional zu r^2 ist (r: Keimradius), aufgebracht werden, und Bindungsenergie, die direkt proportional zu r^3 ist (latente Wärme), wird gewonnen. Man kann einen kritischen Radius angeben, unterhalb dessen die Keime wieder zerfallen und oberhalb dessen sie stabil sind (siehe Experiment „Kondensationskeime am Fenster"). Der Keimradius wird künstlich durch den in das Gefäß gehaltenen Faden vergrößert. Deshalb lagern sich daran mit Vorliebe Keime an. Die Gefäßwand begünstigt zwar ebenfalls die Keimbildung, auf Grund ihrer glatten Oberfläche wird die Keimbildung aber nicht in dem Maße wie an dem Wollfaden begünstigt (siehe Experiment „Kondensationskeime am Fens-

Tabelle 1: Ansatzmengen und Eigenschaften einiger Salze

Salz	Ansatz der Lösung in g Salz/ml H_2O	Kristalleigenschaften	
		Farbe	Gitter
Kaliumaluminiumsulfat (Kaliumaluminiumalaun) $KAl(SO_4)_2 \cdot 12\ H_2O$	0,21	farblos	kubisch
Kaliumchromsulfat (Chromalaun) $KCr(SO_4)_2 \cdot 12\ H_2O$	0,61	violett	kubisch
Kaliumnatriumtartrat (Seignettensalz) $KNaC_4H_4O_6 \cdot 4\ H_2O$	1,31	farblos	rhombisch
Natriumchlorat $NaClO_3$	1,11	farblos	kubisch
Kaliumhexacyanidoferrat III (rotes Blutlaugensalz) $K_3(Fe(CN)_6)$	0,4	tiefrot	monoklin
Eisen(II)-sulfat-Heptahydrat (Eisenvitriol) $FeSO_4 \cdot 7\ H_2O$	0,62	hellgrün	monoklin
Kupfer(II)-sulfat-Pentahydrat (Kupfervitriol) $CuSO_4 \cdot 5\ H_2O$	0,37	tiefblau	triklin
Kaliumnitrat (Kalisalpeter) KNO_3	0,61	farblos	rhombisch

ter“). Kühlt die Lösung weiter ab, so wird ständig die Löslichkeit der Substanz im Lösungsmittel (hier: destilliertes Wasser) überschritten und einzelne Moleküle lagern sich an dem entstandenen Impfkristall an, denn der Radius des Impfkristalls ist bereits größer als der kritische Radius. Der Kristall wächst, solange die Lösung abkühlt.
Ein anderer Mechanismus, wie eine Übersättigung der Lösung zu erreichen wäre, ist das Verdunsten des Lösungsmittels. Dieser Mechanismus überlagert sich in unserem Experiment mit dem eben angegebenen „Abkühlmechanismus“. Welcher dieser beiden Mechanismen bei der jeweiligen Kristallbildung überwiegt, ist im Detail zu untersuchen.

Bemerkungen

Das Kristallisieren von Kochsalz durch Eindampfen von Meerwasser oder Salzsolen wurde bereits in frühgeschichtlicher Zeit angewandt. So berichtet ein chinesischer

Druck von 2700 v. Chr. und der ägyptische Papyrus Ebers von 1500 v. Chr. von der Salzgewinnung. Seit dem 17. Jahrhundert bürgerte sich die Bezeichnung „Kristall“ im heutigen Sinne ein. Das Wort „crystallos“ wurde bei *Homer* zunächst für Eis und in der Antike für Quarz (Bergkristall) verwendet. Man kann sagen, dass im 17. Jahrhundert die Kristallografie im modernen Sinne entwickelt wurde: Eine Schneeflocke, die in der Neujahrsnacht des Jahres 1611 auf den Ärmel von *Johannes Kepler* (1571-1630) fiel, war der Anlass für seinen reizvollen Essay „Eine Neujahrsgabe oder Über eine sechseckige Schneeflocke“. *Kepler* folgerte aus den hexagonalen Formen der Schneekristalle, dass sie aus dichtgepackten und deshalb regelmäßig angeordneten kugelförmigen Teilchen aufgebaut seien, und schloss damit auf das richtige Prinzip der Struktur und Form von Kristallen.

Literatur

Backe, H.; Backe, R.; Giegengack, H.: Das Physik-Experimentierbuch, Verlag Harri Deutsch, Thun und Frankfurt/Main 1987

Wilke, K.-T.; Bohm, J.: Kristall Züchtung, Verlag Harri Deutsch, Thun und Frankfurt/Main 1988

zur Erklärung:

Haasen, P.: Physikalische Metallkunde, Springer Verlag, Berlin 1984

zu Bemerkungen:

Wilke, K.-T.; Bohm, J.: Kristall Züchtung, Verlag Harri Deutsch, Thun und Frankfurt/Main 1988

9.6 Das Loschmidt'sche Paradoxon

In einer laminaren Strömung mit einem Geschwindigkeitsgradienten weitet sich ein Farbklecks entlang des Geschwindigkeitsgradienten auf. Diese Aufweitung kann durch eine entgegengesetzte, laminare Strömung mit demselben Gradienten der Geschwindigkeit rückgängig gemacht werden.

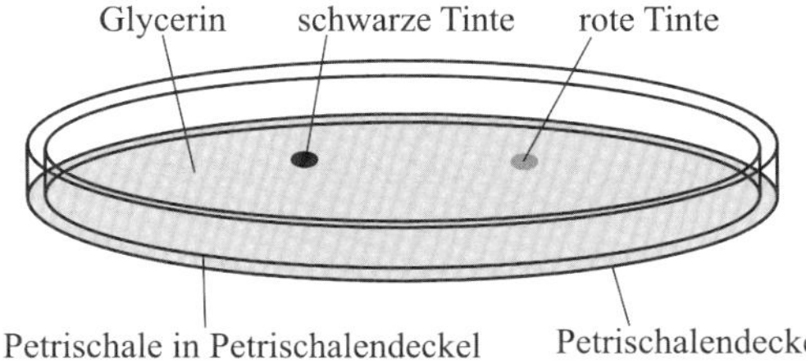

Abb. 1

Material

- Petrischale mit Deckel oder 2 Schalen mit ebenem Boden und einer Erhöhung am Rand, die genau ineinander passen
- Glycerin
- schwarze und rote Tinte (keine blaue Tinte !!!)
- 2 Einwegspritzen oder 2 Füller, 2 Pipetten, 2 dünne Trinkhalme für die Tinte
- Tasse oder Trinkglas
- Kaffee
- Milch
- Hilfsmittel: Löffel

Aufbau und Durchführung

Teilexperiment 1:

In eine Kaffeetasse, die mit Kaffee gefüllt ist, wird etwas Milch gegeben und mit einem Löffel langsam im Uhrzeigersinn gerührt. Nach ein bis zwei Umdrehungen hat sich die Milch mit dem Kaffee vermischt. Rührt man den Kaffee in die entgegengesetzte Richtung ebenso oft um, trennen sich Kaffee und Milch nicht mehr.

Teilexperiment 2:

Ein Deckel einer Petrischale wird mit Glycerin gefüllt. Ein schwarzer und ein roter Tintenfleck werden in demselben Abstand vom Mittelpunkt des Petrischalendeckels an zwei verschiedenen Stellen in das Glycerin gebracht (möglichst kleine Flecke!, siehe Abb. 1). Die Flecke sollten sich nicht zu nahe am Rand des Deckels der Petrischale befinden. Die Petrischale wird auf das Glycerin gesetzt, so dass das Glycerin ohne Luftblasen zwischen den zwei Böden der Schalen eingeschlossen ist (siehe Abb. 1). Den Petrischalendeckel hält man fest, während man die obere Petrischale langsam (wichtig!!!) um ihre Symmetrieachse dreht. Nach ein bis zwei Umdrehungen sind die schwarze und rote Tinte miteinander vermischt. Dreht man die obere Schale langsam in entgegengesetzter Richtung, trennen sich die schwarze und rote Tinte wieder und ergeben wieder einen, etwas größeren, roten und schwarzen Tintenfleck.

Erklärung

Die Petrischalen drehen sich langsam gegeneinander. Es entsteht eine annähernd laminare Strömung des Glycerins bzw. der Farbpigmente der Tinte. Bei konstanter, gleichmäßiger Rotation der Petrischale werden die Farbpigmente der Tinte durch die Gleitreibung zwischen der oberen Petrischale und dem Glycerin auf einer Kreisbahn um die Rotationsachse der Petrischalen gehalten. Die Gleitreibung der oberen Petrischale und dem Glycerin ist geschwindigkeitsabhängig.
Die Geschwindigkeit der Farbpigmente ist umso kleiner, je näher sich die Pigmente an der Rotationsachse der Petrischale befinden, da bei konstanter Winkelgeschwindigkeit die Geschwindigkeit direkt proportional zum Abstand zur Rotationsachse ist.
Die Geschwindigkeit der Farbpigmente ist umso kleiner, je tiefer die Farbpigmente im Glycerin liegen. Dies ist eine Folge des Strömungsprofils, das sich durch innere Reibung des Glycerins einstellt.
Auf Grund dieser beiden Geschwindigkeitsgradienten weitet sich der anfängliche Tintenfleck in einem Kreisabschnitt um die Rotationsachse auf. Wird die Petrischale langsam gegen den Petrischalendeckel gedreht, entstehen keine Wirbel im Glycerin, die die vertikale Position oder den Abstand des Farbpigments von der Rotationsachse ändern. Deshalb sind die Geschwindigkeitsverhältnisse der Pigmente bei der Drehung im Gegenuhrzeigersinn in etwa gleich denen bei der Drehung im Uhrzeigersinn und alle Farbpigmente erreichen simultan ihren Ausgangspunkt. (Mit Geschwindigkeitsverhältnissen ist gemeint, dass ein Pigment, welches bei der Drehung im Uhrzeigersinn sich z. B. doppelt so schnell wie ein anderes bewegt, auch bei der Drehung im Gegenuhrzeigersinn doppelt so schnell wie das andere ist.) Die Tatsache, dass sich bei der Drehung im Gegenuhrzeigersinn die aufgeweiteten Tintenkleckse wieder zu einem Tintenklecks „zusammenziehen", nennt man nach *Joseph Loschmidt* (1821-1895) das „Loschmidt'sche Paradoxon".
Da man durch das Drehen keine ideale laminare Strömung erzeugen kann, sondern sich doch wenige Wirbel bilden, variiert der Abstand eines Pigments von der Rotationsachse oder der Abstand von der oberen Petrischale doch für einige Farbpigmente und der anfängliche kleine Tintenfleck weitet sich auf. Des Weiteren diffundieren einige Farbpigmente langsam in das angrenzende Glycerin. Auch dies hat eine Aufweitung des Tintenflecks zur Folge.
In dem Kaffee-Milch-Gemisch entsteht durch das Rühren mit dem Löffel eine turbulente Strömung. Da durch entgegengesetztes Rühren die Durchlaufrichtung eines Wirbels nicht umgekehrt werden kann, ist es sehr unwahrscheinlich, dass alle Milchmoleküle nach dem Rühren in entgegengesetzter Richtung simultan ihre Ausgangsposition erreichen.

Literatur

Wittmann, J.: Trickkiste 2, Experimente, wie sie nicht im Physikbuch stehen, Bayerischer Schulbuch Verlag, München 1993

zur Erklärung:

Vogel, H.: Gerthsen Physik, Springer Verlag, Berlin 1995

9.7 Das Chaospendel

Bei starker Anregung lassen sich an einem Dreifachpendel chaotische Schwingungen demonstrieren.

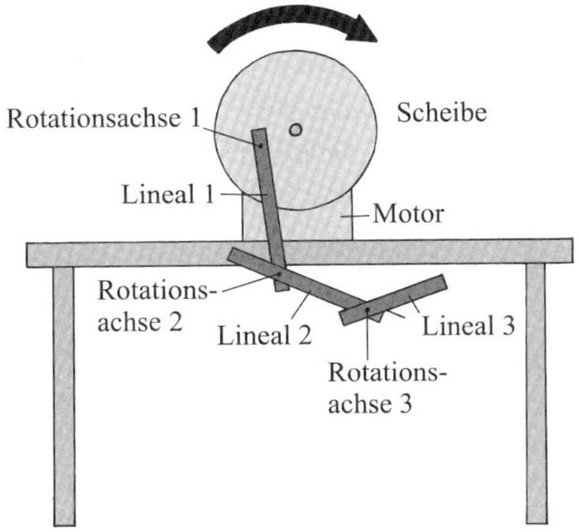

Abb. 1

Material

- Motor mit Drehzahlregelung
- Metall- oder Plastikscheibe (Durchmesser: 15 – 30 cm) mit 2 Löchern (eines zentral und eines dezentral), welche man auf der Motorachse montieren kann
- 2 Holzleisten oder Lineale (Länge: ca. 30 cm)
- Holzleiste oder Lineal (Länge: 15 – 20 cm)
- 4 Schrauben und dazu 8 Schraubenmuttern und evtl. Beilagscheiben
- Hilfsmittel: Bunsenbrenner, Nagel und Zange

Aufbau und Durchführung

Eine kreisförmige Scheibe mit einem Loch in der Mitte montiert man so auf eine Motorachse, dass die Scheibe senkrecht steht und ca. 1 m über dem Boden frei rotieren kann. Mit einem heißen Nagel, welchen man an einer Zange hält, brennt man in zwei lange Lineale jeweils zwei Löcher. In Lineal 1 wird ca. 3 cm von einem Ende und ca. 3 cm vom anderen Ende ein Loch gebrannt. In Lineal 2 wird ein Loch ca. 3 cm vom einen und ca. 10 cm vom anderen Ende gebrannt. Ein kürzeres Lineal 3 wird mit einem Loch ca. 5 cm entfernt von einem Linealende versehen. (Die Längenangaben sind optional und können geändert werden. Diese Konstellation verhindert eine Kollision eines Lineals mit einer Schraube.) Ein Loch im Lineal muss gerade groß genug für eine Schraube sein.
Lineal 1 wird an der Scheibe mittels einer Schraube und zwei Muttern befestigt und eventuell mit Beilagscheiben etwas von der Scheibe abgesetzt. Das Lineal muss leicht beweglich sein. An dieses Lineal wird Lineal 2 mit dem Loch 10 cm vom Ende und an dieses das kurze Lineal geschraubt (siehe Abb. 1). Die Lineale sollten möglichst nahe aufeinander liegen, trotzdem aber frei beweglich sein.

Das Dreifachpendel wird um die Rotationsachse 1 (siehe Abb. 1) ausgelenkt und der Motor mit kleiner Frequenz betrieben. Das Dreifachpendel pendelt annähernd harmonisch ausschließlich um Rotationsachse 1. Bei größeren Frequenzen des Motors fängt es an, um alle drei möglichen Rotationsachsen (siehe Abb. 1) zu schwingen. Es ergibt sich keine harmonische, jedoch eine periodische Schwingung. Bei großen Frequenzen ist keine Periode zu erkennen. Das Pendel schwingt chaotisch.

Erklärung

Bei kleinen Frequenzen schwingt das dreiteilige Pendel nur um die Achse, mit der es an die Motorscheibe befestigt ist, da bei den anderen beiden möglichen Rotationsachsen die angeregte Schwingung durch die Reibung in den Gelenken zu stark gedämpft wird. Das Pendel gehorcht annähernd der Bewegungsgleichung

$$I\ddot{\varphi} + MgR \sin \varphi + \alpha\dot{\varphi} = f \cos(\tilde{\omega}t)$$

(I: Trägheitsmoment des Pendels; φ: Auslenkwinkel des Dreifachpendels aus der vertikalen Ruheposition; M: Masse des Pendels; R: Strecke vom Pendelaufhängepunkt zum Schwerpunkt; g: Betrag der Erdbeschleunigung; $\alpha \propto I\tilde{\omega}$; $\tilde{\omega}$: Motorfrequenz; $f \propto F_0\tilde{\omega}$; F_0: Betrag der Kraft, die der Motor über die Motorachse auf das Dreifachpendel ausübt). Für sehr kleine $\tilde{\omega}$ ist der Auslenkwinkel φ des Dreifachpendels aus der vertikalen Ruhelage sehr klein und deshalb kann man $\sin\varphi \approx \varphi$ setzen. Da $\dot{\varphi} \approx 0$ ist, erhält man aus der Gleichung $I\ddot{\varphi} + MgR\varphi = f \cos(\tilde{\omega}t)$ nach einem Einschwingvorgang eine stationäre harmonische Lösung mit der Periode $\tilde{\omega}$.
Für etwas größere Anregungsfrequenzen $\tilde{\omega}$ darf auf der linken Seite die Reibung nicht mehr vernachlässigt werden, d. h. $\alpha \neq 0$. Darüber hinaus ist es nicht mehr zulässig, den Sinus durch sein Argument abzuschätzen. Die Gleichung besitzt keine harmonische Lösung mehr und das Pendel schwingt anharmonisch, jedoch mit fester Periode. Die Lösung der Bewegunsgleichung ist meist nur noch numerisch zu berechnen.
Für noch größere Anregungsfrequenzen $\tilde{\omega}$ kann man die Anfangsbedingungen nicht exakt genug bestimmen, um eine gute Übereinstimmung zwischen Rechnung und Realität zu erzielen. Des Weiteren muss die Reibung detailliert abgeschätzt werden. Das Zeitverhalten des Pendels ist, selbst mit Computern und numerischen Rechenverfahren, nicht mehr vorauszuberechnen.

Bemerkungen

Philosophisch betrachtet ist die Nichtberechenbarkeit (und die damit einhergehende Nichtvorhersagbarkeit der Zukunft) einer chaotischen Bewegung, im Speziellen des Pendels und im Allgemeinen der Weltgeschichte, der Umstand, der das Leben so abwechslungsreich und interessant macht. Könnte man sich die Zukunft vorausberechnen, ginge der Reiz verloren. Es lebe das Chaos!

Literatur

zur Erklärung:

Kuypers, F.: Klassische Mechanik, VCH Verlagsgesellschaft mbH, Weinheim 1993

9.8 Chaos auf dem Fernsehschirm

Eine optische Rückkopplung zwischen einer Videokamera und einem Fernsehbild erzeugt auf dem Bildschirm unvorhersagbare Muster.

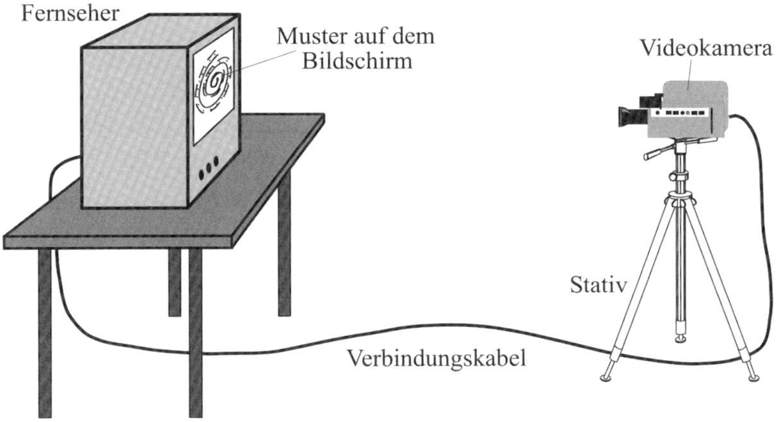

Abb. 1

Material

- Fernseher
- Videokamera, mit Stativ und Verbindungskabel zum Fernseher
- Taschenlampe

Aufbau und Durchführung

Das aufgenommene Bild einer Videokamera wird über ein Verbindungskabel und durch entsprechende Einstellung der Technik (Videokamera, Fernseher) direkt an einen Fernseher überspielt, so dass es auf dem Bildschirm erscheint. Da ein Fernseher inklusive Videokamera relativ viele Einstellmöglichkeiten besitzt, sollte man nach folgender Anleitung vorgehen, um ein erstes Muster zu erzeugen. Dessen Variation bereitet dann erheblich weniger Probleme, weil man schnell ein Gefühl für die Wirkung der zur Verfügung stehenden Parameter bekommt.

1. Die Kamera wird im Abstand von ungefähr 2 m vor dem Fernseher fest auf einem Stativ montiert und auf den Bildschirm gerichtet (siehe Abb. 1 und 2). Außerdem ist die Kamera ca. 10° um die Verbindungsgerade Bildschirm-Kamera zu kippen (siehe Abb. 2), was meistens durch Verkürzen (Zusammenschieben) eines Stativbeines möglich ist.
2. Begonnen wird mit folgender Grundeinstellung:

Fernseher:	Lautstärke:	0
	Farbsättigung:	0 (Schwarz-Weiß-Bild)
	Kontrast:	ca. ⅔ der Maximalstellung
Videokamera:	Zoom:	Im Sucher der Kamera sollte etwa der gesamte Fernseher zu sehen sein.

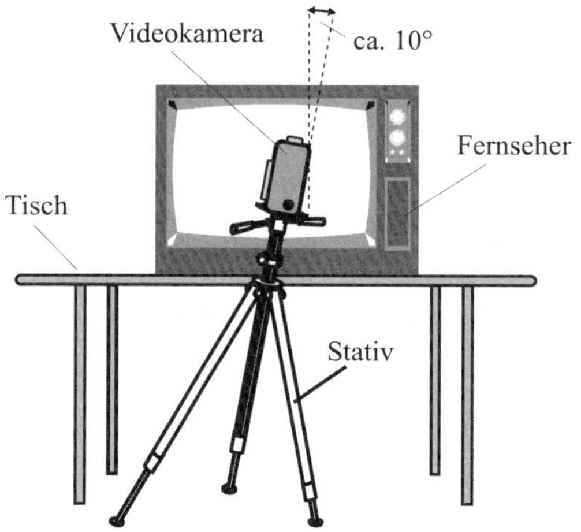

Abb. 2

Autofocus:	aus
Entfernung:	Der Bildschirm sollte scharf erscheinen.
Helligkeit:	automatische Regelung

3. Durch Verändern der Helligkeit des Fernsehbildes erreicht man, dass bei normaler Raumbeleuchtung der Bildschirm bis auf einen Fleck in der Bildmitte (Durchmesser: 5 – 10 cm, je nach Bildschirmgröße) dunkel bleibt.
4. Vergrößert man nach Abdunkeln des Raumes durch Wahl einer höheren Brennweite am Zoom den hellen Fleck, so entwickelt sich daraus ein rotierendes und spiralförmiges Muster, das sich ständig verändert. Verkleinert man den Bildausschnitt zu stark, muss die Helligkeit am Fernseher eventuell etwas hochreguliert werden, um ein Verschwinden des Bildes zu verhindern. Ist auf dem Bildschirm nichts mehr zu erkennen, so lässt sich der Vorgang durch kurzes Beleuchten der Bildmitte mit einer Taschenlampe wieder „zünden".

Hat man diesen Stand erreicht, so lassen sich durch Veränderung der folgenden Parameter eine Vielzahl neuer Strukturen erzeugen:

- Neigungswinkel der Kamera: Das Bild rotiert dadurch langsamer (kleiner Winkel) oder schneller (großer Winkel) und es entstehen andere Muster.
- Zoom der Kamera: Die Brennweite verändert Aussehen und Ausdehnung der Spiralen (Weitwinkel erzeugt kleine, aber stabile Formen; große Brennweiten verursachen ein „chaotischeres Verhalten").
- Farbsättigung des Fernsehers: Damit lassen sich Farbeffekte ins Spiel bringen.
- Kontrast des Fernsehers: Ein hoher Kontrast erzeugt mehr Details, geringer Kontrast hat verschleierte Bilder zur Folge.
- Helligkeit des Fernsehbildes: Sie beeinflusst das Verhältnis von schwarzen und weißen Flächen.
- Entfernung zwischen Bildschirm und Videokamera: Die unterschiedlichen Abbildungsqualitäten bei verschiedenen Brennweiten beeinflussen das Entstehen der Spiralen.

Erklärung

Der zu Grunde liegende technische Vorgang ist, dass 25-mal in jeder Sekunde das momentane Fernsehbild von der Kamera leicht gedreht aufgenommen wird (siehe Abb. 2) und sofort als neuer Bildschirminhalt an den Fernseher weitergeleitet wird. Die entscheidende Eigenschaft dieser Rückkopplung ist, dass sie den Bildschirminhalt nicht exakt reproduziert, d. h. nach einer Iteration erscheint auf dem Bildschirm nicht nur eine etwas gedrehte, sondern auch leicht veränderte Kopie des vorherigen Bildes. Grund dafür ist vor allem die technisch bedingte Rasterung der Bilder (575×750 Bildpunkte), die bei jeder Iteration Bildveränderungen mit sich bringt. Bildverändernd wirkt sich auch die automatische Helligkeitsregelung der Videokamera aus, welche z. B. bei einem Bild aus überwiegend schwarzen Flächen durch Erhöhung der Empfindlichkeit zum vermehrten Auftreten weißer Bildpunkte im nachfolgenden Bild beiträgt. Diese (negative) Rückkopplung gewährleistet auch, dass sich die Helligkeit immer in einem mittleren Bereich bewegt.

Durch diese ständigen, winzigen Bildveränderungen bekommt der Vorgang ein dynamisches Eigenleben und wird sensibel für geringste Veränderungen der äußeren Systemparameter – ein Merkmal von Chaos. Bei ständiger exakter Reproduktion des Fernsehbildes bei jedem Iterationsvorgang würde ein einmal vorhandener Bildschirminhalt unablässig und ohne sich zu verändern rotieren, die Entstehung filigraner Muster wäre nicht möglich.

Bemerkungen

In Kapitel XV des Buches „Gödel, Escher, Bach“ beschreibt *Douglas R. Hofstadter* unter der Überschrift „Erbauliche Gedanken eines Tabakrauchers“ auf den Seiten 514 – 529, wie sich Achilles und Krebs, zwei Figuren, die die sokratischen Dialoge, aus denen weite Teile des Buches bestehen, führen, über das hier vorgestellte Experiment unterhalten. Auf 12 Fotos werden mögliche „Fernseh-Chaos-Bilder“ gezeigt (Abb. 81 a) – l) auf den Seiten 526 – 527).

Literatur

Wittmann, J.: Trickkiste 2, Verblüffende Experimente zum Selbermachen, Bayerischer Schulbuch Verlag, München 1993

zu Bemerkungen

Hofstadter, Douglas R.: Gödel, Escher, Bach – Ein Endloses Geflochtenes Band, Verlagsgemeinschaft Ernst Klett Verlag – J. G. Cotta'sche Buchhandlung, Stuttgart 1988

9.9 Aus Tinte wächst ein Fraktal

Durch Beobachten der gegenseitigen Verdrängung von verschiedenen Flüssigkeiten erkennt man, dass das Auftreten von fraktalem Wachstum von deren Viskositäten abhängt.

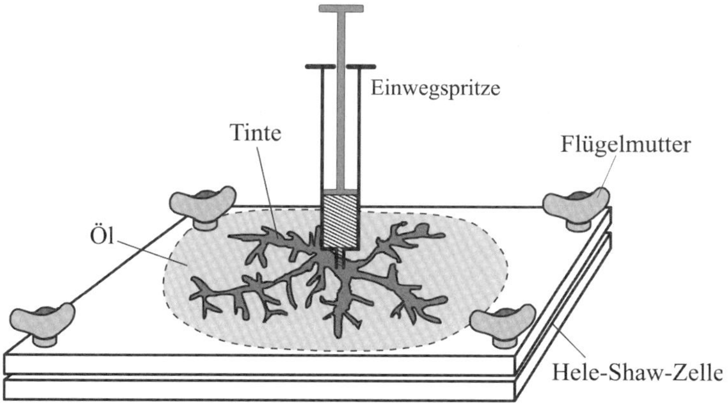

Abb. 1

Material

- 2 Plexiglasplatten (ca. 25 cm × 25 cm × 1 cm)
- 4 Gewindeschrauben (Durchmesser: ca. 5 mm; Länge: ca. 30 mm) mit Flügelmuttern
- 2 gleiche Einwegspritzen (ca. 10 ml)
- Salatöl
- 4 Tintenpatronen; Farbe der Tinte: Blau, Schwarz oder andere dunkle Farbe
- evtl. altes Handtuch
- Hilfsmittel: Bohrmaschine, verschiedene Bohrer, 2 Schraubzwingen

Aufbau und Durchführung

Zur Herstellung der so genannten Hele-Shaw-Zelle (nach ihrem Erfinder S. Hele-Shaw) werden die Plexiglasplatten aufeinandergelegt und mit Schraubzwingen fixiert. In den Ecken bohrt man jeweils ein Loch durch beide Platten (Durchmesser: ca. 6 mm) und markiert die Lage der Plexiglasscheiben verwechslungssicher (z. B. je eine kleine Kerbe oben und unten in einer Ecke). In dieser Lage können die Scheiben später mit Hilfe der Schrauben und Muttern zusammengehalten werden. Eine der Platten versieht man in der Mitte mit einem dünnen Loch (Durchmesser: ca. 1 mm), das von der im montierten Zustand nach außen gerichteten Seite so weit aufgebohrt wird (Tiefe: ca. halbe Plattendicke), dass der Kanülenansatz der Einwegspritzen gerade hineinpasst. Nach Reinigung der Plexiglasplatten werden sie mit den Schrauben aneinander befestigt, wobei man diese nur leicht anzieht.

In einer Spritze wird Salatöl aufgezogen, in der anderen der Inhalt von drei bis vier Tintenpatronen und zusätzlich die gleiche Menge Wasser. Eventuell angesaugte Luft presst man wieder heraus. Man setzt die mit Tinte gefüllte Spritze am Loch der oberen Platte an und presst Flüssigkeit zwischen die Plexiglasplatten bis ein im Durchmesser ungefähr 10 cm großer Fleck entstanden ist. Anschließend in die Hele-Shaw-Zelle gepresstes Öl breitet sich kreisförmig aus und schiebt dabei die Tinte nach außen (altes Handtuch unterlegen). Sobald der Ölfleck den Plattenrand berührt, injiziert man wieder Tinte, welche sich in einem fraktalen Muster ausbreitet (siehe Abb. 1). Der Vorgang ist sogar größtenteils reversibel, d.h. die Tinte lässt sich wieder in die Spritze saugen, wobei das Öl wieder seinen vorherigen Platz einnimmt. Der Fantasie bei der Verwendung anderer Flüssigkeiten zur Erzeugung unterschiedlicher fraktaler Strukturen sind keine Grenzen gesetzt. Fraktale Verästelungen entstehen aber nur, wenn die sich ausbreitende Flüssigkeit eine kleinere Viskosität besitzt als die verdrängte und die Flüssigkeiten nicht mischbar sind. Die Vorgänge lassen sich von einem größeren Publikum sehr gut verfolgen, wenn die Hele-Shaw-Zelle auf einen Tageslichtprojektor gelegt wird.

Erklärung

Beim Einspritzen der Flüssigkeiten in die Hele-Shaw-Zelle zeigen sich zwei unterschiedliche Arten der Ausbreitung. Ist die verdrängte Flüssigkeit weniger viskos als die eindringende, so kommt es zu einer „flächenhaften" Ausbreitung in Form eines Kreises. Im umgekehrten Fall tritt eine „lineare" Ausbreitung auf, deren fingerartige Ausläufer sich immer weiter verästeln. Damit dieser makroskopische Effekt auftritt, dürfen die Flüssigkeiten allerdings nicht mischbar sein. Der Grund für die unterschiedlichen Verhaltensweisen ist, dass eine Flüssigkeit geringer Viskosität mit weniger Energieaufwand zwischen den Platten bewegt werden kann als eine zähe. Wird das Öl eingespritzt, schiebt es die dünnflüssige Tinte nach außen weg und bleibt selbst möglichst in der Nähe der Einspritzöffnung, was eine kreisförmige Ausbreitung zur Folge hat. Bei vertauschter Reihenfolge der Flüssigkeiten schiebt sich die Tinte in Form von dünnen Kanälen durch das Öl. Das erfordert zwar längere „Transportwege" für die Tinte, aber geringere Verschiebungen des Öls. Aus den stets durch Inhomogenitäten hervorgerufenen kleinen Ausbuchtungen eines Kanals entstehen neue Seitenarme, welche sich wieder verzweigen, usw. Dadurch entsteht ein Muster, dessen Details ähnlich wie die Struktur als Ganzes aussehen, was die charakteristische Eigenschaft von Fraktalen ist.

Am folgenden sehr stark vereinfachten Modell lässt sich bereits verstehen, wann es zu einer flächenhaften bzw. linearen Ausbreitung kommt. Als Vereinfachung der Realität geht man davon aus, dass die bereits in die Hele-Shaw-Zelle eingespritzten Flüssigkeiten der Viskositäten η_1 und η_2 eine quadratische Fläche in einem Koordinatensystem überdecken, dessen Ursprung in der linken unteren Ecke des Quadrats liegen möge (siehe Abb. 2). Auf dieser quadratischen Fläche werden $N \times N$ Elementarzellen angeordnet, die mit den Flüssigkeiten 1 und 2 gefüllt sind (siehe Abb. 2) und sich nur in den beiden Koordinatenachsen und nur im ersten Quadranten verschieben lassen (Fortsetzung auf alle Quadranten siehe unten). Die Grund- und Deckfläche jeder Elementarzelle habe den Flächeninhalt $A = l^2$ (l: Kantenlänge), die Höhe bzw. Dicke der Zelle sei h, so dass die Seitenflächen den Inhalt $S = lh$ besitzen.

Um in der Nähe des Koordinatenursprungs Platz für hineingepumpte Flüssigkeit von der

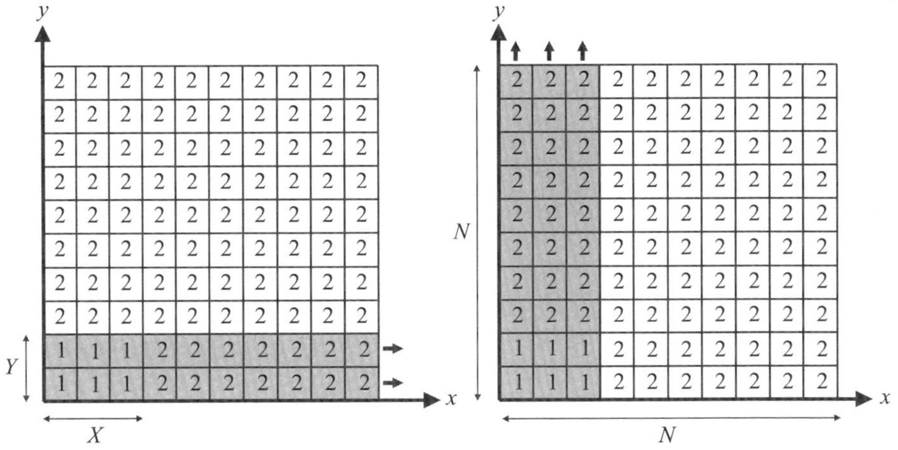

Abb. 2 (a) (b)

Viskosität η_1 zu schaffen, werden Zelleninhalte bewegt. Ausgangszustand seien $X \times Y$-Zellen (3×2 im Beispiel der Abbildung 2) der Viskosität η_1 und untersucht werden soll, ob ein weiteres Anwachsen des Einser-Bereichs linear (in Längsrichtung) oder flächenhaft (in Querrichtung) erfolgt. Im ersten Fall (siehe Abb. 2(a)) schiebe man den Einser-Bereich nach rechts, wodurch dessen Wachstum linear erfolgt. Zum flächigen Anwachsen des Einser-Bereichs führt eine Verschiebung in Richtung der y-Achse. Das Wachstum erfolgt in die Richtung, in welche zur Verlagerung der Flüssigkeiten der geringere Druck notwendig ist.

Die zur Verschiebung einer Elementarzelle notwendige Kraft ist nach dem Newton'schen Reibungsgesetz dem Betrage nach

$$F = cA\eta \qquad [\textit{Grimsehl } 1989, \text{S. } 155] \qquad (1)$$

(A: Grundfläche der Zellen; η: Viskosität; c: Konstante für eine bestimmte Verschiebungsgeschwindigkeit)

proportional zur Grundfläche A der Zelle und der Viskosität η des Zelleninhalts. Um die Zellen wie beschrieben in x-Richtung zu verschieben, muss auf jede Seitenfläche S der an der y-Achse gelegenen (und verschobenen) Zellen der Druck

$$p_x = \frac{\sum_i F_i}{YS} \qquad (2)$$

(i: Summationsindex, der alle bewegten Zellen durchläuft)

wirken (p_y analog). Da in der Hele-Shaw-Zelle $S << A$ gilt, wird die Reibung zwischen Zellen, die gegeneinander verschoben werden, vernachlässigt.

Die Beziehungen (1) und (2) liefern für den notwendigen Druck p_x einer linearen Ausbreitung (in x-Richtung; siehe Abb. 2(a)) und p_y einer flächenhaften Ausbreitung (siehe Abb. 2(b)):

$$p_x = \frac{XYcA\eta_1 + (N-X)YcA\eta_2}{YS} = \frac{cA}{S}(N\eta_2 + X(\eta_1 - \eta_2))$$

$$p_y = \frac{XYcA\eta_1 + (N-Y)XcA\eta_2}{XS} = \frac{cA}{S}(N\eta_2 + Y(\eta_1 - \eta_2))$$

1. Fall: $\eta_1 > \eta_2$ (Die hineingepresste Flüssigkeit ist die viskosere.)
   In diesem Fall gilt:
   $p_x < p_y$ falls $X < Y$ und $p_x > p_y$ falls $X > Y$
   Das Wachstum erfolgt also in der Richtung, in welcher der Einser-Bereich die geringere Ausdehnung besitzt (flächenhaftes Wachstum).
2. Fall: $\eta_1 < \eta_2$ (Die weniger viskose Flüssigkeit wird hineingepresst.)
   In diesem Fall gilt:
   $p_x < p_y$ falls $X > Y$ und $p_x > p_y$ falls $X < Y$
   Der Einser-Bereich wächst in Längsrichtung (lineares Wachstum).

Eine zu den Koordinatenachsen symmetrische Fortsetzung in die anderen Quadranten liefert genau die gleichen Drücke, da sowohl die Kräfte wie auch deren Angriffsflächen vervierfacht werden.

Bemerkungen

Ähnliche fraktale Strukturen entstehen, wenn man zwischen zwei Plexiglasscheiben eine dünne Fettschicht (Dicke: ca. 1 mm) bringt und sie wieder voneinander trennt, indem man zwei aufeinanderliegende Ecken senkrecht zu den Oberflächen der Platten voneinander wegzieht.

Literatur

Schlichting, H. J., Physik in der Schule 31/3 (1993), S. 113-117

zu Formel (1):

Grimsehl, E.; Schallreuter, W.; Altenburg, K.: Lehrbuch der Physik, Band 1, Mechanik Akustik Wärmelehre, BSB B.G. Teubner Verlagsgesellschaft, Leipzig 1989, S. 155

Unter **www.friedrich-verlag.de** finden Sie Materialien zum Buch als Download.
Bitte geben Sie den achtstelligen Download-Code in das Suchfeld ein.

DOWNLOAD-CODE: **d62535pf**

Hinweis:

Das Download-Material enthält Arbeitshilfen und Materialien, die Sie beim Aufbau einer Bildungs- und Erziehungspartnerschaft mit Eltern unterstützen.

Durch den Kauf dieses Buches (ISBN 978-3-7614-2535-0) haben Sie das Recht erworben, das ergänzende Download-Material in Ihren derzeitigen und zukünftigen Lerngruppen und Klassen einzusetzen und zu vervielfältigen. So können Sie etwa einzelne Seiten ausdrucken und verteilen oder mit Beamer oder Whiteboard verwenden.

Was Sie **nicht** dürfen:

- das Download-Material oder Teile davon an Kolleginnen und Kollegen weitergeben.
- das Download-Material oder Teile davon in Netzwerke einstellen, wie etwa Schulserver oder Cloud-Systeme, sodass Kolleginnen und Kollegen darauf Zugriff erhalten.
- die Lizenzinformation und Quellenhinweise auf dem Downloadmaterial entfernen.
- bei einer Bibliotheksausleihe des Buches das Download-Material herunterladen.

Bitte tragen Sie im Sinne dieser Lizenz dazu bei, dass wir weiterhin digitales Ergänzungsmaterial für Lehrerinnen und Lehrer bereitstellen können. Der Verlag behält sich dabei vor, auch gegen urheberrechtliche Verstöße vorzugehen.

Unsere Autorinnen und Autoren sowie der Verlag wünschen Ihnen viel Erfolg bei der Nutzung der Materialien!

Haben Sie Fragen zum Download? Dann wenden Sie sich bitte an den Leserservice der Friedrich Verlags GmbH. Schreiben Sie uns oder rufen Sie uns an!

Sie erreichen unseren Leserservice
Montag bis Donnerstag von 8 – 18 Uhr
Freitag von 8 – 14 Uhr
Tel.: 0511/40004-150
Fax: 0511/40004-170
E-Mail: leserservice@friedrich-verlag.de

Wir freuen uns über Ihre Rückmeldung und helfen Ihnen gerne weiter!

Stichwortverzeichnis

Dichte

Dielektrikum

Dimmer

Dipolmoment

Dispersion

Doppel-Fadenpendel

Doppler-Effekt

Drehimpuls

Drehimpulserhaltung

Drehmoment